Astronomischer Jahresbericht

1899 gegründet von Walter Wislicenus

57. Band Die Literatur des Jahres 1957

Herausgegeben vom

Astronomischen Rechen-Institut in Heidelberg

Bearbeitet von

K. Heinemann F. Henn W. Lohmann

Walter de Gruyter & Co.

vormals G. J. Göschen'sche Verlagshandlung — J. Guttentag, Verlagsbuchhandlung — Georg Reimer — Karl J. Trübner — Veit & Comp.

Berlin 1959

Druck bei G. Braun (vorm. G. Braunsche Hofbuchdruckerei und Verlag) G. m. b. H., Karlsruhe in Baden · Auflage 500 · Juli 1959

Mit alleinigem Vertrieb beauftragt W. de Gruyter & Co., Berlin
Archiv-Nr. 18 01 60 · Preis 60.— DM

Printed in Germany

Vorwort

Mit dem 57. Band des Astronomischen Jahresberichts (AJB) wird den Fachkollegen die Übersicht der astronomischen Literatur und ihrer Grenzgebiete aus dem Jahre 1957 vorgelegt. Einige Nachträge aus früheren Jahren sind durch Angabe ihres Erscheinungsjahres gekennzeichnet.

Die Einteilung des Stoffes ist im wesentlichen die gleiche wie im vorausgegangenen Band 56. Es sind lediglich folgende Änderungen vorgenommen worden:

1. In Paragraph 10 sind drei Untertitel in Wegfall gekommen; in den Paragraphen 23 und 122 wurde je ein neuer Untertitel eingeführt.

2. Im vorliegenden Band und in den künftigen Bänden des AJB haben sich verschiedene bibliographische Vereinfachungen als notwendig erwiesen. Demzufolge werden:

a) in den Quellennachweisen bei allen aus Zeitschriften entnommenen Arbeiten sämtliche Angaben über Figuren und Tafeln weggelassen. Diese Angaben werden nur noch bei Büchern und selbständigen Schriften mitgeführt.

b) Besprechungen von Büchern, welche mehr als zwei Jahre nach dem Erscheinungsjahr des Buches veröffentlicht sind, nicht mehr in den AJB aufgenommen.

c) Referate zu Arbeiten, welche in Zeitschriften gegeben werden, im AJB nur jeweils für das Berichtsjahr nachgewiesen.

Mit den Maßnahmen b) und c) sollen Wiederholungen in den nachfolgenden Bänden des AJB vermieden werden.

Die Namen der Autoren sind außer im Namen-Verzeichnis noch in den auf den Seiten 297—298, 322—323, 410 gegebenen Verzeichnissen der Beobachter und Berechner (Kleine Planeten, Kometen, Veränderliche Sterne) aufzusuchen.

Die Schriftleitung des Bandes oblag, wie bisher, K. Heinemann. An der Bearbeitung waren außer dem Vorgenannten Frl. F. Henn und W. Lohmann beteiligt. Frl. F. Henn bearbeitete insbesondere, wie in den Vorjahren, die in der Universitäts-Bibliothek Heidelberg zugänglichen Zeitschriften der Randgebiete und lieferte das in diesem Jahre besonders umfangreiche Manuskript der Kometen. Die russische Literatur hat wiederum W. Lohmann bearbeitet und mit Unterstützung weiterer Referenten besprochen. W. Strobel und Frl. C. König haben den Nachweis der Beobachtungen und Berechnungen der Kleinen Planeten geliefert. An Stelle des in USA weilenden V. Weidemann hat Frau H. Weidemann Titel von Arbeiten aus Zeitschriften beigetragen, die in der Physikalisch-Technischen Bundesanstalt, Braunschweig, zur Verfügung stehen. Die Referenten von Instituten und Sternwarten des In- und Auslandes, welche die astronomische Literatur ihres Landes bearbeitet, sonstige Beiträge oder eine Anzahl von Referaten geliefert haben, sind in dem Verzeichnis auf S. IV namentlich aufgeführt. Die Schriftleitung wurde fernerhin durch Diplom-Dolmetscher R. Furtak und Frl. G. Köberich unterstützt.

Den Autoren, Sternwarten, Instituten, Gesellschaften und Akademien sei an dieser Stelle für die Zusendung ihrer Veröffentlichungen herzlichst gedankt. Ferner sei hier allen Förderern des Astronomischen Jahresberichts sowie allen Referenten der verbindlichste Dank ausgesprochen.

Heidelberg, den 27. Februar 1959

Die Schriftleitung

Bearbeitung

Schriftleiter: K. Heinemann

Mitarbeiter: F. Henn, W. Lohmann (Loh.)

Referenten

U. Baehr Heidelberg, K. Bahner Heidelberg, H. G. Beck Jena, U. Becker (U. Be.) Freiburg, A. Behr Göttingen, M. Beyer Hamburg, K.-H. Böhm Kiel, S. Böhme (Böh.) Heidelberg, A. Bohrmann (Bo.) Heidelberg, J. Bouška (J. B.) Prag, B. Cester Trieste, H. Daene Potsdam, W. Dieckvoss (Dv.) Hamburg, K. Eberlein Hamburg, H. Elsässer Tübingen, H. C. Freiesleben Hamburg, W. Fricke Heidelberg, W. Gleissberg Frankfurt, W. Gliese (Gli.) Heidelberg, F. Gondolatsch (Go.) Heidelberg, H.-G. Groth Kiel, O. Günther (O. G.) Potsdam, U. Günzel-Lingner Potsdam, A. Güttler (Gü.) München, W. D. Heintz München, S. v. Hoerner Heidelberg, C. Hoffmeister Sonneberg, J. Hoppe Jena, C. Luplau Janssen (C. L. J.) Kopenhagen, H. Klauder Köln, A. König Heidelberg, T. Lederle (T. L.) Heidelberg, L. Mawridis Thessaloniki, J. P. Mehltretter Heidelberg, G. R. Miczaika (Micz.) Cambridge Mass., H. Müller (H. M.) Zürich, B. Onderlička (Ond.) Brno, L. Oster Kiel, L. Perek Prag, W. Petri München, M. Plavec Prag, E. Rybka Kraków, K. Schaifers Heidelberg, F. Schmeidler (F. S.) München, K.-H. Schmidt Jena, P. Stumpff Heidelberg, G. Thiessen (Thi.) Hamburg, G. Traving Kiel, H. H. Voigt Hamburg, V. Weidemann Braunschweig, P. Wellmann Hamburg

Inhaltsverzeichnis

VIII. Planeten und Monde

IX. Kometen. Meteore. Meteorite. Zodiakallicht

Abkürzungen

Im Astronomischen Jahresbericht sind die folgenden Abkürzungen verwendet:

1. Allgemeine Abkürzungen

Abh.	Abhandlungen
Abstr.	Abstrakt, abstract
Acad.	Académie, Academy
Accad.	Accadémia
Akad.	Akademie
Ann.	Annalen, Annales, Annals
Astr.	Astronomie etc.
Astrophys.	Astrophysik etc.
Beob.	Beobachtungen
Ber.	Berichte
Bol.	Boletin
Bull.	Bulletin
bzw.	beziehungsweise
Circ.	Circular, Zirkular
Cl.	Classe
Commun.	Communications
Comun.	Comunicazioni
Contr.	Contributions etc.
CR.	Comptes Rendus
Desgl.	Desgleichen
Diss.	Dissertation
Geod.	Geodäsie etc.
Ges.	Gesellschaft
Inst.	Institut etc.
J.	Journal
Kl.	Klasse
Mag.	Magazine
Math.	Mathematik etc.
Medd.	Meddelanden, Meddelelser
Mém.	Mémoires
Mem.	Memoirs, Memorie
Mitt.	Mitteilungen
Nachr.	Nachrichten
(NF)	Neue Folge
(NR)	Neue Reihe
(NS)	Neue Serie
Obs.	Observatorium
Oss.	Osservatorio, Osservazioni
Phil.	Philosophical
Phys.	Physik etc.
Proc.	Proceedings
Pubbl.	Pubblicazioni
Publ.	Publikationen, Publications
Rech.	Recherches
Ref.	Referat
Rend.	Rendiconti
Rep.	Report
Repr.	Reprint
Res.	Research
Rev.	Review, Revue
Ric.	Ricerche
Sci.	Science, scientific
Ser.	Serie, Series
Sér.	Série
Sitzber.	Sitzungsberichte
Soc.	Società, Société, Society
Sternw.	Sternwarte
Suppl.	Supplement
T.	Tidskrift, Tidsskrift, Tijdschrift
Trans.	Transactions
Univ.	Universität etc.
Veröff.	Veröffentlichungen
Vgl.	Vergleiche
VJS	Vierteljahrsschrift
Wetensch.	Wetenschappen
Wiss.	Wissenschaften
Z.	Zeitschrift

2. Spezielle Abkürzungen

Au	Aufnahme
CI	Farbenindex
EB	Eigenbewegung
El	Elemente
Eph	Ephemeride
Id	Identität
Na	Benennung
Nu	Numerierung
RG	Radialgeschwindigkeit

AAVSO	vgl. Ref. 1102
Ref. AAS	vgl. Ref. 1103
Ref. AG	vgl. Ref. 1109
Ref. ASP	vgl. Ref. 1106
Ref. BAA	vgl. Ref. 1111
Ref. RAS	vgl. Ref. 1118

3. Abkürzungen für die Namen der Sternbilder

Für die Namen der Sternbilder sind die in Harvard Bulletin 771 veröffentlichten Abkürzungen benutzt.

4. Abkürzungen von Zeitschriften

AA	Acta Astronomica
AC	Astronomisches Zirkular der UdSSR
AJ	Astronomical Journal
AJB	Astronomischer Jahresbericht
AJ UdSSR	Astronomisches Journal der UdSSR
AN	Astronomische Nachrichten
ApJ	Astrophysical Journal
Ark Astr	Arkiv för Astronomi
BA	Bulletin Astronomique
BAA Circ	British Astronomical Association Circular
BAAH	British Astronomical Association Handbook
BAB	Bulletin Astronomique de l'Observatoire Royal de Belgique
BAC	Bulletin of the Astronomical Institutes of Czechoslovakia
BAN	Bulletin of the Astronomical Institutes of the Netherlands
BAV-Rundbrief	Mitteilungsblatt der Berliner Arbeitsgemeinschaft für Veränderliche Sterne
BIA	Bulletin des Instituts für Theoretische Astronomie, Leningrad
BSAF	L'Astronomie, Bulletin de la Société Astronomique de France
Bull hor	Bulletin horaire
CR	Comptes Rendus. Académie des Sciences, Paris
DAN	Berichte (Doklady) der Akademie der Wissenschaften der UdSSR
DOB	Documentation des Observateurs
Gaz astr	Gazette astronomique
HarvAnn, Bull usw.	siehe Cambridge, Mass.
JAMPC	Japanese Minor Planet Circular
JBAA	Journal of the British Astronomical Association
JO	Journal des Observateurs
J RAS Canada	Journal of the Royal Astronomical Society of Canada
Kop Akt Medd	Aktuelle Meddelelser fra Astronomisk Selskab, Kobenhavn
LOB	Lick Observatory Bulletin
McDC	Contributions from the McDonald Observatory
Mem RAS	Memoirs of the Royal Astronomical Society
Mem SA It	Memorie della Società Astronomica Italiana
MN	Monthly Notices of the Royal Astronomical Society
MN ASSA	Monthly Notes of the Astronomical Society of South Africa
MPC	Minor Planet Circular
MVS	Mitteilungen über Veränderliche Sterne (Sonneberg)
NAT	Nordisk Astronomisk Tidsskrift
NAZ	Nachrichtenblatt der Astronomischen Zentralstelle
NAZvM	Nachrichtenblatt der Astronomischen Zentralstelle, Vorläufige Mitteilung
Obs	Observatory
PAT	Populär Astronomisk Tidskrift
Publ ASP	Publications of the Astronomical Society of the Pacific
RH	Říše Hvězd
RJ Astr. Geod. UdSSR	Referatjournal, Astronomie, Geodäsie, Akademie der Wissenschaften der UdSSR
TAB	Tokyo Astronomical Bulletin
UAI Circ	Union Astronomique Internationale, Circulaire
UC, Union Circ	Circular of the Union Observatory
VdS Nachr.	Nachrichtenblatt der Vereinigung der Sternfreunde
VS Bull	Veränderliche Sterne. Bulletin
YC	Yamamoto Circular
ZfA	Zeitschrift für Astrophysik
ZfMG	Zentralblatt für Mathematik und ihre Grenzgebiete

Zeitschriften

Unter Zeitschriften sind nicht nur alle periodisch erscheinenden Schriften verstanden, sondern im weiteren Sinne auch alle zwanglos erscheinenden Veröffentlichungen von Sternwarten, Instituten, Gesellschaften und Akademien.

Die vollständig durchgesehenen Zeitschriften sind in den beiden folgenden Verzeichnissen **5** und **6** zusammengestellt.

Nicht aufgeführt sind in den Verzeichnissen **5** und **6** diejenigen Zeitschriften, in denen gelegentlich astronomische Arbeiten enthalten sind. Diese sind der Schriftleitung entweder nur in Form eines Sonderdruckes, als einzelne Abhandlung einer Akademie oder als sonstige bibliographische Mitteilung bekannt geworden.

5. Verzeichnis der Zeitschriften und Veröffentlichungen von Gesellschaften und Akademien

Physics Abstracts. Section A of Science Abstracts (Physics). Edited and issued monthly by the Institution of Electrical Engineers, London. — Vol. **60**, Gesamtnummer 709—720.

Astronautica Acta. Offizielles Organ der Internationalen Astronautischen Föderation. Springer-Verlag, Wien; I. R. Maxwell & Co. Ltd., London-Paris-New York. — Vol. **3** Fasc. 1—4.

Acta Astronomica. Kraków. — Vol. **7** Nr. 1—4.

Acta Astronomica Sinica. Herausgegeben vom Purple Mountain Observatory, Nanking. — Vol. **4** Nr. 2, Vol. **5** Nr. 1—2.

Geochimica et Cosmochimica Acta. Pergamon Press Ltd., London. — Vol. **11** Nr. 1—6, Vol. **12** Nr. 1—6.

Actas de la Academia Nacional de Ciencias Exactas, Físicas y Naturales de Lima. — Vol. **20** Nr. 1—4.

Advances in Electronics and Electron Physics. Academic Press Inc. Publishers, New York. — Vol. **9**.

Annalen der Physik. Johann Ambrosius Barth, Leipzig. — 6. Folge Band **19** Heft 6—8, Band **20** Heft 1—8, 7. Folge Band **1** Heft 1—3 = Band **454**, **455** und **456** der ganzen Reihe.

Annales d'Astrophysique. Paris. — Tome **20** Nr. 1—6.

Suppléments aux Annales d'Astrophysique. Paris. — Fasc. Nr. 2—5.

Annales Françaises de Chronométrie. Besançon. — 2me Série Tome **11** Trimestre 1—4.

Annales Françaises de Chronométrie. Bulletin Trimestriel Signalétique de Documentation de Chronométrie Générale. Besançon. — 1956 Tome **11** bis Trimestre 1—4.

Annales de Géophysique. Paris. — Tome **13** Nr. 1—4.

Annales de Physique. Masson et Cie, Editeurs, Paris. — Sér. 13 Tome **2** Nr. 1—12.

Annals of Physics. Academic Press Inc. Publishers, New York. — Vol. **1** Nr. 1—6, Vol. **2** Nr. 1—6.

Anzeiger. Österreichische Akademie der Wissenschaften. Mathematisch-naturwissenschaftliche Klasse. Wien. — **94.** Jahrgang Nr. 1—15.

Arkiv för Astronomi. Utgivet av K. Svenska Vetenskapsakademien Stockholm. — Band **2** Häfte 2.

Astronomia Popular. Organ del Centro Mexicano de Investigaciones Astronómicas. Mexico, D. F. — Vol. **1** Nr. 3.

L'Astronomie. Revue Mensuelle d'Astronomie, de Météorologie et de Physique du Globe. Bulletin de la Société Astronomique de France. Paris. — **71**e année, Jan.—Déc. 1957.

Astrophysica Norvegica. Edited by the Institute of Theoretical Astrophysics, University of Oslo. — Vol. **5** Nr. 10—12, Vol. **6** Nr. 1—4.

Atti della Accademia Nazionale dei Lincei. Anno CCCLIV, 1957. Memorie. Classe di Scienze fisiche, matematiche e naturali. Sez. 1a, 2a. Roma. — Serie 8 Vol. **5** Nr. 2—3.

Atti della Accademia Nazionale dei Lincei. Anno CCCLIV, 1957. Serie Ottava. Rendiconti. Classe di Scienze fisiche, matematiche e naturali. Roma. — Vol. **22** Fasc. 1—6, Vol. **23** Fasc. 1—6.

Berichte (Doklady) der Akademie der Wissenschaften der UdSSR. Moskau-Leningrad. — Tom **112—117**, jeweils Heft 1—6.

Physikalische Berichte. Herausgegeben vom Verband Deutscher Physikalischer Gesellschaften e. V. Friedrich Vieweg & Sohn, Braunschweig. — Band **36** Heft 1—12.

Physikalische Blätter. Physik Verlag, Mosbach (Baden). — **13.** Jahrgang Heft 1—12.

Boletin del Centro de Documentación Científica y Técnica de México. México, D. F. — Tomo **6** Nr. 1—12.

Unser Himmel — Astronomischer Bote. Herausgegeben von der Kroatischen Astronomischen Gesellschaft «Oton Kučera». — Nr. 8—12.

Bulletin of the Astronomical Institutes of Czechoslovakia. Verlag Akad. Wiss., Prag. — Vol. **8** Nr. 1—6.

Bulletin of the Astronomical Institutes of the Netherlands. Haarlem. — Vol. **13** Nr. 474—481.

Bulletin Astronomique. Publié par l'Observatoire de Paris. — Tome **21** Fasc. 1—3.

Bulletin der Astronomisch-Geodätischen Gesellschaft der UdSSR. Verlag der Akademie der Wissenschaften der UdSSR. Moskau-Leningrad. — Nr. 19 (26), 1956, Nr. 20 (27).

Bulletin de la Classe des Sciences. Académie royale de Belgique. 5e Série. Bruxelles. — Tome **43** Nr. 1—12.

Bulletin géodésique. Nouvelle Série. Pergamon Press Ltd., London. — Nr. 43—46.

Bulletin horaire du Bureau International de l'Heure. Observatoire de Paris. — 4me Série Nr. 12—18, Série F Nr. 11—15.

Bulletin d'Informations Ionosphériques & Géophysiques. Administration des Postes, Télégraphes & Téléphones. Centre National d'Études des Télécommunications. Laboratoire National de Radioélectricité. — Vol. **1** Nr. 1—12, 1956.

Bulletin der Kommission für Kometen und Meteore des Astronomischen Rats der Akademie der Wissenschaften der UdSSR. Verlag Akad. Wiss. Tadshik. Sowjetrepublik, Stalinabad. — Nr. 1.

Časopis Československých ústavů astronomických. Verlag Akad. Wiss., Prag. — Vol. **7** Nr. 1—6.

Ciel et Terre. Bulletin mensuel de la Société Belge d'Astronomie, de Météorologie et de Physique du Globe. Uccle-Bruxelles. — Année **73** Nr. 1—12.

Circulaire d'Information de la Commission des Etoiles Doubles de l'Union Astronomique Internationale. Observatoire de Strasbourg. — Nr. 11—13.

Documentation des Observateurs. Circulaire. Institut d'Astrophysique de Paris. — Nr. 10—13.

British Astronomical Association Circular. London. — Nr. 382—391.

The Japan Astronomical Study Association Circular. (japanisch — nur teilweise referiert). — Nr. 152—158.

Variable Star Section Circular. Royal Astronomical Society of New Zealand. Rarotonga, Cook Islands, South Pacific. — Nr. 76—77, 79—83.

Yamamoto Circular. — Nr. 1414—1466 (Nr. 1397—1413 nicht eingegangen).

Coelum. Periodico Bimestrale per la Divulgazione dell'Astronomia. Bologna. — Vol. **25** Nr. 1—12.

Comptes Rendus hebdomadaires des Séances de l'Académie des Sciences. Paris. — Tome **244** Nr. 1—26, Tome **245** Nr. 1—26.

Documentation des Observateurs. Institut d'Astrophysique de Paris. — **10**e année Bulletin Nr. 1—12.

Endeavour. Eine Vierteljahres-Übersicht von Fortschritten der Wissenschaften im Dienste der Menschheit, London. — Band **16**, Gesamtnummer 61—64.

Ergebnisse der exakten Naturwissenschaften. Springer-Verlag, Göttingen-Berlin-Heidelberg. — Band **30**.

Experientia. Monatsschrift für das gesamte Gebiet der Naturwissenschaft. Verlag Birkhäuser, Basel. — Vol. **13**.

Extraits d'Astronomie et de Géophysique du Centre National de la Recherche Scientifique. (Continuation de la Bibliographie Mensuelle de l'Astronomie). Paris. — Vol. **18** Nr. 1—12.

Fortschritte der Physik. Herausgegeben im Auftrage der Physikalischen Gesellschaft in der DDR. Akademie-Verlag, Berlin. — Band **5**.

Gazette astronomique. Bulletin de la Société d'Astronomie d'Anvers. — Années **37** Nr. 10—12 (Gesamtnummer 430—432), **38**—**39** Nr. 1—12 (Gesamtnummer 433—444).

Glasnik Matematičko-Fizički i Astronomski. Društvo matematičara i fizičara N. R. Hrvatske. Zagreb. — Serija II T. **12** Nr. 1—4.

Hemel en Dampkring. J. B. Wolters, Groningen. — **55**. Jaargang Afl. 1—12.

American Journal of Physics. Published for the American Association of Physics Teachers by the American Institute of Physics, Inc. New York. — Vol. **25** Nr. 1—9.

The Astronomical Journal. Yale Univ. Office, New Haven. — Vol. **62** Nr. 1—10, Gesamtnummer 1245—1254.

Astronomisches Journal. Akademie der Wissenschaften der UdSSR. Moskau-Leningrad. — Tom **34** Nr. 1—6.

The Astrophysical Journal. Chicago. — Vol. **125** Nr. 1—3, Vol. **126** Nr. 1—3.

The Astrophysical Journal. Supplement Series. Chicago. — Vol. **3** Nr. 25—29.

Australian Journal of Physics. Published by the Commonwealth Scientific and Industrial Research Organization, in collaboration with the Australian National Research Council and the Institute of Physics (Australian Branch). Melbourne. — Vol. **10** Nr. 1—4.

Canadian Journal of Physics. Published by the National Research Council, Ottawa. — Vol. **35** Nr. 1—12.

The Irish Astronomical Journal. Armagh. — Vol. **4** Nr. 5—8.

Journal of applied Physics. Published by the American Institute of Physics. Lancaster, Pa. and New York, N. Y. — Vol. **28** Nr. 1—12.

The Journal of Astronautics. Published by the American Astronautical Society, Inc. New York. — Vol. **4** Nr. 1—4.

The Journal of the Astronomical Society of Victoria. Melbourne. — Vol. **10** Nr. 1—6.

Journal of Atmospheric and Terrestrial Physics. Pergamon Press Ltd., London & New York. — Vol. **10** Nr. 1—6, Vol. **11** Nr. 1—6.

Journal of the British Astronomical Association. Oxford. — Vol. **67** Nr. 2—8.

Journal of the British Interplanetary Society. London. — Vol. **16** Nr. 1—4.

Journal of Geophysical Research. The continuation of Terrestrial Magnetism and Atmospheric Electricity. The William Byrd Press, Richmond. — Vol. **62** Nr. 1—4.

The Journal of the Institute of Navigation. London. — Vol. **10** Nr. 1—4.

The Journal of the International Lunar Society. Revista de la Sociedad Lunar Internacional. A. Ortega, Barcelona. — Vol. **1** Nr. 1—2.

Journal des Observateurs. Publié avec le concours du Centre National de la Recherche Scientifique. Marseille. — Vol. **40** Nr. 1—12.

Journal of the Optical Society of America. Published for the Optical Society of America by American Institute of Physics. Lancaster, Pennsylvania. — Vol. **47** Nr. 1—12.

Le Journal de Physique et Le Radium. Publication de la Société Française de Physique. Paris. — Tome **18** Nr. 1—12; Suppl. zu Nr. 3/1 A—164 A; Sitzungsberichte Soc. Française Phys. 1 S.—92 S.

The Journal of the Royal Astronomical Society of Canada. Toronto. — Vol. **51** Nr. 1—6, Gesamtnummer 424—429.

Leaflet. Astronomical Society of the Pacific. San Francisco. — Nr. 332—343.

Astronomical News Letter. Laboratoire d'Astronomie, Lille. — Nr. 84—85, 85 Suppl, 86—87.

The Philosophical Magazine. A Journal of Theoretical Experimental and Applied Physics. Taylor & Francis Ltd., London. — Eighth Series. Vol. **2** Nr. 13—24.

Mededeling. Werkgroep Meteoren van de Nederlandse Vereniging voor Weer- en Sterrenkunde. — Nr. 41.

Memoirs of the Japan Astronomical Study Association. (japanisch — nur teilweise referiert). — Vol. **1** Nr. 4.

Memoirs of the Royal Astronomical Society. London. — Vol. **68** Part 1 Paper 2.

Memorie della Società Astronomica Italiana. Nuova Serie. Pavia. — Vol. **28** Nr. 1—4.

Memorie siehe auch Atti.

De Meteoor. Organ van de Werkgroep Meteoren van de Nederlandse Vereniging voor Weer- en Sterrenkunde. Utrecht. — **12**e Jaargang Nr. 1—6, **13**e Jaargang Nr. 1—6.

Mitteilungen der Astronomischen Gesellschaft. — 1956.

Mitteilungen für Planetenbeobachter. Planetensektion der Sternfreunde. Berlin. — **10**. Jahrgang Nr. 1—4.

MTW-Mitteilungen. Zeitschrift zur Pflege der Beziehungen zwischen Mathematik, Technik, Wirtschaft. Mathematisches Labor der Technischen Hochschule Wien. — **4**. Jahrgang Nr. 1—6.

Monographien der Griechischen Astronomischen Gesellschaft. Athen. — Nr. 8.

Astronomische Nachrichten. Im Auftrage der Deutschen Akademie der Wissenschaften zu Berlin. — Band **283** Heft 6, Band **284** Heft 1.

Nachrichten der Akademie der Wissenschaften in Göttingen. Mathematisch-Physikalische Klasse. IIa. Mathematisch-Physikalisch-Chemische Abteilung. — Jahrgang 1957 Nr. 1—6.

Nachrichtenblatt der Astronomischen Zentralstelle. Astronomisches Rechen-Institut, Heidelberg. — Jahrgang **11** Nr. 1—9.

Nachrichtenblatt der Astronomischen Zentralstelle. Vorläufige Mitteilung. Astronomisches Rechen-Institut, Heidelberg. — Nr. 308—355.

Astronomischer Nachrichtendienst der Archenhold-Sternwarte zu Berlin-Treptow. — **9**. Jahrgang Nr. 1—26. (Wird nur auszugsweise referiert).

Nature. A Weekly Journal of Science. Macmillan and Co., London; St. Martin's Press, Inc., New York. — Vol. **179** Nr. 4549—4574, Vol. **180** Nr. 4575—4600.

La Nature. Revue des Sciences et de leurs Applications. Dunod, Editeurs, Paris. — Vol. 85 Nr. 3261—3272.

Die Naturwissenschaften. Springer-Verlag, Berlin-Göttingen-Heidelberg. — **44**. Jahrgang Heft 1—24.

Navigation. Los Angeles, Cal. — Vol. **5** Nr. 1—8.

Navigation. Paris. — Vol. **4** Nr. 1—4, Vol. **5** Nr. 1—4.

Monthly Notes of the Astronomical Society of South Africa. Cape Town. — Vol. **16** Nr. 1—11.

Occasional Notes. Royal Astronomical Society. London. — Vol. **3** Nr. 19.

Monthly Notices of the Royal Astronomical Society. London. — Vol. **117** Nr. 1—6.

Monthly Notices of the Royal Astronomical Society. Geophysical Supplement. London. — Vol. **7** Nr. 5—6.

Nuclear Physics. Monthly Journal devoted to the experimental and theoretical study of atomic nuclei, nuclear fields and the fundamental aspects of cosmic radiation. North-Holland Publishing Company, Amsterdam. — Vol. **1**—**4**.

Il Nuovo Cimento. Organo della Società Italiana di Fisica, sotto auspici del Consiglio Nazionale delle Ricerche. Serie decima. Nicola Zanichelli Editore, Bologna. — Vol. **5** Nr. 1—6, Vol. **6** Nr. 1—6.

The Observatory. Oxford. — Vol. **77** Nr. 896—901.

Optik. Zeitschrift für das gesamte Gebiet der Licht- und Elektronenoptik. Stuttgart. — Band **14** Heft 1—12.

Orion. Zeitschrift der Schweizerischen Astronomischen Gesellschaft. Bulletin de la Société Astronomique de Suisse. Genève bzw. Schaffhausen. — Band **5** Nr. 55—58.

Photographie und Forschung. Die Contax-Photographie in der Wissenschaft. Hausmitteilungen der Zeiss Ikon AG., Stuttgart. — Band **7** Heft 5—8.

Photographie und Wissenschaft. Agfa-Mitteilungen für wissenschaftliche Institute und Forschungsstätten. Agfa-Leverkusen, Bayerwerk. — Jahrgang **6** Heft 1—4.

Physica. Herausgegeben von der Stiftung Physica in Amsterdam. — Deel **23** Nr. 1—12.

Pokroky matematiky, fysiky a astronomie. Verlag Akad. Wiss., Prag. — Band **1** Nr. 5—6, Band **2** Nr. 1—6.

Postępy Astronomii. Czasopismo poświęcone upowszechnianiu wiedzy astronomicznej. Kraków. — Tom **5** Nr. 1—4.

Priroda (Natur). Populäres naturwissenschaftliches Journal der Akademie der Wissenschaften der UdSSR. Moskau-Leningrad. — Tom **46** Nr. 1—12.

Proceedings of the Cambridge Philosophical Society. Cambridge, At the University Press. — Vol. **53** Part 1—4.

Proceedings. Koninklijke Nederlandse Akademie van Wetenschappen. Series B. Physical Sciences. Amsterdam. — Vol. **60**.

Proceedings of the National Academy of Sciences of the United States of America. Washington. — Vol. **43** Nr. 1—12.

The Proceedings of the Physical Society. Section A, Section B. London. — Vol. **70** Part 1—12.

Proceedings of the Royal Society. Series A. Mathematical and Physical Sciences. London. — Vol. **239—243** Nr. 1216—1234.

Progress of Theoretical Physics. Published for Research Institute for Fundamental Physics. The Physical Society of Japan. — Vol. **17** Nr. 1—6, Vol. **18** Nr. 1—6.

Publications of the Astronomical Society of Japan. Tokyo. — Vol. **9** Nr. 1—4.

Publications of the Astronomical Society of the Pacific. San Francisco. — Vol. **69** Nr. 406—411.

Referatjournal. Astronomie, Geodäsie. Akademie der Wissenschaften der UdSSR. Institut für wissenschaftliche Information. Verlag Akad. Wiss. UdSSR. Moskau. — 1957 Nr. 1—12.

Rendiconti siehe Atti.

Annual Report of the Board of Regents of The Smithsonian Institution showing the operations, expenditures, and condition of the Institution for the year ended June 30, 1956.

The Science Reports of the Tôhoku University. First Series (Physics, Chemistry, Astronomy). Sendai, Japan. — Vol. **40** Nr. 4, Vol. **41** Nr. 1—3.

Reports on Progress in Physics. Published by the Physical Society, London. — Vol. **20**.

The International Hydrographic Review. Monte Carlo, Monaco. — Vol. **33** Nr. 1—2, Vol. **34** Nr. 1—2.

The Physical Review. Series 2. Published for the American Physical Society by the American Institute of Physics. Lancaster, Pa., and New York, N. Y. — Vol. **105—108**, je 6 Hefte.

The Review of Scientific Instruments, New Series. Published monthly by the American Institute of Physics. Lancaster, Pa., and New York, N. Y. — Vol. **28** Nr. 1—12.

Mathematical Reviews. Published by the American Mathematical Society. Providence, R. I. — Vol. 18 Nr. 1—11.

Reviews of Modern Physics. Published for the American Physical Society by the American Institute of Physics. Lancaster, Pa., and New York, N. Y. — Vol. **29** Nr. 1—4.

Revista Astronomica. Organ de la Asociacion Argentina «Amigos de la Astronomia». Buenos Aires. — Nr. 140—142, 146.

La Ricerca Scientifica. Rivista de Consiglio Nazionale delle Ricerche. Roma. — Vol. **27** Nr. 1—12.

Říše hvězd. Verlag Orbis, Prag. — Band **38** Nr. 1—12 (tschechisch, Inhalt auch in russischer und englischer Sprache).

Rozhledy matematicko-fysikální. Pädagog. Verlag, Prag. — Band **35** Nr. 1—10.

Naturwissenschaftliche Rundschau. Wissenschaftliche Verlagsgesellschaft m.b.H., Stuttgart. — Jahrgang **10** Heft 1—12.

Science. Published by the American Association for the Advancement of Science, Washington. — Vol. **125** Nr. 3236—3261, Vol. **126** Nr. 3262—3287.

Scientia. Internationale Zeitschrift für wissenschaftliche Synthese. Bologna. — Vol. **92** Nr. 1—12.

Der Seewart. Hamburg. — Band **17** Heft 1—6, Band **18** Heft 1—6.

Sitzungsberichte der mathematisch-naturwissenschaftlichen Klasse der Bayerischen Akademie der Wissenschaften zu München. — Jahrgang 1957.

Sitzungsberichte. Österreichische Akademie der Wissenschaften. Mathematisch-naturwissenschaftliche Klasse, Abteilung II. Wien. — Band **166** Heft 1—10.

Sky and Telescope. Harvard College Observatory, Cambridge, Mass. — Vol. **16** Nr. 3—12, Vol. **17** Nr. 1—2.

Sonnendaten. Bulletin, herausgegeben vom Astronomischen Hauptobservatorium und der Kommission für Sonnenforschung beim Astronomischen Rat der UdSSR. Verlag Akad. Wiss. UdSSR, Moskau-Leningrad. — 1956 Nr. 6, 1957 Nr. 1—4.

Southern Stars. The Journal of the Royal Astronomical Society of New Zealand. — Vol. **17** Nr. 5, Gesamtnummer 126.

Soviet Physics JETP. (Übersetzung des Journals für Experimentelle und Theoretische Physik). Herausgegeben vom American Institute of Physics. Lancaster, Pa., and New York, N. Y. — Vol. **1** Nr. 1—3, Vol. **2** Nr. 1—4, Vol. **3** Nr. 1—6, Vol. **4** Nr. 1—6, Vol. **5** Nr. 1—6.

Spaceflight. Published by the British Interplanetary Society. London. — Vol. **1** Nr. 2—5.

Die Sterne. Monatsschrift über alle Gebiete der Himmelskunde. Verlag Johann Ambrosius Barth, Leipzig. — **33**. Jahrgang Heft 1—12.

Der Sternenbote. Zeitschrift für Astronomie und verwandte Gebiete. Herausgeber: Sternwarte Reutlingen. — **8**. Jahrgang Nr. 1—12.

The Strolling Astronomer. Association of Lunar and Planetary Observers. Las Cruces, New Mexico. — Vol. **11** Nr. 1—12.

Studium Generale. Zeitschrift für die Einheit der Wissenschaften im Zusammenhang ihrer Begriffsbildungen und Forschungsmethoden. Springer-Verlag, Berlin-Göttingen-Heidelberg. — **10.** Jahrgang Heft 1—10.

La Suisse Horlogère. International Edition in English. La Chaux-de-Fonds. — Year **72** Nr. 1—4.

Mathematical Tables and other Aids to Computation. National Academy of Sciences — National Research Council, Washington. — Vol. **11** Nr. 57—60.

Tellus. A quarterly Journal of Geophysics. Svenska Geofysiska Föreningen. Esselte AB, Stockholm. — Vol. **9** Nr. 1—4.

Populär Astronomisk Tidskrift. Stockholm. — Årgång **38** Häfte 1—4.

Nordisk Astronomisk Tidsskrift. Kopenhagen. — 1957 Nr. 1—4.

Transactions of the International Astronomical Union. — Vol. **9**.

El Universo. Organo de la Sociedad Astronómica de México. México, D. F. — Nr. 38—40.

Urania. Revista de Astronomia y Ciencias Afines. Organo Oficial de la Sociedad Astronómica de España y América y de la Unión Nacional de Astronomía y Ciencias Afines. Barcelona. — Año **42** Nr. 245—246.

Urania. Populært astronomisk Tidsskrift. Kopenhagen. — Aargang **14** Nr. 1—12.

Vasiona. Revue d'Astronomie et d'Astronautique. Bulletin de la Société Astronomique «R. Bošković» et de la Société Astronautique de l'Union Aéronautique de Yougoslavie. Beograd. — Année **5** Nr. 1—2.

Vega. An International Monthly Review of Astronomical Research. Boughton, Chester. — Vol. **1** Nr. 35.

Physikalische Verhandlungen. Physik Verlag, Mosbach (Baden). — 8. Jahrgang Heft 1—9.

Vesmír. Verlag der Akademie der Wissenschaften, Prag. — Band **36** Nr. 1—10.

Weltraumfahrt. Beiträge zur Weltraumforschung und Astronautik. Umschau-Verlag, Frankfurt am Main. — Jahrgang 1957 Heft 1—4.

Zeitschrift für Astrophysik. Springer-Verlag, Berlin-Göttingen-Heidelberg. — Band **41** Heft 3—4, Band **42** Heft 1—4, Band **43** Heft 1—4, Band **44** Heft 1.

Zeitschrift für Physik. Springer-Verlag, Berlin-Göttingen-Heidelberg. — Band **147** Heft 3—5, Band **148** Heft 1—5, Band **149** Heft 1—5, Band **150** Heft 1.

Zeitschrift für angewandte Physik. Springer-Verlag, Berlin-Göttingen-Heidelberg. — Band **9** Heft 1—12.

Deutsche Hydrographische Zeitschrift. Deutsches Hydrographisches Institut Hamburg. — Band **10** Heft 1—5.

Zeitschrift für Naturforschung. Verlag der Zeitschrift für Naturforschung, Tübingen. — Band **12a** Heft 1—12.

Wissenschaftliche Zeitschrift der Friedrich-Schiller-Universität Jena. — Jahrgang **6**.

Zentralblatt für Mathematik und ihre Grenzgebiete. Springer-Verlag, Berlin-Göttingen-Heidelberg. — Band **53** Heft 5, Band **58** Heft 1, Band **60**, Band **66** Heft 2, Band **70** Heft 1—2, Band **71** Heft 1.

Astronomisches Zirkular. Herausgegeben vom Büro der Astronomischen Mitteilungen der Akademie der Wissenschaften der UdSSR. Kasan. — Nr. 176—187.

6. Verzeichnis der Veröffentlichungen von Sternwarten und Instituten

Die in der folgenden Tabelle genannten Sternwarten sind in dem Verzeichnis der Veröffentlichungen von Sternwarten und Instituten unter dem Ort (rechte Spalte der Tabelle) aufgeführt.

Name der Sternwarte	Ort
Agassiz Station	Oak Ridge
Allegheny Observatory	Pittsburgh
Bosscha Observatory	Lembang
University of California	Los Angeles
Carter Observatory	Wellington, N. Z.
Observatorio de Cartuja	Granada
Commonwealth Observatory	Canberra
Commonwealth Scientific and Industrial Research Organization, Australia	Sydney
Dearborn Observatory of Northwestern University	Evanston, Ill.
Dominion Observatory	Ottawa
Dominion Astrophysical Observatory	Victoria, Canada
David Dunlap Observatory, University of Toronto	Richmond Hill
Dunsink Observatory	Dublin
Observatorio del Ebro	Tortosa
Engelhardt-Observatorium	Kasan
Observatorio Fabra	Barcelona
Flower and Cook Observatories	Philadelphia
Fraunhofer-Institut	Freiburg i. Br.
Georgetown Observatory	Washington
Harvard College Observatory	Cambridge, Mass.
Kapteyn Astronomical Laboratory	Groningen
Kwasan Observatory	Kyoto
Lick Observatory	Mount Hamilton
Goethe Link Observatory of Indiana University	Bloomington
Lowell Observatory	Flagstaff, Ariz.
Leander McCormick Observatory of the University of Virginia	Charlottesville
McDonald Observatory	Fort Davis, Tex.
McMath-Hulbert Observatory	Lake Angelus, Pontiac, Mich.
Observatory of the University of Michigan	Ann Arbor
Astronomical Observatory, University of Minnesota	Minneapolis
Nizamia Observatory	Hyderabad
University of Pennsylvania	Philadelphia
Perkins Observatory	Delaware, Ohio
Radcliffe Observatory	Pretoria
Remeis-Sternwarte	Bamberg
Rutherfurd Observatory	New York
Smithsonian Institution	Washington
Specola Astronomica Vaticana	Castel Gandolfo
Sproul Observatory	Swarthmore, Penn.
Staatliches Astronomisches Sternberg-Institut	Moskau
Astronomisches Hauptobservatorium der Akademie der Wissenschaften der Ukrainischen Sowjetrepublik	Golossejewo
Union Observatory	Johannesburg
United States Naval Observatory	Washington
Vassar College Observatory	Poughkeepsie, N. Y.
Warner and Swasey Observatory	Cleveland, Ohio
Washburn Observatory of the University of Wisconsin	Madison
Astronomical Observatory of Yale University	New Haven, Conn.
Yerkes Observatory	Williams Bay, Wis.

Abastumani

Bulletin des Astrophysikalischen Observatoriums Abastumani auf dem Kanobili. Nr.
21: Dshapiaschwili **7356**

Alma-Ata

Mitteilungen (Iswestija) des Astrophysikalischen Instituts.
4 5—6: Idliss **12329**
Liwschiz **7274**
5 7: Roshkowskij **12214**
Roshkowskij **12215**
Charitonow **9604**
Muljartschik **12423**
Roshkowskij **2231**
Roshkowskij **22116**
Roshkowskij **2120**
Moros **2268**
Karimow, Obaschew **6721**
Karimow **6722**
Bojko **2203**
Matjagin **6209**
Diwari **7261**
Karjagina **8404**
Karimow **8403**
Liwschiz **7275**
Toropowa **72270**
Owtschinnikowa **7269**
Maslennikow **2117**

Amsterdam

Circular of the Astronomical Institute of the University of Amsterdam. Nr.
11: Zanstra **41122**

Ankara

Communication of the Department of Astronomy of Ankara University. Nr.
15: Kreiken **111112**
16: Ege, Tezel, Arons **111101**
17: Kreiken, Andaç, Ulusoy **111113**
18: Kreiken **111114**
19: Kreiken **111115**
20: Kreiken, Süslü **111116**
21—24: AJB **56**
25: Kreiken, Ege **111117**

Arcetri

Osservazioni e Memorie dell'Osservatorio Astrofisico di Arcetri. Fasc. Nr.
71: — **1101**
Ballario AJB **56 12326**
Righini vgl. AJB **56 1159**
Ballario, Balli AJB **56 6606**
Rigutti AJB **56 6664**
Godoli AJB **56 6619**

Osservatorio Astrofisico Arcetri. Contributi. Nr.
5: Righini **13100**
6: Macris AJB **56 6634**
7: Godoli **72231**
— **72258**
8: Macris AJB **56 6635**
9: Righini vgl. **1179**
10: Morais **2226**
11: Godoli **6632**
12: Rigutti **6687**
13: Godoli AJB **58**
14: Noci, Rigutti **267**
15: Godoli **1241**
16: Godoli **6406**

Armagh

Contributions from the Armagh Observatory. Nr.
21: Lindsay AJB **56 12459**
22: Cillié, Lindsay **11107**

Armagh Observatory Leaflet. Nr.
45: Lindsay **1101**
46: Öpik **7323**
47: Öpik **134127**

Asiago

Contributi dell'Osservatorio Astrofisico dell'Università di Padova in Asiago. Nr.
77: Grubissich, Rosino **12413**
78: Geake AJB **56 11120**
79: Geake AJB **56 12244**
80: Wurm, Rosino **12218**
81: Nobili **12142**
82: Rosino, Grubissich, Maffei **111186**
83: Nobili **12143**
84: Mannino **12139**
85: Rosino **12144**
86: Taffara **111193**

Athen

Publications of the Laboratory of Astronomy, University of Athens, Greece. Series II. Nr.
4: Contopoulos **5302**

National Observatory of Athens, Greece. Bulletin of the Astronomical Institute.
1953 (2): Macris **6377**
Elias **11202**, § **113**

Bamberg

Kleine Veröffentlichungen der Remeis-Sternwarte Bamberg. Nr.
17: Reim **11213**
18: Strohmeier, Kippenhahn, Geyer **11216**

Beirut

American University Observatory. Monthly Bulletin. Astronomical Section. Solar photospheric observations 1957 Jan.—Dez. **6377**

Beograd

Publications de l'Observatoire Astronomique de Beograd. Nr.
5: Ševarlić **13225**

Bulletin de l'Observatoire Astronomique de Beograd.
21 1—2: Protitch, Čepinac **7530**
Djurković, Dačič **10123**
Milovanović, Ševarlić, Teleki **13216**
Brkić, Mitić **2379**
Brkić, Mitić **2379**
— **7344**
Mitrinović **7530**
Popović **4223**
Djurković **3206**

Berkeley

Berkeley Reprint. Nr.
113: Phillips **271**
114: Phillips **9536**
115: Struve, Sahade **11167**
116: Roberts **12375**
117: Struve, Sahade **11166**
118: Struve, Sahade, Zebergs **111192**
119: Lynds **9533**
120: Huang **11121**
121: Lynds **11143**
122: Lynds **11144**
123: Sahade, Struve **11159**
124: Stephenson **5318**
125: Struve, Sahade, Huang **11170**
126: Struve, Zebergs **111190**
127: Gould **10005**

Berlin

Berliner Astronomisches Jahrbuch für 1959. **401**

Mitteilungen der Sternwarte Berlin-Babelsberg. Nr.
3: Hinderer **11118**

Mitteilungen der Archenhold-Sternwarte Berlin-Treptow. Nr.
46: Wattenberg **1289**
47: Wattenberg **6377**

Wilhelm-Foerster-Sternwarte. Veröffentlichung. Nr.
10: — **1289**

Besançon

Annales de l'Observatoire de Besançon. Astronomie et Géophysique. Nouvelle Série.
5 1: Nicht referiert
2: Baillaud **1306**
Florsch AJB **56** **10130**
Gondy, Maître AJB **56** **7532**, **7601**, **7701**, **7801**, **7805**
Gondy, Maître **7529**, **7601**, **7801**, **7804**
3: Nicht referiert

Bjurakan

Mitteilungen (Soobschtschenija) des Observatoriums Bjurakan. Nr.
21: Arakeljan **11101**
22: Sanamjan **2413**
Grigorjan **12366**
Grigorjan **12367**
23: Mirsabekjan **12668**
Chatschikjan **12223**
Iwanowa **9606**
Grigorjan **7267**

Blindern. Siehe Oslo

Bloomington

Publications of the Goethe Link Observatory, Indiana University. Nr.
17: Heiser **5121**
18: Brownlee **11105**

Goethe Link Observatory of Indiana University. Reprint. Nr.
12: Nicht eingegangen
13: Kraft **111111**

Bologna

Pubblicazioni dell'Osservatorio Astronomico Universitario di Bologna.
6 18: Horn-d'Arturo **2010**

Bonn

Veröffentlichungen der Universitäts-Sternwarte zu Bonn. Nr.
45: Meurers **12372**
46: Sauer, Strassl **114**
47: van Schewick **12127**
48: Meurers, Scharf **12121**

107: Hawkins, Prentice **8231**
108: Wright, Jacchia, Whipple **82118**
109: Bell, Glazer **6802**
110: Bok, Warwick **12502**
111: Whipple, Hynek **134173**
112—119: AJB **58**
120: Jacchia **8243**
121—122: AJB **58**
123: Miczaika **11151**

Harvard Astronomical Observatory. Annual Report 1956. **1101**

Harvard College Observatory. Announcement Card 1346—1387.

Cape

Cape Mimeogram, 1953. Nr. 1—4. **9419**

Report for the year 1956 of Her Majesty's Astronomer at the Cape of Good Hope to the Secretary of the Admiralty. **1101**

Castel Gandolfo

Specola Astronomica Vaticana. Ricerche Astronomiche.
3 16: Miller **111177**

Specola Vaticana. Comunicazione. Nr.
21: Junkes vgl. **1179**
22: Junkes, Salpeter **2253**

Specola Astronomica Vaticana. Miscellanea Astronomica.
3 111: Junkes, Salpeter **2254**
112: Intonti, Pfundt, Lais **2251**
113: Passeri **2272**
114: Junkes **240**
115: Masi. Nicht referiert

Catania

Osservatorio Astrofisico di Catania. Pubblicazioni. Nuova Serie. Nr.
11: Fracastoro **1101**
12—13: AJB **56** **2284, 1373**
14: Tempesti **134161**
15: Cristaldi **6377, 6687**
16: Fracastoro vgl. AJB **56** 738
17: Ruggieri **7402**
18: Tempesti **7402**

Charkow

Publikationen (Trudy) des Astronomischen Observatoriums der Gorkij-Staatsuniversität Charkow.
12: Barabaschow **1210**
Gordon **11303**
Jeserskij **7121**
Lebedinez **7607**
Kowal **6210**
Slastenow **7517**
Bashenow **4501**
13*): — **1001**
Slastenow **1001**
Kusmenko, Plushnikow **9116**

Zirkular des Astronomischen Observatoriums der Gorkij-Staatsuniversität Charkow. Nr.
16—17: Krissenko, Rapota **6377, 6687**

Charlottesville

Publications of the Leander McCormick Observatory of the University of Virginia.
12 4: Vyssotsky **12356**

Cleveland

Warner and Swasey Observatory, Case Institute of Technology. Reprint Nr.
53: AJB **54** **111101**
54: Nicht eingegangen
55: AJB **54** **9560**
56: AJB **54** **9713**
57: AJB **54** **9403**
58: AJB **54** **9420**
59: AJB **54** **12314**
60: AJB **55** **9554**
61: AJB **55** **9706**
62: AJB **55** **12103**
63: AJB **55** **12429**
64: AJB **55** **9516**
65: AJB **55** **9549**
66: AJB **55** **9527**
67: AJB **55** **12104**
68: Nicht eingegangen
69: AJB **56** **12503**
70: AJB **56** **9426**
71: AJB **56** **12129**
72: AJB **56** **9567**
73: AJB **56** **9547/48**
74: AJB **56** **9710**
75: AJB **56** **11112**
76: AJB **56** **12315**
77: Nassau, Blanco **12316**
78: Blanco **9402**
79: Walker **111198**
80: Blanco, Nassau **12302**
81: Walker **12134**
82: Sanduleak **12320**
83: Bonsack, Stock **9601**

*) Aus RJ entnommen (vermutlich unvollständig)

Coimbra

Anais do Observatório Astronómico da Universidade de Coimbra. Primeira Secção.
12: — **6377**, **6687**

Delaware

Contributions from the Perkins Observatory. Series I. Nr.
46: van den Bergh **9702**
47: Keenan **9530**
48: van den Bergh **12105**
49: van den Bergh **5301**

Contributions from the Perkins Observatory. Series II. Nr.
9: van den Bergh **11192**

Dresden

Veröffentlichungen des Geodätischen Instituts der Technischen Hochschule Dresden. Reihe B: Astronomie. Nr.
1: Sandig **13005**

Edinburgh

Publications of the Royal Observatory, Edinburgh.
2 2: Ellison, Reid **6631**

Communications from the Royal Observatory, Edinburgh. Nr.
14: Ellison AJB **56** **6617**

Evanston, Ill.

Annals of the Dearborn Observatory of Northwestern University.
7 2: Strand **10123**

Contributions from the Dearborn Observatory. Nr.
9: Weitbrecht **2238**
10: Strand vgl. **1180**
11: Krogdahl **4163**

Fort Davis

Contributions from the McDonald Observatory, University of Texas. Nr.
272: Hiltner **12227**
273: Kuiper **7438**
274: Johnson **9407**
275: Abt **9701**
276: Abt, Morgan, Strömgren **12201**
277: Hart **10207**
278: Abt **9501**

Freiburg i. Br.

Mitteilungen aus dem Fraunhofer-Institut, Freiburg i. Br. Nr.
29: Becker **6611**
30: Kiepenheuer, Rabben **2152**
31: Kiepenheuer **6642**
32: Bruzek, Becker **6619**

Fraunhofer-Institut. Daily maps of the sun. 1957 Jan. 1—Dez. 31. **6377**, **6687**, **6750**

Genève

Publications de l'Observatoire de Genève. Série A. Fasc.
54: Golay **1001**

Golossejewo

Mitteilungen (Iswestija) des Astronomischen Hauptobservatoriums der Akademie der Wissenschaften der Ukrainischen Sowjetrepublik.
2 1: Korol, Konin **9112**
Gawrilow, Koltschinskij, Onegina **9109**
Gordeladse **11301**
Gurtowenko **2510**

Göttingen

Veröffentlichungen der Universitäts-Sternwarte zu Göttingen. Nr.
117: Schmidt **11307**
118: von Alvensleben **2201**
119: Jäger **6412**

Granada

Boletín Mensual del Observatorio de Cartuja, Granada. Observaciones astronómicas y sísmicas. Enero a Diciembre de 1956. **6377**

Greenwich

The Nautical Almanac and Astronomical Ephemeris for the Year 1959. 405

Apparent Places of Fundamental Stars 1958. 415

The Abridged Nautical Almanac for the Year 1959. 423

The Air Almanac 1958. 429

The Star Almanac for Land Surveyors for the Year 1958. 430

Greenwich Astronomical Results 1947. **2367**, **6001**, **7109**, **7301**, **7601**, **7701**, **7801**, **13235**

Greenwich Astronomical Results 1949. **2367, 6001, 7101, 7109, 7301, 7401, 7529, 7601, 7701, 7801, 7804, 13235**

Greenwich Photo-heliographic Results 1950. **6377, 6687**

Report of the Astronomer Royal to the Board of Visitors of the Royal Greenwich Observatory. **1101**

Hamburg

Mitteilungen der Hamburger Sternwarte in Bergedorf.
9 93: Beyer vgl. AJB **56 738**
94: Heckmann vgl. AJB **56 738**
95—103: AJB **55, 56**
10 104: Wurm, Rosino **12218**
105: Stock, Schuecking **12432**

Mitteilungen der Hamburger Sternwarte in Bergedorf.
23 256: Eberlein **5304**
257: Thiessen **5227**
258: Slettebak, Stock **9539**
259: Wellmann **9548**
260: Haffner **12110**
261: Hardorp **12111**
262: Haffner **2511**
263: Groth **11116**
264: Thiessen **11176**
265: Thiessen **8168**

Jahresbericht der Hamburger Sternwarte in Bergedorf für das Jahr 1956. **1101**

Deutsches Hydrographisches Institut. Jahresbericht Nr. 11 für das Jahr 1956. **1101**

Haute-Provence (Saint Michel)

Publications de l'Observatoire de Haute-Provence.
3 43: Lenouvel, Daguillon AJB **56 11131**
44: Tcheng, Bloch AJB **55 111144**
45: Martel AJB **56 12217**
46: Chopinet AJB **56 9521**
47: Andrillat AJB **56 12202**
48: Berthier AJB **56 72145**
49: Duflot, Fehrenbach AJB **56 9217**
50: Lallemand, Duchesne AJB **56 2118**
51: Martel AJB **56 12218**
52: Martel AJB **56 12219**
53: Andrillat AJB **56 9503**
54: Andrillat **9504**
55: Dufay **72196**
56: Mercier **10212**
57: Mianes, Daguillon **12122**
58: Boulon **9207**
59: Dufay, Moreau **72258**
60: Swings, Fehrenbach, Haser **12262**
4 1: Tcheng, Bloch **111195**
2: Bigay, Doan, Dufay **8169**
3: Dufay **72219**
4: Swings, Dufay, Haser **8169**
5: Fehrenbach, Haser, Swings, Woszczyk **8168**
6: Cailliatte **72194**
7: Swings, Fehrenbach, Woszczyk **8118**

Heidelberg

Veröffentlichungen des Astronomischen Rechen-Instituts Heidelberg. Nr.
6: — **9132**
7: — **9133**

Astronomisches Rechen-Institut in Heidelberg. Mitteilungen Serie A. Nr.
6: Lohmann **12118**
7: Strobel **9128**
8: Gliese **9110**

Astronomisches Rechen-Institut in Heidelberg. Mitteilungen Serie B. Nr.
2: Fricke **9108**

Mitteilungen der Landessternwarte Heidelberg. Nr.
100: Bahner, Mawridis **9506**
101: König **4161**
102: vgl. AJB **56 738**
103: Labs **6415**
104: AJB **58**
105: AJB **58**
106: Kienle **1221**
107: AJB **58**
108: Kienle vgl. **1191**
109: Kienle vgl. **1191**
110: Labs vgl. **1191**
111: Bahner vgl. **1191**

Helsinki

Reprints from the Radio Astronomy Station, University of Helsinki. Nr.
4: Tuominen vgl. **1169**
5: Tuominen, Karras **12238**

Sonderdrucke des Astronomischen Observatoriums Helsinki.
Kustaanheimo **4164**
Hämeen-Anttila **4153**
Väisälä **134183**

Istanbul

Publications of the Istanbul University Observatory. Nr.
59: Gleissberg **6317**
60: Avcioğlu **6687**
61: Yilmaz **6377**

Jena

Mitteilungen der Universitäts-Sternwarte zu Jena. Nr.
24: Schmidt **12516**
25: Oleak **8340**
26: Notni **12349**
27: Schmidt **12517**
28: Richter **12513**
29: Güssow **2248**
30: Hoppe **8237**
31: Friedemann **10124**

Johannesburg

Union Observatory Circular.
6 6 (116): Bruwer § **75**
Bruwer § **81**
Finsen **7402**
van den Bos **10124**
van den Bos **10123**

Union Observatory, Johannesburg. Annual report for 1956. **1101**

Kanzelhöhe

Mitteilungen des Sonnenobservatoriums Kanzelhöhe. Nr.
7: Haupt AJB **56** **6664**
8: Comper, Kern **6624**
9: Ellerböck **6715**
10: Comper **6309**

Kasan

Bulletin des Astronomischen Engelhardt-Observatoriums der Lenin-Staatsuniversität Kasan. Nr.
33: Agafonowa, Nefedjewa **9103**
Agafonowa, Nefedjewa **1225**

Kiel

Sonderdruck der Sternwarte Kiel.
Traving **5143**
Oster **5130**
Böhm, Schlender **5005**
Böhm **111142**
Oster **5014**
Unsöld **5228**

København

Publikationer og mindre Meddelelser fra Københavns Observatorium. Nr.
170: Petersen, Laustsen **7530**, § **81**
171: Naur **9119**
172: Naur **6103**
Jørgensen, Laustsen, Petersen § **75**, § **81**

Union Astronomique Internationale. Circulaire Nr. 1580—1634.

Aktuelle Meddelelser fra Astronomisk Selskab Nr. 388—395.

Kodaikanal

Kodaikanal Observatory Bulletin. Nr.
142: — **6687**
143: Nicht eingegangen
144: Das, Bhargava, Subrahmanyan, Rangarajan, Narayana, Narayan **6211**

Kodaikanal Observatory. Sonderdrucke.
Naqvi, Bhargava AJB **55** **6830**
Das, Abhyankar vgl. AJB **55** **732**
— **6211**

Krim

Mitteilungen (Iswestija) des Astrophysikalischen Observatoriums auf der Krim.
17: — **1001**
Pronyk **12213**
Nikonow, Nekrassowa, Polossuchina, Ratschkowskij, Tschuwajew **9715**
Bojartschuk **9513**
Bojartschuk **9514**
Sewerny **6667**
Mustel, Zap **6650**
Chochlowa **6621**
Stefanowitsch **6429**
Dubow **6628**
Moissejew, Gopassjuk **6541**
Sawitsch, Abramenko **1226**
Odinzowa **72167**

Kyoto

Contributions from the Institute of Astrophysics and Kwasan Observatory, University of Kyoto. Nr.
61: Hattori, Yada AJB **56** **12247**
62—64: Ueno **5144**
65: Ueno **5145**

Lisboa

Bulletin de l'Observatoire Astronomique de Lisbonne (Tapada). Nr.
11: — **9134**

London

Communications from the University of London Observatory. Nr.
26: Garstang **228**
27: Allen vgl. **1169**

Los Angeles

University of California. Astronomical Papers. Nr.
20: Popper vgl. **1180**
21: AJB **56** **8327/29**

Lund

Annals of the Observatory of Lund. Nr.
14: Reiz **9203**

Meddelande från Lunds Astronomiska Observatorium. Serie I. Nr.
190: Lindholm **12509**

Meddelande från Lunds Astronomiska Observatorium. Serie II. Nr.
134: Lundmark vgl. AJB **56** **738**
135: Schalén **12514**

Lwow (Lemberg)

Zirkular des Astronomischen Observatoriums der Franko-Staatsuniversität Lwow. Nr.
31: Nicht eingegangen
32: Eigenson **6312**
Rakipowa **6832**
Eigenson **5504**
Mandrykina **6340**
Lojezkij **6337**
Lojezkij **6338**
Olijnyk **6347**
33: Kaplan **12506**
Kaplan **242**
Kaplan **109**

Lyon

Publications de l'Observatoire de Lyon. Série I — Astronomie.
5 29: Lunel **2221**

Publications de l'Observatoire de Lyon.
3 29: Proisy vgl. **1179**

Madrid

Boletín Astronómico del Observatorio de Madrid.
5 2: Gullón, López Arroyo, Febrer **6687**
Gullón, López Arroyo **6377**
López Arroyo **6652**
Gullón, López Arroyo **7402**
Torroja **7530**
Torroja **8168**
Pensado **10124**

Manchester

Astronomical Contributions from the University of Manchester. Series II. Jodrell Bank Reprint Nr.
137: Lovell **72108a**
138: Lovell vgl. AJB **55** **1168**
139—149: AJB **56**
150: Rowson **12672**
151: Dagg **12614**
152: Dagg **12612**
153: Hanbury Brown, Twiss **210**
154: Dagg **12613**
155: Lovell **1101**
156: Bowden, Davies **8208**
157: Greenhow, Neufeld **8227**
158: Morris, Palmer, Thompson **12670**
159: Bullough, Davidson, Kaiser, Watkins **72215**
160: Twiss, Little, Hanbury Brown **2103**
161: Nicht eingegangen
162: Twiss, Hanbury Brown, **2102**
163: Nicht eingegangen
164: Hanbury Brown, Twiss **211**
165: Evans **7307**
166: Evans **72160**
167: Davies **12656**
168: Lovell **1231**
169: Dagg **12615**
170: Dagg **12616**
171: — **134183**

Astronomical Contributions from the University of Manchester. Series III. Nr.
16: AJB **54** **11123**
17—18: AJB **54** **5219**, **7016**
19: AJB **53** **10004**
20—21: AJB **54** **11122**, **253**
22: vgl. AJB **55** **732**
23—24: Nicht eingegangen
25—26: AJB **55** **11123**, **5311**
27: Kopal, Kurth **11004**
28: AJB **55** **10002**
29: Kopal vgl. **1171**
30—31: AJB **55** **7377**, **10010**
32: AJB **56** **6104**
33: Kopal AJB **56** **5421**

34—40: AJB **56** 2011, 279, 2259, 2227, 2029, 2219, 2211
41: AJB **56** 106
42: Nicht eingegangen
43: AJB **56** **7361**
44: Kopal vgl. **1113**
45: Batten AJB **56** **11105**
46: Fielder **7358**
47: Geake, Wilcock AJB **56** **2235**
48: Danby, Camm **4404**
49: Kahn. Nicht referiert
50: Owen **5219**
51: Kurth **4217**
52: Batten **10003**
53: AJB **58**
54: Geake, Wilcock **2243**
55: Fielder **7359**
56: Nicht eingegangen
57: Batten **11103**

Milano-Merate

Pubblicazioni dell'Osservatorio Astronomico di Milano-Merate. Nuova Serie. Nr.
10: Fracassini 107

Contributi dell'Osservatorio Astronomico di Milano-Merate. Nuova Serie. Nr.
101: Zagar **4434**
102: Broglia, Masani **11194**
103: Kranjc **2408**
104: Hack **9521**
105: Broglia, Masani **11195**
106: Minnaert **6420**
107: Casati, Hack **111145**
108: Broglia **111143**
109: Hack **111152**
110: Kranjc **2257**
111: Kranjc **2216**
112: Arrighi **4101**
113: Broglia **11104**
114: Fleckenstein, Zagar **1019**
Fleckenstein. Nicht referiert
115: Fleckenstein (-Gallo) **10123**
116: Proverbio **2518**
117: Gabba **1021**
118: Hack **9522**
119: Martini, Masani **5126**
120: Fracassini, Hack **5113**
121: Kranjc **2258**
122: Brando, Proverbio **2306**

Moskau

Astronomisches Jahrbuch der UdSSR für das Jahr 1960. **406**

Publikationen (Trudy) des Staatlichen Astronomischen Sternberg-Instituts.
27: Artjuchina **12101**
Pilnik **2517**
Bakulin, Blashko **2304**
Schaschowskoj **12376**
Artjuchina **12364**
Karimowa **12419**

Mitteilungen (Soobschtschenija) des Staatlichen Astronomischen Sternberg-Instituts. Nr.
100: Stepanow **6356**
Stepanow **6430**
Stepanow **6357**
Sitnik **289**
Kornilow **9532**
101—102: Parijskij **1233**
Parijskij **6205**
Schtscheglow **6205**
Pskowskij **2273**
Schefow **22117**

Mount Hamilton

Lick Observatory Bulletin. Nr.
548: Eggen AJB **56** **9204**
549: Eggen **9703**
550: Worley, Eggen **111130**
551: Vasilevskis **9204**
552: Vasilevskis **2524**
553: Worley **10123**
554: Vasilevskis, Rach **12131**
555: Jeffers **7530**, § **81**
556: Kron, Gascoigne, White **9412**
557: Jaschek-Corvalan, Jaschek **9708**

Contributions from the Lick Observatory. Series II. Nr.
63: Herbig AJB **56** **111120**
64: Herbig vgl. **1171**
65: Herbig vgl. **1179**
Bidelman, Stephenson vgl. **1179**
66: Bidelman AJB **56** **12106**
Kron AJB **56** **12457**
Herbig AJB **56** **12213**
67: Kraft **111110**
68: Eggen, de Vaucouleurs AJB **56** **12449**
Böhm-Vitense AJB **56** **12406**
Worley, Eggen AJB **56** **11155**
69: Herbig **111155**
70: Bertiau **10212**
71: Osawa **10212**
72: Jackson, Shane, Lynds **10212**

73: Herbig AJB **56** **9537**
Preston, Bidelman AJB **56** **9225**
Eggen AJB **56** **111115**
Kron, Greeby, Willson AJB **56** **2245**
74: Herbig **12205**
75: Bidelman, McKellar **111140**
76: Stebbins, Kron **6020**
77: Bidelman **9507**
Jaschek-Corvalan, Jaschek **9528**
78: Gould, Herbig, Morgan **9519**
Bidelman **9508**
Svolopoulos **72258**
79: Morgan, Mayall **12422**
80: van den Bos, Jeffers **10106**
Bidelman **9509**
Hunger, Kron **111160**
81: AJB **58**
82: Herbig vgl. 1179
83—84: AJB **58**
85: Herbig, Mayall **9524**
Bidelman **9510**

Mt. Stromlo

Mount Stromlo Observatory Reprints. Nr.
1: Hogg **111157**
2: Rodgers **111126**
3: de Vaucouleurs **9546**
4: Eggen, Gascoigne, Burr **111102**
5: Gascoigne, Eggen **111106**
6: Przybylski **6116**

Yale-Columbia Southern Station Reprint Nr.
4: de Vaucouleurs **12455**

München

Veröffentlichungen der Sternwarte München.
4 21: Schmeidler **3119**
22: Schmeidler **9127**

Münster

Mitteilungen der Universitäts-Sternwarte Münster. Nr.
8: Joksch **7312**

Napoli

Osservatorio Astronomico di Capodimonte-Napoli. Contributi Scientifici. Nuova Serie. Nr.
6: Nicolini **7015**

Nashville

The Arthur J. Dyer Observatory, Vanderbilt University. Nashville, Tennessee. Reprint. Nr.
1: DeWitt jr., Seyfert AJB **50** **2240**
2: Seyfert AJB **51** **12433**
3: Seyfert AJB **54** **1270**
4: Seyfert AJB **56** **1244**
5: DeWitt, Hardie, Seyfert **2204**

Neuchâtel

Observatoire de Neuchâtel. Circulaire. Nr.
1: — **2379**

Rapport du Directeur de l'Observatoire Cantonal de Neuchâtel. **1101**

Oslo

The Institute of Theoretical Astrophysics Blindern, Norway. Reprint. Nr.
18: Störmer **72258**
19: Elgaröy **6533**
20: Elgaröy **6534**

Institutt for Teoretisk Astrofysikk Blindern-Oslo. Småtrykk. Nr.
18: Tandberg-Hanssen **12435**
19: Ringnes **13101**

Ottawa

Publications of the Dominion Observatory Ottawa.
14 18/19: Nicht referiert
15 7: Woolsey, Tanner **9131**
18 12: Nicht referiert
19 1—5: Nicht referiert

Contributions from the Dominion Observatory Ottawa.
1 26: Nicht referiert
27—28: AJB **56**
29: Nicht referiert
2 22: Halliday **8229**
23: Herzberg **6409**
3 1—7: Nicht referiert
8: Innes **8391**
10: Pratap **6831**
14: Nicht referiert

Oxford

Communications from the University Observatory, Oxford. Nr.
61: Bishop AJB **56** **6610**
62: Treanor **6676**
63: Busbridge **5104**

Padova

Osservatorio Astronomico-Padova. Pubblicazione Nr.
108: — **1242**
109: Romano AJB **56 111141**
110: Gennaro **3108**
111: Silva **2523**

Paris

Contributions de l'Institut d'Astrophysique de Paris. Série A. Nr.
221: Barbier, Lévêque **2240**
222: Barbier **72190**
223: Barbier **72210**
224: Barbier **72191**
225: Guérin **9520**
226: Divan, Rozis-Saulgeot **9605**
227: Divan **12107**
228: Rigal **11156**
229: Barbier **72192**

Contributions de l'Institut d'Astrophysique de Paris. Série B. Nr.
143: Schatzman AJB **56 5124**
144: Schatzman AJB **56 5125**
145: Nicht eingegangen
146: Rigollet AJB **56** 82108
147: Vigroux AJB **56 7381**
148: Seaton vgl. AJB **56** 1166
149: Percival, Seaton vgl. AJB **56 1166**
150: Seaton vgl. AJB **56 1166**
151: Barbier, Curtis AJB **56 5103**
152: Barbier AJB **56 5104**
153: Vigroux **7335**
154: Westerlund AJB **56 12136**
Westerlund AJB **56 9577**
Westerlund AJB **56 12137**
155: Divan, Rozis-Saulgeot AJB **56 12510**
156: Divan AJB **56 12511**
157: Chalonge AJB **56 5109**
158: Berger, Chalonge, Divan, Fringant AJB **56 5105**
159: Rozis-Saulgeot AJB **56 12526**
160: Barbier vgl. AJB **56 738**
161: Chalonge vgl. AJB **56 738**
162: Divan AJB **56 9525**
163: Berger, Fringant, Menneret AJB **56 9506**
164: Schatzman **5225**
165: Barbier, Glaume **72189**
166: Pecker **5133**
167: Barbier vgl. AJB **56 1166**

Connaissance des Temps ou des mouvements célestes, à l'usage des astronomes et des navigateurs pour l'an 1959. **407**

Ephémérides Nautiques pour l'an 1958. **424**

Philadelphia

Publications of the University of Pennsylvania. Astronomical Series.
7 3: Olivier, Hammer **10123**
Barton **10123**
4: Olivier, Moore, Nason, Svelopoulos **11210**

Publications of the University of Pennsylvania. The Flower and Cook Astronomical Observatory. Reprint Nr.
94: Wood vgl. AJB **56 738**
102: Olivier **8263**
103: Nicht eingegangen
104: Olivier AJB **56 1104**
105: Wood, Blitzstein **11180**
106: Wood vgl. **1171**
107: Wood vgl. **1180**
108: Binnendijk vgl. **1180**

Potsdam

Mitteilungen des Astrophysikalischen Observatoriums Potsdam. Nr.
50: Schröter **6119**
51—54: AJB **56**
55: Mie **2224**
56: Künzel, Mattig, Schröter **6334**
57: Künzel, Mattig, Schröter **6334**
58: Daene **1246**
59: Scheffler **72262**
60: Künzel, Mattig, Schröter **6334**

Prag

Československá Akademie Věd. Astronomický Ústav. Publikace. Nr.
30: Plavec 82110
31: — **6210**
32: Švestka **6674**
33: Gregor, Křivský **6815**

Pretoria

Communications from the Radcliffe Observatory, Pretoria. Nr.
36: Feast AJB **56 12450**
37: Feast, Thackeray AJB **56 12451**
38: Feast **12108**

39: Feast, Thackeray, Wesselink **9208**
40: Archer **9206**

Radcliffe Observatory. Reprint. Nr.
8: Feast vgl. 1179
9: AJB **58**
10: Thackeray **1280**

Pulkowo

Publikationen (Trudy) des Astronomischen Hauptobservatoriums Pulkowo
Gnewyschewa **6377**, **6687**, **6750**

Mitteilungen (Iswestija) des Astronomischen Hauptobservatoriums Pulkowo.
20 4(157): Melnikow **3129**
Nemiro **9120**
Poloshenzew **9126**
Kossin **9113**
Fattschichin **9302**
Potter **2411**
Potter, Tschudowitschewa **2229**
Bulatowa, Tschudowitschewa **7530**
Wassiljew **2360**
Romanskaja, Korbut, Sacharow **13222**
21 1(160): Maxutow **2025**
Nemiro **9121**
Afanassjewa **9102**
Deutsch **10109**
Achundowa **12363**
Krat, Sobolew **6646**
Wjasanizyn **6682**
Prokofjewa **6662**
Prokofjewa **6732**

Bulletin des Zeitdienstes des Astronomischen Hauptobservatoriums. Nr. 28—30. **2379**

Richmond Hill

Communications from the David Dunlap Observatory, University of Toronto. Nr.
38: Oke **2269**
39: Wellmann **11178**
40: Oke **9716**
41: Bakos **111135**

Rio de Janeiro

Almanaque Náutico para 1958. **409**

Roma

Osservatorio Astronomico di Roma su Monte Mario (con succursale sul Gran Sasso d'Italia-Aquila). Contributi Scientifici (Nuova Serie). Nr.
235: Giannuzzi AJB **56** **11121**
Giannuzzi **11113**
236: Fantoli AJB **56** **10130**
Fantoli **10124**
237: Fortini, Caprioli **6404**
238: Giannuzzi **2404**
239: Conti **7344**, **7401**, **§ 75**, **7601**, **7701**
240: — **1249**
241: Fortini, Bjerke **6687**, **72258**
242: AJB **58**
243: Giannuzzi **6005**
244: Armellini **11105**

San Fernando

Almanaque Náutico año 1958. **410**

Almanaque Náutico para uso de los navegantes año 1958. **425**

Santiago de Chile

Institute of Physics and Astronomy of the Catholic University of Chile. Sonderdruck
Gun Bayer **7308**

Sendai

Sendai Astronomiaj Raportoj. Nr.
51: Matukuma **4218**
52: Hosokawa **11120**
53: Hitotuyanagi, Suda **5212**
54: Takakubo **5319**
55: Takakubo **12528**

Skalnaté Pleso

Contributions of the Astronomical Observatory Skalnaté Pleso.
2: Kresák **82124**
Kresák **8014**
Guth **8131**
Kresák **8138**
Bajcárová, Antal **12242**

Sonneberg

Veröffentlichungen der Sternwarte in Sonneberg.
4 2: Götz, Huth, Hoffmeister **11203**

Mitteilungen über veränderliche Sterne. Nr. 244—350. **§ 112**

Stalinabad

Bulletin des Astronomischen Observatoriums Stalinabad. Nr.
19: Gontkowskaja **308**
Dobrowolskij **8102**
Bacharew **8163**
Katassjow, Sosnowa, Babadshanow **8249**
Rubzow, Kolmakow, Bibarsow **82124**
Solowjow **111127**
20: Schachowskoj **9537**
Bacharew, Dobrowolskij **8206**
Iwanikow **2252**
Markowitsch **8015**
21: Iwanikow **8241**
22—23: Solowjow **1251**
Solowjow **11215**
Schachowskoj **11214**
Saidow **11162**
Filin **12341**
Dobrowolskij **8005**
Katassjow **8250**
Bacharew **8207**
Babadshanow **8205**
Rubzow **8271**
Wassiljanowskaja **1251**
— **716**

St. Andrews

Reprints from the Observatory, University of St. Andrews. Nr.
18: Jarret, Byard **72232**

Stockholm

Stockholms Observatoriums Annaler.
19 8: Larsson-Leander **11140**
9: Lindblad **12345**
10: Contopoulos **12335**
11: Lindgren **6650**
20 1: Ramberg **12319**
2: Larsson-Leander **12117**
3: Öhman **6687**

Stockholms Observatorium. Meddelande Nr.
94: Öhman AJB **56** **6664**
95: Lodén **12526**
96: Larsson-Leander **11139**
97: Bjerke **6616**
98—101: AJB **58**
102: Larsson-Leander **8168**

Stockholms Observatorium Årsberättelse för 1956. **1101**

Swarthmore

Sproul Observatory Reprint. Nr.
93: Lippincott AJB **56** **111128**
94: Wyller AJB **56** **9310**
95: van de Kamp **3005**
96: Fredrick AJB **56** **9205**
97: van de Kamp vgl. AJB **56** **738**
98: Lippincott **2514**
99: Fleischer **10124**
100: Flather **10124**
101: Wyller **10212**
102: Wyller **10212**
103: van de Kamp, Damkoehler **10212**

Sydney

Sydney Observatory. Astrographic Catalogue 1900.0. Vol. **38**. **9138**

Sydney Observatory Papers. Nr.
25: Sims **7344**
26: Robertson **7530**

Commonwealth Scientific and Industrial Research Organization, Australia, Division of Radiophysics.
Smerd, Wild **2414**
Kerr, Shain, Kraus **7314**
Shain **12645**
Mills, Slee **12667**
Twiss, Hanbury Brown **2102**
Squires **7609**
Pawsey **12637**
Slee AJB **56** **6724**
Kerr, Hindman, Carpenter **12691**
Wild vgl. **1113**
Bowen **1101**
Christiansen, Mathewson, Pawsey **6529**
Kerr, Hindman **12692**
Loughhead, Roberts, McCabe **6540**
Christiansen, Warburton, Davies **6528**
Piddington **12330**
Piddington **12232**
Twiss, Little, Hanbury Brown **2103**
Shain **82114**
Rishbeth, Little **12671**
Shain, Slee **8168**

Tacubaya. Siehe Tonantzintla

Tartu

Publikationen des Astronomischen Observatoriums Tartu.

33 2: Kusmin **4411**
Riives 8022
Keres, Riives **6210**
Tooming **6210**

Tartu Astronoomia Observatorium. Teated Nr.
1: Kusmin AJB **54** **12344**
2: Kusmin AJB **56** **4407**
3: Kusmin **12344**

Taschkent

Publikationen (Trudy) des Astronomischen Observatoriums Taschkent.
(2) **5**: Latypow **12250**
Latypow **12251**
Bykow, Kim **1252**
Schakirowa **2520**
Loginow **2115**
Gubin, Nossenko, Schulgin **1252**
Schulgin **1252**
Schulgin **1252**
Schulgin **1252**
Mursalimowa **6344**
6: Schtscheglow **13103**
— **715**
Slonim **1252**
Slonim **6669**
Slonim, Kuleschowa **6355**

Zirkular des Astronomischen Observatoriums Taschkent. Nr. 286—289. **1101**, **2379**, **6377**, **6687**

Tokyo

Annals of the Tokyo Astronomical Observatory, University of Tokyo. Second Series.
5 1: Huruhata, Nakamura, Kitamura **11122**
Tanabe, Nakamura **11174**
Kitamura, Nakamura **11132**
Huruhata, Kitamura, Nakamura, Tanabe **11123**
Huruhata, Kitamura **11124**
2: Kozai **7705**
3: Sekiguchi, Matsumoto **1253**

Tokyo Astronomical Bulletin. Second Series. Nr.
89: Tuzi **9130**
90: Hirose, Tomita § **75**, **81**, **7806**
91: Wakabayashi, Endō **7344**
92: Fujiwara, Hamana, Futsukaichi, Torao, Hara, Sakai **2324**
93: Torao **9129**
94: Huruhata, Nakamura, Tanabe **2250**
95: Huruhata, Kitamura, Sato **111161**
Huruhata, Tanabe, Sato **111162**
96: Tanabe, Nakamura **11175**
97: Iijima, Shibutani **2329**
98: Nakano, Yasuda, Hara **7529**
99: Huruhata, Nakamura **82107**
100: Nakano, Yasuda, Fukaya, Hara **7301**, **7401**, **7601**, **7701**, **7801**, **7804**
101: Tuzi **9130**

Tokyo Astronomical Observatory Reprints. Nr.
148: Kozai **7706**
149: Takase **12434**
150: Obi **5218**
151: Fujita, Yamashita, Nishimura **9518**
152: Hori **7605**
153: Huruhata, Nakamura **72199**
154: Hori **7606**
155: Saito, Tanaka **6351**
156: Sekiguchi, Matsumoto **1253**
157: Tanabe, Tohmatsu **72208**
158: Kitamura, Tanabe, Nakamura **11133**
159: Takebe, Matsunami **5426**
160: Kitamura **11134**
161: Kawabata, Kondo, Murakami, Wada **12724**
162: Kitamura, Nakamura, Takahashi **11135**
163: Kondo **9531**
164: Saito, Tanaka **6352**
165: Yasuda, Kitamura, Matsunami **9723**

Tokyo Astronomical Observatory. Bulletin of Solar Phenomena.
8 4: — **6377**, **6549**, **6687**, **6750**
9 1—3: — **6377**, **6549**, **6687**, **6750**

Nautical Almanac 1958. **411**

Japanese Ephemeris 1958. **412**

Abridged Nautical Almanac. **427**

Tonantzintla

Boletin de los Observatorios Tonantzintla y Tacubaya. Nr.
16: Iriarte, Chavira **9405**
Pişmiş **12125**
Luyten, Iriarte **12346**

Torino

Contributi dell'Osservatorio Astronomico di Torino (Pino Torinese). Nuova Serie. Nr.
24: Tempesti AJB **54** **7334**
25: Missana **12209**

Pubblicazioni dell'Ufficio Internazionale delle Latitudini. Osservatorio Astronomico di Torino (Pino Torinese). Nr. (neue Numerierung)
14: — **13236**
15: — **13236**
16: Cecchini **1132**

Tortosa

Boletín del Observatorio del Ebro.
44: — **6377**, **6687**

Toulouse

Annales de l'Observatoire Astronomique et Météorologique de Toulouse.
25: Durand **9201**
Paloque **22115**
Paloque **9124**
Berthomieu **10105**
Paloque. Nicht referiert
Bouigue **10203**
Bouigue **10204**

Observatoire de l'Université de Toulouse. Rapport annuel 1954—1955. **1101**

Trieste

Osservatorio Astronomico di Trieste. Nr.
272: Abrami, Cester **111133**
273: Martin **11006**
(3): Martin **4003**
274/275: Nicht eingegangen
276: Martin **1256**
277: — **2136**
278: Cester **111146**
279: — **452**
280: Martin **134112**

Tübingen

Mitteilungen des Astronomischen Instituts der Universität Tübingen. Nr.
25: Walter **8405**
26: Elsässer, Siedentopf **8402**
27: AJB **58**
28: Zimmermann **12529**
29: Hermann **2249**

Turku

Astronomia-Optika Institucio Universitato de Turku. Informo Nr.
16: Oterma **8129**

Uccle

Annales de l'Observatoire Royal de Belgique. Troisième Série.
7: Arend **102**

Bulletin Astronomique de l'Observatoire Royal de Belgique, à Uccle.
4 9: — **2365**
Arend, Rigaux **7530**
Arend, Rigaux, Roland **7530**, § **81**
Dommanget **7344**
Neven, Dommanget **7344**
Arend **10124**
Arend **10124**
Vandekerkhove **111196**
Velghe **1258**

Communications de l'Observatoire Royal de Belgique. Nr.
111: de Jager, Neven vgl. **1179**
112: Bourgeois, Coutrez AJB **56** **6354**, **6665**
Coutrez **6377**
Coutrez, Koeckelenbergh **6687**
113: Hunaerts vgl. **1179**
114: Nicht referiert
115: Melchior. Nicht referiert
116: Vandekerkhove **12436**
117: Becq, Melchior **2502**
118: Velghe **12326**
119: Velghe **12217**
120: Coutrez **12611**
121: Bonnet, Hunaerts, Nicolet **6209**
122: Coutrez **6210**
123: Picciotto **5509**
124: Bourgeois, Coutrez, Koeckelenbergh **6377**, **6687**
Coutrez **6377**
Coutrez, Koeckelenbergh **6687**
125: Nicht referiert
126: Vandekerkhove **111197**
Vandekerkhove **9545**
127: Coutrez, Koeckelenbergh **6549**
Coutrez **1223**
Coutrez **1223**
Coutrez, Koeckelenbergh **6549**

Uppsala

Uppsala Astronomiska Observatorium. Meddelande. Nr.

Utrecht

Recherches Astronomiques de l'Observatoire d'Utrecht.

Sterrewacht «Sonnenborgh» Utrecht. Overdruk. Nr.

Sterrewacht «Sonnenborgh» Utrecht. Overdruk Quarto. Nr.

Victoria

Publications of the Dominion Astrophysical Observatory Victoria, B. C.

Contributions from the Dominion Astrophysical Observatory Victoria, B. C. Nr.

Warszawa

Astronomical Observatory of the Warsaw University, Reprint Nr.

Washington

Astronomical Papers prepared for the use of the American Ephemeris and Nautical Almanac.

The American Ephemeris and Nautical Almanac for the Year 1959. **413**

Publications of the United States Naval Observatory Second Series.

United States Naval Observatory Circular. Nr.

Georgetown Observatory Monograph. Nr.

Georgetown Observatory Reprint Nr.

Smithsonian Institution. Publication. Nr.

Smithsonian Contributions to Astrophysics.

Smithsonian Institution. Report on the Astrophysical Observatory, 1956. **1101**

Wellington

Carter Observatory. Astronomical Bulletin. Nr.
47: Thomsen **1101**
48: — **1262**

Carter Observatory. Reprint. Nr.
25: Thomsen **7108**

Carter Observatory, Wellington, New Zealand. Solar Observations. Report Nr. 1—3. **6377**

Wendelstein

Forschungsberichte der Kommission Observatorium Wendelstein der Bayerischen Akademie der Wissenschaften. Nr.
19: Müller **6728**
Müller **6658**
20: Schoenberg AJB **56** **6008**

Wien

Mitteilungen der Universitäts-Sternwarte Wien.
9 7: Ferrari d'Occhieppo **111103**
8: Hopmann **10124**
9: Purgathofer **8128**
10: Ferrari d'Occhieppo **4143**
11: Jackson, Purgathofer **8169**
12: Hopmann **10124**

Wrocław (Breslau)

Wrocław Astronomical Observatory. Reprint Nr.
5: Rybka **9414**
6: Wierzbiński **10124**
7: Wierzbiński **10124**
8: Nicht eingegangen
9: Opolski **6509**
Opolski, Krawiecka **12512**
10: Wierzbiński **10124**

Zô-Sè

Academia Sinica. Annales de l'Observatoire Astronomique de Zô-Sè.
24: — **7518**

Zürich

Publikationen der Eidgenössischen Sternwarte Zürich.
11 1: Waldmeier **6377**

Astronomische Mitteilungen der Eidgenössischen Sternwarte Zürich. Nr.
205: Waldmeier **6678**
206: Waldmeier, Arber, Bachmann **6211**
207: Waldmeier **6362**
208: Waldmeier **6377**, **6549**, **6687**, **6750**
209: Waldmeier **6363**
210: Waldmeier **6210**
211: Bachmann **6702**

Quarterly Bulletin on Solar Activity Nr. 114—116. **6377**, **6549**, **6687**, **6750**, **6850**

Tätigkeitsbericht der Eidgenössischen Sternwarte Zürich für das Jahr 1956. **1101**

I. Allgemeines

§ 1

Mathematisches

101. **E. W. Anderson, J. B. Parker,** Observational errors. A monography on the use of statistics. J. Inst. Navigation **9** 105—135, 1956. — Straffe und verständliche Ausführungen für praktische Beobachter, die keine Fehlertheorie kennen, aber ihre Beobachtungsgenauigkeit kritisch beurteilen möchten. Fr.

102. **S. Arend,** La représentation mathématique de phénomènes expérimentaux. Ann. Obs. Roy. Belgique (3) **7**, 340 S., 1956. — Ref. in Ciel et Terre **74** 472. — Monographie über die interpolatorische Darstellung von Beobachtungsreihen durch mathematische Funktionen und über die Lösung damit zusammenhängender Aufgaben; alle Entwicklungen sind in die Form des Krakovianenkalküls gebracht; umfangreiche Tabellen erleichtern die praktische Anwendung. Böh.

103. **H. Athen,** Nomographie. Schriftenreihe zur Mathematik, Heft 6. Frankfurt am Main-Pinneberg, Otto Salle Verlag, 1956. 2 + 56 S. Preis DM 4.80. — Besprechung in Math. Rev. **19** 687 (W. Prager).

104. **E. A. Baker,** Interpolation formulae in photographic spectrophotometry. J. Phot. Sci. **5** 94—95.

105. **I. W. Busbridge,** On solutions of the non-homogeneous form of Milne's first integral equation. Quart. J. Math. (2) **6** 218—231, 1955. — Ref. in ZfMG **66** 452—453.

106. **H. Eichhorn,** Bemerkung zum Potential eines homogenen Rotationsellipsoides. AN **283** 249—250. — Durch Einführung spezieller, mit den elliptischen nahe verwandter Koordinaten gelingt es Verf., für das Potential eines homogenen Rotationsellipsoids einen wesentlich einfacheren Ausdruck zu gewinnen als die bisher bekannten Formen. Böh.

107. **M. Fracassini,** Alcuni nomogrammi per uso astronomico. Pubbl. Oss. Astr. Milano-Merate (NS) Nr. 10, 7 S. — Vier Nomogramme: 1.) zur Ermittlung der Extinktion bei photometrischen Messungen, 2.) für die Präzession im Positionswinkel bei Doppelsternmessungen, 3.) zur Auswertung des Ohmschen, 4.) des Jouleschen Gesetzes für stromdurchflossene Leiter. Böh.

108. **H. Jeffreys,** Probability theory in astronomy. Obs **77** 48—52. — Presidental address.

109. **S. A. Kaplan,** Nomogramme zur Berechnung gasmagnetischer Stoßwellen. Circ. Astr. Obs. Lwow Nr. 33 S. 26—28 (russ.).

110. **F. Kießler,** Nomographisches Rechnen. Essen, Verlag Girardet, 1956. 190 S. mit 162 Fig. Preis DM 9.80. — Besprechung in Österreich. Z. Vermessungswesen **45** 187—188 (Candido).

111. **K. Kozieł,** O krakowianach. Urania Kraków **28** 332—338. — Gemeinverständlicher Aufsatz über die Rechenregeln mit Krakovianen und ihre Anwendung. Rybka

112. **M. Mendes,** Equations de Lagrange, équations canoniques et généralisations. J. Math. pures appl. **34** 145—183, 1955 = Publ. Obs. Univ. Bordeaux (NS) Nr. 14.

113. **G. Münch,** Stochastic processes of astronomical interest. Applied probability. Proc. of Symposia in Applied Mathematics **7** 51—66. New York, Toronto, London, McGraw-Hill Book Co. for the American Mathematical Society, 1957. Preis $ 5.00. — Besprechung in Math. Rev. **19** 779.

114. **M. Sauer, H. Strassl,** Nomogramme zur Lösung astronomischer Aufgaben. IV. Intensitäten, Größenklassen, Intensitätslogarithmen. Veröff. Univ.-Sternw. Bonn Nr. 46, 21 S. — Ref. in Mem SA It (NS) **29** 160—161. — Mehrere Nomogramme für photometrische Rechnungen und Umwandlungsaufgaben. Böh.

115. **S. Wierzbiński,** Solution des équations normales par l'algorithme des cracoviens. Urania Barcelona **42** 133—139.

116. Statistik von Sterngruppen auf Grund ihrer zehn hellsten Vertreter. Sterne **33** 74—75. — Ref. der in AJB **54** Ref. **101** zitierten Arbeit von C. W. Allen.

§ 2

Physikalisches

201. **L. Åkerlind,** The rotational analysis of the singlet system B of zirconium oxide. The λ 8192 band-system. Arkiv för Fys. **11** 395—404. — Ref. in Phys. Abstracts (A) **60** 383.

202. **C. W. Allen, A. S. Asaad,** Oscillator strengths from arc spectra of diluted copper alloys. MN **117** 36—49. — Es wird eine Methode zur Bestimmung von Oszillatorenstärken aus den Bogenspektren verdünnter Kupferlegierungen beschrieben. Die absolute Skala wird durch die Messungen und Berechnungen absoluter Oszillatorenstärken von verschiedenen Autoren festgelegt. Absolute Oszillatorenstärken für verschiedene Linien von Al, Si, Cr, Mn, Fe, Co, Ni, Cu, Ga, Ag, Sn, Pb und Bi werden tabuliert. Es werden experimentelle Werte für σ^2 abgeleitet, definiert als Quotient der gemessenen Linienstärke und der unter Voraussetzung von LS-Kopplung berechneten Linienstärke. Verf. finden, daß die Werte für σ^2_{exp} größer werden, wenn das Anregungspotential des oberen Terms ansteigt. Dieser Effekt kann bisher theoretisch noch nicht befriedigend gedeutet werden. Groth

203. **C. W. Allen,** Absolute oscillator strength measurements in Mg, Ca and other atoms. MN **117** 622—628. — Die an anderer Stelle (vgl. vorstehendes Ref.) beschriebene Methode zur Messung absoluter Oszillatorenstärken in den Bogenspektren verdünnter Kupferlegierungen wird auf die Elemente Li, Na, K, Mg und Ca ausgedehnt. Die Ergebnisse für Mg und Ca werden vorgelegt. Die Übereinstimmung mit den gemessenen oder berechneten Werten anderer Autoren ist gut. Für die Elemente Al, Si, Ga, Sn, Pb und Bi werden neureduzierte Werte für die Oszillatorenstärken einiger Linien angegeben. Groth

204. **G. Backus,** The existence and uniqueness of the velocity correlation derivative in Chandrasekhar's theory of turbulence. J. Math. Mech. **6** 215—233. — Ref. in ZfMG **77** 195.

205. **G. D. Bell,** Absolute f-values for lines of Cu I, Mn I, and Fe I. AJ **62** 7. — Ref. AAS.

206. **R. Bellman, R. Kalaba,** On the principle of invariant imbedding and diffuse reflection from cylindrical regions. Proc. National Acad. Sci. USA **43** 514—517. — Ref. in Math. Rev. **19** 227—228.

207. **P. L. Bhatnagar, S. R. Nagpaul,** Radial pulsations of an infinite cylinder with finite conductivity immersed in magnetic field. ZfA **43** 273—288. — Verf. untersuchen das Pulsationsverhalten eines leitenden Zylinders in einem Magnetfeld, das durch folgenden Ansatz beschrieben wird: $H^2 = H_s^2 + (H_0^2 - H_s^2)(1 - (r/R)^2)$. H_0 bzw. H_s bedeuten die Magnetfeldstärken in der Achse bzw. auf der Oberfläche des Zylinders und r bzw. R die Abstände von der Zylinderachse bzw. den Radius. Der Zylinder soll unendlich lang, die Leitfähigkeit unendlich sein. Die radialen Pulsationsformen und die entsprechenden Frequenzen werden berechnet und schließlich der Fall endlicher Leitfähigkeit besprochen. Oster

208. **L. M. Branscomb,** Negative ions. Adv. Electronics and Electron Phys. **9** 43—94.

209. **R. G. Breene jr.,** Line shape. Rev. Modern Phys. **29** 94—143. — Ref. in Phys. Ber. **37** 1009.

210. **R. Hanbury Brown, R. Q. Twiss,** Interferometry of the intensity fluctuations in light. I. Basic theory: the correlation between photons in coherent beams of radiation. Proc. Roy. Soc. (A) **242** 300—324 = Astr. Contr. Univ. Manchester (2) Jodrell Bank Repr. Nr. 153. — Ref. in Phys. Abstracts (A) **61** 279—280, Phys. Ber. **37** 1468. — Die astronomischen Anwendungen dieser Untersuchungen werden in einer späteren Veröffentlichung gegeben.

211. **R. Hanbury Brown, R. Q. Twiss,** Interferometry of the intensity fluctuations in light. II. An experimental test of the theory for partially coherent light. Proc. Roy. Soc. (A) **243** 291—319 = Astr. Contr. Univ. Manchester (2) Jodrell Bank Repr. Nr. 164. — Ref. in Phys. Abstracts (A) **61** 280.

212. **F. W. Bunkin,** Thermal radiation from an anisotropic medium. J. Experim. Theor. Phys. **32** 811—821 (russ.). — Übersetzung in Soviet Phys. JETP **5** 665—673.

213. **S. Chandrasekhar, P. C. Kendall,** On force-free magnetic fields. ApJ **126** 457—460. — Verf. geben eine Methode für die allgemeine Lösung der Gleichung rot H = αH (α = const) an.

214. **S. Chandrasekhar,** The theory of turbulence. J. Madras Univ. (B) **27** 251—276. — Ref. in ZfMG **77** 194—195.

215. **S. Chandrasekhar,** The thermal instability of a rotating fluid sphere heated within. Phil. Mag. (8) **2** 845—858. — In den letzten Jahren wurde eine Reihe von Untersuchungen über die thermische Instabilität von horizontalen Flüssigkeitsschichten, die von unten geheizt werden, durchgeführt, wobei auch der Einfluß von Magnetfeldern und Rotation studiert wurde. Die vorliegende Arbeit ist ein Versuch, diese Betrachtungen auf den Fall einer inkompressiblen Flüssigkeitskugel, die von innen geheizt wird und außerdem rotiert, auszudehnen. Die Zustandsgleichungen werden abgeleitet unter der Voraussetzung, daß für die auftretenden Bewegungen und Störungen Symmetrie in bezug auf die Rotationsachse gilt. Die Lösungen der Differentialgleichungen lassen sich in Anlehnung an das ebene Problem gewinnen. Als Ergebnis ist eine Tabelle mitgeteilt, die die Abhängigkeit der für das Einsetzen der Instabilität charakteristischen Rayleigh-Zahl von der Taylor-Zahl angibt. Elsässer

216. **S. Chandrasekhar,** The thermal instability of a rotating fluid sphere heated within. II. Phil. Mag. (8) **2** 1282—1284. — Ref. in RJ 1958 Nr. 5 S. 24. — Vgl. auch vorstehendes Ref.

217. **S. Ch'en, M. Takeo,** Broadening and shift of spectral lines due to the presence of foreign gases. Rev. Modern Phys. **29** 20—73. — Ref. in Phys. Ber. **37** 1009, ZfMG **78** 236.

218. **J. G. Clouston, A. G. Gaydon,** Excitation of molecular spectra by shock waves. Nature **180** 1342—1344. — Ref. in Phys. Abstracts (A) **61** 152.

219. **J. A. Crawford,** The correlation of photons in coherent light. Publ ASP **69** 388—389. — Ref. ASP.

220. **A. Dauvillier,** Sur un nouvel effet radiométrique et son application aux comètes. CR **244** 150—152. — Es wird beobachtet, daß durch das Freiwerden absorbierter Gase bei Bestrahlung der Radiometereffekt von Crookes sehr verstärkt wird. Der Effekt tritt auch bei sehr niederem Druck (10^{-4} Torr) auf. Es wird versucht, die Bildung der Kometenschweife auf diesen Effekt zurückzuführen. Dabei sollen jeweils auf der der Sonne zugekehrten Seite der Staubpartikel durch die Strahlung die eingeschlossenen und adsorbierten Gasreste freigemacht werden. Durch den dabei auftretenden oben beschriebenen Radiometereffekt werden die Staubteilchen dann in der bekannten Weise in die der Sonne entgegengesetzte Richtung getrieben. Mehltretter

221. **R. A. Davidson, W. S. Partridge,** Time lag between high-speed pellets and the ionization in their trails. J. appl. Phys. **28** 1304—1308. — Ref. in Phys. Abstracts (A) **61** 560.

222. **J. McK. Ellison,** Extinction of light by suspensions of silica dust. Proc. Phys. Soc. (B) **70** 102—111. — Der Vorgang von Streuung und Extinktion des Lichts in Staubmassen wird betrachtet, wenn die Staubteilchen nichtsphärische Gestalt haben. Unter gewissen Voraussetzungen ergeben Theorie und Messungen nur geringe Unterschiede gegenüber dem Fall sphärischer Partikel. F. S.

223. **L. A. Fedin,** The application of a thin Lummer-Gehrke plate. AJ UdSSR **34** 135—138 (russ.). — Die Ergebnisse von A. W. Merkulow (AJ UdSSR **23** 149, vgl. AJB **46** Ref. 1513) werden einer Kritik unterworfen. Die Nachteile einer dünnen Lummer-Gehrke Platte werden diskutiert. Perek

224. **P. Fellgett,** The question of correlation between photons in coherent beams of light. Nature **179** 956—957. — Ref. in Phys. Abstracts (A) **60** 637.

225. **C. Froese,** The self-consistent field with exchange for the ground state and first excited state of Fe^{+13}. MN **117** 615—621. — Die Ergebnisse der Rechnungen unter Voraussetzung von «self-consistent-field» mit Austausch für den Grundzustand und den ersten angeregten Zustand von Fe^{+13} werden mitgeteilt. Es werden die Energiedifferenzen unter Berücksichtigung der Aufspaltung durch Spin-Bahn-Wechselwirkung angegeben. Die radialen Integrale zur Berechnung der Übergangswahrscheinlichkeiten werden ebenfalls angegeben. Groth

226. **R. H. Garstang,** Transition probabilities for [FeV]. AJ **62** 15. — Ref. AAS.

227. **R. H. Garstang,** Transition probabilities for forbidden lines of Fe III and Fe V. MN **117** 393—405. — Es werden die Übergangswahrscheinlichkeiten für magnetische Dipol- und elektrische Quadrupolstrahlung berechnet für alle Übergänge zwischen den Niveaus der $3\,d^4$-Konfiguration von Fe V und der $3\,d^6$-Konfiguration von Fe III. Der Vergleich mit den beobachteten Intensitäten in astronomischen Objekten zeigt eine im allgemeinen befriedigende Übereinstimmung. Groth

228. **R. H. Garstang,** The computation of quadrupole line strengths. Proc. Cambridge Phil. Soc. **53** 214—221 = Commun. Univ. London Obs. Nr. 26. — Im Anschluß an Racah (Phys. Rev. (2) **62** 438 und **63** 367) wird die Theorie der

elektrischen Quadrupolstrahlung behandelt. Die Ergebnisse der Berechnung der Stärken von Multiplettlinien der d^4- und d^5-Konfigurationen werden ausführlich angegeben. Klauder

229. **G. S. Golizyn, K. P. Stanjukowitsch,** Some problems of magnetogasdynamics with account of finite conductivity. J. Experim. Theor. Phys. **33** 1417—1427 (russ.). — Übersetzung in Soviet Phys. JETP **6** 1090—1099.

230. **L. C. Green, P. P. Rush, C. D. Chandler,** Oscillator strengths and matrix elements for the electric dipole moment for hydrogen. ApJ Suppl **3** 37—50. — Ref. in ApJ **125** 835.

231. **E. P. Gross, E. A. Jackson, S. Ziering,** Boundary value problems in kinetic theory of gases. Ann. Phys. (New York) **1** 141—167. — Ref. in ZfMG **77** 448.

232. **A. W. Guess,** Reflection of point-source radiation from a Lambert plane onto a plane receiver. AJ **62** 17. — Ref. AAS.

233. **D. R. Hartree,** The Calculation of Atomic Structures. Based on lectures given under the auspices of the William Pyle Philips Fund of Haverford College, 1955. New York, John Wiley and Sons Inc.; London, Chapman & Hall, 1957. 13 + 181 S. Preis $ 5.00. — Besprechung in Ann d'Astrophys **20** 141 (M. J. Seaton), Obs **78** 88 (R. H. Garstang).

234. **S. Hayakawa, K. Kitao,** Energy loss of a charged particle traversing ionized gas and injection energies of cosmic rays. Progr. Theoret. Phys. **17** 129. — Berichtigung zu der in AJB **56** Ref. 2111 referierten Arbeit.

235. **C. D. Hendricks,** Ionization by ultra-speed pellets. J. appl. Phys. **28** 1339—1341.

236. **M. Herovanu,** Méthode graphique pour l'étude de la diffusion de la lumière dans l'atmosphère. Acad. R. P. Romîne. Bul. Şti. Secţ. Şti. Mat. Fiz. 8 673—678, 1956. — Ref. in Math. Rev. **18** 857.

237. **F. Hertweck, A. Schlüter,** Die «adiabatische Invarianz» des magnetischen Bahnmomentes geladener Teilchen. Z. Naturforschung **12a** 844—849.

* * **S. A. Hoenig,** Acceleration of dust particles by shock waves. Vgl. Ref. 8235.

238. **J. R. Huizenga, H. Diamond,** Spontaneous-fission half-lives of Cf^{254} and Cm^{250}. Phys. Rev. (2) **107** 1087—1090. — Da die bisherigen Daten über die Zerfallszeit des Californium 254 noch recht ungenau waren, wurde eine aus den Überresten eines Atombombenversuches gewonnene Probe während eines Jahres untersucht. Für Cf^{254} ergab sich eine Spaltungszeit von 56.2 ± 0.7 Tagen, in guter Übereinstimmung mit der Halbwertszeit der Lichtkurven von Supernovae I von 55 ± 1 Tagen. Nur schwer zu erklären ist es, daß der exponentielle Lichtabfall bis zu zwei Jahren anhält, während bei gleichviel erzeugtem Cf^{252} nach zwei Jahren bereits $^2/_3$ der Strahlungsenergie von dem mit 2.2 Jahren Zerfallszeit abklingenden Cf^{252} herstammen sollten. v. Hoerner

239. **L. Jánossy,** On the classical fluctuation of a beam of light. Nuovo Cimento (10) **6** 111—124. — Ref. in Phys. Abstracts (A) **60** 776, Phys. Ber. **37** 543.

240. **J. Junkes,** Principi, metodi ed apparecchiature dell'analisi spettrale di emissione. La Metallurgia Italiana **49** 399—404 = Specola Astr. Vaticana Misc. Astr. **3** Nr. 114. — Nach einem kurzen Abriß der geschichtlichen Entwicklung der quantitativen Spektralanalyse werden die verschiedenen Arten der Anregung der Emissionen, sehr kurz die Spektrographen und etwas eingehender die Auswertung der Spektren behandelt. Verf. betont, daß die Leistungsfähigkeit

der quantitativen Spektralanalyse nur dann ausgeschöpft werden kann, wenn die Apparate und Methoden der jeweils vorliegenden Aufgabe entsprechend gewählt werden. O. G.

241. **S. A. Kaplan,** Die Spektraltheorie der gasmagnetischen isotropen Turbulenz. J. Experim. Theoret. Phys. **27** 699—707, 1954 (russ.). — Ref. in RJ 1957 Nr. 8 S. 50.

242. **S. A. Kaplan,** Theorie der statistischen Beschleunigung geladener Teilchen durch isotrope gasmagnetische Felder. Circ. Astr. Obs. Lwow Nr. 33 S. 6—25 (russ.).

243. **S. A. Kaplan, K. P. Stanjukowitsch,** The solution of inhomogeneous, one-dimensional motion problems in magnetic gasodynamics. Soviet Phys. JETP **3** 275—277. — Übersetzung der in AJB **56** Ref. **241** zitierten Arbeit aus J. Experim. Phys. **30** 382—385, 1956 (russ.).

244. **S. Kaufman,** Multipole radiation from high-current gas discharges. Nature **180** 1345—1346. — Ref. in Phys. Abstracts (A) **61** 455.

245. **R. B. King,** Status of absolute f-values for lines in spectra of the iron group. AJ **62** 20—21. — Ref. AAS.

246. **F. B. Knox,** A method of heating matter of low density to temperatures in the range 10^5 to 10^6 °K. Australian J. Phys. **10** 221—225, 565—586. — Ref. in Phys. Abstracts (A) **60** 890, **61** 474. — Die entwickelte Methode erleichtert Untersuchungen über die Eigenschaften von mehrfach ionisierten Atomen und gibt die Möglichkeit, Bedingungen herzustellen, wie sie in Sternatmosphären herrschen.

247. **A. Lagerqvist, L. E. Selin,** Some infrared bands of vanadium oxide. Arkiv för Fys. **11** 429—430. — Verf. haben die infraroten Bandensysteme des VO bis 11300 Å untersucht und die Meßergebnisse in einer Tabelle zusammengestellt. Die angegebenen Bandensysteme sind durch A. McKellar in Spektren von R Leo (M 8e) und R Cas (M 7e) aufgefunden worden. Henn

248. **A. Lagerqvist, L. Huldt,** Flame spectra of metal compounds in the infra-red. Arkiv för Fys. **12** 491—494.

249. **A. Lagerqvist, L.-E. Selin,** Rotationsanalyse der sichtbaren Vanadiumoxydbanden. Arkiv för Fys. **12** 553—568. — Vanadiumoxyd hat im sichtbaren Gebiet ein sehr intensives Bandenspektrum. Die Banden sind schon seit langem bekannt. Da Verf. in einer Untersuchung von Mahanti (Proc. Phys. Soc. **47** 433, 1935) Unstimmigkeiten festgestellt haben, unternehmen sie den Versuch, eine neue Rotationsanalyse zu geben, da die Banden auch von astrophysikalischer Bedeutung sind.

250. **P. Lal, P. L. Bhatnagar,** Shock relations in a Fermi-Dirac gas. Proc. Nat. Inst. Sci. India (A) **23** 9—15. — Ref. in Phys. Ber. **37** 1693, RJ 1958 Nr. 5 S. 24.

251. **J. Lenoble,** Etat de polarisation du rayonnement diffusé dans les milieux naturels (mer et atmosphère). J. Phys. Radium 18 47S.—50S. — Ref. Soc. française Phys.

252. **G. R. Lowrey, R. D. Present,** Search for a discrete excited triplet state of the negative hydrogen ion. AJ **62** 24 (Ref. AAS); ApJ **125** 611. — Das negative Ergebnis von Rechnungen nach der Methode von Ritz und Hylleraas läßt darauf schließen, daß die Existenz eines angeregten Triplettzustandes des H^- nicht sehr plausibel ist. Groth

253. **R. Lüst, A. Schlüter,** Die Bewegung geladener Teilchen in rotations-symmetrischen Magnetfeldern. Z. Naturforschung **12a** 841—843.

254. **W. M. MacDonald, M. N. Rosenbluth, W. Chuck,** Relaxation of a system of particles with Coulomb interactions. Phys. Rev. (2) **107** 350—353. — Bohm und Aller haben in einer früheren Arbeit (vgl. AJB **47** Ref. **3801**) gezeigt, daß die Geschwindigkeitsverteilung der Elektronen in einem Ionen-Elektronen-Gemisch unter Bedingungen, wie sie in Gasnebeln und Sternatmosphären herrschen, nur geringe Abweichungen von einer Maxwellverteilung aufweist. In vorliegender Arbeit wird eine explizite Lösung des zeitabhängigen Problems gegeben. Henn

255. **N. H. March,** The Thomas-Fermi approximation in quantum mechanics. Advanc. Phys. **6** 1—101. — Zusammenfassender Bericht. Er behandelt die Anwendungen, die die Thomas-Fermi-Näherung, die ursprünglich zur Berechnung von Elektronendichteverteilungen in schweren Atomen eingeführt worden war, inzwischen erfahren hat. Dabei wird auch das Problem der Materie unter hohem Druck, insbesondere der Sternmaterie behandelt.

256. **H. Margenau, M. B. Lewis,** Stark effects in line broadening. Phys. Rev. (2) **106** 244—250. — Die quantenmechanische Behandlung der Verbreiterung von Spektrallinien durch Elektronenstoß ergibt, wenn scharfe Energiewerte für den angeregten Zustand des Atoms und für das störende Elektron angenommen werden, keine Verbreiterung durch quadratischen Starkeffekt. Der lineare Starkeffekt, verursacht durch Entartung der kombinierenden Terme, wird durch die Rechnung richtig wiedergegeben. Verf. zeigen nun, daß die Annahme einer scharfen Elektronenenergie, durch die das Elektron völlig seinen korpuskularen Charakter verliert, für dieses paradoxe Ergebnis verantwortlich ist. Die Darstellung des Elektrons durch ein Wellenpaket erlaubt, diese Schwierigkeit zu überwinden. Traving

257. **G. V. Marr,** The luminous mantle of fuel-rich oxyacetylene flames. I. Spectroscopic temperature measurements. Canadian J. Phys. **35** 1265—1274. — Die C_3 Bande, welche im Emissionsspektrum des Kohlenstoffs im Bereich um 4050 Å auftritt, wurde zuerst in Azetylenflammen (vgl. AJB **54** Ref. **242**) entdeckt. Sie besitzt besondere astrophysikalische Bedeutung, da sie in den Spektren von Kometen und späten N-Sternen beobachtet wurde. Untersuchungen von Marr und Nicholls (vgl. AJB **55** Ref. **251**) sowie Phillips und Brewer (vgl. AJB **55** Ref. **262**) zeigen, daß die C_3 Bande in diesem Bereich assoziiert ist mit einem starken UV Kontinuum, das bei 4000 Å ein Maximum erreicht. Verf. unternimmt als Vorbereitung für eine Untersuchung über einen möglichen Mechanismus zur Bildung des C_3 Radikals eine spektroskopische Temperaturanalyse der im leuchtenden Mantel von Azetylenflammen auftretenden freien Radikale. Henn

258. **G. V. Marr,** The luminous mantle of fuel-rich oxyacetylene flames. II. Free radical and continuum intensities, and their influence on C_3 emissions. Canadian J. Phys. **35** 1275—1283. — In Fortführung der früheren Untersuchung (vgl. vorstehendes Ref.) betrachtet Verf. in vorliegender Arbeit die Intensitätsänderungen der C_3 Bande und des Hintergrundkontinuums in Abhängigkeit von den in der Flamme herrschenden Bedingungen. Ein Mechanismus für die Bildung des C_3 Radikals wird diskutiert. Über weitere Laboratoriumsversuche sowie Anwendungen auf astrophysikalische Quellen soll in einer späteren Veröffentlichung berichtet werden. Henn

259. **J. S. Mathis,** Statistical equilibrium of triplet levels of neutral helium. ApJ **125** 318—327. — Die Art der Entvölkerung des 2 ^{3}S-Niveaus von Helium in einem sehr verdünnten Strahlungsfeld wird untersucht. Die Wahrscheinlichkeit des Überganges vom 2 ^{3}S-Niveau zum Grundzustand wird zu 2.2×10^{-5} sec^{-1} abgeschätzt. Übergänge durch superelastische Stöße konkurrieren mit Zwei-Photonen-Emissionen bei Nebeln mit Elektronendichten von 10^3 Elektr./cm^3 oder mehr. Die Übergänge zum Grundzustand überwiegen die Strahlungsanregung und -ionisation, wenn die Verdünnung der Strahlung kleiner ist als

10^{-12}. Unter diesen Bedingungen ist die Besetzung der Triplett-Terme unabhängig von den Eigenschaften des anregenden Sterns. Die Besetzungszahlen b_j werden für 18 der niedrigen Triplett-Terme für Elektronentemperaturen von 8000°—20000° angegeben. Die Bedeutung der unelastischen Stöße wird abgeschätzt. Der Vergleich der berechneten und der bei einigen planetarischen Nebeln beobachteten Intensitätsverhältnisse von HeI λ 4471 und λ 5876 ist befriedigend. Groth

260. **V. S. Mathur,** Equation of state of elements from the relativistic Thomas-Fermi theory. Case of extreme degeneracy. Proc. Nat. Inst. Sci. India (A) **23** 430—437. — Ref. in Math. Rev. **19** 817.

261. **P. W. Merrill,** Lines of the Chemical Elements in Astronomical Spectra. Vgl. AJB **56** Ref. **252**. — Weitere Besprechung in Nature **179** 799 (A. Hunter).

262. **M. Migeotte, L. Neven, J. Swensson, E. Vigroux,** An atlas of nitrous oxide, methane and ozone infrared absorption bands. I. The photometric records. Nitrous oxide and methane bands from 2.8 to 8.9 microns. Ozone bands from 3.2 to 10.2 microns. Inst. d'Astrophys. Univ. Liège; Obs. Roy. Belgique, 1957. Special volume, 5 + 68 S.

263. **S. N. Milford,** Gamma-ray absorption and opacity at temperatures above 10^8 °K. ApJ **125** 213—220. — In der ersten Veröffentlichung einer Reihe, die sich mit den Eigenschaften der Materie bei Temperaturen der Größenordnung 10^8 °K befaßt, wird die Absorption von γ-Strahlung durch Elektronen-Streuung, Photon-Photon-Streuung und Paar-Erzeugung untersucht. Die Abhängigkeit der Prozesse von der Temperatur wird erörtert. Micz.

264. **B. L. Moiseiwitsch,** The $2\,^3S$—$2\,^3P$, $3\,^3P$, $3\,^3D$, $4\,^3D$ excitations of helium atoms by electrons. MN **117** 189—192. — Die Näherungsformel von Born wird benutzt, um die Wirkungsquerschnitte der $2\,^3P$, $3\,^3P$, $3\,^3D$ und $4\,^3D$ Zustände des Heliums aus dem metastabilen $2\,^3S$ Zustand der Elektronen mit Energien vom Schwellenwert bis etwa 100 eV zu berechnen. Verf. (übersetzt)

265. **Y. Nakagawa,** Experiments on the inhibition of thermal convection by a magnetic field. Proc. Roy. Soc. (A) **240** 108—113. — Ref. in RJ 1957 Nr. 12 S. 36.

266. **G. R. Nicoll,** The measurement of thermal and similar radiations at millimetre wavelengths. Proc. Inst. Electr. Engineers (B) **104** 519—527. — Ref. in Phys. Ber. **37** 904.

267. **G. Noci, M. Rigutti,** Sulla funzione di ripartizione. Mem SA It (NS) **28** 303—318 = Oss. Astrofis. Arcetri Contr. Nr. 14. — Es wird untersucht, wie stark das Ionisationsgleichgewicht des Natriums von den einzelnen Faktoren abhängt, die wir nicht genügend genau kennen. Obere und untere Fehlergrenzen werden berechnet. v. Hoerner

268. **K. Olsen,** Relative f-values for lines of Ca I. AJ **62** 28. — Ref. AAS.

269. **S.-I. Pai,** Energy equation of magneto-gas dynamics. Phys. Rev. (2) **105** 1424—1426. — Der Energiesatz für eine zähe, wärmeleitende und elektrisch leitende Flüssigkeit wird ohne die sonst üblichen Approximationen und Vernachlässigungen abgeleitet. Einige Approximationen werden nachträglich diskutiert. Für die Wechselwirkungen der Gasdynamik mit elektromagnetischen Feldern werden alle acht Grundgleichungen angegeben. v. Hoerner

270. **D. Park,** La notion de particule en théorie classique et en théorie quantique. Aus dem Englischen übersetzt von O. Costa de Beauregard. J. Phys. Radium **18** 11—16. — Ref. in Phys. Abstracts (A) **60** 366.

271. **J. G. Phillips,** Laboratory determination of relative transition probabilities of diatomic molecules. II. The Swan system ($^3\Pi_g$—$^3\Pi_u$) of the C_2 molecule. ApJ **125** 153—162 = Berkeley Repr. Nr. 113. — Mit Hilfe von Laboratoriumsmessungen der Swan-Banden des C_2 bei λ 4737, 5165 und 5636 Å ($\Delta v = +1, 0, -1$) werden die relativen Übergangswahrscheinlichkeiten bestimmt. Da die Rotationsstruktur der Banden aufgelöst werden konnte, bestand die Möglichkeit, relative Übergangswahrscheinlichkeiten der Banden einer gegebenen Sequenz da zu bestimmen, wo sich die Banden überlagern. Micz.

272. **S. Piotrowski,** Z zagadnień świecenia nieba. Postępy Astr. **5** 35.

273. **A. B. Pippard,** The Elements of Classical Thermodynamics. Cambridge, University Press, 1957. 7 + 165 S. Preis 15 s. — Besprechung in Proc. Phys. Soc. **72** 485 (R. O. Davies).

274. **I. Prigogine, R. Balescu,** Sur la théorie moléculaire du mouvement Brownien. Physica **23** 555—568. — Ref. in Phys. Abstracts (A) **60** 771. — Verf. wenden die beschriebene Methode auf Gase mit schwacher Wechselwirkung und großer Reichweite an. Dabei werden die bekannten von Chandrasekhar abgeleiteten Ergebnisse aus der Stellardynamik (vgl. AJB **45** Ref. **9050**) auf neue Weise wiedergewonnen.

275. **P. Proisy,** Bandes I et II de NH_2 observées dans le spectre de l'ammoniac. CR **244** 2784—2785. — Ref. in Phys. Abstracts (A) **61** 12.

276. **P. Proisy,** Spectre rouge et infrarouge de l'ammoniac. J. Phys. Radium **18** 74S. — 75S. — Ref. Soc. française Phys.

277. **J. P. Raiser,** On the structure of the front of strong shock waves in gases. J. Experim. Theor. Phys. **32** 1528—1535 (russ.). — Übersetzung in Soviet Phys. JETP **5** 1242—1248.

278. **J. P. Raiser,** On the brightness of strong shock waves in air. J. Experim. Theor. Phys. **33** 101—109 (russ.). — Übersetzung in Soviet Phys. JETP **6** 77—84.

279. **G. A. Rebka, R. V. Pound,** Time-correlated photons. Nature **180** 1035—1036.

280. **M. H. Rogers,** Analytic solutions for the blast-wave problem with an atmosphere of varying density. ApJ **125** 478—493. — Die adiabatische Bewegung einer unendlich großen Stoßwelle wird für den Fall untersucht, daß die Gasdichte von der Stoßfront mit einer Potenz des Abstandes vom Ursprung variiert. Wird die Abnahme der Dichte größer als ein kritischer Wert, so tritt eine Diskontinuität auf. Der Fall kugelsymmetrischen Flusses wird vollständig untersucht. Die Art der Diskontinuität wird in jedem Falle festgestellt. Groth

281. **M. H. Rogers,** The isothermal expansion of a gas cloud into a non-uniform atmosphere. Arch. Rational Mech. Analysis **1** 22—34. — Ref. in Math. Rev. **19** 915.

282. **W. D. Schafranow,** Magneto-vortex rings. J. Experim. Theor. Phys. **33** 831—832 (russ.). — Übersetzung in Soviet Phys. JETP **6** 642—644.

283. **A. Schlüter,** Der Gyro-Relaxations-Effekt. Z. Naturforschung **12a** 822—825.

284. **A. Schlüter,** Kraftfreie Magnetfelder II. Z. Naturforschung **12a** 855—859.

285. **H. Schram, R. W. Lunt, L. Herman,** Influence des concentrations électronique et moléculaire sur la probabilité apparente de la transition $A\,^3\Sigma_u$—$X\,^1\Sigma_g$ de la molécule d'azote. J. Phys. Radium **18**

59—67. — Die gewonnenen Ergebnisse sind von großer Bedeutung für zahlreiche Probleme der Astrophysik, z. B. bei der Untersuchung von Vorgängen in Gasnebeln oder in den ionisierten Schichten der hohen Atmosphäre.

286. **M. J. Seaton,** The application of variational methods to atomic scattering problems. V. The zero energy limit to the cross-section for elastic scattering of electrons by hydrogen atoms. Proc. Roy. Soc. (A) **241** 522—530. — Ref. in Phys. Abstracts (A) **61** 75. — Die gewonnenen Resultate können Anwendung finden bei der Untersuchung des Energietransports im interstellaren Medium sowie zur Festlegung einer Grenze für die elektrische Leitfähigkeit in der Sonnenatmosphäre. Darüber hinaus haben sie einen großen praktischen Nutzen, da die erhaltenen Wellenfunktionen auch zur Berechnung der gebunden-frei und frei-frei Übergangswahrscheinlichkeiten des H^- benutzt werden, welche die Opazität in Sternatmosphären weitgehend bestimmen.

287. **J. B. Seldowitsch,** Nuclear reactions in super-dense cold hydrogen. J. Experim. Theor. Phys. **33** 991—993 (russ.). — Übersetzung in Soviet Phys. JETP **6** 760—762. — Ref. in Phys. Abstracts (A) **61** 504—505.

288. **H. K. Sen,** Radiation broadening of a shock front. AJ **62** 33. — Ref. AAS.

289. **G. F. Sitnik,** Über den Einfluß der Temperaturinhomogenität der Wände auf den Absorptionskoeffizienten eines röhrenförmigen Modells des schwarzen Körpers. Mitt. Astr. Sternberg-Inst. Nr. 100 S. 56—65 (russ.).

290. **A. H. Snell,** The fundamental particles of physics. Sky and Telescope **16** 375—377.

291. **I. I. Sobelman,** Über die Theorie der Linienbreite von Atomen. Fortschritte d. Phys. **5** 175—210. — Die Arbeit ist im wesentlichen eine Übersetzung aus Fortschritte d. Phys. Wiss. **54** 551, 1954 (russ.). Verf. hat aber für diese Übersetzung eine Überarbeitung und Erweiterung vorgenommen, in der auch die inzwischen erschienene Literatur (bis Nov. 1956) berücksichtigt wird. — Ref. ZfMG **77** 231.

292. **I. I. Sobelman,** Electron broadening of spectral lines. Soviet Phys. JETP 4 453—455. — Übersetzung aus J. Experim. Theor. Phys. **31** 519—520, 1956 (russ.).

293. **A. A. Sokolow, I. M. Ternow,** On polarization effects in the radiation of an accelerated electron. Soviet Phys. JETP **4** 396—400. — Übersetzung aus J. Experim. Theor. Phys. **31** 473—478, 1956 (russ.). — Ref. in Phys. Ber. **37** 1454, ZfMG **77** 414. — Anwendungsmöglichkeit dieser Theorie bei der Untersuchung der Radiostrahlung von Sonne und Milchstraße, in der bereits Polarisationseffekte beobachtet wurden.

294. **E. A. Spiegel,** Problems of radiative hydrodynamics. AJ **62** 146—147. — Ref. AAS.

295. **C. R. Stanley,** A method for the determination of collision-induced vibrational transition probabilities, with result for $N_2(B^3\Pi_g)$—N_2 collisions. Proc. Roy. Soc. (A) **241** 180—193. — Ref. in RJ 1958 Nr. 5 S. 44—45.

296. **R. W. Stanley, W. F. Meggers,** Wavelengths from iron-halide lamps. J. Res. Nat. Bureau Standards **58** 41—49. — Ref. in RJ 1958 Nr. 4 S. 17.

297. **K. Stewartson,** Toroidal oscillations of a spherical mass of viscous conducting fluid in a uniform magnetic field. Z. angew. Math. Phys. 8 290—297. — In einer früheren Arbeit von Plumpton und Ferraro (vgl. AJB **55** Ref. **6125**) ergab sich ein kontinuierliches Spektrum von toroidalen Eigen-

schwingungen einer flüssigen Kugel unendlicher Leitfähigkeit in einem homogenen Magnetfeld. Bei Berücksichtigung endlicher Leitfähigkeit ergibt sich jedoch ein diskretes Spektrum, das auch beim Übergang zu unendlicher Leitfähigkeit diskret bleibt, wobei sich die Schwingung auf die Symmetrieachse konzentriert und die ganze übrige Kugel in Ruhe bleibt. v. Hoerner

298. **J. Strong,** Interferometry for the infrared. J. Optical Soc. America **47** 354—357. — Ref. in Phys. Abstracts (A) **60** 558.

299. **G. E. Tauber,** The gravitational fields of electric and magnetic dipoles. Canadian J. Phys. **35** 477—482. — Ref. in Phys. Abstracts (A) **60** 691.

2100. **E. Trefftz, A. Schlüter, K.-H. Dettmar, K. Jörgens,** Oszillatorstärken für neutrales Helium. ZfA **44** 1—17. — Es werden Oszillatorstärken für neutrales Helium berechnet. Die Wellenfunktionen werden nach dem Hartree-Fockschen Verfahren bestimmt, das in zweierlei Weise erweitert wurde. 1.) wurde die Nichtorthogonalität der Wellenfunktionen der ^{1}S-Serie berücksichtigt. 2.) wurde ein Korrelationsfaktor der Form $(1 + \alpha r_{12})$ eingeführt. Die Tabellen geben Energie, Oszillatorstärken und Anfangsentwicklung der Wellenfunktionen, die Abbildungen zeigen den Verlauf der Wellenfunktionen. Verf.

2101. **S. K. Trehan,** On the stability of force-free magnetic fields. ApJ **126** 429—456. — Die Stabilität eines kräftefreien Magnetfeldes wird untersucht für den Fall, daß die wirksamen Magnetfelder und die Störungen zylindersymmetrisch sind. Die charakteristischen Frequenzen werden mit Hilfe einparametriger Funktionen berechnet. Es wird gefunden, daß es drei verschiedene Arten der Fortpflanzung von Störungen gibt. Zwei dieser Fortpflanzungsmöglichkeiten sind stabil; die dritte kann stabil oder instabil sein. Das Kriterium für Instabilität wird gegeben. Groth

2102. **R. Q. Twiss, R. Hanbury Brown,** The question of correlation between photons in coherent beams of light. Nature **179** 1128—1129 = Astr. Contr. Univ. Manchester (2) Jodrell Bank Repr. Nr. 162 = Commonwealth Sci. Industrial Res. Organization, Australia, Division Radiophys. — Ref. in Phys. Abstracts (A) **60** 637.

2103. **R. Q. Twiss, A. G. Little, R. Hanbury Brown,** Correlation between photons, in coherent beams of light, detected by a coincidence counting technique. Nature **180** 324—326 = Astr. Contr. Univ. Manchester (2) Jodrell Bank Repr. Nr. 160 = Commonwealth Sci. Industrial Res. Organization, Australia, Division Radiophys. — Ref. in Phys. Abstracts (A) **60** 877.

2104. **K. Walter,** Bewegungsformen in einer instabil geschichteten Flüssigkeit. Mitt. AG 1956 S. 36. — Ref. AG.

2105. **S. Weniger,** Recherches sur l'émission de quelques gaz sous pression élevée. Ann. Physique (13) **2** 369—418. — Ref. in Phys. Abstracts (A) **61** 11, Phys. Ber. **37** 473.

2106. **D. G. Wentzel,** Motion of charged particles in a force-free magnetic field. ApJ **126** 559—564. — In einem kräftefreien axialsymmetrischen Magnetfeld rot H = α H mit konstantem α bewegen sich geladene Teilchen um eine Kraftlinie. Bei einer Approximation mit Führungszentrum können keine Partikel aus einer Region mit einem bestimmten Wert von α in eine andere Region entweichen. Das heißt, kosmische Strahlen können kein stellares oder nebelförmiges System verlassen, welches ein solches Feld besitzt. Dies Ergebnis ist unabhängig von der Energie der Teilchen. Groth

2107. **P. G. Wilkinson, R. S. Mulliken,** Dissociation processes in oxygen above 1750 Å. ApJ **125** 594—600. — Neuere Aufnahmen der Schumann-Runge-Banden des Sauerstoffs zeigen eine gut definierte Rotationsverbreiterung der 12-0-Bande, die in der 13-0-Bande und den folgenden Banden nicht mehr vorhanden ist. Dies kann erklärt werden durch Prädissoziation des B $^3\Sigma_u$-Zustandes durch einen abstoßenden $^3\Pi_u$-Zustand, wie es von Flory vorgeschlagen wurde. Es wird geschlossen, daß die Dissoziation von Sauerstoff im Bereich $\lambda\lambda$ 1750—1850 sowohl diese Prädissoziation als auch die direkte Dissoziation von X $^3\Sigma_g$ nach $^3\Pi_u$ enthält. Groth

2108. **P. G. Wilkinson,** High-resolution absorption spectra of nitrogen in the vacuum ultraviolet. ApJ **126** 1—9. — Das Absorptionsspektrum der Lyman-Birge-Hopfield-Banden von Stickstoff wird bei hoher Auflösung untersucht. Die 0-0, 1-0 und 2-0 Banden werden analysiert. Die Übereinstimmung mit Ramandaten ist sehr gut. Groth

2109. **P. G. Wilkinson, R. S. Mulliken,** An electric quadrupole electronic band system in molecular nitrogen. ApJ **126** 10—13. — Verf. zeigen, daß eine Reihe schwacher Linien der Lyman-Birge-Hopfield-Banden des Stickstoffs zu den S- und O-Zweigen und folglich zu elektronischen Quadrupolübergängen gehören. Groth

2110. **A. A. Wyller,** Theoretical vibrational transition probabilities for 81 bands in the red CN system. AJ **62** 41. — Ref. AAS.

2111. Handbuch der Physik. Bd. 40. Kernreaktionen I. Berlin-Göttingen-Heidelberg, Springer-Verlag, 1957. 553 S. mit 280 Fig. Preis 128.— DM. — Besprechung in Ann d'Astrophys **20** 140 (E. Schatzman).

Magneto-Hydrodynamik

2112. **C. Agostinelli,** Figure di equilibrio ellissoidali per una massa fluida elettricamente conduttrice uniformemente rotante, con campi magnetici variabili col tempo. Rend. Accad. Nazionale Lincei, Cl. Sci. fis., mat., nat. (8) **23** 409—414.

2113. **F. C. Auluck, D. S. Kothari,** The influence of a magnetic field on the longitudinal stability of a gravitating cylinder. ZfA **42** 101—113. — Eine inkompressible, reibungsfreie Flüssigkeit unendlicher Leitfähigkeit erfülle das Volumen eines Zylinders der Länge λ vom Radius R. Es wird gefragt, oberhalb welcher Länge λ_0 die Eigengravitation der Flüssigkeit eine Instabilität bewirkt gegenüber Störungen des Radius. Ohne Magnetfeld ist (Rayleigh-Grenze) λ_0 = 5.89 R. In Erweiterung einer Arbeit von Chandrasekhar und Fermi (ApJ **118** 116, vgl. AJB **53** Ref. **5002**) über ein homogenes axiales Feld wird gezeigt, daß sowohl bei poloidalen und toroidalen Feldern innerhalb des Zylinders als auch bei homogenem Feld im Außenraum der Einfluß des Magnetfeldes stets stabilisierend ist und die kritische Länge λ_0 somit vergrößert. Bei gleicher durchschnittlicher Feldstärke wirkt das toroidale Feld stärker stabilisierend als das poloidale. v. Hoerner

2114. **L. Biermann, K. Hain, K. Jörgens, R. Lüst,** Axialsymmetrische Lösungen der magnetohydrostatischen Gleichung mit Oberflächenströmen. Z. Naturforschung **12a** 826—832.

2115. **G. Carini,** Sulle soluzioni stazionarie delle equazioni della magneto-idrodinamica. Rend. Accad. Nazionale Lincei Cl. Sci. fis., mat., nat. (8) **22** 38—43. — Ref. in RJ 1957 Nr. 12 S. 33.

2116. **G. Carini,** Osservazioni sulle onde cilindriche della magneto-idrodinamica. Rend. Accad. Nazionale Lincei, Cl. Sci. fis., mat., nat. (8) **22** 482—488.

2117. **S. Chandrasekhar,** The partition of energy in hydromagnetic turbulence. Ann. Phys. (New York) **2** 615—626.

2118. **K. P. Chopra,** Magnetic fields in a conducting fluid sphere with volume currents. J. Geophys. Res. **62** 573—579. — Die vorliegende Arbeit befaßt sich mit der Untersuchung von kräftefreien Magnetfeldern und anderen Magnetfeldern im Gleichgewicht in einer leitenden Flüssigkeitskugel mit Raumströmen im Inneren. In Teil I werden unter der Annahme unendlich großer elektrischer Leitfähigkeit die allgemeinen Bedingungen für kräftefreie und andere im Gleichgewicht befindliche Magnetfelder abgeleitet. Es ergibt sich, daß das kräftefreie Feld eine Kombination eines polaren und eines torusförmigen Teiles ist. Die magnetische Energie ist ebenso in eine polare und eine torusförmige Komponente aufgespalten. Teil II befaßt sich mit dem Fall endlicher elektrischer Leitfähigkeit. Hier wird die Möglichkeit einer Stromverteilung untersucht, so daß das korrespondierende Magnetfeld nicht mit der Zeit zerfällt. Es wird geschlossen, daß es schwierig ist, eine polare Struktur des Magnetfeldes anzunehmen, während ein reines torusförmiges nicht zerfallendes Magnetfeld sicher möglich ist. Groth

2119. **T. G. Cowling,** Magnetohydrodynamics. New York — London, Interscience Publishers Inc., 1957. 8 + 115 S. Preis $ 2.25. — Besprechung in J. appl. Phys. **28** 637, Nature **180** 935 (W. M. Elsasser).

2120. **T. G. Cowling,** The dynamo maintenance of steady magnetic fields. Quaterly J. Mech. Appl. Math. **10** 129—136.

2121. **D. D. Elbert,** Bessel and related functions which occur in hydromagnetics. ApJ Suppl **3** 77—106. — Ref. in ApJ **126** 598. — Sechs Tafeln Besselscher und verwandter Funktionen zur bequemeren Auswertung der in den Arbeiten Chandrasekhars zur Hydromagnetik (ApJ **124** 232, 244; AJB **56** Ref. 286, 287) abgeleiteten Beziehungen. Böh.

2122. **A. Hruška,** Theorie der magneto-hydrodynamischen Wellen und ihre Anwendung in der Astronomie. Pokroky **2** 576—588 (tschech.). — Ref. in RJ 1958 Nr. 10 S. 27.

2123. **R. E. Loughhead,** Solution of flow problems in unidimensional Lagrangian hydromagnetics. Australian J. Phys. **10** 213—216. — Ref. in Phys. Abstracts (A) **60** 660.

2124. **R. Lüst, A. Schlüter,** Axialsymmetrische magnetohydrodynamische Gleichgewichtskonfigurationen. Z. Naturforschung **12a** 850—854.

2125. **E. N. Parker,** Sweet's mechanism for merging magnetic fields in conducting fluids. J. Geophys. Res. **62** 509—520. — Ref. in Phys. Abstracts (A) **61** 480.

2126. **E. N. Parker,** Newtonian development of the dynamical properties of ionized gases of low density. Phys. Rev. (2) **107** 924—933. — Die Gleichungen der Magneto-Hydrodynamik werden aus den Newtonschen Bewegungsgleichungen der einzelnen Partikel abgeleitet. Es ergibt sich kein Widerspruch zu den bisherigen, mehr makroskopischen Ableitungen von Schlüter, Cowling und Spitzer. In Sonderfällen (wie z. B. starke Anisotropie) ergeben sich zusätzliche Terme. v. Hoerner

2127. **P. H. Roberts,** Hydromagnetic disturbances in a fluid of finite conductivity. II. ApJ **126** 418—428. — Verf. betrachtet die Fortpflanzung Alfvénscher Wellen für den Fall dreidimensionaler Störungen. Es wird gezeigt, daß Greensche Funktionen erhalten werden können, mit deren Hilfe der Verlauf der Störung verfolgt werden kann. Groth

2128. **W. D. Schafranow,** On magnetohydrodynamical equilibrium configurations. J. Experim. Theor. Phys. **33** 710—722 (russ.). — Übersetzung in Soviet Phys. JETP **6** 545—554.

2129. **L. Spitzer jr.,** Influence of fluid motions on the decay of an external magnetic field. ApJ **125** 525—534. — Zur Untersuchung des Einflusses von Materiebewegungen auf den Zerfall von Magnetfeldern werden zwei Fälle analysiert: ein unendlicher Zylinder mit zweidimensionaler Symmetrie und eine Kugel, in der Axialsymmetrie angenommen wird. Im ersten Fall ist unter gewissen einschränkenden Bedingungen für den Radius des Zylinders die Zerfallsrate des Stromes I_z und des entsprechenden äußeren Magnetfeldes B_ϑ nahezu unabhängig von den Bewegungen. Auch im Fall der Kugel mit kompressibler Strömung im Inneren ist die Zerfallsrate des Dipolmoments M im allgemeinen nicht von den Strömungen beeinflußt. Fricke

2130. **J. Sykes,** The equilibrium of a self-gravitating rotating incompressible fluid spheroid with a magnetic field. ApJ **125** 615—621. — Es wird gezeigt, daß eine Lösung der Gleichungen des hydromagnetischen Gleichgewichts existiert, derart, daß das Feld identisch verschwindet außerhalb eines abgeplatteten Sphäroids kleiner Exzentrizität, das leitende Flüssigkeit in nichtstarrer Rotation enthält. Verf. (übersetzt)

2131. **S. P. Talwar,** On the equilibrium configurations of prolate fluid spheroids under the influence of a uniform external magnetic field. ZfA **42** 42—47. — Vorausgesetzt wird eine inkompressible, selbstgravitierende Flüssigkeit unendlicher elektrischer Leitfähigkeit ohne Magnetfeld im Inneren, die unter dem Einfluß eines homogenen äußeren Magnetfeldes steht. Die resultierenden Gleichgewichtsfiguren sind verlängerte Rotationsellipsoide. Für genügend kleine und wenig dichte Wolken können sich stabartige Formen ergeben. v. Hoerner

2132. **R. J. Tayler,** Hydromagnetic instabilities of an ideally conducting fluid. Proc. Phys. Soc. (B) **70** 31—48. — Ref. in Phys. Abstracts (A) **60** 407.

2133. **R. J. Tayler,** Note on hydromagnetic stability problems. Phil. Mag. (8) **2** 33—36. — Ref. in Phys. Abstracts (A) **60** 370.

Plasma

2134. **L. Biermann, A. Schlüter,** Die physikalischen Grundlagen der kontrollierten Kernverschmelzung. Mitt. Max-Planck-Ges. 1957 Nr. 2 S. 66—73.

2135. **L. Biermann, A. Schlüter,** Über die Göttinger Arbeiten zur kontrollierten thermonuklearen Fusion. Mitt. Max-Planck-Ges. 1957 Nr. 3 S. 146—163.

2136. **L. Biermann, A. Schlüter,** Zur Theorie quasistationärer thermonuklearer Prozesse. Z. Naturfoschung **12a** 805—814. — Es werden die Bedingungen untersucht, unter denen in einem heißen Plasma die Verschmelzung leichter Atomkerne im thermischen Gleichgewicht (im quasistationären, kontrollierbaren Zustand) stattfinden kann. Das Plasma wird zusammengehalten durch ein torusförmiges Magnetfeld. Weiterhin werden Mechanismen der Aufheizung diskutiert sowie die im einzelnen ablaufenden Prozesse. Zum Vergleich werden die Verhältnisse im Sterninneren, an der Sternoberfläche, in Sonnenflecken, in der Korona und im interstellaren Gas diskutiert. v. Hoerner

2137. **W. H. Bostick, O. A. Twite,** Simulation of astrophysical processes in the laboratory. Nature **179** 214—215. — Verf. haben eine Versuchsanordnung entwickelt, mit der Plasmoide mit Geschwindigkeiten bis zu 10^7 cm/sec senkrecht zu einem Magnetfeld von einigen kGauß in einen bis auf einige 10^{-3} Torr ausgepumpten Tank eingeschossen werden können. Durch das Rekombinationsleuchten der Plasmoide wird ihre Bahn sichtbar und kann mit Hilfe von Kerr-Zellen-Aufnahmen verfolgt werden. Je nach der Zahl der gleichzeitig eingeschossenen Plasmoide können spiralnebelähnliche Gebilde erzeugt werden. Verf. hoffen damit eine Möglichkeit zu haben, die Entstehung von Galaxien, Gasnebeln und Sternen im Laboratoriumsversuch zu verfolgen. Henn

2138. **W. H. Bostick,** Experimental study of plasmoids. Phys. Rev. (2) **106** 404—412 mit einer Berichtigung in Phys. Rev. (2) **107** 1736. — Unter Benutzung einer früher beschriebenen Anordnung schießt Verf. ionisierte Materie durch ein Magnetfeld. Dabei entstehen toroidförmige Plasmagebilde, sogenannte «Plasmoide», deren geometrische Form an Hand von photographischen und oszillographischen Messungen diskutiert wird. Durch gleichzeitiges Abschießen mehrerer Plasmaquellen gelingt es Verf., die geometrische Form von Spiralnebeln und Balkenspiralen (sogenannten «barred spirals») im Modell zu erzeugen. Henn

2139. **W. H. Bostick,** Simulation of galactic evolution in the laboratory. Trans. New York Acad. Sci. **20** 79—92. — Ref. in RJ 1958 Nr. 9 S. 61.

2140. **S. I. Braginskij,** Transport phenomena in a completely ionized two-temperature plasma. J. Experim. Theor. Phys. **33** 459—472 (russ.). — Übersetzung in Soviet Phys. JETP **6** 358—369.

2141. **S. I. Braginskij,** The behavior of a completely ionized plasma in a strong magnetic field. J. Experim. Theor. Phys. **33** 645—654 (russ.). — Übersetzung in Soviet Phys. JETP **6** 494—501.

2142. **S. Chandrasekhar, A. N. Kaufman, K. M. Watson,** Properties of an ionized gas of low density in a magnetic field. III. Ann. Phys. (New York) **2** 435—470. — Fortführung der in AJB **56** Ref. 2115 und 2104 zitierten Arbeiten.

2143. **E. Chvojková,** Electromagnetic properties of a whirling stellar plasma. BAC 8 42—45. — Die Arbeit gibt einen kurzen Überblick über die Vorstellungen des Verf. von den elektrischen und magnetischen Eigenschaften von Wirbeln in einem stellaren Plasma bei Vorhandensein eines geringen Ladungsüberschusses. Eine ausführlichere Darstellung wird angekündigt. Klauder

2144. **K. Hain, R. Lüst, A. Schlüter,** Zur Stabilität eines Plasmas. Z. Naturforschung **12a** 833—841.

2145. **R. Herman, S. Weniger, L. Herman,** Formation de molécules H_2^+ au cours du déclin du plasma dans l'hydrogène ionisé. CR **244** 1746—1748. — Bei experimentellen Untersuchungen über das Abklingen von ionisierten Wasserstoffplasmen (erzeugt durch Funkenentladungen in H von normalem Druck) wurde am Verhalten der Intensität von $H\beta$ ein anomal schnelles Absinken des Strahlungsrekombinationskoeffizienten vorgefunden. Zu erwarten wäre theoretisch aber ein weiteres Ansteigen bis zu einer Grenze, die dem Verhalten bei Umgebungstemperatur entspricht. Die beobachtete Diskrepanz wird erklärt durch die Bildung von H_2^+ Ionen aus H (1 *s*) und H^+. Gegen Ende des Abklingens werden die Wasserstofflinien durch H^+ und H_2^+ verbreitert, während die Gesamtemission infolge Fehlens der H^+ abnimmt. Die Bildung von H^--Ionen und die «dissoziative» Rekombination der H_2^+ als Elektronen verbrauchende Prozesse sind dabei zu vernachlässigen. Mehltretter

2146. **B. N. Herschman, W. L. Hinsburg, N. G. Denisow,** The propagation of electromagnetic waves in plasma (ionosphere). Fortschritte Phys. Wiss. **61** 561—612 (russ.). — Ref. in Phys. Abstracts (A) **60** 850.

2147. **B. N. Herschman,** Note on waves in a homogeneous magnetoactive plasma. Soviet Phys. JETP **4** 582—585. — Übersetzung aus J. Experim. Theor. Phys. **31** 707—709, 1956 (russ.) —. Ref. in Phys. Ber. **37** 1303.

2148. **H. Hoffman, O. Theimer,** Shielding correction to Holtsmark's theory of line broadening. ApJ **126** 595—597. — Zur Aufklärung noch bestehender Diskrepanzen zwischen der Holtsmarkschen Theorie und dem Experiment wird bei der Berechnung des elektrischen Potentials einer Punktladung in einem Plasma in Analogie zur Debyeschen Theorie starker Elektrolyte die abschirmende Wirkung des umgebenden Plasmas berücksichtigt. Das vorläufige Resultat läßt den Effekt als wesentlich erscheinen. Klauder

2149. **E. Jensen,** Radial pulsations of a cylindrical magnetic tube of force in temperature equilibrium with a plasma. Astrophys. Norvegica **5** 289—297. — Es werden die radialen Eigenschwingungen eines homogenen magnetischen Zylinders untersucht, der sich im Temperaturgleichgewicht mit einer feldfreien Umgebung befindet. Für den allgemeinen Fall ($H(r)$ innerhalb des Zylinders) ergab sich eine Gleichung, deren Eigenwerte für die Schwingungsperiode jedoch nur für den Fall $H =$ const bestimmt werden konnten. Eine Anwendung auf Sonnenflecken ergab Perioden von etwa 25 Minuten. v. Hoerner

2150. **K. Körper,** Schwingungen eines Plasmazylinders in einem äußeren Magnetfeld. Z. Naturforschung **12a** 815—821.

2151. **R. W. Larenz,** Radiofrequente Strahlung aus turbulent strömendem Plasma. Mitt. AG 1956 S. 32—33. — Ref. AG.

2152. **M. N. Rosenbluth, C. L. Longmire,** Stability of plasmas confined by magnetic fields. Ann. Phys. (New York) **1** 120—140.

2153. **W. D. Schafranow,** The structure of shock waves in a plasma. J. Experim. Theor. Phys. **32** 1453—1460. — Übersetzung in Soviet Phys. JETP **5** 1183—1188.

2154. **A. G. Sitenko, K. N. Stepanow,** On the oscillations of an electron plasma in a magnetic field. Soviet Phys. JETP **4** 512—520. — Übersetzung aus J. Experim. Theor. Phys. **31** 642—651, 1956 (russ.).

2155. **J. P. Terlezkij,** Motion of a rarefied plasma in a variable magnetic field. J. Experim. Theor. Phys. **32** 927—928 (russ.). — Übersetzung in Soviet Phys. JETP **5** 755—756.

2156. **J. A. Zerkownikow,** Stability of plasma in a strong magnetic field. J. Experim. Theor. Phys. **32** 69—74 (russ.). — Übersetzung in Soviet Phys. JETP **5** 58—64.

Lichtgeschwindigkeit

2157. **E. Bergstrand,** Modern determination of the velocity of light. Ann. Françaises Chronométrie (2) **11** 97—107.

2158. **R. Gerharz,** A new effort to measure the velocity of light. J. Electronics **2** 416—424 = Georgetown Obs. Repr. Nr. 21. — Ref. in Phys. Abstracts (A) **60** 381.

2159. **R. Gerharz,** On the universal standard of time and the velocity of light. Proc. Inst. Radio Engineers **45** 1549—1550.

2160. **J. F. Mulligan, D. F. McDonald,** Some recent determinations of the velocity of light. II. American J. Phys. **25** 180—192. — Ergebnis: $c = 299792.8 \pm 0.2$ km/sec.

2161. **M. T. Prilepin,** Der wahrscheinlichste Wert der Lichtgeschwindigkeit im Vakuum. Publ. Inst. Ing. Geod. Luftbildaufnahme Kartogr. Moskau Nr. 28 S. 53—60 (russ.). — Ref. in RJ 1958 Nr. 6 S. 61.

2162. **D. H. Rank, A. H. Guenther, J. N. Shearer, T. A. Wiggins,** Precision determination of the velocity of light derived from a band spectrum method. III. J. Optical Soc. America **47** 148—150. — Ref. in Phys. Abstracts (A) **60** 381, Phys. Ber. **37** 951. — Ergebnis: c = 299793.2 ± 1.8 km/sec.

2163. **D. H. Rank, A. H. Guenther, G. D. Saksena, J. N. Shearer, T. A. Wiggins,** Tertiary interferometric wavelength standards from measurements on lines of the 2-0 band of carbon monoxide and derived wavelength standards from some lines of the 1-0 band of carbon monoxide. The velocity of light derived from a band spectrum method. IV. J. Optical Soc. America **47** 686—689. — Ref. in Phys. Abstracts (A) **60** 831. — Ergebnis: c = 299793.7 ± 0.7 km/sec.

§ 3

Rechentafeln, Funktionstafeln, Rechenmaschinen

301. **A. W. Lebedew, R. M. Fedorowa,** Reference Book on Mathematical Tables. Moskau, Verlag Akad. Wiss. UdSSR, 1956. 46 + 552 S. Preis R. 29.20 (russ.). — Besprechung in Math. Rev. **18** 828—829 (G. E. Forsythe).

302. **L. S. Tschrenow,** Fünfstellige Tafeln der trigonometrischen Funktionen mit Argument in Zeit. Moskau, Staatsverlag für Techn.-Theoretische Literatur, 1954. 2. Auflage. 172 S. Preis 7 R. 70 Kop. (russ.). — Besprechung in Math. Tables and Other Aids to Computation **11** 206 (J. Todd).

303. **H. Wittke,** Ultragon — Fünfstellige Tafeln für: Sinus- Cosinus- Tangens- Cotangens für Maschinenrechnen. Hamburg, Hanseatische Verlagsanstalt GmbH., 1957. 240 S. Preis DM 39.50. — Besprechung in Österreich. Z. Vermessungswesen **46** 28—29 (Smetana).

304. Interpolation and Allied Tables. Vgl. AJB **56** Ref. 308. — Weitere Besprechung in JBAA **68** 114 (W. H. Julian).

Rechenmaschinen

305. **L. Biermann,** Elektronische Rechenmaschinen und physikalische Forschung. Jahrbuch 1956 Max-Planck-Ges. S. 19—33.

306. **A. D. Booth, K. H. V. Booth,** Automatic Digital Calculators. Vgl. AJB **56** Ref. 311. — Weitere Besprechung in Rev. Sci. Instruments **28** 43 (A. L. Leiner).

307. **G. F. Forbes,** Digital Differential Analysis: An Applications Manual for Digital and Bush Type Differential Analyzers. Pacoima, California, G. F. Forbes (Selbstverlag), 1957. 4. Auflage. 14 + 154 + 38 S. mit Fig. Preis $ 5.00. — Besprechung in J. British Interplanetary Soc. **16** 387 (D. J. Cashmore).

308. **W. T. Gontkowskaja,** Über die Entwicklung einer Funktion in Fourier-Reihen auf Lochkarten- und elektronischen Maschinen. Bull. Astr. Obs. Stalinabad Nr. 19 S. 3—9 (russ.).

309. **T. Lederle,** Die geplante IBM-Maschinen-Anlage des Astronomischen Rechen-Instituts. Mitt. AG 1956 S. 47. — Ref. AG.

310. **D. D. McCracken,** Digital Computer Programming. New York, John Wiley & Sons; London, Chapman & Hall, Ltd., 1957. 7 + 253 S.

311. **H. Öhlmann,** Bericht über Fertigstellung der G 2. Nachrichtentechn. Fachberichte 4 97—98, 1956.

312. **J. M. M. Pinkerton,** Neuere Entwicklungen elektronischer Rechenmaschinen. Endeavour **16** 36—41. — Einleitung. Geschichtliches. Konstruktive Entwicklungen. Arbeitsweise. Programmierung. Anwendungen der Rechenmaschinen.

§ 4

Astronomische Jahrbücher, Ephemeriden, Kalender

401. Berliner Astronomisches Jahrbuch für 1959. 184. Jahrgang. Herausgeber: Astronomisches Recheninstitut der Deutschen Akademie der Wissenschaften zu Berlin und Astronomisches Recheninstitut zu Heidelberg. Berlin, Akademie-Verlag, 1957. 10 + 128 + 456* S. Preis 12 DM.

402. Almanaque Nautico y Aeronautico para el año 1958. República Argentina, Ministerio de Marina, Publ. H. Nr. 225. Observatorio Naval, 1957. 382 S.

403. The Indian Ephemeris and Nautical Almanac for the year 1958. Office of preparation: Nautical Almanac Office, Regional Meteorological Centre, Alipore, Calcutta. Published by the Manager of Publications, Civil Lines, Delhi, 1957. 18 + 392 S.

404. Efemérides Astronómicas para o ano de 1958. Observatório Astronómico da Universidade de Coimbra. 13 + 233 S.

405. The Nautical Almanac and Astronomical Ephemeris for the Year 1959 for the meridian of the Royal Observatory at Greenwich. Published by Order of the Lords Commissioners of the Admiralty. London, Her Majesty's Stationery Office, 1957. 6 + 578 S. Preis £ 1 17 s. 6 d. net.

406. Astronomisches Jahrbuch der UdSSR für das Jahr 1960. Unter Redaktion von M. F. Subbotin vom Institut für Theoretische Astronomie der Akademie der Wissenschaften der UdSSR herausgegeben. Moskau-Leningrad, Verlag Akad. Wiss. UdSSR, 1957. 632 S. mit 3 Karten und einer Beilage über die in Orten der UdSSR in den Jahren 1958—1959 beobachtbaren Sternbedeckungen (60 S.). Preis 76 R. (russ.).

407. Connaissance des Temps ou des mouvements célestes, à l'usage des astronomes et des navigateurs, pour l'an 1959, publiée par Le Bureau des Longitudes. Paris, Gauthier-Villars, 1957. 32 + 652 S.

408. Astronomisches Jahrbuch für das Jahr 1958. Herausgegeben von der Meteostation Zsizsinschan. Peking, Kesjue Tschubansche, 1957. 438 S. (chines.).

409. Almanaque Náutico para 1958. Rio de Janeiro, Marinha do Brasil, Hidrografia e Navegação. 276 + 35 S.

410. Almanaque Náutico año 1958, publicado de orden de la superioridad por el Instituto y Observatorio de Marina de San Fernando (Cádiz) para el meridiano de Greenwich. Imprenta del Observatorio de Marina, 1957. Vol. **167**. 16 + 560 S. Preis 70 Pesetas.

411. Nautical Almanac 1958. Tokyo, Japanese Hydrographic Office, 1957. Pub. No. 681. 2 + 461 S. mit 3 Karten.

412. Japanese Ephemeris 1958. Tokyo, Maritime Safety Board, Japan, 1957. Pub. No. 684. 5 + 537 S.

413. The American Ephemeris and Nautical Almanac for the Year 1959. Washington, United States Government Printing Office, 1957. 17 + 589 S. Preis $ 4.25.

414. **D. H. Sadler,** Astronomical ephemerides. AJ UdSSR **34** 261—266 (russ. mit engl. Ref.). — Es wird ein Überblick über Berechnung und Publikation astronomischer Ephemeriden in Vergangenheit und Gegenwart unter besonderer Berücksichtigung des internationalen Materialaustausches gegeben und die Weiterentwicklung auf diesem Gebiete betrachtet. Zunehmende Genauigkeit und Kompliziertheit der den Ephemeriden zu Grunde liegenden Berechnungen verlangen für die Zukunft, ungeachtet der Verfügbarkeit schneller Rechenautomaten, vollste internationale Zusammenarbeit und Materialaustausch. Verf. (übersetzt)

415. Apparent Places of Fundamental Stars 1958. Containing the 1535 stars in the Third Fundamental Catalogue (FK 3) of the Berliner Jahrbuch. Produced by international co-operation under the auspices of the International Astronomical Union. Published by Order of the Lords Commissioners of the Admiralty. London, Her Majesty's Stationery Office, 1957. 40 + 536 S. Preis £ 2 2 s. 0 d. net.

416. Astronomische Grundlagen für den Kalender 1959. Herausgegeben vom Astronomischen Rechen-Institut in Heidelberg. Karlsruhe, Verlag G. Braun GmbH, 1957. 104 S. Nicht im Handel. Preis 10.— DM.

417. The Handbook of the British Astronomical Association 1958. Thirty-seventh year of publication. 1957 November. 64 S. Preis 5 s.

418. The Observer's Handbook for 1958. Fiftieth year of publication. The Royal Astronomical Society of Canada, Toronto 1957. Editor R. J. Northcott. 84 S. Preis 75 cents.

419. The Astronomical Society of South Africa. Handbook for 1953. 22 S.
Desgl. für 1954, 1955 und 1956. 16 S.
Desgl. für 1957. 35 S.

420. Rocznik Astronomiczny Obserwatorium Krakowskiego 1957. International Supplement Nr. 28. Bearbeitet K. Kordylewski. Kraków 1957. 5 + 117 S. — Julianisches Datum, Ephemeriden von Bedeckungsveränderlichen, Präzessionsgrößen, Sternbedeckungen.

421. Suplemento al Almanaque Nautico y Aeronautico para el año 1958. Sol, Planetas y Estrellas. República Argentina, Ministerio de Marina, Servicio de Hidrografia Naval, 1957. 2 + 95 S.

422. Nautisches Jahrbuch oder Ephemeriden und Tafeln für das Jahr 1958 zur Bestimmung der Zeit, Länge und Breite zur See nach astronomischen Beobachtungen. Herausgegeben vom Deutschen Hydrographischen Institut. Hamburg, 1957. **107**. Jahrgang. 4 + 41 S. + Ephemeriden für 1958 + Schalttafeln.

423. The Abridged Nautical Almanac for the Year 1959. London, published by Order of the Lords Commissioners of the Admiralty; Washington, issued by the United States Naval Observatory under the authority of the Secretary of the Navy under the title The American Nautical Almanac. London, Her Majesty's Stationery Office, 1957. 276 + 35 S. Preis 15 s. 0 d. net.

424. Ephémérides Nautiques pour l'an 1958. Ouvrage publié par Le Bureau des Longitudes, spécialement à l'usage des marins. Paris, Gauthier-Villars, 1957. 473 S.

425. Almanaque Náutico para uso de los navegantes año 1958, publicado de orden de la superioridad por el Instituto y Observatorio de Marina de San Fernando (Cádiz) para el meridiano de Greenwich. Imprenta del Observatorio de Marina, 1957. 2 + 415 S. Preis 70 Pesetas.

426. Nautisches Jahrbuch für 1956. Stralsund, Seehydrogr. Dienst DDR, 1955. 392 S. mit Fig. Preis 27.— DM.

427. Abridged Nautical Almanac 1957. Tokyo, Maritime Safety Board, Japan, 1956. Pub. No. 683. 3 + 233 S. mit 3 Karten.
Desgl. für 1958.

428. **B. Krassawzew,** Möglichkeiten einer weiteren Vervollständigung des Nautischen Jahrbuchs. Hochseeflotte 1957 Nr. 9 S. 17—22 (russ.). — Ref. in RJ 1958 Nr. 4 S. 11.

429. The Air Almanac 1958. London, Her Majesty's Stationery Office; Washington, United States Naval Observatory, 1957. January—April, S. 1—242, A 1—A 60, mit 2 Sternkarten. Preis je Band 15 s. 0 d.
Desgl. May—August, S. 241—488, A 1—A 60, mit 2 Sternkarten.
Desgl. September—December, S. 487—732, A 1—A 60, mit 2 Sternkarten.

430. The Star Almanac for Land Surveyors for the Year 1958. Prepared by H. M. Nautical Almanac Office, published by Order of the Lords Commissioners of the Admiralty. London, Her Majesty's Stationery Office, 1957. 14 + 70 S. Preis 4 s. net.

431. Annuaire de notre ciel pour l'an 1958. Herausgegeben von V. V. Michkovitch. Beograd, Académie Serbe des Sciences, Section d'Astronomie Théorique et Appliquée de l'Institut Math., Publications Astronomiques Tome **9**, 1957. 193 S. mit 42 Fig.

432. Almanacco Astronomico della Rivista Coelum per l'anno comune 1958, compilato all'Osservatorio Astronomico Universitario di Bologna da G. B. Lacchini. Bologna, Tipografia Compositori, 1957. 64 S.

433. Annuaire de l'Observatoire Royal de Belgique. Jaarboek van de Koninklijke Sterrenwacht van België 1958. Bruxelles, Imprimerie Marcel Hayez, 1957. 125e année. 191 S. Preis 50 F.

434. Annuarul observatorului din București 1956. București, Acad. R. P. R., 1956. 175 S. Preis 3.20 lei.
Desgl. für 1957. 163 S.

435. Csillagászati évkönyv az 1956 évre. Budapest, Tarsad. és Természettud. Ismeretterjesztö Társulat Csillagászati Szakoszt., 1955. 235 S. Preis 13 ft.

436. Almanaque Astronómico y «Manual del Aficionado» para el año 1957. Rev. Astr. Nr. 142, 56 S.
Desgl. für 1958. Rev. Astr. Nr. 146, 60 S.

437. Annuaire Astronomique et Météorologique Camille Flammarion, pour 1958. Publié par l'Observatoire de Juvisy. **94**e année.

438. Kurzer astronomischer Kalender für 1957. Zusammengestellt von S. W. Drosdow und S. I. Seleschnikow. Kiew, Verlag Akad. Wiss. Ukrain. Sowjetrepublik, 1956. 104 S. Preis 2 R. 75 Kop. (russ.).
Desgl. für 1958. 113 S. mit Fig. Preis 3 R. (russ.).

439. Kalender für Sternfreunde 1957. Herausgegeben von P. Ahnert unter Mitwirkung von C. Hoffmeister. Leipzig, Joh. Ambrosius Barth Verlag, 1957. 195 S. Preis 4.— DM.
Desgl. für 1958. Herausgegeben von P. Ahnert unter Mitwirkung von N. Richter und U. Güntzel-Lingner. Leipzig, 1957. 204 S. mit 69 Abb. Preis 4.— DM.

440. Anuario del Observatorio Astronómico de Madrid para 1958. Madrid, Talleres del Instituto Geográfico, 1957. 366 S.

441. Annuaire pour l'an 1958, publié par Le Bureau des Longitudes, avec un supplément pour l'an 1959. Paris, Gauthier-Villars, 1957. 8 + 605 + A 23 + B 14 + C 12 + D 62.

442. Astronomisches Jahrbuch für das Jahr 1957. Herausgegeben vom Zentralinst. Meteorol. Korean. Volksdemokrat. Republik. Pjöngjang, Staatsverlag. 68 S. Preis 60 Won (korean.).

443. Hvězdářská ročenka 1958. Bearbeitet von J. Bouška, V. Guth, B. Onderlička. Prag, Verlag Akad. Wiss., 1957. **34**. Jahrgang. 164 S. mit 25 Fig. Preis Kčs. 8.10. — Besprechung in RH **39** 70.

444. Astronomiskais kalendars 1956. Riga, Akad. Izd-ba, 1955. 143 S. Preis 3 R. 45 Kop.
Desgl. 1957. 127 S. Preis 2 R. 25 Kop.
Desgl. 1958. 136 S. Preis 2 R. 10 Kop.

445. Anuário para o ano de 1955. Publicado pelo Observatório Nacional Rio de Janeiro, 1954. Ano **71**. 7 + 288 S.
Desgl. für 1956. Ano **72**. 7 + 288 S.
Desgl. für 1957. Ano **73**. 10 + 290 S.
Desgl. für 1958. Ano **74**. 8 + 280 S.

446. Anuario del Observatorio Astronomico Nacional de la Universidad de Chile para el año 1958. Santiago de Chile, 1957. 111 S.

447. Anuário do Observatório de S. Paulo para 1958. Universidade de São Paulo. Instituto Astronômico e Geofísico. São Paulo, 1957. 8 + 226 + 21* S.

448. Astronomischer Kalender der Sternwarte Sofia für das Jahr 1958. Sofia, Bulgar. Akad. Wiss., 1957. 68 S. Preis 2.40 Lw. (bulgar.).

449. Das Himmelsjahr. Sonne, Mond und Sterne im Jahre 1958. Herausgegeben für den Kosmos, Gesellschaft der Naturfreunde, von M. Gerstenberger. Stuttgart, Franckhsche Verlagshandlung, 1957. 105 S.

450. Kalender des Astronomischen Observatoriums Tartu für das Jahr 1956. Tallin, 1956. 92 S. Preis 4 R. 80 Kop. (estn.).
Desgl. für 1957. 72 S. Preis 3 R. 80 Kop.

451. Astronomischer Kalender für das Jahr 1957. Tjanwen njanli, 1957. 408 S. (chines.).

452. Osservatorio Astronomico di Trieste. Annuario Astronomico per l'anno 1958. Herausgegeben von B. Cester, A. Abrami, G. Brusadin. Oss. Astr. Trieste Nr. 279, 68 S.

453. Rocznik Astronomiczny na rok 1958. Warszawa, 1957. Instytut Geodezji i Kartografii. XIII. 101 S.

454. Sun and Moon Tables, 1958. Herausgegeben vom Ghana Meteorological Department, 1957. 9 S.

455. Standard-Daten für Ephemeriden 1958. NAZ **11** 30 = UAI Circ 1630.

456. **B. Maleček, L. Zachar,** Astronomická tabulka 1958. Volkssternwarte Pilsen. Preis Kčs. 3. — Besprechung in RH **38** 286.

457. **R. A. Naef,** Der Sternenhimmel 1958. Kleines astronomisches Jahrbuch für Sternfreunde für alle Tage des Jahres zum Beobachten von bloßem Auge, mittels Feldstecher und Fernrohr, herausgegeben unter dem Patronat der Schweizerischen Astronomischen Gesellschaft. Aarau, Verlag H. R. Sauerländer & Co., 1957. **18**. Jahrgang. 126 S. Preis Fr. 7.80.

458. **J. J. Raimond jr.,** Sterrengids 1958. Uitg. in opdracht van de Nederlandse Vereniging voor weer- en sterrenkunde. Groningen-Djakarta, J. B. Wolters, 1957. 68 S. mit 35 Fig. und 12 Karten. Preis hfl. 4.25.

459. **M. Wähnl,** Astronomisches Jahrbuch der Urania-Sternwarte Wien 1958. Wien, Verlag Volksbildungshaus Wiener Urania, 1957. 1. Jahrgang. — Besprechung in Sterne **34** 96 (C. Hoffmeister).

§ 5

Wissenschaftliche und populäre Bücher zur gesamten Astronomie

501. **G. Abetti,** Le stelle e i pianeti. Vgl. AJB **56** Ref. 501. — Weitere Besprechung in Obs **78** 36—37 (V. C. A. Ferraro), Ric. Sci. **27** 1022 (M. C. Ballario).

502. **C. W. Allen,** Astrophysical Quantities. Vgl. AJB **55** Ref. 502. — Weitere Besprechung in RJ 1957 Nr. 8 S. 32.

503. **R. M. Aller,** Introducción a la Astronomía. Madrid, Consejo Superior de Investigaciones Científicas, 1957. 2. Auflage. 613 S. mit zahlreichen Fig. und Tafeln. — Besprechung in BSAF **72** 88 (P. Baize), Urania Barcelona **42** 264.

504. **K. L. Bajew, W. A. Schischakow,** Einführung in die Astronomie. Vgl. AJB **55** Ref. **506**. — Auch in weiteren Landessprachen der UdSSR erschienen.

505. **R. H. Baker,** An Introduction to Astronomy. New York-London-Toronto, D. Van Nostrand Ltd., 1957. 5. Auflage. 8 + 333 S. Preis $ 4.85. — Besprechung in J. appl. Phys. **28** 825, Sky and Telescope **16** 387, **17** 195 (H. M. Losh).

506. **L. Barnett,** Ce monde où nous vivons. Paris, Hachette, 1957. 312 S. mit 345 Abb. Preis ffrs 4900. — Übersetzung des in AJB **56** Ref. **510** zitierten Buches durch M. Levi-Strauss. — Besprechung in La Nature **85** 501.

507. **W. P. Batjuk,** Astronomiestunden in der zehnten Klasse. Kiew, «Rad. Schkola», 1957. 117 S. mit Fig. Preis 1 R. 75 Kop. (weißruss.).

508. **H. P. Berlage,** Het ontstaan van het zonnestelsel. Haarlem, Volksuniversiteit Bibliotheek, Bohn, 1956. 208 S. mit 31 Fig. Preis hfl 3.90. — Besprechung in Hemel en Dampkring **55** 218 (C. de Jager).

509. **K. Boeke,** Cosmic View: The Universe in 40 Jumps. New York, The John Day Company, 1957. 48 S. Preis $ 3.25. — Besprechung in Sky and Telescope **17** 197, 363 (M. D. Ashbrook).

510. **N. Boneff,** Astrophysik. Sofia, Wissenschaft und Kunst, 1956. 2. durchgesehene Auflage. 180 S. mit Fig.

511. **R. Brandt,** Himmelswunder im Feldstecher. Vgl. AJB **56** Ref. 518. — Weitere Besprechung in Gaz astr **38—39** 91.

512. **F. Brauchet, J. Dumarqué, P. Couderc,** Cosmographie. Paris, Delagrave, 1957. 2. Auflage. 192 S. mit Fig.

513. **F. A. Bubleinikow,** 4000 Jahre Kampf um das Weltbild. Die Entwicklung der Vorstellung von der Erde. Übersetzung aus dem Russischen. Leipzig, Urania-Verlag. 200 S. mit 24 Fig. Preis DM 7.80. — Besprechung in VdS-Nachr. **7** 43—44 (H. Wolf).

514. **W. Büdeler,** Teleskopi, Rakete, Zvijezde. Zagreb, Izdanje «Tehnička knjiga», 1957. 262 S. Preis 660 Din. — Übersetzung aus dem Deutschen.

515. **R. Cartier,** Die Welt — woher sie kommt — wohin sie geht. Deutsche Bearbeitung P. Jordan, Übersetzung aus dem Französischen von P. W. Tügel, S. Groueff. Hamburg, Blüchert Verlag, 1957. 156 S. mit zahlreichen Tafeln. Preis DM 16.80. — Besprechung in Mitt. Planetenbeobachter **10** 61.

516. **J. M. Chamberlain, T. D. Nicholson,** Planets, Stars and Space. Mankato, Minn., Creative Educational Society, 1957. 223 S. Preis $ 7.50. — Besprechung in Sky and Telescope **17** 419, **18** 40 (E. J. Newman).

517. **E. K. Charadse,** Was sagt die Wissenschaft über den Bau des Universums. Tiflis, Staatsverlag Georg. Sowjetrepublik, 1956. 80 S. Preis 80 Kop. (georg.).

518. **E. K. Charadse,** Astronomie. Lehrbuch für die 10. und 11. Klasse. Tiflis, Staatsverlag Georg. Sowjetrepublik, 1957. 8. Auflage. 227 S. mit Fig. Preis 3 R. (georg.).

519. **A. Croome,** Wonderama: a Book of Modern Marvels. Herausgegeben von E. Andrews. London, Adprint, 1957. — Besprechung in Spaceflight **1** 263.

520. **A. Dauvillier,** Cosmologie et chimie. Vgl. AJB **55** Ref 512. — Weitere Besprechung in Obs **78** 37 (D. W. Dewhirst), Scientia **92** 167 (G. Abetti).

521. **J. Dommanget,** Exploration du ciel. Namur, Ed. du Soleil Levant. 2. Auflage. 8 + 56 S. mit 22 Fig., 10 Tafeln und einer Sternkarte. Preis 30 F. bzw. 20 belg. Fr. — Besprechung in Ciel et Terre **73** 573 (H. Michel), Gaz astr **40** 16—17.

522. **A. van Dooren,** Kosmografie. Maaseik (Belgie), College van het H. Kruis. 76 S. mit 140 Fig. Preis hfl 2.20. — Besprechung in Hemel en Dampkring **56** 69—70 (J. A. Vreeswijk).

523. **J. Eugster,** Sterne strahlen dich an. Bern und Stuttgart, Hans Huber, 1957. 74 S. mit 19 Abb. — Besprechung in Sterne **34** 157—158 (C. Hoffmeister), Urania København **15** 4, Weltraumfahrt 1957 S. 99.

524. **W. G. Fessenkow,** ABC do sistema solar. Übersetzung aus dem Russischen. Rio de Janeiro, Ed. Vitoria, 1957. 184 S. mit Fig. Preis 100.00 Cruz.

525. **K. Fladt, H. Seitz,** Astronomie. Stuttgart, Ernst Klett Verlag, 1957. 8 + 200 S. mit zahlreichen Fig. und 16 Tafeln. Preis DM 15.80. — Besprechung in Mitt. Planetenbeobachter **10** 49 (G. D. Roth), Naturwiss. Rundschau **10** 395 (F. Schmeidler), Phys. Ber. **37** 1309 (V. Weidemann), Phys. Blätter **14** 92 (A. Bohrmann), ZfA **45** 81—82 (G. Burkhardt).

526. **K. W. Gatland, D. D. Dempster,** The Inhabited Universe. Allan Wingate, 1957. Preis 21 s. — Besprechung in Spaceflight **1** 263 (A. E. Slater).

527. **J. Gauzit,** Les grands problèmes de l'astronomie. Paris, Dunod, 1957. 2. Auflage. 184 S. mit 17 Fig. und 16 Tafeln. Preis ffrs. 680. — Besprechung in Ann d'Astrophys **19** 338, BSAF **71** 314, Ciel et Terre **73** 353 (H. Michel), La Nature **85** 459, RJ 1957 Nr. 9 S. 11—12.

528. **G. A. Gurew,** Was ist das Weltall? Moskau, Techn. Staatsverlag, 1957. 200 S. mit Fig. Preis 3 R. 15 Kop. (russ.).

529. **F. Hoyle,** Aux frontières de l'Astronomie. Paris, Corrêa, 1956. 385 S. mit 67 Fig. und 59 Tafeln. Preis ffrs 1800. — Übersetzung des in AJB **55** Ref. 523 zitierten Buches durch M. Vincent und E. Vincent. — Besprechung in La Nature **85** 78.

530. **F. Hoyle,** Das grenzenlose All. Der Vorstoß der modernen Astrophysik in den Weltraum. Köln-Berlin, Kiepenheuer & Witsch, 1957. 423 S. mit zahlreichen Fig. und Tafeln. Preis DM 18.50. — Übersetzung der englischen Originalausgabe (vgl. AJB **55** Ref. **523**) von K. O. Kiepenheuer und H. Siebler-

Ferry. — Besprechung in Naturwiss. Rundschau **10** 395 (W. Petri), Phys. Blätter **13** 579—580 (E. Brüche), Sterne **34** 207—208 (C. Hoffmeister), Sternenbote 8 84—85, Weltraumfahrt 1957 S. 98 (W. Schaub), ZfA **46** 279 (O. Heckmann).

531. **F. Hoyle,** Planeten, sterren, melkwegen. Den Haag, Heinemann. 335 S. mit 67 Fig. und 59 Tafeln. Preis hfl. 12.90. — Übersetzung der englischen Originalausgabe (vgl. AJB **55** Ref. **523**) von H. Groot. — Besprechung in Hemel en Dampkring **55** 190 (C. de Jager).

532. **G. M. Idliss,** Kosmische Materie. Moskau, Verlag Akad. Wiss. UdSSR, 1957. 126 S. mit Abb. Preis 2 R. (russ.). — Besprechung in Priroda **46** Nr. 6 S. 120.

533. **C. Luplau Janssen,** Verdens Skabelse. Urania København **14** 25—29.

534. **K. Kaltschajew,** Die Welt der Sterne. Aschchabad, 1956. 26 S. mit Fig. Preis 80 Kop. (turkmen.).

535. **H. C. King,** The Background of Astronomy. London, C. A. Watts and Co., Ltd., 1957. 6 + 254 S. mit Fig. Preis 18 s. — Besprechung in JBAA **68** 70, J RAS Canada **52** 190 (J. F. Heard), Obs **78** 35—36 (C. A. Ronan).

536. **J. Kleczek,** Nitro hvězd. Prag, Verlag Akad. Wiss. 226 S. mit 29 Fig. Preis Kčs. 10.50. — Besprechung in RH **38** 143.

537. **I. G. Koltschinskij,** Methodische Hinweise auf die Lektionen «Ungewöhnliche Himmelserscheinungen». Kiew, Zentrales Lektionsbüro, 1956. 35 S. (ukrain.).

538. **W. N. Komarow,** Die Bewegung der Sterne. Moskau, Staatsverlag für technisch-theoretische Literatur, 1957. 66 S. mit Abb. Preis 1 R. 10 Kop. (russ.). — Besprechung in Priroda **47** Nr. 3 S. 121.

539. **W. S. Krogdahl,** The Astronomical Universe. New York, The Macmillan Co., 1957. 2. Auflage. 17 + 599 S. mit 6 Sternkarten. — Vgl. AJB **52** Ref. 531.

540. **W. Kruse, W. Dieckvoss,** The Stars. Ann Arbor, University of Michigan Press, 1957. 202 S. mit 106 Fig. Preis $ 5.00. — Aus dem Deutschen übersetzt von R. Manheim. — Besprechung in JBAA **68** 223 (H. C. King), Sky and Telescope **17** 306, 363 (K. M. Yoss).

541. **F. Link,** Co víme o hvězdách. Prag, Verlag Akad. Wiss. 144 S. mit 33 Fig. 2. Auflage. Preis Kčs. 5.74. — Besprechung in RH **38** 143.

542. **R. A. Lyttleton,** The Modern Universe. Vgl. AJB **56** Ref. **547**. — Weitere Besprechung in El Universo Nr. 43 S. 99 (H. Scheffler), Nature **179** 505 (W. H. McCrea).

543. **T. Maloney,** Other Worlds in Space. London, Acorn Press, 1957; Sterling, 1958. 128 S. Preis 12 s. 6 d. bzw. $ 2.95. — Besprechung in Sky and Telescope **17** 525, Spaceflight **1** 226—227.

544. **A. Masani,** Questioni di Astronomia. I. II. Genova, Libreria Mario Bozzi, 1957. Vol. I, 418 S. mit 65 Fig.; Vol. II, 176 S. mit 60 Fig. — Besprechung in Mem SA It (NS) **29** 159 (L. Rosino).

545. **M. Montygierd,** Zjawiska niebieskie. Warszawa, «Wiedza Powszechna», 1957. 56 S. mit Fig. Preis 2 zł.

546. **P. Moore,** The Amateur Astronomer. London, Lutterworth Press; New York, W. W. Norton & Co. Inc., 1957. 337 S. mit 16 Tafeln. Preis 25 s. bzw. $ 4.50. — Besprechung in El Universo Nr. 44 S. 155—156 (H. Scheffler), JBAA **68** 192—194 (G. E. Satterthwaite), J. British Interplanetary Soc. **16** 386 (G. Fielder), Sky and Telescope **16** 596, **17** 141 (O. Gingerich), Strolling Astronomer **11** 115—116 (J. R. Smith), Urania København **15** 5.

547. **P. Moore,** Venus. Murnau, Verlag Seb. Lux, 1957. Ins Deutsche übersetzt und ergänzt von G. D. Roth. 74 S. mit zahlreichen Fig. — Besprechung in Mitt. Planetenbeobachter **10** 48—49 (W. Sandner).

548. **K. F. Ogorodnikow,** Woran sich die Erde hält. Vgl. AJB **50** Ref. 537. — Auch in weiteren Landessprachen der UdSSR erschienen.

549. **K. F. Ogorodnikow,** Wieviel Sterne stehen am Himmel? Tiflis, 1956. 44 S. mit Fig. Preis 65 Kop. (georg.). — Vgl. AJB **56** Ref. 554.

550. **M. W. Ovenden,** Looking at the Stars. London, Phoenix House, 1957. 192 S. mit 28 Tafeln. Preis 10 s. 6 d. — Besprechung in JBAA **68** 274—275, Publ ASP **70** 336—337 (G. W. Bunton), Sky and Telescope **17** 306, Spaceflight **1** 262 (C. A. Cross).

551. **P. P. Parenago,** In der Welt der Sterne. Moskau, Techn. Staatsverlag, 1957. 96 S. mit Fig. Preis 1 R. 55 Kop. (russ.).

552. **P. I. Popow,** Słonce i Ziemia. Warszawa, Wydawn. Min. Obrony Narod., 1955. Übersetzung aus dem Russischen, vgl. AJB **49** Ref. 544. 70 S. mit Fig. Preis 1.90 zł.

553. **H. A. Rey,** The Stars. Boston, Houghton Miffin Co., 1956. 4. Auflage. 144 S. Preis $ 6.00. — Besprechung in J RAS Canada **52** 191 (R. J. Northcott).

554. **L. Rosino,** Fisica delle stelle. Vgl. AJB **56** Ref. 563. — Weitere Besprechung in Scientia **92** 197 (G. Abetti).

555. **P. Rousseau,** A la conquête des étoiles. Vgl. AJB **56** Ref. 566. — Weitere Besprechung in BSAF **71** 448, La Nature **85** 157.

556. **P. Rousseau,** Le monde des étoiles. Paris, Hachette, 1956. 248 S. mit Fig. Preis 500 fr.

557. **L. Rudaux, G. de Vaucouleurs,** Astronomie. Les astres, l'univers. Paris, Librairie Larousse, 1956. 8 + 503 S. mit Fig. — Besprechung in RJ 1958 Nr. 1 S. 7.

558. **E. Rybka,** Astronomia dla klasy XI. Warszawa, Państwowe Zakłady Wydawnictwo Szkolnych, 1957. 8. Auflage. 163 S. Preis 5.50 zł. — Lehrbuch der Astronomie für Mittelschulen.

559. **E. Rybka,** Astronomia ogólna. Warszawa, Państwowe Wydawnictwo Naukowe, 1957. 2. Auflage. 490 S. Preis 43.50 zł. — Lehrbuch der Astronomie für höhere Lehranstalten.

560. **W. Schroeder,** Practical Astronomy. New York, Philosophical Library, 1957. 206 S. Preis $ 6.00. — Besprechung in Publ ASP **69** 591 (C. B. Stephenson), Sky and Telescope **17** 93, 195—196, Spaceflight **1** 262 (E. H. Noon).

561. **J. B. Sidgwick,** Introducing Astronomy. New York, The Macmillan Co., 1957. 259 S. Preis $ 3.50. — Besprechung in Publ ASP **69** 279—280 (H. Pillans), Sky and Telescope **16** 337, **17** 141, 143 (H. M. Losh).

562. **O. Thomas,** Astronomie, Tatsachen und Probleme. Vgl. AJB **56** Ref. 576. — Weitere Besprechung in El Universo Nr. 42 S. 45 (H. Scheffler), J RAS Canada **52** 35—36 (P. M. Millman), NAT 1957 S. 35—36, Orion Schaffhausen **5** 489—490 (M. Waldmeier), Sterne **34** 45—46 (E. Krug), Sternenbote **1** 18—19, VdS Nachr. **7** 14 (G. D. Roth).

563. **G. de Vaucouleurs,** Discovery of the Universe. An Outline of the History of Astronomy from the Origins to 1956. London, Faber & Faber Ltd.; New York, The Macmillan Co., 1957. 328 S. mit 35 Fig. und 20 Tafeln. Preis 30 s. bzw. $ 6.00. — Besprechung in AJ UdSSR **35** 677—679 (J. G. Perel), El Universo **12** 99, Endeavour **17** 48 (H. Spencer Jones), J. Astr. Soc. Victoria **10** 61, JBAA

67 325—326 (H. C. King), La Nature **85** 459, MN ASSA **16** 61—62, Obs **77** 157—158 (W. R. Hindmarsh), Publ ASP **69** 588—589 (J. G. Phillips), Rev. Astr. Nr. 143 S. 92 (H. A. Viola), Sky and Telescope **16** 596, **17** 87—89 (H. Pillans), Southern Stars **17** 98—100 (L. P. Lee), Spaceflight **1** 225—226, Strolling Astronomer **12** 27—29 (E. E. Both).

564. **S. Waldhard,** Unterhaltungen über das Weltall. Moskau, Verlag «Moskauer Arbeiter», 1957. 176 S. mit Abb. Preis 2 R. 15 Kop. (russ.). — Besprechung in Priroda **46** Nr. 9 S. 125.

565. **W. Widmann, K. Schütte,** Welcher Stern ist das? 60 Sternkarten und 7 farbige Abb. mit einer Tabelle zum Bestimmen der Sternbilder in allen Jahreszeiten, mit einer kurzen Einführung über unser Wissen von den Sternen sowie einer ausklappbaren Mondkarte. Stuttgart, Kosmos-Verlag, Franckhsche Verlagshandlung, 1957. 156 S. mit 126 Abb. Preis 7.50 DM.

566. **W. Widmann, K. Schütte,** Guide to Stars. Englische Übersetzung des in AJB **52** Ref. 567 zitierten Buches durch A. Beer. Thames & Hudon. 224 S. mit zahlreichen Abb. Preis 21 s. — Besprechung in Obs **77** 212—213 (E. H. Noon).

567. **H. P. Wilkins,** Les mystères de l'Espace et du Temps. Paris, Payot, 1956. 206 S. mit 8 Tafeln. Preis ffrs. 900. — Übersetzung des in AJB **56** Ref. 582 zitierten Buches durch J. Leguèbe. — Besprechung in La Nature **85** 157.

568. **H. P. Wilkins,** Introductions to Young Astronomers. London, Museum Press, 1957. 128 S. Preis 10 s. 6 d. — Besprechung in Spaceflight **1** 227.

569. **R. v. d. R. Woolley,** A Key to the Stars. London, Blackie & Son, Ltd.; New York, Philosophical Library, 1957. 3. Auflage. 144 S. Preis 10 s. 6 d. bzw. $ 4.75. — Besprechung in J. Optical Soc. America **47** 1137—1138 (H. K. Kiess), Obs **77** 245 (E. A. Beet), Publ ASP **69** 483—484 (L. Berman), Sky and Telescope **16** 596, **17** 196 (R. S. Bates), Strolling Astronomer **11** 60 (C. A. Haas).

570. **B. A. Woronzow-Weljaminow,** Sammlung von Aufgaben und Übungen zur Astronomie. (Für Universitäten und Pädagogische Institute). Moskau, Techn. Staatsverlag, 1957. 4. Auflage. 271 S. mit Fig. Preis 6 R. 30 Kop. (russ.).

571. **R. Wyler, G. Ames,** Lebendige Astronomie. Das große bunte Buch von Sonne, Mond und Sternen. Übersetzt und bearbeitet von H. Bühler, Bilder von J. Polgreen. Ravensburg, Otto Maier Verlag, 1957. 88 S. mit 206 Fig. Preis DM 16.50. — Besprechung in Sterne **34** 95—96 (C. Hoffmeister), VdS-Nachr. **7** 43 (J. Herrmann).

572. **W. Zonn, K. Rudnicki,** Astronomia gwiazdowa. Warszawa, PWN, 1957. 441 S. mit Fig. Preis 48 zł. — Lehrbuch der Stellarastronomie für höhere Lehranstalten.

573. Le Ciel et la Terre. Herausgegeben von A. Danjon, P. Pruvost, J. Blache. Vgl. AJB **56** Ref. 591. — Weitere Besprechung in BSAF **71** 261—262, La Nature **85** 501, Nature **180** 59 (B. Pagel), Sky and Telescope **17** 90 (A. G. Velghe).

574. New Horizons in Astronomy. Vgl. AJB **56** Ref. 592. — Weitere Besprechung in BSAF **71** 448, Obs **78** 38 (D. W. Dewhirst).

575. Astronomy and Geophysics. A Selection of recent Literature. Stockholm, 1957. — Besprechung in Urania København **14** 88.

576. The Universe. Edited by «Scientific American». New York, Simon and Schuster, 1957. 142 S. Preis $ 1.45. — Besprechung in Sky and Telescope **17** 197.

577. The Threshold of Space. Herausgegeben von M. Zelikoff. London-New York, Pergamon Press, 1957. 342 S. Preis $ 15.00. — Besprechung in Sky and Telescope **17** 306.

§ 6

Schriften allgemeiner Art

601. **F. Arnold,** Religion and science. Irish AJ **4** 144—148.

602. **H. Blumenberg,** Kosmos und System. Aus der Genesis der kopernikanischen Welt. Studium Generale **10** 61—80.

603. **A. D. Bonoff,** Kosmogonie und religiöse Anschauungen über die Entstehung der Welt. Priroda Sofia **6** Nr. 3 S. 8—12 (bulg.).

604. **G. Borozki,** Über das Leben im Universum. Vasiona **5** 42—43 (serb.).

605. **D. Burger,** Bolland. Een roman van gekromde ruimten en uitdijend heelal. 's-Gravenhage, C. Blommendaal N. V., 1957. 120 S. mit zahlreichen Fig. Preis hfl 9.50. — Besprechung in Hemel en Dampkring **55** 217—218 (A. N. Borghouts).

606. **C. Clerici,** Il sistema solare e proposta di aggiornamento del modello o descrizione data dal Copernico. Il sole, le radiazioni, la luce, la visione. Milano, Tip. Figli della provvidenza, 1956. 29 S.

607. **P. Darnell,** Campingastronomi. NAT 1957 S. 70—72.

608. **G. A. Davis,** Why did the Arabs call Beta Persei «al-Ghul»? Sky and Telescope **16** 177.

609. **C. S. Draper,** Education in the astronautical sciences. J. Astronautics **4** 29—30.

610. **M. Fierz,** Isaac Newtons Lehre vom absoluten Raum. Studium Generale **10** 464—470.

611. **A. Fresa,** Sulla possibilità della vita negli altri mondi. Coelum **25** 129—136. — Darlegung der Lebensbedingungen auf den Planeten des Sonnensystems. Es muß die Möglichkeit eines wie auf der Erde organisierten Lebens auf den Planeten unseres Systems ausgeschlossen werden, nicht aber in irgend einem anderen System. Cester

612. **J. Gadomski,** 39 marca . . . na Marsie. Urania Kraków **28** 329—332. — Raketenfahrt zum Mars mit Beschreibung der astronomischen Erscheinungen auf dem Planeten. Rybka

613. **M. Gardner,** Fads and Fallacies. New York, Dover Publications Inc., 1957. 10 + 363 S. Preis $ 1.50. — Besprechung in Publ ASP **69** 589 (K. G. Kron).

614. **B. Gomólka,** Astrobotanika — nowa dziedzina wiedzy. Wszechswiat Nr. 1 S. 3—8. — Ref. in RJ 1957 Nr. 9 S. 10.

615. **F. Gruber,** Two kinds of matter in the universe. New cosmogony. Wien, Published by the Author, 1957. 24 S.

616. **H. Spencer Jones,** Život na drugim svetovima. Beograd, Izdavač Nolit, 1957. 184 S. mit 17 Tafeln. — Übersetzung aus dem Englischen von L. Mitić. — Besprechung in Vasiona **5** 52 (R. Danić).

617. **R. Kühn,** Himmel voller Wunder. München, Hanns Reich Verlag, 1957. Ein «Terra Magica» Bildband. 46 S. mit 49 Tafeln. Preis DM 9.80. — Besprechung in Mitt. Planetenbeobachter **11** 13 (G. D. Roth), Sterne **34** 206 (C. Hoffmeister).

618. **K. A. Kulikow,** Die Astronomie im Dienste der Volkswirtschaft. Moskau, Techn. Staatsverlag, 1957. 79 S. mit Fig. Preis 1 R. 15 Kop. (russ.).

619. **A. C. Larrieu,** Amateur astronomy. Strolling Astronomer **11** 104—105.

620. **A. G. Miller,** Sonne, Mond und Sterne. Der Roman der Astronomie. Hamburg, Zsolnay-Verlag, 1957. 392 S. mit 83 Abb. Preis 19.50 DM. — Besprechung in Orion Schaffhausen **5** 471—472.

621. **A. D. Mogilko,** Die Anschauungsmethode im Astronomie-Unterricht der Mittelschule. Abh. Staatl. Pädagog. Inst. Moskau **118** 98—112 (russ.).

622. **J. Náprstková,** Die Bedeutung der Astronomie für das praktische Leben. Rozhledy **35** 417—419 (tschech.).

623. **A. V. Nielsen,** Stjerner pa daghimlen. NAT 1957 S. 142—144.

624. **A. I. Oparin, W. G. Fessenkow,** Život ve vesmíru. Übersetzung aus dem Russischen (vgl. AJB **56** Ref. **629**). Prag, Verlag Naše vojsko. 168 S. Preis Kčs. 8.30. — Besprechung in RH **38** 287.

625. **S. A. Pachuta,** Wissenschaft und Religion über den Bau des Weltalls. Minsk, Ges. zur Verbreitung polit. und wiss. Kenntnisse der Weißruss. Sowjetrepublik, 1955. 40 S. Preis 70 Kop. (russ.).

626. **P. Perebiceanu,** Predarea astronomiei în şcoala medie. Gaz. mat. fiz. (A) **9** 251—252.

627. **K. Rudnicki,** O pracy astronoma. Urania Kraków **28** 12—15. — Die Arbeit des Astronomen als Beobachter und Theoretiker.

628. **K. Rudnicki,** O studiach astronomicznych. Urania Kraków **28** 42—45. — Informationen für Studierende der Astronomie in Polen.

629. **G. Ruggieri,** Astronomia e televisione. Coelum **25** 17—18.

630. **J. H. Rush,** The Dawn of Life. New York-Garden City, Hanover House, 1957. 262 S. Preis $ 4.50. — Besprechung in Sky and Telescope **17** 364, 469 (G. de Vaucouleurs).

631. **L. A. Samoljubow,** Die Verwendung wissenschaftlich-populärer Literatur aus der Astronomie für die Gruppen- und Einzelarbeit von Schülern und Studenten. Abh. Staatl. Pädagog. Inst. Smolensk 1957 Nr. 4, Teil 1 S. 136—141 (russ.).

632. **W. Schadewaldt,** Die Sternsagen der Griechen. Frankfurt/M., S. Fischer Verlag, 1956. Preis DM 2.30. — Besprechung in Orion Schaffhausen **5** 359.

633. **A. Schmid,** Traktat über das Licht. Bonn, Athenäum-Verlag, 1957. 283 S. Preis DM 14.80. — Besprechung in Sterne **34** 93—94 (J. Schubart).

634. **T. M. Schulgina,** Über die Situation des Astronomieunterrichts an der Mittelschule. Abh. Staatl. Pädagog. Inst. Moskau **118** 83—97 (russ.).

635. **T. M. Schulgina,** Zur Darstellung der Jahreszeiten im Astronomie-Unterricht der Schule. Abh. Staatl. Pädagog. Inst. Moskau **118** 113—119 (russ.).

636. **H. Siedentopf,** Das Weltall und die Lebensvorgänge. Universitas **12** 1067—1077.

637. **R. J. Stein,** Astronomy as a scout program. Sky and Telescope **16** 115.

638. **J. Štěpánek,** Astronomical elements in the Bohemian legends. RH **38** 152—153 (tschech.).

639. **A. K. Suslow,** Über die philosophische Begründung des Problems des extraterrestrischen Lebens. Publ. Sektor Astrobotanik Akad. Wiss. Kasach. Sowjetrepublik **5** 207—211 (russ.). — Ref. in RJ 1958 Nr. 4 S. 1.

640. **N. I. Suworow,** Die Astrobiologie als neuer Zweig des schöpferischen Darwinismus. Publ. Sektor Astrobotanik Akad. Wiss. Kasach. Sowjetrepublik **4** 62—67, 1955 (russ.).

641. **N. I. Suworow,** Das Problem der organischen Entwicklung im gegenwärtigen Zustand des Planetensystems. Publ. Sektor Astrobotanik Akad. Wiss. Kasach. Sowjetrepublik **5** 118—125 (russ.). — Ref. in RJ 1958 Nr. 10 S. 9.

642. **N. N. Sytinskaja,** Die Beobachtungen von Mond- und Sonnenfinsternissen als Beschäftigungsgegenstand der astronomischen Arbeitsgemeinschaft in der Pädagogischen Hochschule und in der Schule. Nachr. Akad. Pädagog. Wiss. Russ. Sowjetrepublik Nr. 85 S. 462—478 (russ.).

643. **R. Thiel,** Und es ward Licht. Roman der Weltallforschung. Vgl. AJB **56** Ref. **639**. — Weitere Besprechung in AN **284** 239 (O. Günther), Naturwiss. Rundschau **10** 395, Weltraumfahrt 1957 S. 33 (H. Gartmann).

644. **R. Thiel,** And There was Light. New York, Alfred A. Knopf, Inc., 1957. 415 S. Preis $ 6.95. Übersetzung aus dem Deutschen von R. Winston und C. Winston. — Besprechung in Sky and Telescope **17** 197, 246—247 (P. V. Rizzo).

645. **R. Thiel,** Universets erobring. Himmelgåder og stjerneforskning gennem årtusinder. København, Skrifola, 1957. Ins Dänische übersetzt von C. Luplau Janssen. 380 S. mit zahlreichen Fig. und Tafeln. Preis Dän. Kr. 36.50. — Besprechung in NAT 1958 S. 33 (P. Darnell), PAT **38** 159 (Å. Wallenquist).

646. **R. Thiel,** Das kleine Planetarium. Mit Sternbildern, die man am Himmel wirklich sieht. Hamburg, Rowohlt-Verlag, 1957. 16 S. mit Abb. und 2 Sternkarten. Preis 10.80 DM. — Besprechung in Sterne **34** 47 (C. Hoffmeister).

647. **O. Thomas,** Formmängel in der astronomischen Literatur. Mitt. AG 1956 S. 45. — Ref. AG.

648. **G. A. Tichow,** Astrobiologie. Vgl. AJB **53** Ref. **632**. — Auch in rumänischer und ungarischer Übersetzung erschienen.

649. **G. A. Tichow,** Die Grundprobleme und Perspektiven der Astrobotanik. Publ. Sektor Astrobotanik Akad. Wiss. Kasach. Sowjetrepublik **4** 7—27, 1955 (russ.).

650. **T. R. Tiltscheff,** Neue Erkenntnisse in der Astronomie (der Himmelsmechanik), Helio- und Geophysik. Priroda Sofia **4** Nr. 3 S. 58—62, 1955 (bulgar.).

651. **I. Velikovsky,** Les grands bouleversements terrestres. Übersetzung aus dem Amerikanischen. Paris, Librairie Stock, 1957. 320 S. Preis 960 Fr. — Besprechung in Ann d'Astrophys **21** 164 (C. Pecker).

652. **G. Walusinski,** Actualité de l'enseignement de l'astronomie. BSAF **71** 331—335.

653. **E. Zehren,** Das Testament der Sterne. Der Einfluß der Sterne auf die religiöse und kulturelle Entwicklung des Menschen. Berlin, F. A. Herbig Verlagsbuchhandlung, 1957. 416 S. mit 90 Fig. Preis DM 19.80. — Besprechung in Mitt. Planetenbeobachter **11** 11—12 (G. D. Roth), VdS Nachr. **7** 35—36 (G. D. Roth).

654. **E. Zinner,** The Stars Above Us. Übersetzung aus dem Deutschen von W. H. Johnston. London, Allen and Unwin Ltd.; New York, Scribner's, 1957. 141 + 14 S. mit 25 Fig. und 15 Tafeln. Preis 16 s. bzw. $ 3.00. — Besprechung in JBAA **68** 70—72 (H. C. King), Obs **77** 213—214 (C. A. Ronan), Sky and Telescope **17** 197, 361 (C. Gasteyer).

655. **E. Zinner,** Ein merkwürdiger altdeutscher Holzschnitt. Börsenblatt für den Deutschen Buchhandel, Frankfurter Ausgabe **13** 365—366. — Betrifft Holzschnitt deutscher Herkunft, der zwischen 1530 und 1550 entstanden sein dürfte.

656. **W. Zonn,** O temperaturze w zastosowaniu do zagadnień astrofizycznych. Urania Kraków **28** 32—42.

657. Advances in Geophysics. Vol. 2. Herausgegeben von H. E. Landsberg. Vgl. AJB **55** Ref. **639**. — Weitere Besprechung in J. appl. Phys. **28** 637, J. Atmosph. Terr. Phys. **10** 347 (S. K. Runcorn), Nature **180** 258 (S. H. Hall).

658. Što nije astronomija?! Astr. Bote Zagreb Nr. 8 S. 10—13.

659. Astronomical memoranda for beginners. J. Astr. Soc. Victoria **10** 12—13, 47—48, 78—79. — Vgl. auch AJB **56** Ref. **651**.

660. Ausländische Äußerungen zur Astrobiologie. Publ. Sektor Astrobotanik Akad. Wiss. Kasach. Sowjetrepublik **5** 246—247 (russ.). — Ref. in RJ 1957 Nr. 12 S. 8.

661. Astronomical Scrapbook. Herausgegeben von J. Ashbrook. Sky and Telescope **16** 167, 265, 270, 378, 477—478, 588—589, **17** 74—75. — Enthält folgende Beiträge: Two unusual occultations observed in 1797 and 1798. The field of Mizar and Alcor. Roger Boscovich and the moon's atmosphere. A south American tragedy. The problem of visual observations of Venus. Naming some minor planets.

662. Entwürfe astronomischer Fachausdrücke. Herausgegeben von der Kommission für Terminologie der Lettischen Sprache. Bull. Nr. 23. Verlag. Akad. Wiss. Lett. Sowjetrepublik, 1957. 16 S. (lett.).

§ 7

Bibliographie, Neuausgaben, Gesamtausgaben, Lexika, Sammelwerke, Festschriften

701. Astronomischer Jahresbericht. Herausgegeben vom Astronomischen Rechen-Institut in Heidelberg. Bearbeitet von K. Heinemann, F. Henn, W. Lohmann. Berlin, W. de Gruyter & Co., 1957. **55**. Band. Die Literatur des Jahres 1955. 33 + 542 S. Preis DM 50.

702. Astronomical News Letter. Publié et distribué par le Laboratoire d'Astronomie de Lille (France). — Nr. 84, 85, 85 Suppl., 86, 87.

703. **E. Öpik,** The Astronomical News Letters and Soviet Astronomy. Irish AJ **4** 161—164.

704. Extraits d'Astronomie du Bulletin Analytique du Centre National de la Recherche Scientifique. Section IIa. Paris. Vol. **18** Nr. 1—12.

705. Referatjournal. Astronomie, Geodäsie. Akademie der Wissenschaften der UdSSR. Institut für wissenschaftliche Information. Verlag Akad. Wiss. UdSSR, Moskau. — 1957 Nr. 1—12.

706. Boletín del Centro de Documentación Científica y Técnica de Mexico. Sección 1a. Matemáticas, Astronomía y Astrofísica, Física, Geología, Geofísica, Geodesia. Mexico, D. F. — Tomo **6** Nr. 1—12.

707. Mathematical Reviews. Published by the American Mathematical Society, Lancaster, Penn. — Vol. **18** Nr. 1—11.

708. Physics Abstracts. Section A of Science Abstracts (Physics). Edited and issued monthly by the Institution of Electrical Engineers, London. — Vol. **60** Nr. 709—720.

709. Physikalische Berichte. Herausgegeben vom Verband Deutscher Physikalischer Gesellschaften e. V. unter der Redaktion von H. Ebert und M. Schön. Verlag Friedrich Vieweg & Sohn, Braunschweig. — Band **36** Heft 1—12.

710. Zentralblatt für Mathematik und ihre Grenzgebiete. Springer-Verlag, Berlin-Göttingen-Heidelberg. Geleitet von E. Pannwitz. Band **53** Heft 5. Band **58** Heft 1. Band **60**. Band **66** Heft 2. Band **70** Heft 1—2. Band **71** Heft 1.

711. Literaturstelle der Kommission Rechenanlagen der Deutschen Forschungsgemeinschaft. Titellisten. — **4**. Jahrgang, Liste 37—40.

712. Bulletin Trimestriel Signalétique de Documentation de Chronométrie générale. Herausgegeben von R. Baillaud. Ann. Françaises Chronométrie Documentation (2) 1957 **11** bis Nr. 1—4. — Enthält zahlreiche Literaturangaben und Referate aus dem Gebiet der Chronometrie und ihrer Randgebiete.

713. Radio Astronomy Bibliography 1954—1956. Mit einem Vorwort von M. McKechnie, F. J. Kerr, C. A. Shain. Sydney, Commonwealth Sci. Industrial Res. Organization, Division, Australia, Radiophys., 1957. 37 + 292 S.

714. Polska Bibliografia Analityczna. Astronomia — Geodezja — Geofizyka. Polska Akademia Nauk Ośrodek Bibliografii i Dokumentacji Naukowej, Warszawa. — Rok **3** Nr. 1.

715. Bibliographie der in den vierzig Jahren von 1917—1957 am Astronomischen Observatorium in Taschkent durchgeführten Arbeiten. Publ. Astr. Obs. Taschkent (2) **6** 17—36 (russ.).

716. Verzeichnis der am Astronomischen Observatorium Stalinabad von 1932—1957 veröffentlichten Arbeiten. Bull. Astr. Obs. Stalinabad Nr. 22—23 S. 71—86 (russ.).

717. Sowjetische Literatur zur Naturwissenschaft und Technik. Bibliographischer Wegweiser. Bearbeitet von G. Reichardt. Wiesbaden, Franz Steiner Verlag GmbH., 1957. Veröffentlichung der Deutschen Forschungsgemeinschaft. 6 + 181 S.

718. Worldwide Bibliography for Amateur Telescope Makers. Compiled by K. Masson. St. Louis, Mo., 1957. 2. Auflage. Preis 25 c. Maschinenschriftvervielfältigung.

719. A Bibliography for the International Geophysical Year. Washington, D. C., Government Printing Office, 1957. 6 + 51 S. Preis 25 cents. — Besprechung in Nature **180** 1155 (G. A. Bull).

720. Abstracts and reviews of the astronautical sciences. J. Astronautics **4** 35—36.

721. Abstracts. Herausgegeben von J. Humphries. J. British Interplanetary Soc. **16** 58—60, 120—130, 192—194. — Bibliographie astronautischer und verwandter Arbeiten.

722. Literaturverzeichnis der Astronautik. Herausgegeben von H. H. Koelle und H. J. Kaeppeler. Vgl. AJB **54** Ref. 716. — Weitere Besprechung in J. British Interplanetary Soc. **16** 132 (J. Humphries).

723. The Space Encyclopaedia. A Guide to Astronomy and Space Research. London, The Artemis Press, 1957. 287 S. mit zahlreichen Fig. Preis 35 s. bzw. DM 21.50 bzw. $ 6.95. — Besprechung in JBAA **67** 328 (H. C. King), Spaceflight **1** 226, Sky and Telescope **17** 306.

724. Viaggi interplanetari. Bibliografia delle ricerche sulla propulsione a reazione e sul volo extraplanetare. Herausgegeben von G. Nebbia. Coelum **25** 29—32, 63—64, 92—96, 124—128, 157—160.

725. **W. C. Eells,** American doctoral dissertations on mathematics and astronomy written by women in the nineteenth century. Math. Teacher **50** 374—376. — Ref. in RJ 1958 Nr. 5 S. 2.

726. **A. Paluzíe-Borrell,** Editorial address. J. International Lunar Soc. **1** 1.

727. J. B. Porta, Natural Magick. Herausgegeben von D. J. Price. New York, Basic Books Inc., 1957. 16 + 416 S. Preis $ 7.50. — Besprechung in Ciel et Terre **73** 572 (H. Michel).

728. **M. Reichel,** Die fortlaufenden astronomischen Veröffentlichungen in ihrer geschichtlichen Entwicklung. Mit einer Gesamtbibliographie. Arbeiten aus dem Bibliothekar-Lehrinstitut des Landes Nordrhein-Westfalen Heft 12. Köln, Greven Verlag, 1957. 124 S. Preis DM 9.20.

729. **W. E. Scott,** List of recent publications. J. Geophys. Res. **62** 175—182, 335—342, 500—507, 650—658. — Enthält die Titel von Arbeiten aus den Gebieten des Erdmagnetismus, der Erdelektrizität, kosmischen Strahlung, Hochatmosphäre, Radioastronomie, Erdkruste und des Erdinnern.

730. **W. A. Stanischewskij,** Bibliographisches Merkblatt zur Astronomie. Charkow, Univ.-Verlag, 1954. 11 S. (russ.).

731. **K. Stumpff,** Das Fischer Lexikon: Astronomie. Frankfurt/M., Fischer Bücherei KG., 1957. 345 S. mit 87 Fig. und 4 Tafeln. Preis DM 3.30. — Besprechung in Orion Schaffhausen **5** 422—423 (H. Rohr), VdS-Nachr. **5** 61 (F. Peters).

732. Journal of Solar Energy Science and Engineering. J. appl. Phys. **28** 518, Sky and Telescope **16** 271. — Neue Zeitschrift.

733. Meteorietenbulletin Nummer 1. Meteoor **13** 14. — Neuanzeige.

734. Die hauptsächlichen Buchstabenbezeichnungen in der Astronomie. Bull. Komitee Techn. Terminologie Akad. Wiss. UdSSR Nr. 67, 14 S., 1956 (russ.). — Ref. in RJ 1957 Nr. 11 S. 1.

735. Discoveries and Opinions of Galileo. Übersetzt von S. Drake. Garden City, New York, Doubleday Anchor Books, 1957. 302 S. Preis $ 1.25. — Besprechung in Publ ASP **69** 280—281, Sky and Telescope **16** 337, **17** 31—32 (E. v. P. Smith).

736. Galileo Galilei, Dialogue on the Great World Systems. The Salusbury translation, revised, annoted and with an introduction by G. de Santillana. Chicago, University of Chicago Press; London, Cambridge University Press, 1957. 58 + 506 S. mit 43 Fig. und 3 Tafeln. Preis 94 s. — Besprechung in Nature **180** 450—451, 1374 (E. J. Dijksterhuis), Obs **78** 38—39 (A. Armitage).

* * **H. Poincaré,** Les méthodes nouvelles de la Mécanique Céleste. Vgl. Ref. **4222.**

737. Oeuvres de Henri Poincaré. Publiées sous les auspices de l'Académie des Sciences par la Section de Géométrie. Tome XI. Herausgegeben unter der Mitarbeit von G. Petiau. Paris, Gauthier-Villars, 1956. 305 S. — Besprechung in Math. Rev. **19** 109.

738. G. A. Tichow, Hauptwerke (in 5 Bänden). Band 3. Astrophysik (1912—1956). Herausgegeben von M. I. Ussanowitsch. Alma-Ata, Akad. Wiss. Kasach. Sowjetrepublik, 1957. 235 S. mit Fig. Preis 15 R. 90 Kop. (russ.).

739. Vistas in Astronomy. Vol. I. II. Vgl. AJB **55** Ref. **732** und AJB **56** Ref. **738.** — Weitere Besprechung in AJ UdSSR **35** 496—498 (B. Woronzow-Weljaminow), La Nature **85** 243, Nature **180** 1308—1309 (A. Danjon), Naturwiss. Rundschau **10** 116, 317 (W. Petri), Obs **78** 86 (J. G. Porter), Publ ASP **70** 225—226 (G. H. Herbig).

II. Tätigkeit. Geschichte

§ 10

Personalien, Biographie, Briefwechsel

1001. **Nekrologe und Todesanzeigen**

1953

K. L. Bajew, 1881—1953 März 24. Bull. Astr.-Geod. Ges. UdSSR Nr. 15 S. 52—55, 1954 (P. I. Popow, W. A. Schischakow, russ.).

1954

T. Banachiewicz, 1882 Feb. 13—1954 Nov. 17. MN **117** 244—248 (J. Witkowski).

1955

L. Courvoisier, † 31. Dez. 1955/1. Jan. 1956. AN **284** 47—48 (N. Richter).
W. A. Michajlow, 1901—1955. Abh. Univ. Charkow **86** 9—11 = Publ. Astr. Obs. Charkow **13** 9—11 (A. Slastenow, russ.).
G. Tiercy, 1886—1955 Okt. 18. Archives Sci. Genève **9** Fasc. 1, 3 S. mit Bild = Publ. Obs. Genève (A) Fasc. 54, Bull. Inst. nat. génevois **59** 197—199 (M. Golay).

1956

W. S. Adams, 1876—1956 Mai 11. MN **117** 243—244 (P. W. Merrill), Rev. Astr. Nr. 141 S. 197.
H. F. Baker, 1866 Juli 3—1956 März 17. MN **117** 248—250 (H. Jeffreys).
G. Bidault de l'Isle, 1874 Dez. 4—1956 Feb. 20. BSAF **71** 446—447, mit Bild (G. C. Flammarion).
N. F. Bojewa, 1890 April 13—1956 Sept. 25. AC Nr. 179 S. 23—24 (russ.).
C. A. Chant, 1865 Mai 31—1956 Nov. 18. J RAS Canada **51** 1—4, mit Bild (J. F. Heard), MN **117** 250—251 (J. F. Heard), Nature **179** 71 (J. F. Heard), Obs **77** 44, Publ ASP **69** 99—100, Science **125** 537—538, Sky and Telescope **16** 172.
H. Chrétien, 1879—1956 Feb. 6. BSAF **71** 257—259, Coelum **25** 190.
R. F. DeLury, 1881—1956. MN **117** 251—252 (C. S. Beals), Obs **77** 44.
R. L. Dodd, † 1956 Nov. 13. Sky and Telescope **16** 117.
D. L. Edwards, 1894 Jan. 11—1956 Sept. 23. MN **117** 252—253 (D. R. Barber).
J. Evershed, 1864 Feb.—1956 Nov. 17. Coelum **25** 123, JBAA **67** 79—80, Irish AJ **5** 63, MN **117** 253—254 (F. J. M. Stratton), Obs **77** 26—27, Publ ASP **69** 100, Sky and Telescope **16** 116.
J. Franz, † 1956 Sept. 9. Sterne **33** 66—68, mit Bild (H.-J. Nitschmann).
E. Lecomte, † 1956 Juni 17. BSAF **71** 39.
H. C. Macpherson, 1888 April 1—1956 Mai 19. MN **117** 254—256 (M. A. Ellison).

W. S. Moschkowa, 1889—1956 Mai 20. AC Nr. 179 S. 24 (russ.).

B. P. Ostaschtschenko-Kudrjawzew, 1876—1956 Okt. 1. Abh. Univ. Charkow **86** 5—7 = Publ. Astr. Obs. Charkow **13** 5—7 (russ.).

L. Picart, 1867 Juli 4—1956 Dez. 26. CR **244** 269—272, **245** 2122.

D. Roguet, † 1956 Dez. 15. BSAF **71** 40.

G. A. Schajn, 1892 April 19—1956 Aug. 4. Coelum **25** 123, Mitt. Astrophys. Obs. Krim **17** 3—10, mit Bild (russ.), MN **117** 248, PAT **38** 80, RH **38** 64 (tschech.).

P. F. Schajn, 1894—1956 Aug. 27. Mitt. Astrophys. Obs. Krim **17** 11—13, mit Bild (russ.).

F. Sullivan, 1873—1956 Nov. 11. Publ ASP **69** 100, Sky and Telescope **16** 111.

R. J. Trumpler, 1886 Okt. 2—1956 Sept. 10. Irish AJ **5** 63, Orion Schaffhausen **5** 205—206 (M. Schürer, P. Wilker), PAT **38** 80, Publ ASP **69** 304—307, mit Bild (H. Weaver, P. Weaver), VdS-Nachr. **6** 36.

S. D. Tscherny, 1874—1956 Feb. 11. AC Nr. 176 S. 23 (P. Duchnowskij, russ.).

M. A. Waschakidse, 1909—1956 Nov. 27. AC Nr. 180 S. 25 (russ.).

A. Welker, 1870 Mai 3—1956 Nov. 4. Sterne **33** 25 (P. Ahnert).

E. T. Whittaker, 1873 Okt. 24—1956 März 24. MN **117** 256—257 (G. C. McVittie).

1957

H. Ahlert, † 1957 Juni 8. Astr. Nachr. Berlin-Treptow **9** 76.

T. de Donder, 1872 Aug. 19—1957 Mai 11. Ciel et Terre **73** 354—356, mit Bild (P. Glansdorff).

F. J. Driver, 1907 Jan. 8—1957 Juli 26. MN ASSA **16** 104.

H. J. Gramatzki, 1882 Aug.—1957 März 14. Beilage zu Astr. Nachr. Berlin-Treptow 1957 Nr. 13, mit Bild, VdS-Nachr. **6** 29 (E. Mädlow).

P. E. Guerrieri, 1874 Juli 24—1957 Jan. 15. Coelum **25** 84—85.

B. Helland-Hansen, 1877 Okt. 16—1957 Sept. 7. Fysikkens Verden **19** 97—100 (E. Hylleraas).

A. S. King, 1876 Jan. 18—1957 Apr. 25. Coelum **26** 57, Publ ASP **69** 285, 333—335, mit Bild (H. D. Babcock), Science **126** 390 (H. D. Babcock), Sky and Telescope **16** 469.

G. H. Lutz, † 1957 Jan. 20. Sky and Telescope **16** 270.

W. I. Milham, † 1957 März 23. Publ ASP **69** 285.

H. R. Morgan, 1875 März 21—1957 Juni 11. Science **126** 23, 497 (F. P. Scott), Publ ASP **69** 376, Sky and Telescope **16** 473 (F. P. Scott).

H. Mortensen, †. NAT 1957 S. 38.

E. G. Peon, 1882 Jan. 15—1957 Juni 13. Anuario del Obs. Astr. Madrid para 1958 S. 361.

H. N. Russell, 1877 Okt. 25—1957 Feb. 18. Coelum **25** 106—111 (M. G. Fracastoro), CR **244** 1297—1300 (A. Danjon), CR **245** 2122—2123, J RAS Canada **51** 192, Nature **179** 563—564 (F. J. M. Stratton), NAT 1957 S. 73—74, Obs **77** 67—68 (C. E. Moore), PAT **38** 160, Publ ASP **69** 193, 223—226, mit Bild (O. Struve), Science **125** 1133—1134 (L. Spitzer jr.), Sky and Telescope **16** 260—261.

G. Silva, 1882 März 26—1957 Okt. 20. Mem SA It (NS) **28** 375.

F. C. M. Størmer, 1874 Sept. 3—1957 Aug. 13. CR **245** 1097—1098 (C. Maurain), 2123, Fysikkens Verden **19** 101—103 (L. Harang), Nature **180** 633—634 (S. Chapman), Obs **77** 216, Phys. Blätter **13** 413 (E. Brüche).

N. Tamm, 1876 Juni 20—1957 Aug. 6. PAT **38** 134—135 (Å. Wallenquist).

J. B. G. Turner, † 1957 Mai 22. MN ASSA **16** 41—42.

H. A. Wallace, † 1957 März 6. Publ ASP **69** 193, Strolling Astronomer **10** 126—127 (B. Neal), Sky and Telescope **16** 331.

S. M. Warsar, 1878—1957 Okt. 28. AC Nr. 186 S. 25—26 (russ.).

K. Witzmann, † 1957 Juni 17. VdS-Nachr. **6** 52.

1002. Personalien

A. Blaauw, Direktor des Sterrenkundig Laboratorium Kapteyn in Groningen als Nachfolger von P. J. van Rhijn. Hemel en Dampkring **55** 79, Obs **77** 216, PAT **38** 160, Publ ASP **69** 284—285.

B. J. Bok, Direktor des Canberra Observatory als Nachfolger von R. v. d. R. Woolley. Urania København **14** 8.

I. S. Bowen erhielt die Catherine Wolfe Bruce-Goldmedaille der Astronomical Society of the Pacific. Coelum **25** 156, Publ ASP **69** 97, 105—108, mit Bild (A. McKellar), Sky and Telescope **16** 374.

J. Brejla, 60. Geburtstag. RH **38** 107 (tschech.).

H. A. Brück, Astronomer Royal for Scotland und Direktor des Royal Observatory Edinburgh als Nachfolger von W. M. H. Greaves. JBAA **67** 213, Nature **179** 454, NAT 1957 S. 114, Obs **77** 44.

S. Chandrasekhar erhielt die Rumford Premium of the American Academy of Arts and Sciences. J RAS Canada **51** 175 (R. W. Burhoe), Nature **179** 77, 236, Obs **77** 44, Sky and Telescope **16** 213.

J. Cuffey, Assistant Director of Goethe Link Observatory. Publ ASP **69** 594.

M. Drolet erhielt die Chant-Medaille der Royal Astronomical Society of Canada. J RAS Canada **51** 200.

W. S. Finsen, Direktor des Union Obs. Johannesburg als Nachfolger von W. H. van den Bos. Nature **180** 582, Obs **77** 80, PAT **38** 160, Publ ASP **69** 99.

L. Gratton, Direktor des Argentine National Observatory at Córdoba. Publ ASP **69** 486.

W. P. Hirst erhielt die Gill-Medaille. MN ASSA **16** 63.

C. Hoffmeister, 65. Geburtstag. Sterne **33** 1—2 (H. Straßl, N. Richter).

A. Kipper, 50 Jahre. Nachr. Akad. Wiss. Estn. Sowjetrepublik (techn., phys.-math.) **6** 390—391 (estn. und russ.). — Ref. in RJ 1958 Nr. 9 S. 2—3.

R. P. de Kock erhielt die Jackson-Gwilt-Medaille. MN **117** 346 (H. Jeffreys), Obs **77** 9, 48.

G. P. Kuiper, Direktor des Yerkes Observatory als Nachfolger von B. Strömgren. Hemel en Dampkring **55** 216, Obs **77** 256, PAT **38** 160, Sky and Telescope **16** 589.

M. W. Mayall erhielt die G. Bruce Blair-Medaille der Western Amateur Astronomers. Publ ASP **69** 98.

K. Novák, 70. Geburtstag. RH **38** 278—279 (tschech.).

B. M. Peek erhielt die Walter Goodacre-Medaille der British Astronomical Association. Obs **77** 163.

G. v. Pirquet erhielt die Hermann Oberth-Medaille. Vasiona **5** 17.

M. Rudkjøbing, Direktor der Sternwarte in Århus. PAT **38** 160.

D. H. Sadler, Assistant General Secretary of the International Astronomical Union. Obs **77** 256.

A. Schmitt, Direktor des Observatoire Astronomique de Quito (République de l'Equateur). BSAF **71** 171.

E. C. Slipher, Direktor des Lowell Observatory als Nachfolger von A. G. Wilson. Publ ASP **69** 97—98, Sky and Telescope **16** 221.

B. Šternberk, 60. Geburtstag. RH **38** 40—41 (tschech.).

J. D. Strong erhielt die Frederic Ives-Medaille für 1956. J. Optical Soc. America **47** 349—353.

A. Unsöld erhielt die Goldmedaille der Royal Astronomical Society. Obs **77** 9, 47—48, MN **117** 344—346 (H. Jeffreys), Phys. Blätter **13** 191, Publ ASP **69** 193.

F. L. Whipple, Direktor des Smithsonian Astrophysical Observatory, Cambridge, Mass. PAT **38** 160.

A. E. Whitford, Direktor des Lick Observatory als Nachfolger von C. D. Shane. Publ ASP **69** 592.

R. v. d. R. Woolley, Direktor der Sternwarte Greenwich als Nachfolger von H. Spencer Jones. VdS-Nachr. **6** 36.

Biographie, Briefwechsel

1003. **E. Antonini,** L'œuvre scientifique du Dr. M. Du Martheray. Bull. Inst. nat. génevois **59** 163—165. — Ref. in RJ 1958 Nr. 9 S. 3.

1004. **L. Arbey,** Eloi Viennet (1857—1932). BSAF **71** 157—159.

1005. **M. S. Arlasorow,** Konstantin Eduardowitsch Ziolkowskij. Sein Leben und Werk. Moskau, Techn. Staatsverlag, 1957. 2. Auflage. 144 S. mit Fig. Preis 2 R. 25 Kop. (russ.).

1006. **A. Armitage,** Niccolo Copernico e l'astronomia moderna. Vgl. AJB **56** Ref. **1090.** — Weitere Besprechung in Scientia **92** 74 (G. Abetti).

1007. **A. Armitage,** Copernicus. The founder of modern Astronomy. New York-London, 1957. — Besprechung in Urania København **15** 15—16.

1008. **J. Ashbrook,** A south American tragedy. Sky and Telescope **16** 477—478. — F. W. Ristenpart.

1009. **R. Baillaud, C. Ungerer,** Centenaire de la mort de Jean-Baptiste Schwilgue, constructeur de l'horloge astronomique de la cathédrale de Strasbourg. Ann. Françaises Chronométrie (2) **11** 173—187.

1010. **M. L. Bonelli,** Le abitazioni fiorentine di Galileo. L'Universo **37** 645—660.

1011. **A. S. Braginez,** M. W. Lomonossow — die Koryphäe der vaterländischen Wissenschaft des 18. Jahrhunderts. Abh. Univ. Lwow **34** 5—14, 1955 (ukrain.).

1012. **S. L. Chapin,** The astronomical activities of Nicolas Claude Fabri de Peiresc. Isis **48** 13—29. — Ref. in RJ 1958 Nr. 8 S. 2.

1013. **D. W. Dewhirst,** Richard Reeves (Rives, Rieves) fl. 1641—79. JBAA **67** 145.

1014. **A. V. Douglas,** The Life of Arthur Stanley Eddington. Vgl. AJB **56** Ref. **1013.** — Weitere Besprechung in Nature **179** 3—4 (L. A. Pars), Phil. Mag. (8) **2** 425, Sky and Telescope **17** 32—33 (T. K. Menon).

1015. **D. S. Evans,** The astronomical work of Sir John Herschel at the Cape. Quart. Bull. S. Afric. Libr. **12** Nr. 2 S. 44—58. — Ref. in RJ 1958 Nr. 9 S. 2.

1016. **H. Fauth,** Professor Philipp Fauth zum Gedächtnis. Sterne **33** 157—160.

1017. **H. Fauth,** Philipp Fauth. Dem Altmeister der Mondforschung zum Gedächtnis. Sternenbote **8** 33—36.

1018. **H. Fauth,** Philipp Fauth. Dem Lehrer und Astronomen zum Gedächtnis. VdS-Nachr. **6** 29—33.

1019. **J. O. Fleckenstein, F. Zagar,** Un diario di G. V. Schiaparelli. Actes VIII Congrès Internat. d'Histoire Sci. (Firenze 3—9 sett. 1956) 433—440 = Contr. Oss. Astr. Milano-Merate (NS) Nr. 114.

1020. **H. C. Freiesleben,** Galileo Galilei. Vgl. AJB **56** Ref. **1017.** — Weitere Besprechung in Phys. Blätter **14** 136, Scientia **92** 74 (G. Abetti).

1021. **L. Gabba,** Ricordo dell' astronomo Giovanni Angelo Cesaris. Mem SA It (NS) **28** 149—154 = Contr. Oss. Astr. Milano-Merate (NS) Nr. 117.

1022. **J. Gadomski,** Odsłonięcie w Płońsku tablicy pamiątkowej ku czci J. W. Jędrzejewicza. Urania Kraków **28** 309—310. — Notiz über die Enthüllung der Gedächtnistafel in Płońsk zu Ehren des Arztes und Astronomen Jędrzejewicz (1835—1887).

1023. **G. Gamow,** Den nya astronomin. Stockholm, Natur och Kultur, 1957. 260 S. Preis Kr. 22.50. — Besprechung in PAT **38** 158—159 (Å. Wallenquist).

1024. **L. Geymonat,** Galileo Galilei. Torino, Einaudi, 1957. 382 S. mit 15 Abb. Preis L. 900. — Besprechung in Scientia **92** 291—292 (N. Missana).

1025. **S. Günther,** Das literarische Werk Bruno H. Bürgels. Sterne **33** 47—49.

1026. **T. Herczeg,** Kopernikusz. Budapest, Müvelt, 1954. 91 S. mit Fig. Preis 6.50 Ft. (ungar.).

1027. **J. Hernández,** Homenajes a Camille Flammarion. El Universo Nr. 39 S. 59—63.

1028. **H. S. Hogg,** C. A. Chant, father of Canadian astronomy. Science **125** 537—538.

1029. **V. J. von Hohlstein-Rathlou,** Til Minde om Harald Mortensen. Urania København **14** 17—18. — Erinnerungsworte an den Tycho Brahe-Forscher Harald Mortensen, Begründer des historisch-astronomischen Museums im runden Turm (ehemalige Sternwarte) von Kopenhagen. C. L. J.

1030. **N. I. Idelson,** Die Arbeiten A. N. Krylows zur Astronomie. Publ. Inst. Geschichte Naturwiss. Techn. Akad. Wiss. UdSSR **15** 24—31, 1956 (russ.). — Ref. in RJ 1957 Nr. 8 S. 2.

1031. **L. Infeld,** Albert Einstein. Sein Werk und sein Einfluß auf unsere Welt. Berlin, Akademie-Verlag, 1957. 174 S. mit 1 Tafel. Preis DM 9.50.

1032. **N. Janković,** S. P. Bošković. Vasiona **5** 35—36 (serb.).

1033. **H. Spencer Jones,** Edmond Halley and his work. Proc. Roy. Inst. Great Britain **36** 374—393. — Ref. in RJ 1958 Nr. 11 S. 2.

1034. **S. N. Korytnikow,** Über einen vergessenen Namen in der Geschichte der vaterländischen Astronomie. Abh. Univ. Kasan **117** Nr. 9 S. 177—180 (russ.). — Betrifft Alexander Andrijanowitsch Burgow. — Ref. in RJ 1958 Nr. 10 S. 2.

1035. **A. A. Kosmodemjanskij,** Ein hervorragender Gelehrter und Neuerer. Zum hundertsten Geburtstag von K. E. Ziolkowskij. Priroda **46** Nr. 10 S. 73—78, mit Bild (russ.).

1036. **Lego,** Johann Jacob von Marinoni (1676—1755), Hofmathematiker, Astronom, Ingenieur und Geometer. Riv. Catasto Servizi Tecn. Erariali Roma **12** Nr. 3.

1037. **G. D. Mamedbejli,** Nassireddin Tussi Muhammed (Aserb. Astronom und Mathematiker, 1201—1274). Baku, Uschagkentschneschr, 1957. 154 S. mit Fig. Preis 4 R. 30 Kop. (aserbejdshan.).

1038. **P. I. Nissen Jøker,** Nikolaus Kopernikus. Urania København **14** 83—88.

1039. **R. J. Northcott,** A pioneer in Canadian astronomy. Sky and Telescope **16** 172. — C. A. Chant.

1040. **J. Pagaczewski,** Maurycy Pius Rudzki — geofizyk i astronom 1862—1916. Urania Kraków **28** 289—291. — Lebenslauf.

1041. **J. Povšič,** Lalande in Vega. (Ob stopetdesetletnici smrti znamenitega francoskega astronoma Lalanda). Obz. mat. fiz. **5** Nr. 3 S. 97—100. — Ref. in RJ 1958 Nr. 6 S. 3.

1042. **E. Rosen,** Maurolico's attitude toward Copernicus. Proc. American Philos. Soc. **101** 177—194. — Ref. in RJ 1958 Nr. 1 S. 2—3.

1043. **C. U. Sadykow,** Biruni und seine Arbeiten zur Astronomie und mathematischen Geographie. Stalinabad, Naschrdawtotsch, 1956. 68 S. mit Fig. Preis 95 Kop. (tadshik.).

1044. **H. Scheffler,** Giovanni Virginio Schiaparelli. El Universo Nr. 39 S. 72—74.

1045. **W. F. T. Schirach,** David Gill 1843—1914. MN ASSA **16** 55—58, 84—100.

1046. **D. I. Schtscherbakow, B. J. Lewin,** Ein Kämpfer für die materialistische Wissenschaft. Zum Jahrestag des Todes von O. J. Schmidt. Priroda **46** Nr. 9 S. 40—46 (russ.).

1047. **W. G. Selichanowitsch,** Alexej Nikolajewitsch Sawitsch. Mathematiker, Astronom, Pädagoge, 1810—1883. Leben und Werk. Moskau, Geodät. Verlag, 1957. 77 S. mit Fig. Preis 3 R. (russ.).

1048. **H. Shapley,** Dean of American astronomers. Sky and Telescope **16** 260—261. — H. N. Russell.

1049. **J. B. Sidgwick,** William Herschel. London, Faber and Faber Limited, 1956. Preis 12 s. 6 d. — Besprechung in Urania København **14** 30.

1050. **F. J. Sigel,** Fjodor Alexandrowitsch Bredichin. Sein Leben und Werk. Moskau, Techn. Staatsverlag, 1957. 152 S. mit Fig. Preis 2 R. 20 Kop. (russ.).

1051. **R. H. Stoy,** Sir John Herschel (1792—1871). Quart. Bull. S. Afric. Libr. **12** Nr. 2 S. 41—44. — Ref. in RJ 1958 Nr. 9 S. 2.

1052. **O. Struve,** About a Russian astronomer. Sky and Telescope **16** 379—381. — Besprechung in Rev. Astr. **29** Nr. 144—145 S. 134—136. — B. P. Gerasimowitsch.

1053. **A. Teuchert,** Joseph Fraunhofer (6. März 1787—7. Juni 1826). Einstein-Sternw. Görlitz Mitteilungsblatt **7** 14—15, mit Bild.

1054. **G. V. E. Thompson,** Oberth—Doyen of spaceflight today. Spaceflight **1** 170—171, mit Bild.

1055. **F. B. Tolles,** Philadelphia's first scientist James Logan. Isis **47** 20—30, 1956. — Ref. in RJ 1958 Nr. 3 S. 2.

1056. **F. Vyčichlo,** František Josef Gerstner. Časop. pěstov. mat. **82** 249—250. — Ref. in RJ 1958 Nr. 6 S. 3.

1057. **Å. Wallenquist,** Något om Nils Tamm som observatör. PAT **38** 136—139.

1058. **J. Witkowski,** Rola Tadeusza Banachiewicza w nauce światowej. Postępy Astr. **5** 144—155. — Ansprache anläßlich einer Feierstunde an der Universität Krakau zum zweiten Todestag von T. Banachiewicz. Rybka

1059. C. F. Gauss. Gedenkband anläßlich des 100. Todestages am 23. Februar 1955. Herausgegeben von H. Reichardt. Leipzig, B. G. Teubner Verlagsgesellschaft, 1957. 260 S. mit 2 Abb. Preis 25.80 DM. — Besprechung in Math. Rev. **19** 518, Phys. Blätter **14** 90—91 (E. Brüche).

1060. Bruno H. Bürgel zum Gedenken. Herausgegeben von L. Wörner, P. Nell, J. Deutsch, W. Tripmacker. Potsdam, 1957. 91 S. mit 13 Fig. Preis DM 3.45. — Besprechung in Sterne **34** 249 (C. Hoffmeister), VdS-Nachr. **7** 35 (H. Wolf).

1061. Bengt Ferrner, Resa i Europa. En astronom, industrispion och teaterhabitué genom Danmark, Tyskland, Holland, England,

Frankrike och Italien 1758—1762. Herausgegeben von S. G. Lindberg. Uppsala, Lärdomshistoriska samfundet, 1957. 87 + 572 S. Preis Kr. 79.50. — Besprechung in PAT **38** 80.

1062. Iz sjećanja na Otona Kučera. Astr. Bote Zagreb Nr. 8 S. 5. — Rückblick auf Leben und Wirken Oton Kučeras anläßlich seines 100. Geburtstags.

1063. En souvenir de Camille Flammarion. BSAF **71** 487—489.

1064. Halley tercentenary: The B. A. A. conversazione. JBAA **67** 83—84.

1065. Edmond Halley 1656—1742. Mem BAA **37** Nr. 3. — Ref. in Obs **77** 36—37 (J. G. Porter).

1066. Edmond Halley (1656—1742). Nature **179** 618.

1067. Asaph Hall 1829—1907. Rev. Astr. Nr. 141 S. 197.

1068. Bok research prize. Sky and Telescope **16** 176.

1069. Atanasius Stojković (1773—1832). Vasiona **5** 23 (serb.).

1070. J. C. Poggendorff, Biographisch-Literarisches Handwörterbuch der exakten Naturwissenschaften. Unter Mitwirkung der Akademien der Wissenschaften zu Berlin, Göttingen, Heidelberg, München und Wien. herausgegeben von der Sächsischen Akademie der Wissenschaften zu Leipzig. Berlin, Akademie-Verlag, 1957. Band VIIa, Teil 2: F—K,

Erste und zweite Lieferung S. 1—256. Preis brosch. DM 32.—
Dritte Lieferung, S. 257—384, Preis brosch. DM 16.—
Vierte Lieferung, S. 385—512, Preis brosch. DM 16.—
Fünfte Lieferung, S. 513—640, Preis brosch. DM 16.—
Sechste Lieferung, S. 641—768, Preis brosch. DM 16.—

§ 11

Tätigkeitsberichte von Instituten und Gesellschaften, Tagungen

Institute

1101. **Tätigkeitsberichte von Instituten**

Albany, N. Y. Dudley Observatory. AJ **62** 285. C. L. Hemenway, R. Fleischer.

Ann Arbor, Mich. The Observatories of the University of Michigan. AJ **62** 298—302. L. Goldberg.

Arcetri. Oss. e Mem. Oss. Astrofis. Arcetri Nr. 71 S. III—IX.

Armagh. Armagh Observatory in 1956. Irish AJ **4** 137—139 = Armagh Obs. Leaflet Nr. 45, MN **117** 269—270. E. M. Lindsay.

Bamberg. Mitt. AG 1956 S. 53—54. W. Strohmeier.

Berlin-Babelsberg. Mitt. AG 1956 S. 55—59. A. Kahrstedt.

Berkeley, Cal. Leuschner Observatory, University of California. AJ **62** 399—400. O. Struve.

Bloomington, Ind. Goethe Link Observatory. AJ **62** 289—290. J. Cuffey.

Bonn. Mitt. AG 1956 S. 60—62. F. Becker.

Bordeaux. Observatoire. Rapport présenté au Conseil de l'Université. Année scolaire 1954—1955. 6 S. Desgl. Année scolaire 1955—1956. 6 S., Année scolaire 1956—1957. 8 S. P. Sémirot.

Cambridge, Engl. University of Cambridge. Report of the Observatories Syndicate for the year ending 1957 September 30. Cambridge Obs. Repr. Nr. 23, 5 S. — Ferner: MN **117** 270—272. R. O. Redman.

Cambridge, Engl. Cavendish Laboratory. MN **117** 272—274. N. F. Mott.

Cambridge, Mass. Harvard Astronomical Observatory. Annual Report 1956. Cambridge, Mass. Published by the University. 19 S. D. H. Menzel.

Canterbury, N. Z. University College Observatory. MN **117** 311. K. W. Roth.

Cape of Good Hope. Report for the year 1956 of Her Majesty's Astronomer at the Cape of Good Hope to the Secretary of the Admiralty. 11 S. R. H. Stoy. — Ferner: MN **117** 264—268.

Catania. Attività dell'Osservatorio astrofisico di Catania dal marzo 1954 al giugno 1956. Boll. Accad. Gioenia Sci. nat. Catania (4) **3** 199—210 = Oss. Astrofis. Catania Pubbl. (NS) Nr. 11. M. G. Fracastoro.

Charlottesville, Va. Leander McCormick Observatory. AJ **62** 290—291. H. L. Alden.

Christchurch, N. Z. Geophysical Observatory. MN **117** 310. J. W. Beagley.

Cleveland, Ohio. Warner and Swasey Observatory. AJ **62** 315—318. J. J. Nassau.

Delaware, Ohio. Perkins Observatory. AJ **62** 306—308. G. Keller.

Dublin. Dunsink Observatory during 1956. Irish AJ **4** 149—150, MN **117** 286—287. H. A. Brück.

Edinburgh. Royal Observatory. MN **117** 261—264. M. A. Ellison.

Evanston, Ill. Dearborn Observatory. AJ **62** 285. K. A. Strand.

Exeter. Norman Lockyer Observatory of the University of Exeter. MN **117** 286. D. R. Barber.

Flagstaff, Ariz. Lowell Observatory. AJ **62** 296—298. E. C. Slipher.

Fort Davis, Tex. McDonald Observatory. AJ **62** 319—323. B. Strömgren.

Frankfurt a. M. Mitt. AG 1956 S. 62. K. Schiller.

Freiburg i. Br. Fraunhofer Institut. Mitt. AG 1956 S. 62—65. K. O. Kiepenheuer.

Glasgow. University Observatory. MN **117** 275. W. M. Smart.

Göttingen. Universitäts-Sternwarte. Mitt. AG 1956 S. 66—69. P. ten Bruggencate.

Göttingen. Max-Plank-Institut für Physik. Abteilungen für Astrophysik und Theoretische Physik. Mitt. AG 1956 S. 69—71. L. Biermann, C. F. von Weizsäcker.

Greenwich. Royal Greenwich Observatory. Report of the Astronomer Royal to the Board of Visitors of the Royal Greenwich Observatory. 12 S. R. v. d. R. Woolley. — 1956 April 1—1957 März 31. — Ferner: MN **117** 258—261, Nature **180** 586.

Hamburg-Bergedorf. Mitt. AG 1956 S. 72—79 = Jahresbericht der Hamburger Sternwarte in Bergedorf für das Jahr 1956. O. Heckmann.

Hamburg. Deutsches Hydrographisches Institut. Jahresbericht Nr. 11 für das Jahr 1956. 80 S. G. Böhnecke.

Heidelberg. Astronomisches Rechen-Institut. Mitt. AG 1956 S. 82—85. W. Fricke.

Heidelberg. Königstuhl. Mitt. AG 1956 S. 79—82. H. Kienle.

Hyderabad. Nizamiah Observatory. MN **117** 298—299. A. Ali.

Ithaca, N. Y. Fuertes Observatory. AJ **62** 288—289. R. W. Shaw.

Jena. Mitt. AG 1956 S. 85—87. H. Lambrecht.

Johannesburg. Union Observatory. Annual report for 1956. 6 S. — Ferner: MN **117** 294. W. H. van den Bos.

Kiel. Mitt. AG 1956 S. 87—88. A. Unsöld.

Kodaikanal. Kodaikanal Observatory. MN **117** 299—302. A. K. Das.

Lembang. Bosscha Observatory. Report for the years 1955—1956. 6 S. G. B. van Albada.

London. University of London Observatory. MN **117** 275—276. C. W. Allen.

Madison, Wis. Washburn Observatory. AJ **62** 318—319. A. E. Whitford.

Malvern. Royal Radar Establishment. MN **117** 276—277.

Manchester. Jodrell Bank Experimental Station, University of Manchester. MN 117 277—284 = Astr. Contr. Univ. Manchester (2) Jodrell Bank Repr. Nr. 155. A. C. B. Lovell.

Mount Hamilton, Calif. Lick Observatory. AJ 62 291—296. C. D. Shane.

Mount Stromlo. Commonwealth Observatory. MN 117 302—303. A. R. Hogg.

München. Mitt. AG 1956 S. 88—91. F. Schmeidler, R. Müller, W. Rollwagen.

Naini Tal. Uttar Pradesh State Observatory. MN 117 302. M. K. V. Bappu.

Nashville, Tenn. Dyer Observatory. AJ 62 285—287. C. K. Seyfert.

Neuchâtel. Observatoire Cantonal de Neuchâtel. Rapport annuel du Directeur sur l'exercice 1956 et Rapport sur le Concours chronométrique 1956. 31 S. mit 4 Anhängen. J.-P. Blaser, R. Payot.

New Haven, Conn. Yale University Observatory. AJ 62 400—401. D. Brouwer.

Ottawa. Dominion Observatory. J RAS Canada 51 223, MN 117 287—288. C. S. Beals.

Oxford. University Observatory. MN 117 284—285. H. H. Plaskett.

Paris. Rapport annuel sur les travaux du Bureau International de l'Heure en 1957. Bull hor (4) Nr. 18 S. 357—368.

Perth. Perth Observatory. MN 117 309. H. S. Spigl.

Philadelphia, Pa. Flower and Cook Observatory. AJ 62 287—288. W. Blitzstein.

Pittsburgh, Pa. Allegheny Observatory. AJ 62 283. N. E. Wagman.

Pontiac, Lake Angelus, Mich. McMath-Hulbert Observatory. AJ 62 302—306. R. R. McMath.

Potsdam. Astrophysikalisches Observatorium. Mitt. AG 1956 S. 91—96. J. Wempe.

Pretoria. Radcliffe Observatory. MN 117 294—297. A. D. Thackeray.

Princeton, N. J. Princeton University Observatory. AJ 62 308—309. L. Spitzer jr.

Richmond Hill. David Dunlap Observatory, University of Toronto. AJ 62 284—285, MN 117 288—290. J. F. Heard.

Riverview, N. S. W. Riverview College Observatory. MN 117 303—304. T. N. Burke-Gaffney.

Rochester, N. Y. Department of Physics and Astronomy, University of Rochester. AJ 62 310—311. R. E. Marshak.

Sonneberg. Mitt. AG 1956 S. 96—99. C. Hoffmeister.

St. Andrews. University Observatory. MN 117 285—286. E. Finlay-Freundlich.

Stockholm. Stockholms Observatorium. Årsberättelse för 1956. K. Svenska Vet. Årsbok för år 1957 S. 145—156. B. Lindblad.

Swarthmore, Pa. Sproul Observatory. AJ 62 311—312. P. van de Kamp.

Sydney. Sydney Observatory. MN 117 304. H. Wood.

Sydney. Radiophysics Laboratory. MN 117 304—309 = Commonwealth Sci. Industrial Res. Organization, Australia, Division Radiophys. E. G. Bowen.

Taschkent. Astronomisches Observatorium. Chronik. Circ. Astr. Obs. Taschkent Nr. 286 S. 16 (russ.).

Toulouse. Observatoire de l'Université de Toulouse. Rapport annuel 1954—1955. 10 S. E. Paloque.

Troy, N. Y. Observatory of Rensselaer Polytechnic Institute. AJ 62 309—310. R. Fleischer.

Tübingen. Mitt. AG 1956 S. 100—101. H. Siedentopf.

Uccle. Rapport sur les travaux scientifiques effectués pendant l'année 1956. Commun. Obs. Roy. Belgique Nr. 129, 16 S. P. Bourgeois.

Victoria, B. C. Dominion Astrophysical Observatory, Victoria, B. C. J RAS Canada 51 169—170, 312—313, MN 117 290—294. R. M. Petrie.

Washington, D. C. United States Naval Observatory. AJ 62 312—315. C. L. Freeman.

Washington, D. C. Smithsonian Institution. Report on the Astrophysical Observatory, 1956. Annual Report Smithsonian Inst. for 1956 S. 65—74. F. L. Whipple, L. Carmichael.

Washington, D. C. Carnegie Institution of Washington. Report for 1955—56. Nature **180** 79—80.

Washington, D. C. United States Coast and Geodetic Survey. AJ **62** 312. C. Pierce.

Wellington, N. Z. Carter Observatory. Report of the Carter Observatory Board for the year ended 1957, March 31. Carter Obs. Astr. Bull. Nr. 47, 11 S. I. L. Thomsen. — Ferner: MN **117** 310—311.

Williams Bay, Wis. Yerkes Observatory. AJ **62** 319—323. B. Strömgren.

Zürich. Eidgenössische Sternwarte. Tätigkeitsbericht für das Jahr 1956. 7 S. M. Waldmeier.

* * Tätigkeitsberichte von Privat- und Volkssternwarten siehe unter § **12**.

Gesellschaften

1102. American Association of Variable Star Observers

AAVSO Abstracts, 10 S. Edited by R. N. Mayall. Papers presented at the 46th spring meeting, May 31—June 2, 1957.

AAVSO Abstracts, 7 S. Edited by R. N. Mayall. Papers presented at the 46th annual fall meeting, October 4—6, 1957.

J RAS Canada **51** 321—323. The Montreal spring meeting of the A.A.V.S.O., May 31—June 2, 1957. C. B. Ford.

1103. American Astronautical Society

J. Astronautics **4** 17—19. III annual AAS meeting.

1104. American Astronomical Society

J RAS Canada **51** 244—245. The 97th meeting of the American Astronomical Society. J. B. Oke.

J RAS Canada **51** 327—329. The American Astronomical Society's ninety-eighth meeting.

Die kurzen Berichte über die auf den Versammlungen gehaltenen Vorträge sind durch «Ref. AAS» gekennzeichnet.

1105. Astronautičko društvo VSJ

Vasiona **5** 47—48. Godišnja skupština Astronautičkog društva Vazduhoplovnog saveza Jugoslavije.

1106. Astronomical Society of the Pacific

Publ ASP **69** 194—199. Minutes of the 68th annual meeting of the Astronomical Society of the Pacific, January 15, 1957. S. Einarsson.

Publ ASP **69** 286—288. Minutes of the meeting of the newly elected board of directors, January 15, 1957. S. Einarsson.

Publ ASP **69** 487—489. The Flagstaff meeting of the Astronomical Society of the Pacific. G. Reaves.

Publ ASP **69** 489—495. Annual report of the secretary-treasurer for the year ended December 31, 1956. S. Einarsson, V. Graves.

Die kurzen Berichte über die auf den Versammlungen gehaltenen Vorträge sind durch «Ref. ASP» gekennzeichnet.

1107. Astronomical Society of South Africa

MN ASSA **16** 64—68. Astronomical Society of Southern Africa. Report of the council for the session 1956—57. J. F. R. Linton, S. E. Duncan, R. P. de Kock, S. C. Venter, I. R. H. Brickett.

MN ASSA **16** 105—108. Annual reports. The Transvaal centre. J. H. Botham, G. F. G. Knipe.

MN ASSA **16** 108—110. Annual reports. The Cape centre. R. J. Johnston, W. P. Hirst, H. G. Painczyk, H. E. Krumm.

1108. **Astronomical Society of Victoria**

J. Astr. Soc. Victoria **10** 1—7. Annual report, 1956.

J. Astr. Soc. Victoria **10** 17—19. Annual general meeting.

J. Astr. Soc. Victoria **10** 85—87. General meeting.

1109. **Astronomische Gesellschaft**

Mitt. AG 1956 S. 5—10. Bericht über die Versammlung der Astronomischen Gesellschaft in Hannover. O. Heckmann, H. J. Antweiler.

Mitt. AG 1956 S. 11—13. Ansprache des Vorsitzenden der Astronomischen Gesellschaft, Prof. Heckmann, bei der Eröffnung der Versammlung in Hannover.

Naturwiss. Rundschau **10** 74. Deutsche Astronomische Gesellschaft. E. Mädlow.

Naturwiss. Rundschau **10** 435—436. Deutsche Astronomische Gesellschaft. F. Schmeidler.

Sterne **33** 17—22. Versammlung der Astronomischen Gesellschaft 1956. C. Hoffmeister.

Phys. Verhandlungen **8** 137—154. Astronomentagung in Bamberg. Astronomische Gesellschaft. F. Gondolatsch. — Anschließend sind Zusammenfassungen von folgenden Vorträgen gegeben: H. Köhler, Neue apochromatische Fernrohrobjektive; W. Jaschek, Prüfung optischer Beugungsgitter nach dem Phasenkontrastverfahren; R. Kühn, Versuche mit Bildröhren langer Speicherzeit; J. v. d. Heide, Neue Einrichtungen am Meridiankreis der Hamburger Sternwarte; F. Wünschmann, Zur Pointierung mit einfachem Faden und Doppelfaden bei Meridiankreisbeobachtungen; J. Larink, Das System der schwachen Sterne des AGK 1 nach neueren Beobachtungen; E. Rolf, Der 70 cm Refraktor der Sternwarte in Rathenow; W. Mattig, Magnetisch bedingte Linienasymmetrie im Spektrum von Sonnenflecken; E. Schoenberg, Eine hydrodynamische Theorie der äquatorialen Beschleunigung der Sonne und der Bildung der Sonnenflecken; L. Oster, Bemerkungen zum Emissionsmechanismus der Sonneneruptionen; M. Waldmeier, Vorgänge in der Sonnenkorona; G. Elwert, Das Ionisationsgleichgewicht der Sonnenkorona und die Entstehung der gelben Koronalinie; G. Elwert, Die Restintensität der Röntgen-Strahlung der Sonnenkorona bei totalen Sonnenfinsternissen; E. H. Schröter, Prüfungsergebnisse an einem neuen Potsdamer Beugungsgitter mit «blaze»-Wirkung; W. D. Heintz, Marsbeobachtungen 1954/56; H. K. Paetzold, Über die Atmosphäre von Erde und Mars; A. Güttler, Photographische Polarisationsbeobachtungen am Kometen Arend-Roland; J. Hoppe, Zur Frage der Staubmeteoriten; E. Trefftz, Die Oszillatorenstärken des Heliums; S. Temesvary, R. Kippenhahn, Ein Sternmodellbaukasten für die Göttinger Rechenmaschine G 2; H. Werner, Bestätigung von Fixstern-Eigenbewegungen durch antike Sternbildbeschreibungen; H. Strassl, Nomogramme zur Transformation sphärischer Koordinaten; E. Böhm-Vitense, Die Wasserstoffkonvektionszone für Sterne mit Effektivtemperaturen zwischen 4400 und 8000°; K. H. Schmidt, Bemerkungen zum UBV-System; K. Schaifers, Die Klassifikation von M-Sternen in Vulpecula; G. Jackisch, Lichtelektrisch-photometrische Überprüfung heller Sterne auf Veränderlichkeit geringer Amplitude; E. Geyer, Die Periodenänderungen von RZ Cephei; K. Hunger, Das Spektrum von T Tauri; K. Hunger, G. Kron, Polarisation in einem T Tauri-Stern mit UV-Emissionskontinuum; K. Eberlein, Infrarot-Photometrie der Praesepe; O. Heckmann, K. Lübeck, Der Sternhaufen bei Alpha Persei; S. von Hoerner, Altersverteilung und Auflösungszeit offener Sternhaufen; W. Petri, Galaktische Sternbahnen im empirischen Potential; H. Elsässer, Lichtelektrische Flächenphotometrie der Kleinen Magellanschen Wolke; E. Lamla, Über die spektrale Energieverteilung eines extragalaktischen Nebels.

VdS Nachr. **6** 77—78. Die Bamberger Tagung der Astronomischen Gesellschaft. H. R. Wielen.

Die kurzen Berichte über die auf den Versammlungen gehaltenen Vorträge sind durch «Ref. AG» gekennzeichnet.

1110. **Astronomisch-Geodätische Gesellschaft der UdSSR**

Bull. Astr.-Geod. Ges. UdSSR Nr. 15 S. 59—61, 1954 (russ.). Resolution der Generalversammlung der Moskauer Abteilung der Astronomisch-Geodätischen Gesellschaft der Sowjetunion vom 2. Juni 1952 über die wissenschaftlich-populären Bücher zur Astronomie.

Bull. Astr.-Geod. Ges. UdSSR Nr. 20 S. 70—71 (russ.). Die Jugendgruppe der Kujbyschewer Abteilung der Astronomisch-Geodätischen Gesellschaft der UdSSR. I. M. Dmitriew.

Resolution der 2. Tagung der Astronomisch-Geodätischen Gesellschaft der UdSSR (25.—31. Januar 1955). Moskau, 1955. 22 S. (russ.).

1111. **British Astronomical Association**

JBAA **67** 219—222. The annual exhibition meeting of the association. D. A. Campbell.

JBAA **67** 273—293. Report of the council on the work of the session 1956 July 1 to 1957 June 30, to be presented to members of the Association at the annual general meeting, 1957 October 30. — Enthält unter anderem die Berichte folgender Sektionen: Lunar Section (E. A. Whitaker), Mercury and Venus Section (P. Moore), Mars Section (E. H. Collinson), Jupiter Section (W. E. Fox), Saturn Section (M. B. B. Heath), Comet Section (G. Merton), Meteor Section (H. B. Ridley), Aurora and Zodiacal Light Section (J. Paton), Variable Star Section (W. M. Lindley), Radio and Electronics Section (J. Heywood), Instruments and Observing Methods Section (W. H. Steavenson), Computing Section (J. G. Porter), Historical Section (C. A. Ronan).

1112. **British Interplanetary Society**

J. British Interplanetary Soc. **16** 65—67. Twelfth annual general meeting of the British Interplanetary Society.

J. British Interplanetary Soc. **16** 177—188. Twelfth annual general meeting.

1113. **International Astronomical Union**

Transactions of the International Astronomical Union. Vol. **9**. Ninth General Assembly held at Dublin 29 August to 5 September 1955. Edited by P. T. Oosterhoff (General Secretary). Printed with financial assistance from U.N.E.S.C.O. Cambridge, At the University Press, 1957. 9 + 802 S. Preis 80 s. bzw. $ 15.00. — Besprechung in BSAF **72** 233—234, Ciel et Terre **73** 472, Nature **180** 824 (R. O. Redman), Obs **77** 245, Sky and Telescope **17** 34, ZfA **44** 69—70 (W. Fricke).

AC Nr. 184 S. 23—24 (russ.). Sitzung des Exekutivkomitees der Internationalen Astronomischen Union im Juli 1957 in Lüttich. P. G. Kulikowskij.

AJ **62** 282. Tenth general assembly of the International Astronomical Union. L. Goldberg.

Akad. értesitö **62** 382—384, 1955. A nemzetközi csillagàszati unió kongresszusa dublinban. L. Detre.

Gaz astr **38—39** 1—7. La IXe assemblée de l'Union astronomique internationale. A. Dermul.

Gaz astr **38—39** 77—87. La IXe assemblée générale de l'Union astronomique internationale. A. Dermul.

1114. **Internationale Astronautische Föderation**

Bol. Asoc. argent. interplanet. **3** Nr. 10 S. 25—29, 1956. El VI° congreso internacional de astronáutica. T. Tabanera.

J. British Interplanetary Soc. **16** 22—47. Technical sessions at the Rome congress. A. E. Slater.

J. British Interplanetary Soc. **16** 191. Eighth International Astronautical Congress.

J. British Interplanetary Soc. **16** 256. Ninth International Astronautical Congress.

Rev. Asoc. Argent. Interplanet. **4** Nr. 14 S. 1—9. VII Congresso internacional de astronautica. T. Tabanera.

Spaceflight **1** 71—76. The Seventh International Congress of Astronautics. R. A. Smith.

Spaceflight **1** 77—82. Progress towards spaceflight. A review of the technical papers presented at the Seventh International Astronautical Congress. G. V. E. Thompson.

Spaceflight **1** 159—163. The International Astronautical Federation. L. R. Shepherd.

Urania Kraków **28** 33—37. Wrażenia z VII. Miedzynarodowego Kongresu Astronautycznego w Rzymie. J. Gadomski. — Bericht über den Kongreß in Rom, 1956.

Vasiona **5** 40—42. Sa VII Krongresa Međunarodne astronautičke federacije. I. Rašić.

Weltraumfahrt 1957 S. 120—122. Astronautik in Barcelona. — Bericht über den internationalen astronautischen Kongreß in Barcelona vom 5.—12. Okt. 1957.

1115. **Irish Astronomical Society**

Irish AJ **4** 181. News from the Dublin Centre.

Irish AJ **4** 182—183. News in brief from the Belfast Centre.

Irish AJ **4** 183. A gathering of the Clonmel Branch, Irish Astronomical Society.

1116. **Nederlandse Vereniging voor Weer- en Sterrenkunde**

Hemel en Dampkring **55** 20. Nederlandse Vereniging for Weer- en Sterrenkunde. Algemene ledenvergadering. J. F. M. Bruijn.

Hemel en Dampkring **55** 21—22. Verslag van de twaalfde bijeenkomst van werkende amateurs. G. A. W. C. van Hemert tot Dingshof.

Hemel en Dampkring **55** 124—126. Nederlandse Vereniging voor Weer- en Sterrenkunde. Verslagen van de werkgroepen over het jaar 1956.

Meteoor **12** 10, 1956. Jaarverslag 1955 van de sectie kometen. H. van Woerden.

Meteoor **12** 40, 1956. Jaarvergadering werkgroep meteoren. S. G. Fonk.

Meteoor **13** 13. Jaarverslag 1956 van de sectie kometen. H. van Woerden.

Meteoor **13** 45—46. Werkgroep meteoren: mededelingen.

Nederlandse Vereniging voor Weer- en Sterrenkunde. Statuten en Huishoudelijk Reglement. 29 S.

1117. **Polnische Astronautische Gesellschaft**

J. Poln. Akad. Wiss. **1** Nr. 4 S. 69, 1956. — Ref. in RJ 1958 Nr. 3 S. 66.

1118. **Royal Astronomical Society**

MN **117** 227. Anniversary meeting of 1957 February 8.

MN **117** 227—242. Report of the annual general meeting of 1957 February 8.

Obs **77** 47—53. Anniversary meeting and annual general meeting of the Royal Astronomical Society.

Obs **77** 117—122. Meeting of the Royal Astronomical Society.

1119. **Royal Astronomical Society of Canada**

J RAS Canada **51** 196—218. Minutes of the annual meeting of the Royal Astronomical Society of Canada.

1120. **Royal Astronomical Society of New Zealand**

Southern Stars **17** 71. Annual general meeting 1956, December 8.

1121. **Schweizerische Astronomische Gesellschaft**

Orion Schaffhausen **5** 300—304. 15. Generalversammlung der Schweizerischen Astronomischen Gesellschaft in Aarau am 18./19. Mai 1957. F. Egger.

1122. **Sociedad Astronómica de España y América**

Urania Barcelona **42** 95—108. El año astronómico 1956. Memoria leida en la Asamblea General anual de la Sociedad Astronómica de España y América, celebrada el 27 de enero de 1957. F. Armenter de Monasterio.

Urania Barcelona **42** 125—132. Actividades de la Sociedad Astronómica de España y América durante el año 1956. A. Paluzíe Borrell.

1123. **Sociedad Astronómica de México**

El Universo Nr. 39 S. 75—76. Actividades de la Sociedad.

El Universo Nr. 40 S. 142—144. Progreso de la Sociedad Astronómica de México en los últimos años.

El Universo Nr. 41 S. 190. Actividades de la Sociedad.

1124. **Société Astronomique de France**

BSAF **71** 122—124. Activité de la Cinématique S. A. F. 1937—1957. J. Leclerc.

BSAF **71** 151—154. Hommage aux présidents et aux membres les plus anciens de la Société Astronomique de France.

BSAF **71** 155—156. Hommage à la Société Astronomique de France et à son fondateur. P. Meyer.

BSAF **71** 251—252. Société Astronomique de France (Groupe de Lorraine). G. Florsch.

BSAF **71** 282—285. Assemblée générale annuelle de la Société Astronomique de France du 19 juin 1957. L. Tartois.

BSAF **71** 291—295. La vie de la Société Astronomique de France (1956—1957). G. C. Flammarion.

BSAF **71** 295—296. Société Astronomique de France (Groupe d'Alsace). A. Florsch.

BSAF **71** 483—484. Allocution de M. André Couder.

BSAF **71** 485—486. Allocution de M. Albert Pérard.

1125. **Société Belge d'Astronomie, de Météorologie et de Physique du Globe**

Ciel et Terre **73** 217—219. Assemblée générale statutaire du 9 mars 1957. Rapport du sécrétaire général. E. Hoge.

1126. **Société Chronométrique de France**

Ann. Françaises Chronométrie (2) **11** 243—246. Société Chronométrique de France. Assemblée générale du 24 novembre 1956.

Ann. Françaises Chronométrie (2) **11** 247—250. Assemblée générale de la Société Chronométrique de France à Lyon, 11 et 12 mai 1957.

1127. **Société Suisse de Chronométrie**

Ann. Françaises Chronométrie (2) **11** 241—242. Assemblée générale de la Société Suisse de Chronométrie à Bienne, 25 et 26 mai 1957.

1128. **Svenska Astronomiska Sällskapet**

PAT **38** 69—70. Svenska Astronomiska Sällskapet. Styrelsens berättelse för år 1956. B. Lindblad, Å. Wallenquist, T. Elvius, L. Björkegren, H. Nordström.

PAT **38** 75—76. Astronomisk nyhetstjänst för medlemmar av Svenska Astronomiska Sällskapet.

PAT **38** 158. Svenska Astronomiska Sällskapets medlemsantal 1957.

1129. **R. M. Adams,** Progress report of the A. L. P. O. lunar meteor search project. Strolling Astronomer **11** 111—113.

1130. **C. de Bièvre, A. Dermul, L. Michiels,** Société d'Astronomie d'Anvers. Trente-septième rapport 1956. Anvers, 1957. 8 S.

1131. **W. Buscombe,** Meeting of the Australian and New Zealand Association for the Advancement of Science. Publ ASP **69** 355—356.

1132. **G. Cecchini,** Relazione sull'attività del servizio internazionale delle latitudini. Bull. géod. Nr. 46 S. 3—21 = Pubbl. Ufficio Centrale Latitudini Oss. Astr. Torino Nr. 16. — Tätigkeitsbericht des Internationalen Breitendienstes 1955.0 — 1957.4 und der südlichen Station La Plata 1952.1 — 1954.8. Es wird ein Vergleich zwischen den Ergebnissen des Internationalen Breitendienstes und denjenigen einiger unabhängiger Sternwarten aufgestellt; letztere bilden seit 1955 einen Schnellbreitendienst, indem ihre Beobachtungen wöchentlich dem «Bureau International de l'Heure» mitgeteilt werden. Cester

1133. **M. Clavier,** Les activités du club astronomique du lycée de Sèvre en 1956—1957. Bull. Assoc. professeurs math. enseign. publ. **37** Nr. 187 S. 53—54. — Ref. in RJ 1958 Nr. 6 S. 5.

1134. **A. Dreier-Beusch,** Aus der Tätigkeit der Astronomischen Arbeitsgruppe St. Gallen. Orion Schaffhausen **5** 254—256.

1135. **H. C. Freiesleben,** Mitteilungen. 13. Jahrestagung des amerikanischen Institute of Navigation vom 27. bis 29. Juni 1957 in Washington. Deutsche Hydrograph. Z. **10** 201—202.

1136. **H. Goeckel,** 9. Jahreshauptversammlung der Deutschen Gesellschaft für Raketentechnik und Raumfahrt e. V. (vormals Gesellschaft für Weltraumforschung). Weltraumfahrt 1957 S. 122—123.

1137. **D. Kohoutková,** Care of the czechoslovak popular observatories and astronomical clubs in the year 1956. RH **38** 36—40 (tschech.).

1138. **E. Mädlow,** Sternfreunde auf der AG-Tagung in Hannover. Sterne **33** 162—163.

1139. **G. I. Markow,** Wege zur Ausnutzung der Sonnenenergie. (Koordinierungstagung am Krshishanowskij-Energieinstitut). Bote Akad. Wiss. UdSSR 1955 Nr. 9 S. 101—102 (russ.). — Ref. in RJ 1957 Nr. 12 S. 62.

1140. **D. Meisel,** The ALPO comet section. Strolling Astronomer **11** 134—136.

1141. **K. B. Menzel,** Bericht über die BAV-Zusammenkunft am 7. Oktober 1956. BAV-Rundbrief **6** 10—14.

1142. **K. B. Menzel,** Bericht über die BAV-Versammlung am 21. 7. 1957. BAV-Rundbrief **6** 14—15.

1143. **H. Rohr,** 5. Schweizerische Teleskopspiegelschleifer-Tagung in Zürich am Sonntag, den 27. Oktober 1957. Orion Schaffhausen **5** 341—345.

1144. **G. D. Roth,** 10 Jahre «Planetensektion». Mitt. Planetenbeobachter **10** 53—54.

1145. **G. D. Roth,** Zehn Jahre «Planetensektion der Sternfreunde». Sterne **33** 241—245.

1146. **K. Rudnicki,** Walne Zebranie Polskiego Towarzystwa Astronomicznego we Wrocławiu. Postępy Astr. **5** 109—110. — Bericht über die Generalversammlung der Polnischen Astronomischen Gesellschaft.

1147. **N. Stoyko,** Rapport du directeur du Bureau International de l'Heure pour la période 1954—1956. Bull. géod. Nr. 46 S. 1—2.

1148. **T. S. West,** The Western Amateur Astronomers convention at Flagstaff, August 29—31, 1956. Publ ASP **69** 73—74.

1149. **H. P. Wilkins,** The International Lunar Society. Spaceflight **1** 87.

1150. 40 Jahre DARGESO. Astr. Nachr. Berlin-Treptow **9** 11. — Deutsche Arbeitsgemeinschaft für Sonnenbeobachtung.

1151. Assemblée générale du Comité National Français d'Astronomie. BSAF **71** 236.

1152. Sociedade Brasileira de Selenografia. J. International Lunar Soc. **1** 18—19. — Anzeige der Gründung.

1153. Fifty-fifth annual report for the year ending December 31, 1956. Nantucket Mass., Memorial House, 1957. 49 S. — Bericht der Nantucket Maria Mitchell Association.

1154. Göteborgs Astronomiska Klubb. PAT **38** 75.

1155. Proceedings of the Seventh Annual Convention of the Western Amateur Astronomers. 1957. 92 S. Preis $ 3.00. — Besprechung in Publ ASP **69** 280.

1156. Arbeitstagung über Polarisation des Himmelslichtes in Mainz. Deutsche Meteorologische Gesellschaft. Phys. Verhandlungen **8** 9—14. — Bericht über die am 22. und 23. Januar 1957 gehaltenen Vorträge.

1157. Associación Peruana de Astronomía. Rev. Astr. Nr. 141 S. 196.

1158. Centro di studio per l'astrofisica. Attività svolta durante l'anno 1956. Ric. Sci. **27** 1106—1114. — Sez. I: Osservatorio astrofisico di Arcetri. G. Righini; Sez. II: Osservatorio astrofisico di Asiago. L. Rosino; Sez. III: Osservatorio astrofisico di Merate. F. Zagar.

1159. Amateur Astronomers. Sky and Telescope **16** 117, 225—226, 276—279, 331, 382—383, 430—431, 484, 534—535, 589—590, **17** 16—17, 76—77.

1160. Die fünfte ordentliche Jahresversammlung der Astronomischen Bošković-Gesellschaft. Vasiona **5** 46—47 (serb.).

1161. Fachtagung und 8. Jahreshauptversammlung der Gesellschaft für Weltraumforschung e. V. Weltraumfahrt 1957 S. 16—19. — Zusammenfassungen der Referate über Fragen der Raketentechnik, Satelliten und Höhenforschung, über die auf der vom 22.—24. Nov. 1956 abgehaltenen Tagung berichtet wurde.

1162. A Quarter Century of Skyscraping 1932—1957. Herausgegeben von M. Cormack u. a., 1957. 4 + 44 S. — Besprechung in J RAS Canada **52** 282.

Tagungen

1163. Unterlagen der vom Sektor für Astrobotanik und der Leningrader Abteilung der Astronomisch-Geodätischen Gesellschaft vom 23.—25. Februar 1953 durchgeführten Konferenz über Fragen der Möglichkeit des Lebens auf anderen Planeten. Alma-Ata, 1955. 161 S. Preis 7 R. 80 Kop. (russ.) = Publ. Sektor Astrobotanik Akad. Wiss. Kasach. Sowjetrepublik **4**.

1164. Kernprozesse in Sternen. Herausgegeben von A. G. Massewitsch. Moskau, Verlag für ausländische Literatur, 1957. 423 S. Preis 17 R. (russ.). — Übersetzung des in AJB **54** unter Ref. **1191** genannten Berichts. — Besprechung in Priroda **46** Nr. 10 S. 122.

1165. Meteors. A symposium on meteor physics. Vgl. AJB **55** Ref. **1168**. — Weitere Besprechung in Astronaut. Acta **3** 224—225 (F. Hecht), Naturwissenschaften **44** 455—456 (C. Hoffmeister).

1166. Proceedings of the Third Berkeley Symposium on Mathematical Statistics and Probability. Vol. III: Astronomy and Physics. Herausgegeben von J. Neyman. Vgl. AJB **56** Ref. **1153**. — Weitere Besprechung in La Nature **85** 334, ZfMG **72** 240 (T. Schmidt).

1167. Fünfzig Jahre Relativitätstheorie. Bern, 11.—16. Juli 1955. Vgl. AJB **56** Ref. **1163**. — Besprechung einzelner Beiträge in Math. Rev. **19** 506—507, Phys. Ber. **37** 9—14, RJ 1958 Nr. 5 S. 54.

1168. Proceedings of a Symposium on Astronomical Optics and Related Subjects. Vgl. AJB **56** Ref. **1172**. — Weitere Besprechung in J. appl. Phys. **28** 282, Nuovo Cimento (10) **5** 1377—1379 (G. Righini), Rev. Sci. Instruments **28** 731 (A. E. Whitford), Ric. Sci. **27** 1698—1699 (G. Righini), Science **126** 1122 (S. S. Ballard), ZfMG **70** 453—454 (W. Strohmeier).

1169. Radio Astronomy. Herausgegeben von H. C. van de Hulst. Cambridge, At the University Press, 1957. International Astronomical Union Symposium Nr. 4, held at the Jodrell Bank Experimental Station near Manchester, August 1955. 11 + 409 S. mit zahlreichen Fig. Preis 50 s. — Besprechung in JBAA **68** 275—276 (J. Heywood), Obs **78** 133 (A. Hewish), Publ ASP **70** 330 (N. G. Roman), Sky and Telescope **17** 93, ZfA **46** 282—283 (W. Priester). — Inhaltsverzeichnis: H. C. van de Hulst, Studies of the 21-cm. line and their interpretation, S. 3—13; M. S. Carpenter, 21-cm. observations in Sydney, S. 14—18; F. K. Edmondson, Deviations from circular motion and the importance of southern hemisphere 21-cm. observations, S. 19—21; G. Westerhout, Progress report on 21-cm. research by the Netherlands Foundation for Radio Astronomy and the Leiden Observatory, S. 22—28; G. Westerhout, A 21-cm. line survey of the outer parts of the galaxy, S. 29—36; M. Schmidt, The distribution of atomic hydrogen in the inner parts of the galaxy, S. 37—41; B. J. Bok, Progress report on the project in radio astronomy at the G. R. Agassiz Station of Harvard Observatory, S. 42—47; T. A. Matthews, Report on 21-cm. observations between $l = 60°$ and $l = 135°$, S. 48—55; T. K. Menon, A 21-cm. study of the Orion region, S. 56—65; R. S. Lawrence, Radio observations of interstellar neutral hydrogen clouds, S. 66; H. E. Tatel, 21-cm. meridian plane surveys, S. 67—70; R. D. Davies, D. R. W. Williams, The measurement of the distance of the radio sources, S. 71—79; J. P. Hagen, A. E. Lilley, E. F. McClain, 21-cm. absorption effects, S. 80—87; F. K. Edmondson, Comments on McClain's observations of IAU 17S2A, S. 88—89; G. G. Hetmanzew, K. S. Stankewitsch, W. S. Troizkij, Detection of the spectral line of deuterium from the centre of the galaxy on the wave-length of 91.6 cm, S. 90—91; C. H. Townes, Microwave and radio-frequency resonance lines of interest to radio astronomy, S. 92—103; R. Minkowski, Optical investigations of radio sources, S. 107—122; J. L. Pawsey, Current progress in development and results obtained with the «Mills Cross» at the Radiophysics Laboratory, S. 123—131; J. D. Kraus, H. C. Ko, R. T. Nash, D. V. Stoutenburg, Recent results in radio astronomy at the Ohio State University, S. 132—141; J. P. Hagen, Spectra of some radio sources, S. 142—144; R. J. Lamden, A. C. B. Lovell, The low-frequency spectrum of Cygnus A and Cassiopeia A, S. 145—147; H. W. Wells, Preliminary observations of point sources at 12.5 and 15.5 Mc./s., S. 148—150; B. F. Burke, K. L. Franklin, Observations of discrete sources with the 22 Mc./s. Mills Cross, S. 151—153; C. L. Seeger, The 400 Mc./s. flux from Cassiopeia A, S. 154; W. A. Rasin, W. M. Pletschkow, Intensities of the discrete sources in Cassiopeia, Cygnus and Taurus at λ 3.2 cm, S. 155; C. L. Seeger, The radio frequency spectrum of Cassiopeia A: a symposium summary, S. 156—158; R. C. Jennison, Intensity distribution across the Cygnus and Cassiopeia sources, S. 159—161; H. P. Palmer, The angular diameter of discrete radio sources, S. 162—165; F. G. Smith, P. A. O'Brien, J. E. Baldwin, The discrete source of radio waves at the galactic centre, S. 166—168; G. de Vaucouleurs, K. V. Sheridan, Radio and optical intensity distributions in the Centaurus source (NGC 5128), S. 169—173; J. G. Bolton, O. B. Slee, Apparent intensity variations of the radio source Hydra A, S. 174—178; J. L. Greenstein, Theoretical problems of discrete radio sources, S. 179—191; F. T. Haddock, Hydrogen emission nebulae as radio sources, S. 192—196; J. H. Oort, T. Walraven, Polarization and the radiating mechanism of the Crab nebula, S. 197—200; I. S. Schklowskij, Optical emission from the Crab nebula in the continuous spectrum, S. 201—204; I. S. Schklowskij, On the nature of the emission from the galaxy NGC 4486, S. 205—207; R. Hanbury Brown, Galactic radio emission and the distribution of discrete sources, S. 211—217; J. R. Shakeshaft, The Cambridge survey of radio sources, S. 218—220; M. Ryle, The spatial distribution of radio stars, S. 221—227; J. L. Pawsey, Preliminary statistics of discrete sources obtained with the «Mills Cross», S. 228—232; J. E. Baldwin, The spherical component of the galactic radio emission, S. 233—237; A. Unsöld, Radio astronomy and the origin of cosmic rays, S. 238—240; I. S. Schklowskij, Some problems of meta-galactic radio-emission, S. 241—243; G. de Vaucouleurs, Comparison between radio and optical surface brightness distributions in the Magellanic Clouds, S. 244—250; C. W. Allen, The quiet and active sun, S. 253—262; J. P. Hagen, The structure of the solar chromosphere from centimetre-wave radio observations, S. 263—268; C. H. Mayer, R. M. Sloanaker, J. P. Hagen, Observation of the solar eclipse of 30 June 1954 at 9.4 cm. wave-length, S. 269—272; F. T. Haddock, The radial brightness distribution of the sun at 9.4 cm., S. 273—278; R. N. Thomas, R. G. Athay, On the uniformity of the lower chromosphere, S. 279—283; J. L. Pawsey, Observations of brightness over the disk of the quiet sun at frequencies of 85, 500 and 1400 Mc./s., S. 284—289; S. F. Smerd, J. P. Wild, Interpretation of solar radio-frequency disk brightness distributions derived from observations with aerials extended in one dimension, S. 290—293; J. Firor, Brightness distribution of the sun at 1.45 metres, S. 294—297; A. Hewish, Radio observations of the solar corona at sunspot minimum, S. 298—301; J. Tuominen, The ellipticity of the corona at 80 Mc./s. during sunspot minimum 1954, S. 302—303; M. Laffineur, Radio observations of the eclipse of 30 June 1954, S. 304—306; T. Hatanaka, Radio observation of the partial solar eclipse, 20 June 1955, S. 307—310; B. M. Tschichatschew, A survey of Soviet observations of the radio emission from the sun during solar eclipses, S. 311—312; W. W. Witkewitsch, Results of observations of the scattering of radio waves by the electronic inhomogeneities of the solar corona, S. 313—317; J. P. Wild, Spectral observations of solar activity at metre wavelengths, S. 321—326; H. W. Dodson, Relation between optical solar features and solar radio emission, S. 327—333; P. Simon, Sunspots: radio, optical and geomagnetic features, S. 334—335; W. O. Roberts, Optical evidences of radiational and corpuscular emission from active solar regions, S. 336—339; M. Waldmeier, The enhanced radiation from sunspot-regions, S. 340—341; D. H. Menzel, M. Krook, On the origin of solar radio noise, S. 342—344; K. O. Kiepenheuer, On the mechanism of solar outbursts, S. 345—353; L. Biermann, R. Lüst, Remarks on the energy of the non-thermal radio-frequency emission, S. 354—355; A. Schlüter, Solar radio emission and the acceleration of magnetic-storm particles, S. 356—357; T. Hatanaka, Polarization of solar radio bursts, S. 358—362; W. W. Witkewitsch, Disturbed radio emission from the sun as a sum of small monochromatic peaks, S. 363—365; C. de Jager, F. van't Veer, Some properties of solar radio-transients on fast 200 Mc./s. records, S. 366—370; A. D. Fokker, A peculiar type of scintillation of solar radio radiation, S. 371—372; F. L. Whipple, Some problems of meteor astronomy, S. 375—389; J. G. Davies, Orbits of sporadic meteors, S. 390—391; I. C. Browne, K. Bullough, S. Evans, T. R. Kaiser, The distribution of meteor masses, S. 392—393; B. F. Burke,

K. L. Franklin, Jupiter as a radio source, S. 394—396; C. A. Shain, Location on Jupiter of a source of radio noise, S. 397—399; F. Link, Possible proofs of the lunar atmosphere, S. 400—402; B. Elsmore, The lunar occultation of a radio star and the derivation of an upper limit for the density of the lunar atmosphere, S. 403—405; W. S. Troizkij, S. E. Chajkin, Radio emission from the moon and the nature of its surface, S. 406—407; I. C. Browne, J. V. Evans, The moon as a scatterer of radio waves, S. 408—409.

1170. Solar Eclipses and the Ionosphere. Vgl. AJB **56** Ref. **1167**. — Weitere Besprechung in J. British Interplanetary Soc. **16** 322 (M. W. Ovenden), J RAS Canada **52** 189—190 (J. B. Oke), La Nature **85** 334—335, Nature **179** 711 (R. L. Smith-Rose).

1171. Non-stable Stars. Herausgegeben von G. H. Herbig. London, Cambridge University Press, 1957. International Astronomical Union Symposium Nr. 3, held in Dublin, 1 September 1955. 8 + 198 S. mit zahlreichen Fig. Preis 30 s. — Besprechung in Ann d'Astrophys **20** 139—140 (E. Schatzman), Ciel et Terre **73** 570—572 (J. Hunaerts), Obs **78** 130—132 (A. Beer), Publ ASP **70** 226—227 (G. Münch), Sky and Telescope **17** 34, ZfA **45** 149—151 (K. H. Böhm). — Inhaltsverzeichnis: G. H. Herbig, On the nature and origin of the T Tauri stars, S. 3—10; P. N. Cholopow, Irregular variable stars of the RW Aurigae type, S. 11—21; C. Hoffmeister, On RW Aurigae type stars and related types, S. 22—25; G. Haro, The possible connexion between T Tauri stars and UV Ceti stars, S. 26—30; A. H. Joy, Flare spectra in dwarf stars, S. 31—34; F. Lenouvel, Photo-electric observations of AE Aquarii, S. 35—37; J. L. Greenstein, Evidence for instability among sub-luminous stars, S. 41—45; M. F. Walker, The extremely rapid light-variations of old novae and related objects, S. 46—56; E. R. Mustel, Physical processes in novae, S. 57—70; I. M. Kopylow, Sub-system of novae, S. 71—76; L. F. Gurewitsch, A. I. Lebedinskij, On the causes of stellar bursts, S. 77—82; I. S. Schklowskij, On the nature of planetary nebulae, S. 83—86; Discussion, S. 87; B. A. Woronzow-Weljaminow, On the atmospheres of the Wolf-Rayet stars, S. 91—92; O. Struve, Instability in stars of early spectral type, S. 93—107; Discussion, S. 108; B. W. Kukarkin, Variable stars and problems of stellar formation, S. 111—115; W. P. Zessewitsch, The stars with double envelopes, S. 116—119; Z. Kopal, The instability of subgiants in close binary systems, S. 123—137; D. J. Martynow, Phenomena of non-stability in close binary systems, S. 138—143; F. B. Wood, Photometric evidence of instability in eclipsing systems, S. 144—158; W. A. Krat, Non-stability in close binary stars, S. 159—164; A. McKellar, R. M. Petrie, The chromospheric spectrum and the atmosphere of 31 Cygni, S. 165—172; Discussion, S. 173—174; W. A. Ambarzumjan, Stars of T Tauri and UV Ceti types and the phenomenon of continuous emission, S. 177—185; P. Ledoux, Possible sources of instability in stars, S. 186—199; Discussion, S. 200.

1172. The Airglow and the Aurorae. Herausgegeben von E. B. Armstrong and A. Dalgarno. Vgl. AJB **56** Ref. **1166**. — Weitere Besprechung in Ciel et Terre **74** 289 (R. Pastiels), La Nature **85** 335, Nature **179** 647 (B. McInnes), Obs **77** 212 (A. H. Jarrett).

1173. Publikationen der Konferenz der Kommission für Sonnenforschung vom 22.—24. November 1955: Physik der solaren Korpuskularströme und ihr Einfluß auf die obere Erdatmosphäre. Herausgegeben von S. M. Poloskow. Moskau, Akad. Wiss. UdSSR, 1957. 290 S. mit Fig. Preis 17 R. 45 Kop. (russ.). — Besprechung in RJ 1958 Nr. 4 S. 4 (I. S. Schtscherbina-Samojlowa).

1174. Publikationen der zwölften astrometrischen Konferenz der UdSSR (Pulkowo, 7.—9. Dezember 1955). Herausgegeben von M. S.

Swerew. Leningrad, Verlag Astr. Hauptobs. Pulkowo, 1957. 440 S. (russ.). — Enthält eine große Zahl von Beiträgen zu astrometrischen Themen, die teils auf der Tagung vorgetragen wurden, teils aber auch aus Zeitmangel hier nur schriftlich niedergelegt werden konnten. Die Beiträge enthalten Referate in englischer, französischer oder deutscher Sprache. Loh.

1175. Zusammenfassung der auf der Tagung der Tschechoslowakischen und Polnischen Astronomen in Breslau im Juni 1956 gehaltenen Vorträge. Postępy Astr. **5** 3—96 (vgl. auch AJB **56** Ref. 11105, 11108). — Enthält folgende Beiträge: V. Guth, Cele i metody badań w Międzynarodowym Roku Meteorycznym, S. 3—7; Z. Ceplecha, Fotografowanie meteorów w obserwatorium w Ondrzejowie, S. 8—9; Z. Ceplecha, Fizyczna teoria meteorów a fotograficzny materiał obserwacyjny, S. 10—11; L. Kresák, O hipotezie powstania roju Perseid przez zderzenie, S. 12—14; E. Rybka, Konferencja astronomiczna z udziałem astronomów czechosłowackich we Wrocławiu 12—14 czerwca 1956 r, S. 46—49; J. M. Mohr, Problemy statystyki i dynamiki gwiazdowej a dzisiejsze możliwości ich rozwiązania, S. 56—60; L. Perek, Gwiazdy o hiperbolicznych prędkościach, S. 61—63; J. Kleczek, Temperatura i ruchy w koronie nad aktywnymi obszarami, S. 64—68; W. W. Heinrich, Równania całkowe pulsacji krzywych szybkości zerowych, S. 69—70; V. Ptáček, Metody kontroli kwarcowych zegarów, S. 71—73; J. Witkowski, Zagadnienia astrometrii w Polsce, S. 83—91; F. Kępiński, O badaniach ruchu komet, wykonanych w Polsce w ciągu ostatnich lat, S. 91—96.

1176. Transactions of the Joint Commission for Spectroscopy. J. Optical Soc. America **47** 1035—1037. — Symposium in Colombus, Ohio State University vom 11.—14. Juni 1956.

1177. Statement about molecular spectra of astrophysical interest. J. Optical Soc. America **47** 1037—1041.

1178. Polar Atmosphere Symposium. II. Ionospheric Section. Herausgegeben von K. Weekes und L. Harang. Symposium at Oslo 2—8 July 1956. London—New York—Paris—Los Angeles, Pergamon Press, 1957. 212 S. Preis 60 s. — Besprechung in Ciel et Terre **74** 254 (M. Nicolet), ZfA **45** 153—154 (L. Oster).

1179. Les molécules dans les astres. Communications présentées au septième Colloque International d'Astrophysique tenu à Liège les 12, 13 et 14 juillet 1956. Mém in-8° Soc. Roy. Sci. Liège (4) **18**, 571 S. mit Fig. = Inst. d'Astrophys. Univ. Liège Mém. 8° Nr. 386. — Besprechung in Postępy Astr. **5** 49—53 (S. Grzędzielski), Urania Kraków **28** 107—113 (S. Grzędzielski). — Inhalt: P. Swings, Introduction; A. McKellar, Molecules in the solar system: Introductory report; H. K. Kallmann, Properties of the high atmosphere; W. S. Benedict, Identification of H_2O^{18} and H_2O^{17} telluric lines in the infrared solar spectrum; J. H. Shaw, D. E. Burch, R. W. Sloan, D. Williams, The emission spectrum of the earth's atmosphere from 4 μ to 22 μ; W. G. Fessenkow, An absorption band of unknown origin in the spectrum of the diurnal sky; W. G. Fessenkow, Some considerations about the atmospheric component of the zodiacal light; W. I. Krassowskij, Nature of the intensity variations of the terrestrial atmosphere emission; J. I. Galperin, A. W. Mironow, N. N. Schefow, Spectrographs to be used for investigations of atmospheric emission during the IGY of 1957—1958; W. M. Morosow, Nonmolecular light scattering in the high atmospheric layers; J. Hunaerts, Interprétation du spectre d'émission du système $^3\Pi_i$—$^3\Sigma^-$ de NH dans les comètes; M. Schmidt, H. van Woerden, The intensity distribution of molecular bands in the coma of comet Mrkos 1955e; S. M. Poloskow, Conditions of molecule visibility (possibility of observation) in cometary atmospheres; S. M. Poloskow, Monochromatic radioemission of cometary molecules; B. Donn, H. C. Urey, Chemical heating processes in astronomical objects; W. G. Fessenkow, La vie sur les planètes et la constitution de leur atmosphère primitive: rapport introductif; A. Dollfus, Recherches sur l'atmosphère de Vénus; N. A. Kosyrew, On the absorption bands of unknown origin; F. Link, Allongement des cornes de Vénus; F. Link, P. Neužil, Sur la couleur de Vénus; G. de Vaucouleurs, Sur la pression et la composition de l'atmosphère de Mars; A. Dollfus, La vapeur d'eau dans l'atmosphère de la planète Mars; D. B. McLaughlin, Areology (The geological environment on Mars); A. I. Lebedinskij, Infrared molecular absorption in the atmosphere of Mars and the physical conditions on its surface; W. C. DeMarcus, Model hydrogen atmospheres; B. J. Lewin, On the character and causes of the separation of molecules during planet formation; A. Dollfus, Indications sur la végétation martienne; G. Lascombes, J. Rösch, Conditions de vie du cryoplancton et conditions physiques sur Mars; H. P. Broida, C. E. Moore, Molecules in the solar spectrum: Introductory report; K. Wurm, Molecules in stars: Introductory report; C. E. Moore, H. P. Broida, Rotational lines of CH, OH, and CN in the solar spectrum; D. V. Thomas, A determination of the excitation temperature of the low chromosphere using the ultraviolet CN bands; G. Righini, The abundance of the isotope C^{13} in the sun; L. Perek, A note on the absolute magnitudes of the carbon stars; W. Iwanowska, The vanadium oxide bands as a population criterion in the spectra of long period variables; V. Vanýsek, Note on colour differences of carbon stars; G. H. Herbig, The identification of the emission lines observed in the long-period variable χ Cygni near minimum light; W. P. Bidelman, C. B. Stephenson, The spectra of R Cygni and T Ursae Majoris near minimum light; Y. Fujita, Some molecular bands in the visual and infrared spectral regions of V Aql; M. W. Feast, A note on the spectrum of AM Cen; L. H. Aller, The combination variables AX Persei and CI Cygni; R. Wildt, Molecules in stars: Theoretical aspects. Introductory report; J.-C. Pecker, L'interprétation des variations des bandes moléculaires entre le centre et le bord du disque solaire; R. Bouigue, Remarques comparatives sur les étoiles de types S et C; J. C. Pecker, M. Peuchot, Les constantes de dissociation des molécules diatomiques d'intérêt astrophysique; C. de Jager, L. Neven, The abundances of diatomic molecules of H, C, N and O and of H_2O in stellar atmospheres; G. Herzberg, Recent laboratory investigations on molecules of astronomical interest: Introductory report; R. G. W. Norrish, The study of energy transfer by kinetic spectroscopy. Some reflections on the paper by Lipscomb, Norrish and Trush (P. R. S., A **233** 455, 1956) relating to vibrationally excited oxygen; I. S. Schklowskij, The intensity of the rotation-vibration bands of the OH molecule; E. K. Plyler, E. D. Tidwell, The precise measurement of the infrared spectra of molecules of the atmosphere; R. F. Barrow, The $B^2\Sigma^+$—$A^2\Sigma^+$ systems of OH and OD; P. Proisy, NH et NH_2 dans le spectre de l'ammoniac; D. A. Ramsay, The analysis of the α-bands of ammonia; F. L. Keller, A. H. Nielsen, W. H. Schaffer, New terms in the potential function of the Y_2X_2 molecule; H. Schram, R. Herman, Influence de la concentration électronique sur la probabilité apparente de la transition $A^3\Sigma_u$—$X^1\Sigma_g$ de la molécule d'azote. Application aux spectres des aurores; G. Lucas, R. Herman, Emission de spectres moléculaires par recombinaison radiative; C. P. Courtoy, Les constantes moléculaires du $C^{12}O_2$; A. Lofthus, A study of some singlet systems of N_2; J. Junkes, Presenting some tables of the atlas of molecular spectra of metallic oxides; A. G. Gaydon, Laboratory production and assignment of spectra of alkaline earth hydroxides and oxides; M. G. Inghram, W. A. Chupka, J. Berkowitz, Dissociation energies from thermodynamic equilibria studies with a mass spectrometer; J. Drowart, R. E. Honig, Mass spectrometric study of the molecules Cu_2, Ag_2 and Au_2; J. G. Phillips, Relative temperature coefficients of features in the C_3 spectrum; N. H. Kiess, H. P. Broida, Spectrum of the C_3 molecule between 3600 Å and 4200 Å; E. Miescher, A. Lagerqvist, Analyse rotationnelle et perturbation mutuelle des bandes δ et β dans le spectre d'absorption de la molécule NO; A. Lagerqvist, Some remarks on the spectra of AlO and VO; H. C. Urey, Summary remarks.

1180. Proceedings of the National Science Foundation Conference on Binary Stars. J RAS Canada 51 9—108 = Contr. Dominion Astrophys. Obs. Victoria Nr. 53. — Ref. in Sky and Telescope 16 116. — Die Konferenz fand vom 16.—18. August 1956 im Dominion Astrophys. Obs. Victoria, B. C. statt. Inhalt: R. M. Petrie, Preface; R. M. Petrie, Remarks on the study of double stars: an introduction; G. E. Kron, K. C. Gordon, Photoelectric observations of variable stars; J. E. Merrill, Avenues of progress in interpretation of light curves; J. F. Heard, D. A. MacRae, Calculation of orbital elements with the aid of an electronic computer; G. van Biesbroeck, Very close and very wide double stars; W. J. Luyten, A reconstruction of the main sequence from differential observations of binaries; K. A. Strand, Stellar masses and the mass-luminosity relation; D. M. Popper, Critical studies of absolute dimensions of eclipsing stars; J. A. Pearce, The masses of the O- and B-type spectroscopic binaries, determined by the mass-luminosity relation; F. B. Wood, Problems of co-ordination and co-operation in double-star astronomy; O. C. Wilson, The analysis of the chromosphere of Zeta Aurigae; A. McKellar, K. O. Wright, Some problems in the interpretation of the spectra of the Zeta Aurigae-like stars; L. Binnendijk, W Ursae Majoris type systems; S.-S. Huang, The evolution of close binary stars; G. J. Odgers, R. W. Stewart, The fission theory of the origin of binary systems; O. Struve, Summary. Resolutions.

1181. Konferenz über Veränderliche Sterne, Budapest, 23.—28. August 1956. Mitt. Sternw. Ungar. Akad. Wiss. Budapest-Szabadsághegy Nr. 42, 120 S. — Inhalt: L. Detre, Vorwort; K. Güssow, Theoretische Überlegungen zur lichtelektrischen Photometrie; P. Ahnert, The mean error of photographic plates; C. Hoffmeister, Über das photometrische Verhalten einiger RW Aurigae-Sterne; P. Ahnert, Comparison between the visual and photographic light curves of some RV Tauri stars and notes on T Tau and RW Aur stars; W. Iwanowska, The investigations on variable stars executed at the Toruń Observatory; L. Rosino, Photographic researches on novae and dwarf variables made at the Observatories of Lojano and Asiago; S. Piotrowski, Some results of studies on eclipsing variables; T. Herczeg, Notes on some eclipsing and visual binaries; A. G. Massewitsch, Aufbau und Evolution der Unterriesen; P. P. Parenago, On the changes of periods of long period Cepheids; L. Rosino, Problems of variable stars in globular clusters; B. W. Kukarkin, Über die Änderungen der Perioden der kurzperiodischen Cepheiden; I. Izsák, Untersuchungen über die Periodenänderungen der Veränderlichen im Kugelsternhaufen M 15; I. Osváth, Über die Periodenänderungen der Veränderlichen im Kugelsternhaufen M 3; A. van Hoof, The Beta Canis Majoris stars; J. Balázs, Sprunghafte und langsame Änderungen im Blaschko-Effekt von RW Draconis; L. Detre, Resultate photoelektrischer Beobachtungen von RR Lyrae-Sternen; M. Johnson, Some single and binary sources of multiple periodicity in pulsating stars; S.-M. Kung, The opacity and the internal structure of the Sun.

1182. Atmospheric Optics Symposium. J. Optical Soc. America 47 192—193. — Während dieses in Boston University, New Hampshire, vom 5.—7. Sept. 1956 abgehaltenen Symposiums war ein Tag der Diskussion über «Photography of celestial and airborne objects» gewidmet.

1183. Symposium on radio astronomy. C. S. I. R. O. Radiophysics Laboratory Sydney — September 1956. Melbourne, 1957. 85 S. mit Fig. — Inhalt: F. W. G. White, Chairman's address; J. L. Pawsey, Radio astronomy in the Radiophysics Laboratory; B. J. Bok, Radio astronomy in the United States; B. J. Bok, A brief outline of possible research and development plans at the Mount Stromlo Observatory; G. R. Ellis, Whistling atmospherics: A method of exploring the regions surrounding the Earth; A. A. Weiss, Meteor astronomy at Adelaide; F. F. Gardner, Radio noise from Jupiter; J. A. Roberts, Radio spectroscopic studies of solar eruptions at metre wavelengths; R. E. Loughhead, The association of solar radio bursts of spectral type III with chromospheric flares; K. G. Mc-

Cracken, On the association of cosmic ray increases with the emission of radio noise from the Sun; K. C. Westfold, Shock waves in the solar corona and radiofrequency bursts; W. N. Christiansen, High-resolution studies of the Sun at decimetre wavelengths; B. Y. Mills, The origins of cosmic radio emission; G. Reber, Long-wave radiation of possible celestial origin; G. R. Ellis, Low-frequency cosmic radio noise spectra; B. J. Bok, The gas clouds of interstellar space; R. Q. Twiss, Detection in interstellar space of radio spectral lines other than that of atomic hydrogen; C. A. Shain, Galactic absorption of 19.7 Mc/s radiation; F. J. Kerr, Radio evidence on the large-scale structure of galaxies; G. de Vaucouleurs, Morphology and classification of external galaxies.

1184. International Congress on Theoretical Physics. Rev. Modern Phys. **29** 159—253. — Enthält unter anderen die folgenden Beiträge: P. Morrison, On the origin of cosmic rays; E. E. Salpeter, Stellar energy sources.

1185. The Non-Stable Stars. A Symposium, held at Byurakan, September, 20—22, 1956. Unter Redaktion von M. A. Arakeljan von der Akademie der Wissenschaften der Armenischen Sowjetrepublik herausgegeben. Erewan, Publishing House of the Academy of Sciences, 1957. 188 S. Preis 7 R. 80 Kop. (russ.). — Inhalt: Allgemeine, sich auf T Tauri-Sterne beziehende Fragen; T-Assoziationen; die Verbindung mit diffusen Nebeln; S. 7—34. Die Rolle der thermischen und nichtthermischen Strahlung in den Helligkeitsänderungen der T Tauri-Sterne; die Natur der kontinuierlichen Emission und des Ultraviolettüberschusses; S. 35—71. Die kontinuierliche Emission und die Herkunft des Leuchtens der kometarischen Nebel; die mögliche Analogie zwischen physikalischen Erscheinungen in kometarischen Nebeln und im Crab-Nebel; S. 73—89. Die Entstehung der hellen Linien in den Spektren der T Tauri-Sterne; S. 91—122. Die Herbig-Haro-Objekte; die Quellen ihres Leuchtens; ihr Zusammenhang mit den T Tauri-Sternen; S. 123—133. Ein Vergleich der T Tauri-Sterne mit Objekten anderer Typen; S. 135—152. Die kosmogonische Bedeutung der T Tauri-Sterne und ihrer Assoziationen; junge Haufen; Folgerungen und Pläne weiterer Arbeiten; S. 153—184. Loh.

1186. Review of Magneto-Hydrodynamics (A Symposium). Herausgegeben von R. K. Landshoff. Oxford, University Press, 1957. 8 + 115 S. Preis 32 s. — Besprechung in J. appl. Phys. **28** 1367, Proc. Phys. Soc. **72** 487 (W. B. Thompson).

1187. Mars symposium. Sky and Telescope **16** 266—270.

1188. Geophysics symposium on solar and terrestrial relationships. Proc. National Acad. Sci. USA **43** 1—104. — Inhalt: E. H. Vestine, Introductory remarks; J. Firor, Inferences from radio signals from the sun and planets; E. N. Parker, The solar hydromagnetic dynamo; W. M. Elsasser, The terrestrial dynamo; S. Chandrasekhar, On cosmic magnetic fields; S. E. Forbush, Solar influences on cosmic rays; A. Simpson, Solar origin of changes in the primary cosmic radiation; J. A. van Allen, Direct detection of auroral radiation with rocket equipment; C. T. Elvey, Problems in auroral morphology; J. Bartels, Solar influences of geomagnetism; E. H. Vestine, Observational and theoretical aspects of magnetic and ionospheric storms; E. O. Hulburt, Variations of the ionosphere and of the solar intensity with sunspots; S. Fritz, Solar radiation and the lower atmosphere.

1189. Papers from the Conference on the Role of Gravitation in Physics held at the University of North Carolina, Chapel Hill, North Carolina, January 18—23, 1957. Rev. Modern Phys. **29** 351—518. — Der Bericht enthält unter anderen die folgenden Beiträge: P. G. Bergmann, Summary of the Chapel Hill Conference; R. H. Dicke, Principle of equivalence and the weak interactions; R. H. Dicke, Gravitation without principle of equivalence.

1190. Gemeinsame Untersuchungen von Astronomen. (Sitzung des Astronomischen Rates). Bote Akad. Wiss. UdSSR 1957 Nr. 5 S. 99—100 (russ.). — Ref. in RJ 1958 Nr. 1 S. 4. — Pulkowo, 5.—7. Februar 1957.

1191. Symposium über Probleme der Spektralphotometrie am 27. und 28. Februar 1957 in Heidelberg. Im Auftrag der Heidelberger Akademie der Wissenschaften herausgegeben von H. Kienle. Sitzber. Heidelberger Akad. Wiss. math.-naturwiss. Kl. 1956/57 S. 353—436. — Besprechung in Sterne **33** 248—250 (G. Jackisch, W. Wenzel). — Inhalt: H. Kienle, Das Happel-Laboratorium für Strahlungsmessung; H. Kienle, Absolute Spektralphotometrie in astronomischer Sicht (Zum Problem der Sterntemperaturen); F. Hoffmann, U. Schley, Der Schwarze Strahler und die Konstanten des Strahlungsgesetzes; A. Unsöld, Theorie der kontinuierlichen Sternspektren; H. Siedentopf, Der Informationsgehalt von Sternspektren bei photographischer und bei lichtelektrischer Beobachtung; J. Wempe, Über den Einfluß der spektralen Auflösung auf die scheinbare Intensitätsverteilung im kontinuierlichen Spektrum; H. K. Paetzold, H. Zschörner, Zum Einfluß des Spektralapparates auf Intensitätsmessungen bei Spektrallinien; D. Chalonge, Structure du spectre continu visible; D. Labs, Das kontinuierliche Spektrum und die Temperatur der Sonne; J. Euler, Der Graphit-Kohlebogen als Strahldichtestandard; A. Bauer, P. Schulz, Der Xenon-Hochdruckbogen als spektralphotometrischer Standard; K. Bahner, Das Zeiss-Schnellphotometer als Registrierphotometer.

1192. Konferenz der Kommission für Kosmogonie. AC Nr. 182 S. 21—23 (russ.). — Moskau, 1957 Juni 5—7.

1193. Chronik. Bull. Kommission Kometen Meteore UdSSR Nr. 1 S. 43—44 (russ.).

1194. URSI meets in Boulder. J. Geophys. Res. **62** 659—668.

1195. Astronomiskt symposium i Lund. PAT **38** 155—156.

1196. Planetary atmospheres and convection in rotating fluids. A symposium held jointly by the Royal Meteorological Society and Royal Astronomical Society at Burlington House on Thursday and Friday 1957 May 23 and 24. Obs **77** 172—186.

1197. Astronomical Conference in Vatican City. Publ ASP **69** 282—283.

1198. Rocket and satellite conference. Science **126** 933—934.

1199. Solar furnace symposium. Sky and Telescope **16** 116.

11100. Electronic optics symposium in Boston. Sky and Telescope **16** 271.

11101. Symposium at Ann Arbor. Sky and Telescope **16** 374.

11102. British symposium on high-altitude rockets. Sky and Telescope **16** 432.

11103. CSAGI rocket and satellite conference. Trans. American Geophys. Union **38** 1005—1006. — Ref. in RJ 1958 Nr. 7 S. 50.

11104. Die Bochumer Tagung. VdS Nachr. **6** 62—63.

11105. **G. Armellini,** La settimana di studio sopra le due popolazioni stellari alla Pontificia Accademia delle Scienze. Via e Pensiero, Rassegna Italiana di Cultura **8**, 8 S. = Oss. Astr. Roma Monte Mario Contr. Sci. Nr. 244.

11106. **N. Boneff,** Die siebente Meteoritenkonferenz in Moskau. Priroda Sofia **6** Nr. 3 S. 95—96 (bulgar.).

11107. **W. A. Bronstein,** Konferenz über Planetenphysik. Bull. Astr.-Geod. Ges. UdSSR Nr. 15 S. 56—58, 1954 (russ.). — Die Tagung fand vom 8. bis 10. Juni

1953 in Charkow statt und war von der Kommission für Planetenphysik des Astronomischen Rates Akad. Wiss. UdSSR einberufen worden. An ihr nahmen etwa 50 Personen teil. Loh.

11108. **W. A. Bronstein,** Symposium über Fragen der Kometen- und Meteorastronomie in Leningrad. Bull. Astr.-Geod. Ges. UdSSR Nr. 19 S. 66—73, 1956 (russ.). — 1954 Mai 24.

11109. **C. F. Bruce, R. G. Giovanelli, W. H. Steel,** Summarized proceedings of a conference on contemporary optics, Sydney 1956. J. Sci. Instruments **34** 129—135. — Ref. in Phys. Ber. **36** 1997—1998.

11110. **E. Chvojková,** Konferenz der CCIR in Warschau. Časopis **7** 53—55 (tschech.).

11111. **E. Chvojková,** Tagung über Plasma in Physik und Astronomie. Časopis **7** 64—67 (tschech.).

11112. **T. V. Davies,** Planetary atmospheres and convection in rotating fluids. Nature **180** 1450—1461. — Symposium der Royal Astronomical and Royal Meteorological Society in London vom 23.—24. Mai 1957. — Ref. in Phys. Abstracts (A) **61** 202. — Vgl. auch Ref. **1196**.

11113. **M. Djakonowa,** Die 7. Meteoritenkonferenz. AJ UdSSR **34** 141—143 (russ.). — 1956 Nov. 14—17.

11114. **N. I. Grischin,** Die zweite Konferenz über Leuchtende Nachtwolken. AC Nr. 180 S. 24 (russ.). — Fand vom 9.—10. April 1957 in Moskau statt.

11115. **W. H. Haas,** Astronomical conclave at Kansas City. Strolling Astronomer **11** 74—77.

11116. **W. A. Heiskanen,** Size and shape of the earth. Science **125** 559—563. — Ein großer Teil dieses Symposiums war astronomischen Methoden gewidmet (Solar eclipse method, star occultation, moon camera, artificial satellite method).

11117. **C. Hoffmeister,** Physiker-Tagung in Leipzig. Sterne **33** 26.

11118. **V. Hulinská,** The 5th meeting of the czechoslovak amateur-astronomers. RH **38** 145—147 (tschech.).

11119. **C. de Jager,** Een international colloquium over interplanetaire materie. Meteoor **13** 50—52, 62—64. — 1957 Okt. 7—12, Jena.

11120. **A. Kipper,** Das Symposium «Elektromagnetische Erscheinungen in der kosmischen Physik» vom 27. bis 31. August 1956 in Stockholm. AJ UdSSR **34** 302—304 (russ.).

11121. **M. Kopecký,** Sonnenforschungskonferenz in Tbilisi, Abastumani und Kislowodsk. Časopis **7** 41—44 (tschech.).

11122. **W. A. Krat,** Die Vollsitzung der Kommission zur Erforschung der Sonne. Priroda **46** Nr. 5 S. 110—111 (russ.). — Fand Ende 1956 in Tiflis statt.

11123. **E. L. Krinow,** Untersuchungen zur Meteoritik. (Die siebente Meteoritenkonferenz). Bote Akad. Wiss. UdSSR 1957 Nr. 2 S. 114—117 (russ.). — Ref. in RJ 1957 Nr. 10 S. 4.

11124. **E. L. Krinow,** Die siebente Meteoritenkonferenz. Geochimia 1957 Nr. 2 S. 179—180 (russ.). — Ref. in RJ 1958 Nr. 2 S. 3—4.

11125. **E. L. Krinow,** Die Hauptprobleme der Meteoritik. Zu den Ergebnissen der 7. Meteoritenkonferenz. Priroda **46** Nr. 7 S. 57—62 (russ.). — Ref. in Nature **180** 1325. — Die Tagung, an der etwa 100 Wissenschaftler teilnahmen, fand Ende 1956 in Moskau statt. Im einzelnen standen zur Diskussion: die Bahnen der Meteorite, Zerfall und Verdampfung der Meteorite, Zusammensetzung und Struktur der Meteorite. Loh.

11126. **G. Larsson-Leander,** Den internationella konferensen för samordning av galaktisk forskning i Stockholm 1957. PAT **38** 81—97.

11127. **B. Lehnert,** Internationella Astronomiska Unionens symposium i Stockholm och Saltsjöbaden 1956. PAT **38** 12—26.

11128. **W. Lohmann,** Konferenz der Kommission für Kosmogonie in Moskau. Zur Situation der Kosmologie in der UdSSR. Phys. Blätter **13** 378—380.

11129. **A. G. Massewitsch,** Konferenz der Kommission für Kosmogonie über die Perspektiven der Entwicklung der Arbeiten zur Kosmologie. AJ UdSSR **34** 311—312 (russ.).

11130. **A. G. Massewitsch,** Physik der planetarischen Nebel. Bote Akad. Wiss. UdSSR 1957 Nr. 4 S. 119—120 (russ.). — Ref. in RJ 1958 Nr. 1 S. 4. — Bericht über eine von der Kommission für Kosmogonie des Astronomischen Rates einberufene Konferenz in Leningrad vom 3.—4. Februar 1957. Loh.

11131. **A. G. Massewitsch,** Außergalaktische Astronomie und Kosmogonie. Tagung über Kosmogonie. Bote Akad. Wiss. UdSSR 1957 Nr. 8 S. 94—96 (russ.).

11132. **A. G. Massewitsch,** Probleme der kosmischen Gasdynamik (Internationale Konferenz in den USA). Bote Akad. Wiss. UdSSR 1957 Nr. 11 S. 140—143 (russ.). — Ref. in RJ 1958 Nr. 7 S. 4.

11133. **E. R. Mustel, A. A. Bojartschuk,** Das Symposium «Sterne mit hellen Linien» in Lüttich (Belgien) vom 8. bis 10. Juli 1957. AJ UdSSR **34** 962—965 (russ.).

11134. **L. Perek,** Konferenz in Stockholm über die Koordination der galaktischen Forschung. Časopis **7** (tschech.).

11135. **J. G. Perel,** Sitzung der Kommission für Geschichte der Astronomie. AJ UdSSR **34** 502—503 (russ.). — Fand am 6. Febr. 1957 in Pulkowo statt.

11136. **R. M. Petrie,** Resolutions passed at the National Science Foundation Conference on binary stars held at Victoria, August 16—18, 1956. J RAS Canada **51** 234.

11137. **S. B. Pikelner,** Das dritte Symposium über kosmische Gasdynamik. AJ UdSSR **34** 797—805 (russ.). — Cambridge, USA, 1956 Juni 24—29.

11138. **S. Piotrowski,** Konferencja w Budapeszcie poświęcona gwiazdom zmiennym. Postępy Astr. **5** 102—106. — Bericht von der Konferenz über die veränderlichen Sterne, welche in Budapest 1957 August 23—27 stattgefunden hat. Rybka

11139. **J. Pokrzywnicki,** VII konferencja meteorytowa w Moskowie. Urania Kraków **28** 141—142. — Zusammenfassung der Ergebnisse der Meteoriten-Konferenz, Moskau 1956.

11140. **R. S. Richardson,** Preliminary report on observations of Mars made at Mount Wilson in 1956. AJ **62** 89. — Bericht über ein Symposium der 96. Tagung der Amerikanischen Astronomischen Gesellschaft.

11141. **G. D. Roth,** Bericht über das Kolloquium «Himmelsphotographie» am 29. Juni 1957 in München. VdS Nachr. **6** 78.

11142. **E. Rybka,** Konferencja astrometryczna w Pułkowie 23—25 sierpnia 1956 r. Postępy Astr. **5** 106—109. — Bericht über die astrometrische Konferenz in Pulkowo, 1957 August 23—25. Rybka

11143. **E. Rybka,** Z obrad konferencji astronomicznej w Pułkowie 23—25 sierpnia 1956 r. Urania Kraków **28** 46—48. — Bericht über die astrometrische Konferenz in Pulkowo, 1956.

11144. **W. S. Safronow,** Konferenz über die Physik und die Entstehung der planetarischen Nebel. AJ UdSSR **34** 310—311 (russ.).

11145. **W. S. Safronow,** Rechenschafts- und Koordinierungstagung des Astronomischen Rates der Akademie der Wissenschaften der UdSSR. AJ UdSSR **34** 503—504 (russ.). — Fand vom 5. bis 7. Febr. 1957 in Pulkowo statt.

11146. **F. Schmeidler,** Tagung von Ionosphärenforschern und Astronomen. Naturwiss. Rundschau **10** 436.

11147. **N. I. Suworow,** Konferenz über das Problem der Lebensbedingungen auf anderen Planeten. Bote Akad. Wiss. Kasach. Sowjetrepublik 1957 Nr. 2 S. 63—70 (russ.). — Ref. in RJ 1957 Nr. 11 S. 5. — Die Beratung fand im Dezember 1956 in Moskau statt.

11148. **B. W. Tarnishewskij,** Die Ausnutzung der Sonnenenergie. Unterlagen der 8. Sitzung Akad. Wiss. Turkmen. Sowjetrepublik 1955 S. 44—47 (russ.). — Ref. in RJ 1957 Nr. 12 S. 62.

11149. **G. Westerhout,** Het onderzoek van het melkwegstelsel. Hemel en Dampkring **55** 193—194. — Kurzer Bericht über das in Stockholm 1957 Juni 17—22 abgehaltene Symposium.

11150. **Wolf,** Die Leiter der Volkssternwarten tagten in Jena. VdS-Nachr. **6** 51—52.

Ausstellungen

11151. Antwerpen-tentoonstelling het Geofysisch Jaar. Hemel en Dampkring **55** 41.

11152. Exposición astronómica en Rosario. Rev. Astr. Nr. 141 S. 190—191.

§ 12

Sternwarten, Planetarien

1201. **Abastumani**

T. A. Abramischwili, Das Astrophysikalische Observatorium Abastumani. Tiflis, 1957. 35 S. mit Fig. Preis 45 Kop. (russ.). — Besprechung in RJ 1958 Nr. 7 S. 5.

1202. **Alma-Ata**

J. Kleczek, Astrophysical Institute in Alma-Ata. RH **38** 225—230 (tschech.).

1203. **Arcetri**

Scientia **92** 228. Un radiotelescopio all' Osservatorio di Arcetri.

1204. **Beirut**

O. Gingerich, American University Observatory Beirut, Lebanon. Sky and Telescope **16** 212—213.

1205. **Bjurakan**

L. W. Mirsojan, Die Einweihung des Astrophysikalischen Observatoriums der Akademie der Wissenschaften der Armenischen Sowjetrepublik in Bjurakan und die Konferenz über instationäre Sterne. AJ UdSSR **34** 305—309 (russ.).

L. W. Mirsojan, Das Astrophysikalische Observatorium der Akademie der Wissenschaften der Armenischen Sowjetrepublik in Bjurakan. Publ. Inst. Geschichte Naturwiss. Akad. Wiss. UdSSR **17** 485—492 (russ.). — Ref. in RJ 1958 Nr. 2 S. 3.

N. G. Roman, New Burakan Observatory. Science **125** 79.

1206. Bonn

T. Pederzani, German Radio Observatory Stockert. Elect. Engineering **76** 196—200.

Naturwiss. Rundschau **10** 32—33. Deutschlands neue Radiosternwarte.

Urania København **14** 32. Nyt radioteleskop.

1207. Boulder, Colo.

W. O. Roberts, Department of Astro-Geophysics at the University of Colorado. Publ ASP **69** 268.

1208. Cambridge, Engl.

M. Ryle, The Mullard Radio Astronomy Observatory, Cambridge. Nature **180** 110—112. — Ref. in Obs **77** 214, Phys. Abstracts (A) **60** 870.

Electron. Engineering **29** 445—449. The radio astronomy Observatories at Jodrell Bank and Cambridge.

1209. Cambridge, Mass.

A. Tlamicha, Neues Radioteleskop der Harvardsternwarte für $\lambda = 21$ cm. Pokroky **2** 232—233 (tschech.).

1210. Charkow

N. P. Barabaschow, Das Astronomische Observatorium der Staatsuniversität Charkow des Ordens des Roten Arbeitsbanners in den letzten 40 Jahren. Abh. Univ. Charkow **91** 5—13 = Publ. Astr. Obs. Charkow **12** 5—13 (russ.).

1211. Cleveland, Ohio

V. M. Blanco, Cleveland's large Schmidt telescope moved. Sky and Telescope **17** 64—65.

1212. Cluj

I. Todoran, Determinarea latitudinii geografice a observatorului astronomic din Cluj. Bull. ştiinţ. Acad. RPR. (mat. fiz.) **9** 139—143. — Ref. in RJ 1958 Nr. 5 S. 14.

1213. Coimbra

J. Custòdio de Morais, Um ano de medidas de radiaçao solar normal no Instituto geofisico da Universidade de Coimbra. Rev. Fac. ci. Univ. Coimbra **25** 81—100, 1956. — Ref. in RJ 1958 Nr. 7 S. 37.

1214. Dwingeloo

Coelum **25** 53. L'Osservatorio astronomico di Dwingelo (Olanda).

Vasiona **5** 11—12. Radioteleskopska opservatorija u Dwingelo-u (Holandija).

1215. Gainsville, Fla.

C. H. Barrow, T. D. Carr, A radio investigation of planetary radiation. JBAA **67** 200—204. — Wesentlicher Inhalt ist die Beschreibung der Interferometer-Empfangsanlage der University of Florida in Gainsville Fla. Sie arbeitet auf den Frequenzen 18 und 24.9 MHz. Hoffmeister

1216. Golossejewo

I. G. Koltschinskij, Quelques résultats des observations de l'agitation des images d'étoiles sur l'emplacement de l'Observatoire Principal de l'Académie des Sciences de RSS d'Ukraine à Golossejewo. AJ UdSSR **34** 638—651 (russ. mit französ. Ref.). — Es wird gezeigt, daß die mittleren Szintillationsamplituden $L^{0.5}$ proportional sind, wobei L die Luftmasse ist, und die Hauptperioden der Szintillation einige Sekunden betragen. Den größeren Amplituden entsprechen kleinere Szintillationsfrequenzen. Die von der Theorie vorausgesagte Abhängigkeit der mittleren Amplitude von der Temperatur wird beobachtet. Die Größen der Amplituden zeigen eine Gauß-Verteilung. Verf. (übersetzt und gekürzt)

A. K. Korol, Die Koordinaten des Astronomischen Hauptobservatoriums der Akademie der Wissenschaften der Ukrainischen Sowjetrepublik. AC Nr. 183 S. 15 (russ.). — $\varphi = 50° 21' 55\overset{''}{.}52 \pm 0\overset{''}{.}01$, $\lambda = -2^h 2^m 0\overset{s}{.}022 \pm 0\overset{s}{.}022$ (Wanschaffscher Vertikalkreis).

1217. Green Bank

La Nature **85** 137—138. A propos d'un futur radiotélescope américain. — Angaben über den Bau eines Radioteleskops für West Virginia.

Science **126** 955. Radio astronomy at Green Bank.

Sky and Telescope **17** 12. West Virginia ceremony for Radio Observatory.

1218. Hamburg-Bergedorf

A. Slettebak, J. Stock, Arbeiten mit dem Objektivprisma des neuen Hamburger Schmidtspiegels. Mitt. AG 1956 S. 27—28. — Ref. AG.

1219. Hartebeespoortdam

P. A. Wayman, The opening of the new Leiden Observatory Southern Station at Hartebeespoort. Obs **77** 254—255.

Hemel en Dampkring **55** 207—215. Hartebeestpoortdam, het zuidelijke station van de Leidse Sterrenwacht.

MN ASSA **16** 116—124. The Leyden Southern Station, Hartebeespoortdam.

1220. Haute Provence (Saint Michel)

J. Dufay, L'Observatoire de Haute-Provence. Annuaire pour l'an 1958 publié par Le Bureau des Longitudes A 1—A 23.

Observatoire de Haute Provence. Paris, Centre National de la Recherche Scientifique, 1956. 23 S. mit 21 Fig. Preis ffrs. 600. — Besprechung in Nature **179** 768 (M. Davidson).

J. Astr. Soc. Victoria **10** 62—64. The Saint-Michel 75-inch reflector.

1221. Heidelberg

H. Kienle, Das Happel-Laboratorium für Strahlungsmessung an der Landessternwarte auf dem Königstuhl bei Heidelberg. Naturwiss. Rundschau **10** 421—424 = Mitt. Landessternw. Heidelberg Nr. 106.

H. Kienle, Landessternwarte Heidelberg, Happel-Laboratorium. Phys. Blätter **13** 275—276.

H. Kienle, Das «Happel-Laboratorium für Strahlungsmessung» an der Landessternwarte auf dem Königstuhl bei Heidelberg. Ruperto-Carola Mitt. der Vereinigung der Freunde der Studentenschaft Univ. Heidelberg **22** 178—182.

1222. Helwan

M. Sauer, Geschichte und Tätigkeit eines Observatoriums in Ägypten. Sterne **33** 192—196.

1223. Humain-Rochefort

R. Coutrez, Le radiotélescope sur 169 MHz de la Station radioastronomique de Humain-Rochefort. Commun. Obs. Roy. Belgique Nr. 127, 3 S.

R. Coutrez, Le radiotélescope sur 600 MHz de la Station radioastronomique de Humain-Rochefort. Commun. Obs. Roy. Belgique Nr. 127, 3 S.

1224. Jungfraujoch

25 Jahre hochalpine Forschungsstation Jungfraujoch. Herausgegeben von A. von Muralt. Experientia Suppl. VI. Basel, Stuttgart, Birkhäuser Verlag, 1957. Preis Fr. 8.30. — Diese Veröffentlichung enthält neben anderen die folgenden Beiträge: D. Chalonge, Nouvelles recherches astrophysiques et géophysiques à la Station Scientifique du Jungfraujoch; F. G. Houtermans, M. Teucher, Die

Bedeutung der Forschungsstation auf dem Jungfraujoch für die Erforschung der kosmischen Strahlung; M. Migeotte, L. Neven, J. Swensson, L'interprétation du spectre solaire observé au Jungfraujoch.

1225. **Kasan**

L. D. Agafonowa, A. I. Nefedjewa, Über die Teilungsfehler des Meridiankreises des Engelhardt-Observatoriums. Abh. Lenin-Staatsuniv. Kasan **116** Nr. 7 S. 46—50 = Bull. Astr. Engelhardt-Obs. Kasan Nr. 33 S. 46—50 (russ.).

1226. **Krim**

N. A. Sawitsch, A. N. Abramenko, The panoramic ionospheric station of the Crimean Astrophysical Observatory. Mitt. Astrophys. Obs. Krim **17** 219—231 (russ. mit engl. Ref.).

1227. **La Leona**

El Universo Nr. 40 S. 125. El observatorio astronómico mas meridional. — Betrifft die Filialsternwarte von La Plata «Félix Aguilar».

1228. **Los Angeles**

F. C. Leonard, The new quarters of the Department of Astronomy of the University of California, Los Angeles. Publ ASP **69** 576—577.

1229. **Lwow**

T. L. Mandrykina, Ein neues astronomisches Observatorium. AC Nr. 187 S. 26 (russ.). — In Brjuchowitschi bei Lwow wurde im Sommer 1957 in Verbindung mit dem Internationalen Geophysikalischen Jahr der erste Teil einer außerhalb der Stadt gelegenen Beobachtungsstation des Astronomischen Observatoriums Lwow fertiggestellt. Loh.

1230. **Malvern**

Nature **180** 1225—1228. The 45-ft. radio telescope at the Royal Radar Establishment, Malvern. — Ref. in Phys. Abstracts (A) **61** 139.

1231. **Manchester**

W. P. Hirst, Open day at Jodrell Bank. MN ASSA **16** 25—28.

A. C. B. Lovell, The Jodrell Bank radio telescope. Nature **180** 60—62 = Astr. Contr. Univ. Manchester (2) Jodrell Bank Repr. Nr. 168.

Electron. Engineering **29** 445—449. The radio astronomy Observatories at Jodrell Bank and Cambridge.

Sky and Telescope **16** 516—518. England's great radio telescope. — Ref. in Coelum **26** 128. — Der Artikel ist im Zeitpunkt der Vollendung des Radioteleskops in Jodrell Bank geschrieben und gibt einen kurzen Bericht über die Konstruktion und die geplanten Beobachtungsprogramme. Abbildungen aus verschiedenen Baustadien geben einen guten Eindruck vom Aufbau. Bo.

1232. **Mauna Loa**

Sky and Telescope **16** 116. Mauna Loa Observatory. — Ref. in Sterne **33** 202.

1233. **Moskau**

N. P. Gruschinskij, The fundamental gravimetric station at the Sternberg Astronomical Institute. AJ UdSSR **34** 469—473 (russ. mit engl. Ref.). — Verf. gibt eine Beschreibung der gravimetrischen Station am neuen Ort des Astronomischen Sternberg-Instituts auf den Lenin-Bergen in Moskau und teilt den Wert der Schwerebeschleunigung mit. Loh.

N. N. Parijskij, Der lichtstarke Nebelspektrograph des Astronomischen Observatoriums Kutschino. Mitt. Astr. Sternberg-Inst. Nr. 101—102 S. 3—32 (russ.).

M. N. Sewerow, Bestimmung der geographischen Breite des Pavillons des Astronomischen Observatoriums des Instituts für Ingenieure der Geodäsie, Luftbildaufnahme und Kartographie in Moskau nach dem Verfahren von Pewzow und Talcott. Publ. Inst. Ing. Geod. Luftbildaufnahme Kartogr. Moskau 1957 Nr. 27 S. 65—78 (russ.). — Ref. in RJ 1958 Nr. 5 S. 13.

1234. **Mt. Hamilton**

Sky and Telescope **17** 69. Lick's 120-inch mirror gets final touches. — Ref. in Coelum **26** 128.

1235. **Mt. Palomar**

I. S. Bowen, Instrumentation at the Mount Wilson and Palomar Observatories. Vgl. Ref. **1310**.

NAT 1957 S. 69—70. En oplevelse ved 200-tommeren på Mount Palomar.

PAT **38** 146—147. Genommönstringsprogrammet för 48-tums Schmidtteleskopet avslutat.

1236. **Mt. Stromlo**

A. K. Lojkine, Mount Stromlo Observatory, a history and description of the Observatory; its work and its equipment. The Australian National University, Research School of Physical Sciences, 1957. 53 S.

J. Astr. Soc. Victoria **10** 48—49. The Mount Stromlo 30-inch reflector.

1237. **Mt. Wilson**

I. S. Bowen, Instrumentation at the Mount Wilson and Palomar Observatories. Vgl. Ref. **1310**.

1238. **Nançay**

E. J. Blum, A. Boischot, M. Ginat, Le grand interféromètre de Nançay. Ann d'Astrophys **20** 155—164. — Das Interferometer besteht aus 32 in gleichen Abständen längs einer Strecke von 1550 m in Ost-West-Richtung aufgestellten und in Höhe verstellbaren 5 m-Parabolspiegeln. Die empfangene Frequenz beträgt 169 MHz. Es soll bei einem Auflösungsvermögen von 3!8 in Ost-West-Richtung in der Hauptachse zur Lokalisierung von Störzentren auf der Sonne und zum Studium ihrer zeitlichen Veränderung dienen. Es ist möglich, bei einem Meridiandurchgang der Sonne bis zu fünf Intensitätsmaxima beiderseits des Hauptmaximums zu beobachten, was einer täglichen Beobachtungsdauer von $1^h.5$ entspricht. Die Registrierungen werden seit Ende Mai 1956 regelmäßig durchgeführt. Bo.

J. F. Denisse, La station de Nançay. Observatoire de Radioastronomie. La Nature **85** 134—137.

J.-L. Steinberg, La station de recherches de Nançay. Observatoire radioastronomique français. BSAF **71** 89—99. — Ref. in Coelum **25** 156.

1239. **Neuchâtel**

R. Payot, A l'Observatoire de Neuchâtel. Le nouvel appareil impersonnel pour l'observation des chronomètres. Rev. internat. horlog. 1956 Nr. 4 S. 9—10.

1240. **Oak Ridge**

B. J. Bok, H. I. Ewen, D. S. Heeschen, The George R. Agassiz radio telescope of Harvard Observatory. AJ **62** 8—9. — Ref. AAS.

1241. **Ottawa**

G. Godoli, Determinazione del profilo strumentale dello spettrografo solare del Dominion Observatory Ottawa. Mem SA It (NS) **28** 231—238 = Oss. Astrofis. Arcetri Contr. Nr. 15.

1242. **Padova**

Roma 1956. Ministero della Pubblica Istruzione. 31 S. = Oss. Astr. Padova Pubbl. Nr. 108. Osservatorio Astronomico di Padova e di Asiago.

1243. **Pasadena**

Sky and Telescope **16** 311. A radio observatory in the Owens Valley.

1244. Philadelphia

F. B. Wood, W. Blitzstein, The new Flower and Cook Observatory. AJ **62** 40. — Ref. AAS.

1245. Phoenix, Ariz.

A. B. Meinel, A report on the National Astronomical Observatory facility. AJ **62** 27. — Ref. AAS.

1246. Potsdam

H. Daene, Über den Entwicklungsstand der Geräte zur Messung der Hochfrequenzstrahlung im Meterwellengebiet. Mitt. Astrophys. Obs. Potsdam Nr. 58, 5 S.

1247. Princeton

Sky and Telescope **16** 482. Princeton's stellarator.

1248. Pulkowo

A. A. Michajlow, Die Sternwarte Pulkowo. Moskau, Verlag «Snanie», 1955. 24 S. mit Fig. Preis 60 Kop. (russ.).

1249. Roma

L. O. Lodén, Det nya solteleskopet i Rom. PAT **38** 7—11.

Ministerio Pubblica Istruzione. Osservatorio Astronomico su Monte Mario—Roma. Roma 1956. 26 S. = Oss. Astr. Roma Monte Mario Contr. Sci. Nr. 240.

1250. Santiago

F. Rutllant, Chile's new National Astronomical Observatory. Sky and Telescope **16** 474—476.

1251. Stalinabad

A. W. Solowjow, 25 Jahre Astronomisches Observatorium Stalinabad. Bull. Astr. Obs. Stalinabad Nr. 22—23 S. 5—12 (russ.).

O. P. Wassiljanowskaja, Untersuchung der astroklimatischen Verhältnisse der Rayons Tadshikistans. Bull. Astr. Obs. Stalinabad Nr. 22—23 S. 65—71 (russ.).

1252. Taschkent

M. F. Bykow, Gun-der Kim, Untersuchung der Zapfen des Taschkenter Meridiankreises. Publ. Astr. Obs. Taschkent (2) **5** 47—69 (russ.).

W. I. Gubin, B. M. Nossenko, P. I. Schulgin, Die oszillographische Methode zur Messung der Verzögerungen der elektromagnetischen Systeme des Zeitdienstes des TAO. Publ. Astr. Obs. Taschkent (2) **5** 115—128 (russ.). — Die Arbeitszeit eines elektromagnetischen Relais kann sich je nach den Arbeitsbedingungen zwischen 1.1×10^{-3} und 11.8×10^{-3} sec ändern. Die Streuung der Arbeitszeiten erreicht 30% der Arbeitszeit selbst. Entsprechendes gilt für die Arbeitszeit der Kombination: elektromagnetisches Relais und Chronograph. Die Arbeitszeit eines Systems aus elektronischem Relais und Chronographen ist zehnmal kleiner als die eines aus einem elektromagnetischen Relais und Chronographen bestehenden. Loh.

P. I. Schulgin, Elektronische Relais in astronomischen Arbeiten. Publ. Astr. Obs. Taschkent (2) **5** 129—133 (russ.). — Verf. beschreibt an Hand von Schaltbildern das im Taschkenter Zeitdienst verwandte System elektronischer Relais. Loh.

P. I. Schulgin, Eine elektronische Einrichtung zur Zeitsignalgebung. Publ. Astr. Obs. Taschkent (2) **5** 135—137 (russ.). — Gewisse Mängel in der Anlage der Zeitsignalgebung des Astr. Obs. Taschkent wurden 1954 behoben. Verf. berichtet hier an Hand eines Schaltbildes über die neue, nun einwandfrei arbeitende Einrichtung. Loh.

P. I. Schulgin, Verbesserungen des Chronoskops des Taschkenter Zeitdienstes. Publ. Astr. Obs. Taschkent (2) **5** 139—143 (russ.). — Das für den Zeitdienst des Taschkenter Observatoriums angeschaffte Chronoskop erfuhr zur Erfüllung seines besonderen Zwecks einige Änderungen, die an Hand mehrerer Schaltbilder erläutert werden. Loh.

J. M. Slonim, Die Entwicklung der Sonnenforschung am Astronomischen Observatorium Taschkent in den 75 Jahren von 1874—1949. Publ. Astr. Obs. Taschkent (2) **6** 37—60 (russ.).

1253. Tokyo

N. Sekiguchi, J. Matsumoto, On the «Polar Tube» at the Tokyo Astronomical Observatory. Publ. Astr. Soc. Japan **9** 116—118 = Tokyo Astr. Obs. Repr. Nr. 156. — Vorläufiger Bericht über eine fest in Polrichtung montierte photographische Kamera zur genauen Bestimmung der Lage des Rotationspoles aus je zwei 6 Stunden auseinanderliegenden Aufnahmen. Wichtig ist eine optische Vorrichtung, mit der eine etwaige Verlagerung des Rohrs in Höhe zwischen den beiden Aufnahmen mit Hilfe eines Quecksilberhorizonts bestimmt werden kann. Bo.

N. Sekiguchi, J. Matsumoto, On the «Polar Tube» at the Tokyo Astronomical Observatory. Ann. Tokyo Astr. Obs. (2) **5** 131—151.

1254. Torino

Ministerio della Pubblica Istruzione. Osservatorio Astronomico di Torino in Pino Torinese. 33 S.

1255. Toruń

Toruń-observatoriets program för undersökningar av stjärnfördelningen. PAT **38** 74—75.

1256. Trieste

E. L. Martin, Notizie brevi sulla Specola triestina dal 1947 al 1957. Oss. Astr. Trieste Nr. 276, 3 S. — Kurzer Bericht über Wiederaufbau und Tätigkeit der Sternwarte Triest nach dem Kriege. Cester

1257. Tschardshuj

W. P. Schtscheglow, Die Internationale Breitenstation in Tschardshuj. AJ UdSSR **34** 664—670 (russ.). — Beschreibung und Geschichte dieser 1899 gegründeten und 1919 aufgelösten Internationalen Breitenstation. Loh.

1258. Uccle

A. Velghe, Etude de l'objectif de l'astrographe de Zeiss (II). BAB **4** 231—233.

1259. Urbana, Ill.

Sky and Telescope **17** 3. Astronomy at Illinois. — Kurze Geschichte der Sternwarte der Universität von Illinois.

1260. Victoria

P. E. Argyle, The stellar photometer of the Dominion Astrophysical Observatory. Publ. Dominion Astrophys. Obs. Victoria **10** 305—321. — Das lichtelektrische Photometer des 72″-Reflektors zeigt einige Abweichungen vom allgemein üblichen Aufbau: Nur ein Einblick hinter der Blendenebene, es wird zwischen Feld- und Meßblende gewechselt; hochohmiger Nullverstärker zur Anpassung an einen Brown Recorder, also direkte Kompensation der Spannung am Arbeitswiderstand, und zusätzliche Nullpunktsunterdrückung in definierten Stufen. Mit einem Photomultiplier EMI 6094 können Sterne von 0^m bis 14^m gemessen werden (die untere Grenze ist durch die Sichtbarkeit im Führungsokular gegeben). Als Beispiel wird ein Minimum von UX UMa (visuell und UV) mitgeteilt. Bahner

J. B. Warren, P. E. Argyle, The integrating exposure meter of the Dominion Astrophysical Observatory. Publ. Dominion Astrophys. Obs. Victoria **10** 323—330. — Der Belichtungsmesser des Victoria-Spektrographen ist ein integrierendes lichtelektrisches Photometer, dessen Kondensator bei Erreichen einer bestimmten Spannung entladen wird; die Zahl der Entladungen wird angezeigt. Das Instrument benötigt 5% des Lichts hinter dem Spalt und arbeitet bis m = 11. Bahner

1261. **Washington**

W. Markowitz, Observations of double stars, 1949—52, and a study of the optics of the 26-inch refractor. Vgl. Ref. **10111**.

1262. **Wellington**

Carter Obs. Astr. Bull. Nr. 48, 4 S. Public sessions programme for 1958.

1263. **Wien**

Wien, Selbstverlag der Universitätssternwarte, 42 S. 1756—1956, Jubiläumsfeier der Universitätssternwarte in Wien am 16. und 17. Juni 1956.

1264. **N. Boneff,** Die sowjetische Astronomie. Priroda Sofia **6** Nr. 5 S. 14—21 (bulgar.). — Ref. in RJ 1958 Nr. 6 S. 7.

1265. **G. Contopoulos,** Astronomien i Grekland. PAT **38** 1—6.

1266. **H. Elsässer,** Die Sichtexpedition für die europäische Sternwarte in Südafrika. Sterne **33** 33—36.

1267. **J. Gadomski,** Tydzień w gościnie u astronomów czechosłowackich. Urania Kraków **28** 1—6. — Bericht über einen Besuch der tschechoslowakischen Sternwarten.

1268. **T. Gehrels,** Indiana expedition to South Africa, April-June, 1957. AJ **62** 244. — Ref. AAS.

1269. **A. R. Hogg,** Notes and news from Australia. MN ASSA **16** 59—61.

1270. **J. B. Irwin, A. G. Velghe,** Pour un observatoire international. Ciel et Terre **73** 439—460.

1271. **B. W. Kukarkin,** Bei chinesischen Astronomen zu Gast. Bote Akad. Wiss. UdSSR 1957 Nr. 5 S. 66—67 (russ.). — Ref. in RJ 1958 Nr. 1 S. 4.

1272. **R. E. Marshak,** Department of Physics and Astronomy at the University of Rochester. Publ ASP **69** 468—469.

1273. **A. G. Massewitsch,** Reise sowjetischer Astronomen in die USA. AC Nr. 184 S. 24—26 (russ.). — Im Anschluß an die Tagung in Cambridge vom 24.—29. Juni 1957 besuchten die sowjetischen Teilnehmer noch einige amerikanische Sternwarten.

1274. **Z. Popławski,** 2500 kilometrów. Urania Kraków **28** 72—79. — Beschreibung einer Besichtigung der tschechoslowakischen Sternwarten.

1275. **N. Richter,** Die Astronomie in der Volksrepublik China und ihre zukünftige Entwicklung. Sterne **33** 141—147.

1276. **L. E. Salanave,** Preliminary tests of day- and night-time seeing on Junipero Serra Peak, California. AJ **62** 31—32. — Ref. AAS.

1277. **W. P. Schtscheglow,** Zu Besuch bei astronomischen Observatorien in China. Priroda **46** Nr. 4 S. 63—69 (russ.).

1278. **H. Siedentopf,** Astronomische Forschung in Südafrika. Phys. Blätter **13** 121—129.

1279. **L. S. Strickson,** The B. I. S. Observatory. Spaceflight **1** 143—144.

1280. **A. D. Thackeray,** Astronomical advantages of the southern hemisphere. MN ASSA **16** 44—50, South African J. Sci. **53** 268—272 = Radcliffe Obs. Repr. Nr. 10.

1281. **V. Vanýsek,** Czechosłowackie obserwatoria astronomiczne. Urania Kraków **28** 129—135. — Hinweis auf die ersten Sternwarten in Böhmen. Einrichtungen und Arbeitsprogramme der Sternwarten in Ondřejov, Skalnaté Pleso, Prag und Brno. Rybka

1282. Het station Muizenberg op Curaçao. Hemel en Dampkring **55** 144—145.

1283. United States Radio Astronomy Observatory. Nature **179** 456.

1284. New observatories. Publ ASP **69** 97.

1285. University of Rochester expands astronomy program. Sky and Telescope **16** 432.

1286. Site survey progresses. Sky and Telescope **16** 482.

1287. The seeing at Kitt Peak. Sky and Telescope **17** 6—7. — Ref. AAS.

1288. Indiana expedition to South Africa. Sky and Telescope **17** 73.

1289. **Privat- und Volkssternwarten**

Berlin-Schöneberg, 1957. Wilhelm-Foerster-Sternwarte Veröff. Nr. 10, 35 S. Tätigkeitsbericht 1953/56.

Mitt. Archenhold-Sternw. Berlin-Treptow Nr. 46, 8 S. Jahresbericht der Archenhold-Sternwarte 1956. D. Wattenberg.

Mitt. Einstein-Sternw. Görlitz Nr. 4, 24 S. Tätigkeitsbericht 1947—1957. H. Winkler.

MN **117** 312. Godlee Observatory, College of Science and Technology, Manchester.

MN **117** 312. Mr. R. Barker's Observatory, Cheshunt, Hertfordshire.

MN **117** 312. Dr. J. L. Haughton's Observatory, Littleton, Nr Winchester, Hants.

MN **117** 312. Mr. M. B. B. Heath's Observatory, Kingsteignton, Devon.

MN **117** 313. Mr. F. M. Holborn's Observatory, Peaslake, Surrey.

MN **117** 313. Mr. Patrik Moore's Observatory, East Grinstead, Sussex.

MN **117** 313. Mr. G. E. Patston's Observatory, Eastbourne, Sussex.

MN **117** 313. Dr. W. H. Steavenson's Observatory, Cambridge.

MN **117** 313. Dr. R. L. Waterfield's Observatory, Ascot.

MN **117** 314. Dr. H. P. Wilkins' Observatory, Bexleyheath, Kent.

Orion Schaffhausen **5** 243—253. 50 Jahre Urania-Sternwarte Zürich. R. A. Naef.

Publ. Sternw. Reutlingen Nr. 1, 8 S. Tätigkeitsbericht für das Jahr 1956. J. Herrmann.

Sky and Telescope **16** 225. Monte Sano Observatory completed in Alabama.

Sky and Telescope **16** 226. A garage-top observatory. C. S. Steelman.

Sky and Telescope **16** 383. Green Gables Observatory. H. S. Koken, A. M. Koken.

Sky and Telescope **16** 581. Westmont College.

Sterne **33** 30—31. Privatsternwarte München-Harlaching. G. D. Roth.

Sterne **33** 163—164. Astronomische Arbeitsgemeinschaft Ferndorf. W. Schaub.

Sterne **33** 164—166. Astronomische Volksbildungsstelle in Wien ($-1^h 5^m 26\overset{s}{.}2$, $+48° 11' 53''$). H. Mucke.

Sterne **33** 251—252. Schulsternwarte in Kleve. W. Birkenfeld.

Sternenbote **8** 72. Neues von der Volkssternwarte München.

Sternenbote **8** 79. Ein Anbau der Schwäbischen Sternwarte Stuttgart.

VdS Nachr. **6** 14—15. Jahresbericht der Sternwarte Reutlingen. J. Herrmann.

VdS Nachr. **6** 22—23. Tätigkeitsbericht 1956 der astronomischen Arbeitsgruppe Halle/S. U. Köhler.

1290. **F. Egger,** Wir betrachten den Sternenhimmel. Wegleitung für den Besucher der Schul- und Volkssternwarte. Thayngen-Schaffhausen, K. Augustin, 1956. 47 S. mit 7 Tafeln. — Besprechung in Gaz astr **38—39** 70—71.

* * **D. Kohoutková,** Care of the czechoslovak popular observatories and astronomical clubs in the year 1956. Vgl. Ref. **1137.**

1291. **O. Obůrka,** Popular observatories and amateur astronomers in the German Democratic Republic. RH **38** 99—102 (tschech.).

1292. **A. Strzałkowski,** U jugosłowiańskich astronomów. Urania Kraków **28** 230—232. — Bericht über einen Besuch der Belgrader Sternwarte und über die Tätigkeit der Amateure in Jugoslawien. Rybka

Planetarien

1293. **M. von Ardenne,** Über eine Nachbildung des Sternenhimmels mittels Fluoreszenz-Leuchtscheiben. Sterne **33** 235—241.

1294. **R. H. Emmons,** Satellite-tracking practice in a planetarium. Sky and Telescope **16** 170—171.

1295. **J. Klepešta,** Planetarium — an artificial sky. RH **38** 82—84 (tschech.).

1296. **N. Richter,** Astronomische Popularisierung und Amateur-Astronomie in China. Sterne **33** 148—150.

1297. **H. Werner,** From the Aratus Globe to the Zeiss Planetarium. Aus dem Deutschen übersetzt von A. H. Degenhardtt. Stuttgart, V. G. Fischer, 1957. Distributors for British Isles: Blackwell, Oxford. 204 S. Preis 47 s. 6 d. net. — Besprechung in JBAA **68** 72—74 (H. C. King), Spaceflight **1** 299—300.

1298. El planetario S. A. M. El Universo Nr. 41 S. 191—192.

1299. Un planetario para la ciudad de Buenos Aires. Rev. Astr. Nr. 140 S. 109—110.

12100. Planetarium in London. Sky and Telescope **16** 271.

12101. Oregon planetarium. Sky and Telescope **16** 519.

§ 13

Geschichte und Fortschritte der Astronomie

1301. **G. Abetti,** Les disciples de Galileo. Scientia **92** 8—14.

1302. **E. J. Aiton,** The contributions of Newton, Bernoulli and Euler to the theory of the tides. Ann. Sci. **11** 206—223, 1956.

1303. **E. J. Aiton,** Descartes's theory of the tides. Ann. Sci. **11** 337—348.

1304. **G. Anderson,** Delving into the astronomical past. J. Astr. Soc. Victoria **10** 35—38.

1305. **J. Ashbrook,** Two unusual occultations observed in 1797 and 1798. Sky and Telescope **16** 167.

1306. **R. Baillaud,** Copernic et ses précurseurs dans l'étude du système du monde. Ann. Obs. Besançon Astr. Géophys. (NS) **5** Fasc. 2 S. 25—40.

1307. **D. R. Barber,** A very early photographic observation of the spectrum of the night glow. Nature **179** 435.

1308. **L. Barnett,** The Universe and Dr. Einstein. Cillins Comet Books, 1957. 124 S. Preis 2 s. 6 d. — Besprechung in Spaceflight **1** 226 (R. H. Wesson).

1309. **B. J. Bok,** Radio astronomy. Collier's Yearbook 1957 S. 491—492.

1310. **I. S. Bowen,** Instrumentation at the Mount Wilson and Palomar Observatories. Publ ASP **69** 377—384. — Es wird ein historischer Überblick über die Entwicklung der instrumentellen Ausrüstung auf dem Mt. Wilson und Mt. Palomar gegeben. Hierbei wird auf die Unterschiede zwischen den verschiedenen Instrumentengattungen hingewiesen; sie sind bedingt durch das verschiedene Entwicklungstempo auf mechanischem und optischem Gebiet einerseits sowie auf elektrischem und photoelektrischem Gebiet andererseits. König

1311. **W. Brunner-Hagger,** Die Entdeckung der großen Sonnenfleckenperiode von 83 bzw. 178 Jahren, durch Rudolf Wolf, in den Jahren 1861—1889. Orion Schaffhausen **5** 196—198.

1312. **D. A. Campbell,** Samuel Pepys and optical matters. JBAA **67** 113—115.

1313. **A. C. Clarke,** The Making of a Moon. The Story of the Earth Satellite Program. New York, Harper, 1957. 205 S. mit Abb. Preis $ 3.50. — Besprechung in Science **126** 1070—1071 (R. W. Porter).

1314. **G. Coutinho,** Astronomia marítima. Bol. Soc. Geogr. Lissabon **74** 243—252, 1956. — Ref. in RJ 1957 Nr. 8 S. 2.

1315. **M. Destombes,** L'Orient et les catalogues d'étoiles au Moyen Age. Arch. Internat. Histoire Sci. **9** 339—344, 1956. — Ref. in RJ 1958 Nr. 5 S. 1.

* * **J. Dick,** Ein neuartiger Instrumententypus der Positionsastronomie: Das Photo-Zenitrohr. Vgl. Ref. 2103.

1316. **J. F. Duarte,** A margem da primeira observação astronômica em terra do Brasil. Rev. brasileira geogr. **16** Nr. 1 S. 133—142, 1954. — Ref. in RJ 1957 Nr. 10 S. 2.

1317. **O. J. Eggen,** Captain Cook and the transit of Venus. ASP Leaflet Nr. 342, 8 S.

1318. **O. J. Eggen,** An eighteenth century discussion of Algol. Obs **77** 191—197.

1319. **J. L. Franco,** Historia de los descubrimientos. Plutón. Astronomia Popular **1** Nr. 3 S. 25—26, 1956.

1320. **H. Freudenthal,** Einstein und das wissenschaftliche Weltbild des 20. Jahrhunderts. Janus **46** 63—76.

1321. **M. Galli,** Semplici considerazioni sopra un presunto errore di Galileo. Boll. Unione Mat. Ital. (3) **12** 80—82. — Ref. in Math. Rev. **19** 518.

1322. **J. Gallo,** Historia de la ciencia astronómica. Astronomía en México. Astronomia Popular **1** Nr. 3 S. 29—32, 1956.

1323. **S. B. Gaythorpe,** Jeremiah Horrocks and his «New theory of the Moon». JBAA **67** 134—144.

1324. **J. C. Gregory,** The Newtonian hierarchic system of particles. Arch. Internat. Histoire Sci. **7** 243—247, 1954. — Ref. in RJ 1957 Nr. 12 S. 76.

1325. **J. Grygar, L. Kohoutek,** Astronomical notes from the Moscow festival 1957. RH **38** 223—225 (tschech.).

1326. **A. R. Hall,** Further optical experiments of Isaac Newton. Ann. Sci. Bull. Brit. Soc. History Sci. **11** 27—43, 1955. — Ref. in RJ 1957 Nr. 12 S. 2.

1327. **O. Heckmann,** Die Astronomie in der Geistesgeschichte der Neuzeit. Naturwissenschaften **44** 125—132.

1328. **S. Hondl,** Boscovich über Photometrie. Glasnik Mat.-Fiz. Astr. (2) **12** 121—124.

1329. **G. Horn-d'Arturo,** Astri e cannocchiali in paesaggi dipinti da Donato Creti (1671—1749). Coelum **25** 65—66.

* * **G. Horn-d'Arturo,** La figura di diffrazione circondante le immagini stellari fotografate con lo specchio a tasselli. Vgl. Ref. **2009**.

1330. **T.-T. Hsi,** On the observation of positions of stars by Priest Yi Hsing (683—729 A. D.). Acta Astr. Sinica **4** 212—218, 1956 (chines. mit engl. Ref.).

1331. **I. Imai,** Clavius' «In Sphaeram Ioannis de sacro Bosco commentarius» and «Kenkon Bensetsu». Mem. Japan Astr. Study Ass. **1** 181—188 (japan.).

1332. **N. Janković,** Drei Aufzeichnungen über Kometen in einer alten Handschrift. Vasiona **5** 56—57 (serb.).

1333. **H. C. King,** The History of the Telescope. Vgl. AJB **55** Ref. **1334**. — Weitere Besprechung in Isis **48** 357—358 (I. B. Cohen), J. Optical Soc. America **47** 191 (H. W. Babcock), NAT 1957 S. 149—151 (P. Darnell).

1334. **Z. Kopal,** Der Werdegang der astronomischen Optik. Phys. Blätter **13** 4—13.

1335. **M. Kopecký,** Forty years of Astronomy in the USSR. RH **38** 217—221 (tschech.).

1336. **A. I. Kotschetkow,** Über die Verdienste M. W. Pewzows um die Entwicklung der russischen praktischen Astronomie. Nachr. Omsker Abt. Geogr. Ges. UdSSR Nr. 1 S. 15—22, 1956 (russ.). — Ref. in RJ 1957 Nr. 8 S. 2.

1337. **T. S. Kuhn,** The Copernican Revolution: Planetary Astronomy in the Development of Western Thought. Cambridge, Harvard University Press; London, Oxford University Press; Toronto, S. J. Reginald Saunders & Co., 1957. 18 + 297 S. mit 59 Fig. Preis US $ 5.50 bzw. 45 s. bzw. Canad. $ 7.25. — Besprechung in Ciel et Terre **73** 406—407 (H. Michel), J. appl. Phys. **28** 925, J RAS Canada **52** 34—35 (J. F. Heard), Obs **78** 172—173 (H. Dingle), Publ ASP **69** 482—483 (F. E. Brasch), Sky and Telescope **16** 596.

1338. **H. Kühnert,** Briefe und Dokumente zur Geschichte des VEB Jenaer Glaswerk Schott und Genossen. II. Jena, VEB Gustav Fischer Verlag, 1957. Veröffentlichungen der Thüringischen Historischen Kommission Band VI. 106 + 388 S. Preis DM 45. — Besprechung in Sterne **34** 48 (C. Hoffmeister).

1339. **G. Lampariello,** Von Galilei zu Einstein. Köln, Opladen, Westdeutscher Verlag, 1956. 92 S. Preis DM 4.20.

1340. **M. v. Laue,** Von Kopernikus bis Einstein. Naturwiss. Rundschau **10** 83—89. — Ref. in Math. Rev. **18** 782.

1341. **H.-C. Liu,** On the Chinese invention of time-keeping apparatus. Acta Astr. Sinica **4** 219—234, 1956 (chines. mit engl. Ref.).

1342. **A. Marks,** Odkrycie satelitów Marsa. Urania Kraków **28** 305—307. — Geschichte der Entdeckung der Mars-Satelliten durch Hall im Jahre 1877.

1343. **A. A. Michajlow,** Die Ideen Kants über die Natur der Gezeitenreibung. Fragen Geschichte Naturwiss. Techn. 1956 Nr. 2 S. 110—113 (russ.). — Ref. in RJ 1958 Nr. 1 S. 3.

1344. **M. Milanković,** Aristarchos und Apollonius. Das heliozentrische und das geozentrische Weltbild des klassischen Altertums. Acad. Serbe Sci. Publ. Inst. Math. **9** 79—92, 1956. — Ref. in Math. Rev. **19** 108, RJ 1957 Nr. 11 S. 2, ZfMG **72** 243—244.

1345. **M. K. Munitz,** Space, Time, and Creation. Glencoe, Ill., Free Press, 1957. 182 S. Preis $ 3.75. — Besprechung in Obs **77** 247—248 (W. B. Bonnor), Sky and Telescope **16** 337.

1346. **J. Needham, A. Beer, P.-Y. Ho,** «Spiked» comets in ancient China. Obs **77** 137—138.

1347. **O. Neugebauer,** «Saros» and lunar velocity in Babylonian astronomy. Mat.-fys. Medd. Danske Vid. Selskab **31** Nr. 4, 21 S. — Das Verfahren, nach dem die Babylonier in den letzten drei Jahrhunderten v. Chr. den Zeitpunkt der Syzygien bestimmten, ist aus Texten dieser Zeit bekannt. Es ist jedoch bisher nicht möglich gewesen zu erkennen, welcher Weg zu diesem Verfahren führte. Entscheidend ist hierbei die Deutung einer immer wieder auftretenden Zahlenreihe, bei der man bisher einen funktionalen Zusammenhang mit dem Monddurchmesser oder auch mit der Elongation vermutete. Aus einem von A. Sachs entdeckten Text geht jedoch mit Sicherheit hervor, daß die Parameter der fraglichen Zahlenreihe zum Saros in Beziehung stehen. Zur vollständigen Lösung des Problems wird der zugrunde liegende Text wiedergegeben. U. Baehr

1348. **O. Neugebauer,** The Exact Sciences in Antiquity. Providence, Brown University Press, 1957. 2. Auflage. 16 + 240 S. mit 14 Tafeln. Preis $ 6.00. — Besprechung in Math. Rev. **19** 825, Obs **78** 173—174 (H. Dingle).

1349. **O. Neugebauer,** The transmission of planetary theories in ancient and medieval astronomy. Scripta Math. **22** 165—192. — Ref. in Math. Rev. **19** 722.

1350. **R. A. Nicholson,** Mathnawi (Mesnevî) of Jalâlu'ddin Rúmí (Mevlânâ Celâleddin-î Rúmí). J. International Lunar Soc. **1** 32—34. — Dieser Text ist die Übersetzung einiger Fragmente aus den Werken des Mathnawi von Jalâlu'ddin Rûmi, die in besonderer Beziehung zum Mond stehen. Verf.

1351. **A. V. Nielsen,** Christian Horrebows observationer af Venuspassagen i 1761. NAT 1957 S. 47—50.

1352. **A. V. Nielsen,** Pater Hell og Venuspassagen 1769. NAT 1957 S. 77—97.

1353. **P. I. Nissen Jøker,** Astronomien i «Sandalmagernes gade». Urania København **14** 47—53.

1354. **R. Noriega,** Jeroglíficos matemáticos y el sistema de cómputos astronómicos de los antiguos Mexicanos. El Universo Nr. 40 S. 109—118.

1355. **R. Noriega,** Eclipses y cronología Maya-Mexicana. Suppl. zu El Universo Nr. 40, 6 S. und 1 Karte.

1356. **W. Norlind,** Om manuskript exemplaren av Tycho Brahes stora stjärnkatalog. Nordisk T. för bok-och biblioteksväsen **40** 1—15, 1953.

1357. **A. Paluzíe Borrell,** Names of the Plough. Irish AJ **4** 151—157.

1358. **A. Paluzíe Borrell,** Los nombres de la Osa Mayor. Urania Barcelona **42** 109—116.

1359. **A. Paluzíe Borrell,** Una astronomía del siglo VII por San Isidore de Sevilla. Urania Barcelona **42** 237—250.

1360. **E. Panofsky,** More on Galileo and the arts. Isis **47** 182—185, 1956. — Ref. in RJ 1957 Nr. 10 S. 2.

1361. **M. M. Pickthall,** The meaning of the glorious Koran. J. International Lunar Soc. **1** 35—36. — Dieser Text ist die englische Übersetzung von zwei Stellen des Koran, die Verbindung zur Astronomie haben. Verf.

1362. **A. Pignedoli,** Fascino della meccanica celeste. Atti Mem. Accad. Sci. Lettere Arti Modena (5) **15** 55—91. — Festvortrag zur Eröffnung des akademischen Jahres in Modena (1957—1958). Historischer Rückblick von der Vorantike bis zu Einstein. Fleckenstein

1363. **I. V. M. K. Rav,** The motion of the Moon in Tamil astronomy. Centaurus **4** 198—220, 1956. — Ref. in RJ 1957 Nr. 9 S. 1.

1364. **R. Riekher,** Fernrohre und ihre Meister. Eine Entwicklungsgeschichte der Fernrohrtechnik. Berlin, VEB Technik Verlag, 1957. 444 S. mit 262 Fig. und 20 Tafeln. Preis DM 36. — Besprechung in Astr. Nachr. Berlin-Treptow **9** 84, Deutsche Literaturzeitung **78** Heft 12 (E. Zinner), Optik **14** 562, Sky and Telescope **17** 93, Sterne **34** 128 (R. Lehmann), VdS Nachr. **6** 79 (H. Wolf).

1365. **V. Roberts,** The solar and lunar theory of Ibn ash-Shāṭir, a pre-Copernican Copernican model. Isis **48** 428—432. — Ref. in RJ 1958 Nr. 8 S. 1.

1366. **E. Rosen,** Was Maurolico's essay on the Nova of 1572 printed? Isis **48** 171—175.

1367. **L. Rosenfeld,** The velocity of light and the evolution of electrodynamics. Nuovo Cimento Suppl. (10) **5** 1630—1669, 1956. — Ref. in Math. Rev. **19** 519.

1368. **G. Ruggieri,** La rappresentazione di Giove nel quadro settecentesco «Osservazioni Astronomiche» e la scoperta della Macchia Rossa da parte del Cassini. Coelum **25** 67—71.

1369. **G. Sarton,** Six Wings; Men of Science in the Renaissance. Bloomington, Indiana University Press, 1957. 14 + 318 S. Preis $ 6.75. — Besprechung in Endeavour **17** 54 (T. I. Williams).

1370. **A. Sayili,** Alâ al Dîn al Mansûr's poems on the Istanbul Observatory. Belleten (Ankara) **20** 411—484, 1956 (türk. und engl.). — Eine in der Handschriftensammlung der Istanbuler Universitätsbibliothek aufgefundene Serie von Gedichten in persischer Sprache, die die Einrichtung und das Ende eines vermutlich im Jahre 1575 in Istanbul unter Sultan Murad III. errichteten Observatoriums beschreiben, wird besprochen und mit anderen Quellen verglichen. Eins dieser Gedichte, die 1581 verfaßt worden sind, behandelt den großen Kometen von 1577. Der Text der Gedichte wird in der persischen Urschrift und in türkischer und englischer Übersetzung wiedergegeben. Gleissberg

1371. **T. Schmidt,** Statistisch-soziologische Bemerkungen zur Geschichte der Astronomie. Sterne **33** 100—114.

1372. **G. A. Shelnin, P. W. Mjursepp,** Instrumentelle Zeugen der wissenschaftlichen Tätigkeit W. J. Struves an der Sternwarte Tartu in der Zeit von 1812 bis 1839. Publ. Inst. Geschichte Naturwiss. Techn. Akad. Wiss. UdSSR **17** 473—484 (russ.). — Ref. in RJ 1957 Nr. 12 S. 2.

1373. **G. Silva,** Il sistema di Copernico. Coelum **25** 166—170.

1374. **H. Slouka,** Astronomie v Ceskoslovensku od dob nejstarsich do dneska. — Astronomie in der Tschechoslowakei von den ersten Anfängen bis zur Gegenwart in Bildern. — Besprechung in Sterne **34** 88 (C. Hoffmeister).

1375. **N. W. Sokolowa,** Das Beobachtungsjournal von A. D. Krassilnikow und N. G. Kurganow über den Venusdurchgang am 26. Mai 1761.

Publ. Inst. Geschichte Naturwiss. Techn. Akad. Wiss. UdSSR **19** 619—641 (russ.). — Ref. in RJ 1958 Nr. 6 S. 3.

1376. **G. C. Southwell,** Early history of radio astronomy. Sci. Monthly **82** 55—66, 1956.

1377. **J. Stebbins,** Early photometry at Illinois. Publ ASP **69** 506—510.

1378. **J.-C. Tang,** Discussions on some problems concerning the Gaitien theory as interpreted in Prof. Chen Tsun-Kwai's «A concise history of ancient Chinese astronomy». Acta Astr. Sinica **5** 292—300 (chines. mit engl. Ref.).

1379. **E. G. R. Taylor,** Since when have we known that the Earth is a globe ? J. Inst. Navigation **10** 133—137.

1380. **E. G. R. Taylor,** The Haven finding art: A History of navigation from Odysseus to Captain Cook. London 1956. 295 S. — Eine gute neue Geschichte der Navigation der durch ihre erfolgreichen Studien in englischen Archiven verdienten Autorin. Fr.

1381. **L. Thorndike,** Eclipses in the fourteenth and fifteenth centuries. Isis **48** 51—57.

1382. **N. J. W. Thrower,** The discovery of the longitude. Navigation Los Angeles **5** 375—381.

1383. **S. C. Venter,** The development of meteor astronomy. MN ASSA **16** 69—81.

1384. **A. J. M. Wanders,** Eerherstel voor Ptolemaios. Hemel en Dampkring **55** 221—228.

1385. **H. Werner,** Die Deutung der altjavanischen Tierkreisbecher. Mitt. AG 1956 S. 32. — Ref. AG.

1386. **Z. Žába,** L'orientation astronomique dans l'ancienne Egypte, et la précession de l'axe du monde. Prag, Editions de l'Académie Tchécoslovaque des Sciences, 1953. Archiv Orientální Suppl. II. 74 S. mit 7 Fig. und 4 Tafeln. Preis Kčs. 40. — Besprechung in Archiv Orientální **24** 486—488 (A. Peřina).

1387. **L. Zajdler,** Jednostka czasu i jej wzorzec. Urania Kraków **28** 161—166, 198—204. — Geschichte und allgemeinverständliche Darstellung der Zeiteinheit und der Zeitskalen. Rybka

1388. **D. G. Zchakaia,** Über die grusinischen Zeitmaße und über die im grusinischen Sonnenkalender angewandten Berechnungsmethoden. Publ. Math. Inst. Tiflis **22** 301—317, 1956 (russ.). — Ref. in RJ 1957 Nr. 11 S. 2.

1389. Theories of the Universe: From Babylonian Myth to Modern Science. Herausgegeben von M. K. Munitz. Glencoe, Ill., Free Press, 1957. 10 + 437 S. Preis $ 6.50. — Besprechung in Endeavour **16** 179, JBAA **68** 192 (H. C. King), Obs **77** 249 (W. B. Bonnor), Sky and Telescope **16** 387, **17** 89—90 (T. S. Jacobsen).

1390. Historisch-astronomische Untersuchungen. Band III. Herausgegeben von P. G. Kulikowskij. Moskau, Staatsverlag für technisch-theoretische Literatur, 1957. 707 S. Preis 21 R. 5 Kop. (russ.).

1391. Geschichte der Naturwissenschaften in Rußland. Bd. I, Teil 1 und 2. Unter der Redaktion von N. A. Figurowskij, W. P. Subow, S. R. Mikulinskij. Moskau, Verlag Akad. Wiss. UdSSR, 1957. Teil 1: 496 S. Preis 30 R. 60 Kop.; Teil 2: 380 S. Preis 24 R. 65 Kop. (russ.). — Geschichte der gesamten Naturwissenschaft (Mathematik, Theoretische Mechanik, Astronomie usw.) von den Anfängen bis zum Beginn des 20. Jahrhunderts. Die die Astronomie betreffenden

Abschnitte sind von B. A. Woronzow-Weljaminow (Teil 1: S. 49—68, 296—313; Teil 2: S. 104—124) bearbeitet. — Besprechung in ZfMG **77** 5—6 (K. Vogel).

1392. Beobachtungen von Sonnenflecken im Alten China. Astr. Nachr. Berlin-Treptow **9** 111.

1393. Large clock by Herschel is on exhibit. Sky and Telescope **16** 432.

Fortschritte der Astronomie

1394. **G. Abetti,** Cenni storici sull'inizio ed il progresso delle ricerche sul sole. Boll. Geod. e Sci. affini **16** 635—646.

1395. **N. Boneff,** Neue Errungenschaften der Astronomie. Priroda Sofia **6** Nr. 2 S. 19—24 (bulgar.).

1396. **F. J. Escalante,** Ultimos adelantos y progresos de la ciencia astronómica. El Universo Nr. 40 S. 90—108.

1397. **J. Hanasz,** Licznik fotonowy. Postępy Astr. **5** 43—45. — Fortschritte in der lichtelektrischen Photometrie.

1398. **D. H. Menzel,** Some advances in solar research. Sky and Telescope **16** 464—467, 476 = Harv Repr (2) Nr. 104. — Ref. in Coelum **26** 23. — In einem reich bebilderten Artikel berichtet der Verf. über die Aufnahme von Protuberanzen- und Koronafilmen an amerikanischen Sternwarten, insbesondere am High Altitude- und am Sacramento Peak Observatcry, und schildert typische Protuberanzenformen (z. B. funnel type, hedgerow type). Voigt

1399. **A. A. Michajlow,** Die Fortschritte der sowjetischen Astronomie. Priroda **46** Nr. 11 S. 79—88 (russ.).

13100. **G. Righini,** Orientamenti attuali delle ricerche solari negle Stati Uniti d'America. Ric. Sci. **26** 3290—3303 = Oss. Astrofis. Arcetri Contr. Nr. 5.

13101. **T. S. Ringnes,** Astronomiske begivenheter i 1956. Naturen 1957 Nr. 8 S. 463—492 = Inst. Teoret. Astrofys. Blindern-Oslo Småtrykk Nr. 19.

13102. **F. Schmeidler,** Fortschritte und Entwicklung der Astronomie seit 1945. Naturwiss. Rundschau **10** 43—49. — Inhalt: Internationale Zusammenarbeit der Astronomen. Neue astronomische Instrumente. Neue Beobachtungsresultate. Neue astronomische Theorien. Schlußwort.

13103. **W. P. Schtscheglow,** Die astronomischen Untersuchungen in der Usbekischen Sowjetrepublik in den vierzig Jahren von 1917—1957. Publ. Astr. Obs. Taschkent (2) **6** 5—15 (russ.).

13104. Zum vierzigsten Jahrestag der sowjetischen Astronomie. AJ UdSSR **34** 681—683 (russ.). — Übersetzung in Phys. Blätter **14** 88—89.

13105. Sucesos sobresalientes de la Astronomía durante el año de 1955 según el Dr. Harlow Shapley. Astronomia Popular **1** Nr. 3 S. 24, 1956.

13106. Some highlights of American astronomy in 1955—1956. J RAS Canada **51** 109—111.

13107. Reports on the progress of astronomy. MN **117** 315—344. — Inhalt: M. G. J. Minnaert, The determination of cosmic abundances, (S. 315—335 = Sterrewacht «Sonnenborgh» Utrecht Overdruk Nr. 28); P. S. Laurie, A. K. Das, Solar activity, S. 335—337; J. G. Porter, Comets (1956), S. 337—344.

III. Instrumente. Beobachtungstechnik

§ 20

Allgemeines, Optik, Beobachtungsanleitungen, Alte Instrumente

* * **R. Bingham,** Spectral lines — in the laboratory and in the stars. Vgl. Ref. **9511**.

2001. **G. Black, E. H. Linfoot,** Spherical aberration and the information content of optical images. Proc. Roy. Soc. (A) **239** 522—540. — Ref. in Phys. Abstracts (A) **60** 550, Phys. Ber. **36** 2069.

2002. **A. E. Conrady,** Applied Optics and Optical Design. New York, Dover Publications, Inc., 1957. 518 S. Preis $ 2.95. — Besprechung in Publ ASP **70** 227, Sky and Telescope **17** 419.

2003. **M. Daisomont,** Optique astronomique. Gembloux, Belg., Ed. J. Duculot, 1957. 82 S. mit 39 Fig. Preis 65 F. — Besprechung in Ciel et Terre **73** 104 (H. Michel), Gaz astr **38/39** Nr. 433—435 S. 20, La Nature **85** 334, Orion Schaffhausen **5** 394, Sky and Telescope **16** 387.

2004. **J. Focke,** Der Einfluß des Öffnungsfehlers auf die Bildgüte. Opt. Acta **4** 17—21.

2005. **H. J. Gramatzki,** Probleme der konstruktiven Optik. Berlin, Akademie-Verlag, 1957. 2. durchgesehene Auflage. 140 S. mit 82 Abb. Preis DM 21.— Besprechung in VdS Nachr. **7** 34—35 (H. Wolf).

2006. **J. Gürtler,** Astronomische Prüfung eines neuen Präparates zur Steigerung der Helligkeitsempfindlichkeit des Auges. Orion Schaffhausen **5** 193—195.

2007. **A. K. Head,** The two-mirror aplanat. Proc. Phys. Soc. (B) **70** 945—949. — Ref. in Phys. Abstracts (A) **61** 52.

2008. **D. G. Hinds,** The size of the Newtonian flat. JBAA **66** 169—171.

2009. **G. Horn-d'Arturo,** La figura di diffrazione circondante le immagini stellari fotografate con lo specchio a tasselli. Coelum **25** 102—106. — Geschichtlicher Überblick über das Phänomen der Diffraktion. Bericht über die Ursache der Diffraktionsfigur an Sternen im Mosaikteleskop von Bologna.
Cester

2010. **G. Horn-d'Arturo,** La figura di diffrazione circondante le immagini stellari fotografate con lo specchio a tasselli. Pubbl. Oss. Astr. Univ. Bologna **6** Nr. 18, 6 S. — Es wird das photographische Beugungsscheibchen von β Aurigae dargestellt, das mit dem Facettenspiegel von Bologna (61 Sechsecke) erhalten wurde. Der Aufbau dieses Beugungsbildes wird theoretisch behandelt.
Beck

2011. **G. Horn-d'Arturo,** Der Facettenspiegel-Plan. Sterne **33** 129—133. — Neben schon früher veröffentlichten Mitteilungen über den Facettenspiegel in Bologna und weitere italienische Pläne (Optik **13** 254, vgl. AJB **56** Ref. **2113**) werden verschiedene anderweitige Projekte von Facettenspiegeln erwähnt und durch Zeichnungen erläutert.
König

2012. **F. A. Jenkins, H. E. White,** Fundamentals of Optics. New York, McGraw-Hill Book Co. Inc., 1957. 3. Auflage. 7 + 637 S. Preis $ 8.50. — Besprechung in Strolling Astronomer **11** 116 (E. L. Cleveland).

2013. **H. Köhler, R. Leinhos,** Untersuchungen zu den Gesetzen des Fernrohrsehens. Opt. Acta **4** 88—101. — Vortrag auf der Tagung der Deutschen Gesellschaft für angewandte Optik 1955 in Innsbruck. Umfangreiches Literaturverzeichnis.

2014. **H. Köhler,** Zusammenhänge zwischen der außeraxialen Zerstreuungsfigur und dem axialen Korrektionszustand optischer Instrumente. Optik **14** 202—220. — Ref. in Math. Rev. **19** 493.

2015. **H. Köhler,** Bemerkungen über die Korrektion der Verzeichnung bei Fernrohren. Optik **14** 241—255. — Ref. in Math. Rev. **19** 493.

2016. **H. Köhler,** Über einige grundsätzliche Zusammenhänge bei der Fernrohrbeobachtung. Zeiss-Werk-Z. **3** 65—69, 1955.

2017. **S. Kolařík,** The construction of support for astronomical mirrors. RH **38** 195—199 (tschech.).

* * **Z. Kopal,** Der Werdegang der astronomischen Optik. Vgl. Ref. **1334.**

2018. **G. Kulin, G. Bozsidár,** A távcsöoptika elemei. Budapest, TTGT, 1955. 83 S. Preis 5 Ft.

2019. **D. Lichtenknecker,** Der Teleskop-Spiegel. Monatsbeilage VdS Nachr. 1957 Nr. 4, 6 S.

2020. **D. Lichtenknecker,** Medial-Fernrohr und Schmidt-Teleskop. Monatsbeilage VdS Nachr. 1957 Nr. 6, 6 S., Nr. 9, 6 S.

2021. **E. H. Linfoot,** Image quality and optical resolution. Opt. Acta **4** 12—16. — Abbildung ausgedehnter Objekte.

2022. **E. H. Linfoot, E. Wolf,** Phase distribution near focus in an aberration-free diffraction image. Proc. Phys. Soc. (B) **69** 823—832, 1956 = Contr. Cambridge Obs. Nr. 21.

2023. **E. Mädlow,** Das Spiegelfernrohr. Monatsbeilage VdS Nachr. 1957 Nr. 8, 8 S.

2024. **G. Matthewson,** Constructing an Astronomical Telescope. New York, Philosophical Library, 1957. 100 S. Preis $ 3.00. — Besprechung in J. appl. Phys. **28** 1367, Sky and Telescope **17** 197.

2025. **D. D. Maxutow,** A new method for investigating the forms of mirrors of large telescopes. Mitt. Astr. Hauptobs. Pulkowo **21** Nr. 1 (160) S. 5—29 (russ. mit engl. Ref.). — Verf. beschreibt die Kompensationsmethode zur Prüfung von großen Spiegeln mittels eines konvexen sphärischen Spiegels. Die Elemente des Hilfsspiegels werden so gewählt, daß sein Durchmesser wesentlich kleiner ist als der des geprüften Spiegels und daß die Aberrationen 3. Ordnung völlig beseitigt und die Aberrationen höherer Ordnungen innerhalb vernünftiger Maße gehalten werden. Diese Methode wurde zu Prüfungen des 2.6 m-Spiegels der Sternwarte auf der Krim angewandt und führte zur 2.4fachen Preissenkung der Optik. Perek

2026. **J. Meurers,** Astronomische Experimente. Vgl. AJB **56** Ref. **2022.** — Weitere Besprechung in RJ 1958 Nr. 3 S. 2—3 (J. G. Perel).

2027. **G. Montiel,** Construcción de una cámera Schmidt. Astronomia Popular **1** Nr. 3 S. 27—28, 1956.

2028. **C. Morais,** The aplanatic mirror telescope. Atti Fondaz. Ronchi **11** 404—420, 1956 (italien.). — Ref. in Phys. Abstracts (A) **61** 544.

2029. **M. V. R. K. Murty,** On the theoretical limit of resolution. J. Optical Soc. America **47** 667—668. — Ref. in Phys. Abstracts (A) **60** 777.

2030. **I. D. Nowikow, W. A. Schischakow,** Selbstgebaute astronomische Geräte und Instrumente. Moskau, Lehrpädagog. Verlag, 1956. 56 S. mit Fig. Preis 90 Kop. (russ.).

2031. **A. Pirazzoli,** Sull'uso del sistema telescopico di Schmidt nella televisione. Coelum **25** 137—138.

2032. **C. Pîrvulescu,** Metode de cercetare în astronomie. Gaz. mat. fiz. (A) **9** 296—303.

2033. **J. R. Platt,** Increase of telescope resolution with time-selection and an image-forming stellar interferometer. ApJ **125** 601—610. — Verf. erörtert die Wahrscheinlichkeit von Augenblicken außergewöhnlich guter Bildqualität und das dabei erreichbare Auflösungsvermögen von Fernrohren. Bei Annahme eines kohärenten Bildfeldes von 1' Durchmesser erscheint es möglich, die volle Auflösungsfähigkeit eines Teleskops von 2 m Öffnung zu erreichen, wenn man einen Mechanismus einführt, welcher eine — z. B. für photographisches Arbeiten — Belichtung nur in Augenblicken guter Bildqualität erlaubt; die Gesamtdauer der Belichtung ist unbeschränkt. Bei größeren Objektiven kann ein kohärentes Wellenfeld nicht mehr erwartet werden. Verf. schlägt vor, das Objektiv bis auf 5—10 Öffnungen von etwa 50 cm im Durchmesser abzudecken. Eine derartige Interferometer-Anordnung bewirkt Beugungsbilder, deren Zentralmaxima zu gewissen Augenblicken ein Maximum an Auflösungsvermögen besitzen. Diese werden durch einen zeit-selektiven Mechanismus für die Belichtung ausgewählt. Micz.

2034. **G. v. Querfurth,** Die Beseitigung der Tagblindheit beim Cassegrain. VdS Nachr. **6** 51.

2035. **V. Ronchi,** Optics: The Science of Vision. Übersetzung aus dem Italienischen (vgl. AJB **55** Ref. **2042**) von E. Rosen. New York, University Press, 1957. 360 S. Preis $ 10.00. — Besprechung in Publ ASP **69** 281, Science **126** 363 (A. E. Murray), Sky and Telescope **17** 33—34 (J. A. Hynek).

2036. **J. Rösch,** Sur la sélection dans le temps des images télescopiques les mieux définies. CR **244** 3027—3030. — Ein von Platt (vgl. Ref. 2033) vorgeschlagenes Verfahren zur Verbesserung der Bilddefinition auf photographischen Aufnahmen verwendet eine kleine Lochblende, durch die das Licht des Sternbildes auf einen Multiplier fällt. Ein Verschluß vor der Platte wird nur dann geöffnet, wenn die gemessene Intensität eine gewisse Grenze überschreitet. Es wurden die drei Ursachen der Bildbeeinflussung durch: 1.) Szintillation (Variation der totalen Intensität), 2.) Bildbewegung (Variation der Richtung der Wellenfläche), 3.) Verteilung der Intensität über die Beugungsfigur auf dem Pic du Midi schon in weitergehender Form untersucht. Die Ergebnisse praktischer Untersuchungen und theoretische Erwägungen werden mitgeteilt. Mehltretter

2037. **B. Rossi,** Optics. Reading, Mass., Addison-Wesley Publishing Co. Inc., 1957. 510 S. Preis $ 8.50. — Besprechung in Sky and Telescope **17** 93, 585, 587 (J. A. Hynek).

2038. **G. Ruggieri,** Considerazioni sulla visione dei pianeti al telescopio. Atti Fondaz. Ronchi **12** 516—529.

2039. **W. Schaefer,** Zur Korrektur von Ablenkfehlern bei einer Prismenanordnung für einen Heliostaten. Optik **14** 221—229. — Ref. in Math. Rev. **19** 493.

2040. **H. Schober,** Das Sehen. Band I. Leipzig, Fachbuchverlag, 1957. 2. verbesserte und erweiterte Auflage des in AJB **51** Ref. **2028** zitierten Buches. 376 S. mit 71 Abb. und 36 Tafeln. — Besprechung in Deutsche Hydrograph. Z. **10** 204 (H. Gabler).

2041. **C. J. Smith,** Building a 9.5-inch refractor. Strolling Astronomer **11** 113—115.

2042. **A. Sonnefeld,** Die Hohlspiegel. Berlin, Verlag Technik; Stuttgart, Berliner Union, 1957. 2. überarbeitete Auflage. 202 S. mit 135 Fig. Preis DM 22. — Besprechung in Sterne **34** 205—206 (H. Wolf).

2043. **A. Sonnefeld,** Die Schmidtsche Korrektionsplatte in elementarer geometrisch-optischer Betrachtung. Sterne **33** 169—174.

2044. **R. de Terwangne,** L'instrument idéal de l'amateur. Gaz astr **38—39** 53—61.

2045. **J. Texereau,** How to Make a Telescope. Aus dem Französischen (vgl. AJB **52** Ref. 2137) übersetzt von A. Strickler. New York, Interscience Publishers Inc., 1957. 13 + 191 S. mit 86 Fig. Preis $ 3.50 bzw. 45 s. — Besprechung in BSAF **72** 40, J. Astr. Soc. Victoria **11** 11, Publ ASP **70** 335—336 (A. S. Leonard), Sky and Telescope **17** 197, 361, 363 (E. F. Bailey), Strolling Astronomer **11** 141—142 (A. K. Herring).

2046. **B. J. Thompson, E. Wolf,** Two-beam interference with partially coherent light. J. Optical Soc. America **47** 895—902. — Ref. in Phys. Abstracts (A) **60** 882.

2047. **S. M. Tokmatschew,** Die Gestalt des scheinbaren Himmelsgewölbes und die mit ihr verbundenen astronomischen Verzerrungen bei Beobachtungen mit bloßem Auge. Publ. Staatl. Pädagog. Inst. Pjatigorsk 8 85—139, 1955 (russ.).

2048. Commissions des instruments. Herausgegeben von J. Texereau. BSAF **71** 17—24, 214—216, 349—352.

2049. Instructions for the use of the planetgraph, 1958. J. Astr. Soc. Victoria **10** 92—93.

Beobachtungsanleitungen

2050. **H. J. Blasberg,** Der Sternfreund als Beobachter veränderlicher Sterne. Sterne **33** 55—62.

2051. **W. A. Bronstein,** Die Planeten und ihre Beobachtung. Moskau, Techn. Staatsverlag, 1957. 207 S. mit Fig. Preis 4 R. 60 Kop. (russ.). — Besprechung in RJ 1958 Nr. 8 S. 51 (W. W. Scharonow).

2052. **G. Darsenius,** Om observation av föränderliga stjärnor. PAT **38** 35—52. — Anleitung zur visuellen und photographischen Beobachtung veränderlicher Sterne. C. L. J.

2053. **J. Herrmann,** Bezeichnung der Nordlichtformen. VdS Nachr. **6** 83—84.

2054. **J. Herrmann,** Zur Beobachtung künstlicher Satelliten. VdS Nachr. **6** 92—93.

2055. **D. Lichtenknecker,** Wichtige Handgriffe für den Amateur. Monatsbeilage VdS Nachr. 1957 Nr. 12, 15 S. — Betrifft die Optik des Fernrohres. Es werden behandelt: Reinigung der optischen Elemente, Justierung der hauptsächlichsten Fernrohrkonstruktionen, ein Verfahren zur qualitativen und quantitativen Prüfung der Objektive und Spiegel.

2056. **W. Malsch,** Aufnahmen von Sonne und Mond. Sternenbote 8 17—18.

2057. **M. W. Mayall,** Manual for observing variable stars. Cambridge, Mass., American Association of Variable Star Observers, 1957. Revised Edition. 38 S. — Besprechung in JBAA **68** 326—327. — Eine Anleitung für den Amateur zur Beobachtung veränderlicher Sterne. Beschrieben werden unter anderem die Benutzung von Suchkarten, die Anwendung des Julianischen Datums und die Anlage des Beobachtungsbuches. Schaifers

2058. **H. Oberndorfer,** Das Zeichnen am Fernrohr. II. Sternenbote 8 10—11.

2059. **R. Rajchl,** Observations of occultations. RH **38** 177—181, 207—211 (tschech.). — Richtlinien zur Beobachtung von Sternbedeckungen.

2060. **V. Vanýsek,** Optical observation of the artificial satellites. RH **38** 274—278 (tschech.). — Richtlinien zur visuellen Beobachtung von künstlichen Erdsatelliten.

2061. Anleitung zur Beobachtung Leuchtender Nachtwolken. Herausgegeben von N. I. Grischin. Moskau, Verlag Akad. Wiss. UdSSR, 1957. 23 S. mit Fig. (russ.). — Besprechung in RJ 1958 Nr. 9 S. 51 (I. A. Chwostikow).

2062. Smithsonian Astrophysical Observatory. Bulletin for Visual Observers of Satellites. Nr. 5, 6, 7. Beilage zu Sky and Telescope **16** Nr. 4, 7, 9.

2063. Observer's page. Sky and Telescope **16** 141—143, 190—192, 244—253, 297—305, 348—357, 396—405, 446—457, 499—509, 555—561, 606—613, **17** 21—27, 79—84.

2064. Gleanings for ATM's. Herausgegeben von R. E. Cox. Sky and Telescope **16** 134—137, 187—188, 236—240, 289—293, 341—344, 390—392, 440—443, 492—495, 548—551, 600—602, **17** 38—40, 43, 96—99.

2065. Halo-Erscheinungen und -Formen. Einstein-Sternw. Görlitz Mitteilungsblatt **7** 31—32.

2066. Amateurastronom und Wissenschaft. Ein Wegweiser für Anfänger. Sternenbote 8 80—82.

Alte Instrumente

2067. **F. Argyrakos,** Etude de «l'Astrolabe de Synesius Cyrène» (4ème Siècle). Athen, 1957. 14 S. mit 5 Fig. (griech. mit französ. Ref.). — Nach einer Diskussion der im alten Griechenland benutzten Astrolabe wird ein Brief des Bischofs Synesius von Cyrene ausführlich besprochen, in dem er ein selbstkonstruiertes Astrolabium wie auch die theoretischen Grundlagen seiner Benutzung beschreibt. Mawridis

2068. **K. Čermák,** Yantar-Mantar. RH **38** 200—202 (tschech.). — Beschreibung der alten indischen astronomischen Instrumente.

2069. **L. Cichowicz,** Instrumenty astronomiscznе Mikołaja Kopernika. Zesz. Nauk Politechn. Warsz. Nr. 20 S. 125—135, 1956.

2070. **R. Doniol,** De quelques perfectionnements apportés au sextant. Ann. Françaises Chronométrie (2) **11** 1—12.

2071. **F. Longauer,** Astronomical instruments from the bronze age. RH **38** 10—16 (slowak.).

2072. **W. E. May,** Mariner's astrolabes. J. Inst. Navigation **10** 95—96.

2073. **L. Thorndike,** Giovanni Bianchini's astronomical instrument. Scripta Math. **21** 136—137, 1955. — Ref. in RJ 1957 Nr. 12 S. 2.

2074. **H. A. Viola,** Historia sucinta de los anteojos y telescopios. Rev. Astr. Nr. 140 S. 127—146.

2075. **D. W. Waters,** A tenth mariner's astrolabe. J. Inst. Navigation **10** 411—415.

2076. **E. Zinner,** Deutsche und Niederländische Astronomische Instrumente des 11.—18. Jahrhunderts. Vgl. AJB **56** Ref. **2071**. — Weitere Besprechung in Deutsche Literaturzeitung **78** Nr. 10, 1 S. (H. v. Klüber), Gaz astr **38—39** 67—69.

§ 21

Beobachtungsinstrumente

2101. **T. Chojnicki,** Fotograficzna tuba zenitalna. Postępy Astr. **5** 23—31. — Beschreibung und Beobachtungsmethode des Photographischen Zenitteleskops und seine Anwendung im Zeit- und Breitendienst. Darlegung der Beobachtungsverhältnisse in Polen. Rybka

2102. **E. Corradini,** L'astroindicator. Coelum **25** 139—140, 183. — Beschreibung eines Instrumentes für Sternfreunde zur Identifizierung eines Objektes am Himmel, wenn die Breite des Beobachtungsortes, die Deklination und die Zeit des Meridiandurchgangs für das Objekt bekannt sind. Cester

2103. **J. Dick,** Ein neuartiger Instrumententypus der Positionsastronomie: Das Photo-Zenitrohr. Sterne **33** 133—141. — Es wird ein Überblick über die Entwicklung der Zenitrohre von den ersten Anfängen bis zur Gegenwart gegeben. Anschließend wird das Photo-Zenitrohr des Naval Observatory in Washington beschrieben und das Beobachtungsverfahren zur Gewinnung einer Zeitbestimmung erläutert. König

* * **J. Dick,** Aufgaben und Technik der heutigen Meridianastronomie. Vgl. Ref. **9105**.

2104. **W. Djakonow,** Ein Sextant mit optischer Ablesung und Sternsucher. Hochseeflotte 1957 Nr. 9 S. 27—28 (russ.). — Ref. in RJ 1958 Nr. 4 S. 13.

2105. **R. Dogniaux, R. Pastiels,** Techniques modernes de mesure de l'éclairement énergétique solaire. Publ. Inst. roy. Météorol. Belgique (B) Nr. 16, 49 S., 1955. — Ref. in RJ 1957 Nr. 12 S. 61—62.

2106. **A. Gougenheim,** A high-precision prismatic astrolabe. Internat. Hydrogr. Rev. **34** 99—106. — Ref. in RJ 1958 Nr. 9 S. 16.

2107. **K. G. Henize,** The Baker-Nunn satellite-tracking camera. Sky and Telescope **16** 108—111. — Das optische System des Instruments besteht aus einer Schmidt-Kamera, deren Korrektionsplatte durch ein dreilinsiges System mit vier asphärischen Flächen ersetzt ist; durch passende Wahl der Glassorten wird apochromatische Korrektur erzielt. Das benutzte Feld hat eine Ausdehnung von 5° × 30°. Die Montierung hat drei Achsen, so daß das Instrument auf einem beliebigen größten Kreis der Satellitenbewegung nachgeführt werden kann. Um aus der Vermessung der Aufnahmen einen genauen Anschluß des Satelliten an die Nachbarsterne zu gewinnen, ist eine komplizierte Nachführungsanordnung sowie eine genaue Zeitfixierung notwendig. Hierzu dient ein automatischer Verschluß, der seinerseits durch eine Quarzuhr überwacht wird. König

2108. **O. E. Kádner,** Danjon's astrolabe. RH **38** 104—105 (tschech.).

2109. **Krajči,** Theorie des astronomischen Universalinstrumentes. Geod. kartogr. obzor Praha 3/45. Jahrg. Nr. 4.

2110. **C. Kühne,** The choice of mounting for a Schmidt telescope. AJ **62** 267—271. — Es wird eine Variante der Rahmenmontierung (Mt. Wilson 100″-Teleskop) beschrieben, die beim Bau eines 1000/1500/3000 Schmidtspiegels für Caracas angewendet werden soll. Der Rahmen, in dem die Rohrmontierung symmetrisch aufgenommen wird, ist bogenförmig ausgeführt, damit die Polgegend erreichbar ist. Die Montierung ist besonders für Polhöhen von 0° bis ± 40° gedacht und soll dort die Gabelmontierung ersetzen. Die eventuelle Brauchbarkeit für Cassegrain-Coudé-Anordnungen wird nicht diskutiert. Im Fall Caracas ist die beschriebene Montierung wegen der Polhöhe von 10° der konventionellen Rahmenmontierung gegenüber nur unwesentlich im Vorteil. Beck

2111. **N. W. Kutscherow,** Ein Gerät für pyrheliometrische Messungen. Publ. Geophys. Hauptobs. Nr. 69 S. 100—103 (russ.). — Ref. in RJ 1958 Nr. 10 S. 49.

2112. **J. Lemmens,** Sur un nouvel instrument impersonnel pour l'application de la méthode des hauteurs égales. Bull. Cl. Sci. Acad. roy. Belgique (5) **43** 405—407 = Inst. Astr. Bruxelles (2) Nr. 109. — Bei dem in Bull. Acad. roy. Belgique **42** 446 (vgl. AJB **56** Ref. **2115**) beschriebenen Instrument zur unpersönlichen Beobachtung nach dem Verfahren der gleichen Höhen wird der als horizontale Bezugsebene dienende Quecksilberhorizont durch ein von zwei Libellen kontrolliertes Prisma ersetzt; dadurch ist das Instrument für Messungen im Gelände bequemer zu verwenden. Böh.

2113. **J. Lequeux,** Un nouvel instrument de l'Astronomie de position: L'astrolabe impersonnel de A. Danjon. La Nature **85** 278—280. — Verf. beschreibt ausführlich und anschaulich Prinzip und technischen Aufbau des Astrolabs von Danjon sowie Art und Praxis der damit möglichen Beobachtungen. Böh.

2114. **J. Lequeux,** Un instrument fondamental de l'Astronomie moderne: La chambre photographique de Schmidt. La Nature **85** 337—344.

2115. **P. P. Loginow,** Zur Theorie des im ersten Vertikal aufgestellten Passageninstruments. Publ. Astr. Obs. Taschkent (2) **5** 93—114 (russ.). — In der vorliegenden Arbeit führt Verf. eine frühere Untersuchung (vgl. AJB **53** Ref. **2411**) fort. Inhalt: § 1. Ableitung der Grundformeln; § 2. Die Formeln über den Zusammenhang der Koordinaten des optischen Zentrums mit den Koordinaten des Sterns; § 3. Die Formeln, mit denen unter Berücksichtigung der Glieder erster Ordnung die Breite bestimmt wird; § 4. Abschätzung des Einflusses der Glieder zweiter Ordnung unter Ausschluß der Refraktion; § 5. Abschätzung des Einflusses der Refraktion und der Veränderungen des Azimuts; § 6. Abschätzung der Beobachtungsgenauigkeit sowie der Genauigkeit des täglichen Uhrganges und des vorläufigen Breitenwertes; § 7. Die Beobachtung im Fall von zwei Instrumentenlagen. Loh.

2116. **E. Mädlow,** Koronograph und Protuberanzenfernrohr. Monatsbeilage VdS Nachr. 1957 Nr. 10, 8 S.

2117. **I. I. Maslennikow,** Über die Genauigkeitssteigerung der Intensitätsmessungen der direkten Sonnenstrahlung. Mitt. Astrophys. Inst. Alma-Ata **5** Nr. 7 S. 144—153 (russ. mit engl. Ref.). — Eine Untersuchung der Arbeitsweise und der Präzision verschiedener Pyrheliometer zeigte, daß das von L. W. Gulnizkij entworfene den anderen überlegen ist. Es wurde 1949 von letzterem in seiner Schrift «Eine rationelle Methode zur Bestimmung der Elemente des Strahlungsaustausches der Atmosphäre» beschrieben, die in Alma-Ata im Verlag Akad. Wiss. Kasach. Sowjetrepublik erschienen ist. Loh.

2118. **N. N. Michelson,** Moderne Teleskope. Priroda **46** Nr. 3 S. 11—23 (russ.). — Nach Erläuterung optischer Grundlagen berichtet Verf. über die Entwicklung des Schmidt- und Maxutow-Teleskops sowie über die zur Zeit in Betrieb befindlichen größten Teleskope überhaupt. Loh.

2119. **Okada, Sadone,** Ein neues Pyrheliometer und Standard der Sonnenstrahlung. J. Soc. Instrum. Technol. Japan **5** 67—73, 1955 (japan. mit engl. Ref.).

2120. **D. A. Roshkowskij,** Die Zentrierung des Maxutow-Meniskusteleskops mit einfachen Mitteln. Mitt. Astrophys. Inst. Alma-Ata **5** Nr. 7 S. 43—49 (russ. mit engl. Ref.). — Verf. beschreibt das von ihm angewandte Verfahren zur Zentrierung des 50 cm-Teleskops von Alma-Ata, die sich aus verschiedenen Gründen hin und wieder notwendig macht. Loh.

2121. **P. Rybka,** Problemy instrumentalne astrometrii południkowej. I. Urania Kraków **28** 104—107. — Gemeinverständlicher Aufsatz über die Meridianinstrumente. Rybka

2122. **P. Rybka,** Problemy instrumentalne astronomii południkowej. II. Urania Kraków **28** 135—140. — Beschreibung der astrometrischen Beobachtungsmethoden und der Konstruktion der Durchgangshorizontalinstrumente von Danjon, Maxutow, Pawlow und Linnik. Rybka

2123. **E. Schoenberg,** Über eine Coudé-Montierung für einen Sonnenrefraktor zur Messung der Variation des Halbmessers und der Unebenheiten der Photosphäre am Rande der Sonne. Sitzber. Bayer. Akad. Wiss. Math.-naturwiss. Kl. 1957 S. 93—97. — In Gemeinschaft mit der Firma Carl Zeiss ist ein neuer Typus einer Coudé-Montierung eines Fernrohres entwickelt worden, bei dem die optische Achse in die Deklinationsachse gelegt worden ist und die Einstellung des Rohres in Deklination durch Drehung dieser Achse um sich selbst erreicht wird. Vor dem Objektiv und fest mit ihm verbunden ist ein Spiegel unter 45° zur optischen Achse angebracht, der für die beabsichtigten Messungen des Sonnenhalbmessers als Bispiegel geschliffen ist. Seine Seitenflächen dienen zur Erzeugung von zwei sich nahezu berührenden Sonnenbildern und haben eine Neigung von 16′ zueinander. Das Instrument hat wie jeder Coudé-Refraktor einen festen Einblick am Südende der Polarachse. Die Montierung ist auch für photographische Zwecke verwendbar. Verf.

2124. **K. Serkowski,** Uniwersalny teleskop — połączenie Schmidta z teleskopem Cassegraina. Postępy Astr. **5** 136—137. — Beschreibung des Baker-Schmidt-Teleskops in Nashville an Hand der Arbeit von C. K. Seyfert in Mitt. Sternw. Hamburg-Bergedorf **23** 153—158. Rybka

2125. **Y. T. Sihvonen,** Spectroheliometer for continuously monitoring solar radiation in five wavelength bands. Rev. Sci. Instruments **28** 628—634. — Beschreibung eines in Betrieb genommenen Spektroheliometers zur Registrierung und Messung der Sonnenstrahlung. Die Registrierungen werden von Sonnenaufgang bis Sonnenuntergang durchgeführt und automatisch integriert. Mit der Gesamtstrahlung wird gleichzeitig die Strahlung in fünf festgelegten Spektralbereichen (3095—3260, 3410—3630, 3865—4150, 4420—4900, 5385—6295 Å) gemessen. Henn

2126. **G. M. Sisson,** A new 75-in. telescope for Saint-Michel Observatory, Basses Alpes. Nature **179** 937—939.

2127. **J. Štohl,** Hvezdársky ďalekohlad a jeho význam. Priroda a spoloč. **5** 461—466, 1956. — Ref. in RJ 1957 Nr. 8 S. 9.

2128. **J. Texereau,** Les télescopes du type Cassegrain. BSAF **71** 76—82, 160—169. — Fortsetzung früherer Arbeiten über das gleiche Thema (vgl. AJB **56** Ref. 2121).

2129. **J. L. Trutze,** Ein Astrograph mit Chronometerführung. Nachr. Akad. Wiss. Turkmen. Sowjetrepublik 1957 Nr. 5 S. 152 (russ.). — Ref. in RJ 1958 Nr. 8 S. 15.

2130. **W. Wehlau,** The Schmidt telescope and its applications. J RAS Canada **51** 189—195. — Gibt einen gemeinverständlichen Überblick über die Konstruktionsprinzipien des Schmidt-Teleskops und seiner verschiedenen Varianten sowie über seine Anwendungen in der Astronomie, besonders für Aufnahmen mit Objektivprisma. Bo.

2131. **P. W. Wjuschkow, E. A. Ridel,** A bolometric pyrheliometer for absolute measurements of direct solar radiation. AJ UdSSR **34** 490—492 (russ. mit engl. Ref.). — Verf. beschreiben ein auf dem bolometrischen Prinzip beruhendes Pyrheliometer, das eine Reihe von Vorzügen gegenüber dem Angströmschen Kompensationspyrheliometer aufweist, und das für absolute Messungen der Sonnenstrahlung benutzt werden kann. Loh.

2132. **G. Wlérick, J. Axtell,** A new instrument for observing the electron corona. ApJ **126** 253—258. — Es wird ein neues Instrument beschrieben, welches zur Beobachtung der K-Korona in Abständen bis zu 0.5 — 1 $R_\odot$ vom Sonnenrand benutzt werden soll. Das Instrument ist optisch nach den gleichen Gesichtspunkten wie ein Koronograph gebaut. Die Polarisation wird lichtelektrisch gemessen. Die instrumentelle Polarisation wird sehr klein gehalten. Groth

2133. **R. v. d. R. Woolley,** Large telescopes. Proc. Inst. civ. Engineers **7** 713—722.

2134. **F. W. Wright,** The «box» or pocket sextant. J. Inst. Navigation **10** 210—211 = Harv Repr Nr. 474.

2135. **S.-C. Yang,** The Schmidt camera and some preliminary results of making it. Acta Astr. Sinica **5** S. 97—102 (chines. mit engl. Ref.). — Nach einer Darlegung der Prinzipien der Schmidt-Kamera wird eine einfache Methode zur Berechnung des Profils der Korrektionsplatte angegeben und über die Herstellung der 12.5 cm-Schmidt-Kamera des Purpurberg-Observatoriums und die mit ihr erzielten Erfolge berichtet. Einige Himmelsaufnahmen sind beigefügt. Loh.

2136. Cannocchiali astronomici montature ed accorgimenti varii realizzati da Astrofili. Oss. Astr. Trieste Nr. 277, 23 S. — Verschiedene Amateurastronomen berichten über ihre Instrumente. F. S.

2137. Large telescopes. Nature **180** 420.

2138. Tillverkning av amatörteleskop i Göteborg. PAT **38** 155.

2139. L'astrolabe impersonnel A. Danjon de l'Observatoire de Paris. BSAF **71** 260—261.

Radioastronomische Instrumente

2140. **J. H. Blythe,** A new type of pencil beam aerial for radio astronomy. MN **117** 644—651. — Ref. in Sky and Telescope **17** 343. — Die zur Erzielung einer Empfangskegelbreite notwendige große Antennenöffnung wird erreicht durch Kombination einer engen langen Öffnung in OW-Richtung mit einer kleinen Antenne, die in NS-Richtung durch das Zentrum der langen Öffnung bewegt werden kann. Durch Kombination der Meßwerte für verschiedene Positionen der kleinen Antenne unter Berücksichtigung der Phase und geeigneter Gewichte läßt sich das gleiche Auflösungsvermögen erzielen wie in einer großen rechteckigen Antennenfläche mit den Seiten: halbe lange Öffnung bzw. größter Abstand der beweglichen Antenne. Thi.

2141. **O. A. Boguslawzew, A. P. Moltschanow, P. W. Oljanjuk, L. M. Ponomarenko,** Untersuchung von Antenneneinrichtungen mit Hilfe kosmischer Radioquellen endlichen Durchmessers. Radiotechnik und Elektronik **1** 873—877, 1956 (russ.). — Ref. in RJ 1957 Nr. 8 S. 68.

2142. **J. Budějický,** Radioteleskope. Rozhledy **35** 180—185 (tschech.).

2143. **J. I. Chanin, A. K. Markejew,** Über die Konstruktion des Radiospektrographen des Instituts zur Erforschung des Erdmagnetismus, der Ionosphäre und der Ausbreitung von Radiowellen. Radiotechnik und Elektronik **1** 868—872, 1956 (russ.). — Ref. in RJ 1957 Nr. 8 S. 68.

2144. **G. C. Corazza, G. Francini,** Prove su un modello di antenna astronomica. Ric. Sci. **27** 1777—1786. — Modellversuche an einer astronomischen Antenne. Es werden die an einem Modell (Skala 1 : 15) einer Propellerantenne für Radioastronomie vorgenommenen Messungen des Strahlungsdiagramms beschrieben. Das Modell arbeitet mit 200 MHz. Für diese Messungen wurde eine im Istituto Superiore hergestellte Apparatur benutzt, die hier kurz beschrieben wird. Verf.

2145. **A. E. Covington, N. W. Broten,** Compound interferometer for radio astronomy with a single-lobed radiation pattern. Trans. Inst. Radio Engineers AP **5** 150—151.

2146. **A. E. Covington, N. W. Broten,** An interferometer for radio astronomy with a single-lobed radiation pattern. Trans. Inst. Radio Engineers AP **5** 247—255. — Ref. in Phys. Abstracts (A) **61** 81, RJ 1958 Nr. 5 S. 36.

2147. **I. A. Davidson,** Receiving Aerial Systems. New York, Philosophical Library, 1957. 152 S. Preis $ 4.75. — Besprechung in Sky and Telescope **17** 144.

2148. **J. Feld,** Structural design study for a radio telescope with a paraboloid reflector six hundred feet in diameter. Ann. N. Y. Acad. Sci. **70** 155—276. — Ref. in RJ 1958 Nr. 7 S. 31.

2149. **T. Hatanaka, S. Suzuki,** A multiphase radio interferometer for locating the sources of solar radio bursts. XIIth Gen. Assembly U.R.S.I. Commission 5, Boulder, Colo. 1957 Nr. 42, 8 S. — Ref. in RJ 1958 Nr. 11 S. 44.

2150. **A. K. Head,** A new form for a giant radio telescope. Nature **179** 692—693. — Verf. beschreibt eine zur Beobachtung der Radioemission des neutralen Wasserstoffs bei 21 cm geeignete Form für ein Radioteleskop. Henn

2151. **J. Heywood,** Some aspects of radiometer design. JBAA **67** 192—200. — Es wird eine allgemeinverständliche Darlegung einiger Grundbegriffe radioastronomischer Empfangstechnik gegeben. Bahner

2152. **K. O. Kiepenheuer, H. H. Rabben,** Ein Radioteleskop für λ 11.5 cm (2600 MHz). ZfA **42** 120—129 = Mitt. Fraunhofer-Inst. Freiburg Nr. 30. — Ein mit Parabolspiegel von 3 m Durchmesser versehenes Radioteleskop für 2600 MHz wird beschrieben. Die Intensität des solaren Rauschens wird nach dem Verfahren Dickes alternierend mit einem Rauschnormal verglichen. Die kleinste nachweisbare Strahlungsintensität beträgt 0.2×10^{-21} Watt/m^{2}Hertz, das entspricht bei diesem Gerät einer effektiven Antennentemperatur von etwa 60°. Zwei Beispiele von Burst-Registrierungen und simultanen Eruptionsbeobachtungen werden mitgeteilt. Verf.

2153. **R. H. Lee,** Radio equipment for detecting solar flares. AJ **62** 94. — Ref. AAS.

2154. **G. M. Towmasjan,** Über die Erhöhung der Empfindlichkeit von Radioteleskopen. DAN Armen. Sowjetrepublik **25** Nr. 3 S. 107—115 (russ. mit armen. Ref.). — Ref. in RJ 1958 Nr. 4 S. 43.

2155. **W. W. Witkewitsch, S. I. Kamenewa, D. W. Kowalewskij,** Ein Vielkanal-Radiospektrograph und die ersten Beobachtungsergebnisse mit ihm. Radiotechnik und Elektronik **1** 864—868, 1956 (russ.). — Ref. in RJ 1957 Nr. 8 S. 68.

2156. **W. W. Witkewitsch,** Mächtiges Radioteleskop auf der Krim. Bote Akad. Wiss. UdSSR 1957 Nr. 11 S. 110—112 (russ.). — Ref. in RJ 1958 Nr. 5 S. 36—37. — Betrifft das Instrument des Phys. Inst. Akad. Wiss. UdSSR.

2157. Radio telescope to measure Sun's atmosphere. J. Franklin Inst. **262** 88, 1956. — Ref. in RJ 1958 Nr. 3 S. 42.

2158. New 84-foot radio telescope for NRL. Sky and Telescope **16** 381. — (NRL = Naval Research Laboratory).

* * Weitere Instrumente siehe auch § **12**.

§ 22

Zusatz- und Auswertgeräte, Photographie

2201. **A. von Alvensleben,** Apparatekonturen, Gittergeister und Streulicht der beiden neuen Plangitter am Göttinger Sonnenturm. ZfA **43** 63—84 = Veröff. Univ.-Sternw. Göttingen Nr. 118. — Mit einer Krypton- und einer Hg 198-Lampe als Lichtquelle werden je ein Plangitter von Bausch und Lomb, Rochester und H. W. Babcock, Mt. Wilson, untersucht. Beide Gitter zeigen nur kleine Abweichungen von den theoretisch geforderten Eigenschaften. Das Auflösungsvermögen wird teilweise noch durch Diffusion in der photographischen Schicht begrenzt. Das Streulicht der Gitter kann im allgemeinen vernachlässigt werden. Behr

2202. **A. I. Belikow,** Die Vervollkommnung des Okulars des Liebhaberteleskops. Bull. Astr.-Geod. Ges. UdSSR Nr. 20 S. 68—69 (russ.). — Verf. beschreibt zwei Okulare, welche aus drei bzw. vier Linsenelementen bestehen und welche zur Erzielung starker Vergrößerungen empfohlen werden. Ond.

2203. **P. N. Bojko,** Untersuchung der Abhängigkeit des Polarisationsgrades von der Wellenlänge des Standardspektrographen. Mitt. Astrophys. Inst. Alma-Ata **5** Nr. 7 S. 80—82 (russ. mit engl. Ref.). — Zwischen 4100 und 5300 Å fand Verf. keine Veränderlichkeit des Polarisationsgrades; das Mittel der nur wenig streuenden Einzelwerte ist 13%. Loh.

2204. **J. H. DeWitt, R. H. Hardie, C. K. Seyfert,** A seeing compensator employing television techniques. Sky and Telescope **17** 8—9 = Arthur J. Dyer Obs. Nashville Repr. Nr. 5. — AJ **62** 139—140 (Ref. AAS). — Die Apparatur dient dazu, das auf einem Fernsehschirm entworfene Bild eines hellen Planeten unabhängig zu machen von Szintillationsschwankungen. Ein Teil des Planetenlichtes wird auf zwei zueinander senkrecht stehende Spalte fokussiert und fällt dann auf zwei Photozellen. Die durch Lageänderungen des Bildes auf den Spalten hervorgerufenen Schwankungen des Photostroms dienen zur Richtungssteuerung des von der Kathode der Orthikon-Röhre ausgehenden Elektronenstroms. Aufnahmen von Jupiter mit Kompensator zeigen ein bedeutend größeres Auflösungsvermögen als solche ohne Kompensator. Bo.

2205. **A. Dollfus,** Filtre polarisant lumineux pour l'observation de la couronne solaire, des aurores polaires et de la luminescence de la haute atmosphère. CR **245** 32—35. — Es wird über ein Polarisationsfilter berichtet, das insgesamt acht interessierende Linien der Korona, Chromosphäre und des Nachthimmels zu isolieren gestattet. Durch Verwendung von «Splitelements» nach Evans wurde die Zahl der notwendigen Polarisatoren auf fünf reduziert, die Durchlässigkeit beträgt 25% des einfallenden polarisierten Lichtes. Die verwendbare Öffnung ist 12°. Das Filter gestattet, Nordlichter selbst bei Vollmond zu photographieren und, zusammen mit dem Polarisations-Spektrophotometer nach B. Lyot, auch am Tage schwache Nordlichter und Emissionen der hohen Atmosphäre nachzuweisen. Mehltretter

2206. **L. Dunkelman,** Spectrally selective middle ultraviolet photodetectors (solar-blind detectors). J. Optical Soc. America **47** 1048. — Ref. Optical Soc. America.

2207. **G. E. Fishter,** Notes on astronomical spectrographs. JBAA **67** 208—212. — Die Bedingungen, die an einen guten Sternspektrographen zu stellen sind, werden aufgezählt und die Methoden zu ihrer Realisierung in optischer und mechanischer Hinsicht besprochen. Zum Schluß wird in Formeln und Beispielen der Einfluß von Druck und Temperatur auf die Dispersion behandelt. Bo.

2208. **A. S. Fomin,** Ein Sonnenokular für den Newtonschen Reflektor und der Versuch einer Sonnenphotographie. Bull. Astr.-Geod. Ges. UdSSR Nr. 20 S. 58—67 (russ.). — Verf. beschreibt ein Sonnenokular mit zwei Prismen, welches für Liebhaber-Reflektoren geeignet ist. Das Sonnenlicht wird 400-fach abgeschwächt. Ferner wird ein Cassegrain-Reflektor für Sonnen- und Mond-Photographie beschrieben. Ond.

2209. **J. W. Glagolewskij,** Die Erklärung der Charakteristiken a, e und p in der Skala des Längsspektrographen. Publ. Sektor Astrobotanik Akad. Wiss. Kasach. Sowjetrepublik **5** 42—43 (russ.). — Ref. in RJ 1958 Nr. 6 S. 19.

2210. **J. W. Glagolewskij,** Ein dreistufiger Längsspektrograph. Publ. Sektor Astrobotanik Akad. Wiss. Kasach. Sowjetrepublik **5** 44—58 (russ.). — Ref. in RJ 1958 Nr. 6 S. 18—19.

2211. **G. R. Harrison, N. Sturgis, S. C. Baker, G. W. Stroke,** Ruling of large diffraction gratings with interferometric control. J. Optical Soc. America **47** 15—22. — Ref. in Phys. Abstracts (A) **60** 195.

2212. **K. Hermann-Otavský,** Ein neuartiger Polarisationsquarzmonochromator. Sterne **33** 151—156. — Der Aufbau der von I. Šolc entwickelten Monochromatoren wird beschrieben. Der neue Typ zeichnet sich gegenüber dem früheren durch wesentlich geringere Dicke aus. Ferner wird über Protuberanzenbeobachtungen berichtet, welche mit einem Monochromator von 8 Å Durchlaßbreite und 22 mm Dicke angestellt wurden. König

2213. **R. Hosfeld, J. A. Hynek,** A directional stellar scintillometer. AJ **62** 18—19. — Ref. AAS.

2214. **O. E. Kádner,** The Roelofs's prisma. RH **38** 203—204 (tschech.).

2215. **A. Kranjc,** Un amplificatore per misure di correnti fotoelettriche. Mem SA It (NS) **28** 31—33. — Es wird ein Gleichstromverstärker beschrieben, welcher eine Elektrometertriode benutzt, die mit Wechselstrom funktioniert; sie hat einen Eingangswiderstand von 10^{11} Ohm und ermöglicht auf einem Registrierstreifen die Messung von 0.3 Volt auf voller Skala und damit von Strömen bis zu 10^{-14} Ampère. Der Ausschlag ist linear bis auf 1 %, und der Verstärker stabilisiert seinen Nullpunkt in wenigen Minuten. Verf.

2216. **A. Kranjc,** Considerazioni teoriche sulla scelta delle lastre fotografiche a scopo spettrofotometrico. Mem SA It (NS) **28** 95—103 = Contr. Oss. Astr. Milano-Merate (NS) Nr. 111.

2217. **W. G. Krutschinenko, J. P. Platonow, W. B. Suchow,** An electronic mechanical device for determining the mean moments of stellar transits during observations. AJ UdSSR **34** 609—612 (russ. mit engl. Ref.). — Im astrometrischen Laboratorium des Astronomischen Hauptobservatoriums Pulkowo wurde eine Vorrichtung entworfen und hergestellt, die die Berechnung der mittleren Momente von Sterndurchgängen während der Beobachtungen durch die Mittelung der Kontaktmomente eines photoelektrischen Verstärkers oder Kontaktmikrometers besorgt. Dadurch entfällt die Bearbeitung des Chronographenstreifens, so daß die Bearbeitung der Beobachtungen stark beschleunigt wird. Verf. (übersetzt)

2218. **R. Kühn,** Die Verwendung der Superorthicon-Bildröhre in der Astronomie. Mitt. AG 1956 S. 26. — Ref. AG.

2219. **G. Laborde, R. Michard, R. Servajean,** Premières observations avec le spectrographe solaire de 9 mètres. Ann d'Astrophys **20** 209—221. — Konstruktion und Aufbau eines 9 m-Spektrographen mit Plangitter in Meudon werden eingehend beschrieben. Möglichkeiten der Beobachtung von Feinstrukturen, Dopplereffekten, Magnetfeldern in Photosphäre und Flecken werden beschrieben und diskutiert. Messungen über die Höhe der chromosphärischen Hα-Spiculen werden qualitativ beschrieben. Mehltretter

2220. **J. Leclerc,** Héliographe à filtre monochromatique Lyot. Research Film **2** 231—233. — Ref. in Phys. Ber. **37** 1890.

2221. **M. Lunel,** Influence de la température sur la réponse de la cellule au sulfure de plomb. J. Phys. Radium **18** Suppl. zu Nr. 3 S. 61A—62A = Publ. Obs. Lyon (1) **5** Nr. 29. — Untersuchung einer lichtelektrischen Blei-Schwefel-Zelle zur Messung der infraroten Sternstrahlung am Observatorium Lyon auf die Abhängigkeit der Messungen von der Lufttemperatur. Böh.

2222. **E. A. Makarowa,** Ergebnisse der Untersuchung eines Quarz-Stufenabschwächers. AC Nr. 176 S. 9—12 (russ.).

2223. **Malten,** Heizbare Taukappe. VdS Nachr. **6** 50—51.

2224. **K. Mie,** Bemerkungen zur Verwendung des Lyotfilters bei optischer Abbildung. Optik **14** 1—23 = Mitt. Astrophys. Obs. Potsdam Nr. 55. — Die Abhandlung stellt eine theoretische Untersuchung für den Fall dar, daß die Richtung des einfallenden Lichtbündels um einen kleinen Winkel ε gegen die Normale des Filters geneigt ist. Ein erster Abschnitt ist der Herleitung einer Formel für die Durchlässigkeit gewidmet, die 1.) den Intensitätsabfall mit zunehmendem ε, 2.) die azimutale Asymmetrie und 3.) den Einfluß der gewünschten Bandbreite auf die Durchlässigkeit quantitativ für monochromatisches Licht beschreibt. In einem zweiten Abschnitt wird die endliche Breite der ausgewählten Spektrallinie berücksichtigt. Ein 3. Abschnitt liefert schließlich die Berechnung des Kontrastes, d. h. des Verhältnisses der Linienintensität zu der des Kontinuums in Abhängigkeit von der Filterbandbreite und eine Diskussion der optimalen Filterwahl. Beigefügte Diagramme sind von Nutzen für photometrische Auswertungen. Beck

2225. **R. Montalbetti,** A fast auroral camera. Canadian J. Phys. **35** 280—283. — Ref. in Phys. Abstracts (A) **60** 687, Phys. Ber. **37** 1498—1499.

2226. **C. Morais,** Progetto ottico di uno spettrografo solare. Atti Fondaz. Ronchi **12** Nr. 2 S. 133—150 = Oss. Astrofis. Arcetri Contr. Nr. 10. — Ref. in Phys. Abstracts (A) **61** 523.

2227. **N. J. Oliver,** IGY auroral patrol spectrograph. J. Optical Soc. America **47** 1048. — Ref. Optical Soc. America.

2228. **A. K. Pierce,** Performance of an eight-inch Babcock grating in a large vacuum spectrograph. J. Optical Soc. America **47** 6—14. — Ref. in Phys. Abstracts (A) **60** 195.

2229. **C. I. Potter, O. N. Tschudowitschewa,** An investigation of the measuring machine KIM 3. Mitt. Astr. Hauptobs. Pulkowo **20** Nr. 4 (157) S. 121—132 (russ. mit engl. Ref.). — Im Koordinatenmeßapparat KIM 3 werden die auszumessende Platte sowie zwei Meßlineale mittels eines Gelenkmechanismus parallel verschoben. Die Ablesung der Koordinaten erfolgt mittels zweier Spiralmikrometer in einem Ablesemikroskop. Die maximal meßbare Länge beträgt in beiden Koordinaten 240 mm. Die Meßfehler des Gerätes sind äußerst klein. Der mittlere Skalenfehler übersteigt nur auf den Enden 1 μ. Dasselbe gilt für die Korrektionen wegen Krümmung der Führungsarme. Die periodischen Fehler der Spiralmikrometer liegen unterhalb 0.4 μ. Ond.

2230. **J. D. Purcell,** Use of a bent grating in a spectrograph for Lyman-alpha solar disk photography. J. Optical Soc. America **47** 1057. — Ref. Optical Soc. America.

2231. **D. A. Roshkowskij,** Der photographische Vergleich veränderlicher Lichtströme. Mitt. Astrophys. Inst. Alma-Ata **5** Nr. 7 S. 25—36 (russ. mit engl. Ref.).

2232. **P. M. Routly,** An atomic beam apparatus for measurement of absolute f-values. AJ **62** 31. — Ref. AAS.

2233. **P. W. Schtscheglow, W. G. Kurt,** High voltage sources for feeding electronic-optical image converters. AJ UdSSR **34** 487—489 (russ. mit engl. Ref.). — Beschreibung des für astronomische Beobachtungen 1955/56 benutzten Geräts.

* * **Y. T. Sihvonen,** Spectroheliometer for continuously monitoring solar radiation in five wavelength bands. Vgl. Ref. **2125**.

2234. **K. D. Sinelnikow, I. N. Schkljarewskij, S. I. Damaschka,** Doppel-Interferenz-Lichtfilter. Abh. Univ. Charkow **64** 145—146, 1955 (russ.). — Ref. in RJ 1957 Nr. 10 S. 25.

2235. **A. G. Smith, H. I. Register,** Liminal image size for conventional film readers. J. Optical Soc. America **47** 1048. — Ref. Optical Soc. America.

2236. **O. Struve,** Stellar spectrographs. Sky and Telescope **16** 536—539, 576—580. — Die beiden Artikel behandeln die wesentlichen Probleme, die beim Bau eines Sternspektrographen auftreten. An Hand von Zahlenbeispielen und durch eingehendere Beschreibung sowie Abbildungen einiger Spektrographen, z. B. für den 100- und 200-Zöller, werden die Konstruktionsprinzipien erläutert. Bo.

2237. **O. Sziman,** Polarisationsfilter. Z. Wiss. Photogr. (2) **50** 517—549, 1955. — Ref. in RJ 1957 Nr. 12 S. 23.

2238. **R. H. Weitbrecht,** Continuous-balance photoelectric guider. Rev. Sci. Instruments **28** 122—124 = Contr. Dearborn Obs. Nr. 9. — Das Licht des Leitsterns fällt auf die Spitze einer vierseitigen Pyramide mit gut polierten Seitenflächen, welche das Sternlicht auf vier Elektronenvervielfacher reflektieren. Durch ungleich starke Beleuchtung gegenüberliegender Röhren werden Motoren eingeschaltet, welche die Schrauben einer Doppelschlittenkassette antreiben. Die Einrichtung wird seit zwei Jahren am $18^1/_2$ Zoll-Refraktor der Dearbornsternwarte benutzt, und reicht aus für Leitsterne bis 8. Größe, bei besonderer Sorgfalt bis 9. Größe. Zur Bedienung sind spezielle technische Kenntnisse nicht erforderlich. König

2239. En ny polarigraf. PAT **38** 154—155.

Photometrie, Photometer

* * **E. A. Baker,** Interpolation formulae in photographic spectrophotometry. Vgl. Ref. 104.

2240. **D. Barbier, P. Lévêque,** Etalon de faible luminance pour l'étude de la lumière du ciel nocturne. Revue d'Optique **36** 132—134 = Contr. Inst. d'Astrophys. Paris (A) Nr. 221. — Nach verschiedenen Versuchen wurde ein Eichmaß für schwache Flächenhelligkeiten gefunden, dessen Intensität keine merkliche Temperaturabhängigkeit zeigt und zeitlich ausreichend konstant ist. Die fluoreszierende Substanz ist Willemit (Zn_2SiO_4). Das Leuchten wird durch Strontium 90 angeregt. Als Schutzschichten zum Herabsetzen der β-Strahlung dienen auf der Vorderseite dickes Plexiglas und auf der Rückseite eine Bleieinlage in der Messingfassung des Eichmaßes. O. G.

2241. **A. W. J. Cousins,** Non-linear colour corrections in photometry. MN ASSA **16** 111—113, mit Berichtigung S. 137.

2242. **M. De,** An interference photometer for the measurement of amplitude distributions in diffraction patterns. Opt. Acta **4** 45—53.

2243. **J. E. Geake, W. L. Wilcock,** A photoelectric stellar spectrophotometer, using a Fabry-Perot etalon. MN **117** 380—383 = Astr. Contr. Univ. Manchester (3) Nr. 54. — Bei Benutzung eines Monochromators tritt bei engem Eintrittsspalt ein Lichtverlust infolge Szintillation, bei weitem Spalt ein Verlust an Auflösungsvermögen ein. Durch zusätzliche Verwendung eines Interferometers hinter dem Austrittsspalt erhält man auch bei weitem Spalt ein für Linienphotometrie geeignetes Auflösungsvermögen. Bei einer am 120 cm-Spiegel in Asiago erprobten Anordnung wurde das Spektrum durch Drehen des Etalons bei gleichzeitiger synchronisierter Drehung der Prismen des Monochromators abgetastet. Das Auflösungsvermögen nimmt allerdings mit zunehmendem Drehwinkel ab. Bo.

2244. **R. Gerharz,** Optical feedback in photomultipliers. J. Electronics **2** 409—415 = Georgetown Obs. Repr. Nr. 22. — Ref. in Phys. Abstracts (A) **60** 404.

2245. **N. D. Gluchow,** Ein photoelektrisches Photometer zur Bestimmung des Transmissionskoeffizienten der Erdatmosphäre. Abh. Pädagog. Inst. Leningrad **17** 93—107 (russ.). — Ref. in RJ 1957 Nr. 12 S. 31.

2246. **K. Güssow,** Theoretische Überlegungen zur lichtelektrischen Photometrie. Mitt. AG 1956 S. 24—25. — Ref. AG.

2247. **K. Güssow,** Physikalische Grundlagen der lichtelektrischen Photometrie. Sterne **33** 81—92. — Nach einleitenden Betrachtungen über die Verwendung von Photozellen zur Messung von Sternhelligkeiten wird die grundlegende Formel für das Verhältnis von Signal- zu Rausch-Spannung abgeleitet, wobei die Bedingungen für ein gutes Photometer besprochen werden. Am praktischen Beispiel einer Schaltung mit einem RCA 931a Multiplier werden die theoretischen Betrachtungen erläutert. Bo.

2248. **K. Güssow,** Untersuchungen zur lichtelektrischen Photometrie. I. Theoretische Überlegungen zur Frage der Reichweite eines lichtelektrischen Photometers. Wiss. Z. Friedrich-Schiller-Univ. Jena Math.-naturwiss. Reihe **6** 173—176 = Mitt. Univ.-Sternw. Jena Nr. 29. — Auf Grund von Überlegungen über die wesentlich eingehenden Faktoren, die die Genauigkeit lichtelektrischer Sternhelligkeitsmessungen bestimmen (Szintillation, Schrotrauschen usw.), werden die hierfür geltenden Formeln abgeleitet. Ihre graphische Darstellung gibt eine bequeme Möglichkeit, bei Vorgabe eines bestimmten Instrumentariums (Objektivdurchmesser, Dunkelstrom und Empfindlichkeit des Multipliers) die Bedingungen für eine geforderte Leistung (Registrierdauer bei gewünschtem mittleren Fehler der Grenzgröße) schnell zu ermitteln. Hoppe

2249. **W. Hermann,** Rauschuntersuchungen und Linearitätsprüfungen an Photo-Multipliern. Z. Naturforschung **12a** 1006—1013 = Mitt. Astr. Inst. Univ. Tübingen Nr. 29.

2250. **M. Huruhata, T. Nakamura, H. Tanabe,** Scanning photoelectric photometer and method of observation of night airglow for the International Geophysical Year. TAB (2) Nr. 94 S. 1005—1010.

2251. **R. Intonti, H. Pfundt, A. Lais,** La larghezza effettiva di una riga come misura della intensità. La Metallurgia Italiana **49** 431—443 = Specola Astr. Vaticana Misc. Astr. **3** Nr. 112. — Durch ausführlich mitgeteilte Versuchsreihen wurde sichergestellt, daß die «effektive Breite» einer Spektrallinie, die mit einer photometrischen Nullmethode direkt gemessen werden kann, ein sehr brauchbares Maß für die Intensität ist. Die Anwendbarkeit der Messung effektiver Breiten für Konzentrationsbestimmungen wurde in weitem Bereich mit Verwendung verschiedener Lichtquellen geprüft. O. G.

2252. **W. I. Iwanikow,** Die Wahl eines Objektivprismas für die Spektralphotometrie von Meteoren. Bull. Astr. Obs. Stalinabad Nr. 20 S. 24—28 (russ.).

2253. **J. Junkes, E. W. Salpeter,** Photographische Spektralphotometrie mit effektiven Linienbreiten. Colloquium Spectroscopicum Internationale **6** 386—393 = Specola Vaticana Comun. Nr. 22. — Effektive Linienbreiten sind Pseudoschwärzungen, wobei die Spaltöffnungen des Photometers bei konstantem Durchlicht als Maßzahlen dienen. Die mit ihren Logarithmen erstellten Eichkurven zeigen die charakteristischen Züge der Schwärzungskurven, haben aber den großen Vorteil, daß sie fast unbegrenzte Intensitätsintervalle umfassen können ohne Einbuße an Meßgenauigkeit, da sie den photographischen Effekt auch in seiner örtlichen Ausdehnung erfassen können. Die einstweilen noch etwas umständliche Messung solcher Linienbreiten läßt sich durch Verwendung eigens gebauter Meßspaltphotometer weitgehend vereinfachen. Verf.

2254. **J. Junkes, E. W. Salpeter,** Intorno alla fotometria fotografica. La Metallurgia Italiana **49** 425—430 = Specola Astr. Vaticana Misc. Astr. **3** Nr. 111. — In ausführlicher Darstellung, ausgehend von den Elementarprozessen, dem Diffusionslichthof, gleichförmiger und ungleichförmiger Beleuchtung, wird die vorteilhafteste Messung des photographischen Effektes erörtert. Bei gleichförmiger Schwärzung wird die Messung der Transparenz mit festem Diaphragma als geeignet gefunden, während für ungleichförmige Schwärzungen die Vorteile einer Messung nach dem Prinzip des Irisblendenphotometers (variable Spaltbreite zur Messung der Schwärzung von Spektrallinien) gezeigt werden. O. G.

2255. **H. C. King,** Stellar photometry and Fechner's law. Optician **131** 217—220, 1956.

2256. **L. Kohoutek,** New rotating sector of the Popular Observatory in Brno. RH **38** 35—36 (tschech.).

2257. **A. Kranjc,** Miglioramento delle prestazioni di un microfotometro Moll. Mem SA It (NS) **28** 89—93 = Contr. Oss. Astr. Milano-Merate (NS) Nr. 110. — Die Thermosäule des Moll-Mikrophotometers der Sternwarte Merate wurde durch einen Photomultiplier ersetzt. Die Trennung erreicht jetzt 1 mikron gegenüber 10 mikron mit der Thermosäule. Der Einfluß der Galvanometer-Dämpfung wird besprochen; es ergibt sich als Optimum die Hälfte der kritischen Dämpfung. Cester

2258. **A. Kranjc,** Un microfotometro a registrazione automatica dell' intensità. Mem SA It (NS) **28** 361—374 = Contr. Oss. Astr. Milano-Merate (NS) Nr. 121.

2259. **W. Liller,** A direct-recording photoelectric spectrophotometer. Publ ASP **69** 511—517. — Es werden zunächst die Bedingungen präzisiert, welche für den Apparat im allgemeinen und für seine Benutzung am Curtis-Schmidt-Teleskop der Universität Michigan zu erfüllen sind. Dann folgt eine durch mehrere Abbildungen erläuterte Beschreibung. Um möglichst weit ins UV zu gelangen, wird nur Quarz- und Spiegeloptik verwendet. König

2260. **F. Link, L. Neužil, I. Zacharov,** Photomètres du ciel nocturne en service aux stations tchécoslovaques de l'AGI 1957—58. Studia geophys. et geodaet. **1** 302—309. — Beschreibung eines photoelektrischen Photometers, mit welchem in Ondřejov und Lomnický Štít Beobachtungen während des Internationalen Geophysikalischen Jahres angestellt werden. Das Photometer dient für Helligkeitsmessungen des Nachthimmels in fünf Spektralbereichen. J.B.

2261. **W. Livingston,** Application of the befrigerated image orthicon to spectrophotometry. Publ ASP **69** 390—391. — Ref. ASP.

2262. **D. J. Lovell, G. R. Miczaika,** Practicable limitations to infrared stellar photometry. AJ **62** 23. — Ref. AAS.

2263. **D. J. Lovell,** Preliminary measurements with an infrared stellar photometer. J. Optical Soc. America **47** 340. — Ref. Optical Soc. America.

2264. **D. J. Martynow, W. J. Aldussewa,** Changes in the construction of the MF-2 microphotometer enabling measurements of high density. AJ UdSSR **34** 435—439 (russ. mit engl. Ref.). — Nach dem Ersatz des Photoelements im MF-2-Mikrophotometer durch einen Vervielfacher und dem Einbau eines das Streulicht eliminierenden Begrenzungsspaltes ist es möglich geworden, Dichten der Ordnung 3—4 und höher mit ausreichender Genauigkeit messen zu können, so daß auch überexponierte Spektrallinien neben normal belichteten Teilen des Spektrums photometriert werden können. Verf. (übersetzt und gekürzt)

2265. **D. Meisel,** A visual cometary photometer. Strolling Astronomer **11** 136—138. — Das Licht einer künstlichen Lichtquelle wird auf einer Mattscheibe in der Brennebene des Fernrohrs abgebildet. Bei punktförmiger Abbildung kann durch einen meßbar veränderlichen Widerstand und Vergleich mit bekannten Sternen eine Eichkurve gewonnen werden, die dann dazu benutzt wird, um die Kometenhelligkeit durch Vergleich des Kometen mit dem extrafokal in gleicher Größe wie der Komet auf der Mattscheibe abgebildeten künstlichen Stern zu bestimmen. Bo.

2266. **G. R. Miczaika, D. J. Lovell,** A stellar photometer for the infrared. AJ **62** 27—28. — Ref. AAS.

2267. **O. C. Mohler, A. K. Pierce,** A high-resolution isophotometer. ApJ **125** 285—286. — Ref. in Ric. Sci. **27** 2038—2039. — Es wird ein einfaches Verfahren beschrieben, um ein Mikrodensitometer in ein Isophotometer zu verwandeln. Verf. zeigt die Anwendung auf Spektrogramme hoher Dispersion und Spektroheliogramme. Micz.

2268. **W. I. Moros,** Ein photoelektrisches Sternphotometer. Mitt. Astrophys. Inst. Alma-Ata **5** Nr. 7 S. 50—65 (russ. mit engl. Ref.). — Verf. beschreibt das mit einem Vervielfacher ausgestattete photoelektrische Photometer des 50 cm-Teleskops von Alma-Ata, mit dem Helligkeiten bis 11^m gemessen werden können. Konstruktionszeichnungen, Schaltbilder und ein Bild des gesamten Photometers sind beigegeben. Loh.

* * **P. Muller,** Mesures photométriques d'étoiles doubles écartées au moyen d'un appareil nouveau. Vgl. Ref. **10116**.

2269. **J. B. Oke,** A new direct-intensity recording microphotometer. J RAS Canada **51** 133—136 = Commun. David Dunlap Obs. Nr. 38. — Die Umwandlung von Transparenz in Intensität erfolgt mit serienmäßigen Bauteilen nach folgendem Prinzip: Das Ausgangssignal eines Mikrophotometers steuert die X-Richtung (Trommeldrehung) eines Zweikoordinatenschreibers. In diesen Schreiber wird die Eichkurve eingelegt. Die Feder auf dem Y-Schlitten ist durch ein Nachlaufsystem ersetzt, das der Eichkurve folgt. Damit steht mechanisch und über das Y-Potentiometer elektrisch ein der Intensität (oder bei entsprechender Eichkurve deren Logarithmus) proportionales Signal zur Verfügung. Bahner

2270. **A. Opolski,** Terminologia astronomicznych wielkości fotometrycznych. Postępy Astr. **5** 15—22. — Vorschläge, die in Polen gebräuchliche Terminologie in der Photometrie mit der in Technik und Physik angewandten in Übereinstimmung zu bringen. Rybka

2271. **D. M. Packer,** A simple, narrow-bandpass photometer for the night airglow emission lines. J. Optical Soc. America **47** 111. — Ref. Optical Soc. America.

2272. **R. Passeri,** Annerimento e larghezza effettiva delle righe spettrali. La Metallurgia Italiana **49** 444—448 = Specola Astr. Vaticana Misc. Astr. **3** Nr. 113. — In dieser Arbeit werden die Grundlagen der Meßgrößen von Schwärzungen und effektiven Linienbreiten untersucht und die Bedingungen festgelegt, unter denen sie von den Charakteristiken des Photometers unabhängig werden. Eine vergleichende Betrachtung zeigt dann, daß ihre besonderen Verwendungsbereiche nahezu komplementär sind. Verf.

2273. **J. P. Pskowskij,** Einige Charakteristika des Photo-Heliographen FH-I und die Möglichkeit seiner Anwendung zur Photometrie solarer Gebilde. Mitt. Astr. Sternberg-Inst. Nr. 101—102 S. 59—65 (russ.).

2274. **E. Rybka,** Wielkości gwiazdowe. Kosmos (B) 1957 S. 205—214. — Behandelt die fundamentale Sternphotometrie unter Berücksichtigung der Probleme der Extinktion. Rybka

2275. **E. Rybka,** Z zagadnień fundamentalnej fotometrii gwiazdowej. Postępy Astr. 5 159—173. — Bemerkungen zu den Grundproblemen der Sternphotometrie. Insbesondere werden die Festlegung des Nullpunkts und die Probleme der atmosphärischen Extinktion behandelt. Auf die Notwendigkeit der Herstellung eines homogenen Generalkatalogs der hellen Sterne wird hingewiesen. Rybka

2276. **W. W. Scharonow,** Ein vervollkommnetes Modell des Universal-Keilphotometers. Swetotechnika 1955 Nr. 5 S. 12—16 (russ.). — Ref. in RJ 1957 Nr. 12 S. 25.

2277. **G. F. Sitnik,** The application of a silver sulphide photoelectric cell with a closing layer for absolute spectrophotometry and pyrometry. I. The measuring scheme with a silver sulphide photoelectric cell. AJ UdSSR **34** 424—434 (russ. mit engl. Ref.). — Das hier beschriebene Gerät erlaubt einen unmittelbaren Vergleich von Lichtströmen, die sich in Stärke um einen Faktor 400 und mehr unterscheiden. Die Abweichung von der Proportionalität erreicht 0.5—0.7 %. Loh.

2278. **G. F. Sitnik,** The application of a silver sulphide photoelectric cell with a closing layer for absolute spectrophotometry and pyrometry. II. The method of application of the PCSS for absolute spectrophotometric and pyrometric measurements. AJ UdSSR **34** 887—898 (russ. mit engl. Ref.). — Das im ersten Teil der Arbeit (vgl. vorstehendes Ref.) entwickelte Verfahren erlaubt es, das Gerät für Absolutmessungen zu verwenden. Der mittlere Fehler einer Messung kleiner Lichtströme, die in der spektralphotometrischen Praxis vorkommen, liegt im Mittel trotz der im Lauf längerer Meßreihen vorkommenden Empfindlichkeitsänderungen der Zelle nur zwischen 0.5 und 0.8 %. Loh.

2279. **G. F. Sitnik,** Ein photoelektrisches Spektralphotometer zur schnellen Registrierung des Sonnenspektrums. AC Nr. 179 S. 10—13 (russ.). — Kurze Beschreibung des vom Verf. zur Messung des Kontinuums der Sonne benutzten Spektralphotometers. Loh.

2280. **U. Steinlin,** Sternphotometrie. Orion Schaffhausen **5** 189—192.

2281. **J. Tremko,** Photoelektrische Photometrie der Himmelsobjekte. Časopis **7** 61—64 (slowak.).

2282. **R. H. Weitbrecht,** Current integrator for astronomical photoelectric photometry. Rev. Sci. Instruments **28** 883—888. — Ausführliche Beschreibung einer stromintegrierenden Anlage für lichtelektrische Photometrie gleichzeitig in mehreren Farbbereichen, welche am Yerkes Observatory bei den Zwei-Farben-Messungen von Strömgren und Mitarbeitern benutzt wird. Böh.

2283. **R. V. Willstrop,** The two telescope method of stellar photometry. Obs **77** 225—228. — Um den verfälschenden Einfluß wechselnder Durchsichtigkeit der Luft bei der Photometrie von Sterngruppen möglichst herabzumindern, wird mittels eines zweiten kleineren Instruments ein der Gruppe benachbarter Stern passender Helligkeit laufend unter Kontrolle gehalten. Obwohl bei der zunächst benutzten Apparatur die vom Verf. selbst präzisierten Anforderungen noch nicht realisiert waren, zeigten die Versuche eine deutliche Steigerung der Genauigkeit. König

* * Weitere Zusatz- und Auswertgeräte siehe § **12**.

Ausnutzung der Sonnenenergie

2284. **J. C. de Bremaecker,** Chauffe-eaux solaires. Bull. séances Acad. roy. sci. colon. **2** 472—476, 1956. — Ref. in RJ 1958 Nr. 10 S. 51.

2285. **R. K. Chunzarija,** Untersuchung der Konvektionsverluste parabolzylindrischer Sonnenanlagen. Publ. Inst. Energie Akad. Wiss. Georg. Sowjetrepublik **11** 187—200 (russ.). — Ref. in RJ 1958 Nr. 7 S. 38.

2286. **J. Farber, B. I. Davis,** Analysis of large aperture parabolic mirrors for solar furnaces. J. Optical Soc. America **47** 216—220.

2287. **R. E. Halsted,** Temperature consideration in solar battery development. J. appl. Phys. **28** 1131.

2288. **H. Heywood,** Solar energy: a challenge to the future. Nature **180** 115—118.

2289. **M. Lavet,** Applications à l'horlogerie des piles photoélectriques. Ann. Françaises Chronométrie (2) **11** 13—21.

2290. **A. D. Little,** Solar furnace. Rev. Sci. Instruments **28** 387.

* * **G. I. Markow,** Wege zur Ausnutzung der Sonnenenergie. (Koordinierungstagung am Krshishanowskij-Energieinstitut). Vgl. Ref. 1139.

2291. **G. L. Pearson,** Conversion of solar to electrical energy. American J. Phys. **25** 591—598.

2292. **L. Villena,** Rendimiento de una «bateria solar» en España. An. Real Soc. Esp. Fis. Quim. (A) **53** 139—148. — Ref. in RJ 1958 Nr. 7 S. 38—39.

2293. **W. S. Wawilow, W. M. Malowezkaja, G. N. Galkin, A. P. Landsman,** Silizium-Sonnenbatterien als Elektrizitätsquelle künstlicher Erdbegleiter. Fortschritte Phys. Wiss. **63** Nr. 1a S. 123—129 (russ.). — Ref. in RJ 1958 Nr. 6 S. 49.

2294. **B. W. Wilson,** Utilization of solar energy. J. Astr. Soc. Victoria **10** 55—57.

2295. **A. Wróblewski,** Praktyczne wykorzystanie energii słonecznej. Urania Kraków **28** 361—367. — Gemeinverständlicher Aufsatz über die Ausnutzung der Sonnenenergie. Rybka

2296. Die Ausnutzung der Sonnenenergie. I. Moskau, Verlag Akad. Wiss. UdSSR, 1957. 247 S. (russ.). — Enthält zahlreiche Beiträge verschiedener Autoren. — Ref. in RJ 1958 Nr. 3 S. 52—56.

2297. Solar furnace. Nat. Bur. Standards Techn. News Bull. **41** 101. — Ref. in RJ 1958 Nr. 4 S. 54.

2298. Auswertung der Sonnenstrahlung. Naturwiss. Rundschau **10** 106.

2299. Meteorologisches zur technischen Ausnützung der Sonnenenergie. Naturwiss. Rundschau **10** 425. — Ref. eines auf der 137. Jahresversammlung der Schweizerischen Naturforschenden Gesellschaft, Neuchâtel, 21. Sept. 1957, gehaltenen Vortrages von W. Schüpp.

22100. Fordham solar furnace. Sky and Telescope **16** 116.

22101. Army solar furnace. Sky and Telescope **16** 332. — Ref. in Coelum **25** 186.

22102. Solar power station in the Caucasus. Sky and Telescope **16** 332—333.

22103. Huge solar furnace. Sky and Telescope **16** 432.

22104. Solar furnaces. Sky and Telescope **16** 519.

Photographie

22105. **I. I. Brejdo,** Anforderungen an photographische Platten für astronomische Zwecke. J. wiss. angew. Photogr. Kinematogr. **2** Nr. 3 S. 219—225 (russ.). — Ref. in RJ 1958 Nr. 4 S. 17.

22106. **G. H. Cook,** Photographic resolving power. Photogr. J. (A) **95** 161—164, 1955. — Ref. in RJ 1957 Nr. 12 S. 22.

22107. **A. H. Cuisinier,** Lo sviluppo prolungato corregge la sottoesposizione? Progr. Fotogr. **61** 102—103, 1954. — Ref. in RJ 1957 Nr. 8 S. 30.

22108. **A. H. Cuisinier,** L'aumento della sensibilità delle emulsioni fotografiche. Progr. Fotogr. **62** 525—528, 1955.

22109. **E. Hock, W. Rabe,** Photographie enger Doppelsterne. Mitt. AG 1956 S. 50—52. — Ref. AG.

22110. **G. A. Jones,** Modern Applied Photography. Philosophical Library, 1957. 162 S. Preis $ 4.75. — Besprechung in Sky and Telescope **16** 488.

22111. **P. Jordan,** El factor fotográfico de las estrellas. Rev. Soc. Cubana cienc. fís. mat. **3** Nr. 1 S. 24—26. — Ref. in RJ 1958 Nr. 9 S. 17.

22112. **J. Klepešta,** Fotografický průzkum vesmíru. Prag, Verlag Akad. Wiss. 224 S. mit 156 Fig. Preis Kčs. 45. — Besprechung in RH **38** 167.

22113. **H. Knapp,** Das Negativmaterial bei Astroaufnahmen. Sternenbote 8 68—71.

22114. **T. M. Muljartschik, K. I. Petrowa,** Increasing the sensitivity of some photographic emulsions by a preliminary short exposure. AJ UdSSR **34** 102—104 (russ.). — Versuche mit Filmen RF 3, Typ 10 und Isopan ISS ergaben, daß durch Vorbelichtungen von etwa 1/100 sec Dauer bis zur Dichte 0.2—0.3 die Expositionszeiten für schwache Objekte beträchtlich verkürzt werden. Nachbelichtungen waren wirkungslos. Petri

22115. **E. Paloque,** Déplacement des images photographiques et déformations de la gélatine des plaques. Ann. Obs. Astr. Mét. Toulouse **25** 9—33. — Auf zahlreichen Paaren von Platten mit aufkopiertem Gitternetz wurden bestimmte Kreuzungspunkte von Gitterlinien vermessen. Es wurden nur wenige Verschiebungen $> 3\,\mu$ gefunden (Meßfehler etwa $0.5\,\mu$). Versuche ergaben als mögliche Ursachen von Schichtverzerrungen und anderen Bildverschiebungen: ungleichmäßige Trocknung der Platte, Reibung der feuchten Schicht mit einer anderen Platte, hohe Temperatur der Bäder, Unter- und Überbelichtung. Eine säkulare Schichtverzerrung war nicht nachweisbar. O. G.

22116. **D. A. Roshkowskij,** Zur Untersuchung der periodischen, schnellveränderlichen Sterne aus photographischen Aufnahmen langer Belichtungszeit. Mitt. Astrophys. Inst. Alma-Ata **5** Nr. 7 S. 37—42 (russ. mit engl. Ref.).

22117. **N. N. Schefow,** Untersuchung des Randeffektes des photographischen Bildes eines hellen Objektes. Mitt. Astr. Sternberg-Inst. Nr. 101—102 S. 66—73 (russ.).

* * **P. W. Schtscheglow,** The photography of stars with an image converter tube. Vgl. Ref. **12128.**

22118. **K. Vacek, L. Zachoval,** Die chemische Sensibilisierung der photographischen Emulsion. Tschechosl. Phys. J. **3** 385—388, 1954 (russ.). — Ref. in RJ 1957 Nr. 9 S. 24.

22119. **J. T. Watson,** Photographic detection and recognition of high-altitude objects in the daytime sky. J. Optical Soc. America **47** 1047. — Ref. Optical Soc. America.

22120. **R. v. d. R. Woolley,** Photography and astronomy. Photogr. J. **97** 100—105. — Ref. in RJ 1958 Nr. 4 S. 1.

22121. **G. Zech,** Sonnen-Photographie. Sternenbote 8 50—51.

22122. Zonnefotografie van uit een bemande ballon. Hemel en Dampkring **55** 145.

§ 23

Uhren, Chronographen, Zeitdienst, Sonnenuhren

2301. **U. Adelsberger, G. Ohl, R. Süss,** Eine Projektionsuhr mit übersichtlichem System der Zeitanzeige. Z. angew. Phys. 8 592—595, 1956. — Ref. in Phys. Abstracts (A) **61** 616.

2302. **L. Arbey, S. Debarbat,** La détermination de l'heure à l'astrolabe impersonnel Danjon O. P. L. 01. Ann. Françaises Chronométrie (2) **11** 217—224. — An die Beschreibung des Instruments und des Beobachtungsprogramms schließt sich eine allgemeine Betrachtung über die Genauigkeit von Zeitbestimmungen an. T. L.

2303. **S. M. de Backer,** Le problème de l'heure au Congo. Bull. séances Acad. roy. sci. colon. **2** 724—742, 1956. — Ref. in RJ 1957 Nr. 10 S. 18.

2304. **P. I. Bakulin, S. S. Blashko,** Untersuchung des Ganges der Riefler-Uhr Nr. 323 in den Jahren 1945—1948. Publ. Astr. Sternberg-Inst. **27** 157—163, 1956 (russ.).

2305. **H. Bayard,** Chronoscope à éclairs de l' I. G. N. modèle 1956. Ann. Françaises Chronométrie (2) **11** 297—305.

2306. **F. Brando, E. Proverbio,** Un comparatore di frequenza per oscillatori a quarzo. Rend. Ist. Lombardo Sci. Lettere **92** 97—106 = Contr. Oss. Astr. Milano-Merate (NS) Nr. 122. — Es wird eine Beschreibung des Frequenzkomparators der Quarzuhr der Sternwarte Brera (Mailand) sowie dessen Anwendungen, insbesondere zur Bestimmung des Uhrgangs gegeben. Das Instrument beruht auf einer Kombination von Frequenzinterpolation und Kathodenoszillograph. Die Testfrequenz von 899 KHz zeichnet sich durch große Stabilität aus. Verf. (übersetzt)

2307. **G. M. Clemence,** Unités de mesure du temps et de la fréquence. Ciel et Terre **73** 257—278. — Übersetzung aus Science **123** 567—573 (AJB **56** Ref. **2311**). Die Frage, ob die astronomisch bestimmte Ephemeridenzeit oder eine durch Atomschwingungen realisierte Frequenznormale zur Definition der Zeiteinheit besser geeignet ist, wird kritisch untersucht. In der Praxis werden jedenfalls beide Zeitmaße verwendet werden; dabei erhebt sich die Notwendigkeit einer Nachprüfung, ob sie gegeneinander beschleunigt sind. Diese Fragestellung wird als sinnvoller angesehen als die Forderung nach einem «unveränderlichen» Zeitmaß. T. L.

2308. **G. M. Clemence,** Astronomical time. Rev. Modern Phys. **29** 2—8. — Definition der Zeit, ihre Messung als eine Aufgabe der Positionsastronomie, ihre Bewahrung mit Hilfe von Uhren. Böh.

2309. **R. T. Daly, J. H. Holloway,** The atomichron: An atomic frequency standard. Trans. Inst. Radio Engineers CS **5** Nr. 1 S. 25—27. — Ref. in Phys.

Ber. **37** 1268. — Enthält Angaben über die Leistung der Caesium-Atomuhr «Atomichron».

2310. **A. Danjon,** Durées du jour moyen, du jour solaire, du jour sidéral moyen et de la rotation de la Terre. BA **21** 145—152. — Revision der klassischen Angaben über die Länge des mittleren Tages, die des Sonnentages, die des mittleren Sterntages und die der Umdrehungszeit der Erde. Ihre Werte werden in Ephemeridenzeit und in Weltzeit gegeben. Definition der Sekunde. Verf.

2311. **A. Danjon,** Asupra definiţiei unităţii de timp. Metrol. apl. Nr. 11 S. 11—13, 1956. — Ref. in RJ 1957 Nr. 9 S. 19.

2312. **B. Decaux,** Horloges atomiques et moléculaires. Ann. Françaises Chronométrie (2) **11** 251—258.

2313. **H. Dingle,** The unit of time. Obs **77** 149—151.

2314. **P. N. Dolgow,** Die neuen Grenzen der Zonenzeiten in der UdSSR. Priroda **46** Nr. 1 S. 57—61 (russ.). — Nach einigen allgemeineren Bemerkungen über Zeit, Zeitdienst und die Notwendigkeit der Einführung der Zonenzeiten in den verschiedenen Staaten und speziell in Rußland und der UdSSR wird mitgeteilt, daß es bereits 1947 der zwischenbehördlichen Kommission für Einheitszeitdienst zur Auflage gemacht worden war, die Grenzen der Zonenzeitstreifen innerhalb des Gebiets der UdSSR zu überprüfen und aus administrativen und geographischen Gründen Änderungen zu erwägen. Nachdem die Planungen nun zu Ende geführt worden sind, werden die neuen Zonenzeitgrenzen vom 1. März 1957 ab gesetzlich gültig sein. Näheres vermitteln die beigegebenen Karten der neuen und alten Einteilungen. Loh.

2315. **L. Essen,** The units of time and length. Nature **180** 137—138. — Verf. legt dar, wie aus prinzipiellen Gründen und mit Rücksicht auf die Praxis der Messungen die Einheiten der Zeit und der Länge am besten festzulegen sind. Für die Zeit insbesondere schlägt er vor, Zeitintervalle in der atomar (durch die Caesium-Uhr) definierten Einheit zu messen, dagegen Epochen (Zeitpunkte) wie bisher durch astronomische Messungen festzulegen. Böh.

2316. **L. Essen, J. V. L. Parry, J. A. Pierce,** Comparison of caesium resonators by transatlantic radio transmission. Nature **180** 526—528. — Vergleich der Caesium-Normale des National Physical Laboratory in Teddington und des Atomichrons in Camden, New York, mit Hilfe zweier transatlantischer Radiowellen; es zeigt sich, daß die Frequenzen dieser beiden beschriebenen Caesium-Uhren auf etwa 1×10^{-9} übereinstimmen. Böh.

2317. **L. Essen, J. V. L. Parry,** The caesium resonator as a standard of frequency and time. Phil. Trans. Roy. Soc. London (A) **250** 45—69. — Es werden Aufbau, Arbeitsweise und Prüfung des am National Physical Laboratory in Teddington entwickelten Caesium-Resonators ausführlich beschrieben. Die Frequenz von rund 9200 MHz erweist sich als konstant bis auf 1×10^{-10} und die Caesiumuhr damit als das bisher genaueste Frequenz- und Zeitnormal. Mit ihm werden die Schwankungen des astronomischen Zeitmaßes für den Zeitabschnitt 1955 Juni—1956 Juni bestimmt. Böh.

2318. **L. Essen,** Note sur l'étalon atomique de temps et la définition de la seconde. P. V. Com. int. Poids Mesures (2) **25** 95—97. — Ref. in Phys. Ber. **37** 1691.

2319. **L. Essen,** Standards of time and frequency. Research **10** 217—224. — Ref. in Phys. Ber. **37** 1690.

2320. **F. M. Fedtschenko,** A one pendulum astronomical clock of high precision-ACF-1. AJ UdSSR **34** 652—663 (russ. mit engl. Ref.). — Verf. beschreibt die von ihm entworfene, sich sowohl durch große Einfachheit als auch besondere Genauigkeit auszeichnende Pendeluhr. Loh.

2321. **E. Fichera,** Il servizio del tempo all'Osservatorio Astronomico di Capodimonte. Boll. Geod. Sci. affini **16** 547—565. — Nach einem kurzen Überblick über die Grundbegriffe der Zeitbestimmung beschreibt Verf. die Instrumente, die am Observatorium in Capodimonte nach den modernsten Erfordernissen zur Durchführung des Zeitdienstes verwendet werden. Mit Hinweis auf die Untersuchungen des Verf. über die Methoden, welche den Fehler auf ein Minimum in den Beobachtungen reduzieren, wird die Auswahl der Sterne nach dem Prinzip des Verschwindens der Summe aller Azimutkoeffizienten empfohlen. Anschließend wird der Stundenregler eines Äquatorials beschrieben, der elektrisch von zwei Pendeln — eines für mittlere und das andere für Sternzeit — geregelt wird. Verf. (übersetzt)

2322. **A. D. Fokker,** Geodetic annual variation of the sideral day. Physica **23** 1100—1102. — Verf. berechnet den Einfluß der geodätischen Präzession auf die Tageslänge und findet, daß der eigentliche terrestrische Tag um 0.0356 μsec länger als der Sterntag ist, und die terrestrische Uhr infolge der Bewegung der Erde um die Sonne gegenüber der Sternzeit aber eine Schwankung des Standes von maximal $\pm$ 3.44 μsec zeigt. Böh.

2323. **C. M. Frye,** The pendulum. Horolog. J. **98** 414—416, 478—479, 1956. — Ref. in RJ 1957 Nr. 8 S. 29.

2324. **K. Fujiwara, S. Hamana, K. Futsukaichi, M. Torao, T. Hara, T. Sakai,** Some improvements of short wave receivers for time signal reception. TAB (2) Nr. 92 S. 991—998.

2325. **A. W. Fuller,** Universal rectilinear dials. Math. Gaz. **41** 9—24. — Ref. in RJ 1958 Nr. 3 S. 1, ZfMG **77** 7.

* * **R. Gerharz,** On the universal standard of time and the velocity of light. Vgl. Ref. 2159.

2326. **E. Guyot,** Le cadran aux étoiles, un instrument primitif pour déterminer l'heure pendant la nuit. Ann. Françaises Chronométrie (2) **11** 119—125. — Wenn man annimmt, daß sich der Polarstern genau im Norden befindet, kann man ihn als Zentrum eines Zifferblattes ansehen, wobei jeder beliebige andere Stern den Zeiger darstellt. Das Sternenzifferblatt, im Französischen auch «nocturlabe» genannt, besteht aus zwei konzentrischen, an einem Stiel befestigten Kreisringen und zwei Armen PA und PB, die vom Mittelpunkt ausgehen, wo eine kleine Öffnung das Anvisieren des Polarsterns gestattet. Wenn man die Stellung des PB-Arms in bezug auf den PA-Arm einstellt, genügt es, den gewählten Stern mit PA anzuvisieren, damit PB die Uhrzeit auf dem Zifferblatt anzeigt. Ein auf dem gleichen Prinzip beruhendes Instrument wurde schon von den Chinesen im 11. Jahrhundert v. Chr. erfunden. Die «nocturlabes» unserer Museen stammen im allgemeinen aus dem Anfang des 16. Jahrhunderts. Verf.

2327. **E. Guyot,** Peut-on encore améliorer la détermination de l'heure? Bull. annuel Soc. suisse Chron. **3** 637—641, 1956; J. Suisse Horlog. Bijouterie 81 269—273, 1956. — Ref. in RJ 1957 Nr. 10 S. 18.

2328. **E. Guyot,** Un problème gnomonique. Rev. Internat. Horlog. Nr. 12 S. 29—32, 1956. — Ref. in RJ 1957 Nr. 8 S. 11.

2329. **S. Iijima, G. Shibutani,** Travel time of radio signals between Hawaii and Tokyo. TAB (2) Nr. 97 S. 1033—1050. — Aus gleichzeitigen Aufnahmen bestimmter von Tokyo und Hawai ausgestrahlter Zeitzeichen in Tokyo und Hawai 1955 und 1956 werden die Laufzeiten dieser Wellen abgeleitet und diskutiert. Böh.

2330. **A. Luplau Janssen,** Det astronomiske Ur i Domkirken i Strasbourg. Urania København **14** 21—23. — Beschreibung der Kunstuhr im Dom zu Straßburg. C. L. J.

2331. **H. Krüger,** Über den Einfluß des Windes auf Zeitbestimmungen in Tokio, Leningrad und Potsdam. Vermessungstechnik 1957 Heft 5, 6 S. = Mitt. Geodät. Inst. Potsdam Nr. 5. — Ref. in Astr. Nachr. Berlin-Treptow **9** 123.

2332. **M. Lavet, J. Dietsch,** Entretien sans lieu matériel des balanciers de chronométrie. CR **245** 1304—1306. — Es wird eine Vorrichtung beschrieben, bei der eine Chronometerunruhe ohne direkte mechanische Vorrichtung in Gang gehalten wird. Ein auf der Unruhe befestigter Magnet schwingt an zwei Spulen vorbei. Der in einer Spule erzeugte Spannungsstoß steuert einen Transistor, mit dem in der zweiten Spule die Antriebsimpulse gegeben werden. Mehltretter

2333. **L. M. Loske,** Modern universal time clocks and planetaria. Horolog. J. **99** 610—611, 632. — Ref. in RJ 1958 Nr. 6 S. 16.

2334. **L. J. Lukeš,** Determination of corrections of a ship-chronometer from the permanent time signals. RH **38** 149—151 (tschech.).

2335. **K. Matsuura, Y. Sugiura, G. M. Hatoyama,** Frequency shift in the absorption line of ammonia in microwave region. Bull. electrotech. Tokyo **21** 612—621 (japan. mit engl. Ref.). — Ref. in Phys. Ber. **37** 1691.

2336. **C. Mazzon,** Il centro dell'ora presso il Politecnico di Milano. Ric. Sci. **27** 2727—2747.

2337. **N. N. Medwedew,** Zur Methodik des Vergleichs von Ungenauigkeiten, die von elektromagnetischen und optischen Zählern in die Schwingungsperiode der Pendel hineingetragen werden. Abh. Shdanow-Staatsuniv. Leningrad Nr. 190 (Math. Nr. 29) S. 192—197 = Publ. Astr. Obs. Leningrad **17** 192—197 (russ.). — Der Vergleich von Ungenauigkeiten, die von optischen und elektromagnetischen Zählern in die Bestimmung der Schwingungsperiode des Pendels bei gravimetrischen Messungen hineingetragen werden, zeigt die Überlegenheit der optischen Zähler. Bei einer zweistündigen Beobachtung eines Halbsekundenpendels betrug der Fehler in der Schwingungsperiode $\pm 1 \times 10^{-7}$ sec bei optischen, $\pm 6 \times 10^{-7}$ sec bei elektromagnetischen Zählern. Ond.

2338. **B. Milasovszky,** Uhrstand und Instrumentenazimut bei astronomischen Zeitbestimmungen. Mitt. Fakult. Bergingenieure, Geo-Ingenieure, Sopron **19** 191—225, 1956.

2339. **M. P. Mischtschenko,** Über den Einfluß der Wärmestrahlung auf die Beobachtungen der Uhrkorrektionen. Abh. Shdanow-Staatsuniv. Leningrad Nr. 190 (Math. Nr. 29) S. 179—191 = Publ. Astr. Obs. Leningrad **17** 179—191 (russ.). — In unmittelbarer Nähe des Beobachtungspavillons in östlicher Richtung befinden sich Gebäude und Bäume, deren Wärmestrahlung, wie gezeigt wird, die Beobachtungen mit dem photoelektrischen Durchgangsinstrument bedeutend beeinflußt. In Abhängigkeit davon, wie weit der Spalt des Pavillons geöffnet war, und ob das Instrument mit einem Mantel thermisch isoliert wurde oder nicht, wurden systematische Differenzen in den Zeitkorrektionen festgestellt. Verf. zeigt, daß eine frühere Längenbestimmung mit einem Fehler behaftet ist, der auf die beschriebenen Wärmeeinflüsse zurückzuführen ist. Verf. kommt zu dem Schluß, daß ein genaues Beachten der thermischen Einflüsse die Genauigkeit der astronomischen Beobachtungen erhöhen kann. Ond.

2340. **H. Moreau,** Système international d'unités et nouvelle définition de la seconde. La Nature **85** 384—385. — Die Arbeit enthält, mit ergänzenden Bemerkungen versehen, eine Zusammenstellung der Einheiten des M. K. S. A.- (= Meter-Kilogramm-Sekunde-Ampère-)Systems und die Definition der Zeit, wie sie durch Beschlüsse vom Comité International des Poids et Mesures 1956 festgelegt worden sind. Böh.

2341. **S. P. Nikitin,** Ein Näherungsausdruck für die Gleichung der vom Schattenende eines Gnomons beschriebenen Kurve. Abh. Staatl.

Pädagog. Inst. Gomel 1956 Nr. 3 S. 167—181 (russ.). — Ref. in RJ 1958 Nr. 7 S. 11.

2342. **O. Obůrka,** Development of clocks and evolution of time determination. RH **38** 126—133 (tschech.).

2343. **M. W. Ovenden,** Time and the second. Science Progr. **45** 53—62.

2344. **I. Pavlov,** Der gyroskopische Chronograph und seine Anwendung. Nastava Math. Phys. **4** Nr. 1 S. 20—28, 1955 (serb.).

2345. **V. Ptáček,** Construction and proprieties of modern quartz clocks. RH **38** 1—5 (tschech.).

2346. **V. Ptáček,** Tschechoslowakische Zeitsignale. RH **38** 16—17 (tschech.).

2347. **Y. Requième,** Application de l'amplificateur de temps Belin à la réception des signaux horaires. Ann. Françaises Chronométrie (2) **11** 285—296.

2348. **M. Rudolph,** Compteur enregistreur. Définition: 1 microseconde. Ann. Françaises Chronométrie (2) **11** 307—311.

2349. **A. Scheibe, U. Adelsberger, G. Becker, G. Ohl, R. Süss,** Konstruktion und Leistung neuer Quarzuhren der Physikalisch-Technischen Bundesanstalt. Z. angew. Phys. **8** 175—183, 1956.

2350. **W. P. Schtscheglow,** Einige Probleme des Zeitdienstes in Zusammenhang mit dem Internationalen Geophysikalischen Jahr. Acta Astr. Sinica **5** 6—10 (chines. mit russ. Titel).

2351. **K. Shimoda,** Precise frequency of the 3.3 inversion line of ammonia. J. Phys. Soc. Japan **12** 558. — Ref. in Phys. Ber. **37** 1691.

2352. **A. Stoyko,** Etude de propagation des ondes radioélectriques entre les stations antipodes. Ann. Françaises Chronométrie (2) **11** 153—158. — Die Betrachtung der Empfangszeiten radioelektrischer Zeitsignale in Stationen, die fast an den Antipoden der Sendestationen liegen, hat gezeigt, daß sich die dekametrischen Wellen mit derselben scheinbaren Geschwindigkeit ausbreiten, sowohl auf dem kürzeren wie auf dem längeren Wege (Superpropagation). Der aus 2950 Einzelbestimmungen abgeleitete Wert beträgt 282.000 km/sec für den einen wie für den anderen Weg, wenn die Beleuchtungsbedingungen durch die Sonne ungefähr dieselben sind. Verf.

2353. **A. Stoyko,** Réductions des heures définitives des années 1955 et 1956 dans le système du Service International des Latitudes. Bull hor (F) Nr. 11 S. 277—278, 1956.

2354. **A. Stoyko,** La précision des services horaires de 29 observatoires en 1956. Bull hor (F) Nr. 12 S. 299—305.

2355. **A. Stoyko,** Heure définitive (TU2) des signaux horaires en 1957. Bull hor (F) Nr. 13 S. 327—331.

2356. **A. Stoyko,** L'heure définitive pendant l'Année Géophysique Internationale (Troisième opération des longitudes mondiales). Bull hor (F) Nr. 16 S. 403—404.

2357. **A. Stoyko,** Vitesse apparente de propagation des ondes très longues. Onde élect. **37** 541—542. — Ref. in Phys. Ber. **37** 1455.

2358. **P. Szkalnitzky,** Die Entwicklung des Internationalen Zeitdienstes nach dem Kongreß für Chronometrie in Paris, 1954. Österreich. Z. Vermessungswesen **45** 164—175.

2359. **T. Ungerer, C. Ungerer, L. Leclerc,** L'horloge astronomique de la cathédrale de Strasbourg, historique, description, fonctionnement. Strasbourg, Le Roux, 1956. 9. Auflage. 48 S. Preis 150 fr.

2360. **W. M. Wassiljew,** A comparison of clock corrections, improved by means of temperature gradients in the observing-room, with standard time. Mitt. Astr. Hauptobs. Pulkowo **20** Nr. 4 (157) S. 137—142 (russ. mit engl. Ref.). — Die Beobachtungen der Zeitkorrektionen im Jahre 1955 mit dem photoelektrischen Durchgangsinstrument Hildebrand wurden mit sorgfältigen Messungen des Temperaturfeldes im Beobachtungsraum ergänzt. Verf. zeigt, daß die Zeitbestimmung bedeutend genauer wird, wenn die Temperatureinflüsse in Betracht gezogen werden. Ond.

2361. **L. Webrová,** The time-service in Czechoslovakia and German Democratic Republic. RH **38** 247—252 (tschech.).

2362. **S.-H. Yeh,** On the seasonal fluctuation of astronomical determination of time at Zi-Ka-Wei Observatory. Acta Astr. Sinica **5** 281—291 (chines. mit engl. Ref.).

2363. **E. Zinner,** Die Planetenuhren von Dondi und Regiomontan. «Die Uhr» **11** Nr. 21 S. 18—20.

2364. Documentation sur les radiosignaux horaires. Ann. Françaises Chronométrie (2) **11** 57—95.

2365. Heures de réception des signaux radiotélégraphiques et longitudes conclues. BAB **4** 207.

2366. Premier supplément à la liste des coordonnées des stations d'émission et de réception des signaux horaires et leurs distances mutuelles. Bull hor (F) Nr. 14 S. 353—355.

2367. Time Service. Observations with reversible transit and wireless time signals 1947. Greenwich Astronomical Results 1947. A 23—A 45. Desgl. für 1949. A 27—A 51.

2368. Zwei neue Weltzeituhren. Monatsschr. Feinmech. Optik **74** Nr. 2 S. 55—56. — Ref. in RJ 1957 Nr. 11 S. 12.

2369. A caesium clock. Nature **179** 701.

2370. Neue Grenzen der Zonenzeiten in der UdSSR. NAZ **11** 8.

2371. Astronomische Kalenderuhr. Neue Uhrmacher-Zeitung **11** Nr. 19 S. 26—27. — Ref. in RJ 1958 Nr. 1 S. 10.

2372. Gravitational and atomic time-scales. Sky and Telescope **16** 122—123. — Ref. AAS. — Ref. in NAT 1957 S. 33.

Sonnenuhren

2373. **H. Bencker,** In the shade of a sun dial. Internat. Hydrogr. Rev. **33** 197—201, 1956. — Ref. in RJ 1957 Nr. 8 S. 8.

2374. **H. Egger,** About sundials and moondials. Sky and Telescope **16** 480—481.

2375. **W. Schaub,** Berechnung und Bau von Sonnenuhren. Sterne **33** 209—220.

2376. **G. C. Shephard,** Queens' College dial: a short description of the sun-dial in Queens' College Cambridge. Birmingham, G. C. Shepard, 1957. 2. Auflage. 62 S. mit Fig.

2377. **I. Szeghy,** Automatic sun-dial for M. E. T. RH **38** 97—99 (slowak.).

2378. **E. Zinner,** Alte Sonnenuhren an Gebäuden sind bedroht. Forschungen und Fortschritte **31** 364—367.

2379. **Zeitsignale**
Regelmäßige Mitteilungen bzw. Sendezeiten in: AC, AN, Astr. Ústav ČSAV Praha, BAC, Bull. Obs. Astr. Beograd, Bull hor, Bull. Zeitdienst Astr. Hauptobs. Pulkowo, Circ. Astr. Obs. Taschkent, Obs. Neuchâtel Bull. (A), (B), (C), (D), Obs. Neûchatel Circ. Ferner in: NAZ **11** 4, 28, 31, NAZvM 309, 314, 320, 321, 341, 354, 355, RH **38** 65, 87, 109, 134, 161, 189, 212, 236, 259, 282, UAI Circ 1583, 1587, 1593, 1595, 1598, 1601, 1623, 1631, 1633.

§ 24

Beobachtungs- und Reduktionsmethoden

* * **J. Arsac,** Application of mathematical theories of approximation to aerial smoothing in radio astronomy. Vgl. Ref. **12604**.

2401. **B. S. Balshinowa,** Über eine Methode zur Bestimmung der Örter Großer Planeten aus photographischen Beobachtungen. Nachr. Akad. Wiss. Usbek. Sowjetrepublik (Phys.-Math.) 1957 Nr. 1 S. 95—98 (russ.). — Ref. in RJ 1957 Nr. 12 S. 18.

2402. **J. Borgman,** L'application de la télévision à la découverte d'étoiles variables. Rev. tech. Philips (Pays-Bas) **19** 134—136.

* * **P. ten Bruggencate,** Methoden und Ergebnisse der Bestimmung astronomischer Entfernungen. Vgl. Ref. **9301**.

* * **A. W. Butkewitsch,** The calculation of latitude from observations by Pewzow's method. Vgl. Ref. **13203**.

* * **T. Chojnicki,** Fotograficzna tuba zenitalna. Vgl. Ref. **2101**.

* * **Z. Czerski,** Eine neue Methode zur Bestimmung des astronomischen Azimuts und der geographischen Koordinaten. Vgl. Ref. **13204**.

* * **J. Dick,** Ein neuartiger Instrumententypus der Positionsastronomie. Das Photo-Zenitrohr. Vgl. Ref. **2103**.

* * **J. Dick,** Aufgaben und Technik der heutigen Meridianastronomie. Vgl. Ref. **9105**.

2403. **J. Dick,** Gibt es eine Möglichkeit unpersönlicher Kreisablesung? Wiss. Ann. **6** 746—752. — Verf. weist darauf hin, daß die photographische Kreisablesung an Meridianinstrumenten gegenüber der visuellen nicht merklich genauer ist, und schlägt dafür eine lichtelektrische Methode vor. Böh.

* * **E. Fichera,** Sulla determinazione di tempo con osservazioni di passaggi in meridiano. Vgl. Ref. **3106**.

2404. **M. A. Giannuzzi,** La moderna colorimetria delle stelle binarie ed il nuovo fotometro colorimetrico dell'Osservatorio Astronomico di Monte Mario. Rend. Accad. Nazionale Lincei, Cl. Sci. fis., mat., nat. (8) **22** 464—469 = Oss. Astr. Roma Monte Mario Contr. Sci. (NS) Nr. 238. — Darstellung der zu Grunde gelegten Theorie und der Methode von Hopmann zur Farbmessung der Komponenten visueller Doppelsterne im Hinblick auf eine zukünftige Benutzung des neugebauten kolorimetrischen Photometers in Monte Mario, welches ähnlich dem an der Sternwarte in Wien ist. Cester

* * **P. van de Kamp,** Elements of long-focus photographic astrometry. Vgl. Ref. **3005**.

2405. **N. S. Kapany,** A light funnel for stellar spectrograph. AJ **62** 20. — Ref. AAS.

2406. **D. N. Katsis,** Les méthodes de mesure des distances des étoiles. Bull. milit. geogr. Amt 1957, 16 S. = Monographie Griech. Astr. Ges. Nr. 8 (griech. mit französ. Ref.). — Artikel über die Methoden zur Bestimmung der Entfernungen der Himmelskörper (Sonnensystem, Milchstraße und außergalaktische Nebel). Mawridis

2407. **F. Kępiński,** Méthode pour déterminer l'azimut en observant le passage de paires d'étoiles par le même almucantarat près du premier vertical et symétriquement par rapport au méridien. Acad. Polon. Sci. Comité Géod. Varsovie 1957, 6 S. = Comm. 11e Ass. générale. Union Géod. Géophys. Internat., Toronto, 3—14 Sept. 1957. — Verf. beschreibt eine Methode der Azimutbestimmung, bei der zu beiden Seiten des Meridians nahe dem ersten Vertikal der Durchgang eines Sternpaares durch denselben Höhenkreis beobachtet wird, und macht auf einen von ihm zusammengestellten, unveröffentlichten Katalog von 275 Sternpaaren aufmerksam, welcher für diese Methode erforderlich ist. Böh.

2408. **A. Kranjc,** Rettifica e determinazioni delle costanti strumentali di un equatoriale. Mem SA It (NS) **28** 35—39 = Contr. Oss. Astr. Milano-Merate (NS) Nr. 103. — Es wird eine Schnellmethode für die Justierung der Richtung der Polachse eines photographischen Äquatorials beschrieben mitsamt dem Rechenschema für die Instrumentalkonstanten. Verf.

* * **A. N. Kusnezow,** Über die Berechnung der Breite nach dem Pewzowschen Verfahren. Vgl. Ref. **13210.**

* * **A. N. Kusnezow,** Über die Zenit- und Azimutverfahren zur Zeit- und Breitenbestimmung. Vgl. Ref. **13211.**

2409. **J. N. Lipskij,** Eine photoelektrische Methode zur Festlegung des Öffnungs- und Schließmomentes des Verschlusses astrophotographischer Kameras. AC Nr. 187 S. 5 (russ.). — Für Aufnahmen künstlicher Erdsatelliten werden mit Hilfe einer Photozelle, die auf ein infrarotes (2.5 μ), das Objektiv durchsetzendes Lichtbündel anspricht und mit einem Oszillographen verbunden ist, die Verschlußzeiten auf 0.002 bis 0.003 Sekunden genau bestimmt. Petri

* * **L. J. Lukeš,** Ein neues Verfahren der astronomischen Orientierung. Vgl. Ref. **13213.**

* * **J. R. Platt,** Increase of telescope resolution with time-selection and an image-forming stellar interferometer. Vgl. Ref. **2033.**

2410. **C. I. Potter,** A new method for determining the photographic positions of celestial objects. AJ UdSSR **34** 250—260 (russ. mit engl. Ref.). — Zur Bestimmung der Position eines Himmelskörpers nahe dem optischen Zentrum auf Grund von Anhaltsternen wird ein neues Verfahren vorgeschlagen. Hierbei werden die Winkel benutzt, welche die Richtungen vom optischen Zentrum zu den verschiedenen Anhaltsternen bilden. Bei der Messung dieser Winkel wird der Einfluß radialer Aberrationen — Koma, Astigmatismus, chromatische Seitenaberration, Verzerrung — sowie auch ungenauer Kenntnis des Skalenwertes, möglicher Maßstabsunterschiede in verschiedenen Azimuten oder von Krümmungen der Brennebene völlig ausgeschaltet. Wegen der Symmetrie der Sternbilder zur Radialrichtung verkleinert sich auch der zufällige Meßfehler erheblich. Dies Verfahren kann sich als zweckmäßig erweisen, wenn auf der Platte wenig Anhaltsterne sind, die sich unsymmetrisch um das zu messende Objekt verteilen und von der Plattenmitte weit entfernt sind. Verf. (übersetzt, gekürzt)

2411. **C. I. Potter,** A method for reducing photographs obtained with a polar-tube. Mitt. Astr. Hauptobs. Pulkowo **20** Nr. 4 (157) S. 101—120 (russ. mit engl. Ref.). — Das Polfernrohr von Pulkowo wurde 1951 erbaut. Es ist von der Außenluft thermisch isoliert (vor dem Objektiv ist eine planparallele Glasscheibe), die Brennweite beträgt 6 m. Verf. beschreibt die Methodik der Bearbeitung der Negative. Die gemessenen Poldistanzen werden wegen differentieller Refraktion, Veränderung des scheinbaren Ortes des Sternes während der Aufnahme sowie auch wegen Abweichung der Polmarke vom Pol korrigiert. Ferner gibt Verf. die Ableitung des Maßstabes der Platte und der Gleichungen für die Bestimmung der Aberrations- und Nutationskonstanten. Ond.

2412. **R. Rigollet,** Note sur un nouveau procédé d'observation photographique des météores pour la détermination des orbites. Acta Astr. Sinica **4** 264—272, 1956 (chines. mit französ. Ref.).

* * **R. Roelofs,** Gleichzeitige Bestimmung von Breite, Länge und Azimut. Vgl. Ref. **13220.**

* * **R. Roelofs,** Neue Methoden der Sonnenbeobachtung zur Orts- oder Azimutbestimmung. Vgl. Ref. **13221.**

* * **P. Rybka,** Problemy instrumentalne astronomii południkowej. II. Vgl. Ref. **2122.**

2413. **W. A. Sanamjan,** Die Methode der dauernden Signalanhäufung und ihre Anwendung zur Erhöhung der Empfindlichkeit eines mit Phasenumschaltung arbeitenden Radio-Interferometers. Mitt. Obs. Bjurakan Nr. 22 S. 3—33 (russ. mit armen. Ref.). — Die Arbeit gliedert sich in zwei Teile: Im ersten wird die Methode der Signalhäufung beschrieben; Schaltbilder etc. sind beigegeben. Der zweite Teil bringt als Anwendung die Untersuchung einiger diskreter Radioquellen. Nach Angabe des Verf. sollte die vorliegende Methode gegenüber den früheren wesentliche Verbesserungen mit sich bringen. Oster

2414. **S. F. Smerd, J. P. Wild,** The effects of incomplete resolution on surface distribution derived from strip-scanning observations, with particular reference to an application in radio astronomy. Phil. Mag. (8) **2** 119—130 = Commonwealth Sci. Industrial Res. Organization, Australia, Division Radiophys. — Ref. in Phys. Abstracts (A) **60** 362.

* * **K. N. Tawastscherna,** Fundamentale Bestimmung des Längenunterschiedes zwischen dem Astronomischen Observatorium der Staatsuniversität Leningrad und dem Wissenschaftlichen Forschungsinstitut für Metrologie der UdSSR mittels photoelektrischer Methode. Vgl. Ref. **13229.**

2415. **S. Vasilevskis,** Automatic measurement of astrographic plates. AJ **62** 35. — Ref. AAS.

* * **E. Zaiser,** Astronomische Ortsbestimmung aus Geschwindigkeitsmessungen der Sonne. Vgl. Ref. **13234.**

2416. Económico instrumento de pasos. El Universo Nr. 41 S. 198—199.

2417. Glas light funnels. Sky and Telescope **16** 175.

2418. Punch-card observing. Sky and Telescope **17** 6. — Ref. AAS.

2419. Papers on reduction methods for photographic meteors. Smithsonian Contr. Astrophys. **1** 183—243 = Harv Repr (2) Nr. 96. — Inhalt: F. L. Whipple, L. G. Jacchia, Reduction methods for photographic meteor trails, S. 183—206; G. S. Hawkins, The method of reduction of short-trail meteors, S. 207—214; R. E. McCrosky, A rapid graphical method of meteor trail reduction, S. 215—224; A. F. Cook, R. F. Hughes, A reduction method for the motions of persistent meteor trains, S. 225—237; F. L. Whipple, F. W. Wright, Methods for the study of shower radiants from photographic meteor trails, S. 239—243.

2420. Moonwatch observing methods. Trans. American Geophys. Union **38** 1010—1011. — Ref. in RJ 1958 Nr. 10 S. 71.

§ 25

Systematische, Instrumentelle, Methodische Fehler

2501. **P. Bacchus,** Sur le rendement de la détermination des corrections de graduation. BA **21** 17—38. — Mit dem Ziel, eine optimale Methode zur Bestimmung der Korrektionen einer Kreisteilung zu finden, werden zunächst für die vereinfachte Brunssche Rosettenmethode mit verschiedenen Berechnungsarten die «Ergiebigkeit» (die reziproke «Aufwandszahl») und die Unsicherheit bestimmt und mit den entsprechenden Werten für die vollständige Methode verglichen. Die vereinfachte Methode erweist sich als vorteilhaft. Proberechnungen zur Verallgemeinerung der Brunsschen Methode zeigen, daß eine gewisse Freiheit in der Wahl der optimalen Methode bleibt. Schließlich wird noch die Unsicherheit für die Anschlußmethode untersucht. O. G.

2502. **G. Becq, P. Melchior,** Etude des erreurs de division d'un cercle méridien à l'aide d'observations d'étoiles fondamentales. Commun. Obs. Roy. Belgique Nr. 117, 25 S. — Die am Askania-Meridiankreis Uccle beobachteten Deklinationen von FK3R-Sternen lassen eine auffällige Periode in den individuellen Korrektionen von 2° erkennen. Sie ist verursacht durch Teilungsfehler von dieser Periode, die entstanden sind durch sukzessives Aneinanderfügen eines von einem Mutterkreis kopierten 2°-Bogens bei der Teilung des Kreises. Die individuellen Korrektionen lassen eine sehr sichere Bestimmung des Verlaufs der Teilfehler innerhalb dieses 2°-Intervalls zu. Bo.

2503. **E. Buchar,** La question de l'invariabilité de la hauteur de passages dans la méthode des hauteurs égales. Studia geophys. et geodaet. **1** 225—232. — Verf. befaßt sich mit dem Einfluß der Variation der Zenitdistanz von Sterndurchgängen in der Methode gleicher Sternhöhen, insbesondere bei der Beobachtung mit dem Zenitteleskop. J. B.

2504. **M. F. Bykow,** Ein neues Verfahren zur Untersuchung der Kreisteilungsfehler astronomischer Instrumente. Nachr. Akad. Wiss. Usbek. Sowjetrepublik (Phys.-Math) 1957 Nr. 3 S. 101—105 (russ. mit usbek. Ref.). — Ref. in RJ 1958 Nr. 7 S. 9.

2505. **D. W. Dewhirst, P. B. Fellgett, R. V. Willstrop,** Distortion of square and circular Schmidt plates. Obs **77** 198—200. — Auf Platten von Schmidt-Spiegeln können die scharfen Sternbilder sehr genau vermessen werden. Entsprechend genaue Örter erhält man nur dann, wenn die Verzerrungen berücksichtigt werden, die sich aus der Durchbiegung der Platte zu einer sphärischen Fläche während der Aufnahme ergeben. Bei kreisförmigen Platten sind die Verschiebungen rein radial, bei quadratischen Platten treten auch tangentiale Komponenten auf. Ein Vergleich der von Dieckvoss gemessenen Verzerrungen mit den von Shepherd und Radenković gerechneten Werten zeigt weitgehende Übereinstimmung. Vermessungen von Platten, die mit einer Schmidt-Kamera des Observatoriums Cambridge Engl. aufgenommen wurden, ergaben bei Berücksichtigung der Korrektionen eine für die Brennweite hohe Genauigkeit. O. G.

2506. **S. Drosdow,** Die Abhängigkeit der Änderung des Zenitortes an der Mikrometertrommel des Zenitteleskops von der Temperatur. AC Nr. 185 S. 20—21 (russ.).

2507. **V. Gajdušek,** Influence of air-turbulence on the quality of telescopic images. RH **38** 57—62 (tschech.).

2508. **S. Guidarelli,** Il problema termico nel progetto del nuovo spettrografo stellare per l'Osservatorio di Merate. Atti Fondaz. Ronchi **12** 317—326. — Ref. in Phys. Abstracts (A) **61** 1.

2509. **S. Guidarelli,** The effect of atmospheric pressure on a spectroscope. Atti Fondaz. Ronchi **12** 423—430 (italien.). — Ref. in Phys. Abstracts (A) **61** 539.

2510. **E. A. Gurtowenko,** Über die Helligkeitsgleichung in der Astrometrie. Mitt. Astr. Hauptobs. Golossejewo **2** Nr. 1 S. 95—111 (russ.).

2511. **H. Haffner,** Über Reflexbilder bei Schmidtspiegeln. Optik **14** 335—344 = Mitt. Sternw. Hamburg-Bergedorf **23** Nr. 262. — Durch doppelte Reflexion des einfallenden Bündels innerhalb der Korrektionsplatte eines Schmidtspiegels entsteht in seiner Bildfläche ein Lichtscheibchen. Es liegt konzentrisch um das primäre Bild eines Sterns und stört etwa beim Mt. Palomar Sky Atlas in der Nachbarschaft jedes Sternes heller als 5. Größe ein Feld von 10′ Durchmesser. Als Ausgangspunkt für die Theorie dieser Lichthöfe wird ein algebraischer Ausdruck für die zur Hebung der sphärischen Aberration notwendige Deformation der ankommenden ebenen Wellenfläche hergeleitet. Mit ihm läßt sich auch die Deformation des doppelt reflektierten Bündels und die Geometrie der zugehörigen Lichthöfe einfach beschreiben und verstehen. Ferner läßt sich die Intensitätsverteilung in dem Scheibchen damit bestimmen. Die theoretischen Ergebnisse entsprechen völlig dem empirischen Befund. Das einzige Mittel zur Unterdrückung dieser Reflexe ist beidseitige Vergütung der Korrektionsplatte. Verf.

2512. **L. Homoródi,** Egy teodolit körosztásának vizsgálata. Geodézia és Kartográfia **9** 19—24 (mit französ. Ref.). — Untersuchung der Kreisteilung eines Wildschen T 3-Theodoliten.

2513. **A. K. Korol,** Über eine Besonderheit der Berücksichtigung der Biegung bei Beobachtungen am Vertikalkreis. AC Nr. 182 S. 8 (russ.).

2514. **S. L. Lippincott,** Accuracy of positions and parallaxes determined with the Sproul 24-inch refractor. AJ **62** 55—69 = Sproul Obs. Repr. Nr. 98. — Die Fehlerquellen der mit dem 24″-Sproul-Refraktor bestimmten Positionen und Parallaxen werden an Hand von Aufnahmeserien von 53 Sternen (1912—1954) untersucht. Es zeigen sich ein Anwachsen der Fehler mit wachsender Ausdehnung der Bezugssternkonfiguration, eine Abhängigkeit der Fehler in Deklination von der Kulminationshöhe, eine Farbgleichung. Ferner ergeben sich systematische Fehler während verschiedener Nachtzeit und beim Vergleich von Sommer- und Winterbeobachtungen. Zuletzt wird die Auswirkung solcher Fehler auf die Parallaxenbestimmungen diskutiert. Im allgemeinen dürften die wirklichen wahrscheinlichen Fehler größer sein als die formal berechneten. Doch zeigt sich keine merkbare systematische Differenz zwischen den absoluten Parallaxen des Sproul-Observatoriums und den Mittelwerten anderer Sternwarten. Gli.

2515. **I. W. Pejssachson,** Die Berücksichtigung des verzerrenden Einflusses des optischen Systems eines Monochromators auf das beobachtete Profil einer Spektrallinie. Bote Univ. Leningrad 1955 Nr. 5 S. 129—143 (russ.). — Ref. in RJ 1957 Nr. 12 S. 20.

2516. **G. P. Pilnik,** The collimation of the transit instrument. AJ UdSSR **34** 97—101 (russ.). — Die Elimination der Kollimation durch Umlegen des Instruments setzt voraus, daß dieser Fehler zeitlich konstant ist. Nach den mitgeteilten Untersuchungen an mehreren Passageninstrumenten ist diese Annahme unzutreffend. Es ergab sich im Mittel eine stündliche Änderung der Kollimation um 0ˢ05. Außerdem fand sich eine starke Abhängigkeit von der Zenitdistanz. Zwischen z = 0° und z = 55° betrugen die Abweichungen bis 0ˢ2. Petri

2517. **G. P. Pilnik,** Von der Beobachtungsreihenfolge abhängige Fehler der Zeitbestimmung mit dem Passageninstrument. Publ. Astr. Sternberg-Inst. **27** 37—156, 1956 (russ.).

2518. **E. Proverbio,** Studio sugli errori cronografici. Mem SA It (NS) **28** 221—230 = Contr. Oss. Astr. Milano-Merate (NS) Nr. 116. — Qualitativ und quantitativ werden die verschiedenen Arten der systematischen Fehler untersucht, welche sowohl bei der Registrierung der Signale als auch bei der Ablesung der Chronographenstreifen auftreten. Es wird dabei eine genauere Methode der Streifenablesung des Fundamentalchronographen der Sternwarte Brera entwickelt, der für die Zeitbestimmung benutzt wird. Ferner werden die Werte für die innere Genauigkeit dieses Chronographen abgeleitet. Verf.

2519. **J. Rösch,** Suppression du spectre secondaire d'un objectif à deux verres. J. Phys. Radium **18** 13S. — Ref. Soc. française Phys.

2520. **C. R. Schakirowa,** Die systematischen Fehler der aus Sternbeobachtungen am Passageninstrument zu verschiedenen Nachtstunden bestimmten Uhrkorrektionen. Publ. Astr. Obs. Taschkent (2) **5** 71—91 (russ.). — Verf. ermittelte aus Beobachtungen an einem Passageninstrument im Jahre 1952 die Uhrkorrektionen und wies daraus die Existenz solcher Fehler nach. Zur ihrer Erklärung wurde der Einfluß der systematischen Fehler des FK 3, der Zapfenungleichheit, der Refraktion und der Temperatur untersucht. Die Fehler des FK 3 ($\Delta\alpha_\alpha$) dürften hiernach keine unwesentliche Rolle spielen. Loh.

2521. **W. Schuler,** Considérations sur la précision de la lunette zénithale photographique. Bull. annuel Soc. Chronométrie Laboratoire suisse Rech. horlogères **4** 205—207 = J. suisse Horlog. Nr. 9—10 (éd. suisse). — Die vorläufigen Beobachtungsergebnisse April—Okt. 1956 werden diskutiert. Die mittleren Fehler für eine Zeit- bzw. Breitenbestimmung aus 12 Sternen (= 1 Gruppe) werden mit 6—7 msec bzw. 0ʺ07 angegeben. T. L.

2522. **R. Sigl,** Der Einfluß systematischer, insbesondere persönlicher Beobachtungsfehler auf die Laplace-Gleichung. Bull. géod. (NS) Nr. 44 S. 63—65.

2523. **G. Silva,** Sulla determinazione degli errori di lettura di una livella dovuti a imperfezioni della costruzione. Rend. Accad. Nazionale Lincei Cl. Sci. fis., mat., nat. (8) **22** 257—266 = Oss. Astr. Padova Pubbl. Nr. 111. — Im Anschluß an die Untersuchungen von Jordan, Wanach, Hirvonen und Brein wird für das «Chauvenetsche Problem», aus den Libellenablesungen selbst deren Defekte, sowie Abweichungen von der konstanten Krümmung, Änderungen der Libellenlänge etc. zu bestimmen, ein neues Verfahren zur Aufstellung der Fehlergleichungen empfohlen, welches dann nach der Methode der kleinsten Quadrate aufzulösen ist. Fleckenstein

2524. **S. Vasilevskis,** Precision obtainable with the 20-inch Carnegie astrograph. AJ **62** 113—119 = Lick Obs. Bull. Nr. 552. — Sechs am Carnegie-Astrographen erhaltene Aufnahmen (17 × 17 Zoll) von drei verschiedenen Feldern wurden einmal mit dem Koordinatenmeßgerät des Observatoriums der Yale Universität und zum anderen mit dem automatischen Gerät des Watson-Laboratoriums ausgemessen. Vergleichende Fehlerbetrachtungen für verschiedene Meßreihen zeigten, daß 1.) das gesamte Feld von 6° × 6° für Bestimmungen von Eigenbewegungen benutzt werden kann, 2.) die Genauigkeit einer Messung des automatischen Gerätes diejenige von vier Messungen mit dem üblichen Gerät übertrifft und 3.) das Bild eines roten Sternes gegenüber dem eines blauen in der Nähe des Plattenrandes um 0ʺ2 vom Plattenzentrum weg verschoben ist. Beck

2525. **S.-H. Yeh,** Variation of level errors of the transit instruments at Zi-Ka-Wei Observatory. Acta Astr. Sinica **4** 302—321, 1956 (chines. mit engl. Ref.).

IV. Sphärische Astronomie. Chronologie

§ 30

Allgemeines, Tafeln

* * **A. Danjon,** Durées du jour moyen, du jour solaire, du jour sidéral moyen et de la rotation de la Terre. Vgl. Ref. **2310**.

3001. **A. N. Deutsch,** Die gegenwärtigen Aufgaben der photographischen Astrometrie. Acta Astr. Sinica **5** 1—5 (chines. mit russ. Titel).

* * **W. Djakonow,** Neue Tabellen zur Breitenbestimmung eines Ortes aus meridiannahen Höhen von Gestirnen. Vgl. Ref. **13205**.

3002. **J. F. Duarte,** Notas de astronomia de campo. Rio de Janeiro, Ed. a Noite, 1955. 14 + 291 S. mit Fig. Preis 110 Cruz.

3003. **B. Dzikiewicz,** Zarys astronomii sferycznej i praktycznej dla topografów i geodetów. Vgl. AJB **56** Ref. **3003**. — Weitere Besprechung in Postępy Astr. **5** 111—112 (J. Witkowski, F. Koebcke).

3004. **M. Jacob,** Le «degré carré». Ciel et Terre **73** 461—465.

3005. **P. van de Kamp,** Elements of long-focus photographic astrometry. Photogrammetric Engineering **22** Nr. 2 S. GV-32—GV-43 = Sproul Obs. Repr. Nr. 95. — Vgl. AJB **56** Ref. **3005**. — Allgemeine Übersicht über Probleme und Methoden der photographischen Astrometrie mit Großrefraktoren. Der Reihe nach werden behandelt die optischen Eigenschaften der Objektive, die Beobachtungsprobleme, die photographische Technik, die Ausmessung und Reduktion der Platten und die Wahl der Anhaltsterne. Zuletzt folgt eine nähere Diskussion über dunkle Begleiter in Doppelsternsystemen. F. S.

3006. **W. Maré,** Notes on the astronomical triangle. Empire Survey Rev. **14** 35—39. — Ref. in RJ 1957 Nr. 12 S. 17.

* * **A. M. Petrow,** Azimuttabellen des Polarsterns und der Sonne für 1956—1960. Vgl. Ref. **13219**.

* * **G. Rose,** Höhen- und Azimuttafel. Vgl. Ref. **13223**.

3007. **W. I. Sacharow,** Wichtige Probleme der Astrometrie. Bote Akad. Wiss. UdSSR Nr. 2 S. 119—120, 1956 (russ.). — Ref. in RJ 1957 Nr. 8 S. 19.

* * Brown's completed Burdwood azimuth tables, computed for intervals of one degree, for declinations from 0° to 23° between the parallels of latitude 30° and 60° inclusive, from horizon to meridian. Vgl. Ref. **13237**.

§ 31

Astronomische Koordinaten und Konstanten, Ortsbestimmung

3101. **P. S. Amand, F. K. Odencrantz, H. B. Pettit, R. G. Weldon,** A nomogram for solving spherical triangles and transforming astronomical coordinate systems. J. Geophys. Res. **62** 213—219. — Die Verwendungsmöglichkeit eines Sternfinders zur Umwandlung äquatorialer in horizontale Koordinaten kann durch zusätzliche Netzkarten auf ekliptikale und galaktische

Koordinaten erweitert werden. Außerdem wurde zur Korrektion von Beobachtungen des Nachthimmellichts eine spezielle Zusatzkarte mit den Kurven gleicher Sterndichte entworfen. T. L.

3102. **J. Amorin,** Un método simple para la determinación de la posición geográfica. Rev. Astr. Nr. 141 S. 161—166. — Beschreibung der Methode der gleichzeitigen Bestimmung von Länge und Breite eines Ortes durch Beobachtung der Höhen von α Crucis und α Phoenicis. Wesentlich ist dabei der Rektaszensionsunterschied zwischen den beiden Sternen von genau 12^h. T. L.

* * **B. S. Balshinowa,** Über eine Methode zur Bestimmung der Örter Großer Planeten aus photographischen Beobachtungen. Vgl. Ref. **2401.**

* * **G. M. Clemence,** Astronomical time. Vgl. Ref. **2308.**

3103. **J. F. Cox, J. Lemmens,** Sur la corrélation décelée entre la constante de l'aberration et le type spectral des étoiles. Bull. Cl. Sci. Acad. roy. Belgique (5) **43** 319—323 = Inst. Astr. Bruxelles (2) Nr. 108. — Die Beziehung zwischen dem Wert der Aberrationskonstante und dem Spektraltyp der benutzten Sterne (nach Diwari; vgl. AJB **51** Ref. **3105**) wird als Einfluß des sekundären Spektrums der Refraktion erklärt. Böh.

* * **Z. Czerski,** Eine neue Methode zur Bestimmung des astronomischen Azimuts und der geographischen Koordinaten. Vgl. Ref. **13204.**

* * **J. Dick,** Aufgaben und Technik der heutigen Meridianastronomie. Vgl. Ref. **9105.**

3104. **W. F. Djakonow,** The influence of diurnal aberration on the accuracy of determinations from observations of Polaris. AJ UdSSR **34** 484—486 (russ. mit engl. Ref.), mit einer kritischen Bemerkung von A. A. Michajlow in AJ UdSSR **34** 952—953. — Es wird der Einfluß der täglichen Aberration auf die äquatorialen Koordinaten des Polarsterns und ferner ihre Auswirkung auf die Genauigkeit der Breitenbestimmung eines Ortes mit dem Polarstern bei Arbeiten an Punkten II. Klasse untersucht. Auf Grund analytischer Rechnungen und numerischer Tafeln zeigt Verf., daß der Einfluß der täglichen Aberration auf Deklination und Rektaszension eine Gesamtunsicherheit (für $t < 90°$) in Breite von etwa $\pm 0\overset{''}{.}5$ bedingen kann. Deshalb wird bei der Bearbeitung von Beobachtungsergebnissen empfohlen, den Einfluß der täglichen Aberration auf die zu bestimmende geographische Breite mittels des Polarsterns zu berücksichtigen. Verf. (übersetzt)

3105. **R. L. Duncombe, G. M. Clemence,** On the secular change of the obliquity. AJ **62** 140—141. — Ref. AAS. — Besprechung in Sky and Telescope **16** 581.

3106. **E. Fichera,** Sulla determinazione di tempo con osservazioni di passaggi in meridiano. Mem SA It (NS) **28** 19—29. — Aus der Lösung mit den noch verbleibenden Gleichungen der Kleinsten Quadrate wird die günstigste Weise abgeleitet, um die Sterne für eine Zeitbestimmung so zu wählen, daß das größte Gewicht für die Unbekannte Δt resultiert. Zuletzt wird über eine abgekürzte Methode berichtet, um ein mit der Döllen-Methode erhaltenes System der Bedingungsgleichungen zu lösen. Verf.

* * **E. P. Fjodorow,** Nutation und erzwungene Bewegung der Erdpole aus Breitenbeobachtungen. Vgl. Ref. **13207.**

3107. **H. C. Freiesleben,** Ephemeridenzeit. «Die Uhr» **11** Nr. 21 S. 16—18. — Die Erkenntnis der Ungleichförmigkeit der Erdrotation hat zur Notwendigkeit geführt, in der Astronomie das gleichförmige Zeitmaß «Ephemeridenzeit» einzuführen, während für die bürgerliche Zeitmessung weiterhin die mittlere (Sonnen-) Zeit maßgebend bleibt. Die Bestimmung des Unterschiedes wird im wesentlichen auf Beobachtungen mit der Markowitzschen Mondkamera beruhen. T. L.

3108. **A. Gennaro,** Determinazione simultanea di longitudine, latitudine e letture meridiana a mezzo di un Wild T 4. Atti Ist. Veneto Sci. Lettere Arti Cl. Sci. mat. nat. **115** 39—48 = Oss. Astr. Padova Pubbl. Nr. 110.

3109. **H. Jeffreys, R. O. Vicente,** The theory of nutation and the variation of latitude. MN **117** 142—161. — Das bei der Untersuchung zugrundegelegte Modell (vgl. AJB **51** Ref. **13218**) wird durch die Annahme eines flüssigen Erdkerns und einer zusätzlichen Punktmasse in seinem Zentrum modifiziert. Für die freie Periode der Polschwankungen ergibt sich dann 392^d, als Korrektionsfaktor der Nutationskonstanten 0.9964. T. L.

3110. **H. Jeffreys, R. O. Vicente,** The theory of nutation and the variation of latitude: The Roche model core. MN **117** 162—173. — Das in der vorangehenden Arbeit benutzte Modell wird insoweit abgeändert, daß an Stelle eines homogenen Erdkerns für seine Dichte eine quadratische Funktion des Radius angenommen wird. Als Resultat ergibt sich die freie Periode zu 395^d und die Nutationskonstante zu 9ʺ2271. T. L.

3111. **K. Jung,** Die Schwankungen des Zeitmaßes. Studium Generale 8 476—479, 1955. — Ref. in Phys. Ber. **37** 356.

* * **F. Kępiński,** Méthode pour déterminer l'azimut en observant le passage de paires d'étoiles par le même almucantarat près du premier vertical et symétriquement par rapport au méridien. Vgl. Ref. **2407**.

3112. **K. A. Kulikow,** Die Fundamentalkonstanten der Astronomie. Moskau, Techn. Staatsverlag, 1956. 340 S. mit Fig. Preis 10 R. 85 Kop. — Besprechung in RJ 1958 Nr. 5 S. 10 (C. I. Potter).

3113. **K. A. Kulikow,** Die Koordinaten der Gestirne. Priroda **46** Nr. 5 S. 31—38 (russ.).

* * **A. N. Kusnezow,** Über die Berechnung der Breite nach dem Pewzowschen Verfahren. Vgl. Ref. **13210**.

* * **A. N. Kusnezow,** Über die Zenit- und Azimutverfahren zur Zeit- und Breitenbestimmung. Vgl. Ref. **13211**.

3114. **H. G. Löser,** Beitrag zur Genauigkeit der Sonnenhöhen-Azimutbestimmung. Z. Vermessungswesen 1957 Nr. 10 S. 337—343.

3115. **J. Meeus,** Calcul de la hauteur du soleil et de la terre au-dessus du plan de l'anneau de Saturne. Ciel et Terre **73** 54—56. — Formeln zur Berechnung aus den rechtwinkligen Koordinaten von Saturn und Sonne. Liste der Daten für die 10 Durchgänge der Sonne durch die Ringebene zwischen 1920 und 2060. T. L.

3116. **D. C. Morton,** A review of the constant of precession. J RAS Canada **51** 281—286. — Unter Benutzung der neuesten Arbeiten wird dargelegt, wie die Präzessionskonstante im Prinzip bestimmt wird und welche Auswirkungen eine Verbesserung ihres Wertes hat. T. L.

* * **C. I. Potter,** A new method for determining the photographic positions of celestial objects. Vgl. Ref. **2410**.

* * **C. I. Potter,** A method for reducing photographs obtained with a polar-tube. Vgl. Ref. **2411**.

3117. **H. Q. Rasmusen,** Om efemeridetid. NAT 1957 S. 22—26. — Allgemeinverständliche Darstellung des Begriffes Ephemeridenzeit. Auf die Bedeutung für die Untersuchungen der Bewegung des Mondes und der Planeten wird hingewiesen. C. L. J.

3118. **W. Renkawitz,** Die Länge des hellen Tages. Sterne **33** 186—191.

* * **R. Roelofs,** Gleichzeitige Bestimmung von Breite, Länge und Azimut. Vgl. Ref. **13220.**

* * **R. Roelofs,** Neue Methoden der Sonnenbeobachtung zur Orts- oder Azimutbestimmung. Vgl. Ref. **13221.**

3119. **F. Schmeidler,** Über eine Funktionalgleichung der Meridianastronomie. AN **283** 241—244 = Veröff. Sternw. München **4** Nr. 21. — Es wird allgemein das Problem diskutiert, welche Aussagen man aus Beobachtungen der gleichen Sterne in beiden Kulminationen über systematische Fehler von Deklinationsmessungen erhalten kann. Es ergibt sich eine Funktionalgleichung, deren allgemeine Lösung eine willkürliche, zum Pol antisymmetrische Funktion enthält. Wenn man außerdem noch verlangt, daß der gesuchte Meßfehler antisymmetrisch zum Zenit verläuft, was in der Praxis meist erfüllt ist, bleibt in der allgemeinen Lösung noch immer eine willkürliche Funktion, die periodisch mit der Periode $180° - 2\varphi$ ist. Es werden allgemeine Reihenentwicklungen für die Lösung aufgestellt und gezeigt, wie man bei zusätzlicher Benutzung von Planetenbeobachtungen und unter Verzicht auf höhere Glieder die Koeffizienten der aufgestellten Reihen bestimmen kann. Verf.

3120. **J. L. Sérsic,** Dependencias. Rev. Astr. Nr. 140 S. 119—126. — Ableitung der Formeln für die Bestimmung von Positionen Kleiner Planeten nach der Dependenzenmethode mit einem durchgerechneten Beispiel. T. L.

* * **B. M. Ševarlić,** Sur le problème de la variation des latitudes et du mouvement du pôle instantané de rotation à la surface de la terre avec un avant-propos et un supplément à la bibliographie par N. Stoyko. Vgl. Ref. **13225.**

3121. **K. Suzuki,** Zweite Bemerkung über die scheinbaren Örter der Fixsterne. Tokyo Gakugei Univ. Res. Reports 8 89—93, 1956 (japan.). — In Ergänzung der vorangegangenen Untersuchung (AJB **51** Ref. **3129**) wird der von der Präzession abhängende Ausdruck neu abgeleitet. Sodann wird das Formelsystem zur Berücksichtigung der Glieder 2. Ordnung bei der Reduktion auf den scheinbaren Ort in eine für die praktische Anwendung geeignete Form gebracht. T. L.

3122. **A. Thom,** Circum-meridian altitudes. Empire Surv. Rev. **14** 170—175. — Ref. in RJ 1958 Nr. 9 S. 14—15.

3123. **F. Töpfer,** Über Sonnenhöhenazimute. Vermessungstechnik Berlin 1957 Nr. 9 S. 212—216.

* * **R. Toscano,** Determinaciones precisas de la hora y la latitud. Determinación del azimut. Vgl. Ref. **13231.**

3124. **R. O. Vicente,** A influência da constituição interior da Terra no valor das nutações. Universidade de Lisboa, 1956. Dissertation. 77 S. — Unter Annahme einer Dichteverteilung im Kern der Erde nach dem Laplaceschen Gesetz und in der Schale entsprechend dem von Takeuchi vorgeschlagenen Modell 2 werden die Bewegungsgleichungen abgeleitet. Die daraus resultierenden Werte für die Eulersche, die 19-jährige, die halbmonatliche und die halbjährliche Periode der Nutation werden sodann mit den beobachteten verglichen. Von den dabei betrachteten neun Modellen ergibt ein Sphäroid mit elastischer Schale und flüssigem Kern unter den allgemeinsten Voraussetzungen die beste Übereinstimmung. T. L.

3125. **B. Zimmermann,** Verwendung des Nautischen Jahrbuches zur astronomischen Azimutberechnung mittlerer Genauigkeit. Vermessungstechnik Berlin 1957 Nr. 9 S. 217.

3126. On the use of ephemeris time. MPC 1553.

* * Weitere Mitteilungen über Ephemeridenzeit und Schwankungen des Zeitmaßes siehe auch § **23** bzw. **131.**

Refraktion

3127. **M. K. Elnesr,** Variation verticale de l'indice de réfraction de l'air. J. Sci. Météorol. **7** 289—293, 1955. — Ref. in RJ 1957 Nr. 12 S. 31.

3128. **H. G. Löser,** Untersuchungen zur praktischen Berechnung von Refraktionsanomalien für die Zwecke der Orientierung nach Sonnenhöhen. Deutsche Geod. Kommission Bayer. Akad. Wiss. (B) Nr. 36, 69 S. — Zur Berechnung der Refraktion bei kleinen Sonnenhöhen wird das von Emden in AN **219** 45 (1924) vorgeschlagene Verfahren benutzt, bei welchem die Gesamtrefraktion als Summe der Teilrefraktionen einzelner Luftschichten mit verschiedenem Polytropenindex berechnet wird. Die Werte des jeweiligen Polytropenindex müssen aus den Temperaturgradienten in verschiedenen Höhen, wie sie sich aus Radiosondenaufstiegen ergeben, berechnet werden. Neuere Bestimmungen der Brechungskoeffizienten der Luft, Einfluß von Schichtenneigung und Vergleiche mit älteren Refraktionstafeln werden besprochen. Bo.

3129. **O. A. Melnikow,** Atmospheric dispersion and chromatic refraction. Mitt. Astr. Hauptobs. Pulkowo **20** Nr. 4 (157) S. 1—32 (russ. mit engl. Ref.). — Die richtige Berücksichtigung der chromatischen Refraktion in der Erdatmosphäre ist wichtig für viele astrophysikalische Probleme, zum Beispiel bei der Reduktion der Wellenlängen auf das Vakuum, bei der Berechnung der Verschiebungen von Sternabbildungen und Spektren, bei der Bestimmung der Geschwindigkeit der scheinbaren täglichen Bewegung der Himmelskugel. Verf. untersucht eingehend die chromatische Refraktion und zeigt, daß diese nur als Funktion des spektrophotometrischen Gradienten und nicht etwa der Spektraltypen oder effektiven Wellenlängen zu bestimmen ist. Für 44 Sterne verschiedener Spektraltypen und Verfärbungen wurden Gradienten bestimmt. Die Korrektion für chromatische Refraktion ändert sich vom Typ B bis M um 0ʺ15. In den einzelnen Spektralklassen kommen Differenzen bis 0ʺ07 vor, bei einzelnen Veränderlichen (im Laufe der Periode) bis 0ʺ05. Diese Probleme haben eine weittragende Bedeutung für astrometrische Programme, insbesondere für die Beobachtung des Katalogs schwacher Sterne. Ond.

3130. **Samesima, Sodsi, Kawamoto,** Über die astronomische Refraktion in kleinen Höhen. J. Naut. Soc. Japan 1956 Nr. 15 S. 41—45 (japan.). — Ref. in RJ 1957 Nr. 10 S. 19.

3131. **G. Wallerstein,** Refraction observations on the Greenland Icecap. Navigation Los Angeles **5** 138—140, 1956. — Beobachtungen sehr niedriger Gestirnshöhen im Anschluß an die einschlägigen Arbeiten von Smiley und Garfinkel. Fr.

3132. Atmospheric refraction. Sky and Telescope **16** 171.

§ 32

Finsternisse, Bedeckungen

3201. **L. Adler,** A simplified method for predicting occultations. JBAA **67** 252—257. — Die Anwendung des mit einem Beispiel erläuterten numerisch-graphischen Verfahrens ist speziell für Orte gedacht, für welche keine Vorausberechnungen von Sternbedeckungen veröffentlicht werden. T. L.

3202. **G. van den Bergh,** De Hibbardina of «halve saros». Hemel en Dampkring **55** 101—103.

3203. **J. Bouška,** Solar eclipses. RH **38** 26—33 (tschech.). — Methoden der Beobachtung und Berechnung der partiellen Sonnenfinsternisse.

3204. **R. Cid Palacios,** Cálculo de eclipses de sol. Urania Barcelona **42** 144—157.

3205. **M. M. Dagajew,** Die Formel für die bedeckte Fläche als Funktion der linearen Phase. Bull. Astr.-Geod. Ges. UdSSR Nr. 15 S. 29—36, 1954 (russ.).

3206. **P. M. Djurković,** Détermination photographique des positions relatives de la lune et du soleil au cours d'une éclipse. Bull. Obs. Astr. Beograd **21** Nr. 1—2 S. 23—26. — Es wird ein graphisch-numerisches Näherungsverfahren gezeigt, um aus einer Serie von Aufnahmen den jeweiligen Abstand des Sonnen- und Mondscheibenmittelpunktes zu bestimmen. T. L.

3207. **I. W. Gawrilow,** Warum gibt es Sonnen- und Mondfinsternisse? Kiew, Akad. Wiss. Ukrain. Sowjetrepublik, 1957. 27 S. mit Fig. Preis 85 Kop. (ukrain.).

3208. **A. Goldstein, O. F. Mattingly, F. J. Heyden,** On the geodetic application of a solar eclipse. Georgetown College Obs. Technical Report Nr. 1, 16 S. = Georgetown Obs. Monograph Nr. 4. — Die Fehler des Erdradius und der Mondentfernung sind bei der Reduktion von Finsternisbeobachtungen zur Bestimmung geodätischer Koordinaten nicht voneinander zu trennen; man bekommt jedoch einen brauchbaren Wert für ΔR, eine Kombination aus beiden, wenn man an zwei Stationen in der Nähe der beiden Enden der Schattenbahn beobachten kann. Andererseits läßt sich der Wert für den Erdradius wesentlich verbessern, wenn man die Entfernung des Mondes unabhängig (z. B. durch Radar) gut bestimmt hat. T. L.

3209. **F. Link,** Die Mondfinsternisse. Vgl. AJB **56** Ref. **3204**. — Weitere Besprechung in BSAF **72** 87, El Universo Nr. 39 S. 82 (G. Schindler), Gaz astr **38—39** 88—90, Weltraumfahrt 1957 S. 100 (W. Schaub).

3210. **V. C. Rubin,** On the relation between photometric observations and geometric positions of the sun and moon during a solar eclipse. I. Georgetown College Obs. Technical Report Nr. 4, 11 S. = Georgetown Obs. Monograph Nr. 5. — Die Formeln für die Reduktion photometrischer Beobachtungen bei Sonnenfinsternissen werden unter Annahme eines allgemeineren Ansatzes für die Randverdunklungsfunktion der Sonne abgeleitet. Die darin vorkommenden Parameter können dann nach der Methode der Kleinsten Quadrate bestimmt werden. T. L.

3211. **L. Tartois,** A propos des éclipses de 1957 et 1958. BSAF **71** 27—33. — Die neun Finsternisse der beiden Jahre werden charakterisiert und die Besonderheit der zwei Sonnenfinsternisse 1957 April 29—30 (ringf. nicht zentral) und 1957 Okt. 23 (total nicht zentral) sowie der Halbschatten-Mondfinsternis äußerst geringer Größe 1958 Apr. 4 aus ihrer Stellung innerhalb der Finsternisfolge, der sie zugehören, erklärt. T. L.

3212. **W. T. Ter-Oganesow,** Sonnenfinsternisse. Vgl. AJB **54** Ref. **3210**. — Auch in weiteren Landessprachen der UdSSR erschienen.

§ 33

Chronologie, Kalenderwesen

3301. **S. Basu,** The national calendar of India. J. Sci. Industr. Res. (A) **16** 143—148.

3302. **A. F. L. Beeston,** Epigraphic South Arabian calendars and dating. London, Luzac, 1956. 47 S. Preis 12 s. 6 d.

3303. **Chauve-Bertrand,** Le début de l'année à travers les siècles et chez divers peuples. Ann. Françaises Chronométrie (2) **11** 188—192. — Eine

Reform des Kalenders sollte nicht nur die der Öffentlichkeit bekannten Strukturveränderungen des Kalenders zum Gegenstand haben, sondern es sollte in gleicher Weise eine Verlegung des Jahresanfangs auf den Tag der Wintersonnenwende vorgenommen werden. Hiermit zu verbinden wäre dann eine Verlagerung des Weihnachtsfestes in dem Sinne, daß der erste Weihnachtstag mit dem Jahresanfang und damit auch mit der Sonnenwende zusammenfällt. U. Baehr

3304. **K. Chomicz,** Scheme of a new calendar. Acta geophys. polon. **5** 135—141. — Ref. in RJ 1958 Nr. 3 S. 1.

3305. **P. Couderc,** Calendrier. BSAF **71** 71—75.

3306. **Hasimoto,** Das System der Zeitrechnung nach Sonnenauf- und Sonnenuntergängen in Japan im Mittelalter. J. History Sci. Japan Nr. 36 S. 8—12, 1955 (japan.). — Ref. in RJ 1957 Nr. 10 S. 1—2.

3307. **W. S. McClenahan,** III. Time changes old and new. J RAS Canada **51** 5—8.

3308. **J. Meeus,** Drie maanfasen in februari. Hemel en Dampkring **55** 10—11. — Verf. diskutiert die Häufigkeit von nur drei Mondphasen im Februar. Gü.

3309. **S. Nakamura,** On an old calendar from Touen-Houang. Proc. Japan Acad. **31** 702—703, 1955. — Ref. in RJ 1957 Nr. 10 S. 2.

3310. **P.-T. Tsien,** On the Shou-Shih calendar system of Kuo Shou-Ching. Acta Astr. Sinica **4** 193—211, 1956 (chines. mit engl. Ref.).

3311. **E. B. Walton,** Ancient astronomy. J. Astr. Soc. Victoria **10** 60—61.

V. Theoretische Astronomie

§ 40

Allgemeines, Tafeln

4001. **P. A. Fedtschenko,** Über die Entwicklung der Theorie des «Wärmetodes» des Universums. Abh. Ural-Inst. 1957 Nr. 21 S. 22—38 (russ.). — Ref. in RJ 1958 Nr. 8 S. 53.

4002. **H. Jeffreys,** Probability theory in astronomy. MN **117** 347—355. — Präsidentenrede, gehalten vor der Royal Astronomical Society. Verf. diskutiert kritisch einige Grundbegriffe der Wahrscheinlichkeitsrechnung und weist auf manche fehlerhafte Anwendungen dieser Begriffe bei der Behandlung astronomischer und physikalischer Probleme hin. Mawridis

4003. **E. L. Martin,** Traiettorie spiraliformi nel moto di corpi celesti. Specola «Cidnea» Brescia Pubbl. Nr. 1, 7 S. = Oss. Astr. Trieste Pubbl. Nr. (3). — Verf. weist auf Vorgänge hin, bei deren Untersuchung es notwendig ist, Massenverluste der beteiligten Körper zu berücksichtigen, und behandelt rein beschreibend die Bewegung im Zweikörperproblem bei veränderlicher Masse (auch mit Seitenblick auf Strahlungsvorgänge). Böh.

4004. **D. Quilghini,** Sull' equilibrio spontaneo di una massa fluida sogetta alla propria gravitazione. Rev. Mat. Univ. Parma **8** 27—41.

4005. **L. I. Sedow,** Similarity and dimensional methods in mechanics. Moskau, Staatsverlag für Techn.-Theoret. Literatur, 1957. 4. verbesserte und erweiterte Auflage. 375 S. Preis 13 R. 65 Kop. (russ.). — Besprechung in Math. Rev. **19** 898.

§ 41

Raum, Zeit, Licht, Gravitation, Relativitätstheorie, Kosmologie

4101. **G. Arrighi,** Sopra alcune classi di modelli anisotropi nella cosmologia newtoniana. Mem SA It (NS) **28** 83—87 = Contr. Oss. Astr. Milano-Merate (NS) Nr. 112. — Fortsetzung der Untersuchung anisotroper kosmologischer Modelle (vgl. AJB **56** Ref. **4101**). Verf. gibt noch mehr verallgemeinerte Lösungen, woraus die schon betrachteten Klassen als Spezialfälle abgeleitet werden können. Cester

4102. **V. Bargmann,** Relativity. Rev. Modern Phys. **29** 161—174. — Ref. in Phys. Abstracts (A) **60** 691.

4103. **E. W. Bastin, C. W. Kilmister,** The concept of order. III. General relativity as a technique for extrapolating over great distances. Proc. Cambridge Phil. Soc. **53** 462—472. — Ref. in ZfMG **77** 421.

4104. **W. A. Baum,** Photoelectric determinations of redshifts beyond 0.2 c. AJ **62** 6—7. — Ref. AAS.

4105. **F. J. Belinfante, J. C. Swihart,** Phenomenological linear theory of gravitation. I. Classical mechanics. Ann. Phys. (New York) **1** 168—195. — Dieser erste Teil einer Reihe von Arbeiten über eine Lorentz-kovariante lineare Theorie der Gravitation behandelt die mechanischen Folgerungen der Theorie; insbesondere wird auch die Bewegung eines Planeten und die Ablenkung eines Lichtstrahles im Schwerefeld untersucht. Böh.

4106. **F. J. Belinfante, J. C. Swihart,** Phenomenological linear theory of gravitation. II. Interaction with the Maxwell field. Ann. Phys. (New York) **1** 196—212. — Im zweiten Teil seiner linearen Gravitationstheorie (vgl. vorstehendes Ref.) untersucht Verf. die Einwirkung des Schwerefeldes auf das elektromagnetische Feld und auf geladene Teilchen (Bewegung von Lichtwellen). Böh.

4107. **F. J. Belinfante, J. C. Swihart,** Phenomenological linear theory of gravitation. III. Interaction with the spinning electron. Ann. Phys. (New York) **2** 81—99. — Teil III behandelt den Einfluß der Gravitation auf Diracs Wellenmechanik der Elektronen und die Rotverschiebung der in einem Schwerefeld emittierten Spektrallinien, deren Betrag auch hier nicht mit dem beobachteten übereinstimmt. Böh.

4108. **O. Bergmann,** Einige Bemerkungen zum Uhrenparadox. Acta Phys. Austriaca **11** 377—389. — In der Einführung zu dieser Arbeit wird das Problem des Zeitunterschiedes zweier Uhren, die zweimal in ihrer Geschichte räumlich koinzidieren, kurz im Rahmen der speziellen Relativitätstheorie behandelt. Im nächsten Abschnitt werden unendlich kleine Schwingungen in einem geodätischen Koordinatensystem im Rahmen der allgemeinen Relativitätstheorie untersucht und der Zeitunterschied einer im Ursprung ruhenden Uhr und einer Uhr, die diese Schwingungen ausführt, berechnet. Im folgenden Abschnitt wird dasselbe Problem für eine elektrisch geladene Uhr betrachtet, wobei außer dem Gravitationsfeld ein konstantes magnetisches Feld angenommen wird. Zum Abschluß wird eine mögliche und bisher nicht beachtete Definition einer idealen, elektrisch geladenen Uhr kurz untersucht. Verf.

4109. **G. Boaga,** Espressioni della gravità sulla superficie di un pianeta di forma ellissoidica triassica e considerazioni relative. Boll. Geod. Sci. affini **16** 1—16. — Verf. behandelt im Anschluß an Arbeiten von Pizzetti Potentialfunktionen, die von einem dreiachsigen Ellipsoid erzeugt werden. Ferner werden Ausdrücke aufgestellt, welche gestatten, die Schwerkraft an der Oberfläche eines Planeten zu bestimmen. Verf. kommt zu Gleichungen, die bereits

Pizzotti, Mineo und anderen Autoren bekannt waren. Zum Schluß untersucht Verf. den besonderen Fall eines fast kugelförmigen Ellipsoids und zieht daraus Folgerungen in bezug auf das klassische Theorem von Clairaut. Verf. (übersetzt und gekürzt)

4110. **W. B. Bonnor,** La formation des nébuleuses en cosmologie relativiste. Ann. Inst. Henri Poincaré **15** 158—172. — Ref. in Phys. Abstracts (A) **61** 261.

4111. **W. B. Bonnor,** Non-singular fields in general relativity. J. Math. Mech. **6** 203—214. — Ref. in Math. Rev. **19** 228.

* * **W. B. Bonnor,** Jeans' formula for gravitational instability. Vgl. Ref. **5006.**

* * **R. Bouigue,** La vitesse de la lumière et les étoiles doubles spectroscopiques. Vgl. Ref. **10204.**

4112. **G. Builder,** The resolution of the clock paradox. Australian J. Phys. **10** 246—262. — Ref. in Math. Rev. **19** 813—814, Phys. Abstracts (A) **61** 441, Phys. Ber. **37** 1121.

4113. **G. Builder,** The clock-retardation problem. Australian J. Phys. **10** 424—428.

4114. **G. R. Burbidge, F. Hoyle,** Matter and antimatter. AJ **62** 9. — Ref. AAS.

4115. **C. Carstens-Hilbig,** Zur kosmologischen Zeitskala. Z. Naturforschung **12a** 659—660.

4116. **C. Casci, B. Bertotti,** On the slowing down of time. J. American Rocket Soc. **27** 665—666.

4117. **W. Cochran,** A suggested experiment on the «clock paradox». Nature **179** 977—978. — Ref. in Phys. Ber. **37** 1122—1123.

4118. **W. Cochran,** A suggested experiment on the clock paradox. Proc. Cambridge Phil. Soc. **53** 646—650. — Ref. in Phys. Abstracts (A) **61** 441, Phys. Ber. **37** 592.

4119. **O. Costa de Beauregard,** Sur deux applications possibles de l'effet Doppler transversal à la mesure des vitesses transversales des corps célestes. BA **21** 49—53. — Bei schnellbewegten Sternen mit scharfen Spektrallinien und bei mäßig gegen den Visionsradius geneigten extragalaktischen Nebeln, deren Emissionsnebel spektroskopisch beobachtbar sind, erscheint es nicht ausgeschlossen, daß der aus der Relativitätstheorie gefolgerte transversale Dopplereffekt nachgewiesen und im Sinne der Überschrift verwendet werden kann. Dv.

4120. **O. Costa de Beauregard,** Principe de Mach et univers en expansion. Un nouveau modèle de cosmos. CR **244** 308—311. — Ref. in Math. Rev. **18** 703. — Betrachtungen über eine Nullpunktsenergie im Kosmos, ausgedrückt als ein nichtverschwindender Teil im Gravitationspotential. Die Vorstellung einer konstanten Gesamtmasse oder Gesamtenergie des Kosmos in Expansion kann möglicherweise durch «Gravitonen» oder Gravitationswellen modifiziert werden, wobei auch die noch ungeklärte Frage der Herkunft der Ultrastrahlung wichtig werden kann. Dv.

4121. **O. Costa de Beauregard,** Sur l'indépendance dimensionelle des constantes c, h, χ, le problème du quantum des longueurs, et ceux de l'univers en expansion. CR **244** 724—727. — Aus c, h, χ, wobei χ aus der Deutung der Einsteinschen Feldgleichungen in der Form eines Newtonschen Potentials hervorgeht, werden drei natürliche Einheiten für Länge, Zeit und Masse definiert. l_0 hat die Größenordnung 10^{-22} cm. Die gewünschte Größenordnung 10^{-12} cm für die Elementarlänge ergibt eine versuchsweise Anwendung der Diracschen Idee über den Zusammenhang zwischen Teilchenzahl im Kosmos und der

Expansion. Spekulative Betrachtungen über ein sehr starkes Gravitationsfeld im Universum, das Materie- (= Energie-) Entstehung ermöglicht, und über ein scheinbares Gravitationsstrahlungsfeld, das mit seinem Druck die Entfernung Erde-Sonne in einer Milliarde Jahren beeinflußt haben könnte, bilden den Schluß. Dv.

4122. **O. Costa de Beauregard,** Relation entre le temps propre d'une horloge terrestre et le temps astronomique de Schwarzschild à l'approximation de 10^{-12}. J. Phys. Radium **18** 17—21. — Verf. setzt für das Verhältnis der Eigenzeit einer terrestrischen Uhr zur astronomischen Zeit des Schwarzschildelements $d\theta/dt = 1 - \varepsilon_1 - \varepsilon_2 - \varepsilon_3 - \varepsilon_4$, worin ε_1 und ε_2 von der Masse und Bewegung der Erde um die Sonne, ε_3 und ε_4 von der Masse und Rotation der Erde abhängen, und bestimmt die Größenordnung bis 10^{-12} dieser Korrektionen ε_i. Böh.

4123. **O. Costa de Beauregard,** Principe de Mach et univers en expansion. J. Phys. Radium **18** 73—74. — Ein Machscher Effekt, wie er vom statischen Einsteinschen Universum her bekannt ist, wird auch für expandierende sphärische Universa mit positiver Krümmung als vorhanden festgestellt und für das von Lemaître ausgerechnet. Böh.

4124. **O. Costa de Beauregard,** Sur le principe de Mach et quelques questions connexes. J. Phys. Radium **18** 204. — Begriffe und Beziehungen um das Machsche Prinzip in der allgemeinen Relativitätstheorie in Verbindung mit Ideen aus einer Arbeit von Park (vgl. Ref. 270). Böh.

4125. **L. Courvoisier,** Der Einfluß der «Lorentz-Kontraktion» der Erde auf den Gang der Quarzuhren. II. Experientia **13** 234—235. — Ref. in Phys. Abstracts (A) **60** 691.

4126. **F. S. Crawford jr.,** Experimental verification of the «clock-paradox» of relativity. Nature **179** 35—36. — In den verschiedenen Auseinandersetzungen über die Frage des geringeren Alterns eines Weltraumfahrers auf Grund der relativistischen Zeitdilatation hat sich herausgestellt, daß die Antwort entscheidend von einem eventuellen Einfluß der Beschleunigungen auf den Gang der Uhren abhängt. Das unsymmetrische Altern ist gesichert, wenn ein solcher Einfluß nicht festgestellt werden kann und zugleich die Gültigkeit der Formeln der speziellen Relativitätstheorie für die Zeitdilatation vorausgesetzt wird. Letzteres ist experimentell aus Messungen der Zerfallszeit von μ-Mesonen der Höhenstrahlung im Fluge und in Ruhe nachgewiesen worden. Verf. zeigt nun, daß in Experimenten von Ticho, der die Zerfallszeit von auf Ruhe abgebremsten positiven μ-Mesonen in 3500 m bzw. 180 m Höhe gemessen hat, der Beweis des Fehlens eines Einflusses der Beschleunigung schon erbracht worden ist und somit die asymmetrische Alterung nicht mehr in Zweifel gezogen werden darf. Weidemann

4127. **F. S. Crawford jr.,** The «clock paradox» of relativity. Nature **179** 1071—1072. — Ref. in Phys. Abstracts (A) **60** 871.

4128. **C. G. Darwin, H. Dingle,** The clock paradox in relativity. Nature **180** 976—977. — Ref. in Phys. Abstracts (A) **61** 83.

4129. **A. Das,** On the perihelion shift in conformally flat space-time. Nuovo Cimento (10) **6** 1489—1490. — Ref. in Phys. Abstracts (A) **61** 140.

4130. **A. Das,** Effects of the central spin on planetary motion. Progr. Theoret. Phys. **17** 373—382. — Verf. dehnt Lense und Thirrings Berechnung des Schwerefeldes einer homogenen rotierenden Kugel auf eine Näherung höherer Ordnung aus, indem er auch das Quadrat der Winkelgeschwindigkeit berücksichtigt, ein rotierendes Sphäroid zu Grunde legt und das umlaufende Probeteilchen spinbehaftet annimmt. Es werden berechnet die Ablenkung von Lichtstrahlen und die Störungen der Newtonschen elliptischen Bahnelemente des Probeteilchens; die Theorie Einsteins unterscheidet sich von der Whiteheads in den vom Quadrat der Winkelgeschwindigkeit abhängigen Gliedern dieser relativistischen Effekte. Böh.

4131. **A. Das,** The artificial satellite and the relativistic red shift. Progr. Theoret. Phys. **18** 554—555.

4132. **A. Datzeff,** L'éther et la relativité restreinte. CR **245** 827—829. — Das elektromagnetische Feld wird als eine Art von Äther aufgefaßt mit der Eigenschaft, von bewegten Körpern in einem diesen Körper umfassenden Bereich mitgeführt zu werden. Bei einem Brechungsindex n ist diese Mitführungsgeschwindigkeit $\Delta v = v\,(1-1/n^2)$, die Dichte des Äthers $\varrho = \varrho_0\, v/v_0$. Es wird das Prinzip eines Versuches dargestellt, der diese Auffassung zu prüfen gestattet.
Mehltretter

4133. **A. Datzeff,** L'éther et la relativité restreinte. CR **245** 891—894. — Gegeben zwei gegeneinander bewegte Körper K und K', von denen jeder den Äther in einem Bereich σ_K bzw. $\sigma_{K'}$ mitbewegt. Beim Übertritt von einem Bereich σ_K in den anderen $\sigma_{K'}$ ändert eine Wellenfläche Richtung und Geschwindigkeit. Durch Betrachtung eines Lichtsignals wird die Lorentz-Transformation ohne weitere Hypothese hergeleitet. Auf die Schwierigkeiten der Grundhypothese (mitbewegter Äther) weist eine Notiz von A. Metz, CR **245** 2197—2198 (vgl. Ref. **4176**) hin.
Mehltretter

4134. **W. Davidson,** General relativity and Mach's principle. MN **117** 212—224. — Nach einer neuen Ableitung von Einsteins Formel für die Bewegung von Partikeln nach der allgemeinen Relativitätstheorie mit vom Galileischen Fall nur wenig abweichendem Linienelement wird die Behauptung in einer von D. W. Sciama 1953 entwickelten Theorie der Gravitation geprüft, nach der die allgemeine Relativitätstheorie das Machsche Prinzip (alle Massen zusammen bedingen die Trägheitserscheinungen) nicht einschließen könne. Es wird gezeigt, daß die beiden Theorien in ihren wesentlichen Zügen im Rahmen der betrachteten Näherungen übereinstimmen.
Dv.

4135. **J. T. Davies,** On extrapolation with special reference to the age of the universe. Brit. J. Philos. Sci. **7** 129—138, 1956 — Ref. in RJ 1957 Nr. 11 S. 81.

4136. **B. S. DeWitt,** Principal directions of current research activity in the theory of gravitation. J. Astronautics **4** 23—28.

4137. **H. Dingle,** The resolution of the clock paradox. Australian J. Phys. **10** 418—423. — Ref. in Math. Rev. **19** 814.

4138. **H. Dingle,** The «clock paradox» of relativity. Nature **179** 865—866.

4139. **H. Dingle,** Relativity and space travel. Nature **179** 1129. — Ref. in Phys. Ber. **37** 1123.

4140. **H. Dingle,** The «clock paradox» of relativity. Nature **179** 1242—1243. — Ref. in Phys. Abstracts (A) **60** 691.

4141. **H. Dingle,** The clock paradox in relativity. Nature **180** 1275—1276.

* * **H. Dingle,** The unit of time. Vgl. Ref. **2313**.

4142. **L. Essen,** The clock paradox of relativity. Nature **180** 1061—1062. — Ref. in Phys. Abstracts (A) **61** 83.

4143. **K. Ferrari d'Occhieppo,** Bemerkungen zur empirischen Kosmologie. Anzeiger Österreich. Akad. Wiss. Math.-Naturwiss. Kl. **94** 259—263 = Mitt. Univ.-Sternw. Wien **9** Nr. 10. — Es wird darauf hingewiesen und numerisch belegt, daß zur richtigen kosmologischen Interpretation der neuerdings gemessenen sehr großen Radialgeschwindigkeiten fernster extragalaktischer Systeme die bisher gebräuchlichen Näherungsformeln durch genauere Rechnungen ersetzt werden müssen. Es zeigt sich, daß die vorliegenden empirischen Daten dem Modell von P. Jordan günstig zu sein scheinen.
Verf.

4144. **I. G. Fichtengolz,** On the dependence of the motion of bodies in a gravitational field on their mass. J. Experim. Theoret. Phys. **32** 1098—1101 (russ.). — Übersetzung in Soviet Phys. JETP **5** 898—901. — Ref. in Phys. Abstracts (A) **61** 146.

4145. **V. Fock,** Three lectures on relativity theory. Rev. Modern Phys. **29** 325—333. — Inhalt: I. On homogeneity, covariance, and relativity; II. Some approximate solutions of Einstein's equations (motion of rotating bodies of finite size); III. On gravitational waves from a system of moving bodies.

4146. **J. H. Fremlin, H. Dingle,** Relativity and space travel. Nature **180** 499—500. — Ref. in Phys. Abstracts (A) **61** 4.

4147. **E. Finlay-Freundlich,** Du déplacement général vers le rouge des raies du spectre solaire. Ann. Physique (13) **2** 765—777. — Nach einem Überblick über die Arbeiten seit 1925 macht Verf. einige Bemerkungen zum gegenwärtigen Stand der Untersuchungen. Sodann unterzieht er die Messungen von M. S. Adam an 14 Linien einer Neudiskussion und findet, daß sich die Mitte-Rand-Variation der Rotverschiebung befriedigend darstellen läßt durch $\Delta\lambda_{obs}(r) = \Delta\lambda_c(r) + \Delta\lambda_i f(\Theta, R/l_0)$, wobei $\Delta\lambda_i = 2 \times 10^{-3}$ Å ist für alle Linien und $\Delta\lambda_c(r)$ zwischen -2.4×10^{-3} und 6.6×10^{-3} Å je nach Wellenlänge variiert. Sodann werden die aus Messungen von W. Adams (1910) folgenden Ergebnisse erneut diskutiert (vgl. dazu auch eine frühere Arbeit (vgl. AJB **56** Ref. **4124**). Abschließend kommt Verf. zum Ergebnis, daß die zur Verfügung stehenden Beobachtungen die von der allgemeinen Relativitätstheorie geforderte, über die Sonnenscheibe konstante Rotverschiebung nicht bestätigen. Henn

4148. **W. G. Fridman,** Newtons Relativitätsprinzipien. Publ. Inst. Geschichte Naturwiss. Techn. Akad. Wiss. UdSSR **17** 425—449 (russ.). — Ref. in RJ 1958 Nr. 3 S. 64.

4149. **G. García,** La variabilidad de la masa, la energia intrinseca total, las ecuaciones diferenciales del movimiento, sin recurrir a la teoría de la relatividad de A. Einstein, en el caso de velocidades mayores que la velocidad de la luz. Actas Acad. Nacional Ci. Exact. Fís. Nat. Lima **20** Fasc. 3—4, 7 S.

4150. **G. García,** La variabilidad de la masa, la energia intrinseca total. Las ecuaciones diferenciales del movimiento sin recurrir a la teoría de la relatividad de A. Einstein. Actas Acad. Nacional Ci. Exact. Fís. Nat. Lima **20** Fasc. 3—4, 22 S.

4151. **C. Gilbert,** The general theory of relativity and Newton's law of gravitation. Nature **179** 270. — Ref. in Phys. Abstracts (A) **60** 538, Phys. Ber. **36** 1824.

4152. **S. N. Gupta,** Einstein's and other theories of gravitation. Rev. Modern Phys. **29** 334—336. — Ref. in Phys. Abstracts (A) **61** 140.

4153. **K. A. Hämeen-Anttila,** Eine Theorie der Gravitation und des Elektromagnetismus. Soc. Sci. Fennica Comment. Phys.-Math. **20** Nr. 4, 50 S. = Sonderdruck Astr. Obs. Helsinki. — Ref. in Phys. Abstracts (A) **61** 204.

4154. **W. L. Hinsburg,** The use of artificial earth satellites for verifying the general theory of relativity. Fortschritte Phys. Wiss. **63** Nr. 1a S. 119—122 (russ.). — Ref. in Phys. Abstracts (A) **61** 440.

4155. **W. L. Hinsburg,** Possibility of using artificial earth satellites for the experimental verification of the theory of general relativity. Soviet Phys. JETP **3** 136—138. — Übersetzung aus J. Experim. Theor. Phys. **30** 213—214, 1956 (russ.).

4156. **B. Hoffmann,** General relativistic red shift and the artificial satellite. Phys. Rev. (2) **106** 358—359. — Die von Singer abgeleitete Formel für den Unterschied der Zeitangaben seiner Uhren, von denen sich die eine auf einem künstlichen Erdsatelliten, die andere auf der Erde befindet (Phys. Rev. (2) **104** 11; AJB **56** Ref. **4184**), wird durch Glieder ergänzt, die die Drehung der Erde um ihre Achse und ihre Abplattung berücksichtigen. Böh.

4157. **G. R. Isaak,** The clock paradox and the general theory of relativity. Australian J. Phys. **10** 207—209. — Ref. in Phys. Ber. **37** 592, RJ 1958 Nr. 2 S. 59.

4158. **G. O. Jones, J. Rotblatt, G. J. Whitrow,** Atoms and the Universe. New York, Charles Scribner's Sons, 1957. 254 S. Preis $ 4.50. — Besprechung in J. appl. Phys. **28** 517.

4159. **R. O. Kapp,** Hubble's expansion constant. Obs **77** 30.

4160. **C. Keres,** Über den Begriff des Inertialsystems in der allgemeinen Relativitätstheorie. Publ. Inst. Phys. Astr. Akad. Wiss. Estn. Sowjetrepublik 1957 Nr. 5 S. 12—24 (russ. mit engl. Ref.). — Ref. in RJ 1958 Nr. 5 S. 54—55.

4161. **A. König,** Bemerkungen über die Bestimmung der Lichtablenkung im Schwerefeld der Sonne. ZfA **42** 87—89 = Mitt. Landessternw. Heidelberg Nr. 101. — Es wird ein neues Beobachtungsverfahren vorgeschlagen, welches eine unabhängige Bestimmung des mit der Lichtablenkung eng gekoppelten Maßstabfaktors gewährleistet. Insbesondere in Verbindung mit einem früheren Vorschlag erscheint das Verfahren erfolgversprechend. Verf.

4162. **J. M. J. Kooy,** Spherical space time and the special theory of relativity. J. British Interplanetary Soc. **16** 172—173. — Ergänzende Bemerkungen zur Arbeit des Verf. in J. British Interplanetary Soc. **15** 248 (vgl. AJB **56** Ref. **13423**); sie enthalten eine Darlegung einzelner kosmologischer Beziehungen. Böh.

4163. **W. S. Krogdahl,** Kinematic relativity and the operational formulation of a Lorentz invariant dynamics. ZfA **42** 48—65 = Contr. Dearborn Obs. Nr. 11. — Aufbau eines Axiomensystems für die Mechanik, das über das Newtonsche hinausgeht und auf von Beobachtern auszuführende Experimente und Rechnungen begründet ist. Dv.

4164. **P. Kustaanheimo,** On the use of a gravitational vector potential in the relativity theory of Birkhoff. Ann. Acad. Sci. Fennicae (A) I. 228, 23 S. = Sonderdruck Astr. Obs. Helsinki. — Das tensorielle Gravitationspotential mit zehn freien Komponenten kann durch ein vektorielles mit nur vier Komponenten ersetzt werden. Man bekommt in den Bewegungsgleichungen mehr Freiheitsgrade; die unendlich großen Gravitationskräfte durch Lichtstrahlen werden vermieden. Die drei klassischen Effekte der Relativitätstheorie können numerisch beliebig dargestellt werden. Dv.

4165. **H. G. Loos,** Time dilatation in space flight. J. American Rocket Soc. **27** 665.

4166. **Q. Majorana,** Sull'ipotesi dell'assorbimento gravitazionale. Rend. Accad. Nazionale Lincei, Cl. Sci. fis., mat., nat. (8) **22** 392—397. — Verf. weist erneut auf die Unhaltbarkeit der Relativitätstheorie hin und betont die Notwendigkeit einer Wiederholung seiner früheren Experimente und Messungen, welche eine Absorption der Gravitation zu beweisen schienen. Böh.

4167. **Q. Majorana,** Ipotetiche conseguenze dell'assorbimento gravitazionale. Rend. Accad. Nazionale Lincei, Cl. Sci. fis., mat., nat. (8) **22** 397—402. — Nach einer Skizzierung seiner Theorie der Absorption der Gravitation weist Verf. auf Konsequenzen hin, welche sich für den Aufbau und die Pulsation der Cepheiden ergeben. Böh.

4168. **W. Markowitz, R. G. Hall,** A program for testing the equivalence of the gravitational and atomic time scales. AJ **62** 25. — Ref. AAS.

4169. **W. H. McCrea,** Relativistic ageing. Nature **179** 909—910. — Ref. in Phys. Abstracts (A) **60** 628, Phys. Ber. **37** 1122.

4170. **W. H. McCrea,** Holmbergs theory of the recession of the nebulae. Obs **77** 208—211, mit einer Erwiderung von E. R. R. Holmberg. — Die von E. R. R. Holmberg postulierte geometrische «Erklärung» (1956) der universellen Expansion wird kritisiert. Dem Vorwurf, daß Holmberg einige Begriffe (Translationen im Raum, Rotation in einem Hyperraum, mitbewegte Lagekoordinaten) verwirrt, folgt die Feststellung, daß seine Beschränkung auf einen Beobachter mit nur einem Lichtkegel für seine Beobachtung von Ereignissen die Rotverschiebung von Spektrallinien unbeobachtbar mache und daß Holmbergs Arbeit nur als eine «ad hoc»-Hypothese zu werten sei. Holmberg weist dagegen auf im Erscheinen begriffene mathematische Fortschritte seiner Theorie hin und betont die Rolle der Neutrinos im physikalischen Teil. Dv.

4171. **E. M. McMillan,** The «clock paradox» and space travel. Science **126** 381—384.

4172. **G. C. McVittie,** General Relativity and Cosmology. Vgl. AJB **56** Ref. **4157**. — Weitere Besprechung in BSAF **71** **314**, J. appl. Phys. **28** 142, J. Atmosph. Terr. Phys. **10** **346** (V. C. Reddish), JBAA **68** 191—192 (W. H. Julian), Math. Rev. **19** 370 (G. Y. Rainich), Nature **179** 169—170 (G. J. Whitrow).

4173. **G. C. McVittie, M. H. Rogers,** Composite model universes and the age of the universe. AJ **62** 246. — Ref. AAS.

* * **G. C. McVittie,** Counts of extragalactic radio sources and uniform model universes. Vgl. Ref. **12666**.

4174. **G. C. McVittie,** Cosmology. Studium Generale **10** 455—463. — In der vorliegenden Untersuchung wird der heutige Stand des Wissens und der Forschung auf dem Gebiet der Kosmologie aufgezeigt. Nach einer kurzen allgemeinen Einleitung geht Verf. auf die experimentellen und beobachtungstechnischen Fortschritte ein, die in den letzten Jahren erreicht wurden, insbesondere auf die Ergebnisse, die das 200 inch-Teleskop auf dem Mount Palomar bietet. Es werden die wesentlichen Daten über die Galaxien in ihrer Gesamtheit mitgeteilt und die Untersuchungsmethoden besprochen, mit denen man zu Aussagen vor allem über ihre Verteilung und ihre Bewegungen im Raum kommt: Die Rotverschiebung der Spektrallinien, die Ergebnisse der bisherigen Abzählversuche, usw. Hieran schließt sich ein mehr theoretischer Teil an, in welchem Verf. die Resultate von einem zusammenfassenden und kritischen Standpunkt aus sichtet. Es werden die Modelle besprochen, die ausgehend vom Konzept der Allgemeinen Relativitätstheorie eine Darstellung der beobachteten Verteilungen und Geschwindigkeiten versuchen; auf der anderen Seite wird deutlich gemacht, warum es heute noch unmöglich ist, lediglich auf Grund der Beobachtungen zu einem bestimmten Modell des Kosmos zu gelangen. Oster

4175. **H. J. Meister,** Die Bewegungsgleichungen in der allgemeinen Relativitätstheorie. Ann. Physik (6) **19** 268—282. — Es wird in der Näherung eines schwachen Gravitationsfeldes untersucht, ob die Gestalt eines gleichförmig bewegten Körpers, der aus einer idealen Flüssigkeit besteht, durch die Einsteinschen Feldgleichungen festgelegt ist. Dabei ergibt sich in de Donderschen Koordinaten eine Lorentz-Kontraktion. Für eine diesem Ergebnis entsprechende Körperform werden dann die astronomischen Bewegungsgleichungen in zweiter Näherung neu berechnet. Sie stimmen mit denen für kugelsymmetrische Körper überein. Verf.

4176. **A. Metz,** La relativité restreinte et l'éther. CR **245** 2197—2198.

4177. **J. Meurers,** Das Problem des Raumes in der Astronomie der Gegenwart. Studium Generale **10** 487—496.

4178. **A. A. Michajlow,** Über die Beobachtung des Einstein-Effekts. Acta Astr. Sinica **5** 167—181 (chines.).

4179. **C. Møller,** On the possibility of terrestrial tests of the general theory of relativity. Nuovo Cimento (10) **6** Suppl. 381—398. — Ref. in Math. Rev. **19** 1021.

4180. **H. Nariai, Y. Ueno,** On the structure and evolution of the expanding universe. I. Publ. Astr. Soc. Japan **9** 179—190. — Die allgemeine Relativitätstheorie erscheint den Autoren trotz einiger anderer Betrachtungsweisen, die in der vorliegenden Arbeit dargestellt werden, die beste Grundlage für die Kosmologie eines expandierenden, aus sich weiter entwickelnden Objekten bestehenden Universums zu sein. Es werden die Schwierigkeiten aufgezeigt, die bei dem Gedankenexperiment, die Materie des Universums gleichförmig zu verteilen, entstehen, wenn man homogene Weltmodelle theoretisch behandeln will. Die auf Grund der allgemeinen Gedankengänge zu bildenden Weltmodelle sollen in späteren Arbeiten besprochen werden. Dv.

4181. **E. Öpik,** Matter and anti-matter. Irish AJ **4** 158—160. — Verf. beschreibt kurz die Grundlagen unserer heutigen Kenntnisse vom Verhältnis Teilchen-Antiteilchen (Elektron-Positron, Proton-Antiproton) und bespricht dann kritisch Gedankengänge von Burbidge und Hoyle, welche die mögliche Existenz von Antimaterie (Atome zusammengesetzt aus Antiprotonen und Positronen) im extragalaktischen Raum untersuchen. Nimmt man an, daß es ganze Galaxien aus Antimaterie gibt, dann könnte die Radioquelle in Cygnus die Kollision einer Galaxis aus Antimaterie mit einer anderen aus «normaler» Materie anzeigen. E. Öpik meint dazu, daß es vielleicht besser sei, vor der Formulierung einer solchen Theorie die Klärung der Frage abzuwarten, ob die Antiteilchen überhaupt stabil sind. Oster

4182. **J. Pachner,** Ein Variationsprinzip für klassische Feldtheorien. Ann. Physik (6) **19** 353—368.

4183. **J. Pachner,** Über die Kompatibilität der Feldgleichungen, Erhaltungssätze und Bewegungsgleichungen in der unitären Feldtheorie. Ann. Physik (6) **20** 368—380.

4184. **J. Pachner,** Translationsbewegung und Lichtablenkung im statischen kugelsymmetrischen unitären Feld. Ann. Physik (7) **1** 110—115. — In zwei vorangehenden Arbeiten (vgl. die vorstehenden Ref.) hat Verf. die Grundlagen einer unitären Feldtheorie entwickelt. Die im zweiten Teil abgeleiteten Bewegungsgleichungen werden hier integriert. Die Ergebnisse stehen im Einklang mit der allgemeinen und der speziellen Relativitätstheorie, die sie als Spezialfälle enthalten. Durch einen Grenzübergang wird eine Differentialgleichung für die Bahn eines Lichtstrahls im unitären Feld hergeleitet. Die gewonnene Formel enthält als einen Spezialfall die Ablenkung eines Lichtstrahls im Gravitationsfeld der Sonne. Ein Vergleich der vorliegenden Theorie mit der Erfahrung macht eine Untersuchung des Einflusses des magnetischen Feldes der Sonne auf die Planetenbahn, Lichtablenkung und die Rotverschiebung erforderlich. Diese Aufgabe führt auf ein rotationssymmetrisches Problem, dessen Lösung vom mathematischen Standpunkt aus wesentlich schwieriger ist als die Behandlung des kugelsymmetrischen. Henn

4185. **J. Palacios,** Should relativity theory be revised? An. Real Soc. Españ. Fís. Quím. (A) **53** Nr. 1—2 S. 31—42 (span.). — Ref. in Phys. Abstracts (A) **61** 705.

4186. **A. Papapetrou,** The problem of motion in general relativity and in Einstein's unified field theory. Ann. Inst. Henri Poincaré **15** 173—203 (französ.). — Ref. in Phys. Abstracts (A) **61** 263.

4187. **A. Papapetrou,** Über periodische nichtsinguläre Lösungen in der allgemeinen Relativitätstheorie. Ann. Physik (6) **20** 399—411. — Die Frage nach der Existenz von nichtsingulären Lösungen der Feldgleichungen der allgemeinen Relativitätstheorie, die von der Zeit periodisch abhängen, wird mit Hilfe eines Näherungsverfahrens für schwache Gravitationsfelder diskutiert. Insbesondere wird der Fall betrachtet, daß die Lösung ein im ganzen Raum schwaches Gravitationsfeld darstellt. Verf.

4188. **A. Papapetrou,** Eine neue Formulierung in der Relativitätstheorie. Schriftenreihe Math. Forschungsinst. der Deutschen Akad. Wiss. **1** 210—221. — Ref. in Math. Rev. **19** 814—815.

4189. **W. Petri,** Dialektische Kosmologie: Osteuropa-Naturwissenschaft 1957 Nr. 1 S. 7—18.

4190. **M. Pierucci,** Sull'età dell'universo. Nuovo Cimento (10) **5** 572—578. — Ref. in Math. Rev. **19** 104, Phys. Abstracts (A) **60** 869, Phys. Ber. **36** 1811—1812.

4191. **M. Pierucci,** Sull'età dell'universo. Nuovo Cimento Suppl. (10) **6** 459—460. — Verf. ermittelt nach der Expansionstheorie das Alter des Universums zu 11×10^9 Jahren, also etwa doppelt so hoch wie das aus dem radioaktiven Zerfall erschlossene Alter der Erde.

4192. **A. Raychaudhuri,** Singular state in relativistic cosmology. Phys. Rev. (2) **106** 172—173. — Ref. in Phys. Abstracts (A) **60** 465.

4193. **A. Raychaudhuri,** Relativistic and Newtonian cosmology. ZfA **43** 161—164. — Ein spezielles Newtonsches rotierendes Weltmodell nach Heckmann und Schücking wird für verallgemeinerte Bedingungen betrachtet. An Beispielen wird auf die Gleichwertigkeit von Newtonschen und relativistischen Weltmodellen hingewiesen, wobei betont wird, daß relativistische Modelle stärkeren Einschränkungen unterliegen als Newtonsche. Dv.

4194. **W. Rindler,** Visual horizons in world models. Obs **77** 12—15. — Ref. RAS.

4195. **E. N. Rowland,** A note on space travel in a gravitational field. J. British Interplanetary Soc. **16** 216—221. — Es wird nach beobachtbaren Effekten gesucht, die den Gang von Uhren beeinflussen und nach der allgemeinen Relativitätstheorie auf Raumfahrten innerhalb des Sonnensystems und auf einem künstlichen Erdsatelliten auftreten müssen und zu deren Prüfung dienen können. Böh.

4196. **A. E. Ruark,** On the kinetic energy of the visible universe. Bull. American Phys. Soc. (2) **1** 266, 1956.

4197. **K. Rudnicki,** Jak badamy «niezbadane» przestrzenie wszechświata. Urania Kraków **28** 264—265. — Besprechung verschiedener Möglichkeiten zur Lösung des photometrischen Paradoxons in bezug auf den Weltraum außerhalb des Teleskopbereichs. Rybka

4198. **K. Rudnicki,** Czy wszechświat jest nieskończony? Urania Kraków **28** 301—305. — Besprechung des Gravitationsparadoxons und seine Erläuterung auf Grund der allgemeinen Relativitätstheorie. Hypothese über den Bau des Weltalls. Rybka

4199. **A. R. Sandage,** The red-shift. Sci. American **195** 171—178, 1956.

41100. **M. F. Schirokow,** General theory of relativity or a theory of gravitation? Soviet Phys. JETP **3** 197—200. — Übersetzung der in AJB **56** Ref. **4178** zitierten Arbeit aus J. Experim. Theor. Phys. **30** 180—184, 1956 (russ.).

41101. **M. F. Schirokow, W. B. Brodowskij,** On the equations of motion of finite masses in the general theory of relativity. Soviet Phys. JETP **4** 904—909. — Übersetzung der in AJB **56** Ref. **4179** zitierten Arbeit aus J. Experim. Theor. Phys. **31** 1027—1033, 1956 (russ.). — Ref. in Math. Rev. **19** 509, Phys. Ber. **37** 1513.

41102. **E. Schmutzer,** Neue Interpretation der projektiven Relativitätstheorie und Anwendung auf ein kosmologisches Modell. Ann. Physik (7) **1** 136—144. — Die Verallgemeinerung der projektiven Relativitätstheorie läßt sich physikalisch auch so deuten, daß die Gravitationskonstante eine wirkliche Konstante bleibt. Neue Feldgleichungen werden für ein Weltmodell gelöst, das sich durch räumliche Homogenität der mechanischen Massenverteilung und Kugelförmigkeit auszeichnet. Gegenüber den üblichen Ergebnissen erhalten wir eine veränderte Hubble-Konstante sowie andere Abweichungen. Verf.

41103. **E. Schrödinger,** Expanding Universes. Vgl. AJB **56** Ref. **4181**. — Weitere Besprechung in Nature **179** 169—170 (G. J. Whitrow).

* * **E. H. Schröter,** Die Temperaturschwankungen in der Sonnenatmosphäre und die solare Rotverschiebung. Vgl. Ref. **6118**.

* * **E. H. Schröter,** Zur Deutung der Rotverschiebung und der Mitte-Rand-Variation der Fraunhoferlinien bei Berücksichtigung der Temperaturschwankungen der Sonnenatmosphäre. Vgl. Ref. **6119**.

41104. **E. Schücking,** Homogene scherungsfreie Weltmodelle in der relativistischen Kosmologie. Naturwissenschaften **44** 507. — Bei der Untersuchung von räumlich homogenen, druckfreien kosmologischen Modellen der relativistischen Kosmologie läßt sich zeigen, daß es keine scherungsfreien Modelle mit gleichzeitiger Expansion und Rotation gibt. Modelle dieser Art hätten eine Zwischenstufe dargestellt zwischen den isotrop expandierenden Friedmannschen Modellen ohne Rotation und dem statischen rotierenden Gödelkosmos ohne Expansion. Verf.

41105. **E. Schücking,** Nichtstatische kugelsymmetrische Lösungen der Vakuumfeldgleichungen in der erweiterten Gravitationstheorie. Z. Physik **148** 72—92. — Es wird gezeigt, daß in der erweiterten Gravitationstheorie ein Analogon des Birkhoffschen Satzes existiert. Wenn der Gradient von $\varkappa$ auf dem Lichtkegel liegt, löst nur die Schwarzschild-Metrik die Jordanschen Vakuumfeldgleichungen im kugelsymmetrischen Fall. Für bestimmte spezielle Ansätze des Linienelementes werden sodann neue Lösungen der Jordanschen Gleichungen angegeben. Verf.

41106. **E. Schumacher,** Ein unterer Grenzwert für das Alter des Universums. Experientia **13** 104—105. — Ref. in Phys. Abstracts (A) **60** 763, RJ 1958 Nr. 2 S. 77.

41107. **D. K. Sen,** A static cosmological model. Z. Physik **149** 311—323. — Verf. gelingt es, mit Hilfe der modifizierten Riemannschen (oder auch Weylschen) Geometrie von Lyra ein statisches kosmologisches Modell aufzubauen, dem die Schwierigkeiten der Universa von Einstein und de Sitter mit der Rotverschiebung der Spiralnebel nicht anhaften und das keine Einführung einer kosmologischen Konstanten oder von zusätzlichen physikalischen Hypothesen erfordert. In diesem Modell ist die Rotverschiebung eine Folge der zu Grunde gelegten Geometrie und nicht einer Expansion; die Hubblesche Konstante vertritt die kosmologische Konstante, es besteht eine Beziehung zwischen ihr und der Dichte. Böh.

41108. **W. A. Shirnow, J. M. Schirokow,** Possible states of a two-graviton system. Soviet Phys. JETP **3** 840—843. — Übersetzung aus J. Experim. Theor. Phys. **30** 1098—1103, 1956 (russ.).

41109. **S. F. Singer,** Space vehicles as tools for research in relativity. J. Astronautics **4** 49—51. — Die künstlichen Erdsatelliten werden in Zukunft eine experimentelle Nachprüfung der Relativitätstheorie ermöglichen durch Vergleich der Frequenz von mitgeführten Atomuhren mit auf der Erde aufgestellten Atomuhren. Der Effekt ist von der Größenordnung 10^{-9}. Dv.

41110. **S. F. Singer,** Relativity and space travel. Nature **179** 977. — Ref. in Phys. Ber. **37** 1122.

41111. **K. R. Stehling,** Space travel and relativity or how to keep from growing old. J. American Rocket Soc. **26** 1105—1106, 1108, 1956. — Verf. erörtert Veröffentlichungen von Shepherd, R. H. C. Newton sowie von Dingle und McCrea und stellt Tatsachen und Behauptungen übersichtlich zusammen, ohne jedoch selbst wesentliche Gesichtspunkte hinzuzufügen. Weidemann

41112. **J. L. Synge,** Relativity: The Special Theory. Vgl. AJB **56** Ref. **4186**. — Weitere Besprechung in Phil. Mag. (8) **2** 288.

41113. **J. L. Synge,** A model in general relativity for the instantaneous transformation of a massive particle into radiation. Proc. Roy. Irish Acad. (A) **59** 1—13. — Ref. in Phys. Abstracts (A) **61 347**.

41114. **R. Tiwari,** A particular solution of the field equation in Einstein's generalized theory of gravitation. Proc. Nat. Inst. Sci. India (A) **23** 293—305.

41115. **P. C. Vaidya, K. B. Shah,** A radiating mass particle in an expanding universe. Proc. Nat. Inst. Sci. India (A) **23** 534—539.

41116. **J. Vanovič,** Teòria relativity. Bratislava, SPN, 1956. 135 S. mit Fig. Preis 10.80 Kčs.

41117. **W. H. Westphal,** Die Relativitätstheorie. Stuttgart, Franckh'sche Verlagshandlung, 1955. 72 S. mit Fig. Preis DM 2.80.

41118. **F. Winterberg,** Allgemeine Relativitätstheorie und künstliche Satelliten. Phys. Verhandlungen 8 189.

41119. **L. Witten,** Experimental aspects of general relativity theory. J. Astronautics **4** 46—48. — Die üblichen drei Prüfungen: Merkurperiheldrehung, Spektrallinienverschiebung in verschiedenen Gravitationsfeldern, Lichtablenkung am Sonnenrand werden ergänzt durch den Frequenzvergleich zweier Atomuhren. Auf einem 3 km hohen Berg und auf der Erdoberfläche unterscheiden sich die Frequenzen um 4×10^{-12}. Dv.

41120. **A. Wróblewski,** Antymateria we Wszechświecie. Postępy Astr. **5** 141—143. — Zusammenfassung einiger Arbeiten über das Vorhandensein von Antimaterie im Weltall. Rybka

41121. **A. Wróblewski,** Materia i antymateria. Urania Kraków **28** 167—173. — Gemeinverständliche Darstellung der Hypothese von der Totalsymmetrie der Materie und der Antimaterie und der mit dieser Hypothese verbundenen astrophysikalischen und kosmologischen Probleme. Rybka

41122. **H. Zanstra,** On the pulsating or expanding universe and its thermodynamical aspect. Proc. K. Nederl. Akad. Wetensch. (B) **60** 285—306 = Circ. Astr. Inst. Univ. Amsterdam Nr. 11. — Nach einleitenden Ausführungen über die behandelten Weltmodelle wird vorwiegend auf Grund thermodynamischer Argumente ausführlich die Frage erörtert, ob ein homogenes expandierendes oder pulsierendes Universum zeitlich begrenzt ist. Unter der Voraussetzung der Gültigkeit der allgemeinen Relativität und der physikalischen Gesetze muß die Frage verneint werden, da dann eine Umkehrung der Bewegung im Zeitpunkt größter Kompression unmöglich ist, d. h. ein expandierendes Universum muß einen zeitlichen Beginn haben, ein pulsierendes auf eine Pulsation beschränkt sein. Läßt man jedoch die Möglichkeit einer Bewegungsumkehr bei größter Kompression durch Modifikation der Naturgesetze zu, so kann beim expandierenden Universum dem Expansionsstadium ein Kontraktionsstadium vorangehen, wenn für $t = -\infty$ thermische und Strahlungsenergie verschwindend klein sind. Das pulsierende Universum kann dann wiederholt pulsieren, wobei Amplitude und Strahlungs-

energie ständig anwachsen, seine Existenz ist jedoch unmöglich vor dem Zeitpunkt, in dem es zu 100 % aus Wasserstoff bestand und keine Strahlungsenergie enthielt.
Klauder

41123. **G. Zoltán,** Contribution à l'étude du champ gravitationnel. An. Şti. Uni. «Al. I. Cuza» Iaşi. Secţ. I (NS) **1** 191—199, 1955. — Ref. in Math. Rev. **18** 782.

41124. La simetría en el universo. Astronomia Popular **1** Nr. 3 S. 23, 1956.

41125. Satellitenexperiment zur Allgemeinen Relativitätstheorie. Naturwiss. Rundschau **10** 105—106. — Besprechung der in AJB **56** Ref. **4139** zitierten Arbeit von W. L. Hinsburg.

41126. Relativitätstheorie und künstliche Satelliten. Naturwiss. Rundschau **10** 425. — Ref.

41127. Antimatter and gravitation. Sky and Telescope **16** 271.

§ 42

Himmelsmechanik, Störungstheorie

4201. **W. K. Abalakin,** On the stability of libration points near the gravitating ellipsoid in rotation. BIA **6** 543—549 (russ. mit engl. Ref.). — Im Anschluß an eine Arbeit von Batrakow werden die Bewegungen eines Körpers der Masse Null in den Librationspunkten eines rotierenden Ellipsoids und in deren Nähe untersucht. Demnach ist die Bewegung in den auf der Verlängerung der kleinen Halbachse des Äquatorialschnittes gelegenen Librationspunkten in erster Näherung stabil, nicht aber auf den Librationspunkten in Verlängerung der großen Halbachse. In der Umgebung der Librationspunkte gibt es im stabilen Falle je eine Familie lang- und kurzperiodischer Bahnen, im instabilen Falle dagegen eine Familie kurzperiodischer und eine Familie asymptotischer Bahnen. In beiden Fällen ähneln die Bahnen Ellipsen, deren Abmessungen von einem Grundparameter abhängen.
Petri

4202. **J. W. Batrakow,** The periodical motions of a particle under gravitation of a rotating threeaxial ellipsoid. BIA **6** 524—542 (russ. mit engl. Ref.). — Die Bewegung einer Partikel im Kraftfeld eines homogenen, rotierenden, von der Kugel wenig unterschiedlichen dreiachsigen Ellipsoids wird untersucht. Periodische Bahnen der dritten, zweiten und ersten Gattung sind möglich.
Perek

4203. **W. A. Brumberg,** Constant configurations in the problem of four bodies and their stability. AJ UdSSR **34** 55—74 (russ.). — Nach ausführlicher Referierung früherer Arbeiten, besonders von Andoyer, werden einige Spezialfälle von Vier-Körper-Konfigurationen betrachtet: Quadrat, Rhombus, gleichseitiges Dreieck und dessen Mittelpunkt, symmetrisches Trapez und Rhomboeder. Die Anwendung der Theorie auf das Trapez im Orion läßt erwarten, daß dies als ebenes Gebilde nicht stabil sein kann. Vielleicht ist es aber eine stabile räumliche Konfiguration (regelmäßiges Tetraeder).
Petri

4204. **M. A. Dirikis,** Ein Spezialfall des allgemeinen Dreikörperproblems. AJ UdSSR **34** 943—951 (russ. mit deutschem Ref.). — Mit Hilfe numerischer Integration der Bewegungsgleichungen wird der Charakter der Bewegung in einem Spezialfall des Dreikörperproblems untersucht. Am Anfang befinden sich die drei Körper (z. B. drei Sterne) auf einer Geraden. Es werden die Anfangsgeschwindigkeiten gefunden, bei welchen 1.) ein Stern das System verläßt, 2.) sich das ganze System auflöst. Das Resultat wird auf beliebige Werte der Massen und Anfangsentfernungen verallgemeinert.
Verf.

4205. **G. García,** Las leyes y las ecuaciones de Kepler en las orbitas con corrimiento del perihelio sin recurrir a la teoria de la relatividad. Actas Acad. Nacional Ci. Exact. Fis. Nat. Lima **20** 3—9. — Verf. leitet die Gesetze der Bewegung im Zweikörperproblem her nach der von ihm früher entwickelten Theorie, aus welcher eine Drehung des Perihels folgt, ohne daß die Gültigkeit der allgemeinen Relativitätstheorie angenommen zu werden braucht. Böh.

4206. **G. García,** Sobre la variacion de las masas en el movimiento de los planetas y de los cometas sin recurrir a la teoria de la relatividad. Actas Acad. Nacional Ci. Exact. Fis. Nat. Lima **20** 59—86. — Auf Grund der Gravitationstheorie des Verf. wird die Veränderlichkeit der Massen in einem gestörten Gravitationsfeld für das Zweikörperproblem hergeleitet, ohne dabei allgemein relativistische Annahmen zu benötigen. Böh.

4207. **H. Gerstenkorn,** Veränderungen des Erde-Mond-Systems durch Gezeitenreibung in der Vergangenheit bei zeitabhängiger Gravitationskonstante. ZfA **42** 137—155. — In die vorausgegangene Untersuchung wird die Annahme einer zum Weltalter umgekehrt proportionalen Gravitationskonstante $f \sim 1/t$ (Dirac, Jordan) einbezogen. Das bisherige Resultat, wonach der Mond der Erde in der Vergangenheit zwar erheblich näher, jedoch niemals innerhalb der Rocheschen Stabilitätsgrenze gestanden hat, bestätigt sich. Doch hat die Gezeitenreibung jene starken Veränderungen des Erde-Mond-Systems nunmehr in relativ kurzen Zeiten bewirkt, gemessen am Weltalter. Das Anfangsstadium liegt nur 0.6 bis 0.8 Milliarden Jahre zurück (in der zitierten Arbeit waren es 2.5 Milliarden). Diese Verkürzung der Zeitskala tritt ein auf Grund einer Neuberechnung des heutigen Drehmomentes der Gezeitenreibung aus den säkularen Beschleunigungen ν, ν' des Mondes und der Sonne (de Sitter, Spencer Jones), die unter der Annahme $f \sim 1/t$ einen beträchtlich größeren Wert liefert als bisher. Diese Annahme ist mit dem beobachteten Verhältnis $\nu/\nu' \sim 3$ besser verträglich als die bisherige stillschweigende Voraussetzung $f = \text{const.}$ Auch für $f \sim 1/t$ hat sich der Drehimpuls des Erde-Mond-Systems durch den Sonneneinfluß seit dem Abstandsminimum um nur etwa 2 % verringert. Aus diesen Resultaten wird der Schluß gezogen, daß der Mond einst ein selbständiger Himmelskörper war und erst in geologischer Zeit von der Erde eingefangen wurde. Dieser Schluß ist zwingend, falls die Hypothese $f \sim 1/t$ sich bestätigt und die beobachteten säkularen Beschleunigungen reell sind. Verf.

4208. **W. T. Gontkowskaja,** Die Anwendung der heutigen Rechentechnik in den analytischen Methoden der Himmelsmechanik. Leningrad, Astr. Hauptobs. Pulkowo, 1957 (russ.). — Dissertationsreferat.

4209. **J. Grémillard,** Sur la recherche de certaines solutions périodiques du problème des trois corps à inclinaison quelconque. CR **244** 1011—1014. — Verschärfung und Ergänzung einiger Ergebnisse v. Zeipels (Nova Acta Roy. Soc. Sci. Upsala Sér. III, 1904) über die periodischen Lösungen des Dreikörperproblems bei beliebig großen Neigungen. Böh.

4210. **Y. Hagihara,** Stability in celestial mechanics. Jubilee Publication in Commemoration of the Sixtieth Birthday of Professor Yusuke Hagihara by his Friends and Pupils. Tokyo, 1957. 10 + 106 S. — Monographie über das Stabilitätsproblem der Himmelsmechanik und Zusammenfassung der bisher gewonnenen Ergebnisse mit zahlreichen Literaturangaben. Am Anfang befindet sich eine Liste der Veröffentlichungen des Verf., 1926—1957. Böh.

4211. **W. W. Heinrich,** An integral equation for pulsations of the zero velocity ovals in the asteroidal elliptical problem. Nachr. Math. Inst. Bulgar. Akad. Wiss. **2** Nr. 2 S. 57—72. — Ref. in RJ **1958** Nr. 10 S. 9—10.

4212. **M. Janet,** Invariants intégraux, applications à la méchanique céleste. Paris, Centre Docum. Univ., 1955. 106 S. mit Fig.

4213. **H. Jeffreys,** The secular accelerations of satellites. MN **117** 585—589. — Verf. berechnet die maximale Wirkung der Flutreibung auf die Satelliten, wobei er elastische Eigenschaften gleich denen der Erde annimmt, und erhält das Ergebnis, daß die Flutreibung bei allen Satelliten mit Ausnahme von Jupiter I fast keine Wirkung auf die Bahnbewegung gehabt haben kann. Böh.

4214. **N. B. Jelenewskaja,** Entwicklung der Störungsfunktion in eine Fourier-Reihe bezüglich der Neigung. III. Teil. Entwicklung der Störungsfunktion in eine Reihe nach Potenzen des Exzentrizitätszuwachses. BIA **6** 434—465 (russ. mit deutschem Ref.). — Im vorliegenden III. Teil der Abhandlung werden die Entwicklungen der Störungsfunktion im kreisförmigen eingeschränkten Dreikörperproblem erhalten, die auch in Fällen, wo gewöhnliche Entwicklungen nach Potenzen der Exzentrizitäten nicht konvergieren, brauchbar sind. Bei der Ausführung dieser Entwicklungen wurde die übliche Methode der analytischen Fortsetzung benutzt. Die Entwicklungen sind nach Potenzen der Differenz $(e - e_0)$ dargestellt, wo e_0 einen Anfangswert der Exzentrizität bedeutet. Verf.

4215. **N. B. Jelenewskaja,** Entwicklung der Störungsfunktion in eine Fourier-Reihe bezüglich der Neigung. IV. Teil. Entwicklung der Störungsfunktion im räumlichen eingeschränkten elliptischen Dreikörperproblem und im uneingeschränkten n-Körperproblem. BIA **6** 466—486 (russ. mit deutschem Ref.). — Im vorliegenden IV. Teil wird die Entwicklung der Störungsfunktion nach Potenzen der Exzentrizität im räumlichen eingeschränkten, sog. elliptischen Dreikörperproblem, wenn sich ein störender Körper in einer ungestörten Bahn bewegt, gewonnen. Diese Entwicklung wurde nach zwei Methoden durchgeführt: nach der von Newcomb und der in Rußland vorgeschlagenen Methode unter Anwendung der Spezialfunktionen $J_n^*(\alpha, x)$. Die Bahnneigung geht in die erhaltenen Entwicklungen mittels trigonometrischer Funktionen ein. Es wird ein Weg gewiesen, wie man analoge Entwicklungen im n-Körperproblem erhält. Verf.

4216. **J. Kovalevsky,** Problèmes actuels de mécanique céleste. BSAF **71** 145—149. — Kurzer und unvollständiger Überblick der Methoden und gegenwärtigen Aufgaben der Himmelsmechanik. Böh.

4217. **R. Kurth,** On Lagrange's triangular solution of the problem of three bodies. Archiv d. Math. **8** 381—392 = Astr. Contr. Univ. Manchester (3) Nr. 51. — Verf. beweist einige Sätze über homographische Lösungen des n-Körperproblems in Verbindung mit Zentralfiguren des Systems bei Vorhandensein von Zentralkräften und zeigt, daß im Dreikörperproblem die Lagrangesche äquilaterale Lösung für alle Arten von Zentralkräften existiert. Böh.

* * **E. L. Martin,** Traiettorie spiraliformi nel moto di corpi celesti. Vgl. Ref. **4003.**

4218. **T. Matukuma,** Researches on the periodic orbits. Herausgegeben und mitgeteilt von Z. Hitotuyanagi. Sci. Reports Tôhoku Univ. (1) **40** 175—207 = Sendai Astr. Rap. Nr. 51. — Berichtigung in Sci. Reports Tôhoku Univ. (1) **41** 46. — Die Arbeit ist eine Zusammenstellung der im Nachlaß des Verf. vorhandenen bei der Durchmusterung des Hillschen Mondproblems gewonnenen Ergebnisse. Die bisher allein bekannten Hillschen Variationsbahnen werden über die Spitzenbahn hinaus mit der Jacobischen Konstante als Parameter fortgesetzt. Mehrere Familien periodischer Bahnen werden neu aufgefunden und klassifiziert, wobei es in zwei Fällen gelingt, bestimmte Familien als Fortsetzung bestimmter anderer zu erkennen. Böh.

4219. **D. Mihailović,** Generalizacija nekih rezultata u problemu sudara triju tela. Publ. Elektrotehn. fak. Univ. Beograd Mat. fiz. 1957 Nr. 12, 32 S. — Ref. in RJ 1957 Nr. 12 S. 14.

4220. **P. Musen,** The rotation-matrix in satellite theory. AJ **62** 246. — Ref. AAS.

4221. **L. A. Pars,** Inequalities occuring in the restricted problem of three bodies. J. London Math. Soc. **32** 355—356. — Ref. in ZfMG **77** 374.

4222. **H. Poincaré,** Les méthodes nouvelles de la Mécanique Céleste. New York, Dover Publications Inc., 1957. 3 Bände. Preis je Band $ 2.75. — Besprechung in Ciel et Terre **74** 290, Math. Rev. **19** 414, Phys. Blätter **9** 421 (W. Lohmann), Publ ASP **70** 520—521 (P. Herget).

4223. **B. Popović,** Pliprecizigoj de eltrovataj rapidoj de planedetoj. Bull. Obs. Astr. Beograd **21** Nr. 1—2 S. 11—22.

4224. **B. Popović,** Vector elements of the elliptic motion of the center of gravity of two bodies about a third body. Bull. Soc. Math. Phys. Macédoine **7** 24—33, 1956 (esperanto). — Ref. in Math. Rev. **19** 715.

4225. **B. Popović,** Kepler's laws of the perturbed motion of a planet. Bull. Soc. Math. Phys. Macédoine **7** 34—38, 1956 (esperanto). — Ref. in Math. Rev. **19** 715.

4226. **I. I. Putilin,** Das verallgemeinerte dritte Keplersche Gesetz. Bull. Astr.-Geod. Ges. UdSSR Nr. 15 S. 50—51, 1954 (russ.). — Verf. verallgemeinert das dritte Keplersche Gesetz für den Fall einer Wechselwirkung (zwischen Körpern), die sich von der Newtonschen Anziehung unterscheidet.
Loh.

4227. **W. W. Radsijewskij, B. E. Gelfgat,** The restricted problem of two bodies of variable mass. AJ UdSSR **34** 581—587 (russ. mit engl. Ref.). — Es wird das eingeschränkte Zweikörperproblem für den Fall untersucht, daß die Masse (m) des Zentralkörpers mit der Zeit (t) nach dem Gesetz $\frac{dm}{dt} = - \alpha\, m^n$ abnimmt. Es wird bewiesen, daß bei beliebiger Größe des Exponenten n das gegebene Problem in das Zweikörperproblem mit konstanten Massen übergeht, die sich unter der Wirkung ihrer gegenseitigen, durch eine quasielastische Kraft und eine Reibungskraft gestörten Anziehungskraft bewegen. Es werden neue Sonderfälle der Integrierbarkeit der Bewegungsgleichungen eines materiellen Punktes im Schwerefeld eines Zentralkörpers gefunden, dessen Masse sich mit der Zeit ändert, und der von einer gravitierenden und widerstehenden Atmosphäre umgeben ist.
Verf. (übersetzt und gekürzt)

4228. **J. Říčka,** O centrálních pohybech s posouvajícím se perihelem. Spisy vyd. přírodověd. fak. Masarykovy Univ. 1957 Nr. 4 S. 233—249. — Ref. in RJ 1958 Nr. 8 S. 9.

4229. **T. Schmidt,** Gezeitenreibung beim Zweikörperproblem. Sterne **33** 245—247.

4230. **G. C. Scorgie,** On free motion in the gravitational field of the Earth. Quart. J. Mech. Appl. Math. **10** 494—499. — Ref. in RJ 1958 Nr. 8 S. 9.

4231. **J. W. Sheldon, B. Zondek, U. Friedman,** On the time-step to be used for the computation of orbits by numerical integration. Math. Tables and Other Aids to Computation **11** 181—189.

4232. **Z. Shen,** On the computation of general perturbations of Thule due to the first order of Jupiter's mass. Publ. Astr. Soc. Japan **9** 64—71. — In der vom Verf. früher entwickelten Methode zur Berechnung allgemeiner Störungen der Kleinen Planeten (Japan J. Astr. Geophys. 18 1, 1940; vgl. AJB **42** Ref. **3223**) werden einige Beziehungen so umgeformt, daß sie auf Thule angewendet werden kann.
Böh.

4233. **C. L. Siegel,** Vorlesungen über Himmelsmechanik. Vgl. AJB **56** Ref. **4226**. — Weitere Besprechung in Nuovo Cimento (10) **6** 408—410 (M. J. de Schwarz), ZfMG **70** 454—455 (K. Stumpff).

4234. **A. L. Skljanskij,** Sur la question de la classification des cointonations dans le problème généralisé des trois corps. Ukrain. Math. J. **9** 66—81 (russ. mit französ. Ref.). — Ref. in Math. Rev. **19** 368—369.

4235. **A. L. Skljanskij,** Sur les trajectoires singulières du problème général des trois corps avec le choc binaire. Ukrain. Math. J. **9** 163—175 (russ. mit französ. Ref.). — Ref. in Math. Rev. **19** 784.

4236. **J. F. Steffensen,** On the problem of three bodies in the plane. Mat.-Fys. Medd. Danske Vid. Selsk. **31** Nr. 3, 18 S. — Ref. in Math. Rev. **19** 369, Phys. Ber. **37** 402—403.

4237. **K. A. Steins,** Ein Kombinationsverfahren zur Bestimmung der gesamten Störungen. Abh. Lett. Univ. 8 Nr. 2 S. 99—107, 1956 (russ.). — Ref. in RJ 1957 Nr. 11 S. 16.

4238. **K. A. Steins,** Über die Lösung des gemittelten Problems vom Typ Delaunay — Hill. Abh. Lett. Univ. 8 Nr. 2 S. 109—119, 1956 (russ. mit lett. Ref.). — Ref. in RJ 1957 Nr. 10 S. 14.

4239. **G. F. Sultanow,** Ein zweifach gemitteltes Schema vom Gaußschen Typus. DAN Aserbajdshan. Sowjetrepublik **12** 87—89, 1956 (russ. mit aserbajdshan. Ref.). — Ref. in Math. Rev. **19** 368, ZfMG **70** 455—456.

4240. **F. V. A. da Veiga de Oliveira,** Soluções homográficas no problema generalizado dos n corpos. Lisboa, Faculdade de Ciências, 1956. 82 S. — Ref. in Math. Rev. **19** 993.

4241. **R. Vernić,** Kritische Betrachtungen über die Zusammenstöße im Mehrkörperproblem. Zagreb, Jugosl. Akad. Znanosti Umjetnosti, 1957. Auszug aus «Rad» **314** 5—85 (kroat. mit deutschen Erläuterungen).

4242. **R. Vernić,** Die Lösung des Mehrkörperproblems. Zagreb, Jugosl. Akad. Znanosti Umjetnosti, 1957. Auszug aus «Rad» **314** 111—186 (kroat. mit deutschen Erläuterungen).

* * **A. Wilkens,** Eine himmelsmechanische Charakteristik des Systems der periodischen Kometen des Sonnensystems. Vgl. Ref. **8031**.

4243. **C.-H. Yih,** Improvement of the convergence of the development of perturbative function. Development of the perturbative function of the planar problem of three bodies by means of the linear transformation. Acta Astr. Sinica **5** 61—78 (chines. mit engl. Ref.). — Die Störungsfunktion des koplanaren Dreikörperproblems wird mit Hilfe der Subbotinschen Transformation $w = (z-\beta)/(1-\beta z)$ entwickelt. $\beta = \alpha/(1 + \sqrt{1-\alpha^2})$, $\alpha = a/a'$ = Verhältnis der Halbachsen des gestörten und störenden Planeten.
Verf. (übersetzt, gekürzt)

4244. **C.-H. Yih,** The improvement of convergence of the development of the perturbative function to develope the perturbative function of the space problem of three bodies by means of the linear transformation. Acta Astr. Sinica **5** 265—275 (chines. mit engl. Ref.).

4245. Kommensurabilität mittlerer Bewegungen im Sonnensystem. Sterne **33** 123—124. — Ref. der in AJB **54** Ref. **4229** und AJB **55** Ref. **4229** zitierten Arbeiten von A. E. Roy und M. W. Ovenden.

* * Himmelsmechanische Probleme künstlicher Satelliten und des Raketenflugs siehe § **134**.

§ 43

Figur der Himmelskörper, Rotation, Gezeiten

4301. **R. Brazee,** Earth tides and earthquakes. Earthquake Notes Seismol. Soc. America **28** 1—3. — Ref. in RJ 1958 Nr. 4 S. 12.

* * **S. Chandrasekhar,** The thermal instability of a rotating fluid sphere heated within. Vgl. Ref. 215/16.

4302. **E. Fichera,** Sull'equazione del moto del polo instantaneo di rotazione rispetto al polo medio, in funzione delle coordinate del polo d'inerzia. Rend. Accad. Sci. Fis. Mat. Napoli (4) **23** 33—48. — Ref. in Math. Rev. **19** 334.

4303. **A. Gougenheim,** La contribution d'Henri Poincaré à la théorie des marées. BA **21** 1—16. — Verf. gibt eine allgemeine Darstellung von Poincarés Arbeiten zur Theorie der Gezeiten mit kurzen Zusammenfassungen derjenigen seiner Vorgänger und unmittelbaren Nachfolger. Böh.

4304. **R. K. Jaggi,** On the stability of a gravitating sphere in a magnetic field. Proc. Nat. Inst. Sci. India (A) **23** 560—566. — Ref. in RJ 1958 Nr. 11 S. 30.

4305. **H. Jeffreys,** Imperfections of elasticity in the small bodies of the solar system. MN **117** 506—515. — Untersuchung über die Wirkungen unvollkommener Elastizität von Mond, Merkur und einigen Satelliten auf ihre Rotation mit einigen kosmogonischen Folgerungen. Böh.

4306. **P. J. Melchior,** Rapport sur les marées terrestres. Bull. géod. Nr. 46 S. 28—52 = Commun. Obs. Roy. Belgique Nr. 139.

§ 44

Sternsysteme

4401. **T. A. Agekjan,** The theory of fluctuations of the number of observed galaxies. AJ UdSSR **34** 371—378 (russ. mit engl. Ref.). — In dieser Arbeit wird die Ambarzumjansche Gleichung unter der Annahme verallgemeinert, daß leuchtende und absorbierende Materie einmal den Raum nach jeweils einem bestimmten Gesetz ohne Fluktuationen erfüllen, und zum anderen Verdichtungen bilden, die auch nach einem bestimmten Gesetz verteilt sind, aber mit natürlichen Fluktuationen. Die Theorie wird auf die Nebelzählungen von Hubble, Shapley, Shane und Wirtanen angewandt. Das Ergebnis zeigt, daß die überwiegende Masse der Galaxien kleine Haufen mit einer mittleren Zahl von Nicht-Zwerggalaxien $\bar{g} = 8.3 \pm 1.6$ bildet. Für die Metagalaxis sind also nicht riesige Haufen vom Typ Virgo oder Corona Borealis charakteristisch, sondern kleine Gruppen von der Art des lokalen Systems. Verf. (übersetzt und gekürzt)

4402. **G. A. Baker jr., G. A. Baker sr.,** Peculiar speeds of stars. AJ **62** 223—224. — Methoden werden kurz auseinandergesetzt, die eine Abschätzung des Effekts, der durch die ungenaue Kenntnis des lokalen Zentroids auf die Bestimmung der Verteilungsfunktion der Pekuliargeschwindigkeiten sowohl für den Fall der Zweistrom- als auch für denjenigen der Ellipsoidtheorie verursacht wird, erlauben. Die ausführliche Diskussion erscheint in einer anderen Arbeit. Mawridis

4403. **R. Balescu,** Friction dynamique dans un système stellaire. Bull. Cl. Sci. Acad. roy. Belgique (5) **43** 179—187. — Der von Chandrasekhar angegebene Ausdruck für den Koeffizienten der dynamischen Reibung in Sternsystemen (AJB **45** Ref. **9050**) wird mit Hilfe einer Gleichung von Brout und Prigogine (Physica **22** 621) aus der Theorie irreversibler Prozesse in Gasen mit schwacher Wechselwirkung in vereinfachter Form abgeleitet. Klauder

4404. **J. M. A. Danby, G. L. Camm,** Statistical dynamics and accretion. MN **117** 50—71 = Astr. Contr. Univ. Manchester (3) Nr. 48. — Obs **77** 3—5 (Ref. RAS). — Die Frage des Einfangens interstellarer Materie durch Sterne wird unter den folgenden Annahmen untersucht: 1.) die Wolkenpartikeln zeigen in großen Entfernungen vom Stern eine Maxwellsche Geschwindigkeitsverteilung, 2.) die relative Bewegung der Wolke und des Sterns ist gleichförmig und 3.) die Bewegung der Wolkenpartikeln wird weder durch Gravitation noch durch Zusammenstöße gegenseitig beeinflußt. Diese letzte Annahme wird durch eine Diskussion der vorliegenden Daten über die physikalischen Eigenschaften der interstellaren Materie im allgemeinen bestätigt. Unter diesen Voraussetzungen und bei Vernachlässigung des Strahlungsdrucks werden Dichte, mittlere Geschwindigkeit und Geschwindigkeitsstreuung für verschiedene Entfernungen vom Stern berechnet. und es wird gezeigt, daß die entsprechende Einfanggeschwindigkeit äußerst gering ist. Mawridis

4405. **G. M. Idliss,** Sur l'article de A. M. Mikischa et F. A. Zizin «Sur certaines questions de la théorie du potentiel galactique». AJ UdSSR **34** 298—301 (russ. mit französ. Ref.). — Verf. zeigt, daß die Kritik von Mikischa und Zizin (AJ UdSSR **33** 885, vgl. AJB **56** Ref. **4410**) der Arbeiten von Parenago und Idliss über das Potential der Galaxis auf einem Mißverständnis beruht. Perek

4406. **S. A. Kaplan, A. N. Krawtschuk,** Zur statistischen Theorie gravitierender Systeme. Dopowidi Univ. Lwow 1957 Nr. 7, Teil 3 S. 230—232 (ukrain.). — Ref. in RJ 1958 Nr. 4 S. 61.

4407. **I. King,** The dynamical lifetime of a star cluster. AJ **62** 144. — Ref. AAS.

4408. **I. King,** Tidal forces and the ejection of stars from clusters. AJ **62** 244—245. — Ref. AAS.

4409. **B. W. Kukarkin,** Erforschung der Struktur und Entwicklung der Sternsysteme auf der Grundlage des Studiums veränderlicher Sterne. Vgl. AJB **54** Ref. **4403**. — Weitere Besprechung in Sterne **34** 90—92 (G. Richter).

4410. **R. Kurth,** Introduction to the Mechanics of Stellar Systems. London-New York-Paris, Pergamon Press, 1957. 10 + 174 S. mit 3 Fig. Preis $ 9.00 bzw. 55 s. — Besprechung in Ann d'Astrophys **21** 69 (J. Delhaye), Coelum **25** 184, J RAS Canada **52** 281—282 (P. Demarque), Sky and Telescope **17** 197, ZfA **45** 151—153 (G. L. Camm).

4411. **G. G. Kusmin,** The effect of stellar encounters and the evolution of star clusters. Publ. Astr. Obs. Tartu **33** 75—102 (russ. mit engl. Ref.). — Die Dynamik der Sternhaufen wird unter der Voraussetzung untersucht, daß die Haufen isolierte Systeme sind, wobei die gegenseitigen Begegnungen und die Abhängigkeit des Potentials von der Zeit berücksichtigt werden. Perek

4412. **D. Layzer,** On the interpretation of galaxy counts. AJ **62** 23. — Ref. AAS.

4413. **D. N. Limber,** Analysis of counts of the extragalactic nebulae in terms of a fluctuating density field. III. ApJ **125** 9—41. — In zwei früheren Arbeiten war die Theorie der Fluktuationen erweitert und auf die Lick-

Zählungen extragalaktischer Nebel angewandt worden. Nachdem Neyman und Scott eine Reihe von Einwänden vorgebracht haben, stellt die vorliegende Arbeit eine ausführliche Neudiskussion des Problemes dar. Einige anfangs vernachlässigte Effekte werden berücksichtigt, beeinflussen das Ergebnis jedoch nicht wesentlich.

v. Hoerner

4414. **A. M. Mikischa, F. A. Zizin,** The virial theorem as applied to the dynamics of stellar systems. AJ UdSSR **34** 678—680 (russ. mit engl. Ref.). — Es wird gezeigt, daß der Virialsatz auf die Untersuchung von Sternsystemen in viel größerem Umfang angewandt werden kann als bisher angenommen wurde, einschließlich der Systeme mit scharf ausgeprägter Instationarität. Verf. (übersetzt)

4415. **I. N. Minin,** Über sphärische Systeme gravitierender Körper. Abh. Shdanow-Staatsuniv. Leningrad Nr. 190 (Math. Nr. 29) S. 30—39 = Publ. Astr. Obs. Leningrad **17** 30—39 (russ.). — Verf. zeigt, daß die Anwendung der Theorie der isothermen und adiabatischen Gaskugeln auf kugelförmige Haufen unberechtigt ist. Besonders wichtig sind die Messungen der mittleren quadratischen Geschwindigkeit. Diese Messungen sind eher bei Haufen von Galaxien möglich als bei Sternhaufen.

Perek

4416. **F. Nahon,** Recherches sur la loi de force et les mouvements stationnaires des étoiles dans la direction perpendiculaire au plan galactique. BA **21** 55—92, 93—130. — Oorts Untersuchungen über das Kraftgesetz senkrecht zur galaktischen Ebene (AJB **34** Ref. **9051**) werden fortgesetzt unter drei Hypothesen: 1.) Die Sternbewegungen sind stationär; 2.) das Kraftgesetz K(z) ist darstellbar nach Oort durch $K(z) = -k^2 z$ für $z < a$ und $K(z) = -k^2 a$ für $a \leqq z < 600$ pc (Parameter a ist nahezu 200 pc); 3.) die Geschwindigkeitsverteilung strebt gegen eine Laplace-Gauß-Verteilung, wenn die Dichte gegen null geht. In vier Kapiteln werden behandelt: Allgemeine Eigenschaften durchmischter Systeme; einige spezielle Modelle durchmischter Systeme; Berechnung des Kraftgesetzes und der stationären Bewegungen der Sterne; allgemeine Lösungen. Die Ableitungen werden angewendet auf die von T. Elvius (AJB **51** Ref. **9413**) hergeleiteten Sterndichten der Klassen B8–A3, F2–F5, F8–dG und gG–gK und auf die von Vyssotsky/Janssen veröffentlichten Raumgeschwindigkeiten der Klassen A und gK (AJB **51** Ref. **12355**) sowie die Radialgeschwindigkeiten des Wilsonschen Katalogs. Die Ergebnisse des Verf. weichen teils beträchtlich von Oorts Werten ab; Massendichte in Sonnennähe: 0.23 statt 0.09 Sonnenmassen/pc^3; Kraft: $-K(z)$ für $z = 100$ pc ist 4.3×10^{-9} statt 1.7×10^{-9} cm/sec^2 und die Oszillationsperiode senkrecht zur galaktischen Ebene ist nur 53×10^6 statt 84×10^6 Jahre.

Gli.

4417. **F. Nahon,** Sur la détermination du nuage des vitesses spatiales à partir des vitesses radiales; étude des grandes vitesses. CR **244** 2688—2691. — Für eine Gruppe von sonnennahen, in der galaktischen Ebene gelegenen Sternen wird eine Formel abgeleitet, die aus der bekannten Verteilung der Radialgeschwindigkeiten und unter der Annahme der Längenunabhängigkeit der Geschwindigkeitsverteilung die Zahl der Sterne zu berechnen gestattet, deren Raumgeschwindigkeiten größer als eine vorgegebene obere Grenze sind. Es handelt sich dabei um eine andersartige Ableitung der Formel von Ambarzumjan, die dann sofort den Zusammenhang zwischen der mittleren Verteilungsfunktion $G(R)$ der Radialgeschwindigkeiten und der Zahl der Raumgeschwindigkeiten > als eine vorgegebene Grenze liefert.

Mehltretter

4418. **F. Nahon,** Sur la détermination du nuage des vitesses spatiales à partir des vitesses radiales; étude des vitesses voisines du centroïde. CR **244** 2775—2777. — Eine neuartige Analyse der im Wilsonschen Katalog gegebenen Radialgeschwindigkeiten der A- und K-Sterne führt zu folgendem Ergebnis: Für beide Sterngruppen fällt das Zentrum der Geschwindigkeitswolke nicht mit dem Punkt größter Häufigkeit zusammen. Unter einigen Zusatzannahmen erhält man aus der Lage dieser Punkte eine Sonnengeschwindigkeit von 20 km/sec und einen Apex nahe 0° Länge. Bis auf die Länge des Apex wird dadurch die Hypothese von Vyssotsky (18 km/sec und Apex bei 21° Länge) qualitativ bestätigt (Vyssotsky, AJ **53** 99, 1947; AJB **48** Ref. **12358**). Mehltretter

4419. **V. Nobile,** Il problema del riferimento pei moti stellari e la sua essenziale connessione con quello della ricerca del potenziale galattico. III. La soluzione rigorosa del complesso dei due. Rend. Accad. Nazionale Lincei, Cl. Sci. fis., mat., nat. (8) **22** 6—11. — Abschließende Bemerkungen über das in zwei früheren Arbeiten des Verf. entwickelte Inertialsystem der Stellardynamik. Böh.

4420. **K. F. Ogorodnikow,** Statistical mechanics of the simplest types of galaxies. AJ UdSSR **34** 770—789 (russ. mit engl. Ref.). — Für Sternsysteme, die durch ihre Gesamtmasse, Summe der kinetischen Energie und Summe der Rotationsmomente der Sterne charakterisiert werden, wird die wahrscheinlichste Phasenverteilung untersucht. Es wird gezeigt, daß der wahrscheinlichste Zustand in einer Rotation mit konstanter Winkelgeschwindigkeit, in einer Maxwellschen Verteilung der Restgeschwindigkeiten und in einer konstanten Dichte besteht. Die Untersuchung von Gleichgewichtsfiguren führt neben den gewöhnlichen Formen auch zu birnen- und nadel-förmigen Systemen. Beispiele für beide Gruppen werden angegeben. Die letzteren kommen oft als Hauptkörper der SB-Galaxien vor. In zweiter Näherung werden einige Details von Spiralen mit Ringstruktur untersucht. In allen behandelten Fällen winden sich die Spiralarme ein. Perek

4421. **K. F. Ogorodnikow,** On the principles of statistical mechanics of stellar systems. AJ UdSSR **34** 809—819 (russ. mit engl. Ref.). — Die moderne Stellardynamik hat sich mit zwei prinzipiellen Schwierigkeiten auseinanderzusetzen: 1.) der Relaxationszeit, die viel kleiner sein muß als ihr klassischer Wert 10^{13}—10^{14} Jahre, nämlich 10^{7}—10^{10} Jahre; und 2.) der Frage nach der Grenze von Sternsystemen. Mit der zweiten Schwierigkeit ist das Problem des makrokosmischen Elementarvolumens verbunden, das einerseits klein genug sein soll, um lokale Eigenschaften des Systems klar zum Ausdruck zu bringen, andererseits aber groß genug sein muß, um für statistische Zwecke genügend Sterne zu enthalten. Die Diskussion dieser Frage zeigt, daß die Anwendung der Boltzmannschen Gleichung nur im Hauptkörper von Sternsystemen und Galaxien erlaubt ist. Die Korona (der Halo) spielt nur eine untergeordnete Rolle, die man mit der Bedeutung der Wandung für ein eingeschlossenes Gas vergleichen kann. Der Unterschied ist nur der, daß die Wand einen Stern reflektieren würde, in der wirklichen Korona aber ein anderer seinen Platz einnehmen wird. Loh.

4422. **K. F. Ogorodnikow,** Das Poincarésche Theorem über die obere Grenze der Winkelgeschwindigkeit für Sternsysteme. DAN **116** 38—40 (russ.). — Vom Virialsatz für ein stationäres System ausgehend leitet Verf. nach Einsetzen der Ausdrücke für die potentielle Energie und die kinetische Energie auf Grund der Rotation eines elliptischen Sternsystems ein dem Poincaréschen Theorem analoges ab: $\omega^2 < 2\pi G \varrho k$. Der Faktor $k \leq 1$ hängt von der Form des Ellipsoids ab. Für die Galaxis sollte in Sonnenumgebung $\omega < 0\overset{''}{.}0044$/Jahr sein, während $\omega = 0\overset{''}{.}0068$/Jahr beobachtet worden ist. Die Sonne befindet sich demnach außerhalb des dynamisch stabilen Teils der Galaxis. Loh.

4423. **K. F. Ogorodnikow,** Die Gleichung des hydrostatischen Gleichgewichts für sphärische Sternsysteme. DAN **116** 200—202 (russ.). — Verf. zeigt, daß die hydrostatische Gleichung $\frac{1}{\varrho}\frac{dp}{dr} = \frac{dU}{dr}$ ein Sonderfall der allgemeineren Gleichung $\frac{dp}{dr} + \frac{2p - q}{r} = \nu \frac{dU}{dr}$ ist, in der p, q und ν Integrale gewisser Funktionen über den Geschwindigkeitsraum sind. Loh.

4424. **M. W. Ovenden,** The radial velocities of late-type stars and the stream constants. MN **117** 629—639. — Werden bei Anwendung der Zweistromtheorie die Stromapices und die Werte h_1 W_1, h_2 W_2 aus Eigenbewegungen einer Sterngruppe hergeleitet, so liefern die Radialgeschwindigkeiten dieser Sterne h_1 und h_2 explizit zugleich mit dem Verhältnis der Sternanteile in beiden Strömen. Diese Methode ergibt bei K0—M Sternen (aus Tannahill's Analyse der GC-Eigenbewegungen und mit Radialgeschwindigkeiten aus dem Wilsonschen Katalog) 56.5% der Sterne in Drift I und etwa gleiche Werte für die Moduli h_1 und h_2 der Geschwindigkeitsdispersionen. Gli.

4425. **A. Poveda,** Studies of interstellar extinction at high galactic latitudes. AJ **62** 30. — Ref. AAS.

4426. **A. Ramakrishnan, R. Vasudevan,** On the distribution of visible stars. ApJ **126** 573—578. — Im Anschluß an die Theorie der Fluktuationen von Chandrasekhar und Münch wird eine Erweiterung durchgeführt in bezug auf die Zufallsverteilung der Sterne im Raum. v. Hoerner

4427. **K. Rudnicki,** Ein Versuch der Bestimmung der Parameter des Geschwindigkeitsellipsoids der Sterne in verschiedenen Entfernungen von der galaktischen Ebene. AA **7** 146—148 = Astr. Obs. Warsaw Univ. Repr. Nr. 64. — Berechnung der Geschwindigkeitsellipsoide mit Hilfe der Methode des Verf. aus 76 Sternen mit $b \geqq 70°$. Die berechneten Dispersionen in den Koordinaten X, Y, Z, bezogen auf den galaktischen Äquator, scheinen nicht reell zu sein; sie spiegeln wahrscheinlich die systematischen Fehler des benutzten Parallaxenkatalogs von F. Jenkins wider. Rybka

4428. **K. Rudnicki,** Teoretyczna zależność między masami i prędkościami swoistymi gwiazd. Postępy Astr. **5** 41—43. — Zusammenfassung der Arbeit von G. M. Idliss in AJ UdSSR **33** 20 (vgl. AJB **56** Ref. **4404**).

4429. **M. Sané,** Distance estimates based on luminosity functions. AJ **62** 348—358. — Es werden zwei Methoden zur Abschätzung der Entfernung von Sternsystemen betrachtet: 1.) Es werden die scheinbaren Helligkeiten von allen Objekten eines bestimmten Typs in einem Sternsystem beobachtet, die heller als eine bestimmte Größenklasse sind. Dabei wird angenommen, daß die Leuchtkraftfunktion der betrachteten Objekte in allen Systemen ähnlicher Natur gleich ist. 2.) Es werden die scheinbaren Helligkeiten der hellsten Objekte eines bestimmten Typs in einem System benutzt unter der Annahme, daß der hellste Teil der Leuchtkraftfunktion in ähnlichen Sternsystemen gleich ist. Beide Methoden werden auf einige Systeme der lokalen Gruppe und auf M 100 angewendet. Die neuen Entfernungsschätzungen geben systematisch größere Werte als die früherer Veröffentlichungen. Verf. begründet dieses Ergebnis damit, daß die hellsten Objekte extragalaktischer Systeme größere Leuchtkraft als die im Milchstraßensystem haben könnten. Gli.

4430. **E. L. Scott,** The brightest galaxy in a cluster as a distance indicator. AJ **62** 248—265. — Bei der Entfernungsbestimmung der Nebelhaufen wird angenommen, daß der r^{te} hellste Nebel aller Haufen ungefähr dieselbe absolute Helligkeit hat, die sich mit Hilfe der benachbarten Haufen bestimmen läßt. Wegen der Unterschiede in der Leuchtkraftfunktion der verschiedenen Haufen und der durch die beschränkten Beobachtungsmöglichkeiten bedingten Auswahleffekte führt diese Annahme zu einer Unterschätzung der größeren Haufenentfernungen. Unter Berücksichtigung von zwei Auswahleffekten schätzt Verf. diesen Fehler für verschiedene Werte der eingehenden Parameter ab und zeigt, daß er sowohl bei der Entfernungsbestimmung als auch bei der Diskussion der Beziehung zwischen scheinbarer Helligkeit und Rotverschiebung von großer Bedeutung ist. Mawridis

4431. **K. A. Strand,** The expansion age of the Orion nebula cluster. AJ **62** 247—248. — Ref. AAS. — Besprechung in Coelum **26** 59, Sky and Telescope **17** 7.

4432. **P. A. Wayman,** The velocity ellipsoids and their interpretation. MN ASSA **16** 126—131. — Referat über Arbeiten von Camm, Jeans, Lindblad, Oort und anderen mit einem Ausblick auf die Deutung der Spiralstruktur des Milchstraßensystems. Dv.

4433. **R. v. d. R. Woolley,** Motions of stars of type A perpendicular to the galactic plane. MN **117** 198—211. — Neueste Daten über die Verteilung und die Bewegung der A-Sterne in Richtung senkrecht zur galaktischen Ebene werden für eine Diskussion des Wertes ϱ_0 der Sterndichte in Sonnenumgebung benutzt. Der abgeleitete Wert ($\varrho_0 = 0.2$ Sonnenmassen pro pc^3) ist doppelt so groß wie der Oortsche (vgl. AJB **34** Ref. **9051**). Die Abhängigkeit des Ergebnisses von den zugrundegelegten Annahmen über die räumliche Verteilung der Sterne in der galaktischen Scheibe und die Geschwindigkeitsverteilung der A-Sterne wie auch von den Beobachtungsfehlern der benutzten Radialgeschwindigkeiten wird eingehend diskutiert. Mawridis

4434. **F. Zagar,** Sulla dinamica della galassia. I. Mem SA It (NS) **28** 3—12 = Contr. Oss. Astr. Milano-Merate (NS) Nr. 101. — Das Milchstraßensystem wird in dieser Arbeit als ein stark abgeplattetes Rotationsellipsoid mit einer zum Zentrum kontinuierlich stark anwachsenden Dichte und mit ähnlichen Rotationsellipsoidflächen gleicher Dichte angesehen. Für dieses System wird mit speziellen analytischen Verfahren die Anziehung auf einen äußeren oder inneren Massenpunkt abgeleitet. Es werden vorläufige numerische Ergebnisse berechnet, aus welchen klar zu ersehen ist, daß die gewöhnlichen, auf konstanter Dichte oder gar auf der Punktmasse basierenden Untersuchungen höchst unzureichend sein müssen. Verf.

4435. **F. Zwicky,** Non-uniformities in the apparent distribution of clusters of galaxies. Publ ASP **69** 518—529. — Ref. in Coelum **26** 96. — Das Studium der Verteilung der Galaxien und Haufen von Galaxien führt zur Annahme der Existenz von intergalaktischer Materie. Es existiert keine Tendenz zur Bildung von Haufen der Haufen von Galaxien selbst wieder. Die Geschwindigkeitsdispersion unter den Haufen von Galaxien ist nicht in dem Maß vorhanden, wie man auf Grund der Massen und Abstände der Galaxienhaufen erwarten sollte. Es wird als vorläufige Hypothese vorgeschlagen, daß das Newtonsche Gravitationsgesetz nicht mehr für Massenabstände von mehr als 10^7 Lichtjahren gilt. Thi.

§ 45

Bahnbestimmung

* * Bahnbestimmung von Kleinen Planeten siehe auch § **75**, von visuellen Doppelsternen siehe § **101**, von künstlichen Erdsatelliten siehe § **134**.

4501. **G. M. Bashenow,** Tabelle zur Lösung der Keplerschen Gleichung mit Hilfe einer Rechenmaschine. Abh. Univ. Charkow **91** 255—257 = Publ. Astr. Obs. Charkow **12** 255—257 (russ.).

4502. **E. Chvojková,** Eine Methode zur Bahnbestimmung von Meteoren. II. BAC **8** 16—22. — Verf. legt dar, wie die im früher veröffentlichten Teil I beschriebene Methode abzuändern ist, wenn die Aufnahmekamera feststeht. Außerdem wird gezeigt, wie die Gleichung 4. Grades, auf die die beiden ebenfalls in I aufgestellten Grundgleichungen führen, gelöst werden kann. Böh.

4503. **A. Fresa,** Esposizione semplificata di orbita parabolica provvisoria con applicazione alla cometa Arend-Roland (1956 h). Ist. Univ. Navale Napoli Ann. **26** 29—74. — Im ersten Teil der Arbeit werden geschichtliche Betrachtungen über das Problem und die Methoden der Bahnbestimmung angestellt. Der zweite Teil behandelt die Methode von Banachiewicz-Olbers zur Bestimmung einer vorläufigen parabolischen Bahn. Als Beispiel werden die Bahnelemente des Kometen Arend-Roland (1956 h) bestimmt. Cester

4504. **F. Koebcke,** Zur Berücksichtigung der Aberration bei definitiven Bahnbestimmungen. AA **7** 243—245. — Vgl. Ref. **4507**.

4505. **J. Kovalevsky,** Sur la détermination des orbites elliptiques par la méthode de Laplace. BA **21** 161—193. — Beschreibung einer Rechenmethode, welche gestattet, die Koeffizienten der Variationsgleichungen in der Methode von Laplace in eine, auf die Zeit bezogene Potenzreihe zu entwickeln. Numerisches, auf den Planeten Brabantia 1342 angewandtes Beispiel. Diese Methöde der Bahnbestimmung ist auch gültig im Falle geringer Neigungen. Verf.

4506. **J. Kovalevsky,** Sur la détermination des orbites par la méthode de Laplace (Méthode des variations). CR **244** 856—859. — Verf. beschreibt ein (von Danjon, BA (2) **16** 85, abweichendes) Verfahren, aus einer nach der Methode von Laplace erhaltenen vorläufigen Bahn eine definitive zu erhalten, und gibt an, wie es modifiziert werden muß, damit es immer, besonders für den Fall einer kleinen Neigung, anwendbar bleibt. Böh.

4507. **J. G. Porter,** Aberration corrections in orbit calculations. AA **7** 236—237. — Es wird die Frage behandelt, ob die kleinen Glieder der Fixsternaberration, die von der Exzentrizität der Erdbahn herrühren, bei Bahnbestimmungen berücksichtigt werden müssen. Es ergibt sich, daß die bisher benutzten Bahnbestimmungsmethoden in dieser Hinsicht einwandfrei sind. F. S.

4508. **A. Przybylski,** Note on the planetary aberration. AA **7** 241—242. — Vgl. Ref. **4507**.

4509. **J. A. Rjabow,** Some methods for computing an intermediate orbit of asteroids of the Trojan group. I. AJ UdSSR **34** 276—297 (russ. mit engl. Ref.). — Verf. benutzt eine von Moissejew eingeführte Variante des Delaunay-Hill-Problems. Die Methode zur Ermittlung der Zwischenbahnen wird dargelegt. Die Formeln für die oskulierenden Elemente ergeben sich zwar in expliziter Form, doch ist es notwendig, zum Teil mechanische Quadraturen durchzuführen, so daß für jeden Trojaner im einzelnen die Zwischenbahn zu ermitteln ist. Die allgemeinen Eigenschaften der Zwischenbahnen werden untersucht. Für den Kleinen Planeten 884 wurden Zwischenbahnen für sechs Zeitpunkte berechnet und mit den Beobachtungen verglichen. Ond.

4510. **J. A. Rjabow,** Calculating some methods for computing an intermediate orbit of asteroids of the Trojan group. II. AJ UdSSR **34** 588—602 (russ. mit engl. Ref.). — Es wird ein Verfahren zur Berechnung einer intermediären Bahn für «Trojaner» ohne Verwendung mechanischer Quadraturen oder numerischer harmonischer Analyse betrachtet. Die endgültigen Formeln für die große Halbachse, Länge des Perihels und den Längenunterschied zwischen Jupiter und dem «Trojaner» sind die allgemeine Lösung der Differentialgleichungen der intermediären Bahn und enthalten drei willkürliche Konstanten. Sie lassen sich leicht auf die weitere Entwicklung einer genaueren Bewegungstheorie der «Trojaner» anwenden. Verf. (übersetzt)

4511. **F. Schmeidler,** Über die kleinen Aberrationsterme, die von der Exzentrizität der Erdbahn herrühren. AA **7** 238—240. — Vgl. Ref. **4507**.

VI. Theoretische Astrophysik

§ 50

Allgemeines

5001. **L. H. Ahrens,** Studies on the relative abundances of isotopes. Geochim. Cosmochim. Acta **11** 1—27. — In enger Beziehung zum Problem der kosmischen Häufigkeiten der Elemente steht das Problem der relativen Häufigkeiten der Isotope. Beide Probleme hängen von den Mechanismen für die Entstehung der Elemente ab. Während den Ergebnissen über kosmische Häufigkeiten gewisse Unsicherheiten anhaften, sind die relativen Häufigkeiten der Isotope aus massenspektroskopischen Messungen gut bekannt. In vorliegender Arbeit werden die Isotopenhäufigkeiten auf allgemeine Gesetzmäßigkeiten hin untersucht. Henn

5002. **W. A. Ambarzumjan, E. R. Mustel, A. B. Sewerny, W. W. Sobolew,** Theoretische Astrophysik. Berlin, VEB Deutscher Verlag der Wissenschaften, 1957. Übersetzung aus dem Russischen (vgl. AJB **52** Ref. **5016**) von I. Heller, E. A. Gußmann, bearbeitet von O. Singer. 12 + **644** S. mit 75 Fig. Preis DM 46.40.

5003. **A. H. W. Aten jr.,** The calculation of the age of the elements. Physica **23** 1073—1086. — Ref. in Phys. Abstracts (A) **61** 261.

5004. **G. Backus,** The axisymmetric self-excited fluid dynamo. ApJ **125** 500—524. — Anhand einer ausführlichen Untersuchung wird gezeigt, daß es keinen axialsymmetrischen stationären Dynamo-Effekt geben kann (stat. Dynamo-Effekt: Plasmaströmung, die ein solches Magnetfeld erzeugt, daß gerade diese Strömung vom Feld induziert wird). Das Magnetfeld der Erde kann somit nicht hierdurch erklärt werden. v. Hoerner

* * **L. Biermann, A. Schlüter,** Zur Theorie quasistationärer thermonuklearer Prozesse. Vgl. Ref. 2136.

5005. **K. H. Böhm, B. Schlender,** Tabelle von Integralen über die Kirchhoff-Planck-Funktion. ZfA **43** 95—97 = Sonderdruck Sternw. Kiel. — Es gelten folgende Beziehungen: $\int_{\nu_0}^{\infty} B(\nu)\,d\nu = \frac{2\,k^4\,T^4}{c^2\,h^3} J_2(x_0)$ und $\int_{\nu_0}^{\infty} \frac{B(\nu)\,d\nu}{h\nu} = \frac{2\,k^3\,T^3}{c^2\,h^3} J_1(x_0)$. Hierin bedeuten B die Kirchhoff Planck-Funktion, ν die Frequenz, h das Plancksche Wirkungsquantum, T die Temperatur, k die Boltzmannkonstante und c die Lichtgeschwindigkeit. Es ist definiert: $J_n(x_0) = \int_{x_0}^{\infty} \frac{x^{n+1}\,dx}{e^x - 1}$ mit dem Argument $x = h\nu/kT$. Die Arbeit enthält fünfstellige Tabellen der Funktionen J_1 und J_2 für die Argumentwerte $x = 0$ bis 9.0 in Schritten von 0.1 und für $x = 9.2$ bis 12.0 in Schritten von 0.2. Oster

5006. **W. B. Bonnor,** Jeans' formula for gravitational instability. MN **117** 104—117.

5007. **M. Cimino,** Una condizione sufficiente per l'equilibrio spontaneo di un fluido sotto l'azione della propria gravità. Boll. Un. mat. Ital. (3) **11** 499—503, 1956. — Ref. in Math. Rev. **18** 739, ZfMG **71** 449. — Verallgemeinerung eines in einer früheren Arbeit (vgl. AJB **53** Ref. **5203**) bewiesenen Theorems.

5008. **R. G. Giovanelli,** Radiative transfer in discontinuous media. Australian J. Phys. **10** 227—239. — Ref. in Phys. Abstracts (A) **61** 447.

5009. **H. C. van de Hulst,** Light Scattering by Small Particles. New York, John Wiley & Sons Inc.; London, Chapman & Hall Ltd., 1957. 13 + 470 S. Preis $ 12.00 bzw. 96 s. — Besprechung in Ann d'Astrophys **20** 141—142 (J. Bricard), J. appl. Phys. **28** 924, JBAA **68** 273—274 (G. F. Lothian), Math. Rev. **19** 359 (P. M. Morse), Obs **78** 132—133 (B. E. J. Pagel), Proc. Phys. Soc. **72** 154—155 (S. P. F. Humphreys-Owen), Rev. Sci. Instruments **28** 972 (H. Feshbach), Sky and Telescope **16** 596, **17** 31 (R. Fleischer), ZfA **45** 149 (W. Franz).

5010. **S. A. Kaplan,** The theory of the acceleration of charged particles by isotropic gas magnetic turbulent fields. Soviet Phys. JETP **2** 203—210, 1956. — Übersetzung der in AJB **55** Ref. **5010** zitierten Arbeit aus J. Experim. Theor. Phys. **29** 406—416, 1955 (russ.).

* * **W. M. MacDonald, M. N. Rosenbluth, W. Chuck,** Relaxation of a system of particles with Coulomb interactions. Vgl. Ref. **254**.

5011. **A. A. Nikitin,** Genäherte Abschätzungen einiger atomarer Charakteristiken des Ca^+, die bei astrophysikalischen Rechnungen verwendet werden. Abh. Shdanow-Staatsuniv. Leningrad Nr. 190 (Math. Nr. 29) S. 3—17 = Publ. Astr. Obs. Leningrad **17** 3—17 (russ.). — In einem ersten Teil berechnet Verf. die Übergangswahrscheinlichkeit für die als Dipolstrahlung verbotenen Linien λ 7291 ($4s^2S_{1/2} - 3d^2D_{5/2}$) bzw. λ 7323 ($4s^2S_{1/2} - 3d^2D_{3/2}$). Für den Quadrupolübergang ergibt sich 0.91 bzw. 1.21. Im zweiten Teil werden Oszillatorenstärken für die Übergänge $3^2D - n^2F$ angegeben sowie der Absorptionskoeffizient im zugehörigen Seriengrenzkontinuum berechnet. Oster

5012. **G. J. Odgers,** The Stark effect in Helium. Publ ASP **69** 393—394. — Ref. ASP.

5013. **L. Oster,** Elektrische und thermische Leitfähigkeit stellarer Materie. Mitt. AG 1956 S. 26—27. — Ref. AG.

5014. **L. Oster,** Über die Abkühlung stellarer Materie durch thermische Emission und das Abklingen der Sonneneruptionen. ZfA **44** 26—36 = Sonderdruck Sternw. Kiel. — Es werden die Relaxationszeiten stellarer Materie gegenüber thermischer Abkühlung in dem Temperatur- bzw. Druckbereich $T = 4000$ bis 10000° bzw. $\log p_g = 2$ bis 8 berechnet. Das Abklingen von Sonneneruptionen kann man im wesentlichen als Abkühlungsprozeß überhitzter Gebiete deuten. Verf.

5015. **M. W. Ovenden,** Synchrotron radiation in astrophysics. Science Progr. **45** 465—473.

5016. **C. Plumpton,** Axially symmetric torsional oscillations of a star in the presence of a poloidal magnetic field. ApJ **125** 494—499. — Untersucht werden Torsionsschwingungen unter der Annahme unendlicher Leitfähigkeit. Es wird gezeigt, daß sich das toroidale Feld entlang der magnetischen Feldlinien ausbreitet. Diskutiert wird die Abhängigkeit der Schwingungsamplitude von der Dichte und die Bedeutung der Lösung für die Entstehung von Sonnenflecken. Fricke

5017. **A. Reiz,** Solens och stjärnornas energiproblem. Kosmos **35** 67—92.

5018. **M. I. Schachparonow,** The applicability of the second law of thermodynamics for large volumes of a gravitating gas. Soviet Phys. JETP **3** 971—973. — Übersetzung aus J. Experim. Theor. Phys. **30** 1144—1145, 1956 (russ.).

5019. **E. Schatzman,** Instabile Sterne. Časopis **7** 13—22 (tschech.).

5020. **R. P. Singh,** Electron interactions in white dwarf stars. ApJ **126** 213—223. — In früheren Ableitungen der maximalen Dichte eines völlig entarteten Sternes als Funktion der Sternmasse wurde die elektrostatische Energie stets vernachlässigt, was durch spätere genäherte Abschätzungen gerechtfertigt wurde. In dieser Arbeit wird eine verbesserte Abschätzung nach neueren Gesichtspunkten mit gleichem Ergebnis durchgeführt. v. Hoerner

5021. **W. W. Sobolew,** The diffusion of radiation in a medium of finite optical thickness. AJ UdSSR **34** 336—348 (russ. mit engl. Ref.). — Verf. untersucht das Problem der Strahlungsdiffusion in einem Medium endlicher optischer Dicke τ_0 bei sphärischer Streuungsfunktion. In § 1 werden nach einem neuen Verfahren die Gleichungen für die Ambarzumjanschen $\varphi(\eta, \tau_0)$- und $\psi(\eta, \tau_0)$-Funktionen abgeleitet. In § 2 werden asymptotische Formeln dieser Funktionen für große optische Dicken ($\tau_0 \gg 1$) gegeben. In § 3 werden Ausdrücke für die Intensität der aus dem Medium austretenden Strahlung für verschiedene Strahlungsquellen erhalten. Verf. (übersetzt)

5022. Quand les hommes imitent les étoiles. Bull. Mens. Soc. Astr. Popul. Toulouse **48** 171—173. — Ref. in RJ 1958 Nr. 9 S. 8.

§ 51

Sternatmosphäre, Spektrum

5101. **L. H. Aller, G. Elste, J. Jugaku,** The composition of τ Scorpii. AJ **62** 2. — Ref. AAS.

5102. **L. H. Aller, J. Jagaku,** Atmospheres of the B stars. AJ **62** 241. — Ref. AAS.

5103. **L. H. Aller, G. Elste, J. Jugaku,** The atmospheres of the B stars. III. The composition of Tau Scorpii. ApJ Suppl **3** 1—35. — Ref. in ApJ **125** 614. — Die chemische Zusammensetzung der Atmosphäre des B0 Sternes τ Scorpii wird in einer eingehenden Untersuchung ermittelt. Die benutzten Linienintensitäten beruhen auf neuen Mt. Wilson- und McDonald-Coudéplatten. Die Modellatmosphäre wurde mit geringen Änderungen einer Arbeit von G. Traving entnommen. Um die Vernachlässigungen der Methode der Gewichtsfunktionen zu vermeiden, wurden die Linienintensitäten nach dem Peckerschen Verfahren berechnet. Die Heliumhäufigkeit wurde nicht bestimmt; die Häufigkeiten der anderen Elemente ergeben sich durchweg etwas kleiner als in einer entsprechenden Untersuchung des Referenten. Dieser Unterschied ist vor allem auf systematische Unterschiede der Äquivalentbreiten zurückzuführen. Traving

* * **P. Broglia, A. Masani,** Osservazioni di RR Lyrae con filtri a banda stretta. Vgl. Ref. **11195.**

5104. **I. W. Busbridge,** Finite atmospheres with isotropic scattering. III. Corrigendum and addendum. MN **117** 516—520 = Commun. Univ. Obs. Oxford Nr. 63. — Die Arbeit steht in engem Zusammenhang mit einer früheren Arbeit des Verf. (MN **115** 521, AJB **55** Ref. **5105**) und berichtigt einige dort gezogene Folgerungen über Charakter und Eigenschaften strenger Lösungen der Integralgleichung des Strahlungstransportes. Die Verbesserung beruht auf der Verwendung eines strengen Iterationsverfahrens. Wellmann

5105. **P. Couteau,** Contribution à la théorie du spectre des naines blanches. Ann d'Astrophys Suppl Nr. 3, 51 S. — Verf. untersucht die Frage, unter welchen Umständen es zu einem rein kontinuierlichen Spektrum bzw. zu einem Kontinuum mit schwachen Wasserstoffemissionslinien bei Weißen Zwergen kommen kann. Die Photosphäre soll nur aus atomarem Wasserstoff bestehen, wobei die Häufigkeit von H_2 sich als zu gering ergibt, als daß sie die Ergebnisse beeinflussen könnte. Als Vorbereitung werden Absorptions- und Streukoeffizienten gerechnet und in Tabellenform angegeben. Schließlich werden im einzelnen Linienkonturen bestimmt und der Zusammenhang zwischen Restintensität, Temperatur und Schwerebeschleunigung diskutiert. Oster

5106. **J. A. Crawford, L. G. Henyey, R. LeLevier, R. Levee,** A theoretical study of stellar atmospheres. AJ **62** 12. — Ref. AAS.

5107. **S. R. Das Gupta,** On the solution of transport equation for neutron diffusion in the Milne-Eddington model. Indian J. Theoret. Phys. **5** Nr. 2 S. 39—48. — Ref. in RJ 1958 Nr. 10 S. 24.

5108. **S. R. Das Gupta,** On the exact explicit solution of transfer equation in the Milne-Eddington model by the method of Laplace transforms for the case of partly coherent and partly in-coherent scattering arising out of transitions between broadened states. Sci. and Culture **22** 520—523.

5109. **A. H. Davis,** The kinetic temperature of an atmosphere supported by radiation. I. ApJ **125** 771—787. — Der Einfluß der Anisotropie des Strahlungsfeldes auf die Anisotropie der Temperaturbewegung wird in Fortführung der Arbeiten von Milne und Langevin untersucht. Es wird nur die Emission und Absorption einer einzigen Resonanzlinie berücksichtigt, und die Wirkung der Stöße der Atome untereinander wird vernachlässigt. Die Anwendung auf die Randverdunklung der Sonne wird diskutiert. v. Hoerner

5110. **F. N. Edmonds jr.,** The coefficients of viscosity and thermal conductivity in the hydrogen convection zone. ApJ **125** 535—549. — In Tabellen und Formeln werden die Koeffizienten der Viskosität, der thermischen Leitfähigkeit durch Leitung und durch Strahlung angegeben, die für einen Gehalt an 15% Helium und einen weiten Bereich von Temperatur und Druck berechnet wurden. v. Hoerner

5111. **G. Elste,** Computation of individual curves of growth. AJ **62** 14—15. — Ref. AAS.

5112. **G. Elste, J. Jugaku,** Atmospheres of the B stars. IV. The calculation of partition functions. ApJ **125** 742—746. — Formeln für die Berechnung von Verteilungsfunktionen werden in einer für numerische Rechnung geeigneten Form angegeben. Detaillierte Anwendungen werden für neutrales und ionisiertes Helium im Temperatur- und Dichtebereich gerechnet, wie er für B-Sterne angemessen ist. Verf. (übersetzt)

5113. **M. Fracassini, M. Hack,** Calcolo del profilo di Hδ per modelli di atmosfera stellare in equilibrio radiativo ed in equilibrio adiabatico nella zona convettiva. Mem SA It (NS) **28** 347—359 = Contr. Oss. Astr. Milano-Merate (NS) Nr. 120. — Für verschiedene Werte der Oberflächentemperatur und Gravitation wurden die theoretischen Linienkonturen von Hδ berechnet. Betreffs der Konvektionszone wurden stets zwei extreme Modelle benutzt: Energietransport allein durch Strahlung und allein durch Konvektion. Weiterhin wurde die Elektronenstreuung vernachlässigt sowie alle Ursachen der Linienverbreiterung außer dem inneren Starkeffekt. Der Vergleich mit der Beobachtung zeigt für Zwerge, Riesen und schwächere Überriesen gute Übereinstimmung mit dem Strahlungsmodell, während die hellsten Überriesen besser durch das Konvektionsmodell angenähert werden, wobei jedoch die Streuung nicht mehr vernachlässigt werden darf. v. Hoerner

5114. **L. Goldberg,** Turbulent velocities inferred from the H and K emission lines in stellar spectra. ApJ **126** 318—321. — Die doppelte Umkehr der H- und K-Linien des CaII wird diskutiert. Während Wilson und Bappu aus der Gleichheit der Linienbreiten auf geringe optische Dicke und hohe Turbulenzgeschwindigkeiten schließen, zeigt eine Abschätzung, daß man auch mit großer optischer Dicke die Beobachtungen darstellen kann, wobei sich normale Turbulenzgeschwindigkeiten ergeben. v. Hoerner

5115. **W. G. Gorbazkij,** The exhausting of energy of moving hydrogen envelope of a star. Bote Univ. Leningrad 1957 Nr. 13 S. 178—189 (russ. mit engl. Ref.). — Ref. in RJ 1958 Nr. 4 S. 29—30.

5116. **W. Grasberger,** Hydrogen lines in an atmosphere with near thermodynamic radiative equilibrium. ApJ **125** 750—770. — Verf. berechnet den Strahlungsfluß auf Sternoberflächen innerhalb und in unmittelbarer Nähe von Hα, Hβ und Pα mit Hilfe der von Henyey entwickelten Transportgleichungen für den Fall von nahezu thermodynamischem Gleichgewicht und für örtliches thermodynamisches Gleichgewicht. Die Rechnung wird für Hauptreihensterne mit Temperaturen zwischen 7000° und 11500° ausgeführt. Die Unterschiede ergeben sich im allgemeinen als gering mit Ausnahme des Linienzentrums, wo sie bis zu 20 % erreichen können. Der Unterschied ist im wesentlichen durch die Linien selbst bewirkt. Micz.

5117. **R. Grenchik,** A model atmosphere for the white dwarf 40 Eridani. AJ **62** 16—17. — Ref. AAS.

5118. **S. D. Gutschabasch,** Die Streuung des Lichts in einer zweischichtigen Atmosphäre. Bote Univ. Leningrad Nr. 1 S. 158—164, 211 (russ.). — Ref. in RJ 1957 Nr. 9 S. 36.

5119. **G. M. Handelmann, D. A. Frank-Kamenezkij,** Shock wave emergence at a stellar surface. Soviet Phys. Doklady 1 223—226, 1956. — Übersetzung der in AJB **56** Ref. **5114** referierten Arbeit.

5120. **D. L. Harris,** Diffuse reflection from planetary atmospheres. ApJ **126** 408—412. — Eine Anzahl von Tabellen und Hilfstafeln werden zur Berechnung der atmosphärischen Reflexion gegeben. Sie können auch für Absorptionslinien in Sternatmosphären benutzt werden. v. Hoerner

5121. **A. M. Heiser,** The prediction of model-atmosphere line profiles with an electronic computer. ApJ **125** 470—477 = Publ. Goethe Link Obs. Nr. 17. — Verf. beschreibt ein Rechenprogramm für die IBM 650, um Linienprofile unter Annahme reiner Absorption und einer Modell-Atmosphäre zu rechnen. Als Beispiel wird das Magnesium-Triplett λ 5175 behandelt. Das Programm ist z. Zt. auf Metallinien mit Ionisationspotentialen zwischen 7 und 13eV beschränkt, kann aber auf andere Linien ausgedehnt werden. Micz.

5122. **S.-S. Huang,** The study of gaseous motions in stellar atmospheres: a review. Publ ASP **69** 65—68. — Verf. gibt einen Überblick über die Untersuchungen bezüglich der Bewegungen von Gasen in Sternatmosphären. Die bekannte Unterscheidung zwischen Mikro- und Makroturbulenz wird besprochen. Die Schwierigkeiten bei der Trennung der Linienverbreiterung durch Makroturbulenz und Rotation werden hervorgehoben. Groth

5123. **C. de Jager, L. Neven,** Spectroscopic data for 50 model photospheres. Rech. Astr. Obs. Utrecht **13** Nr. 4, 85 S. — 50 Modellatmosphären werden für jede Kombination der Oberflächentemperaturen $T_0 = 4000°$, 4500°, 5000°, 6000°, 7000°, 8000°, 10000°, 14000°, 18000° und 25000° mit den Schwerebeschleunigungen entsprechend $\log g = 1, 2, 3, 4$ und 5 nach der Näherung $q = 2/3$ berechnet. Für diese 50 Modellatmosphären wird angegeben: 1.) Die Tiefenabhängigkeit von Temperatur, Druck, Elektronendruck und die optische Tiefe τ_0 für λ 5012 Å. 2.) Die Gewichtsfunktionen in fünf verschiedenen Frequenzen. 3.) Das kontinuierliche Spektrum, absolute Gradienten, Farbtemperaturen, letzte sichtbare Balmerlinien, Balmersprung. 4.) Profile und Äquivalentbreiten von Hγ und Hδ sowie He II λ 4542 und 4686. 5.) Die Äquivalentbreiten von 78 Linien von He, C, N, O, Mg, Si, Ca und Sr. Tafeln der Gewichtsfunktionen und der Ionisationsgleichgewichte ergänzen diese Arbeit. Traving

5124. **K. Kaminisi,** The exact stellar model to the partially degenerate isothermal gas sphere. Kumamoto J. Sci. (A) **3** 46—52. — Ref. in RJ 1958 Nr. 4 S. 28.

5125. **D. A. Lautman,** On the atmospheric pulsations of Cepheids. ApJ **126** 537—549. — Verf. untersucht die adiabatischen Pulsationen einer ursprünglich isothermen Atmosphäre im hydrostatischen Gleichgewicht, die durch sinusförmige Schwingungen an der inneren Begrenzung der Atmosphäre ausgelöst werden, an Hand numerischer Lösungen der exakten hydrodynamischen Gleichungen für verschiedene Werte der Höhe der Atmosphäre und der Frequenz und Amplitude der inneren Oszillationen. Es resultieren Geschwindigkeitskurven für die obersten Atmosphärenschichten mit merklicher Asymmetrie und in mehreren Fällen mit sekundären Maxima und Minima, die nicht durch Ungenauigkeiten der Rechnung bedingt sind. Von wesentlichem Einfluß sind die Randbedingungen an der äußeren Begrenzung der Atmosphäre, wie am Beispiel einer Atmosphäre mit darübergelagerter Korona gezeigt wird. Klauder

* * **P. Maffei,** Le molecole nelle atmosfere stellari. Vgl. Ref. **9534.**

5126. **A. Martini, A. Masani,** Studio di modelli di atmosfere stellari a flusso integrato costante. Mem SA It (NS) **28** 319—338 = Contr. Oss. Astr. Milano-Merate (NS) Nr. 119. — Für eine Reihe von Modellatmosphären mit verschiedenen Werten von Temperatur und Gravitation werden monochromatische Intensitäten bei neun verschiedenen Wellenlängen berechnet; der Farbenindex und die Größe des Balmersprunges werden angegeben. Für zwei Modelle, bei denen starke Konvektion auftritt, wurde adiabatisches Gleichgewicht vorausgesetzt. Die in zahlreichen Tabellen und Figuren enthaltenen Ergebnisse werden mit denen anderer Autoren verglichen. v. Hoerner

5127. **M. S. Matsushima,** Sur les largeurs équivalentes des raies de Balmer observées dans les spectres stellaires. CR **245** 998—1000. — Die Messungen der Äquivalentbreiten von $H\beta$, $H\gamma$, $H\delta$ wurden gesammelt und als Kurven gleicher Äquivalentbreite in die log g-θ-Ebene eingetragen. Die log g (Oberflächenschwerebeschleunigung) wurden aus der zweidimensionalen Yerkes-Klassifikation und der Masse-Leuchtkraft-Beziehung berechnet. Die Ergebnisse von Modellrechnungen von de Jager und Neven werden entsprechend aufgetragen und mit den Beobachtungen verglichen. Es zeigt sich, daß die berechneten Werte für heiße Sterne und kühle Riesensterne unter den beobachteten liegen. Für die Überriesen von B 8 bis F 0 ist es umgekehrt. Mehltretter

5128. **S. Miyamoto,** Asymmetric contours of Ca II K line. Publ. Astr. Soc. Japan **9** 146—170. — Die in zwei früheren Arbeiten (AJB **53** Ref. **6419**, **54** Ref. **6425**) durchgeführte Berechnung theoretischer Konturen der solaren K-Linien des Ca auf der Grundlage eines statischen Atmosphärenmodells wird durch die Annahme differentieller Bewegungen, und zwar einer relativen Abwärtsbewegung der oberen Chromosphärenschichten verfeinert. Die Ergebnisse werden mit Beobachtungen der K-Linie im Sonnenspektrum von O. C. Mohler und in Sternspektren späten Typs von O. C. Wilson verglichen. Daraus geht hervor, daß sich einige asymmetrische Eigenschaften der K-Linie durch differentielle atmosphärische Bewegungen erklären lassen. Außerdem werden an Hand der Wilsonschen Beobachtungen die verschiedenen Theorien der doppelten Umkehr in der K-Linie einem kritischen Vergleich unterzogen. Klauder

5129. **G. J. Odgers, R. S. Kushwaha,** Shock waves in stellar atmospheres. AJ **62** 95—96. — Ref. AAS.

5130. **L. Oster,** Viskosität, elektrische und thermische Leitfähigkeit stellarer Materie. ZfA **42** 228—262 = Sonderdruck Sternw. Kiel. — Die Theorien der elektrischen und thermischen Leitfähigkeit und der Viskosität von Chapman und Cowling sowie von Spitzer und Mitarbeitern werden kritisch untersucht und miteinander verglichen. Auch die älteren Ansätze von Lorentz, Sommerfeld, Persico und Gvosdover werden zu dem Vergleich herangezogen. Sodann wird eine konsequente Darstellung mit Hilfe von Wirkungsquerschnitten gegeben. Für spätere Anwendungen sind die Leitfähigkeiten und die Viskosität stellarer Materie (Zusammensetzung: 85% Wasserstoff, 15%Helium) im Temperaturbereich $\theta = 5040/T = 1.3$ bis 0.001 und im Elektronendruckbereich $\log p_e = 5$ bis -2 sowie die Streuquerschnitte von Elektronen gegenüber Ionen im Bereich $\theta = 1.3$ bis 0.001, $\log p_e = 6$ bis -12 dargestellt. Verf.

5131. **A. G. Pacholczyk,** Niekoherentność procesów rozpraszania promieniowania w atmosferach gwiazd. Postępy Astr. **5** 113—135. — Behandelt das Problem des Strahlungsstroms in Spektrallinien bei inkohärenter Streuung. Die am Schluß beigefügte Bibliographie umfaßt 41 Nummern.

5132. **B. E. J. Pagel,** The emission of continuous radiation in stellar atmospheres. ApJ **125** 298—300. — Verf. diskutiert die Gültigkeit des Kirchhoffschen Gesetzes in den äußeren Schichten eines Sterns und erörtert die Möglichkeit, es durch einen genaueren Ausdruck zu ersetzen. Micz.

5133. **C. Pecker,** Calcul de la largeur équivalente des raies de Balmer. Ann d'Astrophys **20** 196—206 = Contr. Inst. d'Astrophys. Paris (B) Nr. 166. — Die Arbeit gibt eine Neuberechnung der Äquivalentbreiten der photosphärischen Balmerlinien. Zunächst werden die hierfür benötigten Sättigungsfunktionen tabuliert, und zwar für die beiden Fälle, daß die Linienverbreiterung durch den Stark-Effekt allein und durch Zusammenwirken von Stark- und Doppler-Effekt bewirkt wird. Mit Hilfe dieser Daten wird eine theoretische Wachstumskurve der Balmer-Linien abgeleitet, die in Verbindung mit den Beobachtungsdaten von de Jager eine Neubestimmung des Kontinuums in der Nähe des Balmer-Sprungs erlaubt. Klauder

* * **J.-C. Pecker,** L'écart à l'équilibre thermodynamique local dans la photosphère solaire. Vgl. Ref. **6115**.

5134. **J.-C. Pecker,** Révision de la théorie des courbes de croissance. CR **245** 639—642. — Die Existenz von Abweichungen vom lokalen thermodynamischen Gleichgewicht führt zu einer Änderung der Theorie der Wachstumskurven. Bei der Berechnung der Gewichtsfunktionen für die Linien wird an entsprechender Stelle die Ergiebigkeit $S_\lambda(\tau) = B_\lambda[T_{exc}(\tau)]$ gesetzt. Dann verschwindet diese Gewichtsfunktion nicht mehr notwendig mit $dB/d\tau = 0$, d. h. Linien entstehen zum großen Teil durch Abweichungen vom lokalen thermodynamischen Gleichgewicht. Für Linien mit verschiedenem Anregungspotential des unteren Niveaus erhält man Wachstumskurven, die im linearen Teil übereinstimmen, deren Wurzelteil aber verschieden hoch liegt. Es wird diskutiert, auf welche Weise man unter diesen Umständen die empirischen Wachstumskurven zu konstruieren hat. Mehltretter

5135. **S. Saito,** On the model atmospheres of early-type stars. II. Contr. Inst. Astrophys. Kwasan Obs. Kyoto Nr. 69, 55 S., 1956. — Die Arbeit AJB **54** Ref. **5129** wird durch Berechnung der spektralen Energieverteilung, der mittleren Gradienten und des Balmer-Sprungs für die sechs dort behandelten Modellatmosphären ergänzt. Klauder

5136. **K. K. Sen,** Method of trigonometrical series in calculating the modification of intensity of monochromatic radiation due to multiple Compton scattering in stellar atmosphere. Proc. Nat. Inst. Sci. India (A) **23** 50—57. — Ref. in RJ 1958 Nr. 5 S. 22.

5137. **R. L. Simon,** Sur l'existence d'une fréquence critique dans le cas d'une atmosphère illimitée. Bull. Cl. Sci. Acad. roy. Belgique (5) **43** 471—476 = Inst. d'Astrophys. Univ. Liège Coll. 8° Nr. 389. — Die bereits von Rosseland gefundene kritische Frequenz der Schwingungen einer unendlich ausgedehnten isothermen Atmosphäre wird als diejenige Frequenz interpretiert, bei

der die gesamte kinetische Energie der Schwingung von endlichen zu unendlichen Werten übergeht. Für eine Rochesche Atmosphäre existiert keine derartige Frequenz; in diesem Fall ist die Gesamtenergie aller Schwingungen unendlich groß.
Klauder

5138. **R. L. Simon,** Sur la stabilité vibrationnelle des oscillations non radiales d'une étoile gazeuse. Bull. Cl. Sci. Acad. roy. Belgique (5) **43** 610—621 = Inst. d'Astrophys. Univ. Liège Coll. 8° Nr. 392. — Im ersten Teil der Arbeit wird zunächst der Koeffizient der Schwingungsstabilität gasförmiger Sterne für den Fall nicht-radialer Schwingungen in allgemeiner Form berechnet. Im zweiten Teil wird sodann eine numerische Auswertung für eine spezielle Schwingung des Standard-Modells durchgeführt. Dabei ergibt sich eine größere Stabilität als für radiale Schwingungen, die zudem mit wachsendem Temperaturexponenten im Energieerzeugungsgesetz zunimmt, während bei radialen Schwingungen das Umgekehrte zutrifft.
Klauder

5139. **W. W. Sobolew,** Der Strahlungstransport in Stern- und Planetenatmosphären. Moskau, Technischer Staatsverlag, 1956. 391 S. mit Fig. Preis 11 R. 20 Kop. (russ.). — Besprechung in RJ 1957 Nr. 8 S. 46.

5140. **E. A. Spiegel,** The smoothing of temperature fluctuations by radiative transfer. ApJ **126** 202—207. — Unter Annahmen, die für die astrophysikalische Anwendung plausibel sind, wird eine Gleichung abgeleitet, der der Ausgleich von Temperatur-Schwankungen in einem Medium durch Strahlungstransport gehorcht. Ihre Lösung wird für eine homogene Atmosphäre genauer diskutiert. In diesem Fall erfolgt der Temperaturausgleich für kleine Störungen exponentiell mit der Zeit.
Klauder

* * **P. Swings,** Les bandes moléculaires d'émission dans les étoiles. Vgl. Ref. **9541**.

5141. **P. Swings,** L'absorption continue produite par les molécules dans les atmosphères stellaires. BSAF **71** 63—67. — Für die Atmosphären der kühleren Sterne, in denen die kontinuierliche Absorption durch Moleküle eine Rolle spielt, sind bisher kontinuierliche Absorptionskoeffizienten unbekannt. Berichtet wird über die Probleme der Messung des Kontinuums in den Spektren kühler Sterne und über die Moleküle, die wahrscheinlich am meisten zum Absorptionskoeffizienten beitragen.
Fricke

5142. **P. Swings,** Les équilibres de dissociation moléculaire. BSAF **71** 112—115. — Kurzer Bericht über die Methoden und bisherigen Ergebnisse zur Ermittlung der Molekül-Häufigkeit in Sternatmosphären.
Fricke

5143. **G. Traving,** Die Atmosphäre des O9V-Sternes 10 Lacertae. ZfA **41** 215—253 = Sonderdruck Sternw. Kiel. — Mitt. AG 1956 S. 35 (Ref. AG). — Es werden die Äquivalentbreiten von etwa 180 Linien abgeleitet. Eine Grobanalyse ergibt zunächst eine provisorische Bestimmung der chemischen Zusammensetzung, eine mittlere Ionisationstemperatur, einen mittleren Elektronendruck und einen genäherten Wert für die effektive Schwerebeschleunigung. Für die Feinanalyse wird ein im Strahlungsgleichgewicht befindliches Modell der Atmosphäre mit $T_e = 37450°$ K und $\log g = 4.45$ berechnet. Ausgehend vom Modell für Tau Scorpii (Traving 1955) wird durch Iteration, zum Teil nach einem verbesserten Stromiterationsverfahren, Konstanz des Strahlungsstromes bis auf 1% bis $\bar{\tau}$ (Rosseland) ~ 2.5 erreicht. Es zeigt sich, daß es nötig ist, den Einfluß der Lymanlinien auf das Strahlungsgleichgewicht in den höheren Atmosphärenschichten zu berücksichtigen. Die theoretisch berechneten Werte für Balmersprung, absoluten Gradienten und Profile werden mit den Beobachtungen verglichen. Die Häufigkeiten von H, He, C, N, O, Ne, Mg, Al und Si werden bestimmt. Die chemische Zusammensetzung entspricht weitgehend derjenigen von Tau Scorpii.
Groth

5144. **S. Ueno,** The formation of absorption lines by coherent and non-coherent scattering. II. III. IV. Contr. Inst. Astrophys. Kwasan Obs.

Kyoto Nr. 62—64, 18 + 19 + 22 S., 1956. — Teil I vgl. AJB **55** Ref. **5143**. — Die Strahlungstransportgleichung für den Fall der Absorptionslinienbildung durch kohärente und nicht-kohärente Streuung wird nach mehreren mathematischen Methoden behandelt. Die Ergebnisse bestätigen im wesentlichen die schon früher von anderen Autoren abgeleiteten Lösungen und zeigen die Äquivalenz der verschiedenen Methoden. Klauder

5145. **S. Ueno,** The probabilistic method for problems of radiative transfer. II. Milne's problem. ApJ **126** 413—417 = Contr. Inst. Astrophys. Kwasan Obs. Kyoto Nr. 65. — Die Arbeit wendet die schon in Kyoto Contr. Nr. **64** (vgl. vorstehendes Ref.) zur Lösung von Strahlungstransportproblemen herangezogene probabilistische Methode auf einen weiteren Spezialfall an. Auch hier werden wieder bereits bekannte Ergebnisse bestätigt. Klauder

5146. **A. B. Underhill,** Comments on methods for analyzing the spectra of Zeta Aurigae stars. ApJ **125** 118—122 = Harv Repr Nr. 451. — Es wird gezeigt, daß die von Christie und Wilson 1935 vorgeschlagene Methode zur Analyse der Struktur der Atmosphäre der K-Komponenten von Sternen des Typs ζ Aur nicht ausreicht, um kontinuierliche Absorptions- und Bedeckungseffekte zu trennen, wenn nur spektrographische Beobachtungen vorliegen. Verf. entwickelt ein Verfahren, das auf Vergleichen des Spektrums während der atmosphärischen Bedeckung mit dem des K-Sterns beruht. Das Verfahren erlaubt die Trennung von Bedeckungs- und kontinuierlichen Absorptionseffekten durch die Atmosphäre des K-Sterns von Effekten der Chromosphärenlinien-Absorption in der K-Atmosphäre. Micz.

5147. **A. B. Underhill,** On the origin of the λ 5696 emission in O stars. ApJ **126** 28—29 = Contr. Dominion Astrophys. Obs. Victoria Nr. 55. — Es wird gezeigt, daß als mögliche Deutung der fraglichen Emissionslinie die Ionisation von C^{+} durch He II-Strahlung bei λ 304 in Frage kommt. Hierbei entstehen C^{++}-Ionen, die imstande sind, λ 5696 zu emittieren. Klauder

5148. **A. B. Underhill,** A comparison of model atmospheres with $T_0 =$ 16,800° and log g = 3.80. Publ ASP **69** 69—72. — Drei Modelle der Atmosphäre eines BII-Sternes (A. B. Underhill, J. K. McDonald, S. Saito) werden hinsichtlich der Konstanz des Strahlungsstromes geprüft. Alle drei Modellatmosphären sind mit einfachen Ansätzen (exakte Lösungen oder Näherungen für den grauen Fall) für die Tiefenabhängigkeit der Kirchhoff-Planck-Funktion berechnet. Die beiden ersteren (Underhill, McDonald), bei denen der Plancksche bzw. Chandrasekharsche Mittelwert für $\bar{\varkappa}$ verwendet wurde, erfüllen die Bedingungen des Strahlungsgleichgewichts nahe der Oberfläche recht gut. Das dritte Modell (Saito) verwendet den Rosselandschen Mittelwert. Hier sind die Fehler nahe der Oberfläche beträchtlich, doch ist, wie zu erwarten, dieses Modell in größeren Tiefen den beiden anderen offensichtlich überlegen. Traving

5149. **A. B. Underhill,** Four B-type model atmospheres. Publ. Dominion Astrophys. Obs. Victoria **10** 357—391. — Für vier Modellatmosphären aus reinem Wasserstoff mit den Oberflächentemperaturen $T_0 = 16800°$ und 18800°, beide Werte mit $\log g = 3.80$ und 4.20 kombiniert, werden die Struktur der Modelle, der austretende Strahlungsfluß, die monochromatische optische Tiefe, die Dichte und geometrische Tiefe sowie die Randverdunklung in zwei Wellenlängen berechnet und tabuliert. Ferner werden die bolometrischen Korrektionen und B—V-Farben und schließlich Profile und Äquivalentbreiten für drei Si-Linien abgeleitet. Vergleich der letzteren mit Beobachtungsdaten für die Linien von zehn B-Sternen zeigt, daß die Modelle mit $T_0 = 16800°$ etwa dem Spektraltyp B 2.5 V, die mit $T_0 = 18800°$ etwa dem Typ B 1.5 V entsprechen. Für die stärkeren Linien ergibt sich andeutungsweise ein chromosphärischer Ursprung. Klauder

5150. **C. M. Varsavsky,** A new source of opacity in stellar atmospheres. AJ **62** 97. — Ref. AAS.

5151. **O. C. Wilson,** Limitations on physical theories of H and K emission lines. ApJ **126** 525—528. — Als Vorarbeit für eine noch zu entwickelnde Theorie der H- und K-Emissionslinien diskutiert Verf. an Hand des vorliegenden Beobachtungsmaterials einige Punkte, denen die künftige Theorie Rechnung zu tragen hat, bzw. die diese begrenzen. Klauder

5152. Atmospheres of B stars. Sky and Telescope **17** 61. — Ref. AAS.

§ 52

Sterninneres

5201. **M. Bretz,** Transurane in magnetischen Sternen? Sterne **33** 160.

5202. **E. M. Burbidge, G. R. Burbidge,** Chemical composition of the Ba II star HD 46407 and its bearing on element synthesis in stars. ApJ **126** 357—385. — Mit Hilfe von Wachstumskurven wurden die Häufigkeiten von 33 Elementen bestimmt. 16 davon liegen zwischen Strontium und Blei und zeigen größtenteils übernormale Häufigkeiten um Faktoren zwischen 3 und 30. Dies sind gerade diejenigen Elemente, die im späten Stadium der Sternentwicklung durch den s-Prozeß (langsamer Neutroneneinfang bei hoher Temperatur und großer Neutronendichte) von Burbidge und anderen (Rev. Modern Phys. **29** 547, Ref. **5203**) im Sterninneren erzeugt werden. In Übereinstimmung hiermit ergibt sich, daß das Produkt aus Häufigkeit und Neutroneneinfang-Querschnitt gute Konstanz über die betreffenden Elemente zeigt. Eine Abschätzung ergibt, daß der Prozeß des Neutroneneinfanges während des gesamten Aufenthaltes im Bereich der Roten Riesen andauert, daß dagegen die Durchmischung bis zur Oberfläche erst gegen Ende einsetzt. Eine Reihe weiterer Fragen der Sternentwicklung werden diskutiert und Zeitabschätzungen gegeben. v. Hoerner

5203. **E. M. Burbidge, G. R. Burbidge, W. A. Fowler, F. Hoyle,** Synthesis of the elements in stars. Rev. Modern Phys. **29** 547—650. — Eine große Anzahl von Einzelarbeiten sowie eine Reihe neuer Überlegungen werden auf über 100 Seiten einheitlich zusammengefaßt und ausführlich dargestellt. Danach erscheint es möglich, die kosmische Häufigkeit der Elemente und ihre Entstehung aus ursprünglichem Wasserstoff auf acht verschiedene Prozesse zurückzuführen, die sich während verschiedener Phasen der Sternentwicklung abspielen. (1) Die Wasserstoffverbrennung der Hauptreihensterne. (2) Im Riesenstadium beginnt bei Zentraltemperaturen über 10^8 Grad die Heliumverbrennung (Salpeterprozeß) und bei weiterem Temperaturanstieg (3) der weitere Einfang von α-Teilchen sowie (4) eine fortlaufende Folge von langsamen Neutroneneinfängen und β-Zerfällen, wobei bis zum Blei aufgebaut werden kann. Falls Instabilitäten im Inneren des Sternes zu einem Supernova-Ausbruch führen, so entwickelt sich (5) ein Gleichgewicht, das die Elemente der Eisenspitze liefert, sowie ein starker Neutronenstrom, der (6) durch schnellen Neutroneneinfang vom Eisen über Uran hinaus bis zum Californium 254 aufbaut, während die neutronenarmen Elemente (7) durch Protoneneinfang entstehen. Eine geringe Zahl von Elementen scheint sich (8) durch Vorgänge an Sternoberflächen zu bilden. v. Hoerner

5204. **A. G. W. Cameron,** The role of the $C^{13}(\alpha, n)O^{16}$ reaction in the synthesis of heavy elements. AJ **62** 138. — Ref. AAS.

5205. **A. G. W. Cameron,** Nuclear reactions in stars and nucleogenesis. Publ ASP **69** 201—222. — Verf. gibt einen Überblick über die Vorstellungen und Hypothesen über Kernreaktionen und Elemententstehung im Sterninneren. Besondere Aufmerksamkeit widmet er der Deutung der beobachteten Häufigkeitsverteilung der Elemente und den bei Supernovaexplosionen möglichen Kernprozessen. Böhm

5206. **S. Chandrasekhar,** An Introduction to the Study of Stellar Structure. New York, Dover Publications Inc., 1957. 2. Auflage. 509 S. mit 33 Fig. Preis $ 2.75. — Besprechung in Ciel et Terre **74** 379—380 (P. Ledoux), Phys. Blätter **9** 421—422 (W. Lohmann), Publ ASP **70** 337 (P. A. Sweet), Sky and Telescope **17** 419. — Dies Buch ist eine gut gegliederte und straff und präzis geschriebene Darstellung der Probleme des inneren Aufbaues der Sterne nach dem Stand von 1938. Obwohl man sich eigentlich mehr eine Neubehandlung des gleichen Themas vom gleichen Verf. gewünscht hätte, behält doch das vorliegende Buch seinen bleibenden Wert für alle, die sich in dies Gebiet einarbeiten wollen. Speziell die Kapitel I bis V sind eine auch heute gültige, gute Einführung in die prinzipiellen Fragen und die Grundgleichungen des Sternaufbaues. Kapitel VI bis IX über Sternmodelle und die Interpretation des Hertzsprung-Russell-Diagrammes haben mehr historisches Interesse, während Kapitel X und XI über Entartete Materie und Weiße Zwerge wieder im Sinne der ersten Kapitel zu bewerten sind.
v. Hoerner

5207. **C. W. Cook, W. A. Fowler, C. C. Lauritsen, T. Lauritsen,** B^{12}, C^{12}, and the red giants. Phys. Rev. (2) **107** 508—515. — Es ließ sich nachweisen, daß der zweite angeregte Zustand von C^{12} (7.563 $\pm$ 0.008 MeV) über B^8 in drei α-Teilchen zerfällt. Zu diesem angeregten Zustand führen etwa 1.3% aller β-Zerfälle von B^{12}. Beim Zerfall von C^{12} in drei α-Teilchen werden insgesamt 372 $\pm$ 4 keV frei. Aus der Reversibilitätsforderung kann dann geschlossen werden, daß der für den Salpeterzyklus nötige α-Einfang von B^8 im Innern der Roten Riesen stattfindet, wobei der von Hoyle geforderte angeregte Zustand des Kohlenstoffs eine entscheidende Rolle spielt. v. Hoerner

5208. **T. G. Cowling,** Stellar energy and stellar evolution. Adv. Sci. **14** Nr. 54 S. 13—22. — Ref. in Nature **180** 479.

5209. **J. P. Cox,** Non-adiabatic stellar pulsation. AJ **62** 90—91. — Ref. AAS.

5210. **N. A. Dmitrijew, M. I. Fjodoritowa, D. A. Frank-Kamenezkij,** Non-adiabatic pulsations of stars with constant adiabatic index. DAN **110** 949—951, 1956 (russ.). — Ref. in Math. Rev. **19** 715.

5211. **C. Hayashi,** Giant stars with shell sources of C-N and p-p reactions. Progr. Theoret. Phys. **17** 737—742. — Es wird der innere Aufbau von Riesensternen der Population II untersucht unter Berücksichtigung des Ionendruckes im Kern und mit verbesserter Anpassung zwischen der Konvektionszone und dem Bereich des Strahlungsgleichgewichtes. Für den Fall, daß die allerältesten Sterne ursprünglich aus reinem Wasserstoff bestanden haben, wird statt des CN-Zyklus die pp-Reaktion benutzt. In beiden Fällen ergibt sich etwa Übereinstimmung mit der Lage des Riesenastes der Kugelsternhaufen, während der innere Aufbau einige Verschiedenheiten zeigt. v. Hoerner

* * **J. F. Heard, J. B. Oke, L. T. Searle,** The changing universe. Vgl. Ref. 5407.

5212. **Z. Hitotuyanagi, K. Suda,** Stellar models with isothermal cores and intermediate convective zones. Publ. Astr. Soc. Japan **9** 7—15 = Sendai Astr. Rap. Nr. 53. — Verf. konstruieren Sternmodelle folgender Art: Ein isothermer Kern ist von einer Konvektionszone umgeben, an die sich weiter außen eine Strahlungsgleichgewichtszone anschließt. Ein Sprung im mittleren Molekulargewicht ist an der Grenze zwischen dem isothermen Kern und der Konvektionszone vorhanden. Mit zunehmender Größe des isothermen Kernes und abnehmender Dicke der Konvektionszone nimmt die Leuchtkraft zu. Böhm

5213. **K. Kaminisi,** On the adiabatic change of completely ionised gases in the stars. Kumamoto J. Sci. (A) **2** 358—362, 1956. — Für die Konvektionszone von Sternmodellen wird oft mit dem für einatomiges ideales Gas geltenden Polytropenindex n = 1.5 gerechnet. Unter Berücksichtigung des Einflusses der Ionisation und der Gegenwart der Strahlung wird der effektive Polytropenindex in Abhängigkeit von Dichte und Temperatur berechnet und tabuliert. Die Abweichungen betragen meist einige Prozent und maximal einen Faktor zwei. v. Hoerner

5214. **P. Ledoux, R. Simon,** Sur les oscillations d'une étoile gazeuse possédant un champ magnétique faible. Ann d'Astrophys **20** 185—195 = Inst. d'Astrophys. Univ. Liège Coll. 4° Nr. 93. — Der Einfluß eines schwachen Magnetfeldes auf die Schwingungen eines gasförmigen Sternes wird nach der Störungstheorie in Form eines Zusatzgliedes zur Frequenz der rein gravitativen Schwingungen berechnet. Dieses Glied kann in einigen Fällen verschwinden, z. B. beim homogenen kompressiblen Modell mit gleichförmigem Magnetfeld. In anderen Fällen ergibt sich Proportionalität zum Verhältnis von magnetischer Energie zu potentieller Gravitationsenergie. Klauder

5215. **M. L. Lidow,** Automodel motions of a gas with spherical symmetry in a field with a gravitating center. AJ UdSSR **34** 603—608 (russ. mit engl. Ref.). — Nachdem Carrus, Fox, Haas und Kopal (vgl. AJB **51** Ref. 5203) die Ausbreitung von Stoßwellen infolge einer plötzlichen zentralen Explosion in der Hülle des verallgemeinerten Rocheschen Modells diskutiert hatten, stellt Verf. in Anlehnung an eine Dimensionsbetrachtung eine allgemeine Formulierung des Problems nicht-stabiler Bewegungen eines Gases im Feld eines gravitierenden Zentrums dar. Loh.

5216. **J. B. Marion, W. A. Fowler,** Nuclear reactions with the neon isotopes in stars. ApJ **125** 221—232. — Unter Benutzung neuer experimenteller Daten wird die Energieerzeugung durch verschiedene Kernreaktionszyklen, welche Neon-Isotope einschließen, in Sternen neu diskutiert. Es ergibt sich unter anderem, daß in Roten Riesen, welche ursprünglich O^{16} und Ne^{20}, jedoch kein C^{12} enthielten, Ne^{21} in ausreichender Menge produziert werden kann, um durch den Ne^{21} (α, n) Mg^{24}-Prozeß eine genügende Menge von Neutronen zu erzeugen, die zur Bildung der schweren Elemente erforderlich sind, während sich der Helium-verbrennende Kern bildet. Micz.

5217. **L. Mestel,** Meridional circulation in shell-source stars. ApJ **126** 550—558. — Es wird zunächst die Notwendigkeit begründet, die für das Cowling-Modell durchgeführten Untersuchungen über die Durchmischung der Sternmaterie durch meridionale Strömungen für das Schalen-Quellen-Modell zu wiederholen, da wesentliche Unterschiede zu erwarten sind. Die Erörterung von drei Spezialproblemen führt zu folgenden Ergebnissen: 1.) die spontane Entstehung und Aufrechterhaltung von Strömungen allein durch Unterschiede im Molekulargewicht sind sehr unwahrscheinlich, 2.) rotationsbedingte Strömungen erfordern noch höhere Rotationsgeschwindigkeiten als im Falle des Cowling-Modells und 3.) dürfte Durchmischung in Doppelsternkomponenten infolge des Einflusses der anderen Komponente im allgemeinen nicht auftreten. Klauder

5218. **S. Obi,** The structure of stellar model with double energy source and its application to the study on stellar evolution. Publ. Astr. Soc. Japan **9** 26—50 = Tokyo Astr. Obs. Repr. Nr. 150. — Es wird eine Reihe von Sternmodellen untersucht, in deren Heliumkern bereits die Salpeter-reaktion stattfindet, während in einer weiter außen liegenden sehr dünnen Schale noch Helium zu Wasserstoff verbrennt. Die Rechnungen beziehen sich auf Sterne von 1 bis 1.4 Sonnenmassen. Die übrigen physikalischen Annahmen stimmen weitgehend mit den von Hoyle und Schwarzschild benutzten (ApJ Suppl Nr. 13, AJB **55** Ref. 5410) überein. Verf. findet befriedigende Übereinstimmung der berechneten Modelle mit den Sternen auf dem horizontalen Ast des Farbenhelligkeitsdiagramms der Kugelhaufen. Böhm

5219. **J. W. Owen,** The non-radial oscillations of centrally condensed stars. MN **117** 384—392 = Astr. Contr. Univ. Manchester (3) Nr. 50. — Es wird untersucht, ob durch den Umlauf enger Doppelsterne nichtradiale Eigenschwingungen eines Sternes angeregt werden können. Die Rechnung wird durchgeführt für Polytropen, deren Index im Bereich $3 \leq n \leq 5$ liegt. Mit zunehmendem Index nimmt die Anzahl der Eigenschwingungen ab, und bei $n = 5$ ist keine Eigenschwingung mehr möglich. v. Hoerner

5220. **I. I. Predmestnikow,** Über die Integration der Differentialgleichungen des Sternaufbaues. Abh. Pädagog. Inst. Cherson Nr. 5 S. 201—212, 1955 (ukrain.). — Ref. in RJ 1957 Nr. 10 S. 37.

5221. **I. N. Rabinowitz,** On the pulsational stability of stars with convective envelopes. ApJ **126** 386—407. — Die Pulsationsgleichungen für Sternmodelle mit konvektiven Hüllen — und zwar für je sechs Modelle mit verschiedener Ausdehnung und chemischer Zusammensetzung der Hülle für RR Lyr und η Aql — werden numerisch integriert. Aus der Lösung ergibt sich, daß die betrachteten Modelle weniger stabil sind als die entsprechenden Modelle mit radiativen Hüllen und daß ihre Pulsationen durch Energiezufuhr allein aus Kernprozessen nicht aufrechterhalten werden können. Klauder

* * **G. Ruben, A. Massewitsch,** Untersuchung der Evolutionskurven für homogene Sternmodelle mit konvektivem Kern. Vgl. Ref. **5422**.

5222. **S. A. Shewakin,** Theorie der Sternpulsation. Leningrad, Staatsuniv., 1957 (russ.). — Dissertationsreferat.

5223. **E. E. Salpeter,** Nuclear reactions in stars. Buildup from helium. Phys. Rev. (2) **107** 516—525. — Die in Roten Riesen unter dem Sammelnamen «Heliumverbrennung» zusammengefaßten Kernreaktionen werden einzeln untersucht und eine detaillierte, zusammenfassende Darstellung gegeben. In der Umgebung von 1.3×10^8 Grad sind die Erzeugungsraten von C^{12}, O^{16} und Ne^{20} etwa vergleichbar, dagegen ist die Erzeugung von Mg^{24} und schwereren Kernen vernachlässigbar. v. Hoerner

5224. **E. E. Salpeter,** Stellar energy sources. Rev. Modern Phys. **29** 244—254. — Anhand des Hertzsprung-Russell-Diagrammes werden die wichtigsten Sterntypen definiert und die Möglichkeiten der numerischen Berechnung von Sternmodellen erläutert. Eine kurze Zusammenfassung der gegenwärtigen Theorien der Sternentwicklung beschreibt den Lebenslauf eines Sternes von seiner Entstehung aus interstellarer Materie über verschiedene Phasen der Kontraktion zum Hauptreihenstern und weiterhin seine Entwicklung zum Roten Riesen und schließlich zum Weißen Zwerg. Die in jeder Phase wirksam werdenden Energiequellen werden beschrieben und quantitativ abgeschätzt. Auch die in der Berechnung der Energieerzeugung und im Aufbau der Sternmodelle noch liegenden Unsicherheiten werden ausführlich diskutiert. v. Hoerner

5225. **E. Schatzman,** Influence du cortège sur les réactions nucléaires. Applications astrophysiques. J. Phys. Radium **18** 69S — 70S. = Contr. Inst. d'Astrophys. Paris (B) Nr. 164. — Ref. Soc. française Phys.

5226. **R. L. Simon,** Sur la réflexion des ondes dans le modèle de Roche généralisé. Ann d'Astrophys **20** 113—126 = Inst. d'Astrophys. Univ. Liège Coll. 4° Nr. 88. — Die Ausbreitung einer radialsymmetrischen und adiabatischen Störung in einem verallgemeinerten Roche-Modell wird untersucht. Wie in den früheren Arbeiten des gleichen Verf. (Ann d'Astrophys **18** 92, AJB **55** Ref. **5237**; Ann d'Astrophys **19** 115, AJB **56** Ref. **5231**) wird von der Methode der Laplace-Transformation Gebrauch gemacht. Neu ist die Berücksichtigung der Reflexion an der äußeren Grenze der Sternhülle. Diese kann zu einer stationären Schwingung der gesamten Hülle führen. Ist die Hülle in ein unendlich ausgedehntes Medium eingebettet, so daß die Schallgeschwindigkeit an der Grenzfläche einen Sprung macht, so erhält man keine stationären Schwingungen mehr. Die unter dieser Bedingung auftretenden Bewegungsformen werden untersucht. Böhm

5227. **G. Thiessen,** Untersuchungen an pulsierenden Sternen. II. Zur Bestimmung der wahren Pulsationsgeschwindigkeit aus den Radialgeschwindigkeitsmessungen. ZfA **41** 259—270 = Mitt. Sternw. Hamburg-Bergedorf **23** Nr. 257. — Die Mechanismen der Linienverbreiterung durch: Endliches Auflösungsvermögen des Spektrographen, thermische Bewegung, Turbulenz, Rotation, Pulsation werden numerisch exakt behandelt. An Hand der Figuren wird verdeutlicht, daß durch die Pulsation eine Aufteilung der verschiedenen Anteile der Linienverbreiterung ermöglicht wird und daß so das Baadesche Pulsationskriterium erstmalig streng anwendbar wird. Dv.

5228. **A. Unsöld,** Energieerzeugung und Entwicklung der Sterne. Naturwissenschaften **44** 145—156 = Sonderdruck Sternw. Kiel. — Vortrag, gehalten auf der 99. Versammlung der Gesellschaft Deutscher Naturforscher und Ärzte am 24. September 1956 in Hamburg. — Inhalt: I. Kosmische Entfernungen. II. Die Expansion des Weltalls und das Alter der Welt. Alter der Erde. Alter und Entstehung der Häufigkeitsverteilung der chemischen Elemente. III. Energieerzeugung in Sternen. IV. Entwicklung der Sonne und anderer Hauptsequenzsterne. V. Hertzsprung-Russell-Diagramme. VI. Entwicklung von Sternen der Population I. Galaktische Sternhaufen. VII. Entwicklung der Sterne der Population II. Kugelsternhaufen. Schnelläufer. VIII. Unterschiede der Populationen I und II. Spektroskopische Probleme der Sternentwicklung. IX. Schlußbemerkungen.

5229. **H. Vogt,** Aufbau und Entwicklung der Sterne. Leipzig, Akademische Verlagsgesellschaft Geest & Portig K.-G., 1957. 2. völlig neu bearbeitete Auflage. 7 + 171 S. mit 9 Fig. Preis DM 16. — Besprechung in Ann d'Astrophys **20** 176—177 (E. Schatzman), Ciel et Terre **73** 470—471 (R. Coutrez), Coelum **25** 184—185, Mitt. AG 1957 S. 70 (W. Dieckvoss), Obs **78** 174—175 (T. G. Cowling), Sky and Telescope **17** 144, Sterne **34** 94—95 (G. Richter), Sternenbote 8 98—99, ZfA **46** 66 (K. H. Böhm).

5230. **C. Whitney, P. Ledoux,** Note sur le calcul numérique des pulsations stellaires. Bull. Cl. Sci. Acad. roy. Belgique (5) **43** 622—627 = Inst. d'Astrophys. Univ. Liège Coll. 8° Nr. 393. — Kurze Schilderung einer Methode zur numerischen Berechnung der Pulsationsfrequenzen pulsierender Sterne. Unter der Annahme, daß die Sterne aus diskreten Schichten aufgebaut sind, wird die Integration der Pulsationsgleichung auf die Lösung eines Systems von n homogenen linearen Gleichungen mit n Unbekannten zurückgeführt. Ein Vergleich der so erhaltenen Näherungswerte mit den exakten Lösungen für drei Sternmodelle erlaubt die Genauigkeit der Methode zu beurteilen. Klauder

5231. **F. Zagar,** L'equilibrio interno delle stelle. Giornale di Fisica **1** 48—58. — Darstellung der Grundlagen zur Erforschung des inneren Gleichgewichts der Sterne. Cester

5232. Helium 3 in stars? Sky and Telescope **16** 223—224. — Ref. AAS.

§ 53

Nebel, Interstellare Materie

5301. **S. van den Bergh,** Interstellar gas and star creation. ZfA **43** 236—244 = Contr. Perkins Obs. (1) Nr. 49. — Unter Benutzung der näherungsweise bekannten Entstehungsrate von Sternen verschiedener Leuchtkraft (siehe z. B. Salpeter, ApJ **121** 161, AJB **55** Ref. **9719**) und der Annahme, daß massereiche Sterne ihren Massenüberschuß beim Übergang ins Stadium eines Weißen Zwerges wieder vollständig in den interstellaren Raum abgeben, wird die Massenbilanz des interstellaren Gases untersucht. Nimmt man an, daß die Entstehungsrate der

Sterne während des ganzen Weltalters zeitlich konstant war, so folgt, daß in Sonnenumgebung bereits nach 7×10^8 Jahren alles interstellare Gas verbraucht sein müßte. Andererseits zeigen die Beobachtungen (van de Hulst und Raimond, Kon. Nederl. Akad. v. Wetensch. Natuurk. **65** 157, 1956), daß der Kern der Milchstraße sehr viel weniger interstellares Gas enthält, als nach der Materiebilanz zu erwarten wäre. Daher muß der Kern dauernd interstellares Gas an die äußeren Regionen der Milchstraße abgeben. Böhm

5302. **G. Contopoulos,** Der Einfluß des Strahlungsdruckes auf die Dynamik der interstellaren Körner. ZfA **42** 7—33, Berichtigung in ZfA **42** 288 = Publ. Laboratory Astr. Univ. Athen (2) Nr. 4. — Die Bahn eines Kornes unter dem Einfluß der Anziehung eines Sternes und der Abstoßung durch seine Strahlung wird berechnet. Wir lassen zuerst den Widerstand des Gases weg und stellen die Werte der Geschwindigkeiten der Körner fest, die oft sehr bedeutend von der Ordnung mehrerer km/sec sind. Dann werden die Bahnabweichungen und die Relaxationszeit festgelegt. Man sieht, daß der Einfluß der hellen Sterne im Verhältnis zu den schwachen sehr groß ist, obwohl letztere zahlreicher sind, was im Falle der Gravitation nicht zutrifft. Darauf wird die Bahn eines Kornes in einer kugelförmigen oder elliptischen Galaxis studiert. Verf. (gekürzt)

5303. **E. A. Dibaj,** The gravitational unstability of a gas filament. AJ UdSSR **34** 954—956 (russ. mit engl. Ref.). — Im Rahmen der Theorie kleiner Schwankungen eines dichten Mediums wird das Problem der Instabilität eines unendlichen flüssigen Zylinders, der nur der eigenen Gravitation unterworfen ist, in bezug auf longitudinale Störungen betrachtet. Es wird gezeigt, daß der Zylinder bei bestimmten Werten für die Dichte instabil ist und in eine Reihe von Kondensationen zerfällt. Die erhaltenen Ergebnisse können zur Erklärung der Entstehung der Sternketten herangezogen werden. Verf. (übersetzt)

5304. **K. Eberlein,** Die HeIII-HeII-Schichtung in planetarischen Nebeln. II. Die Relativintensitäten von He II λ 4686 zu Hβ und Vergleich der theoretischen Modellrechnung mit der Beobachtung. ZfA **41** 271—303 = Mitt. Sternw. Hamburg-Bergedorf **23** Nr. 256. — Für das Modell eines planetarischen Nebels wird das Verhältnis der Intensitäten von He II λ 4686 zu Hβ als Funktion von T und T_ε berechnet. Die Kombination dieser Relativintensität mit der Helligkeitsdifferenz zwischen Nebel und Zentralstern ermöglicht eine Abschätzung von Anregungstemperatur (Ionisationstemperatur) und optischer Dicke der planetarischen Nebel für H I. Aus dem Intensitäts- und Radienverhältnis der monochromatischen Nebelbilder für He II λ 4686 und Hβ wird das Verhältnis der Heliumdichte zur Wasserstoffdichte bestimmt. Verf.

5305. **G. García,** Movimiento de las nebulosas espirales. Actas Acad. Nacional Ci. Exact. Fís. Nat. Lima **20** Fasc. 3—4, 23 S.

5306. **H. M. Johnson,** The local irregularities of the interstellar magnetic field. Publ ASP **69** 256—257. — Aus der Variation der Polarisation des Sternenlichts in Abhängigkeit von der galaktischen Länge (H. M. Johnson, Publ ASP **69** 130, vgl. Ref. **12311**) wird unter Annahme eines in Richtung $l = 102°$ orientierten allgemeinen Magnetfeldes die Anzahl der Störfelder (lokalen Felder) abgeschätzt. Es ergeben sich für die Richtung parallel zum allgemeinen Magnetfeld etwa 5—10, in Richtung senkrecht zum allgemeinen Magnetfeld etwa 20 lokale Felder längs des Sehstrahls. Traving

5307. **S. A. Kaplan,** Shock waves in interstellar space. II. Ionization discontinuities. AJ UdSSR **34** 183—192 (russ. mit engl. Ref.). — Es wird die physikalische Situation im Übergangsgebiet zwischen einer HI- und einer anschließenden HII-Region untersucht. Für Dichtewerte $\varrho > 2 \times 10^{-25}$ M g/cm^3 (M bezeichnet das Emissionsmaß der HII-Region) ergibt sich folgendes Bild: Hinter der Stoßwelle mit einer Geschwindigkeit von etwa 18 km/sec und einer um mehr als zehnfach vergrößerten Dichte befindet sich ein sehr schmaler Bereich komprimierten neutralen Wasserstoffs, der sich ebenfalls mit der Geschwindigkeit von 18 km/sec bewegt. Durch diese Verdichtungsfront läuft die Ionisationswelle mit etwa 0.3 km/sec und hinterläßt das ionisierte Gas bei einer Dichte von etwa 4×10^{-25} M g/cm^3. Oster

5308. **S. A. Kaplan,** Shock waves in interstellar space. III. Gasomagnetic discontinuities. AJ UdSSR **34** 321—327 (russ. mit engl. Ref.). — Es wird die Bildung von Diskontinuitäten im interstellaren Magnetfeld untersucht, die mit Stoßwellen im interstellaren Medium verbunden sind. Für die Refraktion der magnetischen Kraftlinien und die Änderung des Magnetfeldes in einer schrägen gasmagnetischen Diskontinuität werden Formeln abgeleitet. Der Dichtesprung in einer senkrechten magnetischen Diskontinuität (d. h. bei $\mathfrak{v} \perp \mathfrak{H}$) wird berechnet. Der Einfluß des Magnetfeldes auf Ionisationssprünge wird kurz erörtert und das Problem der Bewegung gasmagnetischer Diskontinuitäten formuliert. Verf. (übersetzt)

5309. **S. A. Kaplan,** Methoden der Gasdynamik des interstellaren Mediums. Moskau, Staatsuniv., 1957 (russ.). — Dissertationsref.

5310. **A. A. Logunow, J. P. Terlezkij,** Diffusion coefficient of particles in a magnetized interstellar medium. Soviet Phys. JETP **2** 353—354, 1956. — Übersetzung der in AJB **56** Ref. **5308** zitierten Arbeit aus J. Experim. Theor. Phys. **29** 701—702, 1955 (russ.).

5311. **A. A. Logunow, J. P. Terlezkij,** Die Diffusion und Beschleunigung geladener Teilchen im magnetisierten interstellaren Medium. Nachr. Akad. Wiss. UdSSR (Phys.) **20** 22—23, 1956 (russ.). — Ref. in RJ 1957 Nr. 9 S. 40—41.

5312. **A. M. Naqvi, S. P. Talwar,** The effect of departures from thermodynamic equilibrium on the intensity ratio of ^2D—^4S doublets in gaseous nebulae. MN **117** 463—471. — Berechnet werden die Übergangswahrscheinlichkeiten aus den Grundzuständen von [O II], [S II] und [A IV]. Aus Übergangswahrscheinlichkeiten und unter Berücksichtigung von Stößen werden relative Besetzungszahlen in ^2D- und ^2P-Termen und das Intensitätsverhältnis in den ^2D—^4S Dubletts in Abhängigkeit von Elektronen-Dichte und -Temperatur berechnet. Hiernach kann durch genaue Beobachtung dieser Intensitätsverhältnisse in Gasnebeln die Elektronendichte ermittelt werden. Fricke

5313. **E. N. Parker,** The gross dynamics of a hydromagnetic gas cloud. ApJ Suppl **3** 51—76. — Ref. in ApJ **126** 229—230. — Mit der vorliegenden Arbeit soll ein erster Schritt auf dem Wege zum Verständnis des dynamischen Verhaltens magnetisierter Gaswolken unternommen werden. Die Eigengravitation soll dabei keine Rolle spielen, so daß bei den Anwendungen weniger an magnetische Sterne, als vielmehr an magnetisierte Gaswolken gedacht wird, wie sie etwa von der Sonne in den interplanetaren Raum ausgestoßen werden. Es wird die vereinfachende Voraussetzung gemacht, daß die Gaswolke homogen, aber nicht notwendig isotrop expandiert. Bei verschwindendem äußerem Gasdruck und Abwesenheit äußerer Magnetfelder existiert dann kein statischer Gleichgewichtszustand; unsymmetrische Expansion entlang einer Achse wird behandelt. Ausführlich behandelt ist dann der Fall, daß die Gaswolke sich in einem äußeren Magnetfeld bewegt. Es wird unter anderem gezeigt, daß eine feldfreie Wolke nicht dauernd im äußeren Magnetfeld existieren kann, sondern sich aufteilt und schließlich ganz in das Feld hineindiffundiert. Oster

5314. **S. B. Pikelner,** The energy dissipation, heating and ionization of interstellar gas by shock waves. AJ UdSSR **34** 314—320 (russ. mit engl. Ref.). — Die Energiedissipation einer magnetohydrodynamischen senkrechten Stoßwelle wird unter der Bedingung berechnet, daß die magnetische Energie gleich der kinetischen Energie der Welle und bedeutend größer als die Wärmeenergie des Gases ist. Die Rolle des Druckes der kosmischen Strahlung, der gleich dem Druck des Feldes ist, wird betrachtet. Die Anwesenheit des Feldes verringert die Dissipation um einen Faktor 20—30, die kosmische Strahlung hat nur einen kleinen Einfluß. Wenn die Energie des Feldes größer als die kinetische Energie ist, zum Beispiel wegen des Einflusses der differentiellen Rotation, dann nimmt die Dissipation mit H^{-4} ab. Es wird der Teil der Wärmeenergie berechnet, der auf die Ionisation des Wasserstoffs entfällt. Eine Welle vergrößert in einem Feld von $H \approx 4 \times 10^{-6}$ Örsted bei einer Dichte $n \approx 10^{-2}\,\mathrm{cm}^{-3}$ die Temperatur um 30000° und ionisiert 1—2 % des Wasserstoffs. Die nachfolgenden Durchgänge der Wellen können die Ionisation bis zu 20—50 % erhöhen, die mittlere Temperatur liegt bei 15000°. Der Ionisationsgrad hängt stark von den angenommenen physikalischen Bedingungen ab, die Temperatur nur schwach. Verf. (übersetzt)

5315. **T. Schmidt,** Beschleunigung und Verdichtung von interstellaren Wolken und Sternentstehung. Sterne **33** 40—46.

5316. **M. J. Seaton, D. E. Osterbrock,** Relative [O II] intensities in gaseous nebulae. ApJ **125** 66—83. — Verf. untersucht das Intensitätsverhältnis der [O II]-Linien λ 3729 und λ 3726 sowie λ 7320 und λ 7330 in einigen Gasnebeln. Die gefundenen Elektronendichten variieren erheblich über die Fläche der Nebel und unterscheiden sich zum Teil erheblich von Werten, die sich auf anderen Wegen ergeben. Im Fall von IC 418 besteht die Möglichkeit, daß die Temperatur nicht überall dieselbe ist. Micz.

5317. **W. W. Sobolew,** The diffusion of Lα radiation in nebulae and stellar envelopes. AJ UdSSR **34** 694—705 (russ. mit engl. Ref.). — Während Ambarzumjan (1933) und Zanstra (1934) annahmen, daß die Diffusion der Lα-Quanten ohne Änderung der Frequenz vor sich geht, untersucht Verf. hier die Diffusion mit einer Änderung, und zwar mit einer völligen Neuverteilung über die Frequenzen bei einer willkürlichen Kontur des Absorptionskoeffizienten und bei einem beliebigen Geschwindigkeitsgradienten im Medium. Aus der erhaltenen allgemeinen Lösung des Problems folgen spezielle Lösungen in den beiden Grenzfällen: 1.) das Medium bewegt sich mit großem Geschwindigkeitsgradienten, und 2.) es ist unbeweglich. Der den Charakter des Lα-Strahlungsfeldes bestimmende Parameter δ wird für planetarische Nebel und Novahüllen abgeschätzt. Loh.

5318. **C. B. Stephenson,** Gas-dust interaction in the accretion of interstellar dust by the sun. ApJ **126** 195—201 = Berkeley Repr. Nr. 124. — Für Staubteilchen normaler Größe ($\approx 10^{-5}$ cm) überwiegt der Strahlungsdruck der Sonne ihre Anziehungskraft. Die Anziehungskraft kann jedoch auf das Gas ungehindert wirken, und die Staubteilchen können dann durch Reibung vom Gas mitgenommen werden. Die durchgeführten Rechnungen zeigen jedoch, daß unter normalen Bedingungen auch diese Reibung kleiner bleibt als der Strahlungsdruck. v. Hoerner

5319. **K. Takakubo,** On B. Donn's model of interstellar gas distribution. Sci. Reports Tôhoku Univ. (1) **40** 244—250 = Sendai Astr. Rap. Nr. 54. — Eine statistische Untersuchung der Bewegungsverhältnisse des interstellaren Gases zwischen uns und der Orion-Assoziation wird durchgeführt. Die Ergebnisse geben dem Modell diskreter Wolken den Vorzug gegenüber einer mehr gleichförmigen Verteilung der Materie. v. Hoerner

5320. **B. Yada, T. Osaki,** The radiation field in a galactic nebula with an H I envelope. I. Publ. Astr. Soc. Japan **9** 82—105 = Contr. Inst. Astrophys. Kwasan Obs. Kyoto Nr. 72. — Neuberechnung des Strahlungsfeldes in einem galaktischen Nebel auf der Basis eines statischen Nebelmodells, das aus einem Zentralstern, einem H II-Gebiet aus reinem Wasserstoff und einem H I-Gebiet, ebenfalls aus Wasserstoff mit einer Beimischung von Staub, besteht. Insbesondere wird der Einfluß dieses Staubanteils untersucht, der sich für die atomaren Prozesse im H I-Gebiet als sehr wichtig erweist, während seine dynamische Bedeutung im allgemeinen gering ist. Klauder

5321. **W. Zonn,** Interpretation of the longitude effect in the count of galaxies. Bull. Acad. Polon. Sci. (3) **5** 41—45 = Astr. Obs. Warsaw Univ. Repr. Nr. 61. — Die Abhängigkeit der Nebelzahlen von der galaktischen Länge wird als Folge der interstellaren Absorption gedeutet. F. S.

5322. **W. Zonn,** On some consequences of the patchy structure of interstellar matter. Bull. Acad. Polon. Sci. (3) **5** 47—50 = Astr. Obs. Warsaw Univ. Repr. Nr. 62. — Es wird auf die Unterschiede hingewiesen, die durch die wolkige Struktur der interstellaren Materie gegenüber einer gleichförmigen Absorption bedingt sind. F. S.

§ 54

Kosmogonie der Himmelskörper

5401. **W. A. Ambarzumjan,** Über das Problem der Sternentstehung. Bote Akad. Wiss. UdSSR 1957 Nr. 11 S. 45—57 (russ.). — Ref. in RJ 1958 Nr. 6 S. 57.

* * **W. Baade,** Galaxies and their stellar population. Vgl. Ref. **12405.**

* * **E. M. Burbidge, G. R. Burbidge,** Chemical composition of the Ba II star HD 46407 and its bearing on element synthesis in stars. Vgl. Ref. **5202.**

* * **E. M. Burbidge, G. R. Burbidge, W. A. Fowler, F. Hoyle,** Synthesis of the elements in stars. Vgl. Ref. **5203.**

5402. **A. G. W. Cameron,** On the origin of the heavy elements. AJ **62** 9—10. — Ref. AAS.

* * **A. G. W. Cameron,** The role of the C^{13} (α, n) O^{16} reaction in the synthesis of heavy elements. Vgl. Ref. **5204.**

* * **A. G. W. Cameron,** Nuclear reactions in stars and nucleogenesis. Vgl. Ref. **5205.**

* * **T. G. Cowling,** Stellar energy and stellar evolution. Vgl. Ref. **5208.**

5403. **A. Dauvillier,** L'origine des éléments chimiques. Bull. Soc. Chimique 1957 S. 1091—1099.

* * **E. A. Dibaj,** The gravitational unstability of a gas filament. Vgl. Ref. **5303.**

5404. **R. Ebert,** Zur Instabilität kugelsymmetrischer Gasverteilungen. ZfA **42** 263—272. — Für eine unter ihrer Eigengravitation stehende und sich im Gleichgewicht befindende kugelsymmetrische Gasverteilung wird untersucht, welche Dichtestörungen um das Zentrum der Verteilung instabil sind, also zu einer ständig weiterwachsenden Verdichtung führen und somit eine Sternentstehung möglich machen. Die Störungsrechnung führt auf ein Eigenwertproblem. Die kritische Wellenlänge, bei deren Überschreiten die Störung instabil wird, ergibt sich als eine Funktion des Abstandes vom Zentrum. Für die isotherme Gaskugel mit unendlicher Mittelpunktsdichte wird diese Funktion für den tiefsten Eigenwert explizit ausgerechnet. Für die Gaskugel mit endlicher Mittelpunktsdichte werden Entwicklungen für kleine und große Abstände vom Zentrum angegeben. Die kleinste kritische Wellenlänge und die dazu gehörende kleinste instabile Masse werden mit Hilfe einer numerischen Integration gewonnen. Es ergeben sich wesentlich kleinere Massen als beim Jeansschen Kriterium. Verf.

5405. **R. Ebert,** Instabilität kugelsymmetrischer Gaswolken und die Frage der Sternentstehung. Mitt. AG 1956 S. 19—20. — Ref. AG.

5406. **J. Gallo,** Ideas cosmogónicas. El Universo Nr. 38 S. 3—7. — Verf. hält es für möglich, daß bei Begegnungen kosmischer Massen «aktiver» Materie mit H-Gehalt und der Fähigkeit, Rotationsenergie aufzunehmen, und «inerter» Massen mit C-Gehalt der CN-Zyklus einsetzt und zur Bildung von Sternen verschiedener Spektraltypen je nach dem Mischungsverhältnis sowie auch zur Entstehung außergalaktischer Nebel mit Spiralarmbildung durch Gezeitenkräfte und Nebelhaufen führt. Gü.

5407. **J. F. Heard, J. B. Oke, L. T. Searle,** The changing universe. J RAS Canada **51** 273—280. — Allgemeinverständliche Darstellung der Sternentwicklung, ihrer Energiequellen und der Erzeugung von schweren Elementen im Inneren der Sterne. v. Hoerner

5408. **L. Heller,** Theories of element synthesis and the abundance of deuterium. ApJ **126** 341—356. — Die verschiedenen Möglichkeiten der Erzeugung von Deuterium werden ausführlich diskutiert. Falls es gelänge, die Häufigkeit von Deuterium auch außerhalb des Sonnensystems zu messen, so könnte zwischen verschiedenen kosmologischen Hypothesen unterschieden werden. v. Hoerner

5409. **J. G. Hernández,** Nueva teoría cosmogónica. El Universo Nr. 41 S. 158—177.

5410. **S. von Hoerner,** Frequencies of stars with various chemical composition. ApJ **126** 592—595. — Durch den Prozeß der Sternentwicklung (Hauptreihe bis Weißer Zwerg) nimmt die kosmische Häufigkeit der schweren Elemente laufend zu, und in jungen Sternen sollte sie größer sein als in alten. Unter einigen Voraussetzungen läßt sich zeigen, daß die Häufigkeitsverteilung $N(Z)\,dZ$ von Sternen des Gehaltes Z an schweren Elementen konstant sein muß unabhängig davon, ob die zeitliche Rate der Sternentstehung in der Vergangenheit konstant war oder nicht. v. Hoerner

5411. **S.-S. Huang,** Problems of accretion and star formation. AJ **62** 19. — Ref. AAS.

5412. **S.-S. Huang,** Star formation. ASP Leaflet Nr. 340, 8 S.

5413. **S.-S. Huang,** A nuclear-accretion theory of star formation. Publ ASP **69** 427—430. — Prästellare Kerne ermöglichen Kontraktion einer Gasmasse ohne Rotationsinstabilität, z. B. zu einem Doppelstern. Die Art des entstandenen Sternsystems in Abhängigkeit von Drehimpuls und Masse wird erklärt, das Sonnensystem als degeneriertes Doppelsternsystem gedeutet. Die Bildung der Kerne aus interstellaren Wolken in genügend kurzer Zeit scheint möglich. Baschek

5414. **G. M. Idliss,** Sur l'interprétation évolutionnaire de la séquence principale des étoiles. AJ UdSSR **34** 755—769 (russ. mit französ. Ref.). — Eine durch korpuskulare Abstrahlung wesentlich mitbedingte Entwicklung der Sterne kommt nur für die im oberen Teil der Hauptreihe befindlichen in Frage. Die ursprüngliche Leuchtkraftfunktion hat, so schließt Verf., Maxima bei $M_{\text{bol}} = 0$ und -4.5; das dazwischenliegende Minimum bei -3 fällt mit der Lebedinskij-Grenze (6 $M_\odot$) zusammen. Die Dispersion der Pekuliargeschwindigkeiten wächst mit dem Alter. Dies gilt nicht nur für die oberen Hauptreihensterne, sondern auch für die unteren und die aus letzteren entstandenen Riesen und Unterriesen. Loh.

* * **G. M. Idliss,** Kosmische Kraftfelder und einige Fragen der Struktur und Entwicklung der galaktischen Materie. Vgl. Ref. **12329**.

5415. **W. Iwanowska,** Alchemia kosmiczna. Urania Kraków **28** 291—301. — Gemeinverständliche Darstellung der Entstehung der chemischen Elemente im Weltall. Rybka

5416. **C. de Jager,** Ontstaan en levensloop van sterren en planeten. Vgl. AJB **55** Ref. **5411**. — Weitere Besprechung in Meteoor **12** 29 (H. van Woerden).

5417. **H. M. Johnson,** The kinematics and evolution of population I stars. Publ ASP **69** 54—58. — Aus dem Geschwindigkeitsellipsoid bzw. dem Betrag seiner großen Halbachse werden Schlüsse auf die Entwicklungsgeschichte verschiedener Gruppen von Fixsternen gezogen. Eine vorläufige Diskussion der Zusammenhänge für Sterne der Population I ergibt Resultate, die im allgemeinen mit den heutigen Anschauungen übereinstimmen. Die Weißen Zwerge haben sich hiernach höchstwahrscheinlich schon in einem frühen Stadium der Entwicklung der Milchstraße aus Hauptsequenzsternen der Population I gebildet und nicht nach der von Deutsch vorgeschlagenen Theorie aus den M-Riesen und M-Überriesen. Auf der anderen Seite ist wegen ihrer Geschwindigkeitsdispersion von 40—50 km/sec ein genetischer Zusammenhang mit Sternen der Population II unmöglich ($\sim$ 100 km/sec). Dagegen dürften möglicherweise die langperiodischen Veränderlichen mit dieser Population zusammenhängen. Der Untersuchung liegen die von Parenago publizierten Werte für die Geschwindigkeitsellipsoide zugrunde.
Traving

5418. **R. S. Kushwaha,** The evolution of early main-sequence stars. ApJ **125** 242—259. — Verf. behandelt die Entwicklung von Sternen mit Massen 10, 5 und 2.5$\odot$ für den Spektralbereich B 1 bis A 2 unter Berücksichtigung des Strahlungsdrucks. Die frühen Entwicklungsphasen werden durch eine Reihe inhomogener Modelle dargestellt. Die Energieerzeugung findet innerhalb eines konvektiven Kerns statt. Das theoretische HR-Diagramm, welches sich mit den Modellen ergibt, stimmt mit dem überein, welches in galaktischen Sternhaufen beobachtet wird. Die Modelle führen ferner zu Konstanten der Apsidenbewegung, die mit den Beobachtungen gut übereinstimmen. Micz.

* * **A. G. Massewitsch,** The evolution of stars in the χ and h Per cluster. Vgl. Ref. **12120**.

5419. **W. H. McCrea,** The formation of population I stars. I. Gravitational contraction. MN **117** 562—578. — Die Verdichtung einer Gaswolke unter dem Einfluß äußeren Druckes wurde in expliziter Form, jedoch unter bestimmten Annahmen von Ebert (vgl. AJB **55** Ref. **5307**) und Bonnor (vgl. AJB **56** Ref. **4106**) behandelt. Verf. benutzt eine neue Form des Virialsatzes für eine einfachere Diskussion derselben Frage unter allgemeineren Voraussetzungen. Im Falle der Kugelsymmetrie wird wieder das Einsetzen einer Gravitations-Instabilität bei einem von Temperatur und Masse abhängigen kritischen Wert des Druckes nachgewiesen; die diesem Wert entsprechende untere Grenze der Masse ist jetzt bis zu 50% größer. Die Unmöglichkeit einer ähnlichen Instabilität bei zylindrischen und durch parallele Ebenen begrenzten Gaswolken wird bestätigt. Für eine stabile zylindrische Wolke wird zusätzlich die Existenz einer oberen Grenze der Masse bewiesen. Anwendungen dieser Ergebnisse auf das Problem der Sternentstehung werden in einer nächsten Arbeit gegeben. Mawridis

5420. **H. J. K. Muschareg,** Die Entwicklung der Sterne der Population II. Sterne **33** 175—181. — Referat über eine Arbeit von F. Hoyle und M. Schwarzschild, vgl. AJB **55** Ref. **5410**.

* * **S. Obi,** The structure of stellar model with double energy source and its application to the study on stellar evolution. Vgl. Ref. **5218**.

5421. **J. H. Oort,** Evolution of galaxies. Sci. American **195** Nr. 3 S. 101—108, 1956.

5422. **G. Ruben, A. Massewitsch,** Untersuchung der Evolutionskurven für homogene Sternmodelle mit konvektivem Kern. AJ UdSSR **34** 724—738 (russ. mit deutschem Ref.). — Die Möglichkeit, homogene Sternmodelle mit konvektivem Kern zur Erklärung des inneren Aufbaues von verschiedenen Sterngruppen im HR-Diagramm anzuwenden, wird untersucht. Evolutionskurven für homogene Sterne mit konstanter und abnehmender Masse (wobei verschiedene

Geschwindigkeiten des Massenverlustes angenommen werden) sind berechnet und ins HR-Diagramm eingezeichnet. Die Wirkung einiger Parameter (des Inhalts von schweren Elementen Z, der Konstanten ε_0 im Energieerzeugungsgesetz und anderer) auf die Form der Evolutionskurven wird analysiert. Verf.

* * **E. E. Salpeter,** Stellar energy sources. Vgl. Ref. **5224**.

5423. **A. Sandage,** The birth and death of a star. American J. Phys. **25** 525—531. — Zusammenfassende, allgemeinverständliche Darstellung des Lebenslaufes von Sternen mit spezieller Anwendung auf die Sonne. Die voraussichtliche Zukunft der Erde wird an Hand einiger Figuren dargestellt. v. Hoerner

* * **A. Sandage,** Observational approach to evolution. I. Luminosity functions. Vgl. Ref. **9718**.

* * **A. Sandage,** Observational approach to evolution. II. A computed luminosity function for K 0 — K 2 stars from $M_V = +5$ to $M_V = -4.5$. Vgl. Ref. **9719**.

* * **A. Sandage,** Observational approach to evolution. III. Semiempirical evolution tracks for M 67 and M 3. Vgl. Ref. **12126**.

5424. **E. Schatzman,** Origine et évolution des mondes. Paris, Albin Michel, 1957. 404 S. Preis 1500 F. — Besprechung in Ann d'Astrophys **20** 140—141 (D. Barbier), Gaz astr **40** 15—16, Hemel en Dampkring **55** 218 (C. de Jager), Urania København **14** 53—55 (C. Luplau Janssen).

* * **T. Schmidt,** Beschleunigung und Verdichtung von interstellaren Wolken und Sternentstehung. Vgl. Ref. **5315**.

5425. **T. Schmidt,** Der Zeitparameter im Hertzsprung-Russell-Diagramm. Sterne **33** 93—100. — Zusammenfassender Bericht über die heutigen Kenntnisse von der Sternentwicklung. Darstellung der Entwicklungsgänge in schematischen Hertzsprung-Russell-Diagrammen. Dv.

* * **O. Struve,** Planetary nebulae. I, II. Vgl. Ref. **12259/60**.

* * **O. Struve,** The origin of planetary nebulae. Vgl. Ref. **12261**.

5426. **H. Takebe, N. Matsunami,** Accretion of heavy elements on population II stars. Publ. Astr. Soc. Japan **9** 136—145 = Tokyo Astr. Obs. Repr. Nr. 159. — Wenn ursprünglich die Sterne der Population II aus reinem Wasserstoff bestanden haben, führt die Aufsammlung schwerer Elemente aus dem interstellaren Raum wegen der Konvektionszone unterhalb der Atmosphäre rasch zu einer Verdünnung. Abschätzungen über verschiedene Möglichkeiten, das Auftreten schwerer Elemente in den Atmosphären zu verstehen, führen allgemein zu unbefriedigenden Ergebnissen. Vielleicht werden schwere Elemente im Kern von Sternen der Population II gebildet. Deren Explosion verteilt sie im Raum, so daß Sterne der Population I sie mit enthalten können. Dv.

* * **S. Temesváry,** Das Element Californium-254 und die Lichtkurven der Supernovae vom Typ I. Ein Beitrag zur Frage der Synthese schwerer Elemente im Kosmos. Vgl. Ref. **11323**.

5427. **A. B. Underhill,** Living stars. J RAS Canada **51** 225—233. — Zusammenfassender, allgemeinverständlicher Bericht über neuere Theorien der Sternentstehung und Sternentwicklung. Es wird der Lebenslauf eines Sternes in Abhängigkeit von seiner Masse über die verschiedenen Stadien seiner Entwicklung verfolgt. v. Hoerner

* * **A. Unsöld,** Energieerzeugung und Entwicklung der Sterne. Vgl. Ref. **5228**.

* * **H. Vogt,** Aufbau und Entwicklung der Sterne. Vgl. Ref. **5229**.

5428. **H.-H. Voigt,** Anomale Elementhäufigkeiten im Kosmos. Naturwissenschaften **44** 501—504. — Inhalt: 1.) Erstarrte Himmelskörper; 2.) Die beiden Sternpopulationen; 3.) Die kühlen Sterne; 4.) Wolf-Rayet-Sterne; 5.) Metalllinien-Sterne; 6.) Peculiar A-stars; 7.) Helium-Sterne und andere wasserstoffdefizite Sterne; 8.) Ba^+-Sterne; 9.) Instabile Sterne.

5429. **W. Zonn,** Rola materii międzygwiazdowej w narodzinach gwiazd. Urania Kraków **28** 324—328. — Gemeinverständlicher Aufsatz über die Sternentstehung. Rybka

§ 55

Kosmogonie des Planetensystems

5501. **H. P. Berlage,** The basic scheme of any planetary or satellite system. Proc. K. Nederl. Akad. Wetensch. (B) **60** 75—87. — Ein auf früheren Arbeiten des Verf. basierender Beitrag zur Entstehung der Planeten und Satelliten aus einer um einen Zentralkörper von überwiegender Masse rotierenden gasförmigen Scheibe. Bei geeigneten physikalischen Annahmen ergibt sich eine der ursprünglichen Dichteverteilung in der Scheibe überlagerte Schwankung. Die Abstände dieser Dichtemaxima vom Mittelpunkt werden mit den Entfernungen der Planeten und Satelliten verglichen. Böh.

5502. **V. Černý,** Consequence of radioactivity in modern cosmogony. RH **38** 105—106 (tschech.).

5503. **A. Dauvillier,** L'origine des planètes. Vgl. AJB **56** Ref. **5509**. — Weitere Besprechung in BSAF **71** 171—172, Nuovo Cimento (10) **5** 1824 (G. Righini), Obs **78** 37 (D. W. Dewhirst), Ric. Sci. **27** 1695 (G. Righini).

5504. **M. S. Eigenson,** Kosmogonie und Geotektogenese. Circ. Astr. Obs. Lwow Nr. 32 S. 15—21, 1955 (russ.).

* * **W. G. Fessenkow,** Die Meteorite und ihre Bedeutung für die Kosmogonie des Sonnensystems. Vgl. Ref. **8308**.

5505. **W. Fisch,** La théorie de Dauvillier sur la formation du système solaire. Orion Schaffhausen **5** 199—201. — Es wird ein übersichtlicher Bericht der Theorie von Dauvillier über die Bildung unseres Planetensystems gegeben. Die genannte Theorie ist eine Modifikation der Theorie von Jeans. Ein Doppelsternpaar aus Zwergsternen kreist in einem widerstehenden Medium. Infolge dieses Widerstandes nähern sich die Komponenten immer mehr und vereinigen sich schließlich wieder, und wegen der Zunahme der Rotationsgeschwindigkeit werden von dem hantelähnlichen Sterngebilde an zwei diametral gegenüberliegenden Stellen Massen ausgestoßen, also zwei Planeten in der gleichen Bahn. Der gleiche Vorgang kann sich noch einige Male wiederholen. Die jeweiligen Planetenpaare werden nach einiger Zeit ihrerseits zusammenstoßen, und je nach der Art des Zusammenstoßes, ob zentral oder tangential, und je nach dem Zeitpunkt, ob die Protoplaneten noch gasförmig oder schon fest waren, kann man das Entstehen von großen oder kleinen Monden und auch die Bildung des Saturnringes plausibel machen. Auch die verschiedene Zusammensetzung der Planeten läßt sich verstehen. Vieles an dieser Theorie wirkt recht bestechend, doch kann man auch manche Einwände erheben; so erscheint es besonders schwierig, warum dieser Prozeß sich so oft wiederholen kann. H. M.

* * **J. Gallo,** Ideas cosmogónicas. Vgl. Ref. **5406**.

* * **A. Holmes,** How old is the earth? Vgl. Ref. **7209**.

* * **F. Houtermans,** Radioaktivität und Alter der Erde. Vgl. Ref. **7210**.

* * **C. de Jager,** Ontstaan en levensloop van sterren en planeten. Vgl. Ref. 5416.

* * **A. A. Jawnel,** The peculiarities of the chemical composition of meteoritic matter and origin of meteorites. Vgl. Ref. 8325.

* * **A. A. Jawnel,** The peculiarities of the mineralogical composition and structure of meteoritic matter and the origin of meteorites. Vgl. Ref. 8326.

* * **H. Jeffreys,** Imperfections of elasticity in the small bodies of the solar system. Vgl. Ref. 4305.

5506. **W. A. Krat,** Origin of the solar system. Pokroky **2** 677—687 (tschech.).

5507. **V. Kučera,** Osvrt na radnju docenta Tehn. fak. ing. Mladena Hegedušića: «Tvorba planetarnih sistema Svemira». Astr. Bote Zagreb Nr. 8 S. 6—10. — Betrachtungen zu der von M. Hegedušić in Naucna misao Nr. 8, 1954 erschienenen Arbeit.

5508. **A. G. Massewitsch,** Die Geschichte der Sonne. Vgl. AJB **55** Ref. **6014**. — Auch in weiteren Landessprachen der UdSSR erschienen.

5509. **M. E. Picciotto,** Données actuelles sur l'âge de la Terre et du système solaire. Ciel et Terre **73** 413—435 = Commun. Obs. Roy. Belgique Nr. 123. — Es wird eine Übersicht über die verschiedenen Methoden der Bestimmung des Alters der Erde und des Universums sowie der erhaltenen Resultate gegeben. F. S.

* * **A. Sandage,** The birth and death of a star. Vgl. Ref. 5423.

5510. **O. J. Schmidt,** Vier Lektionen über die Theorie der Entstehung der Erde. Moskau, Verlag Akad. Wiss. UdSSR, 1957. 3. Auflage. 140 S. (russ.). — Besprechung in Priroda **47** Nr. 2 S. 121—122 (K. F. Ogorodnikow).

* * **S. F. Singer,** The origin and age of meteorites. Vgl. Ref. 8354.

* * **S. F. Singer,** Crucial experiment concerning the origin of meteorites. Vgl. Ref. 8355.

5511. **A. W. Titherley,** Origin of the solar system. Winchester, Warren & Son, 1957. 9 + 100 S. mit Fig. Preis 21 s.

5512. **H. C. Urey,** Evidencias quimicas con respecto al origen de la Tierra. Acta cient. venezolana **7** Nr. 1 S. 3—10, 1956. — Ref. in RJ 1958 Nr. 2 S. 57.

* * **H. C. Urey,** Meteorites and the origin of the solar system. Vgl. Ref. 8356.

5513. **S. K. Wsechswjatskij, O. I. Meschtscherjakowa-Babitsch,** The distribution of the elements of orbits in the eruption theory. AJ UdSSR **34** 568—580 (russ. mit engl. Ref.). — Verf. weisen auf Fehler in einer Arbeit Duchnowskijs (vgl. AJB **54** Ref. 5507) hin, in der Kritik an der Eruptionshypothese geübt wurde. Verf. begründen letztere erneut. Loh.

VII. Sonne

§ 60

Astrometrische Beobachtungen, Allgemeines

6001. **Astrometrische Beobachtungen**
Greenwich Astronomical Results 1947, A 8—A 11. Observed right ascensions, declinations and diameters.
Desgl. für 1949, A 8—A 12.

6002. **G. Abetti,** The Sun. Übersetzung aus dem Italienischen von J. B. Sidgwick. London, Faber & Faber; New York, The Macmillan Co., 1957. 336 S. mit 97 Fig. und 147 Tafeln. Preis 63 s. bzw. $ 12.00. — Besprechung in Ann d'Astrophys **20** 53, BSAF **71** 493, Ciel et Terre **73** 408 (A. Koeckelenbergh), Endeavour **16** 172 (H. Spencer Jones), J. British Interplanetary Soc. **16** 258 (M. W. Ovenden), J. Optical Soc. America **47** 1137 (A. B. Merrill), Mem SA It (NS) **28** 240—241 (M. G. Fracastoro), Obs **77** 77—79 (P. J. Treanor), Publ ASP **69** 190—191 (W. O. Roberts), Sky and Telescope **16** 234, 385—386 (D. E. Billings), Strolling Astronomer **11** 56—59 (V. W. Killick), ZfA **43** 87 (D. Labs).

6003. **L. d'Azambuja,** Observations et méthodes nouvelles dans les recherches de physique solaire. Ciel et Terre **73** 485—498. — Beschreibung der modernen Entwicklung der sonnenphysikalischen Beobachtungstechnik und ihrer Ergebnisse. Gü.

6004. **D. E. Billings,** General features of the sun. Techn. Report Inst. Solar-Terrestr. Res. 1956 Nr. 1 S. 1—6. — Ref. in RJ 1958 Nr. 8 S. 38.

6005. **M. A. Giannuzzi,** Sopra una nota di P. J. D. Gething sulla variazione dei diametri solari osservati a Greenwich. Rend. Accad. Nazionale Lincei, Cl. Sci. fis., mat., nat. (8) **23** 415—419 = Oss. Astr. Roma Monte Mario Contr. Sci. (NS) Nr. 243. — Verf. entgegnet auf eine Veröffentlichung von Gething (vgl. AJB **55** Ref. **6004**), wonach aus den Greenwicher Messungen 1917—1937 keine Beziehung zwischen den Durchmesservariationen und der Sonnenaktivität folgt. Es werden die verbesserten mittleren Werte von Gething in guter Übereinstimmung mit der früher abgeleiteten Haupt- und Nebenschwankung dargestellt. Weiterhin wird nochmals darauf hingewiesen, daß die 23jährige Hauptschwankung auch aus den in Rom durchgeführten Beobachtungen abgeleitet werden konnte. Cester

6006. **O. Gingerich,** Solar power house. Canadian Nature **19** 137—139. — Ref. in RJ 1958 Nr. 6 S. 7.

6007. **K. Hermann-Otavský,** Solar phenomena. RH **38** 175—177 (tschech.).

6008. **G. Hesselbach,** El Sol como estrella variable. El Universo Nr. 41 S. 182—189. — Verf. vermutet in den solaren Aktivitätserscheinungen die Folgen von Oszillationen und versucht die Sonne im Hinblick auf die Korona unter die novaähnlichen Veränderlichen einzuordnen. Gü.

6009. **K. O. Kiepenheuer,** Die Sonne. Berlin, Göttingen, Heidelberg, Springer Verlag, 1957. 8 + 150 S. mit 76 Fig. Preis DM 7.80. Verständliche Wissenschaft **68**. Band. — Besprechung in BSAF **72** 185, Coelum **25** 185, Phys. Blätter **9** 422, Mitt. Planetenbeobachter **10** 62—63, Sky and Telescope **17** 306, Sternenbote **8** 99, ZfA **45** 82 (C. de Jager).

6010. **K. O. Kiepenheuer,** Weltweite Sonnenforschung. Universitas **12** 841—850.

6011. **T. D. Kinman,** The sun. MN ASSA **16** 22—24.

6012. **J. Kleczek,** Einige Ergebnisse und Probleme der Sonnenforschung. Pokroky **1** 579—591 (tschech.).

6013. **M. Kopecký,** Collaboration of amateur astronomers on solar observations with the Observatory Ondřejov. RH **38** 205—207 (tschech.).

6014. **W. A. Krat,** «Glühende» Gebiete auf der Sonne. Časopis **7** 29—30 (tschech.).

6015. **A. G. Massewitsch,** Aufbau und Entwicklung der Sonne. Vgl. AJB **53** Ref. **6008**. — Auch in weiteren Landessprachen der UdSSR erschienen.

6016. **D. H. Menzel,** The edge of the sun. Annual Report Smithsonian Inst. for 1956 S. 215—227 = Smithsonian Inst. Publ. Nr. 4273 = Harv Repr Nr. 473. — 23. James Arthur Lecture.

6017. **W. W. Scharonow,** Soarele si observarea lui. București, Ed. tehn., 1955. Übersetzung aus dem Russischen. 196 S. mit Fig.

6018. **E. Schoenberg,** Über die Veränderlichkeit des Sonnendurchmessers und die Höhendifferenzen von Fackeln und Flecken, gemessen am Sonnenrande. Mitt. AG 1956 S. 37—38. — Ref. AG.

6019. **A. B. Sewerny,** Physik der Sonne. Vgl. AJB **56** Ref. **6010**. — Besprechung in RJ 1958 Nr. 5 S. 38 (W. F. Jessipow).

6020. **J. Stebbins, G. E. Kron,** Six-color photometry of stars. X. The stellar magnitude and color index of the sun. ApJ **126** 266—280 = Contr. Lick Obs. (2) Nr. 76. — Ref. in Irish AJ **5** 14. — Photoelektrischer Anschluß der Sonne mit einer neuen Photozelle und sechs teilweise neuen Farbfiltern an 14 A- bis dG-Sterne unter Zwischenschaltung einer W-Bandlampe und Benutzung eines MgO-Schirms zur Abschwächung. Ergebnisse: Scheinbare Helligkeit IPv = −26.73 ± 0.03, Farbenindex IC = +0.53 ± 0.01, Farbklasse: dgl (Mt. Wilson) bzw. g2V (Yerkes). Gü.

6021. **M. Waldmeier,** Ergebnisse und Probleme der Sonnenforschung. Vgl. AJB **55** Ref. **6020**. — Weitere Besprechung in Nature **179** 1208—1209 (H. von Klüber), Scientia **92** 41—42 (G. Abetti).

6022. Das Sonnensystem. Bd. I. Die Sonne. Herausgegeben von W. A. Krat. Übersetzung aus dem Englischen (vgl. AJB **53** Ref. **6015**). Moskau, Verlag für ausländische Literatur, 1957. 609 S. mit Fig. Preis 42 R. 15 Kop. — Besprechung in RJ 1958 Nr. 9 S. 37 (W. F. Jessipow).

§ 61

Theorie, Rotation, Magnetfeld

6101. **M. Krook, D. H. Menzel,** On the nature of solar activity. AJ **62** 21—22. — Ref. AAS. — Ref. in Vasiona **5** 50—51.

6102. **S.-M. Kung, C. Lee, H.-C. Chen,** The opacity and the internal structure of the sun. Acta Astr. Sinica **5** S. 30—48 (chines. mit engl. Ref.). — Bericht zum gegenwärtigen Stand des Problems.

6103. **P. Naur,** On solar models. ApJ **126** 227—228 = Publ. Københavns Obs. Nr. 172. — Als Entgegnung auf eine Arbeit von G. O. Abell wird gezeigt, daß bereits eine kleine Änderung im Dichte-Exponenten des Absorptionsgesetzes eine große Änderung der Helligkeit bewirkt. So ergibt z. B. eine Änderung des Exponenten um + 0.03 eine Verminderung der Helligkeit um 33 %. v. Hoerner

* * **L. Oster,** Über die Abkühlung stellarer Materie durch thermische Emission und das Abklingen der Sonneneruptionen. Vgl. Ref. **5014.**

6104. E. L. Schodo, Über die Rotation der Sonne während des Zyklus von 1933 bis 1944. AC Nr. 178 S. 15 (russ.).

6105. E. Schoenberg, R. Emdens hydrodynamische Theorie der Rotation der Sonne und der Bildung der Sonnenflecken. Sitzber. Bayer. Akad. Wiss. Math.-naturwiss. Kl. 1957 S. 26*. — Vorläufige Mitteilung.

6106. R. Weymann, Inhomogeneous stellar models. VI. An improved solar model with the carbon cycle included. ApJ **126** 208—212. — Ein verbessertes Sonnenmodell wird unter Berücksichtigung auch des Kohlenstoffzyklus neben der Proton-Proton-Reaktion in der Nähe des Sonnenzentrums berechnet, wodurch eine Verbesserung der Berechnung des Verlaufs der chemischen Zusammensetzung erzielt wird. Der Sonnenkern bleibt nicht-konvektiv. Thi.

Theorie der Atmosphäre

6107. D. E. Billings, Evidence of closed flux loops in the solar atmosphere. Publ ASP **69** 162—165. — Beschreibung von kleinen geschlossenen Emissionsbögen im Koronaniveau (beobachtet in Hα), die möglicherweise durch das Zusammenwirken von Turbulenz und Magnetfeld in der Sonnenatmosphäre gebildet werden. U. Be.

6108. L. Goldberg, E. A. Muller, L. H. Aller, The chemical composition of the solar atmosphere. AJ **62** 15—16. — Ref. AAS.

6109. H. Hubenet, Solar weighting functions. II. Proc. K. Nederl. Akad. Wetensch. (B) **60** 312—320 = Sterrewacht «Sonnenborgh» Utrecht Overdruk 4° Nr. 13. — Die in Teil I (AJB **56** Ref. **6102**) begonnene Untersuchung solarer Gewichtsfunktionen wird ergänzt, indem für das dort behandelte durchschnittliche Atmosphärenmodell der Sonne Vergleichsrechnungen auf Grund der Tabellen und Diagramme von Rosa (AJB **48** Ref. **5117**) und Vitense (AJB **51** Ref. **5132**) durchgeführt werden. Danach läßt sich Übereinstimmung der berechneten und beobachteten Intensität der austretenden Strahlung erzielen, wenn die Temperaturen des Modells aus Teil I in allen optischen Tiefen geringfügig erhöht werden. Klauder

6110. M. Kopecký, Elektrische und magnetische Erscheinungen in der Sonnenatmosphäre. I. Elektrische Leitfähigkeit in der Sonnenphotosphäre. BAC 8 71—76. — In vorliegender Arbeit wird die Abhängigkeit des Verlaufs der elektrischen Leitfähigkeit von der optischen Tiefe mit Hilfe von drei verschiedenen Methoden für drei verschiedene Modelle der Photosphäre bestimmt. Die Beziehungen zwischen den einzelnen Methoden dienen zur Ableitung einer annähernden Beziehung, die zur Berechnung der elektrischen Leitfähigkeit dient. Es wird ferner der Einfluß des Wertes des effektiven Querschnittes der Partikeln auf die Bestimmung der elektrischen Leitfähigkeit in der Photosphäre diskutiert. Verf.

6111. M. Kopecký, Elektrische und magnetische Erscheinungen in der Sonnenatmosphäre. II. Das magnetische Feld und der zeitliche Verlauf der Oberfläche von Sonnenflecken. BAC 8 96—100. — In vorliegender Arbeit wird gezeigt, daß die in einer früheren Arbeit (vgl. AJB **56** Ref. **6323**) abgeleitete Entwicklungsgleichung der Sonnenflecken auch aus der Darstellung eines Sonnenfleckenmodells abgeleitet werden kann. Dieses Modell setzt voraus, daß längs des Umfangs der Penumbra ein elektrischer Strom fließt. Diese Voraussetzung erklärt gleichzeitig die Entstehung des magnetischen Feldes im Sonnenfleck sowie die eines hellen Ringes, der die Penumbra umgibt. Verf.

6112. **M. Kopecký,** Elektrische und magnetische Erscheinungen in der Sonnenatmosphäre. III. Methode zur Bestimmung der Lage der magnetischen Pole der Sonne mit Hilfe der polnahen Koronastrahlen. BAC **8** 118—120. — Es wird eine Methode entwickelt, die die Lage der Symmetrieachse der polnahen Koronastrahlen zu bestimmen erlaubt. Sollte diese Symmetrieachse zugleich die Projektion der magnetischen Achse der Sonne sein, wie einige Autoren voraussetzen, dann wird durch diese Methode zugleich auch die Lage der magnetischen Pole der Sonne bestimmt. Verf.

6113. **G. Newkirk jr.,** Carbon monoxide in the solar atmosphere. ApJ **125** 571—593. — Die Äquivalentbreiten von 23 CO-Linien im infraroten Gebiet des Sonnenspektrums und ihre Mitte-Rand-Variation werden untersucht. Die Beobachtungsergebnisse werden mit einigen verschiedenen Modellatmosphären verglichen. Beste Übereinstimmung ergibt sich für ein von Minnaert vorgeschlagenes Modell. Für den Logarithmus des Verhältnisses der Häufigkeit von Wasserstoff zu Kohlenstoff ergibt sich 3.28. Thi.

6114. **B. E. J. Pagel,** A model atmosphere for the solar limb based on continuum observations. Obs **77** 15—16. — Ref. RAS.

6115. **J.-C. Pecker,** L'écart à l'équilibre thermodynamique local dans la photosphère solaire. CR **245** 499—502. — Sämtliche Bestimmungen von Elementhäufigkeiten aus Äquivalentbreiten von Absorptionslinien im Sonnen- und in Sternspektren machen Gebrauch von zwei Hypothesen: 1.) Lokales thermodynamisches Gleichgewicht: $T_{exc} = T_e$ (Anregungs- gleich Elektronentemperatur) und 2.) «Reine Absorption», Ergiebigkeit $S_\lambda (T_e) \equiv B_\lambda (T_e)$. Hypothese 2) trifft zu für schwache Linien (mit $f \ll 1$). Um die Gültigkeit der ersten Hypothese zu untersuchen, wurden aus den Restintensitäten der neutralen Ti-Linien die T_{exc} bestimmt. Trägt man gegen τ_{Kon} einmal den aus dem Kontinuum gewonnenen Wert von T_e auf, andererseits die aus verschiedenen Multipletts berechneten T_{exc}, so zeigt sich, daß allgemein $T_{exc} > T_e$ ist für $\tau_{Kon} \leqq 1$. Die Abweichung wächst systematisch mit abnehmendem Anregungspotential des unteren Zustandes. Daraus folgt, daß der Effekt einer Abweichung vom lokalen thermodynamischen Gleichgewicht reell und nicht durch Fehler der Eingangsdaten verursacht ist. Mehltretter

6116. **A. Przybylski,** The effect of blanketing on the structure of the solar atmosphere. MN **117** 483—492 = Mt. Stromlo Obs. Repr. Nr. 6. — Rechnungen zur Verbesserung eines früher (1955) vom gleichen Verf. behandelten Modells der Sonnenatmosphäre unter Berücksichtigung des Einflusses der Absorptionslinien. Dv.

6117. **A. Przybylski,** Model solar atmosphere deduced from observations of limb darkening. MN **117** 600—614. — Zur Verbesserung eines Sonnenmodells werden die Differenzen zwischen einem theoretischen Ausgangsmodell und den Beobachtungen der Intensität und der Mitte-Rand-Variation der Sonnenstrahlung als lineare Funktion der Fehler in den Absorptionskoeffizienten (bei 10 Wellenlängen) und in den Temperaturen (bei 7 optischen Tiefen) angesetzt. Das Gleichungssystem wird nach der Methode der Kleinsten Quadrate gelöst. Die Beobachtungen reichen nicht aus, um verläßliche Korrektionen für die Absorptionskoeffizienten zu erhalten, zumal diese sehr empfindlich von kleinen Temperaturänderungen abhängen. Eine befriedigende Lösung scheint ohne Berücksichtigung von Temperaturinhomogenitäten nicht möglich zu sein. Voigt

6118. **E. H. Schröter,** Die Temperaturschwankungen in der Sonnenatmosphäre und die solare Rotverschiebung. Mitt. AG 1956 S. 41. — Ref. AG.

6119. **E. H. Schröter,** Zur Deutung der Rotverschiebung und der Mitte-Rand-Variation der Fraunhoferlinien bei Berücksichtigung der Temperaturschwankungen der Sonnenatmosphäre. ZfA **41** 141—181 =

Mitt. Astrophys. Obs. Potsdam Nr. 50. — Unter der Voraussetzung der Existenz der relativistischen Rotverschiebung im Sonnenspektrum wird versucht, die Differenz zwischen der theoretischen Rotverschiebung und den Beobachtungen auf die gemeinsame Wirkung der Dopplereffekte der beiden in den Granula und Intergranula vorhandenen Materieströmungen zurückzuführen. Der erste Abschnitt der Arbeit enthält die Ergebnisse einer Neudiskussion des Beobachtungsmaterials zur Rotverschiebung im Sonnenspektrum. Im zweiten Abschnitt wird unter Heranziehung der wichtigsten Beobachtungen der Granulation und einiger theoretischer Voraussetzungen ein inhomogenes «Zweistrom-Modell» der Sonnenatmosphäre mit örtlichen Temperaturschwankungen bis $\Delta T = 1000°$ abgeleitet. Die Brauchbarkeit dieses «Zweistrom-Modells» wird geprüft, wobei sich bei der Mitte-Rand-Variation der Äquivalentbreiten schwacher Linien und bei der Mitte-Rand-Variation der Flügelstärken starker Linien eine bessere Darstellung der Beobachtungen ergibt, als es bisher mittels homogener Modelle möglich war. Einige durch die Temperaturinhomogenitäten bedingte Folgen auf die Anregungsbedingungen der Linien werden diskutiert. Im dritten Abschnitt zeigt Verf.: jede Fraunhoferlinie entsteht durch die Überlagerung zweier unterschiedlicher und mit entgegengesetzten Dopplereffekten behafteter Komponententypen, die in den Granula bzw. Intergranula entstehen. Es resultiert im allgemeinen eine leicht asymmetrische Linie. Die Richtung und der Betrag dieser Asymmetrie, die sich bei den Messungen als Linienverschiebung äußert, hängen von den speziellen Anregungsbedingungen der Linie ab. Der im ersten Abschnitt abgeleitete Gang der beobachteten Linienverschiebungen in der Sonnenmitte von der Linienstärke kann grob gedeutet werden, ebenso der sog. «Limb-Effekt», der nach diesen Überlegungen von der Linienstärke abhängig ist. Die überrelativistischen Rotverschiebungen über dem Sonnenrand, deren Realität allerdings noch nicht gesichert ist, bleiben ungedeutet. Schröter

6120. **M. Schwarzschild, R. Howard, R. Härm,** Inhomogeneous stellar models. V. A solar model with convective envelope and inhomogeneous interior. ApJ **125** 233—241. — Es wird ein Sonnenmodell berechnet, das die Existenz einer tiefen Wasserstoffkonvektionszone in den äußeren Schichten und Inhomogenitäten der chemischen Zusammensetzung infolge des verschieden schnellen Ablaufes von Kernprozessen in verschiedenen Tiefen des Sonnenkörpers berücksichtigt. Dies Modell gibt gute Übereinstimmung mit den Ergebnissen der Untersuchungen der Sonnenphotosphäre hinsichtlich der chemischen Zusammensetzung und der Tiefe der Konvektionszone. Weiterhin folgt, daß die Sonne während der vergangenen 5×10^9 Jahre um etwa 1/2 Größenklasse heller geworden sein muß. Thi.

6121. **T. L. Swihart,** The blanketing effect in the sun. AJ **62** 147. — Ref. AAS.

6122. **R. N. Thomas,** The source function in a non-equilibrium atmosphere. I. The resonance lines. ApJ **125** 260—274 = Harv Repr Nr. 452. — Unter der Voraussetzung eines chromosphärischen Ursprungs der Kerne der Resonanzlinien wird der Mechanismus ihrer Bildung und die Quellenfunktion in der Chromosphäre erörtert. Das Profil des Absorptionskoeffizienten im Kern der Resonanzlinien erweist sich in einem Bereich von etwa drei Dopplerbreiten als fast reines Doppler-Profil, woraus geschlossen wird, daß im vorliegenden Fall reine Absorption oder vollständige nicht-kohärente Streuung anzunehmen ist. Die Quellenfunktion ergibt sich hinsichtlich der Frequenzabhängigkeit als nahezu konstant über das Linienprofil. Sie wird vorwiegend durch das der Stoßanregung entsprechende Glied bestimmt, und zwar für Wasserstoff, die Nichtmetalle und die neutralen Metalle, wenn die Elektronentemperatur $T_e > 7500°—10000°$ ist; für die einfach ionisierten Metalle schon, wenn $T_e > 3500°$ ist. Klauder

6123. **W. Unno,** Anisotropy of solar convection. ApJ **126** 259—265. — Die beobachtete anisotrope Verteilung der Turbulenzgeschwindigkeiten in der

Sonnenatmosphäre (mittlere horizontale Geschwindigkeit = 1.5 × mittlere vertikale Geschwindigkeit) kann gedeutet werden durch konvektive Strömungen, die in der unteren instabilen Schicht der Photosphäre entstehen und in die darüberliegende stabile Schicht eindringen. Es wird Übereinstimmung mit der Beobachtung für Turbulenzelemente mit Durchmessern vom 2 bis 6 fachen Betrage der Äquivalenthöhe der Atmosphäre erzielt. Thi.

6124. **H. H. Voigt,** Temperaturinhomogenitäten in der Sonnenatmosphäre und Asymmetrie von Fraunhoferlinien. Mitt. AG 1956 S. 41—42. — Ref. AG.

6125. **C. Whitney, P. Stone,** Numerical integration for nonadiabatic compression waves in the solar atmosphere. AJ **62** 149. — Ref. AAS.

6126. Turbulence in the sun's atmosphere. Sky and Telescope **16** 222—223. — Ref. AAS.

Magnetfeld

6127. **H. W. Babcock,** Identification of solar «M» regions with unipolar magnetic regions. ApJ **126** 224. — Die Berechtigung der Identifizierung solarer M-Regionen mit den unipolaren magnetischen Gebieten auf der Sonnenscheibe kann erst in einigen Jahren geprüft werden, wenn das Auftreten von M-Regionen im Sonnenzyklus wieder häufiger geworden ist. Thi.

6128. **I. K. Csada,** On the structure of the general magnetic field of the sun. Sonnendaten 1956 Nr. 6 S. 140—144. — Verf. ergänzt frühere Mitteilungen in den Publ. Ungar. Akad. Wiss. Danach soll das allgemeine Magnetfeld der Sonne ein Oktupolfeld sein, dem sich lokale Fluktuationen überlagern. Mit Hilfe einer kurz beschriebenen Interpolationsformel vergleicht Verf. diese Ansätze mit Babcock's Magnetogrammen aus dem Jahr 1953 und findet Übereinstimmung mit seiner Theorie. Oster

6129. **W. I. Iwantschuk,** Die Veränderlichkeit des Magnetfeldes und die «Aufheizung» der Atmosphäre der Sonne. DAN **117** 589—592 (russ.). — Verf. schließt seine Untersuchung an Ideen von Schklowskij an, der für die Aufheizung der Sonnenkorona turbulente elektrische Felder verantwortlich machen will, welche durch zeitlich veränderliche solare Magnetfelder ausgelöst werden. Verf. beginnt seine Ausführung mit einer Aufstellung der Beobachtungen, die seiner Ansicht nach für eine solche Theorie sprechen. Dann werden an Hand der bekannten magnetohydrodynamischen Beziehungen Feldenergien und Ausbreitungsgeschwindigkeiten von Störungen berechnet und auf die beobachtete magnetische Aktivität der Sonne und einiger Sterne angewandt. Schließlich geht Verf. noch auf die elektrischen Leitfähigkeiten im Magnetfeld ein. Oster

§ 62

Sonnenfinsternisse

6201. **K. Hermann-Otavský,** Künstliche Sonnenfinsternisse. Vesmír **36** 155—157 (tschech.).

6202. **N. K. Semakin,** Meteorologische Beobachtungen zur Zeit partieller Sonnenfinsternisse. Bull. Astr.-Geod. Ges. UdSSR Nr. 20 S. 37—40 (russ.). — Mitteilung über meteorologische Beobachtungen in der Nähe von Kujbyschew am 21. Sept. 1941, in Kujbyschew am 25. Febr. 1952 und in Kutschino am 30. Juni 1954. Loh.

6203. H. Volland, Zur Feinstruktur des erdmagnetischen Sonnenfinsterniseffektes. J. Atmosph. Terr. Phys. **11** 1—13. — Die Theorie des erdmagnetischen Sonnenfinsterniseffektes wird durch Einführung empirischer Funktionen sowie durch eine eingehende Diskussion der Induktionswirkung im Erdinneren und anderer Einflüsse derart erweitert, daß eine quantitativ richtige Beschreibung des Effektes möglich wird. Es wird sodann gezeigt, daß infolge der Höhenabhängigkeit des geographischen Ortes des Kernschattens eine Entscheidung darüber herbeigeführt werden kann, in welcher Höhe der Schwerpunkt der stromführenden Schicht liegt. Eine Methode zur Richtungsbestimmung des S_q-Stromes bei Finsternissen wird am Schluß erwähnt. Verf.

6204. Een oud bericht over een zonsverduistering. Hemel en Dampkring **55** 143—144.

6205. Sonnenfinsternis 1941 September 21

N. N. Parijskij, Beobachtungen der totalen Sonnenfinsternis vom 21. 9. 1941 mit dem Nebelspektrographen. Mitt. Astr. Sternberg-Inst. Nr. 101—102 S. 33—54 (russ.).

P. W. Schtscheglow, Bestimmung der relativen Intensitäten von Koronalinien aus den Unterlagen der Finsternis des Jahres 1941. Mitt. Astr. Sternberg-Inst. Nr. 101—102 S. 55—58 (russ.).

6206. Sonnenfinsternis 1944 Juli 20

N. Mitra, Investigation of discrete sources of radiation from solar eclipse observations. Indian J. Phys. **31** 69—82. — Chapman's Theorie der Bildung der Ionosphärenschichten setzt eine homogene Verteilung der ionisierenden Strahlung auf der Sonnenscheibe voraus. Eine Analyse der partiellen Sonnenfinsternis vom 20. Juli 1944 ergibt jedoch aus dem zeitlichen Verlauf der Abnahme der Ionendichte in der E-Schicht (Rekombinationskoeffizient $\alpha = 0.56 \times 10^{-8}$) die Existenz diskreter Strahlungsquellen, deren Verteilung nach einem «trial-and-error-Verfahren» bestimmt wurde. Da die Verteilung mit den am gleichen Tage beobachteten Protuberanzen am Sonnenrande übereinstimmt, wird in ihnen die Quelle der zusätzlichen ionisierenden Strahlung vermutet. Weidemann

6207. Sonnenfinsternis 1945 Juli 9

S. W. Drosdow, Die Sonnenfinsternis vom 9. Juli 1945 und ihre bildliche Darstellung. Bull. Astr.-Geod. Ges. UdSSR Nr. 15 S. 37—40, 1954 (russ.).

J. E. Ejnasto, Versuch einer Bestimmung der Helligkeitsverteilung auf der Sonnenscheibe aus Beobachtungen einer partiellen Sonnenfinsternis. Bull. Astr.-Geod. Ges. UdSSR Nr. 15 S. 10—19, 1954 (russ.). — Inhalt: I. Einführung. Apparatur und Beobachtungen; II. Die erste Bearbeitung der Beobachtungen. Die Berücksichtigung der Lichtschwächung in der Erdatmosphäre; III. Die Ableitung der Helligkeitsverteilung auf der Sonnenscheibe. Loh.

6208. Sonnenfinsternis 1947 Mai 20

L. J. Briggs, Observed and computed radiation from first to fourth contact during a total solar eclipse. Trans. American Geophys. Union **38** 17—20. — Ref. in RJ 1957 Nr. 11 S. 69.

6209. Sonnenfinsternis 1952 Februar 25

R. G. Athay, F. Q. Orrall, Physical conditions in the solar limb prominence observed at the 1952 eclipse. Vgl. Ref. **6605**.

G. Bonnet, J. Hunaerts, M. Nicolet, Analyse de résultats ionosphériques obtenus en Afrique lors de l'éclipse de soleil du 25 février 1952. Bull. Séances Acad. roy. Sci. colonial. (NS) **3** 964—981 = Commun. Obs. Roy. Belgique Nr. 121. — Unter Benutzung der in der 21 cm-Linie beobachteten Helligkeitsverteilung der Sonne und Berücksichtigung zweier aktiver Flecken werden deren Beiträge zur ionisierenden Strahlung so abgeglichen, daß der damit berechnete Verlauf der Elektronendichte der E-Schicht während der Finsternis die in Lwiro (Belg. Kongo) beobachteten kritischen Frequenzen möglichst gut wiedergibt. Dazu mußten die ungestörten Beiträge der sichtbaren Scheibe und ihrer Umgebung sowie der Fleckenbeitrag wie 74 : 15 : 11 gewählt werden. Mit diesen Parametern lassen sich dann auch die in Khartoum, Ibedan (Nigeria), Bangai (Franz. Äquatorialafrika), Léopoldville (Belg. Kongo) und Gao (Franz. Sudan) während der Finsternis beobachteten kritischen Frequenzen der E-Schicht befriedigend darstellen. Gü.

R. Cialdea, La diffusiona secondaria della luce durante le eclissi totali di sole. Ann. geofis. **10** 61—70. — Beobachtung der Polarisation des Himmelslichts während der totalen Sonnenfinsternisse 1952 Feb. 12 und 1954 Juni 30. Zwischen Beobachtung und Theorie nach Hurion ergeben sich starke Abweichungen, die vom Verf. aufgeklärt werden. Cester

J. Houtgast, Line intensities in the flash spectrum of the total solar eclipse at Khartoum, February 25, 1952. Rech. Astr. Obs. Utrecht **13** Nr. 3, 40 S. — Ausführlicher Bericht über die Aufnahme des Flashspektrums während der Finsternis 1952 und ihre Auswertung. Mitgeteilt werden die Intensitäten für etwa 130 Emissionslinien maximal bis zu einer Höhe von 4000 km. Mit Hilfe des Materials werden Wachstumskurven und logarithmische Gradienten als Funktion der Höhe abgeleitet. Voigt

W. S. Matjagin, Bearbeitung der Beobachtungen der partiellen Phasen der Sonnenfinsternis vom 25. Februar 1952. Mitt. Astrophys. Inst. Alma-Ata **5** Nr. 7 S. 83—88 (russ. mit engl. Ref.). — Auf 20 Aufnahmen wurden die Sehnen (Hörnerabstände) gemessen und daraus die wahrscheinlichsten Verbesserungen der Mondkoordinaten abgeleitet: $\Delta\alpha_{☾} = +9\overset{s}{.}91$ für $\Delta\delta_{☾} = 0$. Loh.

N. S. Orlowa, Photographische Beobachtungen der Himmelshelligkeit im Vertikal der Sonne während der Totalität der Sonnenfinsternis vom 25. Februar 1952. Abh. Shdanow-Staatsuniv. Leningrad Nr. 190 (Math. Nr. 29) S. 105—112 = Publ. Astr. Obs. Leningrad **17** 105—112 (russ.). — In Pitnjak wurden wie bei früheren Sonnenfinsternissen mit sechs fächerförmig gerichteten Kameras durch Blau- und Gelbfilter bei 30 sec Expositionszeit um die Zeit der Totalitätsmitte Aufnahmen gemacht. Das Minimum der Helligkeit lag in der Nähe des Zenits — und zwar im Blauen der Sonne näher als im Gelben. In Höhen um 3° tritt die starke Aufhellung des Horizontes durch die «Finsternisdämmerung» hervor. Eine besondere Zeichnung stellt den Verlauf der Himmelsfarbe im Sonnenvertikal dar. Petri

D. D. Poloshenzew, Die Veränderungen der Helligkeit des Himmels und der Landschaft während der Totalität der Sonnenfinsternis vom 25. Februar 1952. Abh. Shdanow-Staatsuniv. Leningrad Nr. 190 (Math. Nr. 29) S. 120—125 = Publ. Astr. Obs. Leningrad **17** 120—125 (russ.). — Mit zwei um 180° gegeneinander versetzten und nach dem Azimut der Mondschattenbewegung ausgerichteten Kleinbildkameras wurden in Pitnjak bei jeweils 5 sec Belichtungszeit während der Totalität 25 Paare von Aufnahmen gewonnen. Die in Tabellen und Diagrammen dargestellten Ergebnisse zeigen in Bestätigung früherer Beobachtungen, daß sich die Helligkeit der Landschaft und des Himmels nur in den ersten und letzten 10—20 sec der Totalität stark ändert, dazwischen aber ziemlich konstant bleibt. Petri

T. A. Poloshenzewa, Visuelle Bestimmung der Integralhelligkeit der Sonnenkorona am 25. Februar 1952. Abh. Shdanow-Staatsuniv. Leningrad Nr. 190 (Math. Nr. 29) S. 113—119 = Publ. Astr. Obs. Leningrad **17** 113—119 (russ.). — Mit der gleichen Apparatur wie seit 1936 wurde in Pitnjak ($\varphi = +41\overset{\circ}{.}2$, $\lambda = 61\overset{\circ}{.}4$) die Integralhelligkeit der Sonnenkorona zu 0.068 Lux oder 0.172 der Helligkeit des Vollmondes bestimmt. Vergleich mit früheren Messungen verschiedener Autoren deutet nicht auf eine beträchtliche Abhängigkeit der Koronahelligkeit von der Phase im Sonnenzyklus hin. Petri

V. C. Rubin, On the relation between photometric observations and geometric positions of the sun and moon during a solar eclipse. II. The eclipse of Feb. 25, 1952 observed at Khartoum. Georgetown Obs. Monograph Nr. 6, 14 S.

W. Schüepp, La mesure de l'assombrissement du soleil pendant une éclipse. Tellus **9** 238—249. — Ref. in Phys. Abstracts (A) **61** 783, RJ 1958 Nr. 5 S. 38—39.

N. K. Semakin, Aktinometrische Beobachtungen während der Sonnenfinsternis vom 25. Februar 1952. Bull. Astr.-Geod. Ges. UdSSR Nr. 20 S. 32—36 (russ.). — Messungen am Agrar-Meteorologischen Observatorium in Kujbyschew.

S. I. Svensson, G. Hellgren, O. Perers, The Swedish radioscientific solar eclipse expedition to Italy, 1952. Preliminary report. Acta polytech. Nr. 212, 30 S. = Chalmers Tekn. Högskol. Handl. Nr. 181, 1956. — Ref. in Phys. Abstracts (A) **61** 136, RJ 1958 Nr. 2 S. 33.

N. N. Sytinskaja, Bestimmung der Integralhelligkeit und Farbe der Sonnenkorona im Jahre 1952 auf photographischem Wege. Abh. Shdanow-Staatsuniv. Leningrad Nr. 190 (Math. Nr. 29) S. 88—94 = Publ. Astr. Obs. Leningrad **17** 88—94 (russ.). — In Fortsetzung früherer Finsternisarbeiten wurden in Pitnjak und einer benachbarten Steppenstation (außerdem in Artschman) mit objektivlosen Dreifachkameras je drei integrale Messungen der Helligkeit der Korona und des Himmels im photovisuellen und photographischen Bereich ausgeführt. Die Kalibrierung wird eingehend beschrieben. Die Ergebnisse sind in Tabellen zusammengefaßt und führen schließlich auf einen Mittelwert der Koronahelligkeit von 5.77×10^{-7} ⊙. Petri

6210. Sonnenfinsternis 1954 Juni 30

A. M. Bacharew, Beobachtungen der Sonnenfinsternis vom 30. Juni 1954 in Tadshikistan. Bull. Astr.-Geod. Ges. UdSSR Nr. 20 S. 19—26 (russ.). — Inhalt: Kontakte der partiellen Finsternis, meteorologische Beobachtungen, der Gradient des elektrischen Potentials und die ultraviolette Strahlung. Loh.

M. Blaha, Z. Švestka, The polarisation of light of the solar corona. Českosl. Akad. věd Astr. ústav Publ. Nr. 31 S. 57—67 (mit russ. Ref.). — Es wurde die Polarisation des Koronalichts in zwei Spektralbereichen gemessen. Die Ergebnisse zeigen, daß die Abweichungen der Polarisationsebene von der normalen Richtung durch die Streuung des polarisierten Koronalichts an Eiskristallen in der Troposphäre hervorgerufen sind. Obwohl die Abweichungen in den äquatorialen Gebieten nicht auf diese Weise erklärt werden können, scheinen die Ergebnisse doch reell zu sein. J. B.

J. Bouška, Die Form der Korona. Českosl. Akad. věd Astr. ústav Publ. Nr. 31 S. 51—55 (mit russ. Ref.). — Aus drei vom Verf. gewonnenen Aufnahmen wurde die Abplattung der Korona bestimmt. $a_0 + b_0 = 0.324$. Verf.

J. Bouška, Zeitbestimmung der Kontakte. Českosl. Akad. věd Astr. ústav Publ. Nr. 31 S. 107—109 (mit russ. Ref.). — Verf. gibt die Zeitmomente des 2., 3. und 4. Kontaktes und die Korrektionen der relativen Mondlänge für diese Kontakte. Verf.

J. Bouška, Wetterbericht für Kislowodsk im Juni und Juli 1954. Českosl. Akad. věd Astr. ústav Publ. Nr. 31 S. 115—117 (mit russ. Ref.).

R. Brein, H. S. Jelstrup, K. Nottarp, H.-U. Sandig, R. Sigl, Beobachtungen zur Sonnenfinsternis 1954 in Südnorwegen. Deutsche Geod. Kommission Bayer. Akad. Wiss. (B) Nr. 34, 52 S. — Beschreibung des Verlaufs (Sa.) und der instrumentellen Ausrüstung (N.) einer Expedition an den Oslofjord. Fokale Reihenaufnahmen (Sa.) gelangen wegen der ungünstigen Witterung nur beim 2. Kontakt. Eine lichtelektrische Photometrie des 2. und des 3. Kontaktes (N., Sa.) ergab unter Berücksichtigung des Mondprofils eine Verspätung der Finsternis um $3^s\!.1$, die provisorisch diskutiert wird. Gravimetermessungen (B.) zum Nachweis der Bottlingerschen Schwerkraftabsorption erreichten noch nicht die erforderliche Genauigkeit. Magnetometermessungen (J.) ergaben für die geomagnetische Vertikalintensität im Gegensatz zum Verlauf am Vortage nach einem kurzen Zwischenmaximum während der Totalität nach dieser erwartungsgemäß eine etwa 15 min dauernde Erhöhung um etwa 20 γ. Ergebnisse der astronomischen Ortsbestimmungen (Si.). Gü.

V. Bumba, Isophoten und Koronaabplattung während der Sonnenfinsternis am 30. 6. 1954. Českosl. Akad. věd Astr. ústav Publ. Nr. 31 S. 33—42 (mit russ. Ref.). — Aus den Isophoten der Korona wird die Abplattung der Korona bestimmt. $a_0 + b_0 = 0.308$ bzw. 0.326. J. B.

R. Cialdea, La diffusiona secondaria della luce durante le eclissi totali di sole. Vgl. Ref. **6209**.

R. Coutrez, Observations radioélectriques de l'éclipse solaire du 30 juin 1954 sur 169 MHz. Ann d'Astrophys **20** 23—44 = Commun. Obs. Roy. Belgique Nr. 122. — Die Arbeit enthält eine sehr eingehende Diskussion der bei der Sonnenfinsternis 1954 Juni 30 auf der Frequenz 169 MHz von drei Stationen gewonnenen Messungen. Von den Stationen lag eine (Rao Onsala) in der Totalitätszone, die beiden anderen (Marcoussis u. Tjälmejaur) lagen südlich bzw. nördlich der Totalitätszone. Eine vierte außerhalb der optischen Bedeckungszone gelegene Station diente im wesentlichen Kontrollzwecken. Nach einer ausführlichen Beschreibung des Reduktionsverfahrens wird eine Isophotendarstellung gebracht, die sehr deutlich ausgeprägt die zu erwartende elliptische Form der Korona zeigt. Eine gewisse Unsymmetrie ist möglicherweise durch den Einfluß einer Fackel bedingt. Die von Ryle und Hewish bei 214 MHz interferometrisch nachgewiesene schwache Randaufhellung ist nicht festzustellen. Daene

M. M. Dagajew, Meteorologische Beobachtungen in Tschernobyl am 30. Juni 1954. Bull. Astr.-Geod. Ges. UdSSR Nr. 20 S. 55 (russ.).

N. I. Dsjubenko, Die Helligkeitsverteilung am Horizont während der Finsternis vom 30. 6. 1954. AC Nr. 177 S. 8—9 (russ.).

W. A. Fekluschin, Beobachtungen über die Ausbreitung von Radiowellen während der totalen Sonnenfinsternis vom 30. Juni 1954. Bull. Astr.-Geod. Ges. UdSSR Nr. 20 S. 56—57 (russ.).

B. D. Fomenko, Variation du coéfficient de transparence de l'atmosphère au cours de l'éclipse totale du Soleil du 30 juin 1954. AJ UdSSR **34** 868—882 (russ. mit französ. Ref.). — Der Transmissionskoeffizient wurde für das integrale Licht und die Spektralgebiete 2900—5250 Å, 5250—6250 Å und 6250—20000 Å aus aktinometrischen Messungen — auch älterer Finsternisse — bestimmt. Loh.

B. D. Fomenko, Meteorologische Beobachtungen während der Sonnenfinsternis vom 30. Juni 1954. Bull. Astr.-Geod. Ges. UdSSR Nr. 20 S. 47—50 (russ.). — Bemerkungen über die meteorologischen Verhältnisse an verschiedenen Beobachtungsstationen.

B. Grzędzielska, S. Zakrent, Wyniki pomiarów natężenia całkowitego promieniowania słońca w Suwałkach podczas zaćmienia Słońca w dniu 30 czerwca 1954 roku. Przegl. geofiz. **1** 179—182, 1956. — Ref. in RJ 1957 Nr. 10 S. 66.

J. K. Gulak, I. D. Beskosty, Beobachtung der Sonnenfinsternis vom 30. Juni 1954 in Michnowzy im Poltawaer Gebiet. Bull. Astr.-Geod. Ges. UdSSR Nr. 20 S. 51—54 (russ.). — Kontaktbeobachtungen und meteorologische Messungen.

V. Guth, Total eclipse of the sun on June 30, 1954, observed in the U. S. S. R. by the Czechoslovak expedition. Českosl. Akad. věd Astr. ústav Publ. Nr. 31 S. 13—25 (engl. und russ.). — Bericht über das wissenschaftliche Programm der Sonnenfinsternisexpedition der Tschechoslowakischen Akad. d. Wiss. nach Kislowodsk (Nordkaukasus) und Verlauf der Expedition. J. B.

V. Guth, Coordinates of the observation place. Prediction of the eclipse. Českosl. Akad. věd Astr. ústav Publ. Nr. 31 S. 111—114 (mit russ. Ref.). — Es werden die geographischen Koordinaten von Kislowodsk und eine Ephemeride der Finsternis gegeben. J. B.

L. Harang, K. Pedersen, Drift measurement of the E layer during the solar eclipse 30 June 1954. J. Atmosph. Terr. Phys. **10** 44—45. — Ref. in Phys. Ber. **36** 2172—2173.

F. Hřebík, Results of the observations of the partial solar eclipse of June 30, 1954, made by amateur astronomers in Czechoslovakia. Českosl. Akad. věd Astr. ústav Publ. Nr. 31 S. 119—134 (mit russ. Ref.).

J. H. Karle, Report on the total solar eclipse of June 30, 1954. American J. Phys. **25** 268. — Ref. American Assoc. Phys. Teacher.

H. Keres, V. Riives, The solar eclipse expedition of the Tartu Astronomical Observatory. Publ. Astr. Obs. Tartu **33** 133—139 (russ. mit engl. Ref.). — An der Beobachtungsstelle in Šilute war es während der totalen Finsternis bewölkt. Aus den Aufnahmen der partiellen Phasen mit einem Koronographen 10/400 wurde festgestellt, daß die Finsternis $0^s\!.95 \pm 0^s\!.20$ früher anfing als die Rechnung ergab. Perek

I. K. Kowal, Die Integralhelligkeit der Sonnenkorona am 30. Juni 1954. Abh. Univ. Charkow **91** 241—248 = Publ. Astr. Obs. Charkow **12** 241—248 (russ.).

L. A. Kunitschew, Der Gang der Sonnenstrahlung in Sotschi während der Finsternis vom 30. Juni 1954. Bull. Astr.-Geod. Ges. UdSSR Nr. 20 S. 41—46 (russ.). — Nach meteorologischen Angaben teilt Verf. in einer Liste die Messungen der Gesamtstrahlung und der ultravioletten Strahlung zwischen 3000 und 4000 Å am 30. Juni und 1. Juli mit. Loh.

B. Landmark, F. Lied, S. Skribeland, Ionospheric h'f-observations obtained during the period of the solar eclipse of 30th June 1954. Geofys. Publ. **19** Nr. 8 S. 5—28, 1956. — Ref. in Phys. Abstracts (A) **61** 782.

V. Letfus, Timing of the inner contacts by means of a chronocinematograph. Českosl. Akad. věd Astr. ústav Publ. Nr. 31 S. 75—106 (mit russ. Ref.). — Beschreibung einer neuen Konstruktion eines Chronokinematographen. Es werden die Kontaktzeiten mit großer Genauigkeit bestimmt. J. B.

F. Lied, T. Orhaug, Ionospheric absorption during the eclipse of 30th June 1954. Geofys. Publ. **19** Nr. 8 S. 29—35, 1956. — Ref. in Phys. Abstracts (A) **61** 783.

F. Lied, An ionospheric layer during a solar eclipse. Geofys. Publ. **19** Nr. 8 S. 37—39, 1956. — Ref. in Phys. Abstracts (A) **61** 783.

J. Masłowski, Radio frequency observations of the solar eclipse of June 30, 1954. AA **7** 199—207. — Bericht über Radiobeobachtungen der Sonnenfinsternis 1954 Juni 30, die auf Vorschlag der Polnischen Astronomischen Gesellschaft von der Militär-Akademie bei 600 MHz in der Nähe von Warschau ausgeführt wurden. Als Antenne diente ein Parabolspiegel von 6 m Durchmesser; der Empfänger arbeitete nach dem Modulationsverfahren. Die Auswertung auf der Basis eines zirkularsymmetrischen Modells zeigt in Übereinstimmung mit den Ergebnissen anderer Autoren, daß Beobachtungen an nur einem Ort keine detaillierte Aussage über die Mitte-Rand-Variation ermöglichen. Daene

W. I. Neprokin, Der Gang der meteorologischen Elemente während der Sonnenfinsternis vom 30. Juni 1954. Bull. Astr.-Geod. Ges. UdSSR Nr. 20 S. 27—31 (russ.). — Beobachtungen am Ort $\lambda = 30° 30'$, $\varphi = 60° 15'$.

S. P. Nikitin, I. I. Silwonskij, A. M. Zurganow, E. J. Kasimirow, Beobachtung der Sonnenfinsternis vom 30. Juni 1954 in Mosyr. Abh. Staatl. Pädagog. Inst. Gomel 1956 Nr. 3 S. 209—221 (russ.). — Ref. in RJ 1958 Nr. 9 S. 44—45.

L. Perek, An attempt to measure the darkening of the solar limb. Českosl. Akad. věd Astr. ústav Publ. Nr. 31 S. 69—74 (engl. und russ.). — Beschreibung eines Instrumentes zur Bestimmung der Randverdunklung der Sonne in vier Spektralbereichen. Die Aufnahmen mußten unter ungünstigen Witterungsverhältnissen gemacht werden. J. B.

R. Podstanická, A. Paroubek, The photometry and shape of the solar corona during the total eclipse, June 30, 1954. Českosl. Akad. věd Astr. ústav Publ. Nr. 31 S. 43—50 (mit russ. Ref.). — Aus Aufnahmen, die durch die Sonnenfinsternisexpedition nach Nordostpolen gewonnen wurden, wurde die Abplattung der Korona bestimmt. $a_0 + b_0 = 0.320$. J. B.

R. G. Rastogi, Vertical ionospheric soundings at Ahmedabad during total solar eclipse on 30th June 1954. Proc. Indian Acad. Sci. (A) **45** 422—429.

R. R. Shorey, Final report — operational history of the 30 June 1954 USAF solar eclipse project. New York, American Geographical Soc., 1954. 73 S.

H. Slouka, Observations of the partial solar eclipse of June 30, 1954. BAC **8** 175—176.

N. S. Temnikowa, Die meteorologischen Bedingungen in der Lettischen Sowjetrepublik während der Sonnenfinsternis vom 30. Juni 1954. Bull. Astr.-Geod. Ges. UdSSR Nr. 20 S. 12—18 (russ.).

W. T. Ter-Oganesow, Beobachtungen des Mondschattenrandes während der totalen Sonnenfinsternis vom 30. Juni 1954 vom Flugzeug aus. Bull. Astr.-Geod. Ges. UdSSR Nr. 20 S. 9—11 (russ.).

H. Tooming, Meteorological and actinometric observations made during the solar eclipse of June 30, 1954. Publ. Astr. Obs. Tartu **33** 140—149 (russ. mit engl. Ref.).

J. M. Torroja, V. Bongera, Resultados de la observación del eclipse total de sol de 30 de junio de 1954 en Sydkoster (Suecia). Urania Barcelona **42** 3—44.

V. Vanýsek, Solar eclipse expedition to Poland. Českosl. Akad. věd Astr. ústav Publ. Nr. 31 S. 27—31 (mit russ. Ref.). — Bericht über die Sonnenfinsternis-expedition der Slowakischen Akad. d. Wiss. nach Polen. Verf. gibt die Beschreibung eines Instruments zur Messung der Randverdunkelung der Sonne. Die Expedition hat infolge ungünstigen Wetters nur teilweise Ergebnisse gewonnen. Die Momente des 2. und 3. Kontaktes werden gegeben. J. B.

Å. Wallenquist, Några resultat av den uppsaliensiska solförmörkelseexpeditionen till Gotland 1954. PAT **38** 27—34.

L. W. Werosub, W. G. Buratschek, O. I. Bugajenko, Beobachtung der totalen Sonnenfinsternis vom 30. Juni 1954. Bull. Astr.-Geod. Ges. UdSSR Nr. 20 S. 3—8 (russ.). — Bericht über Messungen der Integralhelligkeit der Korona und der Helligkeitsverteilung in ihr sowie der Änderung der Beleuchtungsstärke der Sonne in der ersten Hälfte der Finsternis. Loh.

M. Waldmeier, Ergebnisse der Zürcher Sonnenfinsternisexpedition 1954. VI. Photometrie der mittleren Korona. ZfA **43** 289—307 = Astr. Mitt. Sternw. Zürich Nr. 210. — Es wird die Photometrierung von Aufnahmen der Korona mit der 8 m-Kamera bei der Sonnenfinsternis vom 30. Juni 1954 beschrieben und diskutiert. Eine besondere Schwierigkeit stellte dabei das durch einen variablen Cirrusschleier verursachte Streulicht dar. Für die mittlere Korona, d. h. für den Bereich von 1.2—2.0 Sonnenradien Abstand vom Zentrum der Sonnenscheibe, werden die Isophoten abgeleitet, die gemäß der Minimumsphase des Sonnenzyklus sehr stark abgeplattet sind, wobei die Intensitätsminima nicht am Pol, sondern bei 65° Breite auftreten. Der radiale Helligkeitsabfall stimmt am Äquator exakt mit dem Modell von van de Hulst überein, am Pol sind die theoretischen Intensitäten um 44 % größer als die beobachteten. H. M.

6211. Sonnenfinsternis 1955 Juni 20

A. K. Das, B. N. Bhargava, R. V. Subrahmanyan, S. Rangarajan, J. V. Narayana, P. V. S. Narayan, Indian eclipse expedition to observe the total solar eclipse of June 20, 1955. Kodaikanal Obs. Bull. Nr. 144, 28 S. — Beobachtungen der Ionosphäre und des geomagnetischen Feldes während der Finsternis: I. F_2-Schicht (R., S.): Die in Kodaikanal 91 % erreichende Verfinsterung rief ein Zurückbleiben der kritischen Frequenz der F_2-Schicht gegenüber dem mittleren Tagesverlauf hervor, das 18 Minuten nach der größten visuellen Verfinsterung sein Maximum erreichte und erst zwei Stunden danach aufhörte. Die Erscheinungen werden unter Berücksichtigung der Fleckenverteilung und der Koronastruktur interpretiert. Während die ursprüngliche F_2-Schicht gegen Ende der Finsternis rasch aufstieg, bildete sich darunter eine neue Schicht in der normalen Höhe aus. — II. Untere Ionosphärenschichten (R., J. V. N.): Auch die Abnahme der Ionisation in der F_1- und der D-Schicht, besonders aber in der E-Schicht erwies deren Abhängigkeit von der Strahlung einer aktiven Fleckengruppe. — III. Geomagnetisches Feld (P. V. S. N.): Eine Untersuchung der geomagnetischen Horizontal- und Vertikalintensität in Hingurakgoda auf Ceylon inmitten der Totalitätszone ergab für die erste ein besonders bis zur Totalität sehr ausgeprägtes Zurückbleiben hinter dem mittleren Tagesverlauf in quantitativer Übereinstimmung mit Chapman's Theorie, während das während der Totalität wechselnde Verhalten der Vertikalintensität schwer erklärlich ist. Gü.

T. Huzita, Observation of the total solar eclipse in June 20th, 1955 on board ship. Mem. Japan Astr. Study Ass. **1** 217—220 (japan. mit engl. Ref.).

C. M. Minnis, Ionospheric changes at Singapore during the solar eclipse of 20 June 1955. J. Atmosph. Terr. Phys. **10** 229—236. — Ref. in Phys. Ber. **37** 577.

F. Rahman, J. Choudhary, The solar eclipse of 20th June 1955 and its effect on cosmic-ray intensity at Dacca. Pakistan J. Sci. Res. 8 171—172, 1956. — Ref. in RJ 1957 Nr. 11 S. 66—67.

M. Waldmeier, H. Arber, H. Bachmann, Die totale Sonnenfinsternis und die Korona vom 20. Juni 1955. ZfA **42** 156—206 = Astr. Mitt. Sternw. Zürich Nr. 206. — Ref. in Mitt. AG 1956 S. 52. — Es wird ausführlich der Verlauf der Sonnenfinsternisexpedition der Eidgen. Sternwarte nach Ceylon zur Beobachtung der totalen Finsternis vom 20. Juni 1955 beschrieben. Das mitgeführte Instrumentarium und das geplante Beobachtungsprogramm werden diskutiert. Während am Finsternistag das Wetter in Ceylon jegliche Beobachtung vereitelte, gelangen dem Amateurastronomen H. Arber in Manila bei günstiger Witterung mehrere Aufnahmen der Korona, deren Bearbeitung durch die Eidgen. Sternwarte erfolgte. Die Isophoten dieser immer noch typischen Minimumskorona werden abgeleitet, und die Gestalt der inneren und äußeren Korona wird ausgiebig erörtert. H. M.

Indian J. Meteorol. Geophys. **7** 323—332, 1956 = Sonderdruck Kodaikanal Obs. Report of the Indian expedition to Ceylon to observe the total solar eclipse of 20 June 1955. — Ref. in RJ 1958 Nr. 8 S. 45.

Maritime Safety Board Tokyo Pub. Nr. 981 Hydrographic Bull. Nr. 52, 102 S. (japan.). Observation of the total solar eclipse at the Ha Hap-Coast in the Kikuik Bay (South Viet-Nam).

6212. Sonnenfinsternis 1956 Dezember 2

J. Bouška, Observation of the partial solar eclipse of December 2, 1956. BAC **8** 76—77.

A. Dreßler, Sonnenfinsternis (1956 Dezember 2). Einstein-Sternw. Görlitz Mitteilungsblatt **7** 10.

G. Karský, Beobachtung der Sonnenfinsternis vom 2. Dezember 1956. RH **38** 90—91 (tschech.).

A. A. Kawerin, W. G. Kuklin, Beobachtungen der partiellen Sonnenfinsternis vom 2. Dezember 1956 in Irkutsk. AC Nr. 176 S. 7 (russ.).

D. W. Korolkow, N. S. Sobolewa, Beobachtung der Polarisation der Radiostrahlung der Sonne während der Sonnenfinsternis vom 2. Dezember 1956. Sonnendaten 1957 Nr. 1 S. 149—151 (russ.). — Der Polarisationsgrad betrug bei $\lambda = 3$ cm mehr als 30%. Loh.

A. Rükl, Beobachtung der Sonnenfinsternis vom 2. Dezember 1956. RH **38** 90 (tschech.).

A. E. Salomonowitsch, Beobachtung der partiellen Sonnenfinsternis vom 2. Dezember 1956 im Millimeterwellenbereich. Sonnendaten 1957 Nr. 2 S. 112—113 (russ.).

G. S. Weissig, W. N. Ichsanowa, W. F. Kuschnir, A. P. Moltschanow, Beobachtung der partiellen Sonnenfinsternis vom 2. Dezember 1956 bei $\lambda = 3.2$ cm. Sonnendaten 1957 Nr. 1 S. 152—153 (russ.).

6213. Sonnenfinsternis 1957 April 29/30

S. Itoh, Observations of the solar eclipse of April 29—30, 1957. Mem. Japan Astr. Study Ass. **1** 177—178.

J. N. Lipskij, Sonnenfinsternis. Priroda **46** Nr. 4 S. 125—126 (russ.). — Vorschau.

6214. Sonnenfinsternis 1957 Oktober 23

Sky and Telescope **16** 581. Antarctic eclipse. — Vorschau.

6215. Sonnenfinsternis 1958 Oktober 12

F. M. Bateson, Eclipse islands of the South Pacific. Sky and Telescope **16** 573—575.

F. M. Bateson, Total solar eclipse of 1958 October 12. Strolling Astronomer **11** 13—14.

6216. Sonnenfinsternis 1959 Oktober 2

S. D. Gossner, The total eclipse of October 2, 1959. Path of total phase in the United States. US Naval Obs. Circ. Nr. 78, 7 S. — Vorschau.

E. Mädlow, Der Verlauf der Sonnenfinsternis am 2. Oktober 1959 im Bereich der Kanarischen Inseln. Mitt. AG 1956 S. 45. — Ref. AG.

Sky and Telescope **17** 12. 1959 total eclipse. — Vorschau.

§ 63

Flecke, Fackeln

6301. **M. d'Azambuja,** Vitesse angulaire de rotation de taches solaires aux hautes latitudes. BSAF **71** 9—10. — Aus Beobachtungen zweier Fackelgebiete in 45° und eines Fackelgebietes in 50° Äquatorabstand während je zweier Rotationsperioden wird der tägliche Rotationswinkel der Sonne zu 13°06 (für 45°) und zu 12°40 (für 50°) bestimmt. Während der erste Wert gut der Greenwicher Formel entspricht, liegt der zweite Wert merklich tiefer, als die Formel erfordert. Gleissberg

6302. **A. J. Besrukowa,** Die Entwicklung des Zyklus Nr. 19. Sonnendaten 1957 Nr. 1 S. 159—160 (russ.).

6303. **A. J. Besrukowa,** Ungerade Zyklen und langfristige Prognose von Fleckenrelativzahlen. Sonnendaten 1957 Nr. 2 S. 118—121 (russ.). — Nachdem Verf. gezeigt hat (Mitt. Pulkowo Nr. 159), daß die Fleckenfläche im Minimumjahr des ungeraden, eingipfligen Zyklus fast zweimal so groß ist wie die Fläche des vorausgegangenen, zweigipfligen Zyklus im Jahr seines ersten Minimums, wendet sich Verf. in der vorliegenden Arbeit der analogen Untersuchung der Fleckenrelativzahlen zu. Es zeigt sich dabei, daß es auf mehrfache Weise möglich ist, die maximale Fleckenrelativzahl für den 19. Zyklus vorauszuberechnen: aus den aufeinanderfolgenden Zyklen, aus dem 88-jährigen Zyklus und aus dem 44-jährigen Zyklus. Loh.

6304. **W. J. G. Beynon, G. M. Brown,** Ionospheric indices of solar activity. J. Atmosph. Terr. Phys. **11** 128—131. — Ref. in Phys. Ber. **37** 2110—2111.

6305. **N. Boersma,** The development of sunspot groups and of leader spots. Obs **77** 239—241. — In einer Leserzuschrift wird darauf hingewiesen, daß der zeitliche Verlauf der Gesamtfläche großer Fleckengruppen anders verläuft als der für statistische Untersuchungen meist verwendete Verlauf der Fläche des Hauptflecks. Die Gesamtfläche zeigt insbesondere nach dem Maximum einen zunächst merklich steileren Abfall. Voigt

6306. **A. D. Boneff,** Über die 176-jährige Veränderung der Sonnenaktivität. Sonnendaten 1957 Nr. 3 S. 110—111 (russ.). — Aus den Fleckenbeobachtungen zwischen 1610 und jetzt schält sich deutlich eine Periode von $176 = 8 \times 22 = 2 \times 88$ Jahren heraus. Darüber hinaus scheint es, als ob diese Periode nur ein Teil einer metasäkularen Periode ist. Loh.

6307. **R. J. Bray, R. E. Loughhead,** Bright regions in sunspots. Obs **77** 201—202.

* * **V. Bumba,** Chromosphärische Eruptionen und Magnetfelder von Sonnenfleckengruppen. Vgl. Ref. **6620**.

6308. W. S. Cameron, A unique high-latitude sunspot group. Publ ASP **69** 561—563. — Genaue Beobachtungsdaten (Sichtbarkeit, Größe, Bewegung usw.) der über eine Rotation lang (Juni—Juli 1957) sichtbaren Fleckengruppe «Mt. Wilson Nr. 12409», die sich bis über 40° S erstreckte und für diese Breite die bisher weitaus größte und langlebigste Fleckengruppe darstellt. Voigt

6309. W. Comper, Ableitung des Rotationsgesetzes der Sonne aus den Protokollblättern des Sonnenobservatoriums Kanzelhöhe für die Jahre 1948—1953. Anzeiger Österreich. Akad. Wiss. Math.-Naturwiss. Kl. **94** 188—198 = Mitt. Sonnenobs. Kanzelhöhe Nr. 10. — Aus nicht wiederkehrenden Sonnenflecken der Jahre 1948—1953 wird der Rotationswinkel der Sonne in Abhängigkeit von der heliographischen Breite bestimmt. Starke Fleckenbildung scheint eine Vergrößerung der Rotationsgeschwindigkeit in der Zone, in der die Flecken auftreten, zu bewirken. Gleissberg

6310. P. M. Djurković, Das solare System der Minima- und Maximaepochen der Sonnenfleckenaktivität im Zeitraum von 1610 bis 1954. Sonnendaten 1956 Nr. 6 S. 147—149 (russ.). — Aus einer Diskussion der Sonnenfleckenminima und Maxima zwischen 1617 und 1947 findet Verf. eine Dauer des langen Fleckenzyklus von 168.2 Jahren entsprechend einer mittleren Dauer des kleinen Zyklus von 11.216 Jahren. Schließlich rechnet Verf. auch den theoretisch zu erwartenden Zeitpunkt des jetzigen Maximums für 1957.2 und den Zeitpunkt des nächsten Minimums für 1967.2 aus. Oster

6311. A. W. F. Edwards, The proportion of umbra in large sunspots, 1878—1954. Obs **77** 69—70. — Für 751 große Fleckengruppen wird das Verhältnis Umbra zu Gesamtfleckenfläche bestimmt. Es ergeben sich signifikante Unterschiede in Abhängigkeit a) vom Alter des Zyklus, b) von der Fleckenfläche, c) von der heliographischen Breite und d) von der erdmagnetischen Wirksamkeit der betrachteten Flecken. U. Be.

6312. M. S. Eigenson, Über den 5—6jährigen Zyklus der Sonnenaktivität. Circ. Astr. Obs. Lwow Nr. 32 S. 1—6, 1955 (russ.).

6313. M. S. Eigenson, Über die Ursachen der hohen Sonnentätigkeit 1955—1956. Dopowidi Univ. Lwow 1957 Nr. 7 Teil 3 S. 224—228 (russ.). — Ref. in RJ 1958 Nr. 7 S. 35.

6314. M. A. Ellison, Recent solar activity. Nature **180** 1173.

6315. W. Gleissberg, Sonnenfleckengruppe in ungewöhnlich großem Äquatorabstand. NAZ **11** 18. — Beob. vom 21. und 22. Juni 1957.

6316. W. Gleissberg, Zur Frage eines Einflusses der Jahreszeit auf die Sonnenfleckenbeobachtungen. Mitt. AG 1956 S. 43—44. — Ref. AG.

6317. W. Gleissberg, Zur Frage eines Einflusses der Jahreszeit auf die Sonnenfleckenbeobachtungen. Publ. Istanbul Univ. Obs. Nr. 59, 8 S. (mit türk. und engl. Ref.).

6318. W. Gleissberg, Die Zyklen der Sonnentätigkeit. Wiss. Ann. **6** 735—745. — Bericht über die nachgewiesenen und die vermuteten Fleckenzyklen und die Versuche zu ihrer Erklärung. Gü.

6319. C. W. J. Granger, A statistical model for sunspot activity. ApJ **126** 152—158. — Der Gang der Sonnenfleckenrelativzahlen im Laufe jedes elfjährigen Zyklus wird als Produkt zweier Faktoren dargestellt, von denen der erste eine von Zyklus zu Zyklus wechselnde Funktion $f(x)$ ist, die die Stärke des Ausbruchs bestimmt, während sich der zweite Faktor aus einer zu Beginn jedes neuen Zyklus sich wiederholenden Funktion $g(x)$ und einem Glied ε_x zusammen-

setzt, das Werte annimmt, die in zufälliger Weise um den Wert Null streuen. Es besteht wenig Hoffnung, daß es möglich sein wird, die Funktion $f(x)$ und den Ausgangszeitpunkt der Funktion $g(x)$ für künftige Zyklen vorauszuberechnen.
Gleissberg

6320. **M. Hotinli,** Sur la variation de la loi de rétrécissement des taches solaires. Ann d'Astrophys **20** 45—51. — Die vom Verf. schon früher abgeleitete Formel für die perspektivische Verkürzung der Fleckenflächen kann gedeutet werden, wenn man um die Flecken einen erhöhten Ring von photosphärischen Fackeln annimmt. Die errechnete Höhe hängt von der Fleckengröße ab, sie ist bei den kleinsten und größten Fleckenflächen einige hundert km, für mittelgroße Flächen aber zwischen 1000 und 1700 km. U. Be.

6321. **R. Howard,** An analysis of the spectra of sunspots. AJ **62** 143. — Ref. AAS.

6322. **N. A. Huttly,** A review of recent investigations into sunspot cycles. Marconi Rev. **20** 117—129. — Ref. in Phys. Abstracts (A) **61** 138.

6323. **A. A. Ismailow,** Die Sonnenfackeln in den Wasserstofflinien Hδ und Hε. Nachr. Akad. Wiss. Aserbejdshan. Sowjetrepublik 1956 Nr. 7 S. 3—7 (russ. mit aserbejdshan. Ref.). — Ref. in RJ 1957 Nr. 10 S. 64.

6324. **E. Jensen, T. S. Ringnes,** The variation of the penumbra-umbra ratio of regular sunspots across the solar disk. Astrophys. Norvegica **5** 259—278. — Bei Flecken mäßiger Größe nimmt das Durchmesserverhältnis von Gesamtfleck zu Umbra von der Sonnenmitte zum Sonnenrande hin ab, bei großen Flecken nimmt es zu. Dieser Effekt ist im Fleckenmaximum ausgeprägter als im Minimum. Er wird auf verschiedene Durchsichtigkeit zurückgeführt, die von Temperatur, Elektronendruck und Dichte in den Flecken abhängt. Gleissberg

6325. **E. Jensen, T. S. Ringnes,** On the dependence of the magnetic field strength of sunspots on their areas in relation to the solar cycle. Astrophys. Norvegica **6** 1—16. — Die Untersuchung regelmäßig geformter, großer Sonnenflecken in der Nähe des Zentralmeridians in den Jahren 1917—1924 ergibt, daß zur Fleckenmaximumsepoche der gleichen Fleckenfläche eine größere magnetische Feldstärke entspricht als zur Minimumsepoche. Die Magnetfeldstärke ist enger mit der Umbrafläche als mit der Gesamtfläche des Flecks korreliert.
Gleissberg

6326. **E. Jensen, T. S. Ringnes,** The variation of the penumbra-umbra ratio of regular sunspots with heliocentric latitude. Astrophys. Norvegica **6** 33—42. — Auf das Verhältnis von Umbraradius zu Gesamtradius der Sonnenflecken übt die heliographische Breite einen weit geringeren Einfluß aus als die Phase des 11jährigen Zyklus. Gleissberg

6327. **N. L. Kajdanowskij, D. W. Korolkow, N. S. Sobolewa, S. E. Chajkin,** Beobachtungen der Polarisation der Radiostrahlung von Sonnenflecken bei 3.2 cm Wellenlänge. DAN **112** 1012—1015 (russ.). — In Anschluß an die kurze Beschreibung eines Empfängers bei 3.2 cm Wellenlänge mit Wiedergabe des Blockschemas teilen Verf. ihre Ergebnisse der Beobachtungen von Sonnenflecken zwischen dem 17. 7. und 4. 9. 1956 mit. Danach ist die Radiostrahlung dieser Wellenlänge teilweise zirkular polarisiert; die maximale Intensität des polarisierten Anteils erreicht bis zu 2.5% der Gesamtintensität. Loh.

6328. **P. E. Kolpakow,** The acceleration of charged particles in the electromagnetic field of sunspots. AJ UdSSR **34** 222—232 (russ. mit engl. Ref.). — Verf. stellt zu Beginn fest, daß aus dem heute bekannten Beobachtungsmaterial geschlossen werden muß, daß auf der Sonne Elektronen und Protonen auf Energien der Größenordnung 10^6 bis 10^9 eV beschleunigt werden. Verf. vermutet, daß die Beschleunigung im Magnetfeld von Sonnenflecken geschieht und berechnet, daß ein induziertes elektrisches Feld senkrecht zum Magnetfeld Teilchen nur auf ungefähr 10^5 bis 10^6 eV bringen kann, während ein elektrisches Feld parallel zum Magnetfeld Energien von 10^9 eV liefern könnte. Oster

6329. **M. Kopecký, L. Schmied,** Short note on the asymmetric distribution of sunspots. BAC 8 45—46. — An Fleckenbeobachtungen von 1948—1955 wird gezeigt, daß die O-W-Asymmetrie verschieden ist je nach dem Verfahren, nach dem die Fleckengruppen behandelt werden, die im Augenblick der Beobachtung den Zentralmeridian schneiden. U. Be.

* * **M. Kopecký,** Elektrische und magnetische Erscheinungen in der Sonnenatmosphäre. II. Das magnetische Feld und der zeitliche Verlauf der Oberfläche von Sonnenflecken. Vgl. Ref. **6111.**

6330. **M. Kopecký, J. Kvíčala, J. Ptáček,** Eine Fleckengruppe in + 45° heliographischer Breite. BAC 8 106. — Beschreibung einer Fleckengruppe in der heliographischen Breite + 45°, die in der Zeit vom 18. bis 23. Januar 1957 auf der Sternwarte Ondřejov beobachtet wurde. Aus der Position dieser Gruppe haben die Verf. die Geschwindigkeit der siderischen Rotation $\xi = 13\overset{\circ}{.}2$ in der heliographischen Breite + 45° abgeleitet. J. B.

6331. **M. Kopecký,** Periodicita a předpovědi výskytu slunečních skvr. Meteorol. zprávy **9** 108—112, 1956. — Ref. in RJ 1957 Nr. 9 S. 66—67.

6332. **M. Kopecký,** Sun-spots in heliographic latitudes larger than $\pm 40°$. RH **38** 102—104 (tschech.).

6333. **K. F. Kuleschowa, J. M. Slonim,** Über die Ost-West-Asymmetrie der Sonnenaktivität. Sonnendaten 1957 Nr. 3 S. 106—110 (russ.). — Aus den Taschkenter Beobachtungen des 18. Sonnenzyklus (1944—1954) geht hervor, daß der Ost-West-Asymmetrietyp I Zufallscharakter hat und keiner theoretischen Erklärung bedarf. Loh.

6334. **H. Künzel, W. Mattig, E. H. Schröter,** Polaritäten und Maximalwerte magnetischer Feldstärken von Sonnenflecken im Zeitraum 1956 Juli 1 bis August 31. AN **283** 251—262 = Mitt. Astrophys. Obs. Potsdam Nr. 56.

Desgl. für den Zeitraum 1956 Sept. 1—Dez. 31. AN **283** 263—276 = Mitt. Astrophys. Obs. Potsdam Nr. 57.

Desgl. für den Zeitraum 1957 Jan. 1—März 31. AN **284** 33—40 = Mitt. Astrophys. Obs. Potsdam Nr. 60.

6335. **G. Laborde,** Spectrophotométrie des taches solaires. Nouvelle identification de MgH. CR **244** 564—566. — Mit dem 9 m-Spektrographen in Meudon wurden in der 5. Ordnung und mit einer Dispersion von 0.246 Å/mm Spektrogramme des Spektralbereiches 5040—5240 Å gewonnen. Die Entdeckung von MgH-Banden im Fleckenspektrum von Tanaka, Nagasawa und Saito wird bestätigt. Die Bande bei λ 5211 Å wird eindeutig identifiziert. Dieselbe Bande konnte auch im Spektrum der Photosphäre in gesicherter Weise identifiziert werden. Mehltretter

6336. **G. Laborde,** Spectrophotométrie des taches solaires. Détermination de la température d'excitation. CR **245** 2009—2010. — Mit Hilfe von MgH- und C_2-Banden (λ 5211 Å bzw. λ 5165 Å) wurden für Fleck und Photosphäre die Anregungstemperaturen bestimmt. Es wird erhalten: 1.) für den Fleck: 3520° ± 300° (C_2), 3640° ± 300° (MgH); 2.) für die Photosphäre: 4880° ± 350° (C_2), 4520° ± 370° (MgH) in guter Übereinstimmung mit den Ergebnissen von Adam und Hunaerts. Die Übereinstimmung der Ergebnisse von C_2- und MgH-Banden unterstützt außerdem die Identifikation der letzteren Bande im Photosphärenspektrum. Mehltretter

6337. **M. A. Lojezkij,** Katalog aktiver Gebiete der Sonnenphotosphäre. Circ. Astr. Obs. Lwow Nr. 32 S. 26—55, 1955 (russ.). — Beobachtungsergebnisse für den Zeitraum 1939—1951.

6338. **M. A. Lojezkij,** Charakteristische Merkmale aktiver Gebiete der Photosphäre und photosphärischer Impulse der Sonnenaktivität 1939—1951. Circ. Astr. Obs. Lwow Nr. 32 S. 56—58, 1955 (russ.).

6339. **M. López Arroyo,** Sobre la distribución en longitud heliográfica de las manchas solares. Urania Barcelona **42** 158—175.

6340. **T. L. Mandrykina,** Über die Veränderung der Struktur der Sonnenfleckengruppen mit der Phase des 11jährigen Zyklus. Circ. Astr. Obs. Lwow Nr. 32 S. 22—25, 1955 (russ.).

6341. **W. Mattig,** Wachstumskurven in Sonnenflecken unter Rücksicht auf ein inhomogenes Magnetfeld. Mitt. AG 1956 S. 44. — Ref. AG.

6342. **R. A. Miller,** Sunspots and the IGY: the mechanism of the sun. Philippine Studies **5** 241—260. — Ref. in RJ 1958 Nr. 9 S. 39—40.

6343. **R. Müller,** Die Sonnentätigkeit im zweiten Halbjahr 1956. Sterne **33** 220—222.

6344. **G. G. Mursalimowa,** Die Tätigkeit der nördlichen und südlichen Sonnenhalbkugel im Laufe der sieben letzten Zyklen (1874—1952). Publ. Astr. Obs. Taschkent (2) **5** 145—171 (russ.). — Dieser statistischen Untersuchung liegen bezüglich der Flecken die Greenwicher photographischen Beobachtungen (1874—1934) und die Taschkenter Beobachtungen (1935—1952) zu Grunde, bezüglich der Protuberanzen die Daten des internationalen Dienstes. In § 1 wird die Abhängigkeit der Fleckenhäufigkeit beider Halbkugeln von der Zeit untersucht und unter anderem festgestellt, daß sich der 11-jährige Zyklus in der N- und S-Halbkugel asynchron entwickelt. In § 2 wird die Struktur der fleckenbildenden Zone diskutiert und gezeigt, daß zwischen der Breite der Zone (D) und der Höhe des Maximums (H) die Beziehung $D = 14.6 + 0.0054\,H$ besteht. § 3 hat die Breitenwanderung der Fleckenzone und § 4 die Analyse der Protuberanzentätigkeit beider Halbkugeln zum Gegenstand. Loh.

6345. **G. A. Newkirk,** The inter-relation of phenomena on the sun and the time relations of solar activity. Techn. Report Inst. Solar-Terrestr. Res. 1956 Nr. 1 S. 7—13.

6346. **S. B. Nicholson,** A sunspot group in exceptionally high latitude. Publ ASP **69** 80—82. — Anknüpfend an die Beschreibung einer Fleckengruppe in der sehr hohen Breite $b = 49°$ wird das entsprechende Rotationsgesetz abgeleitet und eine Tabelle früherer Beobachtungen von Flecken in hohen Breiten gegeben. U. Be.

6347. **P. A. Olijnyk,** Aktive Längen der Sonnenphotosphäre 1935—1951. Circ. Astr. Obs. Lwow Nr. 32 S. 59—69, 1955 (russ.).

6348. **L. Pajdušáková-Mrkosová,** Sur la réduction des nombres de Wolf de taches en relation avec les conditions météorologiques. BAC **8** 27—31. — Am Sonnenfleckenmaterial von Skalnaté Pleso wird der Zusammenhang mit der Züricher Relativzahlreihe untersucht. Die Abhängigkeit von Instrument, Beobachter, Beobachtungsbedingungen (Wetter) und Verteilung der Flecken nach ihrer Größe wird mitgeteilt. U. Be.

* * **C. Plumpton,** Axially symmetric torsional oscillations of a star in the presence of a poloidal magnetic field. Vgl. Ref. **5016**.

6349. **M. Rigutti,** L'attività solare. Boll. Geod. e Sci. affini **16** 671—684.

6350. **G. N. Rodionow,** Die genäherte Maximumepoche des laufenden Sonnenzyklus Nr. 19. AC Nr. 178 S. 15—16 (russ.). — Aus den Protuberanzenbeobachtungen von Juli 1954 bis August 1956 ergab sich für das Maximum der mittleren täglichen Protuberanzenhäufigkeit in der Zone 50—60° das zweite Vierteljahr 1956, und davon ausgehend durch Extrapolation für das Maximum der Fleckentätigkeit das zweite Vierteljahr 1958. Loh.

* * **J. Rösch,** Photographies de la photosphère et des taches solaires. Vgl. Ref. **6426**.

6351. K. Saito, Y. Tanaka, Polar faculae of the sun. Publ. Astr. Soc. Japan **9** 106—115 = Tokyo Astr. Obs. Repr. Nr. 155. — Aus Beobachtungen von 1951 bis 1957 wurde für die polaren photosphärischen Fackeln eine Breitenverteilung $\sim(\varphi-\varphi_0)$, $\varphi_0<\varphi<80°$, $\varphi_0=60°$ bezw. 61° gefunden, wobei die Jahresmittel im bezeichneten Zeitabschnitt eine deutliche Bevorzugung der nördlichen Sonnenhälfte zeigten. Die Sichtbarkeitsfunktion hat bei $\vartheta=65°$ ein Maximum und stimmt im übrigen mit Waldmeiers provisorischem Ergebnis befriedigend überein. Sie wurde nach Anbringung einiger Korrektionen zur Bestimmung der Gesamtzahlen der polaren Fackeln benutzt und ermöglichte den jahreszeitlichen Gang der beobachteten Fackelzahlen mit B_0, abgesehen von einer ungeklärten Phasenverschiebung für die Südhälfte, gut darzustellen. Schließlich wird noch ein vermutlicher Zusammenhang zwischen diesen Fackeln und der polaren Korona diskutiert. Gü.

6352. K. Saito, Y. Tanaka, Addition to «polar faculae of the sun». Publ. Astr. Soc. Japan **9** 210—212 = Tokyo Astr. Obs. Repr. Nr. 164. — Beobachtungen polarer Fackeln in den Jahren 1951—1957 lehren, daß ihre Häufigkeit ein Maximum im Jahre 1953, also ein Jahr vor dem Fleckenminimum, erreichte, daß sie am Nordpol etwa doppelt so häufig waren wie am Südpol, daß ihre Breitenverteilung ein Maximum bei 83° heliographischer Breite aufwies und daß das Maximum der Sichtbarkeitsfunktion der Fackeln bei 64° heliozentrischem Abstand vom scheinbaren Sonnenmittelpunkt eintritt. Gleissberg

6353. E. Schoenberg, Untersuchungen zur Theorie der Bewegung und Entstehung der Sonnenflecken. Sitzber. Bayer. Akad. Wiss. Math.-naturwiss. Kl. 1957 S. 13*—14*. — Sitzungsbericht.

* * **E. Schoenberg,** R. Emdens hydrodynamische Theorie der Rotation der Sonne und der Bildung der Sonnenflecken. Vgl. Ref. **6105**.

6354. S. S. Shurawlew, Spektralphotometrie von Sonnenflecken. Abh. Shdanow-Staatsuniv. Leningrad Nr. 190 (Math. Nr. 29) S. 198—263 = Publ. Astr. Obs. Leningrad **17** 198—263 (russ.). — In der vorliegenden Arbeit werden die Ergebnisse von spektralphotometrischen Untersuchungen an Sonnenflecken mitgeteilt. Die Beobachtungen stammen vom Sonnenturm des Observatoriums der Leningrader Universität, dessen technische Einrichtung sowie Aufstellung, Betrieb und Qualität des Spektrographen ausführlich beschrieben werden, ebenso das benützte Beobachtungsmaterial. Es folgen Tabellen mit Äquivalentbreiten von FeI-Linien in Fleck und Sonnenmitte, Wachstumskurven sowie ein Vergleich mit Ergebnissen anderer Autoren. Es werden dann weiter Angaben über TiI, CaI, MnI, VI, CrI, ZrI, ZrII und TiII zusammengestellt und schließlich theoretisch ausgewertet. Für den Sonnenfleck ergibt sich aus den FeI-Linien eine Anregungstemperatur von 3800° gegenüber dem vom Verf. für die umkehrende Schicht abgeleiteten Wert von 4400°. Oster

6355. J. M. Slonim, K. F. Kuleschowa, Einige Merkmale des letzten elfjährigen Sonnenzyklus. Publ. Astr. Obs. Taschkent (2) **6** 101—111 (russ.).

6356. W. E. Stepanow, Über die Bestimmung der Sonnenfleckentemperatur. Mitt. Astr. Sternberg-Inst. Nr. 100 S. 3—35 (russ.).

6357. W. E. Stepanow, Über die Schichtung der Penumbra von Sonnenflecken. Mitt. Astr. Sternberg-Inst. Nr. 100 S. 51—55 (russ.).

6358. W. Szymański, Zmiany w aktywności Słońca w okresie 80 letnim. Urania Kraków **28** 268—273. — Analyse der Sonnenaktivität seit dem Jahr 1610. Die Länge des 80jährigen Zyklus beträgt 84.5 Jahre. Rybka

6359. D. E. Trotter, W. O. Roberts, Solar activity summary 2. 29 March through 19 June 1956. Report High Altitude Obs. Univ. Colorado Nr. 34, 35 S., 1956. — Ref. in RJ 1958 Nr. 2 S. 44.

6360. W. F. Tschistjakow, Über einige Besonderheiten der periodischen Sonnentätigkeit. Bull. Astr.-Geod. Ges. UdSSR Nr. 15 S. 20—24, 1954 (russ.).

6361. W. F. Tschistjakow, Die Eigenbewegungen langlebiger Sonnenflecken. Bull. Astr.-Geod. Ges. UdSSR Nr. 15 S. 25—28, 1954 (russ.). — Langlebige Flecken besitzen eine systematische Verschiebung in Breite von der Größe $\overline{\Delta\varphi} = -0\overset{\circ}{.}183$ pro Rotation. Die Fleckenwanderung in Länge weist auf Besonderheiten der Rotation derjenigen Schichten hin, die unterhalb der Photosphäre liegen und mit denen die tieferen Teile der Sonnenflecken verbunden sind. Nach Berücksichtigung der Rotation der tiefen Schichten zeigt sich, daß die Eigenbewegungen der Flecken sowohl in Länge als auch in Breite zufälliger Natur sind. Loh.

6362. M. Waldmeier, Die Rotation der Sonnenflecken in hohen Breiten. ZfA **43** 29—35 = Astr. Mitt. Sternw. Zürich Nr. 207. — Mit Hilfe eines recht beständigen Sonnenfleckes in der hohen Breite von 48°, der hintereinander an 17 Tagen beobachtet werden konnte, wird die tägliche siderische Rotationsbewegung der Sonne in dieser Breite zu $12\overset{\circ}{.}35$ bestimmt. Dieser Wert ist merklich kleiner als der aus der bekannten Greenwicher Formel für diese Breite extrapolierte, er ist auch kleiner als der Wert, den man für Filamente in dieser Breite gefunden hat, was die neuerdings etwas umstrittene Zunahme der Winkelrotationsgeschwindigkeit mit der Höhe bestätigen würde. H. M.

6363. M. Waldmeier, Der lange Sonnenzyklus. ZfA **43** 149—160 = Astr. Mitt. Sternw. Zürich Nr. 209. — Es werden verschiedene Eigenschaften des langen Sonnenzyklus, der acht 11-jährige gewöhnliche Zyklen umfaßt, untersucht. Bemerkenswert ist dabei besonders, daß die Asymmetrie zwischen der Aktivität der Nordhalbkugel und der der Südhalbkugel in systematischer Weise mit dem langen Zyklus variiert und daß auch die Phasendifferenz zwischen der Tätigkeit beider Hemisphären dem langen Sonnenzyklus folgt. Im einzelnen ist die Phasendifferenz im Maximum und im Minimum des langen Zyklus am größten, wobei im Maximum die südliche, im Minimum die nördliche Hemisphäre voraus ist, während um ein Viertel der Periode dagegen verschoben zwischen Minimum und Maximum der langen Periode der Fleckenüberschuß der Nordhalbkugel relativ zur Südhalbkugel am größten ist, der Überschuß der Südhalbkugel gegenüber der Nordhalbkugel dagegen eine halbe lange Periode später seinen maximalen Wert erreicht. H. M.

6364. J. W. Warwick, Formation of absorption lines in a sunspot. Ann d'Astrophys **20** 165—174. — In Weiterführung früherer Untersuchungen über die Bildung von Absorptionslinien in Sonnenflecken unter dem Einfluß eines Magnetfeldes werden in der vorliegenden Arbeit die Transportgleichungen für die Linienbildung für den allgemeineren Fall abgeleitet, daß das Magnetfeld eine beliebige Richtung zum Beschauer hat, so daß kein reiner transversaler oder longitudinaler Zeeman-Effekt vorliegt. Im übrigen wird nicht-kohärente Streuung und eine linear mit der Tiefe variierende Quell-Funktion angenommen. H. M.

6365. J. I. Witinskij, Über die Besonderheiten der wiederkehrenden Sonnenfleckengruppen. Sonnendaten 1956 Nr. 6 S. 145—147 (russ.). — Zur Untersuchung werden die wiederkehrenden Fleckengruppen aus dem Material der «Greenwich Photoheliographic Results» der Jahre 1935 bis 1944 herangezogen, soweit die Gruppen auf dem sichtbaren Teil der Scheibe entstanden und verschwunden sind. Bedeutet S_M die maximale Fläche der Gruppe, T die Sichtbarkeitsdauer, τ die Zeit, in der sie nicht sichtbar war, und schließlich t die Zeit des Wachstums der Gruppe, so sind die Korrelationskoeffizienten: $r(S_M, T) = 0.26$; $r(S_M, \tau) = 0.35$; $r(S_M, t) = 0.70$; $r(S_M, t/\tau) = 0.62$. Oster

6366. **J. I. Witinskij, B. M. Rubaschew,** Über den Charakter der Prozesse in aktiven Sonnenlängen. Sonnendaten 1957 Nr. 2 S. 114—116 (russ.). — Verf. versuchen, die hauptsächlichsten Gesetzmäßigkeiten über die Entwicklung aktiver Längen auf der Sonne zur Ausarbeitung einer Methode zur Vorausberechnung ihrer Auswirkungen festzustellen. Es zeigt sich jedoch, daß die Voraussetzung eines wesentlichen Unterschieds der Phasen in der Entwicklung der Prozesse in einzelnen Längen unzulässig ist. Man muß vielmehr annehmen, daß die Schwankung der Sonnentätigkeit ein einheitlicher Prozeß ist, der sich mehr oder weniger deutlich in dem einen oder anderen Längenintervall ausprägt, wo sein Ablauf durch lokale Bedingungen mehr oder weniger gestört wird. Loh.

6367. **J. I. Witinskij,** Magnetfelder und Lebensdauer wiederkehrender Sonnenfleckengruppen. Sonnendaten 1957 Nr. 4 S. 135—136 (russ.). — Fortsetzung einer ähnlichen Untersuchung aus Heft 6 der «Sonnendaten» 1956. Es werden einige Ergänzungen bezüglich des statistischen Vergleichs zwischen magnetischer Maximalfeldstärke, Flächenausdehnung und Lebensdauer rekurrenter Fleckengruppen angegeben. Oster

6368. **G. F. Wjalschin,** Die Messung der Magnetfelder von Sonnenflecken. II. Sonnendaten 1957 Nr. 1 S. 143—149 (russ.). — In einer früheren, dem Referenten nicht zugänglichen Arbeit (Sonnendaten 1956 Nr. 5 S. 143) des Verf. wurde ein Magnetometer zur Messung der Feldstärke von Sonnenflecken beschrieben. Jetzt wird das Beobachtungsverfahren dargelegt und über einige der wesentlichen Meßergebnisse berichtet. Es wurden Feldstärken zwischen 110 und 2540 Gauß gemessen. Loh.

6369. **G. F. Wjalschin,** Die Messung der Magnetfelder von Sonnenflecken. III. Sonnendaten 1957 Nr. 2 S. 116—117 (russ.). — Kurze Mitteilung über eine technische Verbesserung des in I beschriebenen Meßgeräts. Loh.

6370. **J. Xanthakis,** Sur une classification des cycles des taches solaires et des facules. AJ UdSSR **34** 391—402 (russ. mit französ. Ref.). — In der Arbeit werden Eigenschaften der Sonnenzyklen untersucht, wobei im Gegensatz zu vorhergegangenen Arbeiten (für Flecke und Fackeln) Kurven verwandt werden, die unmittelbar aus den Beobachtungen erhalten werden, nicht jedoch geglättete Kurven. Die Zyklen werden in vier Gruppen eingeteilt; als Kriterium dieser Einteilung dient der Wert der Ordinate der Fleckenrelativzahl im Moment ihres Maximums. Es wird gezeigt, daß in jeder Gruppe sekundäre Fluktuationen in den Zyklenkurven auftreten, in der Mehrzahl der Fälle etwa zu ein und derselben Epoche, wenn man die Zeit vom Moment des Maximums aus (nach beiden Seiten) zählt. Daraus wird der Schluß gezogen, daß jeder Sonnenzyklus seinen eigenen Mechanismus besitzt und daß Fluktuationen in den Zyklen einer Gruppe mehr oder weniger einem Rhythmus folgen. Verf. (übersetzt)

6371. **H. Zirin,** Basic theories of solar activity. Techn. Report Inst. Solar-Terrestr. Res. 1956 Nr. 1 S. 21—26. — Ref. in RJ 1958 Nr. 8 S. 39.

6372. High-latitude sunspots. JBAA **67** 331.

6373. Sunspots and radio fade-outs. Irish AJ **4** 192—193.

6374. The sunspot cycle. Sky and Telescope **16** 272—275. — Ref. AAS.

6375. Glaciers and sunspots. Sky and Telescope **16** 332.

6376. Solar activity program. Trans. American Geophys. Union **38** 800—801. — Ref. in RJ 1958 Nr. 4 S. 51.

6377. **Beobachtungen von Sonnenflecken**

Acta Astr. Sinica **5** 125—142 (chines. mit engl. Titel). Observations of sunspots in 1956 at the Purple Mountain Observatory and its Stations at Zô-Sè and Kunming. C.-Y. Chen.

Anais do Observatório Astronómico da Universidade de Coimbra. Primeira Secção. Fenómenos solares. Tomo **12** 1940. Coimbra, 1957. 8 + 300 S. mit Tafeln. — Beob. 1940.

An. ştiinţ. Univ. Iaşi (1) **2** Nr. 1—2 S. 312—316, 1956. Observaţii solare efectuate la Iaşi şi Bucureşti între i ianuarie şi 7 mai 1955. V. Nadolschi, L. Nadolschi, M. Alecsescu, E. Preoţescu. — Ref. in RJ 1958 Nr. 8 S. 45.

Beirut American Univ. Obs. Monthly Bull. (Astr.) 1957 Jan.—Dez. Solar photospheric observations. G. Contino.

Bol. Astr. Obs. Madrid **5** Nr. 2 S. 61—216. Observaciones de manchas solares. E. Gullón, M. López Arroyo.

Bol. Mensual Obs. Cartuja Granada. Observaciones astronómicas y sísmicas. Enero a Diciembre de 1956. J. A. Burgos. — Rotationen Nr. 1368—1382.

Bol. Obs. Ebro **44**, 72 S. Heliofísica 1956.

Boll. Accad. Gioenia Sci. nat. Catania (4) **3** 477—490 = Oss. Astrofis. Catania Pubbl. (NS) Nr. 15. Osservazioni solari nel 1956. S. Cristaldi.

Boll. Geod. e Sci. affini **16** 618—621. Osservazioni di machie solari, di protuberanze e della cromosfera, eseguite nel periodo 1. luglio 1956—30 giugno 1957. M. Rigutti.

BSAF **71** 25—26, 57—58, 120—121, 246—247, 303, 329—330, 378, 425—426, 489. L'activité solaire. M. d'Azambuja. — Rotationen 1380—1392.

BSAF **71** 118, 204, 249. Le Soleil.

Bull. Informat. Ionosph. Géophys. **1** Nr. 1—12.

Carter Obs. Wellington Solar Obs. Report Nr. 1—3. — 1957 Jan.—Juli.

Ciel et Terre **73** 57—65 = Commun. Obs. Roy. Belgique Nr. 112. Les taches solaires en 1955. G. Coutrez.

Ciel et Terre **73** 77, 219, 345, 568—569. Activité solaire — résumés. A. Koeckelenbergh. — Rotationen Nr. 1377—1393.

Ciel et Terre **73** 506—516 = Commun. Obs. Roy. Belgique Nr. 124. Les taches solaires en 1956. G. Coutrez.

Ciel et Terre Suppl. 1957 Nr. 1—6 = Commun. Obs. Roy. Belgique Nr. 124. Observations photosphériques et chromosphériques. P. Bourgeois, R. Coutrez, A. Koeckelenbergh. — Rotationen Nr. 1377—1382.

Circ. Astr. Obs. Charkow Nr. 16—17 S. 3—37 (russ.). Die photosphärische und chromosphärische Sonnenaktivität vom 1. Januar bis 31. Dezember 1954 und 1. Januar bis 31. Dezember 1955 nach Beobachtungen am Astronomischen Observatorium Charkow. L. I. Krissenko, R. M. Rapota.

Circ. Astr. Obs. Taschkent Nr. 286—289. Die Sonnenaktivität 1956 Nov.—1957 Juni. K. Kuleschowa.

Coelum **25** 18—19, 53—55, 78—79, 115—116, 145—146, 180—181. Fenomeni solari dei mesi di 1956 ottobre—1957 settembre.

DOB **10** Nr. 1—10 Fasc. 1, Nr. 11—12 Fasc. 2. Série solaire.

Fraunhofer-Inst. Freiburg. Daily maps of the sun. — 1957 Jan. 1—Dez. 31.

Greenwich Photo-heliographic Results 1950. Results of measures made at the Royal Greenwich Observatory of photographs of the Sun, taken at Greenwich, the Cape and Kodaikanal in the year 1950. London, Her Majesty's Stationery Office, 1957. C I—VIII, C 1—137.

Hemel en Dampkring **55** 24, 44, 66, 68, 88, 108, 128, 150, 152, 172, 196, 220, 240. Zonnevlekkengetallen. — 1956 Dez. — 1957 Nov.

J. Geophys. Res. **62** 159, 319, 479, 633. Provisional sunspot-numbers. M. Waldmeier. — 1956 Okt.—1957 Sept.

Kosmische Daten. Herausgegeben vom Inst. Erdmagnetismus, Ionosphäre, Ausbreitung von Radiowellen UdSSR, 1956 Nr. 3—10, 1957 Nr. 1—9 (russ.).

Mitt. Archenhold-Sternw. Berlin-Treptow Nr. 47, 8 S. Bericht über Sonnenbeobachtungen im Jahre 1956. D. Wattenberg.

National Obs. Athen Bull. Astr. Inst. 1953 Nr. 2 S. 37—40. Les taches solaires en 1953. C. J. Macris.

Obs **77** 40—42. Solar activity and geomagnetic storms, 1956. P. A. Wayman, H. F. Finch.

Orion Schaffhausen **5** 212, 262, 313, 353. Provisorische Sonnenflecken-Relativzahlen Oktober 1956—September 1957. M. Waldmeier.

Orion Schaffhausen **5** 262. Definitive Sonnenflecken-Relativzahlen. Monatsmittel 1956. M. Waldmeier.

PAT **38** 72—73. Solens aktivitet under 1955 och 1956.

Publ. Astr. Hauptobs. Pulkowo. Katalog der Sonnentätigkeit von 1954—1955. 135 S. (russ.). R. S. Gnewyschewa.

Publ ASP **69** 86—90, 180—183, 270—273, 358—362, 469—473, 578—583. Summary of Mount Wilson magnetic observations of sunspots. — 1956 Sept.—1957 Aug.

Publ ASP **69** 166—168. Solar activity in 1956. T. Cragg.

Publ. Istanbul Univ. Obs. Nr. 61 S. 103—116 (mit türk. Ref.). Observations des taches solaires en 1956. F. Yilmaz.

Publ. Sternw. Zürich **11** 1—29. Heliographische Karten der Photosphäre für das Jahr 1956. M. Waldmeier.

Quarterly Bull. Solar Activity Nr. 114—116 S. 289—408. Published by the Eidgen. Sternw. Zürich. — 1956 April—Dez.

Report Ionosph. Res. Japan **11** 67—98. Catalogue of disturbances in ionosphere, geomagnetic field, field intensity of radio wave, cosmic ray, solar phenomena and other related phenomena. Nr. 21 (January 21—24, 1957).

Rev. Astr. Nr. 141 S. 192. Observaciones solares. M. Vattuone.

Rev. geofís. **15** 345—358, 463—476, 1956. Nota relativa a la actividad solar, geomagnética e ionosférica. J. O. Cardus. — Ref. in RJ 1958 Nr. 5 S. 43, Nr. 7 S. 36.

RH **38** 20, 89, 136, 188, 213, 258. Synoptische Karten der Photosphäre. L. Schmied.

Sky and Telescope **16** 151, 197, 251, 298, 349, 400, 451, 502, 558, 609, **17** 22, 84. Sunspot numbers. — 1956 Okt.—1957 Sept.

Sonnendaten 1956 Nr. 6 S. 1—137; 1957 Nr. 1 S. 1—132, Nr. 2 S. 1—111, Nr. 3 S. 1—104, Nr. 4 S. 1—131 (russ.). Tägliche Karten der Sonne und Magnetogramme. — 1956 Nov.—1957 Aug.

Studii cercetări astr. seismol. **2** Nr. 1 S. 7—37. Observaţii solare rotaţiile 1363—1373 (28 iulie 1955—22 mai 1956). C. Popovici, I. Soru, E. Tifrea.

Tokyo Astr. Obs. Bull. Solar Phenomena 8 69—97, **9** 1—89. — 1956 Okt. — 1957 Sept.

Urania Barcelona **42** 124. Datos relativos a la actividad solar y geomagnética en 1955.

Urania Barcelona **42** 176. Datos relativos a la actividad solar y geomagnética en 1956.

Urania Kraków **28** 53. Niezwykła grupa plam słonecznych. W. Szymański. — Beobachtungen der Fleckengruppe auf der heliographischen Breite +49°.

Urania Kraków **28** 150—154. Aktywność słońca w 1956 r. J. Mergentaler. — Ergebnisse der Sonnenfleckenzählungen 1956, welche von 15 polnischen Beobachtern durchgeführt wurden.

US Naval Obs. Circ. Nr. 71—76, 79—84. Positions, areas, and counts of sunspots June 1956—June 1957. W. S. Cameron.

US Naval Obs. Circ. Nr. 77, 39 S. Solar summary for 1956.

VJS Naturf. Ges. Zürich **102** 89—115 = Astr. Mitt. Sternw. Zürich Nr. 208. Die Sonnenaktivität im Jahre 1956. M. Waldmeier.

§ 64

Photosphäre, Spektrum

6401. **R. G. Althay, R. N. Thomas,** Some comments on photospheric models. AJ **62** 3. — Ref. AAS.

6402. **D. E. Blackwell, D. W. Dewhirst, A. Dollfus,** Solar granulation and its observation from a free balloon. Nature **180** 211—213 = Cambridge Obs. Repr. Nr. 22. — Zur Gewinnung von Granulationsaufnahmen mit guter Bilddefinition wurde die Sonne von einem bemannten Ballon aus in 5400—6000 m Höhe photographiert. Die Hauptschwierigkeit besteht in der Brennweitenänderung des benutzten Objektivs mit abnehmender Temperatur; die Aufnahmen wurden bei −30° C erhalten. Die Bilddefinition war in der Höhe viel besser als gleichzeitig am Boden. Die Versuche sollen mit einem größeren Fernrohr wiederholt werden. Gleissberg

6403. **D. E. Blackwell, D. W. Dewhirst, A. Dollfus,** Photography of solar granulation from a manned balloon. Obs **77** 20—23 = Cambridge Obs. Repr. Nr. 24. — Kurze Beschreibung und Erfahrungsbericht über die Anordnung, die zu photographischen Aufnahmen der Sonne aus einem Freiballon entworfen wurde. U. Be.

6404. **T. Fortini, G. Caprioli,** Variazione centro-lembo del sole del tripletto verde del magnesio: λ 5167.3 — λ 5172.7 — λ 5183.6. Rend. Accad. Nazionale Lincei, Cl. Sci. fis., mat., nat (8) **22** 294—298, **23** 51—55 = Oss. Astr. Roma Monte Mario Contr. Sci. (NS) Nr. 237. — Auf einigen von Cimino am Sonnenturm von Mt. Wilson gewonnenen Aufnahmen wurden die Profile der drei Mg-Linien und die zugehörige Mitte-Rand-Variation studiert. Cester

6405. **G. Godoli,** La fotosfera solare. Boll. Geod. e Sci. affini **16** 646—652.

6406. **G. Godoli,** Studio di quattro righe del ferro nello spettro solare a $\lambda = 1.6\,\mu$. Mem SA It (NS) **28** 275—284 = Oss. Astrofis. Arcetri Contr. Nr. 16. — Die Äquivalentbreiten und Profile von vier Eisenlinien im Sonnenspektrum bei $\lambda = 1.6\,\mu$ werden an sieben verschiedenen Stellen des Sonnenradius bestimmt. Die Werte der Äquivalentbreiten sind mit denen von Pagel in guter Übereinstimmung, weichen aber stark von denen nach Mohler ab. Die Linienprofile werden gut durch Funktionen nach Voigt dargestellt. Cester

6407. **L. Goldberg, E. A. Muller,** The origin of the double reversal in the Fraunhofer H and K lines. AJ **62** 92. — Ref. AAS.

6408. **L. Goldberg, O. C. Mohler, J. D. Brown,** A connexion between the granulation and the structure of the low chromosphere. AJ **62** 92 (Ref. AAS), Nature **179** 369—370. — Ref. in Phys. Abstracts (A) **60** 537.

6409. **L. Herzberg,** The wavelength displacements of some infrared lines between limb and center of the Sun. Canadian J. Phys. **35** 766—776 = Contr. Dominion Obs. Ottawa **2** Nr. 23. — Gemessen wird der Mitte-Rand-Verlauf der Linienverschiebung von sechs Siliziumlinien (10600—10800 Å) von zwei Multipletts. Die Ergebnisse deuten auf eine Termabhängigkeit der Linienverschiebungen ähnlich derjenigen der Differenz zwischen Sonnenmitte und Laboratoriumswellenlänge hin. Als Ursache werden, zumindest teilweise, Stöße oder andere Feld-Effekte, deren Wirkung sich mit der Höhe in der Photosphäre ändert, vermutet. Voigt

6410. **J. T. Houghton, T. S. Moss, J. S. Seeley, T. D. F. Hawkins,** Some observations of the infrared solar spectrum from a high-flying aircraft. Nature **180** 1187—1188. — Ref. in Phys. Abstracts (A) **61** 83.

6411. **F. W. Jäger,** Zur Theorie und Beobachtung der Polarisation in Fraunhoferlinien. Mitt. AG 1956 S. 39—40. — Ref. AG.

6412. **F. W. Jäger,** Zur Theorie und Beobachtung der Polarisation in solaren Fraunhoferlinien. ZfA **43** 98—121 = Veröff. Univ.-Sternw. Göttingen Nr. 119. — Im Anschluß an bereits bestehende Theorien wird die Theorie der Polarisation in solaren Fraunhoferlinien entwickelt, die im wesentlichen durch kohärente Streuung entstanden sind. Neue photographische Beobachtungen in der Kalzium-Resonanzlinie λ 4227 Å in Sonnenmitte und am Sonnenrand stehen in Übereinstimmung mit den Rechnungen. Es wird daraus der Schluß gezogen, daß der Strahlungstransport in solchen Linien im wesentlichen durch kohärente Streuung erfolgt. Behr

6413. **I. N. Jaroslawzew,** Die infrarote Sonnenstrahlung im Spektralintervall von 0.8 bis 3.5 μ. Nachr. Akad. Wiss. UdSSR (Geophys.) 1956 Nr. 8 S. 984—990 (russ.). — Ref. in RJ 1958 Nr. 10 S. 48.

* * **M. Kopecký,** Elektrische und magnetische Erscheinungen in der Sonnenatmosphäre. I. Elektrische Leitfähigkeit in der Sonnenphotosphäre. Vgl. Ref. **6110**.

6414. **N. I. Koshewnikow,** The decrease in brightness of the solar disk from the center to the limb in the spectral region 1—4 μ. AJ UdSSR **34** 883—886 (russ. mit engl. Ref.). — Die Ergebnisse der in Teilen dieses Spektralgebiets am Sonnenteleskop von Kutschino durchgeführten Messungen stimmen im wesentlichen mit anderen überein. Nur bei 1.78 μ und 2.36 μ wurde eine relative Vergrößerung des Mitte-Rand-Kontrastes festgestellt. Loh.

* * **G. Laborde,** Spectrophotométrie des taches solaires. Nouvelle identification de MgH. Vgl. Ref. **6335**.

* * **G. Laborde,** Spectrophotométrie des taches solaires. Détermination de la température d'excitation. Vgl. Ref. **6336**.

6415. **D. Labs,** Die Intensität des kontinuierlichen Spektrums der Sonnenmitte im Wellenlängenbereich 3300 $\leqq \lambda \leqq$ 6900 Å. ZfA **44** 37—55 = Mitt. Landessternw. Heidelberg-Königstuhl Nr. 103. — Auf der französischen Hochgebirgsstation Pic du Midi wurde im Sommer 1955 ein spektralphotometrischer Vergleich zwischen dem positiven Krater eines frei brennenden Kohlebogens und der Mitte der Sonnenscheibe durchgeführt. Es ergab sich: a) Im Spektralgebiet $\lambda\lambda$ 3300 bis 3700 Å eine Verteilungstemperatur von 6225°; b) Im Gebiet $\lambda\lambda$ 3700 bis 4950 Å eine Verteilungstemperatur von 7540°; c) Ein Balmersprung $\log I_{3700+} - \log I_{3700-} = D = 0.13$; d) Eine Depression der Energieverteilung zwischen 4950 und 5550 Å; und e) bei $\lambda = 5263$ Å eine absolute Intensität I_λ (0.0) = 43.8 $\times 10^{13}$ erg cm^{-2} ster^{-1} sec^{-1} und $\Delta\lambda = 1$ cm. Alle Angaben gelten für das ungestörte Kontinuum zwischen den Fraunhoferlinien. Labs

6416. **R. B. Leighton,** Some observations of solar granulation. Publ ASP **69** 497—505. — Ref. in Coelum **26** 91—92. — Aufnahmen mit dem 60 Fuß-Sonnenturm (Mt. Wilson) bestätigen den unsymmetrischen Charakter der Granulation: helle Flächen mit dunklen, netzförmig verbundenen Begrenzungen. Für das Intensitätsverhältnis ergibt sich statistisch ein Wert von 1.14, für die mittlere Lebensdauer eine vermutlich untere Grenze von 3.9 min. Voigt

6417. **E. A. Makarowa,** A photometric investigation of energy distribution in the continuous solar spectrum in absolute units. AJ UdSSR **34** 539—556 (russ. mit engl. Ref.). — Es wurde eine Untersuchung der Energieverteilung im kontinuierlichen Spektrum des Zentrums der Sonnenscheibe in absoluten Einheiten durch einen Vergleich mit dem Spektrum einer Standardlampe im Bereich $\lambda\lambda$ 3700—8000 auf photographischem Wege durchgeführt. Die Arbeit wurde an der Sonneneinrichtung des Observatoriums Kutschino durchgeführt. Der Durchmesser des Sonnenbildchens betrug 14 cm, die Dispersion des Spektrographen in zweiter Ordnung 1.6 Å/mm. Die erhaltene Energieverteilung zeigt im Gebiet $\lambda\lambda$ 4400—5600 einen anomalen Verlauf der Strahlungsintensität, die von den Wilsingschen Ergebnissen bestätigt wird, und ferner eine Erhöhung der Intensität im Gebiet λλ 6800—7400. Die absoluten Energiewerte liegen zwischen den Beobachtungsergebnissen Abbots von 1902—1910 und 1920—1922, und stimmen gut mit den Resultaten Wilsings sowie innerhalb der Grenzen der Beobachtungsfehler mit den Daten von G. F. Sitnik überein. Das Maximum der Energieverteilung liegt bei **4300** Å. Verf. (übersetzt)

6418. **H. H. Malitson, J. D. Purcell, R. Tousey,** A revised analysis of the solar spectrum from 2635 Å to 2085 Å. AJ **62** 94. — Ref. AAS.

6419. **M. Migeotte, L. Neven, J. Swensson,** The solar spectrum from 2.8 to 23.7 microns. II. Measures and identifications, with comments on the spectra of telluric H_2O and CO_2 as observed in the solar spectrum, 2.8—23.7 microns by W. S. Benedict. Mém Soc. Roy. Sci. Liège Special Vol. Nr. 2, 1957. 30 S. Text + Katalog. — Besprechung in Ann d'Astrophys **20** 142 (D. Barbier).

6420. **M. G. J. Minnaert,** Problèmes modernes concernant le spectre solaire. Rend. Sem. Mat. Fis. Milano **27,** 18 S. = Contr. Oss. Astr. Milano-Merate (NS) Nr. 106.

6421. **W. E. Mitchell jr.,** An analysis of the 1953 limb-darkening measures by Pierce. AJ **62** 94—95. — Ref. AAS.

6422. **H. Neckel,** Die Temperaturverteilung in den äußeren Photosphärenschichten der Sonne. Mitt. AG **1956** S. 40. — Ref. AG.

6423. **N. S. Nikulin, A. B. Sewerny, W. E. Stepanow,** Die Messung schwacher Magnetfelder und Radialgeschwindigkeiten auf der Sonnenoberfläche. AC Nr. 183 S. 9—13 (russ.). — Ende **1956** hat man am Astrophysikalischen Observatorium Krim mit regelmäßigen photoelektrischen Messungen schwacher solarer Magnetfelder begonnen. Der dem Babcockschen ähnliche Magnetograph wird hier unter Angabe seines Blockschemas kurz beschrieben und eine Karte mit Isogauß wiedergegeben und kurz diskutiert. Die Ergebnisse Harts und Plasketts (vgl. AJB **54** Ref. **6405** und **6435**) über Bewegungen in der Photosphäre werden bestätigt. Loh.

6424. **M. W. Ovenden,** The solar photosphere. Science Progr. **45** 245—250.

* * **J.-C. Pecker,** L'écart à l'équilibre thermodynamique local dans la photosphère solaire. Vgl. Ref. **6115**.

6425. **J. B. Rogerson jr.,** Photoelectric observations of solar-line profiles. ApJ **125** 275—284. — Ref. in Ric. Sci. **27** 2037. — Mit einem lichtelektrisch registrierenden Spektrographen hoher Dispersion am Sonnenturm des Mt. Wilson-Observatoriums wurden die Profile von 70 Linien im Sonnenspektrum zwischen 5450 Å und 6350 Å gemessen. Aus den Profilen wird eine Turbulenzgeschwindigkeit in der Sonnenatmosphäre von 1.41 km/sec bestimmt. Das Verhältnis der beobachteten zur klassischen Dämpfungskonstanten hängt stark vom Anregungspotential der Linien ab und beträgt etwa 20 für 0 Volt und etwa 300 für 5 Volt. Micz.

6426. **J. Rösch,** Photographies de la photosphère et des taches solaires. BSAF **71** 129—141. — Ref. in Coelum **25** 152. — Bericht über die Methoden und Ergebnisse der in den Jahren 1954—56 auf dem Pic du Midi erhaltenen Sonnenaufnahmen. Gleissberg

6427. **M. Rudkjøbing,** The solar photospheric emission lines inside H and K. Ann d'Astrophys **20** 137—138. — Kurze Notiz über die Emissionslinien seltener Erden innerhalb der Ca^+-Linien H und K am Sonnenrand. Sie werden als «wahre Absorptionslinien» interpretiert, bei denen die Hintergrundstrahlung (infolge Streuung in den starken Ca^+-Linien) schwächer ist, als es der Oberflächentemperatur entspricht. Voigt

6428. **B. Růžičková,** Photoelektrische Photometrie des Sonnenspektrums. Časopis **7** 35—40 (tschech.).

6429. **N. N. Stefanowitsch,** The behavior of some lines of rare earth elements on the solar disk. Mitt. Astrophys. Obs. Krim **17** 191—198 (russ. mit engl. Ref.). — In der vorliegenden Arbeit wird das Verhalten der Äquivalentbreiten und Halbwertsbreiten einiger Linien seltener Erden auf der Sonnenscheibe untersucht: die Mitte-Rand-Variation, der Übergang von Absorption zu Emission und die Strahlung aktiver Gebiete. Während die Äquivalentbreiten der Linien der nicht-seltenen Erden nach dem Rand hin größer werden, ist für die der seltenen Erden das Gegenteil der Fall. Bei vier Linien seltener Erden, die in die Flügel von H und K (Ca II) fallen, wird ein Übergang in Emission mit Annäherung an den Sonnenrand festgestellt. Diese Linien erscheinen in Aktivitätsgebieten verstärkt und werden auch in einigen Eruptionen und Flocculi in Emission in relativ großer Entfernung vom Rand noch wahrgenommen. Loh.

6430. **W. E. Stepanow,** Die Intensitätsverteilung am Sonnenrand bei 3400, 3670, 4370, 4825, 5310 und 6055 Å. Mitt. Astr. Sternberg-Inst. Nr. 100 S. 36—50 (russ.).

6431. **Z. Suemoto,** Interferometric study of profiles of faint Fraunhofer lines. MN **117** 2—21 = Contr. Cambridge Obs. Nr. 25. — Profile isolierter Fraunhoferlinien im Roten werden mit einem Perot-Fabry-Interferometer (Auflösung 600000) abgeleitet, und mit dem Modell Vitense II verglichen. Es wird daraus gefolgert, daß in der Sonnenoberfläche eine Zirkulation folgender Art existieren muß: Vertikale Aufwärtsbewegung in den Granulen, horizontale Bewegung bei $\tau \approx 0.4$, schließlich Abwärtsbewegung zurück in die Konvektionsschicht. U. Be.

6432. **H. A. Templin, W. W. Talbert,** Infrared solar measurements at 17000 feet. J. Optical Soc. America **47** 1056. — Ref. Optical Soc. America.

6433. **R. N. Thomas,** On T_{rad} for the early Balmer lines. AJ **62** 147—148. — Ref. AAS.

* * **H. H. Voigt,** Temperaturinhomogenitäten in der Sonnenatmosphäre und Asymmetrie von Fraunhoferlinien. Vgl. Ref. **6124**.

6434. **J. Waddell,** A nomographic method for determining the scattering and absorption coefficients from solar-line profiles. ApJ **125** 747—749 = Harv Repr Nr. 457. — Eine nomographische Methode zur Bestimmung von Linien-Absorptions- und Streukoeffizienten aus Linienprofilbeobachtungen an zwei verschiedenen Stellen der Sonnenscheibe wird mitgeteilt. Dabei ist ein Milne-Eddington-Modell zugrunde gelegt worden. Thi.

6435. **G. Wlérick,** Solar granulation. The frequency spectrum of photospheric brightness at long spatial wave lengths. AJ **62** 39. — Ref. AAS.

6436. **G. Wlérick,** Studies of solar granulation. I. The statistical interpretation of granule structure from one-dimensional microphotometer tracings. Smithsonian Contr. Astrophys. **2** 25—34. — Die statistische Analyse der Registrierkurven von Granulationsaufnahmen zeigt keine periodische Struktur und bestätigt die Vorstellungen von Uberoi, Frenkiel und Schwarzschild. Die Folgerungen von Stuart und Rush (Existenz einer engen Verteilung der Zellgröße) werden nicht bestätigt. Es wird im einzelnen diskutiert, wie durch gleitende Mittelbildung und durch Auswahleffekte (insbesondere bei visueller Beobachtung) eine Pseudoperiode vorgetäuscht werden kann. Voigt

6437. Revision of Rowland's tables. Sky and Telescope **17** 4. — Ref. AAS. — Besprechung in Coelum **26** 92.

§ 65

Strahlung

6501. **J. W. Evans,** Variations of the sun. Techn. Report Univ. Colorado Inst. Solar-Terrestr. Res. High Altitude Obs. Nr. 2 S. 1—10, 1956. — Ref. in RJ 1958 Nr. 1 S. 58—59.

6502. **H. A. Gebbie,** Detection of submillimeter solar radiation. Phys. Rev. (2) **107** 1194—1195 = Inst. d'Astrophys. Univ. Liège Coll. 4° Nr. 83. — Verf. gibt vorläufige Ergebnisse von Beobachtungen auf dem Jungfraujoch im Wellenlängenbereich von 1 mm bis 30 μ, die das Ziel verfolgen, jenseits der bisher festgestellten Grenze von 1 mm eine wahrnehmbare Durchlässigkeit der Erdatmosphäre für die solare Strahlung zu finden. Henn

6503. **D. L. Grischtschenko,** Über die in das Meer eindringende Strahlungsenergie der Sonne. Publ. Geophys. Hauptobs. Nr. 68 S. 172—177 (russ.). — Ref. in RJ 1958 Nr. 7 S. 37—38.

6504. **H. Hinzpeter,** Über die Repräsentanten der Angström-Skala und der Smithsonian-Skala des Observatoriums Potsdam. Z. Meteorol. **10** 257—263, 1956. — Ref. in RJ 1958 Nr. 11 S. 53—54.

6505. **H. Hinzpeter,** Über Eichungen mit dem Silverdisk-Aktinometer bei nichtkonstanter Strahlung. Z. Meteorol. **10** 300—302, 1956. — Ref. in RJ 1958 Nr. 11 S. 54.

6506. **K. J. Kondratjew,** Die Strahlungsenergie der Sonne. Leningrad, Hydrometeorologischer Verlag, 1954. 600 S. mit Fig. Preis 24 R. 20 Kop. (russ.). — Besprechung in RJ 1957 Nr. 8 S. 83.

6507. **P. A. Krylow,** Bericht über Arbeiten zur Solarkonstanten. Nachr. Akad. Wiss. UdSSR (Geophys.) 1957 Nr. 10 S. 1249—1261 (russ.). — Ref. in RJ 1958 Nr. 8 S. 46—47.

6508. **E. M. Lwowa,** Die Messung der Gesamtstrahlung der Sonne und die Albedo der Erde bis zu Höhen von 10—20 km. Publ. Aerolog. Zentralobs. Nr. 16 S. 31—38. 1956 (russ.). — Ref. in RJ 1958 Nr. 10 S. 49.

6509. **A. Opolski,** On the relation between radiation intensity and flux on the solar disc. AA **7** 192—193 = Wrocław Astr. Obs. Repr. Nr. 9.

6510. **W. O. Roberts,** Comment on solar emissions at different levels of solar activity. Techn. Report Inst. Solar-Terrestr. Res. 1956 Nr. 1 S. 95—97. — Ref. in RJ 1958 Nr. 7 S. 35—36.

6511. **T. E. Sterne, N. Dieter,** The constancy of the solar «constant». AJ **62** 147. — Ref. AAS.

6512. **R. Tousey,** The solar constant. Nuovo Cimento Suppl. (10) **6** 413—418. — Ref. in Phys. Ber. **37** 936.

6513. **K. Wegener,** Die Solarkonstante aus Strahlungsmessungen. Meteorol. Rundschau 8 65—66, 1955. — Ref. in RJ 1957 Nr. 12 S. 60.

6514. **R. N. Whitehurst, J. Copeland, F. H. Mitchell,** Solar radiation and atmospheric attenuation at 6-millimeter wavelength. J. appl. Phys. **28** 295—298. — Ref. in Phys. Ber. **37** 1108.

6515. The constancy of the solar «constant». Sky and Telescope **16** 428.

Solare UV- und Röntgenstrahlung

* * **T. A. Chubb, H. Friedman, R. W. Kreplin, J. E. Kupperian jr.,** Lyman alpha and X-ray emissions during a small solar flare. Vgl. Ref. **6622**.

* * **T. A. Chubb, H. Friedman, R. W. Kreplin, J. E. Kupperian jr.,** Rocket observations of X-ray emission in a solar flare. Vgl. Ref. **6623**.

6516. A. Ehmert, Strahlung und Ionosphäre. Raketentech. Raumfahrtforsch. **1** 15—19. — Ref. in Phys. Ber. **37** 371, Weltraumfahrt 1957 S. 19.

* * **G. Elwert,** Röntgen-Strahlung koronaler Kondensationen. Vgl. Ref. **6716**.

6517. G. Elwert, Die Intensitätsverteilung der Röntgen-Strahlung der Sonne und die Restintensität bei totalen Sonnenfinsternissen. Phys. Verhandlungen 8 170.

6518. S. L. Mandelstam, A. I. Jefremow, Untersuchung der kurzwelligen Ultraviolettstrahlung der Sonne. Fortschritte Phys. Wiss. **63** Nr. 1b S. 163—180 (russ.). — Ref. in RJ 1958 Nr. 7 S. 32, Phys. Abstracts (A) **61** 610.

6519. R. C. Mercure jr., Distribution of Lyman-alpha radiation on the sun. Bull. American Phys. Soc. **2** 306.

6520. O. N. Nitschkewitsch, Über die Möglichkeit der Messung der ultravioletten Sonnenstrahlung in Kalorien. Wiss. Publ. Ukrain. Landwirtschaftl. Akad. 8 461—466, 1956. — Ref. in RJ 1958 Nr. 11 S. 55.

* * **G. Pfotzer,** Über die Dauer der Emission und die Steilheit des Impulsspektrums der solaren Ultrastrahlung bei der chromosphärischen Eruption am 23. 2. 1956. Vgl. Ref. **6688**.

* * **G. Pfotzer,** Direkte und indirekte Anteile solarer Ultrastrahlung bei der chromosphärischen Eruption am 23. 2. 1956. — Vgl. Ref. **6688**.

6521. W. A. Rense, Solar Lyman α radiation. AJ **62** 30—31. — Ref. AAS.

* * **J. W. Warwick, H. Zirin, T. A. Chubb, H. Friedman, R. A. Kreplin, J. E. Kupperian jr.,** Rocket observation of X-ray emission in a solar flare. Vgl. Ref. **6680**.

6522. X-ray emission during solar flares. Sky and Telescope **16** 223. — Ref. AAS. — Besprechung in Coelum **25** 152.

Solare Radiostrahlung

6523. K. Akabane, T. Hatanaka, Polarization of solar radio outbursts. Nature **180** 1062—1063. — Für die drei am 3. Juli 1957 beobachteten Flares diskutieren Verf. die von ihnen gewonnenen Beobachtungsergebnisse bei 9000 MHz. Sie finden, daß Änderungen der Polarisation von solaren Bursts gleichzeitig mit diesen Flares auftraten. Henn

6524. C. W. Allen, The variation of decimetre-wave radiation with solar activity. MN **117** 174—188. — Für den Zeitraum 1947—1954 wird die solare Radiostrahlung auf 2800, 1200 und 600 MHz mit den Sonnenfleckenzahlen, Fleckenflächen und Fackelflächen korreliert. Dabei wird besonders auf die Strahlung der ruhigen Sonne geachtet und gefunden, daß diese leicht mit dem Zyklus variiert (relativ am stärksten bei kleinen Frequenzen). U. Be.

6525. I. Alon, M. R. Kundu, J.-L. Steinberg, Dispositif interférométrique pour l'étude des sources solaires localisées centimétriques. CR **244** 1726—1729. — Es wird die Anwendung eines Zwei-Antennen-Interferometers zur Untersuchung von lokalisierten Quellen auf der Sonne beschrieben. Daten der Apparatur: $\lambda = 3.23$ cm, zwei 2 m-Parabolspiegel in 60 m Abstand in Ost-West-Richtung. Der Streifenabstand dieses Interferometers ist $\lambda/D \cdot \cos H$, wo H der Stundenwinkel ist. Bei einer Quelle mit der Deklination δ können bei Beobachtung in verschiedenen Stundenwinkeln H die Fourier-Komponenten der Ordnung $n = \cos\delta \cdot D/\lambda \cos H$ in der Helligkeitsverteilung der Quelle getrennt werden.

Das Minimum des Streifenabstandes ist ($\delta = 0$, $H = 0$) 1!8, das Maximum kaum größer als 10′. Für langlebige Quellen wurden Durchmesser von $\sim 5'$, für zwei «bursts» solche von der Größenordnung 1′ gefunden. Mehltretter

6526. **Y. Avignon, E. J. Blum, A. Boischot, R. Charvin, M. Ginat, P. Simon,** Observation des orages radioélectriques solaires avec le grand interféromètre de Nançay. CR **244** 1460—1463. — Die täglichen Messungen der Sonne mit dem großen Interferometer in Nançay (Beschreibung: E. J. Blum, A. Boischot, M. Ginat, CR **243** 19; AJB **56** Ref. **1242**) ermöglichen es, Entwicklungsdiagramme für die Quellen der Rauschstürme aufzustellen und ihre Eigenschaften näher zu beschreiben: 1.) Die Durchmesser sind $< 6'$, manchmal $< 1'$; 2.) Es ist oft schwer, die Quellen mit den optisch beobachteten Aktivitätszentren in Verbindung zu bringen; wo dies möglich ist, läßt sich für die Quelle eine Höhe von 0.15—0.60 $R_\odot$ über dem Aktivitätszentrum feststellen; 3.) Die Lebensdauer ist sehr verschieden, jedoch < 6 Tage; 4.) Öfters treten viele solche Quellen gleichzeitig in verschiedenen heliographischen Längen auf, was typisch für diese Quellen zu sein scheint. Drei Beispiele von Aktivitätsdiagrammen werden mitgeteilt. Mehltretter

6527. **A. Boischot,** Caractères d'un type d'émission hertzienne associé à certaines éruptions chromosphériques. CR **244** 1326—1329. — Die Charakteristika einer gewisse chromosphärische Eruptionen begleitenden Art von Radiostrahlung werden präzisiert. Einige dieser Eigenarten gestatten, diese Art von Radiostrahlung von den gewöhnlichen Rauschstürmen zu unterscheiden, die in Verbindung mit aktiven Flecken auftreten. Dazu gehören: 1.) Zirkulare Polarisation; 2.) gleichmäßiger Intensitätsverlauf; 3.) Fehlen der für gewöhnliche Rauschstürme charakteristischen Bursts des Typs I; 4.) größerer Durchmesser (4′—8′) und Bewegung der Quelle. Eine Zusammenstellung von sechs Ereignissen wird mitgeteilt. Mehltretter

6528. **W. N. Christiansen, J. A. Warburton, R. D. Davies,** The distribution of radio brightness over the solar disk at a wavelength of 21 centimetres. IV. The slowly varying component. Australian J. Phys. **10** 491—514 = Commonwealth Sci. Industrial Res. Organization, Australia, Division Radiophys. — Mit dem 32-Element-Interferometer (Auflösung $\sim 3'$) wurde eine große Anzahl von Emissionsgebieten untersucht. Dabei ergab sich folgendes: Die Radioquellen sind stets mit Ca-Fackeln assoziiert und liegen in einer Höhe von ~ 22000 km über ihnen, wobei sie auch die ungefähre Ausdehnung der Fackeln haben. Die Winkelverteilung der Intensität gehorcht weitgehend dem cos-Gesetz, woraus geschlossen werden kann, daß es sich um dünne Schichten handelt. Zwischen der Radio-Intensität und der Fleckenfläche besteht eine weitgehende Korrelation im Bereich maximaler Entwicklung; später geht die Radio-Intensität langsamer zurück als die Fleckenfläche. Eine ähnliche Korrelation besteht zu der Intensität der grünen Koronalinie. Mehltretter

6529. **W. N. Christiansen, D. S. Mathewson, J. L. Pawsey,** Radio pictures of the Sun. Nature **180** 944—946 = Commonwealth Sci. Industrial Res. Organization, Australia, Division Radiophys. — Verf. beschreiben einen Radioheliograph, der die 21 cm-Strahlung der inneren Korona zu messen gestattet. Einige typische Registrierungen werden gegeben und zum Vergleich zusammen mit Hα-Spektroheliogrammen dargestellt. Henn

6530. **R. J. Coates,** Solar radiation at 4 mm wave length. AJ **62** 90. — Ref. AAS.

6531. **M. H. Cohen, E. R. Schiffmacher,** Some solar observations with the Cornell narrow-band radio polarimeter. AJ **62** 139. — Ref. AAS.

6532. **A. E. Covington,** VII. Solar radio astronomy. J RAS Canada **51** 298—307.

6533. **Ö. Elgaröy,** Duration of transients in solar radio noise. Nature **180** 808—809 = Inst. Theoret. Astrophys. Blindern-Oslo Reprint Nr. 19. — Verf. untersuchte die Häufigkeiten der Dauer von Ausbrüchen der solaren Radiostrahlung. Es zeigte sich, daß solche Ausbrüche stark zur Gruppenbildung tendieren und daß die Verteilungsfunktion ihrer Dauer ein scharfes Maximum besitzt. Ferner ergab sich, daß die mittlere Dauer der Wellenlänge etwa umgekehrt proportional ist. Klauder

6534. **Ö. Elgaröy,** Frequency drift of short-time transients in solar radio noise. Nature **180** 862 = Inst. Theoret. Astrophys. Blindern-Oslo Reprint Nr. 20. — Vorläufige Mitteilung von Beobachtungen der solaren Radiostrahlung in zwei Frequenzen. Danach fallen die Maxima kürzerer Ausbrüche der Strahlung im allgemeinen zeitlich nicht zusammen, sondern in der Mehrzahl der Fälle tritt das Maximum in der niedrigeren Frequenz zuerst ein, zum Teil aber auch erst später, während die Zahl genau koinzidierender Maxima gering ist. Klauder

6535. **T. de Groot,** Short time transients in solar noise. Nature **180** 382 = Sterrewacht «Sonnenborgh» Utrecht Overdruk Nr. 26. — Kurze Notiz über eine Sonnenüberwachung bei 400 MHz zur Beobachtung kurzer Radiostöße (pips). Aus 500 Beobachtungen ergibt sich ein scharfes Maximum bei 0.18 ± 0.03 sec Dauer (Halbwertsbreite). Zwischen Dauer und Maximalintensität der «pips» wurde keine Korrelation gefunden. Das mittlere Zeitintervall zwischen einzelnen «pips» während eines Radiosturmes ergab sich zu 0.25 ± 0.04 sec. Voigt

* * **N. L. Kajdanowskij, D. W. Korolkow, N. S. Sobolewa, S. E. Chajkin,** Beobachtungen der Polarisation der Radiostrahlung von Sonnenflecken bei 3.2 cm Wellenlänge. Vgl. Ref. **6327**

6536. **T. Kakinuma,** On the distribution of radio brightness on the quiet solar disk at 4000 Mc/s. Proc. Res. Inst. Atmospherics Nagoya Univ. **3** 96—101, 1956. — Ref. in RJ 1957 Nr. **11** S. 55.

6537. **I. Kazès,** Etude de la scintillation du Soleil observée sur la longueur d'onde de 3.2 cm. CR **245** 636—639. — Genauere Untersuchungen der Szintillation der Radiostrahlung der Sonne ergaben folgendes: Die Art der Szintillation ist von Tag zu Tag oft sehr verschieden und von der Zenitdistanz der Sonne abhängig: Die Pseudoperiode ist proportional $(\sec z)^{1/2}$ und die mittlere Schwankungsamplitude $\bar{A}^2$ proportional $\sec z$ für eine große Anzahl von Registrierungen. Die Szintillation ist groß, wenn lokalisierte Quellen kleinen Durchmessers auf der Sonne vorhanden sind. Dieses Verhalten ergibt sich in vergleichbarer Weise auch bei einer Wellenlänge von 34 cm. Würde die Szintillation durch Fluktuation der ionosphärischen Elektronendichte hervorgerufen, müßte ihre Amplitude mit λ stark wachsen. Da dies nicht beobachtet wird, wird auf einen Ursprung in der unteren Atmosphäre geschlossen. Mehltretter

6538. **I. Kazès, J.-L. Steinberg,** Etude de la scintillation du Soleil observée avec plusieurs antennes sur la longueur d'onde de 3.2 cm. CR **245** 782—785. — Das Verhalten der Szintillation wurde mit drei Empfängern in verschiedenem Abstand simultan untersucht. Dabei ergab sich für den mittleren Durchmesser der «Schatten» 170 m. Ferner wurde aus den Phasenverschiebungen von zwei Registrierungen die Translationsgeschwindigkeit dieser Schatten bestimmt. Die Translationsgeschwindigkeiten an verschiedenen Tagen stimmen im Rahmen der Meßgenauigkeit gut mit den Geschwindigkeiten überein, die sich aus Ballonsondenaufstiegen für die Winde in der Höhe der Tropopause ergeben. Dies unterstützt die Annahme, daß die Radioszintillation in der unteren Atmosphäre entsteht. Mehltretter

6539. **M. Krook, P. Wild,** On the theory of solar radio bursts. AJ **62** 22. — Ref. AAS.

6540. **R. E. Loughhead, J. A. Roberts, M. K. McCabe,** The association of solar radio bursts of spectral type III with chromospheric flares.

Australian J. Phys. **10** 483—490 = Commonwealth Sci. Industrial Res. Organization, Australia, Division Radiophys. — Um die Korrelation zwischen dem Auftreten von chromosphärischen Eruptionen und Bursts vom Typ III genauer zu untersuchen wurden radiospektroskopische Beobachtungen mit den Überwachungsaufnahmen in Hα kombiniert. Das Material umfaßt 300 Eruptionen (meist 1^-) und 200 Bursts. Etwa 20% aller Eruptionen haben Bursts zur Folge, während 60% aller Bursts während einer Eruption auftreten, meist am Anfang oder auch kurz vorher. Der Korrelationsgrad ist allerdings von Aktivitätszentrum zu Aktivitätszentrum sehr verschieden und kann in einem Aktivitätszentrum von Tag zu Tag schwanken. Ein Längeneffekt existiert ebenfalls; auf der Westhalbkugel ist die Korrelation geringer als auf der Osthalbkugel und auf der Mitte. Beim Auftreten einer «surge» erhöht sich die Wahrscheinlichkeit eines Bursts. Mehltretter

6541. I. G. Moissejew, S. I. Gopassjuk, A comparison of the sporadic solar radio emission at 1.5 meters with optical processes on the sun. Mitt. Astrophys. Obs. Krim **17** 211—218 (russ. mit engl. Ref.). — Die positive Korrelation zwischen dem Auftreten von optisch wahrnehmbaren Ereignissen auf der Sonnenscheibe und radiofrequenten ist recht ausgeprägt. Die Intensitätsabnahme radiofrequenter spontaner Emissionen mit Annäherung an den Sonnenrand dürfte auf die absorbierende Wirkung der Korona zurückzuführen sein. Die Herkunft dieser Ausbrüche ist vermutlich in Plasmaschwingungen koronaler Verdichtungen zu sehen. Loh.

* * **B. N. Panowkin,** A model of the inner corona based on radio data. Vgl. Ref. **6731**.

6542. H. Scheffler, Zur Deutung der Mitte-Rand-Variation der ruhigen Meterwellenstrahlung der Sonne. Mitt. AG 1956 S. 22—24. — Ref. AG.

6543. W. W. Shelesnjakow, Zur Theorie der sporadischen Radiostrahlung der Sonne. Radiotechnik und Elektronik **1** 840—845, 1956 (russ.). — Ref. in RJ 1957 Nr. 8 S. 63.

* * **S. F. Smerd, J. P. Wild,** The effects of incomplete resolution on surface distribution derived from strip-scanning observations, with particular reference to an application in radio astronomy. Vgl. Ref. **2414**.

6544. H. Tanaka, T. Kakinuma, T. Hatanaka, K. Akabane, F. Moriyama, A model for the solar enhanced region at centimeter region derived from partial eclipse observations. Proc. Res. Inst. Atmospherics Nagoya Univ. **3** 84—95, 1956. — Ref. in RJ 1957 Nr. 11 S. 55.

* * **E. Tandberg-Hanssen,** On the correlation between solar flares and radio bursts. Vgl. Ref. **6675**.

* * **K. C. Westfold,** Magnetohydrodynamic shock waves in the solar corona, with applications to bursts of radio-frequency radiation. Vgl. Ref. **6740**.

6545. R. N. Whitehurst, F. H. Mitchell, J. Copeland, Solar radiation and atmospheric attenuation at 6 mm wave length. AJ **62** 38. — Ref. AAS.

6546. W. W. Witkewitsch, M. I. Sigal, The radio emission of coronal condensations. AJ UdSSR **34** 716—723 (russ. mit engl. Ref.). — Die Lage des Zentrums der solaren Radiostrahlung bei 10 und 50 cm Wellenlänge wurde mit koronalen Störungen in der Linie λ 5303 verglichen. Dazu wurden die Ergebnisse der Radiobeobachtungen an der wissenschaftlichen Station des Phys. Inst. Akad. Wiss. in den Jahren 1952/53 benutzt. Es hat sich herausgestellt, daß die koronalen Störungen in der grünen Linie für die Entstehung zusätzlicher, auf der Sonne entstehender Radiostrahlungsherde verantwortlich sind. Verf. (übersetzt)

* * Ionosphäre, solare Radiostrahlung, UKW-Ausbreitung. Vgl. Ref. **72175**.

6547. «Radio» pictures of the sun. J. Astr. Soc. Victoria **10** 64—66.

6548. Microwave observations of the sun. Sky and Telescope **16** 223. — Ref. AAS.

6549. Beobachtung der Radiostrahlung

Acta Astr. Sinica **5** 143—148 (chines. mit engl. Titel). Observations of solar radiation in 1956 at the Zô-Sè Observatory. Y.-L. Chang.

ApJ **125** 827—830. Résumé of visually and photographically observed solar activity at time of 200-Mc/s noise storms near 1954 solar minimum. H. W. Dodson, E. R. Hedeman.

Ciel et Terre Suppl. 1957 Nr. 3—6 = Commun. Obs. Roy. Belgique Nr. 127. Observations radioélectriques. A. Koeckelenbergh.

Commun. Obs. Roy. Belgique Nr. 127, 39 S. Activité radioélectrique sur 169 MHz et 600 MHz en 1956. R. Coutrez, A. Koeckelenbergh.

Kosmische Daten. Herausgegeben vom Inst. Erdmagnetismus, Ionosphäre, Ausbreitung von Radiowellen UdSSR, 1956 Nr. 3—10 1957 Nr. 1—9 (russ.).

Quarterly Bull. Solar Activity Nr. 114—116 S. 289—408. Published by the Eidgen. Sternw. Zürich. — 1956 April—Dez.

Report Ionosph. Res. Japan **11** 67—98. Catalogue of disturbances in ionosphere, geomagnetic field, field intensity of radio wave, cosmic ray, solar phenomena and other related phenomena. Nr. 21 (January 21—24, 1957).

Sonnendaten 1956 Nr. 6 S. 1—137; 1957 Nr. 1 S. 1—132, Nr. 2 S. 1—111, Nr. 3 S. 1—104, Nr. 4 S. 1—131 (russ.). Tägliche Karten der Sonne und Magnetogramme. — 1956 Nov.—1957 Aug.

Tokyo Astr. Obs. Bull. Solar Phenomena 8 69—97, **9** 1—89. — 1956 Okt.—1957 Sept.

VJS Naturf. Ges. Zürich **102** 89—115 = Astr. Mitt. Sternw. Zürich Nr. 208. Die Sonnenaktivität im Jahre 1956. M. Waldmeier.

* * Beobachtungen der solaren Radiostrahlung bei Finsternissen siehe § **62**.

Solare Korpuskularstrahlung

* * **L. Biermann,** Solar corpuscular radiation and the interplanetary gas. Vgl. Ref. **7004**.

6550. **W. Gleissberg,** Über die Partikelstrahlung der Nord- und Südhalbkugel der Sonne. ZfA **43** 144—148. — In jedem der sieben 11jährigen Sonnenfleckenzyklen, die ganz oder teilweise in den Zeitraum 1884—1949 fallen, wird der Mittelwert der täglichen erdmagnetischen Charakterzahlen während der Zeit, in der sich die Erde in hoher nördlicher oder südlicher heliozentrischer Breite befindet, als Maß für die Intensität der von der Nord- oder Südhalbkugel der Sonne stammenden Partikelstrahlung verwendet. Es zeigt sich, daß nur in den Zyklen Nr. 15 (1913—1922) und 16 (1923—1932) die Partikelstrahlung der nördlichen Sonnenhalbkugel, vorher und nachher aber die der südlichen Halbkugel überwog; die solare Partikelstrahlung bevorzugt demnach dieselbe Sonnenhalbkugel wie die Sonnenflecken. Verf.

6551. **A. Schlüter,** Solare Kurzwellenstrahlung und die Herkunft der solaren Korpuskel-Strahlung. Abh. Deutsche Akad. Wiss. Berlin Kl. Math. Phys. Technik 1955 Nr. 3 S. 94—102.

6552. **K. Sinno,** On the origin of the long-lived solar corpuscular streams which appeared last solar cycle, 1950 to 53. Report Ionosph. Res. Japan **10** 250—260, 1956. — Ref. in RJ 1958 Nr. 2 S. 42.

* * Physik der solaren Korpuskularströme und ihre Einwirkung auf die obere Erdatmosphäre. Vgl. Ref. **6845**.

Solare kosmische Strahlung

6553. **A. Boischot, J.-F. Denisse,** Les émissions de type IV et l'origine des rayons cosmiques associés aux éruptions chromosphériques. CR **245** 2194—2197. — Es wird die Möglichkeit diskutiert, daß die Bursts vom Typ IV, die in Verbindung mit chromosphärischen Eruptionen beobachtet werden, durch Synchrotron-Strahlung relativistischer Elektronen verursacht sind. Die Intensität (10^3 der ruhigen Sonne) im Meterwellenbereich kann durch frei-frei-Übergänge, die Stabilität der Emission (mehrere Stunden) durch Plasmaschwingungen nicht erklärt werden. Für die Synchrotronstrahlung liefert eine halbquantitative Diskussion durchaus plausible Verhältnisse über geforderte Elektronendichte, Energie und Feldstärke, die auch mit den Abschätzungen von Parker (vgl. Ref. **6688**) über die Eruption vom 23. Febr. 1956 in Einklang zu bringen sind. Mehltretter

6554. **R. Fleischer, R. W. Redlich,** Cosmic noise absorption at 18.2 megacycles. AJ **62** 243—244. — Ref. AAS.

6555. **J.-P. Legrand, P. Chanson, M. Bonpas,** Variations de l'intensité du rayonnement cosmique les 21, 22 et 23 janvier 1957. CR **244** 1362—1364. — Es wird über das Verhalten der Intensität der kosmischen Strahlung am Erdboden während des magnetischen Sturmes vom 21. und 22. Januar berichtet und die Variationen in zeitlichen Zusammenhang mit dem Einsetzen dieses Sturmes, der Beobachtung einer Eruption und dem Verhalten der solaren Radiostrahlung gebracht. Mehltretter

6556. **R. Lüst,** Impact zones for solar cosmic-ray particles. Phys. Rev. (2) **105** 1827—1839. — Ref. in Phys. Abstracts (A) **60** 416—417, ZfMG **77** 441.

* * **R. Lüst, J. A. Simpson,** Initial stages in the propagation of cosmic rays produced by solar flares. Vgl. Ref. **6688**.

* * **E. N. Parker,** Acceleration of cosmic rays in solar flares. Vgl. Ref. **6688**.

6557. Catalogue of disturbances in ionosphere, geomagnetic field, field intensity of radio wave, cosmic ray, solar phenomena and other related phenomena Nr. 21 (January 21—24, 1957). Report Ionosph. Res. Japan **11** 67—98.

* * Mitteilungen über die Sonneneruption vom 23. Februar 1956 siehe § **66** und **68**.

§ 66

Chromosphäre, Flares, Protuberanzen

* * **K. Akabane, T. Hatanaka,** Polarization of solar radio outbursts. Vgl. Ref. **6523**.

6601. **R. G. Athay, E. v. P. Smith,** Chromospheric profiles of the early Balmer lines. AJ **62** 2—3. — Ref. AAS.

6602. **R. G. Athay, H. Zirin,** On the relative intensities of chromospheric Balmer and Paschen lines. AJ **62** 137. — Ref. AAS.

6603. **R. G. Athay, R. N. Thomas,** The chromosphere near active regions. ApJ **125** 788—803 = Harv Repr Nr. 461 = High Altitude Obs. Boulder Misc. Repr. Nr. 76. — Verf. untersuchen Flash-Spektren mit gestörter Chromosphäre von 1932, 1936 und 1952, wobei sie die Chromosphäre durch eine Mischung zweier Modelle mit verschiedener Temperatur und Dichte bei gleicher Höhe darstellen, von denen das eine insbesondere die He-Emissionslinien, das andere ein H^--Kontinuum liefert. In Übereinstimmung mit der von den Verf. angenommenen thermischen Stabilität des chromosphärischen Strahlungsfeldes gelingt diese Darstellung mit nahezu den gleichen Temperaturen der beiden Komponenten über aktiven Gebieten wie über ungestörten. Jene unterscheiden sich aber durch einen größeren Anteil der heißeren Komponente. Die hier in größere Höhen reichende, verstärkte Emission und Elektronendichte lassen sich bei einer verstärkten, spiculumartigen Massenejektion verstehen. Gü.

6604. R. G. Athay, R. N. Thomas, The numbers and motions of solar spicules. ApJ **125** 804—810 = Harv Repr Nr. 462 = High Altitude Obs. Boulder Misc. Repr. Nr. 75. — Die von S. L. Lippincott beobachteten Geschwindigkeits- und Höhenverteilungen der Spiculen werden mittels zweier Modelle interpretiert, wobei einmal mit konstanter Steiggeschwindigkeit, das andere Mal mit senkrechter Wurfbewegung im Schwerefeld der Sonne gerechnet wird. Die Beobachtungen lassen keine Entscheidung zwischen beiden Modellen zu. Eine befriedigende Darstellung der Geschwindigkeitsverteilung wird bei beiden nicht erreicht. Aus der Höhenverteilung läßt sich mit beiden Modellen auf eine Gesamtzahl der Spiculen von 1.4 bzw. 1.3×10^4 schließen. Dabei spricht die Diskussion des Bedekkungseffektes für eine Maximalhöhe von mindestens 10000 km bei allen Spiculen. Gü.

6605. R. G. Athay, F. Q. Orrall, Physical conditions in the solar limb prominence observed at the 1952 eclipse. ApJ **126** 167—176. — Für eine bei der totalen Sonnenfinsternis von 1952 beobachtete Protuberanz liefern die Messungen des Balmerkontinuums an der Seriengrenze von Redman und Zanstra zusammen mit der Extrapolation der Intensitäten der Balmerlinien bis zur Seriengrenze eine Elektronentemperatur um 2×10^4 °K, eine Elektronendichte von mindestens 10^{11} cm^{-3} und eine geometrische Schichtdicke von ca. 8200 km. Sowohl für alle meßbaren 14 Balmerlinien wie auch für sechs Linien der beiden 2^3P-Serien des He I ergeben sich aus den Dekrementen niedrige Anregungstemperaturen um 6000°, was bereits auf eine sehr geringe Selbstabsorption schließen läßt. Dagegen erscheinen im Parheliumsystem viel höhere Anregungstemperaturen. Für die gerade noch beobachtbare Linie λ 4686 des He II liegt sie schließlich zwischen 18 und 21×10^3 °K. Die optische Tiefe ist bei He I $\lambda\lambda$ 5876 ($2^3P - 3^3D$) und 7065 ($2^3P - 3^3S$) $\sim 10^{-3}$, bei Hα jedenfalls auch noch erheblich < 1. He ist überwiegend einfach ionisiert. Das Spektrum der Protuberanz ähnelt so weitgehend dem der Spiculen. Die Energiebilanz der Protuberanz läßt auf eine Energiezufuhr von außen schließen, wofür die Einstrahlung aus der Photosphäre nicht ausreicht. Verf. nehmen daher Wärmezuleitung aus der Korona an. Gü.

6606. R. G. Athay, D. H. Menzel, F. Q. Orrall, Variations in the thermodynamic state of the chromosphere over the sunspot cycle. Smithsonian Contr. Astrophys. **2** 35—50 = Harv Repr (2) Nr. 103. — Photometrische Untersuchung von Finsternisaufnahmen der Chromosphäre (Linien und Kontinuum) ergibt keine merkliche Änderung des Emissionsgradienten und der relativen Linienintensitäten mit dem Fleckenzyklus. Die absolute Linienintensität scheint dagegen 1936 (Maximum) schwächer gewesen zu sein als 1932 und 1952 (Minimum), jedoch liegen die Unterschiede noch innerhalb der photometrischen Unsicherheiten. Voigt

6607. M. d'Azambuja, G. Olivieri, J. Rayrole, L'éruption chromosphérique du 3 juillet 1957. BSAF **71** 337—339. — An Hand von Skizzen und Aufnahmen in Hα wird die Entwicklung dieser kräftigen Eruption geschildert. Bemerkenswert ist die Tatsache, daß sie sich zu Beginn entlang bereits vorhandener Störgebiete entwickelt. Bo.

6608. M. C. Ballario, Brillamenti cromosferici osservati alla torre solare di Arcetri dal 1 luglio 1956 al 30 giugno 1957. Boll. Geod. e Sci. affini **16** 628—634.

6609. **M. C. Ballario,** La cromosfera solare. Boll. Geod. e Sci. affini **16** 652—663.

6610. **U. Becker,** Beobachtung chromosphärischer Auswürfe im weißen Licht. Naturwissenschaften **44** 554—555. — Vorläufige Mitteilung. — Beobachtungen chromosphärischer Auswürfe im Integrallicht an der Capri-Station des Fraunhofer-Instituts werden beschrieben und mit den monochromatischen Beobachtungen verglichen. Unterschiede entstehen durch Perspektive und Dopplereffekte. Beobachtete Erscheinungen sind vermutlich identisch mit den «veiled spots» von Trouvelot und Father Perry. Gleissberg

6611. **U. Becker,** Über das Rotationsgesetz der Filamente. ZfA **42** 1—6 = Mitt. Fraunhofer Inst. Freiburg Nr. 29. — Vgl. Mitt. AG 1956 S. 38—39 (Ref. AG). — Wird die Eigenbewegung der Filamente bei der Ableitung des Rotationsgesetzes berücksichtigt, so stimmen die Rotationsgesetze von Photosphäre und Chromosphäre genau überein. Eine neue Diskussion der Koronarotation zeigt ebenfalls, daß eine Zunahme der Rotationsgeschwindigkeit mit der Höhe des Niveaus aus nichtspektroskopischen Bestimmungsmethoden nicht nachweisbar ist. Verf.

6612. **B. Bednářová-Nováková,** Répartition des protubérances selon leurs effets géomagnétiques. BAC **8** 100—102. — Eine allgemein gehaltene Klassifizierung der Protuberanzen in drei Klassen, je nach der erdmagnetischen Wirksamkeit, die sie ausüben sollen, wird mitgeteilt. Die drei Klassen bilden 1.) Protuberanzen, die fern von Aktivitätszentren sind, 2.) Protuberanzen im Einfluß von Aktivitätszentren und 3.) eruptive Protuberanzen. U. Be.

6613. **A. J. Besrukowa,** Die Entwicklung der Protuberanzenfläche im Zyklus Nr. 19. — Sonnendaten 1957 Nr. 3 S. 112 (russ.).

6614. **D. E. Billings, R. Lee, G. Newkirk,** A television device for detecting solar flares. AJ **62** 8. — Ref. AAS.

6615. **D. E. Billings, C. Kober,** Distribution of prominence heights. AJ **62** 242. — Ref. AAS. — Besprechung in Coelum **26** 57, Sky and Telescope **17** 63.

6616. **K. Bjerke,** Visual determinations of ascending velocities in some eruptive solar prominences. Ark Astr **2** 145—152 = Stockholms Obs. Medd. Nr. 97. — Aus visuellen Beobachtungen am Hα-Interferenzfilter werden für sechs eruptive Protuberanzen laufend die Höhen über der Photosphäre gemessen und daraus die Geschwindigkeiten (senkrecht zur Blickrichtung) berechnet. Die Eruptionen erfolgen teilweise mit konstanter (zwischen 50 und 200 km/sec), teilweise mit stark zunehmender (bis über 1000 km/sec) Geschwindigkeit. Voigt

6617. **R. J. Bray, R. E. Loughhead, V. R. Burgess, M. K. McCabe,** Observation of a new type of flare. Australian J. Phys. **10** 319—323. — Bei den in Sydney durchgeführten Hα-Überwachungsaufnahmen wurde am 12. Nov. 1956 ein neuer Typ einer solaren Eruption festgestellt. Bei dieser Eruption wurde sehr helle Materie mit großer Geschwindigkeit ausgeschleudert. Der Auswurf fand etwa 28° vom Sonnenrand entfernt statt und erfolgte mehrere Minuten vor dem Eruptionsmaximum. Im übrigen hatte die Erscheinung alle Eigenschaften einer schwachen Eruption. Henn

6618. **A. Bruzek,** Beobachtungen bei Filamentaufstiegen. Mitt. AG 1956 S. 38. — Ref. AG.

6619. **A. Bruzek,** Über eruptionsartige Fackeln bei Filamentaufstiegen. ZfA **42** 76—86, mit einem Anhang von U. Becker = Mitt. Fraunhofer-Inst. Freiburg Nr. 32. — Bei Filamentaufstiegen beobachtet man in der unmittelbaren Umgebung eruptionsartige Fackeln. 20—40 min nach dem Aufstieg leuchten sie auf, erreichen 30—100 min später ihre maximale Helligkeit und Ausdehnung und verblassen danach langsam. 70% der aufsteigenden Filamente sind mit diesen eruptionsartigen Fackeln verbunden. U. Be.

6620. **V. Bumba,** Chromosphärische Eruptionen und Magnetfelder von Sonnenfleckengruppen. Sonnendaten 1957 Nr. 3 S. 105—106 (russ.). — Vorläufige Mitteilung einer demnächst in den Mitt. Astrophys. Krim **19** erscheinenden Arbeit. Nach der Aufzählung einzelner Feststellungen wird das Ergebnis dahingehend zusammengefaßt, daß die Magnetfelder von Flecken eine wichtige Rolle im Leben der Eruptionen spielen und daß eine deutliche Beziehung zwischen dem Eruptionsort und der Topographie des Magnetfeldes einer Gruppe besteht. Loh.

6621. **W. L. Chochlowa,** An investigation of motions in the chromosphere and flocculi from the Doppler shift of the K_2 and K_3 lines of Ca^+. Mitt. Astrophys. Obs. Krim **17** 177—190 (russ. mit engl. Ref.). — Es wurden Geschwindigkeiten des chromosphärischen Gases in ungestörten Gebieten der Sonne und in Flocculi gemessen. Das Ergebnis von St. John (1910) für ungestörte Gebiete wird bestätigt. In den Flocculi erfolgt ein Anstieg in den K_2-Schichten mit einer Geschwindigkeit von im Mittel 1.2 km/sec und in den K_3-Schichten einer von 0.4 km/sec. Das Vorhandensein von Doppler-Verschiebungen in Flocculi am Sonnenrand weist auf merkliche Tangentialbewegungen hin, die in einzelnen Fällen 4—6 km/sec und mehr erreichen. Verf. (gekürzt)

6622. **T. A. Chubb, H. Friedman, R. W. Kreplin, J. E. Kupperian jr.,** Lyman alpha and X-ray emissions during a small solar flare. J. Geophys. Res. **62** 389—398. — Von Bord einer von einem Ballon gestarteten Rakete wurde während einer sehr schwachen Eruption mit einer NO-Ionisationskammer mit LiF-Fenster die $L\alpha$-Strahlung und mittels eines Geigerzählers mit Be-Fenster (14 mg/cm^2) die Röntgenstrahlung zwischen 3 und 8 Å gemessen. Im Vergleich mit den Ergebnissen anderer Raketenaufstiege erwies sich die $L\alpha$-Strahlung nicht als verstärkt, die Röntgenstrahlung dagegen deutlich. Eine Diskussion der Ergebnisse mehrerer Aufstiege, teils mit Be-, teils mit Al-Fenster des Geigerzählers, führt zu einem Röntgenspektrum, dem im Bereich von 3 bis 8 Å Gradationstemperaturen zwischen 3.5 und 1.0×10^6 °K entsprechen. Verf. halten diese Strahlung für die wahrscheinliche Ursache der plötzlichen Ionosphärenstörungen (SID) in der D-Schicht. Gü.

6623. **T. A. Chubb, H. Friedman, R. W. Kreplin, J. E. Kupperian jr.,** Rocket observations of X-ray emission in a solar flare. Nature **179** 861—862. — Im Sommer 1956 führte das US Naval Research Laboratory ein Raketenprogramm durch, bei dem gleichzeitig die solare Lyman α-Linie λ 1216 sowie das Röntgenspektrum der Sonne zwischen 1 und 8 Å und zwischen 0.5 und 1 Å gemessen wurde. Insgesamt zehn Raketen wurden über dem Pazifik von einem Schiff aus gestartet, und zwar an einem Ballon hängend, der mit Helium gefüllt war. Bei dieser Gelegenheit wurde eine Rakete bei der Sonneneruption (20.7.) abgefeuert. Die Rakete erreichte eine Höhe von 100 km, Lyman α trat oberhalb 67 km, die Röntgenstrahlung oberhalb 75 km auf. Die kürzeste gemessene Wellenlänge betrug etwa 3 Å; die Energie im Bereich 1 bis 8 Å war überraschend hoch, nämlich etwa 5×10^{-3} erg cm^{-2} sec^{-1}. Die maximale Lyman α Intensität dagegen war mit 6.2 erg cm^{-2} sec^{-1} nicht wesentlich höher als normal. Die Eruption begann etwa $19^h\,7^m$ und konnte kurz nach $19^h\,20^m$ im Lichte von $H\alpha$ λ 6563 nicht mehr festgestellt werden; die Rakete erreichte gegen $19^h\,18^m$ ihre größte Höhe. Daraus läßt sich der Schluß ziehen, daß im Verlauf von Sonneneruptionen Lyman α offenbar nur unwesentlich verstärkt wird, dagegen ein starker Strahlungsstrom im Röntgengebiet um 1 Å fließt. Oster

6624. **W. Comper, R. Kern,** Die Eruption (Flare) und der Protuberanzenaufstieg vom 4. Juni 1956. ZfA **43** 20—28 = Mitt. Sonnenobs. Kanzelhöhe Nr. 8. — Die Bewegung der die Eruption vom 4. Juni 1956 begleitenden aufsteigenden Protuberanz wird an acht einwandfrei identifizierbaren Knoten untersucht, und deren Geschwindigkeiten werden bestimmt. Die Abhängigkeit der Höhe von der Zeit bestätigt das von Pettit gefundene 1. Bewegungsgesetz. Verf.

6625. **M. Correll, W. O. Roberts,** Spatial trajectories of prominences in active region of CMP April 13, 1950. AJ **62** 243. — Ref. AAS.

6626. **H. W. Dodson, E. R. Hedeman,** Flares with major early bursts at frequencies $\leq$ 200 Mc/s and subsequent geomagnetic disturbances. AJ **62** 140. — Ref. AAS.

6627. **E. E. Dubow,** Besonderheiten der inneren Bewegungen und des Leuchtens ruhender Protuberanzen. Leningrad, Akad. Wiss. UdSSR, 1957. — Dissertationsreferat.

6628. **E. E. Dubow,** The velocity distribution in a turbulent medium and the profiles of spectral lines radiated by knots of quiescent prominences. Mitt. Astrophys. Obs. Krim **17** 199—210 (russ. mit engl. Ref.). — In Anlehnung an zwei frühere Arbeiten (vgl. AJB **54** Ref. **6610** und **55** Ref. **6612**) berechnet Verf. unter der Annahme lokal-isotroper Turbulenz die Geschwindigkeitsverteilung im Medium und daraus die Linienkontur eines Knotens einer ruhenden Protuberanz. Es gelingt dadurch, einige im Protuberanzenspektrum beobachtete Effekte zu erklären. Loh.

6629. **R. B. Dunn,** Hα chromosphere gradients. AJ **62** 141—142. — Ref. AAS.

6630. **M. A. Ellison,** A study of a blow-off prominence (1956 May 18). Obs **77** 5—7. — Ref. RAS.

6631. **M. A. Ellison, J. H. Reid,** The spectrum of quiescent prominences. Publ. Roy. Obs. Edinburgh **2** Nr. 2 S. 29—59. — Ref. in MN **116** 699. — Spektren von 17 ruhenden Protuberanzen (Höhe der untersuchten Stelle etwa 30000 km) werden untersucht, insbesondere die Linien von Hα—Hε, H und K (Ca II) und der Balmersprung. Aus Hβ und Hγ folgt eine Temperatur von 10000°. Hα zeigt starke Selbstabsorption. Es ergeben sich für Hα etwa 6000 emittierende Atome pro cm^3. Ferner ergeben sich beträchtliche Unterschiede aus dem Wasserstoff- und Kalziumspektrum, die auf Unterschiede in der Zusammensetzung und in der Anregung der Protuberanzen hinweisen. U. Be.

6632. **G. Godoli,** Numeri caratteristici dei flocculi d'idrogeno e di calcio e dei filamenti d'idrogeno per l'anno 1955. Ann. Geofis. **9** 299—304, 1956 = Oss. Astrofis. Arcetri Contr. Nr. 11.

6633. **G. Godoli, M. P. Strocchi,** Numeri caratteristici dei flocculi d'idrogeno e di calcio e dei filamenti d'idrogeno per l'anno 1956. Ann. Geofis. **10** 133—137.

6634. **G. Godoli,** Numeri caratteristici dei flocculi d'idrogeno e di calcio e dei filamenti d'idrogeno per l'anno 1957. Ann. Geofis. **10** 235—230.

6635. **G. Godoli, M. P. Strocchi,** Attività dei flocculi d'idrogeno e di calcio e dei filamenti d'idrogeno. Boll. Geod. e Sci. affini **16** 622—628.

* * **L. Goldberg, O. C. Mohler, J. D. Brown,** A connexion between the granulation and the structure of the low chromosphere. Vgl. Ref. **6408**.

6636. **K. Hermann-Otavský,** Photographic observation of the chromosphere with the Šolc's filters. RH **38** 265—267 (tschech. mit russ. und deutschem Ref.). — Mitteilung über die experimentelle Anwendung eines neuen Typs eines Monochromators nach Šolc, welcher aus zwei Stufen besteht und nur drei Polarisationsfilter erfordert; die Durchlaßbreite beträgt 2 Å bei Hα. J. B.

* * **K. Hermann-Otavský,** Ein neuartiger Polarisationsquarzmonochromator. Vgl. Ref. **2212**.

6637. L. Houziaux, L. Battiau, Note sur les relations entre les activités solaire et cométaire. Bull. Cl. Sci. Acad. roy. Belgique (5) **43** 171—178 = Inst. d'Astrophys. Univ. Liège Coll. 8° Nr. 387. — Die Autoren finden keine Beziehung der von Beyer an fünf Kometen beobachteten Helligkeitsschwankungen zu chromosphärischen Eruptionen. Gleissberg

6638. C. de Jager, The interpretation of hydrogen spectroheliograms. BAN **13** 133—148. — Verf. untersucht Wasserstoffspektroheliogramme und kommt zu folgenden Ergebnissen: die Intensitätsvariation der Elemente der Feinstruktur ist $\pm$ 10%, die Lebensdauer der Elemente ist 5 min bei Durchmessern von 4000 bis kleiner als 1700 km. Die mittlere Radialgeschwindigkeitskomponente ist 18 km/sec. Es ist naheliegend, diese Feinstrukturelemente mit den Spiculen zu identifizieren. Die in den Flügeln von Hα sichtbare Struktur hat Durchmesser von 45000 $\pm$ 10000 km und im Roten einen größeren Kontrast als im Violetten. Dieser Unterschied wird durch Linienverbreiterung und Linienverschiebung hervorgerufen und beruht wahrscheinlich auf einer Variation der örtlichen Anregungstemperatur von $\pm$ 100°. U. Be.

6639. C. de Jager, Temperature-variation and turbulence in the low chromosphere. BAN **13** 275—284. — Die aus Sonnenfinsternisbeobachtungen und mittels theoretischer Modellrechnungen gewonnenen Temperaturgradienten in der unteren Chromosphäre werden zusammen mit Temperaturvariationen und Turbulenzerscheinungen kritisch betrachtet. Es wird wahrscheinlich gemacht, daß man die Elemente in eine «heiße» und eine «kalte» Klasse einteilen kann. Dv.

6640. J. T. Jefferies, F. Q. Orrall, The interpretation of Balmer line profiles in solar prominences. AJ **62** 143—144. — Ref. AAS.

6641. J. T. Jefferies, Temperatures and electron densities in flares as derived from spectroscopic data. MN **117** 493—504. — Rechnungen für ein einfaches Flare-Modell, angewandt auf die Intensitäten von Hα und der Heliumlinien D_3 und λ 6678, zeigen Elektronendichten um $10^{12}/cm^3$ und Temperaturen um 10^4 °K als verträglich mit den Beobachtungen. Diskrepanzen bezüglich des Anregungsmechanismus und der Linienverbreiterung zwischen Wasserstoff- und Heliumlinien werden aufgezeigt. Ausgedehnte neue Beobachtungen sind dringend erwünscht. Dv.

6642. K. O. Kiepenheuer, Erfahrungen mit einem Lyotschen Hα-Filter sowie vorläufige Ergebnisse über die Struktur der Chromosphäre. ZfA **42** 209—227 = Mitt. Fraunhofer-Inst. Freiburg Nr. 31. — Es wird die optische und elektrische Ausrüstung des Gerätes zur Sonnenüberwachung (Hα-Kinematograph) beschrieben, ferner werden Hα-Aufnahmen wiedergegeben und vorläufige Ergebnisse über die Struktur der Chromosphäre mitgeteilt. Diese werden in einem räumlichen Modell der Chromosphäre zusammengefaßt. U. Be.

6643. R. Kippenhahn, A. Schlüter, Eine Theorie der solaren Filamente. Mitt. AG 1956 S. 39. — Ref. AG.

6644. R. Kippenhahn, A. Schlüter, Eine Theorie der solaren Filamente. ZfA **43** 36—62. — Es wird nachgewiesen, daß man die Existenz, die bandartige Struktur, die Orientierung und die Stabilität der solaren Filamente verstehen kann, wenn man die von Babcock beobachteten Magnetfelder auf der Sonnenoberfläche dafür verantwortlich macht; vorausgesetzt muß dabei werden, daß die solaren Magnetfelder an den betreffenden Stellen parallel zur Sonnenoberfläche verlaufen. Letzteres wurde durch die Beobachtung bestätigt, wie auch allgemein die hier vorgeschlagene Theorie mit den beobachteten Eigenschaften der Filamente in befriedigender Übereinstimmung zu stehen scheint. H. M.

6645. J. Kleczek, Condensation of solar prominences. I. Equation of isobaric cooling. BAC **8** 120—125. — Die Energiebilanz bei der Kondensation ruhender Protuberanzen aus dem heißen Koronagas wird betrachtet. Unter Vernachlässigung des Einflusses elektrischer Ladungen führt die Bildung einer Protuberanz durch Abkühlung bei konstantem Druck zu einer Entstehungszeit von der Größenordnung 10^7 Sekunden, einer Zeit, die mit der beobachteten Lebensdauer ruhender Protuberanzen gut übereinstimmt. Dv.

6646. **W. A. Krat, W. M. Sobolew,** The solar chromosphere. Mitt. Astr. Hauptobs. Pulkowo **21** Nr. 1 (160) S. 116—139 (russ. mit engl. Ref.). — Auf Grund spektralphotometrischer Arbeiten in Pulkowo besteht die Chromosphäre aus feinen Filamenten verschiedener Temperatur und Dichte. Verf. berechnen theoretisch effektive Höhen für die Metall-, Wasserstoff-, Helium-Filamente und die subkoronalen Filamente. Die einzelnen Filamente sind kleiner als die Spiculen. Für die Anregung der Balmer-Linien ist eine ziemlich intensive $L\alpha$-Strahlung erforderlich, welche zum Beispiel durch Elektronenstoß während kurzlebiger Eruptionen aufrecht erhalten werden kann. Das Balmer-Dekrement ist auf gleichzeitige Wirkung photosphärischer Strahlung und Elektronenstoß mit Rekombination zurückzuführen. Für die Filamente wurden folgende Werte abgeleitet: Wasserstoff-Fil.: $n_H = 10^{13}$, $T_e = 8500°$; Helium-Fil.: $n_e = 10^{11}$, $T_e = 25000°$; subkoronale Fil.: $n_e = 10^{10}$, $T_e = 150000°$. Theoretische Werte für die Intensität der $L\alpha$-Strahlung werden mit Raketen-Beobachtungen verglichen. Die Ionisation von Ca und Sr in Metall- und Wasserstoff-Filamenten ist durch photosphärische Emission verursacht. Die meisten Atome dieser Elemente sind einmal ionisiert. $T_e = 7500°$ und $n_e = 10^9$ können als Höchstwerte für Metall-Filamente betrachtet werden. Ond.

6647. **W. A. Krat, W. M. Sobolew,** Über die Besonderheiten des Leuchtens schwacher Protuberanzen. Sonnendaten 1957 Nr. 1 S. 138—142 (russ.). — In Anlehnung an die Deutung der Chromosphäre und Protuberanzen als Komplex(e) relativ dünner Fasern verschiedener Temperatur und Dichte, die bis 1000 km Höhe über der Photosphäre praktisch den ganzen Raum ausfüllen, sich in größeren Höhen jedoch mehr und mehr voneinander entfernen, werden die Hauptmerkmale, wie Atomhäufigkeit, Elektronendichte, Elektronentemperatur usw. der vier unterscheidbaren Fasergruppen — metallische Fasern, Wasserstoffasern, Heliumfasern, subkoronale Fasern — diskutiert. Loh.

* * **J. D. Kraus,** Relation of 11-metre solar system phenomena to solar disturbances. Vgl. Ref. **7012**.

* * **G. Laborde, R. Michard, R. Servajean,** Premières observations avec le spectrographe solaire de 9 mètres. Vgl. Ref. **2219**.

6648. **R. H. Lee,** Solar flare detection for I. G. Y. Electronics **30** Nr. 3 S. 162—165.

6649. **V. Letfus,** The solar flare of 1956 August 31. Obs **77** 75—76. — Für diese Eruption werden die Linienbreitenkurven der Observatorien Wendelstein und Ondřejov miteinander verglichen und, mit Ausnahme der Endphase, in guter Übereinstimmung gefunden. U. Be.

6650. **F. Lindgren,** Time-intensity relations for $H(H\alpha)$ and $He(D_3)$ in some solar prominences. Stockholms Obs. Ann. **19** Nr. 11, 26 S. — Für 16 Protuberanzen wurde mit einem visuellen Spektralphotometer am Koronographen der schwedischen Station in Anacapri der zeitliche Verlauf der Gesamtintensitäten von $H\alpha$ und D_3 gemessen. In Übereinstimmung mit den Ergebnissen früherer Arbeiten zeigt der Vergleich, daß die D_3-Intensität bei steigender $H\alpha$-Intensität im allgemeinen erheblich stärker zunimmt als diese und zumeist auch ähnliche Schwankungen zeigt. Sonst aber weisen die Veränderungen beider Linien meist nur geringe Ähnlichkeit auf, und auch die entsprechenden Schwankungen sind oft zeitlich etwas gegeneinander verschoben. Schließlich werden noch mit dem gleichen Instrument gemessene Intensitäten von λ 5303 für 27 Koronastrahlen angegeben, die auch auf dem Pic du Midi beobachtet und zur Herstellung einer Korrelation zwischen den Beobachtungen beider Stationen benutzt wurden. Gü.

6651. **S. L. Lippincott,** Chromospheric spicules. Smithsonian Contr. Astrophys. **2** 15—23. — Untersuchung der Struktur der Spiculen auf Grund von Hα-Filmen vom Sacramento Peak. Ergebnisse: Die Häufigkeitsverteilung besitzt ein Minimum in 35° Breite; Gesamtzahl am Sonnenrand ~ 11000; mittlere Höhe an den Polen 9500 km, am Äquator 7300 km; mittlere Lebensdauer bis zu 10 min; Geschwindigkeit des Sichtbarwerdens und des Verschwindens in Hα im Mittel 19 und 24 km/sec. Keine merkliche Abweichung von linearer Bewegung. Voigt

6652. **M. López Arroyo,** Nota acerca de una protuberancia eruptiva de rapida evolución. Bol. Astr. Obs. Madrid **5** Nr. 2 S. 217—220.

* * **R. E. Loughhead, J. A. Roberts, M. K. McCabe,** The association of solar radio bursts of spectral type III with chromospheric flares. Vgl. Ref. **6540**.

6653. **C. J. Macris,** Recherches sur les spicules en projection sur le disque solaire. Ann d'Astrophys **20** 179—184. — In Ergänzung zu einer früheren Untersuchung wird an Hand von neuem und vermehrtem Material der Nachweis erbracht, daß die am Sonnenrand als Spiculen sichtbaren Gebilde in Hα-Spektroheliogrammen als dunklere mehr oder weniger runde Kondensationen in Erscheinung treten, die einen mittleren Durchmesser von 5.″5 und eine mittlere Lebensdauer von 5.5 Minuten haben. H. M.

6654. **L. Marshall,** Coronal streaming in solar sunspot prominences. ApJ **126** 177—184. — Die in Fleckenprotuberanzen beobachteten wie Kondensations- oder Auflösungsprozesse aussehenden Erscheinungen werden auf Magnetfeldänderungen zurückgeführt, die auf dem Wege über die Induktion zu einer Änderung der Temperatur und damit des Ionisations- und Anregungszustandes des Wasserstoffs führen, sodaß sich bei gleich bleibender H-Dichte die Hα-Emission stark verändert. Die in diesen Protuberanzen beobachteten Strömungen werden durch Stoß- und hydromagnetische Wellen erklärt, durch die sich Magnetfeldstörungen längs den magnetischen Kraftlinien bewegen und so Indikatoren kleiner Bewegungen und Magnetfeldänderungen der Flecken darstellen. Gü.

6655. **M.-J. Martres, G. Olivieri, J. Rayrole,** Eruptions chromosphériques remarquables associées à des disparitions brusques de filaments. CR **244** 1724—1725. — Chromosphärische Eruptionen außerhalb der Aktivitätszentren treten oft zusammen mit «disparitions brusques» (D. B.) auf. Es werden zwei mit der automatischen Hα-Kamera gewonnene Beobachtungen beschrieben, bei denen nach einer D. B. entlang dem Ort des verschwundenen Filamentes Eruptionen, in einem Fall bis zur Größe 2+, aufgetreten sind. Auf älteren Hα-Spektroheliogrammen werden weitere zehn Fälle eines Auftretens heller Punkte am Ort des verschwundenen Filamentes gefunden. Eruptionen dieser Art sind in K_3, aber kaum oder nicht in K_1 zu sehen, im Gegensatz zu den üblichen, in Aktivitätszentren beobachteten Eruptionen, die in K_3 und K_1 gleichzeitig sichtbar sind. Mehltretter

6656. **R. Michard,** Spectrophotométrie des raies d'émission intenses de la chromosphère. III. La raie He I 5876. Ann d'Astrophys **20** 1—9. — Spektrographische Beobachtungen in Arcetri am Sonnenrand liefern für die Emissionslinie D_3 des Helium I Halbwertsbreiten von 0.40 bis 0.61 Å in Höhen von 1000 bis 6000 km über der Photosphäre, die, als Dopplerverbreiterungen gedeutet, für die Sonnenatmosphäre außerhalb von Fackeln auf Temperaturen zwischen 36000 und 85000° führen. Dv.

6657. **M. G. J. Minnaert,** De chromosfeer der zon. Natuurk. **66** Nr. 1 S. 19—22 = Sterrewacht «Sonnenborgh» Utrecht Overdruk 4° Nr. 11. — Kurzer, zusammenfassender Bericht der Utrechter Arbeiten über die Chromosphäre: Instrumentarium, Finsternisauswertung und theoretische Arbeiten (inhomogene Modelle mit Spiculen und Interspiculen). Voigt

6658. **R. Müller,** Katalog chromosphärischer Sonneneruptionen 1956. Forschungsber. Obs. Wendelstein Nr. 19 S. 18—19.

6659. **E. R. Mustel, T. T. Zap,** Comparison of hydrogen and calcium spectroheliograms and the excitation of hydrogen atoms in flocculi. Mitt. Astrophys. Obs. Krim **17** 162—176 (russ. mit engl. Ref.). — Aus simultan aufgenommenen Spektrogrammen im Licht von K (Ca^+) und Hα wurden durch photometrische Schnitte die Intensitäten nebst ihren Schwankungen in Flocculi bzw. Flocculi-Gebieten abgeleitet. Die Variationen von I (Hα) sind immer kleiner als die von I (K), wenn auch meist eine Ähnlichkeit im Verlauf vorhanden ist. Während die Anregung der Ca II-Atome in den H- und K-Linien in den Flocculi und der ungestörten Chromosphäre durch Elektronenstoß erfolgt, wobei die Elektronentemperatur zwischen 6000 und 8000° liegt, kommt als Anregungsmechanismus der Wasserstoffatome in Hα-Flocculi Elektronenstoß nicht in Betracht. Es ist daraus zu schließen, daß die Chromosphäre in den Flocculi ein außerordentlich inhomogenes Gebilde darstellt und insbesondere Elemente verschiedenster Temperaturen enthält. Loh.

6660. **F. Q. Orrall, R. G. Athay,** Physical conditions in solar prominences. AJ **62** 28. — Ref. AAS.

* * **L. Oster,** Über die Abkühlung stellarer Materie durch thermische Emission und das Abklingen der Sonneneruptionen. Vgl. Ref. **5014.**

6661. **J. M. Parker,** Line contours and wave lengths in the flash spectrum without eclipse. AJ **62** 29. — Ref. AAS.

6662. **I. A. Prokofjewa,** The structure of the chromosphere as shown by the Fraunhofer lines Hα and Hβ. Mitt. Astr. Hauptobs. Pulkowo **21** Nr. 1 (160) S. 156—169 (russ. mit engl. Ref.). — Auf den besten Aufnahmen mit dem Sonnenspektrographen in Pulkowo ist eine Ungleichförmigkeit der Struktur der Linien Hα und Hβ zu sehen sowohl im Zentrum wie auch am Rande der Sonnenscheibe. Verf. erklärt diese Störungen des normalen Linienprofils durch Ströme in der Chromosphäre. Die Profile dieser Störungen werden berechnet. Verf. bemerkt jedoch, daß das normale Profil wegen Überlagerung der Emission von schwachen hellen Flocculi, die auch in ungestörten Gebieten der Sonnenatmosphäre existieren, nicht eindeutig bestimmt ist. In der Nähe des Sonnenrandes verlaufen die dunklen Streifen der Hα-Linie konvex zum Sonnenrande. Verf. schließt daraus auf die Existenz dynamischer Elemente in der Chromosphäre, die den bogenartigen Protuberanzen ähnlich sind. Ond.

6663. **I. A. Prokofjewa,** «Striche» und schwaches Leuchten in der Helium-D_3-Linie in Spektren von Gebieten mit Protuberanzen. Sonnendaten 1957 Nr. 4 S. 132—135 (russ.). — Verf. veröffentlicht Messungen der Linienkontur von D_3 in Protuberanzen aus den Monaten Juli und August 1957, die mit dem Koronographen des Observatoriums in Pulkowo durchgeführt wurden. Aufgenommen wurden Protuberanzen im Abstand von 10″ bis 40″ vom Sonnenrand. Verf. interessierte sich besonders für die «Striche», d. h. Emissionen, welche in D_3 eine sehr flache Linienkontur ergeben mit (ganzen) Halbwertsbreiten bei 2 Å. Es werden einige Spekulationen über die physikalischen Bedingungen angeschlossen, die diese Art von Heliumemissionen verursachen könnten, insbesondere im Zusammenhang mit den Annahmen von Billings über Temperaturen und Bewegungsverhältnisse. Oster

6664. **S. Rosseland, E. Tandberg-Hanssen,** On some solar disturbances on 18 August and 24 September 1956. Astrophys. Norvegica **5** 279—287. — An zwei Beispielen werden die Zusammenhänge zwischen optisch beobachteten Vorgängen auf der Sonne und plötzlich verstärkter radiofrequenter Strahlung von 200 MHz studiert. In beiden Fällen handelt es sich um Materie, die mit hoher Geschwindigkeit ausgeworfen wird; das eine Mal als eruptive Protuberanz am Sonnenrand, das andere Mal als dunkles Filament hoher Radialgeschwindigkeit auf der Scheibe sichtbar. Die Radiostrahlung setzt ein, wenn die ausgeworfene Materie die Höhenschicht erreicht hat, aus der Strahlung dieser Frequenz erstmals zu uns gelangen kann. Optische und radiofrequente Beobachtungen ergänzen sich darin, daß man den Verlauf des Vorganges analysieren kann. H. M.

6665. **A. B. Sewerny,** A spectroscopic investigation of the deuterium Dα-line in active regions on the sun. AJ UdSSR **34** 328—335 (russ. mit engl. Ref.). — Mit hohem Auflösungsvermögen (300000) und der Dispersion (4 mm = 1 Å) des Turmteleskops wurde das Verhalten der Linie λ 6561.105 in 28 Zentren kurzlebiger, kontinuierlicher und diskreter Emissionen und in der benachbarten ungestörten Atmosphäre untersucht. Es wurde eine Vergrößerung der Äquivalentbreite dieser Linie im Mittel um 1.3 mal und der Tiefe um 1.7 % im Spektrum dieser Zentren festgestellt. Dieser Effekt, so wird gezeigt, ist weder mit zufälligen noch mit systematischen Fehlern verbunden und beweist die Existenz einer gewissen, sich der Linie λ 6561.105 überlagernden Sonnenlinie. Ferner wird auf das Erscheinen einer Linie an der Stelle von Dα im Sonnenfleckenspektrum in Fällen außergewöhnlich geringer Luftfeuchtigkeit hingewiesen, wo λ 6561.105 auf der ungestörten Sonnenscheibe praktisch fehlte. Die Wellenlänge dieser Linie 6561.09 fällt mit der Wellenlänge der roten Komponente der Feinstruktur von Dα zusammen, und ihre Äquivalentbreite weist auf eine Erhöhung des relativen Deuteriumgehaltes (D/H bis 10^{-4}) hin. Es ist möglich, daß in aktiven Gebilden auf der Sonne Neutronenquellen existieren. Verf. (übersetzt)

6666. **A. B. Sewerny,** Some results of investigations of nonstationary processes on the sun. AJ UdSSR **34** 684—693 (russ. mit engl. Ref.). — Die hier gezogenen Schlußfolgerungen beruhen auf den in den letzten vier Jahren auf der Krim-Sternwarte durchgeführten Beobachtungen. Inhalt: 1.) Die Feinstruktur der Emission in aktiven Gebilden; 2.) Eruptionen; 3.) Die Möglichkeiten zur Bildung von Teilchen hoher Energien in der Sonnenatmosphäre. Loh.

6667. **A. B. Sewerny,** Investigation of the fine structure of the emission in active regions on the sun. Mitt. Astrophys. Obs. Krim **17** 129—161 (russ. mit engl. Ref.). — Verf. berichtet hier über die Ergebnisse der seit 1954 am Sonnenturm auf der Krim durchgeführten spektroskopischen Untersuchungen aktiver Gebilde, der Feinstruktur ihrer Emissionen, der kontinuierlichen Emissionsstreifen und der kurzzeitigen Emissionen in den Flügeln ungestörter Fraunhofer-Linien («Schnurrbärte»). Abschließend wird die Möglichkeit des Ablaufs von Kernprozessen in der Sonnenatmosphäre diskutiert. Loh.

6668. **J. M. Slonim,** Chromosphärische Eruptionen und einige Merkmale aktiver Sonnengebiete. Nachr. Akad. Wiss. Usbek. Sowjetrepublik (Phys.-Math.) 1957 Nr. 1 S. 83—93 (russ. mit usbek. Ref.). — Ref. in RJ 1958 Nr. 1 S. 55.

6669. **J. M. Slonim,** Aktive Sonnengebiete und chromosphärische Ausbrüche. Publ. Astr. Obs. Taschkent (2) **6** 61—100 (russ.).

* * **J. M. Slonim, K. F. Kuleschowa,** Einige Merkmale des letzten elfjährigen Sonnenzyklus. Vgl. Ref. **6355**.

6670. **E. v. P. Smith,** Hα profiles in the chromosphere. ApJ **126** 529—536 = Harv Repr Nr. 476. — Es werden Hα-Linienprofile für verschiedene Höhen in der Chromosphäre im Bereich von ca. 12000 km angegeben, aufgenommen mit dem 13 m-Spektrographen am 16′-Koronographen in Sacramento Peak und vom Photosphärenstreulicht befreit. Im Bereich der unteren 5000 km zeigen die Profile starke Selbstabsorption, darüber nähern sie sich einem Gaußprofil, behalten dabei aber zu steile Flanken. Die Hα-Profile der Spiculen unterscheiden sich nicht wesentlich von denen des Hintergrundes. Auch in ca. 5000 km Höhe liegen bei beiden die Halbwertsbreiten noch zwischen 1.5 und 1.9 Å. Gü.

6671. **H. J. Smith, E. v. P. Smith,** Chromospheric spectra outside eclipse. AJ **62** 33. — Ref. AAS.

6672. **H. J. Smith,** Spectra of three bright prominences. Publ ASP **69** 450—456 = Harv Repr Nr. 475. — Nach einer Beschreibung des Koronaspektrographen, mit dem auch Spektren von Protuberanzen erhalten werden, werden für drei besonders ergiebige Protuberanzenspektren die Wellenlängen, Intensitäten und Identifikationen der beobachteten Linien gegeben. Einige Folgerungen für die Temperatur und die Anregung werden daraus gezogen. U. Be.

6673. **Z. Švestka, L. Fritzová,** Temperature conditions and the state of excitation in chromospheric flares. BAC **8** 61—68. — Linientiefen für $H\alpha$, $H\gamma$, $H\delta$, $H\varepsilon$, $H\zeta$ nach Messungen von Mustel und Sewerny in einem Flare vom 5. Aug. 1949 werden diskutiert. Abweichungen von Ergebnissen nach Intensitäten in den Linienflügeln werden dem Einfluß der Rückstrahlung vom Flare in die Photosphäre zugeschrieben. Bei großen Flares wird eine kinetische Temperatur von 6000° an der Oberfläche und von 10000° im Innern gefunden. Die Oberflächentemperatur reicht zur Erklärung des Anregungszustandes entsprechend der Zentralintensität der betrachteten Linien aus. Dv.

6674. **Z. Švestka,** Physical conditions in chromospheric flares. Českosl. Akad. věd Astr. ústav Publ. Nr. 32, 90 S. (mit tschech. und russ. Ref.). — Die Analysierung von Linienprofilen in den Spektren einiger chromosphärischer Eruptionen führt zu folgendem Ergebnis. Die optische Dicke im Zentrum von $H\alpha$ ist bei den größten Eruptionen ungefähr 10000 und selbst bei den kleinsten noch größer als 200. Die kinetischen Temperaturen dürften im Innern des Eruptionsgebietes bis gegen 10000 Grad betragen, während sie am Rand auf etwa 6000 Grad abfallen; die Elektronentemperaturen sind dabei nicht wesentlich höher als 10000 Grad. Damit ist gezeigt, daß allgemein die Temperatur in der unteren Chromosphäre vergleichbar mit der Photosphärentemperatur ist. Die Untersuchung der Anregungstemperaturen läßt im übrigen erkennen, daß zumindest in den äußeren Teilen der Eruption nahezu thermisches Gleichgewicht besteht. H. M.

6675. **E. Tandberg-Hanssen,** On the correlation between solar flares and radio bursts. Astrophys. Norvegica **6** 17—25. — Die Ausbrüche der solaren Radiostrahlung auf 200 MHz dürften nicht als durch chromosphärische Eruptionen hervorgerufen betrachtet werden; vielmehr sind Eruptionen und Radiostrahlungsausbrüche verschiedene Manifestationen einer gemeinsamen Störung. Gleissberg

6676. **P. J. Treanor,** Chromospheric interferometry. MN **117** 22—35 = Commun. Univ. Obs. Oxford Nr. 62, Obs **77** 7—9 (Ref. RAS). — Die hellen Chromosphärenlinien wurden mit einem Fabry-Perot-Etalon in Verbindung mit einem Spektrographen niedriger Dispersion und ganz engem Spalt photographiert (außerhalb einer Finsternis). Nach einer Beschreibung der Methode werden die Ergebnisse einer Untersuchung an der D_3-Linie mitgeteilt: das Profil der Linie ist im Bereich von 1500—4250 km von der Höhe nahezu unabhängig. Das Ergebnis wird diskutiert in der Art, daß die die Linie emittierenden Atome eine Turbulenzgeschwindigkeit von 17 km/sec anzeigen. U. Be.

6677. **M. Waldmeier,** Ein neuer Effekt chromosphärischer Eruptionen. Naturwissenschaften **44** 439. — Während chromosphärische Eruptionen gewöhnlich im Kurzwellengebiet ein Fading, im Längstwellengebiet hingegen eine Erhöhung der Empfangsfeldstärke bewirken, hat eine am 16. April 1957 in Ostrandnähe aufgetretene Eruption zwar auf Welle 2950 m die übliche Empfangsverbesserung, aber auf der Welle 5320 m eine unerwartete Empfangsverschlechterung, ähnlich wie auf den Kurzwellen, gebracht. Gleissberg

6678. **M. Waldmeier,** Die polare Protuberanzenzone. ZfA **42** 34—41 = Astr. Mitt. Sternw. Zürich Nr. 205. — Die polare Protuberanzenzone bewegt sich vom Sonnenfleckenminimum zum Maximum von mittleren heliographischen Breiten zu den Polen. Die Geschwindigkeit dieser Verschiebung ist in jedem Zyklus, unabhängig von dessen Intensität dieselbe. Zur Zeit eines hohen Fleckenmaximums ist die Breite der Polarzone b_p niedrig, zur Zeit eines niedrigen Maximums hoch, oder die Zone ist bereits verschwunden. Da ein hohes Maximum verfrüht, ein niedriges verspätet auftritt, bedeutet jenes Resultat, daß die Polarzone sich in konstanten Intervallen wiederholt und unabhängig von der Intensität des Zyklus abläuft. Die stationären Protuberanzen stehen in engem Zusammenhang mit den langen Koronastrahlen. Die charakteristische Maximumsform der Korona tritt auf, wenn $b_p = 69°$ beträgt. Verf.

6679. **J. W. Warwick,** Flare-connected prominences. ApJ **125** 811—816. — Aus der bei Raketenaufstiegen gemessenen Intensität der normalen solaren Lα-Strahlung und der für die Erzeugung der SID-Störungen der D-Schicht erforderlichen wird geschlossen, daß eine so weit verstärkte Lα-Strahlung der Eruptionen imstande ist, bei Aufstiegen damit verbundener Protuberanzen durch den Strahlungsdruck mitzuwirken. Verf. berichtet über vier Beobachtungen solcher Protuberanzenbewegungen. Aus den Strömungsgeschwindigkeiten, die in den aufsteigenden bogenförmigen Protuberanzenteilen beobachtet wurden, und ihren Krümmungen werden die für deren Erhaltung angenommenen Magnetfelder berechnet. Es ergeben sich Feldstärken zwischen 100 und 500 Gauß, die in einer Höhe von 3×10^5 km über der Photosphäre nicht auf Fleckenfelder zurückgeführt werden können, sondern auf einen Ursprung der Aktivität in weit größerer Tiefe hinweisen. Gü.

6680. **J. W. Warwick, H. Zirin, T. A. Chubb, H. Friedman, R. A. Kreplin, J. E. Kupperian jr.,** Rocket observation of X-ray emission in a solar flare. Nature **180** 500—501. — Bemerkungen von Warwick und Zirin zu einer früheren Arbeit der übrigen Autoren (vgl. Ref. **6623**) und Entgegnung dieser Autoren.

6681. **P. A. Wayman,** A solar flare on 1956 November 7. Obs **77** 24—26. — Eine Beschreibung dieser Eruption wird an Hand von Photos und Kurven gegeben. Besonders betrachtet werden a) der Verlauf der Intensität, b) der Verlauf der Linienbreite, c) die zeitliche Änderung der Fläche und d) die Änderung der Empfangsfeldstärke auf 27 KHz und 6.3 MHz. U. Be.

6682. **W. P. Wjasanizyn,** An investigation of the solar chromosphere. II. Mitt. Astr. Hauptobs. Pulkowo **21** Nr. 1 (160) S. 140—155 (russ. mit engl. Ref.). — Verf. geht von seinen Intensitätsmessungen der Chromosphären-Linien aus (vgl. AJB **56** Ref. **6656**) und leitet die Häufigkeit von Ca, Sr, Ba und Na in der Chromosphäre ab. Ferner wurde die Selbstabsorption in den Linien Hα, Hβ, H und K betrachtet und die Anzahl der Wasserstoffatome im zweiten Quantenzustand und der Ca^+-Atome berechnet. Aus Wasserstofflinien wurde die Anregungstemperatur 5550° abgeleitet, und schließlich werden die Elektronendichte, die Dichte des Orthoheliums und des ionisierten Heliums sowie auch die Anregungstemperatur in beiden Fällen berechnet. Ond.

6683. **H. Zirin,** Comprehensive graded-height spectra of solar prominences. AJ **62** 42. — Ref. AAS.

6684. **H. Zirin,** On the enhancement of certain helium lines in the limb flare of June 24, 1956. ApJ **126** 159—166. — Im Spektrum einer Randeruption wurden starke Emissionen von HeII λ 4686, HeI λλ 4471, 4713 und 4922 — diese mit ungefähr gleicher Intensität — sowie von HeI λ 6678, Hα und Hβ gefunden. Ein Vergleich der Dopplerbreiten von HeI λλ 4922, 4713, 4686 und Hβ liefert eine kinetische Temperatur von etwa 39000°. Die Diskussion der angenäherten Intensitätsgleichheit von λλ 4471, 4922 und 4686 ergibt eine Elektronentemperatur $T_e \approx 30000°$ sowie eine Elektronendichte $N_e > 3 \times 10^{12}$ cm^{-3}. Die anomale Anregung von λλ 4713 und 4922 wie auch von einigen weiteren HeI-Linien in der Eruption kann für $T_e > 30000°$ und $N_e > 3 \times 10^{12}$ cm^{-3} auf Stoßanregung vom 1^1S-Grundzustand aus zurückgeführt werden. Gü.

6685. **H. Zirin,** Spectre d'une éruption au bord du disque solaire. CR **244** 2893. — Mit dem Koronographen in Climax wurde am Sonnenrand eine Eruption beobachtet, die ein intensives kontinuierliches Spektrum, verbunden mit einer sehr großen Helligkeit der Koronalinie λ 5694 Å, zeigte. Die von λ 3889—λ 4150 und λ 5480—λ 5750 reichenden Spektren zeigen 30 Emissionslinien der Eruption und die Koronalinien λ 4086 und λ 5694 von Ca XIII bzw. Ca XV. Eine Tabelle gibt Wellenlängen, Identifikationen und vorläufige Werte der relativen Intensitäten der Eruptionslinien. Mehltretter

6686. A solar «blow-off» prominence. Nature **180** 589.

6687. **Beobachtungen der Chromosphäre, Flares und Protuberanzen**

Abh. Udmurt. Staatl. Pädagog. Inst. 1957 Nr. 11 S. 173—181 (russ.). Beobachtungen von Protuberanzen im Juni 1954. W. D. Kusminych. — Ref. in RJ 1958 Nr. 11 S. 48.

AC Nr. 183 S. 13—15 (russ.). Spektralphotometrie des chromosphärischen Ausbruchs vom 30. August 1956 in den Wasserstofflinien. A. Kowal.

Anais do Observatório Astronómico da Universidade de Coimbra. Primeira Secção. Fenómenos solares. Tomo **12** 1940. Coimbra, 1957. 8 + 300 S. mit Tafeln. — Beob. 1940.

BAC **8** 128—129. Observation of two large chromospheric flares of May 30, and 31, 1956. Z. Seidl, L. Horák.

Bol. Astr. Obs. Madrid **5** Nr. 2 S. 1—59. Protuberancias solares. Resumen de las observaciones realizadas durante el año 1956. E. Gullón, M. López Arroyo, J. Febrer.

Bol. Obs. Ebro **44**, 72 S. Heliofísica 1956.

Boll. Accad. Gioenia Sci. nat. Catania (4) **3** 477—490 = Oss. Astrofis. Catania Pubbl. (NS) Nr. 15. Osservazioni solari nel 1956. S. Cristaldi.

Boll. Geod. e Sci. affini **16** 618—621. Osservazioni di macchie solari, di protuberanze e della cromosfera, eseguite nel periodo 1. luglio 1956—30. giugno 1957. M. Rigutti.

BSAF **71** 25—26, 57—58, 120—121, 246—247, 303, 329—330, 378, 425—426, 489. L'activité solaire. M. d'Azambuja. — Rotationen 1380—1392.

Bull. Informat. Ionosph. Géophys. **1** Nr. 1—12.

Ciel et Terre **73** 66—76 = Commun. Obs. Roy. Belgique Nr. 112. La chromosphère et les protubérances en 1955. R. Coutrez, A. Koeckelenbergh.

Ciel et Terre **73** 77, 219, 345, 568—569. Activité solaire — résumés. A. Koekkelenbergh. — Rotationen Nr. 1377—1393.

Ciel et Terre **73** 517—526 = Commun. Obs. Roy. Belgique Nr. 124. La chromosphère et les protubérances en 1956. R. Coutrez, A. Koeckelenbergh.

Ciel et Terre Suppl. 1957 Nr. 1—6 = Commun. Obs. Roy. Belgique Nr. 124. Observations photosphériques et chromosphériques. P. Bourgeois, R. Coutrez, A. Koeckelenbergh. — Rotationen 1377—1382.

Circ. Astr. Obs. Charkow Nr. 16—17 S. 3—37 (russ.). Die photosphärische und chromosphärische Sonnenaktivität vom 1. Januar bis 31. Dezember 1954 und 1. Januar bis 31. Dezember 1955 nach Beobachtungen am Astronomischen Observatorium Charkow. L. I. Krissenko, R. M. Rapota.

Circ. Astr. Obs. Taschkent Nr. 286—289. Die Sonnenaktivität 1956 Nov.—1957 Juni. K. Kuleschowa.

Coelum **25** 18—19, 53—55, 78—79, 115—116, 145—146, 180—181. Fenomeni solari dei mesi di 1956 ottobre—1957 settembre.

Coelum **25** 111—113 = Oss. Astr. Roma Monte Mario Contr. Sci. Nr. 241. Il brillamento solare del 20 gennaio e l'aurora boreale del 21—22 gennaio 1957. T. Fortini, K. Bjerke.

DOB **10** Nr. 1—10 Fasc. 1, Nr. 11—12 Fasc. 2. Série solaire.

Fraunhofer-Inst. Freiburg. Daily maps of the sun. — 1957 Jan. 1—Dez. 31.

Greenwich Photo-heliographic Results 1950. Results of measures made at the

Royal Greenwich Observatory of photographs of the Sun, taken at Greenwich, the Cape and Kodaikanal in the year 1950. London, Her Majesty's Stationery Office, 1957. C I—VIII, C 1—137.

J. Geophys. Res. **62** 155—161, 309—323, 475—478, 629—638. Geomagnetic and solar data. J. Bartels, J. Veldkamp, M. Waldmeier, R. L. Gebhardt, A. Romañá.

Kodaikanal Obs. Bull. Nr. 142 S. 1—6. Summary of prominence observations for the first half of 1954.

Kosmische Daten. Herausgegeben vom Inst. Erdmagnetismus, Ionosphäre, Ausbreitung von Radiowellen UdSSR, 1956 Nr. 3—10, 1957 Nr. 1—9 (russ.).

Mem SA It (NS) **28** 129—134 = Oss. Astrofis. Arcetri Contr. Nr. 12. Osservazioni di protuberanze e della cromosfera solare eseguite nel 1956. M. Rigutti.

Obs **77** 40—42. Solar activity and geomagnetic storms, 1956. P. A. Wayman, H. F. Finch.

Obs **77** 238. The blow-off prominence of 1956 May 18. M. A. Ellison.

Obs **77** 238—239. An abrupt flare on 1956 September 6. R. G. Giovanelli, M. K. McCabe.

PAT **38** 72—73. Solens aktivitet under 1955 och 1956.

Publ. Astr. Hauptobs. Pulkowo. Katalog der Sonnentätigkeit von 1954—1955. 135 S. (russ.). R. S. Gnewyschewa.

Publ ASP **69** 166—168. Solar activity in 1956. T. Cragg.

Publ ASP **69** 268—270. The eruptive prominence of May 18, 1956. T. A. Cragg. — Ein Höhen-Zeit-Diagramm und ein Intensität-Zeit-Diagramm einer aufsteigenden Protuberanz werden gegeben. U. Be.

Publ. Istanbul Univ. Obs. Nr. 60 S. 95—102 (mit türk. und engl. Ref.). Observations des éruptions chromosphériques en 1956. K. Avcioğlu.

Quarterly Bull. Solar Activity Nr. 114—116 S. 289—408. Published by the Eidgen. Sternw. Zürich. — 1956 April—Dez.

Report Ionosph. Res. Japan **11** 67—98. Catalogue of disturbances in ionosphere, geomagnetic field, field intensity of radio wave, cosmic ray, solar phenomena and other related phenomena. Nr. 21 (January 21—24, 1957).

Rev. geofís. **15** 345—358, 463—476, 1956. Nota relativa a la actividad solar, geomagnética e ionosférica. J. O. Cardus. — Ref. in RJ 1958 Nr. 5 S. 43, Nr. 7 S. 36.

Sonnendaten 1956 Nr. 6 S. 1—137; 1957 Nr. 1 S. 1—132, Nr. 2 S. 1—111, Nr. 3 S. 1—104, Nr. 4 S. 1—131 (russ.). Tägliche Karten der Sonne und Magnetogramme. — 1956 Nov.—1957 Aug.

Sonnendaten 1957 Nr. 1 S. 133—138 (russ.). Die große Eruption auf der Sonne vom 31. August 1956. V. Bumba, S. I. Gopassjuk, A. S. Dworjaschin, N. N. Jerjuschew, I. G. Moissejew, N. A. Sawitsch, A. B. Sewerny, W. E. Stepanow.

Stockholms Obs. Ann. **20** Nr. 3, 38 S. Solar flares observed at the Swedish Astrophysical Station in Anacapri in the year 1956. Y. Öhman.

Studii cercetări astr. seismol. **2** Nr. 1 S. 7—37. Observații solare rotațiile 1363—1373 (28 iulie 1955—22 mai 1956). C. Popovici, I. Soru, E. Tifrea.

Tokyo Astr. Obs. Bull. Solar Phenomena 8 69—97, **9** 1—89. — 1956 Okt.—1957 Sept.

Urania Barcelona **42** 124. Datos relativos a la actividad solar y geomagnética en 1955.

Urania Barcelona **42** 176. Datos relativos a la actividad solar y geomagnética en 1956.

Urania Barcelona **42** 251—257. Protuberancias solares. Resumen de las observaciones realizadas en el Observatorio de Madrid durante el año 1956. Altura de la cromosfera en el mismo año. E. Gullón.

Urania København **14** 32. Eruption paa Solen.

VJS Naturf. Ges. Zürich **102** 89—115 = Astr. Mitt. Sternw. Zürich Nr. 208. Die Sonnenaktivität im Jahre 1956. M. Waldmeier.

6688. Sonneneruption vom 23. Februar 1956

A. H. Allan, D. D. Crombie, W. A. Penton, Long-path V. L. F. — Frequency variations associated with the solar flare of 23 February 1956. J. Atmosph. Terr. Phys. **10** 110—113. — Ref. in Phys. Ber. **36** 2173.

J. A. van Allen, J. R. Winckler, Spectrum of low-rigidity cosmic rays during the solar flare of February 23, 1956. Phys. Rev. (2) **106** 1072—1073.

F. Bachelet, A. M. Conforto, Aumento straordinario dell'intensità dei raggi cosmici associato con l'eruzione solare del 23 Febbraio 1956. Suppl. Nuovo Cimento (10) **6** 431—432. — Ref. in Phys. Ber. **37** 838.

D. K. Bailey, Disturbances in the lower ionosphere observed at VHF following the solar flare of 23 February 1956 with particular reference to auroral-zone absorption. J. Geophys. Res. **62** 431—463. — Für sieben auf hoher Breite gelegene nordamerikanische Ultrakurzwellenstrecken, die mit Ionosphärenstreuung arbeiten, werden die empfangenen Signalstärken und der kosmische Rauschuntergrund nach der großen Sonneneruption 1956 Feb. 23 diskutiert. Drei Stunden danach lagen alle Strecken noch auf der Nachtseite. Während 2 Tage nach der Eruption weder geomagnetische Stürme noch eine ungewöhnliche Polarlichttätigkeit beobachtet wurden, zeigten die Signalstärken unmittelbar nach dem Eintreffen der solaren Korpuskularstrahlung einen ausgeprägten Anstieg. 1 bis 3 Stunden später trat eine ungewöhnlich stabile Nachtabsorption und darauf eine starke Tagesabsorption auf, welche im Laufe einiger Tage allmählich verschwindend sich täglich wiederholten. Alle Erscheinungen waren im wesentlichen auf geomagnetische Breiten über 60° beschränkt. Verf. erklärt den ersten Anstieg der Signalstärke mit der Annahme, daß die solare Partikelstrahlung anfangs überwiegend positive Ladung mitführte. Die Absorptionserscheinungen werden auf eine Ablagerung solarer mittelschwerer Atomionen wie Ca^+ in der D-Schicht zurückgeführt, deren Ionisierungsspannungen im Vergleich mit denen der normalen Bestandteile der Atmosphäre klein sind. Die sich aus dieser Interpretation ergebenden Beziehungen zwischen den Wirkungsquerschnitten werden diskutiert, ferner auch die beobachtete Asymmetrie der Tagesabsorption zum wahren Mittag. Gü.

R. R. Brown, The superposition of cosmic-ray effects on February 23, 1956. J. Geophys. Res. **62** 147—154.

R. Bureau, A. Dauvillier, La fulguration chromosphérique du 23 février 1956, ses effets cosmiques et géophysiques. J. Phys. Radium **18** 512—517. — Verf. beschreiben die während dieser Eruption gemachten Beobachtungen: 1.) Die bei der kosmischen Strahlung auftretenden Phänomene; 2.) Ergebnisse der direkten Beobachtung der Sonne; 3.) Anomalien des erdmagnetischen Feldes; 4.) Ionosphärische Störungen. Henn

S. E. Forbush, Large increase of cosmic-ray intensity following solar flare on February 23, 1956. J. Geophys. Res. **62** 169—170.

N. N. Jerjuschew, Ionosphärische Effekte der großen Sonneneruption vom 23. Februar 1956. Vgl. Ref. 72161.

M. Kitamura, On the unusual increase of cosmic ray intensity on February 23, 1956. Report Ionosph. Res. Japan **11** 55—59.

H. I. Leighton, Field-strength variations recorded on a VHF ionospheric scatter circuit during the solar event of February 23, 1956. J. Geophys. Res. **62** 483—484. — Im Anschluß an die große Sonneneruption 1956 Feb. 23 wurde auf der 49.8 MHz-UKW-Strecke Cedar Rapids (Iowa)-Sterling (Virginia) eine plötzliche Ionosphärenstörung (SID) beobachtet. Während die Strecke noch auf der Nachtseite lag, setzte 10 min nach Beginn der Eruption eine Überhöhung der Signalstärke ein, die zugleich mit der Aktivität der kosmischen Ultrastrahlung nach $0^h\!.5$ ein Maximum erreichte und nach $2^h\!.5$ endete. Ähnliche Erscheinungen wiederholten sich an den folgenden drei Tagen ohne weitere Eruptionen. Gü.

F. Lied, Ionospheric absorption observed on 23rd February 1956 at Kjeller and Tromsö. J. Atmosph. Terr. Phys. **10** 48. — Ref. in Phys. Ber. **36** 2171.

R. Lüst, J. A. Simpson, Initial stages in the propagation of cosmic rays produced by solar flares. Phys. Rev. (2) **108** 1563—1576. — Inhalt: 1) Introduction; 2) Delayed arrival of low-energy particles; 3) Sun-earth orbits at the time of the flare and the distribution of cosmic-ray intensities over the earth; 4) Origin of the delays in onset times for the arrival of solar cosmic rays; 5) Diffusion of solar cosmic rays out of the general solar magnetic field; 6) Cosmic-ray effects in the polar regions; 7) Transition from impact zone effects to isotropic incidence; 8) Consequences of the dispersion effect and impact zones for propagation in uniform magnetic fields.

P. L. Marsden, J. G. Wilson, D. C. Rose, Geomagnetic variations in the cosmic-ray disturbance of 23 February 1956. J. Atmosph. Terr. Phys. **10** 117—119.

Y. Nakata, Sweep-frequency ft and h't records of the ionosphere at the time of solar flares on February 14 and 23, 1956. Report Ionosph. Res. Japan **10** 149—151, 1956. — Ref. in RJ 1958 Nr. 8 S. 44.

E. N. Parker, Acceleration of cosmic rays in solar flares. Phys. Rev. (2) **107** 830—836. — Ref. in Phys. Abstracts (A) **61** 2.

G. Pfotzer, Über die Dauer der Emission und die Steilheit des Impulsspektrums der solaren Ultrastrahlung bei der chromosphärischen Eruption am 23. 2. 1956. Ann. Physik (6) **20** 26—41. — Schlüter, Firor, Sekido und Murakami schlossen bereits aus der globalen Intensitätsverteilung solarer Ultrastrahlung, die zwischen 1942 und 1949 in vier Fällen registriert wurde, daß die Teilchen die Erde nicht nur auf direktem Wege, sondern auch auf Umwegen erreichen können. Es wird nun gezeigt, daß auf Grund der Neutronenregistrierungen beim letzten und bisher stärksten Ultrastrahlungsausbruch von der Sonne am 23. 2. 1956 die beiden Strahlungsanteile an europäischen Trefferzonen separiert werden können. Danach ist es evident, daß die direkte Einstrahlung praktisch mit dem Verlöschen des optischen Phänomens aufhörte, welches das Hauptmerkmal einer chromosphärischen Eruption auf der Sonne ist. Hieraus folgt auch unzweifelhaft, daß die bis zu 16 Stunden später noch eintreffende Strahlung im Sonnensystem gespeichert wurde. Die Steilheit des Impulsspektrums der direkten Strahlung konnte abgeschätzt werden. Unter Annahme eines Potenzspektrums $f(p)\,dp \sim p^{-\gamma}$ läßt sich ein mittlerer Exponent $\gamma \approx 3.4$ für den Impulsbereich $2 \leqq p \leqq 6$ GeV/c angeben. Da für die Umwegstrahlung $5.5 \leqq \gamma \leqq 7$ gefunden wurde, ist damit auch die Degeneration der Strahlungsqualität nachgewiesen, die bei einem Speicherprozeß zu erwarten ist. Verf.

G. Pfotzer, Direkte und indirekte Anteile solarer Ultrastrahlung bei der chromosphärischen Eruption am 23. 2. 1956. Phys. Verhandlungen **8** 85 (Ref.).

Indian J. Meteorolog. Geophys. **8** 7—14. The solar flare of 23 February 1956.

Obs **77** 239. Solar event of 1956 February 23. C. M. Minnis.

§ 67

Korona

6701. C. W. Allen, The spectrophotometry of the outer corona. Obs **77** 2—3. — Ref. RAS.

6702. H. Bachmann, Zur Deutung der Polarstrahlen der Korona als magnetische Kraftlinien. ZfA **44** 56—63 = Astr. Mitt. Sternw. Zürich Nr. 211. — Es wird dargelegt, daß sich die Polarstrahlen der Sonnenkorona, wie sie bei der Sonnenfinsternis vom 30. Juni 1954 beobachtet wurden, als Feldlinien eines Stabmagneten deuten lassen, der in der Sonnenachse gelegen ist, und dessen Pole je 0.63 Sonnenradien vom Zentrum entfernt sind. Auch die Annahme von zwei Stromkreisen im Sonneninnern führt zu einer guten Darstellung der beobachteten Polarstrahlen; hingegen versagen beide Vorstellungen bei der Erklärung der großen Äquatorstrahlen. H. M.

* * **B. Bell, H. Glazer,** Geomagnetism and the emission-line corona, 1950—1953. Vgl. Ref. **6802**.

6703. **D. E. Billings,** New determination of coronal temperature from emission lines. AJ **62** 8. — Ref. AAS.

6704. **D. E. Billings,** Profile of the yellow coronal line, λ 5694. ApJ **125** 817—821. — Aus der Halbwertsbreite dreier sehr ähnlicher Profile der Linie λ 5694, aufgenommen mit einer Dispersion von 2.5 Å/mm, wurde bei Zuordnung zu CaXV eine Temperatur von 4×10^6 °K bestimmt. Für die Besetzung des angeregten Terms wurde dabei 4% errechnet. Das auf Elektronenstreuung zurückgeführte Kontinuum an diesen Emissionsstellen führt auf eine Elektronendichte von 2×10^{10} cm^{-3}. Die weiten Flügel der entsprechenden λ 5303-Profile weisen ebenfalls auf Regionen erhöhter Temperatur hin. Gü.

6705. **D. E. Billings, R. H. Cooper,** Height gradient of the emission corona. ZfA **43** 218—226. — Die Ergebnisse spektrographischer Beobachtungen mit Koronographen und Interferenzfiltern für die Linien λ 5303 und λ 6374 werden bis zu Höhen von 100 000 km mitgeteilt. Die berechneten Gleichgewichtstemperaturen von der Größenordnung 2×10^6 °K sind in Übereinstimmung mit früheren Ergebnissen aus dem Intensitätsverhältnis der beiden Linien und aus den Linienbreiten. Dv.

6706. **M. Blaha,** The abundance of Fe XV in the solar corona. I. Transition probabilities of Fe XV. BAC **8** 34—37. — Für eine genauere Diskussion der Anregungsverhältnisse in der Korona werden in diesem ersten Teil einer geplanten Serie von Arbeiten nach einer allgemeinen Einleitung die Wahrscheinlichkeiten für «elektrische und magnetische Dipol-Übergänge» wellenmechanisch berechnet und mit Meßergebnissen von Edlén verglichen. Dv.

* * **E. J. Blum, A. Boischot,** Occultation of the Crab nebula by the solar corona. Vgl. Ref. **12221.**

6707. **M. C. Bretz, D. E. Billings,** Coronal emission from calcium XV. AJ **62** 138. — Ref. AAS.

6708. **E. J. Bugoslawskaja,** Coronal streamers. AJ UdSSR **34** 233—236 (russ. mit engl. Ref.). — An Hand von Koronaaufnahmen der Finsternisse zwischen 1900 und 1954 wird die Neigung der Koronastrahlen gegen den Sonnenäquator abgeleitet und über der Phase des Sonnenzyklus aufgetragen. Es ergibt sich unter anderem: 1.) Die Ausdehnung der Gebiete mit Polarstrahlen ist zur Minimumszeit am größten. 2.) Die Achsen der großen Koronastrahlen sind im Mittel zur Minimumszeit stärker zum Äquator geneigt. Oster

6709. **S. Chapman,** Notes on the solar corona and the terrestrial ionosphere. Smithsonian Contr. Astrophys. **2** 1—14, mit einer Bemerkung von H. Zirin. — Ausgehend von einem einfachen Koronamodell wird auf Grund des Wärmeflusses der Verlauf der Korona nach außen berechnet und diskutiert. Für das interplanetare Gas in der Umgebung der Erde ergibt sich z. B. eine Temperatur von 200000° und eine Teilchendichte von 10^3 cm^{-3}. Kritische Bemerkung von Zirin: Wegen anderer Wärmeverlustmöglichkeiten ist der Wärmefluß nach außen nicht konstant, wie von Chapman angenommen wird. Voigt

6710. **R. H. Cooper, D. E. Billings,** Height gradient of the emission corona. American J. Phys. **25** 390—391. — Ref. American Assoc. Phys. Teacher.

6711. **A. Dollfus,** Les mouvements dans la couronne solaire intérieure. CR **244** 1880—1883. — Die Emissionsgebiete der inneren Korona zeigen bogen- und strahlenförmige Struktur, die sich nur sehr langsam ändert, was auf die Wechselwirkung von magnetischen Feldern mit leitfähiger Materie zurückgeführt werden kann. Spektrographische Beobachtungen zeigen, daß die hellen Koronaknoten in λ 6374 Å nur kleine Radialgeschwindigkeiten ~ 1 km/sec, selten > 3 km/sec aufweisen. Mittels eines λ 5303 Å-Filters erhaltene Reihenaufnahmen zeigen ein Verschwinden und Wiederentstehen von Knoten und Bogenstrukturen praktisch an Ort und Stelle und in derselben Gestalt. Es wird vermutet, daß diese durch das Magnetfeld gegebene Struktur im wesentlichen erhalten bleibt, während eine Bewegung von hellen Knoten durch die Bewegung und Fluktuation einer lokalen Quelle der Anregung vorgetäuscht wird. Dazu werden einige spezielle Beobachtungsbeispiele gegeben. Mehltretter

6712. **A. Dollfus,** Classification des raies d'émission de la couronne solaire. CR **245** 2011—2012. — Mit Hilfe eines großen Materials von Spektrogrammen mit halbkreisförmigem Spalt wurden die Emissionslinien der Korona nach ihrem Intensitätsverhalten längs dieses Spaltes (Knoten- und Bogenstruktur der E-Korona) in vier Gruppen mit gleichartigem Verhalten eingeteilt (insgesamt 25 Linien). Die Wellenlängen nach Messungen auf diesen Spektrogrammen werden gegeben. Dabei zeigt sich, daß diese Klassifikation im wesentlichen eine Klassifikation nach dem entsprechenden Ionisationspotential darstellt. Mehltretter

6713. **N. I. Dsjubenko,** The distribution of matter in the polar rays of the solar corona. AJ UdSSR **34** 379—390 (russ. mit engl. Ref.). — Verf. hat neun am 30. Juni 1954 aufgenommene Koronastrahlen photometriert. Für den Verlauf der Elektronendichte $N_e = N_0 r^{-n}$ ergab sich je nach Strahl $6 \leq n \leq 11$. Ferner wurde das Verhältnis der Elektronendichte «im Strahl: im Gebiet zwischen den Strahlen» und seine Abhängigkeit von der Höhe bestimmt. Für die helleren Strahlen fand sich im Mittel der Wert 9. Meist ändert er sich nicht mit der Höhe. Die Deutung der Koronastrahlen als Ströme schneller Korpuskeln stößt auf Schwierigkeiten; eher ist eine Plasmadiffusion entlang der Kraftlinien des solaren Magnetfeldes denkbar. Loh.

6714. **R. B. Dunn, C. Warwick,** Coronal observations with monochromatic filter. AJ **62** 13—14. — Ref. AAS.

6715. **W. Ellerböck,** Katalog monochromatischer Koronastrahlen (Oktober 1954—Dezember 1956). Anzeiger Österreich. Akad. Wiss. Math.-Naturwiss. Kl. **94** 175—188 = Mitt. Sonnenobs. Kanzelhöhe Nr. 9. — Die monochromatische Korona besitzt eine ausgesprochen zonale Struktur. Man unterscheidet die Hauptzone in tieferen und die Neben- oder Polarzone in höheren Breiten. Die Intensitäten der Hauptzone übertreffen diejenigen der Polarzone beträchtlich, ausgenommen in den Minimumsjahren. Bestimmt man die jeweilige heliographische Breite der einzelnen Zonen, so geht bei dieser Mittelung die Polarzone verloren, wenn nicht die Minima dieser Zone sehr deutlich sind. Um sie also besser zur Geltung zu bringen, wurden auch hier entsprechend den Vorbildern von Waldmeier und Müller die Intensitätsmaxima der grünen Koronalinie 5303 Å ausgezählt und in einem Katalog der Koronastrahlen zusammengefaßt. Verf.

6716. **G. Elwert,** Röntgen-Strahlung koronaler Kondensationen. Mitt. AG 1956 S. 42—43. — Ref. AG.

6717. **J. W. Evans,** Observations of the solar emission corona outside eclipse. Publ ASP **69** 421—426. — Beschreibung des Koronographen auf dem Sacramento Peak, mit dem Filmaufnahmen der Korona gemacht wurden. Einige Ergebnisse der Aktivitätserscheinungen in der Korona, zum Teil in Abhängigkeit von Erscheinungen auf der Sonnenscheibe, werden an Hand von fünf Tafeln mit Reproduktionen von Koronaaufnahmen erläutert. U. Be.

6718. **M. N. Gnewyschew, R. S. Gnewyschewa, W. G. Kurt,** Sur les observations des raies coronales infra-rouges 10747 Å et 10798 Å. AJ UdSSR **34** 671—674 (russ. mit französ. Ref.). — Außer den beiden genannten Linien wurden mittels eines Bildwandlers auch die He-Linie λ 10380 und die Paschen-Linie λ 10938 beobachtet. Ein vorläufiger Vergleich der Intensitätsverteilung um die Sonne herum zeigte im Verhalten der Linien $\lambda\lambda$ 10798, 10747 und 5303 große Ähnlichkeit. Anders ist es mit der Linie λ 6374, die auch ein von den vorigen verschiedenes Ionisationspotential hat. Loh.

* * **A. Hewish,** Occultation of the Crab nebula by the solar corona. Vgl. Ref. **12226**.

6719. W. F. Jessipow, I. A. Prokofjewa, Beobachtungen der infraroten Koronalinien λ 10747 und λ 10798 in Pulkowo. Sonnendaten 1956 Nr. 4 S. 140—143 (russ.). — Ref. in RJ 1957 Nr. 12 S. 55.

6720. M. G. Karimow, E. A. Makarowa, S. O. Obaschew, Über die Beobachtung der Struktur der Korona in der gelben Linie 5694 Å außerhalb von Finsternissen. AC Nr. 180 S. 20—22 (russ.). — Mit einem 2 Å breiten Interferenzpolarisationsfilter wurde am 6. März 1957 eine koronale Kondensation von 3—4″ Durchmesser in 34′ Abstand vom westlichen Sonnenrand und in der Breite + 69° photographisch erfaßt, die bei 5303 Å nicht wahrnehmbar war. Ihr rasches Verschwinden läßt auf eine gewisse Analogie zu einer chromosphärischen Eruption schließen. Loh.

6721. M. G. Karimow, S. O. Obaschew, Untersuchung des Koronaspektrographen und Bestimmung der Temperatur der inneren Korona aus Außerfinsternisspektren. Mitt. Astrophys. Inst. Alma-Ata **5** Nr. 7 S. 66—72 (russ. mit engl. Ref.). — Einer Beschreibung des Koronaspektrographen der Koronastation des Astrophys. Inst. Alma-Ata und seiner spektroskopischen Eigenschaften folgen einige Bestimmungen von Temperatur und Turbulenzgeschwindigkeit der Korona aus den Halbwertsbreiten der Linien λ 5303 und λ 6374. Loh.

6722. M. G. Karimow, Bestimmung der Ionenkonzentration in einzelnen Koronastrahlen aus Aufnahmen außerhalb von Finsternissen. Mitt. Astrophys. Inst. Alma-Ata **5** Nr. 7 S. 73—79 (russ. mit engl. Ref.). — Verf. bestimmt aus einer Photometrie von λ 5303 die Ionendichte im $^2P_{3/2}$-Zustand in verschiedenen Koronastrahlen. Sie beträgt in 1′ Abstand vom Sonnenrand rund 600. Loh.

6723. M. G. Karimow, W. G. Kurt, Untersuchung der Konturen der Koronalinien 10 747 und 10 798 Å. DAN **117** 207—208 (russ.). — Kurze Mitteilung über Beobachtungen der Fe XIII-Linien λλ 10747 und 10798 (Ionisationspotential 325 eV, Anregungspotential 1.15 bzw. 2.30 eV). Bei den Beobachtungen wurde der Gitterspektrograph der Koronastation in Kasachstan benützt (Brennweite 50 und 100 cm, 600 Striche pro mm, Dispersion von 40 bzw. 20 Å/mm). Das Spektrum wurde in einem Abstand von 60′ vom Sonnenrand aufgenommen. Dargestellt ist die Linienkontur von λ 10747 mit einem $I/I_0 = 1.23$. Aus der Halbwertsbreite folgt eine kinetische Temperatur von 1.9×10^6 °. Das Verhältnis der Äquivalentbreiten betrug bei Messungen im Februar 1957: $W_{10747}/W_{10798} = 1.55$. Oster

6724. M. G. Karimow, N. G. Riswanow, Über die Schätzung der Intensitäten der Koronalinien 5303 und 6374 Å nach dem Programm des Sonnendienstes. Sonnendaten 1957 Nr. 2 S. 121—125, mit einer kritischen Bemerkung von M. N. Gnewyschew S. 125—127 (russ.) und einer Erwiderung der beiden Autoren in Sonnendaten 1957 Nr. 5 S. 122—123 (russ.).

6725. J. Kleczek, Temperature of yellow coronal regions. BAC 8 68—71. — Für die Anregung der gelben Koronalinie wird eine optimale Temperatur von 2.5 Millionen Grad gefunden. U. Be.

* * **M. Kopecký,** Elektrische und magnetische Erscheinungen in der Sonnenatmosphäre. III. Methode zur Bestimmung der Lage der magnetischen Pole der Sonne mit Hilfe der polnahen Koronastrahlen. Vgl. Ref. **6112**.

6726. W. G. Kurt, Über die Beobachtungen der Koronalinien 10747 und 10798 Å. Sonnendaten 1957 Nr. 3 S. 113—114 (russ.). — Neben einigen Bemerkungen zu Arbeiten über dasselbe Problem wird aus eigenen Beobachtungen festgestellt, daß die beiden Linien stark veränderlich sind, und zwar sowohl hinsichtlich ihrer relativen als auch ihrer gesamten Intensität. Ohne Zweifel existiert eine Beziehung zu (Vorgängen in) aktiven Gebieten. Loh.

* * **F. Lindgren,** Time-intensity relations for H(Hα) and He(D_3) in some solar prominences. Vgl. Ref. **6650**. — Enthält Beobachtungen der grünen Koronalinie.

6727. **F. Link, Z. Linková,** Asymétries solaires. VII. Couronne solaire. BAC **8** 79—88. — Für die Periode von 1948 bis 1953 wird die O-W-Asymmetrie der «grünen» und der «roten» Koronaintensität untersucht. Die Differenzen O—W sind meist positiv. Es zeigen sich unter anderem bei dem Vergleich der einzelnen Stationen untereinander systematische Abweichungen, die als instrumentelle Effekte gedeutet werden können. U. Be.

* * **K. Mie,** Bemerkungen zur Verwendung des Lyotfilters bei optischer Abbildung. Vgl. Ref. **2224**.

6728. **R. Müller,** Katalog monochromatischer Koronastrahlen 1956. Forschungsber. Obs. Wendelstein Nr. 19 S. 1—17.

6729. **G. Newkirk, J. Axtell, G. Wlérick,** Studies of the electron corona. AJ **62** 95. — Ref. AAS.

6730. **G. Newkirk jr.,** Doppler motions in the corona. Ann d'Astrophys **20** 127—136. — Auf Spektrogrammen vom Climax Observatorium werden Dopplerbewegungen in der Korona über 24 aktiven Gebieten im Detail gemessen. Sie fallen durchweg mit «Loop-Protuberanzen» zusammen. Die Bewegung der Koronamaterie ist im allgemeinen geringer aber von gleicher Richtung wie die der zugehörigen Protuberanz. Sie wird offenbar durch Expansion oder Kontraktion des Magnetfeldes der «Loop-Protuberanz» veranlaßt. Möglicherweise vorhandene Bewegungen der Koronamaterie längs der Magnetfeldlinien sind sehr viel langsamer als die der Protuberanzenmaterie. Voigt

6731. **B. N. Panowkin,** A model of the inner corona based on radio data. AJ UdSSR **34** 505—515 (russ. mit engl. Ref.). — Die letzten Messungen der Verteilung der Radiohelligkeit über der Sonnenscheibe im Dezimeterwellenbereich zeigen, daß das Maximum der Vergrößerung der Radiohelligkeit nicht am Rand der Sonnenscheibe eintritt, sondern umso mehr ins Innere der optischen Scheibe verschoben ist, je größer die Wellenlänge ist. Diesen Effekt kann man nicht mit Hilfe des einfachen isothermen Modells der Sonnenkorona erklären. Es wird ein neues Modell der Sonnenkorona mit einem Temperaturgradienten vorgeschlagen, das die Beobachtungsdaten zu erklären vermag. Verf. (übersetzt)

6732. **I. A. Prokofjewa,** The nonuniformity of the solar corona from observations of the green coronal line at Pulkowo. Mitt. Astr. Hauptobs. Pulkowo **21** Nr. 1 (160) S. 170—175 (russ. mit engl. Ref.). — Mit einem Koronographen eigener Konstruktion hat Verf. die Linien λ 5303, 6374, 10747 und 10798 Å beobachtet. Der Spalt war parallel zum Sonnenrand gerichtet. Im Gegensatz zu der roten Linie, bei welcher die Intensität dem Spalt entlang einen glatten Verlauf aufwies, wurden bei der grünen und bei den infraroten Linien starke Intensitätsschwankungen mit einer Ausdehnung von etwa 10000 bis 20000 km festgestellt. Das Profil der grünen Linie mußte wegen einer nahen Fraunhoferlinie des Himmelsspektrums korrigiert werden. Die Ergebnisse der spektralphotometrischen Bearbeitung einer Aufnahme der grünen Linie werden mitgeteilt. Ond.

6733. **G. Righini,** La corona solare. Boll. Geod. e Sci. affini **16** 663—670.

6734. **J. N. Tandon,** Focussing of solar-ion streams and formation of coronal streamers. Curr. Sci. **26** Nr. 1 S. 12. — Ref. in Phys. Abstracts (A) **60** 690.

6735. **M. Trellis,** Contribution à l'étude de la couronne solaire. Ann. Univ. Paris **26** 608—609, 1956. — Ref. in RJ 1957 Nr. 9 S. 59—60. — Dissertationsreferat.

6736. **M. Trellis,** Contribution à l'étude de la couronne solaire. Ann d'Astrophys Suppl Nr. 5, 81 S. — Ref. in Coelum **26** 92. — Ausführliche Arbeit über die täglichen Beobachtungen der Korona (rote, grüne und gelbe Linie, Polarisation der weißen Korona) von 1943—1955 auf dem Pic du Midi sowie ihre Auswertung und Diskussion. Behandelt werden unter anderem: Rotation der Korona ($\zeta = 14\overset{\circ}{.}16 - 2.24\,\varphi^2 + 0.31\,\varphi^4$); Polbewegung; Struktur der Koronastrahlen; Aktivität und Entwicklung der Korona, der Elektronendichte und der Temperatur im Laufe eines Zyklus (die Aktivität beginnt in 70° Breite vier Jahre vor dem Auftreten der ersten Flecken); Zusammenhang mit Fackelflächen. Voigt

6737. **B. Valníček,** Methoden der Koronabeobachtung außerhalb von Sonnenfinsternissen. Časopis **7** 1—6 (tschech.).

6738. **M. Waldmeier,** Die Sonnenkorona II. Struktur und Variationen der monochromatischen Korona. Basel-Stuttgart, Birkhäuser Verlag, 1957. 353 S. mit 299 Fig. Preis DM 68.50. — Besprechung in AN **284** 239—240 (F. W. Jäger), Ann d'Astrophys **21** 229—230 (G. Wlérick), Ann. Géophys. **13** 326 (C., J.-C. Pecker), Ciel et Terre **73** 471—472 (R. Coutrez), Obs **77** 246—247 (F. J. M. Stratton), Sky and Telescope **17** 197, Sterne **34** 128 (C. Hoffmeister), ZfA **45** 242 (P. ten Bruggencate).

6739. **G. Wallis,** Die Berechnung der Mitte-Rand-Variationen und der eindimensionalen Intensitätsprofile bei $\lambda = 20$ cm und $\lambda = 60$ cm für ein rotationssymmetrisches Koronamodell konstanter Temperatur. Z. Naturforschung **12a** 337—345. — Für ein spezielles rotationssymmetrisches Koronamodell werden unter der Voraussetzung einer isothermen Korona die Mitte-Rand-Variationen (MRV) für $\lambda = 20$ cm und $\lambda = 60$ cm berechnet, und zwar einmal in Pol- und Äquatorrichtung, zum anderen längs einer Schar von Geraden parallel zu den beiden Hauptachsen der elliptischen Verteilung. Als Koronatemperatur wurden 0.5 bzw. 1.5×10^6 Grad gewählt. Durch graphische Integration der Funktionen für die MRV werden die Linienintegrale der Strahlungsintensität für die gleiche Geradenschar gewonnen. Diese Linienintegrale entsprechen den bezüglich der Antennencharakteristik korrigierten Streifenintegralen der Interferometermessungen (den «eindimensionalen Intensitätsprofilen»). Die Rechenergebnisse werden mit den Messungen von Christiansen und Warburton sowie Swarup und Parthasarathy verglichen. Verf.

6740. **K. C. Westfold,** Magnetohydrodynamic shock waves in the solar corona, with applications to bursts of radio-frequency radiation. Phil. Mag. (8) **2** 1287—1302. — In der Korona werden bei Radiobursts vom Typ II Geschwindigkeiten bis zu 3000 km/sec und bei Bursts vom Typ III Geschwindigkeiten zwischen 3×10^4 und 2×10^5 km/sec festgestellt, während die Partikelströme, die sich nachfolgend in magnetischen Stürmen und Nordlichterscheinungen bemerkbar machen, nur Geschwindigkeiten bis zu 1600 km/sec aufweisen. Verf. versucht nun die bei Bursts vom Typ II auftretenden Geschwindigkeiten durch hydrodynamische Stoßfronten zu erklären, während er für die außerordentlich hohen Geschwindigkeiten bei den Bursts vom Typ III magnetohydrodynamische Stoßfronten in der Korona annimmt. Dazu müssen lokale Magnetfelder in der Größenordnung von einigen 100 Gauß angenommen werden. Henn

6741. **W. W. Witkewitsch,** Investigating the solar supercorona by the reception of radioemission from Jupiter. AJ UdSSR **34** 217—221 (russ. mit engl. Ref.). — Verf. diskutiert zunächst die bisherigen Untersuchungen der äußeren Sonnenkorona mit Hilfe der Radiostrahlung von Jupiter. Anschließend wird eine interferometrische Apparatur beschrieben, die es möglich machen sollte, jedes Jahr, und zwar unabhängig vom Vorhandensein von Sonnenflecken, die Korona zu untersuchen und damit wichtige Aufschlüsse über die Auswirkungen des Sonnenzyklus in diesen Bereichen zu erhalten. Oster

6742. **W. W. Witkewitsch,** Die Superkorona der Sonne. Priroda **46** Nr. 12 S. 15—20 (russ.). — Aus der Abschwächung der Radiostrahlung des Crabnebels in Sonnennähe wird auf eine Superkorona der Sonne geschlossen. Die Elektronendichte ist von der Ordnung von Tausenden und Hunderten von Elektronen pro cm^3 in den Entfernungen von 5 und 15 Sonnenradien. Perek

6743. **G. Wlérick, J. Axtell, R. Lee,** Photoelectric observations of the electron solar corona. AJ **62** 39—40. — Ref. AAS.

* * **G. Wlérick, J. Axtell,** A new instrument for observing the electron corona. Vgl. Ref. **2132**.

6744. **G. Wlérick,** Etude de la couronne solaire à l'Observatoire de Haute Altitude du Colorado. BSAF **71** 409—425. — Verf., der als Gast in Climax arbeitete, gibt zunächst eine Beschreibung der Station und einen Überblick über die dort behandelten Probleme der Sonnenforschung. Der zweite Teil bringt die ausführliche Beschreibung eines dort neu gebauten Instruments zur Beobachtung der K-Korona, Koronometer K genannt. Es wird hierbei die radiale Polarisation des Lichts der K-Korona benutzt, um mit Hilfe eines Polaroids deren Helligkeitsverteilung im Abstand 0.5 bis 1.0 Sonnenradien vom Sonnenrand zu bestimmen. Es zeigen sich deutliche Zusammenhänge mit der Intensitätsverteilung der grünen Koronalinie. Bo.

6745. **G. Wlérick, J. Axtell,** Construction d'un coronomètre K pour mesurer la brillance de la composante polarisée de la couronne. Premières observations. CR **244** 1143—1146. — Es wird über die Konstruktion eines K-Koronometers berichtet. Der Koronograph ist auf einem automatisch nachgeführten «Sparren» montiert und wird durch einen Exzenter so bewegt, daß der axiale Strahl die Sonne in einem Abstand von 0.2 $R_\odot$ vom Sonnenrand entfernt umfährt. Die dadurch schon kleine instrumentelle Polarisation wird durch eine Glasplatte bis auf Werte $< 10^{-4}$ reduziert. Das Polarimeter verwendet eine $\lambda/2$ Platte, einen elektrisch doppelbrechenden Kristall als Modulator (Billings; J. Optical Soc. America **39** 797, 1949) und einen Multiplier als Anzeigeinstrument. Durch Messung in verschieden großem Abstand vom Sonnenrand (0.2 $R_\odot$ und 1.5 $R_\odot$) läßt sich der Polarisationsgrad des Himmelslichtes (Mehrfachstreuung) eliminieren. Mehltretter

6746. **H. Zirin,** Observations of the calcium coronal lines in the vicinity of a limb flare. AJ **62** 149. — Ref. AAS.

6747. Solar corona. J. Wash. Acad. Sci. **47** 132.

6748. Identification of coronal lines. Sky and Telescope **16** 530. — Ref. AAS. — Besprechung in Sterne **34** 198.

6749. Fotoelektrično posmatranje Sunčeve elektronske korone. Vasiona **5** 51.

6750. **Koronabeobachtungen**

Fraunhofer-Inst. Freiburg. Daily maps of the sun. — 1957 Jan. 1—Dez. 31.

Kosmische Daten. Herausgegeben vom Inst. Erdmagnetismus, Ionosphäre, Ausbreitung von Radiowellen UdSSR, 1956 Nr. 3—10, 1957 Nr. 1—9 (russ.).

Publ. Astr. Hauptobs. Pulkowo. 135 S. (russ.). Katalog der Sonnentätigkeit von 1954—1955. R. S. Gnewyschewa.

Quarterly Bull. Solar Activity Nr. 114—116 S. 289—408. Published by the Eidgen. Sternw. Zürich. — 1956 April—Dez.

Sonnendaten 1956 Nr. 6 S. 1—137; Nr. 1 S. 1—132, Nr. 2 S. 1—111, Nr. 3 S. 1—104, Nr. 4 S. 1—131 (russ.). Tägliche Karten der Sonne und Magnetogramme. — 1956 Nov.—1957 Aug.

Tokyo Astr. Obs. Bull. Solar Phenomena **8** 69—97, **9** 1—89. — 1956 Okt.—1957 Sept.

VJS Naturf. Ges. Zürich **102** 89—115 = Astr. Mitt. Sternw. Zürich Nr. 208. Die Sonnenaktivität im Jahre 1956. M. Waldmeier.

* * Koronabeobachtungen während Sonnenfinsternissen siehe § **62**.

§ 68

Sonnentätigkeit in Beziehung zu terrestrischen Erscheinungen

* * **D. K. Bailey,** Disturbances in the lower ionosphere observed at VHF following the solar flare of 23 February 1956 with particular reference to auroral-zone absorption. Vgl. Ref. **6688**.

* * **B. Bednářová-Nováková,** Répartition des protubérances selon leurs effets géomagnétiques. Vgl. Ref. **6612**.

6801. B. Bednářová, M. Kárnik, Pozorovani slunečníčh protuberancí a jejich použití pri studui změn vnějsiho pole geomagnetického v roce 1954. Práce Geofys. ústavu ČSAV 1956 Nr. 20—35 S. 161—172. — Ref. in RJ 1958 Nr. 6 S. 46.

6802. B. Bell, H. Glazer, Geomagnetism and the emission-line corona, 1950—1953. Smithsonian Contr. Astrophys. **2** 51—107 = Harv Repr (2) Nr. 109. — Untersuchungen über die Beziehungen zwischen Koronalinien und geomagnetischer Aktivität (Kp) nach Koronabeobachtungen in Sacramento Peak und Climax 1950—52, Vergleich mit 1942—49. Nach Definition eines Tagesindex für λ 5303 und λ 6374 wird der Verlauf des täglichen Kp-Mittels nach dem Erscheinen besonders starker bzw. schwacher Koronaemission am E-Rand studiert sowie auch umgekehrt das Verhalten der Korona um die Zeiten geomagnetischer Stürme. Je nach deren Typ — sporadisch sc (sudden commencement) oder rekurrent (M-sequence) — zeigt dabei λ 5303 charakteristische Unterschiede. Nach starker Emission am E-Rand fällt $\overline{Kp}$ auf ein Minimum nach 10^d; nach ungewöhnlich schwacher Emission dagegen folgen Stürme vom rekurrenten Typ mit einem Maximum nach 9^d. Dabei erweisen sich stets solche Koronaerscheinungen als wirksamer, die auf derselben Seite des Sonnenäquators liegen wie die heliozentrische Projektion der Erde. Bartels' M-Regionen werden mit Gebieten extrem schwacher λ 5303-Emission auf dieser Hemisphäre identifiziert. So konnten besonders auch bei den beiden zuerst von Bhargava und Naqvi gefundenen geomagnetischen Sturmsequenzen 1950—53 zwei Regionen verminderter Koronaemission mit großer Beständigkeit nachgewiesen werden. Der Hemisphäreneffekt der heliographischen Breite B_0 der Erde wird nur für $|B_0| > 3^0$ wesentlich, dann aber größer als der der heliozentrischen Distanz zwischen C-Region und Erde. In den sc-Stürmen fehlt er völlig. Verf. führen dies auf die verschiedene Art der Korpuskularstrahlung zurück: die gebündelte Strahlung aktiver Zentren bei den sc-Stürmen bzw. die allgemeine beim rekurrenten Typ. λ 6374 zeigt die Beziehungen zur geomagnetischen Aktivität weniger ausgeprägt als λ 5303. Das Verhalten von λ 5694 wurde wegen zu geringen Beobachtungsmaterials nur kurz gestreift.

Gü.

6803. H. Berg, Solar-terrestrische Beziehungen in Meteorologie und Biologie. Leipzig, Akademische Verlagsgesellschaft Geest & Portig K.-G., 1957. 6 + 172 S. mit 77 Fig. Preis DM 23. — Besprechung in Sky and Telescope **17** 364.

6804. W. van der Bijl, Atmosferische circulaties en zonne-activiteit. Hemel en Dampkring **55** 163—165.

6805. S. Chapman, Solar influences on the upper atmosphere. Techn. Report Univ. Colorado Inst. Solar-Terrestr. Res. High Altitude Obs. Nr. 2 S. 11 —19, 1956. — Ref. in RJ 1958 Nr. 1 S. 59.

* * **T. A. Chubb, H. Friedman, R. W. Kreplin, J. E. Kupperian jr.,** Lyman alpha and X-ray emissions during a small solar flare. Vgl. Ref. **6622.**

6806. **J.-F. Denisse, M. R. Kundu,** Relation entre l'ionisation de la couche E de l'ionosphère et le rayonnement solaire radioélectrique. CR **244** 45—47. — Es werden die Monatsmittel der Ionisationskonstante $\overline{f_0 E}$ $(\cos Z)^{-1/4}$ der E-Schicht, (wo $\overline{f_0 E}$ das Monatsmittel der kritischen Frequenz der E-Schicht und Z die mittlere Zenitdistanz der Sonne bedeutet) in der Form $I = (\overline{f_0 E})^4 \cdot (\cos Z)^{-1}$ mit den Monatsmitteln der Intensität der solaren 10.7 cm-Strahlung, mit dem Monatsmittel der Fleckenflächen und dem Monatsmittel der Intensität der grünen Koronalinie in Verbindung gebracht. Dabei stellt sich heraus, daß zwischen I und der Intensität der 10.7 cm-Strahlung eine sehr viel engere Korrelation als mit den beiden anderen Größen besteht. Da I als proportional dem Strahlungsstrom der die E-Schicht erzeugenden langwelligen Röntgenstrahlung angesehen werden kann, folgt daraus die Annahme, daß auch die Ursachen der Emission für diese und die 10.7 cm-Strahlung eng verknüpft sein müssen. Der Vergleich erstreckt sich über das Material von 1947—1953. Mehltretter

6807. **M. Dizer,** Sur la relation entre les disparitions brusques de filaments et les orages magnétiques. Ann. Géophys. **13** 325. — Ref. in Phys. Abstracts (A) **61** 437.

6808. **A. A. Dmitrijew,** Einige Hypothesen über den Zusammenhang der Sonnenaktivität mit der atmosphärischen Zirkulation. Sonnendaten 1957 Nr. 1 S. 153—159 (russ.). — Von den heute existierenden Hypothesen zum obigen Problem besitzt keine Allgemeingültigkeit; jede vermag nur einige der festgestellten Zusammenhänge der Sonnenaktivität mit Prozessen der Erdatmosphäre zu erklären. Loh.

* * **H. W. Dodson, E. R. Hedeman,** Flares with major early bursts at frequencies $\leq$ 200 Mc/s and subsequent geomagnetic disturbances. Vgl. Ref. **6626.**

6809. **M. S. Eigenson,** Abriß der physikalisch-geographischen Erscheinungen der Sonnentätigkeit. Lwow, Verlag der Universität, 1957. 230 S. Preis 10 R. 75 Kop. (russ.). — Besprechung in Priroda **46** Nr. 12 S. 123.

6810. **M. A. Ellison,** The Sun and Its Influence. Vgl. AJB **55** Ref. **6817.** — Weitere Besprechung in RJ 1957 Nr. 10 S. 68, ZfMG **72** 240 (H. W. Streitwolf).

6811. **R. Fischer,** Abnorme Jahreszeiten und Sonnenfleckenextreme. Meteorol. Rundschau **7** 222—223, 1954.

6812. **L. M. Fischkowa,** Über den Zusammenhang des Nachthimmelleuchtens mit der Sonnenaktivität. Sonnendaten 1957 Nr. 1 S. 160—164 (russ.). — Aus einer — in Hinblick auf ein noch nicht vollständiges Beobachtungsmaterial — als vorläufig zu bezeichnenden Statistik folgt, daß in den Jahren des letzten Minimums der Sonnenaktivität kein Zusammenhang zwischen dem Nachthimmelleuchten und der Fleckenaktivität, wohl aber eine positive Korrelation zwischen ersterem und der Intensität der Koronalinien, insbesondere der roten, bestand. Loh.

6813. **A. H. Glaser,** A possible sunspot influence on the general circulation. J. Meteorol. **14** 375—377. — Ref. in RJ 1958 Nr. 9 S. 46.

6814. **W. Gleissberg,** Die erdmagnetische Wirkung der nördlichen und der südlichen Sonnenhalbkugel. Naturwissenschaften **44** 176—177. — Es wird gezeigt, daß die beiden Sonnenhalbkugeln in aufeinanderfolgenden Sonnenzyklen erdmagnetisch verschieden wirksam sind. Kiepenheuer

6815. **Z. Gregor, L. Křivský,** Langfristige Zirkulationsänderungen im atlantisch-europäischen Gebiet und ihre Beziehungen zur säkularen Sonnentätigkeit. Českosl. Akad. Věd Astr. Ústav Publ. Nr. 33 (russ. mit tschech. und deutschem Ref.). — Die Untersuchung langfristiger Änderungen der atmosphärischen Zirkulation im atlantisch-europäischen Gebiet im Zeitraum 1899—1939 ergibt eine Verstärkung der Zirkulation, also eine Erhöhung des Austausches, parallel zur säkularen Zunahme der Sonnentätigkeit. Gleissberg

6816. **B. Haurwitz, J. London, G. M. Sepúlveda, M. Siebert,** Solar activity and atmospheric tides. J. Geophys. Res. **62** 489—491.

6817. **R. E. Houston jr., W. J. Ross, E. R. Schmerling,** Some effects of intense solar activity on radio propagation. J. Atmosph. Terr. Phys. **10** 136—139. — Ref. in Phys. Ber. **37** 529—530.

6818. **R. P. Kane, H. S. Ahluwalia,** Solar flare effect on the cosmic ray meson intensity at Gulmarg. Curr. Sci. **26** Nr. 3 S. 83—84. — Ref. in Phys. Abstracts (A) **60** 794.

6819. **M. Kopecký,** Charakteristiky geoaktivnosti slunečni činnosti. Meteorol. zprávy **10** Nr. 2 S. 52—55. — Ref. in RJ 1958 Nr. 6 S. 47.

* * **H. I. Leighton,** Field-strength variations recorded on a VHF ionospheric scatter circuit during the solar event of February 23, 1956. Vgl. Ref. **6688**.

6820. **J. London,** Solar eruptions and the weather. Trans. New York Acad. Sci. **19** 138—146. — Ref. in RJ 1957 Nr. 11 S. 68.

6821. **N. MacDonald, T. Pohrte, D. Woodbridge,** A search for correlation between phenomena of solar origin and upper air circulation. American J. Phys. **25** 390. — Ref. American Assoc. Phys. Teacher.

6822. **F. Mariani,** On the correlation between ionospheric electron density and solar activity. Ann. Geofis. **10** 71—87 (italien.). — Ref. in Phys. Abstracts (A) **61** 426—427.

6823. **F. Mariani,** The electron density in the F 2 layer and its correlation with the solar activity. J. Atmosph. Terr. Phys. **10** 239—242. — Ref. in Phys. Ber. **37** 577—578.

6824. **F. Mariani,** Sulla correlazione tra attività solare e densità elettronica ionosferica. Nuovo Cimento Suppl. (10) **6** 456. — Ref. in Phys. Ber. **37** 932.

6825. **E. R. Mustel,** The physical nature of the differences between geomagnetic disturbances with sudden and non-sudden commencement. AJ UdSSR **34** 120—126 (russ.). — In Fortführung seiner früheren Überlegungen bezüglich der Auswirkungen solarer Partikel in der Erdatmosphäre untersucht Verf. in der vorliegenden Arbeit die möglichen Unterschiede von Ereignissen auf der Sonne, welche bei uns magnetische Stürme 1.) mit plötzlichem Einsetzen und 2.) mit langsamem Einsetzen auslösen. Verf. kommt zu dem Schluß, daß es sich nicht um Unterschiede in den geometrischen Dimensionen, sondern in der physikalischen Beschaffenheit der Quellen handeln muß. Zur Gruppe 1) sollten die rascheren Partikel gehören, die sich auf der Sonne durch Radiostrahlung von sehr schnell in die äußere Korona abwandernden Quellen anzeigen. Die ausgestoßenen Partikelwolken sollten außerdem ein starkes Magnetfeld mit sich führen. Die Gruppe 2) sollte insgesamt von langsameren Partikeln angeregt werden, welche nach Ansicht des Verf. mit den bekannten Flocculi zusammenhängen. Oster

6826. **E. R. Mustel,** Sonne und Erdatmosphäre. Moskau, Techn. Staatsverlag, 1957. 103 S. mit Fig. Preis 1 R. 65 Kop. (russ.).

6827. **J. Nord, C. E. Palmer, R. Shapiro,** Research: proposed or completed. Techn. Report Inst. Solar-Terrestr. Res. 1956 Nr. 1 S. 152—154. — Ref. in RJ 1958 Nr. 11 S. 52.

6828. **T. Obayashi, J. A. Jacobs,** Sudden commencements of magnetic storms and atmospheric dynamo action. J. Geophys. Res. **62** 589—616. — Die Statistik der plötzlichen Sturmanfänge ergibt eine Abhängigkeit von der Ortszeit auf hohen Breiten. Die weitere Untersuchung stützt sich auf die Annahme, daß die Ursachen der plötzlichen Sturmanfänge primär in Einbrüchen solarer Korpuskelströme, sekundär in den Verhältnissen der Atmosphäre liegen. Die schon ältere Dynamo-Theorie erweist sich als geeignet, die Erscheinungen zu erklären, wenn man Änderungen der Leitfähigkeit und ein entsprechendes ionosphärisches Windsystem zugrunde legt. Die so berechneten elektrischen Stromsysteme stimmen mit den empirisch gefundenen gut überein, doch bleiben Einzelheiten noch unerklärt. Hoffmeister

6829. **A. E. Osorio,** Influencia del Sol en las radiocomunicaciones. Rev. Astr. Nr. 141 S. 167—169.

6830. **G. Piccardi,** Ancora su di un' ipotesi solare. Rend. Accad. Nazionale Lincei, Cl. Sci. fis., mat., nat. (8) **23** 419—421.

6831. **R. Pratap,** The effect of solar flares on the geomagnetic field. J. Geophys. Res. **62** 581—588 = Contr. Dominion Obs. Ottawa **3** Nr. 10. — Durch Lösung der Dynamogleichung für die durch UV-Strahlung der Sonnenflares hervorgerufene Leitfähigkeit wird die Amplitude des erdmagnetischen Solarflare-Effekts (s. f. e. oder chrochet = «Haken» im Magnetogramm) berechnet und mit der Beobachtung verglichen. Verf. schließt, daß das Stromsystem des s. f. e. sich innerhalb weniger Kilometer in der gleichen Höhe befindet wie das durch die tägliche Variation der ruhigen Sonne hervorgerufene Stromsystem. Voigt

6832. **L. R. Rakipowa,** Der Einfluß der Sonnenaktivität auf die allgemeine Zirkulation der Atmosphäre. Circ. Astr. Obs. Lwow Nr. 32 S. 7—14, 1955 (russ.).

* * **J. A. Ratcliffe,** The ionosphere. Vgl. Ref. **72168**.

6833. **W. O. Roberts,** Cross-field seminar on possible responses of terrestrial atmospheric circulation to changes in solar activity. Bull. American Meteorol. Soc. **37** 477—479, 1956. — Ref. in RJ 1957 Nr. 8 S. 78.

6834. **M. Rodewald,** Schwankungen der Sonnenfleckentätigkeit und Luftdruckschwankungen im Raume Europa-Nordatlantik. I. Ann. Meteorol. **7** 186—212, 1956. — Ref. in RJ 1958 Nr. 10 S. 46.

6835. **R. Shapiro, F. Ward jr.,** The solar corona and Kansas City temperatures. Bull. American. Meteorol. Soc. **38** 434—435. — Ref. in RJ 1958 Nr. 8 S. 43.

6836. **F. Steinhauser,** Die Veränderlichkeit der Globalbeleuchtungsstärke in Wien. Arch. Meteorol. Geophys. Bioklimatol. (B) **7** 60—73, 1955.

6837. **J. Taubenheim,** Über den Einfluß von Sonneneruptionen auf die ionosphärische E-Schicht. J. Atmosph. Terr. Phys. **11** 14—21.

6838. **D. Venkatesan,** The magnetic storm effects and the interplanetary electromagnetic state. Tellus **9** 209—219. — Ref. in Phys. Abstracts (A) **61** 742—743, RJ 1958 Nr. 6 S. 46.

6839. **F. Ward,** High level temperatures and solar activity. Techn. Rept. Inst. Solar-Terrestr. Res. 1956 Nr. 1 S. 151. — Ref. in RJ 1958 Nr. 10 S. 45.

6840. **J. W. Warwick,** Modes of energy transport from the sun to the earth. Techn. Report Inst. Solar-Terrestr. Res. 1956 Nr. 1 S. 14—20. — Ref. in RJ 1958 Nr. 10 S. 42.

6841. **R. A. Watson,** Magnetic activity following a solar flare. J. Atmosph. Terrestr. Phys. **11** 59—61.

6842. **H. Wexler,** A look at some suggested solar-weather relationships. Techn. Report Univ. Colorado Inst. Solar-Terr. Res. High Altitude Observatory Nr. 2 S. 20—30, 1956. — Ref. in RJ 1958 Nr. 1 S. 59.

6843. **A. Wróblewski,** Słońce a Ziemia. Urania Kraków **28** 193—197, 225—230. — Gemeinverständliche Darstellung des Einflusses der Sonnentätigkeit auf die Erscheinungen in den verschiedenen Schichten der Erdatmosphäre. Rybka

6844. **J. Xanthakis,** Study of the mean monthly air temperatures during the successive sunspot cycles. Archiv Meteorol., Geophys., Bioklimatol. (A) **9** 54—77, 1956. — Ref. in RJ 1957 Nr. 12 S. 57. — Vgl. auch AJB **55** Ref. **6848.**

6845. Physik der solaren Korpuskularströme und ihre Einwirkung auf die obere Erdatmosphäre. Moskau, Verlag Akad. Wiss. UdSSR, 1957 (russ.). — Enthält zahlreiche Beiträge verschiedener Autoren. — Ref. in RJ 1958 Nr. 3 S. 57—58.

6846. Statement on solar influences on weather. Bull. American Meteorol. Soc. **38** 480—481. — Ref. in RJ 1958 Nr. 10 S. 45.

6847. Activité solaire et communications radioélectriques. La Nature **85** 92.

6848. Relations between the sun and the ionosphere. Nature **179** 804—806. — Ref. in Phys. Abstracts (A) **60** 685.

6849. Sonnentätigkeit und Wetter. Naturwiss. Rundschau **10** 67.

* * Geophysics symposium on solar and terrestrial relationships. Vgl. Ref. **1188.**

6850. **Solar-terrestrische Beobachtungen**

J. Geophys. Res. **62** 155—161, 309—323, 475—478, 629—638. Geomagnetic and solar data. J. Bartels, J. Veldkamp, M. Waldmeier, R. L. Gebhardt, A. Romañá.

Kosmische Daten. Herausgegeben vom Inst. Erdmagnetismus, Ionosphäre, Ausbreitung von Radiowellen UdSSR, 1956 Nr. 3—10, 1957 Nr. 1—9 (russ.).

Quarterly Bull. Solar Activity Nr. 114—116 S. 289—408. Published by the Eidgen. Sternw. Zürich. — 1956 April—Dez.

Obs **77** 40—42. Solar activity and geomagnetic storms, 1956. P. A. Wayman, H. F. Finch.

Report Ionosph. Res. Japan **11** 67—98. Catalogue of disturbances in ionosphere, geomagnetic field, field intensity of radio wave, cosmic ray, solar phenomena and other related phenomena. Nr. 21 (January 21—24, 1957).

Rev. geofís. **15** 345—358, 463—476, 1956. Nota relativa a la actividad solar, geomagnética e ionosférica. J. O. Cardus. — Ref. in RJ 1958 Nr. 5 S. 43, Nr. 7 S. 36.

Sonnendaten 1956 Nr. 6 S. 1—137; 1957 Nr. 1 S. 1—132, Nr. 2 S. 1—111, Nr. 3 S. 1—104, Nr. 4 S. 1—131 (russ.). Tägliche Karten der Sonne und Magnetogramme. — 1956 Nov.—1957 Aug.

VIII. Planeten und Monde

§ 70

Sonnensystem, Allgemeines

7001. **R. Argentière,** O sol e os pianetas. São Paulo, «Pincar», 1956. 176 S. Preis 80.00 cruz.

7002. **N. P. Barabaschow,** Ergebnisse photometrischer Untersuchungen des Mondes und der Planeten am Astronomischen Observatorium der Staatsuniversität Charkow. Charkow, Staatsuniversität, 1957. 137 S. mit Fig. und Karten. Preis 5 R. 50 Kop. (russ.). — Besprechung in RJ 1958 Nr. 11 S. 62—63.

* * **C. H. Barrow, T. D. Carr,** A radio investigation of planetary radiation. Vgl. Ref. 1215.

7003. **F. M. Bateson,** Can southern amateurs make a greater contribution to planetary observations? Strolling Astronomer **11** 102—104.

7004. **L. Biermann,** Solar corpuscular radiation and the interplanetary gas. Obs **77** 109—110. — Es werden einige Gründe angeführt, die die Unwahrscheinlichkeit der häufig gemachten Annahme darlegen, daß ein stationäres interplanetares Gas existiert, wie es z. B. zur Erklärung der Polarisation des Zodiakallichtes herangezogen wird. H. M.

7005. **K. von Bülow,** Die Ur-Kruste des Mondes und der Erde. Wiss. Z. Univ. Rostock (Math.-naturwiss.) **4** Nr. 1 S. 1—22, 1954/55. — Ref. in RJ 1958 Nr. 2 S. 52.

7006. **G. M. Clemence,** The tables of the principal planets. AJ UdSSR **34** 442—444 (russ. mit engl. Ref.). — Verf. beschreibt die fundamentalen astronomischen Tafeln der Koordinaten der Großen Planeten. Die Aufstellung dieser Tafeln war sowohl auf Grund der Fortschritte der Rechentechnik als auch der Revision der Theorie der Bewegung der Großen Planeten unter Leitung des Verf. möglich. Loh.

* * **T. V. Davies,** Planetary atmospheres and convection in rotating fluids. Vgl. Ref. **11112**.

7007. **A. Dollfus,** Etude des planètes par la polarisation de leur lumière. Ann d'Astrophys Suppl Nr. 4, 117 S. — Ref. in Coelum **26** 93. — Beobachtungen auf dem Pic du Midi mittels zum Teil neuartiger Apparate wurden an den Planeten Merkur, Venus, Mars und Jupiter und am sekundären Mondlicht ausgeführt. Zum Vergleich wurden irdische Substanzen beobachtet. Die Diskussion führt zu Aufschlüssen über die Atmosphären, bei Merkur, Mond und Mars über die Natur der Oberflächen. Hoffmeister

7008. **R. Engström,** Solsystemets inre rörelseenergi. Sonderdruck aus Teknisk Tidskrift 30. 4. 1957, 10 S., englische Übersetzung beiliegend.

7009. **W. W. Fedynskij, I. S. Astapowitsch,** Die Kleinkörper des Weltalls. Aschchabad, 1955. 42 S. Preis 70 Kop. (turkmen.).

* * **J. Heidmann,** Rayonnement cosmique et système solaire. Vgl. Ref. **12717**.

7010. **J. Houtgast,** The influence of the inner planets on the earth's magnetic field. J. Atmosph. Terr. Phys. Suppl. **6** 302—304, 1956.

7011. **J. Kleczek,** Planeten. Rozhledy **35** 210—215, 251—254 (tschech.).

7012. **J. D. Kraus,** Relation of 11-metre solar system phenomena to solar disturbances. Nature **179** 371—372. — Drei der stärksten Störungen auf der Sonne im Jahre 1956 waren ein Protuberanzenaufstieg am 10. 2. und die großen Eruptionen (Klasse 3) vom 17. 5. und 31. 8. Merkwürdigerweise wurden einige Tage nach diesen Ereignissen (die Zeiten schwanken zwischen 6 und 19 Tagen) deutliche Radiosignale auf 11 m Wellenlänge von Venus und vom Mond aufgenommen. Darüber hinaus wurden starke Oszillationen der Radioquelle Cyg A beobachtet. Die Signale, die beim Durchgang des Mondes durch den Empfindlichkeitsbereich der Antenne beobachtet wurden, bestanden aus einer Erhöhung der Untergrundstrahlung mit vielen darüber gelegenen starken Bursts sehr kurzer Dauer. Aus den besten Beobachtungen (16. 9.) beim Durchgang des Mondes läßt sich der Schluß ziehen, daß die Quelle nicht der Mond selbst ist, sondern eine Wolke ionisierter Partikel in der Nähe des Mondes mit einer Winkelausdehnung von 1° bis 2° und asymmetrischer Lage. Außerdem werden auch Signale von Venus direkt und deren Reflexionen vom Mond beobachtet (4.6 und 5.6), aus deren Laufzeitdifferenz sich die Existenz einer Partikelwolke in Mondnähe wohl zweifelsfrei ergibt. Oster

* * **L. Kresák,** Nomograms for computing the parallax corrections for comets and planets. Vgl. Ref. **8013**.

7013. **G. P. Kuiper,** Infrared observations of planets and satellites. AJ **62** 245, Sky and Telescope **17** 4, 6. — Ref. AAS. — Besprechung in Coelum **26** 57—58.

7014. **R. Michard,** La matière interplanétaire. BSAF **71** 45—55. — Ref. in Coelum **25** 120—121.

7015. **T. Nicolini,** Sulla formula delle distanze planetarie. Ann. Ist. Univ. Navale Napoli **26** 15—27 = Oss. Astr. Capodimonte-Napoli Contr. Sci. (NS) Nr. 6.

7016. **K. W. Philip,** Dispersion of short-wave radio pulses in interplanetary space. AJ **62** 145. — Ref. AAS.

7017. **K. Rudnicki,** Pogadanki o planetach. Warschau, PWN. 206 S. — Betrifft die Planeten.

7018. **W. W. Scharonow,** Laufende Probleme astronomischer Untersuchungen von Mars und anderer Planeten. Publ. Sektor Astrobotanik Akad. Wiss. Kasach. Sowjetrepublik **4** 55—61, 1955 (russ.).

7019. **Y. Shimazu,** Chemical equilibrium within self-gravitating planets and internal constitution of the earth. J. Phys. Earth **4** Nr. 2 S. 43—47, 1956. — Ref. in RJ 1957 Nr. 8 S. 48.

7020. **H. J. Smith, J. N. Douglas,** First results of a planetary radio astronomy program of the Yale Observatory. AJ **62** 247. — Ref. AAS.

7021. **H. C. Urey, A. W. Brewer,** Fluorescence in planetary atmospheres. Proc. Roy. Soc. (A) **241** 37—43. — 1.) Farbe der Venus: Ausführliche Diskussion der Messungen von Kosyrew. Es kann nicht entschieden werden, ob die Wolken der Venusatmosphäre aus Wasserdampf bestehen oder ob Fluoreszenz von CO^+, CO_2^+ die Farbe bestimmen. 2.) Violette Hülle des Mars: Auch hier spielt die Fluoreszenz von CO^+, CO_2^+ eine Rolle. Eine genaue Erklärung ist nicht möglich. 3.) Jupiter: Fluoreszenz von NH_2, CN, N_2^+, CH^+, CH, C_2 und anderen Molekülen ist möglich. 4.) Merkur: Auch hier spielt Fluoreszenz eine Rolle. Groth

7022. Staub im Planetensystem. Naturwiss. Rundschau **10** 69.

7023. Perihelbevægelserne. Urania København **14** 7—8.

§ 71

Merkur, Venus

7101. Merkur. Astrometrische Beobachtungen

Greenwich Astronomical Results 1949, A 22. Observed right ascensions, declinations and diameters.

7102. Merkur. Physische Beobachtungen

Mitt. Planetenbeobachter **10** 22—23. Phasenmessungen am Merkur. H. R. Wielen.

Mitt. Planetenbeobachter **10** 23—24. Merkur-Beobachtungen.

Strolling Astronomer **11** 109—111. Mercury observations from October, 1956 to May, 1957. O. C. Ranck.

7103. **O. Gingerich,** Venus and Mercury. Canadian Nature **19** 188—190.

7104. **M. B. B. Heath,** The phases of Mercury at its greatest elongations. JBAA **67** 318—320. — Es wird gezeigt, daß die Zeit der Dichotomie von Merkur normalerweise nicht mit seiner größten Elongation zusammenfällt. Die Phase kann bei der größten Elongation vielmehr zwischen 0.37 und 0.63 liegen, bei Venus zwischen 0.487 und 0.513. T. L.

7105. **M. B. B. Heath,** Fenómenos de los planetas Mercurio y Venus hasta el año 2000. Urania Barcelona **42** 197—224.

7106. **J. Meeus,** De overgangen van Mercurius. Hemel en Dampkring **55** 153—162. — Bericht über die früheren Berechnungen des Verf. für die Merkurdurchgänge 1920—2080 und die in diesen erscheinenden Zyklen und Perioden (vgl. AJB **56** Ref. 7104). Gü.

7107. Nueva determinación de la masa de Mercurio. El Universo Nr. 39 S. 58.

7108. Merkurdurchgang

AC Nr. 177 S. 3, Nr. 178 S. 9 (russ.). Das Programm der physischen Beobachtungen des Merkurdurchgangs vor der Sonnenscheibe am 6. Mai 1957. W. Scharonow.

AC Nr. 181 S. 16—17 (russ.). Beobachtungen des Merkurdurchgangs vor der Sonnenscheibe am 6. Mai 1957 in Irkutsk. A. A. Kawerin, G. G. Kuklin, N. S. Tschernych, L. I. Tschernych. — Kontaktzeiten.

AC Nr. 184 S. 10—11 (russ.). Beobachtungen des Merkurdurchgangs vor der Sonnenscheibe am 6. Mai 1957 in Moskau. W. A. Bronstein. — Beobachtung des vierten Kontakts.

El Universo Nr. 39 S. 81. Nuevo tránsito de Mercurio. F. Gabilondo Soler.

J. Astr. Soc. Victoria **10** 22—26. The 1957 transit of Mercury. J. P. Hamilton.

J. Astr. Soc. Victoria **10** 38—39. Observations of the Mercury transit.

Mem. Japan Astr. Study Ass. **1** 179—180. Observations of the Mercury transit of May 5—6, 1957. S. Itoh.

NAT 1957 S. 31—32. Merkurpassagen d. 5.—6. maj 1957.

Obs **77** 149. Observation of Sydney Observatory of the transit of Mercury, 1957 May 5—6. H. Wood.

Orion Schaffhausen **5** 307. Merkurdurchgang vom 6. Mai 1957. R. A. Naef.

Sky and Telescope **16** 280. The transit of Mercury in May. — Vorschau.

Sky and Telescope **16** 446—447. Observations of the May 5th transit of Mercury.

Southern Stars **17** 65—68 = Carter Obs. Repr. Nr. 25. Transit of Mercury, 1957, May 6. I. L. Thomsen. — Vorschau.

UAI Circ 1602. Transit of Mercury. M. Ghouse. — Beobachtung 1957 Mai 6.

7109. Venus. Astrometrische Beobachtungen

Greenwich Astronomical Results 1947, A 21. Observed right ascensions, declinations and diameters.

Desgl. für 1949, A 22—A 23.

7110. Venus. Physische Beobachtungen

Irish AJ **4** 140—143. Observations of Venus in Dublin. J. O'Connor.

JBAA **67** 102—106. Venus: eastern elongation, 1956. P. Moore.

JBAA **67** 304—307. Venus: Western elongation, 1956—57. P. Moore.

Strolling Astronomer **11** 46—55. Venus from superior conjunction, 1954, through superior conjunction, 1957. J. C. Bartlett jr.

7111. **J. Ashbrook,** The problem of visual observations of Venus. Sky and Telescope **16** 588—589. — Bemerkung hierzu in Sky and Telescope **17** 179 von P. Moore.

7112. **J. C. Bartlett jr.,** Venus — the unknown planet. Strolling Astronomer **11** 38—42.

7113. **R. M. Baum,** The principal observations of the nocturnal hemisphere of Venus 1643—1900. JBAA **67** 242—250. — Ref. in Coelum **26** 24. — Von 1643 bis 1895 werden 44 Beobachtungen des «sekundären Lichtes» der Venus mit Einzelheiten wiedergegeben. Die Diskussion soll einer späteren Arbeit vorbehalten bleiben. Hoffmeister

7114. **R. M. Baum,** Historical sketch of the principal pre-1900 observations of the apparent nocturnal luminescence of the planet Venus. Strolling Astronomer **11** 78—86.

7115. **V. A. Firsoff,** Venus through colour filters. JBAA **67** 66—75. — Erfahrungen aus mehrjährigen Beobachtungen durch Filter von Violett bis Rot werden mitgeteilt und die durch 16 Zeichnungen belegten Oberflächendetails diskutiert unter Hinweis auf die großen Schwierigkeiten und Unsicherheiten dieser Art von Beobachtungen. Hoffmeister

7116. **V. A. Firsoff,** On the bright areas near the poles of Venus. JBAA **67** 107—110. — Es wird der Versuch gemacht, polfleckartige Aufhellungen der von Kuiper gegebenen Lage der Rotationsachse zuzuordnen, jedoch mit zweifelhaftem Erfolg. Hoffmeister

7117. **W. N. Frolow,** Einige Berechnungen von Dämmerungserscheinungen auf Venus für ein dreischichtiges Atmosphärenmodell. Abh. Shdanow-Staatsuniv. Leningrad Nr. 190 (Math. Nr. 29) S. 62—73 = Publ. Astr. Obs. Leningrad **17** 62—73 (russ.). — Der Widerspruch zwischen dem kleinen für Venus aus dem Lomonossow-Effekt berechneten Wert der horizontalen Refraktion und dem aus Dämmerungserscheinungen zu erwartenden Wert führten Scharonow zur Hypothese einer durchsichtigen Atmosphäre, in welcher in einer gewissen Höhe eine undurchsichtige Wolkenschicht schwebt. Verf. hat für diese Hypothese unter gewissen vereinfachenden Annahmen die Dämmerungshelligkeiten berechnet. Ein Vergleich mit Beobachtungen führt zu einer Höhe der undurchsichtigen Schicht von 500—700 km, was unwahrscheinlich ist. Verf. beabsichtigt ein anderes Atmosphärenmodell für Venus zu berechnen. Ond.

7118. **M. Gadsden,** Three-colour photometry of Venus — 1956 April 21. JBAA **66** 166—169.

* * **O. Gingerich,** Venus and Mercury. Vgl. Ref. **7103**.

* * **M. B. B. Heath,** Fenómenos de los planetas Mercurio y Venus hasta el año 2000. Vgl. Ref. **7105**.

7119. **B. N. Himmelfarb,** Die Hypothese des aktiven Vulkanismus auf Venus. AC Nr. 176 S. 22—23 (russ.). — Es wird vermutet, daß die Radioemission von bestimmten Gebieten der Venusoberfläche durch Vulkane verursacht ist. Zu Gunsten eines aktiven Vulkanismus spreche auch die Häufigkeit des Kohlendioxyds in der Venusatmosphäre. Petri

7120. **F. Horner,** Radio noise from planets. Nature **180** 1253. — Die Entdeckung der Radiostrahlung von Venus und Jupiter führte zu verschiedenen Spekulationen über die Natur der die Strahlung auslösenden Störungen. Verf. vergleichen daher die Intensitäten der Radiostrahlung der beiden Planeten mit den bei Blitzentladungen auf der Erde auftretenden Intensitäten und stellen einige Diskussionen darüber an. Henn

7121. **W. I. Jeserskij,** Photographische Photometrie der Venus. Abh. Univ. Charkow **91** 73—165 = Publ. Astr. Obs. Charkow **12** 73—165 (russ.). — Die in zahlreiche Paragraphen unterteilte umfangreiche Monographie enthält folgende Abschnitte: Übersicht über die Arbeiten zur Venusphotometrie, S. 73—84; Untersuchung der Helligkeitsverteilung auf der Venusscheibe, S. 84—106; Diskussion der erhaltenen Ergebnisse, S. 106—165. Loh.

7122. **J. D. Kraus,** Recent observations of radio signals from Venus at 11 meters wave length. AJ **62** 21. — Ref. AAS. — Besprechung in Vasiona **5** 51.

7123. **F. Link, L. Neužil,** La couleur de Vénus et la nature de ses nuages. BAC **8** 23—27. — Verf. vergleichen die Farbe von Venus und Sonne aus Beobachtungen in Lomnický Štít mit einem Photometer nach Link in drei Spektralbereichen. Die Meßergebnisse zeigen, daß die Farbe von Venus mehr Gelb aufweist als die der Sonne. Es kann kaum angenommen werden, daß die Wolken der Venusatmosphäre den irdischen Wolken ähnlich sind. J. B.

7124. **C. H. Mayer, R. M. Sloanaker, T. P. McCullough,** Radiation from Venus at 3.15 cm wavelength. AJ **62** 26—27. — Ref. AAS.

7125. **P. Moore,** The Planet Venus. New York, The Macmillan Company, 1957. 132 S. Preis $ 3.00. — Besprechung in El Universo Nr. **44** S. 155 (H. Scheffler), Publ ASP **70** 223—224 (H. M. Johnson), Sky and Telescope **17** 197, 305. — Vgl. auch AJB **56** Ref. **7123**.

7126. **T. Rackham,** Photography of Venus, 1956. JBAA **67** 160—166.

* * **R. S. Richardson,** Preliminary report on observations of Mars made at Mount Wilson in 1956. Vgl. Ref. **7454**.

7127. **W. Sandner,** Zur Diochotomie von Venus. Mitt. Planetenbeobachter **10** 8—9. — Ref. in JBAA **68** 39.

7128. Venus omstreeks 27 januari zowel ochtend- als avondster. Hemel en Dampkring **55** 235.

7129. Radioimpulse und Rotationsdauer der Venus. Orion Schaffhausen **5** 261.

7130. Radio observations of Venus. Sky and Telescope **16** 122. — Ref. AAS. — Besprechung in NAT 1957 S. 31.

7131. Radio astronomy indication of Venus rotation period. Vega **2** Nr. 35 S. 1.

* * Radarundersøgelser over Jupiter og Venus. Vgl. Ref. **7613**.

§ 72

Erde

Allgemeines

7201. **G. H. A. Cole,** Hydromagnetics and the earth's inner core. Obs **77** 17—19. — Es wird die Ansicht vertreten, daß das erdmagnetische Feld seinen eigentlichen Sitz im metallischen Kern der Erde hat. Das an der Oberfläche der Erde beobachtete Feld ist demgegenüber schwach und nur von sekundärer Natur. F. S.

7202. **G. H. A. Cole,** The earth and its magnetic field. Science Progr. **45** 628—645. — Umfangreiches Literaturverzeichnis.

7203. **M. A. Cook,** Where is the earth's radiogenic helium? Nature **179** 213. — Ref. in Phys. Abstracts (A) **60** 621.

7204. **H. Craig,** Distribution, production rate, and possible solar origin of natural tritium. Phys. Rev. (2) **105** 1125—1127. — Ref. in Phys. Abstracts (A) **60** 531, RJ 1957 Nr. 12 S. 33—34.

7205. **P. E. Damon,** Terrestrial helium. Geochim. Cosmochim. Acta **11** 200—203 mit einer Erwiderung von K. I. Mayne.

* * **A. K. Das, B. N. Bhargava, R. V. Subrahmanyan, S. Rangarajan, J. V. Narayana, P. V. S. Narayan,** Indian eclipse expedition to observe the total solar eclipse of June 20, 1955. Vgl. Ref. **6211**.

7206. **A. Defant,** Ebbe und Flut des Meeres, der Atmosphäre und der Erdfeste. Universitas **12** 509—512.

7207. **W. G. Fessenkow,** The early thermal history of the earth. AJ UdSSR **34** 105—119 (russ.). — Verf. betrachtet verschiedene Erscheinungen, die mit den Wärmebedingungen im Erdkörper während seiner frühen Entwicklungsstadien im Zusammenhang stehen. Es sind dies die Bildung von Granit und von Kontinenten, die Dissipation der primären Atmosphäre, die Entstehung der Ozeane, die Bewegung der Erdpole, die innere Struktur der Erde und die Verteilung der Radioaktivität im Erdinneren. Nach Ansicht des Verf. können alle genannten Erscheinungen nur dann erklärt werden, wenn man annimmt, daß die Erde aus einer gas-staubförmigen Materie entstanden sei und infolge des Entstehungsmechanismus eine hohe Temperatur besaß. Die Erwärmung durch radioaktive Elemente, die sehr langsam vor sich ging, hatte dagegen eine geringe Bedeutung für die Erde als Ganzes. Unterschiede zwischen Erde und Mars werden begründet. Die Erde hat während ihrer Bildung einen bedeutenden Teil ihrer Masse, besonders leichte Elemente, verloren. Ond.

7208. **E. K. Gerling, M. L. Jaschtschenko, G. M. Jermolin,** Die Argonmethode zur Altersbestimmung und ihre Anwendung. Bull. Kommission zur Bestimmung des absoluten Alters geolog. Formationen Akad. Wiss. UdSSR 1957 Nr. 2 S. 8—27 (russ.). — Ref. in RJ 1958 Nr. **11** S. 68.

7209. **A. Holmes,** How old is the earth? Trans. Edinburgh Geol. Soc. **16** 313—333, 1956. — Ref. in RJ 1957 Nr. 9 S. 75.

7210. **F. Houtermans,** Radioaktivität und Alter der Erde. Naturwissenschaften **44** 157—163. — Vortrag, gehalten auf der 99. Versammlung der Gesellschaft Deutscher Naturforscher und Ärzte am 24. September 1956 in Hamburg.

7211. **B. Lisowski,** Pole magnetyczne Ziemi i jego zmiany. Urania Kraków **28** 257—263. — Gemeinverständliche Darstellung des Erdmagnetismus.

7212. **A. Marks,** Poszukiwania nowych satelitów Ziemi. Postępy Astr. **5** 184—185. — Beschreibung der Methode von C. W. Tombaugh, nach unbekannten Erdmonden systematisch zu suchen. Rybka

7213. **G. Merla,** Il pianeta Terra. Torino, Ed. radio ital., 1957. 100 S. Preis L 200.

* * **M. E. Picciotto,** Données actuelles sur l'âge de la Terre et du système solaire. Vgl. Ref. 5509.

7214. The Solar System. Vol. II. The Earth as a Planet. Herausgegeben von G. P. Kuiper. Vgl. AJB **54** Ref. 7220. — Weitere Besprechung in Nature **179** 334—335 (A. Holmes).

7215. The Planet Earth. Herausgegeben von D. R. Bates. London, Pergamon Press, 1957. 312 S. Preis 35 s. net. — Besprechung in Ann d'Astrophys **21** 69, Ciel et Terre **74** 255—256, Geophys. J. **1** 187—188, Irish AJ **5** 10, Publ ASP **70** 518—519 (F. E. Roach), RJ 1958 Nr. 4 S. 53 (I. S. Schtscherbina-Samojlowa), Sky and Telescope **17** 197, 416, 419 (R. S. Bates), ZfA **46** 279—280 (J. Bartels).

7216. The Planet Earth. Edited by «Scientific American». New York, Simon & Schuster, 1957. 168 S. Preis $ 1.45 .— Besprechung in Sky and Telescope **17** 197.

7217. Handbuch der Physik. Bd. 48. Geophysik II. Herausgegeben von S. Flügge. Berlin-Göttingen-Heidelberg, Springer-Verlag, 1957. 1046 S. Preis 198 DM. — Besprechung in Ann d'Astrophys **20** 102, Ann. Géophys. **13** 160—165, Science **126** 408 (B. Gutenberg).

7218. Physics and Chemistry of the Earth. Vol. I. Herausgegeben von L. H. Ahrens, K. Rankama, S. H. Runcorn. Vgl. AJB **56** Ref. 7219. — Weitere Besprechung in La Nature **85** 78, Rev. Sci. Instruments **28** 48 (K. K. Turekian).

Atmosphäre

7219. **D. R. Bates, M. R. C. McDowell,** Atmospheric helium. J. Atmosph. Terrestr. Phys. **11** 200—208.

7220. **S. A. Beswerchnij,** Über einige Besonderheiten der ultravioletten Durchsichtigkeit der Atmosphäre. Publ. Kasach. Hydrometeorolog. Inst. Nr. 2 S. 23—31, 1954 (russ.). — Ref. in RJ 1957 Nr. 8 S. 42.

7221. **W. R. J. Brown, J. T. Watson,** Contrast of a high-altitude object. J. Optical Soc. America **47** 1047—1048. — Ref. Optical Soc. America.

7222. **D. E. Burch, J. H. Shaw,** Infrared emission spectra of the atmosphere between 14.5 μ and 22.5 μ. J. Optical Soc. America **47** 227—229. — Ref. in Phys. Abstracts (A) **60** 532, Phys. Ber. **37** 1504.

7223. **G. Dietze,** Größenverteilung des atmosphärischen Aerosols und Himmelslicht-Polarisation. Z. Meteorol. **10** 354—363, 1956. — Ref. in Phys. Ber. **37** 384.

7224. **G. Dietze,** Einführung in die Optik der Atmosphäre. Leipzig, Akademische Verlagsgesellschaft Geest & Portig K.-G., 1957. 11 + 263 S. mit 114 Fig. und 3 Tafeln. Preis DM 29. — Besprechung in Astr. Nachr. Berlin-Treptow **9** 97, Ciel et Terre **74** 253 (L. Poncelet), Coelum **25** 118, Hemel en Dampkring **55** 145—146 (S. W. Visser), Optik **14** 528, Sky and Telescope **16** 488, Sterne **34** 93 (C. Hoffmeister), Sternenbote **8** 85, Umschau in Wiss. und Technik **58** 319 (F. Volz), ZfA **46** 283—284 (H. K. Paetzold).

* * **H. A. Gebbie,** Detection of submillimeter solar radiation. Vgl. Ref. 6502.

7225. **E. K. Fjodorow, G. A. Skuridin,** Raketen und künstliche Erdsatelliten bei den Untersuchungen der Hochatmosphäre. Bote Akad. Wiss. UdSSR 1957 Nr. 8 S. 37—48 (russ.). — Ref. in RJ 1958 Nr. 11 S. 79.

7226. **E. K. Fjodorow,** Untersuchungen der hohen Schichten der Atmosphäre mittels Raketen und künstlicher Begleiter der Erde. Priroda **46** Nr. 9 S. 3—12 (russ.). — Nach Worten des Gedenkens an den vor 100 Jahren geborenen K. E. Ziolkowskij berichtet Verf. über die Errungenschaften der Erforschung der Hochatmosphäre mit Raketen und die insbesondere im Geophysikalischen Jahr zu erwartenden weiteren Erfolge. Loh.

7227. **C. Hoffmeister,** Messungen zur atmosphärischen Optik in Südwestafrika. Vgl. AJB **56** Ref. **7228.** — Weitere Besprechung in Sterne **34** 89—90 (H. Wörner).

* * **J. T. Houghton, T. S. Moss, J. S. Seeley, T. D. F. Hawkins,** Some observations of the infrared solar spectrum from a high-flying aircraft. Vgl. Ref. **6410.**

7228. **L. G. Jacchia,** A preliminary analysis of atmospheric densities from meteor decelerations for solar, lunar and yearly oscillations. J. Meteorol. **14** 34—37 = Harv Repr (2) Nr. 97. — Aus den Beobachtungen von 178 Meteoren und deren Bewegung wird auf die Dichte der oberen Atmosphäre und auf mögliche Schwankungen geschlossen. Oszillationen, die von der Jahreszeit und vom Stand der Gezeiten abhängen, lassen sich nicht mit Sicherheit nachweisen. F. S.

7229. **W. G. Kastrow,** Die Sonnenstrahlung in der Troposphäre im Fall absolut reiner und trockener Luft. Publ. Aerolog. Zentralobs. Nr. 16 S. 26—30, 1956 (russ.). — Ref. in RJ 1958 Nr. 10 S. 48—49.

7230. **K. J. Kondratjew,** Der Strahlungstransport in der Atmosphäre. Leningrad, Staatsuniv., 1956 (russ.). — Dissertationsreferat.

7231. **W. I. Krassowskij,** Über die Natur der Intensitätsänderungen der Emissionen der Erdatmosphäre. Nachr. Akad. Wiss. UdSSR (Geophys.) 1957 Nr. 5 S. 664—669 (russ.). — Ref. in RJ 1958 Nr. 11 S. 57.

7232. **W. I. Krassowskij,** Die Erforschung der höheren Atmosphäre. Priroda **46** Nr. 5 S. 55—60 (russ.).

7233. **G. Leitmann,** Determination of air density at high altitude by means of an earth satellite. American J. Phys. **25** 115.

* * **J. Lenoble,** Etat de polarisation du rayonnement diffusé dans les milieux naturels (mer et atmosphère). Vgl. Ref. 251.

7234. **F. Link, L. Neužil,** Raketové lety a výzkum vysoké atmosféry. Prag, Verlag Akad. Wiss. 3. Auflage. 236 S. mit 104 Fig. Preis Kčs. 9.80. — Besprechung in RH **39** 93.

7235. **L. G. Machotkin,** Direkte Strahlung und Durchlässigkeit der Atmosphäre. Nachr. Akad. Wiss. UdSSR (Geophys.) 1957 Nr. 5 S. 644—657 (russ.). — Ref. in RJ 1958 Nr. 2 S. 25.

7236. **M. S. Malkewitsch,** On the role played by inhomogeneities of the lower boundary in problems of scattering of light in the atmosphere. Nachr. Akad. Wiss. UdSSR (Geophys.) 1957 S. 628—643 (russ.).

7237. **P. Mange,** The theory of molecular diffusion in the atmosphere. J. Geophys. Res. **62** 279—296. — Die mathematische Theorie bezieht sich 1.) auf die Verteilung der Hauptbestandteile (N_2, O_2), 2.) auf das Verhalten von Bestandteilen geringer Menge in einer stabilen Atmosphäre. Die Theorie wird angewandt auf die Verteilung des molekularen Sauerstoffs oberhalb 100 km, auf das Absinken meteoritischen Kalziums und auf die Einwanderung atomaren Stickstoffs in tiefere Schichten von der hochliegenden Erzeugungsschicht aus. Hoffmeister

7238. **H. Melzer,** Meteor-astronomical universal laws of atmospherical precipitation. Urania Barcelona **42** 117—123, mit span. Übersetzung im Anhang.

7239. **P. M. Millman,** The upper atmosphere and current research. J RAS Canada **51** 334—340. — Bericht über die Tagungen der International Scientific Radio Union und der International Union of Geodesy and Geophysics im August und September 1957 betreffend Atmosphäre, Ozon, Nachthimmelleuchten, Polarlicht, Feinstruktur der Ionosphäre, Strömungen, Ionisation durch Meteore. Hoffmeister

7240. **B. A. Mirtow,** Rocket investigations of the composition of the atmosphere at great heights. Fortschritte Phys. Wiss. **63** Nr. 1b S. 181—196 (russ.). — Ref. in Phys. Abstracts (A) **61** 426.

7241. **M. Nicolet,** The aeronomic problem of helium. Ann. Géophys. **13** 1—21.

7242. **M. Nicolet,** Température à la limite de la thermosphère. Bull. Cl. Sci. Acad. roy. Belgique (5) **43** 731—739.

7243. **H. K. Paetzold,** Zustand der terrestrischen Exosphäre. Mitt. AG 1956 S. 47—50. — Ref. AG.

7244. **H. K. Paetzold,** Die Übergangszone der terrestrischen Atmosphäre in den interplanetaren Raum. Sterne **33** 8—16. — Verf. gibt zu Beginn des Internationalen Geophysikalischen Jahres einen Überblick unserer Kenntnisse von den höchsten Schichten der Erdatmosphäre und der physikalischen und chemischen Prozesse, aus denen die Zustände jener Schichten entstanden sind und sich noch gegenwärtig verändern können. Auf die Problematik und die daraus entstehenden Aufgaben wird besonders hingewiesen. Hoffmeister

7245. **R. Penndorf,** Tables of the refractive index for standard air and the Rayleigh scattering coefficient for the spectral region between 0.2 and 20.0 μ and their application to atmospheric optics. J. Optical Soc. America **47** 176—182. — Ref. in Phys. Abstracts (A) **60** 267.

7246. **E. W. Pjaskowskaja-Fessenkowa,** Untersuchung der Streuung des Lichts in der Erdatmosphäre. Alma-Ata, Astrophys. Inst., 1957 (russ.). — Dissertationsreferat.

7247. **I. S. Schklowskij,** A possible new type of fluorescence of the earth's atmosphere. AJ UdSSR **34** 127—130 (russ.). — Verf. weist darauf hin, daß nach Absorption der solaren Lyman β-Linie in der Erdatmosphäre im infraroten Spektrum des Dämmerungsleuchtens Sauerstofflinien (3 P_2—3 D) beobachtbar sein sollten. Die Intensität der entstehenden Linie λ 8446 sollte unter Annahme einer Intensität von Lyman β in Erdabstand von 0.01 erg/cm² sec einen Betrag von 5 $\times$ 10^8 Photonen/cm² sec erreichen. Trotz der in diesem Frequenzgebiet vorhandenen OH-Banden sollte die Linie bei sorgfältiger Auswertung meßbar sein. Auf diesem Wege wären dann Aufschlüsse über zeitliche Variationen der solaren Lyman β-Linie möglich. Oster

7248. **J. A. Scrimger, D. M. Hunten,** Absorption of sunlight by atmospheric sodium. Canadian J. Phys. **35** 918—927. — Ref. in Phys. Abstracts (A) **60** 910, Phys. Ber. **37** 1499.

7249. **Z. Sekera,** Light scattering in the atmosphere and the polarization of sky light. J. Optical Soc. America **47** 484—490.

7250. **Z. Sekera,** Scattering of light in the atmosphere and diffuse sky radiation. Sci. Progr. **45** 479—494. — Ref. in RJ 1958 Nr. 5 S. 22.

7251. **J. H. Shaw,** Some lesser known infrared-active atmospheric gases. J. Optical Soc. America **47** 1054. — Ref. Optical Soc. America.

7252. **S. F. Singer, R. C. Wentworth,** A method for the determination of the vertical ozone distribution from a satellite. J. Geophys. Res. **62** 299—308. — Die Methode beruht darauf, daß der Satellit die Intensität der von der Erdatmosphäre unter seinem Ort reflektierten Strahlung bei 2900 Å meldet. Verf. berechnet die Tiefe, bis zu der die Ozonwirkung erfaßt wird, für 3000 Å und 2800 Å. Mit zwei Detektoren läßt sich die Ozonverteilung ermitteln. Hoffmeister

7253. **V. J. Stakutis,** Atmospheric illumination of vertical surfaces at high altitudes. J. Optical Soc. America **47** 111—112. — Ref. Optical Soc. America.

7254. **E. Vassy,** La Physique de l'Atmosphère. Vol. I. Phénomènes d'Emission dans l'Atmosphère. Paris, Gauthier-Villars, 1956. 338 S. Preis ffrs. 3500. — Besprechung in American J. Sci. **255** 668 (H. Margenau).

7255. **M. L. White,** Oscillations of the earth's atmosphere. AJ **62** 38. — Ref. AAS.

7256. **J. A. Wood jr.,** Sputtering and the drag coefficient in the regime of free molecular flow. AJ **62** 40—41. — Ref. AAS.

7257. **H. Yagoda,** Abundance of lithium, beryllium, and boron nuclei at the top of the atmosphere. Bull. American Phys. Soc. (2) **1** 229, 1956.

7258. Extension of the I. C. A. O. Standard Atmosphere. J. British Interplanetary Soc. **16** 106.

Dämmerungserscheinungen

7259. **D. R. Barber,** Photoelectric observations of anomalously polarized twilight emission at 5893 Å. J. Atmosph. Terr. Phys. **10** 172—176. — Ref. in Phys. Ber. **37** 574—575.

7260. **N. B. Diwari,** Über die Polarisation des Dämmerungshimmellichts im Zenit. DAN **112** 217—220 (russ.).

7261. **N. B. Diwari,** Über die Polarisationseigenschaften des Lichts des Dämmerungshimmels. Mitt. Astrophys. Inst. Alma-Ata **5** Nr. 7 S. 89—109 (russ. mit deutschem Ref.). — Verf. berichtet über die von Sept. bis Nov. 1955 auf dem Bergobservatorium des Astrophys. Inst. (Kamenskoje Plateau, 1450 m Höhe) mit einem lichtelektrischen Photometer durchgeführten Helligkeits- und Polarisationsmessungen des Lichts des Dämmerungshimmels in drei Wellenlängenbereichen und die daraus gezogenen Schlußfolgerungen. Loh.

7262. **M. Gadsden,** The colour of the zenith twilight sky: absorption due to ozone. J. Atmosph. Terr. Phys. **10** 176—180.

7263. **D. M. Hunten,** Correction for Rayleigh-scattered light of sodium observations in twilight. J. Atmosph. Terr. Phys. **11** 67—68.

7264. **T. G. Megrelischwili,** Über die Lumineszenz des Dämmerungshimmels im infraroten Spektralbereich. DAN **116** 766—768 (russ.). — Die Lumineszenz des Dämmerungshimmels bei λ 9400 erfolgt in 35—40 und 90—100 km Höhe. Die höhere Schicht ist weniger stabil als die untere. Loh.

7265. **I. Zacharov,** Dämmerungsmessungen im Laufe der Perseiden 1953. BAC 8 135—142. — Während der Tätigkeitsdauer des Perseidenstromes im Jahre 1953 wurden lichtelektrische Messungen des Verlaufs der Dämmerungshelligkeiten durchgeführt. Es gelang der Nachweis, daß nach dem Maximum des Perseidenstromes eine erhöhte Absorption auftrat, die nach der Theorie von Link zu erwarten ist. Hoppe

Extinktion

7266. **B. D. Fomenko,** Die Änderung des atmosphärischen Transmissionskoeffizienten während der totalen Sonnenfinsternis vom 30. Juni 1954. Moskau, Staatsuniv., 1957 (russ.). — Dissertationsreferat.

7267. **K. A. Grigorjan,** Die selektive Absorption in der Erdatmosphäre. Mitt. Obs. Bjurakan Nr. 23 S. 29—34 (russ. mit armen. Ref.). — Das Material zur vorliegenden Untersuchung ergab sich als Nebenprodukt bei der Dreifarben-Elektrophotometrie einiger Assoziationen. Die Methode von Nikonow zur Bestimmung der atmosphärischen Extinktion (vgl. AJB **53** Ref. **9413**) wurde verwendet. Der Durchlässigkeitskoeffizient zeigt einen annähernd linearen Gang mit der Wellenlänge. Die Abweichungen von der Rayleigh-Streuung sind merklich, was auch durch spektrophotometrische Untersuchungen von Mirsojan und Iwanowa bestätigt wird. Die Ergebnisse des Verf. und der genannten Autoren stimmen im langwelligen Gebiet gut überein, dagegen weichen die Messungen von Iwanowa im kurzwelligen Gebiet ziemlich stark ab. Ond.

7268. **W. P. Linnik,** On the possibility of reduction of atmospheric influence on a star image. Optika i Spektrosk. **3** 401—402 (russ.). — Ref. in Phys. Abstracts (A) **61** 45.

7269. **N. I. Owtschinnikowa,** Vergleich der Durchlässigkeitskoeffizienten der Atmosphäre und der Sonnenhalos in zwei verschiedenen Höhen über dem Meer. Mitt. Astrophys. Inst. Alma-Ata **5** Nr. 7 S. 136—143 (russ. mit engl. Ref.).

* * **E. Rybka,** Wielkośći gwiazdowe. Vgl. Ref. **2274**.

7270. **A. Suslow,** Eine photographische Methode zur Bestimmung des Transmissionskoeffizienten. AC Nr. 182 S. 9—11 (russ.). — Verf. zeigt, wie der Transmissionskoeffizient ohne Kalibrierung der Negative und bei sehr kurzen Belichtungszeiten zuverlässig bestimmt werden kann. Beispiel und Vergleich erläutern die Sache. Loh.

7271. **J. H. Taylor, H. W. Yates,** Atmospheric transmission in the infrared. J. Optical Soc. America **47** 223—226. — Ref. in Phys. Abstracts (A) **60** 531—532.

7272. **T. P. Toropowa,** Untersuchung der Rolle verschiedener Faktoren bei der Lichtschwächung in der Erdatmosphäre. Alma-Ata, Astrophys. Inst., 1957 (russ.). — Dissertationsreferat.

Himmelshelligkeit

7273. **J. Lenoble,** Sur la variation de couleur de la lumière du jour en fonction de la hauteur du Soleil. CR **244** 647—650. — Für eine Rayleigh-Atmosphäre wird die Beleuchtungsstärke auf einer horizontalen Ebene am Boden berechnet, einmal durch Himmel + Sonne und einmal durch den Himmel allein. Bei der Wanderung der Sonne vom Zenit zum Horizont verändert sich die Farbe des Gesamtlichtes nur wenig, wobei die Farbdominante sich von λ 573 mμ nach λ 578 mμ verschiebt und die Reinheit sich von 13 % auf 21 % verändert. Beim Himmelslicht allein verschiebt sich die Dominante von λ 477 mμ auf λ 570 mμ und die Reinheit von 35 auf 14 %. Außerdem wird ein Diagramm der Beleuchtungsstärken durch Sonne + Himmel und den Himmel allein (in Einheiten von 10^4 Lux) in Abhängigkeit der Zenitdistanz der Sonne gegeben sowie eine Tabelle der Farbkoordinaten, Wellenlängen des Maximums und der Reinheitsgrade dieser beiden Größen in Abhängigkeit von der Zenitdistanz. Mehltretter

7274. **G. S. Liwschiz,** Die Helligkeit des wolkenlosen Himmels bei schneebedecktem Boden. Mitt. Astrophys. Inst. Alma-Ata **4** Nr. 5—6 S. 161—219 (russ.).

7275. **G. S. Liwschiz,** Die Änderung der Phasenfunktion in der Atmosphäre mit der Höhe und die Helligkeit des Tageshimmels. Mitt. Astrophys. Inst. Alma-Ata **5** Nr. 7 S. 123—128 (russ. mit engl. Ref.).

7276. **G. S. Liwschiz,** Die Helligkeit des wolkenlosen Himmels bei Schneebelag. Moskau, Geophys. Inst., 1955 (russ.). — Dissertationsreferat.

7277. **V. J. Stakutis,** Sky luminance values. J. Optical Soc. America **47** 112. — Ref. Optical Soc. America.

Internationales Geophysikalisches Jahr

7278. **M. d'Azambuja,** L'activité solaire et l'Année Géophysique. BSAF **71** 260.

7279. **G. A. Awsjuk,** Die Vorbereitung zum Internationalen Geophysikalischen Jahr 1957—1958. Nachr. Akad. Wiss. UdSSR (Geogr.) 1957 Nr. 2 S. 158—162 (russ.). — Ref. in RJ 1957 Nr. 12 S. 4.

7280. **D. Barbier,** Appel aux observateurs. Observations de l'aurore polaire pendant l'Année Géophysique Internationale. BSAF **71** 68—70.

7281. **D. Barbier,** L'observation visuelle des aurores pendant l'année géophysique. Météorologie Nr. 44 S. 393—404, 1956. — Ref. in RJ 1958 Nr. 5 S. 45.

7282. **J.-P. Blaser, F. Egger,** Astronomische Arbeiten im Geophysikalischen Jahr 1957/58. Orion Schaffhausen **5** 297—299, 337, 340—341.

7283. **J. D. Boulanger,** Die Koordinierung der Untersuchungen im Internationalen Geophysikalischen Jahr. Bote Akad. Wiss. UdSSR 1957 Nr. 1 S. 55—59 (russ.). — Ref. in RJ 1957 Nr. 10 S. 3.

7284. **J. Bouška,** Czechoslovak participation on the International Geophysical Year. RH **38** 169—171 (tschech.).

7285. **W. Buedeler,** L'année géophysique internationale. Paris, UNESCO, 1957. 66 S. mit 5 Fig. und 11 Phot. Preis 150 ffrs. — Besprechung in Ciel et Terre **74** 254, Gaz astr **38—39** 90—91.

7286. **S. Chapman,** The International Geophysical Year. Advanc. Sci. **13** 259—268.

7287. **A. C. Chrgian,** Das Internationale Geophysikalische Jahr und die Beteiligung der Universitäten der UdSSR. Bote Univ. Moskau (Math., Mech., Astr., Phys., Chem.) 1957 Nr. 1 S. 192—195 (russ.).

7288. **M. Cimino, T. Nicolini, E. Fichera,** La stazione astronomica dell' Osservatorio di Capodimonte ad Uccle per l'Anno Geofisico Internazionale. Rend. Accad. Nazionale Lincei, Cl. Sci. fis., mat., nat. (8) **23** 254—257.

7289. **A. Day,** Some organizational aspects of the International Geophysical Year. J. Inst. Navigation **10** 249—253.

7290. **G. Demetrescu,** Anul geofizic international. Gaz. mat. fiz. (A) **8** 449—459, 1956.

7291. **W. Dieminger,** Vorerkundung für das Geophysikalische Jahr in Südwestafrika. Phys. Blätter **13** 169—174.

7292. **R. L. Easton,** Radio tracking of IGY satellite: the Mark II Minitrack system. J. Astronautics **4** 31—32, 39.

7293. **H. Faust,** Vom Geophysikalischen Jahr. Naturwiss. Rundschau **10** 60—62.

* * **E. Fichera,** Sur la méthode des équations réduites et le programme d'observation de l'opération mondiale des longitudes (A.G.I.). Vgl. Ref. **13206.**

7294. **R. Fraser,** Once round the Sun. The Story of the International Geophysical Year. London, Hodder und Stoughton, Ltd., 1957. 160 S. mit 19 Tafeln. Preis 16 s. — Besprechung in Nature **180** 623 (M. A. Ellison).

7295. **C. Hoffmeister,** Die Beobachtungen hochatmosphärischer Erscheinungen während des Internationalen Geophysikalischen Jahres. Sterne **33** 51—55.

* * **M. Huruhata, T. Nakamura, H. Tanabe,** Scanning photoelectric photometer and method of observation of night airglow for the International Geophysical Year. Vgl. Ref. **2250.**

7296. **W. Janicki,** Erforschung der äußeren Erdatmosphäre mit Raketenflugzeugen und künstlichen Erdtrabanten. Wissenschaftliches Programm für das «Internationale Geophysikalische Jahr». Schweiz. Techn. Z. **54** 429—441.

7297. **H. Spencer Jones,** The International Geophysical Year. J. Inst. Navigation **10** 17—30.

7298. **J. Kaplan,** Geophysical research during the International Geophysical Year. J. Optical Soc. America **47** 111. — Ref. Optical Soc. America.

7299. **J. Kaplan,** The International Geophysical Year. Trans. New York Acad. Sci. **19** 379—388. — Ref. in RJ 1958 Nr. 2 S. 62.

72100. **D. S. Kimball,** Visual aurora observing during the IGY. Sky and Telescope **16** 327—331.

72101. **G. Klaus,** Die Schweiz und das Geophysikalische Jahr 1957—1958. Orion Schaffhausen **5** 202—204.

72102. **C. A. Kolenowa,** Zur Geschichte des Internationalen Geophysikalischen Jahres. Priroda **46** Nr. 10 S. 127—128 (russ.).

72103. **M. Kopecký,** Die Sonnenforschung auf der Sternwarte Ondřejov während des Internationalen Geophysikalischen Jahres. Časopis **7** 22—23 (tschech.).

72104. **W. A. Krat,** Solar observations during the International Geophysical Year. AJ UdSSR **34** 790—793 (russ. mit engl. Ref.). — Bericht über das Programm der sowjetischen Sternwarten.

* * **R. H. Lee,** Solar flare detection for I. G. Y. Vgl. Ref. **6648.**

72105. **R. P. Lejay,** L'année géophysique et l'ionosphère. J. Phys. Radium **18** 481—489. — Ref. in Phys. Ber. **37** 932.

72106. **E. Leutenegger,** Meteor- und Nordlichtbeobachtungen während des Internationalen Geophysikalischen Jahres. Orion Schaffhausen **5** 305—306. — Es werden die Richtlinien mitgeteilt, nach denen im Rahmen des Internationalen Geophysikalischen Jahres von Liebhaberastronomen nutzbringende Beobachtungen von Meteoren und des Nordlichts durchgeführt werden können. H. M.

72107. **F. Link,** Polarlicht und Licht des Nachthimmels im Internationalen Geophysikalischen Jahr. Časopis **7** 30—34 (tschech.).

72108. **F. Link,** Aurorae in the International Geophysical Year. RH **38** 49—53 (tschech.). — Richtlinien für die Beobachtung des Polarlichts während des Internationalen Geophysikalischen Jahres.

72108a. **A. C. B. Lovell,** The International Geophysical Year. Discovery **17** Nr. 1, 7 S., 1956 = Astr. Contr. Univ. Manchester (2) Jodrell Bank Repr. Nr. 137.

72109. **J. Magone,** Astronomi — geofiziskajam gadam. Latv. PSR zinātnu Akad. vēstis 1957 Nr. 5 S. 169. — Ref. in RJ 1958 Nr. 2 S. 3.

72110. **J. Mergentaler,** Udział polskich astronomów w Miedzynarodowym Roku Geofizycznym. Urania Kraków **28** 97—103. — Plan für die physischen Sonnenbeobachtungen in Polen während des Internationalen Geophysikalischen Jahres. Rybka

72111. **P. M. Millman,** A visual auroral programme for the I. G. Y. J RAS Canada **51** 186—188.

72112. **P. M. Millman,** An IGY program of meteor observing for amateurs. Sky and Telescope **16** 317—319. — Ref. in Coelum **25** 186.

* * **R. A. Miller,** Sunspots and the IGY: the mechanism of the sun. Vgl. Ref. **6342.**

72113. **A. P. Mitra,** The International Geophysical Year: 1957—58 — World programme. J. Sci. Industrial Res. (A) **16** 327—336.

72114. **H. E. Newell,** Some preparations for the International Geophysical Year earth satellite program. Trans. American Geophys. Union **38** 450—456. — Ref. in RJ 1958 Nr. 11 S. 71.

72115. **M. Nicolet,** Instructions pour l'observation visuelle des aurores au cours de l'Année Géophysique Internationale. Ciel et Terre **73** 527—545.

72116. **M. Nicolet,** The International Geophysical Year. Nature **180** 7—10.

72117. **Y. Öhman,** Solforskning under det Geofysiska Året. PAT **38** 106—114. — Übersicht über die Zusammenarbeit der Sonnenforscher während des Internationalen Geophysikalischen Jahres. C. L. J.

72118. **J. Paton,** The International Geophysical Year. Research **10** 294—297. — Zusammenstellung der Forschungsziele.

72119. **G. Petrescu,** Anul Geofizic International. Participarea observatorului din Bucuresti. Gaz. mat. fiz. (B) **8** Nr. 1 S. 1—10. — Ref. in RJ 1958 Nr. 4 S. 4.

72120. **A. Pien,** België en het Internationale Geofysisch Jaar 1957/58. Hemel en Dampkring **55** 138—141.

72121. **S. M. Poloskow, B. A. Mirtow,** The study of the upper atmosphere by means of rockets, at the Academy of Sciences, U. S. S. R. J. British Interplanetary Soc. **16** 95—100.

72122. **M. Rigutti,** La ricerca scientifica dell'anno geofisico internazionale. L'Universo **37** 425—436. — Kurze Darstellung der wissenschaftlichen Arbeiten, die während des Internationalen Geophysikalischen Jahres durchgeführt werden. Hinweis auf den von der Sternwarte Arcetri, dem europäischen Zentrum der Sonnenbeobachtungen, ausgearbeiteten Arbeitsplan. Cester

72123. **F. E. Roach,** Observations of the aurora and airglow during the International Geophysical Year. J. Optical Soc. America **47** 111. — Ref. Optical Soc. America.

72124. **D. van Sabben,** Poollichtwaarnemingen in het Geofysische Jaar. Hemel en Dampkring **55** 121—123.

72125. **W. W. Scharonow,** Die Beobachtungen Leuchtender Nachtwolken im Internationalen Geophysikalischen Jahr. Bote Univ. Leningrad 1957 Nr. 19 S. 184—186 (russ.). — Ref. in RJ 1958 Nr. 9 S. 51.

72126. **H. Scheffler,** El año geofisico international. El Universo **11** 126—139.

72127. **F. Steinhauser,** Die Aufgaben und Arbeiten des Internationalen Geophysikalischen Jahres und Österreichs Anteil. Österreich. Z. Vermessungswesen **45** 73—81.

72128. **A. Strzałkowski,** «Alert rozpoczyna się natychmiast». Urania Kraków **28** 321—323. — Betrifft die Beobachtungsorganisation im Internationalen Geophysikalischen Jahr.

72129. **Z. Švestka,** Internationale Organisation der Sonnenbeobachtung im Internationalen Geophysikalischen Jahr. Pokroky **2** 624—630 (tschech.).

72130. **J. Wartnaby,** The International Geophysical Year. London, H. M. Stationery Office, 1957. 5 + 18 S. mit 8 Tafeln. Preis 2 s. — Besprechung in Nature **180** 519—520 (G. A. Bull).

72131. **D. Wattenberg,** Das Internationale Geophysikalische Jahr 1957/58. Astr. Nachr. Berlin-Treptow **9** 13—19.

72132. **H. van Woerden,** Meteoorwaarnemingen in het International Geofysisch Jaar. Meteoor **13** 22—28.

72133. **G. D. Wowtschenko, A. G. Kolesnikow,** Der Beitrag der Wissenschaftler der Moskauer Universität zum Internationalen Geophysikalischen Jahr. Priroda **46** Nr. 10 S. 49—52 (russ.). — Es wird unter anderem auch über die Pläne am Sternberg-Institut berichtet.

72134. **W. P. Zessewitsch,** Das Internationale Geophysikalische Jahr. Moskau, Staatsverlag für technisch-theoretische Literatur, 1957. 136 S. mit Fig. Preis 2 R. 15 Kop. (russ.). — Besprechung in Priroda **47** Nr. 4 S. 121.

72135. **W. P. Zessewitsch,** Die astronomischen Probleme des Internationalen Geophysikalischen Jahres. Moskau, «Snanije», 1957. 40 S. mit Fig. Preis 60 Kop. (russ.).

* * A Bibliography for the International Geophysical Year. Vgl. Ref. 719.

72136. Annals of the International Geophysical Year. Band III Teil 1, 19 + 167 S.; Teile 2—4, S. 173—381; Band IV Teile 1—3, 201 S.; Teile 4—7, S. 207—393; Band V Teile 1—3, 244 S. London, Pergamon Press Ltd., 1957. Abonnement je Band £ 6. — Besprechung in Endeavour **17** 163—164 (E. C. Bullard).

72137. Guide to I. G. Y. International Geophysical Year 1957—8. Mit einem Vorwort von J. Wordie und Beiträgen von Mitgliedern des British Committee. London, Methuen and Co. Ltd., 1957. 48 S. Preis 2 s. 6 d. — Besprechung in Nature **180** 519—520 (G. A. Bull), Spaceflight **1** 192 (K. Simons).

72138. The United Kingdom Contribution to the International Geophysical Year, 1957—58. London, The Royal Society, 1957. 72 S. Preis 10 s. — Besprechung in Endeavour **17** 55, Nature **180** 569 (G. A. Bull).

72139. The International Geophysical Year. Unesco and its Programme XV. London, Her Majesty's Stationery Office, 1957. 20 S. mit 10 Tafeln. Preis 3 s. — Besprechung in Nature **180** 519—520 (G. A. Bull).

72140. IGY Instruction Manual. III. Longitudes and Latitudes. London–New York–Paris, Pergamon Press, 1957. S. 143—201. — Inhalt: N. Stoyko, Instructions pour la présentation des résultats des services horaires pendant la période 1957—58 et la réduction des observations faites avec des instruments de passages; A. Danjon, Instructions pour la détermination de l'heure et de la latitude avec l'astrolabe impersonnel A. Danjon; B. Decaux, Instructions pour l'emploi de la radioélectricité dans l'opération mondiale des longitudes et des latitudes; W. Markowitz, Instructions for operation of the moon-position camera; W. Markowitz, Instructions for use of the PZT in the longitude and latitude programme.

72141. Het Internationaal Geophysisch Jaar 1957—1958. Den Haag, Staatsuitgeverij bedrijf, 1957. Koninklijk Nederlands Meteorologisch Instituut. Verspreide opstellen nr. 4. 79 S. mit 14 Fig. Preis hfl 1.85. — Besprechung in Hemel en Dampkring **56** 69 (J. J. Raimond jr.).

72142. Sonnenüberwachung im Internationalen Geophysikalischen Jahr. Astr. Nachr. Berlin-Treptow **9** 20—22.

72143. Anno Geofisico Internazionale. Coelum **25** 82—84, 143—145.

72144. What's in IGY for electronics? Electronics **30** Nr. 6B S. 13—14.

72145. Wij en het geofysisch jaar. Meteoor **13** 21—22.

72146. Anno geofisico internazionale notiziario. Ric. Sci. **27** 855—867, 1255—1274, 1591—1612, 1955—1964, 2231—2246, 2551—2559, 2835—2839, 3131—3144, 3467—3478, 3697—3707.

72147. IGY upper atmosphere research. Science **125** 18.

72148. International Geophysical Year begins. Sky and Telescope **16** 411, 433.

72149. Cosmic ray program. Trans. American Geophys. Union **38** 801—805. — Ref. in RJ 1958 Nr. 9 S. 26—27.

72150. The IGY research rocket program. Trans. American Geophys. Union **38** 818—821. — Ref. in RJ 1958 Nr. 7 S. 56—57.

Ionosphäre

72151. **E. Appleton, A. J. Lyon,** Studies of the E layer of the ionosphere. I. Some relevant theoretical relationships. J. Atmosph. Terr. Phys. **10** 1—11. — Ref. in Phys. Ber. **36** 2170.

* * **D. K. Bailey,** Disturbances in the lower ionosphere observed at VHF following the solar flare of 23 February 1956 with particular reference to auroral-zone absorption. Vgl. Ref. **6688**.

72152. **D. R. Bates, M. R. C. McDowell,** Recombination in the ionosphere during an eclipse. J. Atmosph. Terr. Phys. **10** 96—102. — Ref. in Phys. Ber. **36** 2170.

72153. **W. Becker,** Sporadische Ionisierung in der E-Region der Ionosphäre mittlerer Breiten. Archiv Elektr. Übertragung **11** 101—104. — Es wird gezeigt, daß unter der Begriffsbestimmung «Sporadische Ionisierung der E-Region» alle zeitlich sporadischen, also nicht von der normalen, ultravioletten Sonnenstrahlung verursachten Ionisationsstufen zwischen 60 und 180 km Höhe erfaßt werden können. An Hand von Beobachtungsmaterial wird dargetan, daß diese «Es-Schichten» offensichtlich voneinander unabhängig sind und man dementsprechend auch verschiedene Ursachen annehmen muß. Eine verfeinerte Klassifizierung der so erfaßbaren Es-Schichten nach Typus und Höhe der Schicht wird vorgeschlagen. Verf.

72154. **B. C. Blevis,** Ionospheric studies by the lunar radar technique. Nature **180** 138—139. — Ref. in Phys. Abstracts (A) **61** 82.

* * **G. Bonnet, J. Hunaerts, M. Nicolet,** Analyse de résultats ionosphériques obtenus en Afrique lors de l'éclipse de soleil du 25 février 1952. Vgl. Ref. **6209**.

72155. **H. G. Booker, W. E. Gordon,** The role of stratospheric scattering in radio communication. Proc. Inst. Radio Engineers **45** 1223—1227.

72156. **M. J. Burke, I. S. Jenkinson,** Ionospheric drifts at Brisbane. Australian J. Phys. **10** 378—386. — Ref. in Phys. Abstracts (A) **61** 518.

72157. **J. O. Cardus,** Nota relativa a la actividad solar, geomagnética y ionosférica. Rev. Geofís. **15** 345—358, 463—476, 1956. — Ref. in RJ 1958 Nr. 5 S. 43, Nr. 7 S. 36.

* * **S. Chapman,** Notes on the solar corona and the terrestrial ionosphere mit einer Bemerkung von H. Zirin. Vgl. Ref. **6709**.

* * **T. A. Chubb, H. Friedman, R. W. Kreplin, J. E. Kupperian jr.,** Lyman alpha and X-ray emissions during a small solar flare. Vgl. Ref. **6622**.

72158. **E. Chvojková,** Rocket research and the theory of bifurcation of ionospheric layers. BAC **8** 77—78.

* * **M. Dagg,** The correlation of radio-star-scintillation phenomena with geomagnetic disturbances and the mechanism of motion of the ionospheric irregularities in the F region. Vgl. Ref. **12612**.

* * **M. Dagg,** Diurnal variations of radio-star scintillations, spread F, and geomagnetic activity. Vgl. Ref. **12613**.

* * **M. Dagg,** The origin of the ionospheric irregularities responsible for radio-star scintillations and spread-F. I. Review of existing theories. Vgl. Ref. **12615**.

* * **M. Dagg,** The origin of the ionospheric irregularities responsible for radio-star scintillations and spread-F. II. Turbulent motion in the dynamo region. Vgl. Ref. **12616**.

* * **A. K. Das, B. N. Bhargava, R. V. Subrahmanyan, S. Rangarajan, J. V. Narayana, P. V. S. Narayan,** Indian eclipse expedition to observe the total solar eclipse of June 20, 1955. Vgl. Ref. **6211**.

72159. **P. Dominici,** Some observations on the influence of a solar eclipse upon the ionosphere. Nuovo Cimento Suppl. (10) **4** 1572—1578, 1956. — Ref. in Phys. Abstracts (A) **61** 79.

* * **A. Ehmert,** Strahlung und Ionosphäre. Vgl. Ref. **6516**.

72160. **J. V. Evans,** The electron content of the ionosphere. J. Atmosph. Terr. Phys. **11** 259—271 = Astr. Contr. Univ. Manchester (2) Jodrell Bank Repr. Nr. 166. — Zur Bestimmung der Gesamtzahl der Elektronen in der Ionosphäre werden vom Mond reflektierte Radioimpulse benutzt. Die Polarisationsebene der von einer linear polarisierten Sender-Empfängerantenne ausgehenden Strahlung wird in der Ionosphäre unter dem Einfluß des erdmagnetischen Feldes gedreht. Dieser Drehwinkel Ω ist der Gesamtzahl N der Elektronen proportional und beträgt meistens mehrere 2π. Da Ω selbst proportional $\frac{1}{f^2}$ ist (f = Frequenz des Radiosignals), läßt es sich aus der Beobachtung mit zwei eng benachbarten Frequenzen bestimmen. In der Arbeit wird die Beobachtungs- und Reduktionsmethode beschrieben, dazu die Beobachtungen während eines Jahres. Aus ihnen folgt eine Gesamtzahl der Elektronen, die um einen Faktor 2 größer ist als die nach dem parabolischen Modell aus ionosphärischen Daten berechnete. Anzeichen von Gezeiteneffekten sind ebenfalls vorhanden. Mehltretter

* * **G. A. Harrower,** A consideration of radio star scintillations as caused by interstellar particles entering the ionosphere. I. Daily and seasonal variations of the scintillation of a radio star. Vgl. Ref. **12659**.

* * **G. A. Harrower,** A consideration of radio star scintillations as caused by interstellar particles entering the ionosphere. II. The accretion of interstellar particles as a cause of radio star scintillations. Vgl. Ref. **12660.**

* * **G. A. Harrower,** A consideration of radio star scintillations as caused by interstellar particles entering the ionosphere. III. The kind, number, and apparent radiant of the incoming particles. Vgl. Ref. **12661.**

* * **J. Hoppe,** Der Aufbau der Ionosphäre und die physikalische Meteortheorie. Vgl. Ref. **8238.**

72161. **N. N. Jerjuschew,** Ionosphärische Effekte der großen Sonneneruption vom 23. Februar 1956. Sonnendaten 1957 Nr. 4 S. 137—139 (russ.).

72162. **T. Kahan,** Ionospheric turbulence and the propagation of electromagnetic waves. Nuovo Cimento Suppl. (10) **4** 1352—1384, 1956 (französ.). — Ref. in Phys. Abstracts (A) **61** 42.

72163. **P. J. Kellogg,** Mechanism for production of X-rays by ion clouds striking the earth. Phys. Rev. (2) **108** 1093—1094. — Ref. in Phys. Abstracts (A) **61** 129.

* * **H. I. Leighton,** Field-strength variations recorded on a VHF ionospheric scatter circuit during the solar event of February 23, 1956. Vgl. Ref. **6688.**

72164. **S. Matsushita,** Lunar effects on the equatorial Es. J. Atmosph. Terr. Phys. **10** 163—165. — Ref. in Phys. Ber. **37** 577.

72165. **G. H. Munro,** Travelling disturbances in the ionosphere: changes in diurnal variation. Nature **180** 1252—1253. — Ref. in Phys. Abstracts (A) **61** 129.

72166. **R. Naismith,** Some properties of the meteoric E-layer used in radio wave propagation. Nuovo Cimento Suppl. (10) **4** 1413—1421, 1956. — Ref. in Phys. Abstracts (A) **61** 42.

72167. **I. N. Odinzowa,** On the conception of the quiescent ionosphere. Mitt. Astrophys. Obs. Krim **17** 232—241 (russ. mit engl. Ref.).

72168. **J. A. Ratcliffe,** The ionosphere. Nature **179** 339—340. — Ref. in Phys. Ber. **37** 170—171.

72169. **B. M. Rubaschew,** Die Veränderungen in den Temperaturverhältnissen der F 2-Schicht der Ionosphäre beim Durchgang eines Aktivitätsherdes auf der Sonnenscheibe. Sonnendaten 1956 Nr. 6 S. 138—140 (russ.). — Verf. untersucht das für die F_2-Schicht aus dem Jahre 1951 vorhandene Material daraufhin, ob der Vorübergang eines Aktivitätszentrums vor der Scheibe mit einer Änderung der Ionosphärentemperatur zusammenfällt. Aus der statistischen Analyse ergibt sich, daß im Mittel zwei Tage vor dem Durchgang des Aktivitätszentrums durch den Zentralmeridian eine Temperaturerhöhung auftritt. Oster

72170. **I. Takahashi, T. Ogawa, M. Yamano, A. Hirai, M. Takiuchi,** Doppler shift of the received frequency from the standard station reflected by the ionosphere. Proc. Inst. Radio Engineers **45** 1408.

72171. **I. R. Wait, H. H. Howe,** The waveguide mode theory of vlf ionospheric propagation. Proc. Inst. Radio Engineers **45** 95, 290.

72172. **J. W. Warwick, H. Zirin,** Diurnal absorption in the D-region. J. Atmosph. Terr. Phys. **11** 187—191.

72173. **A. H. Waynick,** The present state of knowledge concerning the lower ionosphere. Proc. Inst. Radio Engineers **45** 741—749. — Ref. in Phys. Ber. **37** 1895.

72174. **I. W. Yabroff,** Reflection at a sharply-bounded ionosphere. Proc. Inst. Radio Engineers **45** 750—753.

72175. Ionosphäre, solare Radiostrahlung, UKW-Ausbreitung. Beob. Ergeb. Heinrich-Hertz-Inst. Schwingungsforsch. 1956, 24 S.

72176. **Beobachtungen der Ionosphäre**

Bull. Informat. Ionosph. Géophys. **1** Nr. 1—12.

Report Ionosph. Res. Japan **11** 67—98. Catalogue of disturbances in ionosphere, geomagnetic field, field intensity of radio wave, cosmic ray, solar phenomena and other related phenomena. Nr. 21 (January 21—24, 1957).

Leuchtende Nachtwolken

72177. **W. W. Fedynskij,** Über Wellenbewegungen Leuchtender Nachtwolken. AC Nr. 181 S. 25—27 (russ.).

72178. **N. I. Grischin,** Die Leuchtenden Nachtwolken über dem europäischen Territorium der UdSSR im Jahre 1956. AC Nr. 181 S. 24—25 (russ.). — Kurzer Bericht über zehn beobachtete derartige Erscheinungen. Loh.

72179. **N. I. Grischin,** Die meteorologischen Bedingungen für das Auftreten Leuchtender Nachtwolken. Bull. Astr.-Geod. Ges. UdSSR Nr. 15 S. 3—9, 1954 (russ.).

72180. **N. I. Grischin,** Untersuchung des kontinuierlichen Spektrums Leuchtender Nachtwolken. Bull. Astr.-Geod. Ges. UdSSR Nr. 19 S. 3—16, 1956 (russ.). — Verf. erhielt im Jahre 1951 insgesamt 80 Spektrogramme Leuchtender Nachtwolken mit einer Dispersion von 300—3000 Å/mm, von denen er 15 bearbeitet. Das Spektrum wird mit dem Spektrum des Dämmerungshimmels verglichen. Verf. findet drei Spektralgebiete mit erhöhter Intensität im Spektrum der Nachtwolken (4200—4800, 4900—5800, 5900—6800 Å). In hellen Nachtwolken sind hauptsächlich das erste und dritte Maximum verstärkt. Plavec

72181. **N. I. Grischin,** Über die Struktur der Leuchtenden Nachtwolken. Meteorol. Hydrolog. 1955 Nr. 1 S. 23—28 (russ.). — Ref. in RJ 1957 Nr. 12 S. 66.

72182. **F. H. Ludlam,** Noctilucent clouds. Tellus **9** 341—364. — Die bisherigen Kenntnisse über die Leuchtenden Nachtwolken werden zusammengestellt und neue in Schweden durchgeführte Beobachtungen beschrieben. Es scheint, daß die Wolken nur im Sommer und in hohen Breiten auftreten. Die Größe und Konzentration der Wolkenpartikel werden untersucht sowie das Problem ihrer Zusammensetzung und ihres Ursprungs diskutiert. Henn

72183. **W. W. Martynenko, A. G. Gapotschenko,** Beobachtungen Leuchtender Nachtwolken am 29. Juni 1957. AC Nr. 187 S. 25 (russ.).

72184. **A. V. Nielsen,** Lyse natskyer. NAT 1957 S. 1—6. — Übersicht über unser Wissen von den Leuchtenden Nachtwolken. Verf. stützt sich besonders auf die Untersuchungen von Vestine, Hoffmeister und Störmer. C. L. J.

72185. **W. G. Teufel,** Leuchtende Nachtwolken. Publ. Sektor Astrobotanik Akad. Wiss. Kasach. Sowjetrepublik **5** 59—82 (russ.). — Ref. in RJ 1958 Nr. 2 S. 50.

72186. **W. F. Tschistjakow, W. G. Teufel,** Einige Fragen zur Natur der Leuchtenden Nachtwolken. Bull. Astr.-Geod. Ges. UdSSR Nr. 19 S. 17—30, 1956 (russ.). — Verf. besprechen Häufigkeit, Strukturformen, Beziehung zur

Sonnentätigkeit und Probleme der Bildung Leuchtender Nachtwolken. Sie geben ein Verfahren zur Bestimmung der scheinbaren oberen Grenze der Nachtwolken. Beobachtungen aus den Jahren 1949—53 zeigen keine Beziehung zur Sonnentätigkeit, so daß bei der Bildung der Nachtwolken wahrscheinlich die Hauptfaktoren irdischen Ursprungs sind. Plavec

72187. **G. Witt,** Noctilucent cloud observations. Tellus **9** 365—371.

72188. **Beobachtungen Leuchtender Nachtwolken**

RH **38** 46 (tschech.). Leuchtende Nachtwolken vom 2. Juli 1956. B. Maleček.

Licht des Nachthimmels

72189. **D. Barbier, J. Glaume,** Nouvelle détermination de l'altitude d'émission de la raie verte de la lumière du ciel nocturne par la méthode de van Rhijn. Ann. Géophys. **13** 317—320 = Contr. Inst. d'Astrophys. Paris (B) Nr. 165. — Unter Berücksichtigung der bekannten Fehlerquellen wird die Höhe der Emissionsschicht für die grüne Nachthimmellinie (λ 5577) zu ungefähr 100 km angegeben. Dieser Wert widerspricht dem kürzlich bestimmten Wert von 300 km, stimmt aber überein mit dem auf Grund theoretischer Überlegungen vorausgesagten. Henn

72190. **D. Barbier,** Observations de la luminescence atmosphérique nocturne de la raie rouge de l'oxygène. CR **244** 1809—1811 = Contr. Inst. d'Astrophys. Paris (A) Nr. 222. — Mit Hilfe zweier verschieden breiter Interferenzfilter für λ 6300 Å wird der Einfluß des Sternhintergrundes und der OH-Banden eliminiert. Photometriert wird in 75° Zenitdistanz um den gesamten Horizont herum. Die Beobachtungen während des Winters werden beschrieben. Nach Trennung von dem von Cabannes und Garrigue entdeckten Dämmerungseffekt zeigt das Verhalten der λ 6300 Linie ziemliche Regelmäßigkeit im Laufe der Nacht. Für Stellen gleicher Breite am Himmel ist die Intensität praktisch nur zeitabhängig. Eine Interpretation der Beobachtungen wird angekündigt. Mehltretter

72191. **D. Barbier,** Interprétation de la luminescence nocturne de la raie rouge de l'oxygène. CR **244** 2077—2080 = Contr. Inst. d'Astrophys. Paris (A) Nr. 224. — Eine empirische Formel wird angegeben, mit deren Hilfe aus den ionosphärischen Daten (über die F-Schicht) für den ersten Teil der Nacht näherungsweise die Intensität der Linie λ 6300 Å berechnet werden kann. Die Deutung stützt sich auf das Verschwinden der F-Schicht infolge der Rekombination von $O_2^+ + e \rightarrow O' + O'$, wobei O_2^+ durch Elektronenaustausch aus $O_2 + O^+$ entsteht. Letztere Reaktion ist die langsamere, woraus für die Intensität von λ 6300 eine Proportionalität zu $n(O_2) \cdot n(e)$ folgt. Ein zusätzliches Phänomen, wahrscheinlich die Ankunft arktischer Luftmassen, erschwert die Deutung der Beobachtungen im zweiten Teil der Nacht. Mehltretter

72192. **D. Barbier,** La lumière du ciel nocturne en été à Tamanrasset. CR **245** 1559—1561 = Contr. Inst. d'Astrophys. Paris (A) Nr. 229.

72193. **D. R. Bates, B. L. Moiseiwitsch,** On the remarks of V. I. Krassovsky regarding the O_3 and O_2 hypotheses of the OH airglow. J. Atmosph. Terr. Phys. **11** 68—70. — Ref. in RJ 1958 Nr. 5 S. 44.

72194. **C. Cailliatte,** Sur quelques mesures de la luminance du ciel nocturne dans le proche infrarouge. CR **245** 1739—1740 = Publ. Obs. Haute-Provence **4** Nr. 6.

72195. **J. W. Chamberlain, B. J. Negaard,** Effects of resonance scattering of the nightglow D lines on the van Rhijn heights. AJ **62** 10. — Ref. AAS.

72196. **M. Dufay,** Etude photoélectrique du spectre du ciel nocturne entre 0.7 et 1.1 μ. CR **244** 364—367 = Publ. Obs. Haute-Provence **3** Nr. 55.

72197. **N. I. Fedorowa,** Le spectre infrarouge du ciel boréal nocturne dans la région 9500—11500 Å. AJ UdSSR **34** 247—249 (russ. mit französ. Ref.). — Verf. hat im Februar 1955 bei Murmansk mit einer Dispersion von 230 Å/mm Spektren der infraroten OH-Banden im Nachthimmelleuchten zwischen 9500 und 11500 Å aufgenommen. Eine Registrierung ist abgebildet. Die relativen Intensitäten zeigen starke Abweichungen gegenüber den auf theoretischem Wege abgeleiteten Resultaten von Roach. Oster

72198. **A. W. Harrison, A. V. Jones,** Measurements of the absolute intensity of the aurora and night airglow in the $0.9-2.0\mu$ region. J. Atmosph. Terr. Phys. **11** 192—199.

72199. **M. Huruhata, J. Nakamura,** Airglow observations on board the «Soya», Japanese expedition ship to Antarctic. Report Ionosph. Res. Japan **11** 35—40 = Tokyo Astr. Obs. Repr. Nr. 153. — Die Beobachtungen wurden mit einem lichtelektrischen Photometer bei der Wellenlänge 5577 Å unter Vergleichung mit 5300 Å und radioaktiven Leuchtscheiben ausgeführt. Die wegen Streuung noch wenig sicheren Ergebnisse deuten eine größere Intensität auf der Südhalbkugel und das Minimum auf niederen geomagnetischen Breiten von etwa $\pm 20°$ an, vielleicht mit einer sekundären Erhebung am Äquator. Die Streuung beruht zum Teil auf dem Intensitätswechsel im Verlauf einzelner Nächte. Hoffmeister

72200. **W. I. Krassowskij,** On the remarks of D. R. Bates and B. L. Moiseiwitsch (1956) regarding the O_3 and O_1 hypotheses of the excitation of the OH airglow. J. Atmosph. Terr. Phys. **10** 49—51.

72201. **A. W. Mironow, W. S. Prokudina,** The identification of the emission of the night sky at about 5300 Å. AJ UdSSR **34** 440—441 (russ. mit engl. Ref.). — Die Emission bei 5300 Å gehört offensichtlich dem Schwingungsspektrum des Hydroxyls an und entsteht aller Wahrscheinlichkeit nach in einer Höhe von etwa 100 km. Die Ozon-Wasserstoff-Hypothese wird dadurch hinfällig. Loh.

72202. **J. Nakamura,** Latitude effect of night airglow. J. Geophys. Res. **62** 487—488.

72203. **A. Omholt,** Considerations regarding the sodium lines in the nightglow and twilight. J. Geophys. Res. **62** 207—212. — Zu erklären sind folgende Erscheinungen: Dämmerungseffekt, Fehlen einer Variation mit der Nachtzeit im Nachthimmelleuchten, jahreszeitliche Änderungen (Maximum im Winter), Höhe (Untere Grenze bei etwa 80 km). Der Prozeß $Na + O_2 + M \rightarrow NaO_2 + M$, wo M ein dritter Stoßpartner ist, bietet die besten Möglichkeiten, gibt aber keine Erklärung für die jahreszeitliche Abhängigkeit. Photochemische Reaktionen und Photoionisation kommen kaum in Betracht. Hoffmeister

72204. **N. N. Parijskij, L. M. Gindilis,** Die Intensität der grünen Linie 5577 Å des Nachthimmels im Gebiet des Gegenscheins. AC Nr. 179 S. 13—16 (russ.).

72205. **R. Robley,** Variation annuelle de la lumière du ciel nocturne dans le bleu par spectrophotométrie photographique. Ann. Géophys. **13** 222—230.

72206. **S. F. Rodionow,** Elektrophotometrische Untersuchungen des Nachthimmelleuchtens. Opt. i Spektr. **2** 606—615 (russ.). — Ref. in Phys. Abstracts (A) **61** 129, Phys. Ber. **37** 932.

72207. **B. Styra,** Nakties dangaus svytéjimas. Wilna, Valst. Pol. ir moksl. lit. leidykla, 1954. 104 S. Preis 1.50 R.

72208. **H. Tanabe, T. Tohmatsu,** On the latitude effect of airglow intensity. Report Ionosph. Res. Japan **11** 145—148 = Tokyo Astr. Obs. Repr. Nr. 157.

Polarlicht

72209. **J. Adler, B. L. Moiseiwitsch,** Inelastic collisions between heavy particles. VI. The $2s^3S$—$2p$ and $3p^3P$ excitations of fast He atoms by H and Ne atoms. Proc. Phys. Soc. (A) **70** 117—122.

72210. **D. Barbier,** L'observation photoélectrique de l'activité aurorale aux basses latitudes. CR **244** 1945—1947 = Contr. Inst. d'Astrophys. Paris (A) Nr. 223. — Die große Regelmäßigkeit der Intensitätsverteilung des Nachthimmelleuchtens in der roten Linie λ 6300 Å des Sauerstoffs erleichtert die Feststellung von besonderen Ereignissen, die als Nordlicht aufzufassen sind. Eine Tabelle dieser in Haute-Provence ziemlich häufig beobachteten Ereignisse zeigt eine gute Korrelation mit der geomagnetischen Indexzahl nach Bartels. Bei den weitaus meisten ist die Intensität in λ 6300 Å größer als in den anderen Nordlichtlinien (rotes Nordlicht). Mehltretter

72211. **D. R. Bates, M. R. C. McDowell, A. Omholt,** On the energy distribution of secondary auroral electrons. J. Atmosph. Terr. Phys. **10** 51—53. — Ref. in Phys. Ber. **36** 2167.

72212. **H. P. Berlage,** De meeste poollichten verschijnen later dan de meeste zonnevlekken. Hemel en Dampkring **55** 99—100.

72213. **R. C. Bless, W. Liller,** Photoelectric spectrophotometry of the aurora. AJ **62** 242—243. — Ref. AAS.

72214. **C. M. Botley,** Some great tropical aurorae. JBAA **67** 188—192. — Ref. in Coelum **26** 23. — Verf. führt 13 Daten von 1730 bis 1921 an, an denen Polarlicht auf niederen geographischen und geomagnetischen Breiten beobachtet worden ist und vergleicht sie mit dem Befund auf der Sonne. Hoffmeister

72215. **K. Bullough, T. W. Davidson, T. R. Kaiser, C. D. Watkins,** Radio reflections from aurorae. III. The association with geomagnetic phenomena. J. Atmosph. Terr. Phys. **11** 237—254 = Astr. Contr. Univ. Manchester (2) Jodrell Bank Repr. Nr. 159.

72216. **J. W. Chamberlain,** On a possible velocity dispersion of auroral protons. ApJ **126** 245—252. — Verf. versucht, die Beobachtungsdaten für die H-Linien in Nordlichtspektren durch die Annahme einer Geschwindigkeitsstreuung der einfallenden Protonen zu interpretieren. Als vorläufiges Ergebnis wird eine Häufigkeit $\sim v^{-2}$ und eine Winkelverteilung $\sim \cos^2\theta$ abgeleitet. Ein nahe der Erde wirkender Beschleunigungsmechanismus für die Protonen wird vermutet. Klauder

72217. **S. Chapman, C. G. Little,** The nondeviative absorption of high-frequency radio waves in auroral latitudes. J. Atmosph. Terr. Phys. **10** 20—31. — Ref. in Phys. Ber. **36** 2172.

72218. **S. Chapman,** The aurora in middle and low latitudes. Nature **179** 7—11. — Zusammenfassender Bericht über Häufigkeit des Polarlichts mit Häufigkeitskarten für Nord- und Südpolkappe. Henn

72219. **M. Dufay,** Le spectre d'une aurore de basse latitude dans le visible et le proche infrarouge. CR **245** 1648—1650 = Publ. Obs. Haute-Provence **4** Nr. 3.

72220. **R. Dumont,** L'étude spectrale des aurores polaires des 21 et 28 janvier. La Nature **85** 92.

72221. **G. R. Ellis,** Low-frequency radio emission from aurorae. J. Atmosph. Terr. Phys. **10** 302—306. — Ref. in Phys. Ber. **37** 2107—2108.

72222. **C. T. Elvey,** Aurora borealis. Adv. Electronics and Electron Phys. **9** 1—42. — Inhalt: I. Introduction; II. General description of auroras; III. Radio studies of aurora; IV. Spectroscopy; V. Rocket observations.

72223. **C. Y. Fan,** Laboratory studies of auroral excitation. Acta Astr. Sinica **4** 258—263, 1956 (chines. mit engl. Ref.).

72224. **P. A. Forsyth, E. L. Vogan,** The frequency dependence of radio reflections from aurora. J. Atmosph. Terr. Phys. **10** 215—228. — Ref. in Phys. Ber. **37** 574.

72225. **S. J. Fricker, R. P. Ingalls, M. L. Stone, S. C. Wang,** UHF radar observations of aurora. J. Geophys. Res. **62** 527—546. — Die Beobachtungen erfolgten mit Impulssender bei 412.85 MHz zwischen September und Dezember 1956. Die zeitliche Verteilung ergibt ein Minimum zwischen Sonnenaufgang und 13^h Ortszeit, das Maximum in der Nacht. Die Reflexionen wurden empfangen, wenn der Strahl einen Winkel von maximal 3° mit den magnetischen Kraftlinien bildete. Die Höhen lagen zwischen 90 und 160 km. Hoffmeister

72226. **J. I. Galperin,** Observations of hydrogen emission in aurora. AJ UdSSR **34** 131—134 (russ.). — Es werden 17 Nordlichtspektrogramme von $H\alpha$ ausgewertet, die in der Zeit von Dezember 1955 bis April 1956 mit einer Dispersion von 83.5 Å/mm und zwar am magnetischen Zenit und am magnetischen Horizont aufgenommen wurden. Es ergaben sich für die emittierenden Teilchen Maximalgeschwindigkeiten von 2000 km/sec, während das Maximum der verschobenen $H\alpha$-Linie einer Geschwindigkeit von 350 km/sec entsprach. Oster

72227. **C. W. Gartlein, G. Sprague,** Hydrogen in auroras. J. Geophys. Res. **62** 521—526. — Aus den Dopplerverschiebungen der relativ breiten $H\alpha$ und $H\beta$-Linien wurde die Geschwindigkeit der Protonen zu 2000 bis 3000 km sec^{-1} bestimmt. Unter den atmosphärischen Bedingungen von New Mexico würde daraus eine Eindringtiefe der Protonen bis 110 km Höhe folgen. Weitere Untersuchungen betreffen die Intensität von $H\alpha$. Die Leistung eines Polarlichts wurde in einem speziellen Fall auf Grund der Protonenhypothese zu 7×10^{-9} Watt cm^{-2} bestimmt. Beobachtungen nahe der Nordlichtzone ergeben geringeren H-Anteil als solche aus weiter südlich gelegenen Gegenden. Hoffmeister

72228. **N. C. Gerson,** The ionized aurora. Nuovo Cimento Suppl. (10) **4** 1562—1571, 1956. — Ref. in Phys. Abstracts (A) **61** 430.

72229. **O. Gingerich,** The northern lights. Canadian Nature **19** 76—79. — Ref. in RJ 1958 Nr. 1 S. 66.

72230. **N. V. Giorgio,** Einige Ergebnisse elektrophotometrischer Messungen von Polarlichtern. Nachr. Akad. Wiss. UdSSR (Geophys.) 1957 Nr. 5 S. 692—695 (russ.). — Ref. in RJ 1958 Nr. 2 S. 48.

72231. **G. Godoli,** Le aurore polari. Coelum **25** 33—40 = Oss. Astrofis. Arcetri Contr. Nr. 7. — Gemeinverständliche Darstellung über das Nordlicht. Es werden behandelt: Beobachtungsmethoden, Formen und Nomenklatur, geographische Verteilung, Höhe, Spektrum, Zusammenhang mit Sonnenaktivität und Erdmagnetismus, Ziele des Internationalen Geophysikalischen Jahres zur Verbesserung unserer Kenntnisse über das Nordlicht. Cester

72232. **A. H. Jarrett, P. L. Byard,** On the possibility of observing aurorae in the daytime. J. Atmosph. Terr. Phys. **11** 295—296 = Repr. Obs. Univ. St. Andrews Nr. 18.

72233. **S. W. Karjagina, N. N. Parijskij,** Spektroskopische Beobachtungen des in niederen Breiten sichtbaren Polarlichtes vom 29.—30. September 1957. AC Nr. 186 S. 20—21 (russ.).

72234. **S. W. Karjagina,** Die absolute Intensität der NI-Linie 5200 Å im Spektrum des in niederen Breiten sichtbaren Polarlichts vom 29.—30. September 1957. AC Nr. 186 S. 21—23 (russ.).

72235. **B. Kaschtschejew,** Beobachtungen des Polarlichts im Charkower Gebiet. AC Nr. 186 S. 24 (russ.). — 1957 September 29.

72236. G. Lange-Hesse, Rückstrahlung kurzer und ultrakurzer Wellen an Polarlichtern. Archiv Elektr. Übertragung **11** 253—261, 283—288. — Zusammenfassender Bericht über bisherige Beobachtungen und gewonnene Ergebnisse auf diesem Gebiet nach dem Stand vom 1. Juli 1957. Ausblick auf geplante Forschungsvorhaben während des Internationalen Geophysikalischen Jahres. Henn

72237. B. McInnes, Auroral display observed from unusually low geomagnetic latitudes. Meteorol. Mag. **86** 114—117. — Ref. in RJ 1958 Nr. 10 S. 53.

72238. R. Montalbetti, Rotational temperatures measured in aurorae at Churchill, Manitoba. Canadian J. Phys. **35** 831—836. — Ref. in Phys. Abstracts (A) **60** 910, Phys. Ber. **37** 1498—1499.

72239. R. Montalbetti, A. V. Jones, Hα emissions during aurorae over west-central Canada. J. Atmosph. Terr. Phys. **11** 43—50.

72240. W. B. Murcray, A possible auroral enhancement of infra-red radiation emitted by atmospheric ozone. Nature **180** 139—140. — Ref. in Phys. Abstracts (A) **60** 910.

72241. B. Nichols, Drift motions of auroral ionization. J. Atmosph. Terr. Phys. **11** 292—293.

72242. G. M. Nikolskij, Elektrophotometrische Beobachtungen des Polarlichts vom 29. September 1957 bei Alma-Ata. AC Nr. 186 S. 23—24 (russ.).

72243. A. Omholt, Photometric observations of rayed and pulsating aurorae. ApJ **126** 461—463. — Intensitätsmessungen an Hβ und λ 5577 Å in Polarlichtstrahlen liefern widersprechende Ergebnisse hinsichtlich der Frage, ob es sich bei den Strahlen um ein Entladungsleuchten handelt oder nicht. Damit bleibt auch die Frage ungeklärt, bis zu welchem Grad Protonen bzw. Elektronen für die Anregung verantwortlich sind. Bo.

72244. A. Omholt, The red and near-infra-red auroral spectrum. J. Atmosph. Terr. Phys. **10** 320—331. — Ref. in Phys. Ber. **37** 2108.

72245. J. Paton, Das Polarlicht. Endeavour **16** 42—47.

72246. J. Paton, B. McInnes, Auroral activity during 1956. Obs **77** 252—253.

72247. J. Paton, The polar aurora. Quart. J. Roy. Meteorol. Soc. **82** 396—408, 1956. — Ref. in RJ 1957 Nr. 10 S. 8.

72248. S. F. Singer, A new model of magnetic storms and aurorae. Trans. American Geophys. Union **38** 175—190. — Ref. in Phys. Abstracts (A) **61** 425.

72249. C. Störmer, The Polar Aurora. Vgl. AJB **55** Ref. **72207**. — Weitere Besprechung in La Nature **85** 78.

72250. W. F. Tschistjakow, Nordlichter im März 1957. AC Nr. 182 S. 20—21 (russ.). — März 1, 2, 10.

72251. W. F. Tschistjakow, Das Nordlicht vom 1. Juli 1957. AC Nr. 183 S. 22—23 (russ.). — Beobachtung mit Hinweis auf die Sonnenaktivität.

72252. R. S. Unwin, M. Gadsden, Determination of auroral height by radar. Nature **180** 1469—1470.

72253. S. W. Visser, Tropisch poollicht. Hemel en Dampkring **55** 98—99.

72254. J. R. Winckler, L. Peterson, Large auroral effect on cosmic-ray detectors observed at 8 g/cm² atmospheric depth. Phys. Rev. (2) **108** 903—904. — Ref. in Phys. Abstracts (A) **61** 475.

72255. Nomenklatur der Nordlichter. Astr. Nachr. Berlin-Treptow **9** 23.

72256. Nordlys-registering. NAT 1957 S. 33.

72257. Auroral patrol spectrographs. Sky and Telescope **16** 213.

72258. **Polarlichtbeobachtungen**

AC Nr. 177 S. 23 (russ.). Polarlicht in Kiew. M. Fedtschun. — 1957 Jan. 21—22.

AC Nr. 177 S. 23 (russ.). Polarlicht in der Ukraine. A. K. Terentjewa. — 1957 Jan. 22.

AC Nr. 179 S. 24—25 (russ.). Polarlicht in Kiew. W. W. Kasjutinskij, W. G. Krutschinenko.

AC Nr. 185 S. 23—24 (russ.). Polarlichter in Kasan. N. D. Kalinenkow. — 1957 Sept. 2 und 4.

AC Nr. 185 S. 24 (russ.). Polarlicht bei Alma-Ata. G. M. Nikolskij. — 1957 Sept. 2.

AC Nr. 185 S. 24—25 (russ.). Polarlicht in Stalingrad. B. D. Fomenko. — 1957 Sept. 4.

AC Nr. 185 S. 25 (russ.). Polarlicht in Kujbyschew. I. W. Matwejew. — 1957 Sept. 4.

AC Nr. 185 S. 25 (russ.). Polarlicht in Alma-Ata. W. G. Teufel. — 1957 Sept. 13.

AC Nr. 185 S. 25—26 (russ.). Beobachtungen von Polarlichtern 1957 Sept. 2, 4, 29.

AC Nr. 186 S. 24—25 (russ.). Polarlichter. — Mitteilungen über Nordlichter zwischen dem 2. und 15. September 1957.

AC Nr. 187 S. 25—26 (russ.). Polarlichter. P. R. Romantschuk, M. Sibirjakowa, S. Drosdow. — Beobachtungen am 29. Sept., 14. und 26. Nov. 1957.

Ann. Géophys. **13** 153—154 = Publ. Obs. Haute-Provence **3** Nr. 59. Spectre de l'aurore du 21 janvier 1957. M. Dufay, G. Moreau.

Astr. Nachr. Berlin-Treptow **9** 5—9. Beobachtungen des Nordlichtes 1957 Januar 21. K.-H. Neumann, H. Wolf, H.-J. Nitschmann, W. Arnold.

Astr. Nachr. Berlin-Treptow **9** 71. Nordlicht am 2. März 1957.

Astr. Nachr. Berlin-Treptow **9** 121—122. Nordlichtbeobachtungen 1957 September 4./5. G. Stemmler.

Boll. Geod. e Sci. affini **16** 692—701. Le aurore polari e l'aurora del 21 gennaio 1957. G. Noci.

BSAF **71** 56. Aurore boréale des 21—22 janvier 1957.

BSAF **71** 100—102. Observation visuelle de l'aurore boréale du 21 janvier 1957. Y. Andrillat.

BSAF **71** 103—106. Aurore boréale des 21—22 janvier 1957. J. Saugere.

BSAF **71** 395—397. L'aurore boréale du 29 septembre 1957.

BSAF **71** 491. L'aurore boréale du 29 septembre 1957. P. Levert.

Ciel et Terre **73** 78. L'aurore boréale du 21 janvier 1957.

Ciel et Terre **73** 220. L'aurore boréale du 21 janvier 1957. De Bueger, J. de Thier.

Ciel et Terre **73** 400. Observations d'une aurore boréale.

Ciel et Terre **73** 475—479. Observations de l'aurore boréale du 29 septembre 1957.

Ciel et Terre **73** 546—563. Observations visuelles des aurores. S. Chapman, C. W. Gartlein, D. S. Kimball, J. Paton, O. Schneider, I. L. Thomsen.

Coelum **25** 46—47 = Oss. Astrofis. Arcetri Contr. Nr. 7. Una eccezionale aurora polare osservata dal cielo di Ottawa.

Coelum **25** 48—49. Aurora boreale osservata a Loiano il 21 gennaio 1957.

Coelum **25** 49. Aurora boreale osservata a Treviso.

Coelum **25** 111—113 = Oss. Astr. Roma Monte Mario Contr. Sci. Nr. 241. Il brillamento solare del 20 gennaio e l'aurora boreale del 21—22 gennaio 1957. T. Fortini, K. Bjerke.

Einstein-Sternw. Görlitz Mitteilungsblatt **7** 16. Das große Polarlicht vom 21. 1. 1957. H.-J. Nitschmann.

Gaz astr **38—39** 9—10. Observation d'une aurore boréale. A. Dermul.

Hemel en Dampkring **55** 100—101. Het poollicht van 21 januari 1957. A. G. H. Kemp.

J. Astr. Soc. Victoria **10** 40. Observation of aurorae.

J. Astr. Soc. Victoria **10** 77—78, 95—96. Aurora notes.

Meteorolog. Mag. **86** 114—117. Auroral display observed from unusually low geomagnetic latitudes. B. McInnes.

Nature **179** 623 = Inst. Theoret. Astrophys. Blindern-Oslo Reprint Nr. 18. Auroral activity during April—December 1956. C. Störmer. — Ref. in Phys. Ber. **37** 371—372.

Orion Schaffhausen **5** 208—211. Die Nordlichtnacht vom 21. Januar 1957. F. Schmid, J. U. Heeb, J. Leutenegger.

Orion Schaffhausen **5** 263. Zum Nordlicht vom 21. Jan. 1957.

Orion Schaffhausen **5** 263. Nordlichtschein am 2. März 1957.

Orion Schaffhausen **5** 312—313. Das Nordlicht vom 30. Juni/1. Juli 1957.

Orion Schaffhausen **5** 351—352. Erhöhte Nordlicht-Tätigkeit im Herbst 1957. F. Schmid, R. A. Naef, R. Phildius.

Priroda **46** Nr. 7 S. 79—80 (russ.). Ungewöhnliche Polarlichter. — Zusammenfassender Bericht über die insbesondere im Süden der UdSSR beobachteten Polarlichter. Loh.

Priroda **46** Nr. 12 S. 83—85 (russ.). Das Polarlicht vom 21.—22. Januar 1957.

Publ ASP **69** 267 = Contr. Lick Obs. (2) Nr. 78. An aurora seen from Mount Hamilton. S. N. Svolopoulos.

RH **38** 68 (tschech.). Polarlicht vom 21. Januar 1957. A. Neckař.

Sky and Telescope **16** 144. Auroral observations.

Sky and Telescope **16** 348. The widespread aurora of March 1—2.

Sky and Telescope **16** 400. A daytime aurora. W. S. Houston.

Sky and Telescope **16** 612. Auroras in August.

Sky and Telescope **17** 14—15, 179. The great aurora of September 22—23. J. E. McDonald.

Sky and Telescope **17** 26—27. September aurorae.

Sterne **33** 28. Schwaches Nordlicht. W. Wenzel.

Sterne **33** 76—77. Das Nordlicht vom 21. Januar 1957. C. Hoffmeister.

Sterne **33** 230—232. Das große Nordlicht 1957 Januar 21. F. Kimberger, H. König, K. H. Neumann.

Urania Kraków **28** 314. Obserwacje zorzy polarnej. Z. Kieńć. — Beobachtung des Polarlichts, 1957 Juni 30.

VdS Nachr. **6** 21—22. Das Nordlicht vom 21./22. Januar 1957. E. Mädlow.

VdS Nachr. **6** 66. Nordlichtbeobachtungen am 2. und 4.—5. Sept. 1957. R. Rudolph.

VdS Nachr. **6** 79. Nordlichter am 29./30. Sept.

VdS Nachr. **6** 82—83. Die Nordlichterscheinungen vom 22./23. und 29./30. September 1957. J. Herrmann.

Szintillation

72259. **P. Barnhart,** The photoelectric determination of the direction and velocity of motion of the scintillation layer. AJ **62** 3—4. — Ref. AAS.

72260. **J. van Isacker,** Scintillations des étoiles. Scientia **92** 229—231.

72261. **G. Keller,** Studies of the behavior of stellar shadow patterns. J. Optical Soc. America **47** 1047. — Ref. Optical Soc. America.

72262. **H. Scheffler,** Zur Berücksichtigung der Mehrfachstreuung in der Theorie der Szintillation optischer und radiofrequenter Strahlung. AN **284** 21—23 = Mitt. Astrophys. Obs. Potsdam Nr. 59. — Es wird das gegenseitige Verhältnis neuerer Arbeiten von Ellison, Obuchow, Keller, Fejer und Verf. über die Streuung elektromagnetischer Wellen in Medien mit statistisch verteilten Brechungsindexschwankungen hinsichtlich der Berücksichtigung der Mehrfachstreuung diskutiert. Verf.

Sonstige Erscheinungen

72263. **D. Deirmendjian,** Theory of the solar aureole. I. Scattering and radiative transfer. Ann. Géophys. **13** 286—306. — Ref. in Phys. Abstracts (A) **61** 610.

72264. **H. C. Gorton,** Method to facilitate observation of the green flash. American J. Phys. **25** 586.

72265. **G. E. Kussin,** Aufnahme eines Halo. Priroda **46** Nr. 1 S. 116 (russ.). — Moskau, 1955 Dez. 10.

72266. **D. J. Lovell,** Green flash at sunset. American J. Phys. **25** 206.

72267. **R. W. Panther,** Seasonal frequencies of night cloud 1942—1949. JBAA **67** 110—112.

72268. **W. Sandner,** Statistique des halos de 1956. Gaz astr **38—39** 43.

72269. **A. A. Skaruzkij, W. P. Trischin, A. D. Samorskij,** Seltene Formen des Sonnenhalos. Priroda **46** Nr. 10 S. 79—81 (russ.). — Bericht und Stellungnahme zu Beobachtungen am 3. April und 19. Oktober 1956.

72270. **T. P. Toropowa,** Über die Rolle des Staubes und des Wasserdampfes bei der Bildung von Sonnenhalos. Mitt. Astrophys. Inst. Alma-Ata **5** Nr. 7 S. 129—135 (russ. mit engl. Ref.).

72271. **W. M. Tschernow, W. F. Tschistjakow,** Halos und die allgemeine Zirkulation der Atmosphäre. Bull. Astr.-Geod. Ges. UdSSR Nr. 19 S. 31—35, 1956 (russ.). — Die Haloerscheinungen, die bekanntlich durch den jeweiligen Zustand der atmosphärischen Zirkulation bedingt sind, zeigen an gewissen Orten der Erde eine positive Korrelation mit der Sonnentätigkeit, an anderen Orten aber wieder eine negative. In beiden Fällen ist hier ein Einfluß der Sonnentätigkeit auf die Zirkulation der atmosphärischen Luftmassen angedeutet. Plavec

72272. **S. W. Visser,** Een onbekend halo-verschijnsel, de buitenrand van de kring van 22°. Hemel en Dampkring **55** 228—231.

72273. Über den Grünen Strahl. Priroda **46** Nr. 1 S. 127—128 (russ.).

72274. **Beobachtungen**

American J. Phys. **25** 387. Green flash from a looming setting sun. J. W. Ellis.
Astr. Nachr. Berlin-Treptow **9** 25. Halo-Beobachtungen 1956. G. Stemmler.
Astr. Nachr. Berlin-Treptow **9** 28. Halo-Beobachtungen 1956. W. Sandner.
Astr. Nachr. Berlin-Treptow **9** 69. Halo-Beobachtungen 1956. W. W. Spangenberg.
Gaz astr **38—39** 61—65. Observations de halos en 1951—1956. W. Tschernow.
Gaz astr **38—39** 87—88. Observations de halos en 1948—1957. A. Moissejew.
Urania Kraków 28 346—347. Zjawisko Rzymskie. F. Stradel. — Beobachtung eines Halo 1957 Jan. 25.
Urania Kraków **28** 347—348. Niezwykłe halo dokoła Księżyca. J. Grebski. — Beobachtung eines Mondhalo 1957 März 12.
VdS Nachr. **6** 84—85. Arbeitsgemeinschaft für Halo-Beobachtungen. B. Albers.

§ 73

Mond

7301. Astrometrische Beobachtungen

Greenwich Astronomical Results 1947, A 12—A 20. Observed right ascensions, declinations and diameters.

Desgl. für 1949, A 13—A 21.

TAB (2) Nr. 100 S. 1055—1060. Meridian observations of the right ascensions of the moon and planets during the year 1956. S. Nakano, H. Yasuda, R. Fukaya, H. Hara.

Allgemeines

7302. **P. Ahnert,** Frühe Beobachtung der Mondsichel nach Neumond. Sterne **33** 233—235. — Verf. behandelt die Bedingungen für die sehr frühe Beobachtung der jungen Mondsichel. Das Neulicht vom 2. März 1957 wird beschrieben und mit älteren Beobachtungen verglichen.

7303. **E. Chvojková,** Notes complémentaires aux echos lunaires sur 20 MHz. BAC 8 172—175. — Die Arbeit bringt einige Ergänzungen zu einer früheren Veröffentlichung, worin die Frage behandelt worden ist, bis zu welcher Zenitdistanz des Mondes Radioechos auf 20 MHz beobachtet werden können, und zwar handelt es sich hier speziell um die Verhältnisse im Nordwinter, die andere ionosphärische Bedingungen ergeben, als sie bei den früher herangezogenen Beobachtungen in Australien bestanden. Hoffmeister

7304. **R. Compte-Porta,** The Moon. A celestial body available to the modest observer. J. International Lunar Soc. **1** 37—39. — Als das der Erde am nächsten liegende Gestirn bietet der Mond auch dem mit einfachen Hilfsmitteln ausgerüsteten Beobachter interessante Möglichkeiten. Vergleichsbeobachtungen zur Prüfung photographischer Aufnahmen sind oft recht aufschlußreich. Nachweise bezüglich möglicher Veränderungen lassen sich über solche Beobachtungen erbringen. Mit 3′- und 4′-Teleskopen kann dabei schon ein Anfang gemacht werden. Verf.

7305. **J. Dubois,** Sur l'existence de la luminescence lunaire. Résultats obtenus. J. Phys. Radium **18** 13S—15S. — Ref. Soc. française Phys.

7306. **B. Elsmore,** Radio observations of the lunar atmosphere. Phil. Mag. (8) **2** 1040—1046. — Ref. in NAT 1957 S. 148—149, Sky and Telescope **17** 12—13. — Es wird über Messungen während der Bedeckung der Radioquelle im Crabnebel durch den Mond am 26. Jan. 1956 bei 3.7 m Wellenlänge berichtet. Die beobachtete Zeitdauer der vollständigen Bedeckung der Quelle war (0.4 ± 0.26) Minuten länger als die berechnete; dieser Unterschied wird vom Verf. zu einer Abschätzung des Refraktionseffektes in einer durch die Sonnenstrahlung teilweise ionisierten Mondatmosphäre herangezogen. Für zwei verschiedene Atmosphärenmodelle folgt eine Elektronendichte von etwa 10^3 Elektronen pro cm^3 an der Mondoberfläche. Als wahrscheinlichste Oberflächendichte der Mondatmosphäre folgt daraus 2×10^{-13} der Dichte der Erdatmosphäre unter Normalbedingungen. Elsässer

7307. **J. V. Evans,** The scattering of radio waves by the Moon. Proc. Phys. Soc. (B) **70** 1105—1112 = Astr. Contr. Univ. Manchester (2) Jodrell Bank Repr. Nr. 165. — Radiowellen im Bereich von 1 m Wellenlänge werden vom Mond im wesentlichen von einem zentralen Gebiet der sichtbaren Mondscheibe reflektiert, dessen Radius nur $^1/_3$ des Mondradius ist. Der Reflexionskoeffizient der Mondfläche beträgt etwa 0.1. Thi.

7308. **F. S. Gun Bayer,** The lunar magnetic field, revealed by its projections on earth. Rev. Univ. (Catholic Univ. Chile) **42** 47—110 = Inst. Phys. Astr. Catholic Univ. Chile. — Es wird die Ansicht vertreten, daß der Mond einen Einfluß auf erdmagnetische Phänomene ausübt. Interferenzen der Umlaufszeit des Mondes mit anderen Perioden, etwa dem Jahr oder der 11jährigen Sonnenfleckenperiode, geben Anlaß zu Perioden in der Intensität des erdmagnetischen Feldes. Mehrere dieser Perioden sind wirklich beobachtet worden. F. S.

7309. **G. A. Gursadjan,** Bestimmung der Dichte der Mondatmosphäre aus Beobachtungen der solaren Radiostrahlung. Nachr. Akad. Wiss. Armen. Sowjetrepublik (Phys.-Math.) **10** Nr. 2 S. 55—74 (russ. mit armen. Ref.). — Ref. in RJ 1958 Nr. 1 S. 45—46.

7310. **A. A. Jakowkin,** Die Zweideutigkeit der Lösung des Problems der physischen Libration des Mondes und die Wahl der richtigen Lösung. AC Nr. 178 S. 12—14 (russ.).

7311. **H. Jeffreys,** The Moon's libration in longitude. MN **117** 475—477. — Die Übereinstimmung der für die Elliptizität des Mondäquators abgeleiteten Werte läßt die Frage noch offen, ob der von Jakowkin gefundene Effekt (IAU Trans. **8** 231) als eine freie Libration des Mondes in Länge oder als ein aus der erzwungenen Libration resultierendes Glied zu interpretieren ist. T. L.

7312. **H. C. Joksch,** Die hypsometrische Kurve des Mondes. Z. Geophys. **23** 250—255 = Mitt. Univ.-Sternw. Münster Nr. 8. — Aus den Messungen von Ritter sowie von Franz und Hopmann wird die hypsometrische Kurve für die sichtbare Mondoberfläche abgeleitet. Nach Berücksichtigung systematischer Fehler ergibt sich aus beiden Meßreihen, daß die Kurve aus zwei eingipfligen Verteilungen zusammengesetzt werden kann. F. S.

7313. **G. Karský,** A simple method for the measurement of the moon's distance. RH **38** 154—159 (tschech.).

7314. **F. J. Kerr, C. A. Shain, J. D. Kraus,** Reflexion of radio waves from the moon. Nature **179** 433 = Commonwealth Sci. Industrial Res. Organization, Australia, Division Radiophys. — Ref. in Phys. Abstracts (A) **60** 536.

7315. **K. Kozieł,** The computation of the Moon's differential libration. AA **7** 228—235. — Es werden die einfachen Formeln zur Reduktion der geozentrischen auf die topozentrische Libration, ausgedrückt in Krakovianen, ohne zusätzliche, vereinfachende Annahmen abgeleitet. Rybka

7316. **K. Kozieł,** Wzory różniczkowe na librację optyczną. Postępy Astr. **5** 32—33. — Ableitung der Formel für die in Krakovianen ausgedrückte Differentiallibration des Mondes. Rybka

7317. **K. Kozieł,** Problem wyrównywania heliometrycznych obserwacji libracyjnych Księżyoa. Postępy Astr. **5** 34—35.

7318. **M. S. Markowitsch,** Über die Bestimmung des sogenannten «Mondalters». Abh. Staatl. Pädagog. Inst. Leninabad Nr. 3 S. 117—119, 1956 (russ.). — Ref. in RJ 1957 Nr. 9 S. 10.

7319. **J. Meeus,** Le cycle de Méton. Ciel et Terre **73** 51—53. — Der Metonsche Zyklus kann innerhalb gewisser Grenzen zur Berechnung des Neumondes verwendet werden. Eine Tafel, die den Zeitraum 1957—1975 umfaßt, dient als Ausgangsbasis. U. Baehr

7320. **P. Moore,** Die Welt des Mondes. München, R. Oldenbourg, 1957. Übersetzung aus dem Englischen (vgl. AJB **53** Ref. **7321**) von W. Büdeler. 200 S. mit 18 Fig. und 8 Tafeln. Preis DM 14.50. — Besprechung in Hemel en Dampkring **56** 218—219 (A. J. M. Wanders), Mitt. Planetenbeobachter **10**

59—60, Sterne **34** 206—207 (C. Hoffmeister), Sternenbote 8 98, VdS Nachr. 7 14—15 (H. Oberndorfer), Weltraumfahrt 1957 S. 130.

7321. **C. A. Murray,** The secular acceleration of the Moon, and the lunar tidal couple. MN **117** 478—482. — Für die von der Gezeitenreibung herrührende direkte Akzeleration des Mondes (unter Ausschluß des indirekten Effektes infolge der säkularen Verlangsamung der Erdrotation) wird aus Beobachtungen von Hipparch und 11 im Almagest erwähnten Mondfinsternissen ein Wert von $-21' \pm 3'$ abgeleitet. Dieser weicht von dem jetzt der Mondephemeride zugrundegelegten Betrag wesentlich ab. Es wird auch darauf hingewiesen, daß der Effekt der Gezeitenreibung durchaus zeitlich veränderlich sein kann. T. L.

7322. **V. Nadolschi,** Analiza criticǎ a metodei Markowitz. Un nou procedeu pentriu obţinerea poziţiilor lunare fotografice. Studii cercetǎri ştiinţ. Acad. RPR Fil. Iaşi (Fis., Tehn.) **7** Nr. 1 S. 47—52, 1956. — Ref. in RJ 1958 Nr. 6 S. 15.

7323. **E. J. Öpik,** The density of the lunar atmosphere. Irish AJ **4** 186—189 = Armagh Obs. Leaflet Nr. 46. — Empirische Befunde und Betrachtungen über das Entweichen von Gasresten aus der Mondoberfläche, woraus auf eine maximale Dichte von 10^{-15} g cm^{-3} geschlossen wird, zeigen, daß der Raum an der Mondoberfläche sich praktisch kaum von einem vollkommenen Vakuum unterscheidet. Hoffmeister

7324. **F. H. Perlin,** Die Konstante der Mondparallaxe. BIA **6** 566—576 (russ. mit deutschem Ref.). — Es wird eine kurze Zusammenstellung der Ergebnisse einer Bestimmung der Konstanten der Mondparallaxe sowie der numerische Wert dieser Größe auf Grund neuer Daten für einige fundamentale Konstanten der Astronomie gegeben. Verf.

7325. **I. M. Ştefan,** Vecina noastrǎ luna. Bucureşti, Ed. tehn., 1957. 128 S. mit Fig. Preis 2.70 lei.

7326. **N. N. Sytinskaja,** A new value of the light constant of the moon. AJ UdSSR **34** 899—902 (russ. mit engl. Ref.). — Unter der Helligkeitskonstanten des Mondes versteht Verf. die Beleuchtungsstärke E_0 des Vollmondlichts auf eine zur Strahlenrichtung senkrechte Ebene bei mittlerer Sonnen- und Mondparallaxe. Zur Bestimmung dieser Konstanten wurden Beobachtungen in der UdSSR von 1932 bis 1955 benutzt. Die Reduktion auf Atmosphärenfreiheit erfolgte nach der Bouguerschen Methode. Das Resultat ist $E_0 = 0.342 \pm 0.011$ lux. Loh.

7327. **C. W. Tombaugh, B. A. Smith, C. F. Capen jr.,** Search for small satellites of the Moon during the total lunar eclipse of November 18, 1956. Publ ASP **69** 400—401. — Ref. ASP. — Ref. in Coelum **26** 57, Orion Schaffhausen **5** 420.

7328. **G. Turner,** Nineteenth-century studies of the polarization of light reflected by the moon. JBAA **67** 185—188. — Erster Hinweis auf die Polarisation des Mondlichts durch Arago 1811. Spätere Bearbeitungen von Secchi, Parsons, Landerer, Salet, Barabaschow. Einzelheiten und kritische Bemerkungen. Hoffmeister

7329. **E. A. Whitaker,** The Moon — Earth's nearest neighbour. Spaceflight 1 52—60.

7330. **H. P. Wilkins,** The night side of the Moon. Strolling Astronomer **11** 99—102.

7331. **A. Wróblewski,** Atmosfera Księżyca. Urania Kraków **28** 65—72. — Gemeinverständlicher Aufsatz über die Versuche zum Nachweis einer Atmosphäre des Mondes. Rybka

7332. Dust on the moon. Sky and Telescope **16** 224.

Mondfinsternisse

7333. **M. Cimino,** On the luminescence of the lunar ground for the ultraviolet solar radiation during lunar eclipses. J. International Lunar Soc. **1** 9—11. — Verf. hat an Hand von Beobachtungen aus drei Mondfinsternissen während des Halbschattens eine größere Lichtfülle der Mondoberfläche feststellen können. Dieser Überschuß an heller Intensität, verglichen mit dem theoretischen Wert, scheint von Finsternis zu Finsternis zu wechseln, ebenso auch von einer Zone der Mondoberfläche zur anderen. Verf. erscheint die Annahme gerechtfertigt, daß die Ursache dieser Erscheinung in einem Leuchteffekt zu suchen ist, der durch die ultraviolette und korpuskulare Strahlung der Sonne verursacht wird. Verf.

7334. Mondfinsternis 1950 September 26

V. Nadolschi, Eclipsa totală de Lună din 26 septembrie 1950. An. ştiinţ. Univ. Iaşi (1) **2** Nr. 1—2 S. 311, 1956. — Ref. in RJ 1958 Nr. 11 S. 64.

7335. Mondfinsternis 1953 Januar 29/30

E. Vigroux, Compléments à des résultats antérieurs relatifs à l'éclipse de lune du 29—30 janvier 1953. Ann. Géophys. **13** 69—82 = Contr. Inst. d'Astrophys. Paris (B) Nr. 153.

7336. Mondfinsternis 1953 Juli 26

M. F. Walker, G. Reaves, Photoelectric photometry of the lunar eclipse of July 26, 1953. Publ ASP **69** 153—157. — Photoelektrische Helligkeitsmessungen des Mittelpunkts des Mare Crisium wurden mit dem 20''-Reflektor des Mt. Palomar Observatoriums gemacht. Der Helligkeitsverlauf ist in einer Kurve wiedergegeben. F. S.

7337. Mondfinsternis 1955 November 29

T. A. Poloshenzewa, D. E. Schtschegolew, Photographische Photometrie des Halbschattens der Mondfinsternis vom 29. November 1955. AC Nr. 177 S. 10 (russ.).

7338. Mondfinsternis 1956 Mai 24—25

W. G. Teufel, E. S. Dedeschko, A. C. Mamatkasina, Visuelle Merkmale der Mondfinsternisse vom 24.—25. Mai 1956 und vom 13.—14. Mai 1957. AC Nr. 185 S. 14—16 (russ.).

7339. Mondfinsternis 1956 November 17—18

E. C. Bruner jr., Photometric observations of the lunar eclipse of November 17—18, 1956. Publ ASP **69** 431—435. — Messungen der Helligkeit in den Wellenlängen 5458 und 6230 Å werden mitgeteilt. F. S.

W. H. Haas, The total lunar eclipse on November 18, 1956. Strolling Astronomer **11** 64—72.

J. P. Legrand, R. Meunier, M. Bonpas, Etude de la variation de luminosité nocturne au cours de l'éclipse totale de lune du 18 novembre 1956. BSAF **71** 353—355.

E. López López, Eclipse total de Luna en la noche del 17 de Noviembre de 1956. El Universo Nr. 38 S. 38—41.

C. W. Tombaugh, Search for small satellites of the moon during the total lunar eclipse of November 18, 1956. Strolling Astronomer **11** 61—64.

Sky and Telescope **16** 112—114. Amateurs photograph the lunar eclipse.

Sky and Telescope **16** 141—143. Observations of the November total eclipse of the moon.

7340. Mondfinsternis 1957 Mai 13—14

W. A. Bronstein, Beobachtungen der totalen Mondfinsternis vom 13.—14. Mai

1957. AC Nr. 184 S. 14—16 (russ.). — Physische Beobachtungen, Kontakte, Antritts- und Austrittszeiten.

A. S. Charin, Beobachtung der totalen Mondfinsternis vom 13.—14. Mai 1957 an der Nikolajewer Abteilung des Astr. Hauptobs. Akad. Wiss. UdSSR. AC Nr. 184 S. 18—19 (russ.). — Kontakte, Antritte und Austritte.

H. Demacon, G. Bourquardez, L'éclipse totale de lune des 13—14 mai 1957. BSAF **71** 356—359.

J. Dubois, M. Rousseau, L'éclipse totale de lune des 13—14 mai 1957. BSAF **71** 237—243 = Obs. Univ. Bordeaux (A) Nr. 8.

M. Fluckiger, L'éclipse totale de Lune du 13/14 mai 1957. Orion Schaffhausen **5** 317—321. — Es wird über Beobachtungen der totalen Mondfinsternis vom 13.—14. Mai 1957 in Lausanne berichtet. Die Beobachtungen umfassen Helligkeitsmessungen mit einer Selen-Zelle und photographische Aufnahmen bei verschiedenen Phasen.
H. M.

K. I. Koslowa, A. K. Suslow, Photographische Photometrie der totalen Mondfinsternis vom 13.—14. Mai 1957 im roten Licht. AC Nr. 184 S. 12—14 (russ.). — 50 Stellen der Mondoberfläche wurden bei 640 mμ außerhalb und während der Finsternis photometriert. Es zeigt sich, daß die Helligkeitsverteilung der Details während der totalen Phase eine ganz andere als außerhalb der Finsternis ist.
Loh.

E. Mädlow, Unternehmen «Erdschatten». Mitt. Planetenbeobachter **10** 1—5. — Vorschau.

W. K. Makarow, Beobachtungen der totalen Mondfinsternis vom 13.—14. Mai 1957 in Odessa. AC Nr. 184 S. 16—17 (russ.). — Kontakte, Antritts- und Austrittszeiten.

D. J. Martynow, Die Mondfinsternis vom 13.—14. Mai 1957. AC Nr. 180 S. 18 (russ.). — Kurze Notiz über Beobachtungen in Moskau.

M. A. Milchiker, Beobachtungen der totalen Mondfinsternis vom 13.—14. Mai 1957 in Tscherkassy. AC Nr. 184 S. 17—18 (russ.). — Kontakte und physische Beobachtungen.

L. N. Radlowa, W. W. Scharonow, Photometrische Beobachtungen der Mondfinsternis vom 13.—14. Mai 1957. AC Nr. 184 S. 11—12 (russ.). — Aus den visuell in Odessa durchgeführten Beobachtungen dreier Punkte der Mondoberfläche wird die Verfinsterungskurve abgeleitet. Loh.

M. Rigutti, M. P. Strocchi, L'eclisse totale di luna del 13 maggio 1957. Boll. Geod. e Sci. affini **16** 702—705.

W. Scharonow, Das allgemeine Bild der Mondfinsternis vom 13.—14. Mai 1957 nach Beobachtungen in Odessa. AC Nr. 183 S. 4—6 (russ.). — Physische Beobachtungen.

W. G. Teufel, E. S. Dedeschko, A. C. Mamatkasina, Visuelle Merkmale der Mondfinsternisse vom 24.—25. Mai 1956 und vom 13.—14. Mai 1957. AC Nr. 185 S. 14—16 (russ.).

W. F. Tschistjakow, Beobachtung der totalen Mondfinsternis vom 13.—14. Mai 1957. AC Nr. 182 S. 4—6 (russ.). — Beobachtungen von Kontakten und Färbungen.

S. C. Venter, Total eclipse of the Moon: 1957 May 13/14. MN ASSA **16** 35.

AC Nr. 181 S. 11—13 (russ.). Beobachtungen der totalen Mondfinsternis vom 13. Mai 1957 in Stalinabad. A. M. Bacharew, I. I. Gussew. — Physische Beobachtungen und Kraterantritte und -austritte.

AC Nr. 181 S. 13 (russ.). Die Mondfinsternis vom 13.—14. Mai 1957 in Moskau. R. L. Chotinok. — Kraterantritte und -austritte.

AC Nr. 181 S. 13—14 (russ.). Die totale Mondfinsternis vom 13. Mai 1957. W. M. Tschernow. — Physische Beobachtungen mit kleinen Instrumenten in Saporoshe.

AC Nr. 181 S. 14—16 (russ.). Beobachtungen der totalen Mondfinsternis vom 13.—14. Mai 1957 am Astronomischen Observatorium Lwow. J. T. Kapko. — Kraterantritte und -austritte.

Astr. Nachr. Berlin-Treptow **9** 71. Totale Mondfinsternis 1957 Mai 13./14.
BSAF **71** 243—246 = Obs. Univ. Bordeaux (A) Nr. 8, BSAF **71** 306—311. L'éclipse totale de lune des 13—14 mai 1957.
BSAF **71** 398—401. L'éclipse totale de Lune des 13—14 mai 1957. J. Mazet.
BSAF **71** 444—445. L'éclipse totale de Lune du 13—14 mai 1957.
Ciel et Terre **73** 351—353. Quelques observations de l'éclipse totale de Lune des 13 et 14 mai 1957.
Hemel en Dampkring **55** 106. De totale maansverduistering van 13 mei.
NAZ **11** 12. Totale Mondfinsternis 1957 Mai 13. P. Ahnert, E. Ahnert, R. Brandt, W. Götz, C. Hoffmeister. — Beob. in Sonneberg.
NAZ **11** 18. Totale Mondfinsternis 1957 Mai 13/14. G. Böttger, P. Brosche, U. Güntzel-Lingner. — Beob. in Potsdam.
Strolling Astronomer **11** 118—119. Total lunar eclipse of May 13—14, 1957.
Urania Kraków **28** 315. Obserwacje całkowitego zaćmienia Księżyca w dniu 13. V. 1957. Z. Kieńć, A. Biskupski, K. Raepke. — Beobachtung der Mondfinsternis 1957 Mai 13 in Łódź und Pelplin.

7341. Mondfinsternis 1957 November 7—8

G. W. Kuklin, Beobachtungen der totalen Mondfinsternis vom 7. November 1957. AC Nr. 186 S. 11—13 (russ.).
W. F. Tschistjakow, Die totale Mondfinsternis vom 7. November 1957. AC Nr. 187 S. 11—12 (russ.). — Mitteilung einiger Schätzungen der Integralhelligkeit und einiger Farbeneffekte. Loh.
J. Astr. Soc. Victoria **10** 74—76. Total eclipse of Moon, Nov. 7—8. — Vorschau.
J. Astr. Soc. Victoria **10** 94. Reports of lunar eclipse.
NAT 1957 S. 111—114. Fra Stjernehimlen.

Sternbedeckungen

7342. A. Güttler, Sternbedeckungen, ein wichtiges Arbeitsfeld des Amateurastronomen. Mitt. Planetenbeobachter **10** 5—8.

7343. Vorausberechnungen

Astr. Nachr. Berlin-Treptow **9** 118. Sternbedeckungen.
Beilage zum Astronomischen Jahrbuch der UdSSR für das Jahr 1960. Die in den Jahren 1958—1959 in Abastumani, Irkutsk, Kasan, Kiew, Kitab, Leningrad, Lemberg, Moskau, Odessa, Riga, Stalinabad, Taschkent, Tomsk und Charkow sichtbaren Sternbedeckungen. Vgl. Ref. 406.
BSAF **71** 42, 87, 127, 174, 220, 264, 319, 363, 404, 450, 498. Phénomènes interéssants.
Gaz astr **38—39** 49—50.
Hemel en Dampkring **55** 19, 63, 106, 147, 194, 237. Werkgroep bedekkingen. P. de Bruijn.
Mitt. Planetenbeobachter **10** 12—14, 33—35, 45—48. Sternbedeckungen im II., III., IV. Quartal 1957. A. Güttler.
NAT 1957 S. 98—99. Måneokkultationer 1958, beregnet for København.
Rocznik Astr. Obs. Krakowskiego 1957, International Suppl. Nr. 28 S. 115—116. Occultations of stars by the moon. — Vorausberechnungen für Poznania, Wrocławia, Torunia, Krakowa und Warszawy.
Sky and Telescope **16** 145, 197, 250, 302, 354, 452, 504, 558, 608, **17** 46, 102. Occultation predictions.

7344. Beobachtungen und Reduktionen

AA **7** 154—155. Occultations d'étoiles par la Lune observées à l'Observatoire Astronomique de Toruń-Piwnice. W. Dziewulski. — Beobachtungen 1952—1955.

AC Nr. 176 S. 21 (russ.). Beobachtungen von Sternbedeckungen an der Nikolajewer Abteilung des Astr. Hauptobs. Pulkowo. A. S. Charin, E. M. Sereda. — 1956 Sept. 30—Nov. 12.

AC Nr. 176 S. 22 (russ.). Beobachtungen von Sternbedeckungen auf dem Astropunkt Nr. 1 des Astronomischen Observatoriums Tomsk im Oktober und November 1956. G. S. Tjuterew.

AC Nr. 177 S. 21 (russ.). Beobachtungen von Sternbedeckungen in Irkutsk. G. W. Kuklin. — 1956 Nov. 13 und Dez. 15.

AC Nr. 177 S. 21—22 (russ.). Beobachtungen von Sternbedeckungen in Tomsk. G. S. Tjuterew. — 1956 Dez. 13.

AC Nr. 177 S. 22 (russ.). Beobachtungen von Sternbedeckungen in Taschkent. S. Kosik. — 1956 Jan.—Okt.

AC Nr. 177 S. 22 (russ.). Beobachtungen von Sternbedeckungen in Taschkent. K. F. Kuleschowa, B. N. Tirnstein. — 1956 Mai 16, 17.

AC Nr. 178 S. 25 (russ.). Beobachtungen von Sternbedeckungen am Astronomischen Engelhardt-Observatorium im Jahre 1956. N. A. Tschudowitschewa.

AC Nr. 179 S. 21—22 (russ.). Beobachtungen von Sternbedeckungen am Astrophysikalischen Observatorium Abastumani 1955—1956. W. P. Dshapiaschwili.

AC Nr. 179 S. 22 (russ.). Beobachtungen von Sternbedeckungen an der Sternwarte der Kujbyschew-Staatsuniversität Tomsk. N. A. Golzewa, G. S. Tjuterew. — 1957 März.

AC Nr. 179 S. 22—23 (russ.). Beobachtungen von Sternbedeckungen in Irkutsk. G. Kuklin. — 1957 Jan.—März.

AC Nr. 180 S. 22—23 (russ.). Beobachtungen von Sternbedeckungen am Tartuer Astronomischen Observatorium der Akademie der Wissenschaften der Estnischen Sowjetrepublik. C. Albo. — 1957 Febr. 10 und April 6.

AC Nr. 180 S. 23 (russ.). Beobachtungen von Sternbedeckungen am Astronomischen Hauptobservatorium Pulkowo im Jahre 1956. C. I. Potter, F. F. Bulatowa.

AC Nr. 181 S. 23—24 (russ.). Beobachtungen von Sternbedeckungen. G. S. Tjuterew. — 1957 April 11 in Tomsk.

AC Nr. 183 S. 21—22 (russ.). Beobachtungen von Sternbedeckungen in Irkutsk. G. W. Kuklin. — 1957 April 5—Juni 8.

BAB **4** 221. Occultations d'étoiles observées à l'équatorial de 45 cm, en 1954. J. Dommanget.

BAB **4** 221. Occultations d'étoiles observées à l'équatorial de 45 cm, en 1955. L. Neven, J. Dommanget.

BAC **8** 77. Observations of occultations made at the University Observatory Prague, in the years 1954 and 1955. J. Bouška.

BAC **8** 103. Observations of occultations made at the University Observatory, Prague, in the year 1956. J. Bouška.

BSAF **71** 144, 205. Occultations.

Bull. Obs. Astr. Beograd **21** Nr. 1—2 S. 8. Occultations d'étoiles par la Lune. L. M. Dačić, Z. M. Brkić, Č. Čepinac, P. M. Djurković, L. A. Mitić, V. Oskanjan, M. Protitch, G. Teleki.

El Universo Nr. 41 S. 196. Ocultaciones de estrellas por la Luna, en México, D. F. F. Gabilondo Soler.

Japan Astr. Study Ass. Circ. Nr. 156—157 S. 113—114. — Beob. 1957 Jan.—Juni.

J. Proc. Roy. Soc. New South Wales **90** 17—18, 1956 = Sydney Obs. Papers Nr. 25. Occultations observed at Sydney Observatory during 1955. K. P. Sims.

Mem. Japan Astr. Study Ass. **1** 167—176. The report of occultation observations in 1956. S. Itoh.

Mem SA It (NS) **28** 155—161 = Oss. Astr. Roma Monte Mario Contr. Sci. Nr. 239. Posizioni di pianeti e di pianetini ed occultazioni osservate a Monte Mario nel 1956. G. Conti.

NAT 1957 S. 26. Observationer af okkultationer af stjerner ved Månen.

NAZ **11** 8, 24. Sternbedeckungen. W. Malsch.

NAZ **11** 31. Sternbedeckungen. W. Wenzel.

Rev. Astr. Nr. 140 S. 150. Observación de ocultaciones de estrellas por la luna. A. Camponovo.

Rev. Astr. Nr. 141 S. 193. Ocultaciones de estrellas por la luna. A. Camponovo.

Strolling Astronomer **11** 117—118. More on a possible anomalous occultation.

TAB (2) Nr. 91 S. 981—990. Occultation observations in Japan during 1954. H. Wakabayashi, Y. Endō.

7345. **Bedeckungen von Planeten**

Mars

Sky and Telescope **16** 298. Mars and the moon. R. T. Dobson.

Saturn

AC Nr. 187 S. 23 (russ.). Die Bedeckung Saturns durch den Mond am 28. September 1957 in Stalinabad. A. Bacharew, I. Gussew. — Mitteilung der Eintritts- und Austrittszeit.

El Universo Nr. 41 S. 197. Ocultación de Saturno por la Luna. A. González Solís.

Mitt. Planetenbeobachter **10** 32—33. Die Bedeckung des Saturn 1957 September 28.

Sky and Telescope **16** 504. Saturn to be occulted. — Vorschau zur Bedeckung 1957 Aug. 31.

Sky and Telescope **17** 83. Saturn's occultation observed.

Strolling Astronomer **11** 117. The occultation of Saturn by the Moon on September 1, 1957.

7346. Occultations of planets by the Moon in 1958. Strolling Astronomer **11** 145.

Mondformationen

7347. **L. B. Abbey jr.,** On the existence of Cattermole's Diophantus-Delisle Domes. Strolling Astronomer **11** 105—109.

7348. **K. D. Adams,** Some interesting lunar objects. Southern Stars **17** 68—70.

7349. **D. Alter,** A suspected partial obscuration of the floor of Alphonsus. Publ ASP **69** 158—161. — Ref. in Strolling Astronomer **11** 56. — Aufnahmen mit dem 60"-Spiegel auf Mt. Wilson zeigen schwache Veränderungen im Krater Alphonsus mit dem Sonnenstand. Einen überzeugenden Beweis für die Existenz einer dünnen Atmosphäre sieht Verf. darin nicht. F. S.

7350. **D. Alter,** The nature of the domes and small craters of the moon. Publ ASP **69** 245—251. — In Fortsetzung früherer Arbeiten über das gleiche Problem werden an Hand von Photographien die verschiedenen Formen von Mondkratern diskutiert und die Ansicht ausgesprochen, daß die meisten kleinen Krater vulkanischen Ursprungs sind. F. S.

7351. **D. Alter,** The explosion craters of the Moon. Publ ASP **69** 533—540. — Ref. in Coelum **26** 91. — Verf. vertritt die Ansicht, daß die bei Vollmond hell erscheinenden und umstrahlten Ringgebirge durch Einschläge, die bei Vollmond dunklen dagegen im wesentlichen durch vulkanische Tätigkeit entstanden sind, wobei jedoch eine Überschneidung insofern möglich ist, als vulkanische Tätigkeit durch Einschläge ausgelöst werden konnte. Hoffmeister

7352. **R. Barker,** A new area of lunar clefts. JBAA **67** 309.

7353. **R. Barker,** Lunar puzzles. J. International Lunar Soc. **1** 3—5. — In diesem Aufsatz wirft Verf. verschiedene Probleme auf, die sich bei der Mondbeobachtung ergeben. Er diskutiert Rillen im Inneren von Gassendi, westlich von Triesnecker, in Hessiodus und die veränderlichen Objekte am Südrand des Mare Crisium. Verf.

7354. **C. Bonestell,** A panorama on the moon. Sky and Telescope **16** zwischen S. 486 und 487.

7355. **H. Brenske,** Das Objekt der Amateure. VdS Nachr. **6** 49—50.

7356. **W. P. Dshapiaschwili,** Untersuchung der Polarisationseigenschaften von Gebilden der Mondoberfläche auf Grund elektrophotometrischer Messungen. Bull. Astrophys. Obs. Abastumani Nr. 21, 168 S. (russ. mit georg. und engl. Ref.). — In der vorliegenden Arbeit, der Dissertation des Verf., werden zunächst die Probleme und Methoden zur Untersuchung der Mondoberfläche dargestellt; insbesondere wird auf ihre Polarimetrie eingegangen. Verf. beschreibt daraufhin die von ihm zur Beobachtung benutzte Apparatur und das Beobachtungsverfahren. Die Ergebnisse sind in zahlreichen Tabellen und graphischen Darstellungen zusammengestellt. Nach einer Diskussion der Ergebnisse schließt die Arbeit mit Vorschlägen für weitere Beobachtungen ab. Loh.

7357. **R. Fenaroli,** La natura e la bizzarra struttura dei crateri lunari. Coelum **25** 8—12, 40—44. — Nach Verf. sind die Mondkrater durch ringförmige Ausbreitung beim Aufsturz kosmischer Körper entstanden, wobei die Mondmaterie zurückgetrieben wurde. Ein Mondkrater besteht daher aus der äußeren Mondmaterie und der inneren Meteormaterie. Die Krater erzeugenden Körper müssen entsprechend große Dimensionen gehabt haben und sphärisch gewesen sein (Kleine Planeten). Nach Beobachtungen bei Vollmond sind nach Verf. die zackigen, ringförmigen Abhänge der Krater heller als der Kraterboden. Die Kraterkegel müssen aus der mondfremden Materie bestehen. Cester

7358. **G. Fielder,** Dynamical problems connected with the formation of the lunar ridges and valleys. JBAA **67** 60—66 = Astr. Contr. Univ. Manchester (3) Nr. 46. — Verf. hatte die Wahrnehmung, daß Täler in der Nähe des Mare Imbrium nahezu radiale Anordnung zeigen, zugunsten der Einschlaghypothese gedeutet, wogegen Firsoff auf breiterer Basis Gezeitenkräfte für derartige Effekte verantwortlich macht. Verf. sucht diese Anschauung theoretisch nachzuprüfen, kommt zu keiner klaren Entscheidung und glaubt, daß beweiskräftige Einwände gegen die Einschlaghypothese auf diese Weise jedenfalls nicht erhoben werden könnten. Hoffmeister

7359. **G. Fielder,** The lunar grid system. JBAA **67** 314—318 = Astr. Contr. Univ. Manchester (3) Nr. 55. — Als Netzgitter versteht Verf. die Gesamtheit der geradlinigen Strukturen der Mondoberfläche, vor allem der Täler und der Gebirgsketten. Der Aufsatz beschreibt eine Reihe charakteristischer Fälle paralleler und radialer Anordnung. Hoffmeister

7360. **G. Fielder,** The colour of moonlight and the composition of the moon's surface. J. International Lunar Soc. **1** 25—31. — Zusammenfassung früherer Arbeiten über die Farbe des Mondlichtes und über die Zusammensetzung der Mondoberfläche.

7361. **V. A. Firsoff,** Palaeography of the Nubian and Imbrian Plains. JBAA **67** 130—134. — Aus spurenhaften Andeutungen im Bereich der heutigen Mondformationen schließt Verf. auf die Existenz früherer Ringgebirge und konstruiert eine palaeographische Karte eines Teils der Mondoberfläche. Hoffmeister

7362. **V. A. Firsoff,** On the tectonic grids of the Moon. JBAA **67** 309—314. — Der Inhalt ist im wesentlichen polemischer Art und verteidigt die Anschauung des Verf. gegen die von Fielder vertretene Einschlaghypothese. Verf. meint, daß das tektonische Gitternetz, das er in einer Karte darstellt, den Schlüssel zur Erklärung der Gestaltung der Mondoberfläche enthält und weist besonders darauf hin, daß die Struktur der Gesteine anders sein muß als an der Erdoberfläche, weil das Fehlen des atmosphärischen Gegendrucks eine schaumige Struktur des Magmas zur Folge haben müßte. Hoffmeister

7363. **J. J. Gilvarry,** Nature of the lunar surface. Nature **180** 911—912. — Es wird der Versuch gemacht, den nach Golds Theorie über die Entstehung der Mondkrater und -mare wirksamen Erosionsprozeß und den zusätzlich notwendigen Transportmechanismus (der den Staub in den Maren absetzt) gleichzeitig als Folge von seismischen Beben tektonischer Art zu erklären. Böh.

7364. **J. Gürtler,** Der Dunkelfleck im Mondgebirge Riccioli. Orion Schaffhausen **5** 308—310. — Es wird auf einen auffallenden dunklen Fleck im Mondgebirge Riccioli hingewiesen und zu detaillierten Beobachtungen jener Gegend aufgefordert. H. M.

7365. **I. W. Iwanowa,** Die Strahlen der Mondkrater und die elliptischen Gebilde. Bull. Astr.-Geod. Ges. UdSSR Nr. 17 S. 29—33, 1956 (russ.).

7366. **J. Klepešta, L. J. Lukeš,** Mapa Měsíce. Prag, Verlag USGK. 2. Auflage. Preis Kčs. 12. — Besprechung in RH **39** 71.

7367. **V. Knybel,** About the origin of lunar craters. RH **38** 63—64 (tschech.).

7368. **Kozima,** Untersuchung der Mondoberfläche. 4. Theorie der Mondentstehung. The Heavens **36** Nr. 357 S. 19—23, 1955 (japan.). — Ref. in RJ 1958 Nr. 4 S. 8.

7369. **L. Milling,** Some lunar observations. Irish AJ **4** 184—186.

7370. **P. Moore, P. J. Cattermole,** A catalogue of lunar domes. I. J. International Lunar Soc. **1** 16—18. — Verf. veröffentlichen den ersten Teil eines Katalogs über Mondschwellen, der 25 dieser außergewöhnlichen Formationen darstellt. Verf.

7371. **P. Moore,** Les intumescences lunaires. J. International Lunar Soc. **1** 43. — Ein von dem französischen Selenographen Lamech an Moore gerichteter Brief über die Mondschwellen.

7372. **P. Moore,** The limb of the Moon. Strolling Astronomer **11** 91—93.

7373. **A. A. Nefedjew,** Neue Karten des Mondreliefs. AC Nr. 176 S. 18—21 (russ.). — Rund 6000 Heliometerbeobachtungen aus Kasan von 1895 bis 1945 dienten zur Herstellung von Präzisionskarten des Mondreliefs, die unter Zugrundelegung eines «Selenoids» auf einheitliches Niveau bezogen sind. Der mittlere Fehler wurde zu $\pm$ 0ʺ20 bestimmt. Die Karten werden in den Mitteilungen der Engelhardt-Sternwarte 1957 veröffentlicht. Petri

7374. **H. Oberndorfer,** Meteoreinschlag auf dem Mond. Mitt. Planetenbeobachter **10** 54—55. — Ergebnis der Überprüfung des durch L. H. Stuart am 15. Nov. 1953 beobachteten Meteoreinschlags auf dem Mond.

7375. **J. A. O'Keefe,** Lunar rays. ApJ **126** 466.

7376. **N. S. Orlowa,** Vergleich des Reflexionsgesetzes des Lichtes für den Mond und einige Gesteinsarten. Bote Univ. Leningrad Nr. 1 S. 152—157, 211 (russ.). — Ref. in Phys. Abstracts (A) **61** 54, RJ 1957 Nr. 9 S. 70—71.

7377. **L. N. Radlowa,** Über die Größe der Farbkontraste auf der Mondoberfläche. AC Nr. 179 S. 7—8 (russ.). — Sechs Verzeichnisse bzw. Kataloge mit Angaben über die Farbe von Mondformationen wurden paarweise miteinander verglichen und auf systematische Fehler der Farbenindizes untersucht. Da solche nicht in nennenswertem Umfang nachgewiesen werden konnten, sind auch die

Farbkontraste von Formationen frei von Inhomogenitäten. Das wurde auch durch zusätzliche Eichmessungen in Taschkent bestätigt. Loh.

7378. **J. Sadil,** On the so-called «lunar bridge». BAC 8 33—34. — Nach Beobachtungen von Mitgliedern der Volkssternwarte in Prag zeigt Verf., daß die «Mondbrücke» am östlichen Rande des Mare Crisium, die von O'Neill entdeckt und später durch Wilkins und Gawrilow bestätigt wurde, nicht existiert. Anstatt der «Brücke» haben die Beobachter zwei Krater mit einem Durchmesser von etwa 20 bzw. 30 km aufgefunden. J. B.

7379. **L. H. Stuart,** A photo-visual observation of an impact of a large meteorite on the moon. J. International Lunar Soc. **1** 6—8. — Die Arbeit befaßt sich mit der photographischen Beobachtung eines möglichen Meteoraufpralls auf dem Mond. Datum: 1953, November 15, 2^h00 W.Z. Verf. photographierte an diesem Abend den Mond. Dabei beobachtete er beim Kassettenwechsel auf der Mattscheibe das Luftbild des Mondes. Dieses Bild zeigte einen ungewöhnlich hellen Fleck am Terminator. Es wurde einwandfrei festgestellt, daß dieser helle Fleck der Mondoberfläche zugeordnet werden konnte. Die photographisch sichtbare Zeit dieses hellen Objektes dürfte ungefähr acht Sekunden gedauert haben. Nach der Entwicklung der Platte in der oben genannten Kassette war der Lichtfleck auch auf dem Negativ zu sehen. Verf.

7380. **N. N. Sytinskaja,** Herkunft und Natur des äußeren Belags der Mondoberfläche nach Unterlagen der vergleichenden Untersuchung von Farben-Helligkeits-Diagrammen. Abh. Shdanow-Staatsuniv. Leningrad Nr. 190 (Math. Nr. 29) S. 74—87 = Publ. Astr. Obs. Leningrad **17** 74—87 (russ.). — 91 Objekte der Mondoberfläche wurden in ein Farben-Helligkeits-Diagramm eingetragen. Dasselbe Diagramm wurde auch für verschiedene sedimentäre und magnetische Gesteine sowie auch für Meteorite aufgezeichnet. Es zeigte sich, daß die verschiedenen Gesteine meist ein weit größeres Gebiet des FH-Diagrammes ausfüllen, dabei aber das Gebiet der Mondobjekte in diesem Diagramm meiden. Verf. schließt daraus, daß wir auf der Mondoberfläche nicht ursprüngliche entblößte Gesteine vorfinden, sondern daß die Mondoberfläche ein Produkt späterer Entwicklung ist. Die größte Rolle bei dieser Entwicklung scheinen die Meteore zu spielen. Ond.

7381. **W. G. Teufel,** Über die Farbkontraste auf der Mondoberfläche im visuellen Spektralgebiet. AC Nr. 179 S. 8—10 (russ.). — Die vom Verf. im Herbst 1956 photographisch durchgeführten spektralphotometrischen Messungen von Oberflächenformationen des Mondes wurden zur Bestimmung von Farbkontrasten verwandt. Nur in wenigen Fällen erreichen letztere 18—20%. Loh.

7382. Aufgaben für Mondbeobachter: Strittige Mondobjekte. Mitt. Planetenbeobachter **10** 21.

7383. Mali krateri u moru kiša. Vasiona **5** 34.

7384. **Mitteilungen über Mondformationen**

Ciel et Terre **73** 44—50. Les intumescences de Puiseux et les aires elliptiques de Delmotte. F. Chemla Lamech.

J. International Lunar Soc. **1** 40—42. Gassendi. H. P. Wilkins. — Ausführliche Beschreibung des Kraters Gassendi.

Mitt. Planetenbeobachter **10** 19—21. Herodot und das Schröter-Tal. H. Oberndorfer.

Orion Schaffhausen **5** 264. Lune: Le cratère Linné.

RH **38** 181—184 (tschech.). On so-called lunar «bridge». F. Fischer.

Sky and Telescope **16** 451. The Herodotus puzzle. W. K. Hartmann.

Sky and Telescope **16** 500. Very high lunar mountain?

Sternenbote **8** 66—68. Die Wallebene Plato auf dem Monde. H. Oberndorfer.

Strolling Astronomer **11** 43—46. Vendelinus. J. D. Bestwick.

Strolling Astronomer **11** 94—99. Some recent observations of Plato. A. K. Herring.

Strolling Astronomer **11** 105—109. On the existence of Cattermole's Diophantus-Delisle domes. L. B. Abbey jr.

Strolling Astronomer **11** 119. Aristarchus-Herodotus region.

Strolling Astronomer **11** 119—120. Crater W. H. Pickering.

Strolling Astronomer **11** 148. The radial bands of Aristarchus. J. Ashbrook.

§ 74

Mars

7401. Astrometrische Beobachtungen

AC Nr. 179 S. 4—5 (russ.). Rektaszensionen einiger am Astronomischen Observatorium Taschkent 1955—1956 beobachteter Großer Planeten. B. S. Balshinowa.

Greenwich Astronomical Results 1949, A 23. Observed right ascensions, declinations and diameters.

Mem SA It (NS) **28** 65—69. Determinazione di ascensione retta del pianeta Marte nell' opposizione del 1956. E. Fichera, M. Liguori.

Mem SA It (NS) **28** 155—161 = Oss. Astr. Roma Monte Mario Contr. Sci. Nr. 239. Posizioni di pianeti e di pianetini ed occultazioni osservate a Monte Mario nel 1956. G. Conti.

TAB (2) Nr. 100 S. 1055—1060. Meridian observations of the right ascensions of the moon and planets during the year 1956. S. Nakano, H. Yasuda, R. Fukaya, H. Hara.

7402. Physische Beobachtungen

Atti Accad. Gioenia Sci. nat. Catania (6) **11** 1—28 = Oss. Astrofis. Catania Pubbl. (NS) Nr. 17. Osservazioni visuali di Marte eseguite nel settembre 1956 all'Osservatorio astrofisico di Catania e alla sua stazione di Milo. G. Ruggieri.

Atti Accad. Gioenia Sci. nat. Catania (6) **11** 110—125 = Oss Astrofis. Catania Pubbl. (NS) Nr. 18. Osservazioni di Marte eseguite col rifrattore Merz nel 1954 e 1956. P. Tempesti.

Bol. Astr. Obs. Madrid **5** Nr. 2 S. 221—228. Observaciones del planeta Marte en la oposición de 1956. E. Gullón, M. López Arroyo.

Coelum **25** 13—14. Osservazioni di Marte nella opposizione del 1956. U. Ranzi.

Coelum **25** 71—72. La grande opposizione di Marte. Osservazioni planetarie durante l'anno 1956 e 1957, effettuate in Bologna. L. Baldinelli, U. Dall'Olmo.

El Universo Nr. 38 S. 10—37. Marte en 1956. F. J. Escalante.

Gaz astr **38—39** 7—9. Les canaux de Mars pendant l'opposition de 1956. W. Sandner.

JBAA **67** 320—324. Colour observations of Mars, summer-autumn 1956. V. A. Firsoff, J. H. Robinson.

J RAS Canada **51** 266. Mars in 1956.

Mitt. Planetenbeobachter **10** 24—25. Report on Mars: Opposition of 1956. P. Moore.

Mitt. Planetenbeobachter **10** 25—27. Kleine Mars-Nachlese. W. Carnuth.

MN ASSA **16** 8—19. Observations of the opposition of Mars—1956. I. R. H. Brickett.

Orion Schaffhausen **5** 173—179. Mars: présentation 1956. Rapport No. 2 du «Groupement planétaire SAS». E. Antonini, S. Cortesi, M. Keller.

Orion Schaffhausen **5** 180—182. Mars-Beobachtungen 1956. R. A. Naef.

Rev. Astr. Nr. 140 S. 147—149. Oposición de Marte. F. P. Huberman.

RH **38** 73—80 (tschech.). Mars observation in the year 1956 on the Popular Observatory in Prague. J. Sadil.

RH 38 259—263 (tschech.). Visuelle Marsbeobachtungen im Jahre 1956. V. Laifr, M. Farský.

Sky and Telescope 16 218—221. Some observations of Mars in 1956. T. R. Cave jr.

Spaceflight 1 114. Preliminary report on observations of Mars made at Mount Wilson in 1956. R. S. Richardson.

Sterne 33 203—205. Marsbeobachtungen mit einem Newtonspiegel. W. Steinbrück.

Sterne 33 205—206. Mars-Beobachtungen 1956 in Halle/S. U. Köhler, D. Kipsch.

Strolling Astronomer 11 4—5. Mars, 1954 — Report Number 3. D. P. Avigliano.

Strolling Astronomer 11 5—13. Mars, 1954 — Canals and oases. D. P. Avigliano.

Union Circ 6 288—289. Photographic observations of Mars. W. S. Finsen. — Ref. in Sterne 34 153.

Urania København 14 23—24. Mars. G. Persson.

Vega 2 Nr. 35 S. 1. Star-like spot on Mars.

Vega 2 Nr. 35 S. 1—2. Visual observations of Mars from Belgian Congo.

7403. **G. Abetti,** La interpretazione delle configurazioni del pianeta Marte. Atti Fondaz. Ronchi 12 400—408.

7404. **E. Antonini,** Remarques sur l'opposition de Mars 1956. Orion Schaffhausen 5 291—294. — Es werden die Beobachtungen einer Anzahl von besonders erwähnenswerten Phänomenen auf Mars während der Opposition von 1956 erörtert. H. M.

7405. **N. Barabaschow,** Über die Farbe der Oberfläche des Mars und über die färbenden Eigenschaften seiner Atmosphäre. AC Nr. 183 S. 7—9 (russ.). — Entgegen der letzthin verschiedentlich geäußerten Meinung, daß die Marsoberfläche nur eine schwach ausgeprägte Farbtönung aufweist, ihre Rötung jedoch auf Eigenschaften der Atmosphäre zurückgeht, beweist Verf. an Hand seiner Farbmessungen während der Opposition 1956, daß die Marsatmosphäre nur einen geringen Einfluß auf die Gesamtfarbe hat, und daß dieser keine Rötung, sondern ein (geringes) Blauwerden bewirkt. Loh.

7406. **N. P. Barabaschow,** Vorläufige Ergebnisse von Marsbeobachtungen. Bote Akad. Wiss. UdSSR 1957 Nr. 5 S. 34—36 (russ.). — Ref. in RJ 1957 Nr. 11 S. 73.

7407. **W. A. Bronstein,** Die Marsbeobachtungen der WAGO-Expedition im August und September 1956 (Mitteilung 1). AC Nr. 177 S. 5—7 (russ.). — Im August und September 1956 hat auf der Sternwarte des Planetariums in Stalingrad eine Expedition der Astronomisch-Geodätischen Gesellschaft der UdSSR Mars beobachtet, wobei auch 212 Zeichnungen in Rot, Orange, Grün und Blau am 30 cm-Zeiß-Refraktor angefertigt wurden. Die vorliegende Mitteilung bringt Einzelheiten über den dunklen Saum der auftauenden Südpolkappe und anomale Erscheinungen auf der Südhemisphäre, welche innerhalb einer Woche auftraten und auf mächtige Zyklonbewegungen in der Marsatmosphäre zurückgehen dürften. Vielleicht bestehen auch Beziehungen zur Sonnenaktivität. Petri

7408. **W. A. Bronstein,** Beobachtungen des Mars durch die WAGO-Expedition im August und September 1956. AC Nr. 178 S. 10—11 (russ.). — Kurzer Bericht über die Trübung der Atmosphäre der südlichen Halbkugel und über Helligkeit und Farbe der Mare. Loh.

7409. **W. A. Bronstein,** Über die Bildungsmöglichkeit von Eiswolken in der Marsatmosphäre. AC Nr. 184 S. 19—21 (russ.). — Die Bildung solcher Wolken ist erst oberhalb 20—25 km Höhe möglich. Die Hess'sche Hypothese, die blauen Marswolken bestünden aus CO_2-Kristallen, läßt sich nicht halten. Loh.

7410. **K. E. Bullen,** On the constitution of Mars. II. MN Geophys. Suppl. 7 271—278. — Da neuere Messungen den linearen Durchmesser von Mars um einige Prozent kleiner ergeben als früher angenommen wurde, müssen die früheren Arbeiten des Verf. über die Kontistution des Planeten revidiert werden. Es ergeben sich kleinere Änderungen der Dichteverteilung und chemischen Zusammensetzung im Innern von Mars. F. S.

7411. **A. Coleman,** The spring melt on Mars. Spaceflight 1 124.

7412. **R. Compte Porta,** Marte. Oposición 1956. El Universo Nr. 39 S. 51—53.

7413. **J. van Diggelen,** Mars in 1956. Nederlandse waarnemingen. Hemel en Dampkring 55 6—10.

7414. **A. Dollfus,** Propriétés photométriques des contrées désertiques sur la planète Mars. CR 244 162—164. — Ref. in Sky and Telescope 16 332, VdS Nachr. 6 86. — Als Ergebnis einer sorgfältigen Photometrie im gelben Licht im Anschluß an vier Sterne während der Opposition 1952 wurde als mittlere Helligkeit der mittleren Opposition $-1^{m}88$ gefunden. Dies entspricht einer Albedo nach Russell-Bond von 0.235. Die Helligkeitsschwankungen infolge des Vorbeiziehens heller und dunkler Gebiete betragen $0^{m}4$. Aus Messungen des Streukoeffizienten der Marsoberfläche in verschiedenen Wellenlängen wird geschlossen, daß die ockerfarbigen Wüstengebiete 1.) sehr flach, 2.) wahrscheinlich von einem feinen, vermutlich aus Eisenoxydhydraten bestehendem Staub bedeckt sind. Darauf weisen auch früher gemachte Polarisationsbeobachtungen hin. Mehltretter

7415. **A. Dollfus,** Etude photométrique des contrées sombres de la surface de la planète Mars. CR 244 1458 —1460. — Als weiteres Ergebnis der photometrischen und polarimetrischen Beobachtungen während der Oppositionen 1950 und 1952 wird mitgeteilt: Die Helligkeit der Marsatmosphäre nimmt mit der Wellenlänge weniger als nach λ^{-4} (reines Gas) ab. Sie scheint daher von einem leichten Nebel feinster Teilchen durchsetzt zu sein, der eine größere Lichtstreuung verursacht. Die dunklen Gegenden zeigen eine Abdunkelung bei schiefer Beleuchtung und ein Verhalten der Helligkeit bei verschiedenen Wellenlängen, die darauf hinweisen, daß es sich hier um auf dem Boden abgelagerten Staub handelt. Die jahreszeitlichen Schwankungen des Kontrastes und der Polarisation dieser Gebiete ließen sich durch das Vorhandensein von Mikroorganismen erklären. Mehltretter

7416. **A. Dollfus,** Les conditions météorologiques sur la planète Mars. Météorologie Nr. 42 S. 81—91, 1956. — Ref. in RJ 1957 Nr. 10 S. 72.

7417. **W. P. Dshapiaschwili,** Über die visuellen Marsbeobachtungen im Jahre 1956 in Abastumani. AC Nr. 185 S. 13—14 (russ.). — Visuelle Beobachtungen bei meist 272facher Vergrößerung am Refraktor (d = 40 cm; f = 682 cm) wurden teils ohne teils mit verschiedenen Farbfiltern vorgenommen und erbrachten ein reiches Material, aus dem vorläufig folgendes mitgeteilt wird: Die Südpolkappe wurde August 18 kleiner, spaltete sich ab 19. in zwei Teile, war am 27. in drei Teile zerfallen, am 28. und 29. kaum noch erkennbar, aber von einem starken dunklen Saum umgeben. September 4—6 war sie verschwunden, um am 7. als an Helligkeit zunehmender kleiner Fleck wieder aufzutauchen, der bis in den November hinein gesehen wurde. Das beobachtete Verschwinden der Polkappe wird als reelles Tau-Phänomen angesehen. Helle weiße Flecken auf der Südhemisphäre, die August 23 und an den Folgetagen verschiedentlich, auch in Abastumani beobachtet wurden, werden als Neuschnee oder Reif gedeutet. Während der Opposition selbst und der Tage danach war die Marsatmosphäre besonders stark getrübt. Petri

7418. **W. G. Fessenkow,** Marsbeobachtungen während der Opposition 1956. Bote Akad. Wiss. Kasach. Sowjetrepublik Nr. 1 S. 22—31 (russ. mit kasach. Ref.). — Ref. in RJ 1957 Nr. 8 S. 86.

7419. **W. G. Fessenkow,** Über die Existenz des Lebens auf Mars. Pokroky **2** 112—116 (tschech.).

7420. **G. Friberg,** Astrobotaniken och Mars. Urania København **14** 37—38.

7421. **J. W. Glagolewskij, K. I. Koslowa,** Vorläufige Ergebnisse der Marsbeobachtungen mit dem Elektrophotometer AFM-3 im Jahre 1956. AC Nr. 176 S. 2—4 (russ.). — Mit dem 20 cm-Meniskusteleskop der Bergstation von Alma Ata wurden bei den effektiven Wellenlängen 375, 405, 500 und 580 mμ Areale von 1ʹ.6 × 2ʹ.7 in der Mitte und an vier um 3/4 des Radius vom Zentrum entfernten Stellen der Marsscheibe gemessen. Die Verhältnisse der Helligkeiten von Großer Syrte zu Hellas am 9. und 13. Oktober und von Morgen- zu Abendseite an sechs Tagen zwischen dem 22. September und 13. Oktober werden in Tabellen und Schaubildern mitgeteilt und kurz besprochen. Die im System von Eggen mit einer Genauigkeit von $\pm$ 0ᵐ.04 bestimmten Farbenindizes betragen: Große Syrte +1ᵐ.52 und Hellas +1ᵐ.61 (in der Zeit 9.—13. Oktober), Morgenseite +1ᵐ.48 und Abendseite +1ᵐ.59 (Mittel für alle Beobachtungen). Bei anderen Gebieten schwankte der Farbenindex im Laufe der Zeit zwischen +1ᵐ.30 und +1ᵐ.70. Petri

7422. **R. M. Goody,** The atmosphere of Mars. J. British Interplanetary Soc. **16** 69—83. — Beschreibung der Beobachtungsmöglichkeiten und des Details der Marsoberfläche: Wolken und violette Schicht; Temperatur und Wind; Bestandteile der Atmosphäre; vertikaler Aufbau; Deutungsversuche betreffend Wolken und ihre Bewegung. Hoffmeister

7423. **R. M. Goody,** The atmosphere of Mars. Weather **12** 3—15. — Ref. in RJ 1957 Nr. 11 S. 75.

7424. **E. Gullón de Senespleda,** El planeta Marte. Bol. Real Soc. geogr. **92** 311—349, 1956. — Ref. in RJ 1958 Nr. 10 S. 55—56.

7425. **E. A. Gurtowenko, S. G. Gordeladse,** Three-colour colorimetry of the integral brightness of Mars, according to observations made in 1956. AJ UdSSR **34** 959—961 (russ. mit engl. Ref.). — Aus den Messungen bei 4300, 5460 und 6220 Å zwischen 1956 Sept. 1 und 1957 Jan. 2 geht hervor, daß die große Helligkeit des Planeten während der Opposition mit wachsender Phase stark abnahm. Ebenso nahm der Farbenindex während des Beobachtungszeitraumes merklich ab. Loh.

7426. **M. B. B. Heath,** The axial pose of Mars. JBAA **67** 250—252. — Eine einfache Methode, die Lage der areographischen Hauptkreise auf der Scheibe des Planeten zu bestimmen, hat Proctor angegeben. Die vorliegende Arbeit bringt einige Berichtigungen und Ergänzungen. Hoffmeister

7427. **W. D. Heintz,** Marsbeobachtungen 1954/56. Mitt. Planetenbeobachter **10** 44. — Ref. AG.

7428. **S. L. Hess,** The atmosphere of the planet Mars. Trans. N. Y. Acad. Sci. **19** 352—357. — Ref. in RJ 1957 Nr. 11 S. 74.

7429. **J. Hoppe,** Marsopposition und Marsklima. Pokroky **2** 105—108 (tschech.).

7430. **N. Janković,** Mars in der Vergangenheit. Vasiona **5** 2—4 (serb.).

7431. **H. K. Kaiser,** Im Banne des roten Planeten. Vgl. AJB **56** Ref. 7426. — Weitere Besprechung in Weltraumfahrt 1957 S. 32.

7432. **D. Kaláb,** Photographische Beobachtung von Mars im Jahre 1956. RH **38** 140—142 (tschech.).

7433. **D. Kaláb, Z. Macek,** Beobachtungen des Mars auf der Hohen Tatra. Sterne **33** 23—25. — Programm der Expedition. Mitteilung der 1956 auf der Lomnitzer Spitze (Meereshöhe 2635 m) angestellten Marsbeobachtungen.

7434. **C. C. Kiess, C. H. Corliss, H. K. Kiess, E. L. R. Corliss,** High-dispersion spectra of Mars. ApJ **126** 579—584. — Ref. in Coelum **26** 93—94. — Während der Opposition 1956 wurden Gitterspektren im Bereich λ 5500 bis λ 8000 Å bei einer Dispersion von 5 bzw. 2 Å/mm sowohl auf dem Gipfel des Mauna Loa auf Hawai wie auch im Georgetown College Observatorium aufgenommen. Sie zeigen weder in den B-Banden des O_2 noch in den «a»-Banden des H_2O Linien, die auf Grund der zu erwartenden Dopplerverschiebung von den tellurischen Linien getrennt waren. Laboratoriumsversuche am National Bureau of Standards ließen allerdings erkennen, daß diese Banden, in Übereinstimmung mit der Theorie, wegen zu geringer Übergangswahrscheinlichkeit weniger geeignet sind als etwa die H_2O Banden bei 1.13 und 1.38 μ. Bo.

7435. **K. I. Koslowa,** Bearbeitung von Marsbeobachtungen aus Zeichnungen Tichows in den Jahren 1918, 1920 und 1948. Publ. Sektor Astrobotanik Akad. Wiss. Kasach. Sowjetrepublik **5** 83—109 (russ.). — Ref. in RJ 1958 Nr. 1 S. 67.

7436. **I. K. Kowal,** The results of photographic observations of Mars at the Kharkov Astronomical Observatory during 1954. AJ UdSSR **34** 412—418 (russ. mit engl. Ref.). — Auf Grund der Ergebnisse von Marsbeobachtungen, die am 20 cm-Refraktor der Sternwarte Charkow vom 1. Juni bis zum 10. Sept. 1954 in vier Spektralgebieten durchgeführt wurden, kommt Verf. zu folgenden Schlüssen: 1.) Zur Bearbeitung der Marsbeobachtungen kann man mit gleichem Erfolg sowohl die Formeln von W. W. Sobolew als auch von W. G. Fessenkow und E. Schoenberg verwenden. 2.) Die Neigung der Kurven der Helligkeitsverteilung nimmt im Spektralgebiet 560—660 mμ mit der Vergrößerung der Mittagshöhe der Sonne ab. 3.) Nahe der Opposition unterscheidet sich die Farbe der «Meere» wenig von der der «Länder». Die «Meere» der niederen südlichen Breiten ändern ihre Farbe mit der Veränderung der Mittagshöhe der Sonne. 4.) Die Reflexion des Lichts an der Oberfläche der «Meere» befolgt nicht das Lambertsche Gesetz. 5.) Die Atmosphäre ist über den «Meeren» durchsichtiger als über den «Ländern». 6.) Die südliche Polkappe ist relativ zu einem weißen Schirm rötlich. Verf. (übersetzt)

7437. **I. K. Kowal,** Photographische Marsphotometrie mit Lichtfiltern. Charkow, Univ., 1957 (russ.). — Dissertationsreferat.

7438. **G. P. Kuiper,** Visual observations of Mars, 1956. ApJ **125** 307—317 = Contr. McDonald Obs. Nr. 273. — Ref. in Coelum **25** 153. — Während der größten Erdnähe von Mars im Herbst 1956 hat Verf. ein umfangreiches Beobachtungsprogramm durchgeführt; über den visuellen Teil wird berichtet. Farbe und Struktur von Oberflächenelementen wurden bestimmt. Die Jahreszeit auf Mars war Frühling, demnach war die vorherrschende Farbe grau mit einigem Grün in Äquatorgebieten. Die Entwicklung von Staubstürmen, die die ganze sichtbare Marsoberfläche mit Ausnahme der Polargebiete bedeckten, wird beschrieben. Ferner wurde die Bildung einer Wolkengruppe über dem Südpol beobachtet, welche zur Entwicklung einer neuen Polkappe führte. Die Bedeutung der Oberflächenstudien für die Vegetationshypothese wird diskutiert. Micz.

7439. **G. P. Kuiper,** Mars in 1956. Hemel en Dampkring **55** 1—6. — Unter Beigabe von 13 Zeichnungen des Verf. werden seine Beobachtungen kurzzeitiger Veränderungen der Marsoberfläche beschrieben, die einerseits als Neubildung der südlichen Polkappe durch einen Schneefall, andererseits als ausgedehnte Sandstürme gedeutet werden. Die gelbe Farbe des dabei transportierten Materials sowie auch die Analogie zur Merkur- und Mondoberfläche spricht gegen McLaughlins Erklärung der veränderlichen dunklen Formationen durch verwehte Vulkanasche. Kanäle wurden vom Verf. nicht gesehen. Die Farben waren auch diesmal wieder sehr fahl, ließen in den dunklen Gebieten aber doch kleine Unterschiede erkennen, welche die Möglichkeit einer niederen Vergetation auf den vom Wind freigehaltenen Flächen zulassen. Gü.

7440. **G. W. Kuklin,** Die Marsbeobachtungen 1956 in Irkutsk. AC Nr. 181 S. 17—20 (russ.). — Zwischen dem 21. Aug. und 29. Sept. 1956 beobachtete Verf. den Planeten visuell an einem 13 cm-Zeiß-Refraktor im natürlichen Licht und mittels Farbfilter bei den Wellenlängen 6600, 6050, 5260 und 4550 Å. An Hand von 70 angefertigten Zeichnungen wurde das Verhalten der hellen Gebilde (Polkappe, Flecke, Länder) und der dunklen Gebilde (Saum, Kanäle, Oasen, Mare) hinsichtlich Helligkeit, Farbe und allgemeinem Aussehen sowie Struktur untersucht. Loh.

7441. **N. I. Kutscherow,** Der Planet Mars als möglicher Träger des Lebens. Publ. Sektor Astrobotanik Akad. Wiss. Kasach. Sowjetrepublik **4** 28—43, 1955 (russ.).

7442. **W. Ley, W. von Braun,** Die Erforschung des Mars. Übersetzt von H. Gartmann. Frankfurt a/Main, S. Fischer Verlag, 1957. 142 S. mit 29 Fig. und 13 Tafeln. Preis DM 16.80. — Besprechung in Mitt. Planetenbeobachter **10** 60, Weltraumfahrt 1957 S. 129 (W. Schaub).

7443. **J. N. Lipskij,** Vorläufige Ergebnisse von Marsbeobachtungen während der Opposition 1956. Bote Univ. Moskau (Math., Mech., Astr., Phys., Chem.) 1957 Nr. 2 S. 241—243 (russ.). — Ref. in RJ 1957 Nr. 12 S. 68.

7444. **J. N. Lipskij,** Ergebnisse von Marsbeobachtungen. Priroda **46** Nr. 4 S. 105—106 (russ.). — Bericht über eine 1956 in Moskau stattgefundene Konferenz der Kommission für Planetenphysik bei der Akad. Wiss. UdSSR. Barabaschow referierte über alle verschiedenen Beobachtungen und deren Bearbeitung. Tichow berichtete über weitere astrobotanische Studien seiner Gruppe. Fessenkow teilte die Ergebnisse der photometrischen, kolorimetrischen und mikrometrischen Beobachtungen in Alma Ata mit. Der Kontrast zwischen hellen und dunklen Gebieten war 1956 deutlich geringer als 1954. Barabaschow und Kosyrew halten die Polkappen hauptsächlich für atmosphärische Gebilde. Kalinjak erhielt mittels eines Bildwandlers Marsaufnahmen im infraroten Licht. Der Polarisationsgrad lag nach Dshapiaschwili unter 0.5 %. Das Problem der Häufigkeit von Wasser auf Mars studierte Lebedinskij. Ond.

7445. **D. B. McLaughlin,** Recent close approach of Mars. Science **125** 893—894.

7446. **P. M. Millman,** Mars at the 1956 opposition. J RAS Canada **51** 129—132. — Verf. berichtet über seine visuellen Marsbeobachtungen am 15′-Refraktor in Ottawa. 68 Zeichnungen konnten gewonnen werden, die zu einer Karte zusammengezogen wurden. Auf beobachtete Details wird hingewiesen. Schaifers

7447. **S. Miyamoto,** The great yellow cloud and the atmosphere of Mars. Report of visual observations during the 1956 opposition. Contr. Inst. Astrophys. Kwasan Obs. Kyoto Nr. 71, 42 S. — Beobachtungen der ab 20. 8. 1956 in mittleren Breiten der Südhalbkugel von Mars aufgetretenen Wolkenbildung und ihrer Verlagerung in westlicher Richtung werden benutzt, um Schlüsse auf die Druckverteilung in der Marsatmosphäre zu ziehen. Danach hätten sich während des Südsommers Hochdruckgebiete mit antizyklonalen Strömungen am Südpol und längs des thermischen Äquators und dazwischen eine Tiefdruckzone ausgebildet. Die Entstehung der Wolke fällt zeitlich mit dem raschesten Abschmelzen der Polkappe zusammen. Bo.

7448. **P. Moore,** Guide to Mars. Vgl. AJB **56** Ref. **7453.** — Weitere Besprechung in La Nature **85** 335, Strolling Astronomer **12** 29 (W. H. Haas).

7449. **W. I. Moros, A. W. Charitonow,** Photoelectric photometry of regions on the surface of Mars. AJ UdSSR **34** 903—920 (russ. mit engl. Ref.). — Die Beobachtungen wurden mit dem photoelektrischen Photometer des 50 cm-Reflektors von Alma-Ata während der Opposition 1956 im Blauen, Gelben und Roten durchgeführt. Ein kleines Diaphragma erlaubte die Ausblendung kleiner Oberflächenteile des Mars. Die Helligkeits- und Farbmessungen an 37 solcher Stellen wurden über zwei Vergleichssterne an das Eggensche System angeschlossen. Daraus wurde auch die Albedo bestimmt. Die Beobachtungen sind tabellarisch zusammengestellt. Der Kontrast zwischen den Meeren und Ländern ist verhältnismäßig klein. Die Meere sind nur wenig blauer als die Länder. Offensichtlich variiert der Kontrast zwischen den dunklen und hellen Gebieten mit der Zeit und hängt von verschiedenen Faktoren ab. Zwischen einer Ende August aufgetretenen Wolke und der ungestörten Oberfläche bestand ein Kontrast von $0^{m}.07$ im Photovisuellen und $0^{m}.01$ im Photographischen. Abschließend werden einige Angaben zu radiometrischen Helligkeiten gemacht. Loh.

7450. **I. A. Parschin,** Die Expedition der Staatsuniversität Leningrad zur Beobachtung des Planeten Mars während der Opposition 1956. Bote Univ. Leningrad 1957 Nr. 13 S. 190—191 (russ.). — Ref. in RJ 1958 Nr. 5 S. 45—46.

7451. **C. Popovici,** Planeta Marte. Gaz. mat. fiz. (B) **7** 575—581, 1956.

7452. **J. J. Raimond jr.,** Mars in 1956. Hemel en Dampkring **55** 166—169.

7453. **R. S. Richardson,** Some observations of Mars made at Mount Wilson in 1956. ASP Leaflet Nr. 333, 8 S.

7454. **R. S. Richardson,** Preliminary report on observations of Mars made at Mount Wilson in 1956. J. British Interplanetary Soc. **16** 1—7. — Die Arbeit hat den gleichen Wortlaut wie in Publ ASP **69** 23. — Vgl. nachstehendes Ref.

7455. **R. S. Richardson,** Preliminary report on observations of Mars made at Mount Wilson in 1956. Publ ASP **69** 23—30. — Ref. in Coelum **25** 119—120. — Visuelle Beobachtungen und photographische Aufnahmen von Mars wurden mit dem 60"- und dem 100"-Spiegel auf Mt. Wilson gemacht, außerdem Photographien der Marstrabanten. Dazu wurden Spektren hoher Dispersion von einzelnen Gebieten der Marsoberfläche gewonnen. Sowohl visuell als auch photographisch wurden mehrere Kanäle unter günstigen Bedingungen gesehen. In den Spektren waren Linien von Sauerstoff und Wasserdampf erkennbar. F. S.

7456. **L. G. Salanave,** Observing at Junipero Serra Peak. Sky and Telescope **16** 320—321.

7457. **F. Salisbury,** A discussion of some current theories regarding the markings on Mars. Publ ASP **69** 396—397. — Ref. ASP.

7458. **W. Sandner,** Der Rückgang der S-Polkappe auf Mars 1956. Sterne **33** 28—30. — Verf. gibt eine Übersicht seiner Marsbeobachtungen 1956 Juli 10—Sept. 19. Der Verlauf des Rückzuges der Süd-Polkappe auf Mars 1956 ist graphisch dargestellt.

7459. **W. W. Scharonow,** Neue Untersuchungen des Planeten Mars. Moskau, «Snanije», 1957. 32 S. Preis 60 Kop. (russ.).

7460. **W. Scharonow,** Bestimmung der Farbe der Marsmare auf visuell-kolorimetrischem Weg. AC Nr. 183 S. 6—7 (russ.). — Farbmessungen am Rand von Sabaeus Sinus und Syrtis Major vom 28. 8. bis 2. 9. 1956 bestätigen die Auffassung, daß die grünlichen und bläulichen Schattierungen der Mare, die bei unmittelbarer Betrachtung der Marsscheibe im Teleskop vom Auge wahrgenommen werden, nicht reell, sondern optische Täuschungen sind. Loh.

7461. **W. W. Scharonow,** Vorläufige Ergebnisse der visuellen Photometrie und Kolorimetrie von Mars während der Opposition 1956. AC Nr. 187 S. 12—14 (russ.). — Verf. hat Mars vom 12. Aug. bis 24. Sept. 1956 visuell mit einem Rosenbergschen Photometer in Taschkent photometriert. Die reduzierte Integralhelligkeit betrug im Mittel $-1^{m}_{.}83$, die scheinbare Albedo der zentralen Partien, repräsentiert durch Länder 0.184, durch Mare 0.105; der Farbenindex des integralen Lichts relativ zur Sonne betrug im Mittel $1^{m}_{.}07$. Loh.

7462. **W. W. Scharonow,** The role of true absorption in the atmosphere of Mars. AJ UdSSR **34** 557—567 (russ. mit engl. Ref.). — Wenn in der Marsatmosphäre, so wird gezeigt, eine «violette Schicht» existieren würde, die aus Teilchen besteht, die die Strahlung des violetten Endes des Spektrums bevorzugt absorbieren, aber nicht streuen, dann würden sich ihre Verdichtungen auf Violettaufnahmen der Planetenscheibe als dunkle, und nicht als helle Flecke abheben. Es gibt zur Zeit keine Tatsachen, die man nicht dadurch erklären könnte, daß man die Marsatmosphäre für rein streuend hält. Deshalb ist es nicht notwendig, das Vorhandensein einer merklichen Absorption in diesen oder jenen Schichten der Marsatmosphäre anzunehmen, umso mehr, als es schwer ist, ein Gas oder Aerosol zu finden, das die Absorption mit der erforderlichen Änderung über das Spektrum hinweg hervorrufen könnte. Verf. (übersetzt)

7463. **A. Sciacchitano,** Marte alla minima distanza dalla Terra. L'Universo **37** 73—80.

7464. **J. Sielski,** Zjawiska meteorologiczne na Marsie. Gaz. obserw. P. I. H. M. **10** Nr. 7 S. 13—14. — Ref. in RJ 1958 Nr. 9 S. 54.

7465. **W. M. Sinton,** Spectroscopic evidence for vegetation on Mars. ApJ **126** 231—239 = Harv Repr Nr. 471. — Ref. in Astr. Herald **51** Nr. 2 S. 29 (japan.), Coelum **26** 57, JBAA **68** 196. — Ausgehend von der Tatsache, daß das von organischen Substanzen reflektierte Licht bei 3.5 und 3.6 μ Absorptionsbanden von CH-Verbindungen zeigt, wurde der Versuch unternommen, in der Strahlung von Mars diese Absorptionen nachzuweisen. Als Instrument diente der 61"-Spiegel in Harvard, als Detektor eine mit flüssigem Stickstoff gekühlte Bleisulfidzelle hinter einem Monochromator. Die Intensitätskurven von Mars zeigen bei der fraglichen Wellenlänge eine Einsenkung, an deren Realität nicht zu zweifeln ist und die sich am besten durch Reflexion an Flechten deuten läßt. Verf. hält hiernach das Vorhandensein pflanzlicher Organismen für erwiesen. Bo.

7466. **A. E. Slater,** The atmosphere of Mars. Spaceflight **1** 63.

7467. **A. K. Suslow,** Die Kartographie von Marsmaren nach G. A. Tichows Negativen aus dem Jahre 1909. Abh. Shdanow-Staatsuniv. Leningrad Nr. 190 (Math. Nr. 29) S. 95—104 = Publ. Astr. Obs. Leningrad **17** 95—104 (russ.). — Aus dem umfangreichen, seinerzeit mit dem 30"-Refraktor in Pulkowo gewonnenen Material wurden 16 Negative mit je rund 30 Filteraufnahmen von Mars ausgewertet. Die Umrisse größerer Objekte der Südhalbkugel sind in Karten und Tabellen dargestellt. Die Übereinstimmung mit anderen Marsbeobachtungen ist durchweg sehr gut. Einige feinere Abweichungen, besonders gegenüber der Trümpler-Karte von 1924, werden besprochen. Petri

7468. **N. N. Sytinskaja,** Einige Gedanken zur Natur der gelben Eintrübungen auf dem Mars. AC Nr. 177 S. 4—5 (russ.). — Die während der Mars-Opposition 1956 beobachteten ausgedehnten gelben Eintrübungen geben zu folgenden Schlüssen Anlaß: Die Trübung entsteht durch feste Teilchen, die von den Kontinenten aufgewirbelt werden. Die Theorie der reinen Streuung kann auf die gelben Wolken wegen deren starker Eigenabsorption nicht angewandt werden. Das fast völlige Verschwinden der «Meere» deutet auf sehr hohe optische Dicke der Atmosphäre während der Eintrübung hin, so daß eine strengere Theorie angewandt werden muß. Die gleichzeitige Seltenheit violetter Trübungen im Jahre 1956 läßt vermuten, daß diese nicht, wie meist angenommen, in großen Höhen auftreten, sondern in den gleichen niedrigen Luftschichten wie die gelben Wolken. Auch die Polkappen gehören, sofern man sie als atmosphärische Erscheinungen ansprechen will, der untersten Schicht der Marsatmosphäre an. Petri

7469. **N. N. Sytinskaja,** Der gegenwärtige Stand der Kenntnisse über die Natur des Mars. Publ. Sektor Astrobotanik Akad. Wiss. Kasach. Sowjetrepublik 4 44—54, 1955 (russ.).

7470. **G. A. Tichow,** Vorläufige Ergebnisse von Marsbeobachtungen am Sektor für Astrobotanik während der Opposition von 1956. Bote Akad. Wiss. Kasach. Sowjetrepublik 1957 Nr. 2 S. 87—90 (russ. mit kasach. Ref.). — Ref. in RJ 1957 Nr. 8 S. 86.

7471. **G. A. Tichow,** Zum Aufsatz von N. A. Kosyrew über «Die Erklärung der Marsfarbe durch die spektroskopischen Eigenschaften seiner Atmosphäre». Publ. Sektor Astrobotanik Akad. Wiss. Kasach. Sowjetrepublik **5** 3—5 (russ.). — Ref. in RJ 1958 Nr. 1 S. 67.

7472. **G. de Vaucouleurs,** Photographic observations in 1956 of the blue clearing on Mars. Publ ASP **69** 530—532. — Auf Mt. Stromlo beobachtete Verf. am 26″-Yale-Refraktor einen gut ausgeprägten Fall des Blauaufklarens, dessen Daten unter Heranziehung einiger anderer Beobachtungen auf Aug. 25 bis Sep. 3 mit dem Maximum Aug. 29, 12^d vor der Opposition, bestimmt werden konnten. Die Unsichtbarkeit des südlichen Polflecks an mehreren Tagen wird auf die Überlagerung einer gelben Wolke zurückgeführt. Hoffmeister

7473. **F. R. Vaughn,** The canals of Mars, from Schiaparelli to 1956. Strolling Astronomer **11** 86—91.

7474. **G. Verploegh,** De kanalen van Mars en het ei van Columbus. Hemel en Dampkring **55** 36—39, mit Erwiderungen von A. H. de Boer und Verf.

7475. **A. Vrátník,** Occurence of large clouds on Mars. RH **38** 33—34 (tschech.).

7476. **A. J. M. Wanders,** Het Raadsel Mars. Utrecht, Uitgeverij Het Spectrum, 1956. 240 S. mit 39 Fig. und 14 Tafeln. Preis hfl 9.75. — Besprechung in Hemel en Dampkring **55** 146 (J. J. Raimond jr.).

7477. **A. J. M. Wanders,** Frederik Kaiser en de aswenteling van Mars. Hemel en Dampkring **55** 69—73.

7478. **H. P. Wilkins,** The mystery of Mars. Annual Report Smithsonian Inst. for 1956 S. 229—244 = Smithsonian Inst. Publ. Nr. 4274. — Abdruck des 4. Kapitels aus dem Buch des Verf. «Mysteries of Space and Time» (vgl. AJB **55** Ref. 551).

7479. **A. Wróblewski,** Uwagi o możliwości istnienia roślinności na Marsie. Postępy Astr. **5** 74—82. — Zur Diskussion über das Thema der Existenzmöglichkeit von Pflanzen auf Mars liefert Verf. 14 Argumente, welche die Hypothese stützen. Rybka

7480. **A. T. Young,** On the brightness of Mars. Publ ASP **69** 568—570 = Harv Repr Nr. 477. — Ein Fehler in den von Johnson und Gardiner benutzten Zentralmeridianen wird korrigiert und der Rotationslichtwechsel für 1954 neu abgeleitet. Die Beobachtungen deuten auf eine Zunahme der Normalhelligkeit um etwa $0^m\!.2$ nach 1954 Jan. 10 hin. Hoffmeister

7481. A propos de la planète Mars. BSAF **71** 305.

7482. Marte pianeta rosso? Coelum **25** 80—81.

7483. Localización e identificación de los «Lagos» y «Canales» observados en Marte, en el año de 1956. El Universo Nr. 39 S. 54—58.

7484. ¿Vida en Marte? El Universo Nr. 40 S. 125.

7485. Observations of Mars at the Kodaikanal Observatory during the 1954 and 1956 oppositions. Indian J. Meteorol. Geophys. 8 229—231. — Ref. in RJ 1957 Nr. 12 S. 67.

7486. The planet Mars. J. Astr. Soc. Victoria **10** 81.

7487. «Cat eye» to view Mars. J. Franklin Inst. **263** 573—574. — Ref. in RJ 1958 Nr. 2 S. 52.

7488. Martian geology. Sky and Telescope **16** 172.

7489. Mars drawings at Ottawa. Sky and Telescope **16** 275. — Ref. AAS.

7490. Vegetation on Mars? Sky and Telescope **16** 275. — Ref. AAS.

7491. Occultations of stars by Mars in 1958. Strolling Astronomer **11** 144—145.

7492. Radio observations of Martian heat radiation. Vega **2** Nr. 35 S. 1.

§ 75

Kleine Planeten

7501. Ephemeriden Kleiner Planeten für das Jahr 1958. Herausgegeben vom Institut für Theoretische Astronomie der Akademie der Wissenschaften der UdSSR. Moskau-Leningrad, Verlag Akad. Wiss. UdSSR, 1957. 175 S. Preis 15 R. 55 Kop. (russ.). — Inhalt: Einleitung, S. 3—10; Elemente von 1625 Kleinen Planeten, S. 11—44; Oppositionsdaten, S. 44—56; Ephemeriden von 1276 Kleinen Planeten, die 1958 in Opposition kommen, S. 57—163; Ephemeriden zur physischen Beobachtung heller Kleiner Planeten, S. 164—173; Tabelle über den Stand der Beobachtungen Kleiner Planeten am 1. Januar 1957, S. 174; Inhaltsverzeichnis, S. 175. Loh.

7502. **J. H. Anderson, W. J. Luyten,** On some remarkable planetoids. AJ **62** 340. — Bemerkungen über drei zufällig entdeckte Kleine Planeten, deren scheinbare tägliche Bewegung oder Ort auf ungewöhnliche Bahnverhältnisse schließen läßt. Böh.

7503. **U. Baumgartner,** Zur Verteilung der Kleinen Planeten. AN **283** 277—279. — Die Häufigkeitsverteilung der Kleinen Planeten wird in Abhängigkeit von ihren mittleren Bewegungen mittels eines statistischen Prüfverfahrens untersucht. Es läßt sich ein Zusammenhang zwischen Lücken und «Kommensurabilitäten» nachweisen, nicht aber zwischen Häufungsstellen und Kommensurabilitäten. Verf.

7504. **T. Gehrels,** Photometric studies of asteroids. VI. Photographic magnitudes. ApJ **125** 550—570. — Ref. in JBAA **68** 277—278. — Photographische Helligkeitsmessungen an ausgewählten Planetoiden und an Trojanern zur Bestimmung des Phaseneffekts; Ableitung mittlerer Helligkeiten der Trojaner (w. F. 0^m08) unter Verwendung der Messungen anderer Autoren. Kombination aller Helligkeitsmessungen von 150 Kleinen Planeten ergibt folgende Beziehung zwischen den in den Ephemeriden angegebenen mittleren Helligkeiten m_0 und den als definitiv abgeleiteten photographischen Helligkeiten $p_0 : m_0 = p_0 - 1.66 - 0.12\ (p_0 - 15.0)$. Böh.

7505. **U. Güntzel-Lingner,** Objekt Schubart. Urania København **14** 76—78. — Bericht über die Entdeckung des Objekts Schubart in Sonneberg auf Platten vom 4. und 6. Juli und über seine weitere Verfolgung in Potsdam. C. L. J.

7506. **T.-C. Ho,** The improved elements and ephemeris of the minor planet (1215). Acta Astr. Sinica **5** 276—280 (chines. mit engl. Ref.).

7507. **C. Hoffmeister,** Planet 1957 NA (Objekt Schubart). Sterne **33** 251.

7508. **W. Jahn,** Über Farbmessungen an Kleinen Planeten. Mitt. Planetenbeobachter **10** 9—11.

7509. **W. Jahn,** Über Farbenindex- und Polarisationsmessungen an den Kleinen Planeten. Mitt. Planetenbeobachter **10** 39—41.

7510. **G. F. G. Knipe,** Photometric observations of Flora. MN ASSA **16** 101—102. — Kurzer Bericht über lichtelektrische Helligkeitsmessungen von Flora 1957 Juni 22. Es konnten keine Helligkeitsänderungen mit Sicherheit nachgewiesen werden. Böh.

7511. **R. S. Mitrinović,** Pregled rezultata o planetoidima u 1955 godini. Bull. Ges. Math. Phys. Volksrepublik Makedonien **7** 60—64, 1956. — Ref. in RJ 1958 Nr. 8 S. 9.

7512. **R. S. Mitrinović,** Od posmatranja do putanje jednog planetoida. Vasiona **5** 5—7.

* * **P. Naur,** Minor planet 51 Nemausa and the fundamental system of declinations. Vgl. Ref. **9119**.

7513. **A. Pal,** Interpolations-analytische Theorie der Bewegung von Astraea. Moskau, Staatsuniv., 1957 (russ.). — Dissertationsref.

7514. **A. Patry,** Catalogue d'orbites circulaires de certains astéroides non numérotés. II. JO **40** 77—87.

7515. **A. Patry,** Sur l'identité probable de deux astres du catalogue des petites planètes numérotées. JO **40** 153—154. — Verf. bestimmt aus den von ihm neu bearbeiteten Beobachtungen in der Entdeckungsopposition 1904 des Kleinen Planeten 525 Adelaïde ein neues Elementensystem, welches sich als ähnlich dem von 1171 Rusthawelia ergibt. Dieses Ergebnis und ergänzende Rechnungen (Darstellung der Beobachtungen von 1171 mit den Elementen von 525 und umgekehrt) lassen die Identität beider Planeten als sicher erscheinen. Böh.

* * **W. Petri,** Verbesserung des Münchener Absolutsystems mit Hilfe Kleiner Planeten. Vgl. Ref. **9125**.

7516. **N. S. Samojlowa-Jachontowa,** Die Kleinen Planeten 1955. BIA **6** 429—433 (russ. mit engl. Ref.). — Bericht über die Ergebnisse der Beobachtungs- und Ephemeridenarbeit an den Kleinen Planeten nebst einer kurzen Literaturübersicht für 1955. Verf. (übersetzt)

7517. **A. I. Slastenow,** Verbesserung der Bahnelemente des Kleinen Planeten Amalia (284). Abh. Univ. Charkow **91** 249—253 = Publ. Astr. Obs. Charkow **12** 249—253 (russ.).

7518. Sur la détermination des perturbations générales et amélioration des orbites des dix-sept petites planètes du groupe Flora. Ann. Obs. Astr. Zô-Sè **24**, 117 S. (chines. mit französ. Ref.).

7519. 150 Jahre Kleiner Planet Vesta. Astr. Nachr. Berlin-Treptow **9** 38—40.

7520. Das Objekt Schubart und der Kleine Planet Albert. Astr. Nachr. Berlin-Treptow **9** 75—76.

7521. La planète Geographos. Bull. mens. Soc. astr. popul. Toulouse **48** Nr. 387 S. 11. — Ref. in RJ 1957 Nr. 6 S. 22.

* * Météorites, fragments de petites planètes. Vgl. Ref. **8360**.

7522. Météorites, comètes et astéroïdes. Cannes, Impr. Ecole, 1955. 24 S. mit Fig.

7523. Småplaneten Geographos. PAT **38** 146.

7524. «Geographos» — ein neuer Planetoid. Phys. Blätter **13** 86.

7525. Minor planet Geographos. Sky and Telescope **16** 175.

7526. Object Schubart. Sky and Telescope **16** 581.

7527. The 33 brightest minor planets. Sky and Telescope **17** 75.

7528. Occultations of stars by Juno. Strolling Astronomer **11** 142—143.

7529. **Meridiankreisbeobachtungen Kleiner Planeten**

Greenwich Astronomical Results 1949, A 26. — Ceres, Metis.

JO **40** 155—156 = Ann. Obs. Besançon Astr. Géophys. (NS) **5** Fasc. 2 S. 45—46. Observations méridiennes de planètes effectuées à l'Observatoire de Besançon. F. Gondy, V. Maître. — Vesta.

TAB (2) Nr. 98 S. 1051—1052. Meridian observations of the right ascension of minor planets during the year 1956. S. Nakano, H. Yasuda, H. Hara. — Ceres, Pallas, Juno, Vesta.

7530. **Nachweis der Beobachtungen und Berechnungen Kleiner Planeten**

Die gesamten Fußnoten [1]) bis [167]) zu dem Nachweis sind am Ende dieses Paragraphen 75 S. 295—297 einzusehen.

1 Ceres: Acta Astr. Sinica **5** Nr. 2; Besançon Ann. **5** Fasc. 2; Greenwich Astr. Results **1949** A 26; København Publ. Nr. 172; Madrid Bol. **5** Nr. 2; Mem SA It (NS) **28** 159 = Roma Monte Mario Contr. Nr. 239; MPC 1554, 1564, 1566, 1569, 1570, 1571, 1584, 1610, 1611, 1638; Pulkowo Mitt. Nr. 157 S. 133; TAB (2) Nr. 90 S. 975, Nr. 98 S. 1051

2 Pallas: AC Nr. 176 S. 5; Acta Astr. Sinica **5** Nr. 2; AN **284** 41; Astr. Nachr. Berlin-Treptow **9** 43 (Eph); København Publ. Nr. 170; Madrid Bol. **5** Nr. 2; Mem SA It (NS) **28** 159 = Roma Monte Mario Contr. Nr. 239; MPC 1541, 1546, 1554, 1563, 1564, 1566, 1584, 1611, 1613, 1622, 1623, 1630; Sky and Telescope **16** 108 (Eph); TAB (2) Nr. 98 S. 1052

3 Juno: Acta Astr. Sinica **5** Nr. 2; Astr. Nachr. Berlin-Treptow **9** 43 (Eph); BAB **4** 212; Beograd Bull. **21** Nr. 1—2; København Publ. Nr. 170; Madrid Bol. **5** Nr. 2; Mem SA It (NS) **28** 159 = Roma Monte Mario Contr. Nr. 239; MPC 1541, 1546, 1554, 1563, 1566, 1584, 1623, 1630, 1638, 1639; NAZ **11** 2; Pulkowo Mitt. Nr. 157 S. 134; Sky and Telescope **17** 46 (Eph); TAB (2) Nr. 98 S. 1052

4 Vesta: AC Nr. 178 S. 4; Acta Astr. Sinica **5** Nr. 2; AN **284** 41; Astr. Nachr. Berlin-Treptow **9** 42 (Eph); Besançon Ann. **5** Fasc. 2; Beograd Bull. **21** Nr. 1—2; JO **40** 156; Madrid Bol. **5** Nr. 2; Mem SA It (NS) **28** 159 = Roma Monte Mario Contr. Nr. 239; MPC 1541, 1542, 1546, 1554, 1563, 1584, 1614, 1623, 1630; Sky and Telescope **16** 558 (Eph); TAB (2) Nr. 90 S. 967, Nr. 98 S. 1052

5 Astraea: Madrid Bol. **5** Nr. 2; MPC 1562, 1582, 1584, 1605; NAZ **11** 3; TAB (2) Nr. 90 S. 975

6 Hebe: Acta Astr. Sinica **5** Nr. 2; AN **284** 41; Astr. Nachr. Berlin-Treptow **9** 42 (Eph); BAB **4** 212; Beograd Bull. **21** Nr. 1—2; Madrid Bol. **5** Nr. 2; MPC 1542, 1546, 1547, 1584, 1616, 1623, 1630; Pulkowo Mitt. Nr. 157 S. 134; TAB (2) Nr. 90 S. 970

7 Iris: AC Nr. 178 S. 4, Nr. 186 S. 10; Acta Astr. Sinica **5** Nr. 1, Nr. 2; AN **284** 41; Astr. Nachr. Berlin-Treptow **9** 41 (Eph); Mem SA It (NS) **28** 159 = Roma Monte Mario Contr. Nr. 239; MPC 1542, 1543, 1554, 1571, 1617, 1665; Pulkowo Mitt. Nr. 157 S. 134; Sky and Telescope **16** 355 (Eph)

8 Flora: Acta Astr. Sinica **5** Nr. 2; AN **284** 41; Astr. Nachr. Berlin-Treptow **9** 41 (Eph); Beograd Bull. **21** Nr. 1—2; Madrid Bol. **5** Nr. 2; Mem SA It (NS) **28** 159 = Roma Monte Mario Contr. Nr. 239; MPC 1554, 1584, 1618, 1622; Sky and Telescope **16** 250 (Eph)

9 Metis: AN **284** 41; Greenwich Astr. Results **1949** A 26; Madrid Bol. **5** Nr. 2; Mem SA It (NS) **28** 159 = Roma Monte Mario Contr. Nr. 239; MPC 1537, 1554, 1562, 1566, 1630; UC **6** 286

10 Hygiea: Acta Astr. Sinica **5** Nr. 1; Astr. Nachr. Berlin-Treptow **9** 42 (Eph); Madrid Bol. **5** Nr. 2; MPC 1537, 1547, 1563, 1566, 1571, 1581, 1589, 1623; Sky and Telescope **16** 558 (Eph); TAB (2) Nr. 90 S. 973; UC **6** 286

11 Parthenope: AC Nr. 178 S. 4; Acta Astr. Sinica **5** Nr. 2; BAB **4** 212; København Publ. Nr. 170, 172; MPC 1618, 1619, 1620, 1621, 1622, 1665, 1668, 1670, 1671, 1673; Sky and Telescope **16** 197 (Eph)

12 Victoria: Astr. Nachr. Berlin-Treptow **9** 42 (Eph); BAA Circ 387 (Eph); MPC 1547; Sky and Telescope **16** 505 (Eph); TAB (2) Nr. 90 S. 967

13 Egeria: MPC 1537, 1623; UC **6** 286

14 Irene: BAB **4** 212; MPC 1537, 1600, 1630; UC **6** 286

15 Eunomia: Acta Astr. Sinica **5** Nr. 2; MPC 1618, 1621, 1622, 1630; Sky and Telescope **16** 197 (Eph)

16 Psyche: BAB **4** 212; MPC 1608, 1622, 1670; TAB (2) Nr. 90 S. 979

17 Thetis: Acta Astr. Sinica **5** Nr. 2; Astr. Nachr. Berlin-Treptow **9** 41 (Eph); BAB **4** 212; MPC 1618, 1630, 1673; Sky and Telescope **16** 250 (Eph)

18 Melpomene: Acta Astr. Sinica **5** Nr. 2; Astr. Nachr. Berlin-Treptow **9** 43 (Eph); BAB **4** 212; Beograd Bull. **21** Nr. 1—2; København Publ. Nr. 170; Madrid Bol. **5** Nr. 2; MPC 1543[1]), 1547, 1584, 1623, 1630; Sky and Telescope **17** 46 (Eph); TAB (2) Nr. 90 S. 968, 970, 971

19 Fortuna: MPC 1583, 1609, 1621, 1676, 1677; NAZ **11** 18; TAB (2) Nr. 90 S. 975

20 Massalia: BAB **4** 216; Madrid Bol. **5** Nr. 2; MPC 1537, 1561, 1566, 1623; Sky and Telescope **16** 608 (Eph); TAB (2) Nr. 90 S. 974; UC **6** 286

21 Lutetia: Acta Astr. Sinica **5** Nr. 2; MPC 1618, 1621, 1622, 1673; TAB (2) Nr. 90 S. 980

22 Kalliope: Acta Astr. Sinica **5** Nr. 1; Madrid Bol. **5** Nr. 2; MPC 1562, 1566, 1571, 1584, 1623; NAZ **11** 4

23 Thalia: Acta Astr. Sinica **5** Nr. 1; Beograd Bull. **21** Nr. 1—2; Madrid Bol. **5** Nr. 2; Mem SA It (NS) **28** 159 = Roma Monte Mario Contr. Nr. 239; MPC 1554, 1571, 1584, 1623

24 Themis: Madrid Bol. **5** Nr. 2; MPC 1564, 1566[2]), 1584, 1604, 1607, 1630; TAB (2) Nr. 90 S. 975

25 Phocaea = 1956 GC: Jap. Astr. Ass. Circ. 154 (Id); MPC 1598 (Id), 1630

26 Proserpina: Astr. Nachr. Berlin-Treptow **9** 41 (Eph)

27 Euterpe: Astr. Nachr. Berlin-Treptow **9** 42 (Eph); Madrid Bol. **5** Nr. 2; MPC 1537, 1566, 1623, 1630, 1674; Sky and Telescope **16** 505 (Eph); TAB (2) Nr. 90 S. 969, 970; UC **6** 286

28 Bellona: Beograd Bull. **21** Nr. 1—2; Madrid Bol. **5** Nr. 2; MPC 1584, 1623

29 Amphitrite: Astr. Nachr. Berlin-Treptow **9** 41 (Eph); Beograd Bull. **21** Nr. 1—2; Madrid Bol. **5** Nr. 2; Mem SA It (NS) **28** 159 = Roma Monte Mario Contr. Nr. 239; MPC 1543, 1547, 1554, 1584, 1623; Sky and Telescope **16** 355 (Eph)

30 Urania: Madrid Bol. **5** Nr. 2; MPC 1561, 1584, 1600, 1623, 1630

31 Euphrosyne: Acta Astr. Sinica **5** Nr. 1; BAB **4** 212; MPC 1618, 1621; TAB (2) Nr. 90 S. 977

32 Pomona: Acta Astr. Sinica **5** Nr. 1; BAB **4** 208; Madrid Bol. **5** Nr. 2; MPC 1571

33 Polyhymnia: Acta Astr. Sinica **5** Nr. 1; Madrid Bol. **5** Nr. 2; MPC 1562, 1566, 1571, 1605, 1623, 1675, 1676

34 Circe: Madrid Bol. **5** Nr. 2

35 Leukothea = 1948 DC: BAB **4** 212; MPC 1578 (Id)

37 Fides: BAB **4** 208; Madrid Bol. **5** Nr. 2; MPC 1623

38 Leda: BAB **4** 208; BAC **8** 171; Madrid Bol. **5** Nr. 2; MPC 1622, 1630, 1672

39 Laetitia: AC Nr. 178 S. 4, Nr. 186 S. 10; Acta Astr. Sinica **5** Nr. 2; København Publ. Nr. 170, Nr. 172; MPC 1609, 1611, 1621, 1622, 1630, 1666, 1668; NAZ **11** 18; TAB (2) Nr. 90 S. 978

40 Harmonia: Acta Astr. Sinica **5** Nr. 2; København Publ. Nr. 170; MPC 1547, 1566, 1611, 1630, 1639; TAB (2) Nr. 90 S. 973

41 Daphne: AC Nr. 93 S. 3[3]); Kiew Publ. Nr. 4 S. 106[3]); MPC 1630, 1641 (El)

42 Isis: Acta Astr. Sinica **5** Nr. 1; Madrid Bol. **5** Nr. 2; MPC 1562, 1566, 1571, 1584, 1624, 1630

43 Ariadne: Madrid Bol. **5** Nr. 2; MPC 1562, 1605, 1607; TAB (2) Nr. 90 S. 973, 974

44 Nysa: BAB **4** 212; Madrid Bol. **5** Nr. 2; MPC 1561, 1566, 1582, 1584, 1675

45 Eugenia: Madrid Bol. **5** Nr. 2; MPC 1561, 1566, 1584, 1623; TAB (2) Nr. 90 S. 971

46 Hestia: Acta Astr. Sinica **5** Nr. 1; Madrid Bol. **5** Nr. 2; MPC 1571

47 Aglaja: BAB **4** 212; MPC 1641 (El), 1677; TAB (2) Nr. 90 S. 976, 977

48 Doris: Acta Astr. Sinica **5** Nr. 1; Madrid Bol. **5** Nr. 2; MPC 1563, 1564, 1571, 1603; NAZ **11** 3

49 Pales: BAB **4** 212; MPC 1583, 1609, 1622, 1676; NAZ **11** 18; TAB (2) Nr. 90 S. 976, 977, 978

50 Virginia: Acta Astr. Sinica **5** Nr. 1; BAB **4** 212; Madrid Bol. **5** Nr. 2; MPC 1561, 1566, 1571, 1582, 1584, 1585, 1624, 1674; NAZ **11** 3

51 Nemausa: Astr. Nachr. Berlin-Treptow **9** 41 (Eph); Beograd Bull. **21** Nr. 1—2; København Publ. Nr. 170, Nr. 171 (El); Madrid Bol. **5** Nr. 2; MPC 1585, 1504 (Eph), 1595 (Eph), 1622; NAZ **11** 7 (Eph); UAI Circ 1590 (Eph)

52 Europa: BAC **8** 171; Beograd Bull. **21** Nr. 1—2; Madrid Bol. **5** Nr. 2; MPC 1585, 1622, 1678

54 Alexandra: MPC 1537; TAB (2) Nr. 90 S. 971; UC **6** 286

55 Pandora: MPC 1610, 1673; NAZ **11** 22

57 Mnemosyne: Acta Astr. Sinica **5** Nr. 2; BAC **8** 171; MPC 1618, 1630

58 Concordia: MPC 1583, 1608, 1609; NAZ **11** 17, 21; TAB (2) Nr. 90 S. 976

59 Elpis: BAC **8** 171; Madrid Bol. **5** Nr. 2; MPC 1630

60 Echo: MPC 1581, 1582, 1630; NAZ **11** 3

62 Erato: BAB **4** 208; Madrid Bol. **5** Nr. 2

63 Ausonia: BAB **4** 212; BAC **8** 171; MPC 1585, 1609; NAZ **11** 21; TAB (2) Nr. 90 S. 976

64 Angelina: BAB **4** 212; Madrid Bol. **5** Nr. 2; MPC 1563, 1585, 1621; TAB (2) Nr. 90 S. 975

65 Cybele: Acta Astr. Sinica **5** Nr. 1; Madrid Bol. **5** Nr. 2; MPC 1571; TAB (2) Nr. 90 S. 967

67 Asia: Acta Astr. Sinica **5** Nr. 1; BAB **4** 212; Madrid Bol. **5** Nr. 2; MPC 1562, 1566, 1571, 1630; TAB (2) Nr. 90 S. 974

68 Leto: BAB **4** 212; MPC 1589, 1622, 1676, 1677; TAB (2) Nr. 90 S. 976, 977

69 Hesperia: Astr. Nachr. Berlin-Treptow **9** 43 (Eph); Madrid Bol. **5** Nr. 2; MPC 1562, 1566, 1582

70 Panopaea: TAB (2) Nr. 90 S. 977, 978

71 Niobe: MPC 1537; UC **6** 286

72 Feronia: BAB **4** 208; BAC **8** 171; MPC 1630

73 Klytia: BAB **4** 212; MPC 1676

74 Galatea: BAB **4** 212; MPC 1630, 1670; TAB (2) Nr. 90 S. 979

76 Freia: Madrid Bol. **5** Nr. 2; MPC 1564

77 Frigga: Madrid Bol. **5** Nr. 2

78 Diana: BAC **8** 171; Beograd Bull. **21** Nr. 1—2; Mem SA It (NS) **28** 159 = Roma Monte Mario Contr. Nr. 239; MPC 1554, 1585 1622, 1630

79 Eurynome: MPC 1622, 1630, 1670; TAB (2) Nr. 90 S. 978, 979

80 Sappho: BAC **8** 171; MPC 1557, 1558, 1559, 1560

81 Terpsichore: Acta Astr. Sinica **5** Nr. 1; Madrid Bol. **5** Nr. 2; MPC 1562, 1566, 1571

82 Alkmene: Acta Astr. Sinica **5** Nr. 1; Madrid Bol. **5** Nr. 2; MPC 1563, 1571, 1585, 1624

83 Beatrix: Acta Astr. Sinica **5** Nr. 1; MPC 1543, 1571

84 Klio: Acta Astr. Sinica **5** Nr. 1; Madrid Bol. **5** Nr. 2; MPC 1562, 1566, 1571, 1585, 1607; New S. Wales J. and Pr. **90** 57 = Syd. Pap. Nr. 26

85 Io: Acta Astr. Sinica **5** Nr. 1; Madrid Bol. **5** Nr. 2; MPC 1562, 1566, 1571, 1585, 1623, 1630; NAZ **11** 4

86 Semele: MPC 1322[4]), 1630, 1633; TAB (2) Nr. 90 S. 970

88 Thisbe: TAB (2) Nr. 90 S. 980

89 Julia: Acta Astr. Sinica **5** Nr. 1; AN **284** 41; Madrid Bol. **5** Nr. 2; Mem SA It (NS) **28** 159 = Roma Monte Mario Contr. Nr. 239; MPC 1554, 1562, 1566, 1571, 1585, 1603, 1605, 1606, 1675; New S. Wales J. and Pr. **90** 57 = Syd. Pap. Nr. 26

90 Antiope: BAC **8** 171; Madrid Bol. **5** Nr. 2; MPC 1564; TAB (2) Nr. 90 S. 975

91 Aegina: MPC 1537; TAB (2) Nr. 90 S. 968; UC **6** 286

92 Undina: BAC **8** 171; Madrid Bol. **5** Nr. 2

93 Minerva: Acta Astr. Sinica **5** Nr. 2; MPC 1618, 1621, 1630, 1673

94 Aurora: Acta Astr. Sinica **5** Nr. 1; MPC 1537, 1571, 1581; UC **6** 286

95 Arethusa: MPC 1537, 1589; UC **6** 286

96 Aegle: MPC 1604, 1605, 1607

97 Klotho: TAB (2) Nr. 90 S. 969, 971

99 Dike: BAB **4** 212

100 Hekate = 1950 QA: Madrid Bol. **5** Nr. 2; MPC 1556 (Id), 1563, 1641 (El), 1675, 1676; NAZ **11** 4

101 Helena: MPC 1622, 1676, 1677

102 Miriam: MPC 1670; TAB (2) Nr. 90 S. 979, 980

103 Hera: Astr. Nachr. Berlin-Treptow **9** 42 (Eph); Madrid Bol. **5** Nr. 2; MPC 1623, 1674; TAB (2) Nr. 90 S. 970, 971, 972

104 Klymene: BAB **4** 212; MPC 1537, 1581; TAB (2) Nr. 90 S. 974; UC **6** 286

105 Artemis: MPC 1630

106 Dione: Acta Astr. Sinica **5** Nr. 1; MPC 1571; TAB (2) Nr. 90 S. 969, 970

107 Camilla: Madrid Bol. **5** Nr. 2; MPC 1630; TAB (2) Nr. 90 S. 968, 969, 970, 971

108 Hecuba: MPC 1537, 1581; TAB (2) Nr. 90 S. 971; UC **6** 286

109 Felicitas: MPC 1537; TAB (2) Nr. 90 S. 972, 973, 974; UC **6** 286

110 Lydia: Acta Astr. Sinica **5** Nr. 1; Madrid Bol. **5** Nr. 2; MPC 1571, 1623; TAB (2) Nr. 90 S. 968, 969, 970

111 Ate: Acta Astr. Sinica **5** Nr. 1; BAC **8** 171; MPC 1566, 1571, 1630

113 Amalthea: Acta Astr. Sinica **5** Nr. 1; BAB **4** 212; MPC 1537, 1566, 1571, 1581, 1623, 1630; TAB (2) Nr. 90 S. 968, 972; UC **6** 286

114 Kassandra: TAB (2) Nr. 90 S. 978

115 Thyra: AN **284** 41; Madrid Bol. **5** Nr. 2; MPC 1562, 1563, 1585, 1624, 1676; New S. Wales J. and Pr. **90** 57 = Syd. Papers Nr. 26

116 Sirona: Beograd Bull. **21** Nr. 1—2; MPC 1585; TAB (2) Nr. 90 S. 980

118 Peitho: BAB **4** 208; Madrid Bol. **5** Nr. 2

119 Althaea: BAB **4** 212; Madrid Bol. **5** Nr. 2; MPC 1561, 1566, 1623; NAZ **11** 3; TAB (2) Nr. 90 S. 974

120 Lachesis: BAC **8** 171; MPC 1537, 1600; UC **6** 286

121 Hermione: MPC 1537; UC **6** 286

123 Brunhild: BAC **8** 171; MPC 1581, 1582, 1674, 1675

124 Alkeste: Acta Astr. Sinica **5** Nr. 1; Astr. Nachr. Berlin-Treptow **9** 41 (Eph); Madrid Bol. **5** Nr. 2; MPC 1544, 1571

125 Liberatrix: BAB **4** 208; MPC 1641 (El); RI 2466[5]); Turku Informo Nr. 5[5])

126 Velleda: Acta Astr. Sinica **5** Nr. 1; Madrid Bol. **5** Nr. 2; MPC 1562, 1563, 1571, 1675

127 Johanna: MPC 1672

128 Nemesis: BAB **4** 208; Madrid Bol. **5** Nr. 2

129 Antigone: Astr. Nachr. Berlin-Treptow **9** 42 (Eph); Madrid Bol. **5** Nr. 2; MPC 1622; Sky and Telescope **16** 452 (Eph)

130 Elektra: Madrid Bol. **5** Nr. 2; TAB (2) Nr. 90 S. 969

131 Vala: Acta Astr. Sinica **5** Nr. 1; BAB **4** 208; MPC 1572

132 Aethra: BAB **4** 212; JO **23** 126[6]); LOB **8** 183[6]); MPC 1577 (El), 1632; Sky and Telescope **16** 197 (Eph)

133 Cyrene: MPC 1673

134 Sophrosyne: Acta Astr. Sinica **5** Nr. 2; BAC **8** 171; MPC 1610, 1618, 1621, 1673, 1674; NAZ **11** 21

135 Hertha: MPC 1610, 1622; NAZ **11** 21; TAB (2) Nr. 90 S. 978

136 Austria: MPC 1610; NAZ **11** 22

137 Meliboea: MPC 1678

138 Tolosa: BAC **8** 171; MPC 1677; TAB (2) Nr. 90 S. 977

139 Juewa: MPC 1537; TAB (2) Nr. 90 S. 969; UC **6** 286

140 Siwa: BAC **8** 171; MPC 1676; TAB (2) Nr. 90 S. 976

141 Lumen: MPC 1585, 1624, 1676

142 Polana: MPC 1605, 1607, 1608, 1675, 1676

143 Adria: MPC 1608

144 Vibilia: BAB **4** 208; MPC 1673

145 Adeona: BAC **8** 171

146 Lucina: Acta Astr. Sinica **5** Nr. 1; MPC 1537, 1572, 1581; UC **6** 286

147 Protogeneia: BAB **4** 208

148 Gallia: Acta Astr. Sinica **5** Nr. 1, Nr. 2; MPC 1572, 1618

149 Medusa: MPC 1609; NAZ **11** 21; TAB (2) Nr. 90 S. 975

150 Nuwa: BAB **4** 212; MPC 1537, 1673; TAB (2) Nr. 90 S. 971; UC **6** 286

151 Abundantia: Acta Astr. Sinica **5** Nr. 1; BAB **4** 208; Beograd Bull. **21** Nr. 1—2; MPC 1572, 1585, 1641 (El)

152 Atala: MPC 1537; UC **6** 286

153 Hilda: BAB **4** 208

157 Dejanira: TAB (2) Nr. 90 S. 969

158 Koronis: MPC 1537, 1600; TAB (2) Nr. 90 S. 974; UC **6** 286

159 Aemilia: MPC 1675; TAB (2) Nr. 90 S. 974

160 Una: BAB **4** 212; MPC 1610; NAZ **11** 21; TAB (2) Nr. 90 S. 976, 977, 978

162 Laurentia: MPC 1537, 1581; UC **6** 286

163 Erigone: Acta Astr. Sinica **5** Nr. 1; MPC 1572

164 Eva: Acta Astr. Sinica **5** Nr. 2; MPC 1618

165 Loreley: MPC 1609, 1630, 1671, 1677; NAZ **11** 21

167 Urda: Acta Astr. Sinica **5** Nr. 1; BAB **4** 208; MPC 1572

168 Sibylla: MPC 1585; NAZ **11** 3

169 Zelia: Acta Astr. Sinica **5** Nr. 1; MPC 1572

170 Maria: MPC 1537; TAB (2) Nr. 90 S. 970; UC **6** 286

171 Ophelia: MPC 1537, 1630; TAB (2) Nr. 90 S. 969, 970; UC **6** 286

172 Baucis: Acta Astr. Sinica **5** Nr. 1; MPC 1566, 1572, 1585, 1606, 1607

173 Ino: BAC **8** 171; Madrid Bol. **5** Nr. 2

174 Phaedra: MPC 1677; TAB (2) Nr. 90 S. 976

175 Andromache: MPC 1630

176 Iduna: Acta Astr. Sinica **5** Nr. 1; MPC 1572, 1585, 1641 (El)

177 Irma: MPC 1676; TAB (2) Nr. 90 S. 975

178 Belisana: BAB **4** 208; MPC 1630

179 Klytaemnestra: MPC 1632, 1672

180 Garumna: MPC 1537; UC **6** 286

181 Eucharis: Acta Astr. Sinica **5** Nr. 1, Nr. 2; MPC 1572, 1618

182 Elsa: BAB **4** 212; MPC 1677

184 Dejopeja: BAB **4** 212; MPC 1608; NAZ **11** 17; TAB (2) Nr. 90 S. 978

185 Eunike: Astr. Nachr. Berlin-Treptow **9** 42 (Eph); Beograd Bull. **21** Nr. 1—2; Madrid Bol. **5** Nr. 2; MPC 1585, 1623, 1630; NAZ **11** 2; Sky and Telescope **16** 452 (Eph); TAB (2) Nr. 90 S. 969, 970, 971, 972

186 Celuta: New S. Wales J. and Pr. **90** 57 = Syd. Pap. Nr. 26

187 Lamberta: MPC 1585

188 Menippe: MPC 1537, 1674; UC **6** 286

189 Phthia: BAB **4** 212; MPC 1670; TAB (2) Nr. 90 S. 979

190 Ismene: Acta Astr. Sinica **5** Nr. 1; MPC 1572

191 Kolga: MPC 1630; NAZ **11** 2

192 Nausikaa: MPC 1621, 1622

194 Prokne: AN **284** 41; BAB **4** 212; Beograd Bull. **21** Nr. 1—2; København Publ. Nr. 170; Madrid Bol. **5** Nr. 2; MPC 1561, 1566, 1585, 1623

195 Eurykleia: BAB **4** 208

196 Philomela: Acta Astr. Sinica **5** Nr. 1; Madrid Bol. **5** Nr. 2; MPC 1572; TAB (2) Nr. 90 S. 968, 969, 970

197 Arete: MPC 1630; TAB (2) Nr. 90 S. 973, 974

198 Ampella: MPC 1537; TAB (2) Nr. 90 S. 971; UC **6** 286

200 Dynamene: MPC 1537, 1566, 1581, 1582, 1585, 1624, 1674, 1675; UC **6** 286

201 Penelope: Acta Astr. Sinica **5** Nr. 1; BAC **8** 171; MPC 1572

202 Chryseïs: MPC 1670; TAB (2) Nr. 90 S. 977, 979

203 Pompeja: MPC 1675

205 Martha: TAB (2) Nr. 90 S. 970

206 Hersilia: Acta Astr. Sinica **5** Nr. 1; MPC 1572, 1585

207 Hedda: MPC 1622; TAB (2) Nr. 90 S. 978, 980

208 Lacrimosa: MPC 1537; TAB (2) Nr. 90 S. 969, 970, 971; UC **6** 286

209 Dido: MPC 1537; UC **6** 286

210 Isabella: TAB (2) Nr. 90 S. 977

211 Isolda = 1950 FM: MPC 1537, 1578 (Id); TAB (2) Nr. 90 S. 969, 970, 971; UC **6** 286

213 Lilaea: MPC 1583, 1609; NAZ **11** 17

214 Aschera: MPC 290[7]), 995[8]), 1641 (El); NAZ **3** 32[7])

215 Oenone: TAB (2) Nr. 90 S. 976

216 Kleopatra: Astr. Nachr. Berlin-Treptow **9** 43 (Eph); Beograd Bull. **21** Nr. 1—2; Madrid Bol. **5** Nr. 2; MPC 1547, 1548, 1561, 1566, 1585, 1630, 1662 (Eph); NAZ **11** 2; Sky and Telescope **17** 46 (Eph); TAB (2) Nr. 90 S. 974

219 Thusnelda: Acta Astr. Sinica **5** Nr. 1; BAB **4** 212;

Madrid Bol. **5** Nr. 2; MPC 1562, 1572, 1623, 1675, 1676; TAB (2) Nr. 90 S. 974

221 Eos: Beograd Bull. **21** Nr. 1—2; MPC 1585, 1623; TAB (2) Nr. 90 S. 968, 971, 972

222 Lucia: MPC 1603; TAB (2) Nr. 90 S. 974

223 Rosa: MPC 1607

224 Oceana: BAB **4** 212; MPC 1537, 1581, 1600; TAB (2) Nr. 90 S. 974; UC **6** 286

226 Weringia: Acta Astr. Sinica **5** Nr. 2; MPC 1618

227 Philosophia: MPC 1642 (El)

229 Adelinda: BAB **4** 212; TAB (2) Nr. 90 S. 972

230 Athamantis: Acta Astr. Sinica **5** Nr. 1; Madrid Bol. **5** Nr. 2; MPC 1562, 1566, 1572, 1623; TAB (2) Nr. 90 S. 974

231 Vindobona: BAB **4** 212; MPC 1537; TAB (2) Nr. 90 S. 972; UC **6** 286

232 Russia: BAB **4** 212

233 Asterope: BAB **4** 208; MPC 1673

234 Barbara: Acta Astr. Sinica **5** Nr. 1; BAB **4** 212; MPC 1572, 1625 (El)

235 Carolina: MPC 1604, 1606

236 Honoria: Madrid Bol. **5** Nr. 2; MPC 1562, 1566, 1605, 1630; NAZ **11** 4

237 Coelestina: MPC 1674, 1677

238 Hypatia: MPC 1630

240 Vanadis: BAB **4** 209

241 Germania: BAC **8** 171; Madrid Bol. **5** Nr. 2; MPC 1622, 1672

242 Kriemhild: Acta Astr. Sinica **5** Nr. 1; MPC 1548, 1572, 1603

246 Asporina: Acta Astr. Sinica **5** Nr. 1; MPC 1572, 1631

247 Eukrate: BIA **6** 493 (El)

248 Lameia: TAB (2) Nr. 90 S. 974

250 Bettina: BAB **4** 212; MPC 1537, 1631; TAB (2) Nr. 90 S. 972, 973, 974; UC **6** 286

251 Sophia: Acta Astr. Sinica **5** Nr. 1; MPC 1572, 1604, 1606

254 Augusta: BAB **4** 212

256 Walpurga: MPC 1611

258 Tyche: MPC 1622, 1670; TAB (2) Nr. 90 S. 979

259 Aletheia: MPC 1610, 1670, 1673; NAZ **11** 22; TAB (2) Nr. 90 S. 978, 979

260 Huberta: MPC 1582, 1631, 1674; NAZ **11** 3

261 Prymno: Ann. Zô-Sè **24** 19 (El)

262 Valda: MPC 1673

263 Dresda: BAB **4** 212; TAB (2) Nr. 90 S. 978, 979

264 Libussa: MPC 1537, 1600; New S. Wales J. and Pr. **90** 57 = Syd. Pap. Nr. 26; UC **6** 286

265 Anna: MPC 1603, 1605

266 Aline: MPC 1672

267 Tirza: Acta Astr. Sinica **5** Nr. 1; MPC 1572

268 Adorea: BAB **4** 212; MPC 1670, 1677; TAB (2) Nr. 90 S. 978, 979

269 Justitia: MPC 1631; TAB (2) Nr. 90 S. 977, 978

270 Anahita: MPC 1583, 1608, 1609; NAZ **11** 17; New S. Wales J. and Pr. **90** 57 = Syd. Pap. Nr. 26

271 Penthesilea: MPC 1609; NAZ **11** 21

272 Antonia: Acta Astr. Sinica **5** Nr. 1; MPC 1572, 1583; TAB (2) Nr. 90 S. 977

273 Atropos: BAB **4** 212; MPC 1537, 1611; UC **6** 286

274 Philagoria: MPC 1673

275 Sapientia: MPC 1670, 1673

276 Adelheid: MPC 1585, 1603, 1642 (El)

279 Thule: BAB **4** 212

281 Lucretia: MPC 1605, 1675, 1676

282 Chlorinde: BAB **4** 212; MPC 1609; NAZ **11** 21

283 Emma: Acta Astr. Sinica **5** Nr. 1; Madrid Bol. **5** Nr. 1; MPC 1563, 1566, 1572; New S. Wales J. and Pr. **90** 57 = Syd. Pap. Nr. 26

284 Amalia: Ann. Zô-Sè **24** 24 (El), 107 (Eph); Abh. d. Universität Charkow **91** 252 = Charkow Publ. **12** 252 (El); TAB (2) Nr. 90 S. 976, 977, 978

286 Iclea: BAB **4** 216; TAB (2) Nr. 90 S. 968, 969, 970, 971

287 Nephthys: BAC **8** 171; MPC 1622

288 Glauke: MPC 1604, 1605, 1606

289 Nenetta: MPC 1606

291 Alice: BAB **4** 208

292 Ludovica: New S. Wales J. and Pr. **90** 57 = Syd. Pap. Nr. 26

293 Brasilia: MPC 1670

295 Theresia: MPC 1607

297 Caecilia: Acta Astr. Sinica **5** Nr. 1; MPC 1572

301 Bavaria: BAB **4** 213; TAB (2) Nr. 90 S. 969, 970, 971, 972

302 Clarissa: MPC 1537; UC **6** 286

303 Josephina: BAB **4** 216; TAB (2) Nr. 90 S. 976, 977, 978, 979

304 Olga: BAB **4** 213

305 Gordonia: BAB **4** 208; MPC 1631

306 Unitas: Astr. Nachr. Berlin-Treptow **9** 41 (Eph); BAC **8** 171; Madrid Bol. **5** Nr. 2; Sky and Telescope **16** 355 (Eph)

307 Nike: Acta Astr. Sinica **5** Nr. 1; BAB **4** 213; MPC 1572; TAB (2) Nr. 90 S. 969

308 Polyxo: Acta Astr. Sinica **5** Nr. 1; BAB **4** 213; Madrid Bol. **5** Nr. 2; MPC 1561, 1566, 1572, 1585, 1623, 1631, 1674; NAZ **11** 3

310 Margarita: MPC 1581, 1582; NAZ **11** 3; New S. Wales J. and Pr. **90** 57 = Syd. Pap. Nr. 26; TAB (2) Nr. 90 S. 974

311 Claudia: MPC 1603

313 Chaldaea: Beograd Bull. **21** Nr. 1—2; Madrid Bol. **5** Nr. 2; MPC 1585, 1623

315 Constantia: MPC 1677

317 Roxane: BAB **4** 213

318 Magdalena: TAB (2) Nr. 90 S. 978

320 Katharina: BAB **4** 208

322 Phaeo: Acta Astr. Sinica **5** Nr. 1; Madrid Bol. **5** Nr. 2; MPC 1562, 1563, 1566[2], 1572, 1675; TAB (2) Nr. 90 S. 974

323 Brucia: Acta Astr. Sinica **5** Nr. 1; MPC 1572

324 Bamberga: AN **284** 41; Mem SA It (NS) **28** 159 = Roma Monte Mario Contr. Nr. 239; MPC 1554, 1566, 1586

325 Heidelberga: BAB **4** 213; MPC 1537; TAB (2) Nr. 90 S. 972, 973; UC **6** 286

326 Tamara: MPC 1537, 1600; UC **6** 286

327 Columbia: BAB **4** 208; MPC 1642 (El)

328 Gudrun: BAB **4** 213

331 Etheridgea: BAB **4** 213; MPC 1537; UC **6** 286

334 Chicago: BAB **4** 213; MPC 1608, 1670; NAZ **11** 17

335 Roberta: BAB **4** 213; MPC 1673, 1674, 1677

336 Lacadiera: BAB **4** 213; MPC 1582, 1603; TAB (2) Nr. 90 S. 971, 972

338 Budrosa: Acta Astr. Sinica **5** Nr. 1; BAC **8** 171; MPC 1572, 1586, 1600, 1623, 1674; NAZ **11** 3

339 Dorothea: MPC 1583, 1610, 1670; NAZ **11** 21; TAB (2) Nr. 90 S. 977, 979

340 Eduarda: MPC 1605, 1607, 1675

342 Endymion: MPC 1537; UC **6** 286

344 Desiderata: BIA **6** 494 (El)

345 Tercidina: Acta Astr. Sinica **5** Nr. 1; Madrid Bol. **5** Nr. 2; MPC 1563, 1572, 1607

346 Hermentaria: MPC 1538, 1674; UC **6** 286

348 May: MPC 1631

349 Dembowska: Astr. Nachr. Berlin-Treptow **9** 43 (Eph); MPC 1538, 1566[2]), 1582; Sky and Telescope **17** 46 (Eph); UC **6** 286

350 Ornamenta: Acta Astr. Sinica **5** Nr. 1; MPC 1538, 1572; UC **6** 286

351 Yrsa: Acta Astr. Sinica **5** Nr. 1; MPC 1572; New S. Wales J. and Pr. **90** 57 = Syd. Pap. Nr. 26

352 Gisela: BAB **4** 213; MPC 1538; TAB (2) Nr. 90 S. 971; UC **6** 286

353 Ruperto-Carola: MPC 1670; TAB (2) Nr. 90 S. 979

354 Eleonora: BAC **8** 171; Madrid Bol. **5** Nr. 2; MPC 1538, 1562, 1566, 1582, 1603, 1631, 1674, 1675; UC **6** 286

355 Gabriella: MPC 1675

356 Liguria: Acta Astr. Sinica **5** Nr. 2; MPC 1618, 1676, 1677

357 Ninina: Beograd Bull. **21** Nr. 1—2; MPC 1586, 1631

358 Apollonia: MPC 1622

360 Carlova: BAC **8** 171; MPC 1631; TAB (2) Nr. 90 S. 967, 968, 969, 971, 972

361 Bononia: TAB (2) Nr. 90 S. 969

362 Havnia: BAC **8** 171; MPC 1538; TAB (2) Nr. 90 S. 971; UC **6** 286

363 Padua: BAC **8** 171

364 Isara: Acta Astr. Sinica **5** Nr. 1; Madrid Bol. **5** Nr. 2; MPC 1572

365 Corduba: Acta Astr. Sinica **5** Nr. 1; MPC 1573

366 Vincentina: Acta Astr. Sinica **5** Nr. 1; MPC 1573, 1603

367 Amicitia: BAB **4** 208; MPC 1538, 1581; TAB (2) Nr. 90 S. 967; UC **6** 286

370 Modestia: Acta Astr. Sinica **5** Nr. 1; MPC 1573

371 Bohemia: MPC 1538, 1548, 1581, 1623; UC **6** 286

372 Palma: BAC **8** 171; MPC 1609, 1621; NAZ **11** 21; Sky and Telescope **16** 144 (Eph)

373 Melusina: MPC 1610; NAZ **11** 22

374 Burgundia: Madrid Bol. **5** Nr. 2; MPC 1631, 1642 (El)

375 Ursula: Acta Astr. Sinica **5** Nr. 2; MPC 1618, 1621

376 Geometria: Acta Astr. Sinica **5** Nr. 1; MPC 1573, 1676

377 Campania: MPC 1622, 1642 (El), 1670, 1673; TAB (2) Nr. 90 S. 979, 980

378 Holmia: BAB **4** 213; MPC 1538, 1631; TAB (2) Nr. 90 S. 972; UC **6** 286

379 Huenna: BAB **4** 213

380 Fiducia: TAB (2) Nr. 90 S. 967

381 Myrrha: AC Nr. 141 S. 1[9]); MPC 1642 (El)

382 Dodona: MPC 1538; TAB (2) Nr. 90 S. 971; UC **6** 286

383 Janina: Acta Astr. Sinica **5** Nr. 1; MPC 1573; TAB (2) Nr. 90 S. 968

384 Burdigala: BAB **4** 213; MPC 1538; UC **6** 286

385 Ilmatar: Astr. Nachr. Berlin-Treptow **9** 41 (Eph); Beograd Bull. **21** Nr. 1—2; MPC 1586, 1622

386 Siegena: Madrid Bol. **5** Nr. 2; MPC 1563

387 Aquitania: MPC 1677

389 Industria: MPC 1676; TAB (2) Nr. 90 S. 976

390 Alma: MPC 1674; New S. Wales J. and Pr. **90** 57 = Syd. Pap. Nr. 26

391 Ingeborg: Acta Astr. Sinica **5** Nr. 2; MPC 1618, 1631

392 Wilhelmina: TAB (2) Nr. 90 S. 971

394 Arduina: MPC 1672

396 Aeolia: MPC 1538, 1581; TAB (2) Nr. 90 S. 970, 971; UC **6** 286

397 Vienna: MPC 1673

398 Admete: MPC 1548, 1674

399 Persephone: MPC 1603; NAZ **11** 3

402 Chloë: Beograd Bull. **21** Nr. 1—2; MPC 1586

403 Cyane: BAB **4** 172[10]); MPC 1033[10]), 1538; UC **6** 286

405 Thia: Astr. Nachr. Berlin-Treptow **9** 41 (Eph)

406 Erna: BAB **4** 213; TAB (2) Nr. 90 S. 976

407 Arachne: MPC 1632

408 Fama: MPC 1674; NAZ **11** 3

409 Aspasia: Madrid Bol. **5** Nr. 2; MPC 1561, 1566, 1586; NAZ **11** 3; New S. Wales J. and Pr. **90** 57 = Syd. Pap. Nr. 26

410 Chloris: MPC 1538, 1566, 1581, 1623; TAB (2) Nr. 90 S. 968, 971; UC **6** 286

411 Xanthe: BAB **4** 213

415 Palatia: MPC 1673; TAB (2) Nr. 90 S. 977, 979

416 Vaticana: Acta Astr. Sinica **5** Nr. 1; BAC **8** 171; Beograd Bull. **21** Nr. 1—2; MPC 1573, 1586

417 Suevia: MPC 1622, 1673

418 Alemannia: Acta Astr. Sinica **5** Nr. 2; BAB **4** 213; MPC 1618; TAB (2) Nr. 90 S. 979

419 Aurelia: MPC 1583, 1609, 1622; NAZ **11** 17; TAB (2) Nr. 90 S. 978, 980

423 Diotima: Acta Astr. Sinica **5** Nr. 2; BAB **4** 216; MPC 1618, 1622, 1670, 1676, 1677; TAB (2) Nr. 90 S. 977, 980

424 Gratia: MPC 1642 (El)

426 Hippo: Acta Astr. Sinica **5** Nr. 1; MPC 1573; New S. Wales J. and Pr. **90** 57 = Syd. Pap. Nr. 26

428 Monachia: Ann. Zô-Sè **24** 30 (El), 107 (Eph); TAB (2) Nr. 90 S. 973

429 Lotis: Madrid Bol. **5** Nr. 2; MPC 1563

430 Hybris: MPC 1631

431 Nephele: MPC 1631, 1642 (El); TAB (2) Nr. 90 S. 972

432 Pythia: MPC 1610, 1622, 1670; NAZ **11** 22; TAB (2) Nr. 90 S. 977, 979

433 Eros: MPC 1538; UC **6** 286

434 Hungaria: MPC 1673; TAB (2) Nr. 90 S. 976

435 Ella: MPC 1676

437 Rhodia: BAB **4** 208

438 Zeuxo: TAB (2) Nr. 90 S. 977

439 Ohio: MPC 1642 (El)

440 Theodora: BAB **4** 209; MPC 1538; UC **6** 286

442 Eichsfeldia: BAB **4** 213; MPC 1622, 1678

443 Photographica: MPC 1631; TAB (2) Nr. 90 S. 968, 969, 970, 971

444 Gyptis: Acta Astr. Sinica **5** Nr. 1; Madrid Bol. **5** Nr. 2; MPC 1562, 1566, 1573, 1604, 1606, 1623; NAZ **11** 4

445 Edna: Acta Astr. Sinica **5** Nr. 1; MPC 1573

446 Aeternitas: MPC 1622; TAB (2) Nr. 90 S. 978, 980

447 Valentine: New S. Wales J. and Pr. **90** 57 = Syd. Pap. Nr. 26

449 Hamburga: MPC 1603, 1605

450 Brigitta: MPC 1538, 1600, 1603; New S. Wales J. and Pr. **90** 57 = Syd. Pap. Nr. 26; UC **6** 286

451 Patientia: BAB **4** 213; MPC 1538, 1566, 1581, 1623, 1631; UC **6** 286

453 Tea: MPC 1586; TAB (2) Nr. 90 S. 973

454 Mathesis: MPC 1538; TAB (2) Nr. 90 S. 968, 969, 971, 972; UC **6** 286

455 Bruchsalia: Astr. Nachr. Berlin-Treptow **9** 42 (Eph); Sky and Telescope **16** 558 (Eph); TAB (2) Nr. 90 S. 973

456 Abnoba: MPC 1674

458 Hercynia: BAB **4** 213; MPC 1581

459 Signe: BAB **4** 213; TAB (2) Nr. 90 S. 976

460 Scania: BAB **4** 208; MPC 1672

461 Saskia: BAB **4** 213; MPC 1583, 1609, 1642 (El), 1666, 1676, 1677; NAZ **11** 18

463 Lola: MPC 1608

464 Megaira: Acta Astr. Sinica **5** Nr. 1; MPC 1573, 1676; New S. Wales J. and Pr. **90** 57 = Syd. Pap. Nr. 26

466 Tisiphone: TAB (2) Nr. 90 S. 980

468 Lina: MPC 1609, 1673; NAZ **11** 21

469 Argentina: BAB **4** 213; MPC 1677; TAB (2) Nr. 90 S. 977

470 Kilia: MPC 1670, 1671

471 Papagena: MPC 1538, 1566, 1631; TAB (2) Nr. 90 S. 974; UC **6** 286

472 Roma: Acta Astr. Sinica **5** Nr. 2; MPC 1618, 1622

474 Prudentia: BAB **4** 213

476 Hedwig: TAB (2) Nr. 90 S. 967

477 Italia: Acta Astr. Sinica **5** Nr. 1; MPC 1573

479 Caprera: MPC 1670, 1671

480 Hansa: BAB **4** 208; MPC 1538; UC **6** 286

481 Emita: MPC 1622, 1677; TAB (2) Nr. 90 S. 979

482 Petrina = 1956 TK: Jap. Astr. Ass. Circ. 158 (Id); MPC 1606

484 Pittsburghia: MPC 1607

485 Genua: Madrid Bol. **5** Nr. 2; MPC 1631

487 Venetia: MPC 1610; NAZ **11** 21

488 Kreusa: MPC 1621, 1676

489 Comacina: Madrid Bol. **5** Nr. 2; TAB (2) Nr. 90 S. 969

490 Veritas: Acta Astr. Sinica **5** Nr. 2; MPC 1618

491 Carina: MPC 1678

492 Gismonda: BAB **4** 213; MPC 1538, 1673; UC **6** 286

494 Virtus: BAB **4** 208

495 Eulalia: BAB **4** 213; TAB (2) Nr. 90 S. 973

496 Gryphia: BAB **4** 208

498 Tokio: MPC 1678; TAB (2) Nr. 90 S. 967

499 Venusia: MPC 1586, 1606, 1607

500 Selinur: MPC 1581, 1582, 1603

501 Urhixidur: MPC 1599 (Eph), 1642 (El), 1674

503 Evelyn: BAB **4** 213, 216; MPC 1673

504 Cora: BAB **4** 213; Jap. Astr. Ass. Circ. 154 (El), 155 (El); MPC 1538; UC **6** 286; YC 1463 (El)

505 Cava: Acta Astr. Sinica **5** Nr. 2; MPC 1609, 1618; NAZ **11** 21

506 Marion: Madrid Bol. **5** Nr. 2; MPC 1672

507 Laodica: MPC 1582, 1586

509 Iolanda: TAB (2) Nr. 90 S. 969

510 Mabella: MPC 1670, 1671

511 Davida: Acta Astr. Sinica **5** Nr. 1; Madrid Bol. **5** Nr. 2; Mem SA It (NS) **28** 159 = Roma Monte Mario Contr. Nr. 239; MPC 1554, 1562, 1566, 1573, 1600, 1608, 1624, 1631

512 Taurinensis: MPC 1673, 1674

513 Centesima: Madrid Bol. **5** Nr. 2; MPC 1562, 1675

514 Armida: JO **26** 91[11]); MPC 1582, 1586, 1642 (El), 1675; New S. Wales J. and Pr. **90** 57 = Syd. Pap. Nr. 26; RI 2353[11])

515 Athalia: TAB (2) Nr. 90 S. 968, 972

516 Amherstia: BAC **8** 171; MPC 1604, 1606; TAB (2) Nr. 90 S. 975

517 Edith: Acta Astr. Sinica **5** Nr. 1; MPC 1573; TAB (2) Nr. 90 S. 967

519 Sylvania: Acta Astr. Sinica **5** Nr. 2; MPC 1618

520 Franziska: MPC 1610; NAZ **11** 22

522 Helga: MPC 1538, 1581, 1582, 1586, 1674, 1675; UC **6** 286

523 Ada: MPC 1538; UC **6** 286

524 Fidelio: MPC 1538; UC **6** 286

525 Adelaide = 1171 Rusthawelia (?): JO **40** 154 (Id)

526 Jena: Acta Astr. Sinica **5** Nr. 1; MPC 1548, 1573, 1604, 1611

528 Rezia: MPC 1538, 1600; New S. Wales J. and Pr. **90** 58 = Syd. Pap. Nr. 26; UC **6** 286

530 Turandot: BAB **4** 213; TAB (2) Nr. 90 S. 972

532 Herculina: BAB **4** 213, 216; København Publ. Nr.

170; MPC 1538, 1600, 1631; UC 6 286

533 Sara: BAB 4 213; MPC 1631

534 Nassovia: MPC 1676; TAB (2) Nr. 90 S. 977, 978

535 Montague: BAB 4 216; MPC 1642 (El), 1670, 1673; TAB (2) Nr. 90 S. 980

536 Merapi: BIA 6 495 (El)

537 Pauly: MPC 1642 (El); TAB (2) Nr. 90 S. 968

538 Friederike: MPC 1583, 1608, 1642 (El); NAZ 11 17

540 Rosamunde: Madrid Bol. 5 Nr. 2

541 Deborah: MPC 1581, 1582; New S. Wales J. and Pr. 90 58 = Syd. Pap. Nr. 26

544 Jetta: BAB 4 208; MPC 1632

545 Messalina: BAB 4 213; MPC 1608, 1676

546 Herodias: MPC 1632

547 Praxedis: TAB (2) Nr. 90 S. 978

549 Jessonda: MPC 1581, 1582

550 Senta: MPC 1672

551 Ortrud: MPC 1673; TAB (2) Nr. 90 S. 979

552 Sigelinde: MPC 1642 (El)

554 Peraga: BAC 8 171; MPC 1622, 1671, 1672

556 Phyllis: MPC 1538; UC 6 286

557 Violetta: BAB 4 213

558 Carmen: BAB 4 213; MPC 1529[1]), 1631; TAB (2) Nr. 90 S. 972, 973, 974

560 Delila: MPC 1631; TAB (2) Nr. 90 S. 970

561 Ingwelde: MPC 1035[12]), 1322[12]), 1642 (El)

563 Suleika: MPC 1566

564 Dudu: MPC 1606, 1607

565 Marbachia: MPC 1354[13]), 1633

566 Stereoskopia: MPC 1582, 1600, 1603, 1674, 1675

567 Eleutheria: MPC 1538, 1603, 1642 (El); New S. Wales J. and Pr. 90 58 = Syd. Pap. Nr. 26; UC 6 286

568 Cheruskia = 1956 DA: Jap. Astr. Ass. Circ. 154 (Id); MPC 1598 (Id)

569 Misa: BAB 4 213; MPC 1538; TAB (2) Nr. 90 S. 973; UC 6 286

570 Kythera: Acta Astr. Sinica 5 Nr. 1; MPC 1573

573 Recha: BAB 4 213; MPC 1642 (El)

574 Reginhild: MPC 1607, 1608

576 Emanuela: MPC 1538; New S. Wales J. and Pr. 90 58 = Syd. Pap. Nr. 26; UC 6 287

577 Rhea: MPC 1609, 1677; NAZ 11 21

578 Happelia: BAB 4 213; MPC 1631, 1677; TAB (2) Nr. 90 S. 978

579 Sidonia: MPC 1538, 1581; UC 6 287

580 Selene: Acta Astr. Sinica 5 Nr. 1; MPC 1573, 1586

581 Tauntonia: Acta Astr. Sinica 5 Nr. 1; MPC 1538, 1573, 1642 (El); UC 6 287

582 Olympia: New S. Wales J. and Pr. 90 58 = Syd. Pap. Nr. 26

583 Klotilde = 1950 RO: NAZ 11 24 (Id)

584 Semiramis: Madrid Bol. 5 Nr. 2; MPC 1563, 1675

586 Thekla: MPC 1582, 1600, 1675

590 Tomyris: MPC 1642 (El)

592 Bathseba: MPC 1586, 1604, 1605, 1606

593 Titania: MPC 1538; UC 6 287

595 Polyxena: BAB 4 208

596 Scheila: Acta Astr. Sinica 5 Nr. 1; MPC 1573

600 Musa: MPC 1583; TAB (2) Nr. 90 S. 977

601 Nerthus: BAB 4 213; MPC 1586, 1642 (El)

602 Marianna: MPC 1538, 1631, 1672; TAB (2) Nr. 90 S. 971; UC 6 287

604 Tekmessa: Beograd Bull. 21 Nr. 1—2; MPC 1586, 1673

606 Brangäne: MPC 1586

607 Jenny: MPC 1671

610 Valeska: MPC 1629

613 Ginevra: MPC 1605, 1607

615 Roswitha: MPC 1538; UC 6 287

616 Elly: Acta Astr. Sinica 5 Nr. 2; BAB 4 213; MPC 1619; TAB (2) Nr. 90 S. 976

618 Elfriede: BAB 4 213

620 Drakonia: MPC 1676, 1677

621 Werdandi: MPC 1676

624 Hektor: MPC 1538, 1631, 1672; UC 6 287

625 Xenia: MPC 1538, 1674, 1675; UC 6 287

627 Charis: BAB 4 208; MPC 1642 (El), 1673

628 Christine: MPC 1596, 1671

631 Philippina: Acta Astr. Sinica 5 Nr. 1; MPC 1573

632 Pyrrha: MPC 1606

636 Erika: Acta Astr. Sinica 5 Nr. 2; MPC 1619

638 Moira: Krim Mitt. **10** 216[14]), 217[14])

639 Latona: BAB **4** 213; MPC 1676; TAB (2) Nr. 90 S. 976

640 Brambilla: MPC 1538; UC **6** 287

641 Agnes: TAB (2) Nr. 90 S. 972

642 Clara: MPC 1538, 1631; TAB (2) Nr. 90 S. 970; UC **6** 287

643 Scheherezade: Acta Astr. Sinica **5** Nr. 1; MPC 1573, 1603, 1604, 1605

644 Cosima: MPC 1538; TAB (2) Nr. 90 S. 970; UC **6** 287

645 Agrippina: BAB **4** 213; MPC 1538; TAB (2) Nr. 90 S. 968, 969, 972; UC **6** 287

649 Josefa: MPC 1604, 1606

651 Antikleia: Acta Astr. Sinica **5** Nr. 2; MPC 1619, 1673

653 Berenike: BAC **8** 171

654 Zelinda: MPC 1632

655 Briseïs: MPC 1631; TAB (2) Nr. 90 S. 968

656 Beagle: MPC 1603; NAZ **11** 3

657 Gunlöd: MPC 919[15]), 1642 (El); New S. Wales J. and Pr. **90** 58 = Syd. Pap. Nr. 26

658 Asteria: Acta Astr. Sinica **5** Nr. 2; MPC 1610, 1619; NAZ **11** 22

660 Crescentia: MPC 1621

661 Cloelia: BAB **4** 213; MPC 1538; TAB (2) Nr. 90 S. 968; UC **6** 287

662 Newtonia: BAB **4** 208

663 Gerlinde: MPC 1589, 1674

665 Sabine: Acta Astr. Sinica **5** Nr. 2; MPC 1619

668 Dora: BAB **4** 213; TAB (2) Nr. 90 S. 975, 976

669 Kypria: Acta Astr. Sinica **5** Nr. 1; MPC 1573, 1676

670 Ottegebe: TAB (2) Nr. 90 S. 976

671 Carnegia: BAC **8** 171

672 Astarte: Acta Astr. Sinica **5** Nr. 1; MPC 1573

673 Edda: Acta Astr. Sinica **5** Nr. 1; MPC 1573, 1576

674 Rachele: MPC 1538, 1581; UC **6** 287

675 Ludmilla: BAB **4** 208; MPC 1672

676 Melitta: MPC 1610, 1670, 1671; NAZ **11** 21

677 Aaltje: MPC 1538; TAB (2) Nr. 90 S. 968, 969, 971; UC **6** 287

678 Fredegundis: MPC 1538, 1674; UC **6** 287

679 Pax: Astr. Nachr. Berlin-Treptow **9** 42 (Eph)

680 Genoveva: BIA **6** 496 (El)

684 Hildburg: BAB **4** 213; TAB (2) Nr. 90 S. 976

686 Gersuind: BAB **4** 213

690 Wratislavia: MPC 1622, 1632, 1642 (El)

691 Lehigh: MPC 1676

692 Hippodamia: MPC 1538; UC **6** 287

693 Zerbinetta: MPC 1642 (El)

694 Ekard: MPC 1538; UC **6** 287

695 Bella: MPC 1538, 1631; UC **6** 287

697 Galilea: MPC 1538; UC **6** 287

702 Alauda: New S. Wales J. and Pr. **90** 58 = Syd. Pap. Nr. 26

703 Noëmi: BAB **4** 214

704 Interamnia: MPC 1538, 1631; TAB (2) Nr. 90 S. 970; UC **6** 287

705 Erminia: BAB **4** 214

706 Hirundo: MPC 1677

707 Steïna: MPC 1671, 1672

708 Raphaela: BAB **4** 214; MPC 1539; TAB (2) Nr. 90 S. 973, 974; UC **6** 287

710 Gertrud: BAB **4** 214

712 Boliviana: BAB **4** 214; BAC **8** 171; MPC 1632

713 Luscinia: MPC 1674; TAB (2) Nr. 90 S. 973

714 Ulula: Beograd Bull. **21** Nr. 1—2; MPC 1586, 1589, 1674; NAZ **11** 2; TAB (2) Nr. 90 S. 972

717 Wisibada: Acta Astr. Sinica **5** Nr. 1; MPC 1573; New S. Wales J. and Pr. **90** 58, 60 = Syd. Pap. Nr. 26

718 Erida: BAB **4** 208; MPC 1671

719 Albert ≠ 1957 NA: MPC 1634 (nicht id.); NAZ **11** 15 (nicht id.); NAZvM 327 (Id), 328 (Id), 329 (nicht id.); UAI Circ 1611 (Id)

720 Bohlinia: BAB **4** 214; MPC 203[16]), 1642 (El)

722 Frieda: Acta Astr. Sinica **5** Nr. 1; BAB **4** 214; MPC 1573

723 Hammonia: BAB **4** 214; TAB (2) Nr. 90 S. 972, 973

725 Amanda: MPC 1539; UC **6** 287

729 Watsonia: MPC 1611, 1642 (El); New S. Wales J. and Pr. **90** 58 = Syd. Pap. Nr. 26

731 Sorga: MPC 1607, 1608

734 Bonda: MPC 1642 (El)[17]); New S. Wales J. and Pr. **90** 58 = Syd. Pap. Nr. 26

735 Marghanna: MPC 1539; UC **6** 287

736 Harvard: MPC 1674

737 Arequipa: TAB (2) Nr. 90 S. 967

739 Mandeville: Acta Astr. Sinica **5** Nr. 1 (+ El, Eph); MPC 1539, 1573, 1575 (El)[1]); UC **6** 287

740 Cantabia: Acta Astr. Sinica **5** Nr. 1; MPC 1573

741 Botolphia: Acta Astr. Sinica **5** Nr. 1; MPC 1573, 1612, 1642 (El), 1675, 1676

742 Edisona: MPC 1642 (El)

743 Eugenisis: BAB **4** 214; MPC 1539; UC **6** 287

744 Aguntina: MPC 1642 (El)

745 Mauritia: AC Nr. 78 S. 2[18]); Kiew Publ. **4** 116[18])

746 Marlu: Acta Astr. Sinica **5** Nr. 2; MPC 1619

747 Winchester: BAB **4** 214; BIA **6** 497 (El)

748 Simeïsa: Acta Astr. Sinica **5** Nr. 1; MPC 1573

750 Oskar: BAB **4** 214

751 Faïna: TAB (2) Nr. 90 S. 975, 976

752 Sulamitis: MPC 1539; TAB (2) Nr. 90 S. 968, 969, 972; UC **6** 287

753 Tiflis: Ann. Zô-Sè **24** 35 (El); MPC 1539; UC **6** 287

754 Malabar: MPC 1589

757 Portlandia: MPC 1677

758 Mancunia: MPC 1621, 1673

760 Massinga: MPC 1539; UC **6** 287

761 Brendelia: TAB (2) Nr. 90 S. 973

762 Pulcova: MPC 1539; TAB (2) Nr. 90 S. 969; UC **6** 287

764 Gedania: Acta Astr. Sinica **5** Nr. 1; BAB **4** 214; MPC 1539, 1573, 1631; UC **6** 287

766 Moguntia: BAB **4** 214

767 Bondia: MPC 1642 (El)

769 Tatjana: MPC 1672; TAB (2) Nr. 90 S. 968

771 Libera: Acta Astr. Sinica **5** Nr. 1; MPC 1573, 1586, 1606, 1607

772 Tanete: BAB **4** 208; MPC 1673

773 Irmintraud: MPC 1586

774 Armor: MPC 1676; TAB (2) Nr. 90 S. 977

776 Berbericia: BAB **4** 214; MPC 1539, 1623; UC **6** 287

779 Nina: Madrid Bol. **5** Nr. 2; MPC 1563, 1586, 1622, 1623, 1675; TAB (2) Nr. 90 S. 975

781 Kartvelia: BAB **4** 214; TAB (2) Nr. 90 S. 970

783 Nora: Acta Astr. Sinica **5** Nr. 2; MPC 1619, 1677

784 Pickeringia: BAB **4** 208

785 Zwetana: MPC 1539, 1600; TAB (2) Nr. 90 S. 969; UC **6** 287

786 Bredichina: Acta Astr. Sinica **5** Nr. 1; MPC 1573; New S. Wales J. and Pr. **90** 58 = Syd. Pap. Nr. 26

788 Hohensteina: BAB **4** 208; MPC 1642 (El)

790 Pretoria: MPC 1632

794 Irenaea: BIA **6** 498 (El)

796 Sarita: BAB **4** 214; MPC 1539; UC **6** 287

797 Montana: BAB **4** 208, 209

798 Ruth: MPC 1586, 1612

800 Kressmannia: BAB **4** 214; MPC 1609; NAZ **11** 21; TAB (2) Nr. 90 S. 976, 978

801 Helwerthia: MPC 1673

803 Picka: MPC 1539; UC **6** 287

804 Hispania: BAC **8** 171; MPC 1622; TAB (2) Nr. 90 S. 975, 976

805 Hormuthia: Beograd Bull. **21** Nr. 1—2; MPC 911[19]), 1586, 1642 (El)

806 Gyldenia: MPC 1539; TAB (2) Nr. 90 S. 972, 973; UC **6** 287

807 Ceraskia: MPC 1674

808 Merxia: NAZ **11** 4

817 Annika: MPC 1539; UC **6** 287

818 Kapteynia: MPC 1642 (El)

819 Barnardiana: TAB (2) Nr. 90 S. 972

820 Adriana: BAB **4** 214; MPC 1539; UC **6** 287

823 Sisigambis: Acta Astr. Sinica **5** Nr. 1; MPC 1539, 1573, 1574; UC **6** 287

824 Anastasia: BAB **4** 214

825 Tanina: BAB **4** 209

829 Academia: Acta Astr. Sinica **5** Nr. 1; MPC 1574

830 Petropolitana: Acta Astr. Sinica **5** Nr. 1; MPC 1574, 1603

832 Karin: BAB **4** 214; TAB (2) Nr. 90 S. 977

834 Burnhamia: MPC 1605; New S. Wales J. and Pr. **90** 58 = Syd. Pap. Nr. 26

836 Jole: BAB **4** 214

839 Valborg: BAB **4** 208

840 Zenobia = 1942 HE, 1956 YA: Acta Astr. Sinica **5** Nr. 1 (Id); BAB **4** 214; MPC 1575 (Id), 1625 (Id)

841 Arabella: TAB (2) Nr. 90 S. 968, 971

842 Kerstin: MPC 1539, 1600; UC **6** 287

845 Naema: MPC 1586, 1604, 1606, 1607; NAZ **11** 4; New S. Wales J. and Pr. **90** 58 = Syd. Pap. Nr. 26

847 Agnia: MPC 1581, 1673; TAB (2) Nr. 90 S. 973

848 Inna: AC Nr. 143 S. 13 [20]); Heidelberg Sternw. Veröff. **16** [21]); Krim Mitt. **12** 185 [20]); MPC 1642 (El)

849 Ara: BAB **4** 208

859 Bouzaréah: MPC 1603

860 Ursina: MPC 1539; UC **6** 287

861 Aïda: MPC 1674

862 Franzia: MPC 1539; TAB (2) Nr. 90 S. 971; UC **6** 287

863 Benkoela: MPC 1583, 1608; NAZ **11** 17; TAB (2) Nr. 90 S. 979

864 Aase: AC Nr. 78 S. 2 [22]); Kiew Publ. **4** 116 [22]); Krim Mitt. **10** 216 [23]), 217 [23])

866 Fatme: BAB **4** 209; MPC 1672, 1678; TAB (2) Nr. 90 S. 967

870 Manto: TAB (2) Nr. 90 S. 968

871 Amneris: Ann. Zô-Sè **24** 40 (El), 107 (Eph)

872 Holda: BAB **4** 214

873 Mechtild: BAB **4** 214; MPC 1582, 1603; TAB (2) Nr. 90 S. 973, 974

875 Nymphe: MPC 1626 (El)

876 Scott: MPC 1609; NAZ **11** 21

883 Matterania: Ann. Zô-Sè **24** 45 (El)

885 Ulrike: MPC 1583, 1608; NAZ **11** 17

888 Parysatis: MPC 1539, 1581; UC **6** 287

890 Waltraut: BAB **4** 214; NAZ **11** 2; TAB (2) Nr. 90 S. 973

892 Seeligera: BAB **4** 216

894 Erda: Acta Astr. Sinica **5** Nr. 1; MPC 1574, 1642 (El)

896 Sphinx: BAB **4** 214

899 Jokaste: Acta Astr. Sinica **5** Nr. 1; MPC 1574

905 Universitas: Ann. Zô-Sè **24** 50 (El)

906 Repsolda: MPC 1539; TAB (2) Nr. 90 S. 971; UC **6** 287

908 Buda: BAB **4** 214

909 Ulla: MPC 1310 [24]), 1354 [25]), 1633

910 Anneliese: MPC 1600, 1604, 1642 (El)

912 Maritima: BAB **4** 216

914 Palisana: MPC 1632, 1672

915 Cosette: Ann. Zô-Sè **24** 55 (El); MPC 1631

916 America: Ann. Zô-Sè **24** 60 (El), 109 (Eph); MPC 1590 (El), 1673

917 Lyka: MPC 1608

919 Ilsebill = 1950 RP, 1950 SE, 1950 TN: MPC 1578 (Id); TAB (2) Nr. 90 S. 979

920 Rogeria: TAB (2) Nr. 90 S. 970

924 Toni: Acta Astr. Sinica **5** Nr. 2; MPC 1619

925 Alphonsina: MPC 1642 (El)

926 Imhilde: MPC 1672

927 Ratisbona: MPC 1539; UC **6** 287

928 Hildrun: MPC 1600

930 Westphalia: New S. Wales J. and Pr. **90** 58 = Syd. Pap. Nr. 26

931 Whittemora ≠ 1948 EM: MPC 1578 (nicht id.)

932 Hooveria: MPC 1677; New S. Wales J. and Pr. **90** 58 = Syd. Pap. Nr. 26

936 Kunigunde: MPC 1642 (El), MPC 1673

937 Bethgea: AC Nr. 119 S. 4 [26])

939 Isberga: MPC 1674

940 Kordula: MPC 1539; UC **6** 287

941 Murray: TAB (2) Nr. 90 S. 972, 973, 974

942 Romilda: MPC 1678

943 Begonia: TAB (2) Nr. 90 S. 968, 969, 972, 973

945 Barcelona: MPC 1539; UC **6** 287

947 Monterosa: MPC 1608

949 Hel: BAB **4** 214; MPC 1677

950 Ahrensa: BAB **4** 214

951 Gaspra: MPC 1583, 1609; NAZ **11** 17; TAB (2) Nr. 90 S. 974

952 Caia: MPC 1539, 1642 (El); TAB (2) Nr. 90 S. 972, 973, 974; UC **6** 287

954 Li: MPC 1608; NAZ **11** 17

955 Alstede: TAB (2) Nr. 90 S. 976

959 Arne: MPC 1609, 1642 (El); NAZ **11** 21

960 Birgit: TAB (2) Nr. 90 S. 978

961 Gunnie: MPC 1604, 1605

965 Angelica: MPC 920 [27])

966 Muschi: MPC 920 [28]), 1600

968 Petunia: BAB **4** 214

972 Cohnia: MPC 1642 (El); TAB (2) Nr. 90 S. 971

973 Aralia: BAB **4** 209; MPC 1673

974 Lioba: MPC 1539, 1582, 1600, 1603; TAB (2) Nr. 90 S. 974; UC **6** 287

975 Perseverantia: TAB (2) Nr. 90 S. 972

976 Benjamina: MPC 1631

977 Philippa: BAB **4** 214; MPC 1539; UC **6** 287

979 Ilsewa: MPC 1586; NAZ **11** 3; New S. Wales J. and Pr. **90** 58 = Syd. Pap. Nr. 26

980 Anacostia: MPC 1539; TAB (2) Nr. 90 S. 970; UC **6** 287

981 Martina: BAB **4** 214

982 Franklina: BAC **8** 171

983 Gunila: NAZ **11** 3; New S. Wales J. and Pr. **90** 58 = Syd. Pap. Nr. 26

984 Gretia: BAB **4** 214

986 Amelia: MPC 1642 (El); TAB (2) Nr. 90 S. 975, 976

987 Wallia: BAB **4** 214; MPC 1583; TAB (2) Nr. 90 S. 975, 976

988 Appella: BAB **4** 214

992 Swasey: MPC 1642 (El); UC **5** 189[29])

994 Otthild: MPC 1539; UC **6** 287

1000 Piazzia: MPC 1539; UC **6** 287

1001 Gaussia: New S. Wales J. and Pr. **90** 58 = Syd. Pap. Nr. 26

1002 Olbersia: MPC 1605, 1607; New S. Wales J. and Pr. **90** 58 = Syd. Pap. Nr. 26

1003 Lilofee: BAB **4** 112[30]); Harv Card 1155[30]); MPC 689[30]), 690[30]), 699[30]), 700[30]), 1642 (El), 1675; RI 2186[31])

1004 Belopolskya: MPC 1583, 1609, 1670, 1671; NAZ **11** 18

1005 Arago: New S. Wales J. and Pr. **90** 58 = Syd. Pap. Nr. 26

1006 Lagrangea: MPC 1548, 1600, 1674; NAZ **11** 3

1008 La Paz: Acta Astr. Sinica **5** Nr. 1; MPC 1574, 1607

1010 Marlene: MPC 1642 (El); TAB (2) Nr. 90 S. 969

1011 Laodamia: AJ **62** 185 = LOB Nr. 555; MPC 1554, 1604, 1606

1014 Semphyra: MPC 1583, 1609, 1628, 1629; NAZ **11** 18

1020 Arcadia: BAB **4** 209

1021 Flammario: Acta Astr. Sinica **5** Nr. 2; MPC 1619; TAB (2) Nr. 90 S. 967

1028 1923 PG: Acta Astr. Sinica **5** Nr. 2; MPC 1619, 1677

1029 La Plata: BAB **4** 214

1030 1924 RQ: Acta Astr. Sinica **5** Nr. 2; MPC 1619

1031 Arctica: New S. Wales J. and Pr. **90** 58 = Syd. Pap. Nr. 26; TAB (2) Nr. 90 S. 970

1032 Pafuri: MPC 1672

1034 Mozartia: New S. Wales J. and Pr. **90** 58 = Syd. Pap. Nr. 26

1036 Ganymed: MPC 1539; UC **6** 287

1043 Beate: Acta Astr. Sinica **5** Nr. 2; MPC 1619

1044 Teutonia: BAB **4** 209

1048 Feodosia: MPC 1677; TAB (2) Nr. 90 S. 978

1049 Gotho: TAB (2) Nr. 90 S. 971

1052 Belgica: BAB **4** 216; MPC 1670; TAB (2) Nr. 90 S. 977

1054 Forsytia: MPC 1642 (El), 1673

1055 Tynka: BAC **8** 171

1056 Azalea: MPC 1677

1057 Wanda: TAB (2) Nr. 90 S. 979

1059 Mussorgskia: MPC 1606, 1607

1061 Paeonia: EVA Circ. Nr. 12[32])

1062 Ljuba: MPC 1675

1063 Aquilegia: MPC 1539, 1603; TAB (2) Nr. 90 S. 973; UC **6** 287

1064 Aethusa: BAB **4** 214

1065 Amundsenia = 1955 QE, 1955 RD, 1955 SM_1: Jap. Astr. Ass. Circ. 152 (Id); MPC 1602 (Id), 1627, 1628

1066 Lobelia: MPC 1607

1067 Lunaria: BAB **4** 214

1069 Planckia: MPC 1642 (El); TAB (2) Nr. 90 S. 969, 970, 971, 972

1071 Brita: MPC 1671

1072 Malva: MPC 1642 (El), 1671

1073 Gellivara: MPC 673[33]), 718[33]), 1642 (El)

1074 Beljawskya: MPC 1600, 1675

1076 Viola: TAB (2) Nr. 90 S. 970

1079 Mimosa: MPC 1610; NAZ **11** 22

1080 Orchis: TAB (2) Nr. 90 S. 969

1082 Pirola: TAB (2) Nr. 90 S. 978, 979

1085 Amaryllis: Acta Astr. Sinica **5** Nr. 1; MPC 1574, 1675

1088 Mitaka: Ann. Zô-Sè **24** 67 (El), 107 (Eph); MPC 1539; UC **6** 287

1089 Tama: Ann. Zô-Sè **24** 72 (El), 108 (Eph); TAB (2) Nr. 90 S. 973

1090 Sumida: MPC 1666, 1673

1092 Lilium: Acta Astr. Sinica **5** Nr. 1; MPC 1574

1093 Freda: BAB **4** 209

1094 Siberia: BAB **4** 214; MPC 1596; NAZ **11** 2

1096 Reunerta: MPC 1673

1097 Vicia: BAB **4** 209

1098 Hakone: Krim Mitt. **7** 136[34]); MPC 1643 (El)

1099 Figneria: MPC 1586, 1604, 1605

1100 Arnica: TAB (2) Nr. 90 S. 972

1102 Pepita: BAB **4** 209; MPC 1670, 1671

1103 Sequoia: MPC 1671

1107 Lictoria: MPC 1670

1110 Jaroslawa: Ann. Zô-Sè **24** 77 (El), 108 (Eph)

1111 Reinmuthia: TAB (2) Nr. 90 S. 976

1112 Polonia: BAB **4** 214; MPC 1583, 1609, 1677; NAZ **11** 18

1114 Lorraine: MPC 1670

1115 Sabauda: Acta Astr. Sinica **5** Nr. 2; BAB **4** 214; MPC 1619

1116 Catriona: MPC 1539, 1600, 1603; UC **6** 287

1117 Reginita: Acta Astr. Sinica **5** Nr. 2; BAB **4** 214; MPC 1619, 1633

1118 Hanskya: Acta Astr. Sinica **5** Nr. 1; MPC 1574, 1643 (El)

1119 Euboea: MPC 1539; UC **6** 287

1120 Cannonia = 1956 AG: Jap. Astr. Ass. Circ. 154 (Id); MPC 1597 (Id)

1121 Natascha: MPC 1539[35]), 1581 (?)[35]); UC **6** 287[35])

1123 Shapleya: Ann. Zô-Sè **24** 82 (El), 108 (Eph)

1128 Astrid: BAB **4** 209; MPC 1673

1130 Skuld: Ann. Zô-Sè **24** 87 (El), 108 (Eph); MPC 1676

1131 Porzia: MPC 1560

1133 Lugduna: TAB (2) Nr. 90 S. 977

1135 Colchis: BAB **4** 214; TAB (2) Nr. 90 S. 975, 976

1140 Crimea: MPC 1600, 1606, 1607

1141 Bohmia: MPC 1604, 1606

1142 Aetolia: BAB **4** 214

1144 Oda: MPC 1604, 1606

1145 Robelmonte: MPC 1539; UC **6** 287

1146 Biarmia: MPC 1586; NAZ **11** 2; TAB (2) Nr. 90 S. 971

1147 Stavropolis: Acta Astr. Sinica **5** Nr. 1; MPC 1552 (Eph), 1574

1150 Achaia: BAB **4** 214; MPC 1628, 1629, 1660; TAB (2) Nr. 90 S. 976

1151 Ithaka: BAB **4** 214

1153 Wallenbergia: MPC 1539; UC **6** 287

1157 Arabia: MPC 1643 (El)

1158 Luda: MPC 1672

1162 Larissa: MPC 1539, 1581; TAB (2) Nr. 90 S. 973; UC **6** 287

1163 Saga: MPC 1605; TAB (2) Nr. 90 S. 975

1166 Sakuntala: MPC 1609; NAZ **11** 21

1167 1930 PB: Acta Astr. Sinica **5** Nr. 1; MPC 1574

1168 Brandia: MPC 1660

1170 Siva: MPC 1629

1171 Rusthawelia = 525 Adelaide (?): BAB **4** 214; JO **40** 154 (Id); TAB (2) Nr. 90 S. 973

1172 Äneas: TAB (2) Nr. 90 S. 978

1176 Lucidor: Acta Astr. Sinica **5** Nr. 1; MPC 1574

1177 Gonnessia: MPC 1631

1178 Irmela: MPC 749[36])

1180 Rita: MPC 1539; UC **6** 287

1182 Ilona: Ann. Zô-Sè **24** 92 (El), 109 (Eph); MPC 1589 (El), 1604, 1606

1184 Gaea: BAB **4** 214; MPC 1539, 1600; UC **6** 287

1185 Nikko: BAB **4** 214; TAB (2) Nr. 90 S. 968

1186 Turnera: Acta Astr. Sinica **5** Nr. 1; MPC 1574, 1604, 1606, 1607; NAZ **11** 4

1188 Gothlandia: MPC 1586, 1605, 1607

1189 Terentia: BAB **4** 214

1192 Prisma: MPC 1627; Urania Barcelona **42** 140 (El)

1194 Aletta: MPC 1539, 1631; TAB (2) Nr. 90 S. 969, 970; UC **6** 287

1195 Orangia: MPC 1675

1196 Sheba: TAB (2) Nr. 90 S. 967

1197 Rhodesia: MPC 1548; NAZ **11** 2

1199 Geldonia: MPC 1539, 1631; TAB (2) Nr. 90 S. 971; UC **6** 287

1200 Imperatrix: Acta Astr. Sinica **5** Nr. 1; MPC 238[37]), 1574, 1643 (El)

1201 Strenua: BAB **4** 82[38]); MPC 358[38]), 1643 (El)

1202 Marina: BAC **8** 171

1209 Pumma: MPC 1581

1210 Morosovia: MPC 1631, 1643 (El)

1212 Francette: MPC 1631

1215 1932 BA: Acta Astr. Sinica **5** Nr. 2 (+ El, Eph); MPC 1619

1216 Askania: MPC 1539; UC **6** 287

1217 Maximiliana: MPC 1609; NAZ **11** 18

1219 Britta: TAB (2) Nr. 90 S. 970

1221 Amor: Acta Astr. Sinica **5** Nr. 1; AJ **62** 185 = LOB Nr. 555; MPC 1549

1222 Tina: MPC 1604, 1606

1223 Neckar: MPC 1643 (El)

1224 Fantasia: BAB **4** 214

1225 Ariane: MPC 1671

1227 Geranium: MPC 1610; NAZ **11** 22

1229 Tilia: MPC 1643 (El)

1230 Riceia: MPC 1676

1231 Auricula: BAB **4** 214

1232 Cortusa: MPC 1632

1233 Kobresia: MPC 1675

1234 Elyna: MPC 1643 (El)

1237 Geneviève: Acta Astr. Sinica **5** Nr. 1; MPC 1574, 1586; NAZ **11** 4

1238 Predappia: BAB **4** Nr. 4[39]); MPC 388[39]); Urania Barcelona **41** 177 (El)

1239 Queteleta: MPC 1582

1240 Centenaria: MPC 1643 (El)

1241 Dysona: MPC 1539, 1643 (El); New S. Wales J. and Pr. **90** 58 = Syd. Pap. Nr. 26; UC **6** 287

1242 Zambesia = 1947 TE: MPC 1578 (Id); New S. Wales J. and Pr. **90** 58 = Syd. Pap. Nr. 26

1244 Deira: MPC 1632

1245 Calvinia: Acta Astr. Sinica **5** Nr. 1; MPC 1574; TAB (2) Nr. 90 S. 969, 970

1247 Memoria: MPC 1608, 1677; NAZ **11** 17; TAB (2) Nr. 90 S. 979

1248 Jugurtha: MPC 1670

1249 Rutherfordia: Ann. Zô-Sè **24** 97 (El), 109 (Eph)

1251 Hedera: Acta Astr. Sinica **5** Nr. 1; MPC 1574

1252 Celestia: BAB **4** 214; NAZ **11** 3; TAB (2) Nr. 90 S. 968, 969, 970, 972

1254 Erfordia: Acta Astr. Sinica **5** Nr. 1; MPC 1574

1255 Schilowa: MPC 1610, 1643 (El); NAZ **11** 21

1256 Normannia: Acta Astr. Sinica **5** Nr. 1; MPC 1574

1257 Móra: MPC 1606

1259 Ógyalla: BAB **4** 215; MPC 1581, 1643 (El); TAB (2) Nr. 90 S. 972

1260 Walhalla: MPC 1582, 1603

1262 Sniadeckia: MPC 1643 (El)

1263 Varsavia: BAB **4** 215

1265 Schweikarda: MPC 1539; UC **6** 287

1266 Tone: Acta Astr. Sinica **5** Nr. 1; MPC 1574

1269 Rollandia: BAB **4** 209; MPC 1670, 1671

1270 Datura: MPC 1539; UC **6** 287

1271 Isergina: BAB **4** 90[40]); MPC 364[40]), 1643 (El); TAB (2) Nr. 90 S. 967

1272 Gefion: BAB **4** 209

1274 Delportia: TAB (2) Nr. 90 S. 976, 978

1275 Cimbria: Acta Astr. Sinica **5** Nr. 1; MPC 1574

1277 Dolores: Acta Astr. Sinica **5** Nr. 1; MPC 1574; New S. Wales J. and Pr. **90** 58 = Syd. Pap. Nr. 26

1278 Kenya: BAB **4** 215; MPC 1606, 1607

1281 Jeanne: MPC 1672

1283 Komsomolia: MPC 1561 (Eph)

1284 Latvia: MPC 1632

1285 Julietta: AN **274** 44[41]); MPC 1643 (El); RI 2221[41])

1286 Banachiewicza: MPC 1643 (El)

1289 Kutaïssi = 1953 TO_2: BAB **3** 243[42]); MPC 49[43]), 1044[44]), 1579 (Id), 1631, 1643 (El); RI 2511[42]); TAB (2) Nr. 90 S. 969, 970

1290 Albertine: BAB **4** 215

1291 Phryne: BAB **4** 215

1292 Luce: BAB **4** 209; MPC 1539, 1673; UC **6** 287

1294 Antwerpia: MPC 1670; TAB (2) Nr. 90 S. 977, 979

1295 Deflotte: MPC 1674

1297 Quadea: MPC 1643 (El); TAB (2) Nr. 90 S. 969

1299 Mertona: Acta Astr. Sinica **5** Nr. 1; MPC 1574

1301 Yvonne: MPC 1673

1304 Arosa: TAB (2) Nr. 90 S. 968

1305 Pongola: MPC 1152[45]), 1676

1306 Scythia: MPC 1540; UC **6** 287[46])

1307 Cimmeria: TAB (2) Nr. 90 S. 969

1312 Vassar: MPC 1609; NAZ **11** 21

1315 Bronislawa: MPC 1643 (El)

1317 Silvretta: MPC 1643 (El)

1318 Nerina = 1955 FA, 1956 SC (?): Jap. Astr. Ass. Circ. 153 (Id), 158 (Id);

MPC 1210[47]), 1488[48]), 1632 (Id); NAZ **11** 3, 11 (Id); TAB (2) Nr. 90 S. 973[48]); UC **6** 257[47])

1319 Disa: New S. Wales J. and Pr. **90** 58 = Syd. Pap. Nr. 26

1320 Impala: MPC 1675

1326 Losaka: BAB **4** 215

1331 Solvejg: BAB **4** 215

1332 Marconia = 1956 GB: BAB **4** 90[49]); Jap. Astr. Ass. Circ. 152 (Id); Krim Mitt. **4** 208[50]); MPC 365[49]), 1598 (Id), 1643 (El), 1672

1334 Lundmarka: MPC 1677

1336 Zeelandia: MPC 1672

1337 Gerarda: MPC 1643 (El)

1339 Désagneauxa = 1951 AF: BAB **4** 101[51]); BIA **6** 499 (Id, El); MPC 544[51])

1341 Edmée: Acta Astr. Sinica **5** Nr. 1; MPC 1574

1342 Brabantia: BA **21** 188 (El)

1346 Gotha: BAB **4** 215

1347 Patria: MPC 1643 (El)

1348 Michel: BAB **1** 226[52]); MPC 1643 (El); RI 767[52]), 1022[53]), 1520[54]); TAB Nr. 287 S. 573[55])

1349 Bechuana: MPC 513[56]), 1643 (El); UC **6** 8[56])

1351 1934 TF: MPC 1540, 1643 (El); UC **6** 287

1355 Magoeba: MPC 1676

1358 Gaika: BAB **4** 215

1359 Prieska: MPC 1540; TAB (2) Nr. 90 S. 971; UC **6** 287

1362 Griqua: AJ **62** 185 = LOB Nr. 555

1363 Herberta: AC Nr. 140 S. 6[57]); BAB **3** 202[58]), **4** 215; MPC 1643 (El); RI 2456[58])

1364 Safara: MPC 1676

1365 1928 RK: MPC 1608; NAZ **11** 17

1366 Piccolo: MPC 1606, 1607, 1643 (El); New S. Wales J. and Pr. **90** 58, 60 = Syd. Pap. Nr. 26

1367 1934 NA: MPC 1540 (El), 1560

1369 Ostanina: BAB **4** 215

1374 Isora: New S. Wales J. and Pr. **90** 58 = Syd. Pap. Nr. 26

1375 Alfreda: MPC 1320[59]), 1633

1378 Leonce: MPC 1675; New S. Wales J. and Pr. **90** 58 = Syd. Pap. Nr. 26

1382 Gerti: Ann. Zô-Sè **24** 102 (El), 109 (Eph); NAZ **11** 3; TAB (2) Nr. 90 S. 971

1383 Limburgia: MPC 1605, 1607

1384 Kniertje: MPC 1606, 1607

1385 Gelria: BAN **10** 438[60]); Krim Mitt. **4** 203[61]), **9** 143[62]); MPC 153[60]), 282[63]), 1643 (El); RI 2563 [60]);UC **5** 361[63]) [64])

1388 Aphrodite: BAB **4** 112[65]); MPC 712[65]), 1643 (El)

1389 Onnie: MPC 1643 (El)

1393 Sofala: MPC 1604, 1606

1394 Algoa: MPC 1605

1396 Outeniqua: MPC 1540; UC **6** 287

1397 Umtata: BAB **4** 209; MPC 1673

1398 Donnera: Acta Astr. Sinica **5** Nr. 1; MPC 1574

1401 Lavonne = 1945 VC, 1951 KM: BAB **3** 282[66]), **4** 82[67]); BZ **19** 41[68]); MPC 359[67]), 874[69]); NAZ **11** 24 (Id); Pulkowo Mitt. Nr. 143 S. 8[70]); RI 1275[71]), 1544[68]), 1593[68]); UAI Circ 1019[66])

1411 Brauna: MPC 1675

1412 Lagrula: MPC 1560

1415 Malautra: BIA **6** 501 (El); MPC 1673

1416 Renauxa: MPC 1605

1420 Radcliffe: BAB **4** 209; MPC 1632

1421 Esperanto: BAB **4** 215

1423 Jose: MPC 1643 (El)

1424 Sundmania: TAB (2) Nr. 90 S. 972, 973, 974

1426 1937 GF: BAB **4** 215; MPC 1609; NAZ **11** 21; TAB (2) Nr. 90 S. 976

1428 Mombasa: MPC 1540, 1581, 1600; UC **6** 287

1433 Geramtina: MPC 1660

1434 Margot: MPC 1643 (El), 1673

1436 1936 YA: MPC 673[72]), 695[73]), 1540, 1643 (El); TAB (2) Nr. 90 S. 970; UC **6** 287

1437 Diomedes: TAB (2) Nr. 90 S. 971

1442 Corvina: Acta Astr. Sinica **5** Nr. 1; MPC 1574

1443 Ruppina: Acta Astr. Sinica **5** Nr. 1; MPC 1574

1444 1938 AE: TAB (2) Nr. 90 S. 968

1446 1938 BA: MPC 1582, 1603

1449 1938 DO: NAZ **11** 4

1457 Ankara = 1933 SA: BAB **4** 215; Jap. Astr. Ass. Circ. 154 (Id); MPC 1597 (Id), 1675

1458 Mineura: BAB **4** 209; MPC 954[74])

1461 1937 YL: TAB (2) Nr. 90 S. 972, 973

1466 Mündleria: Urania Barcelona **41** 174 (El)

1467 Mashona: MPC 1540; UC **6** 287

1469 Linzia: BAB 4 215; Krim Mitt. 5 137[75]); MPC 1643 (El); TAB (2) Nr. 90 S. 976

1471 1938 SL_1: MPC 1675

1473 1938 UT: BAB 4 209

1475 Yalta: BAB 3 92[76]); MPC 1626 (El); RI 2075[76])

1477 Bonsdorffia: TAB (2) Nr. 90 S. 971

1478 1938 CF: MPC 1608

1488 1938 XE: TAB (2) Nr. 90 S. 971

1491 1938 EJ: MPC 1643 (El); TAB (2) Nr. 90 S. 969, 970

1492 1938 FL: MPC 1609; NAZ 11 21

1493 Sigrid: MPC 1674

1494 Savo: MPC 1551 (El, Eph)

1495 1938 SW: TAB (2) Nr. 90 S. 977

1497 1938 SB_1: MPC 1643 (El)

1502 Arenda: Acta Astr. Sinica 5 Nr. 1; MPC 1574

1504 1939 FM: MPC 1607

1506 Xosa: MPC 1603, 1604, 1605

1510 1939 DC: MPC 1319[77]), 1633

1511 Daléra: BAB 4 215

1512 1939 FE: MPC 1539[78]), 1581[78]); UC 6 287[78])

1516 1938 BG: TAB (2) Nr. 90 S. 970

1522 1938 WO: MPC 1606

1523 1939 BC: MPC 1550 (Eph)

1528 Conrada: MPC 1560; TAB (2) Nr. 90 S. 968, 971, 972

1530 1938 SG: BAB 4 215; TAB (2) Nr. 90 S. 976

1533 1939 BD: TAB (2) Nr. 90 S. 973

1535 1939 RC: AC Nr. 119 S. 4[79])

1536 1939 SE: MPC 1609; NAZ 11 18

1539 1940 UB: MPC 1582; RI 2186[80])

1541 Estonia: MPC 1609; NAZ 11 21

1545 1941 UW: TAB (2) Nr. 90 S. 979

1546 1941 SG_1: TAB (2) Nr. 90 S. 973[81])

1547 1929 CZ: TAB (2) Nr. 90 S. 971

1553 Bauersfelda: NAZ 11 22 (El)

1554 1940 RE: MPC 1560

1556 Wingolfia: MPC 1643 (El)

1557 1942 AD: MPC 1607

1560 Strattonia: BAB 4 215; TAB (2) Nr. 90 S. 977

1561 1941 CG: BAB 4 215

1566 Icarus: Harv Card 1360 (Eph); MPC 1593 (Eph), 1660[82])

1567 1941 HN: TAB (2) Nr. 90 S. 978

1568 Aisleen: TAB (2) Nr. 90 S. 968

1570 Brunonia: MPC 1052[83]); NAZ 8 12[83])

1572 Posnania: MPC 1610, 1673; NAZ 11 22

1573 1949 UA: MPC 1581

1574 Meyer: MPC 1631

1575 Winifred: MPC 1660

1577 1949 BA: MPC 1631

1579 1948 SB: BAB 4 209; MPC 1660

1580 Betulia: MPC 1663 (Eph)

1582 Martir: BAB 4 215

1587 1933 FS_1: BAB 4 215; MPC 1673

1590 1933 NA: MPC 1540; UC 6 287

1594 1949 WA: BAB 4 215; MPC 1631

1595 1930 ME: MPC 1540, 1674, 1675; UC 6 287

1598 Paloque: MPC 1628, 1660

1599 Giomus: MPC 1627

1601 1942 KA: MPC 1604, 1605, 1606

1602 Indiana: MPC 1629

1603 1926 VH: Acta Astr. Sinica 5 Nr. 1; MPC 1574; TAB (2) Nr. 90 S. 967

1609 1951 NL: MPC 1608; TAB (2) Nr. 90 S. 974

1613 1950 SD: TAB (2) Nr. 90 S. 980

1614 1952 HA: Acta Astr. Sinica 5 Nr. 2; MPC 1619, 1660

1615 1950 BW = 1948 RB_1, 1948 RH_1, 1948 TG + 1948 SE: MPC 1578 (Id)[84])

1618 1948 NF: MPC 1552 (Eph)

1619 1953 TA: MPC 1540; TAB (2) Nr. 90 S. 972, 973, 974; UC 6 287

1621 1926 TM: MPC 1604, 1606, 1607; NAZ 11 4

1622 1952 EA: MPC 1582, 1662 (Eph)

1623 1948 PL: MPC 1551 (Nu, El)[85]), 1660

1624 1931 TT_1 = 1928 DS, 1939 BN, 1954 UP_2: Jap. Astr. Ass. Circ. 155 (Id)[86]); MPC 1588 (Nu, El, Eph)

1625 THE NORC = 1936 QS: MPC 1591 (Nu, Na, Id, El)

1626 1927 AA: MPC 1592 (Nu, El), 1663 (Eph); NAZ 11 13 (El)

1902 HY = 1942 CH: MPC 1550 (Id)[1])

1917 a = 1940 WG (?): JO **40** 80 (Id)

1923 OD = 1955 VZ: Beograd Bull. **21** Nr. 1—2 (Id); MPC 1556 (Eph)[87])

1924 QW: MPC 1608, 1628, 1629; NAZ **11** 17

1924 TQ: BZ **6** 66[88])

1924 TZ = 1952 DA: AN **224** 107[88]); Beograd Bull. **21** Nr. 1—2 (Id); BZ **6** 66[88]); Heidelberg Sternw. Veröff. **16**[88])

1924 k: AN **224** 107[89]); BZ **6** 66[89]); Heidelberg Sternw. Veröff. **16**[89])

1925 QA: MPC 1556 (Eph)

1925 VF: MPC 1624 (Eph)

1926 PE: MPC 1663 (Eph)

1926 TD ≠ 1926 VB: MPC 1550 (nicht id.)[1])

1926 VB ≠ 1926 TD

1927 AA Vgl. 1626

1927 UH ≠ 1950 DL: MPC 1550 (nicht id.), 1632 (nicht id.); NAZ **11** 11 (nicht id.)

1928 DS = 1624 1931 TT_1

1928 DF_1, QO: JO **40** 87 (El)

1929 EC = 1955 XN: MPC 1602 (Id)

1929 SH = 1957 NA: Astr. Nachr. Berlin-Treptow **9** 86 (Id, Eph), 114 (Id); MPC 1634 (Id), 1635 (Eph); NAZ **11** 15 (Id); NAZvM 329 (Id, Eph); UAI Circ 1616 (Id)

1929 VC = 1929 WC: NAZ **11** 11 (Id)

1929 WC = 1929 VC

1930 SK = 1953 FQ (?): Jap. Astr. Ass. Circ. 155 (Id)

1930 SC_1: JO **40** 87 (El)

1931 CH: JO **40** 87 (El)

1931 FB = 1936 FX, 1942 HK: MPC 1625 (Id)

1931 JP: MPC 749[36])

1931 TL: MPC 1624 (Eph)

1931 TT_1 Vgl. 1624

1931 TT_2 ≠ 1939 FK, 1955 GA: Beograd Bull. **21** Nr. 1—2 (nicht id.)

1931 XO: JO **40** 87 (El)

1932 BH = 1955 BL: Beograd Bull. **21** Nr. 1—2 (Id)

1932 CC_1 = 1932 EU: NAZ **11** 11 (Id)

1932 CE_1 = 1938 EP, 1955 FR: Jap. Astr. Ass. Circ. 155 (Id)[90]); YC 1443 (El, Eph)

1932 EU = 1932 CC_1

1933 HM: BAB **1** 226[91]); RI 767[91])

1933 OE = 1955 FC: Beograd Bull. **21** Nr. 1—2 (Id)

1933 OH = 1933 QD_1: NAZ **11** 11 (Id)

1933 OK: MPC 1662 (Eph)

1933 QD_1 = 1933 OH

1933 SA = 1457 Ankara: Jap. Astr. Ass. Circ. 154 (El)

1933 UO = 1954 TB: Beograd Bull. **21** Nr. 1—2 (Id)

1934 CV: AN **251** 252[92]); RI 933[92])

1934 CM_1: AN **251** 252[93]); Heidelberg Sternw. Veröff. **16**[94]), RI 933[93])

1934 FL = 1934 FP, 1934 HH: NAZ **11** 24 (Id)

1934 FP = 1934 FL

1934 FS: JO **40** 87 (El)

1934 HH = 1934 FL

1934 JB: MPC 1011 (El)[95])

1934 LB = 1934 LH: NAZ **11** 11 (Id)

1934 LH = 1934 LB

1934 LM: RI 1022[96])

1934 SA = 1950 DN (?): Beograd Bull. **21** Nr. 1—2 (Id)

1934 TD = 1955 XA: Beograd Bull. **21** Nr. 1—2 (Id, Eph)

1934 UA: JO **40** 87 (El)

1935 BB = 1956 AH, 1956 DC: Jap. Astr. Ass. Circ. 152 (Id); MPC 1602 (Id)

1935 JE: JO **40** 87 (El)

1935 JF: MPC 1552 (Eph)

1935 KC = 1935 ML: Jap. Astr. Ass. Circ. 156—157 (Id, El); MPC 1537[1]); NAZ **11** 13 (El); UC **6** 288[1])

1935 KF: JO **40** 87 (El)

1935 ML = 1935 KC

1935 OJ: MPC 1540, 1581, 1582, 1662 (Eph); UC **6** 287

1935 US: MPC 1556 (Eph)[87]), 1660

1935 YA = 1939 XA, 1955 TS: NAZ **11** 27 (Id, El)

1936 BD: MPC 1606

1936 FX = 1931 FB

1936 NE = 1940 RK: MPC 1593 (Id)

1936 NF: JO **40** 87 (El)

1936 QO: MPC 1624 (Eph)

1936 QS = 1625 THE NORC: MPC 1537[1]), 1591; UC **6** 288[1])

1936 RK: MPC 1537[1]); UC **6** 288[1])

1936 TJ: JO **40** 87 (El)

1936 VK = 1936 YG: NAZ **11** 11 (Id)

1936 YG = 1936 VK

1937 AT: RI 1520[99])

1937 CK: BZ **19** 41[97]); RI 1544[97]), 1593[97])

1937 TG = 1944 OC: MPC 1604[17]), 1606, 1661 (El, Eph); NAZ **11** 23 (Id)[98]), 27 (El); TAB (2) Nr. 90 S. 974

1938 DU: JO **40** 78 (El)

1938 DW = 1951 RE (?): Beograd Bull. **21** Nr. 1—2 (Id); JO **40** 78 (El)

1938 DF_1, DG_1, DH_1: JO **40** 78 (El)

1938 DL_1 = 1951 AA, 1951 AX, 1951 CE, 1951 CR: MPC 1593 (Id), 1625 (Id)

1938 DA_2, DB_2, DC_2, DH_2, DJ_2, DK_2, EK, EO: JO **40** 78 (El)

1938 EP = 1932 CE_1

1938 ER, FH, GA, GB, GD, GE, GF, GH: JO **40** 78 (El)

1938 GM = 1954 RA (?): Beograd Bull. **21** Nr. 1—2 (Id)

1938 HA, HB: JO **40** 78 (El)

1938 HD: TAB Nr. 287 S. 573[99])

1938 LA, OD, QH, QL, QM, RD, SE, SL, SV, SX, SD_1, SF_1, TB, UD, UG, UJ_1, UL_1, WD, WH, WJ, WL, WP: JO **40** 78 (El)

1938 WS, XA, YF: JO **40** 79 (El)

1939 BG: MPC 1608; NAZ **11** 17

1939 BM: JO **40** 79 (El)

1939 BN = 1624 1931 TT_1

1939 BQ: RI 2121[100])

1939 BR: RI 2121[101])

1939 BS, CC, CG, CU, CC_1, CD_1, DA, DB, DE, DG, DH, EE, EF, EG, EH, EJ, EK, EL, FD: JO **40** 79 (El)

1939 FF: JO **40** 79 (El); MPC 1580 (+ El); NAZ **11** 10 (El)

1939 FK = 1955 GA ≠ 1931 TT_2: Beograd Bull. **21** Nr. 1—2 (Id)

1939 FQ, FV, FW, GA, GB, GD, GE, JA, KA, KD, NA, NC, PB, PC, PE, PL, QB, QD, RA, RJ: JO **40** 79 (El)

1939 RK = 1949 PH: JO **40** 79 (El); MPC 1625 (Id)

1939 RL, RM, RN, RP, SA, TA, TK, TL, TM, TN, TO, UD, UE, UF, UJ, UL, UM: JO **40** 79 (El)

1939 VD, VH, VJ, VK, VM, VN, XA = 1935 YA: JO **40** 80 (El)

1940 AM: JO **40** 80 (El)

1940 AP: BAB **3** 92[102]); RI 2075[102])

1940 CF, EA, EE, EL, FD, FE, FF, FG, GA, GB, GD, GE, GG, GH, GJ, GK, GN, HD, LA, LL, LM, LO, NA, PD, QC, QE, QF, QH, RB: JO **40** 80 (El)

1940 RK = 1936 NE

1940 RQ, WA, WC, WD, WE, WF, WG = 1917 a (?), **WH, WJ, WL, WM, WN, XA, YA, YB, YE, YF, YG**: JO **40** 80 (El)

1940 YH: MPC 1605, 1665 (Eph)

1940 YK: JO **40** 80 (El)

1941 BH, BK, BO: JO **40** 80 (El)

1941 BW: AN **274** 44[103]); RI 2221[103])

1941 CA, CB, DB, DC, EB, FD, FJ, FM, FN, FO, FP, FQ, HA, HC, HD, HF, HG, HJ, HL, HO, HP, QA, QB, QC, RA, SC, SD, SE, SF, SG, SH, SL, SM, SN, SO, SP, SQ, ST, SX, SY, SZ, SA_1, SB_1, SC_1, SD_1, SE_1, SF_1, SJ_1, SO_1, SP_1, SR_1, SW_1, SZ_1, SF_2, UD, UE: JO **40** 81 (El)

1941 UF = 1955 TT: MPC 1556 (Id)

1941 UN, UT, UV: JO **40** 81 (El)

1941 UX: JO **40** 82 (El)

1941 UY: JO **40** 81 (El)

1941 VD, YA: JO **40** 82 (El)

1942 BG, CA, CB, CC, CE, CF, CG: JO **40** 82 (El)

1942 CH = 1902 HY

1942 CJ, DA, DB, DC, DD, DE, DK, DN, EJ, EK, EQ, ER, ES, ET, EU, EV, EW, EX, EY, EZ, EA_1, EC_1: JO **40** 82 (El)

1942 ED_1 = 1942 FO: JO **40** 82 (El); NAZ **11** 11 (Id)

1942 EE_1, EF_1, EG_1, EH_1, FA: JO **40** 82 (El)

1942 FO = 1942 ED_1

1942 GC, GD, GE, GF, GG, GJ, GK, GQ, GR, HD: JO **40** 82 (El)

1942 HE = 840 Zenobia, 1956 YA: Jap. Astr. Ass. Circ. 155 (Id)[104]); MPC 1740 (Id)[104])

1942 HG, HJ, HK = 1931 FB, **JB, JC, JD, JE, JF, JG, JH, LF**: JO **40** 82 (El)

1942 LK: MPC 49[105])

1942 PF, PG: JO **40** 82 (El)

1942 RB, RC, RD: JO **40** 83 (El)

1942 RE: JO **40** 82 (El)

1942 RF, RG, RH, RJ: JO **40** 83 (El)

1942 RK: MPC 1591

1942 RL, RS, RT, RU, RV, RW, RZ, RA_1, TD, VU, VW, XC, XE, XJ, XK: JO **40** 83 (El)

1942 XS: Pulkowo Mitt. Nr. 143 S. 8[106])

1943 DG, DH, DK, DL, DM, DN, EA: JO **40** 83 (El)

1943 EB = 1950 OO: MPC 1556 (Id)

1943 EC, EL, EM, EN, EO, EP, EQ, EZ, EA_1: JO **40** 83 (El)

1943 ED$_1$: BAB **3** 202 [107]); RI 2456 [107])

1943 FE: RI 2466 [108]); Turku Informo Nr. 5 [108])

1943 GB, GD, GF, GG, GT, GU, OB, OE, QB, QC, QD, QE, SB, SC: JO **40** 83 (El)

1943 TK = 1943 VC: NAZ **11** 11 (Id)

1943 UD, UE: JO **40** 83 (El)

1943 UJ: BAB **3** 243 [105]); RI 2511 [105])

1943 VC = 1943 TK

1943 VE: JO **40** 83 (El)

1944 CA: JO **40** 83 (El)

1944 DA = 1953 TD$_3$: Jap. Astr. Ass. Circ. 156—157 [109])

1944 DD, DG, DK: JO **40** 83 (El)

1944 KD: BAN **10** 438 [110]); MPC 153 [110]); RI 2563 [110])

1944 MD, OC = 1937 TG: JO **40** 83 (El)

1944 OG, QB, QD, QE, QF, QJ: JO **40** 84 (El)

1945 QH: BAB **3** 282 [111]); UAI Circ 1019 [111])

1945 TD, TE, TF, VC = 1401 Lavonne, **VJ**: JO **40** 84 (El)

1946 DA, FA: JO **40** 84 (El)

1946 GD: UC **5** 189 [112])

1946 SA: MPC 1011 (El) [95])

1946 SF, SG, TB, TC, TE, UC, UD, UE, UF, UG, UJ, UK, UL: JO **40** 84 (El)

1947 BH, BJ: JO **40** 84 (El)

1947 CA: Jap. Astr. Ass. Circ. 154 (El)

1947 CG, DA, EB, FB: JO **40** 84 (El)

1947 GA: Jap. Astr. Ass. Circ. 158 (El); JO **40** 84 (El)

1947 GD, GE, GG: JO **40** 84 (El)

1947 HD: Jap. Astr. Ass. Circ. 158 (El); JO **40** 84 (El)

1947 LC: JO **40** 84 (El)

1947 NG: MPC 1537 [1]), 1591; UC **6** 288 [1])

1947 PA: JO **40** 84 (El)

1947 TE = 1242 Zambesia

1947 XA: JO **40** 84 (El)

1948 CA, CD: JO **40** 84 (El)

1948 DC = 35 Leukothea

1948 DD: MPC 203 [113])

1948 EC, EL: JO **40** 84 (El)

1948 EM ≠ 931 Whittemora

1948 EN: JO **40** 84 (El)

1948 GJ: Krim Mitt. **4** 203 [110])

1948 JH, KA, LH, MH: JO **40** 84 (El)

1948 OA: MPC 1581, 1588 (Eph)

1948 PN, PR, RA, RB, RC, RE, RF, RG, RH, RK: JO **40** 84 (El)

1948 RL, RM, RN, RO, RP: JO **40** 85 (El)

1948 RQ: Jap. Astr. Ass. Circ. 156—157 (El); JO **40** 85 (El)

1948 RZ: Jap. Astr. Ass. Circ. 158 (El); JO **40** 85 (El)

1948 RA$_1$: JO **40** 85 (El)

1948 RB$_1$ = 1615 1950 BW

1948 RD$_1$: JO **40** 84 (El)

1948 RH$_1$ = 1615 1950 BW: AC Nr. 96—97 S. 7 (El) [114]); JO **40** 85 (El)

1948 RJ$_1$ (σ 28): Krim Mitt. **4** 209 [115]), 210 [115])

1948 RK$_1$: JO **40** 84 (El)

1948 SC: JO **40** 85 (El)

1948 SE (σ 32) ≠ 1615 1950 BW: AC Nr. 96—97 S. 7 (El) [116])

1948 SF (σ 33): Krim Mitt. **4** 209 [117]), 210 [117])

1948 SH: Krim Mitt. **4** 208 [118])

1948 TG = 1615 1950 BW

1948 TL = 1948 UH: NAZ **11** 24 (Id)

1948 TP: JO **40** 85 (El)

1948 TR: Jap. Astr. Ass. Circ. 158 (El); JO **40** 85 (El)

1948 TY: JO **40** 85 (El)

1948 TD$_1$: JO **40** 85 (El); MPC 779 (El) [1])

1948 TF$_1$, TG$_1$, TM$_1$, TN$_1$, TF$_2$: JO **40** 85 (El)

1948 UH (σ 33′) = 1948 TL: Krim Mitt. **4** 209, 210, **6** 174; MPC 1577 (Vorläufige Bezeichnung), 1579 (El)

1948 VA: JO **40** 85 (El)

1948 VK: BAB **4** Nr. 4 [119]); MPC 388 [119])

1948 WG, WH, WJ, WK, WP, YB: JO **40** 85 (El)

1948 YG: MPC 238 [120])

1949 AA, AB: Jap. Astr. Ass. Circ. 156—157 (El); JO **40** 85 (El)

1949 BF = 1954 ER: Jap. Astr. Ass. Circ. 155 (Id)

1949 CD, CE, CF, CJ, CK, DG, ED, EE, FB, FF: JO **40** 85 (El)

1949 FP = 1949 FD$_1$: NAZ **11** 24 (Id) [98])

1949 FX, FY: JO **40** 85 (El)

1949 FD$_1$ = 1949 FP

1949 GE, GF, GG, HB, HT, HH$_1$, HJ$_1$: JO **40** 85 (El)

1949 JE ≠ 1949 KH = 1954 UD (?): Beograd Bull. **21** Nr. 1—2 (Id); JO **40** 85 (El)

1949 KB = 1949 KU: Jap. Astr. Ass. Circ. 156—157 (El); MPC 1556 (Id)

1949 KC: JO **40** 85 (El)

1949 KF: MPC 1537[1]); UC **6** 288[1])

1949 KH ≠ 1949 JE, **KU** = 1949 KB

1949 MG, MQ, MV: JO **40** 85 (El)

1949 NC: MPC 282[110]); UC **5** 361[110]) [64])

1949 OD: JO **40** 85 (El)

1949 OF = 1949 OY: NAZ **11** 24 (Id)

1949 OL, OM, ON, OO, OP, OQ, OR: JO **40** 85 (El)

1949 OS, OT, OU, OV, OW, OX: JO **40** 86 (El)

1949 OY = 1949 OF

1949 OA$_1$: JO **40** 86

1949 ON$_1$: MPC 1579 (El)

1949 OO$_1$: Krim Mitt. **5** 144[121]); MPC 1579 (El)

1949 OP$_1$: Krim Mitt. **5** 137[122])

1949 PD = 1949 PX: NAZ **11** 24 (Id)

1949 PH = 1939 RK: NAZ **11** 10 (El)

1949 PJ, PK, PL, PQ, PR: JO **40** 86 (El)

1949 PS: Jap. Astr. Ass. Circ. 152 (El); JO **40** 86 (El); NAZ **11** 13 (El)

1949 PT: JO **40** 86 (El)

1949 PU = 1955 RG (?): JO **40** 86 (El); MPC 1601 (El), 1602 (Id); NAZ **11** 13 (El); YC 1438 (El)

1949 PX = 1949 PD: JO **40** 86 (El); Krim Mitt. **5** 144[123]), **6** 175[123])

1949 QL, QN, QP: JO **40** 86 (El)

1949 QU: MPC 1597 (El)

1949 QX, QC$_1$, QD$_1$, QE$_1$, QF$_1$, QH$_1$: JO **40** 86 (El)

1949 QJ$_1$ = 1949 QN$_1$: Jap. Astr. Ass. Circ. 158 (Id, El)

1949 QN$_1$ = 1949 QJ$_1$

1949 QQ$_1$: Jap. Astr. Ass. Circ. 156—157 (El)

1949 QZ$_1$: JO **40** 86 (El)

1949 QF$_2$: Krim Mitt. **5** 144[124]), **6** 175[124])

1949 QG$_2$: MPC 290[125]); NAZ **3** 32[125])

1949 SA: Beograd Bull. **21** Nr. 1—2 (El); JO **40** 86 (El)

1949 SD, SG$_1$: JO **40** 86 (El)

1949 SP$_1$: AC Nr. 93 S. 3[126]); Kiew Publ. Nr. 4 S. 106[126])

1949 TC, UB: JO **40** 86 (El)

1949 UC: Jap. Astr. Ass. Circ. 158 (El); JO **40** 86 (El)

1949 UQ: JO **40** 86 (El)

1949 UD$_1$: BAB **4** 82[127]); MPC 358[127])

1949 WL, WM: Jap. Astr. Ass. Circ. 156—157 (El); JO **40** 86 (El)

1949 XD, XE, XF, XJ, XN, XO: JO **40** 86 (El)

1949 YZ: BAB **4** 82[128]); MPC 359[128])

1950 AB = 1950 DA$_1$: NAZ **11** 24 (Id)

1950 BK: BAB **4** 215; MPC 599[1])

1950 BM, BN: Jap. Astr. Ass. Circ. 156—157 (El); JO **40** 86 (El)

1950 BO$_1$: BAB **4** 90[118]); MPC 365[118])

1950 BP$_1$: BAB **4** 90[129]); MPC 364[129])

1950 DC: JO **40** 86 (El)

1950 DE: MPC 1587 (Eph)

1950 DF, DG: JO **40** 86 (El)

1950 DH: MPC 1662 (Eph)

1950 DK: JO **40** 86 (El)

1950 DL ≠ 1927 UH: MPC 842 (El, Eph)[130]), 1057 (Eph)[130]), 1143[131]), 1254 (Eph)[130]), 1587 (Eph); NAZ **8** 43[131])

1950 DN = 1934 SA (?): Beograd Bull. **21** Nr. 1—2 (El); JO **40** 86 (El)

1950 DP: MPC 1663 (Eph)

1950 DT = 1950 ES: JO **40** 86 (El); NAZ **11** 11 (Id)

1950 DA$_1$ = 1950 AB

1950 ED, EE, EF, EH: JO **40** 86 (El)

1950 ES = 1950 DT

1950 ET = 1950 HS: NAZ **11** 24 (Id)

1950 FB, FE: JO **40** 86 (El)

1950 FM = 211 Isolda

1950 GB ≠ 1951 SB, 1951 SO: Jap. Astr. Ass. Circ. 154 (El); JO **40** 86 (El); NAZ **11** 22 (nicht id., El); MPC 1537[1]); UC **6** 288[1])

1950 HB, HC: JO **40** 86 (El)

1950 HF = 1950 JM: Jap. Astr. Ass. Circ. 152 (Id, El); MPC 1601 (Id, El); NAZ **11** 11 (Id)

1950 HS = 1950 ET

1950 JB: Jap. Astr. Ass. Circ. 152 (El); JO **40** 86 (El); MPC 1601 (El)

1950 JM = 1950 HF

1950 KB: JO **40** 86 (El)

1950 LB: Jap. Astr. Ass. Circ. 158 (El); JO **40** 86 (El)

1950 LC$_1$, LD$_1$, LE$_1$, MC: JO **40** 87 (El)

1950 NE: Jap. Astr. Ass. Circ. 158 (El); JO **40** 87 (El)

1950 NH, NK, NV, NX, NZ: JO **40** 87 (El)

1950 NA$_1$: MPC 1552 (Eph), 1561 (Eph)

1950 NB_1: Jap. Astr. Ass. Circ. 158 (El); JO **40** 87 (El)

1950 NG_1, NO_1, NQ_1, NR_1: JO **40** 87 (El)

1950 OC = 1950 PG, 1950 RS: NAZ **11** 24 (Id)

1950 OO = 1943 EB

1950 PA, PD: JO **40** 87 (El)

1950 PG = 1950 OC

1950 PJ, PN: JO **40** 87 (El)

1950 PA_1: MPC 513[132]; UC **6** 8[132]

1950 QA = 100 Hekate

1950 QO: Jap. Astr. Ass. Circ. 156—157 (El)

1950 QH_1: Krim Mitt. **7** 136[133]

1950 RN: JO **40** 87 (El); MPC 1579 (El)

1950 RO = 583 Klotilde: JO 40 87 (El); MPC 1579 (El)

1950 RP = 919 Ilsebill: MPC 1579 (El)

1950 RS = 1950 OC

1950 SB: JO **40** 87 (El)

1950 SE = 919 Ilsebill

1950 SH: JO **40** 87 (El)

1950 SJ: MPC 1663 (Eph)

1950 SK: MPC 1627, 1628

1950 SL: MPC 1587 (Eph)

1950 SM, TA, TB, TC: JO **40** 87 (El)

1950 TD = 1950 TQ_1: JO **40** 87 (El); NAZ **11** 11 (Id)

1950 TE, TF: JO **40** 87 (El)

1950 TJ: Jap. Astr. Ass. Circ. 158 (El); JO **40** 87 (El)

1950 TN = 919 Ilsebill

1950 TQ_1 = 1950 TD

1950 VC: JO **40** 87 (El)

1951 AA = 1938 DL_1, **AF** = 1339 Désagneauxa, **AX** = 1938 DL_1

1951 AA_1: BAB **4** 101[134]; MPC 544[134]

1951 CE = 1938 DL_1, **CR** = 1938 DL_1

1951 DE: MPC 1576 (Eph), 1631

1951 GL_1: EVA Circ. Nr. 12[135]

1951 KM = 1401 Lavonne

1951 QA: AC Nr. 185 S. 13 (El); MPC 1556 (Eph)[87]

1951 QE: TAB (2) Nr. 90 S. 974

1951 QL: MPC 673[136], 718[136]

1951 QM: MPC 673[137]

1951 QN: MPC 695[138]

1951 QO: BAB **4** 112[139]; Harv Card 1155[139]; MPC 689[139], 690[139], 699[139], 700[139]

1951 RE = 1938 DW (?), **RH**: Beograd Bull. **21** Nr. 1—2 (El)

1951 RJ: MPC 1624 (Eph)

1951 RQ: MPC 1552 (Eph), 1627, 1628

1951 RR: Beograd Bull. **21** Nr. 1—2 (El)

1951 RU: MPC 849 (El)[1], 1605

1951 SB ≠ 1950 GB: Jap. Astr. Ass. Circ. 156—157 (El)

1951 SC: MPC 1576 (Eph)

1951 SD: Jap. Astr. Ass. Circ. 158 (El); YC 1454 (El)

1951 SE, SG: Jap. Astr. Ass. Circ. 156—157 (El)

1951 SO ≠ 1950 GB: MPC 1579 (El)[140]; NAZ **11** 22 (El)

1951 TE: MPC 1552 (Eph)[1], 1660

1951 UG = 1951 WH: NAZ **11** 27 (Id)

1951 UW: BAB **4** 112[141]; MPC 712[141]

1951 WH = 1951 UG: Jap. Astr. Ass. Circ. 158 (El)

1951 XJ: Beograd Bull. **21** Nr. 1—2 (El)

1952 DA = 1924 TZ

1952 DB: MPC 1631

1952 DG, DJ: Jap. Astr. Ass. Circ. 156—157 (El)

1952 DG_3: Krim Mitt. **9** 143[142]

1952 HV: Jap. Astr. Ass. Circ. 156—157 (El)

1952 LA = 1952 MN: NAZ **11** 27 (Id)

1952 MN = 1952 LA

1952 MU = 1952 OV: NAZ **11** 27 (Id)

1952 OV = 1952 MU

1952 OZ: MPC 1587 (Eph)

1952 QH_1: MPC 874[111]

1952 SP = 1952 TG: NAZ **11** 27 (Id)

1952 SS_1: MPC 919[143]

1952 TA, TB: Jap. Astr. Ass. Circ. 156—157 (El)

1952 TG = 1952 SP

1952 UU: Jap. Astr. Ass. Circ. 156—157 (El)

1952 UV_1: MPC 1587

1952 VJ: MPC 911[144]

1953 CA, EL: Jap. Astr. Ass. Circ. 156—157 (El)

1953 FP, FQ = 1930 SK (?), **FR, FV, FW, FY, FZ**: Jap. Astr. Ass. Circ. 155 (El)

1953 FA_1, FB_1, FC_1, FD_1: Jap. Astr. Ass. Circ. 156—157 (El)

1953 FO_1: AC Nr. 140 S. 6[145]

1953 GA: MPC 1628, 1629

1953 GS_1: MPC 954[146]

1953 NL: AC Nr. 141 S. 1[147])

1953 OA = 1953 OM: NAZ **11** 11 (Id)

1953 OM = 1953 OA

1953 OO: MPC 995[148])

1953 PA: MPC 1540, 1662 (Eph); UC **6** 287

1953 PV = 1953 QG: NAZ **11** 11 (Id)

1953 PX: AC Nr. 143 S. 13[149]); Krim Mitt. **12** 185[149])

1953 QA: Jap. Astr. Ass. Circ. 155 (El)

1953 QG = 1953 PV: Jap. Astr. Ass. Circ. 156—157 (El)

1953 RA: MPC 1663 (Eph)

1953 RL$_1$: BAB **4** 172[150]); MPC 1033[150])

1953 TC$_1$ = 1955 EE: Jap. Astr. Ass. Circ. 154 (Id)

1953 TP$_1$: Jap. Astr. Ass. Circ. 155 (El)

1953 TO$_2$ = 1289 Kutaïssi

1953 TS$_2$: Jap. Astr. Ass. Circ. 155 (El)[90])

1953 TD$_3$ = 1944 DA: Jap. Astr. Ass. Circ. 156—157 (El)

1953 TH$_3$: MPC 1035[151]), 1322[151])

1953 UD: Jap. Astr. Ass. Circ. 155 (El)

1953 UY: MPC 1044[152])

1953 VB = 1953 XP: MPC 1579 (Id)

1953 VC = 1953 XR: MPC 1579 (Id), MPC 1671

1953 VD, VF: MPC 1671

1953 VM$_1$ = 1953 XJ: MPC 1601 (El); NAZ **11** 24 (Id)

1953 VX$_1$[90]), **VY$_1$**: Jap. Astr. Ass. Circ. 155

1953 VB$_3$: MPC 1665 (Eph)

1953 XJ = 1953 VM$_1$, **XP** = 1953 VB, **XR** = 1953 VC

1953 XC$_1$: MPC 1052[153]); NAZ **8** 12[153])

1954 CF: Jap. Astr. Ass. Circ. 153 (El); MPC 1597 (El)

1954 CJ: Jap. Astr. Ass. Circ. 156—157 (El)

1954 ER = 1949 BF

1954 HH: Beograd Bull. **21** Nr. 1—2 (El)

1954 JN = 1954 KN: NAZ **11** 24 (Id)

1954 KN = 1954 JN: MPC 1143[154]); NAZ **8** 43[154])

1954 NV: MPC 1152[155])

1954 QJ: Jap. Astr. Ass. Circ. 158 (El)

1954 RA = 1938 GM (?), **RJ**: Beograd Bull. **21** Nr. 1—2 (El)

1954 SB: BAB **4** 209

1954 SM$_1$: MPC 1319[156]), 1633

1954 TA: BAB **4** 209

1954 TB = 1933 UO: BAB **4** 209; Beograd Bull. **21** Nr. 1—2 (El)

1954 TC: MPC 1601 (El)[140])

1954 UD = 1949 JE (?): BAB **4** 209; Beograd Bull. **21** Nr. 1—2 (El); MPC 1601 (El)

1954 UH$_2$: Beograd Bull. **21** Nr. 1—2 (El)

1954 UJ$_2$: Beograd Bull. **21** Nr. 1—2 (El); MPC 1601 (El)

1954 UK$_2$, UM$_2$, UN$_2$: Beograd Bull. **21** Nr. 1—2 (El)

1954 UP$_2$ = 1624 1931 TT$_1$

1954 UQ$_2$: MPC 1601 (El)[140])

1954 UZ$_2$: MPC 1320[157]), 1633

1954 UA$_3$: MPC 1633

1954 WG = 1954 WL: NAZ **11** 27 (Id)

1954 WL = 1954 WG

1954 XQ: Jap. Astr. Ass. Circ. 152 (El); MPC 1601 (El)

1955 BD: Jap. Astr. Ass. Circ. 153 (El); MPC 1597 (El); TAB (2) Nr. 90 S. 969

1955 BF: Beograd Bull. **21** Nr. 1—2 (El)

1955 BK: TAB (2) Nr. 90 S. 970

1955 BL = 1932 BH

1955 BN: TAB (2) Nr. 90 S. 968

1955 BO, BP, BQ, BR: TAB (2) Nr. 90 S. 969

1955 DA: Jap. Astr. Ass. Circ. 153 (El); MPC 1597 (El); TAB (2) Nr. 90 S. 968

1955 DE: Jap. Astr. Ass. Circ. 153 (El); MPC 1597 (El); TAB (2) Nr. 90 S. 973

1955 DN: BAB **4** 215

1955 DR: TAB (2) Nr. 90 S. 971

1955 EE = 1953 TC$_1$: Jap. Astr. Ass. Circ. 154 (El)[90])

1955 FA = 1318 Nerina: MPC 1601 (El); NAZ **11** 10 (El)

1955 FC = 1933 OE

1955 FF: Beograd Bull. **21** Nr. 1—2 (El)

1955 FG: BAC **8** 171

1955 FR = 1932 CE$_1$

1955 FT: Beograd Bull. **21** Nr. 1—2 (El); TAB (2) Nr. 90 S. 972, 973, 974

1955 FU: Beograd Bull. **21** Nr. 1—2 (El); MPC 1601 (El); TAB (2) Nr. 90 S. 974

1955 FW: TAB (2) Nr. 90 S. 972, 973, 974

1955 FA$_1$: Jap. Astr. Ass. Circ. 152 (El); MPC 1633; TAB (2) Nr. 90 S. 970

1955 FB$_1$: Jap. Astr. Ass. Circ. 152 (El); TAB (2) Nr. 90 S. 970

1955 FC$_1$: Jap. Astr. Ass. Circ. 152 (El); MPC 1633; TAB (2) Nr. 90 S. 970

1955 FK$_1$: TAB (2) Nr. 90 S. 973

1955 FL$_1$: MPC 1322[158]), 1633

1955 FM$_1$: MPC 1633

1955 FN$_1$: MPC 1210[159]); UC **6** 257[159])

1955 FO$_1$: MPC 1488[159]); TAB (2) Nr. 90 S. 973[159])

1955 GA ≠ 1931 TT$_2$ = 1939 FK: Beograd Bull. **21** Nr. 1—2 (El); MPC 1596 (El), 1601 (El)

1955 GB: Beograd Bull. **21** Nr. 1—2 (El)

1955 HA: Beograd Bull. **21** Nr. 1—2 (El); Jap. Astr. Ass. Circ. 154 (El)[90])

1955 HL: BAB **4** 215; Beograd Bull. **21** Nr. 1—2 (El)

1955 HM: BAB **4** 215

1955 KA = 1955 MD: MPC 1596 (Id), 1601 (El)

1955 KL (= SA 61—36): AJ **62** 340; MPC 1765 (Vorläufige Bezeichnung)

1955 MD = 1955 KA

1955 MY: TAB (2) Nr. 90 S. 974

1955 MZ: MPC 1354[160]), 1633

1955 MA$_1$: MPC 1354[161]), 1633

1955 OC = 1955 QO: MPC 1556 (Id)

1955 QE = 1065 Amundsenia

1955 QJ: Beograd Bull. **21** Nr. 1—2 (El); MPC 1627, 1664 (El, Eph)

1955 QK: Beograd Bull. **21** Nr. 1—2 (El); MPC 1627, 1664 (El)

1955 QL: Beograd Bull. **21** Nr. 1—2 (El); MPC 1627

1955 QN: MPC 1627, 1664 (El)

1955 QO = 1955 OC: MPC 1627

1955 QS$_1$: New S. Wales J. and Pr. **90** 58 = Syd. Pap. Nr. 26

1955 RB: MPC 1627[162])

1955 RC: MPC 1627, 1628; NAZ **11** 27 (El)

1955 RD = 1065 Amundsenia

1955 RG = 1949 PU (?)

1955 RV, RX: MPC 1660

1955 RY = 1955 SY: MPC 1556 (Id), 1627

1955 RZ: MPC 1627, 1628

1955 RC$_1$, RD$_1$, RF$_1$: MPC 1628

1955 RJ$_1$: New S. Wales J. and Pr. **90** 58 = Syd. Pap. Nr. 26

1955 SA, SB, SC: BAB **4** 215

1955 SH: MPC 1628, 1660

1955 SO: Beograd Bull. **21** Nr. 1—2 (El)

1955 SU: MPC 1628

1955 SY = 1955 RY

1955 SD$_1$, SE$_1$, SG$_1$: MPC 1628

1955 SM$_1$ = 1065 Amundsenia

1955 SP$_1$: MPC 1628

1955 SZ[140]), **SJ$_2$**: MPC 1601 (El)

1955 TD: MPC 1628, 1660

1955 TN, TO, TP: MPC 1628

1955 TR: BAB **4** 215; Beograd Bull. **21** Nr. 1—2 (El)

1955 TS = 1935 YA: BAB **4** 215; NAZ **11** 22 (El)[98])

1955 TT = 1941 UF: BAB **4** 215; Beograd Bull. **21** Nr. 1—2 (El)

1955 TU, TV, TW, TX, TY, TZ: TAB (2) Nr. 90 S. 976

1955 UC, UF, UH, UN: MPC 1629

1955 UN$_1$: MPC 1629; NAZ **11** 27 (El); TAB (2) Nr. 90 S. 978

1955 UP$_1$, UQ$_1$, UR$_1$: BAB **4** 215

1955 US$_1$ (= Ux): Jap. Astr. Ass. Circ. 152 (El)[163]); MPC 1601 (El), 1629

1955 VQ: TAB (2) Nr. 90 S. 977, 978

1955 VR, VS, VT: TAB (2) Nr. 90 S. 978

1955 VU, VV, VW, VX, VY: TAB (2) Nr. 90 S. 979

1955 VZ = 1923 OD

1955 WB: MPC 1555 (El, Eph); NAZ **11** 10 (El); TAB (2) Nr. 90 S. 979

1955 WD = 1955 XD: NAZ **11** 24 (Id)

1955 WF (= P 461—179), **WG** (= P 461—205): AJ **62** 340; MPC 1765 (Vorläufige Bezeichnung)

1955 XA = 1934 TD: MPC 1596, 1670, 1671

1955 XD = 1955 WD, **XN** = 1929 EC

1955 XP: MPC 1602 (El)

1955 XR: MPC 1629

1955 XW, XX: TAB (2) Nr. 90 S. 979

1955 XY, XZ, XA_1: TAB (2) Nr. 90 S. 980

1955 YC, YD, YE: MPC 1602 (El)

1956 AG = 1120 Cannonia

1956 AH = 1935 BB, 1956 AW, 1956 DC: Jap. Astr. Ass. Circ. 152 (El); MPC 1596 (Id), 1602 (El); NAZ **11** 11 (Id)

1956 AW = 1956 AH

1956 CE: Jap. Astr. Ass. Circ. 152 (El); MPC 1602 (El)

1956 DA = 568 Cheruskia, **DC** = 1935 BB, 1956 AH

1956 EE: Jap. Astr. Ass. Circ. 152 (El); MPC 1602 (El)

1956 EN, EO, EP: Beograd Bull. **21** Nr. 1—2 (El); MPC 1602 (El)

1956 EL_1: MPC 1540; UC **6** 287[164])

1956 GB = 1332 Marconia, **GC** = 25 Phocaea

1956 LB, LC, LD, LE: MPC 1674

1956 NA: MPC 1581; NAZ **11** 2

1956 NB: NAZ **11** 2

1956 NC: MPC 1581

1956 PA: NAZ **11** 3

1956 PB, PC: MPC 1581

1956 PD: Jap. Astr. Ass. Circ. 156—157 (El); MPC 1582

1956 PE, PF: MPC 1675

1956 QA: MPC 1582

1956 QB: MPC 1675

1956 RA: Jap. Astr. Ass. Circ. 153 (El); MPC 1597 (El); NAZ **11** 3

1956 RB = 1956 SD: Jap. Astr. Ass. Circ. 153 (El), 158 (Id)[165]); MPC 1597 (El); NAZ **11** 3, 27 (Id)

1956 RC: NAZ **11** 3

1956 RD: Jap. Astr. Ass. Circ. 153 (El)[90]); MPC 1597 (El); NAZ **11** 3

1956 RE, RF, RG: MPC 1582

1956 RH: MPC 1582, 1603

1956 RJ = 1956 SF: Jap. Astr. Ass. Circ. 158 (Id); MPC 1582, 1603; NAZ **11** 27 (Id)

1956 RK, RL: MPC 1582, 1603

1956 RM, RN: MPC 1583

1956 RO, RP, RQ: MPC 1603

1956 RR, RS: MPC 1675

1956 SA, SB, SC = 1318 Nerina (?), **SD** = 1956 RB, **SE, SF** = 1956 RJ: MPC 1603

1956 SG: MPC 1604

1956 SH: MPC 1675

1956 TA: Jap. Astr. Ass. Circ. 156—157 (El); MPC 1587

1956 TB = 1956 VE: Jap. Astr. Ass. Circ. 158 (Id); MPC 1604

1956 TC = 1956 UQ (?): Jap. Astr. Ass. Circ. 158 (Id); MPC 1604

1956 TD: MPC 1604

1956 TE = 1956 UQ (?): MPC 1604; NAZ **11** 27 (Id)

1956 TF = 1956 UP: Jap. Astr. Ass. Circ. 158 (Id), 159 (El); MPC 1604; NAZ **11** 27 (Id)

1956 TG: MPC 1604, 1606

1956 TH, TJ, TK = 482 Petrina, **TL**: MPC 1604

1956 TM: Jap. Astr. Ass. Circ. 158 (El); MPC 1605, 1606, 1607

1956 TN: MPC 1605, 1606

1956 TO, TP, TQ, TR, TS, TT, TU, TV, TW, UA, UB, UC, UD, UE, UF: MPC 1605

1956 UG, UH, UJ, UK, UL, UM, UN, UO, UP = 1956 TF, **UQ** = 1956 TC (?), 1956 TE (?): MPC 1606

1956 VA, VB: NAZ **11** 4

1956 VC, VD: MPC 1607

1956 VE = 1956 TB: MPC 1606

1956 VF, VG, VH: MPC 1607

1956 VJ, VK, VL: MPC 1675

1956 XA (= P. O. 3): Acta Astr. Sinica **5** Nr. 1 (+ El, Eph); MPC 1574 (+ Vorläufige Bezeichnung), 1575 (El)[2])

1956 XB: MPC 1607

1956 XC, XD, XE, XF: MPC 1608

1956 XG: MPC 1675

1956 XH, XJ: MPC 1676

1956 YA (= P. O. 4) = 840 Zenobia, 1942 HE: Acta Astr. Sinica **5** Nr. 1 (+ El, Eph); MPC 1574 (+ Vorläufige Bezeichnung), 1575 (El)

1957 AA = 1957 BA: MPC 1608; NAZ **11** 17, 27 (Id)

1957 AB: MPC 1608, 1609; NAZ **11** 17, 21

1957 AC: MPC 1608; NAZ **11** 17

1957 AD: MPC 1676

1957 BA = 1957 AA: Jap. Astr. Ass. Circ. 158 (El); MPC 1583

1957 BB: MPC 1609; NAZ **11** 17

1957 BC: MPC 1609; NAZ **11** 18

1957 BD, BE, BF, BG, BH, BJ, BK, BL, BM, BN: MPC 1609; NAZ **11** 21

1957 BO, BP, BQ, BR, BS: MPC 1677

1957 CA: MPC 1576 (+ El, Eph)

1957 CB, CC, CD: MPC 1610; NAZ 11 21

1957 EA, EB, EC: MPC 1610; NAZ 11 22

1957 FA, FB, FC: MPC 1584

1957 FD: MPC 1610; NAZ 11 22

1957 GA, GB: MPC 1677

1957 HA, HB: MPC 1637

1957 HC, HD: MPC 1677

1957 HE, HF, HG: MPC 1678

1957 NA (= Objekt Schubart) ≠ 719 Albert = 1929 SH: Astr. Nachr. Berlin-Treptow **9** 76 (El, Eph), 100 (+ Eph), 114 (El, Eph); MPC 1633, 1634 (+ El, Eph), 1635 (El, Eph), 1636[166]), 1637[167]), 1659 (+ Eph), 1661 (Eph), 1672; NAZ 11 15, 20, 23, 26; NAZvM 326, 327 (El), 328 (+ El, Eph), 329, 331 (Eph), 332, 333, 336 (+ El, Eph), 337, 338 (Eph), 346 (El); Sterne **33** 251 (El); UAI Circ 1611 (+ El, Eph), 1614 (Eph), 1616 (El, Eph), 1617[167]), 1619 (Eph), 1633

1957 VA (= Objekt Chang Chia-Hsiang): MPC 1678 (+ Vorläufige Bezeichnung, El, Eph); NAZ **11** 25; NAZvM 352; UAI Circ 1628, 1633 (El, Eph)

Fußnoten zu dem Nachweis der Beobachtungen und Bearbeitungen Kleiner Planeten:

1) Berichtigung in MPC 1599.
2) Berichtigung in MPC 1629.
3) Irrtümlich zugeordnet, MPC 1643. Vorläufige Bezeichnung 1949 SP_1, MPC 1701.
4) Irrtümlich zugeordnet. Vorläufige Bezeichnung 1955 FL_1, MPC 1633.
5) Irrtümlich zugeordnet, MPC 1644. Vorläufige Bezeichnung 1943 FE, MPC 1701.
6) Berichtigung in MPC 1577.
7) Irrtümlich zugeordnet, MPC 1645. Vorläufige Bezeichnung 1949 QG_2, MPC 1701.
8) Irrtümlich zugeordnet, MPC 1645. Vorläufige Bezeichnung 1953 OO, MPC 1702.
9) Irrtümlich zugeordnet, MPC 1646. Vorläufige Bezeichnung 1953 NL, MPC 1702.
10) Irrtümlich zugeordnet, MPC 1579. Vorläufige Bezeichnung 1953 RL_1, MPC 1702.
11) Berichtigung in MPC 1647, 1658, 1701, 1702.
12) Irrtümlich zugeordnet, MPC 1647. Vorläufige Bezeichnung 1953 TH_2, MPC 1702.
13) Irrtümlich zugeordnet. Vorläufige Bezeichnung 1955 MZ, MPC 1633.
14) Irrtümlich 864 Aase zugeordnet, MPC 1579.
15) Irrtümlich zugeordnet, MPC 1648. Vorläufige Bezeichnung 1952 SS_1, MPC 1702.
16) Irrtümlich zugeordnet, MPC 1649, 1702. Vorläufige Bezeichnung 1948 DD, MPC 1701.
17) Berichtigung in MPC 1765.
18) Irrtümlich 864 Aase zugeordnet, MPC 1578.
19) Beob. Nov 10 irrtümlich zugeordnet, MPC 1650. Vorläufige Bezeichnung 1952 VJ, MPC 1702.
20) Irrtümlich zugeordnet, MPC 1650. Vorläufige Bezeichnung 1953 PX, MPC 1702.
21) Beob. Feb 14 irrtümlich zugeordnet, MPC 1650. Vorläufige Bezeichnung 1934 CM_1, MPC 1701.
22) Irrtümlich zugeordnet, 745 Mauritia zugehörig, MPC 1578.
23) Irrtümlich zugeordnet, 638 Moira zugehörig, MPC 1579.
24) Berichtigung in MPC 1633.
25) Beob. Jun 17 irrtümlich zugeordnet. Vorläufige Bezeichnung 1955 MA_1, MPC 1633.
26) Irrtümlich 1535 1939 RC zugeordnet, MPC 1578.
27) Irrtümlich zugeordnet, 966 Muschi zugehörig, MPC 1637.
28) Irrtümlich 965 Angelica zugeordnet, MPC 1637.
29) Irrtümlich zugeordnet, MPC 1651. Bereits Vorläufige Bezeichnung 1946 GD, MPC 382.
30) Irrtümlich zugeordnet, MPC 1651. Vorläufige Bezeichnung 1951 QO, MPC 1702.
31) Irrtümlich zugeordnet, MPC 1651. Bereits Vorläufige Bezeichnung 1940 UB (1539), RI 2196.
32) Irrtümlich zugeordnet, MPC 1743, NAZ **11** 24. Vorläufige Bezeichnung 1951 GL_1, MPC 1702.
33) Irrtümlich zugeordnet, MPC 1652. Vorläufige Bezeichnung 1951 QL, MPC 1702.
34) Beob. Aug 16 irrtümlich zugeordnet, MPC 1652. Vorläufige Bezeichnung 1950 QH_1, MPC 1702.
35) Irrtümlich zugeordnet. 1512 1939 FE zugehörig, MPC 1734.
36) Berichtigung in MPC 1637.
37) Irrtümlich zugeordnet, MPC 1653. Vorläufige Bezeichnung 1948 YG, MPC 1701.
38) Irrtümlich zugeordnet, MPC 1653. Vorläufige Bezeichnung 1949 UD_1, MPC 1701.
39) Irrtünlich zugeordnet, Urania Barcelona **41** 177. Vorläufige Bezeichnung 1948 VK, MPC 1469.
40) Irrtümlich zugeordnet, MPC 1654. Vorläufige Bezeichnung 1950 BP_1, MPC 1701.
41) Irrtümlich zugeordnet, MPC 1654. Vorläufige Bezeichnung 1941 BW, MPC 1701.
42) Irrtümlich zugeordnet, MPC 1655. Vorläufige Bezeichnung 1943 UJ, MPC 1701.
43) Irrtümlich zugeordnet, MPC 1655. Vorläufige Bezeichnung 1942 LK, MPC 1701.
44) Beob. Okt 16 irrtümlich zugeordnet, MPC 1579. Vorläufige Bezeichnung 1953 UY, MPC 1702.
45) Irrtümlich zugeordnet, MPC 1579. Vorläufige Bezeichnung 1954 NV, MPC 1702.
46) Irrtümlich zugeordnet, 1956 EL_1 zugehörig. Vgl. MPC 1540.
47) Irrtümlich zugeordnet, MPC 1632, NAZ **11** 11. Vorläufige Bezeichnung 1955 FN_1, MPC 1702.
48) Irrtümlich zugeordnet, MPC 1632, NAZ **11** 11. Vorläufige Bezeichnung 1955 FO_1, MPC 1702.
49) Irrtümlich zugeordnet, MPC 1655. Vorläufige Bezeichnung 1950 BO_1, MPC 1701.
50) Irrtümlich zugeordnet, MPC 1655. Vorläufige Bezeichnung 1948 SH, MPC 1701.
51) Irrtümlich zugeordnet, BIA **6** 499. Vorläufige Bezeichnung 1951 AA_1, MPC 1469.
52) Beob. Apr 19 irrtümlich zugeordnet, MPC 1656. Vorläufige Bezeichnung 1933 HM, MPC 1701.
53) Irrtümlich zugeordnet, MPC 1656. Bereits Vorläufige Bezeichnung 1934 LM, RI 1028.
54) Beob. Jan 9 irrtümlich zugeordnet, MPC 1656. Vorläufige Bezeichnung 1937 AT, MPC 1701.

[55]) Irrtümlich zugeordnet, MPC 1656. Vorläufige Bezeichnung 1938 HD, MPC 1701.
[56]) Irrtümlich zugeordnet, MPC 1656. Vorläufige Bezeichnung 1950 PA_1, MPC 1701.
[57]) Irrtümlich zugeordnet, MPC 1656. Vorläufige Bezeichnung 1953 FO_1, MPC 1702.
[58]) Irrtümlich zugeordnet, MPC 1656. Vorläufige Bezeichnung 1943 ED_1, MPC 1701.
[59]) Irrtümlich zugeordnet. Vorläufige Bezeichnung 1954 UZ_2, MPC 1633.
[60]) Irrtümlich zugeordnet, MPC 1656. Vorläufige Bezeichnung 1944 KD, MPC 1701.
[61]) Irrtümlich zugeordnet, MPC 1656. Vorläufige Bezeichnung 1948 GJ, MPC 1701.
[62]) Irrtümlich zugeordnet, MPC 1656. Vorläufige Bezeichnung 1952 DG_3, MPC 1702.
[63]) Irrtümlich zugeordnet, MPC 1656. Vorläufige Bezeichnung 1949 NC, MPC 1701.
[64]) Berichtigung in MPC 1702.
[65]) Irrtümlich zugeordnet, MPC 1657. Vorläufige Bezeichnung 1951 UW, MPC 1702.
[66]) Irrtümlich zugeordnet, MPC 1590, Urania Barcelona **41** 7 = Madrid Publ. Nr. 32. Vorläufige Bezeichnung 1945 QH, MPC 1598.
[67]) Irrtümlich zugeordnet, Urania Barcelona **41** 7 = Madrid Publ. Nr. 32. Vorläufige Bezeichnung 1949 YZ, MPC 1701.
[68]) Irrtümlich zugeordnet, MPC 1590, Urania Barcelona **41** 7 = Madrid Publ. Nr. 32. Vorläufige Bezeichnung 1937 CK, MPC 1701.
[69]) Irrtümlich zugeordnet, MPC 1590, Urania Barcelona **41** 7 = Madrid Publ. Nr. 32. Vorläufige Bezeichnung 1952 QH_1, MPC 1598.
[70]) Irrtümlich zugeordnet, MPC 1590, Urania Barcelona **41** 7 = Madrid Publ. Nr. 32. Vorläufige Bezeichnung 1942 XS, MPC 1701.
[71]) Berichtigung in Urania Barcelona **41** 7 = Madrid Publ. Nr. 32.
[72]) Irrtümlich zugeordnet, MPC 1657. Vorläufige Bezeichnung 1951 QM, MPC 1702.
[73]) Irrtümlich zugeordnet, MPC 1657, 1700. Vorläufige Bezeichnung 1951 QN, MPC 1702.
[74]) Irrtümlich zugeordnet, MPC 1579. Vorläufige Bezeichnung 1953 GS_1, MPC 1702.
[75]) Irrtümlich zugeordnet, MPC 1657. Vorläufige Bezeichnung 1949 OP_1, MPC 1701.
[76]) Irrtümlich zugeordnet, MPC 1627. Bereits Vorläufige Bezeichnung 1940 AP, MPC 690.
[77]) Irrtümlich zugeordnet. Vorläufige Bezeichnung 1954 SM_1, MPC 1633.
[78]) Irrtümlich 1121 Natascha zugeordnet, MPC 1734.
[79]) Irrtümlich zugeordnet, 937 Bethgea zugehörig, MPC 1578.
[80]) Irrtümlich 1003 Lilofee zugeordnet, MPC 1651. Bereits Vorläufige Bezeichnung RI 2196.
[81]) Irrtümlich 1541 1941 SG bezeichnet.
[82]) Berichtigung in MPC 1710.
[83]) Irrtümlich zugeordnet, MPC 1579. Vorläufige Bezeichnung 1953 XC_1, MPC 1702.
[84]) Berichtigung in MPC 1599, 1637.
[85]) Berichtigung in MPC 1592.
[86]) Für 1642 lies 1624, für 1939 BH lies 1939 BN. Berichtigung in Jap. Astr. Ass. Circ. 159.
[87]) Berichtigung in MPC 1624.
[88]) Irrtümlich zugeordnet, Beograd Bull. **21** Nr. 1—2. Vorläufige Bezeichnung 1924 k, MPC 1701.
[89]) Irrtümlich 1924 TQ bzw. 1924 TZ zugeordnet, Beograd Bull. **21** Nr. 1—2. Vorläufige Bezeichnung MPC 1701.
[90]) Berichtigung in Jap. Astr. Ass. Circ. 159.
[91]) Beob. Apr 19 irrtümlich 1348 Michel zugeordnet, MPC 1656. Vorläufige Bezeichnung MPC 1701.
[92]) Irrtümlich 848 Inna (1934 CV) zugeordnet, MPC 1650. Vorläufige Bezeichnung 1934 CM_1, MPC 1701.
[93]) Irrtümlich 1934 CV (848 Inna) zugeordnet, MPC 1650. Vorläufige Bezeichnung MPC 1701.
[94]) Beob. Feb 14 irrtümlich 848 Inna zugeordnet, MPC 1650. Vorläufige Bezeichnung MPC 1701.
[95]) Berichtigung in MPC 1555.
[96]) Irrtümlich 1348 Michel zugeordnet, MPC 1656. Bereits Vorläufige Bezeichnung RI 1028.
[97]) Irrtümlich 1401 Lavonne zugeordnet, MPC 1590, Urania Barcelona **41** 7 = Madrid Publ. Nr. 32. Vorläufige Bezeichnung MPC 1701.
[98]) Berichtigung in NAZ **11** 27.
[99]) Irrtümlich 1348 Michel zugeordnet, MPC 1656. Vorläufige Bezeichnung MPC 1701.
[100]) Irrtümlich zugeordnet, 1939 BR zugehörig, NAZ **11** 24.
[101]) Irrtümlich 1939 BQ zugeordnet, NAZ **11** 24.
[102]) Irrtümlich 1475 Yalta zugeordnet, MPC 1627. Bereits Vorläufige Bezeichnung MPC 690.
[103]) Irrtümlich 1285 Julietta zugeordnet, MPC 1654. Vorläufige Bezeichnung MPC 1701.
[104]) Berichtigung in MPC 1765.
[105]) Irrtümlich 1289 Kutaïssi zugeordnet, MPC 1655. Vorläufige Bezeichnung MPC 1701.
[106]) Irrtümlich 1401 Lavonne zugeordnet, MPC 1590, Urania Barcelona **41** 7 = Madrid Publ. Nr. 32. Vorläufige Bezeichnung MPC 1701.
[107]) Irrtümlich 1363 Herberta zugeordnet, MPC 1656. Vorläufige Bezeichnung MPC 1701.
[108]) Irrtümlich 125 Liberatrix zugeordnet, MPC 1644. Vorläufige Bezeichnung MPC 1701.
[109]) Für 1942 DA lies 1944 DA. Vgl. MPC 1332.
[110]) Irrtümlich 1385 Gelria zugeordnet, MPC 1656. Vorläufige Bezeichnung MPC 1701.
[111]) Irrtümlich 1401 Lavonne zugeordnet, MPC 1590, Urania Barcelona **41** 7 = Madrid Publ. Nr. 32. Vorläufige Bezeichnung MPC 1598.
[112]) Irrtümlich 992 Swasey zugeordnet, MPC 1651. Bereits Vorläufige Bezeichnung MPC 382.
[113]) Irrtümlich 720 Bohlinia zugeordnet, MPC 1649, 1702. Vorläufige Bezeichnung MPC 1701.
[114]) Irrtümlich 1948 SE (σ 32) zugeordnet, MPC 1578.
[115]) 1. Beob. Okt 26, 29, Nov 5 irrtümlich auch σ 33 (1948 SF) zugeordnet. Vgl. Krim Mitt. **6** 174.
[116]) Irrtümlich zugeordnet, 1948 RH_1 (σ 27) zugehörig, MPC 1578.
[117]) 1. Beob. Okt 26, 29, Nov 5 irrtümlich zugeordnet, 1948 RJ_1 (σ 28) zugehörig. Vgl. Krim Mitt. **6** 174.
[118]) Irrtümlich 1332 Marconia zugeordnet, MPC 1655. Vorläufige Bezeichnung MPC 1701.
[119]) Irrtümlich 1238 Predappia zugeordnet, Urania Barcelona **41** 177. Vorläufige Bezeichnung MPC 1469.
[120]) Irrtümlich 1200 Imperatrix zugeordnet, MPC 1653. Vorläufige Bezeichnung MPC 1701.
[121]) Berichtigung in MPC 1579.
[122]) Irrtümlich 1469 Linzia zugeordnet, MPC 1657. Vorläufige Bezeichnung MPC 1701.
[123]) Beob. Aug 3 irrtümlich zugeordnet, MPC 1578. Nicht Beob. Aug 3, sondern Beob. Aug 19, 22 irrtümlich zugeordnet, MPC 1579, 1593. Vorläufige Bezeichnung 1949 QF_2, MPC 1598,
[124]) Beob. Aug 19, 22 irrtümlich 1949 PX zugeordnet, MPC 1578, 1579, 1593. Vorläufige Bezeichnung MPC 1598.
[125]) Irrtümlich 214 Aschera zugeordnet, MPC 1645. Vorläufige Bezeichnung MPC 1701.
[126]) Irrtümlich 41 Daphne zugeordnet, MPC 1643. Vorläufige Bezeichnung MPC 1701.
[127]) Irrtümlich 1201 Strenua zugeordnet. MPC 1653. Vorläufige Bezeichnung MPC 1701.
[128]) Irrtümlich 1401 Lavonne zugeordnet, Urania Barcelona **41** 7 = Madrid Publ. Nr. 32. Vorläufige Bezeichnung MPC 1701.

[129]) Irrtümlich 1271 Isergina zugeordnet, MPC 1654. Vorläufige Bezeichnung MPC 1701.
[130]) Berichtigung in MPC 1550.
[131]) Irrtümlich zugeordnet, MPC 1550. Vorläufige Bezeichnung 1954 KN, MPC 1598.
[132]) Irrtümlich 1349 Bechuana zugeordnet, MP 1656. Vorläufige Bezeichnung MPC 1701.
[133]) Irrtümlich 1098 Hakone zugeordnet, MPC 1652. Vorläufige Bezeichnung MPC 1702.
[134]) Irrtümlich 1339 Désagneauxa zugeordnet, BIA **6** 499. Vorläufige Bezeichnung MPC 1469.
[135]) Irrtümlich 1061 Paeonia zugeordnet, MPC 1743, NAZ **11** 24. Vorläufige Bezeichnung MPC 1702.
[136]) Irrtümlich 1073 Gellivara zugeordnet, MPC 1652. Vorläufige Bezeichnung MPC 1702.
[137]) Irrtümlich 1436 1936 YA zugeordnet, MPC 1657. Vorläufige Bezeichnung MPC 1702.
[138]) Irrtümlich 1436 1936 YA zugeordnet, MPC 1657, 1700. Vorläufige Bezeichnung MPC 1702.
[139]) Irrtümlich 1003 Lilofee zugeordnet, MPC 1651. Vorläufige Bezeichnung MPC 1702.
[140]) Berichtigung in MPC 1659.
[141]) Irrtümlich 1388 Aphrodite zugeordnet, MPC 1657. Vorläufige Bezeichnung MPC 1702.
[142]) Irrtümlich 1385 Gelria zugeordnet, MPC 1656. Vorläufige Bezeichnung MPC 1702.
[143]) Irrtümlich 657 Gunlöd zugeordnet, MPC 1648. Vorläufige Bezeichnung MPC 1702.
[144]) Irrtümlich 805 Hormuthia zugeordnet, MPC 1650. Vorläufige Bezeichnung MPC 1702.
[145]) Irrtümlich 1363 Herberta zugeordnet, MPC 1656. Vorläufige Bezeichnung MPC 1702.
[146]) Irrtümlich 1458 Mineura zugeordnet, MPC 1579. Vorläufige Bezeichnung MPC 1702.
[147]) Irrtümlich 381 Myrrha zugeordnet, MPC 1646. Vorläufige Bezeichnung MPC 1702.
[148]) Irrtümlich 214 Aschera zugeordnet, MPC 1645. Vorläufige Bezeichnung MPC 1702.
[149]) Irrtümlich 848 Inna zugeordnet, MPC 1650. Vorläufige Bezeichnung MPC 1702.
[150]) Irrtümlich 403 Cyane zugeordnet, MPC 1579. Vorläufige Bezeichnung MPC 1702.
[151]) Irrtümlich 561 Ingwelde zugeordnet, MPC 1647. Vorläufige Bezeichnung MPC 1702.
[152]) Irrtümlich 1289 Kutaïssi zugeordnet, MPC 1579. Vorläufige Bezeichnung MPC 1702.
[153]) Irrtümlich 1570 Brunonia zugeordnet, MPC 1579. Vorläufige Bezeichnung MPC 1702.
[154]) Irrtümlich 1950 DL zugeordnet, MPC 1550. Vorläufige Bezeichnung MPC 1598.
[155]) Irrtümlich 1305 Pongola zugeordnet, MPC 1579. Vorläufige Bezeichnung MPC 1702.
[156]) Irrtümlich 1510 1939 DC zugeordnet. Vorläufige Bezeichnung MPC 1633.
[157]) Irrtümlich 1375 Alfreda zugeordnet. Vorläufige Bezeichnung MPC 1633.
[158]) Irrtümlich 86 Semele zugeordnet. Vorläufige Bezeichnung MPC 1633.
[159]) Irrtümlich 1318 Nerina zugeordnet, MPC 1632, NAZ **11** 11. Vorläufige Bezeichnung MPC 1702.
[160]) Irrtümlich 565 Marbachia zugeordnet. Vorläufige Bezeichnung MPC 1633.
[161]) Irrtümlich 909 Ulla zugeordnet. Vorläufige Bezeichnung MPC 1633.
[162]) Berichtigung in MPC 1700.
[163]) Als Ux bezeichnet. Berichtigung in Jap. Astr. Ass. Circ. 159.
[164]) Irrtümlich 1306 Scythia zugeordnet, 1956 EL_1 zugehörig. Vgl. MPC 1540.
[165]) Für 1956 SP lies 1956 SD.
[166]) Berichtigung in MPC 1746.
[167]) Berichtigung in MPC 1762.

7531. Kleine Planeten. Verzeichnis der Beobachter und Berechner

W. K. Abalakin
G. W. Achundowa
A. Aldor
J. H. Anderson
H. Araki
S. Arend
G. Armellini Conti
A. G. A. Balz jr.
O. N. Bartenewa
G. van Biesbroeck
K. Blackwell
J. Bobone
S. Böhme
L. Boyer
R. Brandt
G. Bruns
J. A. Bruwer
E. J. Bugoslawskaja
F. F. Bulatowa
Č. Čepinac
C.-H. Chang
Y. C. Chang
J. Claver
Codina
B. H. Dawson
A. N. Deutsch
A. Encinas
N. W. Fatschichin
H. Frieboes
J. de la Fuente
I. W. Gawrilow
F. Gondy
J. M. González-Aboín
J. Gordon
A. A. Gorynja
J. L. Greenstein
I. Groeneveld
U. Güntzel-Lingner
A. Gutiérrez
H. Hara
I. Hasegawa
S. Herrick
C. G. Hilton
H. Hirose
W. P. Hirst
T.-C. Ho
C. Hoffmeister
K. Hurukawa
H. Huth
W. A. Iswekow
N. Jachontowa
H. M. Jeffers
F. Jeffries
J. I. Jefremow
H. Jørgensen
S. Kanda
D. K. Karimowa
K. Kikuchi
O. Kippes
A. A. Kisselew
T. Kisselewa
I. G. Koltschinskij
J. Kovalevsky
L. Kresák
M. Kresáková
J. Larink
M. Laugier
S. M. Laustsen
W. W. Lawdowskij
P. Lawler
R. Leaton
H. Li
C.-R. Liu
H. v. Lüde
W. J. Luyten
V. Maître
W. Malsch
S. R. Marcus

A. Martinez
K. Mayrhofer
D. McLeish
J. Mehltretter
F. D. Miller
T. Mitani
R. S. Mitrinović
H. Moreno
K. Mori
M. Mündler
P. Musen
S. Nakano
H. Oh-ishi
A. B. Onegina
J. J. de Orús
L. Oterma
A. Paroubek
A. Patry
J. Pensado
T. P. Pereshogina
E. V. Petersen
R. Podstanická
I. Pólit
M. B. Protitch
E. Rabe
H. Rantaseppä
H. Raudsaar
K. Reinmuth
F. Rigaux
W. H. Robertson
J. Rodriguez Bravo
C. E. Rogati
G. Roland
F. Rutllant
M. J. Schmakowa
J. Schubart
M. Schürer
T. Seki
K. P. Sims
A. I. Slastenow
A. S. Sotschilina
W. Strobel
H. Sugiyama
T. Sugiyama
L. Symms
T. Takeuchi
K. Tomita
C. Torres
J. M. Torroja
S.-S. Tschan
Z.-I. Tschou
O. N. Tschudowitschewa
M. Utida
S. Vasilevskis
L. Wan
G. Wells
W. Wenzel
L. Werzan
M. Wilson
H. Wood
H. Yasuda

§ 76

Jupiter

7601. Astrometrische Beobachtungen

AC Nr. 178 S. 7—9 (russ.). Rektaszensionen einiger Großer Planeten 1953—1954. B. S. Balshinowa.

AC Nr. 179 S. 4—5 (russ.). Vgl. Ref. **7401**.

AC Nr. 184 S. 10 (russ.). Rektaszensionen von Uranus und Jupiter nach Beobachtungen am Astronomischen Observatorium Taschkent im Jahre 1957. B. S. Balshinowa.

Greenwich Astronomical Results 1947, A 21. Observed right ascensions, declinations and diameters.

Desgl. für 1949, A 23—A 24.

JO **40** 155—156 = Ann. Obs. Besançon Astr. Géophys. (NS) **5** Fasc. 2 S. 45—46. Observations méridiennes de planètes effectuées à l'Observatoire de Besançon. F. Gondy, V. Maître.

Mem SA It (NS) **28** 155—161 = Oss. Astr. Roma Monte Mario Contr. Sci. Nr. 239. Posizioni di pianeti e di pianetini ed occultazioni osservate a Monte Mario nel 1956. G. Conti.

TAB (2) Nr. 100 S. 1055—1060. Meridian observations of the right ascensions of the moon and planets during the year 1956. S. Nakano, H. Yasuda, R. Fukaya, H. Hara.

7602. Physische Beobachtungen

AC Nr. 178 S. 12 (russ.). Ausbruch auf dem Jupiter. G. M. Nikolskij, L. N. Tulenkowa. — 1957 Febr. 26.

AC Nr. 179 S. 6—7 (russ.). Beobachtungen des Roten Flecks auf Jupiter. I. Kupo, G. Salowa, W. Teufel.

BSAF **71** 1—2. L'opposition de Jupiter en 1956.

BSAF **71** 440—443. La planète Jupiter en 1957. M. Marin.

Coelum **25** 49—53. Associazione Astrofili Bolognesi. Osservazioni planetarie durante l'anno 1956, effettuate in Bologna. Il pianeta Giove.

Coelum **25** 72—73. Associazione Astrofili Bolognesi, sezione planetaria. Recenti osservazioni del pianeta Giove.

JBAA **67** 258—263. Some observations of Jupiter in February 1957. A. P. Lenham. Mit einer Bemerkung von W. E. Fox.

JBAA **67** 307—308. Jupiter Section. Interim report. Apparitions 1955—56, 1956—57. W. E. Fox.

Mitt. Planetenbeobachter **10** 27—30. Jupiter-Beobachtungen. W. Kokott.

Mitt. Planetenbeobachter **10** 30—31. Jupiter 1956 und 1957. G. D. Roth.

Mitt. Planetenbeobachter **10** 41—44. Jupiter-Beobachtungen der B.A.A. und der A.L.P.O. im Jahre 1955.

Orion Schaffhausen **5** 346—350. Jupiter: présentation 1956—1957. Rapport No. 3 du «Groupement planétaire SAS». S. Cortesi.

Sterne **33** 49—51. Jupiterbeobachtungen 1956. W. Löbering.

Strolling Astronomer **11** 15—20. Jupiter in 1956—57: First interim report. H. P. Squyres.

Strolling Astronomer **11** 20—22. Some further notes on the Jovian festoon system. J. C. Bartlett jr.

Strolling Astronomer **11** 22—38. Jupiter in 1955—56. R. G. Brookes.

7603. **C. H. Barrow, T. D. Carr, A. G. Smith,** Sources of radio noise on the planet Jupiter. Nature **180** 381. — Verf. haben in der Zeit von 1956 Dez. 31 bis 1957 März 8 Registrierungen der Radiostrahlung von Jupiter bei 18 MHz durchgeführt. Unter den erhaltenen 67 Beobachtungen waren 37 brauchbare Registrierungen, auf denen die Radiostrahlung mit Sicherheit nachzuweisen war. Eine Analyse der Beobachtungen zeigt, daß zwei lokale Quellen und vermutlich noch eine dritte schwächere bei $\sim 290°$ Länge, in der Nähe des Roten Flecks, vorhanden sind. Henn

7604. **R. M. Gallet,** The results of the observations of Jupiter's radio emissions on 18 and 20 Mc in 1956 and 1957. Trans. Inst. Radio Engineers AP **5** 327—328.

7605. **G. Hori,** An intermediate orbit of the ninth satellite of Jupiter. Proc. Japan Acad. **33** 392—397 = Tokyo Astr. Obs. Repr. Nr. 152. — Als Ausgangslösung für eine Theorie des neunten Jupitermondes wird nach der Methode von Brown mit der wahren Länge in der Bahn als unabhängige Veränderliche eine intermediäre Bahn in mehreren Näherungen berechnet. Böh.

7606. **G. Hori,** Motion of the ninth satellite of Jupiter. I. Intermediate orbit. Publ. Astr. Soc. Japan **9** 51—63 = Tokyo Astr. Obs. Repr. Nr. 154. — Als Ausgangslösung für eine Theorie des 9. Jupitermondes wird nach der numerischen Methode von Brown und Brouwer eine intermediäre Bahn bestimmt; die Bewegungen der Apsiden- und Knotenlinie ergeben sich dabei als rückläufig. Böh.

* * **F. Horner,** Radio noise from planets. Vgl. Ref. **7120**.

7607. **W. N. Lebedinez,** Absolute photographische Photometrie von Jupiter und Saturn mit Lichtfiltern. Abh. Univ. Charkow **91** 167—239 = Publ. Astr. Obs. Charkow **12** 167—239 (russ.). — Inhalt dieser umfangreichen Monographie: Bericht über die Arbeiten zur Oberflächenphotometrie von Jupiter und Saturn, S. 167—185; Die Helligkeitsverteilung auf der Jupiter- und Saturnscheibe, S. 185—224; Absolute Jupiter- und Saturnphotometrie, S. 224—237; Schluß, S. 237—239. Loh.

7608. **F. Link,** Preuves possibles de l'ionosphère Jovienne. BAC **8** 4—5. — Shain hat auf Jupiter eine Radioemissionsquelle entdeckt, die verschwindet, sobald sich die Quelle vom Zentralmeridian mehr als 67° entfernt. Diese Erscheinung erklärt Verf. durch die Existenz einer Ionosphäre auf Jupiter. J. B.

7609. P. Squires, The equatorial clouds of Jupiter. ApJ **126** 185—194 = Commonwealth Sci. Industrial Res. Organization, Australia, Division Radiophys. — Ref. in NAT 1957 S. 148, Sky and Telescope **17** 9. — Die Beobachtungen von Heß über die Absorption des Lichts in der Jupiteratmosphäre durch NH_3 und CH_4 und die daraus abgeleiteten Werte für die Menge dieser Gase oberhalb der Wolkendecke, besonders deren Variation längs des Äquators, also auch während des Jupitertages, lassen sich unter der Annahme einer glatten Wolkenoberfläche nicht deuten. Als einziges Modell, das den Beobachtungen gerecht wird, wird eine kumulusartig geformte Wolkenoberfläche vorgeschlagen mit 20—30 km hohen Kumulusgipfeln bei einer Temperatur von mindestens 170° K im unteren Niveau. Bo.

* * **W. W. Witkewitsch,** Investigating the solar supercorona by the reception of radioemission from Jupiter. Vgl. Ref. **6741**.

7610. A. Wróblewski, Radiowe promieniowanie Jowisza. Postępy Astr. **5** 138—139. — Besprechung der Arbeiten von C. A. Shain, F. G. Smith und A. F. O' D. Alexander über die im Jahre 1955 entdeckte Radiostrahlung von Jupiter. Rybka

7611. L'osservazione fotografica di Giove. Note per l'astrofilo. Coelum **25** 21—22.

7612. Internal structure of Jupiter and Saturn. Sky and Telescope **16** 530. — Ref. AAS. — Besprechung in NAT 1957 S. 111, Sterne **34** 244.

7613. Radarundersøgelser over Jupiter og Venus. Urania København **14** 45—47.

Jupitermonde

7614. Jupitermond VIII

Harv Card 1350/1351, UAI Circ 1587. Jupiter VIII, X, XI. P. Musen. — Ephemeride 1957 Feb. 11—Juni 11.

7615. Jupitermond IX

S. Herrick, C. G. Hilton, 1957 ephemerides of Jupiter's ninth and twelfth satellites. Publ ASP **69** 85—86.

G. Hori, An intermediate orbit of the ninth satellite of Jupiter. Vgl. Ref. **7605**.

G. Hori, Motion of the ninth satellite of Jupiter. I. Intermediate orbit. Vgl. Ref. **7606**.

7616. Jupitermond X und XI

Harv Card 1350/1351, UAI Circ 1587. Jupiter VIII, X, XI. P. Musen. — Ephemeride 1957 Feb. 11—Juni 11.

7617. Jupitermond XII

S. Herrick, C. G. Hilton, 1957 ephemerides of Jupiter's ninth and twelfth satellites. Publ ASP **69** 85—86.

§ 77

Saturn

7701. Astrometrische Beobachtungen

AC Nr. 178 S. 7—9 (russ.). Rektaszensionen einiger Großer Planeten 1953—1954. B. S. Balshinowa.

AC Nr. 179 S. 4—5 (russ.). Vgl. Ref. **7401**.

Greenwich Astronomical Results 1947, A 21. Observed right ascensions, declinations and diameters.
Desgl. für 1949, A 24.
Mem SA It (NS) **28** 155—161 = Oss. Astr. Roma Monte Mario Contr. Sci. Nr. 239. Posizioni di pianeti e di pianetini ed occultazioni osservate a Monte Mario nel 1956. G. Conti.
TAB (2) Nr. 100 S. 1055—1060. Meridian observations of the right ascensions of the moon and planets during the year 1956. S. Nakano, H. Yasuda, R. Fukaya, H. Hara.

7702. **Physische Beobachtungen**
JBAA **67** 239—241. Saturn in 1956. M. B. B. Heath.
Mitt. Planetenbeobachter **10** 11. Saturn 1956. W. Carnuth.
Orion Schaffhausen **5** 295—296. Saturne 1957. S. Cortesi.

7703. **G. van Biesbroeck,** Positions of Saturn's satellite Phoebe. AJ **62** 136.

7704. **T. Cragg,** The A. L. P. O. and Saturn. Strolling Astronomer **11** 42—43.

7705. **Y. Kozai,** On the astronomical constants of Saturnian satellites system. Ann. Tokyo Astr. Obs. (2) **5** 73—127. — Ableitung neuer Elemente für die Saturntrabanten Mimas, Enceladus, Tethys, Dione, Rhea und Titan unter Einschluß der nach G. Struves Bearbeitung am U. S. Naval Observatory gemachten Beobachtungen 1927—1947. Böh.

7706. **Y. Kozai,** On the effect of the Saturnian ring upon the motion of the satellites. Publ. Astr. Soc. Japan **9** 1—6 = Tokyo Astr. Obs. Repr. Nr. 148. — Ref. in Nature **180** 837. — Unter vereinfachenden Annahmen für die Figur Saturns und seines Ringsystems wird versucht, aus den Bewegungen der Apsiden und Knoten der fünf inneren Satelliten die Masse des Rings zu bestimmen; sie ergibt sich von der Größenordnung $1 \times 10^{-4} \times$ Saturnmasse. Außerdem untersucht Verf. die Bewegung des Saturnäquators unter dem Einfluß des Rings, der Satelliten und der Sonne und schließt, daß der von dem Ring herrührende Teil dieser Präzessionsbewegung wegen der Kürze des Beobachtungszeitraumes nicht festgestellt werden kann. Böh.

* * **W. N. Lebedinez,** Absolute photographische Photometrie von Jupiter und Saturn mit Lichtfiltern. Vgl. Ref. **7607**.

* * **J. Meeus,** Calcul de la hauteur du soleil et de la terre au-dessus du plan de l'anneau de Saturne. Vgl. Ref. **3115**.

7707. Conjunction de Saturne et de la Lune du 4 août 1957. BSAF **71** 481—482.

7708. Occultation of BD −20° 4568 by Saturn. — Harv Card 1356/1357. — Vorausberechnung 1957 April 28.

7709. Rotation of Saturn. Sky and Telescope **16** 116. — Ref. in NAT 1957 S. 30.

7710. Saturn to occult a star. Sky and Telescope **16** 302, 351, 448. — Vorschau und Beobachtung der Bedeckung von BD −20° 4568 am 28. April 1957.

7711. Transparency of Saturn's rings. Sky and Telescope **16** 424. — Ref. AAS. — Besprechung in Coelum **26** 24, Sterne **34** 245.

* * Internal structure of Jupiter and Saturn. Vgl. Ref. **7612**.

7712. Two occultations of stars by Saturn and its rings. Strolling Astronomer **11** 143.

§ 78

Uranus, Neptun, Pluto, Transpluto

7801. Uranus. Astrometrische Beobachtungen

AC Nr. 178 S. 7—9 (russ.). Rektaszensionen einiger Großer Planeten 1953—1954. B. S. Balshinowa.

AC Nr. 184 S. 10 (russ.). Rektaszensionen von Uranus und Jupiter nach Beobachtungen am Astronomischen Observatorium Taschkent im Jahre 1957. B. S. Balshinowa.

AC Nr. 179 S. 4—5 (russ.). Vgl. Ref. **7401**.

Greenwich Astronomical Results 1947, A 21. Observed right ascensions, declinations and diameters.

Desgl. für 1949, A 24.

JO **40** 155—156 = Ann. Obs. Besançon Astr. Géophys. (NS) **5** Fasc. 2 S. 45—46. Observations méridiennes de planètes effectuées à l'Observatoire de Besançon. F. Gondy, V. Maître.

TAB (2) Nr. 100 S. 1055—1060. Meridian observations of the right ascensions of the moon and planets during the year 1956. S. Nakano, H. Yasuda, R. Fukaya, H. Hara.

7802. Uranus. Physische Beobachtungen

Strolling Astronomer **11** 145—147. A progress report on Uranus and the ALPO. L. B. Abbey jr.

7803. **R. I. Mitchell,** Photoelectric observations of Uranus and Neptune. Publ ASP **69** 565—568. — Die im blauen Licht während dreier Winter, 1954/55 bis 1956/57, ausgeführten Beobachtungen bezweckten die Feststellung von Änderungen der Sonnenhelligkeit. Eine Zunahme um 0.4 % je Jahr ist angedeutet. Hoffmeister

7804. Neptun. Astrometrische Beobachtungen

Greenwich Astronomical Results 1949, A 25. Observed right ascensions, declinations and diameters.

JO **40** 155—156 = Ann. Obs. Besançon Astr. Géophys. (NS) **5** Fasc. 2 S. 45—46. Observations méridiennes de planètes effectuées à l'Observatoire de Besançon. F. Gondy, V. Maître.

TAB (2) Nr. 100 S. 1055, 1060. Meridian observations of the right ascensions of the moon and planets during the year 1956. S. Nakano, H. Yasuda, R. Fukaya, H. Hara.

7805. **G. van Biesbroeck,** The mass of Neptune from a new orbit of its second satellite Nereid. AJ **62** 272—274. — Aus photographischen Aufnahmen 1949—1955 des Satelliten Nereide wird für die Masse Neptuns der Wert 1/(18889 ± 62) abgeleitet. Böh.

* * **R. L. Mitchell,** Photoelectric observations of Uranus and Neptune. Vgl. Ref. **7803**.

7806. Pluto. Astrometrische Beobachtungen

AA **7** 218—220. Photographic observations of Pluto. J. Kordylewski. — 1953—1956.

TAB (2) Nr. 90 S. 968, 969, 972, 973, 974. H. Hirose, K. Tomita.

7807. **J. Kordylewski,** Ephemeris of Pluto's appulses to stars (from October 1957 to June 1958). AA **7** 156—157. — Fortsetzung von AA **6** 203 (AJB **56** Ref. 7810). Berechnung der Daten für die Annäherung Plutos an 11 Sterne 10.—12. Größe in der Zeit Oktober 1957—Juni 1958. Rybka

7808. **G. P. Kuiper,** Further studies on the origin of Pluto. ApJ **125** 287—289. — Verf. findet seine frühere Hypothese über die Entstehung von Pluto aus einem ehemaligen Satelliten des Proto-Neptun durch Untersuchung der Jacobischen Konstanten des Systems Sonne-Neptun bestätigt. Böh.

7809. **E. Rabe,** On the origin of Pluto and the masses of the protoplanets. ApJ **125** 290—295. — Durch Verallgemeinerung seiner Untersuchungen in AJ **59** 433 (AJB **54** Ref. 7515) kommt Verf. zu schärferen Aussagen über die Entstehung von Pluto, über die Massen der Protoplaneten, die Bildung der Trojaner und die Formung der Merkurbahn. Böh.

7810. **E. Rabe,** Further studies on the orbital development of Pluto. ApJ **126** 240—244. — Ausgehend von der Hypothese, daß Pluto ursprünglich ein Satellit des Proto-Neptun war, werden näherungsweise die wesentlichen Elemente derjenigen Bahnen unmittelbar nach der Abtrennung berechnet, die mit dem früheren Satellitenzustand verträglich sind; aus dem Vergleich mit Plutos jetziger mittlerer Bewegung folgt für die Masse Proto-Neptuns zur Zeit der Entweichung Plutos ein Wert von 0.0003 $M_\odot$. Böh.

7811. **L.-T. Schen, T. Li,** Eine einzelne photographische Helligkeitsbestimmung des Planeten Pluto am 12. März 1956. Acta Astr. Sinica **5** 123—124 (chines. mit deutschem Ref.). — Aus einer Aufnahme am 60 cm-Spiegel der Nankinger Sternwarte folgte $m_{pg} = 14^m.78 \pm 0^m.05$.

7812. Etwas über den Planeten Pluto. Mitt. Planetenbeobachter **10** 58.

7813. A possible occultation of a star by Pluto. Strolling Astronomer **11** 144.

Transpluto

7814. **H. H. Kritzinger,** Transpluto, hypothetische Elemente. NAZ **11** 4.

IX. Kometen. Meteore. Meteorite. Zodiakallicht

§ 80

Kometen im allgemeinen

8001. **H. Alfvén,** On the theory of comet tails. Tellus **9** 92—96. — Ref. in RJ 1957 Nr. 12 S. 69—70.

8002. **G. S. Badaljan,** Kometen und Himmelssteine. Erewan, Akad. Wiss. Armen. Sowjetrepublik, 1957. 50 S. mit Fig. Preis 60 Kop. (armen.).

8003. **F. Baldet,** Les comètes. BSAF **71** 379—382.

* * **A. Dauvillier,** Sur un nouvel effet radiométrique et son application aux comètes. Vgl. Ref. 220.

8004. **O. W. Dobrowolskij,** Physik der Kometenschweife. Nachr. Naturwiss. Abt. Akad. Wiss. Tadshik. Sowjetrepublik 1957 Nr. 23 S. 3—10 (russ.). — Ref. in RJ 1958 Nr. 10 S. 56.

8005. **O. W. Dobrowolskij,** Kometenastronomie. Bull. Astr. Obs. Stalinabad Nr. 22—23 S. 35—41 (russ.). — Bericht über die in Stalinabad betriebene Kometenastronomie, die sich hauptsächlich auf physische Beobachtungen (Photometrie,

Ausdehnung, Struktur), die Beziehungen zwischen Kometenhelligkeit und Sonnenaktivität sowie die physikalische Theorie der Kometen erstreckt. Loh.

8006. **P. G. Duchnowskij,** Some peculiarities in the motions of comets. AJ UdSSR **34** 75—85 (russ.). — Für die Störung von Kometenbahnen durch Planeten werden Näherungsformeln abgeleitet und auf Änderungen der Bahnneigung und der Apsidendrehungsperiode durch Jupiter angewandt. Bei Kometenbahnen, deren große Halbachsen zwischen 10 und 100 A. E. und deren Periheldistanzen zwischen 6 und 10 A. E. liegen, variieren die Neigungen um nicht mehr als 2—3°. Die Apsidenlinien laufen in Zeiträumen von Zehntausenden bis zu Millionen Jahren einmal um. Dabei ändern sich die geringsten Abstände, bis auf welche die Kometen einer Planetenbahn nahekommen können, in den Grenzen $q-R$ bis $p-R$ (q Periheldistanz, p Parameter, R Radius der kreisförmig angenommenen Planetenbahn), so daß nahe Begegnungen möglich werden, die zur Erzeugung kurzperiodischer Kometenbahnen führen können. Petri

8007. **L. Haser, P. Swings,** Sur la possibilité d'une fluorescence cométaire excitée par la raie d'émission Lyman α solaire. Ann d'Astrophys **20** 52 = Inst. d'Astrophys. Univ. Liège Coll. 4° Nr. 81. — Verf. zeigen, daß bisher keine Anzeichen für die Fluoreszenzanregung der Moleküle in Kometen durch die solare Lyman α-Emission gefunden wurden. Groth

8008. **L. Haser,** Distribution d'intensité dans la tête d'une comète. Bull. Cl. Sci. Acad. roy. Belgique (5) **43** 740—750 = Inst. d'Astrophys. Univ. Liège Coll. 8° Nr. 394. — Auf der Grundlage des Kometenmodells von Whipple untersucht Verf. die radiale Verteilung der Moleküle im Kopf eines Kometen. Als deren Projektion parallel zum Visionsradius auf die Sphäre wird sodann die beobachtbare Intensitätsverteilung im Kometenkopf berechnet, und zwar für die beiden Fälle einer kugelsymmetrischen und einer asymmetrischen Verteilung. Klauder

* * **L. Houziaux, L. Battiau,** Note sur les relations entre les activités solaire et cométaire. Vgl. Ref. **6637**.

8009. **A. Hruška,** Photometric parameters of comets. BAC 8 10—16. — Verf. zeigt, daß der photometrische Parameter n für einen bestimmten Kometen nicht konstant ist und von der heliozentrischen Distanz abhängt. Aus der Analyse dieser Abhängigkeit und aus der physikalischen Theorie des Kometenleuchtens können quantitative Aussagen über die Unterschiede der Kometen, die sich der Sonne nähern bzw. von ihr entfernen, gemacht werden. J. B.

8010. **A. Hruška,** Relation between loss of cometary substance and nucleus temperature. BAC 8 47—50. — Es wird die Masse, die ein Kometenkern in einer bestimmten Zeiteinheit in verschiedenen heliozentrischen Entfernungen verliert, berechnet. Verf. gibt auch eine Abschätzung des Massenverlustes für einen Umlauf und für die maximale Lebensdauer eines periodischen Kometen an. J. B.

8011. **A. Hruška,** The real number of comets passing through perihelion per year. BAC 8 176—177. — Unter der Voraussetzung, daß der Helligkeitsverlauf der Kometen bei verschiedenen Sonnenabständen vor und nach dem Periheldurchgang gleichartig ist und eine kugelsymmetrische Verteilung der Kometenbahnen um die Sonne besteht, wird mit Hilfe von Wahrscheinlichkeitsüberlegungen eine Beziehung zwischen den beobachteten und den wirklichen Anzahlen abgeleitet. Hoppe

8012. **A. Hruška,** Kometenkern. Časopis **7** 7—10 (tschech.).

8013. **L. Kresák,** Nomograms for computing the parallax corrections for comets and planets. BAC 8 107—112. — Verf. gibt zwei Nomogramme, die zur Berechnung der Parallaxe in α und δ für die Körper des Sonnensystems bequem und für die meisten Bedürfnisse hinreichend genau die parallaktischen Faktoren zu bestimmen ermöglichen. Böh.

8014. **L. Kresák,** On the distribution of cometary orbits of extremely short perihelion distances. Contr. Astr. Obs. Skalnaté Pleso **2** 19—37. — Durch Berechnung von Verteilungsellipsoiden untersucht Verf. die räumliche Verteilung der Perihele und Bahnpole von 105 langperiodischen Kometen mit Periheldistanzen unter 0.5 A. E. Die Ergebnisse werden in Bezug auf Auswahleffekte diskutiert und mit denen anderer Autoren verglichen. Böh.

8015. **M. S. Markowitsch,** Über die Oberflächentemperatur eines rotierenden Kometenkerns. Bull. Astr. Obs. Stalinabad Nr. 20 S. 29—36 (russ.). — Auf Grund von Whipple's Modell wird die Oberflächentemperatur eines rotierenden Kometenkernes berechnet. Die Sonnenenergie wird durch Leitung und Strahlung transportiert. Neben der durchschnittlichen Oberflächentemperatur wird auch die Abhängigkeit vom Phasenwinkel der Beleuchtung untersucht. Perek

8016. **D. J. Martynow,** Die hellen Kometen des Jahres 1957. Priroda **46** Nr. 12 S. 80—83 (russ.).

* * **J. Needham, A. Beer, P.-Y. Ho,** «Spiked» comets in ancient China. Vgl. Ref. **1346**.

8017. **L. Pajdušáková-Mrkosová,** Kometen. Věda a život **3** 132—134 (slowak.).

8018. **L. Pajdušáková-Mrkosová,** Ursprung und Entstehung der Kometen. Věda a život **3** 209—211 (slowak.).

8019. **M. Plavec,** Die Kometenausbrüche und die Entstehung der Meteorströme. Pokroky **2** 91—104 (tschech.).

8020. **M. Plavec,** Komety a meteory. Prag, Verlag Orbis. 271 S. mit 49 + 39 Fig. Preis Kčs. 20.10. — Besprechung in RH **38** 142.

* * **P. Proisy,** Bandes I et II de NH_2 observées dans le spectre de l'ammoniac. Vgl. Ref. **275**.

8021. **V. G. Riives,** Über die photographische Photometrie der Kometen. AC Nr. 185 S. 16—18 (russ.). — Viele alte Kometenaufnahmen sind nicht für Flächenphotometrie standardisiert. Es wird gezeigt, wie man zu ihrer nachträglichen Kalibrierung die auf der Platte vorhandenen Sternabbildungen benutzen kann. Das Verfahren ist für einen Schwärzungsbereich von 1.5 bis 2 Größenklassen mit einer Genauigkeit von $\pm\,0^m\!.1$ anwendbar. Petri

8022. **V. Riives,** Repulsive force in the tails of comets belonging to Bredichin's first type. Publ. Astr. Obs. Tartu **33** 103—132 (russ. mit engl. Ref.). — Die Variationen der Abstoßungskraft in Kometenschweifen, die nach einer vereinfachten Formel berechnet wurden, scheinen reell zu sein. Es zeigt sich, daß neben dem Strahlungsdruck noch andere Effekte wirken, und zwar eine korpuskulare Strahlung mit einer Elektronendichte von der Größenordnung von 10^3 cm^{-3}. Perek

8023. **B. Rosen, P. Swings, L. Houziaux,** Considérations sur les identifications dans les spectres cométaires. Ann d'Astrophys **20** 76—85 = Inst. d'Astrophys. Univ. Liège Coll. 4° Nr. 82. — Ein sorgfältiger Vergleich der bekannten Kometenspektren im Anschluß an den Atlas von Swings und Haser mit einer großen Zahl von Molekülzusammensetzungen des Wasserstoffs, Sauerstoffs und Kohlenstoffs untereinander und mit Metallen hat keine wesentlichen neuen Identifizierungen gebracht. Die Hauptschwierigkeit für einen Fortschritt liegt bei der Ungenauigkeit der in den Kometenspektren gemessenen Wellenlängen. Oster

8024. **K. Šteins,** The problem of the capture of comets by planets. AA **7** 221—227. — Es wird das Problem des Einfangens von Kometen durch die Planeten der Erdgruppe und durch Saturn unter Berücksichtigung der Raumverteilung der Kometen untersucht. Die Wahrscheinlichkeit der Entdeckung auch nur eines Kometen von der Erdgruppe ist äußerst gering. In der Saturngruppe könnten 10 Kometen zu finden sein; man hat nur vier von diesen entdeckt. Infolge der Möglichkeit eines Zerfalls der Kometen beim Durchgang durch den Saturnring reduziert sich die Anzahl der vorhandenen Kometen der Saturngruppe auf sechs bis sieben Kometen. Rybka

8025. **K. A. Steins,** The distribution of comets of Jupiter's family. AJ UdSSR **34** 86—96 (russ.). — Nach einem allgemein angenommenen Verfahren wird die zweidimensionale Verteilungsfunktion der großen Halbachsen und Parameter für die Bahnen der Kometen der Jupiterfamilie bestimmt. Dabei werden die Verteilung der langperiodischen und die Zerfalls- sowie Entdeckungswahrscheinlichkeit der kurzperiodischen Kometen berücksichtigt. Die Entdeckungswahrscheinlichkeit wird für kurz- und langperiodische Kometen als gleich angenommen und empirisch bestimmt. Bei den langperiodischen Kometen wird die Verteilung der Perihele entsprechend den Beobachtungen den Periheldistanzen von der Sonne proportional vorausgesetzt. Der Einfluß des Zerfalls der Kometen wird gemäß Annahmen von S. W. Orlow, B. J. Lewin und der Gravitationshypothese untersucht. Die Ergebnisse stimmen mit den Beobachtungen gut überein. Das fast völlige Fehlen kurzperiodischer Kometen mit rückläufiger Bewegung ist eine Folge davon, daß diese Kometen meist kleine Periheldistanzen haben und schnell zerfallen — oder aber in geringerem Umfang davon, daß sie aus der verhältnismäßig kleinen Zahl der langperiodischen Kometen mit kleinen Periheldistanzen hervorgehen. Verf. (übersetzt)

8026. **P. Stumpff,** Über die Projektion von beobachteten Schweifpunkten auf die Ebene der Kometenbahn. AN **283** 245—248. — Es wird eine projektive Transformationsformel angegeben, die die Projektion von beliebigen Schweifobjekten auf die Bahnebene gestattet, ohne daß es wie bei den sonst üblichen Verfahren notwendig ist, für jedes zu transformierende Objekt trigonometrische Gleichungen aufzulösen. Verf.

8027. **P. Swings, L. Haser,** Atlas of Representative Cometary Spectra. Vgl. AJB **56** Ref. 8028. — Weitere Besprechung in Nature **179** 935 (A. Hunter).

8028. **J. G. Tyror,** The distribution of the directions of perihelia of long-period comets. MN **117** 370—379. — Die Frage nach dem Ursprung der Kometen, insbesondere die Prüfung der Hypothese von R. A. Littleton, nach der die Sonne auf ihrem Wege durch interstellare Staubwolken Verdichtungen der Materie eingefangen hat, läßt Untersuchungen über gemeinsame Merkmale der Kometenbahnen als wünschenswert erscheinen. Da die Bahnelemente zumeist nur den beobachteten Abschnitt richtig darstellen, im übrigen aber fortgesetzt durch die störenden Einflüsse der Großen Planeten und benachbarten Fixsterne verändert werden, beschränkt sich Verf. auf 448 langperiodische Kometen, deren Perihelrichtungen sowohl im ekliptikalen als auch im galaktischen Koordinatensystem dargestellt werden. Selbst bei strenger Berücksichtigung aller Auswahleffekte bleibt deutlich eine bevorzugte Richtung bestehen. Die Perihelpunkte drängen sich nach der Milchstraße zusammen und zeigen eine Häufung bei $\lambda = 261°$, $\beta = 71°$; (Sonnenapex: $\lambda = 271°$, $\beta = 53°$). Diese Anordnung tritt noch deutlicher hervor, wenn die vermutlich am wenigsten gestörten neuen Kometen (nach J. H. Oort) oder diejenigen mit Perioden: $6.8 < \log p < 11.0$ allein herangezogen werden. Beyer

8029. **J. G. Tyror,** The distribution of perihelia directions of long-period comets. Obs **77** 10—12. — Ref. RAS.

8030. **S. C. Venter,** Comets. MN ASSA **16** 32—34. — Verf. gibt eine allgemeinverständliche kurze Übersicht über die geschichtliche Entwicklung des Kometenproblems und über die physikalische Natur der Kometen. P. Stumpff

8031. **A. Wilkens,** Eine himmelsmechanische Charakteristik des Systems der periodischen Kometen des Sonnensystems. Sitzber. Bayer.

Akad. Wiss. Math.-naturwiss. Kl. 1957 S. 105—121. — An Hand von 74 periodischen Kometen des Sonnensystems wird gezeigt, daß die Bahnlagen dieser Körper sich der Laplaceschen «Unveränderliche Ebene», d. h. der Ebene des maximalen Rotationsmomentes, am nächsten anpassen, und daß viele Kometen die Bedingungen für periodische Lösungen erfüllen. Verf.

8032. **T. W. Wodopjanowa,** A supplement to the general catalogue of absolute magnitudes of comets. AJ UdSSR **34** 932—942 (russ. mit engl. Ref.). — Für 76 zwischen 1947 und 1954 erschienene Kometen werden die absoluten Größen H_{10}, die photometrischen Parameter H_y und $y = 2.5\,n$ veröffentlicht. Bei zahlreichen periodischen Kometen lassen sich säkulare Helligkeitsabnahmen erkennen. Loh.

8033. **S. K. Wsechswjatskij,** Einige Ergebnisse der Kometenstatistik. Bull. Kommission Kometen Meteore UdSSR Nr. 1 S. 5—23 (russ.). — Als Material für die vorliegende statistische Studie diente ein Katalog absoluter Größen aller Kometen mit bekannten Bahnelementen des Verf. (vgl. AJB **56** Ref. **8034**). Von den 540 betrachteten Kometen haben 416 Perioden über 1000, 124 Kometen Perioden unter 1000 Jahren. In einer Reihe von Tabellen wird die Verteilung der absoluten Größen und einiger Bahnelemente gegeben. Die Auswahleffekte bei der Verteilung der absoluten Größen werden kurz diskutiert. Die Verteilung der Bahnneigungen weist einen allmählichen Übergang von den kurzperiodischen Kometen der Jupitergruppe bis zu den langperiodischen Kometen auf. Bei kurzperiodischen Kometen wird die säkulare Änderung der absoluten Helligkeit untersucht. Verf. ist der Ansicht, daß das Alter der kurzperiodischen Kometen kaum einige Jahrzehnte oder Jahrhunderte übersteigt. Ond.

8034. **S. K. Wsechswjatskij,** On the directions of the axes of comet orbits. Obs **77** 206—208. — Auf den Bericht von Tyror (Obs **77** 10, vgl. Ref. 8029) wird entgegnet, daß die Verteilung der Perihellängen der Kometen eher gegen deren interstellaren Ursprung spricht und daß dagegen andere· Beobachtungstatsachen nur verstanden werden können, wenn die Kometen im Sonnensystem gebildet worden sind. Böh.

8035. **F. Zigels,** Kas ir kometas? Rīgā, Valsts izd-ba, 1956. 38 S. mit Fig. Preis 2 R. 70 Kop.

8036. Météorites, comètes et astéroïdes. Cannes, Impr. Ecole, 1955. 24 S. mit Fig.

§ 81

Einzelne Kometen

8101. **F. Armenter de Monasterio,** Cometas observados en el año 1956. Urania Barcelona **42** 103—105.

8102. **O. W. Dobrowolskij,** Über die Ursache der Schwankung der absoluten Größe des Kometen Encke und anderer kurzperiodischer Kometen. Bull. Astr. Obs. Stalinabad Nr. 19 S. 11—25 (russ.). — Die Schwankungen der absoluten Größe kurzperiodischer Kometen sind von der Lage der scheinbaren Kometenbahn in bezug auf den Horizont des Beobachters abhängig. Bei niedriger Lage der Bahn zeigt sich eine Erhöhung der absoluten Helligkeit und umgekehrt. Die Schwankungen sind wahrscheinlich durch die unvollkommene Methode der Reduktion der Helligkeit auf das Zenit zu erklären. Perek

8103. **F. Kępiński,** O badaniach ruchu komet, wykonanych w Polsce w ciągu ostatnich lat. Postępy Astr. **5** 91—96.

8104. **S. B. Nicholson,** Comets of recent years. ASP Leaflet Nr. 338, 8 S.

8105. **J. G. Porter,** Reports on the progress in astronomy. Comets (1956). MN **117** 337—344.

8106. **J. G. Porter,** Informations required for the R. A. S. Council notes. Annual report on comets. YC 1466 S. 14—16.

8107. Comètes de 1607 et de 1957. BSAF **71** 336.

8108. Bearbeitung definitiver Kometenbahnen und Elementverbesserungen. NAZ **11** 23, UAI Circ 1619. — Betrifft die Kometen: Arend-Roland (1956 h), Pajdušáková (1954 II), Baade (1954 h), Haro-Chavira (1954 k), Harrington-Abell (1955 a), Abell (1955 b), Bacharew-Macfarlane-Krienke (1955 f), Perrine-Mrkosscher Komet (1955 i = 1909 III).

8109. Computation of orbits for comets. UAI Circ 1619.

8110. Orbital elements of periodic comets coming in 1958. YC 1466 S. 10—12.

8111. Definitive Bezeichnung von Kometen. MN **117** 343; NAZ **11** 2; UAI Circ 1580, 1633; YC 1466 S. 4.

Kometen. Gruppe (1)[1]

Anmerkung: Ein Pluszeichen (+) innerhalb einer Klammer zeigt an, daß außer Beobachtungen eines Kometen auch noch Elemente bzw. eine Ephemeride gegeben sind.

8112. **D'Arrestscher Komet (1950 II = 1943 III)**

Harv Card 1361 (El), 1362 (Eph), 1363; MN **117** 337; NAZ **11** 9 (Eph); UAI Circ 1592 (Eph); YC 1421, 1433.

8113. **Ashbrook-Jacksonscher Komet (1955 c = 1948 IX)**

AC Nr. 176 S. 2 (Eph); AJ **62** 185—186 = LOB Nr. 555, **62** 191; BAAH 1958 S. 56 (Eph); MN **117** 337 (+ El); UAI Circ 1605 (Eph), 1632 (Eph).

8114. **Erster Borrellyscher Komet (1953 IV = 1932 IV)**

BAAH 1958 S. 58 (El).

8115. **Zweiter Brooksscher Komet (1953 V = 1946 IV)**

MN **117** 337 (El).

8116. **Crommelinscher Komet (1956 g = 1928 III)**[2]

Acta Astr. Sinica **5** 160; MN **117** 337 (+ El); UAI Circ 1584 (Eph); UC **6** 288; YC 1416.

A. Purgathofer. Vgl. Ref. 8128.

T. Seki, On magnitude of periodic comet Crommelin. YC 1416 S. 4.

W. Wenzel, Komet Crommelin. Sterne **33** 28.

8117. **Danielscher Komet (1950 V = 1943 IV)**

AC Nr. 176 S. 1 (Eph).

8118. **Enckescher Komet (1957 c = 1954 IX)**

Auffindung: H. M. Jeffers, Harvard Observatory, 1957 Juli 25.

AC Nr. 179 S. 1 (El, Eph), Nr. 184 S. 5; BAA Circ 387; BSAF **71** 401; Harv Card 1365, 1366, 1371; MN **117** 337 (El); NAT 1957 S. 104; NAZ **11** 6 (+ Eph),

[1]) Vgl. AJB **48** S. 210 Anmerkung.

[2]) In Publ. Kwasan Obs. **1** Nr. 4 mit 1928 IV bezeichnet.

15, 19; NAZvM 330, 336, 339; Sky and Telescope **17** 80 (Au); UAI Circ 1595 (El, Eph), 1609, 1616; YC 1425 (El, Eph), 1442.

J. F. Brouet, Comet d'Encke. Ciel et Terre **73** 410, 412.

O. W. Dobrowolskij. Vgl. Ref. 8102.

U. Güntzel-Lingner, Den periodiske Komet Enckes 45. Tilbagekomst. Urania København **14** 75—76.

P. Swings, C. Fehrenbach, A. Woszczyk, Le spectre de la comète 1957 c (Encke). CR **245** 2152—2155 = Inst. d'Astrophys. Univ. Liège Coll. 4° Nr. 87 = Publ. Obs. Haute-Provence **4** Nr. 7.

Sky and Telescope **16** 504. Comet Encke.

8119. **Fayescher Komet (1955 II = 1947 IX)**

AJ **62** 185—186 = LOB Nr. 555, **62** 191; MN **117** 337; TAB (2) Nr. 90 S. 968.

8120. **Galescher Komet (1938 I = 1927 VI)**

BAAH 1958 S. 58 (El).

8121. **Giacobini-Zinnerscher Komet (1946 V = 1940 I)**

BAAH 1958 S. 58 (El).

8122. **Grigg-Skjellerupscher Komet (1956 i = 1952 IV)**

AC Nr. 176 S. 1; BAA Circ 383; Harv Card 1346, 1347; Kop Akt Medd 388; MN **117** 337 (+ El); NAZ **11** 1; NAZvM 308; UAI Circ 1581, 1582.

8123. **Halleyscher Komet (1910 II = 1835 III)**

M. Kamieński, Researches on the periodicity of Halley's comet. III. Revised list of ancient perihelion passages of the comet. AA **7** 111—118. — Die von Viliew und Crommelin berechneten Periheldurchgänge des Halleyschen Kometen für die Zeit 622 v. Chr.—1910 n. Chr. werden durch eine empirische Formel dargestellt, welche nun dazu verwendet wird, für chronologische Zwecke die Periheldurchgänge bis zum Jahre 2314 v. Chr. anzugeben. Böh.

8124. **Harringtonscher Komet (1957 g = 1952 II)**

Auffindung: E. Roemer, US Naval Obs. Flagstaff, Arizona, 1957 Nov. 18.

AC Nr. 187 S. 1 (+ Eph); BAAH 1958 S. 55 (El, Eph); Harv Card 1387; MN **117** 337 (El); NAZ **11** 29 (+ Eph); NAZvM 355; UAI Circ 1603 (El), 1608 (El, Eph), 1630 (+ Eph), 1634 (Eph); YC 1430 (Eph).

8125. **Honda-Mrkos-Pajdušákováscher Komet (1954 III = 1948 XII)**

BAAH 1958 S. 50 (El).

8126. **Johnsonscher Komet (1956 f = 1949 II)**

AC Nr. 176 S. 1 (Eph); MN **117** 337 (+ El); UC **6** 288.

8127. **Kopffscher Komet (1957 a = 1951 VII)**

Auffindung: G. van Biesbroeck, Williams Bay, 1957 Feb. 20 *).

AC Nr. 179 S. 1, Nr. 181 S. 1 (Eph), Nr. 186 S. 5; BAA Circ 384, 391; BSAF **71** 85; Harv Card 1352; Kop Akt Medd 389; NAZ **11** 5, 23; NAZvM 312 (Eph); Publ ASP **69** 366; UAI Circ 1588, 1589, 1598 (+ Eph), 1625; YC 1418, 1430.

F. Kępiński, Le mouvement de la comète périodique 1906 IV (Kopff). VII. AA **7** 103—109. — Bahnverbesserung des Kometen 1906 IV (Kopff) unter Berücksichtigung spezieller Störungen in den Elementen durch Venus—Uranus aus den Beobachtungen 1945 und 1951. Böh.

F. Kępiński, G. Sitarski, Ephemeris of the periodic comet 1906 IV (Kopff). AA **7** 110.

F. Kępiński, Ephemeris of the periodic comet 1906 IV (Kopff). AA **7** 255—256.

*) Die Auffindung des Kometen wurde nicht bestätigt.

8128. **Olbersscher Komet (1956 a = 1887 V)**

AJ **62** 191; Mitt. AG 1956 S. 77; MN **117** 337 (+ El); NAZvM 311 (Eph), 316; Publ. Københavns Obs. Nr. 170; TAB (2) Nr. 90 S. 976; UAI Circ 1583 (Eph), 1584.

A. Purgathofer, Positionsbeobachtungen der Kometen Olbers (1956 a), Mrkos (1956 b), Crommelin (1956 g) und Arend-Roland (1956 h). Anzeiger Österreich. Akad. Wiss. Math.-Naturwiss. Kl. **94** 254—258 = Mitt. Univ.-Sternw. Wien **9** Nr. 9.

8129. **Otermascher Komet (1950 III = 1942 VII)**

AJ **62** 185—186 = LOB Nr. 555, **62** 191; BAAH 1958 S. 57 (Eph); MN **117** 337 (+ El); UAI Circ 1606 (Eph), 1628 (Eph).

L. Oterma, Bahnbestimmung des kurzperiodischen Kometen Oterma (1942 VII). Ann. Univ. Turku. (A. I) Nr. 27, 24 S. = Astr.-Opt. Inst. Univ. Turku Informo Nr. 16. — Genaue Bahnbestimmung des Kometen 1942 VII Oterma aus 51 Normalörtern 1942—1956 nach der Methode von Eckert und Brouwer unter Berücksichtigung von Störungen durch Jupiter und Saturn. Ephemeriden für 1958—1960.
Böh.

8130. **Perrine-Mrkosscher Komet (1955 VII = 1909 III)**

AJ **62** 191; MN **117** 337; TAB (2) Nr. 90 S. 977.

8131. **Pons-Winneckescher Komet (1951 VI = 1945 IV)**

MN **117** 337 (El); UAI Circ 1594 (Eph); YC 1425 (Eph).

V. Guth, Studies on the cometary system of comet Pons-Winnecke. I. The secular perturbations of the orbit of comet Pons-Winnecke. Contr. Astr. Obs. Skalnaté Pleso **2** 38—56. — Für eine Untersuchung der Bewegungsverhältnisse des Kometen Pons-Winnecke und des mit ihm zusammenhängenden Meteorstromes der Ursiden werden die säkularen Störungen der acht großen Planeten berechnet. Im vorliegenden Teil I der Arbeit sind die für eine Durchführung der geplanten Untersuchung erforderlichen Unterlagen mitgeteilt und die Änderungen der Bahnelemente abgeleitet.
Hoppe

8132. **Erster Reinmuthscher Komet (1957 e = 1950 IV)**

Auffindung: E. Roemer, US Naval Obs. Flagstaff, Arizona, 1957 Sept. 20.

AC Nr. 187 S. 1 (Eph); BAAH 1958 S. 51 (El, Eph); BAA Circ 390; BSAF **71** 360, 493; Harv Card 1373; Kop Akt Medd 394; NAT 1957 S. 106; NAZ **11** 19 (Eph), 23, 30 (Eph); NAZvM 338; UAI Circ 1617 (Eph), 1631 (Eph).

8133. **Zweiter Reinmuthscher Komet (1954 VI = 1947 VII)**

AJ **62** 191.

8134. **Schaumassescher Komet (1952 III = 1943 V)**

BAAH 1958 S. 58 (El).

8135. **Erster Schwassmann-Wachmannscher Komet (1941 VI = 1925 II)**

AC Nr. 178 S. 2 (Eph); AJ **62** 185—186 = LOB Nr. 555, **62** 191; MN **117** 337; NAZ **11** 1 (Eph), 9 (Eph); UAI Circ 1582 (Eph); YC 1423 (Eph).

8136. **Zweiter Schwassmann-Wachmannscher Komet (1955 I = 1948 VII)**

AJ **62** 191 (mit Berichtigung in AJ **63** 300); MN **117** 337; TAB (2) Nr. 90 S. 967.

8137. **Zweiter Tempelscher Komet (1956 e = 1951 VIII)**

AJ **62** 191; MN **117** 337 (+ El).

8138. **Tuttle-Giacobini-Kresakscher Komet (1951 IV = 1907 III)**

UAI Circ 1581 (Eph).

L. Kresák, The motion of the periodic comet Tuttle-Giacobini-Kresák, 1951—1956. Contr. Astr. Obs. Skalnaté Pleso **2** 57—71 (mit russ. und slowak. Ref.). —

Verf. hat aus 92 Beobachtungen aus dem Jahre 1951 die definitive Bahn des Kometen Tuttle-Giacobini-Kresák bestimmt. Die Störungen wurden für den Zeitraum 1951 April 24—1956 Aug. 5 berechnet. Verf. gibt weiter eine Ephemeride für 1956 März 8—1957 Juni 11. J. B.

8139. **Whipplescher Komet (1955 VIII = 1948 VI)**

AJ **62** 191; MN **117** 337; TAB (2) Nr. 90 S. 975.

8140. **Wirtanenscher Komet (1954 XI = 1947 XIII)**

AJ **62** 191.

8141. **Erster Wolfscher Komet (1950 VI = 1942 VI)**

BAAH 1958 S. 50 (El).

M. Kamieński, Elements and ephemeris of the comet P/Wolf I for its reappearance in 1958. AA **7** 1—4. — Ephemeride des Kometen P/Wolf I für sein Erscheinen 1958, basierend auf einem 1950 Okt. 6 oskulierenden, die Beobachtungen 1925—1951 darstellenden Elementensystem und speziellen Störungen von Jupiter und Saturn für 1950—1959. Böh.

M. Kamieński, Researches on the motion of comet P/Wolf I. XVII. Perturbations due to Venus, the Earth, Mars, Jupiter, Saturn and Uranus during the period 1950 Oct. 6.0—1959 March 13.0. AA **7** 5—55. — Für den Kometen P/Wolf I werden die mit einem alle Normalörter 1925—1951 darstellenden 1950 Okt. 6 oskulierenden Elementensystem gerechneten speziellen Störungen in den Elementen durch Venus-Erde von 20 zu 20 Tagen, Mars-Uranus von 40 zu 40 Tagen, tabuliert. Daraus wird ein 1959 März 13 oskulierendes Elementensystem abgeleitet. Böh.

M. Kamieński, The motion of comet P/Wolf I in the proximity of Jupiter's activity sphere during the period 1840 May 24.5—1839 Apr. 20.5. AA **7** 159—176. — Zusammenstellung der Formeln, um die speziellen Störungen der Elemente eines Kometen in der Wirkungssphäre Jupiters zu berechnen, und Anwendung auf die Bewegung des Kometen P/Wolf I 1840 Mai 24—1839 Apr. 20. Böh.

M. Kamieński, Influences of Venus, the Earth, Mars and Uranus on the positions of comet Wolf I in 1958. AA **7** 252.

M. Kamieński, Elements and ephemeris of comet P/Wolf I for the period 1958 Oct. 4.0—1959 Febr. 1.0. AA **7** 253—254.

Kometen. Gruppe (2)[3])

8142. **Komet 1908 III (= 1908 c) Morehouse**

S. W. Orlow, Systèmes radiaux dans la tête de la comète 1908 III (Morehouse). AJ UdSSR **34** 237—240 (russ. mit französ. Ref.). — Es wird die Frage untersucht, in welcher Weise sich die Streifensysteme in Kometenschweifen vom Kopf des Kometen lösen. Es zeigt sich, daß Anfangsgeschwindigkeiten < 1 km/sec zu sinnvollen Resultaten führen, wenn man annimmt, daß der Kometenkopf rotiert und daß sich die Teilchen auf Grund ihrer thermischen Energie ablösen. Oster

8143. **Komet 1916 I Taylor**

MN **117** 343.

8144. **Komet 1919 V (= 1919 c) Metcalf-Borrelly**

A. Przybylski, Original orbit of comet 1919 V (Metcalf-Borrelly). AA **7** 246—251. — Die definitive Bahnbestimmung des Kometen 1919 V ergibt eine hyperbolische Bahn. Der hyperbolische Charakter der Bahn ist durch die Einwirkung der Planeten verursacht. Die ursprüngliche Bahn war elliptisch; der Komet entstammt also nicht dem interstellaren Raum. Rybka

[3]) Vgl. AJB **48** S. 210 Anmerkung.

8145. Komet 1925 III[4]**) (= 1925 b) Reid**
MN **117** 337 (El).

8146. Komet 1930 VI (= 1930 d) Schwassmann-Wachmann 3 (P)
AC Nr. 177 (+ El, Eph); NAZ **11** 16 (El, Eph); UAI Circ 1592 (+ El, Eph); YC 1422 (+ El, Eph).

8147. Komet 1939 III (= 1939 d) Jurlof-Achmarof-Hassel
MN **117** 337 (El).

8148. Komet 1941 VII (= 1941 e) Du Toit-Neujmin-Delporte
BAAH 1958 S. 52 (El, Eph); NAZ **11** 25 (El, Eph); UAI Circ 1628 (El, Eph).

8149. Komet 1944 III (= 1944 c) Du Toit 1
BAAH 1958 S. 50 (El).

8150. Komet 1948 IV (= 1948 g) Honda-Bernasconi
F. J. Sigel, Physikalische Merkmale des Kometen 1948 g (Honda-Bernasconi). Bull. Astr.-Geod. Ges. UdSSR Nr. 17 S. 34—38, 1956 (russ.). — Betrifft Schweiftyp, Kopf, Spektrum und photometrische Parameter des Kometen.

8151. Komet 1950 VII (= 1951 b) Arend-Rigaux (P)
AC Nr. 179 S. 2 (El, Eph); BAAH 1958 S. 52 (Eph); MN **117** 337 (El); NAZ **11** 10 (Eph); UAI Circ 1597 (Eph), 1631 (Eph); YC 1428 (Eph).

8152. Komet 1951 I (= 1950 b) Minkowski
UAI Circ 1617 (El).

8153. Komet 1951 IX (= 1952 a) Harrington-Wilson (P)
AC Nr. 184 S. 5 (Eph), Nr. 187 S. 2 (Eph); BAAH 1958 S. 54 (El, Eph); NAZ **11** 19 (Eph); UAI Circ 1603 (El, Eph mit Berichtigung in UAI Circ 1618), 1616 (Eph), 1631 (Eph); YC 1415 (El, Eph), 1449 (Eph).

8154. Komet 1951 X (= 1951 j) Arend (P)
BAAH 1958 S. 58 (El).

8155. Komet 1953 VI (= 1953 e) Harrington (P)
J. M. Aleu Padreny, Barcelona, bearbeitet die Vorhersage für das Wiedererscheinen des periodischen Kometen 1953 e. UAI Circ 1584.

8156. Komet 1954 II (= 1953 h) Pajdusakova
Die Bearbeitung der definitiven Bahn des Kometen über das Ananaian Institute of Astro-Computation, Shimizu, Shizuoka-ken, Japan. NAZ **11** 23; UAI Circ 1619.

8157. Komet 1954 IV (= 1954 i) van Biesbroeck (P)
AJ **62** 191.

8158. Komet 1954 V (=1955 b) Abell
AJ **62** 191; MN **117** 337; Publ ASP **69** 366.

8159. Komet 1954 VIII (= 1954 f) Vozarova
AJ **62** 191.

8160. Komet 1954 XIII (= 1955 a) Harrington-Abell
AJ **62** 191.

---

[4]) In Publ. Kwasan Obs. 1 Nr. 4 mit 1925 IV bezeichnet.

8161. **Komet 1954 k Haro-Chavira**

AJ **62** 185—186 = LOB Nr. 555, **62** 191; MN **117** 337 (+ El); TAB (2) Nr. 90 S. 969; YC 1446 (Eph).

8162. **Komet 1955 III** (= **1955 e**) **Mrkos**

AJ **62** 191; BAB **4** 215; MN **117** 337 (+ El); Publ. Københavns Obs. Nr. 170; TAB (2) Nr. 90 S. 975.

M. Schmidt, H. van Woerden, The intensity distribution of molecular bands in the coma of comet Mrkos 1955 e. Vgl. Ref. **1179**, daselbst S. 102—111.

8163. **Komet 1955 IV** (= **1955 f**) **Bacharew-Macfarlane-Krienke**

AJ **62** 191; BAB **4** 215; Publ. Københavns Obs. Nr. 170; TAB (2) Nr. 90 S. 975.

A. M. Bacharew, Der Ausbruch des Kometen 1955 f und die Sonnenaktivität. AC Nr. 178 S. 3—4 (russ.). — Der zwischen dem 6. und 14. August 1955 erfolgte Helligkeitsanstieg und -abstieg des Kometen um $0^m\!.8$ ist mit den Fleckenrelativzahlen positiv korreliert. Loh.

A. M. Bacharew, Integralhelligkeit, photometrische Parameter und Schweiftyp des Kometen 1955 f. Bull. Astr. Obs. Stalinabad Nr. 19 S. 27—31 (russ.).

8164. **Komet 1955 V** (= **1955 g**) **Honda**

AJ **62** 191; BAB **4** 216; Publ. Københavns Obs. Nr. 170; TAB (2) Nr. 90 S. 975.

F. D. Miller, The spectrum of the elongated coma of comet 1955 g. Publ ASP **69** 82—85. — Der Kopf des Kometen 1955 g war unsymmetrisch, seine Form veränderlich. Dieses wird deutlich durch die Isophoten für die C_2-Bande λ 4737 gezeigt. Objektivprismenaufnahmen zeigen ferner, daß der Kopf des Kometen im Lichte der CN-Bande λ 3883 oval war. Die Spektren zeigen ein nur sehr schwaches Kontinuum. Groth

V. Vanýsek, J. Rajchl, On a probable outburst of comet 1955 g (Honda). BAC **8** 132—134 = Veröff. Astr. Inst. Univ. Brno Nr. 3. — Bearbeitung der Helligkeitsbestimmungen des Kometen und Berechnung der photometrischen Parameter vor und nach dem Ausbruch. Verf. bestimmen die Geschwindigkeit der beiden Teile des Kometenkernes und berechnen die Masse des Kometen. J. B.

8165. **Komet 1955 VI** (= **1954 h**) **Baade**

AJ **62** 191; Mitt. AG 1956 S. 77; MN **117** 337; TAB (2) Nr. 90 S. 970.

8166. **Komet 1956 b Mrkos**

AJ **62** 185—186 = LOB Nr. 555, **62** 191; Mitt. AG 1956 S. 77; MN **117** 337 (+ El).

A. Purgathofer. Vgl. Ref. **8128**.

8167. **Komet 1956 c Wirtanen**

AC Nr. 181 S. 2, Nr. 183 S. 1; AJ **62** 185—186 = LOB Nr. 555, **62** 191; BAA Circ 387; Harv Card 1358 (Eph), 1359, 1364; MN **117** 337 (+ El); NAZ **11** 16; NAZvM 332 (Eph), 324, 325, 328; Publ ASP **69** 475 (+ Au); UAI Circ 1596 (Eph), 1606, 1607, 1608, 1609; YC 1428, 1430, 1440, 1443.

8168. **Komet 1956 h Arend-Roland**

AC Nr. 178 S. 1 (El, Eph), Nr. 179 S. 1, Nr. 183 S. 1 (Eph); Acta Astr. Sinica **5** 160, 302, 304; AJ **62** 185—186 = LOB Nr. 555; Astr. Nachr. Berlin-Treptow **9** 26; BAA Circ 382, 383 (El, Eph), 385 (+ Eph), 386 (Eph); BSAF **71** 16 (+ El, Eph), 67, 83 (+ El, Eph), 217; Coelum **25** 56—57 (+ Au), 85 (+ Eph), Nr. 7—8 Tafel 1 (Au); DOB Circ Nr. 10 (Eph); Harv Card 1348, 1349 (El, Eph), 1352, 1355, 1358; Irish AJ **4** Tafel XII, XIII (Au), **4** Nr. 6 (Au); J. Astr. Soc. Victoria **10** 16; JBAA **67** 121—123, 183, 225—229 (+ Au); Kop Akt Medd 388 (Eph),

389; Mitt. AG 1956 S. 77; MN **117** 337 (+ El); MN ASSA **16** 21; Monthly Bull. Astr. Observations Japan Astr. Study Ass. Nr. 74, 76; NAZ **11** 1, 5 (+ El, Eph), 9, 15, 16; NAZvM 310, 312, 320, 321, 323, 325, 338 (Eph); Obs **77** 9, 42, 121, 128; Publ ASP **69** 275 (+ Au), 364 (+ Au); Publ. Københavns Obs. Nr. 172 S. 7; Sky and Telescope **16** 504; Spaceflight **1** 102, 152 (Au); Sterne **33** 76 (Au); UAI Circ 1580 (+ El, Eph), 1581, 1582, 1583, 1584, 1585 (+ El, Eph), 1586, 1588, 1589, 1591 (+ El, Eph), 1595, 1596, 1597, 1598, 1599, 1600, 1601, 1602, 1603 (Eph), 1604, 1605, 1607, 1608, 1614, 1619 (El, Eph), 1629; Weltraumfahrt 1957 S. 95 (Au); YC 1414 (El, Eph), 1415 (Eph), 1417 (+ El, Eph), 1418, 1419, 1420, 1425, 1426 (+ Eph), 1427, 1428, 1431, 1432, 1433, 1434, 1437 (+ Eph), 1440, 1450 (El, Eph).

E. B. Armstrong, The changing appearance of the anomalous tail of comet Arend-Roland. Obs **77** 135—136. — Das scheinbare Verhalten des Gegenschweifes wird qualitativ durch die perspektivischen Effekte beim Durchgang der Erde durch die Kometenbahnebene gedeutet. P. Stumpff

M. K. V. Bappu, S. D. Sinvhal, Polarization of comet Arend-Roland. Nature **180** 1410.

C. Bertaud, F. Baldet, La comète Arend-Roland (1956h). BSAF **71** 221—225. — Ref. in Coelum **25** 187—188.

C. Bertaud, F. Baldet, La comète Arend-Roland (1956 h). BSAF **71** 321—328.

C. Bertaud, G. Bertaud, F. Baldet, Observations de la comète Arend-Roland (1956h). CR **244** 2289—2290.

D. E. Blackwell, R. V. Willstrop, A study of the monochromatic polarization of comet Arend-Roland (1956h). MN **117** 590—599, Obs **77** 221—223 (Ref. RAS).

P. N. Bojko, A. W. Charitonow, Polarisationsbeobachtungen des Kometen Arend-Roland. AC Nr. 181 S. 6—8 (russ.).

J. Bouška, Komet Arend-Roland 1956h. RH **38** 42—44 (tschech.).

J. Bouška, Komet Arend-Roland. Vesmír **36** 273—274 (tschech.).

R. Brahde, K. Brekke, On the secondary tail of comet Arend-Roland 1956h. Astrophys. Norvegica **6** 27—32. — Die Verf. schließen aus dem beobachteten Verhalten von Haupt- und Gegenschweif, daß es sich bei letzterem um Materie handelt, die vom Kometen in der Bahnebene verstreut und dementsprechend zu dieser Ebene stark konzentriert ist. P. Stumpff

R. Compte Porta, Algunas observaciones del cometa «Arend Roland». El Universo Nr. 41 S. 178—181 (+ Au).

H. Cuny, La comète Arend-Roland vient de poser aux astronomes des questions surprenantes. Sci. et Avenir 1957 Nr. 124 S. 270—274.

A. Delsemme, D. Delsemme-Jehoulet, F. Lenouvel, Photométrie photoélectrique de la comète Arend-Roland (1956h) avant son passage au périhélie. CR **244** 1883—1885 = Inst. d'Astrophys. Univ. Liège Coll. 4° Nr. 85.

A. N. Deutsch, Der Komet Arend-Roland. Priroda **46** Nr. 6 S. 105—106 (russ.).

M. W. Dolidse, W. P. Archipowa, Über das Spektrum des Kometen Arend-Roland. AC Nr. 185 S. 9—11 (russ.). — 1957 Mai 2—30 wurden mit einem Objektivprisma (8°, d = 725 mm) am Meniskus-Astrograph (f: 3) 15 Spektrogramme auf Agfa Astro-Rot Rapid Platten bei Belichtungszeiten zwischen 3 und 45 Minuten erhalten, deren Dispersion 136 Å/mm bei Hδ beträgt. In einer Tabelle sind die gemessenen Emissionsbanden und Absorptionslinien aufgeführt. Außerdem ist eine nähere Beschreibung der Emissionsbanden gegeben, da sich deren Form, Größe und Intensität merklich änderten. Das kräftige Kontinuum ging von 6400 bis 3680 Å und zeigte bei 3881 Å nichtidentifizierte Absorptionslinien. Die besonders hohe Intensität des Kontinuums im Violett ist Gegenstand weiterer Untersuchung. Petri

R. Dumont, M. Rousseau, Pour observer la comète Arend-Roland. La Nature **85** 172—173.

M. W. Feast, A. D. Thackeray, An attempted spectroscopic observation of comet Arend-Roland. MN ASSA **16** 36—37. — Die Verf. beschreiben einige Versuche, im Cassegrainfokus des 74''-Radcliffe Reflektors Spektren des Kometen zu gewinnen. Da der Komet zur Zeit der Aufnahmen (April 12, 6^h SAT) nur 2—4° über dem Horizont stand, während die Sonne eine Höhe von –6° bis –8° hatte, blieben die Versuche ohne Erfolg. P. Stumpff

C. Fehrenbach, L. Haser, P. Swings, A. Woszczyk, Observations spectroscopiques de la comète Arend-Roland (1956h). Ann d'Astrophys **20** 145—154 = Inst. d'Astrophys. Univ. Liège 4° Nr. 92 = Publ. Obs. Haute-Provence **4** Nr. 5. — Mit einem Gitterspektrographen am 120 cm-Spiegel des Observatoire de Haute Provence sind Spektren des Kometen mit 137 Å/mm und 275 Å/mm gewonnen worden, die eine Bestimmung der Wellenlängen der Emissionen im gelb-roten Spektralbereich mit größerer Genauigkeit gestatteten. Von insgesamt 29 Spektren sind zehn auf Infrarot-Platten aufgenommen worden, die das nahe Infrarot zeigen. Die in einer Liste aufgeführten Wellenlängen (vorwiegend von NH_2) sind nach heliozentrischen Distanzen des Kometen geordnet. Die Entstehung der NH_2-Banden wird diskutiert. Fricke

A. Fresa, Esposizione semplificata di orbita parabolica provvisoria con applicazione alla cometa Arend-Roland (1956h). Vgl. Ref. **4503**.

R. H. Garstang, Positions of comet Arend-Roland (1956h). MN **117** 505.

J. W. Glagolewskij, Identifizierung von Linien in Spektren des Kometen Arend-Roland. AC Nr. 182 S. 3 (russ.).

S. D. Gossner, Comet Arend-Roland. Nature Mag. **50** 436—437, 445.

H. Grenat, J. Fraleux, R. Herman, Magnitudes et variations spectrales de la comète Arend-Roland 1956h. CR **245** 785—788. — Mit einer Objektivprismenkamera (f = 7 cm, f: 0.7, 30°-Kron-Prisma) wurden von 1957 April 21 bis Juni 9 Aufnahmen vom Kometen 1956h gemacht, z. T. mit ultraviolettem, z. T. mit gelbem Filter. Die Helligkeiten, geschätzt im Anschluß an Feldsterne, werden von April 27 bis Juni 9 gegeben. Das Verhalten der Swan-Banden und die Intensitätsverteilung des Schweifspektrums werden beschrieben. Mehltretter

W. Groubé, La comète Arend-Roland (1956h). BSAF **71** 490.

A. Güttler, Photographische Polarisationsbeobachtungen am Kometen Arend-Roland. Phys. Verhandl. **8** 137—138.

I. Hasegawa, Visual estimation of magnitude of comet Arend-Roland (1956h). Ananaian Inst. Bull. Nr. 1, 4 S.

J. Havelka, Beobachtung des Kometen Arend-Roland. RH **38** 91 (tschech.).

G. Horn-d'Arturo, La cometa Arend-Roland (1956h). Coelum **25** 97—101. — Allgemeinverständliche Übersicht über die Kometen und Wiedergabe der Hypothese von De Mottoni über das Schweifphänomen des Kometen 1956h. Cester

C. Luplau Janssen, En stor Komet? Urania København **14** 9—10.

C. Luplau Janssen, Komet Arend-Roland. Urania København **14** 33—37, 63—64.

E. W. Karjagina, N. N. Parijskij, Das Spektrum des Kometen Arend-Roland. AC Nr. 181 S. 2—4 (russ.).

W. W. Kasjutinskij, G. K. Nasartschuk, Beobachtungen des Kometen Arend-Roland 1956h in Kiew. AC Nr. 183 S. 2—3 (russ.). — Physische Beobachtungen.

T. Kawamura, Studies on the tails of comet Arend-Roland and Mrkos in 1957 based upon photographic observations (an interim report). Mem. Japan Astr. Study Ass. **1** 195—202 (japan.).

J. Kovalevsky, Comète Arend-Roland (1956h). BSAF **71** 83—85.

I. D. Kupo, W. G. Teufel, Über den «anomalen» Schweif des Kometen Arend-Roland. AC Nr. 186 S. 13—15 (russ.).

I. D. Kupo, W. G. Teufel, Das Spektrum des Kometen 1956h Arend-Roland. AC Nr. 187 S. 8—9 (russ.). — Im Spektrum des Kometenkopfes konnten verschiedene Banden zwischen 3883 und 6400 Å identifiziert werden. Im Schweifspektrum wurden keine Emissionen festgestellt. Die Beobachtungen wurden zwischen dem 30. April und 6. Mai 1957 in Alma-Ata gemacht. Loh.

G. Larsson-Leander, Komet Arend-Roland anomala svans. NAT 1957 S. 100—104. — Deutung des anomalen Schweifes des Kometen Arend-Roland.

G. Larsson-Leander, The anomalous tail of comet Arend-Roland. Obs **77** 132—135 = Stockholm Obs. Medd. Nr. 102. — Es wurden die PW der primären Schweifachse und des scharfen Randes des anomalen Schweifes aus Aufnahmen (Stockholm, Uppsala, Lund und Gothenburg) gemessen. Die Projektion der Winkel auf die Bahnebene zeigt, daß der anomale Schweif in der Bahnebene um etwa 90—100° gegenüber dem Radiusvektor zurückblieb. Das beobachtete scheinbare Verhalten des Gegenschweifes ist eine Folge der sich bei dem Durchgang der Erde durch die Bahnebene des Kometen (April 25.9) stark ändernden Perspektive. Auffällig ist die starke zeitliche Änderung des Winkelabstandes zwischen primärem Schweif und Radiusvektor. P. Stumpff

G. Larsson-Leander, Komet Arend-Roland. PAT **38** 115—133. — Übersicht über die Beobachtungen des Kometen 1956h Arend-Roland. Insbesondere werden die schwedischen Untersuchungen und die ungewöhnlichen Verhältnisse des Kometenschweifes behandelt. C. L. J.

W. Lasarewskij, Beobachtungen des Kometen Arend-Roland 1956h. AC Nr. 183 S. 3—4 (russ.). — Physische Beobachtungen.

E. Leutenegger, Die Bahn des Kometen Arend-Roland (1956h). Orion Schaffhausen **5** 258—260.

W. Liller, Photoelectric spectrophotometry of comet Arend-Roland. AJ **62** 245—246. — Ref. AAS.

F. I. Lukazkaja, Örter von Gebilden im Schweif des Kometen Arend-Roland. AC Nr. 185 S. 12 (russ.).

F. I. Lukazkaja, Über die Helligkeits- und Farbänderung des Kopfes des Kometen Arend-Roland 1956h. AC Nr. 185 S. 12—13 (russ.).

E. Mädlow, Ein anhänglicher Komet! VdS Nachr. **6** 1—5.

E. Mädlow, Arend-Roland wird aktuell. VdS Nachr. **6** 37—39.

E. Mädlow, Noch einmal: Arend-Roland! VdS Nachr. **6** 44.

P. Maffei, La cometa Arend-Roland (1956h). L'Universo **37** 999—1016.

M. Marin, Observations de la comète Arend-Roland (1956h) à l'Observatoire de la Société. BSAF **71** 217.

D. J. Martynow, W. S. Awedissowa, Beobachtungen des Spektrums des Kometen 1956h Arend-Roland in Moskau (vorläufige Mitteilung). AC Nr. 181 S. 8—11 (russ.).

R. Meunier, J.-P. Legrand, M. Bonpas, Observations photoélectriques de la comète Arend-Roland (1956h). BSAF **71** 388—394.

F. D. Miller, Direct photography of comet Arend-Roland. AJ **62** 246. — Ref. AAS.

H. G. Müller, W. Priester, G. Fischer, Radioemission des Kometen 1956h. Naturwissenschaften **44** 392—393.

T. M. K. Nedungadi, J. V. Narayana, Comet Arend-Roland (1956h). J. Sci. Industr. Res. (A) **16** 285—288.

M. Plavec, Über die Helligkeit des Kometen Arend-Roland. RH **38** 66—67 (tschech.).

J. G. Porter, Comet Arend-Roland, 1956h. A general report. Obs **77** 128—132. — Es wird berichtet über die Bewegung des Kometen und über die wesentlichsten Merkmale der physikalischen Entwicklung von Koma und Schweif (anomaler Schweif, Kopfenveloppen, «streamers», Polarisation, Spektrum, Radioemission). Reproduktionen von drei Aufnahmen (April 24.9, 27.9 u. Mai 1.9) zeigen Haupt- und Gegenschweif in verschiedenen Entwicklungsstadien. P. Stumpff

M. B. Protić, Kometa Arend-Roland (1956h). Vasiona **5** 33—34.

A. Przybylski, 1956h Arenda-Rolanda. Urania Kraków **28** 210—211. — Bericht über die Entdeckung des Kometen 1956h und seine Beobachtungen auf der Südhalbkugel im April 1957. Rybka

A. Purgathofer. Vgl. Ref. 8128.

H. J. Richter, Komet Arend-Roland (1956h). Ergänzungen zur Sondernummer VdS-Schnellnachricht Nr. 1/1957 und Fortsetzung der Zusammenstellung der Beobachtungsergebnisse. VdS Nachr. **6** 67—76.

M. Schürer, P. Wild, Beobachtungen am Kometen Arend-Roland 1956h. Orion Schaffhausen **5** 287—290. — An Hand von 37 Aufnahmen (Reproduktionen der Aufnahmen von Apr. 22.8, 23.8, 26.9, 27.9 und 28.9 sind beigefügt) wird die räumliche Orientierung des Gegenschweifes bestimmt (unter der Annahme, daß der Gegenschweif ständig in der Bahnebene gelegen war). Der Winkel zwischen Hauptschweif und Gegenschweif ergab sich zu etwa 100°. Im Widerspruch zu den Resultaten von Larsson-Leander wird der Primärschweif als ständig mit dem Radiusvektor zusammenfallend angegeben. P. Stumpff

C. A. Shain, O. B. Slee, A radio search for comet Arend-Roland. Obs **77** 204 = Commonwealth Sci. Industrial Res. Organization, Australia, Division Radiophys.

T. P. Stecher, D. B. McLaughlin, Spectrographic observations of comet Arend-Roland. AJ **62** 247. — Ref. AAS.

W. Strajshiss, Helligkeitsschätzungen des Kopfes des Kometen Arend-Roland 1956h. AC Nr. 184 S. 7 (russ.).

W. Strajshiss, Über die Schweife des Kometen Arend-Roland. AC Nr. 187 S. 10 (russ.). — Im Rahmen einer kurzen Beschreibung des Verhaltens der Kometenschweife wird bemerkt, daß der zur Sonne gerichtete noch am 4. Mai 1957 vorhanden und nicht schon Ende April verschwunden war, wie verschiedentlich berichtet wurde. Loh.

M. P. Strocchi, La cometa Arend-Roland 1956h. Boll. Geod. e Sci. affini **16** 684—691.

H. de Thier, Comète 1956h Arend-Roland. Ciel et Terre **73** 228—229.

G. Thiessen, Photoelektrische Untersuchungen an Kometen. I. Sekundäre Helligkeitsänderungen und Sonnenaktivität beim Kometen Arend-Roland (1956h). ZfA **43** 260—272 = Mitt. Sternw. Hamburg-Bergedorf **23** Nr. 265. — Kreisblenden entsprechend Durchmessern in Bogenminuten gleich dem in Astronomischen Einheiten gemessenen Abstand des Kometen von der Erde gaben zuverlässige Werte für Blau- und Gelbhelligkeiten für ein näherungsweise konstantes Volumen um den Kern. Der Vergleich der Helligkeiten mit passend ausgewählten Daily Maps of the Sun führt zu der Deutung, daß UV-Ausbrüche der Sonne sekundär zu Schwächungen des Koma-Lichtes geführt haben. Dv.

J. M. Torroja, Observaciones fotograficas del cometa 1956h. Bol. Astr. Obs. Madrid (2) **5** Nr. 2 S. 243.

G. Vandervort, Observation of comet Arend-Roland. AJ **62** 341.

V. Vanýsek, Komet Arend-Roland 1956h. Časopis **7** 68—71 (tschech.).

V. Vanýsek, Comet Arend-Roland 1956h. RH **38** 121—122 (tschech.).

S. C. Venter, Visual observations of comet Arend-Roland. MN ASSA **16** 50—52.

J. M. Vinter Hansen, Komet Arend-Roland (1956h). NAT 1957 S. 59—64.

P. Wellmann, Spectrum of comet Arend-Roland. UAI Circ 1596.

W. Wenzel, Komet Arend-Roland. Sterne **33** 76.

F. L. Whipple, The sunward tail of comet Arend-Roland. Nature **179** 1240 = Harv Repr Nr. 463. — Verf. gibt eine kurze Zusammenfassung eines ausführlicheren Artikels in Sky and Telescope **16** 426—428. P. Stumpff

F. L. Whipple, Comments on the sunward tail of comet Arend-Roland. Sky and Telescope **16** 426—428 = Harv Repr (2) Nr. 105. — Ref. in Coelum **15** 188. — Ausgehend von PW-Messungen des Gegenschweifes auf Aufnahmen aus dem Zeitraum Apr. 25—28 (drei ausgezeichnete Reproduktionen sind beigefügt) zeigt der Verf., daß die Phänomene des Gegenschweifes durch die Annahme erklärt werden können, daß sich in der Bahnebene vom Kometen verstreute staubförmige Materie befindet. Die Existenz einer solchen zur Bahnebene konzentrierten Staubschicht läßt sich im Sinne des früher vom Verf. vorgeschlagenen Eiskonglomerat-Modells der Kometenkerne physikalisch erwarten. P. Stumpff

G. R. Whitfield, J. Högbom, Radio observations of the comet Arend-Roland. Nature **180** 602. — Ref. in Phys. Abstracts (A) **61** 2.

H. van Woerden, Een heldere komeet op komst. Hemel en Dampkring **55** 50—60.

H. van Woerden, Nieuws over de komeet Arend-Roland. Hemel en Dampkring 55 89—97.

H. Wörner, Beobachtungen des Kometen Arend-Roland (1956h). Sterne 33 161—162.

B. A. Woronzow-Weljaminow, Über die Schweife des Kometen Arend-Roland. AC Nr. 180 S. 6—7 (russ.).

S. K. Wsechswjatskij, Helligkeiten des Kometen Arend-Roland (1956h). AC Nr. 182 S. 1—2 (russ.).

S. K. Wsechswjatskij, Beobachtungen des Kometen Arend-Roland. AC Nr. 184 S. 7—10 (russ.). — Kurze Mitteilung über physische und spektroskopische Beobachtungen.

AC Nr. 180 S. 2—18 (russ.). — Enthält zahlreiche Mitteilungen über die verschiedenartigsten Beobachtungen des Kometen Arend-Roland (1956h) in der UdSSR.

AC Nr. 181 S. 2—11 (russ.). Komet Arend-Roland 1956h. — Enthält Mitteilungen über die verschiedenartigsten Beobachtungen des Kometen.

AC Nr. 184 S. 6 (russ.). Beobachtungen des Kometen Arend-Roland 1956h am Astronomischen Engelhardt-Observatorium. S. T. Chabibullin, K. S. Schakirow.

Astr. Nachr. Berlin-Treptow 9 99. Komet Arend-Roland (1956h).

BSAF 71 226—232 (+ Au), 304—305, 361. La comète Arend-Roland (1956h).

BSAF 71 328—329. Observations diverses de la comète Arend-Roland (1956h).

BSAF 71 382 (+ Au). La comète Arend-Roland.

BSAF 71 383—387 (+ Au). Comète Arend-Roland (1956h).

Ciel et Terre 73 110, 228. Comète 1956h Arend-Roland.

DOB Circ Nr. 11. Comète Arend-Roland 1956h. Ephéméride physique. R. Rigollet.

El Universo Nr. 39 S. 64—68. El cometa Arend-Roland y su extraño comportamiento. ¿ Se trata de un gran cometa ?

El Universo Nr. 40 S. 119—121. El último cometa. F. Gabilondo Soler.

El Universo Nr. 40 S. 122—124. Observación del cometa Arend-Roland. J. Hernández.

El Universo Nr. 40 S. 147. Observaciones del cometa Arend-Roland en la ciudad de México. F. Gabilondo Soler.

J RAS Canada 51 246—248. (+ Au) Comet Arend-Roland.

Kalender der Sternfreunde 1958. Leipzig, Johann Ambrosius Barth, 1957. — Enthält Beitrag über «Komet Arend-Roland (1956h)».

La Nature 85 62. La comète Arend-Roland 1956h.

La Nature 85 390—391. A propos de la comète Arend-Roland.

Nature 179 402—403, 950—951. Comet Arend-Roland.

Obs 77 128 (+ Au). Comet Arend-Roland, 1956h.

Orion Schaffhausen 5 212—213, 265, 314. Komet Arend-Roland (1956h).

Publ ASP 69 336 (+ Au). Photographs of comet Arend-Roland 1956h.

Publ ASP 69 578. Observations of comet Arend-Roland.

Sci. American 1957 S. 52—60. Comet Arend-Roland.

Sky and Telescope 16 244—245. A bright comet due in the spring sky. — Komet 1956h.

Sky and Telescope 16 297—298. Comet news.

Sky and Telescope 16 348—349 (+ Au). Comet Arend-Roland.

Sky and Telescope 16 364—365 (+ Au). Comet Arend-Roland is widely observed.

Sky and Telescope 16 365. Comet Arend-Roland observed by radio. — Ref. in Coelum 25 188—189.

Sky and Telescope 16 412—417. Photo album. Comet Arend-Roland.

Sky and Telescope 16 504. Comet Arend-Roland.

UAI Circ 1589. Comet Arend-Roland 1956h.

UAI Circ 1594. Radio observation of comet Arend-Roland (1956h).

UAI Circ 1596. Radio-observations.

Urania København **14** 19—20, 32. Komet Arend-Roland.

VdS-Schnell-Nachr. Nr. 1/1957, 14 S. Sondernummer zum Kometen Arend-Roland 1956h.

Die Bearbeitung der definitiven Bahn des Kometen Arend-Roland (1956h) übernimmt das Ananaian Institute of Astro-Computation, Shimizu, Shizuoka-ken, Japan. NAZ **11** 23; UAI Circ 1619.

8169. **Komet 1957d Mrkos**

Entdeckung: A. Mrkos, Lomnický Štit, 1957 Aug. 2.

AC Nr. 184 S. 3 (El, Eph); BAA Circ 387 (+ El, Eph), 388 (+ El, Eph); BSAF **71** 335 (Au), 339 (Eph); Ciel et Terre **73** 580; Coelum **25** 148 (+ Au); Harv Card 1367, 1368 (El, Eph), 1369, 1370, 1371, 1372 (+ El, Eph); Japan Astr. Study Ass. Circ. Nr. 156—157; JBAA **67** 269 (+ Eph), 331; Kop Akt Medd 390, 391 (+ El, Eph), 392 (Eph); La Nature **85** Nr. 3270 Umschlagseite (Au); Monthly Bull. Astr. Observations Japan Astr. Study Ass. Nr. 77, 78 (+ El, Eph); NAZ **11** 15, 19, 25; NAZvM 330, 331, 332 (+ El, Eph), 333, 334 (+ El, Eph), 335, 336, 337 (Eph), 354; PAT **38** 141 (+ Au); Publ ASP **69** 585 (+ Au); Publ. Københavns Obs. Nr. 172 S. 7; Sky and Telescope **16** 607 (Au), **17** 77 (Au), 79 (Au); UAI Circ 1610, 1611, 1612 (+ El, Eph), 1613, 1614 (+ El Eph), 1615 (+ El, Eph), 1616, 1617, 1618, 1621, 1624, 1628, 1629, 1632, 1634 (Eph); YC 1415 (+ El, Eph), 1448 (+ El, Eph), 1449, 1451, 1457, 1466 (El, Eph).

F. Baldet, G. Bertaud, La comète Mrkos (1957d). BSAF **71** 365—368.

F. Baldet, Le spectre des queues de la comète Mrkos (1957d). CR **245** 923—924. — Die mit einer Objektivprismenkamera gewonnenen Spektren des Kometen Mrkos (1957d) zeigen, daß der gerade Schweif mit Filamentstruktur Bilder in den CO^+-Banden gibt, während der diffuse, gebogene Schweif nur ein kontinuierliches Spektrum liefert. Mehltretter

N. P. Barabaschow, Photographische Beobachtungen des Kometen Mrkos. AC Nr. 185 S. 2 (russ.).

J.-H. Bigay, N.-H. Doan, M. Dufay, Sur la structure de la comète Mrkos (1957d). CR **245** 921—923 = Publ. Obs. Haute-Provence **4** Nr. 2. — In der Zeit von 1957 August 14—28 wurden mit dem Schmidt-Teleskop in Haute-Provence über 50 Aufnahmen des Kometen Mrkos gemacht, auf Eastman II aO und 103 aE. Die Struktur der beiden Schweife (gerade und gebogen) wird beschrieben. Objektivprismenaufnahmen zeigen die Verschiedenartigkeit der beiden Schweife. Einzelheiten über die beobachteten Banden und die NaD-Linie im geraden Schweif werden beschrieben. Mehltretter

Y. C. Chang, C.-H. Chang, Photographs of Mrkos comet (1957d), showing the wavy motion in its tail. Acta Astr. Sinica **5** 324—326 (chines.).

A. Güttler, Polarisationsbeobachtungen des Kometen Mrkos (1957d). NAZ **11** 25.

I. Halliday, Observations of comet Mrkos in Northern Alberta. J RAS Canada **51** 323—326.

M. Honnorat, Observations de la comète Mrkos (1957d). BSAF **71** 492.

P. Jackson, A. Purgathofer, Beobachtungen des Kometen Mrkos (1957d). Anzeiger Österreich. Akad. Wiss. Math.-Naturwiss. Kl. **94** 268—273 = Mitt. Univ.-Sternw. Wien **9** Nr. 11.

C. Luplau Janssen, Komet Mrkos: 1957d. Urania København **14** 65—66.

T. Kawamura, Studies on the tails of comet Arend-Roland and Mrkos in 1957 based upon photographic observations (an interim report). Mem. Japan Astr. Study Ass. **1** 195—202 (japan.).

W. Klewezkij, Der Komet Mrkos 1957d. AC Nr. 187 S. 10 (russ.). — Mitteilung einiger Helligkeitsschätzungen zwischen dem 11. und 28. August 1957.

E. Leutenegger, R. A. Naef, Komet Mrkos (1957d). Orion Schaffhausen **5** 354—355.

J. N. Lipskij, Die Polarisation des Kometen Mrkos (1957d) in verschiedenen Spektralbereichen. AC Nr. 185 S. 3—5 (russ.). — Mittels eines Elektrophotometers, dessen Eigenpolarisation geprüft und eliminiert war, wurden an einem visuellen Refraktor (d = 20 cm; f = 3 m) am 9. und 13. August unter Benutzung verschiedener Farbfilter Polarisationsmessungen ausgeführt, die in einer Tabelle auszugsweise mitgeteilt sind. Die Polarisationsebene von Kern und Schweif bildete gewöhnlich nur einen kleinen Winkel mit der Richtung der Schweifachse. Der Einfluß der recht schwachen und ziemlich senkrecht zur Polarisationsrichtung des Kometen verlaufenden Polarisation des Nachthimmels wurde berücksichtigt. Der Polarisationsgrad des Kometenlichts schwankte nicht nur von Tag zu Tag, sondern auch innerhalb weniger Stunden — vermutlich infolge von Rotation des unregelmäßig geformten Kometenkernes. Die Polarisation war ohne Filter stets schwächer. Ihre Richtung hing etwas von der Art des Filters ab. Petri

D. J. Martynow, Beobachtungen des Kometen 1957d Mrkos. AC Nr. 184 S. 4—5 (russ.). — Physische und spektroskopische Beobachtungen.

L. W. Mirsojan, E. E. Chatschikjan, Beobachtungen des Kometen Mrkos 1957d. AC Nr. 186 S. 3—5 (russ.). — Vorläufige Mitteilung über Aufnahmen zur Untersuchung der Struktur des Kometen.

T. P. Stecher, D. B. McLaughlin, Spectrographic observations of comet Mrkos (1957d). AJ **62** 247. — Ref. AAS.

W. Strajshiss, Der Komet Mrkos 1957d. AC Nr. 185 S. 5—6 (russ.).

W. Strajshiss, Beobachtungen des Kometen Mrkos (1957d) an der Sternwarte Wilnjus. AC Nr. 186 S. 6—8 (russ.). — Helligkeiten, allgemeines Aussehen.

P. Swings, J. Dufay, L. Haser, Identification des bandes d'émission voisines de 7900 et 8100 Å dans les spectres des comètes. CR **245** 1765—1768 = Inst. d'Astrophys. Univ. Liège Coll. 4° Nr. 86 = Publ. Obs. Haute-Provence **4** Nr. 4. — Mit dem 120 cm-Reflektor und einem Transmissionsgitter-Spektrographen wurden Spektren des Kometen 1957d (Mrkos) gewonnen, auf denen die Banden bei 7900 und 8100 Å hinreichend gut erhalten waren, um ihre Struktur und Lage genau zu messen (Breite des Spaltes 7—9 Å). Die Ergebnisse zeigen, daß die Banden die Rotationsübergänge (2—0) und (3—1) des CN-Moleküls sind; die Lage der Maxima und die Intensitätsverteilung entsprechen den zu erwartenden Werten, überdies haben die Banden dieselbe räumliche Intensitätsverteilung im Kopf des Kometen 1957d wie die CN-Bande bei 3880 Å. Die Probleme der Fluoreszenzanregung der Banden werden diskutiert. Mehltretter

W. G. Teufel, J. A. Teufel, Beobachtungen des Kometen 1957d Mrkos in Schtscherbakow. AC Nr. 186 S. 8—9 (russ.). — Physische Beobachtungen.

H. de Thier, Observations de la comète Mrkos (1957d). Ciel et Terre **73** 474.

W. M. Tschernow, Helligkeitsbeobachtungen des Kometen Mrkos 1957d. AC Nr. 185 S. 8—9 (russ.).

L. Waldman, O. Starodubzewa, W. Oprjatowa, Photoelektrische Beobachtungen des Kometen Mrkos. AC Nr. 185 S. 1—2 (russ.).

R. L. Waterfield, D. R. Barber, Photographs of comet 1957d (Mrkos). Obs **77** 223. — Ref. RAS.

H. van Woerden, Opnieuw een heldere komeet aan de avondhemel. Hemel en Dampkring **55** 129—132.

S. K. Wsechswjatskij, Visuelle Beobachtungen und Helligkeitsschätzungen des Kometen Mrkos 1957d. AC Nr. 185 S. 6—8 (russ.).

AC Nr. 184 S. 1—3 (russ.). Komet Mrkos 1957d. — Mitteilungen zur Entdeckung des Kometen aus zahlreichen Orten.

Astr. Nachr. Berlin-Treptow **9** 101, 105, 115, 124. Beobachtungen des Kometen Mrkos (1957d).

BSAF **71** 339, 368—377. Comète Mrkos (1957d).

Ciel et Terre **73** 474. Observations de la comète Mrkos (1957d).

Coelum **25** 150. Altre osservazioni della cometa Mrkos (1957d).

El Universo Nr. 41 S. 195—196. Observaciones del cometa Mrkos. V. Souza.

J RAS Canada **51** 326. Observations at the David Dunlap Observatory.

La Nature **85** 390. La comète Mrkos 1957d.

NAT 1957 S. 104—106 (+ Au). Komet Mrkos (1957d).

Sky and Telescope **16** 528. New naked-eye comet.
Sky and Telescope **16** 567. Naming the comet.
Sky and Telescope **16** 569—572, 580. Comet 1957d — an unexpected visitor. — Ref. in Coelum **26** 58—59.
Sky and Telescope **16** 606—607. The path of comet 1957d.
Sky and Telescope **17** 27. Comet Mrkos and solar activity.
UAI Circ 1616. Komet Mrkos (1957d). — Übersetzung in Sterne **34** 43.
G. Schrutka, Univ.-Sternwarte Wien, hat die Berechnung der definitiven Bahn des Kometen Mrkos (1957d) übernommen. NAZ **11** 30; UAI Circ 1631.

8170. **Komet 1957f Latyschew-Wild-Burnham**

Entdeckung: I. Latyschew, Aschchabad, 1957 Okt. 16; P. Wild, Bern, 1957 Okt. 18; R. Burnham jr., Prescott, Arizona, 1957 Okt. 19.
AC Nr. 186 S. 5 (+ El, Eph); BAA Circ 391 (+ El); BSAF **71** 401; Harv Card 1377, 1378, 1379 (El, Eph); Kop Akt Medd 394, 395 (+ Eph); Monthly Bull. Astr. Observations Japan Astr. Study Ass. Nr. 79, 80; NAT 1957 S. 106; NAZ **11** 25, 29; NAZvM 342, 344, 345 (El, Eph), 346, 347 (Eph), 353; Orion Schaffhausen **5** 356 (El, Eph); UAI Circ 1623, 1624 (+ El, Eph), 1625 (+ El, Eph), 1629 (El), 1634 (Eph); YC 1454, 1455 (El, Eph), 1456 (+ El, Eph), 1466 (Eph).
I. Latyschew, Die Entdeckung des Kometen 1957f in Aschchabad. AC Nr. 187 S. 2—3 (russ.).
E. Leutenegger, P. Wild, Neuer Komet Wild (Latyshev-Wild-Burnham) (1957f). Orion Schaffhausen **5** 355—356.

8171. **Objekt Rijwes (1957b)**

Entdeckung: 1957 März 17.
BAA Circ 384; NAZvM 315, 316, 317; UAI Circ 1591; YC 1423.

8172. **Weitere Mitteilungen über Kometen**

Astr. Nachr. Berlin-Treptow **9** 2—3, 12, 26, 70, 77, 85, 88, 98, 99, 106, 114, 116, 122.
BSAF **71** 85, 313, 360, 361, 401, 448, 493.
Ciel et Terre **73** 110.
Coelum **25** 85, 148—149, 182. Comete.
El Universo **11** 119—121.
Gaz astr **38—39** 12—17, 66—67.
Gaz astr **38—39** 44—47. Les comètes de 1957.
J. Astr. Soc. Victoria **10** 16, 29, 80—81, 93—94. Comet notes.
JBAA **68** 36—37, 117—118, 214, 332—333. Comet notes.
MN ASSA **16** 2.
NAT 1957 S. 29—30, 67, 144. Kometerne.
NAZvM Nr. 308—355.
Obs **77** 42—43, 79—80, 162—163, 249—250. Comet notes.
PAT **38** 71—72, 141—143, 159. Kometer.
Publ ASP **69** 92—93, 186—187, 275—277, 365—367, 475—477, 585—587. Comet notes. E. Roemer.
Rev. Astr. Nr. 140 S. 151—152, Nr. 141 S. 194, Nr. 143 S. 88.
Sky and Telescope **17** 79—80. Some notes on new and recent comets.
Sternenbote 8 51—53, 63—66, 83—84.
Urania København **14** 64.
VdS Nachr. **6** 33—34, 85, 92.
YC 1414—1466.

8173. Kometen. Verzeichnis der Beobachter und Berechner

L. Aalto
G. O. Abell
G. Adamopoulos
J. M. Aleu Padreny
C. W. Allen
Andruszewski
M. Antal
H. Araki
S. Arend
A. N. Argue
C. Armellini
I. S. Astapowitsch
A. M. Bacharew
F. Baldet
N. P. Barabaschow
G. Barbière
G. Bardou
H. Behrends
E. J. Beneke
R. E. Bergman
C. Bertaud
G. Bertaud
G. van Biesbroeck
S. Bjørn
J. Bobone
V. Bochníček
N. F. Bojewa
P. N. Bojko
G. Böttger
R. Bouigue
M. Bourgeois
J. Bouška
H. B. Brenske
P. Broglia
W. A. Bronstein
K. G. Brown
J. A. Bruwer
R. Burnham jr.
W. H. F. Calway
M. P. Candy
G. Caprioli
C. Cartwright jr.
Z. Ceplecha
S. T. Chabibullin
Y. C. Chang
A. W. Charitonow
E. E. Chatschikjan
D. S. Chawtassi
P. Cherbak
M. Chute
J. Claver
R. T. Coad
R. G. Conway
Cornu
C. Cristescu
C. Cuevas
L. E. Cunningham
J. Davis
A. Delsemme
D. Delsemme
M. Demast
A. N. Deutsch
E. A. Dibaj
J. Dick
C. Dinwoodie
O. D. Dokutschajewa
J. Dommanget
J. C. Doyle
W. P. Dshapiaschwili
D. P. Elias
A. Elvius
O. Falze
W. W. Fedynskij
C. Fehrenbach
C. F. Fernald
H. Ferrier
W. S. Finsen
Finsler
R. Fogelquist
T. Fortini
P. Fouquet
J. T. Foxell
R. E. Franklin
D. J. de la Fuente
C. Fujita
R. H. Garstang
A. M. J. Gehrels
M. Gersöne
G. Gialanella
H. L. Giclas
J. G. Gow
M. de Grèce
J. Grivel
Guillotin
O. Günther
U. Güntzel-Lingner
A. Güttler
H. d'Halluin
B. Hår
T. Harada
S. Harako
C. Hare
B. Harris
I. Hasegawa
L. Haser
M. J. Hendrie
T. Herczeg
A. Herrmann
D. Herrmann
H. Hirose
W. P. Hirst
C. Hoffmeister
E. Høg
M. Honda
Honnorat
J. Hopmann
Hurnik
H. Huth
A. Huzii
R. Innes
P. Jackson
A. Jahn
H. M. Jeffers
J. I. Jefremow
W. H. Julian
S. Kagami
D. Kaláb
M. Kamieński
S. Kanda
M. G. Karimow
D. K. Karimowa
W. W. Kasjutinskij
Y. Kataoka
F. Kępiński
H. Kern
G. Klaus
P. Klein
Koebcke
A. Koeckelenbergh
T. Kokubun
K. Komaki
D. A. Kondratjewa (Kalnin)
W. Konoplewa
J. Kordylewski
B. I. Kosarenko
E. B. Kostjakowa
J. Kovalevsky
I. K. Kowal
J. D. Kraus
L. Kresák
M. Kresáková
G. W. Kuklin
A. Kumagai
I. D. Kupo
S. Kuragano
M. Kutscher
G. Kuzmin
G. Larsson-Leander
W. Lasarewskij
I. Latyschew
S. M. Laustsen
W. W. Lawdowskij
T. F. Lebedew
J. Leduc
F. Lenouvel
E. Leutenegger
H. Levaigneur

R. Levine
G. Libuda
J. Lienhard
P. O. Lindblad
E. M. Lindsay
J. N. Lipskij
F. Loehde
E. López
A. M. Losinskij
Lossen
L. Løve
F. I. Lukazkaja
E. Mädlow
S. G. Makower
W. Malsch
G. A. Manowa
S. R. Marcus
M. Marin
B. G. Marsden
D. J. Martynow
W. S. Matjagin
O. Mattson
R. Mattson
Mazza
J. P. Mehltretter
G. Merton
L. W. Mirsojan
T. Mitani
Moreno
R. Moulin
A. Mrkos
L. Mrkosová
P. Musen
J. A. Nadubowitsch
S. Nagy
Y. Nakagaki
Narasimhan
G. K. Nasartschuk
G. Neumann
K. H. Neumann
T. Nomura
P. Notni
K. Obara
R. Okusima
H. Oleak
M. Onishi
W. Oprjatowa
J. Orús
D. E. Osterbrock
L. Oterma
L. A. Panaiotow
I. A. Parschin
E. V. Petersen
R. Phildius
I. Pólit
C. Popovici
J. G. Porter
M. W. Pospergeliss
P. Poulsen
J. Prochnow
W. W. Prokofjewa
M. Protitch
A. Purgathofer
Questiaux
H. Rantaseppä
H. Q. Rasmusen
D. L. Rasumin
C. Raudsaar
H. Raudsaar
Raušal
L. Rébuffat
A. W. Recht
R. O. Redman
C. J. Renner
H. J. Richter
F. Rigaux
W. G. Riives
W. O. Roberts
D. J. Rodriguez
E. Roemer
G. Roland
C. Roques
E. Roques
J.-M. Roques
D. A. Roshkowskij
Y. Sakai
W. Sandner
S. Sasaki
T. Satô
K. S. Schakirow
A. S. Scharow
G. Schirdewahn
H. Schmidt
Schneider
A. A. Schrejder
K. W. Schrick
W. Schröder
G. Schrutka
D. Schtschegolew
J. Schubart
L. Schulman
C. L. Seeger
T. Seki
T. Shimjô
S. Sibata
F. J. Sigel
G. Sitarski
L. Smyth
A. W. Solowjow
A. K. Sosnowa
A. S. Sotchilina
L. de Souza
V. Souza
H. S. Spigl
G. Stănilă
O. Starodubzewa
H. Steele
G. Stemmler
W. L. Strajshiss
M. Sumner
M. S. Swerew
P. Swings
Szulakowski
T. Takahashi
J. A. Teufel
W. G. Teufel
K. A. Thernöe
H. de Thier
Thomassey
I. L. Thomsen
G. A. Tichow
K. Tomita
T. B. Tregaskis
Tremko
C. H. Tsai
W. W. Tschernow
P. F. Tschugajnow
M. Tsuda
L. N. Tulenkowa
H. Ulbricht
P. Vandoros
V. Vańysek
S. G. Venter
Vetešník
J. Villermaux
J. M. Vinter Hansen
S. Vlaicu
L. Waldman
Å. Wallenquist
W. Wassiljew
R. L. Waterfield
D. Wattenberg
P. Wellmann
W. Wenzel
G. Westerhout
B. O. Wheel
P. Wild
W. Wiśniewski
J. Witkowski
T. W. Wodopjanowa
H. van Woerden
L. Wolkoff
H. Wörner
B. A. Woronzow-Weljaminow
S. K. Wsechswjatskij
Y. Yabu
H. Yamada
I. Yamamoto
S. A. Zielinski
F. A. Zizin

§ 82

Meteore

8201. **I. S. Astapowitsch,** Staubspuren von Boliden. Abh. Turkmen. Univ. 1956 Nr. 6 S. 35—48 (russ.). — Ref. in RJ 1958 Nr. 6. S. 55.

8202. **I. S. Astapowitsch,** Versuch einer Methodik zur Bearbeitung visueller Beobachtungen von Meteoren. Publ. Inst. Phys. Geophys. Akad. Wiss. Turkmen. Sowjetrepublik **2** 5—121, 1956 (russ.). — Ref. in RJ 1957 Nr. 8 S. 90.

8203. **I. S. Astapowitsch,** Untersuchung der Bahnen einiger Meteorite und Feuerkugeln. Publ. Inst. Phys. Geophys. Akad. Wiss. Turkmen. Sowjetrepublik **2** 150—170, 1956 (russ.). — Ref. in RJ 1957 Nr. 8 S. 91.

8204. **O. M. Atajew,** Die Radioverbindung mittels Reflexion an Meteorspuren. Priroda **46** Nr. 5 S. 77—78 (russ.). — Ein unlängst in Kanada konstruiertes Radioverbindungssystem (genannt «Janet»), welches die Reflexion an Meteorspuren benutzt, wird beschrieben. Die verwendete Frequenz beträgt 30—60 MHz, die Leistung des Senders 1 kW, die Reichweite 1500 km. Die Vorteile des Systems sind: große Schnelligkeit, Unabhängigkeit von ionosphärischen Störungen und geringe Kosten. Die bisherigen Versuche ergaben eine Zuverlässigkeit des Empfanges von 95%. Ond.

8205. **P. B. Babadshanow,** Untersuchung des Zusammenhangs zwischen Meteoren und anderen Kleinkörpern des Sonnensystems. Bull. Astr. Obs. Stalinabad Nr. 22—23 S. 59—61 (russ.). — Verf. umreißt die allgemeine Situation des Problems und stellt daran anschließend fest, daß die bisherigen Ergebnisse schon eine brauchbare Basis für weitere Untersuchungen darstellen. Loh.

8206. **A. M. Bacharew, O. W. Dobrowolskij,** Die Drift von Meteorspuren über Tadshikistan. Bull. Astr. Obs. Stalinabad Nr. 20 S. 18—23 (russ.). — Für 11 Meteorspuren zwischen 1949 Sept. und 1952 Aug. werden nähere Angaben über ihr Verhalten (Richtung, Leuchtdauer, Driftrichtung und -geschwindigkeit, Entfernung) gemacht. Loh.

8207. **A. M. Bacharew,** Die visuellen Untersuchungen von Meteoren am Observatorium Stalinabad seit 25 Jahren. Bull. Astr. Obs. Stalinabad Nr. 22—23 S. 51—58 (russ.).

8208. **K. R. R. Bowden, J. G. Davies,** The time distribution of meteors. J. Atmosph. Terr. Phys. **11** 62—66 = Astr. Contr. Univ. Manchester (2) Jodrell Bank Repr. Nr. 156.

8209. **H. Brysk, C. E. Schenstedt, I. V. Schenstedt, K. M. Siegel,** Sections efficaces de radar des trainées météoriques. Onde élect. **37** 520—522. — Ref. in Phys. Ber. **37** 1693.

8210. **J. Budějický,** Die Bedeutung der ionisierten Meteorspuren in der Funkübermittlung. Časopis **7** 73—74 (tschech.).

8211. **G. A. Bull,** Meteoric dust as a source of freezing nuclei. Nature **179** 1176.

8212. **C. F. Capen jr.,** By-products of the search for natural satellites of the earth. Sky and Telescope **16** 173—175. — Die für den in der Überschrift genannten Zweck am Lowell-Observatorium betriebenen, lichtstarken Kameras haben mehrfach Meteorspuren und Schweife abgebildet, wovon hier zwei Fälle beschrieben werden. Hoffmeister

8213. **R. Chotinok,** Zur Methodik qualifizierter Meteorzählungen. AC Nr. 179 S. 18—20 (russ.). — Durch Beobachtungen der Perseiden des Jahres 1956 von fünf Beobachtern wurde für Meteore verschiedener Helligkeit der Öpiksche Erfassungs- bzw. Vollständigkeitskoeffizient ermittelt. Loh.

8214. **R. L. Chotinok,** Katalog der Beobachtungen teleskopischer Meteore. Publ. Inst. Phys. Geophys. Akad. Wiss. Turkmen. Sowjetrepublik **3** 49—63 (russ.). — Ref. in RJ 1958 Nr. 2 S. 56.

* * **E. Chvojková,** Eine Methode zur Bahnbestimmung von Meteoren. II. Vgl. Ref. **4502**.

8215. **A. F. Cook, G. S. Hawkins,** The meteoric head echo. AJ **62** 10. — Ref. AAS.

* * **R. A. Davidson, W. S. Partridge,** Time lag between high-speed pellets and the ionization in their trails. Vgl. Ref. **221**.

8216. **J. G. Davies,** Radio observations of meteors. Adv. Electronics and Electron Phys. **9** 95—128. — Inhalt: I. Introduction; II. Radio techniques; III. Radio contributions to meteor astronomy; IV. Some geophysical observations on meteor trails.

8217. **J. van Diggelen,** De resultaten van de Nederlandse meteoorwaarnemingen. (II). Meteoor **12** 7—11, 1956. — Vgl. AJB **54** Ref. **8216**.

8218. **J. van Diggelen,** Beinvloeden meteoren het aardmagneetveld? Meteoor **13** 18—19.

8219. **V. R. Eshleman,** The theoretical length distribution of ionized meteor trails. J. Atmosph. Terr. Phys. **10** 57—72. — Ref. in Phys. Ber. **36** 2162.

8220. **V. R. Eshleman, R. F. Mlodnosky,** Directional characteristics of meteor propagation derived from radar measurements. Proc. Inst. Radio Engineers **45** 1715—1723.

8221. **W. W. Fedynskij,** Über die Anwendung der einseitigen Methode der Meteorphotographie. Bull. Astr.-Geod. Ges. UdSSR Nr. 19 S. 64—65, 1956 (russ.). — Verf. bespricht praktische Möglichkeiten, aus der perspektivischen Verkürzung der photographierten Bahnabschnitte auf einer einseitigen Meteoraufnahme (Kamera mit rotierendem Sektor) den Radianten und die Höhen zu bestimmen. Die Radiantenbestimmung scheint relativ sicher zu sein, aber die Fehler der Höhenbestimmung sind ziemlich groß. Plavec

8222. **L. D. de Feiter,** Radioverbindingen via meteoorsporen. Meteoor **12** 41—42, 1956.

8223. **E. I. Fialko,** The distribution of meteor radio echoes according to their duration. AJ UdSSR **34** 241—246 (russ. mit engl. Ref.). — Verf. berechnet die Anzahl von Meteorspuren einer bestimmten Persistenz, die im Mittel mit den Methoden der Radartechnik beobachtet werden sollten. Für eine Wellenlänge von 10 m wird ein Vergleich mit der Beobachtung durchgeführt, wobei sich sehr gute Übereinstimmung ergibt. Die Anzahl *N* beobachteter Meteore nimmt mit wachsender Signaldauer etwa exponentiell ab. Oster

8224. **E. I. Fialko,** The distribution of meteoric bodies according to their mass. AJ UdSSR **34** 419—423 (russ. mit engl. Ref.). — Es werden Betrachtungen über ein einfaches Verfahren zur besseren Bestimmung des Verteilungsgesetzes meteorischer Körper bezüglich ihrer Masse mitgeteilt, das auf Radarbeobachtungen von Meteoren beruht. Verf. (übersetzt)

8225. **W. A. Flood,** Meteor echoes at ultra-high frequencies. J. Geophys. Res. **62** 79—91. — Es wird vermutet, daß bei ultrahohen Frequenzen Unterdichte-Meteorechos eine Streulänge besitzen, die viel kleiner als eine Fresnelsche

Zone ist. Daher müssen diese mit Hilfe der Beugungstheorie untersucht werden. Es werden Formeln für die Rückwärtsstreuung, Zeitdauer und Echostärke abgeleitet. K. H. Schmidt

8226. **B. Goldberg,** Einige Ergebnisse der Bearbeitung qualifizierter Meteorzählungen. AC Nr. 185 S. 18—20 (russ.). — Eine Gruppe von fünf bis sechs Beobachtern überwachte in 12 Nächten im Juni/Juli 1957 ein Himmelsgebiet von 60° Durchmesser. Die Ergebnisse (stündliche beobachtete und wahrscheinliche Gesamtzahlen der Meteore, Verteilung der scheinbaren Helligkeiten, usw.) werden in Tabellenform mitgeteilt. Auf Grund von 81 Meteoren wird die Verteilung des Verhältnisses der Höhe des Aufleuchtens zu der des Erlöschens angegeben. Petri

8227. **J. S. Greenhow, E. L. Neufeld,** The variation of ionization along a meteor trail. MN **117** 359—369 = Astr. Contr. Univ. Manchester (2) Jodrell Bank Repr. Nr. 157. — Während die Beobachtungen der hellen Meteore zwischen 0^m und -7^m sehr gut mit den theoretischen Untersuchungen übereinstimmen, zeigen sich bei den schwächeren Erscheinungen größere Abweichungen. Mit Hilfe von zwei weit auseinanderliegenden Empfangsstationen wurden die Radio-Echos der ionisierten Schweifspuren schwacher Meteore von $+6^m$ bis $+8^m$ untersucht. Die Ergebnisse zeigen, daß die Ionisationskurven viel kürzer sind, als die Theorie es verlangt, insbesondere steigt die Elektronendichte viel zu rasch an. Es wird auf ähnliche Erscheinungen hingewiesen, die Jacchia gelegentlich seiner photographischen Beobachtung von schwachen Meteoren festgestellt hat. Beyer

8228. **J. Grygar, L. Kohoutek,** On the determination of magnitudes of telescopic meteors. RH **38** 184—186 (tschech.).

8229. **I. Halliday,** The orbit and spectrum of a bright sporadic meteor. J RAS Canada **51** 287—297 = Contr. Dominion Obs. Ottawa **2** Nr. 22. — Mitteilung der Ergebnisse eines von zwei Super-Schmidt-Meteor-Kameras aufgenommenen hellen Meteors. Die Bahn war nahezu parabolisch, die geozentrische Geschwindigkeit 57.4 km/sec. Die Leuchtbahn zwischen 116 und 82 km Höhe wurde durch einen Lichtausbruch abgeschlossen. Im Spektrum konnten zahlreiche Linien des neutralen Fe, Ca, Mg, Na, Mn und des ionisierten Si, Ca und Mg identifiziert werden. Hoppe

8230. **G. S. Hawkins,** Variation in the occurrence rate of meteors. AJ **62** 18. — Ref. AAS.

8231. **G. S. Hawkins, J. P. M. Prentice,** Visual determinations of the radiant distribution of sporadic meteors. AJ **62** 234—240 = Harv Repr (2) Nr. 107. — Ausgedehnte visuelle Beobachtungen in der Zeit von 1930—1949 zeigten, daß die sporadischen Meteore auf der Nordhalbkugel im Sommer häufiger sind als im Winter. Ihre Radianten zeigen eine Konzentration zur Ekliptik. Die mittlere Radiantenverteilung zeigt Konzentrationen zum Apex der Erdbewegung und zum Gegensonnenpunkt. K. H. Schmidt

8232. **G. S. Hawkins, D. F. Winter,** Radar echoes from overdense meteor trails under condition of severe diffusion. Proc. Inst. Radio Engineers **45** 1290—1291 = Harv Repr (2) Nr. 106. — Ref. in Phys. Abstracts (A) **61** 2, Phys. Ber. **37** 1893, RJ 1958 Nr. 6 S. 38.

* * **C. D. Hendricks,** Ionization by ultra-speed pellets. Vgl. Ref. 235.

8233. **C. O. Hines, M. O'Grady,** Height-gain in the forward-scattering of radio waves by meteor trails. Canadian J. Phys. **35** 125—127. — Bei den bisherigen Berechnungen wurde ein Meteorniveau in 100 km Höhe und eine Antennencharakteristik mit einer vertikalen Keule vorausgesetzt. Nunmehr wird die Variation des Erhebungswinkels und der Höhe des Meteorniveaus sowie die Antennencharakteristik einer Yagi-Anordnung der Dimension a · b berücksichtigt. Weidemann

8234. **C. O. Hines, P. A. Forsyth,** The forward-scattering of radio waves from overdense meteor trails. Canadian J. Phys. **35** 1033—1041. — Ref. in Phys. Abstracts (A) **61** 137.

8235. **S. A. Hoenig,** Acceleration of dust particles by shock waves. J. appl. Phys. **28** 1218—1219.

8236. **C. Hoffmeister,** Ionisation durch Meteore. Sterne **33** 62—65.

8237. **J. Hoppe,** Zur Kritik der Theorie der Stoßverdampfung im Sternschnuppenstadium. AN **284** 31—32 = Mitt. Univ. Sternw. Jena Nr. 30. — Die kritischen Bemerkungen von B. J. Lewin zur Theorie der Stoßverdampfung im Sternschnuppenstadium werden mit den Beobachtungstatsachen der Kathodenzerstäubung verglichen. Dabei ergibt sich, daß die Theorie B. J. Lewins möglicherweise für das Übergangsgebiet zum Feuerkugelstadium, jedoch keineswegs für das Sternschnuppenstadium gilt, also auf den überwiegenden Teil der Meteorerscheinungen nicht anwendbar ist. Verf.

8238. **J. Hoppe,** Der Aufbau der Ionosphäre und die physikalische Meteortheorie. Sterne **33** 223—226. — Ein im Jahre 1956 von Kallmann, White und Newell jr. unter Verwendung von Raketenmeßwerten erarbeitetes Modell der Hochatmosphäre für 90 bis 300 km Höhe wird beschrieben und in Beziehung zum NACA-Modell gebracht. Die im Höhenbereich der gewöhnlichen Meteore geringere Luftdichte zwingt nicht zur Annahme von Staubballmeteoriten. Es wird darauf hingewiesen, daß die Bestimmung der Luftdichte aus Meteorbeobachtungen gegenwärtig noch eine Überforderung der physikalischen Theorie der Meteore ist. Hoppe

8239. **J. Hoppe,** Die gegenwärtige Situation in der Meteorphysik. Sterne **33** 226—230. — Es wird gezeigt, daß der größte Teil der in die physikalische Theorie der Meteore eingehenden Parameter und Konstanten nicht beobachtbar bzw. nicht sicher bekannt ist. Daraus wird gefolgert, daß theoretische Deutungen der Beobachtungstatsachen noch keine große Sicherheit verbürgen. Hoppe

8240. **W. I. Iwanikow,** Zur Bestimmung der Flugdauer eines Meteors. AC Nr. 187 S. 23—25 (russ.). — Verf. gibt eine verbesserte Formel zur Bestimmung der beobachteten Geschwindigkeit der Meteore, die mit einer Kamera mit rotierendem Sektor photographiert werden. Die Entfernung des Sektors vom Objektiv und die Bewegung des Meteors werden in Betracht gezogen. Plavec

8241. **W. I. Iwanikow,** Über die Methoden der photographischen Photometrie von Meteorspuren. Bull. Astr. Obs. Stalinabad Nr. 21 S. 3—47 (russ.). — Inhalt: Einleitung, S. 3—7; Bestimmung der Meteorhelligkeiten in Anschluß an Sternspuren, S. 8—14; das Gerät «Künstliche Meteore», S. 15—24; die Verwendung des Geräts «Künstliche Meteore» zur Meteorphotometrie, S. 25—35; die Fehler der photographischen Photometrie von Meteoren, S. 36—44; Schluß, S. 45; Literatur, S. 46. Loh.

8242. **W. I. Iwanikow,** Über die Methoden der photographischen Photometrie der Meteore. Leningrad, Staatsuniv., 1957 (russ.). — Dissertationsref.

8243. **L. G. Jacchia,** On the «color index» of meteors. AJ **62** 358—362 = Harv Repr (2) Nr. 120. — Für 294 Meteore sind Farbenindizes abgeleitet worden. Die photographische Helligkeit wurde durch Super-Schmidt-Kameras, die visuelle durch Beobachter gewonnen. Die Korrelation zwischen Farbenindex und Helligkeit wird auf die subjektive visuelle Helligkeit geschoben. Eine Neubestimmung der Farbenindizes unter Verwendung photovisueller Helligkeiten sollte durchgeführt werden. Hoppe

8244. **C. de Jager,** Valsnelheden en valtijden van meteoorstof. Meteoor **12** 22—23, 1956.

8245. **C. de Jager,** Het Harvard radio meteoor programma. Meteoor **12** 45—46, 1956.

8246. **C. de Jager,** Het werkprogramma van de werkgroep meteoren. Meteoor **13** 46—49.

8247. **B. L. Kaschtschejew,** Die Messung von Meteorgeschwindigkeiten mittels Radar. AC Nr.187 S. 21—23 (russ.). — Am Polytechnischen Institut von Charkow wurden unter Leitung des Verf. im Oktober und November 1957 die Geschwindigkeiten von 19 sporadischen Meteoren gemessen. Es ergaben sich Werte zwischen 26.0 und 40.8 km/sec. Loh.

8248. **L. A. Katassjow,** Die photographischen Methoden der Meteorastronomie. Moskau, Techn. Staatsverlag, 1957. 179 S. mit Fig. Preis 5 R. 25 Kop. (russ.). — Besprechung in RJ 1958 Nr. 6 S. 57 (L. A. Katassjow).

8249. **L. A. Katassjow, A. K. Sosnowa, P. B. Babadshanow,** Ergebnisse der photographischen Beobachtungen von Meteoren in den Jahren 1954 und 1955 am Astronomischen Observatorium Stalinabad. Bull. Astr. Obs. Stalinabad Nr. 19 S. 33—34 (russ.).

8250. **L. A. Katassjow,** Einige Ergebnisse der Meteorforschung am Observatorium Stalinabad seit 25 Jahren. Bull. Astr. Obs. Stalinabad Nr. 22—23 S. 43—49 (russ.).

8251. **C. S. L. Keay,** Meteor radiant determination from high echorate observations. Australian J. Phys. **10** 471—482. — Verf. gibt eine Analyse der von Clegg entwickelten Methode zur Bestimmung der Radianten von Meteoren mit Hilfe von Radioechobeobachtungen. Da die Anwendung dieser Methode nicht mehr zweckmäßig ist, wenn die Zahl der registrierten Echos sehr groß wird, schlägt Verf. eine neue einfachere Methode vor. Henn

8252. **L. Kohoutek,** The amateur photographic observation of meteors. RH **38** 252—255 (tschech.).

8253. **T. Kulijew,** Die Flugdauer von Meteoren als Funktion ihrer Helligkeit. Nachr. Akad. Wiss. Turkmen. Sowjetrepublik 1957 Nr. 4 S. 129 (russ.). — Ref. in RJ 1958 Nr. 3 S. 62.

8254. **Z. Kvíz,** Visibility of meteors. RH **38** 171—175 (tschech.).

8255. **N. H. Langton,** Meteors and spaceflight. Spaceflight **1** 92—100. — Verf. gibt für einen als Nichtfachmann gedachten Leser einen Überblick über die heutigen Kenntnisse auf dem Gebiet der Meteorastronomie im Hinblick auf die Probleme des Weltraumfluges. Auf Grund der von Grimminger angenommenen Häufigkeit meteoritischer Massen folgt die Wahrscheinlichkeit und Gefährlichkeit von Zusammenstößen zwischen Raumfahrzeugen und Meteoriten. Hoppe

8256. **B. J. Lewin, S. W. Majewa,** Die Lichtkurve der Meteore und die Methode Ceplechas zur Überprüfung des Bremsverlaufs des einzelnen Meteorkörpers. Bull. Kommission Kometen Meteore UdSSR Nr. 1 S. 29—31 (russ.). — Die aus der elementaren physikalischen Theorie folgende Lichtkurve eines Meteors wird als Funktion von v^2 dargestellt und mit der beobachteten Lichtkurve von fünf Meteoren verglichen. Die Unterschiede sind wesentlich und weisen keinen Zusammenhang mit den Abweichungen der theoretischen Werte von $D(v^2)$ von den beobachteten auf. Es wird gezeigt, daß die Methode von Ceplecha sich hauptsächlich auf den letzten Teil der Meteorbahn, nach der maximalen Helligkeit, bezieht. Ond.

8257. **B.-A. Lindblad, H. Hvatum,** Några radar-visuella meteorobservationer utförda i Sverige. PAT **38** 98—105. — Ergebnisse der radioastronomischen und visuellen Beobachtungen von Meteoren auf der schwedischen Beobachtungsstation Råö. Die folgenden Relationen wurden gefunden: log τ

$= -0.53\ M + 1.11$ und $\log A = -0.20\ M - 1.05$ (τ = Dauer des Radioechos, M = absolute Helligkeit, A = Echoamplitude). C. L. J.

8258. **K. A. Ljubarskij,** Zwei Radianten teleskopischer Meteore. Nachr. Akad. Wiss. Turkmen. Sowjetrepublik 1957 Nr. 2 S. 138 (russ.). — Ref. in RJ 1958 Nr. 3 S. 61.

8259. **L. A. Manning, V. R. Eshleman,** Discussion of the Booker and Cohen paper, «A theory of long-duration meteor echoes based on atmospheric turbulence with experimental confirmation». J. Geophys. Res. **62** 367—371. — Die Theorie von Booker und Cohen wurde experimentell nachgeprüft. Es zeigte sich, daß die Theorie die gemessenen Eigenschaften der Meteorechos nicht genau darstellen kann. K. H. Schmidt

8260. **R. E. McCrosky,** Variations from a Poisson distribution of meteors recorded by radar techniques. BAC 8 1—4 = Harv Repr (2) Nr. 101. — Die in drei Nächten durch Radar beobachteten Meteore werden mit einer Poisson-Verteilung verglichen, wobei die Einteilung der Objekte in verschiedene Zeitintervalle erfolgt. K. H. Schmidt

* * **P. M. Millman,** An IGY program of meteor observing for amateurs. Vgl. Ref. **72112.**

8261. **P. M. Millman,** Meteor news. J RAS Canada **51** 113—115, 161—164, 263—265, 351—352.

8262. **G. F. Montgomery, G. R. Sugar,** The utility of meteor bursts for intermittent radio-communication. Proc. Inst. Radio Engineers **45** 1684—1693.

8263. **C. P. Olivier,** Long enduring meteor trains and fireball orbits. III. Proc. American Phil. Soc. **101** 296—315 = Flower and Cook Obs. Repr. Nr. 102.

8264. **S. W. Orlow,** Die Rolle der Basis bei der Bestimmung der Meteorbahnen. Bull. Kommission Kometen Meteore UdSSR Nr. 1 S. 24—28 (russ.). — Verf. zeigt, daß es zur Berechnung von Meteorbahnen wünschenswert ist, die Basis mit 4-stelliger Genauigkeit zu bestimmen, was der Genauigkeit des Krümmungsradius der Erdoberfläche entspricht. Bei einer Basislänge über 10 km ist es erforderlich, die geographischen Koordinaten der Endpunkte auf 0ꞌ1 zu bestimmen. Für drei verschiedene photographische Objektive werden die für eine 2-, 3- und 4-stellige Genauigkeit notwendigen Basislängen berechnet. (Ein Druckfehler in Formel (8) kann leicht laut (9) berichtigt werden). Ond.

8265. **L. Peeters,** Meteoorfotografie. Meteoor **12** 44—45, 1956.

8266. **F. I. Peregudow,** The radar cross-section surface of a weakened meteor trail. AJ UdSSR **34** 621—624 (russ. mit engl. Ref.). — Das Hauptcharakteristikum eines Rardarzieles ist die Größe seines effektiven Querschnitts. Ein ähnliches Charakteristikum kann auch für eine Meteorspur angegeben werden. Der Großteil der Meteorspuren gehört zu den geschwächten, die eine einfallende Radiowelle ohne Störung durchdringt. Den effektiven Querschnitt S_0 einer geschwächten Spur kann man nach der bekannten Formel von Lovell und Clegg berechnen. Diese Formel erklärt jedoch nicht die scharfe Abnahme von S_0 mit abnehmender Wellenlänge. Unter Berücksichtigung der Phasendifferenzen im Innern einer Spur wird auf Grund einer Herlofsonschen Arbeit eine neue Formel abgeleitet, die für einen breiteren Frequenzbereich brauchbar ist. Verf. (übersetzt)

* * **M. Plavec,** Komety a meteory. Vgl. Ref. **8020.**

8267. **E. M. Proskurina,** Untersuchung der Photographien von vier Meteoren. Publ. Inst. Phys. Geophys. Akad. Wiss. Turkmen. Sowjetrepublik 2 134—149, 1956 (russ.). — Ref. in RJ 1957 Nr. 8 S. 91.

8268. **H. B. Ridley,** A long-enduring meteor train. JBAA **67** 77—78.

* * **R. Rigollet,** Note sur un nouveau procédé d'observation photographique des météores pour la détermination des orbites. Vgl. Ref. 2412.

8269. **N. D. Rosenbljum,** Eine Näherungsmethode zur Bestimmung von Meteorhöhen aus einseitigen photographischen Beobachtungen. Bull. Astr.-Geod. Ges. UdSSR Nr. 19 S. 46—53, 1956 (russ.). — Ein neues Verfahren wird für die Bearbeitung der Meteoraufnahmen aus einer Station vorgeschlagen. Die Rechnung wird mittels einiger Nomogramme erleichtert. Ein Rechenbeispiel wird gegeben. Plavec

8270. **N. D. Rosenbljum,** Über die Präzisierung einiger Formeln der Meteorastronomie. Bull. Astr.-Geod. Ges. UdSSR Nr. 19 S. 74—75, 1956 (russ.). — Verf. bespricht die Eindeutigkeit und singuläre Fälle einiger Formeln für die Bearbeitung einseitiger Meteoraufnahmen. Plavec

8271. **L. N. Rubzow,** Radarbeobachtungen von Meteoren am Observatorium Stalinabad. Bull. Astr. Obs. Stalinabad Nr. 22—23 S. 63—64 (russ.).

8272. **G. C. Rumi,** VHF radar echoes associated with atmospheric phenomena. J. Geophys. Res. **62** 547—564. — Radar-Beobachtungen im Sommer und Herbst 1955 in Ithaca gaben Aufschluß über die Existenz und Eigenschaften von «upward discharges» zwischen der oberen Troposphäre und der unteren Ionosphäre. K. H. Schmidt

8273. **J. A. Russell,** Spectra of two meteors from the file of the Palomar 18-inch Schmidt. Publ ASP **69** 436—441. — Die Spektren eines Geminiden- (Nr. 99) und eines sporadischen Meteors (Nr. 54), die mit dem 18 inch-Schmidt-Spiegel von Mt. Palomar gewonnen wurden, werden untersucht. Dabei zeigt sich, daß das Stromobjekt eine ziemlich starke Mg-Linie bei 3835 Å zeigt, die bei dem sporadischen Meteor nicht auftritt. Dieser Unterschied ist nicht durch unterschiedliche Anregung zu erklären. K. H. Schmidt

8274. **J. F. Sadykow,** Die Bahnen von Meteorkörpern nach photographischen Daten. Publ. Inst. Phys. Geophys. Akad. Wiss. Turkmen. Sowjetrepublik **2** 122—133, 1956 (russ.). — Ref. in RJ 1957 Nr. 8 S. 91.

8275. **W. Stepan,** Über die Beobachtungen von Telemeteoren der südlichen Halbkugel. AC Nr. 182 S. 17—19 (russ.). — Kurze Mitteilung von Beobachtungen in Hydra.

8276. **W. Stepan,** Über die Radianten von Telemeteoren im Gebiet des Nordpols. AC Nr. 182 S. 19—20 (russ.).

8277. **W. E. Stepan,** Die Ergebnisse zweijähriger Beobachtungen teleskopischer Meteore in der Umgebung des Zenits. Publ. Inst. Phys. Geophys. Akad. Wiss. Turkmen. Sowjetrepublik **3** 64—81 (russ.). — Ref. in RJ 1958 Nr. 2 S. 56.

8278. **I. T. Sotkin,** Einige Bemerkungen zur Bearbeitungsmethode einseitiger Meteorphotographien. Bull. Astr.-Geod. Ges. UdSSR Nr. 19 S. 54—61, 1956 (russ.). — Ein Verfahren wird zur Bearbeitung der Meteorphotographien gegeben, die an einer Station mit einer unbeweglichen Kamera mit rotierendem Sektor erhalten wurden. Ein Rechenbeispiel ist hinzugefügt. Plavec

8279. **G. R. Sugar,** Oblique incidence radio observations of meteor trails. Trans. Inst. Radio Engineers AP **5** 149.

8280. **B. Tanabajew,** Die Bremsung von Meteoren in Abhängigkeit von ihrer Helligkeit und Farbe nach visuellen Beobachtungen. Nachr. Akad. Wiss. Turkmen. Sowjetrepublik 1957 Nr. 4 S. 129—130 (russ.). — Ref. in RJ 1958 Nr. 4 S. 59.

8281. **B. Tanabajew,** Untersuchung des Katalogs teleskopischer Meteore. Nachr. Akad. Wiss. Tadshik. Sowjetrepublik 1957 Nr. 5 S. 150—151 (russ.). — Ref. in RJ 1958 Nr. 10 S. 59.

8282. **B. Tanabajew,** Die Verteilung der scheinbaren Geschwindigkeiten von Meteoren nach Beobachtungen im 19. Jahrhundert. Nachr. Akad. Wiss. Turkmen. Sowjetrepublik 1957 Nr. 5 S. 152 (russ.). — Ref. in RJ 1958 Nr. 5 S. 49.

8283. **A. K. Terentjewa,** Statistik der Richtungen der Telemeteore. AC Nr. 183 S. 18—20 (russ.). — Eigene, hauptsächlich im Zenit durchgeführte Beobachtungen und zahlreiche analoge fremde verwertet Verf. zu einer Statistik mit folgenden Ergebnissen: Die Bewegungen erfolgen überwiegend von SO nach NW; vor 22^h kommt die Mehrzahl der Objekte aus N, später aus S; ihre Helligkeit nimmt unter Schwankungen mit der Zeit ab. Loh.

8284. **A. K. Terentjewa,** Über die relative Verteilung der Telemeteore mit der Höhe. AC Nr. 183 S. 20—21 (russ.). — Mitteilung von Beobachtungen.

8285. **J. L. Trutze,** Nochmals über die Kontrolle der Frequenz des Verschlusses von Instrumenten zur Meteorüberwachung. Nachr. Akad. Wiss. Turkmen. Sowjetrepublik 1957 Nr. 3 S. 146—147 (russ.). — Ref. in RJ 1958 Nr. 3 S. 61—62.

8286. **A. F. Tscherwjakowa,** Die tägliche Variation der Meteorhelligkeiten. Publ. Inst. Phys. Geophys. Akad. Wiss. Turkmen. Sowjetrepublik **2** 171—174, 1956 (russ.). — Ref. in RJ 1957 Nr. 8 S. 91.

8287. **J. Villermaux,** Recherches physico-chimiques sur les poussières météoriques. BSAF **71** 340—348.

8288. **S. W. Visser,** Het Weer, van Meteoor tot Meteorologie. Rotterdam, Ad Donker, 1957. 216 S. mit 54 Fig. Preis hfl 16.90. — Besprechung in Hemel en Dampkring **56** 123—124 (H. P. Berlage).

8289. **E. L. Vogan, L. L. Campbell,** Meteor signal rates observed in forward-scatter. Canadian J. Phys. **35** 1176—1189. — Ref. in Phys. Abstracts (A) **61** 138.

8290. **A. A. Weiss,** The distribution of the orbits of sporadic meteors. Australian J. Phys. **10** 77—102. — Die tägliche und jährliche Variation der sporadischen Echos wird auf Grund der Theorie der Radioreflexion an Meteorspuren für verschiedene Modellverteilungen berechnet und mit Beobachtungen der Jahre 1952/56 verglichen. Es ergibt sich für die sporadischen Meteore eine Konzentration der kurzperiodischen Bahnen zur Ekliptik und eine mehr gleichmäßige Verteilung der nahezu parabolischen Bahnen. Weidemann

8291. **A. A. Weiss,** Meteor activity in the southern hemisphere. Australian J. Phys. **10** 299—309. — Verf. gibt einen zusammenfassenden Überblick über die in Adelaide von 1952 bis 1956 durchgeführten Radiobeobachtungen von Meteorschauern und sporadischen Meteoren. Ein Vergleich mit den für die Nordhalbkugel vorliegenden Registrierungen der Meteoraktivität wird angestellt. Die Verteilung der Radianten der großen Schauer weist eine ausgesprochene Konzentration gegen die Ekliptik auf. Henn

8292. **A. A. Weiss,** The incidence of meteor particles upon the earth. Australian J. Phys. **10** 397—411. — Die in zwei vorangegangenen Arbeiten gewonnenen Ergebnisse werden verwendet, um die Gesamtzahl der auf der Erde einfallenden Meteore (bis zur Grenzgröße $+7^{m}\!.5$) sowie deren Dichte im Raum zu berechnen. Die aus visuellen Beobachtungen unabhängig davon abgeleiteten Ergebnisse sind in befriedigender Übereinstimmung. Henn

8293. **F. L. Whipple, L. G. Jacchia,** The orbits of 308 meteors photographed with super-Schmidt cameras. AJ **62** 37—38. — Ref. AAS.

8294. **Z. Ceplecha,** Fotograficzne obserwacje meteorów w Ondrzejowskim Obserwatorium Astronomicznym. Urania Kraków **28** 7—12. — Im meteorischen Jahr, welches im Rahmen des Internationalen Geophysikalischen Jahres stattfindet, werden in Ondřejov und Prčice Meteorbeobachtungen an zwei photographischen Instrumenten durchgeführt, wobei jedes Instrument aus einem Satz von 10 Kameras besteht. Rybka

8295. The relative numbers of bright and faint meteors. J RAS Canada **51** 113—115.

8296. An appeal for meteor observers. MN ASSA **16** 42—43.

8297. Bombardment of the earth by meteors. Nature **179** 121—124. — Geophysical discussion, abgehalten durch die Royal Astronomical Society am 16. Nov. 1956. — Ref. in Phys. Abstracts (A) **60** 537.

8298. Artificial meteors. Nature **180** 1168.

8299. Magnitude distribution of visual meteors. Sky and Telescope **16** 222. — Ref. AAS.

82100. Width of meteor trails. Sky and Telescope **16** 472. — Ref. AAS.

82101. 2.500 meteor orbits. Sky and Telescope **16** 529—530. — Ref. AAS. — Besprechung in Coelum **26** 58.

82102. Long-enduring meteor trains. Sky and Telescope **17** 13.

* * Papers on reduction methods for photographic meteors. Vgl. Ref. **2419**.

Meteorströme

82103. **E. Ahnert-Rohlfs, J. Schubart,** Die Säkularstörungen des Scorpius-Sagittarius-Stroms. AN **284** 27—30. — Die Säkularstörungen von fünf Großen Planeten auf Haupt- und Grenzbahnen des Scorpius-Sagittarius-Systems wurden berechnet. Die Differenz der Knotenstörungen wird als Hauptursache der heutigen Strombreite angesehen, so daß eine Altersabschätzung möglich wird. Eine analoge Abschätzung wird durch Betrachtung zweier erdachter Meteorteilchen erhalten, deren Bahn sich anfänglich von der Hauptbahn nur durch die Gestalt, nicht durch die Lage unterscheidet. Man erhält als Alter 8000 Jahre. Für andere Ekliptikalströme ergaben sich Werte von der gleichen Größenordnung. Verf.

82104. **P. Babadshanow,** Über die Entstehung der Meteorströme. Nachr. Akad. Wiss. Tadshik. Sowjetrepublik (Naturwiss.) 1957 Nr. 23 S. 11—18 (russ.). — Ref. in RJ 1958 Nr. 11 S. 66.

82105. **E. G. Bowen,** Relation between meteor showers and the rainfall of August, September, and October. Australian J. Phys. **10** 412—417. — Ref. in Phys. Abstracts (A) **61** 519.

82106. **E. G. Bowen,** A prediction of a meteor orbital period. Obs **77** 99—102. — Ref. in Nature **180** 737. — In Erweiterung der Hypothese des Zusammenhangs zwischen Meteorströmen und Regenfällen wird versucht, den Regenüberschuß um den 5. Januar auf der südlichen Halbkugel mit einem Meteorstrom in Verbindung zu bringen. Nach der Hypothese ist eine starke Meteortätigkeit am 5. oder 6. Dezember zu erwarten. Tatsächlich wurde diese 1956 in Australien und Südafrika beobachtet. Dagegen fehlen Angaben aus anderen Jahren. Aus dem Schneefall in Tokyo wird auf eine Periode des Stroms von 5.7 oder 11.4 Jahren geschlossen. K. H. Schmidt

82107. **M. Huruhata, J. Nakamura,** Meteoric shower observed on December 5, 1956 in the Indian Ocean. TAB (2) Nr. 99 S. 1053—1054. — Ähnlichkeit der Elemente zwischen dem beobachteten Schwarm und dem Kometen 1819 IV (Blanpain).

82108. **L. A. Katassjow,** Über die Radianten von vier Meteorströmen. Bull. Kommission Kometen Meteore UdSSR Nr. 1 S. 32—34 (russ.). — Die Radiationsflächen der Perseiden, Geminiden, Tauriden und Leoniden werden auf Grund von photographischen Beobachtungen von Whipple und aus Stalinabad studiert. Die Radianten wurden auf das Datum des Maximums reduziert. Die Radiationsfläche der Geminiden ist wesentlich kleiner als die der Perseiden. Die Radianten der Tauriden bilden zwei Äste. Ond.

82109. **H. Melzer,** Meteor dust streams and daily precipitation. Quart. J. Roy. Meteorol. Soc. **83** 357, 389. — Ref. in RJ 1958 Nr. 6 S. 55—56.

* * **H. Melzer,** Meteor-astronomical universal laws of atmospherical precipitation. Vgl. Ref. **7238**.

82110. **M. Plavec,** On the origin and early stages of the meteor streams. Českosl. Akad. věd. Astr. ústav Publ. Nr. 30, 93 S. — Ref. in Nature **179** 1063. — Die Kometenausbrüche werden auf der Grundlage der Untersuchungen von Whitney betrachtet. Unter Annahme eines Verteilungsgesetzes $N(s)\,ds \sim s^{-4}\,ds$ für Partikeldurchmesser zwischen 10^{-5} cm und 1 cm ergibt sich für die Gesamtmasse der bei einem Ausbruch abgestoßenen Materie 7×10^{11} g. Die ausgestoßenen Partikel können einen Meteorschauer von der Mächtigkeit der Draconiden erzeugen. Zur Erklärung der Draconiden ist es erforderlich, einen Materieausbruch von 10^{11} g pro Umlauf des Mutter-Kometen anzunehmen. Die Betrachtung der Draconiden und Leoniden führt zu sehr kleinen Ausbruchsgeschwindigkeiten. Es werden vier Modelle von Meteorschwärmen nach dem Ausbruch gerechnet und die Verteilung der Meteore längs der Bahn untersucht. Die durch dichte Annäherungen großer Planeten hervorgerufenen Störungen werden betrachtet. K. H. Schmidt

* * **M. Plavec,** Die Kometenausbrüche und die Entstehung der Meteorströme. Vgl. Ref. **8019**.

82111. **E. M. Proskurina,** Katalog der Radianten und Geschwindigkeiten von Meteorströmen nach Beobachtungen in Aschchabad 1944. Publ. Inst. Phys. Geophys. Akad. Wiss. Turkmen. Sowjetrepublik **3** 31—47 (russ.). — Ref. in RJ 1958 Nr. 2 S. 55—56.

82112. **C. S. Ramage,** Comments on «The relation between rainfall and meteor showers» by E. G. Bowen. J. Meteorol. **14** 186—187. — Ref. in RJ 1958 Nr. 3 S. 62.

82113. **N. D. Rosenbljum,** Die Bestimmung der genäherten Elemente parabolischer Bahnen von Meteorströmen mit Hilfe von Tabellen. Bull. Kommission Kometen Meteore UdSSR Nr. 1 S. 35—42 (russ.). — Die Bestimmung der parabolischen Elemente mit einer Genauigkeit auf 1° kann mit Hilfe von fünf Tabellen durchgeführt werden. Die erste Tabelle dient zur Transformation der äquatorialen auf ekliptikale Koordinaten λ, β; die zweite gibt die Länge des Apex A. Der dritten bis fünften Tafel entnimmt man mit den Argumenten $\lambda - A$ und $|\beta|$ die Bahnneigung, den Abstand des Knotens vom Perihel und die Perihellänge. Ond.

82114. **C. A. Shain,** A remarkable southern meteor shower. Obs **77** 27—28 = Commonwealth Sci. Industrial Res. Organization, Australia, Division Radiophys.

82115. **S. C. Venter,** De sterrenregen van 5 december 1956. Meteoor **13** 34—35.

82116. **S. C. Venter,** The great meteor shower of 1956 December 5. MN ASSA **16** 6—7. — Bericht über einen unerwarteten und sehr lebhaften Meteorschwarm am Südhimmel (Radiant: $\alpha = 15°$, $\delta = -46°$), der in Johannisburg und Pretoria beobachtet wurde. Einzelne Meteore waren sehr hell und bildeten bis zu 20 Minuten lang sichtbare Schweife. Die Winkelgeschwindigkeit der Meteore war gering. Es wurden bis zu 100 Meteore in der Stunde gezählt. Hoppe

82117. Découverte radioastronomique d'un nouvel essaim météorique dans la constellation du Bouvier. BSAF **71** 260.

82118. **Aquariden**

W. Stepan, Beobachtungen der γ-Aquariden 1957. AC Nr. 181 S. 23 (russ.). — Kurze Notiz über einige wahrgenommene Mitglieder des Stroms. Loh.

F. W. Wright, L. G. Jacchia, F. L. Whipple, Photographic ι-Aquarid meteors and evidence for the northern δ-Aquarids. AJ **62** 225—233 = Harv Repr. (2) Nr. 108. — Die zwei Ströme der ι-Aquariden ähneln den Tauriden, da sie relativ zur Ekliptik ebenso einen nördlichen und einen südlichen Zweig bilden. Jedoch weisen die ι-Aquariden eine größere Streuung in den Apheldistanzen auf. Die tägliche Bewegung der Radianten beider ι-Aquariden-Zweige beträgt in östlicher Richtung etwa 1°. Die mittleren Abweichungen der Meteore von den mittleren Radianten haben ähnliche Werte wie bei anderen Strömen. Zwei genaue und neun weniger genaue photographische Meteore, die von zwei Stationen aufgenommen wurden, sowie zwei von nur einer Station photographierte Meteore werden untersucht. K. H. Schmidt

82119. **Bootiden**

BAA Circ 386. New meteor shower in Bootes. — Ref. in Coelum **25** 187.

82120. **Geminiden**

Z. Ceplecha, Photographic Geminids 1955. BAC 8 51—61. — Die Auswertung der im Dezember 1955 auf der Meteor-Basis-Station Ondřejov-Prčice gewonnenen photographischen Beobachtungen von 21 Geminiden und 3 sporadischen Meteoren werden mitgeteilt. Die berechnete heliozentrische Bahnellipse wird mit früheren Ergebnissen der Harvard-Sternwarte verglichen. Hoppe

A. Chanberdyjew, Radiobeobachtungen der Geminiden 1953. Nachr. Akad. Wiss. Turkmen. Sowjetrepublik 1957 Nr. 3 S. 147 (russ.). — Ref. in RJ 1958 Nr. 1 S. 49.

J. van Diggelen, De bewerking van ons eerste fotografisch resultaat. Meteoor **13** 60—61.

J. A. Russell, Spectra of two meteors from the file of the Palomar 18-inch Schmidt. Vgl. Ref. 8273.

H. van Woerden, Waarneming van de Geminiden. Meteoor **13** 44—45.

BAC 8 129—131. Visual Geminids 1955. Z. Ceplecha.

82121. **Giacobiniden**

Nature **179** 26—27. The Giacobinid meteor stream.

82122. **Lyriden**

A. H. de Boer, De omloopstijd der Lyriden. Meteoor **12** 11—12, 1956.

W. Stepan, Beobachtungen der Lyriden 1957. AC Nr. 181 S. 22—23 (russ.). — Die Lyriden stellten in diesem Jahr eine nur wenig auffällige Erscheinung dar. Loh.

82123. **Orioniden**

A. P. Sawruchin, Die Bearbeitung der Basisphotographien zweier Meteore der Orioniden. Publ. Inst. Phys. Geophys. Akad. Wiss. Turkmen. Sowjetrepublik **3** 19—30 (russ.). — Ref. in RJ 1958 Nr. 2 S. 55.

82124. Perseiden

W. Alberts, Kort verslag Perseiden-campagne 1956. Meteoor **13** 29—31.

D. L. Astawin-Rasumin, Zwei Meteorspektren der Perseiden 1953. Bull. Astr.-Geod. Ges. UdSSR Nr. 19 S. 36—39 (russ.). — Zwischen 3860 und 5208 Å wurden Linien des Ca II, Co I, Mn I, Ni I und Ti I festgestellt.

Z. Ceplecha, One Perseid photographed at six stations. BAC **8** 88—96. — Die Bestimmungsstücke eines an sechs Stationen photographisch beobachteten hellen Perseiden werden ermittelt. Neben der heliozentrischen Bahn wird auch das atmosphärische Bahnstück und die Abnahme der Masse längs der beobachteten Spur diskutiert. Hoppe

E. I. Fialko, Bemerkungen über die Ergebnisse von Radarbeobachtungen der Perseiden 1956. AC Nr. 185 S. 22—23 (russ.). — Es wird vermutet, daß die von J. A. Pupyschew (vgl. AJB **56** Ref. 8255) festgestellten drei Maxima nicht auf eine dreigipflige Verteilung der Radianten des Stroms zurückgehen, sondern durch die Antennencharakteristik hervorgerufen sind. Petri

L. Fritzová, Die Perseiden 1955. BAC **8** 32—33.

L. Fritzová, J. Rajchl, Photographic Perseids 1953. BAC **8** 167—170. — Die Lichtkurven von neun photographisch beobachteten Perseiden aus dem Jahre 1953 werden diskutiert und Beziehungen zwischen Höhe, Intensität und Geschwindigkeit abgeleitet. Auf den Unterschied zwischen Aufnahmen mit der Super-Schmidt-Kamera und gewöhnlichen Objektiven wird hingewiesen. Er wird als Folge der größeren Reichweite des Super-Schmidt-Systems gedeutet. Hoppe

G. S. Hawkins, A hollow meteor train. Sky and Telescope **16** 168—169 = Harv Repr (2) Nr. 95. — Beschreibung der durch Höhenwinde und Turbulenz bewirkten Formgestaltung eines fast sechs Minuten lang sichtbaren röhrenförmigen Schweifes eines hellen Perseiden. Höhenlage der Schweifspur zwischen 76 und 92 km. Mittlere Ausbreitungsgeschwindigkeit der leuchtenden Materie 1.8 m/sec. Es wird behauptet, daß gerade die röhrenförmige Konfiguration in Widerspruch mit der von Trowbridge entwickelten Theorie des Rekombinationsleuchtens der Nachtschweife stehe. Hoppe

L. Kresák, On the collisional hypothesis of the origin of the Perseid meteor stream. Contr. Astr. Obs. Skalnaté Pleso **2** 7—18. — Nach einer von Guigay vertretenen Ansicht soll der Perseidenstrom bei einem Zusammenstoß zwischen dem Ursprungskometen mit irgendeinem anderen Körper entstanden sein. Verf. betrachtet die näheren Umstände eines solchen Zusammenstoßes und gelangt zu einer Ablehnung der Hypothese von Guigay. Hoppe

J. N. Lipskij, Der August-Meteorstrom. Priroda **46** Nr. 8 S. 124 (russ.). — Beschreibung der bisherigen Erscheinungen und Vorschau.

M. W. Ochozimskaja, Über den Einfluß der Perseiden auf das elektrische Feld der Erdatmosphäre. Nachr. Akad. Wiss. UdSSR Nr. 1 S. 122—123 (russ.). — Ref. in RJ 1957 Nr. 9 S. 72.

H. B. Ridley, The Perseid meteor shower, 1956. JBAA **67** 235—239.

L. N. Rubzow, W. M. Kolmakow, R. S. Bibarsow, Radarbeobachtungen der Perseiden vom 8. bis 16. August 1956. Bull. Astr. Obs. Stalinabad Nr. 19 S. 35—37 (russ.).

A. P. Sawruchin, Die Aktivität der Perseiden 1956. AC Nr. 177 S. 19—21 (russ.).

H. van Woerden, Perseiden 1956: samenwerking met Zweedse radar-waarnemers. Meteoor **12** 25—26, 1956.

I. Zacharov, Dämmerungsmessungen im Laufe der Perseiden 1953. Vgl. Ref. **7265**.

82125. Phoeniciden

BAA Circ 382, 1 S. A new southern meteor shower — the Phoenicids. — Ref. in BSAF **71** 39, Sky and Telescope **16** 333.

J. Astr. Soc. Victoria **10** 27. The Phoenicids.

J. Astr. Soc. Victoria **10** 80. Phoenicids again.

82126. Quadrantiden

J. van Diggelen, De Quadrantiden van 1956. Meteoor **12** 1—3, 1956.

C. O. Hines, E. L. Vogan, Variations in the intrinsic strength of the 1956 Quadrantid meteor shower. Canadian J. Phys. **35** 703—711. — Ref. in Phys. Abstracts (A) **60** 690.

J. C. de Munck, Een waarneming van de Quadrantiden met radio echo's. Meteoor **13** 16—18.

Meteoor **13** 62. Waarneming Quadrantiden.

Einzelne Meteore

82127. Beobachtungen und Mitteilungen

Astr. Nachr. Berlin-Treptow **9** 119. Feuerkugel 1957 August 24. J. Prochnow.

BSAF **71** 61—62, 118—119, 144, 205, 250, 482. Bolides, étoiles filantes.

Coelum **25** 151, 184. Meteoriti.

Indian J. Meteorol. Geophys. **7** 391, 1956. Meteor. — 1956 Juni 12. — Ref. in RJ 1957 Nr. 11 S. 79.

Meteoor **12** 23, 24, 1956. Een meteoor schiet door het sterrenbeeld Orion.

Meteoor **12** 29—30, 1956. De heldere meteoor van 8 december 1955. J. van Diggelen.

Nachr. Akad. Wiss. Turkmen. Sowjetrepublik 1957 Nr. 2 S. 137 (russ.). Untersuchung der Basisphotographie des Meteors vom 11. August 1953 um $21^h\,36^m\,42^s$. A. N. Simonenko. — Ref. in RJ 1957 Nr. 12 S. 72.

Orion Schaffhausen **5** 310—311. Die Feuerkugel vom 29. Mai 1957. M. Waldmeier, P. Jakober, B. Känzig.

Orion Schaffhausen **5** 345. Helles Meteor am 10. Aug. 1957. F. Lauper.

RH **38** 53—57 (tschech.). Bright meteor of January 9, 1957. M. Plavec.

Sky and Telescope **16** 298. Junior astronomer photographs a meteor. C. Y. Prescott. — 1956 Juli 13.

Sky and Telescope **16** 301. An austrian amateur photographs a bright meteor. W. Palmstorfer. — 1956 Aug. 9.

Sky and Telescope **16** 349. A brillant meteor in the South. — 1957 März 15.

Trans. American Geophys. Union **37** 643—644, 1956. The European daylight meteor of November 17, 1955, and its remarkable train. W. Heybrock. — Ref. in RJ 1957 Nr. 10 S. 77.

Urania København **14** 29. To klare Meteorer.

82128. Elemente von Feuerkugeln

1949 April 21	Bull. Astr.-Geod. Ges. UdSSR Nr. 19 S. 62—63, 1956 (russ.). Bearbeitung der einseitigen Photographie des Meteors vom 21./22. April 1949. I. K. Abramson.
1950 Aug. 8	Bull. Astr.-Geod. Ges. UdSSR Nr. 19 S. 40—45, 1956 (russ.). Bearbeitung der Photographie des Meteors vom 8. August 1950. E. G. Simakina.
1952 Okt. 14	Meteoor **13** 15. Beter laat dan nooit! J. van Diggelen.
1955 Aug. 24	Meteoor **12** 26—28, 1956. De heldere meteoor van 24 augustus 1955. J. van Diggelen.
Sept. 21	Meteoor **12** 13—18, 1956. De vuurbol van 21 september 1955. J. van Diggelen.
Nov. 17	Meteoor **12** 32—40, 42—44, 1956. De vuurbol van 17 november 1955. J. van Diggelen.
1956 Okt. 6	Meteoor **13** 31—33. De vuurbol van 6 oktober 1956. J. van Diggelen.

§ 83

Meteorite

* * **I. S. Astapowitsch,** Untersuchung der Bahnen einiger Meteorite und Feuerkugeln. Vgl. Ref. 8203.

* * **G. S. Badaljan,** Kometen und Himmelssteine. Vgl. Ref. 8002.

8301. **W. I. Baranow,** Über das Alter der Meteorite. Geochimia 1957 Nr. 2 S. 155—160 (russ. mit engl. Ref.). — Ref. in RJ 1958 Nr. 1 S. 72—73.

8302. **G. L. Bate, J. R. Huizenga, H. A. Potratz,** Thorium content of stone meteorites. Science **126** 612—613.

8303. **F. Begemann, J. Geiss, D. C. Hess,** Radiation age of a meteorite from cosmic-ray-produced He^3 and H^3. Phys. Rev. (2) **107** 540—542. — Ref. in Phys. Abstracts (A) **61** 202, Phys. Ber. **37** 632.

8304. **J. D. Buddhue,** The Oxidation and Weathering of Meteorites. Albuquerque, University of New Mexico Press, 1957. University of New Mexico Publications in Meteoritics Nr. 3. 10 + 161 S. mit 8 Fig. und 8 Tafeln. Preis $ 1.75. — Besprechung in Sky and Telescope **16** 596, **17** 245—246 (D. Hoffleit).

8305. **J. D. Buddhue,** Are there ice meteorites ? Mineralogist **25** 294—295. — Ref. in RJ 1958 Nr. 6 S. 56—57.

8306. **K. H. Ebert, H. König, H. Wänke,** Eine neue Methode zur Bestimmung kleinster Uranmengen und ihre Anwendung auf die Urananalyse von Steinmeteoriten. Z. Naturforschung **12a** 763—765. — Es wird eine neue Methode zur Bestimmung kleinster Uranmengen in Steinmeteoriten beschrieben, bei welcher das durch die Spaltung des Urans 235 entstandene Xenon 133 gemessen wird. Die Aufarbeitung der bestrahlten Proben und die zur Abtrennung des aktiven Xenons dienende Hochvakuumapparatur werden eingehend erläutert. Es wurden drei Chondrite mit dieser Methode auf ihren Urangehalt untersucht. Zur Standardisierung der Messung dienten Xenon-Bestimmungen von reinem Uranoxyd, das jeweils gleichzeitig mit den Meteoriten bestrahlt wurde. Mögliche Fehlerquellen, wie Verluste an aktivem Xenon oder Schatteneffekte bei der Bestrahlung, wurden berücksichtigt. Verf.

8307. **K. H. Ebert, H. Wänke,** Über die Einwirkung der Höhenstrahlung auf Eisenmeteorite. Z. Naturforschung **12a** 766—773. — In einer Reihe von Eisenmeteoriten wurde der Helium- und Neongehalt bestimmt. Sowohl Helium als auch Neon entstehen als Reaktionsprodukte bei der Wechselwirkung von Teilchen der Höhenstrahlung mit den Atomkernen der Meteorite. Diese Reaktionen werden eingehend studiert, insbesondere auch der Anteil der Sekundärteilchen an der Heliumproduktion. Der Massenverlust der Meteorite beim Durchgang durch die Atmosphäre konnte berechnet werden; er beträgt etwa 78 % der ursprünglichen Meteoritenmasse. Unter der Annahme einer zeitlichen und räumlichen Konstanz der Höhenstrahlung ($J_0 = 0.25$ Teilchen cm^{-2} sec^{-1} $sterad^{-1}$) ergab sich bei einem der Meteorite (Mt. Ayliff) aus dem Neongehalt für die Dauer der Einwirkung der Höhenstrahlung ein Zeitraum von 920 Millionen Jahren. Verf.

8308. **W. G. Fessenkow,** Die Meteorite und ihre Bedeutung für die Kosmogonie des Sonnensystems. Pokroky **2** 588—597 (tschech.).

8309. **E. L. Fireman, J. Zähringer,** Depth variation of tritium and argon-37 produced by high-energy protons in iron. Phys. Rev. (2) **107** 1695—1698. — Aus der Tiefenverteilung der Spallationsisotope, die durch kosmische Strahlen in Meteoriten erzeugt werden, läßt sich auf die mittlere Energie der die Kernprozesse auslösenden Strahlung schließen. Um diesen Zusammenhang festzustellen, bestrahlen Verf. im Kosmotron Eisenproben mit Protonen verschiedener Energie und bestimmen die Tiefenabhängigkeit des erzeugten H^3 und A^{37} als Funktion der Energie. Die gewonnenen Verteilungen werden auf den dreidimensionalen Fall umgerechnet und mit den Verteilungen der Spallationsisotope in Meteoriten verglichen. Henn

8310. **E. L. Fireman, D. Schwarzer,** Measurement of Li^6, He^3, and H^3 in meteorites and its relation to cosmic radiation. Geochim. Cosmochim. Acta **11** 252—262. — Verf. beschreiben ihre Messungen des Li^6- und He^3-Gehaltes von sechs Eisen- und fünf Steinmeteoriten. Außerdem wird der Tritiumgehalt von drei Eisenmeteoriten bestimmt. Die gewonnenen Ergebnisse werden diskutiert und daraus sich ergebende Folgerungen für die kosmische Strahlung und das Alter der Meteorite aufgezeigt. Henn

8311. **M. Galli, S. F. Singer,** Cosmic-ray production of helium-3 and tritium in meteorites. Bull. American Phys. Soc. (2) **1** 231, 1956.

8312. **P. M. Game,** Plagioclases from the Juvinas meteorite and from allivalite from the Isle of Rhum. Mineral. Mag. **31** 656—671. — Ref. in RJ 1958 Nr. 10 S. 61—62.

8313. **J. Geiss,** Über die Geschichte der Meteorite aus Isotopenmessungen. Chimia **11** 349—363. — Ref. in RJ 1958 Nr. 10 S. 61.

8314. **W. Gentner, J. Zähringer,** Argon und Helium als Kernreaktionsprodukte in Meteoriten. Geochim. Cosmochim. Acta **11** 60—71. — Wie Paneth, Reasbeck und Mayne (vgl. AJB **53** Ref. **8322**) zeigen konnten, ist in Meteorhelium ein beträchtlicher Anteil an He^3 enthalten. Damit hatte sich eine Vermutung von Huntley und Bauer, daß die Intensität der kosmischen Strahlung außerhalb der Erdatmosphäre ausreicht, um He^3 in Meteoriten zu erzeugen, bestätigt. Die Entstehung erfolgt dabei durch Kernverdampfungsprozesse, die durch energiereiche Teilchen der primären oder sekundären Komponente der kosmischen Strahlung ausgelöst werden. Nach der Kernverdampfungstheorie müssen nach der Emission von leichten Teilchen Restkerne übrig bleiben, deren Atomgewicht kleiner ist als das von Eisen (= 56). Verf. untersuchten daher verschiedene Meteoritenproben auf ihren He^3- und Argongehalt. Die Proben wurden im Hochfrequenzofen geschmolzen und mit einem hochempfindlichen Massenspektrometer die Isotopenzusammensetzung sowie die Mengen dieser Edelgase bestimmt. Abschließend diskutieren Verf. verschiedene Möglichkeiten, Altersbestimmungen von Meteoriten durchzuführen sowie durch Untersuchung der radioaktiven Restkerne Cl^{37} und K^{40} Aufschlüsse über die Intensität der kosmischen Strahlung vor 10^5 bzw. 10^9 Jahren zu erhalten. Henn

8315. **B. M. Gordon, L. Friedman, G. Edwards,** Caesium in stony meteorites. Geochim. Cosmochim. Acta **12** 170—171. — Die kosmische Häufigkeit von Caesium beruht in der Hauptsache auf dem in Steinmeteoriten gemessenen Wert. Verf. finden bei der Untersuchung von vier Steinmeteoriten Werte, die gut mit dem von Suess und Urey geschätzten für die kosmische Häufigkeit übereinstimmen. Henn

8316. **H. Hamaguchi, G. W. Reed, A. Turkevich,** Uranium and barium in stone meteorites. Geochim. Cosmochim. Acta **12** 337—347. — Verf. bestimmen den Uran- und Bariumgehalt einiger Meteorite (vier Chondrite und ein Achondrit). Die Isotopenzusammensetzung des Urans erweist sich als die gleiche wie beim terrestrischen Uran. Es ergibt sich für die vier Chondrite ein Urangehalt von 1.1×10^{-8} g/g, für den Nuevo Laredo Steinmeteoriten etwa der 10fache Wert. Der als Nebenergebnis gewonnene Bariumgehalt ist etwa 350 mal so groß. Vergleiche mit früheren Bestimmungen werden durchgeführt. Henn

8317. **F. Hecht, R. Patzak,** Chemische Analyse von in Tiefseesedimenten gefundenen mikroskopischen Kügelchen vermutlich kosmischen Ursprungs. Astronaut. Acta **3** 47—51. — Ref. in RJ 1958 Nr. 2 S. 57.

8318. **F. Heide,** Kleine Meteoritenkunde. Berlin-Göttingen-Heidelberg, Springer-Verlag, 1957. 2. neubearbeitete Auflage. «Verständliche Wissenschaft Bd. **23**». 6 + 142 S. mit 107 Fig. Preis DM 7.80. — Besprechung in Sky and Telescope **17** 306, Sternenbote **8** 99—100.

8319. **F. Hernegger, H. Wänke,** Über den Urangehalt der Steinmeteorite und deren «Alter». Z. Naturforschung **12a** 759—762. — Mit Hilfe der Neutronenaktivierungsanalyse wurde der Urangehalt dreier Chondrite bestimmt. Die erhaltenen Werte sind nur wenig voneinander verschieden und liegen bei ungefähr 1×10^{-8} g U/g. Nebenbei ergab sich aus unseren Analysen für die Konzentration des Bariums in Chondriten ein mittlerer Wert von 3.5×10^{-6} g Ba/g. Für zwei der von uns untersuchten Meteorite lagen bereits Bestimmungen des Heliumgehaltes vor. Unter der Annahme einer Thoriumkonzentration in dreifacher Höhe der Urankonzentration konnten wir für diese beiden Meteorite ein nach der Heliummethode bestimmtes Alter von 3.6 bzw. 3.8×10^9 Jahren angeben. Verf.

8320. **D. C. Hess, R. R. Marshall, H. C. Urey,** Surface ionization of silver; silver in meteorites. Science **126** 1291—1293.

8321. **J. Hoppe,** Zur Verdampfung meteoritischer Körper. Mitt. AG 1956 S. 37. — Ref. AG.

8322. **D. Hubbard, E. M. Krumrine, R. Stair,** Australite (meteoric) glass. Trans. American Geophys. Union **37** 767—778, 1956. — Ref. in RJ 1957 Nr. 9 S. 74.

8323. **C. de Jager,** Vuurpijlen sporen mikrometeorieten op. Meteoor **12** 21—22, 1956.

8324. **C. de Jager,** Oorsprong en ouderdom van meteorieten. Meteoor **12** 58, 1956.

8325. **A. A. Jawnel,** The peculiarities of the chemical composition of meteoritic matter and origin of meteorites. AJ UdSSR **34** 445—457 (russ. mit engl. Ref.). — Nach einer Bestätigung des Priorschen Gruppengesetzes kommt Verf. zu dem Schluß, daß jede Meteoritengruppe, die eine bestimmte Phasenzusammensetzung hat, sich aus einem einzelnen Asteroiden schichtartigen Aufbaues gebildet hat. Die Beziehung zwischen dem Gehalt und der Menge jeder Phase in verschiedenen Asteroiden wird durch die Differenzierung der Materie (nach den Schmelztemperaturen der Elemente) erklärt, die bis zur Bildung der einzelnen Asteroiden vor sich ging. Verf. (übersetzt und gekürzt)

8326. **A. A. Jawnel,** The peculiarities of the mineralogical composition and structure of meteoritic matter and the origin of meteorites. AJ UdSSR **34** 921—931 (russ. mit engl. Ref.). — Die Betrachtung des Gleichgewichtsdiagramms des Fe-Ni-Systems zeigt, daß sich die Struktur der Eisenmeteorite unter außerordentlich langsamer Abkühlung der Eisen-Nickel-Legierungen ausgebildet hat. Der unterschiedliche Aufbau der Eisenmeteorite ein und derselben Zusammensetzung ist das Ergebnis einer Herausbildung von Strukturen, die unter verschiedenen Temperaturen (unterhalb 450° C) und Drucken (unter 10^5 at) entstanden sind. Die Strukturen der Meteorite, ebenso ihre metamorphen Veränderungen, entstanden vor dem Zerfall von Asteroiden im Zuge der komplizierten thermischen Geschichte dieser kosmischen Körper. Verf. (übersetzt)

8327. **E. Jérémine,** Eucrite de Chaves (Portugal). Bol. Soc. geol. Portugal **211** 127—138, 1954. — Ref. in RJ 1958 Nr. 6 S. 56.

8328. **I. A. Judin, A. S. Schur,** Über die Porosität der Steinmeteorite. Publ. Berg-Inst. Swerdlowsk Nr. 26 S. 137—143, 1956 (russ.). — Ref. in RJ 1958 Nr. 1 S. 73.

8329. **E. L. Krinow,** Meteoryty olbrzymy. Warszawa, Wydawn. Geol., 1955. Übersetzung aus dem Russischen. 85 S. mit Fig. Preis 2.90 zł.

8330. **E. L. Krinow,** Himmelssteine. Meteore und Meteorite. Tiflis, 1957. 54 S. mit Fig. Preis 85 Kop. (georg.).

8331. **F. C. Leonard, R. de Violini,** A classificational catalog of the meteoritic falls of the world. Vgl. AJB **56** Ref. 8326. — Weitere Besprechung in Meteoric Stone and Meteoric Iron **2** Nr. 5 S. 44 (japan.).

8332. **F. C. Leonard,** The classification of meteorites. Sky and Telescope **16** 370—373. — Die Zahl der Klassifikationen von Meteoriten ist von Leonard um eine vermehrt worden. In Anlehnung an Prior werden die Übergangstypen zwischen den Stein- und Eisenmeteoriten in eine selbständige Gruppe zusammengefaßt. Die drei Gruppen werden in die üblichen sieben Klassen und diese in insgesamt 30 Unterklassen gegliedert. Verf. gibt eine übersichtliche und eingehende Schilderung der einzelnen Typen. Hoppe

8333. **B. J. Lewin, G. L. Slonimskij,** Über die Entstehung der meteoritischen Chondren. DAN **113** 62—64 (russ.). — Aus dem Vorkommen kristallinischer Mineralien in Chondren muß man in Hinblick auf die ausgeprägte Abhängigkeit der Kristallisationsgeschwindigkeit von der Temperatur schließen, daß sich die Kristallisation in den Meteoriten bei den zumeist tiefen Temperaturen in einigen Fällen über Millionen und Milliarden Jahre erstreckt haben muß. Loh.

8334. **J. F. Lovering, W. Nichiporuk, A. Chodos, H. Brown,** The distribution of gallium, germanium, cobalt, chromium, and copper in iron and stony-iron meteorites in relation to nickel content and structure. Geochim. Cosmochim. Acta **11** 263—278. — Von 88 Eisenmeteoriten, die entsprechend ihrer Struktur aus verschiedenen Gruppen ausgewählt waren, sowie neun Eisen-Steinmeteoriten bestimmen Verf. spektrographisch die Konzentrationen von Gallium, Germanium, Chrom, Kobalt und Kupfer. Die analytischen Methoden sowie die strukturellen Eigenschaften der einzelnen Meteorite werden beschrieben. Aus den Ergebnissen, die in einer Tabelle zusammengestellt sind, folgt, daß vier Gruppen von Meteoriten vorhanden sind, die auf Grund ihres Gallium- und Germaniumgehaltes und bis zu einem gewissen Grade auch noch auf Grund ihres Chromgehaltes unterschieden werden können, deren Kobalt- und Kupfergehalt aber keine Unterscheidung zuläßt. Henn

8335. **J. F. Lovering,** Differentiation in the iron-nickel core of a parent meteorite body. Geochim. Cosmochim. Acta **12** 238—252. — Ref. in RJ 1958 Nr. 10 S. 61.

8336. **J. F. Lovering,** Pressures and temperatures within a typical parent meteorite body. Geochim. Cosmochim. Acta **12** 253—261.

8337. **M. Maltschewa-Popowa,** Meteorite. Priroda Sofia **5** Nr. 4 S. 54—58, 1956 (bulgar.). — Ref. in RJ 1957 Nr. 8 S. 10.

8338. **E. Miksch,** Meteoric erosion. J. British Interplanetary Soc. **16** 246.

8339. **A. N. Murin, I. A. Jutlandow,** Über die Bestimmung des kosmischen Alters der Meteorite. Geochimija 1957 Nr. 1 S. 33—35 (russ.). — Ref. in RJ 1957 Nr. 10 S. 78.

8340. **H. Oleak,** Das Verhalten von Mikrometeoriten in der Erdatmosphäre. Wiss. Z. Friedrich-Schiller-Univ. Math.-naturwiss. Reihe **6** 133—143 = Mitt. Univ.-Sternw. Jena Nr. 25. — Untersuchung der physikalischen Vorgänge (Abbremsung, Massenabnahme, Fallzeiten, usw.) beim Eindringen von Mikrometeoriten im Durchmesserbereich 10^{-2} bis 10^{-7} cm in der irdischen Hochatmosphäre. Der Höhenbereich maximalen Energieverlustes wird mit dem Phänomen der Leuchtstreifen in Beziehung gebracht. Die Abhängigkeit der Prozesse vom Einfallswinkel und der Eintrittsgeschwindigkeit ist dargestellt. Hoppe

8341. **H. Onishi, E. B. Sandell,** Meteoritic and terrestrial abundance of tin. Geochim. Cosmochim. Acta **12** 262—270. — Für den Zinngehalt in Meteoriten haben Verf. folgende Mittelwerte gewonnen: Für Chondrite 1 p. p. m., für die Metallphase der Chondrite 5 p. p. m. und für Eisenmeteorite etwa 2 p. p. m. (Werte zwischen 0.5 und 10 p. p. m.). Henn

8342. **E. J. Öpik, S. F. Singer,** Reinterpretation of the uranium-helium ages of iron meteorites. Trans. American Geophys. Union **38** 566—568. — Ref. in RJ 1958 Nr. 4 S. 60.

8343. **S. M. Poloskow, T. N. Nasarowa,** Untersuchung der festen Komponente der interplanetaren Materie mit Raketen und Sputniks. Fortschritte Phys. Wiss. **63** Nr. 1b S. 253—265 (russ.). — Ref. in Phys. Abstracts (A) **61** 436, RJ 1958 Nr. 7 S. 43.

8344. **G. W. Reed, A. Turkevich,** Uranium, helium and the ages of meteorites. Nature **180** 594—596. — Ref. in Phys. Abstracts (A) **61** 2.

8345. **R. D. Russell,** Abundances of meteoric lead isotopes. Nature **179** 92. — Ref. in Phys. Abstracts (A) **60** 537, Phys. Ber. **37** 363.

8346. **S. I. Ryng,** Die Meteorite Weißrußlands. Nachr. Akad. Wiss. Weißruss. Sowjetrepublik (Phys.-Techn.) Nr. 2 S. 161—163, 1956 (russ.). — Ref. in RJ 1957 Nr. 8 S. 93.

8347. **S. I. Ryng,** Die letzten Meteoritenfunde in Weißrußland. Nachr. Akad. Wiss. Weißruss. Sowjetrepublik (Phys.-Techn.) 1957 Nr. 2 S. 167—172 (russ.). — Ref. in RJ 1958 Nr. 4 S. 59.

8348. **S. I. Ryng,** Meteoritenfunde in Weißrußland. Priroda **46** Nr. 8 S. 112—113 (russ.). — Verf. beschreibt kurz zwei in den letzten Jahren in Weißrußland gefundene Meteorite, den Meteorit von Gresk und ein neu gefundenes Stück des Meteorits von Bragin. Loh.

8349. **E. W. Salpeter,** The Vatican collection of meteorites. Città del Vaticano, Specola Vaticana, 1957. 40 S.

8350. **D. Schmidt,** Het aantonen van nikkel in micrometeorieten. Meteoor **12** 18—20, 1956.

8351. **B. Schulz,** Steine, die vom Himmel fallen. Wittenberg Lutherstadt, A. Ziemsen Verlag, 1956. 101 S. mit 46 Fig. Preis DM 4.60. — Besprechung in Meteoor **13** 39—40 (C. de Jager).

* * **E. Schumacher,** Ein unterer Grenzwert für das Alter des Universums. Vgl. Ref. 41106.

8352. **R. K. Sheline, J. E. Hooper,** Probable existence of radioactive manganese-53 in iron meteorites. Nature **179** 85—87. — Ref. in Phys. Ber. **36** 1993—1994.

8353. **R. Šimon,** Zur Frage der Entstehung von Tektiten. Časopis **7** 90—91 (tschech.).

8354. **S. F. Singer,** The origin and age of meteorites. Irish AJ **4** 165—180. — Unter Heranziehung astronomischer, geologischer und metallurgischer Gesichtspunkte wird wahrscheinlich gemacht, daß die Substanz der Eisenmeteorite im ursprünglich magmatischen Inneren eines kleinen planetarischen Körpers gebildet wurde. Das Material kühlte unter Druck sehr langsam ab und erstarrte. Bei der später erfolgten Zertrümmerung des Planetoiden entstanden die bruchstückartigen Meteorite. Diese Zertrümmerung muß, wie auf verschiedenen Wegen erschlossen wird, vor 200 bis 300 Millionen Jahren erfolgt sein. Hoppe

8355. **S. F. Singer,** Crucial experiment concerning the origin of meteorites. Phys. Rev. (2) **105** 765—766. — Ref. in Phys. Ber. **37** 1491.

8356. **H. C. Urey,** Meteorites and the origin of the solar system. Yearb. Phys. Soc. 1957 S. 14—29.

8357. **H. C. Urey,** The origin of tektites. Nature **179** 556—557. — Ref. in Sky and Telescope **16** 374. — Über den Ursprung der Tektite wurden schon zahlreiche Untersuchungen angestellt. Eine befriedigende Lösung wurde aber bisher nicht gegeben. Verf. schlägt nun vor, daß die Tektite beim Zusammentreffen eines Kometen mit der Erde entstanden sind. Einige Folgerungen aus dieser Hypothese werden diskutiert. Henn

8358. **J. G. J. A. Veugelers,** De inslag van grote meteorieten. Meteoor **13** 36—38. — Ref. der Arbeit von Gilvarry und Hill in ApJ **124** 610 (vgl. AJB **56** Ref. 8317).

8359. **J. W. Winchester, A. H. W. Aten jr.,** The content of tin in iron meteorites. Geochim. Cosmochim. Acta **12** 57—60. — Verf. bestimmen den Zinn-Gehalt von acht Eisenmeteoriten und finden dabei einen durchschnittlichen Zinn-Gehalt von 6.7 p. p. m. Ein Vergleich mit zur Verfügung stehenden Ergebnissen über den Palladium-Gehalt in Eisenmeteoriten (vgl. AJB **51** Ref. 8307) zeigt, daß die kosmische Häufigkeit von Zinn-Isotopen nicht abnorm hoch ist. Henn

8360. Météorites, fragments de petites planètes. Bull. mens. Soc. astr. popul. Toulouse **48** 173. — Ref. in RJ 1958 Nr. 10 S. 62.

8361. Météorites, comètes et astéroïdes. Cannes, Impr. Ecole, 1955. 24 S. mit Fig.

8362. A new catalogue of meteorites. J RAS Canada **51** 115.

8363. Etudes des météorites. La Nature **85** 430—431.

8364. Are tektites meteorites? Mineralogist **25** 435—438. — Ref. in RJ 1958 Nr. 10 S. 62.

8365. Ablation of meteorites. Sky and Telescope **16** 333.

8366. Hunting for meteorites. Sky and Telescope **16** 478.

* * Astronautica e meteoriti. Vgl. Ref. **13438**.

Einzelne Meteorite

8367. **F. Baldet,** Der Meteorit vom 17. November 1955. Priroda Sofia **5** Nr. 2 S. 71—72, 1956 (bulgar.).

8368. **D. A. Beekhuis,** Metallografisch onderzoek van een «Canon Diablo» meteoriet. Meteoor **12** 47—54, 1956.

8369. **A. W. Borissow,** Der Niederfall von Meteorstaub im Omsker Rayon. Priroda **46** Nr. 4 S. 112—113 (russ.). — In Omsk wurde am 3. September 1956 ein bedeutender Niederfall von Meteorstaub registriert. Die Abschätzungen ergaben bis 1000 mg/m^2. Verschiedene Formen des Staubes werden beschrieben. Während der Nacht, in der der Niederfall stattfand, war das Moskauer Fernsehprogramm in Omsk erreichbar. Einige frühere Niederfälle von Meteorstaub in Sibirien werden aufgezählt. Ond.

8370. **T. van Dijk, C. de Jager, J. de Metter,** De radioaktiviteit van de meteoriet van Monze (III). Meteoor **12** 3—7, 1956.

8371. **R. L. Drejsin,** Untersuchungsergebnisse der Fallverhältnisse des Krymka-Steinmeteoritenregens. Wiss. Jahrbuch Univ. Odessa für 1956 S. 171—172 (russ.). — Ref. in RJ 1958 Nr. 6 S. 56.

8372. **O. C. Farquhar, W. E. Hill jr.,** Two reported meteorite finds in Kansas. Trans. Kansas Acad. Sci. **60** 252—258. — Ref. in RJ 1958 Nr. 7 S. 44.

8373. **C. de Jager,** Tien jaar geleden: de meteoriet van Sichote-Alin. Meteoor **13** 20.

8374. **A. A. Jawnel,** Meteoritic matter at the place of fall of the Tungus meteorite. AJ UdSSR **34** 794—796 (russ. mit engl. Ref.). — Bericht über spektroskopische und magnetische Analysen von Proben des (der) am 30. Juni 1908 in der Taiga niedergestürzten Meteoriten. Loh.

8375. **F. C. Leonard,** The Franklin, Kentucky, aerolite (CN = 0866,367). Publ ASP **69** 459—462. — Ein bereits 1921 bei Franklin, Kentucky, gefundener Aerolith wird beschrieben. Sein Gewicht beträgt 9.062 kg. Seine Oberfläche ist von einer dünnen Oxydationsschicht überzogen, die in der Farbe zwischen hellem Gelbbraun und dunklem Braun wechselt. Seiner Beschaffenheit nach handelt es sich bei dem Stein um einen sehr alten Fall. K. H. Schmidt

8376. **V. Menezes,** A probable meteorite fall in Brazil. Sky and Telescope **17** 10. — Eine von Donner begleitete helle Feuerkugel wurde am 30. 6. 1957, $20^h 20^m$ WZ in Südost-Brasilien ($\lambda = +45\overset{\circ}{.}0$; $\varphi = -19\overset{\circ}{.}5$) beobachtet. Am Fallort wurde in einer Grube von 25 cm Tiefe und 20 cm Durchmesser ein etwa 7.5 kg schwerer Stein gefunden, der eine schwarzglänzende Schmelzrinde besitzt und innerlich aus bräunlichem, porösem Material besteht. Der chemischen Analyse nach ist es ein Steinmeteorit (Achondrit ?). Hoppe

8377. **C. Merli,** Frammenti di bolide sulla riva sinistra del fiume Nera. Coelum **25** 76—78. — In der Nähe von Narni (Italien) wurden 14 Stücke eines Meteoriten in einem 80 cm tiefen und 20 cm breiten Krater aufgefunden. Sie scheinen Teile eines riesigen Meteoriten zu sein, der im 19. Jahrhundert in den Fluß Nera gestürzt war. Die Analyse des Fundes ergab das Vorkommen von sehr viel Fe, von viel Si, wenig Mn und Al und Spuren von Cr, Ni, Cu, Ca und Mg. Cester

8378. **E. D. Mountain,** The Idutywa meteorite. S. Afric. J. Sci. **53** Nr. 3 S. 73—74, 1956. — Ref. in RJ 1957 Nr. 8 S. 93.

8379. **J. Pokrzywnicki,** Meteoryt z Krządki. Urania Kraków **28** 16—17. — Im Jahre 1929 hat man einen Eisenmeteoriten in der Gegend von Krządka ($\lambda = 22° 44' O$, $\varphi = +50° 22'$) von 2—3 kg Gewicht gefunden. Dieser Meteorit war in Posen aufbewahrt und ging während des Krieges verloren. Es ist möglich, daß sich in der Nähe des Auffindungsortes noch andere Bruchstücke des Meteoriten befinden. Rybka

8380. **J. Pokrzywnicki,** Nowe okazy meteorytu Morasko. Urania Kraków **28** 232—235. — Ergänzung zu den Mitteilungen in Urania Kraków **26** 165—170, Acta Geologica Polonica **5** 433—437 und Acta Geophysica Polonica **4** 21—32 über die Meteorsteine von Moraska. Im Sept. 1956 wurde in Moraska noch ein Meteorstein von 78 kg Gewicht gefunden. Rybka

8381. **J. H. Reynolds, J. I. Lipson,** Rare gases from the Nuevo Laredo Stone meteorite. Geochim. Cosmochim. Acta **12** 330—336. — Verf. untersuchen den in Nuevo Laredo 1950 gefundenen Meteorit auf Isotopenzusammensetzung und Konzentration der enthaltenen Edelgase (Helium, Argon, Neon und Xenon) und diskutieren die gewonnenen Ergebnisse. Henn

8382. **S. I. Ryng,** Zur Fundgeschichte des Bragin-Meteoriten. Nachr. Akad. Wiss. Weißruss. Sowjetrepublik (Phys.-Techn.) 1957 Nr. 1 S. 149—155 (russ.). — Ref. in RJ 1958 Nr. 3 S. 62.

8383. **R. Šimon,** The moldavits of Moravia. RH **38** 193—195 (tschech.).

8384. Val van de meteoriet Breitscheid. Meteoor **13** 40.

8385. Voorlopig bericht over de nieuwe meteoriet Sokotra. Meteoor **13** 14.

8386. Die Untersuchung des Breitscheid-Meteoriten. Naturwiss. Rundschau **10** 463. — Ref. eines Vortrages von F. A. Paneth.

8387. Oklahoma meteorites. Sky and Telescope **16** 333.

Meteoritenkrater

8388. **C. S. Beals,** Results of drilling operations at the Holleford crater. AJ **62** 137—138. — Ref. AAS.

8389. **C. S. Beals,** Comments concerning the J. E. Hill and J. J. Gilvarry article, «Application of the Baldwin crater relation to the scaling of explosion craters». J. Geophys. Res. **62** 166.

8390. **C. S. Beals,** A probable meteorite crater of great age. Sky and Telescope **16** 526—528. — Verf. behandelt die Bemühungen um die Aufklärung der Natur des in $\lambda = +76° 38'$, $\varphi = +44° 47'$ gelegenen Holleford-Kraters. Das durch drei Bohrungen gewonnene Gesteinsmaterial kann vulkanisch oder meteoritisch gedeutet werden. Die meteoritische Entstehung des Kraters ist wahrscheinlicher. Sein Alter wird auf einige hundert Millionen Jahre geschätzt. Hoppe

8391. **M. J. S. Innes,** A possible meteorite crater at Deep Bay, Saskatchewan. AJ **62** 92—93 (Ref. AAS); J RAS Canada **51** 235—240 = Contr. Dominion Obs. Ottawa **3** Nr. 8. — Für eine nahezu kreisrunde Ausbuchtung am Südzipfel des Renntier-Sees ($\lambda = +103{,}^\circ0$, $\varphi = +56{,}^\circ4$) von fast 14 km Durchmesser wird die Entstehung durch Aufsturz eines Riesenmeteoriten wahrscheinlich gemacht. Vulkanische und eiszeitliche Einwirkungen haben nachweislich bei der Bildung dieser Rundform keine Rolle gespielt. Trifft dies zu, so wäre «Deep Bay» gegenwärtig der größte irdische Meteoritenkrater. Hoppe

8392. **C. Luplau Janssen,** Nye Meteorkratere. Urania København **14** 1—3. — Entdeckungsgeschichte und Beschreibung der durch Luftaufnahmen neu entdeckten Meteorkrater in Kanada. C. L. J.

8393. **V. B. Meen,** Chubb crater — a meteor crater. J RAS Canada **51** 137—154. — Astronomische, geologische und geophysikalische Untersuchungen führen übereinstimmend zu dem Ergebnis, daß der Chubb-Krater weder vulkanischen Ursprungs ist, noch Züge einer Karstbildung oder glazialer Wirkung zeigt. Er scheint vielmehr erst nach der Eiszeit durch den Aufschlag und die nachfolgende Explosion eines Riesenmeteoriten entstanden zu sein. Hoppe

8394. **H. H. Nininger,** Arizona's Meteorite Crater. Vgl. AJB **56** Ref. **8376**. — Weitere Besprechung in American J. Sci. **255** 524 (H. Winchell), J RAS Canada **52** 36 (P. M. Millman), Naturwiss. Rundschau **10** 350—351 (W. Heybrock).

8395. **J. S. Rinehart,** Distribution of meteoritic debris about the Arizona meteorite crater. AJ **62** 96. — Ref. AAS.

8396. **J. S. Rinehart,** A soil survey around the Barringer crater. Sky and Telescope **16** 366—369 und Einlage zwischen S. 384 und 385. — Ref. in Coelum **25** 187.

8397. **R. L. Sangster,** Another meteorite crater in Australia? Sky and Telescope **16** 429.

8398. **R. Šimon,** Orts-Verzeichnis von Meteorkratern. Časopis **7** 71—72 (tschech.).

8399. **B. Szczepkowski,** O proporcjach rozmiarów kraterów meteorytowych. Urania Kraków **28** 100—103. — Zusammenstellung der Größe und Proportionen von 15 Meteoritenkratern. Rybka

83100. The New Quebec Crater. JBAA **67** 116.

§ 84

Zodiakallicht, Gegenschein

8401. **D. E. Blackwell,** The zodiacal light and the nature of interplanetary gas. Obs **77** 187—191 = Cambridge Obs. Repr. Nr. 25. — Verf. diskutiert die Frage, ob die Polarisation des Zodiakallichts durch ein interplanetares Elektronengas oder durch Lichtstreuung an festen Teilchen verursacht wird und führt Gründe dafür an, daß ein Elektronengas der erforderlichen Dichte nicht existiert. Unter anderem weist Verf. darauf hin, daß die Helligkeit des Zodiakallichts keine starke Abhängigkeit von der Sonnentätigkeit zeigt, was der Fall sein müßte, wenn die Lichtwirkung zu einem erheblichen Teil von Elektronen oder Ionen ausginge. Hoffmeister

8402. **H. Elsässer, H. Siedentopf,** Die Helligkeit des Gegenscheins nach lichtelektrischen Messungen an der Boyden-Station. ZfA **43** 132—143 = Mitt. Astr. Inst. Univ. Tübingen Nr. 26. — Aus lichtelektrischen Registrierungen der Himmelshelligkeit in der Umgebung des Gegenpunktes der Sonne wird für den gelben und blauen Spektralbereich die Helligkeitsverteilung im Gegenschein abgeleitet und in der Form von Isophotenkarten dargestellt. Die Helligkeit im Gegenpunkt der Sonne ergibt sich im Gelben zu 207 ± 11 Sternen 10^m pro Quadratgrad, im Blauen zu 117 ± 6 Sternen 10^m pro Quadratgrad und liegt im Gelben etwa 37, im Blauen 22 Sterne 10^m pro Quadratgrad über der Helligkeit der Lichtbrücke. Der Farbenindex FI $= 0.62 \pm 0.18$ für den Gegenpunkt der Sonne entspricht dem Spektraltyp dG 5. Verf.

8403. **M. G. Karimow,** Über die Verstärkung der Emissionslinien des Nachthimmelleuchtens im Zodiakallicht. Mitt. Astrophys. Inst. Alma-Ata **5** Nr. 7 S. 120—122 (russ. mit engl. Ref.). — Verf. fand erneut (vgl. AJB **50** Ref. 8404) im Bereich des Zodiakallichts eine Verstärkung der [OI]-Linie λ 5577 des Nachthimmelleuchtens. Vermutlich ist die Verstärkung veränderlich. Loh.

8404. **S. W. Karjagina,** Spektralphotometrische Untersuchung der Verstärkung der Linie 5577 Å im Zodiakallicht. Mitt. Astrophys. Inst. Alma-Ata **5** Nr. 7 S. 110—119 (russ. mit engl. Ref.). — Während nach den Beobachtungen von Roach und Mitarbeitern (vgl. AJB **54** Ref. 8404) die [OI]-Linie λ 5577 des Nachthimmels im Bereich des Zodiakallichts nicht meßbar stärker ist als außerhalb, ist dies nach den im März 1956 vom Verf. durchgeführten Beobachtungen doch der Fall. Es ergaben sich Verstärkungen bis zu 17%. Loh.

* * **N. N. Parijskij, L. M. Gindilis,** Die Intensität der grünen Linie 5577 Å des Nachthimmels im Gebiet des Gegenscheins. Vgl. Ref. **72204**.

8405. **H. Walter,** Streulichtintensität großer sphärischer Partikel. Optik **14** 130—142 = Mitt. Astr. Inst. Univ. Tübingen Nr. 25. — Die Intensität des an sphärischen Partikeln gestreuten Lichtes wurde im Gebiet der Rückwärtsstreuung (180°—170°) berechnet für Teilchen mit dem Brechungsindex 1.33 und für Werte von α (Umfang des Teilchenquerschnitts geteilt durch die Wellenlänge des einfallenden Strahls) gleich 6, 8, 10, 12, 15, 18, 25, 30, 45, 60, 90, 120, 180, 250; ferner für totalreflektierende Teilchen mit α gleich 6, 10, 18, 30 und 60. Die Ergebnisse sind in drei Tabellen zusammengestellt, welche die Miekoeffizienten für die totalreflektierenden Teilchen enthalten und die Intensitätsfunktionen mit Real- und Imaginärteil. Verf.

8406. La luz zodiacal. El Universo Nr. 39 S. 80.

X. Sterne

§ 91

Positionen, Kataloge, Fundamentalsystem, Karten

9101. **P. M. Afanassjewa,** A catalogue of right ascensions of 203 stars derived from observations with a new photoelectric transit instrument. AJ UdSSR **34** 613—620 (russ. mit engl. Ref.). — In abgekürzter Form werden die Beobachtungsergebnisse mit dem photoelektrischen Passageninstrument des Pulkowoer Zeitdienstes in den Jahren 1955—56 mitgeteilt. Den auf Grund dieser Beobachtungen aufgestellten Katalog F 2-Katalog der Rektaszensionen von 203 Sternen der Deklinationszone zwischen $-10°$ und $+78°$ kann man bezüglich der Fehler $\Delta\alpha_\delta$ für absolut halten, bezüglich der Fehler $\Delta\alpha_\alpha$ jedoch nur in der Deklinationszone von $+50°$ bis $+70°$. Der F 2-Katalog wird mit den Katalogen FK 3, N 30 und Pu α 1 und dem sowjetischen mittleren System (vgl. AJB **56** Ref. **9108**) verglichen, wobei sich zeigt, daß die Annahme des letzteren zur Bearbeitung der Beobachtungen eine Genauigkeitssteigerung der Arbeiten des Zeitdienstes während des Internationalen Geophysikalischen Jahres zur Folge haben würde.
Verf. (übersetzt)

9102. **P. M. Afanassjewa,** A catalogue of right ascensions of 203 stars derived from observations with a new photoelectric transit instrument (1955—1956). Mitt. Astr. Hauptobs. Pulkowo **21** Nr. 1 (160) S. 37—61 (russ. mit engl. Ref.). — Vgl. vorstehendes Ref. — Das lichtelektrische Durchgangsinstrument der Sternwarte zu Pulkowo wird beschrieben. Aus den Beobachtungen in 1955—56 wurde der Katalog F2 der Rektaszensionen von 203 Sternen abgeleitet. Dieser Katalog wird mit dem FK3, N 30 und dem mittleren sowjetischen System verglichen.
Perek

9103. **L. D. Agafonowa, A. I. Nefedjewa,** Relative Deklinationsbestimmungen von 131 Sternen des Poltawaer und Kasaner Zenitteleskop-Programms. Abh. Lenin-Staatsuniv. Kasan **116** Nr. 7 S. 3—46 = Bull. Astr. Engelhardt-Obs. Kasan Nr. 33 S. 3—46 (russ.).

9104. **G. Demetrescu,** Colaborarea romino-sovietică în domeniul catalogului de stele slabe. Gaz. mat. fiz. (A) 8 566—570, 1956. — Ref. in RJ 1957 Nr. 9 S. 17—18.

9105. **J. Dick,** Aufgaben und Technik der heutigen Meridianastronomie. Wiss. Ann. **6** 225—245. — Verf. bezeichnet als Hauptaufgabe der Positionsastronomie die Bildung eines fundamentalen Koordinatensystems und beschreibt die dafür angewandten Methoden, wobei auch auf die in Rußland und USA begonnenen Arbeiten, einen Katalog der Örter von außergalaktischen Nebeln herzustellen, und auf die Bedeutung des AGK 3-Unternehmens eingegangen wird. Am Schluß findet sich eine Beschreibung der Meridiankreise von Babelsberg und Uccle.
Böh.

9106. **H. K. Eichhorn,** Systematic errors in the Helsingfors zone of the Carte du Ciel. AJ **62** 142. — Ref. AAS.

9107. **H. K. Eichhorn,** Correction formulae for the coma effect in the Hyderabad Astrographic Catalogue. AJ **62** 204. — Eine Neubestimmung der Plattenkonstanten im Hyderabad Astrographic Catalogue +36°/+39° mit Hilfe von AGK2-Sternen zeigt, daß die effektive Brennweite des benutzten Instruments für die schwachen Sterne kürzer als für die hellen Sterne ist. Es werden Korrektionen $\Delta\xi$ und $\Delta\eta$ für die rechtwinkligen Katalogkoordinaten in Abhängigkeit von der scheinbaren Helligkeit hergeleitet. Gli.

9108. **W. Fricke,** Das astronomische Koordinatensystem. Studium Generale **10** 470—478 = Astr. Rechen-Inst. Heidelberg Mitt. (B) Nr. 2. — Das als bestmögliche Approximation an ein Inertialsystem zu betrachtende Koordinatensystem wird repräsentiert durch einen Katalog der Örter und Eigenbewegungen von Sternen. Es wird gezeigt, wie aus dem vorhandenen Beobachtungsmaterial ein solcher Fundamentalkatalog gebildet und schrittweise verbessert werden kann. Schließlich werden künftige Möglichkeiten der Verbesserung und Erweiterung aufgezeigt. T. L.

9109. **I. W. Gawrilow, I. G. Koltschinskij, A. B. Onegina,** Vorläufige Ergebnisse photographischer Aufnahmen von Galaxien zur Aufstellung des Katalogs schwacher Sterne. Mitt. Astr. Hauptobs. Golossejewo **2** Nr. 1 S. 73—91 (russ.). — Zwischen 1952 und 1954 wurden am Astrographen von Golossejewo (D = 40 cm, F = 5.5 m) 248 Aufnahmen von 76 Feldern zwischen −25° und +90° Deklination aufgenommen. Infolge der größeren Brennweite ist die Reichweite im Vergleich mit Pulkowoer Aufnahmen nicht so groß. Die einzelnen Nebel werden, nach Feldern geordnet, beschrieben. Loh.

9110. **W. Gliese,** Katalog der Sterne näher als 20 Parsek für 1950.0. Astr. Rechen-Inst. Heidelberg Mitt. (A) Nr. 8, 89 S. — Der Katalog gibt für 915 Einzel- und Doppelsterne mit insgesamt 1094 Komponenten folgende bis Febr. 1957 verfügbare Daten: Örter in RA auf 1^s, in Deklination auf 0:1 genau für 1950.0; Eigenbewegungskomponenten in RA und Deklination; scheinbare visuelle Helligkeit im System von H. L. Johnson; Spektraltyp (möglichst MK-System); Radialgeschwindigkeit; Parallaxe; absolute Helligkeit und die drei Raumgeschwindigkeitskomponenten relativ zur Sonne für 597 Sterne in einem nach dem galaktischen Zentrum ausgerichteten Koordinatensystem. Im Text werden die benutzten Quellen angeführt; insbesondere wird die Mitbenutzung spektroskopischer Parallaxen in dem zu Grunde liegenden System trigonometrischer Parallaxen des Yale-Katalogs von 1952 erläutert. Der Katalog enthält alle Sterne mit Parallaxen $\geqq$ 0"050. Zahlreiche Bemerkungen im Anhang beziehen sich hauptsächlich auf verschiedene Bezeichnungen einiger schwacher Sterne, auf Doppelsterndaten und auf unterschiedliche Meßwerte einzelner Größen. Verf.

9111. **G. van Herk,** Absolute declinations of 1493 stars from azimuth observations. Ann. Sterrewacht Leiden **18** Nr. 5, 58 S. — Einem Vorschlag von de Sitter und Oort entsprechend wurde der Versuch gemacht, absolute Deklinationen durch Azimutmessungen von einem unter dem Äquator gelegenen Beobachtungsort aus zu bestimmen. Die Arbeit gibt eine ausführliche Diskussion der zu diesem Zweck 1947—51 in Ostafrika durchgeführten Beobachtungsreihe, deren Ergebnis die absoluten Deklinationen von 1193 FK3- und 300 GC-Sternen zwischen $\delta = +60°$ und $-50°$ sind. Der mittlere Fehler einer Beobachtung ist ±0"66, der eines Katalogortes ±0"34. Die aus den Beobachtungen bestimmten Fehler des FK3 von der Form $\Delta\delta_\delta$ werden mit den Ergebnissen anderer Arbeiten verglichen, doch können hieraus keine eindeutigen Schlüsse gezogen werden. Bo.

* * **G. van Herk,** Meridian observations of double stars. Vgl. Ref. **10123**.

9112. **A. K. Korol, W. W. Konin,** Katalog der Deklinationen von 588 Sternen des Fundamentalkatalogs schwacher Sterne im System des FK3 aus Beobachtungen am Vertikalkreis in den Jahren 1952—1953. Mitt. Astr. Hauptobs. Golossejewo **2** Nr. 1 S. 3—72 (russ.). — Einer Beschreibung des Instruments, seiner Aufstellung, seiner Fehler, einer Diskussion der Helligkeitsgleichung, der Beobachtungsgenauigkeit und einem Vergleich mit dem GC und FK3 folgt von S. 28—39 der Endkatalog und S. 40—72 eine Liste der Ergebnisse der Einzelbeobachtungen. Loh.

9113. **G. S. Kossin,** A new reduction of observations made with Repsold vertical circle in 1901—1902. Mitt. Astr. Hauptobs. Pulkowo **20** Nr. 4 (157) S. 72—90 (russ. mit engl. Ref.). — Die Untersuchung der Beobachtungen, die von Ostaschtschenko-Kudrjawzew 1901—2 mit einem Repsoldschen Vertikalkreis durchgeführt wurden, zeigte systematische Fehler in den Deklinationen. Die Fehler $\Delta\delta_\delta$ wurden durch eine Neubearbeitung mit der Methode von Zimmerman beseitigt, bei welcher Breite, Refraktion und Biegung des Instrumentes durch gleichzeitige Reduktion der Beobachtungen der Sterne und der Sonne bestimmt werden. Die übrigbleibenden Differenzen $\Delta\delta_\alpha$, die einen jährlichen Gang aufweisen, können wahrscheinlich auf eine mit der Temperatur schwankende Durchbiegung des Apparates zurückgeführt werden. Ein Katalog der Deklinationen von 406 Sternen (1900.0) wird gegeben. Ond.

9114. **H. Kox,** Stand der Arbeiten am AGK 3. Mitt. AG 1956 S. 46—47. — Ref. AG.

9115. **H.-J. Kung,** Observations of transit stars at Zi-Ka-Wei Observatory. Acta Astr. Sinica **4** 322—328, 1956; **5** 149—153, 316—320 (chines.).

9116. **K. N. Kusmenko, W. C. Plushnikow,** Katalog der Rektaszensionen von Sternen des Fundamentalkatalogs Schwacher Sterne im System des FK3 aus Beobachtungen am Charkower Meridiankreis in den Jahren 1953—1956. Abh. Univ. Charkow **86** 13—61 = Publ. Astr. Obs. Charkow **13** 13—61 (russ.). — Ref. in RJ 1958 Nr. 2 S. 10.

9117. **J. Lévy,** La réobservation des étoiles de l'«Astronomische Gesellschaft». Annuaire pour l'an 1958 publié par Le Bureau des Longitudes B 1—B 14.

9118. **W. J. Luyten,** A catalogue of 9867 stars in the southern hemisphere with proper motions exceeding 0ʺ.2 annually. Minneapolis (Minnesota), The Lund Press, 1957. — Von den 9867 südlichen Sternen, deren jährliche Eigenbewegungen auf Grund der bis 31.12.1956 bekannten Messungen 0ʺ.20 oder größer sind, wurden 68 % allein durch den Bruce Proper Motion Survey BPMS aufgefunden; in den übrigen Fällen wurden auch andere Quellen herangezogen und — mit Ausnahme der GC-Eigenbewegungen — möglichst Gewichtsmittel veröffentlicht. Außer der Region AR 2^h bis 8^h, Dekl. 0° bis −10° überdeckt die BPMS den ganzen Südhimmel, doch ist die erreichte Grenzgröße in verschiedenen Deklinationen unterschiedlich. Der Katalog gibt die Bezeichnung der Sterne, die Örter für 1950, photographische Helligkeiten, Spektraltypen oder Farben und die totalen Eigenbewegungen mit ihren Positionswinkeln. Gli.

9119. **P. Naur,** Minor planet 51 Nemausa and the fundamental system of declinations. Publ. Københavns Obs. Nr. 171, 67 S. — Ref. in Obs **77** 250—251. — Verf. beschreibt das Verfahren, nach dem auf dem EDSAC die Bewegungsgleichungen in den heliozentrischen rechtwinkligen Koordinaten von 51 Nemausa für die Zeit 1858—1960 mit von O. Møller verbesserten Ausgangselementen integriert worden sind, und veröffentlicht die Ergebnisse für die Jahre 1933—1957 im Intervall von 20 Tagen auf 10 Dezimalen. Aus 750 photographischen Beobachtungen 1943—1954 des Planeten werden 28 Normalorte gebildet und aus ihnen verbesserte Elemente und die Verbesserung der Deklinationen des FK3 in der Äquatorzone ($\Delta\delta_0 = +0''.10$) abgeleitet. Böh.

9120. **A. A. Nemiro,** On the method of deriving RA corrections to a fundamental catalogue from time service observations. Mitt. Astr. Hauptobs. Pulkowo **20** Nr. 4 (157) S. 33—40 (russ. mit engl. Ref.). — Die Anforderungen an die Genauigkeit des Zeitdienstes sind in den letzten Jahren erheblich gestiegen, doch ist die Genauigkeit der Zeitbestimmung durch systematische Fehler des FK3-Systems in Rektaszension beschränkt. Verf. zeigt diese Fehler durch den Vergleich einiger absoluter Kataloge mit dem FK3. Die üblichen Beobachtungen des Zeitdienstes sind für die Schaffung eines unabhängigen Systems von Rektaszensionen nicht geeignet. Verf. gibt jedoch eine Kettenmethode von Beobachtungen an, bei welcher außer absoluten Rektaszensionen auch der Uhrgang unabhängig von Fehlern in Rektaszension bestimmt werden kann. Wenn Miren benutzt werden, kann deren absolutes Azimut bestimmt werden, was beim Studium von Erdpolbewegungen wertvoll ist. Ond.

9121. **A. A. Nemiro,** The system of the Fundamental Catalogue of Right Ascensions of the Pulkowo «supplementary» stars. Mitt. Astr. Hauptobs. Pulkowo **21** Nr. 1 (160) S. 30—36 (russ. mit engl. Ref.). — Aus den Pulkowoer Zusatzsternen (nach dem Verzeichnis von Argelander) wurde ein neuer Fundamentalkatalog der Rektaszensionen Pu α 2 abgeleitet. Der Vergleich von Pu α 2 mit Pu α 1, FK3, GC und N30 zeigt auf eine hohe Genauigkeit von Puα 2 in $\Delta\alpha_\delta$ und $\Delta\mu_\delta$ und auf eine etwas geringere in $\Delta\alpha_\alpha$ und $\Delta\mu_\alpha$. Verf. weist auf die Fehler des FK3 in $\Delta\mu_\delta$ und $\Delta\mu_\alpha$ in nördlichen Zonen hin. Perek

9122. **B. W. Nowopaschenny,** Katalog Schwacher Sterne. Wiss. Jahrbuch Univ. Odessa für 1956 S. 168—170 (russ.). — Ref. in RJ 1958 Nr. 11 S. 12.

9123. **O. K. Odynskaja,** Katalog der Deklinationen von 645 Sternen des Fundamentalkatalogs Schwacher Sterne. Wiss. Jahrbuch Univ. Odessa für 1956 S. 170—171 (russ.). — Ref. in RJ 1958 Nr. 11 S. 12.

9124. **E. Paloque,** Quatrième Catalogue de Toulouse. Positions et mouvements propres des étoiles de repère de la zone +4°, +12° pour l'époque et l'équinoxe 1900.0 (suite). Ann. Obs. Astr. Mét. Toulouse **25** 35—43.

9125. **W. Petri,** Verbesserung des Münchener Absolutsystems mit Hilfe Kleiner Planeten. Mitt. AG 1956 S. 46. — Ref. AG.

9126. **D. D. Poloshenzew,** A fundamental system of declinations as derived by Shaposhnikov's method. Mitt. Astr. Hauptobs. Pulkowo **20** Nr. 4 (157) S. 41—71 (russ. mit engl. Ref.). — Die Methode von Schaposchnikow, beruhend auf der Zenitsymmetrie der Fehler bei Meridianbeobachtungen wird dazu benutzt, um aus neun absoluten Katalogen ein neues System fundamentaler Deklinationen zu bilden. Das System wurde mit den Eigenbewegungen des GC und mit der Präzessionskonstante von Newcomb auf die Epoche 1925.0 reduziert. Der Vergleich mit dem FK3 und N30 zeigt eine gute Übereinstimmung am nördlichen Himmel, während am südlichen systematische Differenzen auftreten. Mit Schaposchnikows Methode können nicht nur systematische Differenzen $\Delta\delta_\delta$ und $\Delta\delta_\alpha$ in den Deklinationen bestimmt werden, sondern auch systematische Fehler in den Eigenbewegungen $\Delta\mu'_\alpha$ und $\Delta\mu'_\delta$, wenn man Kataloge mit großer Epochendifferenz benutzt. Ond.

* * **C. R. Schakirowa,** Die systematischen Fehler der aus Sternbeobachtungen am Passageninstrument zu verschiedenen Nachtstunden bestimmten Uhrkorrektionen. Vgl. Ref. 2520.

9127. **F. Schmeidler,** Messungen fundamentaler Deklinationen auf beiden Hemisphären. Veröff. Sternw. München **4** Nr. 22 S. 211—278. — Mitt. AG 1956 S. 45 (Ref. AG). — Der Katalog (Äqu. 1950.0) absoluter Deklinationen von Fundamentalsternen enthält Messungen, die mit dem Münchener Vertikalkreis teils in München und teils in Canberra (Australien) gemacht wurden. Die Auwers-Sterne des FK3 zwischen den Deklinationen +30° und −30° sowie einige Sterne außerhalb dieser Grenzen wurden an beiden Stationen beobachtet. Nach sorgfältiger Diskussion aller systematischen Fehlerquellen ergibt sich völlige Übereinstimmung der auf beiden Hemisphären gemessenen Deklinationssysteme. Am Schluß wird eine Beschreibung des Instruments gegeben. Verf.

9128. **W. Strobel,** Die Verbesserung des fundamentalen Koordinatensystems aus Beobachtungen kleiner Planeten. Sterne **33** 3—7 = Astr. Rechen-Inst. Heidelberg Mitt. (A) Nr. 7. — Behandelt die russischen und amerikanischen Beobachtungsprogramme zur Bestimmung von Äquinoktium und Äquator aus Beobachtungen von Kleinen Planeten. Strobel

9129. **M. Torao,** Positions of the Tokyo P. Z. T. stars. TAB (2) Nr. 93 S. 999—1003. — Der Katalog enthält die Koordinaten von 118 am Photographischen Zenit-Teleskop (PZT) Tokyo seit 1956 beobachteten Sternen zwischen 6^m und 9^m und in der mittleren Deklination 35° 40′ (1950). Die α sind bestimmt sowohl aus Beobachtungen am Meridiankreis Tokyo durch Anschluß an den FK3 als auch aus den Beobachtungen am PZT selbst, die δ nur aus den Beobachtungen am PZT selbst, wobei der Schlußfehler zur Bestimmung systematischer Fehler diente. Bo.

9130. **K. Tuzi,** Meridian observation of right ascension of equatorial stars made with Repsold transit instrument. Preliminary results No. 11. TAB (2) Nr. 89 S. 911—973.
Desgl. No. 12. TAB (2) Nr. 101 S. 1061—1101.

9131. **E. G. Woolsey, R. W. Tanner,** Results of observations made with the reversible meridian circle 1950—1953. Catalogue of 812 stars. Corrections to 347 FK3 stars. Publ. Dominion Obs. Ottawa **15** 381—421. — Die Liste der am Meridiankreis Ottawa beobachteten Sterne enthält Zenitsterne für Ottawa, Richmond Hill und Herstmonceux sowie eine Anzahl nach speziellen Gesichtspunkten ausgewählter Sterne, z. B. Plejaden-, Perseus- und B-Sterne. Die Örter sind im System des FK3. Aus den zahlreichen Beobachtungen von FK3-Sternen, unter ihnen 52 Azimutsterne nördlich von $\delta = +75°$ sind Korrektionen der FK3-Örter hergeleitet worden. Bo.

9132. Individuelle Verbesserungen des FK3 nördlich von −30° Deklination. Veröff. Astr. Rechen-Inst. Heidelberg Nr. 6, 24 S.

9133. Individuelle Verbesserungen des FK3 südlich von −30° Deklination. Veröff. Astr. Rechen-Inst. Heidelberg Nr. 7, 11 S.

9134. Positions d'étoiles en déclinaison. Bull. Obs. Astr. Lisbonne Nr. 11, 14 S. — Der Katalog enthält die Deklinationen von Sternen zwischen −10° und +10° der in Connaissance des Temps von 1915 veröffentlichten Liste; Äquinoktium 1950.0.

9135. Zweiter Katalog der Astronomischen Gesellschaft für das Äquinoktium 1950. Örter der Sterne bis zur neunten Größe zwischen dem Nordpol und 2° südlicher Deklination, abgeleitet aus photographischen Himmelsaufnahmen der Sternwarten Bergedorf und Bonn unter Leitung von R. Schorr † und A. Kohlschütter. **11.** Band: Deklination +15° bis +20°. Bonn, 1957. (45) + 276 S.

9136. Geschichte des Fixsternhimmels, enthaltend die Sternörter der Kataloge des 18. und 19. Jahrhunderts. Abteilung II. Der südliche Sternhimmel. Band **11.** $10^h\,5^m$—$10^h\,59^m$ Rektaszension. Herausgegeben von J. Haas. Karlsruhe, Kommissionsverlag G. Braun, 1957. 12 S. + 464 Spalten. Preis 30 DM.

9137. Geschichte des Fixsternhimmels, enthaltend die Sternörter der Kataloge des 18. und 19. Jahrhunderts. Abteilung II. Der südliche Sternhimmel. Band **23.** 22^h Rektaszension, Erste Lieferung 0^m—$25^m\,59^s$, bearbeitet von J. Dick. Herausgegeben von der Deutschen Akademie der Wissenschaften zu Berlin. Astronomisches Recheninstitut. Berlin, Akademie-Verlag, 1956. 14 + 146 S.
Desgl. Band **22.** 21^h Rektaszension, Erste Lieferung 0^m—$25^m\,59^s$, bearbeitet von G. Felsmann. Berlin, Akademie-Verlag, 1957. 14 + 165 S.

9138. Astrographic Catalogue, 1900.0. Sydney Section. Dec. –51° to –65°. From photographs taken at the Sydney Observatory, New South Wales, Australia. Vol. **38** R. A. 6^h to 12^h, Dec. –60° to –62°. Plate Centres Dec. –61°. Sydney, 1957. 3 + 132 S.

Sternkarten

9139. A. Bečvář, Atlas Coeli 1950.0. Vgl. AJB **56** Ref. **9123**. — Weitere Besprechung in Gaz astr **40** 13—14, Nature **179** 751, Naturwiss. Rundschau **10** 468 (W. Petri), Sterne **34** 47—48 (L. Perek).

9140. V. de Callataÿ, Atlas du Ciel. Vgl. AJB **55** Ref. **9129**. — Weitere Besprechung in Naturwiss. Rundschau **10** 78 (W. Petri).

9141. A. C. Fisher jr., New chart for watchers of the skies. Nat. Geogr. Mag. **112** 811—816. — Ref. in RJ 1958 Nr. 6 S. 8.

9142. R. Fogelquist, En hemmagjord himmelskarta. NAT 1957 S. 56—58. — Bericht über eine von einem schwedischen Liebhaber auf 51 Platten hergestellte photographische Himmelskarte. C. L. J.

9143. R. Fogelquist, A Swedish amateur's photographic sky atlas. Sky and Telescope **16** 479.

9144. R. Fogelquist, Ein photographischer Amateur-Sternatlas. VdS-Nachr. **6** 90—91.

9145. O. Kohl, G. Felsmann, Atlas des gestirnten Himmels für das Äquinoktium 1950. Vgl. AJB **56** Ref. **9128**. — Weitere Besprechung in Sterne **34** 48 (C. Hoffmeister).

9146. S. M. Kotlarić, Identifikator Zvijezda. Split, Hydrographic Institute, 1956. 28 S. — Besprechung in J. Inst. Navigation **11** 426—427 (W. A. Scott).

9147. A. A. Michajlow, Sternatlas, enthaltend für beide Halbkugeln alle Sterne bis zur 8.25ten Größe mit Bezeichnung der Veränderlichen und Doppelsterne, der Sternhaufen und Nebel. Moskau, Techn. Staatsverlag, 1957. 2. Auflage. 60 S. mit 20 Kartenblättern. Preis 15 R. (russ.).

9148. V. V. Michkovitch, M. Tchavtchitch, Karte der Sternbilder des nördlichen Himmels bis zu 30° südlicher Deklination für die Epoche 1950.0. Beograd, Astronomische Gesellschaft «Rudjer Bošković», 1957. 1 Karte mit Erläuterungen (serb.).

9149. V. V. Mišković, Astronomske karte i njihova upotreba. Vasiona **5** 57—58.

9150. N. J. Nielsen, Et kombineret bevægeligt Planet- og Stjernekort. Urania København **14** 57—63. — Beschreibung einer vom Verf. konstruierten Sternkarte, wobei die Örter der Planeten angegeben werden können. Die Sternkarte ist einstellbar. Bis jetzt existiert diese eigenartige Sternkarte nur in einem Exemplar. C. L. J.

9151. W. Widmann, Nachtleuchtende Sternkarte für jedermann. Eine drehbare Karte zum leichten Auffinden der wichtigsten Sternbilder. Stuttgart, Kosmos-Verlag Franckh'sche Verlagshandlung, 1957. 16 S. mit 9 Abb. Preis 3.80 DM. — Besprechung in Mitt. Planetenbeobachter **10** 62.

9152. W. Widmann, Neue Kosmos-Sternkarte mit durchscheinendem Deckblatt und verstellbarem Zeiger zum Ermitteln der Planetenstände. Stuttgart, Kosmos-Verlag Franckh'sche Verlagshandlung, 1956. 16 S. mit 4 Abb. Preis 6.50 DM.

9153. Philip's Chart of the Stars. Edited by E. O. Tancock. London, G. Philip, 1957. Preis 6 s. — Besprechung in Obs **78** 175.

9154. A second edition of the National Geographic Society-Palomar Observatory Sky Atlas. Ann d'Astrophys **20** 143.

9155. Revue des constellations. BSAF **71** Umschlagseiten.

9156. En amatörs fotografiska himmelskarta. PAT **38** 156—158.

9157. Sky survey by 48-inch Schmidt camera completed. Sky and Telescope **16** 107. — Ref. in Coelum **25** 121.

§ 92

Eigenbewegung, Radialgeschwindigkeit

* * **G. W. Achundowa,** An investigation of the proper motions of stars in the region of the Orion association. Vgl. Ref. **12363.**

9201. G. Durand, A propos des déterminations statistiques de mouvements propres. Ann. Obs. Astr. Mét. Toulouse **25** 7—8. — An Hand des Eigenbewegungsmaterials der Kataloge von Toulouse (Zone +4° bis +12°) wird die Korrelation zwischen Eigenbewegungen und scheinbaren Helligkeiten untersucht als Grundlage für statistische Eigenbewegungen. Der Korrelationskoeffizient ergibt sich jedoch nur zu $r = 0.21$. Gli.

* * **W. J. Luyten,** A catalogue of 9867 stars in the southern hemisphere with proper motions exceeding 0ʺ2 annually. Vgl. Ref. **9118.**

* * **E. Paloque,** Quatrième Catalogue de Toulouse. Positions et mouvements propres des étoiles de repère de la zone +4°, +12° pour l'époque et l'équinoxe 1900.0 (suite). Vgl. Ref. **9124.**

9202. C. I. Potter, Ein polnaher Stern mit großer Eigenbewegung. AC Nr. 181 S. 20—21 (russ.). — Der Stern mit den Koordinaten $\alpha = 4^h 46^m 24^s.82$, $\delta = 89° 35' 35''.8$ und der photographischen Größe $11^m.8$ besitzt eine Eigenbewegung von 28ʺ33 pro Jahrhundert. Er ist in der Bonner Durchmusterung und im Eigenbewegungslexikon nicht enthalten. Loh.

9203. A. Reiz, Proper motions of 5959 faint AG stars. Kungl. Svenska Vetenskapsakad. Handlingar (4) **6** Nr. 4, 120 S. = Ann. Obs. Lund Nr. 14. — Mit Hilfe der Sternörter des Kataloges Lu_{50} (vgl. AJB **51** Ref. **9107**) werden unter Benutzung von insgesamt etwa 330 Sternkatalogen die Eigenbewegungen von 5959 AG-Sternen 7.—9. Größe hergeleitet; mittlere Epoche ist 1923.9. Im Mittel betragen die zufälligen wahrscheinlichen Fehler der hundertjährigen Eigenbewegungen in Rektaszension ±0ʺ60, in Deklination ±0ʺ55. Vergleiche mit GC, Yale und N30 zeigen, daß die Eigenbewegungen in Rektaszension mit dem FK3-System übereinstimmen, während in Deklination eine geringe systematische Differenz existiert. Gli.

9204. S. Vasilevskis, The use of galaxies and astrographs for absolute proper motions. AJ **62** 126—128 = Lick Obs. Bull. Nr. 551. — Ref. in Coelum **25** 190. — Es wird gezeigt, daß zur Berechnung relativer Plattenkonstanten bei der Bestimmung absoluter Eigenbewegungen der Sterne Galaxien geeigneter sind als Sterne, doch müssen mehr Galaxien als Sterne für das Bezugssystem benutzt werden. Bei der Diskussion der Frage, ob langbrennweitige Refraktoren mit kleinem Gesichtsfeld oder Astrographen mit großem Gesichtsfeld vorteilhafter sind, zeigen die Lick-Aufnahmen mit großem Gesichtsfeld hohe Leistungsfähigkeit ohne Verlust an Präzision, ohne daß eine Verbindung mit Aufnahmen mit langbrennweitigen Instrumenten erforderlich wäre. Gli.

9205. Eigenbewegungen einzelner Sterne

BD +51° 1817 J. Haas, BD +51° 1817. NAZ **11** 28.
GC 152 A. N. Vyssotsky, Note on the proper motion of G. C. 152 = Ci. 18.9. AJ **62** 203.

Radialgeschwindigkeit

* * Weitere Mitteilungen über Radialgeschwindigkeiten von Doppelsternen siehe § **101, 102**, von Veränderlichen siehe § **111**.

9206. **S. Archer,** Radial velocity observations of southern visual binaries. MN **117** 640—643 = Commun. Radcliffe Obs. Nr. 40. — Mit dem Zweiprismen-Cassegrain-Spektrographen am 74'-Radcliffe-Reflektor (Dispersion 29 Å/mm bei Hγ) wurden die Radialgeschwindigkeiten der Doppelsternkomponenten von ADS 6914, α Cen, ADS 10417, Mlb 4 und γ CrA bestimmt. Bei ADS 10417 wurde HD 155 849 optisch als helles Paar und HD 156 026 als physischer Begleiter bestätigt. Gli.

* * **W. K. Bonsack,** Radial-velocity variations in four short-period variable stars. Vgl. Ref. **11193**.

9207. **J. Boulon,** Mesures de vitesses radiales au spectrographe C de l'Oberservatoire de Haute-Provence. JO **40** 107—112 = Publ. Obs. Haute-Provence **3** Nr. 58. — Nach Angaben über Instrument und Methode werden die Radialgeschwindigkeiten von 102 Sternen 1.—9. Größe im System des Kataloges von R. E. Wilson veröffentlicht. Vier Sterne zeigten veränderliche Radialgeschwindigkeiten. 43 dieser Sterne sind bereits im Katalog von Wilson enthalten; zwei Figuren zeigen einen graphischen Vergleich dieser Messungen mit denen im Wilson-Katalog. Gli.

9208. **M. W. Feast, A. D. Thackeray, A. J. Wesselink,** Radial velocities of southern B stars determined at the Radcliffe Observatory. II. Mem RAS **68** 1—35 = Commun. Radcliffe Obs. Nr. 39. — Ref. in MN **117** 579. — In Fortsetzung bereits publizierter Messungen (vgl. AJB **55** Ref. **9216**) werden neubestimmte Radialgeschwindigkeiten von weiteren 130 O- und B-Sternen veröffentlicht, zusammen mit 59 Sternen, die einen Vergleich der Radialgeschwindigkeitsmessungen mit Wilson's General Catalogue of Radial Velocities (1953) gestatten. Diese Untersuchung bedeutet eine Erweiterung der früheren Messungen zu schwächeren und damit ferneren B-Sternen. Zugleich wurden deren Spektren im MK-System klassifiziert. Gli.

9209. **W. D. Heintz,** The radial velocity variation of Beta Crucis. Obs **77** 200. — Beobachtungen aus den Jahren 1914, 1921, 1947 und 1955 deuten an, daß außer der photometrischen Periode von $0^d.1605$ eine langperiodische Schwankung der Radialgeschwindigkeit vorliegt. F. S.

9210. **D. H. McNamara,** The radial velocity of Θ Ophiuchi. Publ ASP **69** 570—572. — Eine mit dem 100'-Coudé Spektrographen des Mount Wilson-Observatoriums am 15. Juli 1957 aufgenommene Serie von Spektrogrammen (Dispersion 10.2 Å/mm) bestätigt für die Radialgeschwindigkeit von Θ Oph die Periode 3^h24^m. Die Kurve der Radialgeschwindigkeiten erscheint symmetrisch bei einer Gesamtschwankung von 8 km/sec. Gli.

9211. **G. Münch, E. Flather,** The radial velocity of 53 Arietis. Publ ASP **69** 142—146. — Zwei Serien von Spektrogrammen von 53 Ari zeigen eine Variation der Radialgeschwindigkeit um 5 km/sec in einer Periode von vier Stunden. Verf. klassifizieren den Stern als β CMa-Stern vom Typ B2 IV. Es wird erörtert, ob 53 Ari zur Orion-Assoziation gehören könnte. Gli.

* * **O. Struve, J. Sahade, V. Zebergs,** The radial velocity of Delta Delphini. Vgl. Ref. **111192**.

9212. **W. S. Tai, N.-Y. Cheng, Y.-C. Lin, Y. Lu,** Mean absolute radial velocities of stars of various spectral types. Acta Astr. Sinica **5** 49—60 (chines. mit engl. Ref.). — Wie aus der Untersuchung hervorgeht, haben im allgemeinen Spättypsterne größere Geschwindigkeiten als Frühtypsterne und Riesen kleinere als Zwerge. Manches spricht aber doch noch gegen eine völlige Gleichverteilung der Energie, z. B. der Umstand, daß M-Zwerge kleinere Geschwindigkeiten als K- und G-Zwerge haben, O-Sterne größere als B-, A- und F-Hauptreihensterne. Die Geschwindigkeit hängt offensichtlich nicht nur von der Masse ab, sondern noch von der Art des Sternbildungsprozesses und der weiteren Entwicklung der Sterne. Loh.

9213. **W. S. Tai, Y.-Y. Lo, Y.-C. Lin, Y. Lu,** Mean absolute radial velocities of emission stars. Acta Astr. Sinica **5** 222—227 (chines. mit engl. Ref.).

§ 93

Parallaxe

* * **P. Baize,** Détermination de la masse «hypothétique» et calcul de la parallaxe dynamique d'un couple dont le type spectral est inconnu. Vgl. Ref. **10103.**

9301. **P. ten Bruggencate,** Methoden und Ergebnisse der Bestimmung astronomischer Entfernungen. Studium Generale **10** 479—487. — Inhalt: I.) Trigonometrische Entfernungsbestimmungen: 1.) Vermessung von Dreiecksnetzen; 2.) Die Entfernung des Mondes; 3.) Die Entfernung der Sonne; 4.) Die parallaktischen Verschiebungen der nächsten Fixsterne. II.) Indirekte Methoden der Entfernungsbestimmung: 1.) Die Reichweite trigonometrischer Parallaxen; 2.) Grundgedanke der photometrischen Parallaxen; 3.) Die Methode der spektroskopischen Parallaxen; 4.) Entfernungsbestimmungen von δ Cephei-Sternen; 5.) Komplikationen, die bei photometrischen Parallaxen auftreten.

9302. **N. W. Fattschichin,** The determination of the parallax of a 14 magnitude star, with the coordinates $\alpha = 6^h 8^m 34^s$, $\delta = +22° 14'.5$ (1950.0) in Gemini. Mitt. Astr. Hauptobs. Pulkowo **20** Nr. 4 (157) S. 91—100 (russ. mit engl. Ref.). — Der Stern wurde einem Eigenbewegungskatalog von Deutsch und Lawdowskij entnommen ($\mu_x = +0''.100$, $\mu_y = -0''.452$). Mit dem Normalastrographen von Pulkowo wurden 11 Platten aufgenommen und nach van Maanens Methode wird die absolute Parallaxe $0''.052 \pm 0''018$ (w. F.) abgeleitet. Die absolute Helligkeit beträgt +12.6; der Spektraltyp ist unbekannt. Ond.

* * **W. Gliese,** Katalog der Sterne näher als 20 Parsek für 1950.0. Vgl. Ref. **9110.**

9303. **E. Guyot,** La mesure des distances en astronomie. Rev. internat. horlog. 1957 Nr. 3 S. 12—19. — Ref. in RJ 1957 Nr. 10 S. 9.

* * **S. L. Lippincott,** Accuracy of positions and parallaxes determined with the Sproul 24-inch refractor. Vgl. Ref. **2514.**

9304. **V. Oskanjan,** Entfernungsmessungen im Universum. Vasiona **5** 38—40 (serb.).

9305. **M. W. Ovenden,** The measurement of stellar parallax. Science Progr. **45** 646—653.

9306. **J. B. G. Turner,** Trigonometrical parallaxes for eleven southern stars. MN ASSA **16** 29.

9307. Parallaxenlisten

H. L. Alden, Trigonometric parallaxes determined by photography with the McCormick 26-inch refractor. AJ **62** 276—279. — Nr. 1880—2006.

B. G. Crissman, Photographic determinations of the parallaxes of fifty-five stars with the Thaw refractor. AJ **62** 280—281. — Nr. 1809—1863.

H. K. Eichhorn, Trigonometric parallaxes of seventeen stars determined by photography with the McCormick 26-inch refractor. AJ **62** 276. — Nr. 1863—1879.

V. Osvalds, Trigonometric parallaxes of fifty stars determined by photography with the McCormick 26-inch refractor. AJ **62** 274—275. — Nr. 1812—1862.

N. E. Wagman, H. L. Crissman, Photographic determinations of the parallaxes of thirty-five stars with the Thaw refractor. AJ **62** 279—280. — Nr. 1774—1808.

9308. Parallaxen einzelner Sterne

η Peg	P. van de Kamp, J. E. Damkoehler, Parallax and orbital motion of the spectroscopic binary η Pegasi from photographs taken with the 24-inch Sproul refractor. Vgl. Ref. **10212**.
58 Per	A. A. Wyller, Parallax and orbital motion of the spectroscopic binary 58 Persei from photographs taken with the 24-inch Sproul refractor. Vgl. Ref. **10212**.
α UMi	A. A. Wyller, Parallax and orbital motion of the spectroscopic binary Polaris from photographs taken with the 24-inch Sproul refractor. Vgl. Ref. **10212**.
104 Tau	E. Flather, Parallax and orbital motion of 104 Tauri from photographs taken with the 24-inch Sproul refractor. Vgl. Ref. **10124**.
BD −8°4352	R. Fleischer, Parallax and orbital motion of the triple system Wolf 630—629 from photographs taken with the 24-inch Sproul refractor. Vgl. Ref. **10124**.

§ 94

Helligkeit, Farbe

9401. **K. D. Adams,** New Zealand visual observations of star colours. Southern Stars **17** 72—77. — Kritische Betrachtung der zahlreichen in New Zealand 1928—1945 nach einer Methode von A. G. C. Crust durchgeführten visuellen Farbbeobachtungen, bei denen die Sternfarben in eine Skala von 12 gefärbten Scheiben — von Blau über Weiß zu Rot — eingeschätzt wurden. Insbesondere wird die Frage eventueller Farbveränderlicher diskutiert. Gli.

9402. **V. M. Blanco,** Band-width effects in photoelectric photometry. ApJ **125** 209—212 = Warner and Swasey Obs. Case Inst. Technol. Repr. Nr. 78. — Verf. diskutiert die Effekte großer Bandweite der Farbfilter auf Bestimmungen der Wellenlängenabhängigkeit der interstellaren Absorption. Das Absorptionsgesetz für monochromatische Strahlung wird ermittelt. Ähnliche Betrachtungen werden für die atmosphärische Extinktion und das (U, B, V)-System angestellt. Es wird geschlossen, daß die beobachteten U-Helligkeiten und (U—B)-Farbenindizes außerhalb der Atmosphäre um $0^m_.04$ systematisch zu groß sind. Micz.

9403. **W. K. Bonsack, J. L. Greenstein, J. S. Mathis, W. G. Melbourne, G. Neugebauer, R. L. Newburn, K. H. Olsen, W. G. Tifft, H. D. Wahlquist, G. Wallerstein,** The interpretation of photoelectric colors for stars of types B—F. ApJ **125** 139—152. — Es wird der Versuch unternommen, die Farbenindex-Messungen im U, B, V-System theoretisch zu interpretieren. Farbenindizes werden für einen weiten Bereich von effektiver Temperatur und Elektronendruck berechnet. Der Einfluß des Balmersprungs und der Wasserstoff-Linien wird dabei berücksichtigt. Die gefundenen Werte werden mit den beobachteten sowie denen für einen Schwarzen Strahler verglichen. Einige Bemerkungen über die Farben der Weißen Zwerge beschließen die Arbeit. Micz.

9404. **B. A. Dragomirezkaja,** Bestimmung photographischer Größen in den Feldern Wirtanen-Vyssotsky in der Zone +5° bis +15° Deklination. Wiss. Jahrbuch Univ. Odessa für 1956 S. 167 (russ.). — Ref. in RJ 1958 Nr. 6 S. 28.

9405. **B. Iriarte, E. Chavira,** Estrellas azules en el casquete galactico norte. Bol. Obs. Tonantzintla y Tacubaya Nr. 16 S. 3—36. — Verf. legen einen Katalog von 817 blauen Sternen in der Nähe des galaktischen Nordpols vor. Der Katalog enthält unter anderem die äquatorialen und galaktischen Koordinaten der Sterne, einen geschätzten Helligkeitswert und eine Angabe über die Farbe im Ultravioletten. Für jeden Stern ist ferner eine Umgebungskarte vorhanden. Die photoelektrische Beobachtung der Helligkeiten und Farbenindizes und die Aufnahme von Spektren für diese Sterne sind erwünscht. Groth

* * **M. Jaschek-Corvalan, C. O. R. Jaschek,** Absolute magnitudes, colors, masses, and duplicity of the metallic-line stars. Vgl. Ref. **9708**.

9406. **H. L. Johnson, C. F. Knuckles,** Three-color photometry of nearby stars. ApJ **126** 113—120. — Lichtelektrische Größen im UBV-System werden mitgeteilt. Das Material umfaßt 77 Sterne mit Parallaxen > 0″050 und 147 Mitglieder des Ursa Major-Stromes. Die systematische Übereinstimmung der Meßergebnisse mit Eggen (1955) ist gut, der Vergleich mit Miczaika (1954) zeigt für die Sterne des Ursa Major-Stromes einen deutlichen Gang mit der Rektaszension. Behr

9407. **H. L. Johnson,** The color-magnitude diagram for I Orionis. ApJ **126** 134—137 = Contr. McDonald Obs. Nr. 274. — Aus photoelektrischen Beobachtungen im UBV-System wird ein Farbenhelligkeitsdiagramm der O-Assoziation I Orionis konstruiert. Dieses zeigt große Ähnlichkeit mit einem von Walker (1956) bestimmten FHD von NGC 2264. Die Hauptreihe endet bei A0, alle späteren Spektraltypen sind Unterriesen. Aus dem Spektraltyp des schwächsten Hauptreihensternes wird das Alter des Haufens zu 3×10^6 Jahren bestimmt. Die Sterne späteren Spektraltyps sind noch im Stadium der Kontraktion auf dem Wege zur Hauptreihe. Behr

9408. **H. L. Johnson,** The fifty brightest stars. Sky and Telescope **16** 470. — Ref. in Sterne **34** 124—125. — Zusammenstellung der wichtigsten Daten über die 50 hellsten Fixsterne: Name, Spektrum, Leuchtkraftklasse im MK-System, scheinbare visuelle Helligkeit und Blaugröße, Farbenindex B—V im System von Johnson und Morgan. Behr

9409. **H. Spencer Jones,** The brightness of the stars. Trans. Illum. Engineering Soc. **20** 213—222, 1955.

9410. **C. J. Kooreman, P. T. Oosterhoff,** Photographic magnitudes of 15651 stars brighter than about 10.5 magnitude in the southern selected areas, derived from plates taken by Dr A. J. Wesselink. Ann. Sterrewacht Leiden **21** 115—213. — Auf den von A. J. Wesselink mit dem Rockefeller-Astrograph der Leiden Station in Johannesburg 1946—1948 aufgenommenen Platten aller südlichen Selected Areas wurden die photographischen Helligkeiten der Sterne bis $10^m\!.5$ bestimmt. Die Skala wurde durch photoelektrische Messungen geeicht. Zahlreiche Aufnahmen verbinden die einzelnen Areas untereinander, um das Material homogen zu machen. Die Beziehung zwischen dem Katalogsystem und dem Cape 1953 S-System ergab sich zu $SPg - m_{Cat} = -0.009 + 0.137$ SCI. Der Katalog gibt die Helligkeiten auf Hundertstel Größenklassen. Gli.

9411. **K. I. Koslowa, J. W. Glagolewskij,** Katalog der nach der Methode des Längsspektrographen erhaltenen Farben von Sternen in den Kapteynschen Eichfeldern Nr. 92—109. Publ. Sektor Astrobotanik Akad. Wiss. Kasach. Sowjetrepublik **5** 6—41 (russ.). — Ref. in RJ 1957 Nr. 11 S. 44.

9412. **G. E. Kron, S. C. B. Gascoigne, H. S. White,** Red and infrared magnitudes for 282 stars with known trigonometric parallaxes. AJ **62** 205—220 = Lick Obs. Bull. Nr. 556. — Mit einer früher beschriebenen Beobachtungstechnik (vgl. AJB **51** Ref. **9418** und **53** Ref. **9409**) wurden die Rot- und Infrarothelligkeiten von 282 sonnennahen Sternen gemessen und in einer Tabelle veröffentlicht. Mit Hilfe der trigonometrischen Parallaxen werden absolute Rothelligkeiten M_R bestimmt. Diagramme zeigen die Korrelation zwischen M_R und dem Farbenindex $(R-I)$, wobei die Sterne weiterhin unterteilt werden in Hauptreihensterne, Einzelsterne und photometrisch nicht auflösbare Doppelsterne, Sterne mit Raumgeschwindigkeiten über und unter 70 km/sec. Zwei Figuren zeigen die Beziehung zwischen dem Farbenindex $(R-I)$ und dem $(P-V)_E$-System von Eggen bzw. dem $(B-V)$-System von H. L. Johnson. Gli.

* * **F. Lenouvel, C. Fiogère,** Observations photoélectriques. Vgl. Ref. 111171.

* * **F. Lenouvel,** Observations photoélectriques de naines blanches. Vgl. Ref. **9711**.

* * **E. H. Lindholm,** Remarks on the variation of $E_{(U-B)}/E_{(B-V)}$ with reddening and spectral class. Vgl. Ref. **12509**.

9413. **B. Onderlička,** The bright stars. RH **38** 270—273 (tschech.).

9414. **E. Rybka,** Standard two-colour magnitudes of 38 stars near the Selected Areas 1—19. AA **7** 65—82 = Wrocław Astr. Obs. Repr. Nr. 5. — Bestimmung der Helligkeiten von A- und K-Sternen sechster Größe in zwei Farben in der Nähe der Selected Areas 1—19 (je zwei Sterne in der Nähe jeden Feldes). In den Jahren 1951—55 wurden in Wrocław 38 Sterne mit dem photoelektrischen Photometer und dem Multiplier 1P21 beobachtet. Bei der Reduktion wurde die momentane Extinktion berücksichtigt. Die Meßergebnisse und die Größen der 38 Sterne sind in zwei Farben gegeben. Das Farbsystem stimmt innerhalb der Fehlergrenzen mit den photographischen und photovisuellen Helligkeiten überein. Rybka

* * **K. H. Schmidt,** Bemerkungen zum U, B, V - System. Vgl. Ref. **12517**.

9415. **T. Schmidt,** Dreifarbenphotometrie, Leuchtkraftklassifikation und Polarisationsmessungen von 1259 OB-Sternen. Sterne **33** 247—248.

9416. **M. Schürer,** Der Begriff der Helligkeit in der Astronomie. Orion Schaffhausen **5** 183—188.

9417. **P. W. Schtscheglow,** Photometrische Untersuchung einiger astronomischer Objekte im Wellenlängengebiet 8000—12000 Å. Moskau, Staatsuniv., 1957 (russ.). — Dissertationsref.

9418. **R. H. Stoy,** Photoelectric magnitudes and colours for 56 southern stars. MN ASSA **16** 38—40.

9419. Cape Mimeogram, 1953. Nr. 1: The magnitudes and colours of bright southern stars. — Nr. 2: A finding list for the standard stars in the E regions. — Nr. 3: Standard magnitudes in the E regions (The 1953 S system). — Nr. 4: Magnitude observations of stars in the E regions.

§ 95

Spektrum

* * Spektren von Veränderlichen Sternen siehe § **111**.

9501. **H. A. Abt,** Line broadening in high-luminosity stars. I. Bright giants. ApJ **126** 503—508 = Contr. McDonald Obs. Nr. 278. — Von zehn zufällig ausgewählten hellen A- und F-Riesen werden Linienprofile aus Spektrogrammen hoher Dispersion (8 1/2 Å/mm) erhalten. Diese Linienprofile werden verglichen mit berechneten Profilen, erhalten mit der Dopplergeschwindigkeit aus der Wachstumskurve und kombiniert mit verschiedenen Werten für die Rotation. Die mittlere projizierte Rotationsgeschwindigkeit ergibt sich zu 26 km/sec. Die erhaltenen Werte werden mit den von Herbig und Spalding gefundenen Rotationsgeschwindigkeiten verglichen und mit diesen in guter Übereinstimmung gefunden. Schaifers

* * **L. H. Aller, G. Elste, J. Jugaku,** The atmospheres of the B stars. III. The composition of Tau Scorpii. Vgl. Ref. **5103**.

9502. **W. Ambarzumjan,** Das Phänomen der kontinuierlichen Emission in Sternspektren. Mitt. Wiss. Sektion Österreich.-Sowjet. Ges. Wien 1957 Nr. 6a S. 1—14.

9503. **Y. Andrillat,** Etude spectrophotométrique des étoiles de Wolf-Rayet dans le rouge et le proche infrarouge. Acta Astr. Sinica **4** 284—301, 1956 (chines. mit französ. Ref.). — Vgl. nachstehendes Ref.

9504. **Y. Andrillat,** Etude spectrophotométrique des étoiles de Wolf-Rayet dans le rouge et le proche infrarouge. Ann d'Astrophys Suppl Nr. 2, 67 S. = Publ. Obs. Haute-Provence **3** Nr. 54. — Verf. wertet drei Serien von Spektralaufnahmen von Wolf-Rayet-Sternen aus, welche am McDonald-Observatorium (Gitterspektrograph am 82′-Teleskop) und am Observatoire de Haute Provence (Prismenspektrograph am 120 cm-Teleskop) gewonnen wurden. Zunächst wird eine detaillierte Untersuchung des photographischen infraroten Spektralbereiches gegeben und das Verhalten der Spektrallinien von WC- und WN-Sternen sowie von Kernen planetarischer Nebel des Typs WC untersucht. Hier ergibt sich eine Erweiterung und Präzisierung des Klassifikationsschemas von Beals. Aus der Photometrie des kontinuierlichen Spektrums läßt sich der Effekt selektiver interstellarer Absorption in den Wellenlängenbereichen 3900 bis 4900 Å und 5900 bis 8000 Å feststellen und ergibt eine neue Methode für die Entfernungsbestimmung, welche zu denselben Resultaten führt wie die Messung der Äquivalentbreiten und Zentralintensitäten der interstellaren Bande bei λ 4430. Gradienten und Farbtemperaturen werden angegeben; die letzteren betragen etwa 10 000°, während die Anregungstemperaturen bei 100 000° liegen. Oster

9505. **M. A. Arakeljan,** Die Wachstumskurve für späte B-Sterne der Hauptreihe. Nachr. Akad. Wiss. Armen. Sowjetrepublik (Phys. -Math.) **10** Nr. 3 S. 89—96 (russ. mit armen. Ref.). — Ref. in RJ 1958 Nr. 1 S. 23—24.

9506. **K. Bahner, L. Mawridis,** Lichtelektrische Beobachtungen des Spektrumveränderlichen 21 Comae. ZfA **41** 254—258 = Mitt. Landessternw. Heidelberg Nr. 100. — Die Beobachtungen im visuellen Bereich zeigen 1.) schnelle Fluktuationen mit etwa $0^{m}.01$ Amplitude, 2.) Lichtwechsel mit $11^{d}.0$ oder $1^{d}.10$ Periode und $0^{m}.013$ Amplitude. Durch Zusammenfassung mit den spektrographischen Daten von Deutsch ergibt sich, daß die wahre Periode wahrscheinlich $2^{d}.20$ ist. Verf.

9507. **W. P. Bidelman,** Spectral classification of stars noted on case objective-prism plates. I. Publ ASP **69** 147—152 = Contr. Lick Obs. (2)

Nr. 77. — Für 92 G- und F-Sterne, die von J. J. Nassau und W. W. Morgan (ApJ **115** 475, AJB **52** Ref. **9721**) auf Objektivprismenaufnahmen als Objekte großer Leuchtkraft gefunden wurden, hat Verf. Spaltspektren geringer Dispersion aufgenommen und eine Spektralklassifikation im MK-System durchgeführt. Eine Tabelle gibt außer den Spektraltypen, soweit vorhanden, auch die Radialgeschwindigkeiten und Eigenbewegungen. Groth

9508. **W. P. Bidelman,** A new bright Ba II star. Publ ASP **69** 265 = Contr. Lick Obs. (2) Nr. 78. — Im Spektrum des Sterns HR 3842 sind die BaII-Linie λ 4554 und die Banden von CH stärker als bei normalen G- und K-Sternen. Der Effekt ist nicht so deutlich wie bei den bisher bekannten «BaII-Sternen». Groth

9509. **W. P. Bidelman,** Spectral classification of stars noted on case objective-prism plates. II. Publ ASP **69** 326—332 = Contr. Lick Obs. (2) Nr. 80. — Für eine Reihe von G- und K-Sternen, die auf Objektivprismenaufnahmen von J. J. Nassau und W. W. Morgan als Überriesen klassifiziert wurden, werden mit Hilfe von Spaltspektren geringer Dispersion die Spektraltypen im MK-System bestimmt. 58 Sterne erweisen sich als Überriesen. 91 Sterne haben geringere Leuchtkraft oder pekuliare Spektren. Groth

9510. **W. P. Bidelman,** Spectral classification of nine stars. Publ ASP **69** 573—574 = Contr. Lick Obs. (2) Nr. 85. — Aus einem älteren bisher unveröffentlichten Beobachtungsmaterial werden Spektraltypen für neun Sterne, meist mit hoher Leuchtkraft, mitgeteilt. Der interessanteste Stern ist HR 7606, ein später F-Stern mit abnorm starken CH- und CN-Banden. Schaifers

9511. **R. Bingham,** Spectral lines — in the laboratory and in the stars. J. Astr. Soc. Victoria **10** 71—72. — Besprechung eines populären Vortrags, den Verf. über die Grundlagen der geometrischen Optik und der Spektroskopie vor der Astronomischen Gesellschaft von Victoria gehalten hat. Groth

* * **V. M. Blanco, J. J. Nassau,** Reddened early M- and S-type stars in two galactic zones. Vgl. Ref. **12302**.

9512. **A. A. Bojartschuk,** Some characteristics of shells of Be stars. AJ UdSSR **34** 193—202 (russ. mit engl. Ref.). — Für die neun Be-Sterne: φ Per, o And, γ Cas, ν Gem, χ Per, c Per, ϰ Dra, 59 Cyg und 23 Tau wird die optische Dicke der Hülle bei verschiedenen Frequenzen bestimmt. Es zeigt sich, daß wenigstens die ersten Glieder der Balmerserie optisch dick sind, während die Hülle jenseits der Balmergrenze wieder optisch dünn wird. Auch jenseits der Lymangrenze dürfte im allgemeinen die optische Dicke kleiner als Eins bleiben. Im Mittel ergab sich für die Masse der Hüllen 10^{-10} Sonnenmassen. Wenn die Hülle nach einem Gesetz $v \cdot r$ = const rotiert, ergibt sich der Durchmesser der Emissionshülle zu 1.7, derjenige der absorbierenden Hülle zu 3.5 Sternradien. Oster

9513. **A. A. Bojartschuk,** A comparison of the chemical composition of B and Be stars. Mitt. Astrophys. Obs. Krim **17** 89—116 (russ. mit engl. Ref.). — Ohne auf Wachstumskurven zurückgreifen zu können, hat Verf. Äquivalentbreiten in den Spektren von B- und Be-Sternen miteinander verglichen, die gleiche Temperatur und gleichen Elektronendruck besitzen, also zur selben Spektral- und Leuchtkraftklasse gehören. Es stellt sich heraus, daß ein systematischer Unterschied in der chemischen Zusammensetzung und der Höhe der Turbulenzgeschwindigkeit zwischen den B- und Be-Sternen nicht vorhanden ist. Der relative Wasserstoffgehalt und der Elektronendruck dieser Sterne ist nahezu derselbe. Stark-Effekt-Einflüsse sind erkennbar. Loh.

9514. **A. A. Bojartschuk,** An investigation of Zeta Tauri. Mitt. Astrophys Obs. Krim **17** 117—128 (russ. mit engl. Ref.). — Aus den 1953—1956 am großen Spektrographen des 122 cm-Reflektors erhaltenen Aufnahmen wurde die Wachstumskurve für die Hülle von ζ Tau abgeleitet und die Turbulenzgeschwindigkeit bestimmt. Für letztere ergaben sich 5 km/sec. Nach der Unsöldschen Methode wurde log N_{02} H = 15.80 gefunden. Dann wurde die optische Dicke in verschiedenen Frequenzen nach der Sobolewschen Theorie bestimmt. Sie ist viel größer als Eins jenseits der Lyman-Grenze und in den Balmer-Linien, aber viel kleiner als Eins jenseits der Balmer-Serie. Die Masse der Hülle ergab sich zu $2 \times 10^{-9}\,\mathfrak{M}_{\odot}$, die Ionisationstemperatur zu 7000°. Verf. (übersetzt)

9515. **R. Bouigue,** Quelques réflexions sur l'étude des étoiles rouges. BSAF **71** 297—302. — Nach allgemeinen Betrachtungen über die Spektren roter Sterne, über Molekülbanden und deren Verwendung zur Bestimmung von Sterntemperaturen werden speziell die Spektraltypen M, C und S behandelt. Ihre Verschiedenheit beruht sowohl auf verschiedenen Häufigkeiten von C und O als auch auf der Verschiedenheit des Gasdrucks in den Sternatmosphären. Bo.

9516. **D. Chalonge,** Evolution des classifications stellaires. Acta Astr. Sinica **5** S. 11—21 (chines. mit französ. Ref.). — Im Anschluß an eine kurze Darlegung der Harvard- und Morgan-Keenan-Klassifikation berichtet Verf. auch hier über seine D, λ, φ-Klassifikation. Loh.

* * **J. F. Cox, J. Lemmens,** Sur la corrélation décelée entre la constante de l'aberration et le type spectral des étoiles. Vgl. Ref. **3103.**

9517. **L. Divan,** Quelques résultats nouveaux concernant l'absorption interstellaire et la classification des étoiles très bleues. Acta Astr. Sinica **5** 228—238 (chines. mit französ. Ref.).

* * **L. Divan,** Etude spectrophotométrique de deux étoiles des Hyades considérées comme sous-naines. Vgl. Ref. **12107.**

9518. **Y. Fujita, Y. Yamashita, S. Nishimura,** Comparative study of the spectra of the late type stars. Proc. Japan Acad. **33** 386—391 = Tokyo Astr. Obs. Repr. Nr. 151. — Es wird ein Überblick über die Untersuchung der Spektren einiger M-, R-, S- und N-Sterne im Bereich $\lambda\lambda$ 3900—5200 gegeben. Die gemessenen Linientiefen für Atomlinien und Linien in Molekülbanden werden diskutiert. Groth

9519. **N. L. Gould, G. H. Herbig, W. W. Morgan,** BD +75°325: A subluminous O-type star. Publ ASP **69** 242—244 = Contr. Lick Obs. (2) Nr. 78. — Das Spektrum des Sterns BD +75°325 ($m_{pg} = 8.9$) wird ausführlich beschrieben. Alle im Spektralbereich $\lambda\lambda$ 3889—4859 vorhandenen Linien werden mit ihren Intensitäten in einer Tabelle gegeben. Die kräftigsten Linien sind die stark verbreiterten He II-Linien. Groth

* * **J. L. Greenstein, M. S. Matthews,** Studies of the white dwarfs. I. Broad features in the white dwarf spectra. Vgl. Ref. **9705.**

* * **J. L. Greenstein, W. J. Luyten,** Studies of the white dwarfs. II. Some new white dwarfs. Vgl. Ref. **9706.**

9520. **P. Guérin,** Sur l'existence de variations lentes et de faible amplitude de la couleur apparente des étoiles, présentant certaines analogies avec la scintillation chromatique. CR **244** 2228—2231 = Contr. Inst. d'Astrophys. Paris (A) Nr. 225. — Bei dem (am Cassegrain-Fokus des 81 cm-Spiegels in Haute-Provence) verwendeten photoelektrischen Spektrophotometer, bei dem während der Registrierung die monochromatische Intensität auf die Totalintensität bezogen wird, treten selbst in Nächten mit sehr scharfen und ruhigen Sternbildern und bei Beobachtungen im Zenitgebiet farbabhängige Durchsichtsschwankungen von 15—25 sec Dauer und einer Amplitude von 5 % auf, die auf den Registrierungen «falsche Linien» verursachen. Der Effekt ist durch Nebel, Dunst oder eine Veränderung des Rayleigh-Streukoeffizienten nicht zu erklären, da diese in einem mittleren Spektralbereich nicht wirksam sind, in dem dieser Effekt auch beobachtet wurde. Die chromatische Szintillation hat im Zenitgebiet eine zu kurze Zeitkonstante. Auf zwei Spektrogrammen, bei denen die Platte senkrecht zur Dispersionsrichtung bewegt wurde, konnte der Effekt ebenfalls beobachtet und durch sorgfältige Vermessung der entstandenen Streifen längs des Spektrums als reell gesichert werden. Er manifestiert sich hier in ähnlicher Weise wie die chromatische Szintillation in den sog. Respighi-Banden. Die Banden haben hier einen Abstand von etwa 300 Å, eine Amplitude von ± 3 % und eine Pseudoperiode von $\sim 40^s$. Mehltretter

9521. **M. Hack,** Le variazioni spettrali di ζ Tauri dal 1950 al 1956. Mem SA It (NS) **28** 71—81 = Contr. Oss. Astr. Milano-Merate (NS) Nr. 104. — Die Änderungen des Hüllenspektrums und des Spektrums des Sterns ζ Tau werden für die Zeit 1950—56 untersucht. Die He I-Linien des Sterns zeigen im November 1951 ein Intensitätsminimum. Das Hüllenspektrum blieb praktisch bis 1955 unverändert; 1956 unterlag es einer Verstärkung, besonders in den Linien von Si II, Ca II, Cr II und Fe II. Frühere Beobachtungen des Hüllenspektrums ergaben für das Intensitätsverhältnis des violetten zum roten Flügel $V/R > 1$. Dagegen zeigen die Beobachtungen des Verf. $V/R > 1$ für 1951, 1954 und 1955; $R/V > 1$ für 1956 sowie eine Emission im roten Flügel von Hγ. Cester

9522. **M. Hack,** Stelle a righe forti e stelle a righe deboli. Confronto fra η Boo (G0 IV st) e ζ Her (G0 IV wk). Mem SA It (NS) **28** 339—346 = Contr. Oss. Astr. Milano-Merate (NS) Nr. 118. — Die Unterteilung der F4–G5-Sterne in zwei Gruppen mit starken (st) und schwachen (wk) Linien ist von Roman lediglich qualitativ durchgeführt worden. Da die Unterschiede zwischen den zwei Gruppen gering sind, gibt Verf. einen quantitativen Vergleich der Linienintensitäten an Hand der Sterne η Boo (G0 IV st) und ζ Her (G0 IV wk) und stellt seine Ergebnisse mit ähnlichen Untersuchungen von P. Wellman sowie M. und B. Schwarzschild zusammen. Das Kriterium, welches die zwei Gruppen kennzeichnet, ist nicht die allgemeine Abschwächung der Metallinien in den Spektren der Sterne mit schwachen Linien, sondern vielmehr die größere Stärke der G-Banden. Dieses Kriterium erlaubt, alle F4–G5- und G8–K1-Sterne, welche dieselben kinematischen Eigenschaften besitzen, in zwei Gruppen zu unterteilen. Cester

9523. **W. D. Heintz,** Spektralklassifikation und Anomalien der chemischen Zusammensetzung der Sterne. Sterne **33** 182—186. — Darstellung einiger spektroskopischer Ergebnisse, der MKK-Klassifizierung, der «peculiar spectra» und theoretischer Ansätze hierzu. Verf.

* * **G. H. Herbig,** Emission-line stars in the vicinity of Messier 8, Messier 20, and Simeis 188. Vgl. Ref. **12205**.

9524. **G. H. Herbig, N. U. Mayall,** An emission-line object of high radial velocity. Publ ASP **69** 563—565 = Contr. Lick Obs. (2) Nr. 85. — Eine Reihe von Hα-Emissionsobjekten der Liste von Haro wurden spektroskopisch beobachtet. Die meisten dieser Sterne wurden als T Tauri-ähnliche Veränderliche erkannt. Objekt Haro No. 15 zeigte aber bei Radialgeschwindigkeitsmessungen an den Emissionslinien eine Geschwindigkeit von 1200 ± 30 (w. F.) km/sec. Diese Geschwindigkeit tritt aber nur bei extragalaktischen Nebeln und bei Fragmenten von Supernovae auf. Eine Diskussion macht wahrscheinlich, daß es sich bei dem Objekt Herbig-Haro um einen extragalaktischen Nebel mit starker Emissionsstrahlung handelt. Schaifers

9525. **L. Houziaux,** Note sur le spectre de HD 195907. Bull. Soc. Roy. Sci. Liège **26** 236—240 = Inst. d'Astrophys. Univ. Liège Coll. 8° Nr. 390. — Verf. wertet Spektren aus, die im Juli 1956 am Observatoire de Haute Provence mit dem 120 cm-Teleskop und dem Spektrographen C gewonnen wurden. Die Dispersion betrug 75 Å/mm bei Hγ. Es werden die Äquivalentbreiten der Balmerlinien zwischen Hα und H_8 und der stärkeren Heliumlinien zwischen λ 4000 und λ 4500 angegeben. Hα erscheint vollständig in Emission, Hβ bis Hε besitzen Emissionen über breiten Absorptionslinien. Aus den Daten werden das relative Häufigkeitsverhältnis H : He (14.3), ein mittlerer Elektronendruck ($\log P_e = 2.78$) und eine effektive Schwerebeschleunigung ($\log g_{eff} = 4.7$) berechnet. Oster

9526. **S.-S. Huang,** The curve-of-growth method. Acta Astr. Sinica **5** 22—29 (chines. mit engl. Titel).

9527. **J. A. Hynek, P. C. Stanger,** The composite-spectrum star 5 Lacertae. AJ **62** 19. — Ref. AAS.

9528. **M. Jaschek-Corvalan, C. Jaschek,** Ca II emission in the spectrum of γ Ursae Majoris. Publ ASP **69** 176—177 = Contr. Lick Obs. (2) Nr. 77. — In mehreren Spektren des Sterns γ UMa (A0 V) wurde eine deutlich sichtbare Emission in der Ca II-K-Linie gefunden. Groth

9529. **A. H. Joy,** Los espectros rafaga en las estrellas enanas. Astronomia Popular **1** Nr. 3 S. 7—8, 1956.

9530. **P. C. Keenan,** Stellar spectra in the red and near infrared. Publ ASP **69** 5—22 = Contr. Perkins Obs. (1) Nr. 47. — Verf. gibt einen Bericht über die Bedeutung und Möglichkeiten der Spektrophotometrie im roten und infraroten Spektralbereich ($\lambda\lambda$ 6000—11000) bei Sternen späten Spektraltyps. Nach einem Überblick über das zur Verfügung stehende photographische Material und die erforderlichen Belichtungszeiten werden in mehreren Tabellen die wichtigsten beobachteten Absorptionslinien neutraler und ionisierter Elemente und Molekülbanden aufgeführt. In einem weiteren Abschnitt werden einige Temperatur- und Leuchtkraftkriterien genauer besprochen. Zum Schluß wird auf die Indikatoren für Abweichungen in der Häufigkeitsverteilung der Elemente eingegangen. Insbesondere werden die Unterschiede in der Lithium-Häufigkeit referiert. Groth

9531. **M. Kondo,** Metallic abundances of two weak-line stars. Publ. Astr. Soc. Japan **9** 201—209 = Tokyo Astr. Obs. Repr. Nr. 163. — Die Spektren zweier «weak-line»-Sterne werden mit der Methode der Wachstumskurve analysiert. HR 3018, ein Stern hoher Geschwindigkeit, zeigt die für diese Sterne charakteristische Eigenschaft des Metallmangels. HR 3083, ein Stern geringer Raumgeschwindigkeit, hat ein mittleres Metall-Wasserstoff-Verhältnis, das mit einem Faktor 0.17 versehen demjenigen in Standardsternen der Hauptreihe entspricht. Die Lage dieses Sterns im Hertzsprung-Russell-Diagramm ist unsicher. Schaifers

9532. **A. I. Kornilow,** Über einen möglichen systematischen Fehler bei der Bestimmung der Anregungstemperatur mittels der Wachstumskurve. Mitt. Astr. Sternberg-Inst. Nr. 100 S. 65—71 (russ.).

9533. **B. T. Lynds,** The spectra of white dwarfs. ApJ **125** 719—727 = Berkeley Repr. Nr. 119. — Von 23 untersuchten Weißen Zwergen zeigen sich bei 17 Sternen starke Wasserstoff-Absorptionslinien. Nach Festlegung der effektiven Temperatur durch die Farbe wurde aus den Linienprofilen die Gravitation an der Oberfläche berechnet; es ergab sich $\log g = 7.0$. Einige Vergleiche der beobachteten und der theoretischen Linienprofile ergab genügende Übereinstimmung. Weitere Besonderheiten der Spektren werden diskutiert. v. Hoerner

9534. **P. Maffei,** Le molecole nelle atmosfere stellari. Coelum **25** 14—16. — Fortsetzung der Betrachtungen über Moleküle in Sternatmosphären (vgl. AJB **55** Ref. **9546**).

9535. **B. Onderlička,** Wolf-Rayet- und Of-Sterne. Časopis **7** 84—90 (tschech.).

9536. **J. G. Phillips,** A study of the Swan bands of the C_2 molecule in the spectrum of the R-type star HD 182040. ApJ **125** 163—176 = Berkeley Repr. Nr. 114. — Mit Hilfe von Messungen von fünf Swan-Banden des Kohlenstoff-Sterns HD 182040 auf Spektren hoher Dispersion bestimmt Verf. eine Rotationstemperatur von 2300° K. Schwingungstemperaturen ergeben sich zwischen 1628° K und 3619° K. Andere Autoren haben auf Grund von Messungen auf Spektren geringer Dispersion merklich höhere Werte gefunden. Verf. findet Anhaltspunkte für die Vermutung von Buscombe, daß die kontinuierliche Opazität der Atmosphäre mit wachsender Wellenlänge abnimmt. Micz.

9537. **N. M. Schachowskoj,** Untersuchung von Spektren und Sternhelligkeiten im Gebiet des Orion-Gürtels. Bull. Astr. Obs. Stalinabad Nr. 20 S. 3—17 (russ.). — Ein Vergleich von Sternzahlen in der Umgebung des Orion-Gürtels mit einem normalen Feld in derselben galaktischen Breite zeigt einen Überschuß an B- und A-Sternen der 8. bis 9. Größe und an F- und G-Sternen der 10. bis 11. Größe. Verf. schließt auf die Existenz eines Haufens in einer Entfernung von 450 pc, der zu einer ausgebreiteten Assoziation im Orion gehört. Perek

9538. **M. Schwarzschild, B. Schwarzschild, L. Searle, A. Meltzer,** A spectroscopic comparison between high- and low-velocity K giants. ApJ **125** 123—138. — Linientiefen und -profile von sechs K-Riesen hoher Geschwindigkeit und zehn K-Riesen geringer Geschwindigkeit im Bereich $\lambda\lambda$ 4100—4500 werden auf Spektren hoher Dispersion gemessen. Der Schnelläufer ϕ^2 Orionis besitzt verstärkte CH-Absorption relativ zu Fe I, schwächere CN-Absorption relativ zu Fe I und eine allgemeine Schwächung der Fe I-Linien verglichen mit den langsamen Sternen; einige andere Schnelläufer weisen ähnliche Anomalien geringeren Grades auf. Barium und die Seltenen Erden verhalten sich in den Schnelläufer-Spektren normal im Verhältnis zu Fe I. Die Häufigkeit einiger anderer Elemente wird näher erörtert. Micz.

9539. **A. Slettebak, J. Stock,** Classification of early type stars of high luminosity with objective prism spectra of low dispersion. ZfA **42** 67—75 = Mitt. Sternw. Hamburg-Bergedorf **23** Nr. 258. — Es wird untersucht, wieweit es möglich ist, Sterne hoher Leuchtkraft aus Objektivprismenaufnahmen herauszufinden, welche mit dem neuen Schmidtspiegel der Hamburger Sternwarte aufgenommen sind. Verf. finden eine Aufteilung der O-B-Gruppe in drei Unterklassen, deren mittlere Leuchtkräfte sich statistisch unterscheiden. Es können ferner Sterne mit Emissionsstruktur im Ultravioletten abgesondert werden. Überriesen der Typen A, F, G können ebenfalls leicht aufgefunden werden. Groth

9540. **O. Struve, J. Sahade, C. R. Lynds, S. S. Huang,** On the spectrum and brightness of Maia (20 c Tauri). ApJ **125** 115—117. — Spektrographische Beobachtungen von 20 c Tauri (Maja) aus dem Jahre 1955 zeigen schnelle und unregelmäßige Intensitäts- und Profiländerungen der He I-Linien innerhalb weniger Stunden. Die Linien weisen merkliche Stark-Verbreiterungen auf. Radialgeschwindigkeits- und Lichtänderungen konnten nicht gefunden werden. Micz.

9541. **P. Swings,** Les bandes moléculaires d'émission dans les étoiles. BSAF **71** 3—4. — Berichtet wird über die wenigen Fälle, in denen Molekülbanden in Emission in Sternspektren vorhanden sind. Identifiziert worden sind Emissionsbanden von CN, AlO und AlH, wobei gegenwärtig noch keine Klarheit besteht über den Anregungsmechanismus von AlO und CN in den betreffenden Sternatmosphären. Fricke

* * **G. Traving,** Die Atmosphäre des O9V-Sternes 10 Lacertae. Vgl. Ref. **5143.**

9542. **A. B. Underhill,** Some observations of the Si lines in B-type stars. AJ **62** 96—97. — Ref. AAS.

9543. **A. B. Underhill,** On the interpretation of stellar spectra. J RAS Canada **51** 155—160. — Verf. gibt eine Übersicht über den Informationsinhalt von Sternspektren.

9544. **A. B. Underhill,** Some recent changes in the spectrum of 48 Librae. Publ ASP **69** 401—402. — Ref. ASP.

9545. **E. Vandekerkhove,** Quelques remarques au sujet des étoiles à raies d'émission. Commun. Obs. Roy. Belgique Nr. 126, 3 S. — Es wird die Auffassung begründet, daß unter den Sternen frühen Spektraltyps mit Emissionslinien die Sterne vom Typ γ Cas eine selbständige Gruppe bilden, für die ein variables Kontinuum charakteristisch ist. Einige damit verbundene Fragen werden kurz besprochen. Klauder

9546. **A. de Vaucouleurs,** Spectral types and luminosities of B, A and F southern stars. MN **117** 449—462 = Mt. Stromlo Obs. Repr. Nr. 3. — Es werden 366 B-, A- und F-Sterne heller als $6^{m}\!.5$ im MK-System klassifiziert. Die Dispersion beträgt 35 Å/mm bei $H\gamma$. Zur Schätzung der Intensitätsverhältnisse werden die Photometerkurven benützt. Für die Mitglieder des Scorpio-Centaurus-Haufens wird ein mittlerer Entfernungsmodul abgeleitet. Die Eichung der absoluten Helligkeiten der B-Sterne als Funktion der Intensität von $H\gamma$ wird diskutiert. Groth

* * **A. G. Velghe,** Low dispersion spectra in the yellow-red region, and their usefulness in some distribution problems. Vgl. Ref. **12325.**

* * **A. G. Velghe,** Low-dispersion spectra in the yellow-red region and their application in galactic research. Vgl. Ref. **12326.**

9547. **H. H. Voigt,** Die Spektralklassifikation der Sterne — ein Einteilungsprinzip der Astronomie. Umschau **57** 499—500.

9548. **P. Wellmann,** Ein Vergleich der Spektren von Theta Draconis und HR 7955. ZfA **43** 1—19 = Mitt. Sternw. Hamburg-Bergedorf **23** Nr. 259. — Um zu prüfen, ob sich Anzeichen eines dritten Parameters der Spektralklassifikation in Spektren größerer Dispersion erkennen lassen, wurden die Sterne θ Dra (F8 IV st) und HR 7955 (F8 IV wk) spektralphotometrisch miteinander verglichen. Es stellte sich heraus, daß die Linien der neutralen Metalle, die Wasserstofflinien und die CH-Absorption nahezu gleich sind, während die Linien der Metallionen im Spektrum von θ Dra eine Verstärkung von 15% zeigen. Dies erklärt sich als Folge eines normalen Leuchtkraftunterschiedes bei gleicher Temperatur und gleicher chemischer Zusammensetzung. Die Formeln für die Bestimmung relativer Atmosphärenparameter aus ähnlichen Spektren werden in diesem Zusammenhang entwickelt. Verf.

9549. **U. van Wijk,** Turbulence in four supergiants measured from the line width. AJ **62** 148. — Ref. AAS.

9550. **O. C. Wilson, M. K. V. Bappu,** H and K emission in late-type stars: dependence of line width on luminosity and related topics. ApJ **125** 661—683. — Eine Untersuchung der H- und K-Emissionslinien von 185 Sternen der Spektraltypen G, K und M ergibt, daß die Linienbreite über einen Bereich von 15^{m} nur von der absoluten Größenklasse abhängt. Die Linienbreite ist ein guter Leuchtkraft-Indikator, welcher Bestimmungen der absoluten Leuchtkraft mit einer Genauigkeit von $\pm 0^{m}\!.5$ erlaubt. Verf. haben Wellenlängenverschiebungen der beiden Emissionslinien gemessen, welche zusammen mit anderen Parametern erörtert werden. Micz.

9551. **O. C. Wilson,** $H\varepsilon$ emission in late-type stars. ApJ **126** 46—50. — Auf Grund der Beobachtungen des Verf. und Wellmann, daß Sterne späten Spektraltyps $H\varepsilon$ in Emission zeigen, werden die Spektrogramme von 185 Sternen auf eine vermutete Korrelation zwischen $H\varepsilon$ und den Ca II-Linien H und K untersucht. Es zeigt sich statistisch eine Tendenz des Anwachsens von $H\varepsilon$ in Emission mit wachsender Intensität von K in Emission. Diese Beziehung gilt aber nicht streng. Es werden auch Sternspektren mit starker Ca II-Emission ohne $H\varepsilon$-Emission gefunden; jedoch wurde der umgekehrte Fall mit Sicherheit nicht beobachtet. Im Mittel wächst die Intensität der Emission von $H\varepsilon$ in Richtung der Spektralklassen G—K—M. Schaifers

9552. **K. O. Wright,** Recent changes in the spectrum of 17 Leporis. Publ ASP **69** 552—556 = Contr. Dominion Astrophys. Obs. Victoria Nr. 59. — Die Beschreibung von fünf Spektrogrammen mit hoher Dispersion (3.4 Å/mm)

in der Region λλ 4220—4253 Å wird gegeben. 17 Leporis zeigt ein zusammengesetztes Spektrum eines B9-Sterns und einer normalen Hülle. Schaifers

9553. **K. M. Yoss,** Objective-prism equivalent widths of early-type stars. AJ **62** 42. — Ref. AAS.

* * Mapping a star's surface. Vgl. Ref. **9806**.

§ 96

Temperatur, Strahlung

* * **Y. Andrillat,** Etude spectrophotométrique des étoiles de Wolf-Rayet dans le rouge et le proche infrarouge. Vgl. Ref. **9504**.

9601. **W. K. Bonsack, J. Stock,** Photoelectric spectrophotometry. II. Monochromatic colors of O-, B-, and A-type stars. ApJ **126** 99—112 = Warner and Swasey Obs. Case Inst. Technol. Repr. Nr. 83. — Für 65 O-, B- und A-Sterne werden monochromatische Helligkeiten im Spektralbereich von λ 3500 Å bis λ 5000 Å bestimmt. Relative Gradienten und Relativwerte für den Balmersprung werden gebildet. Die verwendete Beobachtungsmethode ist in Teil I dieser Untersuchung (AJB **56** Ref. **9567**) beschrieben. Die endgültige Diskussion des gesamten Beobachtungsmaterials wird für später in Aussicht gestellt. Behr

9602. **E. T. Byram, T. A. Chubb, H. Friedman, J. E. Kupperian jr.,** Rocket observations of extraterrestrial far-ultraviolet radiation. AJ **62** 9. — Ref. AAS.

9603. **G. Cayrel de Strobel,** Comparaison entre les gradients absolus stellaires de Göttingen et de Paris. Ann d'Astrophys **20** 55—60. — Aus einem Vergleich zwischen den spektralphotometrischen Resultaten von Göttingen (1938—1940) und von Paris (1941, 1952 etc.) schließt Verf., daß die absoluten Gradienten, wie sie bei den Pariser Veröffentlichungen angegeben wurden, im blauvioletten Bereich um 0.10 herabgesetzt werden sollten. Oster

9604. **A. W. Charitonow,** Die spektralphotometrische Temperatur von zwei besonderen Sternen in der Nähe des Orion-Nebels. Mitt. Astrophys. Inst. Alma-Ata **5** Nr. 7 S. 17—20 (russ. mit engl. Ref.). — Diese Sterne sind auf Rotaufnahmen gut erkennbar, fehlen aber auf Blauaufnahmen. Aus Aufnahmen mit verschiedenen Platten- und Filterkombinationen wurden in vier isophoten Wellenlängen zwischen 5300 und 6500 Å Integralhelligkeiten und daraus in Analogie zur Farbtemperaturbestimmung eine Art Farbtemperatur (T) abgeleitet. Der Anschluß erfolgte an sieben Frühtypsterne um P Cyg. Unter Berücksichtigung einer genäherten interstellaren Verfärbung ergab sich für beide Sterne $T = 3100°$. Loh.

9605. **L. Divan, A.-M. Rozis-Saulgeot,** Diagramme gradient-indice de couleur. CR **245** 281—284 = Contr. Inst. d'Astrophys. Paris (A) Nr. 226. — Die Blau-Gradienten Φ_b nach Chalonge werden gegen die B – V-Indizes von Johnson und Morgan in einem Diagramm für etwa 150 Sterne des Spektraltyps O bis F8 aufgetragen. Die geröteten O-Sterne geben eine Gerade. Normalerweise sollten alle späteren Typen infolge des Einflusses der Fraunhoferlinien auf den Index B – V unterhalb dieser Geraden liegen. Das Gegenteil ist der Fall. Daraus wird für die frühen Typen O und B auf eine Diskontinuität des Kontinuums bei λ 4800 Å geschlossen. Die Lage der Überriesen, Metalliniensterne und Unterzwerge im Diagramm wird diskutiert. Mehltretter

9606. **I. L. Iwanowa,** Beobachtungen von 59 Cygni in den Jahren 1954—1956. Mitt. Obs. Bjurakan Nr. 23 S. 25—28 (russ. mit armen. Ref.). —

Verf. hat die Gradienten Φ_1 (3650—4600 Å) und Φ_2 (3100—3650 Å) sowie den Balmersprung gemessen. Als Vergleichssterne diente ω' Cyg. Die Ergebnisse werden mit früheren Messungen seit 1935 zusammengestellt. Der Stern 59 Cyg gehört zur Gruppe von Sternen mit stationären Hüllen. Er ist Mitglied eines Trapezsystems. Die große Rotationsgeschwindigkeit, zeitweilige Wasserstoffemission und die Veränderungen der Farbtemperatur machen systematische Beobachtungen dieses Sternes wünschenswert. Ond.

9607. **J. E. Kupperian jr., J. E. Milligan,** Sources and stellar fluxes in the far ultraviolet. AJ **62** 22—23. — Ref. AAS.

* * **M. Lunel,** Influence de la température sur la réponse de la cellule au sulfure de plomb. Vgl. Ref. 2221.

9608. **A. A. Wyller,** Vibrational temperatures of five carbon stars. ApJ **125** 177—194 = Harv Repr Nr. 453. — Schwingungstemperaturen werden mit Hilfe von Coudé-Spektren aus den Swan-Banden von fünf Kohlenstoff-Sternen bestimmt. Dabei wird auf den Einfluß der Isotopie-Banden Rücksicht genommen, wodurch sich die Übereinstimmung der Ergebnisse aus verschiedenen Banden verbessert. Verbleibende Unterschiede können durch Sättigungs-Effekte einiger Banden verursacht sein. Rotations-Temperaturen ergeben sich von ähnlicher Größe wie die Schwingungstemperaturen. Eine enge Beziehung zwischen Temperatur und Spektraltyp scheint nicht zu bestehen; die C-Klassifizierung von Keenan und Morgan ist jedoch anscheinend mehr eine Temperatur-Sequenz als die R, N-Klassifizierung. Verf. unternimmt ferner Abschätzungen der relativen Häufigkeit von C^{12} und C^{13} auf Grund verschiedener Methoden. Die Ergebnisse ähneln früher erhaltenen. Micz.

§ 97

Leuchtkraft, Durchmesser, Masse, Zustandsdiagramme

9701. **H. A. Abt,** The variability of supergiants. ApJ **126** 138—151 = Contr. McDonald Obs. Nr. 275. — Bei einer Zufallsauswahl von acht Überriesen der Klasse Ia und der Typen A und F ergab sich bei allen Sternen eine variable Radialgeschwindigkeit von einigen km/sec Amplitude. Die Veränderungen sind semiregulär, die Perioden sind mit mittlerer Helligkeit und Spektraltyp korreliert und liegen zwischen 7 und 30 Tagen. Im Anschluß hieran werden alle oberhalb von $M_V = +1$ gelegenen Arten von Variablen miteinander verglichen. Weiterhin wird vermutet, daß alle Sterne oberhalb von $M_V = +1$ mehr oder weniger variabel seien, wobei die Variabilität in einigen wohldefinierten Bereichen des HR-Diagrammes deutlicher in Erscheinung tritt. Variable Helligkeit ist bei den späteren Typen stärker betont, variable Radialgeschwindigkeit dagegen bei den früheren Typen. v. Hoerner

* * **H. A. Abt,** Line broadening in high-luminosity stars. I. Bright giants. Vgl. Ref. 9501.

9702. **S. van den Bergh,** The luminosity function of population I. ApJ **125** 445—450 = Contr. Perkins Obs. (1) Nr. 46. — Aus neun offenen Haufen und der Orion-Assoziation läßt sich zwanglos eine gemeinsame Leuchtkraftfunktion herstellen. Im Anschluß an eine Arbeit von Salpeter wird diese Leuchtkraftfunktion als «ursprüngliche Leuchtkraftfunktion» betrachtet und mit der in Sonnenumgebung beobachteten verglichen. Unter der Annahme, daß die zeitliche Rate der Sternentstehung während des gesamten Alters der Milchstraße konstant war, ergibt sich befriedigende Übereinstimmung. v. Hoerner

9703. **O. J. Eggen,** Distribution of the nearer bright stars in the color-luminosity array. AJ **62** 45—55 = Lick Obs. Bull. Nr. 549. — Ref. in Coelum **25** 154. — Die Arbeit enthält in einer Tabelle die Grundlagen für ein Farben-Helligkeits-Diagramm für 186 Sterne, die visuell (Harvard) heller als 5^m sind und Parallaxen $> 0\rlap{.}''02$ haben. Für das FHD sind noch 89 Sterne mit $\pi > 0\rlap{.}''05$ aus einer früheren Arbeit des Verf. mitgenommen worden. Besonders diskutiert werden späte Riesen und Unterriesen (für die schwächeren Unterriesen wird hohes Alter angenommen), die Ap- und F0p-Sterne (sie werden versuchsweise als ein Durchgangsstadium bei der Entwicklung von Hauptreihensternen zu Riesensternen betrachtet) und die Hertzsprung-Lücke. Die wenigen Sterne in der Lücke und an ihren Grenzen, besonders die Veränderlichen vom Typ δ Sct, werden einzeln besprochen. O. G.

9704. **D. S. Evans,** Antares: A discussion of the observations. AJ **62** 83—88. — Die Intensitätskurven, die bei sechs Bedeckungsbeobachtungen von Antares durch den Mond 1950—1953 am Cape, in Pretoria und in Johannesburg gemessen wurden, werden diskutiert. Es ergibt sich im Mittel ein «Bedeckungs»-Durchmesser des Sterns von $0\rlap{.}''041 \pm 0\rlap{.}''001$, der wegen Unregelmäßigkeiten am Mondrand auf $0\rlap{.}''040$ zu reduzieren wäre. Die beobachteten Kurven deuten auf Abweichungen des Sterns von der Kugelgestalt hin; verschiedene Möglichkeiten werden erörtert. Gli.

9705. **J. L. Greenstein, M. S. Matthews,** Studies of the white dwarfs. I. Broad features in the white dwarf spectra. ApJ **126** 14—18. — Es wird eine Methode beschrieben, um die breiten und verwaschenen Linien Weißer Zwerge zu registrieren. Für drei Sterne werden die Resultate angegeben und diskutiert. v. Hoerner

9706. **J. L. Greenstein, W. J. Luyten,** Studies of the white dwarfs. II. Some new white dwarfs. ApJ **126** 19—22. — Für einige neue Weiße Zwerge werden Aufsuchungskärtchen, Helligkeit und Farbenindex sowie eine kurze Beschreibung der Spektren gegeben. v. Hoerner

* * **J. L. Greenstein,** Studies of the white dwarfs. III. The recurrent nova WZ Sge as a probable white dwarf. Vgl. Ref. **11305**.

9707. **E. Gullón,** Las estrellas enanas blancas. Anuario del Obs. Astr. Madrid para 1958 S. 311—360.

9708. **M. Jaschek-Corvalan, C. O. R. Jaschek,** Absolute magnitudes, colors, masses, and duplicity of the metallic-line stars. AJ **62** 343—348 = Lick Obs. Bull. Nr. 557. — Für die Metalliniensterne (Charakteristiken vom A- und F-Typ im Linienspektrum vereinigt) wird durch Untersuchung der Absoluthelligkeiten aus statistischen Parallaxen, der Farben, Doppelsternhäufigkeit und ihrer Masse geschlossen, daß diese Sterne entgegen früheren Resultaten zum Typ A zu rechnen sind. Heintz

9709. **H. L. Johnson,** The relation between U—B and absolute magnitude of F-type stars. Publ ASP **69** 404—408. — Es werden ein «magnitude excess» und ein «ultraviolet excess» definiert und für Sterne mit bekannten trigonometrischen Parallaxen zueinander in Beziehung gesetzt. Eine grob lineare Beziehung ist angedeutet. Die Werte für den Kugelhaufen M3 fallen heraus. Die Frage, warum die Anwendung der Kriterien: zusammenfallende Hauptreihen und $M_V = 0\rlap{.}^m0$ zu setzen bei RR Lyrae-Sternen für M3 zu verschiedenen Ergebnissen führen, ist noch nicht geklärt. Dv.

9710. **M. Karpowicz,** Ross 614 B, gwiazda o najmniejszej znanej masie. Postępy Astr. **5** 100—101. — Zusammenfassung unserer Kenntnisse über den Stern Ross 614 B, der als Stern mit der kleinsten Masse bekannt ist. Rybka

9711. F. Lenouvel, Observations photoélectriques de naines blanches. JO **40** 15—16. — 12 Weiße Zwerge wurden je 30 Minuten fortlaufend lichtelektrisch beobachtet, um etwaigen Bedeckungslichtwechsel festzustellen. Es wurden keine Helligkeitsänderungen gefunden, obwohl bei der angewendeten Beobachtungstechnik schon eine partielle Bedeckung von $0^m\!.2$ Tiefe und 5 sec Dauer zu erkennen gewesen wäre. O. G.

9712. W. J. Luyten, On some white stars with large published motions. AJ **62** 339—340. — Es sind 19 südliche B- und A-Sterne 8.—10. Größe zusammengestellt, deren jährliche Eigenbewegung laut zitierter Quellen größer als $0\rlap{.}''2$ gemessen wurde. Da diese Sterne aber in der Bruce Proper Motion Survey nicht aufgefunden wurden, zweifelt Verf. an der Realität dieser großen Beträge. Neue Messungen bei sieben dieser Sterne ergeben erheblich kleinere Werte. Gli.

9713. W. J. Luyten, New white dwarfs and degenerate stars. Harv Card 1359, NAZ **11** 18. — Betrifft: L 1373—25, 510—14, 1302—11, 513—16, 1306—28, 457—15, 1340—54, 1484—18, 495—42, 495—82, 641—41, 858—38, 1440—53.

* * **B. T. Lynds,** The spectra of white dwarfs. Vgl. Ref. **9533.**

9714. D. H. McNamara, The period-luminosity relation of the β Canis Majoris stars. AJ **62** 24—25. — Ref. AAS.

9715. W. B. Nikonow, S. W. Nekrassowa, N. S. Polossuchina, D. N. Ratschkowskij, K. K. Tschuwajew, The colour-luminosity diagram for stars in the vicinity of the sun. Mitt. Astrophys. Obs. Krim **17** 42—88 (russ. mit engl. Ref.). — Von 234 sonnennahen Sternen bestimmten Verf. photoelektrisch Helligkeiten und Farben und reduzierten sie ins B–V-System. Die hier erhaltenen Ergebnisse wurden zusammen mit fremden zu einem Katalog vereinigt. Das resultierende Farben-Helligkeitsdiagramm wird eingehend diskutiert und mit bisher erhaltenen verglichen. Loh.

9716. J. B. Oke, Determination of spectroscopic absolute magnitudes for late-type stars. ApJ **126** 509—521 = Commun. David Dunlap Obs. Nr. 40. — Verf. gibt eine Methode zur Bestimmung von spektroskopischen absoluten Helligkeiten von Sternen der Spektralklassen F5—K1 aus Spektrogrammen mit einer Dispersion von 33 Å/mm bei Hγ. Die Methode beruht auf der Messung in Photometerregistrierungen von Verhältnissen der logarithmischen Linientiefen bei bestimmten Linienpaaren. Diese Spektrallinienpaare bestehen aus einer Leuchtkraft empfindlichen und einer unempfindlichen Linie. Ihr Linientiefenverhältnis wurde mit der aus trigonometrischen Parallaxen abgeleiteten absoluten Helligkeit geeicht. Der mittlere Fehler in den spektroskopischen Helligkeiten beträgt nur 0.3 mag. Linientiefenverhältnisse anderer Linienpaare wurden zur Bestimmung des Farbenindexes B–V oder des Spektraltyps benutzt. Die dabei erreichte Genauigkeit beträgt 0.03 mag. bzw. eine Spektralunterklasse im Spektrum.
Schaifers

* * **J. P. Pskowskij,** The determination of absolute magnitudes of Cepheids and supergiants. The zero point of the period-luminosity relation. Vgl. Ref. **111124.**

9717. V. C. Reddish, Composite colour-magnitude arrays of population I. Obs **77** 235—237. — Da die offenen Sternhaufen, verglichen mit den Kugelhaufen, viel zu sternarm sind, um in den Farbenhelligkeitsdiagrammen Entwicklungswege erkennen zu lassen, werden sieben Sternhaufen der Trümplerklasse b und sechs Haufen der Trümplerklasse a zu je einem FHD zusammengefaßt. Entwicklungszüge erscheinen dann angedeutet. Besonders auffällig ist dann die bereits bekannte Konzentration der Riesen der Leuchtkraftklasse III im FHD der Trümplerklasse a. Behr

9718. **A. Sandage,** Observational approach to evolution. I. Luminosity functions. ApJ **125** 422—434. — Ref. in JBAA **68** 75. — Die Salpetersche «ursprüngliche Leuchtkraftfunktion» wird mit etwas verbessertem Material neu berechnet und mit den Leuchtkraftfunktionen in offenen Sternhaufen verglichen. Es ergibt sich befriedigende Übereinstimmung. Nimmt man an, daß auch die Kugelhaufen zu den schwachen Sternen hin sich nach der gleichen Leuchtkraftfunktion zusammensetzen, so läßt sich die Masse von M3 abschätzen, in leidlicher Übereinstimmung mit dynamischen Werten. Die Anzahl Weißer Zwerge in einigen offenen Haufen wird abgeschätzt, ebenso der Gasgehalt elliptischer Nebel.
v. Hoerner

9719. **A. Sandage,** Observational approach to evolution. II. A computed luminosity function for K0—K2 stars from $M_V = +5$ to $M_V = -4.5$. ApJ **125** 435—444. — Unter der Voraussetzung, daß alle Riesensterne ursprünglich Hauptreihensterne waren, daß die Entwicklungswege im HR-Diagramm bekannt sind und daß ursprüngliche Leuchtkraftfunktion und zeitliche Rate der Sternentstehung vorliegen, läßt sich die zu beobachtende Leuchtkraftfunktion aller Sterne bestimmten Spektraltyps berechnen. Das Ergebnis einer für die frühen K-Sterne durchgeführten Rechnung stimmt mit der Beobachtung gut überein.
v. Hoerner

9720. **S. Sharpless,** The absolute magnitude of VI Cygni No. 12. Publ ASP **69** 239—241. — Der Spektraltyp des außerordentlich stark verfärbten Sterns VI Cyg No. 12 wird an Hand eines Vergleichs des infraroten Spektrums (λλ 7500—9000) mit den Spektren anderer Sterne zu B5 geschätzt. Unter Benutzung von photoelektrischen Helligkeiten wird der Farbenexzeß ($3^m.34$) und die totale visuelle Absorption bestimmt ($10^m.1$). Mit dem Entfernungsmodul für die Assoziation VI Cyg ergibt sich für den Stern eine absolute visuelle Helligkeit von $-9^m.5$.
Groth

* * **A. Slettebak, J. Stock,** Classification of early type stars of high luminosity with objective prism spectra of low dispersion. Vgl. Ref. **9539.**

9721. **O. Struve,** The most massive stars known. Sky and Telescope **17** 18—20. — Ref. in Coelum **26** 94. — Erläuterung der Massenbestimmung aus Zweistern-Spektren am Beispiel HD 47129. Das System hat eine Gesamtmasse von etwa 180 Sonnenmassen und ist wahrscheinlich schon instabil. Heintz

* * **U. van Wijk,** Turbulence in four supergiants measured from the line width. Vgl. Ref. **9549.**

9722. **P. Wilker,** Sterne kleinster Masse. Orion Schaffhausen **5** 296. — Es werden die Sterne zusammengestellt, deren Masse nach unseren bisherigen Kenntnissen die kleinsten Sternmassen sind. H. M.

* * **O. C. Wilson, M. K. V. Bappu,** H and K emission in late-type stars: dependence of line width on luminosity and related topics. Vgl. Ref. **9550.**

9723. **H. Yasuda, M. Kitamura, N. Matsunami,** Note on the mean absolute magnitudes of the M-type dwarfs. Publ. Astr. Soc. Japan **9** 213—215 = Tokyo Astr. Obs. Repr. Nr. 165. — Verf. zeigen die Differenzen zwischen den absoluten visuellen Helligkeitssystemen des Yerkes und McCormick Observatoriums auf. Ein Vergleich der Spektralklassifikationen der beiden Observatorien liefert wegen der Beschränkung des Materials keine sichere Korrelation. Schaifers

* * **W. Zonn,** Zero point of the period-luminosity relation of galactic Cepheids. Vgl. Ref. **111131.**

9724. L'étoile ayant la plus petite masse connue. BSAF **69** 354, 1955. — Ross 614 B. — Vgl. AJB **55** Ref. **10117/18.**

§ 98

Rotation, Magnetfeld

9801. **H. W. Babcock,** A catalog and preliminary analysis of 84 magnetic stars. AJ **62** 241—242. — Ref. AAS.

9802. **A. J. Deutsch,** A method for mapping the surfaces of some magnetic stars. AJ **62** 139. — Ref. AAS.

9803. **G. Gjellestad,** On the equilibrium of an oblate liquid spheroid with a magnetic field. ApJ **126** 565—572. — Eine verfeinerte Behandlung des von Ferraro in ApJ **119** 407 (AJB **54** Ref. **9806**) diskutierten Problems ergibt, daß im Fall eines Magnetfeldes, das einem elektrischen Strom entspricht, der der Entfernung von der Achse proportional ist, das abgeplattete Sphäroid nicht die korrekte Gleichgewichtsfigur sein kann. Für die Anwendung auf magnetische Sterne ist jedoch Ferraros Lösung eine ausreichende Näherung. Klauder

9804. **C. Payne-Gaposchkin,** Spectrophotometric study of stellar rotation: an analysis of β Cassiopeiae. Publ ASP **69** 46—53 = Harv Repr Nr. 454. — Ausgehend von einem Spektrogramm mit großer Dispersion von β Cas werden Profile und Intensitäten von Linien verglichen mit entsprechenden Daten für den Stern α CMi, der ähnliche Spektralklasse aber scharfe Linien zeigt. Weitgehende Ähnlichkeit wurde gefunden bei Verbreiterung der Profile für α CMi mit Annahme einer äquatorialen Rotationsgeschwindigkeit von 50 km/sec. Merkliche Turbulenz tritt nicht auf. Systematische Unterschiede ergeben sich aus der verschiedenen Stärke der G-Bande des CH, die bei β Cas sehr schwach auftritt. O. G.

9805. Catalogue of magnetic stars. Sky and Telescope **17** 63, 73. — Ref. AAS.

9806. Mapping a star's surface. Sky and Telescope **16** 423—424. — Ref. AAS. — Betrifft HD 125248. — Besprechung in Coelum **26** 24—25, Sterne **34** 123—124.

9807. Drehimpulstransport durch Magnetfelder und die Abbremsung rotierender Sterne. Sterne **33** 70. — Ref. der in AJB **55** Ref. **9810** zitierten Arbeit von R. Lüst und A. Schlüter.

XI. Doppelsterne

§ 100

Allgemeines

10001. **P. Baize,** Ce que l'astronomie doit à l'observation des étoiles doubles. BSAF **71** 207—213, 253—256.

10002. **G. A. Bakos, J. B. Oke,** A spectrographic and photometric investigation of visual binaries. AJ **62** 242. — Ref. AAS.

10003. **A. H. Batten,** The effect of reflection on the determination of masses of close binary systems. MN **117** 521—533 = Astr. Contr. Univ. Manchester (3) Nr. 52. — Für Doppelsterne mit sphärischen Komponenten, die in Kreisbahnen umlaufen, wird untersucht, wie die beobachteten Radialgeschwindigkeiten verfälscht werden durch die ungleichmäßige und mit der Phase veränderliche Helligkeitsverteilung auf der Sternoberfläche, die von dem reflektierten Licht der anderen Komponente hervorgerufen wird. Die Verfälschung der Radialgeschwindigkeits-Amplitude bewirkt Fehler der daraus abgeleiteten Massen bis etwa 10 % der größeren der beiden Massen. Für sehr enge Systeme mit deformierten Komponenten gelten die Gleichungen nicht mehr. O. G.

10004. **A. N. Deutsch,** Über den dunklen Begleiter von 61 Cygni. AC Nr. 178 S. 16—19 (russ.). — Aus einem Vergleich zeitlich verschiedener Beobachtungsreihen findet Verf. eine beträchtliche Abnahme der Amplitude der Störungen v_x in der Bahnbewegung der Komponente B in bezug auf die Komponente A, wobei aber die Phase dieselbe geblieben ist. Die Amplitudenänderung kann dadurch erklärt werden, daß die Störung nicht nur von einem Begleiter C, sondern von zwei oder mehreren dunklen Begleitern herrührt. Bleibt man bei der Annahme nur eines Begleiters, dann würde aus dem gesamten Beobachtungsmaterial eine wesentlich kleinere Masse für diesen resultieren. Nowacki

10005. **N. L. Gould,** Free particles in close double star systems. Publ ASP **69** 541—545 = Berkeley Repr. Nr. 127. — Aufschlüsse über das Verhalten freier Partikel in der Nachbarschaft enger Doppelsterne sind sowohl hinsichtlich der Entwicklung und Beschaffenheit dieser Systeme als auch für das Verständnis der zeitweilig beobachteten Emissionslinien von Wichtigkeit. Unter der Voraussetzung, daß die Bewegung der Teilchen im wesentlichen durch das Gravitationsfeld bestimmt wird, wird ein Verfahren entwickelt, die Bahnen für verschiedene Anfangsgeschwindigkeiten und Ausgangspunkte elektronisch zu berechnen. Die mit der IBM 701 der University of California in Berkeley für den Stern Algol gerechneten Bahnen sind in drei Abbildungen wiedergegeben. Beyer

* * **E. Hock, W. Rabe,** Photographie enger Doppelsterne. Vgl. Ref. **22109.**

* * **P. van de Kamp,** Elements of long-focus photographic astrometry. Vgl. Ref. **3005.**

10006. **V. Osvalds, Z. Osvalds,** Note on a possible close binary. AJ **62** 341. — Für den Zwergstern AC +49° 2493—285, Spektrum M0, hat sich aus 27 McCormick-Platten eine Parallaxe von $-0\rlap{.}''021 \pm 0\rlap{.}''009$ ergeben, wärend $+0\rlap{.}''030$ zu erwarten war. Zur Erklärung der Diskrepanz wird die Möglichkeit erwogen, daß es sich um einen engen Doppelstern handeln könnte, dessen kurze Periode mit einem Jahr kommensurabel ist. O. G.

10007. **T. I. Prachina,** Der mittlere Fehler in der Bestimmung der Lage der Knotenlinien und der Neigung der Bahnen von Doppelsternen. Abh. Shdanow-Staatsuniv. Leningrad Nr. 190 (Math. Nr. 29) S. 59—61 = Publ. Astr. Obs. Leningrad **17** 59—61 (russ.). — Verf. benutzt eine Korrelation zwischen der Bahnneigung und dem scheinbaren Winkel zwischen Knotenlinie und Verbindungslinie der beiden Komponenten. Ein Vergleich des theoretischen Korrelationskoeffizienten mit dem Koeffizienten, der aus ungefähr 250 Doppelsternbahnen des Katalogs von Baize bestimmt wurde, führte zur Abschätzung des mittleren Fehlers in der Bestimmung der Lage der Knotenlinie und der Bahnneigung von Doppelsternen zu $7\rlap{.}^\circ7$. Ond.

10008. **V. C. Reddish,** Loss of mass from red giant components of close binaries. Obs **77** 202—203. — Bildet sich in einem Stern ein Kern von höherem Molekulargewicht, so erfolgt gleichzeitig eine Ausdehnung der äußeren Teile mit kleinerem μ, der «Hülle». Die Ausdehnung ist maximal, wenn die Gebiete mit verschiedenem μ etwa gleiche Masse haben. Verf. gibt dafür Gründe an. Er betrachtet dann den Fall, daß die Masse des Kerns wesentlich kleiner als $^1/_2$ ist. Wie er zeigt, besteht die Anpassung des Sterns an einen Massenverlust der Hülle in weiterer Ausdehnung. Dieser Prozeß kann vorkommen, wenn der Stern als Komponente eines engen Doppelsternsystems bis an die Rochesche Grenzfläche ausgedehnt ist. O. G.

10009. **J. Sahade,** Need for photoelectric work in the field of close binary systems. Publ ASP **69** 258—261. — An den Beispielen von α Vir, β Lyr, β Per und W Ser wird gezeigt, daß wichtige Ergebnisse über enge Doppelsternsysteme zu erwarten sind, wenn die spektrographischen Untersuchungen von O. Struve und Mitarbeitern durch gleichzeitige lichtelektrische Beobachtungen ergänzt werden. O. G.

10010. **O. Struve, S.-S. Huang,** Close binary stars. Occasional Notes **3** 161—188. — Der größte Teil der Arbeit ist der Diskussion der Gasströme in engen Doppelsternsystemen gewidmet. Nach allgemeiner Besprechung der himmelsmechanischen Grundlagen für die Untersuchung der Bewegungen der Gasmassen werden die spektrographischen Beobachtungen, die einheitlich durch die Annahme von Gasströmen erklärbar sind, zusammengetragen und diskutiert: ungleichmäßige Verteilung von ω bei spektroskopischen Doppelsternen, Verzerrung der Radialgeschwindigkeitskurve und Auftreten von Emissionslinien bei Bedeckungsveränderlichen. Ausführlich wird β Lyr behandelt (mit Reproduktion einer Serie von neuen Spektrogrammen). Die beiden letzten Abschnitte betreffen mehr die Doppelsternkomponenten selbst. Es werden die Abweichungen von der allgemeinen Masse-Leuchtkraft-Beziehung bei W UMa-Sternen und den Unterriesenkomponenten von Algol-Sternen und Hypothesen über die Entwicklung der Doppelsternkomponenten besprochen. O. G.

10011. **O. Struve,** Exchange of mass in close binaries. Sky and Telescope **17** 70—72, 93. — Ref. in BAV-Rundbrief **7** 32—35, Coelum **26** 94—95. — Dargestellt werden nach Kopal die Teilchenbewegungen in engen Systemen, deren Komponenten bis zu der zum ersten Lagrangeschen Punkt gehörigen Potentialfläche expandiert sind, sowie die Wirkung der Rotation der Komponenten. Die Bahnen können auf beiden Sternen enden und auch zu Ringbildungen führen. Heintz

10012. Double stars. J. Wash. Acad. Sci. **47** 279—280. — Ref. in RJ 1958 Nr. 7 S. 24.

10013. 61 Cygni C. Orion Schaffhausen **5** 261.

10014. White dwarf binary stars. Sky and Telescope **16** 211.

10015. Planeta u dvojnom sistemu 61 Labuda. Vasiona **5** 51.

§ 101

Visuelle Doppelsterne

10101. **G. B. van Albada,** Note on the binary p Eridani. AJ **62** 282.

10102. **G. B. van Albada,** Binary orbits from well observed arcs of moderate length. Contr. Bosscha Obs. Lembang Nr. 4, 8 S. — Es wird gezeigt, daß ein Bahnbogen bei Festhalten dreier Normalörter durch sehr verschiedene Bahnelemente darstellbar ist, wenn die Flächenkonstante nur wenig variiert wird. Verf. schlägt vor, die Bahn durch die rechtwinkligen oder Polar-Koordinaten dreier Normalörter und die Flächenkonstante zu definieren. Es werden Vorschriften für sieben Variationen dieser Größen zur Verbesserung der Bahnelemente gegeben, die nach Thiele-Innes berechnet werden. O. G.

* * **S. Archer,** Radial velocity observations of southern visual binaries. Vgl. Ref. **9206**.

10103. **P. Baize,** Détermination de la masse «hypothétique» et calcul de la parallaxe dynamique d'un couple dont le type spectral est inconnu. JO **40** 57—64. — Zur Vervollständigung der Systemkonstanten von

Doppelsternen wird der Versuch unternommen, hypothetische Massen und dynamische Parallaxen auch ohne Kenntnis des Spektraltyps vom Begleiter zu bestimmen. Die Methode arbeitet mit einem graphischen Verfahren, wobei durch Variationen des Spektraltyps vom Begleiter eine empirische Masse-Spektrum-Beziehung (BA **13** 123, AJB **47** Ref. **7701**) für beide Komponenten erfüllt wird. Für 55 Doppelsterne werden Ergebnisse der Anwendung dieser Methode mitgeteilt. Güntzel-Lingner

10104. **D. Belorizky,** La détermination graphique des éléments orbitaux des étoiles doubles. JO **40** 73—76. — Durch zwei einfache Konstruktionsverfahren werden die Bahnelemente von visuellen Doppelsternen ermittelt. Die Kenntnis der scheinbaren Bahnellipse wird vorausgesetzt. Am Beispiel des Doppelsternes ζ Ursae maioris = Σ 1523 wird die Übereinstimmung zwischen den durch Konstruktion und durch Rechnung ermittelten Elementen gezeigt. Güntzel-Lingner

10105. **H. Berthomieu,** Sur la répartition des plans orbitaux des étoiles doubles visuelles. Ann. Obs. Astr. Mét. Toulouse **25** 45—56. — Für **44** Doppelsterne, bei denen die Neigung entweder mit Vorzeichen bekannt (37 Fälle) oder nahe 90° (7 Fälle) ist, wurde die räumliche Orientierung der Bahnebenen berechnet. Die Darstellung der Spuren der Bahnebenen in einem rechtwinkligen Bezugssystem zeigt ihre zufällige Orientierung. O. G.

10106. **W. H. van den Bos, H. M. Jeffers,** An index catalogue of visual double and multiple stars. Publ ASP **69** 322—325 = Contr. Lick Obs. (2) Nr. 80. — Ref. in Coelum **26** 24. — Zu einem neuen Doppelsternkatalog, der den ganzen Himmel umfassen und so die Kataloge ADS und SDS ergänzen soll, werden die Gesichtspunkte für die Auswahl der Angaben, die der neue Katalog von jedem Paar enthalten soll, mitgeteilt. Der Katalog kann zur Beschränkung des Umfangs als Indexkatalog — außer Ort und Bezeichnung des Doppelsterns — nur Angaben über die erste und letzte vollständige Messung (oder Bahnelemente) bringen, daneben die Zahl der Messungen, Helligkeiten, Spektren, Eigenbewegung, Durchmusterungs- und ADS-Nummer. O. G.

10107. **R. Bouigue, J.-L. Chapuis,** Note sur la vitesse radiale de l'étoile double ADS 1123 (HD 8556) = β 1163. Circ. Inf. Comm. 26 UAI Nr. 12 S. 2.

10108. **L. Dačić,** Šestostruko sunce Kastor u sazveždu blizanaca. Vasiona **5** 45—46.

10109. **A. N. Deutsch,** The dark companion of 61 Cygni. Mitt. Astr. Hauptobs. Pulkowo **21** Nr. 1 (160) S. 62—82 (russ. mit engl. Ref.). — An Hand einer neuen Reihe von Aufnahmen aus den Jahren 1949—55 wurde die Bewegung der Komponenten A und B von 61 Cygni untersucht. Aus den Abweichungen von der Bahnbewegung wurden die Elemente des dunklen Begleiters abgeleitet: $P = 4{,}9$ Jahre, $a = 0\rlap{.}''010$, $e = 0.63$, Masse $= 0.008\ M_\odot$. Perek

10110. **D. S. Evans,** Note on the radial velocity of ADS 1123. MN ASSA **16** 20.

* * **M. A. Giannuzzi,** La moderna colorimetria delle stelle binarie ed il nuovo fotometro colorimetrico dell'Osservatorio Astronomico di Monte Mario. Vgl. Ref. **2404**.

10111. **W. Markowitz,** Observations of double stars, 1949—52, and a study of the optics of the 26-inch refractor. Publ. US Naval Obs. (2) **17** 193—269, 1956. — Verschiedene Prüfungen des Refraktors, eine wellenoptische Diskussion und Vergleich verschiedener Theorien des Auflösungsvermögens ergeben die vorzügliche Qualität des Objektivs sowie eine Größe des Sternscheibchens von $0\rlap{.}''22$. 1826 Messungen von 648 meist engen Paaren aus den Jahren 1949/52, teilweise mit Benutzung einer konkaven Zusatz-Vergrößerungslinse, werden aufgeführt. Heintz

10112. **P. Muller,** Les étoiles doubles de W. Struve (Σ) négligées. BA **21** 39—47. — Verf. fordert durch Bekanntmachung der letzten Beobachtungen von 288 Σ-Doppelsternen zur Wiederbeobachtung dieser vernachlässigten Objekte auf. Güntzel-Lingner

10113. **P. Muller,** Les étoiles doubles «A» négligées depuis Aitken. BA **21** 195—204. — Unter den 3089, fast alle zwischen 1900 und 1915 entdeckten Aitken-Paaren, sind beinahe 40% seit der letzten Messung von Aitken selbst, also spätestens 1935, nicht mehr beobachtet worden. Es wird eine statistische Untersuchung dieser Objekte sowie ein Katalog der interessantesten unter ihnen (94 Paare) gegeben. Verf.

10114. **P. Muller,** Orbites nouvelles. Circ. Inf. Comm. 26 UAI Nr. 11, Nr. 12, Nr. 13.

10115. **P. Muller,** Couples prioritaires. Circ. Inf. Comm. 26 UAI Nr. 11, Nr. 12, Nr. 13.

10116. **P. Muller,** Mesures photométriques d'étoiles doubles écartées au moyen d'un appareil nouveau. JO **40** 157—163. — Der bereits in früheren Arbeiten des Verf. beschriebene Apparat zur Messung von Helligkeitsunterschieden bei Doppelsternkomponenten wird verbessert. Einige Messungen werden mitgeteilt. F. S.

10117. **K. A. Strand,** The orbital motion of 61 Cygni. AJ **62** 35. — Ref. AAS. — Besprechung in Coelum **25** 87—88.

10118. **E. Vidal Abascal,** Nuevos métodos y aparatos para el cálculo de órbitas de estrellas dobles visuales. Urania Barcelona **42** 45—89. — Beschreibung des vom Verf. konstruierten Orbigraphen, eines mit einem den Höhensatz darstellenden Gestänge verbundenen Integraphen, mit dessen Hilfe aus den beobachteten Distanzen $d(t)$ mechanisch die Positionswinkel $p(t)$ gewonnen werden. Diese werden durch Einstellen der geeigneten Flächenkonstanten den Beobachtungen angepaßt. Ferner werden vorgeschlagen zwei Planimeter zur Bestimmung der Sektorflächen sowie neue geometrisch-graphische Verfahren zur Ermittlung der relativen Bahn aus der scheinbaren oder umgekehrt und der Thiele-Innesschen Konstanten. Erprobung dieser Methoden durch Bestimmung der Bahnelemente, Innesschen Konstanten, Ephemeriden bis 2000 und dynamischen Parallaxen für ADS 4 (nach Beobachtungen bis 1948), 2253, 9159 und 15971 (bis 1952), 7704 und 9392 (bis 1953) und 940 (bis 1955), wovon ADS 7704 von J. A. Zaera, ADS 15971 von J. Alonso berechnet wurde. Gü.

10119. **S. Vlaicu,** Metodă grafică de determinare a elementelor orbitei pentru stelele duble vizuale. Bul. ştiinţ. Acad. RPR. (mat. fiz.) **8** 795—801, 1956. — Ref. in RJ 1957 Nr. 10 S. 44.

10120. **N. Wieth-Knudsen,** Photovisual differences in magnitudes of 331 mainly southern double stars estimated by steps on 505 plates from the Bosscha Observatory, taken 1949.7—1952.4. JO **40** 93—105. — Von 331 südlichen Doppelsternen werden aus Objektivgitteraufnahmen mit dem 60 cm-Bosscha-Refraktor Helligkeitsunterschiede für die Komponenten abgeleitet. Die Ergebnisse zeigen keine systematischen Abweichungen gegen die Helligkeitsunterschiede von Å. Wallenquist (Uppsala Astr. Obs. Ann. **4** Nr. 2, AJB **54** Ref. **10131**). Güntzel-Lingner

* * L'étoile ayant la plus petite masse connue. Vgl. Ref. **9724** (vgl. auch AJB **55** Ref. **10117**/18).

10121. Binary star orbits. Construction of the apparent ellipse from the elements. J. Astr. Soc. Victoria **10** 8—11.

10122. Double star studies in Indonesia. Sky and Telescope **17** 20.

10123. Beobachtungen visueller Doppelsterne

P. Ahnert, Doppelsternbeobachtungen. AN **284** 24—26. — Enthält die Beobachtungen von 55 Doppelsternen aus den Jahren 1942—1944.

P. Baize, Mesures d'étoiles doubles faites à l'Observatoire de Paris. JO **40** 165—197.

S. G. Barton, Measures of 169 double stars. Publ. Univ. Pennsylvania (Astr.) **7** Nr. 3 S. 15—20.

W. H. van den Bos, Micrometer measures of double stars. Union Circ **6** 291—294.

P. Couteau, Mesures d'étoiles doubles faites au réfracteur de 38 cm. de l'Observatoire de Nice. JO **40** 113—125.

P. M. Djurković, L. M. Dačić, Mesures micrométriques d'étoiles doubles faites au réfracteur de 0.65 m d'ouverture. Bull. Obs. Astr. Beograd **21** Nr. 1—2 S. 2.

W. S. Finsen, New double stars (VIII). MN ASSA **16** 113.

J. O. Fleckenstein (-Gallo), Osservazioni di 62 sistemi multipli. Mem SA It (NS) **28** 199—220 = Contr. Oss. Astr. Milano-Merate (NS) Nr. 115.

G. van Herk, Meridian observations of double stars. Ann. Sterrewacht Leiden **18** vierde Stuk, 30 S. — Katalog von Meridiankreisörtern von 1161 Doppelsternen und 55 BD-Sternen mit Deklinationen zwischen −10° und +85°. Die Trennung der Doppelsterne liegt meist unter 1′.

R. Jonckheere, Mesures d'étoiles doubles obtenues au télescope de Marseille. Mouvements observés sur quelques couples. JO **40** 1—11.

W. Markowitz, Observations of double stars, 1949—52, and a study of the optics of the 26-inch refractor. Vgl. Ref. **10111**.

C. P. Olivier, C. Hammer, Measures of 558 double and multiple stars made at the Flower Astronomical Observatory of the University of Pennsylvania. Publ. Univ. Pennsylvania (Astr.) **7** Nr. 3 S. 1—14.

Z. Seidl, Measurement of double stars in 1953. BAC **8** 102—103.

K. A. Strand, Photographic measures of double stars. Ann. Dearborn Obs. **7** 31—65. — Katalog enthält 176 Doppelsterne aus Aufnahmen zwischen Juli 1952 und Dezember 1955. 61 Cygni ist seit 1945 beobachtet.

C. E. Worley, Measures of 266 double stars. AJ **62** 153—159 = Lick Obs. Bull. Nr. 553.

10124. Elemente visueller Doppelsterne

G. B. van Albada, The orbit of p Eridani. Contr. Bosscha Obs. Lembang Nr. 5, 28 S.

S. Arend, Orbite de l'étoile double visuelle: ADS 161 (AB) = BDS 70 (AB) = OΣ 2. BAB **4** 222—225.

S. Arend, Orbite de l'étoile double visuelle: ADS 10341 = BDS 7863 = β 823 (= A 2236). BAB **4** 226—229.

P. Baize, Eléments orbitaux de dix étoiles doubles visuelles. JO **40** 17—28. — Betrifft die Sterne: I.) ADS 7662 = A 2145, ADS 8680 = Hu 640, ADS 8901 = A 1609 AB, ADS 16173 = Ho 296; II.) ADS 3211 = Hu 609, ADS 3303 = Hu 1082, ADS 3614 = Hu 445, ADS 6154 = Hu 1244, ADS 8311 = β 603, Kuiper = +4°4510.

P. Baize, Orbite définitive de l'étoile double visuelle ADS 61 = Σ 3062. JO **40** 197—200.

W. H. van den Bos, The orbit of Rst 33. Union Circ **6** 289.

W. H. van den Bos, The orbit of φ 47. Union Circ **6** 290.

W. H. van den Bos, The orbit of B 430 = ψ Sgr. Union Circ **6** 291.

P. Brosche, Bahnbestimmung für den visuellen Doppelstern ADS 5400 AB = 12 Lyncis. AN **283** 280—282. — ADS 5400 = BDS 3559 = Σ 948 = 12 Lyncis. — Das Untersystem AB des dreifachen Sternes ADS 5400 wird einer Bahnbestimmung unterzogen, wobei eine wesentliche Verbesserung gegenüber der einzigen vorherigen Bahnbestimmung von Gore (AN **117** 289, 1887) erzielt wird. Verf.

P. Couteau, Orbites de trois étoiles doubles visuelles. JO **40** 126—128. — ADS 5514 = Σ 963, ADS 6746 Cc = A 1745, ADS 9654 = A 2175.

A. Fantoli, Orbita del sistema binario μ Draconis. Rend. Accad. Nazionale Lincei, Cl. Sci. fis., mat., nat. (8) **23** 133—140 = Oss. Astr. Roma Monte Mario Contr. Sci. (NS) Nr. 236. — Bahnbestimmung des Systems μ Dra aus den Beobachtungen 1829—1952, Ephemeride 1955—2000, Ableitung physikalischer Systemkonstanten, Vergleich der Ergebnisse mit denen anderer Autoren. Böh.

E. Flather, Parallax and orbital motion of 104 Tauri from photographs taken with the 24-inch Sproul refractor. AJ **62** 381—384 = Sproul Obs. Repr. Nr. 100.

R. Fleischer, Parallax and orbital motion of the triple system Wolf 630—629 from photographs taken with the 24-inch Sproul refractor. AJ **62** 379—381 = Sproul Obs. Repr. Nr. 99.

C. Friedemann, Bahnbestimmung des visuellen Doppelsternes ADS 3956. AN **284** 17—18 = Mitt. Univ.-Sternw. Jena Nr. 31. — Von dem visuellen Doppelstern ADS 3956 = BDS 2657 = Σ 677, dessen Begleiter zur Zeit zunehmende Bahngeschwindigkeit zeigt, wird erstmalig eine provisorische Bahn berechnet und eine hypothetische Parallaxe bestimmt. Verf.

T. Herczeg, Discussion of two visual binary systems. Mitt. Sternw. Ungar. Akad. Wiss. Budapest-Szabadsághegy Nr. 35, 5 S. — Betrifft: ADS 12096 = B 427 und ADS 10196 = BDS 13353 = A 1141.

J. Hopmann, Der Doppelstern ADS 246 = Gr 34. Anzeiger Österreich. Akad. Wiss. Math.-Naturwiss. Kl. **94** 99—104 = Mitt. Univ.-Sternw. Wien **9** Nr. 8. — Bahnbestimmung aus Beobachtungen 1860—1956 nach der Methode des Verf. und Ephemeride 1950—2000. Böh.

J. Hopmann, Der Doppelstern ϑ Persei = ADS 2081. Anzeiger Österreich. Akad. Wiss. Math.-Naturwiss. Kl. **94** 318—321 = Mitt. Univ.-Sternw. Wien **9** Nr. 12. — Bahnbestimmung aus Beobachtungen 1783—1956 nach der Methode des Verf., Ephemeriden für 1960 und 1980, physikalische Parameter des Systems. Böh.

E. Horeschi, Die Bahn des Doppelsternsystems ADS 3230. AN **284** 14—16. — ADS 3230 = BDS 2213 = β 311 = Lacaille 1451.

W. Kümmritz, Bahnbestimmung des visuellen Doppelsterns ADS 3211. AN **284** 19—20. — ADS 3211 = Hu 609.

P. Muller, L'orbite de l'étoile double visuelle ADS 7390 = Σ 1356 (ω Leo). BA **21** 131—143. — Elemente, Ephemeride 1950—1970 und Abweichungen B−R; Schlußfolgerungen aus einem Vergleich mit früheren Berechnungen. Verf.

P. Muller, Orbites de huit étoiles doubles visuelles. JO **40** 48—56. — Betrifft: ADS 283 = h 1018 = Σ 18, ADS 755 = Σ 73, ADS 1630 BC = OΣ 38, ADS 2630 = A 1535, ADS 2980 = A 1710, ADS 4929 AB = β 895, ADS 5469 = A 2731, ADS 9071 = A 1614.

J. Pensado, Orbita provisional de la estrella doble Σ 3.105 (ADS 10.092; coord. 1950: $16^h\,29^m\!.1$, −6° 56′; magn. 7.7—7.7). Bol. Astr. Obs. Madrid **5** Nr. 2 S. 245—250.

E. Vidal Abascal, J. A. Zaera, J. Alonso, F. Gandasegui, R. Meijomin, Nuevos métodos y aparatos para el cálculo de órbitas de estrellas dobles visuales. Aplicación a los sistemas ADS 4 = A 428, ADS 940 = Σ 515, ADS 2253 = β 525, ADS 7704 = β 5365, ADS 9159 = OΣ 47 rej, ADS 9392 = Σ 1883, ADS 15971 = Σ 2909. Vgl. Ref. **10118**.

S. Vlaicu, Orbita ameliorată a stelei duble β 648. Bul. ştiinţ. Acad. RPR. (mat. fiz.) 8 653—663, 1956. — Ref. in RJ 1957 Nr. 10 S. 46—47.

S. Wierzbiński, Orbite corrigée de ADS 10188 = Δ 15. AA **7** 56—64 = Wrocław Astr. Obs. Repr. Nr. 6. — Bahnverbesserung des Doppelsterns ADS 10188 auf Grund von 173 Beobachtungen aus den Jahren von 1869 bis 1954. Elemente, Ephemeride für die Jahre 1950—1980. Rybka

S. Wierzbiński, Orbite améliorée de ADS 2799 = OΣ 65. AA **7** 119—126 = Wrocław Astr. Obs. Repr. Nr. 7. — Material: 142 Beobachtungen aus den Jahren 1846—1955. Elemente, Ephemeride 1950—1970, Masse der Komponenten.

S. Wierzbiński, Orbite améliorée de ADS 7545 = OΣ 208 = φ UMa. AA 7 127—136 = Wrocław Astr. Obs. Repr. Nr. 7. — Material: 188 Beobachtungen aus den Jahren 1842—1955. Elemente, Ephemeride 1951—1971, Masse der Komponenten.

S. Wierzbiński, Orbite de ADS 9380 = Σ 1879. AA 7 137—145 = Wrocław Astr. Obs. Repr. Nr. 7. — Material: 210 Beobachtungen aus den Jahren 1827—1955. Elemente, Ephemeride 1950—1970, Masse der Komponenten.

S. Wierzbiński, Orbite of ADS 13723 = OΣ 406. AA 7 208—211 = Wrocław Astr. Obs. Repr. Nr. 10. — Material: 70 Beobachtungen aus den Jahren 1845—1954. Elemente, Ephemeride 1950—1970, Masse der Komponenten.

S. Wierzbiński, Orbite de ADS 9769 = Σ 1989 = π^2 UMi. AA 7 212—217 = Wrocław Astr. Obs. Repr. Nr. 10. — Material: 80 Beobachtungen aus den Jahren 1832—1955. Elemente, Ephemeride 1950—1970, Masse der Komponenten.

S. Wierzbiński, Orbite améliorée de ADS 13461 = OΣ 400. JO **40** 29—36.

S. Wierzbiński, Eléments orbitaux de 2 étoiles doubles. JO **40** 147—152. — Betrifft: h 3683 = CPD −59°370; I 120 AB = CPD − 62°6108.

§ 102

Spektroskopische Doppelsterne

10201. **K. D. Abhyankar,** The period and spectrum of Plaskett's star. Publ ASP **69** 385—386. — Ref. ASP.

10202. **V. Blanco, E. Tollinchi,** Some errors in the published elements of spectroscopic binaries. Publ ASP **69** 354—355. — Einige Unstimmigkeiten im 5. Katalog spektroskopischer Doppelsterne von J. H. Moore und F. J. Neubauer (AJB **48** Ref. **10204**) werden angegeben. Für 12 Sterne werden neu berechnete Werte von $a_1 \sin i$ und der Massenfunktion mitgeteilt. O. G.

10203. **R. Bouigue,** Binaires spectroscopiques. 5me catalogue complémentaire. Ann. Obs. Astr. Mét. Toulouse **25** 69—74.

10204. **R. Bouigue,** La vitesse de la lumière et les étoiles doubles spectroscopiques. Ann. Obs. Astr. Mét. Toulouse **25** 75—90. — Angeregt durch einen Versuch von P. Moon und D. E. Spencer, die aus Doppelsternbeobachtungen folgenden Einwände gegen die ballistische Lichttheorie zu entkräften durch die Annahme, daß für materielle Körper mit einem Euklidischen Raum, für das Licht mit einem Riemannschen Raum gerechnet werden müßte (AJB **53** Ref. **10005**), werden vom Verf. die Kriterien im Euklidischen, im Riemannschen und in dem erwähnten gemischten Raum abgeleitet und an einem Material von 191 Doppelsternen geprüft. Alles spricht gegen die Ritzsche Hypothese einer Abhängigkeit der Lichtgeschwindigkeit von der Geschwindigkeit der Lichtquelle. O. G.

10205. **D. S. Evans,** Recent radial velocity measures of γ Phe and σ Pup I. MN ASSA **16** 4—5.

10206. **J. L. Greenstein, M. Hack, O. Struve,** The spectroscopic binary BD +74° 493. ApJ **126** 281—290. — Die neuen Bahnelemente des Systems sind denen ähnlich, die von Sanford 1922 abgeleitet wurden. Es ergibt sich die hohe Raumgeschwindigkeit von 120 km/sec. F. S.

10207. **A. B. Hart,** The period of BD +36°3991. ApJ **126** 463—465 = Contr. McDonald Obs. Nr. 277. — Die Linie He II λ 4686 dieses spektroskopischen Wolf-Rayet-Doppelsterns oszilliert mit einer Periode von $10^d.74$ und der Amplitude ± 260 km/sec und ist gegen λ 4058 und Hγ nach Rot versetzt. Heintz

10208. C. Jaschek, M. Jaschek, The frequency of spectroscopic binaries. Publ ASP **69** 546—551. — Zählung der Sterne mit veränderlicher Radialgeschwindigkeit in mehreren Katalogen ergibt entsprechend Kuipers Resultaten an meist visuellen Paaren: Genähert gleiche Häufigkeit spektroskopischer Paare entlang der Hauptreihe, geringere und nach späten Spektraltypen hin noch abnehmende Häufigkeit bei den Riesen sowie keine Bevorzugung der Be- gegenüber B-Sternen. Heintz

10209. M. Jaschek, C. Jaschek, Einige Bemerkungen zum Barr-Effekt. ZfA **44** 18—22 = Obs. Astr. La Plata Separata Astr. Nr. 5. — Die Erklärung des Barr-Effekts bei spektroskopischen Doppelsternen durch Gasströme wird an Hand einer Statistik geprüft. Doppelsterne vom Spektraltyp B lassen diese Erklärung zu, während solche vom A-Typ sie nicht zulassen. Verf.

10210. C. R. Lynds, D. S. Peregrine, D. B. Wood, Light-variation of +74°493. ApJ **126** 522—524. — Die Helligkeit des Systems wurde lichtelektrisch geprüft. Es wurden kein Bedeckungslichtwechsel, aber Andeutungen anderweitiger Lichtschwankungen gefunden. F. S.

10211. O. Struve, J. Sahade, The spectrum of Plaskett's star. Publ ASP **69** 399—400. — Ref. ASP.

10212. Elemente spektroskopischer Doppelsterne

F. C. Berthiau, The orbits of the spectroscopic binaries Rho Orionis, Eta Bootis, and 32 Virginis. ApJ **125** 696—706 = Contr. Lick Obs. (2) Nr. 70.

E. S. Jackson, W. W. Shane, B. T. Lynds, The orbits of the spectroscopic binaries Omicron Tauri, Xi Cancri, and Mu Ursae Majoris. ApJ **125** 712—718 = Contr. Lick Obs. (2) Nr. 72.

P. van de Kamp, J. E. Damkoehler, Parallax and orbital motion of the spectroscopic binary η Pegasi from photographs taken with the 24-inch Sproul refractor. AJ **62** 393—396 = Sproul Obs. Repr. Nr. 103.

J. P. Mercier, Orbite de l'étoile double spectroscopique H. D. 191473. JO **40** 12—14 = Publ. Obs. Haute-Provence **3** Nr. 56.

K. Osawa, The orbits of the spectroscopic binaries 52 Persei and 35 Cygni. ApJ **125** 707—711 = Contr. Lick Obs. (2) Nr. 71.

J. A. Pearce, The spectrographic orbit of H. D. 123299, Alpha Draconis. Publ. Dominion Astrophys. Obs. Victoria **10** 331—339.

E. H. Richardson, A. McKellar, Redetermination of the spectrographic orbit of δ' Lyrae. Publ. Dominion Astrophys. Obs. Victoria **10** 407—413.

A. A. Wyller, Parallax and orbital motion of the spectroscopic binary 58 Persei from photographs taken with the 24-inch Sproul refractor. AJ **62** 384—388 = Sproul Obs. Repr. Nr. 101.

A. A. Wyller, Parallax and orbital motion of the spectroscopic binary Polaris from photographs taken with the 24-inch Sproul refractor. AJ **62** 389—393 = Sproul Obs. Repr. Nr. 102.

XII. Veränderliche Sterne. Novae

§ 110

Ephemeriden, Allgemeines

* * Rocznik Astronomiczny Obserwatorium Krakowskiego 1957. Vgl. Ref. 420. — Enthält Ephemeriden 1957 für 705 Bedeckungsveränderliche.

11001. **F. Kadavý,** Variable stars in amateur work. RH **38** 5—8 (tschech.).

11002. **A. Koeckelenbergh,** Prédiction des maxima d'étoiles variables à longue période pour 1957. Ciel et Terre **73** 111—112.

11003. **A. Koeckelenbergh,** Ephémérides d'étoiles variables pour mai—juin 1957. Ciel et Terre **73** 234.

11004. **Z. Kopal, R. Kurth,** The relation between period and times of the maxima or minima of variable stars. ZfA **42** 90—100 = Astr. Contr. Univ. Manchester (3) Nr. 27. — Es wird ein einfaches Verfahren entwickelt, das ermöglicht, die Elemente des Lichtwechsels für alle Veränderlichen mit gesetzmäßig verlaufenden Periodenänderungen aus den beobachteten Zeiten der Maxima und Minima streng abzuleiten. Die praktische Anwendung der Methode wird an den Bedeckungsveränderlichen Algol und λ Tauri vorgeführt. Beyer

11005. **N. E. Kurotschkin,** Über die Entdeckung veränderlicher Sterne. AC Nr. 176 S. 12—13 (russ.). — Das Vergleichen von positiven Kopien anstelle von negativen Originalplatten mit dem Blinkmikroskop hat mehrere Vorteile. Der gesamte Lichtstrom ist wesentlich kleiner und der Anteil des wechselnden Lichtes größer. Daher ermüdet das Auge weniger und ist für die veränderlichen Sterne empfindlicher. Als sehr effektiv hat sich dabei die Projektion erwiesen. Perek

11006. **E. L. Martin,** Altre proprietà dei moti di sistemi binari a massa variabile. Mem. Accad. patavina SS. LL. AA. Cl. Sci. Mat. Nat. **69,** 10 S. = Oss. Astr. Trieste Nr. 273. — Die Arbeit setzt die Reihe der vom Verf. veröffentlichten Untersuchungen über die Bewegungsvorgänge in einem Doppelsternsystem veränderlicher Masse fort. Beyer

* * **M. W. Mayall,** Manual for observing variable stars. Vgl. Ref. **2057.**

11007. **M. Petit,** Über die internationale Zusammenarbeit zur Erforschung der eruptiven veränderlichen Sterne. AJ UdSSR **34** 805—807 (russ.).

11008. **L. Plaut,** Observational programs of variable stars. ASP Leaflet Nr. 343, 8 S.

* * **D. A. Roshkowskij,** Zur Untersuchung der periodischen, schnellveränderlichen Sterne aus photographischen Aufnahmen langer Belichtungszeit. Vgl. Ref. **22116.**

11009. **R. Rudolph,** Ephemeriden für Mirasterne Januar bis Juni 1957. BAV-Rundbrief **6** 14—15.

11010. **H. Schneller,** Geschichte und Literatur des Lichtwechsels der veränderlichen Sterne. Deutsche Akademie der Wissenschaften zu Berlin, Astrophysikalisches Observatorium Potsdam. Zweite Ausgabe. Vierter Band.

Enthaltend ergänzende Literatur bis 1954 für die bis 1938 benannten Sterne. Berlin, Akademie-Verlag, 1957. 12 + 549 S. Preis DM 96.— Besprechung in Ann d'Astrophys **21** 163—164 (C. Bertaud).

11011. **W. Strohmeier, R. Kippenhahn, E. Geyer,** Die Bamberger Veränderlichen-Suche. Mitt. AG 1956 S. 28. — Ref. AG.

11012. Search for faint variable stars. Sky and Telescope **16** 482—483. — Ref. in Sterne **34** 197.

§ 111

Veränderliche Sterne

* * Veränderliche in Sternhaufen siehe auch § **121**, in außergalaktischen Nebeln § **124**.

* * Weitere Mitteilungen über Veränderliche siehe auch § **123**.

Bedeckungsveränderliche

11101. **M. A. Arakeljan,** Spektralphotometrische Untersuchung von Algol. Mitt. Obs. Bjurakan Nr. 21, 65 S. (russ. mit armen. Ref.). — Das kontinuierliche Spektrum von Algol wurde auf Grund von 350 Spektrogrammen mit einem spaltlosen Spektrographen des Bjurakan-Observatoriums untersucht. Als Vergleichsstern diente α Lyr. Der Gang der Gradienten im ultravioletten, photographischen und photovisuellen Bereich mit dem Phasenwinkel wurde untersucht und mit den Messungen von Barbier und Chalonge verglichen. Ferner wurde eine Lichtkurve im UV abgeleitet. Verf. hat neue photometrische Elemente aus der pg- und UV-Lichtkurve berechnet. Systematische Abweichungen sind auf die Differenz der Verdunklungskoeffizienten auf den beiden Seiten des Balmersprunges zurückzuführen. Das Problem des Verdunklungskoeffizienten wird eingehend diskutiert; Verf. hält 0.45 für den besten Wert bei λ 4500. Auf 21 Spektrogrammen mit dem 120 cm-Reflektor des Krim-Observatoriums (23 Å/mm bei Hγ) wurden die Konturen und die Gesamtabsorption der Linien Hγ und Hδ studiert. Die Hauptkomponente ist ein normaler Hauptreihenstern, was auch aus den absoluten Elementen, die zum Schluß gegeben werden, hervorgeht. Der Begleiter ist ein typischer Unterriese: $M_V = +2^m.8$, $R = 3.6\ R_\odot$, Masse $= 1.0\ M_\odot$. Ond.

11102. **M. A. Arakeljan,** Über den Rotationseffekt der Bedeckungsdoppelsterne. Nachr. Akad. Wiss. Armen. Sowjetrepublik (Phys.-Math.) **10** Nr. 2 S. 75—80 (russ.). — Ref. in RJ 1957 Nr. 12 S. 40.

11103. **A. H. Batten,** The photometric elements of RW Monocerotis. Ann d'Astrophys **20** 103—112 = Astr. Contr. Univ. Manchester (3) Nr. 57. — Lichtelektrische Messungen in zwei Farben führen zur Neubestimmung der Systemkonstanten und machen wahrscheinlich, daß der schwächere G-Unterriese die Rochesche Grenze berührt und starke Deformationen erfährt. Die Randverdunkelung des Hauptsterns ergibt sich praktisch unabhängig von der Wellenlänge. Hoffmeister

11104. **P. Broglia,** Osservazioni fotoelettriche della variabile ad eclisse CW Cassiopeiae. Ist. Lombardo Sci. Lettere Rend. **91** 687—706 = Contr. Oss. Astr. Milano-Merate (NS) Nr. 113. — An Hand lichtelektrischer, an der Sternwarte in Merate ausgeführter Beobachtungen werden die Lichtkurven für den W UMa-Stern CW Cas aufgestellt. Eine neue Ephemeride wird berechnet, und es wird auf eine Periodenänderung hingewiesen. Cester

11105. **R. R. Brownlee,** Photoelectric observations of SW Lacertae. ApJ **125** 372—390 = Publ. Goethe Link Obs. Nr. 18. — Photometrische Beobachtungen in drei Farben zeigen, daß dieser Bedeckungsveränderliche vom W UMa-Typus nach einer längeren Periode mit regulärem Lichtwechsel starke, unregelmäßig von Zyklus zu Zyklus veränderliche Störungen bei gleichzeitig blauerer Farbe zeigte. Asymmetrien und Deformationen der Lichtkurve verhinderten eine sinnvolle Rektifikation. Die Periode ist veränderlich und vergrößert sich stetig. Wellmann

11106. **C. Chamberlain, D. H. McNamara,** The orbit of the eclipsing binary TX Leonis. Publ ASP **69** 462—464. — 23 Spektrogramme, die mit drei verschiedenen Instrumenten der Lick- und Mount Wilson-Sternwarten zwischen J. D. 2434406 und 2435197 erhalten wurden, liefern Radialgeschwindigkeiten, mit deren Hilfe neue Bahnelemente berechnet sind. Beyer

11107. **G. G. Cillié, E. M. Lindsay,** The photoelectric light curve of V 499 Sco. MN **117** 445—448 = Contr. Armagh Obs. Nr. 22 (with appendix). — 1596 lichtelektrische Messungen, die im blauen und gelben Spektralbereich in den Jahren 1952—54 am 60'-Reflektor der Boyden-Station (Süd-Afrika) erhalten wurden, ergeben einen β Lyrae-Lichtwechsel mit zwei ziemlich flachen, gleichhohen Maxima. Elemente: Min. = J. D. 2428340.405 + $2^{d}.3332977 \times$ E. Zwei Tabellen mit den Normalpunkten der blauen und gelben Lichtkurve sowie bildliche Darstellungen dieser Kurven sind beigefügt. Beyer

11108. **F. Dörr,** Die Form der Lichtkurve von U Ophiuchi im Hauptminimum. BAV-Rundbrief **6** Nr. 4 S. 9—10.

11109. **E. G. Ebbighausen,** The multiple systems of λ Tauri and Algol. AJ **62** 14. — Ref. AAS.

* * **O. J. Eggen,** An eighteenth century discussion of Algol. Vgl. Ref. **1318.**

11110. **D. S. Evans,** HD 16157 — the nearest eclipsing binary? MN ASSA **16** 30, Obs **77** 74. — Ref. in Sky and Telescope **16** 519.

11111. **A. Fresa,** Photoelectric observations of the peculiar variable star W Serpentis. AJ **62** 362—367. — 1956 wurden an 110 Tagen insgesamt 860 photoelektrische Beobachtungen des Veränderlichen W Serpentis erhalten. Es zeigt sich, daß die Beobachtungen, die erst mit einer Periode von 14.15782 Tagen reduziert wurden, eine Verdoppelung der Periode auf 28.31 Tage fordern. Das sekundäre Minimum ist näher beim Maximum II als beim Maximum I und seine Tiefe ist um 0.15 mag. geringer als die des primären Minimums. Es handelt sich bei W Serpentis um einen Bedeckungsveränderlichen, vielleicht mit einem physisch Veränderlichen als Komponente, auf welchen die kleinen Sattel in der Lichtkurve hindeuten. Schaifers

11112. **J. Gadomski,** RZ Eridani. AA 7 83—101 = Astr. Obs. Warsaw Univ. Repr. Nr. 60. — Enthält die Bearbeitung der nicht veröffentlichten Helligkeiten von RZ Eri aus dem Zeitraum 1894—1948, gewonnen aus Schätzungen auf Überwachungsplatten der Sternwarten Harvard, Bamberg und Sonneberg. Die Ergebnisse sind in einer Tabelle gegeben. 265 Beobachtungen aus den Jahren 1923—52 wurden von neuem bearbeitet und zu einer Lichtkurve zusammengestellt. Auf Grund der endgültigen Lichtkurve wurden unter Benutzung spektroskopischer Ergebnisse mit Hilfe der Methode von H. Schneller Systemkonstanten abgeleitet. Verf.

11113. **M. A. Giannuzzi,** Un nuovo metodo per la determinazione dell' orbita fotometrica delle stelle variabili ad eclisse. Rend. Accad. Nationale Lincei, Cl. Sci. fis., mat., nat. (8) **22** 298—302 = Oss. Astr. Roma Monte Mario Contr. Sci. (NS) Nr. 235. — Verf. wendet seine Methode zur Bahnbestimmung aus der Lichtkurve eines Bedeckungsveränderlichen auf das System V 805 Aql an und vergleicht seine Ergebnisse mit denen von Fresa. Böh.

11114. **W. M. Grigorewskij,** Die Polarisation des Lichtes von β Lyrae. Publ. Univ. Odessa **146** (Sammlung student. Arbeiten) Nr. 4 S. 171—175, 1956 (russ.). — Ref. in RJ 1958 Nr. 1 S. 26.

11115. **H. G. Groth,** Die äußeren Atmosphärenschichten der K-Komponente des Systems Zeta Aurigae. Mitt. AG 1956 S. 34—35. — Ref. AG.

11116. **H. G. Groth,** Die äußeren Atmosphärenschichten der K-Komponente im System ζ Aurigae. ZfA **43** 185—217 = Mitt. Sternw. Hamburg-Bergedorf **23** Nr. 263. — Aus 28 Spektren, die während der chromosphärischen Bedeckung 1950 und 1953 aufgenommen wurden, werden die Äquivalentbreiten von 83 Chromosphärenlinien bestimmt. Mit Hilfe von Wachstumskurven werden die tangentialen Atomzahlen abgeleitet. Es ergibt sich eine Turbulenzgeschwindigkeit von 22.8 km/sec und die Anregungstemperatur des Eisens von 4100°. Es zeigt sich, daß die Dichten und Dichtegradienten für einige neutrale und ionisierte Metalle und den zweiquantigen Wasserstoff nur befriedigend gedeutet werden können, wenn eine Überanregung in der Chromosphäre selbst angenommen wird. Die verdünnte Strahlung des B-Sterns reicht zur Anregung und Ionisation nicht aus. Ein Vergleich mit den aus dem Totalitätsspektrum abgeleiteten Atomzahlen zeigt, daß die Balmerlinien des K-Sterns überwiegend in den überangeregten Schichten der Chromosphäre entstehen. Verf.

11117. **M. Hack,** The spectrum of ε Aurigae in and before eclipse. Publ ASP **69** 389—390. — Ref. ASP.

11118. **F. Hinderer,** Der Veränderliche ε Ursae Minoris. AN **284** 1—13 = Mitt. Sternw. Berlin-Babelsberg Nr. 3. — Anhand von 221 Messungen mit dem alten Guthnickschen Photometer aus den Jahren 1946—1951 wird die von Guthnick gefundene merkwürdige Lichtkurve von ε UMi nachgeprüft. Diese Messungen und eine kürzere Reihe von Kontrollbeobachtungen mit der neuen lichtelektrischen Meßeinrichtung zeigen, daß die Abweichungen von einer reinen Bedeckungslichtkurve auf Extinktionseinflüsse zurückzuführen sind und daß ε UMi ein normaler Algolveränderlicher, bestehend aus einer gG1- und einer dF0-Komponente, mit Radienverhältnis 0.14 ist. Verf.

11119. **F. Hinderer,** Lichtelektrische Messungen an W Ursae majoris-Sternen. Mitt. AG 1956 S. 29. — Ref. AG.

11120. **Y. Hosokawa,** The photometric ellipticity constant in eclipsing binary systems. Sci. Reports Tôhoku Univ. (1) **40** 208—223 = Sendai Astr. Rap. Nr. 52. — Der Randverdunklungskoeffizient und der Koeffizient des Gravitationseffektes werden, im wesentlichen nach Chandrasekhars Theorie, als Funktion von Wellenlänge und Spektraltypus (B0—G2) berechnet und benutzt, um theoretische Elliptizitätskoeffizienten (nach Russell-Merrill) für 18 Bedeckungsveränderliche mit genauer bekannten Lichtkurven zu berechnen. Ein Vergleich der berechneten und beobachteten Elliptizitätskoeffizienten zeigt für Spektren später als B8 relativ gute Übereinstimmung, während die beobachtete Elliptizität früherer Paare den theoretischen Wert im Mittel um 40% übertrifft. Wellmann

11121. **S.-S. Huang,** Variation of HeI lines in the Algol system during primary eclipse. ApJ **126** 51—52 = Berkeley Repr. Nr. 120. — Aus den Änderungen der He I-Linienintensitäten im Spektrum der Komponente A während der Bedeckung dieses Sterns durch B wird das Helligkeitsverhältnis zwischen A und der dritten Komponente C abgeleitet. Wellmann

11122. **M. Huruhata, T. Nakamura, M. Kitamura,** A photoelectric study of the eclipsing system ER Orionis. Ann. Tokyo Astr. Obs. (2) **5** 3—13. — Aus photoelektrischen Messungen in drei Farben werden Elemente des W UMa-Systems abgeleitet. Der Stern ist interessant, weil ausnahmsweise die massereichere Komponente kälter ist, und beide Komponenten im Hinblick auf das Spektrum zu kleine Massen besitzen. Wellmann

11123. **M. Huruhata, M. Kitamura, T. Nakamura, H. Tanabe,** Observations of some peculiar close binary systems. U Pegasi, 44i Bootis, and TY Puppis. Ann. Tokyo Astr. Obs. (2) **5** 31—62. — Es werden lichtelektrische Dreifarben-Messungen von drei W UMa-Veränderlichen besprochen, die einige Besonderheiten zeigen. U Peg und in geringerem Maße auch 44i Boo zeigen im Maximum unregelmäßige Lichtausbrüche, die nur im UV sichtbar werden. Bahnexzentrizität und Apsidenbewegung sind in beiden Fällen photometrisch nachweisbar. TY Pup hat einen sehr unregelmäßigen Lichtwechsel, der in keiner klaren Beziehung zu den ebenfalls komplizierteren RG-Änderungen steht. Wellmann

11124. **M. Huruhata, M. Kitamura,** The absolute magnitudes and the effective temperatures of components of close binaries of W Ursae Majoris type. Ann. Tokyo Astr. Obs. (2) **5** 63—70. — Untersucht werden W UMa-Veränderliche mit bekannten photometrischen und spektroskopischen Elementen. Nur für vier Systeme sind trigonometrische Parallaxen bekannt, deshalb wird für eine Gruppe von 11 Systemen aus EB und RG eine statistische Parallaxe abgeleitet. Es ergeben sich absolute Helligkeiten der Komponenten und unter Zuhilfenahme der absoluten Dimensionen die effektiven Temperaturen. Die Sterne sind schwächer als Hauptreihensterne gleichen Spektrums; ihr Helligkeitsverhältnis ist kleiner, als es nach der Masse-Leuchtkraft-Beziehung zu erwarten ist; die Komponente höherer Masse hat die kleinere effektive Temperatur.
Wellmann

11125. **C. Luplau Janssen,** Algol. Urania København **14** 39—40.

11126. **G. E. Jerlexowa,** DR Vulpeculae — ein Bedeckungsveränderlicher mit Apsidenbewegung. AC Nr. 182 S. 11 (russ.).

11127. **H. C. Joksch,** Der Lichtwechsel des Bedeckungsveränderlichen β Lyrae. Mitt. AG 1956 S. 29—30. — Ref. AG.

11128. **K. Kaltschajew,** Die Bestimmung der relativen Elemente der Bedeckungsveränderlichen. Publ. Inst. Phys. Geophys. Akad. Wiss. Turkmen. Sowjetrepublik **3** 3—10 (russ.). — Ref. in RJ 1957 Nr. 12 S. 40—41.

11129. **K. Kaltschajew,** Untersuchung der physikalischen Besonderheiten der Bedeckungsveränderlichen. Publ. Inst. Phys. Geophys. Akad. Wiss. Turkmen. Sowjetrepublik **3** 11—13 (russ.). — Ref. in RJ 1957 Nr. 12 S. 41.

11130. **S. Kawabata,** On the metallic ionization in the extended atmosphere of Zeta Aurigae. Publ. Astr. Soc. Japan **9** 72—81 = Contr. Inst. Astrophys. Kwasan Obs. Kyoto Nr. 70. — Um die Änderung des Ionisationsgrades einiger Metalle mit der Höhe in der Atmosphäre erklären zu können, wird angenommen, daß ähnlich wie in der Sonnenkorona, Elektronenstöße bestimmend sind. Die Ionisation des Fe kann verstanden werden, wenn man eine Elektronendichte von 3×10^{10} und eine Elektronentemperatur zwischen 12000° und 14000° postuliert. Die hohe Temperatur bleibt unerklärt, und die Ionisation des Ca kann nicht dargestellt werden. Wellmann

11131. **P. C. Keenan, J. A. Wright,** On the spectral type and luminosity of VV Cephei. Publ ASP **69** 457—458. — Die totale Bedeckung der Be-Komponente des langperiodischen Algolsterns VV Cephei bietet eine Gelegenheit, das Spektrum des M-Überriesen genauer zu untersuchen. Ein am 60"-Mount Wilson-Spiegel erhaltenes 80 Å/mm-Spektrum (1956 Nov. 14) sowie zwei Prismen-Spektrogramme (104 Å/mm bei Hγ) des Perkins-Observatoriums von 1956 Dez. 18 werden im MK-System als M2 Ia—Iab klassifiziert. Schwache Emissionen des ionisierten Eisens entstammen einer das ganze System einhüllenden Gaswolke.
Beyer

11132. **M. Kitamura, T. Nakamura,** A photoelectric study of the eclipsing system UX Eridani. Ann. Tokyo Astr. Obs. (2) **5** 23—30. — Lichtelektrische Beobachtungen dieses kurzperiodischen W UMa-Systems in zwei

Wintern zeigen Unregelmäßigkeiten in der Lichtkurve sowie Helligkeits- und Farbdifferenzen zwischen den Maxima, die nur zeitweise auftreten. Die Periode scheint zuzunehmen. Wellmann

11133. **M. Kitamura, H. Tanabe, T. Nakamura,** Photoelectric observations of AH Virginis and the interpretation of its color changes at light minima. Publ. Astr. Soc. Japan **9** 119—135 = Tokyo Astr. Obs. Repr. Nr. 158. — AH Vir zeigt, ebenso wie viele andere W UMa-Sterne, Farbänderungen während einer Periode; die Sterne erscheinen in den Bedeckungsphasen röter. Da der theoretisch berechnete Einfluß des Gravitationseffektes auf die Farbe viel kleiner ist, wird eine gegenseitige Aufheizung der einander zugewandten Sternteile angenommen. Die Temperaturdifferenz zwischen der inneren und äußeren Hemisphäre eines Sterns müßte etwa 500 bis 600° betragen und sich im Spektrum der Sterne auswirken. Wellmann

11134. **M. Kitamura,** On the phase-function of the reflection effect in close eclipsing binaries. Publ. Astr. Soc. Japan **9** 171—177 = Tokyo Astr. Obs. Repr. Nr. 160. — Theoretische Überlegungen von Matukuma über die Abhängigkeit des Reflexionseffekts vom Phasenwinkel werden fortgesetzt. F. S.

11135. **M. Kitamura, T. Nakamura, C. Takahashi,** A photoelectric study of the eclipsing system BH Virginis. Publ. Astr. Soc. Japan **9** 191—200 = Tokyo Astr. Obs. Repr. Nr. 162. — Die Lichtkurve zeigt trotz der kurzen Periode ($0^d.8$) Algol-Charakter. Photoelektrische Beobachtungen mit Filter in den Jahren 1953 und 1954 zeigen Unregelmäßigkeiten im Normallicht, die 1957 (ohne Filter) fehlen. Aber auch dann läßt sich die Rektifikation nach der üblichen Theorie nicht widerspruchsfrei durchführen. Vorläufige photometrische Elemente werden angegeben. Wellmann

11136. **J. H. Knowles,** Another look at Algol. Sky and Telescope **16** 190—192.

11137. **G. Kuklin,** Über die Änderung der Masse von β Lyrae. AC Nr. 182 S. 8—9 (russ.).

11138. **K. K. Kwee, P. T. Oosterhoff, L. M. J. S. Volders,** Photo-electric light-curves in blue and yellow light of the eclipsing variable RR Trianguli Australis. BAN **13** 328—337. — Dieser Bedeckungsstern wurde im blauen und gelben Licht beobachtet. Verbesserte Elemente und Lichtkurven nebst zahlreichen Einzelbeobachtungen sind mitgeteilt und die Bahnelemente bestimmt, wobei sich schwer erklärliche Abweichungen zwischen den Lösungen für blaues und gelbes Licht ergeben. Hoffmeister

11139. **G. Larsson-Leander,** Photoelectric observations of the 1956—1957 eclipse of VV Cephei. I. The ingress phase. Ark Astr **2** 135—143 = Stockholms Obs. Medd. Nr. 96. — Die zwischen 1955 Nov. 18 und 1957 Apr. 3 am photographischen 60 cm-Refraktor der Stockholmer Sternwarte erhaltenen lichtelektrischen Messungen im blauen und gelben Bereich ergeben sehr sichere Lichtkurven des Lichtabstiegs, die neben den Zeiten des 1. und 2. Kontaktes auch gute Aufschlüsse über die physische Veränderlichkeit beider Komponenten liefern. Außer sämtlichen Einzelbeobachtungen und ihren graphischen Darstellungen sind auch die Epochen der Minima und Maxima des Lichtwechsels der einzelnen Komponenten wiedergegeben. Beyer

11140. **G. Larsson-Leander,** Spectrophotometry of 31 Cygni at egress 1951. Stockholms Obs. Ann. **19** Nr. 8, 31 S. — Das System 31 Cygni besteht aus einem K-Überriesen und einem B-Hauptreihenstern. Spektrogramme vom Ende der Bedeckung 1951 wurden hinsichtlich der Dopplerverbreiterung der Linien untersucht und zur Bestimmung der Anregungstemperatur benutzt. Auch Dichtebestimmungen wurden ausgeführt. Es ergaben sich Hinweise auf eine Wolkenstruktur auch für die innere Chromosphäre des K-Sterns. Hoffmeister

11141. **A. P. Linnell,** Photoelectric observations of RZ Cancri. AJ **62** 159—162. — Einzelbeobachtungen dieses Bedeckungssystems werden mitgeteilt, Licht- und Farbkurven bestimmt. Es ergibt sich eine Rötung im Hauptminimum und eine starke Wirkung der Elliptizität der Komponenten. Hoffmeister

11142. **A. P. Linnell,** Photoelectric observations of TW Cancri. AJ **62** 162—165. — Die im einzelnen mitgeteilten Beobachtungen in zwei Farben beziehen sich nur auf das Normallicht dieses Bedeckungssystems, das weder Elliptizität der Komponenten noch einen Reflexionseffekt aufweist. Hoffmeister

11143. **C. R. Lynds,** The eclipsing binary UX Monocerotis. ApJ **126** 69—80 = Berkeley Repr. Nr. 121. — Lichtelektrische Beobachtungen in drei Farben zeigen, daß die A-Komponente des Systems unregelmäßig veränderlich ist. Aus den Systemdimensionen und Leuchtkräften folgt, daß dieser Stern im HR-Diagramm wahrscheinlich in das Gebiet der RR Lyrae-Sterne fällt. Man wird aber die Ausbildung regelmäßiger Pulsationen nicht erwarten können, weil die sehr nahe zweite Komponente modifizierend und störend wirkt. Wellmann

11144. **C. R. Lynds,** Photoelectric observations of the peculiar system W Serpentis. ApJ **126** 81—86 = Berkeley Repr. Nr. 122. — Lichtelektrische Beobachtungen des Systems in drei Farben zeigen in den längeren Wellenlängen den Bedeckungslichtwechsel mit den bekannten Komplikationen; im UV nehmen diese aber so überhand, daß die Bedeckungsminima nicht mehr zu erkennen sind. Der Farbenindex B−V zeigt Änderungen, die sich mit jeder Periode wiederholen. Die Hauptkomponente ist im HR-Diagramm oberhalb der Hauptreihe zu lokalisieren. Wellmann

11145. **C. R. Lynds,** Photoelectric observations of W Serpentis. Publ ASP **69** 392. — Ref. ASP.

11146. **R. Lynds,** Photoelectric observations of UX Monocerotis. AJ **62** 24. — Ref. AAS.

11147. **A. McKellar, K. O. Wright, J. D. Francis,** Spectrographic observations of VV Cephei during ingress and totality, 1956—57. Publ ASP **69** 442—449 = Contr. Dominion Astrophys. Obs. Victoria Nr. 58. — Auf Grund zahlreicher Spektrogramme (3.4 Å/mm) des Dominion Observatoriums Victoria, die zwischen 1956 April und 1957 Mai, zeitweilig in wöchentlichen Abständen erhalten wurden, dürfte die totale Bedeckung der Be-Komponente durch den M-Überriesen (2. Kontakt) Ende Juli 1956 begonnen haben. Die Messungen der Radialgeschwindigkeiten bestätigen diesen Befund. Diese Beobachtungen stehen in bester Übereinstimmung mit den lichtelektrischen Messungen von G. Larsson-Leander, die den 1. Kontakt auf 1956 Juni 29 und den 2. auf 1956 Juli 29 festlegen. Eine sehr ausführliche Beschreibung der spektralen Veränderungen wird durch mehrere Reproduktionen und Intensitätskurven einzelner Spektralgebiete sowie durch Radialgeschwindigkeits-Diagramme ergänzt. Beyer

11148. **A. McKellar, E. Butkov,** Spectrographic observations at the 1953 and 1955—56 eclipses of Zeta Aurigae. Publ. Dominion Astrophys. Obs. Victoria **10** 341—348. — Spektren in zeitlicher Nähe der Bedeckungen von 1953 und 1955/56 lassen erkennen, daß die Chromosphäre in beiden Fällen eine mittlere Ausdehnung besessen hat. Die RG aus den Chromosphärenlinien zeigen wieder die noch nicht befriedigend erklärten Unregelmäßigkeiten. Im UV ($\lambda\lambda$ 3220—3430) waren Chromosphärenlinien nachweisbar, die in ihrer Intensität mit Ca II K zu vergleichen sind und deshalb in ähnlich großen Zeitabständen von der Bedeckung auftreten. Wellmann

11149. **D. H. McNamara,** The Hα line in the spectrum of RZ Scuti. Publ ASP **69** 574—576. — Eine Untersuchung von Spektrogrammen (20 Å/mm), die mit dem 100″-Mount Wilson-Spiegel erhalten wurden, bestätigen die Ergebnisse von Neubauer und Struve, nach denen die Wasserstoff-Absorptionen, die von hellen Emissionen gesäumt sind, einer Gashülle entstammen, die sich langsam um die schnell rotierende Schicht der helleren Komponente vom Typ B 3 Ib dreht. Die bildliche Wiedergabe von vier Spektren läßt deutlich die verschiedenen Radialgeschwindigkeiten der H- und He-Linien, daneben aber auch die sehr ungleiche Dichte der Wasserstoffhülle erkennen. Beyer

11150. **A. S. Meltzer,** A spectroscopic investigation of Algol. ApJ **125** 359—371. — In Mt. Wilson-Coudé-Spektren aus dem Hauptminimum ($\lambda\lambda$ 5800—6700, 6.73 Å/mm) erscheinen schwache, schmale Linien eines F-Spektrums, die nach ihren Radialgeschwindigkeiten nicht der dunklen Komponente des Bedeckungssystems, sondern nur dem dritten Körper des Gesamtsystems angehören können. Auf Grund der Spektren wurden die Helligkeiten der Sterne abgeschätzt und eine Parallaxe des Systems abgeleitet. Wellmann

11151. **G. R. Miczaika,** A two-color light curve of the eclipsing binary RX Herculis. AJ **62** 376—378 = Harv Repr (2) Nr. 123. — Am 12'-Refraktor der Lickasternwarte wurden zwischen 1953 Juni 2 und Okt. 27 insgesamt 662 lichtelektrische Messungen im gelben und blauen Farbbereich vorgenommen. Die daraus erhaltenen Lichtkurven stimmen gut mit den lichtelektrisch erhaltenen Ergebnissen von F. B. Wood (1949) und N. L. Magalaschwili (1953) überein. Sämtliche Einzelbeobachtungen sowie die Normalpunkte und das daraus bestimmte Normalmaximum sind mitgeteilt. Beyer

11152. **H. Pillans, O. Struve,** The spectrum of ε Aurigae during eclipse. AJ **62** 145. — Ref. AAS.

11153. **D. M. Popper,** The giant eclipsing binary, RZ Cancri. AJ **62** 29—30. — Ref. AAS.

11154. **D. M. Popper,** Rediscussion of eclipsing binaries. III. Z Vulpeculae. ApJ **126** 53—68. — Auf Grund neuer spektroskopischer und photoelektrischer Beobachtungen wird eine Bearbeitung des Systems unternommen, die im wesentlichen die früheren Ergebnisse über die Dimensionen bestätigt und auf eine genauere Basis stellt. Bei der Analyse der Lichtkurve müssen verschiedene Deformationen der beiden Komponenten angenommen werden, und es sind Anzeichen dafür vorhanden, daß die Helligkeitsverteilung über die Scheibe des A-Sterns nicht durch das normale Randverdunklungsgesetz erfaßt wird. Wellmann

11155. **D. M. Popper,** Photoelectric observations of eclipsing binaries. ApJ Suppl **3** 107—140. — Ref. in ApJ **126** 598—599. — Eine Zusammenstellung aller lichtelektrischen Messungen, die 1950—56 in den beiden Farbbereichen Gelb und Blau (Johnson-Morgan) an den sieben Bedeckungsveränderlichen S Ant, GO Cyg, Z Her, CM Lac, V 356 Sgr, Z Vul und RS Vul auf der Lickasternwarte mit Ergänzungen auf den McDonald- und Palomar-Observatorien angestellt wurden. Im Gegensatz zu früheren Ergebnissen entsprechen die Farben der Komponenten bei allen sieben Veränderlichen den aus der Tiefe der Minima bestimmten Oberflächen-Helligkeiten. Beyer

11156. **J.-L. Rigal,** Etude statistique des profondeurs d'éclipses d'etoiles du type W UMa. CR **245** 1221—1224 = Contr. Inst. d'Astrophys. Paris (A) Nr. 228. — Nach der Methode von Russell-Kopal wurden die Verfinsterungstiefen für W UMa-Sterne berechnet. Während daraus ein Ansteigen dieser Tiefen $\bar{A}_W(r)$ folgt, wird im allgemeinen ein von der Periode unabhängiges $\bar{A}_W(r)$ beobachtet. Es wird daher zwischen den beiden Komponenten eine helle Zone vermutet mit einer solchen Dichte, daß keine Emissionslinien auftreten. Die Helligkeit dieser Zone wird mit 10—25 % veranschlagt, ihre Masse sollte nicht zu stark mit wachsendem Komponentenabstand abnehmen. Mehltretter

11157. **J. J. Ruiz,** A photoelectric light curve of u Herculis. Publ ASP **69** 261—264. — Wiedergabe der mittleren Lichtkurven des β Lyrae-Veränderlichen, die aus lichtelektrischen Messungen mit einem 8'-Reflektor aus den Jahren 1952—55 für die Farbbereiche 4050 und 5300 gezeichnet sind. Beyer

11158. **J. Sahade,** A new velocity curve of W Serpentis. AJ **62** 31. — Ref. AAS.

11159. **J. Sahade, O. Struve,** The spectrum of W Serpentis. ApJ **126** 87—98 = Berkeley Repr. Nr. 123. — Ref. in Coelum **26** 26. — Das Spektrum zeigt Absorptionen und Emissionen und läßt vermuten, daß ein A-Stern Materie mit hoher Geschwindigkeit abströmen läßt. Es hat sich eine expandierende Hülle relativ hoher Dichte gebildet, und ihre Absorption wirkt sich im Lichtwechsel des Systems aus. Ein weiterer Gasstrom läuft von der zweiten Komponente zum Hauptstern. Die Umlaufsperiode nimmt zur Zeit zu. Wellmann

11160. **J. Sahade,** The system of Algol. ASP Leaflet Nr. 336, 8 S.

11161. **J. Sahade, O. Struve,** The spectrum of AZ Cassiopeiae on September 22, 1956. Publ ASP **69** 79—80. — AZ Cassiopeiae gehört nach J. Ashbrook zu den langperiodischen Bedeckungsveränderlichen ($P = 3406^d$). Kurz vor dem 1956 Dez. 26 zu erwartenden Lichtabstieg wurde von J. Sahade am 60"-Mount Wilson-Spiegel 1956 Sept. 22 ein Spektrum (40 Å/mm) dieses roten Veränderlichen vom Typ M 1 erhalten. In dem bildlich wiedergegebenen Spektrum (6000—6850 Å) erscheint die Hα-Absorption durch eine kräftige Emission am roten und eine schwache am violetten Rande überlagert. Danach scheint der Hauptstern mit einem Gasring umgeben zu sein, der zur Zeit der Aufnahme bereits zum Teil vom Begleiter bedeckt war. Beyer

11162. **K. C. Saidow,** Untersuchung von Bedeckungssystemen. Bull. Astr. Obs. Stalinabad Nr. 22—23 S. 29—32 (russ.). — Seit 1940 wurden an der Sternwarte in Stalinabad von verschiedenen Autoren die Bahnelemente von SS Cet, CX Aqr, AW Peg, RT Per, MR Cyg, β Lyr und DR Vul untersucht. Perek

11163. **H. Schmidt, K. W. Schrick,** Untersuchungen an W Ursae Majoris-Sternen. III. Lichtelektrische Beobachtungen von i Bootis. ZfA **43** 165—184 = Mitt. Univ.-Sternw. Bonn Nr. 11. — In der Zeit von 1954 bis 1956 sind an dem Bedeckungsveränderlichen i Boo lichtelektrische Messungen bei den Wellenlängen λ 370, 450 und 580 mμ ausgeführt worden. Die gewonnenen Lichtkurven zeigen kurzzeitige Schwankungen vor allem im Nebenminimum. Eine Helligkeitsänderung des Sternes i Boo A ist im Beobachtungszeitraum nicht zu erkennen. Die Farbenindizes $FI_{370/450}$ und $FI_{450/580}$ variieren mit der Phase, verhalten sich jedoch völlig anders als erwartet. Nach einem Vergleich mit älteren Beobachtungen nimmt die mittlere Tiefe des Nebenminimums der Lichtkurve langsam mit der Zeit zu. Mit Hilfe eines einfachen Arbeitsmodelles unter der Annahme einer Instabilität der Hauptkomponente des Systems können die beobachteten Erscheinungen gedeutet werden. Die bekannte starke Periodenänderung des Lichtwechsels wird auf eine über gewisse Zeiträume konstante Massenabgabe des Systems zurückgeführt. Verf.

11164. **T. Schmidt,** Magnetfeld von RR Lyrae. Sterne **33** 161.

11165. **O. Struve,** High dispersion observations of Spica. AJ **62** 35. — Ref. AAS.

11166. **O. Struve, J. Sahade,** The spectrum of β Persei during primary eclipse. ApJ **125** 689—691 = Berkeley Repr. Nr. 117. — Ref. in Coelum **25** 189. — Mt. Wilson-Coudé-Spektren (Dispersion 4.5 Å/mm) zeigen im Hauptminimum zahlreiche Linien der dritten Komponente des Systems. Ihr Spektrum liegt zwischen einem späten A- und einem F 5-Typus; die Leuchtkraft wurde zu IV oder V klassifiziert. Die Überlagerung dieser Linien mit den Linien im Spektrum der hellsten Komponente, die im Hauptminimum bedeckt wird, erklärt die anomalen Erscheinungen, z. B. Linienverdopplungen zu dieser Phase. Wellmann

11167. **O. Struve, J. Sahade,** Spectrographic observations of Algol. Publ ASP **69** 41—45 = Berkeley Repr. Nr. 115. — Auf Serienaufnahmen des Algolspektrums am 100"-Mount Wilson-Spiegel während des Minimums 1956

Sept. 21 und in verschiedenen Phasen zwischen 1956 Okt. 24—26 werden die seit langem bekannten Verdoppelungen der Linien Mg II (4481) und Hα untersucht.
Beyer

11168. **O. Struve, H. Pillans,** The spectrum of ε Aurigae in October and November, 1956. Publ ASP **69** 169—172. — Auf zwei Spektren von ε Aur, die zu Beginn bzw. Ende der Totalität 1956 aufgenommen wurden, zeigen die Linien eine Struktur, wie sie bisher noch nicht bei diesem Stern gefunden wurde. Die starken Fe II-Linien sind dreifach, die Linien von Sr II, Sc II, Ca II, Fe I und mehreren anderen Elementen sind doppelt. Die Spektren werden ausführlich beschrieben.
Groth

11169. **O. Struve, J. Sahade,** On the third body in the system of Algol. Publ ASP **69** 256—267. — Spektralphotometrische Messungen, die S.-S. Huang auf Mount Wilson-Spektrogrammen hoher Dispersion durchführte, liefern in Verbindung mit ähnlichen Untersuchungen von I. S. Hall (ApJ **90** 449) eine Reihe wichtiger Aufschlüsse über die physische Beschaffenheit der 3. Komponente des Systems.
Beyer

11170. **O. Struve, J. Sahade, S.-S. Huang,** The spectrum of U Coronae Borealis. Publ ASP **69** 342—346 = Berkeley Repr. Nr. 125. — Das Auftreten von Hα-Emissionen in den Elongationen der beiden Hauptkomponenten von Algol gab Veranlassung, auch bei anderen Bedeckungsveränderlichen nach dieser Erscheinung zu suchen. Eine Reihe von Spektren (20 Å/mm) des Algol-Sterns U CrB, die 1957 am 100″-Mount Wilson-Reflektor erhalten wurden, lassen auch bei diesem Stern deutlich das Auftreten einer überlagernden Emission bei Hα erkennen. Neben einer Zusammenstellung der gemessenen Radialgeschwindigkeiten von Hα und He I (6678) sind Registrierkurven des Gebiets um Hα für sieben verschiedene Phasen des Lichtwechsels sowie Reproduktionen des Spektrums gegeben.
Beyer

11171. **O. Struve,** The spectrum of Beta Lyrae. Sky and Telescope **16** 418—422. — Ref. in Coelum **26** 25—26. — An Hand einer größeren Anzahl von Spektrogrammen, von Verf. und J. Sahade am 100″-Reflektor auf dem Mt. Wilson aufgenommen, werden die vielfältigen Erscheinungen im Spektrum des Bedeckungsveränderlichen aufgezeigt. Ein aus den spektroskopischen Ergebnissen abgeleitetes Modell liefert eine Deutung der Beobachtungen. Die noch ungelösten Probleme dieses Systems werden aufgeführt.
Schaifers

11172. **S. N. Svolopoulos,** Two-color photoelectric observations of BX Andromedae. AJ **62** 330—334. — Der Vergleich der Lichtkurven in Gelb und Blau ergibt einige kleine Unregelmäßigkeiten, von denen es noch nicht feststeht, ob sie nur vorübergehend auftreten.
Hoffmeister

11173. **M. A. Swetschnikow,** ε Aur — ein Stern mit veränderlicher Polarisation. AC Nr. 177 S. 12—14 (russ.). — Nach den Messungen des Verf. in den Jahren 1955 und 1956 schwankte der Polarisationsgrad von ε Aur unregelmäßig zwischen 0.2 bis 3.5%. Aus gleichzeitigen Spektralaufnahmen geht hervor, daß der ultraviolette Gradient steigt, wenn der Polarisationsgrad sinkt. Das bisherige Beobachtungsmaterial ist jedoch noch zu gering.
Ond.

11174. **H. Tanabe, T. Nakamura,** A photoelectric study of the eclipsing system Y Sextantis. Ann. Tokyo Astr. Obs. (2) **5** 15—22. — Dieser W UMa-Veränderliche wurde lichtelektrisch in zwei Farben beobachtet. Wegen der kleinen Amplitude werden die abgeleiteten photometrischen Elemente als vorläufig betrachtet.
Wellmann

11175. **H. Tanabe, T. Nakamura,** Photoelectric observations of the eclipse of ζ Aurigae in 1955—56. TAB (2) Nr. 96 S. 1023—1031. — Das um die Jahreswende 1955/56 erwartete Minimum des langperiodischen Bedeckungsveränderlichen ζ Aurigae fand nach lichtelektrischen Messungen, die in 10 Nächten zwischen 1955 Dez. 8 und 1956 Feb. 2 mit dem 26'-Refraktor des Observatoriums Tokyo erhalten wurden, 1955 Dez. 28 (J. D. 2435470.025) statt. Die Beobachtungen wurden mit sechs verschiedenen Filtern, deren Durchlässigkeitskurven graphisch dargestellt sind, in den Spektralbereichen $\lambda\lambda$ 3880, 4340, 4620, 4980, 5550 und mit Gelbfilter (Y 2) durchgeführt. Während die Periode geringe, unregelmäßige Schwankungen zeigt, scheint die Dauer der Verfinsterung langsam größer zu werden. Beyer

11176. **G. Thiessen,** Farbschwankungen des Systems Epsilon Aurigae. ZfA **43** 233—235 = Mitt. Sternw. Hamburg-Bergedorf **23** Nr. 264. — Nach photoelektrischen Beobachtungen ist die Amplitude der sekundären Helligkeitsschwankungen für die benutzten Wellenlängenbereiche um so größer, je kleiner die Wellenlänge ist, während der Hauptlichtwechsel von der Wellenlänge unabhängig ist. Zur präzisen Festlegung der Kurve des Hauptlichtwechsels sollte man nur Beobachtungen gleicher Farbe und damit gleicher sekundärer Helligkeit verwenden oder solche, die sich auf gleiche Farbe reduzieren lassen. Verf.

11177. **F. Tung, Y. C. Chang,** An investigation of a number of eclipsing binaries with variable periods. Acta Astr. Sinica **5** 239—264 (chines. mit engl. Ref.).

11178. **P. Wellmann,** Spectroscopic results on 32 Cygni. ApJ **126** 30—45 = Commun. David Dunlap Obs. Nr. 39. — Aus Spektren, die in Ann Arbor, Toronto und Hamburg überwiegend in zeitlicher Nähe der Bedeckungen von 1949 und 1952/53 aufgenommen wurden, konnten das Intensitätsverhältnis der beiden Komponenten als Funktion der Wellenlänge, die Intensität der Ca II-Absorption während der chromosphärischen Bedeckung und die Intensität und Struktur der Ca II-Emissionen gemessen werden. Daraus wurden Kontaktzeiten, die Periode und vorläufige Dimensionen des Systems abgeleitet. Die Möglichkeiten zur Erklärung der Emissionen und ihrer Variationen werden diskutiert. Wellmann

11179. **H. van Woerden,** SV Camelopardalis, an eclipsing binary with variable light-curve. Ann. Sterrewacht Leiden **21** 1—114. — Die umfangreiche Arbeit stützt sich auf nahezu 8000 lichtelektrische Messungen. Die Periode variiert um einige Zehntelsekunden. Die Lichtkurve unterliegt in allen Teilen raschen Änderungen, als deren wahrscheinlichste Ursache Veränderlichkeit der Lichtverteilung im System angesehen wird als Folge einer Instabilität des Hauptsterns und Mitwirkung einer der sekundären Komponente folgenden Gaswolke. Hoffmeister

11180. **F. B. Wood, W. Blitzstein,** Observation of ζ Aurigae in the 1955—56 eclipse. AJ **62** 165—168 = Flower and Cook Obs. Repr. Nr. 105. — Messungen in Gelb, Grün, Blau und im UV bestätigen die größere Dauer der Bedeckung bei kürzeren Wellenlängen. Die Amplitude ist $1^{m}_{.}86$ bei λ 3860 Å, $0^{m}_{.}20$ bei λ 5250 Å. Die Beobachtungen geben einige Hinweise auf geringen, überlagerten, physischen Lichtwechsel. Hoffmeister

11181. **F. B. Wood,** Photoelectric observations of UX Monocerotis. AJ **62** 327—329. — Das Bedeckungssystem zeigt physische Veränderlichkeit von zwei Arten: 1.) langsame Änderungen der Höhenlage eines Kurventeils im Betrag bis zu $0^{m}_{.}1$ im Verlauf einiger Zyklen, 2.) rasche flareartige Erhellungen bis $0^{m}_{.}1$ in Gelb, $0^{m}_{.}2$ in Blau, im Verlauf von manchmal 30 Minuten oder länger, selten innerhalb von 4 bis 5 Minuten. Hoffmeister

11182. **K. O. Wright, R. S. Kushwaha,** Observations of ε Aurigae. Publ ASP **69** 402—403. — Ref. ASP.

11183. **H. Zimmer,** Das System U Cephei. BAV-Rundbrief **6** Nr. 2 S. 2—5.

11184. **W. Zonn,** Układ zaćmieniowy BM Cassiopeiae, w którym jeden składnik jest cefeidą klasyczną. Postępy Astr. **5** 179—180. — Zusammenfassung der Ergebnisse von Thiessen (vgl. AJB **56** Ref. 11151).

11185. Visual observations of ε Aurigae during the minimum of 1955—1957 by Variable Star Section of the Japan Astronomical Study Association. Mem. Japan Astr. Study Ass. **1** 189—195 (japan.).

11186. Algolminimer i 1958. NAT 1957 S. 147.

11187. Minima of Algol. Sky and Telescope **16** 144, 199, 250, 303, 354, 400, 452, 504, 559, 608, **17** 46, 103.

Cepheiden

11188. **I. F. Alanija,** The colour excesses of 102 RR Lyrae stars. AJ UdSSR **34** 206—216 (russ. mit engl. Ref.). — Aus über 1200 seit 1951 mit der 360/444 mm Schmidt-Kamera gewonnenen leicht extrafokalen Aufnahmen auf Isochrom unter Verwendung von Filtern BG 3 und GG 11 wurde ein Katalog hergestellt, der außer den galaktischen Koordinaten und Angaben über photographische Medianhelligkeit, Periode und Spektraltyp aus dem russischen Generalkatalog Veränderlicher Sterne, folgende Daten enthält: Farbenindex, Farbenexzeß, Absorption, Entfernungen von der Sonne und von der galaktischen Ebene. Als mittlere absolute Größe wurde $M_{pg} = +0^{m}3 \pm 0^{m}1$ angenommen. Die Differenz «Farbenindex minus Farbenexzeß» wurde als «mittlerer Farbwert» konstant $= -0^{m}35$ gesetzt. Die Absorption ist durchweg dem fünffachen Farbenexzeß gleichgesetzt. 80% der Sterne haben eine homogene Farbencharakteristik. Systematische Beziehungen zwischen Periodenlänge und Farbenindex oder Spektraltyp zeigten sich nicht. Für spezielle Untersuchungen ist das Material noch zu knapp, läßt aber bereits die unregelmäßige, ballige Verteilung der interstellaren Materie erkennen. Die Parameter α und β der Absorptionsformel nach Parenago wurden, unterteilt für drei galaktische Breitenzonen, berechnet. Petri

11189. **H. C. Arp,** Three-color photometry of Cepheids W Virginis, M5 Nos. 42 and 84, and M10 Nos. 2 and 3. AJ **62** 129—136. — Die Bestimmung von Lichtkurven von W Virginis und einigen δ Cephei-Sternen in Kugelhaufen im U, B, V-System zeigt Ähnlichkeit des Verhaltens einiger der letzteren Sterne, wodurch das Auftreten von Angehörigen der W Vir-Gruppe in Kugelhaufen wahrscheinlich gemacht ist. Weitere Betrachtungen gelten der Phasenverschiebung der Lichtkurve in Abhängigkeit von der Wellenlänge und ihren möglichen Ursachen. Hoffmeister

11190. **J. Balázs, L. Detre,** Untersuchungen über die Perioden- und Lichtkurvenänderungen von kurzperiodischen δ Cephei-Sternen. IX. RV Ursae Maioris. Mitt. Sternw. Ungar. Akad. Wiss. Budapest-Szabadsághegy Nr. 34, 37 S. — Die zwischen 1955 Mai und 1957 Juli am 24''-Reflektor in Budapest erhaltenen 1008 lichtelektrischen Messungen des Haufen-Veränderlichen RV UMa ergeben periodische Schwankungen der Helligkeitsamplitude innerhalb von rund 90.1 Tagen, die sich auch in sämtlichen älteren visuellen und photographischen Beobachtungsreihen nachweisen lassen. Eine Untersuchung von visuellen Beobachtungen aus den Jahren 1907—22 und 1229 photographischen Helligkeiten, die zwischen 1936 und 1952 auf Platten des Budapester 16 cm-Astrographen bestimmt wurden, ergibt außerdem eine Veränderlichkeit sowohl der primären ($P = 0^{d}4680$) als auch der sekundären Periode ($P = 90^{d}1$) in einer sehr langgestreckten Welle von etwa 40 Jahren. Neben allen lichtelektrischen und photographischen Einzelbeoachtungen sind zahlreiche Lichtkurven und Diagramme der Amplitudenschwankungen wiedergegeben. Beyer

11191. **I. I. Belosemzewa,** Elektrophotometrische Beobachtungen der Polarisation des Lichts von 16 Cepheiden. Bote Univ. Leningrad Nr. 19 S. 150—153, 1956 (russ.). — Ref. in RJ 1957 Nr. 8 S. 37.

11192. **S. van den Bergh,** RR Lyrae stars and galactic structure. AJ **62** 334—339 = Contr. Perkins Obs. (2) Nr. 9. — Gruppen von RR Lyrae-Sternen in Kugelhaufen und in verschiedenen Teilen der Galaxis unterscheiden sich nach mittlerer Periode und Amplitude. Obgleich Auswahleffekte wirksam sind, scheint es sicher, daß in der Kernregion kurze Perioden und in großem Abstand von der galaktischen Ebene lange Perioden ($\sim 0\overset{d}{.}6$) vorherrschen. Kugelhaufen der Klassen I und II haben ebenfalls verschiedene Verteilungen. In der Gegend der Sonne scheinen sich zwei Untersysteme zu durchdringen. Hoffmeister

11193. **W. K. Bonsack,** Radial-velocity variations in four short-period variable stars. ApJ **126** 291—301. — Mit dem Cassegrain-Spektrographen des 60′-Mt. Wilsonspiegels wurden die Radialgeschwindigkeitsänderungen für SW And, DX Del, DY Her und DH Peg bestimmt und mit den Helligkeitsänderungen verglichen. Die Perioden aller Sterne liegen unter $0\overset{d}{.}5$. Obwohl die Spektren für genauere Klassifikationen zu schmal sind, können Angaben über die teilweise sehr auffälligen Spektraltypänderungen gemacht werden. Wellmann

11194. **P. Broglia, A. Masani,** Osservazioni fotoelettriche in due colori della variabile BD + 37° 2635. Mem SA It (NS) **28** 13—18 = Contr. Oss. Astr. Milano-Merate (NS) Nr. 102. — Die Ergebnisse der Beobachtungen in zwei Farben (λ = 4250 und 5400 Å) des kurzperiodischen RR Lyrae-Sterns BD +37° 2635 werden gegeben. Aus sechs eigenen Maxima und zwei von Eggen wurden Elemente abgeleitet. Anzeichen einer Veränderlichkeit der Lichtkurve von Epoche zu Epoche sind vorhanden; eine Periodizität bleibt unentschieden. Cester

11195. **P. Broglia, A. Masani,** Osservazioni di RR Lyrae con filtri a banda stretta. Mem SA It (NS) **28** 41—51 = Contr. Oss. Astr. Milano-Merate (NS) Nr. 105. — Photoelektrische Beobachtungen unter Benutzung von Interferenzfiltern (λ = 3620, 4160, 5220 Å) von RR Lyrae werden gegeben. Die photometrischen Beobachtungen von Hardie und die eigenen werden im Hinblick auf die Theorie der Sternatmosphären diskutiert. Cester

11196. **W. Buscombe,** Radial velocity of the cepheid variable Rho Puppis. Obs **77** 144—146. — Verf. gibt eine Analyse aller bekannt gewordenen Radialgeschwindigkeitsmessungen von ϱ Puppis. An Spektrogrammen, die am Mt.-Stromlo erhalten wurden, werden unterschiedliche Radialgeschwindigkeiten gefunden, je nach dem welche Linien vermessen werden. Die Erklärung für diese Unterschiede liegen in den verschiedenen Höhen der Erzeugung der Linien innerhalb der Chromosphäre, dem sogenannten «chromospheric level effect». Schaifers

11197. **R. Canavaggia, J. C. Pecker,** Les céphéides, le décalage des extrema de lumière et la variation du rayon. Ann d'Astrophys **20** 61—75. — Eine Untersuchung der Frage, ob die zeitliche Verlagerung der in verschiedenen Spektralbereichen beobachteten Maxima und Minima der δ Cephei-Sterne in Verbindung mit den Amplituden und Temperaturen eine genauere Ableitung der jeweiligen Größe des Halbmessers ermöglicht, führt zu dem Ergebnis, daß die aus den Radialgeschwindigkeiten bestimmten Größenänderungen mindestens ebenso zuverlässig sind. Beyer

11198. **R. Canavaggia,** Les céphéides. BSAF **71** 471—475. — Einführung in das Studium der Cepheiden. Fricke

11199. **A. W. J. Cousins,** Kappa Pavonis. MN ASSA **16** 132—137. — Eine zusammenfassende Bearbeitung sämtlicher vom Verf. erhaltenen visuellen Helligkeitsschätzungen aus den Jahren 1920—25 und 1936—44. Die aus den Beobachtungen jedes einzelnen Jahres abgeleiteten mittleren Lichtkurven lassen erhebliche Veränderungen der Periodenlänge und der Kurvenform erkennen; für 34 Jahre zwischen 1871 und 1957 sind mit Hilfe fremder Beobachtungen mittlere Maximumepochen abgeleitet und in einer Tabelle zusammengefaßt. Da der sehr helle δ Cephei-Stern ($4\overset{m}{.}0$—$4\overset{m}{.}7$) Merkmale aufweist, die den Cepheiden der Population II eigentümlich sind, wird seine lichtelektrische Überwachung empfohlen. Beyer

111100. **A. H. Delsemme, D. Delsemme-Jehoulet,** Variation des vitesses radiales de RU Camelopardalis. CR **244** 2231—2234 = Inst. d'Astrophys. Univ. Liège Coll. 4° Nr. 84. — 19 Spektren des Veränderlichen RU Cam wurden auf Variationen der Radialgeschwindigkeit im Laufe des Lichtwechsels hin untersucht. Die erhaltene Kurve der Radialgeschwindigkeit weist im Maximum des Lichtwechsels eine Diskontinuität auf (Verdoppelung der Si II-Linien) und weist wie im Falle von W Vir auf das Vorhandensein von zwei Hüllen hin, die sich mit verschiedenen Geschwindigkeiten bewegen. Mehltretter

111101. **D. Ege, F. Tezel, L. Arons,** A statistical investigation of pulsating stars. X. Variables in or near the constellation Corona Australis. Commun. Faculté Sci. Univ. Ankara (A) 8 72—76 = Commun. Department Astr. Ankara Univ. Nr. 16. — Nach der von E. A. Kreiken entwickelten Methode werden die Lichtkurven von Veränderlichen im Sternbild Corona australis analysiert. F. S.

111102. **O. J. Eggen, S. C. B. Gascoigne, E. J. Burr,** Photoelectric photometry of galactic cepheids. MN **117** 406—429 = Mt. Stromlo Obs. Repr. Nr. 4. — Neue Beobachtungen von 30 galaktischen δ Cephei-Sternen in zwei Farben bringen die Zahl der bekannten photoelektrischen Lichtkurven auf 63 und ermöglichen eine verbesserte Statistik über Form, Amplitude und Periode der Lichtänderungen für die näheren Sterne dieser Art. Die Helligkeit der zur Fixierung des Nullpunktes der Perioden-Helligkeits-Beziehung benutzten Sterne ist um $-0\overset{m}{.}17$ zu verbessern. Wellmann

111103. **K. Ferrari d'Occhieppo,** Zur Periode-Radius-Beziehung der Delta Cephei-Sterne. Anzeiger Österreich. Akad. Wiss. Math.-Naturwiss. Kl. **94** 10—20 = Mitt. Univ.-Sternw. Wien **9** Nr. 7. — Aus der bekannten Perioden-Dichte-Beziehung der δ Cephei-Sterne und den Homologieeigenschaften einschlägiger Sternmodelle folgt eine Beziehung zwischen Periode und Radius, die zwischen den Logarithmen beider Größen bis auf ein kleines, temperaturabhängiges Zusatzglied linear ist, und deren Gradient nur eine geringe Abhängigkeit vom Sternmodell zeigt. Die strahlungstheoretisch berechneten Radien ausgewählter δ Cephei-Sterne der Populationen I und II folgen jede für sich einer Periode-Radius-Beziehung, die mit der theoretisch erwarteten sehr gut übereinstimmt. Im Zusammenhang damit werden Überlegungen bezüglich der Sicherheit der empirischen Daten für BM Cas 2 angestellt. Verf.

111104. **W. S. Fitch,** Photoelectric observations of the cluster-type variables EH Librae and DY Herculis. AJ **62** 108—111. — Beide Sterne haben sehr kurze Perioden; sie wurden lichtelektrisch in verschiedenen Farben beobachtet; die Elemente werden verbessert. EH Lib mit $P = 0\overset{d}{.}0884$ zeigt keine Phasenverschiebung im blauen und gelben Licht. Die Periode von DY Her, $0\overset{d}{.}1486$, scheint etwas länger geworden zu sein; die Lichtkurve zeigte keine Unregelmäßigkeiten. Anschließend wird die Farbe-Phasen-Beziehung beider Sterne mit derjenigen von RR Lyrae verglichen. Hoffmeister

111105. **S. Gaposchkin,** A new galactic W Virginis star. AJ **62** 43—44 = Harv Repr (2) Nr. 92. — Der Aufsatz betrifft den Stern RR Microscopii. Photographische Einzelbeobachtungen, verbesserte Elemente und Lichtkurven werden mitgeteilt. Die Lichtkurve ist der von W Vir sehr ähnlich, die Periode etwa das Zweifache derjenigen des Prototyps. Hoffmeister

111106. **S. C. B. Gascoigne, O. J. Eggen,** Cepheid variables and galactic absorption. MN **117** 430—444 = Mt. Stromlo Obs. Repr. Nr. 5. — Hauptzweck der Arbeit ist, die unverfälschten Farben von δ Cephei-Sternen der Galaxis und der Magellanschen Wolken zu vergleichen. In einigen Fällen kann die Rötung bestimmt werden, im übrigen ist man auf qualitative Überlegungen zur Verfärbung angewiesen. Alles deutet jedoch darauf hin, daß alle δ Cephei-Veränderlichen beider Systeme im Lichtmaximum ungefähr die gleiche Farbe zeigen.

Daraus folgen, nachdem der Nullpunkt der Perioden-Leuchtkraft-Beziehung aus Eigenbewegungen neu abgeleitet wurde, neue Entfernungen für 55 Sterne. Aus den Entfernungen und Radialgeschwindigkeiten wird die Oortsche Konstante zu $A = 17.5 \pm 1.9$ km/sec kpc gefunden. Weitere Folgerungen betreffen die mittlere Absorption in der Milchstraße. Wellmann

111107. **C. D. Geilker,** Three-color photometry of the ultrashort-period variable DY Pegasi. AJ **62** 143. — Ref. AAS.

111108. **M. Jaschek, C. Jaschek,** Spectroscopic observations of *l* Carinae. Publ ASP **69** 465—468. — Aus 13 Spektrogrammen, die zwischen 1955 März 15 und Dez. 19 am 60'-Spiegel der Bosque Alegre-Station erhalten wurden, sind Radialgeschwindigkeiten bestimmt, die sich ziemlich gleichmäßig über alle Phasen des Lichtwechsels dieses δ Cephei-Sterns verteilen. Ein Vergleich der Geschwindigkeitskurve mit denjenigen von D. W. N. Stibbs (1955) und T. S. Jacobsen (1934) zeigt erhebliche Unterschiede, die eine Veränderlichkeit der Pulsation andeuten. Die in der Nähe der Helligkeitsmaxima auftretenden Doppel-Emissionen in den H- und K-Absorptionen zeigen abweichende Radialgeschwindigkeiten, die auf eine nach innen gerichtete Strömung ihrer Ursprungsschicht schließen lassen. Beyer

111109. **R. P. Kraft,** Hα doubling in the spectra of three long-period classical Cepheids. AJ **62** 93—94. — Ref. AAS.

111110. **R. P. Kraft,** Ca II emission in classical Cepheid variables. ApJ **125** 336—358 = Contr. Lick Obs. (2) Nr. 67. — AJ **62** 21 (Ref. AAS). — In den Spektren der klassischen δ Cephei-Sterne treten fast ausnahmslos zu gewissen Phasen der Pulsation Ca II-Emissionen in H und K auf. Die Dauer und Intensität der Erscheinung wächst mit der Periode, und es scheint ein kontinuierlicher Zusammenhang mit den entsprechenden Vorgängen bei langperiodischen Veränderlichen vorhanden zu sein. Es werden Gründe dafür angegeben, daß die Emissionen in tieferen Schichten entstehen. Abschätzungen der Zeitkonstanten und der umgesetzten Energien lassen vermuten, daß die Emissionen von der Wasserstoffkonvektionszone ausgehen. Wellmann

111111. **R. P. Kraft,** A list of classical Cepheids which may be galactic-cluster members. ApJ **126** 225—226 = Goethe Link Obs. Repr. Nr. 13. — Die Zusammenstellung bringt sechs Sterne, die fast sicher, und acht Sterne, die mit einer gewissen Wahrscheinlichkeit offenen galaktischen Sternhaufen angehören. Wellmann

111112. **E. A. Kreiken,** A statistical study of pulsating stars. VIII. Variables in special lists. Commun. Faculté Sci. Univ. Ankara (A) 8 49—63 = Commun. Department Astr. Ankara Univ. Nr. 15. — Nach der vom Autor entwickelten Methode werden die Lichtkurven von Veränderlichen aus den Listen von Hertzsprung und Joy analysiert. Die Resultate werden statistisch ausgewertet. F. S.

111113. **E. A. Kreiken, N. Andaç, I. Ulusoy,** A statistical investigation of pulsating stars. IX. Variables in the Sagittarius cloud. Commun. Faculté Sci. Univ. Ankara (A) 8 64—71 = Commun. Department Astr. Ankara Univ. Nr. 17. — Nach der von E. A. Kreiken entwickelten Methode werden die Lichtkurven von Veränderlichen in der Sagittariuswolke untersucht. F. S.

111114. **E. A. Kreiken,** A statistical study of pulsating stars. XI. The variables in and near the constellation Carina. Commun. Faculté Sci. Univ. Ankara (A) 8 77—82 = Commun. Department Astr. Ankara Univ. Nr. 18. — Nach der vom Autor entwickelten Methode werden die Lichtkurven von Veränderlichen im Sternbild Carina analysiert. F. S.

111115. **E. A. Kreiken,** A statistical study of pulsating stars. XII. The variables in the Magellanic Clouds. Commun. Faculté Sci. Univ.

Ankara (A) 8 83—92 = Commun. Department Astr. Ankara Univ. Nr. 19. — Nach der vom Autor entwickelten Methode werden die Lichtkurven von Veränderlichen in den Magellanschen Wolken analysiert. Die Resultate werden mit den entsprechenden Ergebnissen über galaktische Veränderliche verglichen. F. S.

111116. **E. A. Kreiken, R. Süslü,** A statistical study of pulsating stars. XIII. An analysis of galactic Cepheids. Commun. Faculté Sci. Univ. Ankara (A) 8 93—112 = Commun. Department Astr. Ankara Univ. Nr. 20. — Nach der von E. A. Kreiken entwickelten Methode werden die Lichtkurven von Cepheiden und RR Lyrae-Sternen zusammenfassend analysiert. Das Material ist aus Veröffentlichungen von C. Payne-Gaposchkin entnommen. F. S.

111117. **E. A. Kreiken, D. Ege,** A statistical study of pulsating stars. MN **117** 72—84 = Commun. Department Astr. Ankara Univ. Nr. 25. — Mit Hilfe der von M. C. Kendall entwickelten Autokorrelationsmethode sind die Lichtkurven von zahlreichen periodischen Veränderlichen, insbesondere von RR Lyrae- und δ Cephei-Sternen der Milchstraße, Kugelhaufen, Magellanschen Wolken usw. analysiert worden. Die den Charakter der Lichtkurve in erster Linie bestimmenden Intensitäten der ersten Oberschwingung A (1) sind den Logarithmen der Perioden zugeordnet worden. Es ergeben sich verschiedene, sehr interessante Beziehungen, die in den beigefügten acht Figuren anschaulich dargestellt sind. Beyer

111118. **S. Laustsen,** Some radial velocity measurements of the Cepheid U TrA. BAN **13** 339.

111119. **M. F. McCarthy,** Colors of nine Cepheid variables in Carina. AJ **62** 24. — Ref. AAS. — GZ, AQ, UW, YZ, EY, WZ, CY, HK, XZ Car.

111120. **P. T. Oosterhoff,** U Trianguli Australis, a classical Cepheid with secondary period. BAN **13** 317—320. — Lichtelektrische Beobachtungen ergeben eine starke Veränderlichkeit der Lichtkurve. Es wird versucht, die Erscheinungen durch die Annahme zu deuten, daß sich der Hauptperiode von $2^{d}.568$ eine Sekundärperiode von $6^{d}.979$ überlagert. Einige Vergleiche mit anderen Sternen ähnlicher Art werden vorgenommen. Hoffmeister

111121. **P. T. Oosterhoff,** The light-variation and the radial-velocity curve of TU Cas explained in terms of a primary period and a beat period. BAN **13** 320—327. — Auf Grund zahlreicher eigener und fremder lichtelektrischer Beobachtungen gelingt eine einwandfreie Erklärung des komplexen Lichtwechsels mittels einer Hauptperiode von $2^{d}.139$ und einer Sekundärperiode von $5^{d}.230$. Einzelbeobachtungen und Lichtkurven werden mitgeteilt. Hoffmeister

111122. **E. D. Pawlowskaja,** The periods of short-period Cepheids in the direction of the galactic center. AJ UdSSR **34** 956—958 (russ. mit engl. Ref.). — Im Gegensatz zu Gaposchkin (vgl. AJB **56** Ref. **111117**) findet Verf. für acht kurzperiodische Cepheiden andere Werte für die Perioden, die mit den häufigsten Werten für die RR Lyrae-Sterne in der Nachbarschaft der Sonne übereinstimmen. Loh.

111123. **J. Ponsen,** Discussion of fifteen short-period variable stars. Ann. Sterrewacht Leiden **20** 421—429. — Die Veränderlichen wurden in der Umgebung von CPD −31° 5547 gefunden; sieben von ihnen sind klassische δ Cephei-Sterne. Kärtchen und 13 Lichtkurven sind gegeben. Hoffmeister

111124. **J. P. Pskowskij,** The determination of absolute magnitudes of Cepheids and supergiants. The zero point of the period-luminosity relation. AJ UdSSR **34** 19—30 (russ.). — Die Kalibrierung von Überriesen auf Grund des Effektes der galaktischen Rotation nach W. Morgan und P. C. Keenan wird durch die Radialgeschwindigkeiten von 182 Sternen bestätigt. Der nach verschiedenen Verfahren erhaltene Entfernungsmodul für α Per wird

diskutiert. Als wahrscheinlichster Wert ergibt sich $M_V = -4^m\!.0 \pm 0^m\!.3$ (w. F.). Für je sechs Über- und Unterriesen vom Spektraltyp F5 bis G5 sowie für δ Cep und η Aql werden, gestützt auf α Per, mittels Äquivalentlinienbreiten Spektraltyp, absolute Helligkeit und Leuchtkraftklasse bestimmt. Aus den gefundenen Medianwerten der absoluten photographischen Helligkeiten der Cepheiden folgt eine Nullpunktskorrektur der Perioden-Leuchtkraft-Beziehung nach Kukarkin um $-0^m\!.76 \pm 0^m\!.40$. Dieser Wert stimmt mit den von einer Reihe anderer Forscher auf verschiedene Weise gewonnenen Werten gut überein, wenn die Korrekturen, sofern notwendig, in ein einheitliches System stellarastronomischer Parameter gebracht werden. Der auf Grund sämtlicher Bestimmungen wahrscheinlichste Korrektionswert des Kukarkinschen Nullpunktes ist $-0^m\!.83 \pm 0^m\!.04$.
Verf. (übersetzt)

111125. **J. P. Pskowskij,** Ein spektralphotometrischer Vergleich von Cepheiden und Pseudocepheiden (Bestimmung der absoluten Größen einiger F5—G5 Überriesen). Moskau, Staatsuniv., 1957 (russ.). — Dissertationsref.

111126. **A. W. Rodgers,** Radius variation and population type of Cepheid variables. MN **117** 85—94 = Mt. Stromlo Obs. Repr. Nr. 2. — Die Radiusänderungen einer Reihe südlicher δ Cephei-Sterne werden nach der Wesselinkschen Methode (Vergleich der Helligkeiten in Phasen gleicher Farbe) neu bestimmt. Sie werden zusammen mit früheren Resultaten für andere Veränderliche dieser Art benutzt, um die Beziehung zwischen Radiusamplitude und Periode zu untersuchen. Sterne der Typen I und II unterscheiden sich sehr deutlich. Klassische Veränderliche haben relativ kleine Änderungen des Radius, während die Pulsationsamplituden der Sterne der Population II mit wachsender Periode schnell zur Größenordnung des Sternradius ansteigen. Wellmann

111127. **A. W. Solowjow,** Über drei Cepheiden des sphärischen Untersystems der Galaxis. Bull. Astr. Obs. Stalinabad Nr. 19 S. 39—47 (russ.). — BL Her: Elemente, Vergleichssterne, Lichtkurve, Helligkeiten, Notiz; SW Tau: Elemente, Vergleichssterne, Lichtkurve, Helligkeiten, Notiz; XX Vir: Elemente, Notiz. Schlußfolgerungen. Loh.

111128. **G. Thiessen,** Zur Pulsationsgeschwindigkeit der Cepheiden. Mitt. AG 1956 S. 33—34. — Ref. AG.

111129. **G. Wallerstein,** The absolute magnitude of U Sagittarii and its membership in M 25. Publ ASP **69** 172—175. — Ref. in Sterne **34** 123. — Messungen der Radialgeschwindigkeiten von 16 Sternen in der Umgebung des galaktischen Haufens M 25 auf Spektren (80 Å/mm), gewonnen mit dem 60″-Mt. Wilson-Spiegel, beweisen eindeutig die bereits 1932 von P. Hayford vermutete Zugehörigkeit des δ Cephei-Sterns U Sagittarii zum Haufen. Eine Berücksichtigung der auch den Farbenexzeß verursachenden, sehr starken interstellaren Absorption führt auf eine der Perioden-Leuchtkraft-Funktion entsprechende absolute Helligkeit. Beyer

111130. **C. E. Worley, O. J. Eggen,** The peculiar light variation of TU Cassiopeiae. AJ **62** 104—108 = Lick Obs. Bull. Nr. 550. — TU Cas zeigt starke Unregelmäßigkeiten der Lichtkurve. Verf. vermuten, daß die Periode von $2^d\!.139$ durch Überlagerung zweier Grundperioden zustandekommt, ähnlich wie bei AC Andromedae, lehnen jedoch die Doppelsternhypothese ab. Es ist wahrscheinlich, daß TU Cas und verwandte Objekte zu den δ Cephei-Sternen der Population II gehören. Hoffmeister

111131. **W. Zonn,** Zero point of the period-luminosity relation of galactic Cepheids. AA **7** 149—153 = Astr. Obs. Warsaw Univ. Repr. Nr. 63. — Die Verbesserung des Nullpunkts der Periode-Leuchtkraft-Beziehung mit Hilfe galaktischer Cepheiden führt auf die Korrektion: $\Delta M = -0^m\!.68 \pm 0^m\!.42$.
Rybka

111132. Die Eigenfarben der galaktischen δ Cephei-Sterne. Sterne **33** 68—69. — Besprechung der in AJB **53** Ref. **9412** und AJB **55** Ref. 11174 zitierten Arbeiten.

Sonstige Veränderliche

111133. **A. Abrami, B. Cester,** Ricerche fotometriche. VI. Osservazioni fotoelettriche della variabile DD Lacertae. Oss. Astr. Trieste Nr. 272, 10 S. — Der β CMa-Veränderliche wurde im Rahmen der von C. de Jager (Sternwarte Utrecht) organisierten Gemeinschaftsarbeit in den Nächten J. D. 2435714, 716, 717, 756, 758 in den beiden Farbbereichen 4343 und 5274 lichtelektrisch gemessen. Die Einzelbeobachtungen sind in Tabellen wiedergegeben. Beyer

111134. **W. A. Ambarzumjan,** Las estrellas de los tipos T Tauri y UV Ceti y el fenómeno de la emisión continua. Astronomia Popular 1 Nr. 3 S. 18—22, 1956.

111135. **G. A. Bakos,** Photometric observations of 12 Lacertae. J RAS Canada **51** 241—243 = Commun. David Dunlap Obs. Nr. 41. — Verf. gibt eine Beschreibung der Gruppe der β Cephei- oder β Canis Maioris-Sterne und teilt eine photoelektrische Beobachtungsreihe des Veränderlichen 12 Lac in zwei Farben über zwei Nächte mit. Schaifers

111136. **F. M. Bateson, A. F. Jones,** The variable 155640 EX Lupi. Roy. Astr. Soc. New Zealand Variable Star Sect. Circ. Nr. 79, 6 S. — 191 visuelle Helligkeitsschätzungen zwischen J. D. 2434838 und 35685 ergeben einen Lichtwechsel zwischen $8^m.7$ und $14^m.2$ mit einer Periode von etwa 520^d, die von 34 tägigen Wellen geringer Amplitude überlagert wird. Die Minima sind sehr lang und flach. Mehrere Aufsuchungskarten, ein Verzeichnis der Vergleichssterne sowie die graphische Darstellung aller Beobachtungen sind beigefügt. Beyer

111137. **F. M. Bateson,** 034946 U Horologii. Roy. Astr. Soc. New Zealand Variable Star Sect. Circ. Nr. 80 S. 1—7. — Die mitgeteilten 81 visuellen Helligkeitsschätzungen zwischen J. D. 2434740 und 35682 ergeben in Verbindung mit älteren Beobachtungen einen Mira-Lichtwechsel $8^m.6$ — $[13^m.8$ mit den Elementen Max = J. D. 2434980 + $348^d.2 \times$ E. Mehrere Aufsuchungskarten, ein Verzeichnis der Vergleichssterne sowie eine mittlere Lichtkurve sind beigefügt. Beyer

111138. **F. M. Bateson,** 044555 SU Doradus. Roy. Astr. Soc. New Zealand Variable Star Sect. Circ. Nr. 80 S. 8—10. — Die mitgeteilten 18 visuellen Helligkeitsschätzungen von A. F. Jones zwischen J. D. 2435481 und 682 liefern das flache Maximum J. D. 2435561 von $9^m.3$ (Mira-Typ). Neben einem Verzeichnis der Vergleichssterne sind auch mehrere Aufsuchungskarten wiedergegeben. Beyer

111139. **F. M. Bateson,** The U Geminorum type variable VW Hydri. Roy. Astr. Soc. New Zealand Variable Star Sect. Circ. Nr. 82, 6 S. — Als Fortsetzung von Circ. Nr. 72 werden 585 Helligkeitsschätzungen des Sterns zwischen J. D. 2435353 und 898 mitgeteilt. Die neuen Beobachtungen bestätigen das Auftreten von zwei ganz verschiedenen Formen der Maxima, die sich sowohl in ihren Höhen als auch in der Gestalt der an- und absteigenden Äste unterscheiden. Eine vollständige Lichtkurve, die 30 Aufhellungen des Sterns umfaßt, ist beigefügt. Beyer

111140. **W. P. Bidelman, A. McKellar,** Double lines in the spectrum of ϱ Cassiopeiae. Publ ASP **69** 31—40 = Contr. Dominion Astrophys. Obs. Victoria Nr. 54 = Contr. Lick Obs. (2) Nr. 75. — Vgl. auch AJ **62** 7 (Ref. AAS). — Gelegentlich einer Untersuchung des Spektrums des unregelmäßig veränderlichen Überriesen fand W. P. Bidelman auf Spektren (9.8 Å/mm) des McDonald-Observatoriums von 1951 Okt. 1 eine Verdopplung einzelner neutraler und ionisierter Metallinien. Fast gleichzeitig erhaltene Spektren des Dominion Observatoriums Victoria bestätigen nach A. McKellar diesen Befund, der seither unverändert bestehen blieb.

Neben einigen bildlichen Darstellungen sind in zwei Tabellen die gemessenen Radialgeschwindigkeiten der Einzellinien sowie der Komponenten der Doppellinien zusammengestellt. Unter Heranziehung ähnlicher Erscheinungen bei anderen Überriesen wird eine Deutung des Phänomens versucht. Beyer

111141. **K. H. Böhm,** Das Ultraviolett-Kontinuum des T Tauri-Sternes LH α 22. Mitt. AG 1956 S. 34. — Ref. AG.

111142. **K. H. Böhm,** Das intensive Ultraviolettkontinuum im Spektrum von T Tauri-Sternen. ZfA **43** 245—259 = Sonderdruck Sternw. Kiel. — Verf. wertet Spektren aus, die mit dem Nebelspektrographen des Crossley-Reflektors der Licksternwarte mit einer Dispersion von 430 Å/mm von NX Mon und VY Ori aufgenommen wurden. Im einzelnen ergibt sich, daß das Kontinuum in der Gegend von 3750 um einen Faktor ≈ 2 ansteigt, und zwar ergibt sich $I_\lambda \sim \lambda^{-11}$ (NX Mon) bzw. $\sim \lambda^{-47}$ (VY Ori). Dieser steile Anstieg schließt die Erklärung aus, daß das Kontinuum in heißen Flecken an der Sternoberfläche oder durch die Emission relativistischer Elektronen im Magnetfeld entsteht. Dagegen schlägt Verf. zur Erklärung Emission im Balmerkontinuum und in den zusammenlaufenden hohen Balmergliedern vor und zwar in optisch dicker Schicht. Es wird gezeigt, daß diese Hypothese die bisherigen Beobachtungen darzustellen vermag und insbesondere auch nicht den Polarisationsmessungen widerspricht. Oster

111143. **P. Broglia,** Osservazioni fotoelettriche di 12 Lacertae. Mem SA It (NS) **28** 121—127 = Contr. Oss. Astr. Milano-Merate (NS) Nr. 108. — Enthält die Ergebnisse der photoelektrischen Beobachtungen in zwei Farben (λ = 5220 und 6250 Å) des β CMa-Sterns 12 Lacertae. Vier Minimumepochen werden bestimmt. Cester

111144. **C. E. R. Bruce,** Gas movements in the long-period variables. Obs **77** 107—108, 153—155. — Verf. will aufzeigen, daß seine elektrische Entladungstheorie über die Entstehung von Emissionslinien in den Spektren langperiodisch Veränderlicher die Lösung einer Anzahl von Problemen dieser Sterne gibt. Die Theorie erklärt einmal die Verschiebung der Emissionslinien nach Violett und der Absorptionslinien nach Rot und zum anderen die Zunahme der gemessenen Radialgeschwindigkeiten um 4 km/sec bei Sternen mit 100 Tage Periode und bis zu 14 km/sec für Perioden von 420 Tagen. Der zweite Teil gibt Hinweise auf Beobachtungen und deren Interpretation. Schaifers

111145. **B. Casati, M. Hack,** Ricerche sulle stelle A peculiari: ε UMa. Mem SA It (NS) **28** 53—63 = Contr. Oss. Astr. Milano-Merate (NS) Nr. 107. — Der Stern ε UMa wird an Hand von 15 in Merate aufgenommenen Spektrogrammen untersucht und mit dem Spektrum von α Lyr verglichen. Die oft abweichenden Ergebnisse werden mit Untersuchungen anderer Autoren zusammengestellt. Das Studium der Atmosphäre bestätigt, daß der Stern der Hauptreihe angehört. Cester

111146. **B. Cester,** Ricerche fotometriche. VII. Osservazioni fotoelettriche in due colori della variabile BW Vulpeculae. Oss. Astr. Trieste Nr. 278, 16 S. — Der β Cep-Veränderliche wurde in den sechs Nächten J. D. 2436025, 028, 032, 036, 052 und 067 lichtelektrisch in den beiden Farbbereichen 4340 und 5240 mit dem 26 cm-Refraktor der Triester Sternwarte gemessen. Die erhaltenen 431 Beobachtungen sind sowohl in Tabellen als auch in graphischen Darstellungen wiedergegeben. Aus der Gesamtheit aller bisher bekannter Maximumepochen werden neue Elemente abgeleitet. Beyer

111147. **P. N. Cholopow,** Estrellas variables irregulares del tipo RW Aurigae. Astronomia Popular **1** Nr. 3 S. 9—14, 1956.

111148. **J. L. Dessy,** Variables rojas. Rev. Astr. Nr. 140 S. 111—118.

111149. **O. J. Eggen,** Population type I, short-period variable stars in the Hertzsprung gap. AJ **62** 14. — Ref. AAS.

111150. M. Fluckiger, Les étoiles à sursauts lumineux, «flare stars». Orion Schaffhausen **5** 229—235. — Es wird die interessante Gruppe der Flare-Sterne ausführlich diskutiert. Es handelt sich dabei um Sterne, die sich dadurch auszeichnen, daß ihre Helligkeit innerhalb von Minuten oder Sekunden um mehrere Größenklassen ansteigt, um dann langsam wieder zum normalen Niveau abzusinken. Richtlinien für die systematische Überwachung solcher Objekte sind beigefügt. H. M.

111151. W. G. Gorbazkij, On the interpretation of emission spectrum of long-period variable stars. I. AJ UdSSR **34** 860—867 (russ. mit engl. Ref.). — Die Strahlung in den Wasserstoffemissionslinien nach dem Helligkeitsmaximum langperiodischer Veränderlicher ist auf die Energieabgabe in tieferen Atmosphärenschichten zurückzuführen, in denen der Wasserstoff ursprünglich ionisiert war. Die aus diesen Schichten kommende Lα-Strahlung ionisiert die Metalle in den äußeren atmosphärischen Schichten und verkleinert dadurch dort die Opazität und die optische Dicke. Die nach dem Maximum beobachteten Emissionslinien neutraler Metalle sind also das Ergebnis von Rekombinationen. Loh.

111152. M. Hack, Misure di velocità radiali di 12 Lacertae. Mem SA It (NS) **28** 135—139 = Contr. Oss. Astr. Milano-Merate (NS) Nr. 109. — Bestimmung von 71 Radialgeschwindigkeiten von 12 Lac aus Spektrogrammen (35 Å/mm bei Hγ), welche am 102 cm-Spiegelteleskop von Merate zwischen 28. Aug. und 12. Sept. 1956 im Rahmen des internationalen Programmes zur Beobachtung dieses Sterns aufgenommen worden waren. Cester

111153. G. Haro, La posible relación entre las estrellas T Tauri y la UV Ceti. Astronomia Popular **1** Nr. 3 S. 15—17, 1956.

111154. G. H. Herbig, Sobre el origen y la naturaleza de las estrellas T Tauri. Astronomia Popular **1** Nr. 3 S. 3—6, 1956.

111155. G. H. Herbig, The widths of absorption lines in T Tauri-like stars. ApJ **125** 612—613 = Contr. Lick Obs. (2) Nr. 69. — Die verbreiterten Linien von vier T Tau-Sternen wurden mit Linien anderer Sterne mit bekannter Rotationsverbreiterung verglichen. Es ergaben sich verbesserte Rotationsgeschwindigkeiten für die T Tau-Sterne zwischen 20 und 65 km/sec, die in Anbetracht der Tatsache, das kein normales Spektrum später als F 8 Rotationseffekte zeigt, als ungewöhnlich angesehen werden müssen. Man wird aus diesem Befund wahrscheinlich auf ein kleines Alter der T Tau-Sterne schließen können. Wellmann

* * **G. H. Herbig,** Emission-line stars in the vicinity of Messier 8, Messier 20, and Simeis 188. Vgl. Ref. **12205**.

111156. C. Hoffmeister, Über das photometrische Verhalten einiger RW Aurigae-Sterne. Mitt. AG 1956 S. 30—32. — Ref. AG.

111157. A. R. Hogg, Variations in the light of Sigma Scorpii. MN **117** 95—103 = Mt. Stromlo Obs. Repr. Nr. 1. — Lichtelektrische Messungen in drei Farben (U, B und V), die am 20zölligen Mount Stromlo-Reflektor vorgenommen wurden, bestätigen für 1954—55 die bereits früher gefundenen Perioden von $0\overset{d}{.}246846$ und $8\overset{d}{.}028$. Die erhaltenen Lichtkurven sowie die ihnen entsprechenden Darstellungen der U—V- bzw. B—V-Werte und der Radialgeschwindigkeiten sind auf drei Abbildungen wiedergegeben. Sigma Scorpii ist ein typischer β CMa-Stern. Er ist am hellsten und blauesten, wenn er den geringsten Durchmesser hat. Beyer

111158. A. van Hoof, A request for photometric observations of θ Ophiuchi. Publ ASP **69** 179. — Beobachtern der Südhalbkugel wird die lichtelektrische Überwachung dieses Veränderlichen vom Typ β CMa empfohlen. Vielleicht ist auch ein schwacher Bedeckungslichtwechsel mit einer Periode von 106 Tagen nachzuweisen, den die Radialgeschwindigkeiten vermuten lassen. Beyer

111159. **A. van Hoof,** The mechanism at work in the β Canis Majoris stars. Publ ASP **69** 308—321. — Ref. in BAV-Rundbrief **7** 29—32. — Zusammenfassung unserer bisherigen Kenntnisse über den Lichtwechsel und die spektralen Veränderungen dieser Sterne sowie die Aufstellung einer Hypothese des Pulsations-Mechanismus, die alle Erscheinungen befriedigend deutet. Beyer

111160. **K. Hunger, G. E. Kron,** Polarization in a bright-ultraviolet T Tauri star. Publ ASP **69** 347—351 = Contr. Lick Obs. (2) Nr. 80. — Ref. in Obs **78** 42. — Die Möglichkeit, das Vorhandensein einer kräftigen kontinuierlichen Emission im Ultraviolett der wahrscheinlich sehr jungen T Tauri-Sterne durch Polarisationsmessungen als eine durch die Beschleunigung fester Teilchen im Magnetfeld erzeugte Erscheinung zu deuten, gab die Veranlassung, den Veränderlichen NX Monocerotis polarimetrisch zu untersuchen. Dieser Stern 16. Größe zeigt einen Ultraviolett-Exzeß U–B von 1^m5. Die lichtelektrisch am 36″-Crossley-Reflektor der Lick-Sternwarte durchgeführten Messungen ergaben eine sehr starke Polarisation der ultravioletten Strahlung, die mit den raschen Helligkeitsschwankungen des Emissionsgebiets gekoppelt ist. Beyer

111161. **M. Huruhata, M. Kitamura, N. Sato,** Photoelectric observations of the β Canis Majoris star, nu Eridani. TAB (2) Nr. 95 S. 1011—1017. — Im Rahmen der von der IAU (Kommission 27) durchgeführten gemeinschaftlichen Überwachung wurden mit dem 26″-Refraktor des Observatoriums Tokyo lichtelektrische Messungen in zwei Farbbereichen (3950 und 5250) in den sieben Nächten 1956 Dez. 2, 4, 7, 29 und 1957 Jan. 6, 7, 8 erhalten. Die Einzelbeobachtungen sind in Tabellen und in graphischen Darstellungen wiedergegeben. Für eine Untersuchung der verwickelten Vorgänge reichen die erhaltenen Beobachtungen noch nicht aus. Beyer

111162. **M. Huruhata, H. Tanabe, N. Sato,** Photoelectric observations of 12 Lacertae. TAB (2) Nr. 95 S. 1018—1021. — Im Rahmen einer von C. de Jager vorgeschlagenen Gemeinschaftsarbeit, an der sich 12 über den gesamten Erdball verteilte Sternwarten beteiligen, wurden lichtelektrische Beobachtungen in den Bereichen 4200, und 5500 am 26″-Refraktor des Observatoriums Tokyo (1956 Sept. 6, 7, 9) sowie am 12″-Spiegel der Tôhoku Universität zu Sendai (4600 und 5200) 1956 Nov. 8, 28 und Dez. 14 erhalten. Die Einzelbeobachtungen sind in Tabellen und graphischen Darstellungen wiedergegeben. Beyer

111163. **C. de Jager,** Note on the complex light- and velocity curves of DD Lacertae. BAN **13** 149—150. — Frühere Beobachtungen haben ergeben, daß sich in der Lichtkurve und der Radialgeschwindigkeitskurve dieses β Canis majoris-Sterns zwei Komponenten überlagern, ohne daß damit eine vollkommene Deutung gelingt. Die Untersuchung ergibt eine dritte Komponente in der Radialgeschwindigkeit mit 10 km/sec Amplitude, die im Lichtwechsel jedoch kaum nachzuweisen ist. Dennoch verbleiben in beiden Kurven noch unerklärte Reste. Hoffmeister

111164. **C. de Jager,** De operatie Hagedis. Hemel en Dampkring **55** 232—234. — Übersicht über das Beobachtungsmaterial, das bei einem von 15 Sternwarten 1957 Aug. 28 bis Sept. 12 durchgeführten Gemeinschaftsprogramm eingebracht wurde, das photoelektrische und spektroskopische Beobachtungen des kurzperiodischen β Cephei-Sterns 12 Lacertae umfaßte. Gü.

111165. **F. E. Kameny,** Photoelectric colors of RV Tauri and yellow semiregular variables. AJ **62** 20. — Ref. AAS.

111166. **P. C. Keenan,** Luminosity classification of long-period variable stars. AJ **62** 244. — Ref. AAS.

111167. **E. A. Kreiken,** Note on the autocorrelation analysis of the light curve of the RV Tauri variable R Scuti. AJ **62** 367—371. — Auf Grund einer Hypothese von Payne-Gaposchkin, Brenton und Gaposchkin analysiert Verf. die Lichtkurve des RV Tauri-Veränderlichen R Scuti mit einer von Kendall entwickelten, sogenannten Autokorrelationsmethode. Die Ergebnisse lassen keine sicheren Aussagen zu. Schaifers

111168. **B. W. Kukarkin, T. Li, L.-T. Schen,** Über die Veränderlichkeit der Sterne mit Wasserstoffemissionen im Orion-Nebel. AC Nr. 177 S. 16 (russ.). — Die Helligkeiten von 28 Sternen mit Hα-Emission im Gebiet des Orion-Nebels wurden auf Grund des Plattenmaterials des Observatoriums Schi Schan untersucht. Bei 18 der untersuchten Sterne übersteigt die Helligkeitsschwankung den dreifachen Abschätzungsfehler. Verf. sind der Ansicht, daß alle Sterne mit Hα-Emission Veränderliche sind. Ond.

111169. **G. B. Lacchini,** Altre due stelle variabili scoperte sulle lastre ottenute con lo specchio a tasselli dell'Osservatorio astronomico di Bologna. Coelum **25** 73—75. — Betrifft die Veränderlichen: (1900.0) AR $5^h 39^m 15^s$, Dekl. +44° 24!9 und AR $7^h 57^m 31^s$, Dekl. +44° 56!0.

111170. **G. A. Lange,** Untersuchung veränderlicher Sterne. Wiss. Jahrbuch Univ. Odessa 1956 S. 168 (russ.). — Ref. in RJ 1958 Nr. 5 S. 18.

111171. **F. Lenouvel, C. Fiogère,** Observations photoélectriques. JO **40** 37—47. — Für die Veränderlichen X Tri, RT And, RZ Cas und R CMa werden Elemente mitgeteilt. Ferner werden photovisuelle Helligkeiten und Farbenindizes im System der Johnson-Morgan Dreifarben-Photometrie für sechs Veränderliche (RU Cam, RZ Cnc, PGC 1985, RR, T Tau und RW Aur) und für 11 weitere Sterne (208392, 217943, 21769 HD; 62, τ Tau; 23, δ Ori; ν Gem; 2174 HR; 67 Oph; ϰ Tau) bestimmt.

111172. **E. Leutenegger,** Merkwürdige veränderliche Sterne. Orion Schaffhausen **5** 221—228. — Es wird auf einige seltene Gruppen von veränderlichen Sternen hingewiesen: Flare-Sterne, U Geminorum-Sterne, Z Camelopardalis-Sterne, Nebel-Veränderliche, Algol ähnliche Sterne und vermißte, d. h. nur für kürzere Zeiten aufleuchtende Sterne, deren Überwachung durch Liebhaberastronomen mit geeigneten optischen Hilfsmitteln durchaus lohnend und dankenswert erscheint. Die einzelnen Gruppen werden näher beschrieben, und einige Daten solcher Sterne sind beigefügt. H. M.

111173. **C. R. Lynds, N. Thomas,** Photoelectric observations of 12 DD Lacertae. AJ **62** 186—189. — Der raschwechselnde β Canis maioris-Stern wurde von Juli bis Sept. 1956 in 17 Nächten im Rahmen einer internationalen Vereinbarung beobachtet. Die Einzelwerte werden mitgeteilt und instantane Lichtkurven abgebildet. Hoffmeister

111174. **D. H. McNamara,** The velocity-curve of 16 Lacertae. ApJ **125** 684—688. — Die 1951 gefundene Interferenz zweier RG-Oszillationen (Schwebungsperiode 17^d) wird für 1954 bestätigt; außerdem zeigen sich überlagerte, unregelmäßige Änderungen. Wellmann

111175. **P. W. Merrill,** A spectrogram of R Hydrae near minimum light. Publ ASP **69** 77—78. — Ein 1956 April 15, etwa 13 Tage vor dem Helligkeitsminimum des langperiodischen Veränderlichen von I. S. Bowen mit dem 200″-Mount Palomar-Spiegel erhaltenes Spektrum (9 Å/mm) wird beschrieben. Die gemessenen Radialgeschwindigkeiten mehrerer Emissions- und Absorptionslinien sind in einer Tabelle zusammengestellt. Diese Ergebnisse lassen sich nur schlecht mit älteren Beobachtungen in anderen Phasen des Lichtwechsels verbinden. Angesichts der starken Veränderlichkeit der Lichtkurve von Epoche zu Epoche können nur Spektren eines einzelnen Zyklus sichere Aufschlüsse über den Verlauf der Radialgeschwindigkeitsänderungen liefern. Beyer

111176. **F. D. Miller,** Spectrum variations of S Ursae Minoris in the 1 μ region. ApJ **125** 107—114. — Mit dem Curtis-Schmidt-Teleskop werden

Objektivprismenspektren im Bereich von 7000—11000 Å von dem langperiodischen M 7 e-Stern S UMi erhalten, welche einen vollen Zyklus bedecken. Die Amplitude des Lichtwechsels in diesem Bereich ergibt sich zu 1.1 bis 1.5 Größenklassen gegenüber $3^m\!.6$ im photographischen Bereich. Unterhalb 8700 Å werden keine nennenswerten Änderungen der Banden mit Ausnahme der des Vanadiumoxyds nahe bei 7900 und 8600 Å beobachtet. Im Bereich von 1 μ ändert sich die unidentifizierte Bande bei 10500 Å; ihre Zentralintensität beträgt nur 58 % im Lichtminimum. Micz.

111177. **W. J. Miller,** Five new variable stars in Cygnus, VV 29—33. Specola Astr. Vaticana Ric. Astr. **3** 417—451. — In Fortsetzung der Veröffentlichungen in Ric. Astr. Vaticana **3** 369 und 381 werden fünf neuentdeckte Veränderliche der Cygnus-Wolke (vier RR Lyrae-Sterne und ein β Lyrae-Veränd.) auf Grund eigener Aufnahmen und älterer Platten der Harvard-Sternwarte untersucht. Außer photographischen Umgebungskarten sind die photographischen Helligkeiten der Vergleichssterne, Lichtkurven, Elemente des Lichtwechsels, Tabellen der beobachteten Maxima bzw. Minima sowie der Normalpunkte mitgeteilt. Beyer

111178. **L. W. Mirsojan,** Über die Erscheinung der kontinuierlichen Emission. Abh. Staatl. Russ. Pädagog. Inst. Erewan **6** 315—321, 1956 (russ.). — Ref. in RJ 1958 Nr. 1 S. 25. — Betrifft AG Dra.

111179. **O. Obůrka,** The flare and flash stars. RH **38** 244—247 (tschech.).

111180. **V. Osvalds,** On the duplicity of the long-period variable AO Virginis. Publ ASP **69** 175—176. — Ein Vergleich neuer Aufnahmen (26′-McCormick Refraktor, 1956) mit Platten aus dem Jahre 1910 zeigt, daß es sich bei AO Virginis nur um ein optisches Doppelsternpaar handelt. Beyer

111181. **M. Petit,** Fluctuations secondaires observées sur les variables du type UV Ceti. JO **40** 92. — Die von R. P. de Kock und V. Oskanjan in Belgrad beobachteten sekundären Helligkeitsschwankungen des Flare-Sterns UV Ceti werden durch zahlreiche Messungen aus den Jahren 1951—52 bestätigt. Sie verlaufen in niedrigen Wellen von rund 33 Tagen und entsprechen ähnlichen sekundären Schwankungen der Flare-Sterne AD Leo, EV Lac und V 645 Cen. Beyer

111182. **J. Ponsen,** Discussion of ninety-five long-period variable stars. Ann. Sterrewacht Leiden **20** 431—465. — In Fortführung früherer Arbeiten über ein Feld in Sagittarius (etwa $18^h\,20^m$ $-32°$) werden Elemente des Lichtwechsels, Einzelbeobachtungen und Kärtchen bekanntgegeben. Hoffmeister

111183. **G. Romano,** Sei nuove variabili scoperte nella costellazione della Volpetta. Coelum **25** 45—46. — Auf 55 mit dem 110 mm-Astrographen seiner Sternwarte gewonnenen Aufnahmen wurden von Verf. sechs neue Veränderliche in Vulpecula entdeckt. Es werden Umgebungskarten, Vergleichssterne, Koordinaten für 1900.0 und die Helligkeitsamplitude gegeben. Zum Schluß Bemerkung über den Veränderlichen in Cepheus (vgl. AJB **56** Ref. **111141** und **111150**). Cester

111184. **G. Romano,** Note sur la confirmation obtenue par M. Roger Weber de la variabilité d'une étoile dans Coma. DOB Circ Nr. 10, 1 S. — Betrifft: $\alpha = 12^h\,17^m\!.5$, $\delta = +16°\,50'\!.7$ (1900.0).

111185. **G. Romano,** Appunti sulle variabili UV Ceti = flare stars. Specola «Cidnea» Brescia Pubbl. Nr. 2, 7 S. = Oss. Privato Specola «Ariel» Treviso Pubbl. Nr. 5. — Übersicht über die Flare-Sterne. Ihre Lage im Hertzsprung-Russell-Diagramm wird gegeben. In einer Liste sind die Daten für 11 Flare-Sterne zusammengestellt. Cester

111186. **L. Rosino, C. Grubissich, P. Maffei,** Le stelle variabili dell'ammasso galattico nebulare NGC 2264. Contr. Oss. Astrofis. Asiago Nr. 82, 28 S. —

Auf 289 Aufnahmen im Gebiet von NGC 2264 mit dem 120 cm-Reflektor in Asiago und dem 60 cm-Reflektor in Lojano wurden 33 neue Veränderliche, darunter 8 Flare-Sterne, entdeckt. Von diesen sowie weiteren 78 bereits bekannten Veränderlichen sind nähere Angaben über den Charakter und Umfang des Lichtwechsels in Tabellen mitgeteilt. Die Veränderlichen zeigen die gleichen Merkmale wie diejenigen des Orionnebels. Sie sind vielleicht etwas rascher in ihren Änderungen. Die Flare-Sterne haben im Minimum die mittlere Helligkeit $17^m\!.6$ und eine mittlere Amplitude von $1^m\!.7$. Ihre Aufhellungen dauern im Mittel 38 Minuten, verlaufen also schneller als die Lichtausbrüche der Orion- und etwas langsamer als diejenigen der Taurus-Flare-Sterne. Beyer

111187. **J. J. Ruiz,** Photoelectric observations of 12 Lacertae. Publ ASP **69** 357—358. — Im Rahmen des internationalen Programms einer Überwachung von β CMa-Sternen (C. de Jager) wurden J. D. 2435726, 755 und 776 insgesamt 68 lichtelektrische Messungen an einem 8'-Reflektor in den Bereichen 4200 und 5300 erhalten. Die Einzelmessungen sind wiedergegeben. Beyer

111188. **K. W. Schrick, J. Stock,** Three-colour observations of δ Scuti. MN ASSA **16** 100—101. — Zwei vollständige Lichtkurven, die in aufeinanderfolgenden Nächten in den drei Farbbereichen U, B und V (Johnson) lichtelektrisch mit dem 60"-Boyden-Reflektor erhalten wurden, bestätigen die von E. A. Fath gefundene starke Veränderlichkeit des Kurvenverlaufs und der Periode dieses β CMa-Sterns. Beyer

111189. **J. Stock, W. Wehlau,** Light variability for a sample of M-type stars. AJ **62** 34. — Ref. AAS.

111190. **O. Struve, V. Zebergs,** Stellar wave lengths in the spectrum of Gamma Pegasi. Ann d'Astrophys **20** 10—22 = Berkeley Repr. Nr. 126. — Die Abweichungen in den Radialgeschwindigkeiten für 126 Linien verschiedener Elemente vom Mittelwert der einzelnen Platten werden untersucht. Das Wellenlängensystem beruht auf 49 OII-Linien. Die Abweichungen liegen im Mittel für verschiedene Ionisationsstufen einer Reihe von Elementen zwischen –0.8 und +3.6 km/sec. Die Übereinstimmung mit den Ergebnissen anderer Autoren ist zum Teil gut. Groth

111191. **O. Struve, J. Sahade, E. Ebbighausen,** The radial velocity of 12 DD Lacertae. AJ **62** 189—191. — Mitteilung der aus 54 Spektren in vier Nächten für diesen β Canis maioris-Stern erhaltenen Werte. Hoffmeister

111192. **O. Struve, J. Sahade, V. Zebergs,** The radial velocity of Delta Delphini. ApJ **125** 692—695 = Berkeley Repr. Nr. 118. — Auf 102 Spektren (10 Å/mm) wird eine RG-Änderung von einigen km/sec Amplitude nachgewiesen, die der photometrischen Periode von $3^1/_4{}^h$ folgt. In individuellen Zyklen treten Abweichungen vom mittleren Geschwindigkeitsverlauf auf. Die Phasenbeziehung zwischen Geschwindigkeit und Helligkeit konnte noch nicht fixiert werden. Der Stern gehört zu einer Gruppe von Sternen mit schnellen Pulsationen kleiner Amplitude. Wellmann

111193. **S. Taffara,** Ricerche spettrofotometriche sulle stelle Be. XVII. Studio della stella γ Cas. Mem SA It (NS) **28** 163—184 = Contr. Oss. Astrofis. Asiago Nr. 86. — Nach einem kurzen Überblick über die wichtigsten Änderungen im Spektrum von γ Cas berichtet Verf. über die Ergebnisse seiner bis Ende des Jahres 1953 ausgeführten Beobachtungen. 959 Linien zwischen 3548.7 und 6718 Å werden identifiziert und zeigen die Elemente, welche in der Atmosphäre des Sterns vorhanden sind. Für das Intensitätsverhältnis der Balmer-Emissionslinien ergibt sich $\alpha : \beta : \gamma : \delta : \varepsilon = 16 : 10 : 4.8 : 1.3 : 0.7$. Die Methode von Zanstra liefert für die effektive Temperatur den Wert 14900°. Zum Schluß wird eine quantitative Analyse nach Unsöld durchgeführt. Es ergibt sich, daß die Atmosphäre von γ Cas sich wenig von der eines normalen B0-Sterns unterscheidet. Cester

111194. **M.-L. Tcheng, M. Bloch,** Le spectre de l'étoile symbiotique BF Cygni en 1952 et 1955. Acta Astr. Sinica **4** 273—283, 1956 (chines. mit französ. Ref.).

111195. **M.-L. Tcheng, M. Bloch,** Etude spectrophotométrique de AX Persei. Ann d'Astrophys **20** 86—101 = Publ. Obs. Haute-Provence **4** Nr. 1. — Eine Auswertung von 25 Spektrogrammen, die 1952 Okt. 6—8, 1955 Okt. 23—Nov. 17, 1956 Aug. 14—24 und 1956 Nov. 24—1957 Jan. 19 mit dem Einprismen-Spektrographen des 120 cm-Spiegels des Observatoire de Haute Provence erhalten wurden. Neben acht Registrierkurven ist eine umfangreiche Tabelle von gemessenen Emissionen wiedergegeben. Die aus den Emissionen und Absorptionen bestimmte Radialgeschwindigkeit stimmt mit dem früher erhaltenen Betrag von —118 km/sec überein. Im übrigen zeigen die Emissionen und auch das kontinuierliche Spektrum starke Veränderungen, die voneinander unabhängig zu sein scheinen. Nach lichtelektrischen Messungen in drei Farben (System Johnson-Morgan) entsprechen die Differenzen B—V dem Spektraltyp K0 und U—B dem Typ B9. Beyer

111196. **E. Vandekerkhove,** Observations spectrophotométriques. BAB **4** 230. — Fortsetzung der in BAB **4** 183 ausgeführten Gradientenbestimmung (vgl. AJB **54** Ref. 9584) für die Sterne δ Cep und γ Cas.

111197. **E. Vandekerkhove,** Variations du gradient de γ Cassiopeiae. Bull. Cl. Sci. Acad. roy. Belgique (5) **43** 606—609 = Commun. Obs. Roy. Belgique Nr. 126. — Bericht über Meßergebnisse des Gradienten φ_{5000} von γ Cas aus den Jahren 1949 bis 1957. Während dieses Zeitraums erreichte der Gradient zwei Maxima (1951.7 und 1954.3) und zwei Minima (1953.1 und 1956.95). Klauder

111198. **M. F. Walker,** Photoelectric observations of 12 Lacertae. Publ ASP **69** 177—178 = Warner and Swasey Obs. Case Inst. Technol. Repr. Nr. 79. — Die in den vier Nächten J. D. 2435683, 703, 707 und 708 im Rahmen des internationalen Programms der Überwachung der β CMa-Sterne (C. de Jager) am 20"-Mount Palomar-Reflektor lichtelektrisch gemessenen 138 Gelbhelligkeiten des Veränderlichen 12 Lacertae werden mitgeteilt. Beyer

111199. **R. Weber,** La recherche photographique d'étoiles variables. BSAF **71** 34—39. — Als wahrscheinliche Veränderliche werden angezeigt: BD + 55° 224 Cas, BD +16° 2767 Ser, $0^h 34^m 33^s$ +49° 41′ (1900.0) Cas. Für alle drei Sterne liegen Beobachtungsreihen vor. Auf die Möglichkeiten zur photographischen Auffindung neuer Veränderlicher durch Liebhaberastronomen wird besonders hingewiesen. Fricke

111200. **R. Weber,** Variabilité de l'étoile BD +55° 224 Cas. BSAF **71** 150. — Mitgeteilt werden Beobachtungen von G. Romano, welche die Veränderlichkeit des Sterns bestätigen. Fricke

111201. **W. Wenzel,** Bemerkung zum photometrischen Verhalten der RW Aurigae-Sterne. Sterne **33** 27—28. — RW Aurigae-Sterne werden auf den Zusammenhang zwischen Unterart ihres Lichtwechsels und Spektraltyp untersucht. Auffallend ist die Häufung der BH Cephei- und T Orionis-Sterne bei den Spektralklassen A und F im Gegensatz zu den RW Aurigae-Sternen bei G. Schaifers

111202. Documents pour l'étude des étoiles variables. Etoiles à sursauts lumineux (flare stars). DOB **10** Nr. 2 Fasc. 2, 7 S.

111203. SS Cygni under 1956. PAT **38** 148—149.

111204. AE Aquarii. PAT **38** 150—151.

111205. SS Cygni as a binary. Sky and Telescope **16** 176.

111206. Luminosities of Mira stars. Sky and Telescope **17** 4. — Ref. AAS.

§ 112

Listen veränderlicher Sterne, Einzelbeobachtungen

11201. **F. M. Bateson,** Royal Astronomical Society of New Zealand. Variable Star Section. Observations. Circ. Nr. 76, 77, 81, 83. — Umfaßt die Beobachtungen der nachstehenden Veränderlichen im Zeitraum von 1956 Jan. 1—Dez. 31.

Aps S, T
Aqr R, Z, TW, TX, VV, VX, WW
Aql TV, TX, VW, DX, DY, EM
Ara U
Cae R
CMa Z
Cap RR, RX
Car R, S, T, Z, RR, RS, RV, RW, RY, RZ, AF, AG, BO, CL, HR, IW
Cen R, T, U, W, X, RS, RT, RV, RX, AD, BV
Cet U, *o*
Cha R
Col R, S, T
CrA R, S, T, TY
CrB T
Crv R
Dor R, SU
Eri T, U, W, RW
For R
Gem U
Gru R, S, T
Her SY
Hor R, T, U
Hya R, W, RS, RT, RU
Ind R, S
Leo RY
Lep R
Lib U, W, RU
Lup R, Y, EX
Mic R, S, U
Mon R, U, RS, RX, SW
Nor R, T
Oct R, S, T, U
Oph W, RY, TT, TX, UX, UZ, VV
Ori S, RR, UV, CN, CZ, α
Pav R, S, T, W
Phe R, T, V
Pic R, S, T
PsA R, S, U, RY, ST
Pup U, W, Y, Z, L_2
Ret R
Sgr R, S, RR, RT, RU, RV, RW, RX, RY, ST, SW, TY, VX, AR, AZ, BH, V 348
Sco R, S, Z, RR, RS, RT, RU, RW, SV, SX, TV, CL, V 380, α
Scl R, S, T, U, V, X, RS
Sct R, S, ST
Ser UZ
Sex S
Tau RV
Tel R, S, RR
Tuc R, S, T, U, UU, AA
Vel W, Y, Z, SY, WY
Vir S, RV, SU
Vol R, S

11202. **D. P. Elias,** Variable star observations in 1953. National Obs. Athen Bull. Astr. Inst. 1953 Nr. 2 S. 41—68. — Betrifft folgende Sterne: T Cet, T Cas, R And, S Cet, α Cas, RX Cep, γ Cas, U Cep, RU Cep, S Cas, R Psc, UV Cet, U Per, XX Per, R Ari, W And, T Per, *o* Cet, S Cep, R Cet, RS Cet, R Tri, W Tri, T Ari, W Per, ϱ Per, Y Per, U Cam, SS Cep, X Tau, X Per, R Tau, T Cam, X Cam, ST Cam, ε Aur, R Lep, ζ Aur, W Ori, R Aur, T Ori, S Cam, Y Tau, α Ori, U Ori, X Aur, TV Gem, η Gem, V Mon, T Mon, BL Ori, BD +14°1296, UU Aur, X Mon, R Gem, U Mon, S CMi, S Gem, T Gem, R Cnc, V Cnc, RS Cam, X Cnc, RX UMa, R Leo, 16 LMi, SY UMa, U UMa, U Hya, R UMa, V Hya, ST UMa, δ UMa, R Crv, RY UMa, T UMa, R Vir, RS UMa, S UMa, Y CVn, R Hya, S Vir, T UMi, V UMi, U UMi, RX Boo, S Boo, V Boo, R Cam, R Boo, S Ser, S CrB, S UMi, RR CrB, R CrB, R Ser, V CrB, T CrB, X Her, R Her, SX Her, g Her, SS Her, R UMi, R Dra, TX Dra, WW Dra, S Dra, R Oph, α Her, Z Oph, RS Her, RS Oph, T Her, TV Her, W Lyr, d Ser, AC Her, T Lyr, X Oph, XY Lyr, T Aql, R Sct, S Sct, R Lyr, V Aql, R Aql, U Dra, T Sgr, RY Sgr, AF Cyg, R Cyg, TT Cyg, RT Cyg, S Vul, χ Cyg, Z Cyg, SV Cyg, S Aql, R Sge, RS Cyg, RT Cap, U Cyg, X Cyg, U Del, T Cyg, T Aqr, UX Cyg, X Cep, T Cep, W Cyg, UU Cyg, S Cep, RU Cyg, SS Cyg, RV Cyg, μ Cep, AG Peg, RW Cep, ST Cep, W Cep, U Lac, β Peg, V Cas, S Peg, R Aqr, Z Aqr, ϱ Cas, V Cep, R Cas, W Cet.

11203. **W. Götz, H. Huth, C. Hoffmeister,** Die veränderlichen Sterne der nördlichen Milchstraße. IX. Veröff. Sternw. Sonneberg **4** 125—238. — Ref. in Ann d'Astrophys **21** 162—163. — Neunter Teil der Veröffentlichungen zum Sonneberger Felderplan. Das Feld $23^h\,9^m$ +52°5 ist erstmalig bearbeitet und umfaßt die Sterne Nr. 2882—2940 und zusätzliche Sterne Nr. 2941—2991. Zu den Feldern β Del (Nr. 2992—3020), 62 Aql (Nr. 3021—3055) und 67 Oph (Nr. 3056—3115) werden Ergänzungen gegeben. Zum Schluß sind in den Feldern ν Gem und e Gem aus Teil IV und VII sechs Sterne (Nr. 1389, 2389, 2393, 2394, 2412 und 2416) neu bearbeitet.

11204. **D. Hoffleit,** Variable stars in a field in Sagittarius. AJ **62** 120—126 = Harv Repr (2) Nr. 102. — Vgl. AJ **62** 18 (Ref. AAS). — Bestimmung der Perioden von 65 Veränderlichen (H. V. 12344—12405, 3968, V 515 Sgr, IQ Sgr) im Feld Sagittarius 193 und Diskussion der Ergebnisse.

11205. **C. Hoffmeister,** Umgebungskarten für die in Sonneberg entdeckten Veränderlichen Sterne. MVS Nr. 245—330.

11206. **H. Huth,** Photographische Beobachtungen von Mirasternen. MVS Nr. 343—347. — Betrifft folgende Veränderliche: R, T, U, V, Y, RR, RW, TU And; T, V, W, RR, RW Aqr; R, W, X, RR, RV Aql; R, T, U Ari; U, W, X Aur; R, V Boo; R, U, V, W Cnc; R CVn; R, S, V CMi; R, U, V Cas; R, X, Z, o Cet; R Com; S, X, Z CrB; Z, RT, TW, TY, χ Cyg; T, X, Z Del; SV Dra; R, T, V, X Gem; R, S, T, U, RS, RT, RV, RY, RZ, SY Her; S, T, WW Hya; S Lac; R, S Leo; R, S LMi; Y Lib; U Lyn; W Lyr; X, Y, RX, TT Mon; RU, RY Oph; R, U, RR Ori; S, V, X, RR, RS, SX Peg; S, RX Psc; R, U Ser; V Tau; R Tri; R UMa; R, RU Vul.

11207. **B. W. Kukarkin, T. Li, L.-T. Schen,** Über 88 veränderliche Sterne im Orion-Nebel. AC Nr. 177 S. 14—15 (russ.). — Betrifft folgende Sterne: T, SX, SY, SZ, TT, TV, UY, VZ, VZ?, WW, WX, WZ, XX, YY, YZ, ZZ, AA, AB, AH, AI, AK, AL, AN, AP, AQ, AR, AU, AZ, BO, BZ, CD, CH, EY, EZ, HR, HT, HU, HX, HY, II, IN, IU, IW, IX, IY, KK, KM, KN, KP, KQ, KR, KS, KX, KZ, LL, LM, LO, LP, LS, LT, LW, LX, LY, LZ, MM, MO, MP, MQ, MS, MU, MW, MX, NP, NQ, NV, NW, NZ, OO, OQ, OR, OT, PP, PX, V 356, V 358—V 361 Ori.

11208. **B. W. Kukarkin, T. Li, L.-T. Schen,** Photographische Beobachtungen von 116 Sternen im Orion-Nebel. Acta Astr. Sinica **5** 103—116 (chines. mit russ. Ref.).

11209. **M. W. Mayall,** Variable star notes. American Association of Variable Star Observers. J RAS Canada **51** 109—112, 165—168, 219—222, 259—262, 308—311, 353—356.

11210. **C. P. Olivier, R. C. Moore, M. E. Nason, S. Svelopoulos,** Observations of variable stars. Publ. Univ. Pennsylvania (Astr.) **7** Nr. 4 S. 21—37. — Betrifft folgende Sterne: UY And; TU, TV, EU, HI, QZ, V 338-2 Aql; SY CMa; U, V Crv; RU, RY, RZ, SS, SS + 2, BR, BX Del; W Equ; SX Eri; VV, BE, 645, 646 Gem; DN, DO, DS, FU Her; ST, TU, UZ, WW Hya; SX, TT Leo; X Lep; BG, BI Mon; TY, V 447 Oph; RR, CN, DP, FG Ori; DG, DL Peg; ST, TT Psc; X, Y Pup; W, WW, AH, BC Ser; X Sex; TX Sge; VY, XY, AD Tau; SY, TZ, WZ, YY, AE Vir; 72.1933, 76.1933, 83.1933, 353.1933; 64.1934, 279.1934, 281.1934, 319.1934, 368.1934; 67.1935, 180.1935, 188.1935, 347.1935; 650.1936; 338.1938; 42.1939, 51.1939, 51.1939 W.

11211. **M. Petit,** Documents pour l'étude des étoiles variables. Etoiles variables à longue période. Prédiction des maxima pour 1958. DOB **10** Nr. 12 Fasc. 3, 4 S.

11212. **M. Petit,** Observation de variables à long cycle du type U Geminorum. JO **40** 88—91. — Betrifft die Sterne: OT Aql; EY Cyg; UV Per; SVS 918; RZ Sge; MM Sco; SW UMa.

11213. **W. Reim,** Mitteilungen über Bedeckungsveränderliche. Kleine Veröff. Remeis-Sternw. Bamberg Nr. 17, 4 S.

11214. **N. M. Schachowskoj,** Photographische Untersuchungen veränderlicher Sterne. Bull. Astr. Obs. Stalinabad Nr. 22—23 S. 19—27 (russ.). — Seit 1940 wird an zwei Astrographen von 92 und 67 mm Durchmesser der Himmel überwacht. Der ganze Himmel bis −40° wurde in 100 Felder aufgeteilt, so daß jeder Punkt zweimal bedeckt wird. Es wurden bisher 17000 Platten aufgenommen und mit einem Astrographen von 100 mm Durchmesser weitere 2000 Platten in 20 Milchstraßenfeldern. Mit Hilfe dieses Materials wurden untersucht: 63 Cepheiden, 224 langperiodische Veränderliche, 20 Novae, 84 Bedeckungsveränderliche, über 300 wenig bekannte Veränderliche und eine Anzahl von Sternen anderer Typen. Perek

11215. **A. W. Solowjow,** Visuelle Beobachtungen veränderlicher Sterne. Bull. Astr. Obs. Stalinabad Nr. 22—23 S. 13—18 (russ.). — Im Laufe der 25jährigen Existenz der Sternwarte in Stalinabad wurden von mehreren Beobachtern viele Tausende visueller Beobachtungen durchgeführt. Der größte Teil der Beobachtungen betraf den «Dienst der Antalgoliden», der über 270 RR Lyrae-Sterne umfaßte. Perek

11216. **W. Strohmeier, R. Kippenhahn, E. Geyer,** 30 neue Veränderliche. Kleine Veröff. Remeis-Sternw. Bamberg Nr. 18, 4 S.

11217. **R. Szafraniec,** Minima of eclipsing variables observed in 1956. AA 7 188—191. — Betrifft WZ, XZ, AB And; CZ Aqr; XZ, FK, KO, V 342, V 343, V 346 Aql; AM, CL Aur; SU, TU, TY, VW Boo; RU, RZ, UZ Cnc; RZ, AQ Cas; U Cep; U, RW CrB; UW, WW, BR, CG, V 345 Cyg; RW, RX, AF Gem; TU, CT Her; VX Lac; UX Leo; T LMi; TZ, UZ, EW Lyr; SW, V 501 Oph; OS, V 343 Ori; UX, AQ, BG, BN, CU, DI, DK, DO Peg; β, RT, RW, XZ Per; SX Psc; U Sge; V 505 Sgr; W, RZ Sct; SV, CF Tau; X Tri; Z, RR, RS, XZ, AY, BE, BO Vul.

11218. **O. P. Wassiljanowskaja,** Maxima von Mira Ceti-Sternen in Cygnus. AC Nr. 176 S. 16—18 (russ.). — Betrifft folgende Sterne: R, U, Z, RT, ST, SX, TU, XY, AT, AU, BG, BU, CM, CU, DR, FF, IZ, χ Cyg.

11219. **B. S. Whitney,** Minima and periods of eclipsing stars. AJ **62** 371—376. — Enthält die Sterne: WW, AD, AM, AP And; V 346 Aql; AM Aur; TU Boo; XZ Cam; RW Cap; ZZ, AB, BZ, EP, GT, GU, IT, IV Cas; RS, OV28 Cep; VW, WW, V 698 Cyg; W, YY Del; RR Dra; TU, CT Her; TW Lac; RV Lyr; EQ Ori; AQ, AT, BO Peg. — Für sämtliche Veränderlichen werden Elemente, wobei 23 neu sind, gegeben. Unter den Veränderlichen befindet sich ein neuer W UMa-Stern. Sechs Sterne besitzen eine veränderliche Periode.

11220. Variabili. Bollettino della Società dei Variabilisti Italiani **1** 35—42. — Enthält Beobachtungen folgender Sterne: RX, SV And; R, T, V, Y Aqr; R, S, SY Aql; T Ari; S, U, W, Z, RS Aur; R, S, V Boo; T, Z Cam; R, V, W Cnc; R CVn; R, V, Y Cas; T, X Cep; U, V, W, X Cet; S, V CrB; R, U, W, RS, RT, TU, TW, WX, χ Cyg; R Crv; R, S, V CMi; R, S, T, V, X, Z Del; R, U, W, X Dra; R Gem; R, S, T, U, W, RS, RU, RV, SS, SV Her; R, S, T, V, RT Hya; S Lac; R, AB Leo; R LMi; R Lep; S, Y, RS, RU Lib; R, S Lyn; W Lyr; V, X Mon; R, V, W, X, RR, RU Oph; U Ori; V, W, RR, RT, RV Peg; R, T Sgr; Z Sco; R Sct; R, S Ser; R Tri; R, S, T, V, Z, RS UMa; R, S, U, V UMi; R, S, Y, SS Vir; RU Vul. Cester

11221. Association française d'observateurs d'étoiles variables. JO **40** 141—147. — Betrifft R, W, RV, RX And; R Ari; Z, SS Aur; R, U, X, Z Cam; S, T Cas; S, T Cep; R CMi; S CrB; R, T CVn; U, Z, SS Cyg; R, S Dra; S, U Gem; T, RS Her; R Leo; R Lyn; AY Lyr; X Oph; U Ori; W Peg; U, W, Y, RR, UV, XX Per; T, RV Tau; R Tri; R, S, T, RS, RX, SW UMa; U, V UMi.

11222. Poziţii precise a 212 stele variable reduse la 1950.0. Deduse din observaţii diferenţiale la cercul meridian al observatorului din Bucureşti în anii 1952—1953. Stubii cercetari astr. seismol. **1** Nr. 1 S. 7—65, 1956. — Ref. in RJ 1957 Nr. 9 S. 18.

* * BAV-Rundbrief 1957. Mitteilungsblatt der Berliner Arbeitsgemeinschaft für Veränderliche Sterne. — Enthält zahlreiche Mitteilungen über die Beobachtung veränderlicher Sterne, die nur zum Teil einzeln in diesem Paragraphen aufgenommen worden sind.

11223. Nachweis der Beobachtungen und Bearbeitungen Veränderlicher
Außer dieser Liste sind noch die vorhergehenden Tabellen von Beobachtungen und § **111** einzusehen.

Andromeda
UU AC Nr. 187 S. 18
WZ Desgl.
XX AC Nr. 176 S. 14
XZ AC Nr. 184 S. 21, Nr. 187 S. 16
AB AC Nr. 177 S. 17, Nr. 187 S. 17

Aquarius
RY AC Nr. 187 S. 18
CY NAZ **11** 30

Aquila
XZ AC Nr. 184 S. 21
CH AC Nr. 185 S. 21
KP AC Nr. 184 S. 21, Nr. 187 S. 16
V346 AC Nr. 187 S. 16 , NAZ **11** 30
V889 AC Nr. 176 S. 13, Nr. 181 S. 21

Auriga
RW MVS Nr. 341—342
SS AC Nr. 185 S. 21, BAA Circ 385, 386, 391

Bootes
RS AC Nr. 177 S. 17
YY AC Nr. 184 S. 22

Camelopardalis
U Ciel et Terre **73** 578
SV AC Nr. 187 S. 18

Cancer
R Ciel et Terre **73** 235
S AA **7** 177
YY AC Nr. 179 S. 17, Nr. 183 S. 17

Canis minor
YY AA **7** 177

Cassiopeia
R Ciel et Terre **73** 579
RX AC Nr. 187 S. 18
RZ AA **7** 177, AC Nr. 177 S. 17, Nr. 184 S. 21, Nr. 187 S. 16, BAV-Rundbrief **6** Nr. 2 S. 1, NAZ **11** 30, Urania Kraków **28** 23
TV AC Nr. 187 S. 16
QQ AC Nr. 178 S. 24, Nr. 181 S. 22
AB NAZ **11** 30
AZ DOB Circ Nr. 11, MVS Nr. 331 -332
KT AC Nr. 178 S. 23, Nr. 179 S. 17

Centaurus
V553 ApJ **125** 824

Cepheus
U Japan Astr. Study Ass. Circ. Nr. 152 S. 104
SU AC Nr. 187 S. 16
YY AC Nr. 186 S. 19
μ Urania Kraków **28** 379

Coma Berenices
RW Bul. ştiinţ. Acad. RPR (mat., fiz.) 8 773—781, 1956

Corona borealis
S Ciel et Terre **73** 236
U AA **7** 177

Cygnus
SS AC Nr. 185 S. 21, BAA Circ 385, 386, 391, NAT 1957 S. 27
SU AC Nr. 182 S. 11
SZ Desgl.
TX AC Nr. 182 S. 11
VX Desgl.
VY Desgl.
CD Desgl.
DD AC Nr. 177 S. 14, Acta Astr. Sinica **5** 117
EH AC Nr. 177 S. 14, Acta Astr. Sinica **5** 117
EY AC Nr. 185 S. 21
GH AC Nr. 182 S. 11
MW Desgl.
MY NAZ **11** 30
V386 AC Nr. 182 S. 11
V401 AA **7** 257 = Warsaw Repr. Nr. 65
V402 AC Nr. 182 S. 11
V532 Desgl.
V748 AC Nr. 177 S. 18

Delphinus
R MVS Nr. 333
EU Urania Kraków **28** 219
FM AC Nr. 178 S. 23, MVS Nr. 348—349
δ ApJ **125** 825

Draco
TZ NAZ **11** 30
UZ Desgl.
AI BAV-Rundbrief **6** Nr. 3 S. 8, Nr. 4 S. 14

Gemini
U BAA Circ 385
RY AC Nr. 182 S. 13
ST Desgl.
TY Desgl.
UU Desgl.
UZ Desgl.
VV AC Nr. 177 S. 14, Nr. 182 S. 13, Acta Astr. Sinica **5** 117

VX AC Nr. 182 S. 13
WZ Desgl.
XX Desgl.
ZZ Desgl.
AO Desgl.
AU Desgl.
BC Desgl.
BE Desgl.
BP Desgl.
BR Desgl.

Hercules

Z AA **7** 177
TU AC Nr. 177 S. 16
VZ AC Nr. 181 S. 21
MX AC Nr. 184 S. 22
u AA **7** 177

Hydra

RT J RAS Canada **51** 308

Lacerta

SW BAV-Rundbrief **6** Nr. 1 S. 2
AR AC Nr. 187 S. 16
12 AJ **62** 220, Nature **180** 1112 = Sterrewacht «Sonnenborgh» Overdruk Nr. 29

Libra

TV AC Nr. 176 S. 14

Lyra

UZ Bul. ştiinţ. Acad. RPR (mat., fiz.) 8 783—794, 1956
β BAV-Rundbrief **6** Nr. 3 S. 10

Monoceros

RW Studii cercetări astr. seismol. **2** Nr. 1 S. 109

Musca

Y MVS Nr. 244

Ophiuchus

VW Acta Astr. Sinica **5** 117
V456 AC Nr. 184 S. 21, Nr. 187 S. 16
V861 AC Nr. 183 S. 16
V913 AC Nr. 184 S. 22

Orion

GG AC Nr. 183 S. 16

Pavo

BS MVS Nr. 339—340

Pegasus

RU AC Nr. 185 S. 21
TY AC Nr. 185 S. 22
AG NAT 1957 S. 146
DY AC Nr. 187 S. 17

Perseus

U J RAS Canada **51** 354
RT AC Nr. 177 S. 17, Nr. 184 S. 21, Nr. 187 S. 16
SU Ciel et Terre **73** 578
β Vasiona **5** 17

Pisces

RR AC Nr. 177 S. 14, Acta Astr. Sinica **5** 117

Sagitta

S AC Nr. 187 S. 27, Harv Card 1385, NAZ **11** 31

Sagittarius

TT AC Nr. 177 S. 14, Acta Astr. Sinica **5** 117
AN Desgl.

Taurus

RR MVS Nr. 341—342 mit Berichtigung in Nr. 368
RW AA **7** 177, AC Nr. 177 S. 17
SU MVS Nr. 350
VX Acta Astr. Sinica **5** 117
CI NAZ **11** 28

Triangulum

T NAT 1957 S. 64
X AC Nr. 177 S. 17

Triangulum australe

RT ApJ **125** 824

Ursa maior

R Ciel et Terre **73** 235
Z NAT 1957 S. 110
SW AC Nr. 185 S. 21

Virgo

VY Acta Astr. Sinica **5** 117

Vulpecula

Z AA **7** 177, AC Nr. 177 S. 17
YZ AC Nr. 117 S. 14, Acta Astr. Sinica **5** 117

11224. Veränderliche mit provisorischer Bezeichnung

99.1905 AC Nr. 186 S. 18
30.1934 MVS Nr. 338—339
193.1935 AC Nr. 185 S. 21
212.1935 AC Nr. 186 S. 18
214.1935 Desgl.
216.1935 Desgl.
1010.1935 = KVVS 5154
447.1937 = KVVS 5108
450.1937 = KVVS 5248
31.1938 = KVVS 5251
59.1939 AC Nr. 186 S. 18

11225. Bamberger Veränderliche

50 = AI Dra
121 AC Nr. 182 S. 14
122 Desgl.
123 Desgl.
124 Desgl.
125 Desgl.
126 Desgl.
127 Desgl.
128 Desgl.
130 Desgl.
131 AC Nr. 182 S. 14, Nr. 186 S. 19
132 AC Nr. 182 S. 14
133 Desgl.
134 Desgl.
135 Desgl.
136 Desgl.
137 Desgl.
138 Desgl.
139 AC Nr. 182 S. 14
140 Desgl.
141 Desgl.
142 Desgl.
143 Desgl.
144 Desgl.
145 Desgl.
146 Desgl.
147 AC Nr. 182 S. 14, 17

11226. Veränderliche BD-Sterne

+62°2332 AC Nr. 176 S. 16, Nr. 179 S. 16, Nr. 181 S. 22, Nr. 183 S. 16
+60 306 MVS Nr. 340
+58 2109 = KVVS 5175
+55°2693 MVS Nr. 340
+55 2436 = KVVS 5238
+53 2449 = KVVS 5248
+52 2009 = AI Dra
+44 2347 DOB Circ Nr. 12
+35 4107 = KVVS 5245
+30°3592 = V 401 Cyg
+26 1101 DOB Circ Nr. 12
+10 2234 BAV-Rundbrief **6** Nr. 3 S. 9
+10 1404 DOB Circ Nr. 12

11227. KVVS-Sterne*)

30 = SVS 760
219 AC Nr. 182 S. 17
4545 = SVS 867
4558 = 99.1905
4575 = 59.1939
4589 = 212.1935
4596 = 214.1935
4693 = SVS 710
4831 = SVS 723
4889 = 216.1935
5108 AC Nr. 177 S. 18
5154 Desgl.
5175 Desgl.
5176 Desgl.
5238 AC Nr. 177 S. 18
5245 Desgl.
5248 Desgl.
5251 Desgl.
5266 = V 748 Cyg
5689 = SVS 741
5817 = SVS 752

11228. Sonneberger Veränderliche

3832 = KVVS 5176
4511 = FM Del
4709 AC Nr. 185 S. 21
4714 MVS Nr. 334—335
4716 AC Nr. 185 S. 21 = KVVS 219
4732 AC Nr. 187 S. 20
4741 AC Nr. 185 S. 21
5150 MVS Nr. 336
5217 MVS Nr. 337

11229. SVS-Sterne

710 AC Nr. 186 S. 18
723 Desgl.
741 Desgl.
752 Desgl.
760 AC Nr. 186 S. 18
802 = KVVS 5108
805 = KVVS 5248
867 AC Nr. 186 S. 18,19
880 = V 748 Cyg
1232 AC Nr. 186 S. 16
1233 Desgl.

11230. Sonstige Veränderliche

Äqu. 1855

α	δ		α	δ	
$0^h 51^m 23^s$	+44° 38′	AC Nr. 185 S. 21	$4^h 24^m.6$	+24° 4′	NAZ **11** 28
4 24.6	+24 3	NAZ **11** 28	4 25.3	+22 33	= CI Tau

Äqu. 1900

α	δ		α	δ	
$0^h\ 7^m 55^s$	+55° 26′	Coelum **25** 114, DOB Circ Nr. 13	$18^h\ 3^m 51^s$	−42° 24′.5	BAN **13** 338
6 49 30	+ 9 16	DOB Circ Nr. 12	18 13 26	−44 47.5	Desgl.
6 50 53	+14 27	Desgl.	21 2 17	+67 37	Coelum **25** 179
7 5 18	+ 8 3	Desgl.	22 38 34	+52 55	DOB Circ Nr. 12
12 17.5	+16 50.7	Coelum **25** 75	23 51 26	+55 33	AC Nr. 183 S. 17, Coelum **25** 114, 179, DOB Circ Nr. 13
17 57 16	+51 54.3	AC Nr. 186 S. 17			
18 3 34	−41 3.7	BAN **13** 338			

*) AJB **51** Ref. 11003.

Äqu. 1950

$20^h 56^m 3^s.0$ +40°3′3″ AC Nr. 186 S. 17

HD 53 420 = BD +10°1404	Romano 2	AC Nr. 182 S. 16, 17, Nr. 183 S. 16
HD 126 007 = BD +44°2347		
MH α 259—20 = CI Tau	Romano 3	Desgl.
P 5394 = KVVS 5154	Romano 4	AC Nr. 182 S. 16, 17
P 5442 = KVVS 5245	Romano 5	AC Nr. 182 S. 16
Romano 1 AC Nr. 182 S. 16, 17	Romano 6	AC Nr. 182 S. 16, 17

11231. Veränderliche Sterne. Verzeichnis der Beobachter und Berechner

A. Abrami
C. Albo
K. F. Andersen
S. P. Apriamaschwili
G. Bakos
S. Berg
P. Broglia
V. Buhl
B. Cester
G. Chiş
C. Cristescu
P. Darnell
G. Darsenius
D. H. Didriksen
F. Dörr
G. S. Filatow
R. Fogelquist
W. M. Grigorewskij
M. Hack
J. F. Heard
G. H. Herbig
C. Hoffmeister
M. Huruhata
H. Huth
A. Izkowitsch
C. de Jager
G. E. Jerlexowa
A. Koeckelenbergh
K. Kordylewski
M. Kowalczewski
J. Kubikowski
B. W. Kukarkin
N. Kukarkina
J. I. Kumsischwili
G. A. Lange
S. Laustsen
M. I. Lawrow
Z. Li
R. Lynds
N. L. Magalaschwili
W. Makarow
O. Mandel
S. D. Markowskij
A. Marks
D. J. Martynow
M. W. Mayall
K.-B. Menzel
T. Neckel
S. W. Nekrassowa
A. Nielsen
A. V. Nielsen
G. J. Odgers
J. Østergaard Olesen
Z. Ożdżeńska-Marksowa
J. Panajoti
N. Perowa
C. L. Perry
E. V. Petersen
A. E. Prichodko
W. Quester
G. Richter
G. Romano
R. Rudolph
J. J. Ruiz
J. Sahade
E. A. Satanowa
N. M. Schachowskoj
L.-T. Schen
T. Siedel
T. Sjögren
H. J. Smith
M. J. Smyth
A. W. Solowjow
J. C. Steensgaard
G. Steiman
R. Szafraniec
N. Thomas
I. Todoran
R. I. Tschuprina
M. Walker
M. K. Walnizkij
R. Weber
W. Wenzel
A. Wróblewski
W. P. Zessewitsch
W. Zonn

§ 113

Novae, Supernovae

11301. **S. G. Gordeladse,** Über ein Verfahren zur Bestimmung der Masse einer Nova. Mitt. Astr. Hauptobs. Golossejewo **2** Nr. 1 S. 92—94 (russ.). — Verf. bestimmt die Masse H_* einiger Novae nach der Formel $H_* = v^2 r/2\,g$, vergleicht sie mit den Ergebnissen Mustels (vgl. AJB **51** Ref. **11305**) und stellt erhebliche Unterschiede untereinander als auch von Verfahren zu Verfahren fest. v = Hüllengeschwindigkeit, r = Radius (= 0.1 $R_\odot$), g = Gravitationskonstante. Loh.

11302. **S. G. Gordeladse,** Über die Massen der Neuen Sterne. Mitt. Politechn. Inst. Kiew **19** 269—277, 1956 (russ.). — Ref. in RJ 1957 Nr. 8 S. 49.

11303. **I. M. Gordon,** Die nichtthermische Strahlung in den Spektren instationärer Sterne und die Entstehung der kosmischen Strahlung. Abh. Univ. Charkow **91** 15—71 = Publ. Astr. Obs. Charkow **12** 15—71 (russ.). — Inhalt: Einleitung, S. 15—20; Das Aufleuchten der Supernovae, S. 20—29; Die nichtthermische Strahlung im Spektrum der Novae, S. 29—34; Der Einfluß der nichtthermischen Strahlung auf die Hauptmerkmale der Spektren der instationären Sterne, S. 34—51; Über die physikalische Natur der Prozesse bei Novaausbrüchen, S. 51—59; Die nichtthermische Strahlung in den Spektren der instationären Sterne und das Problem der Entstehung der kosmischen Strahlung, S. 59—63; Schluß und Schlußfolgerungen, S. 63—71. Loh.

11304. **I. M. Gordon,** La composante non-thermique dans la composition de la radiation des étoiles non-stationnaires et certaines particularités de leurs spectres. AJ UdSSR **34** 739—754 (russ. mit französ. Ref.). — Nachdem verschiedentlich darauf hingewiesen worden ist, daß bei chromosphärischen Eruptionen, Nova- und Supernovaausbrüchen und auch bei den RV Tauri-Sternen eine nichtthermische Strahlung veränderlicher Stärke auftritt, verfolgt Verf. in der vorliegenden Arbeit das Ziel, 1.) zu zeigen, daß eine Reihe von Beobachtungsdaten die Existenz einer kräftigen nichtthermischen Komponente in der Strahlung der Novae bestätigt, 2.) zu untersuchen, welchen Einfluß die nichtthermische Strahlung auf die wesentlichen Merkmale der Spektren instationärer Sterne ausüben kann, und 3.) die Ergebnisse mit den Beobachtungen zu vergleichen. Loh.

11305. **J. L. Greenstein,** Studies of the white dwarfs. III. The recurrent nova WZ Sge as a probable white dwarf. ApJ **126** 23—27. — Ref. in Coelum **26** 24. — Das Spektrum dieses Sterns zeigt außer den für den Novazustand charakteristischen Emissionen sehr breite H I-Absorptionen, wie sie bei weißen Zwergen, aber sonst nicht bei Novae auftreten. Einige mögliche Folgerungen für die Entwicklung von Population II-Sternen werden kurz diskutiert. Wellmann

* * **C. Grubissich, L. Rosino,** Stelle nuove nella galassia M 31 d'Andromeda scoperte e osservate ad Asiago nel 1956. Vgl. Ref. **12413**.

11306. **C. Payne-Gaposchkin,** The Galactic Novae. Amsterdam, North-Holland Publishing Co.; New York, Interscience Publishers, 1957. 10 + 336 S. mit 6 Tafeln und zahlreichen Fig. Preis hfl 30.50 bzw. $ 8.50 bzw. 61 s. — Besprechung in BSAF **72** 184—185 (C. Bertaud), Endeavour **17** 48—49 (H. Spencer Jones), Irish AJ **4** 200, J RAS Canada **52** 93—94 (G. A. Bakos), Mem SA It (NS) **29** 345—349 (M. Hack), NAT 1958 S. 32—33 (S. Laustsen), Obs **77** 243—245 (F. J. M. Stratton), Phys. Blätter **14** 91—92 (E. Brüche), Proc. Phys. Soc. **72** 160—161 (D. W. N. Stibbs), Publ ASP **70** 331—332 (D. B. McLaughlin), Science **126** 1350—1351 (O. Struve), Sky and Telescope **17** 93, 245 (G. H. Herbig).

11307. **T. Schmidt,** Die Lichtkurven-Leuchtkraft-Beziehung Neuer Sterne. ZfA **41** 182—201 = Veröff. Univ.-Sternw. Göttingen Nr. 117. — Verf. untersucht die Beziehung zwischen absoluter Größe einer Nova im Maximum M_0 und Dauer des Abfalls um drei Größenklassen t_3. Abweichungen zwischen den Ergebnissen früherer Beobachter, McLaughlin (1942, 1945) und Kopylow (1952, 1955) werden durch die Verschiedenheit der Ansätze für die interstellare Absorption erklärt. Neue Ansätze darüber und Berücksichtigung von Auswahleffekten führen schließlich zu der Beziehung $M_0 = -11.5 + 2.5 \log t_3$. Damit wird der Entfernungsmodul für M 31 zu $m - M = 24.4$ verbessert. Behr

11308. **Z.-Z. Si,** Nouveau catalogue de novae enregistrées dans les chroniques chinoises et japonaises. AJ UdSSR **34** 159—175 (russ. mit französ. Ref.). — Zunächst wird von einigen Novae des Lundmark-Katalogs nachgewiesen, daß es sich dabei um Kometen gehandelt hat. Dann folgt ein bis zum Ende des 17. Jahrhunderts reichender Katalog von 90 Novae. Darunter sind vermutlich 11 Supernovae und 2 Wiederkehrnovae. Es wird noch weiter geprüft, ob wirklich alle Kometen eliminiert sind. Aus einer nur im Text erwähnten Tabelle geht hervor, daß sich die Novae zur galaktischen Ebene hin häufen; zwischen $b = \pm 20°$ ist die Hälfte aller Novae, außerhalb von $\pm 70°$ ist keine Nova zu finden. Die nördliche Lage der Sonne zur galaktischen Ebene drückt sich darin aus, daß die Novae im Süden häufiger erscheinen. Ferner ist in der Hemisphäre, deren Mittelpunkt im galaktischen Antizentrum liegt, ihre Zahl größer als in der gegenüberliegenden. Dieser Effekt kann mit durch die geographische Lage des Beobachtungslandes bedingt sein. Petri

11309. **P. Wild,** Neue Sterne. Orion Schaffhausen **5** 269—286. — Es werden die Lichtkurven und die spektralen Änderungen bei Novaausbrüchen beschrieben; ferner wird anschaulich auseinandergesetzt, wie man diese Beobachtungen deuten kann, was sich also bei solch einem Ausbruch auf dem Stern wirklich abspielt. Einige besonders interessante Novae werden noch ausführlicher diskutiert; auf die spezielle Klasse der Supernovae wird hingewiesen. Kurz gesagt, man findet in der Arbeit eine recht vollständige Zusammenstellung aller wissenswerten Daten eines Novaphänomens. H. M.

11310. **B. A. Woronzow-Weljaminow,** Novae und Supernovae. Taschkent, «Kisil Usbekiston», 1954. 39 S. mit Fig. Preis 40 Kop. (usbek.).

11311. Mutmaßliche Nova im Gr. Andromedanebel (M 31). Orion Schaffhausen **5** 213.

Beobachtungen einzelner Novae

11312. Nova Aquilae (1918)

Athen Bull. 1953 Nr. 2 S. 58. D. P. Elias.

11313. Nova Eta Carinae (1843)

L. Gratton, Algunas consideraciones sobre Eta Carinae. Obs. Astr. La Plata, Separata Astr. Nr. 3, 10 S.

Roy. Astr. Soc. New Zealand Variable Star Sect. Circ. Nr. 76 S. 3, Nr. 77 S. 3, Nr. 81 S. 3, Nr. 83 S. 3.

11314. Nova T Coronae Borealis (1866)

D. B. McLaughlin, The absorption spectra of T Coronae Borealis. AJ **62** 94. — Ref. AAS.

Sky and Telescope **17** 4. Nova binary star. — Ref. AAS.

11315. Nova P Cygni (1600)

Athen Bull 1953 Nr. 2 S. 62. D. P. Elias.

W. S. Adams, P. W. Merrill, Mount Wilson spectrograms of P Cygni. ApJ **125** 102—106. — Beschreibende Bemerkungen über die am Mt. Wilson-Observatorium vorhandenen Spektrogramme von P Cygni. Das Spektrum hat sich seit 1887 nicht wesentlich verändert, und die Radialgeschwindigkeit ergibt sich aus den hellen Linien zu etwa −13 km/sec seit 1899. Die Absorptionslinien zeigen dagegen wechselnde Verschiebungen und Profile. Die Wasserstofflinien erscheinen gelegentlich doppelt. Die Verschiebungen sprechen für Expansionsgeschwindigkeiten der Hüllen von mehreren Hundert km/sec. Mikrophotometerkurven einiger Profile sind beigefügt. Micz.

E. K. Charadse, Variation in the light and colour of P Cygni. Obs **77** 108—109. — Helligkeitsschwankungen bis zu 0.20 mag. wurden zwischen 1935 und 1957 verschiedentlich beobachtet. Ebenso wurden nicht parallel laufende Helligkeitsänderungen der Lichtkurven in zwei Farben ($\lambda\lambda_{\text{eff}}$ 3750 und 5200 Å) festgestellt. Im Spektrum konnten ebenfalls Unterschiede aufgefunden werden, die sicherstellen, daß die Änderungen des Farbenexzesses nicht interstellaren Ursprungs sind. Die Ursache der beobachteten Variationen werden in dem nicht stabilen Zustand des Sterns gesehen. Schaifers

11316. **Nova RS Ophiuchi (1901 und 1933)**
Roy. Astr. Soc. New Zealand Variable Star Sect. Circ. Nr. 76 S. 4, Nr. 77 S. 4, Nr. 81 S. 5, Nr. 83 S. 4.

11317. **Nova RR Pictoris (1925)**
Roy. Astr. Soc. New Zealand Variable Star Sect. Circ. Nr. 76 S. 2, Nr. 77 S. 2, Nr. 81 S. 2, Nr. 83 S. 2.

11318. **Nova CP Puppis (1942)**
J. L. Greenstein, R. F. Sanford, F. Zwicky, On the absolute magnitude of Nova Puppis 1942. Publ ASP **69** 352—353. — Die in Publ ASP **69** 75—77 von Greenstein und Sanford (vgl. nachstehendes Ref.) abgeleitete absolute Helligkeit ergibt sich aus einer Entfernungsbestimmung der Nova mit Hilfe der Expansionsgeschwindigkeit und des Durchmessers der Nebelhülle. Irrtümlicherweise wurde der von Zwicky gemessene Radius der Hülle von 2!78 als Durchmesser zugrundegelegt. Die Berichtigung gibt für die Nova einen Abstand von 700 pc und eine absolute visuelle Helligkeit des Maximums $M_V = -9^m\!.4$. Beyer

R. F. Sanford, J. L. Greenstein, The absolute magnitude of Nova Puppis 1942. Publ ASP **69** 75—77. — Zwei von J. L. Greenstein im März 1956 mit dem 200′-Mount Palomar-Spiegel erhaltene Spektren (180 Å/mm) lassen auf eine Expansion der Gase des N_1, N_2, H und 4686 von 700 km/sec schließen. Aus dem Durchmesser der von F. Zwicky entdeckten Nebelhülle der Nova, der 1956 auf 2!78 angewachsen war, ergibt sich ein Abstand des Sterns von 1380 pc und eine absolute visuelle Maximal-Helligkeit von $M_V = -10^m\!.35$. Dieser Wert stimmt gut mit den auf indirektem Wege von Humason und Sanford erhaltenen Ergebnissen überein. Die Nova Puppis 1942 dürfte danach die absolut hellste galaktische Nova gewesen sein. — (Die vorstehenden Ergebnisse sind infolge einer Verwechslung des Radius der Nebelhülle mit ihrem Durchmesser fehlerhaft und in Publ ASP **69** 352—353 berichtigt; siehe vorstehendes Referat). Beyer

Supernovae

11319. **L. Baldinelli, F. Selleri,** Le supernovae. Coelum **25** 171—177. — Darlegung unserer Kenntnisse über Supernovae. Es werden behandelt: allgemeine Kennzeichen der Lichtkurven, Entdeckung und Statistik, Theorien zur Deutung der beobachteten Phänomene. Cester

* * **J. E. Baldwin, D. O. Edge,** Radio emission from the remnants of the supernovae. Vgl. Ref. 12652.

11320. **G. Borozki,** Die chinesische Nova. Vasiona **5** 7—8 (serb.). — Betr. die Supernova des Jahres 1054.

11321. **W. A. Fowler, F. Hoyle, G. R. Burbidge, E. M. Burbidge,** Element synthesis in supernovae. Science **125** 747. — Ref., vorgelegt beim Annual Meeting der National Academy of Science, Washington, D. C. (22.—24. April 1957).

* * **J. R. Huizenga, H. Diamond,** Spontaneous-fission half-lives of Cf^{254} and Cm^{250}. Vgl. Ref. 238.

11322. **W. I. Krassowskij, I. S. Schklowskij,** Der mögliche Einfluß von Supernovaexplosionen auf die Entwicklung des Lebens auf der Erde. DAN **116** 197—199 (russ.). — Deutsche Übersetzung in Phys. Blätter **14** 165—167. — Aus der Häufigkeit des Auftretens von Supernovae in der Galaxis und anderen Galaxien schließen Verf., daß etwa alle 200×10^6 Jahre ein solches

Ereignis innerhalb einer Entfernung von 8 pc um die Sonne erwartet werden kann. Der dann über Hunderte und Tausende von Jahren einsetzende Zustrom (sehr) harter Teilchen- und Wellenstrahlung auf die Erde kann unterschiedliche Folgen auf deren Fauna und Flora gehabt haben — genetisch günstige und ungünstige. Loh.

11323. **S. Temesváry,** Das Element Californium-254 und die Lichtkurven der Supernovae vom Typ I. Ein Beitrag zur Frage der Synthese schwerer Elemente im Kosmos. Naturwissenschaften **44** 321—323. — Eines der aktuellsten Probleme der heutigen Astrophysik ist die Frage, ob im Kosmos sich jetzt noch merkliche Mengen schwerer Elemente bilden. Nachdem nun 1952 von Merill in einigen Riesensternen Linien eines Tc-Isotops gefunden wurden, das auf keinen Fall die bisherige Lebenszeit des Kosmos überdauert haben konnte, begann eine Suche nach Möglichkeiten fortlaufender Erzeugung schwerer Elemente. Zunächst fand man den Salpeter-Zyklus (Aufbau von C^{12} durch Zusammenstoß dreier He^4-Kerne bei einigen 10^8 Grad mit nachfolgender Anlagerung weiterer He^4-Kerne), von dem aus man bis etwa Ca^{40} vorstoßen kann. Um darüber hinaus zu kommen, sind neutronenliefernde Prozesse notwendig. Hier knüpft nun ein Deutungsversuch der Arbeitsgruppe um Hoyle über ältere Beobachtungen an Supernovae vom Typ I an. Bei diesen ist nämlich der äußerst regelmäßige, rein exponentielle Helligkeitsabfall mit einer Halbwertszeit von 55 ± 1 Tag auffällig. Eine mögliche Ursache für einen solchen Helligkeitsabfall ist die Ausstrahlung durch den Zerfall eines radioaktiven Elements. Mit der Halbwertszeit koinzidiert nun gerade das Californiumisotop 254. Wie sich Hoyle und seine Mitarbeiter den Aufbau eines so schweren Kerns während einer Supernova-Explosion mit Temperaturen von (vielleicht) 10^9 Grad vorstellen, und was im einzelnen für und wider diese Hypothese spricht, wird vom Verf. in gedrängter und doch ausführlicher Weise dargestellt. Oster

11324. **A. Wróblewski,** Nowa hipoteza odnośnie gwiazd Supernowych. Postępy Astr. **5** 139—141. — Nach der Hypothese von G. R. Burbidge, F. Hoyle, E. M. Burbidge, R. F. Christy, W. A. Fowler (vgl. AJB **56** Ref. **11318**, **11319**) wird während der Explosion der Supernovasterne vom Typ I in großer Menge Californium 254 erzeugt. Rybka

11325. Supernovae and californium 254. J RAS Canada **51** 122.

11326. **Supernova in NGC 1365**

Entdeckung: H. S. Gates, 1957 Okt. 19. Bestätigung durch E. F. Carpenter, W. J. Luyten und G. Haro.
Harv Card 1383; NAZ **11** 27; NAZvM 353.

11327. **Supernova in NGC 2841**

Entdeckung: M. Schürer, Bern, 1957 März 1.
Harv Card 1353, 1354; NAZ **11** 8, 14; NAZvM 313; UAI Circ 1588, 1590, 1591. M. Antal, E. F. Carpenter, W. Götz, W. Wenzel.
BSAF **71** 125. Supernova dans la nébuleuse NGC 2841.
Orion Schaffhausen **5** 257. Entdeckung einer Supernova auf der Sternwarte Zimmerwald-Bern. P. Wilker.
Sterne **33** 127. Supernova in NGC 2841. W. Wenzel.
Urania København **14** 78. Supernova in NGC 2841. C. Luplau Janssen.
Sky and Telescope **16** 374. Supernova in Ursa Major.

11328. **Supernova in NGC 4374 (= M 84)**

Entdeckung: G. Romano, 1957 Mai 18; H. S. Gates, April 28; Bestätigung durch E. F. Carpenter, Mai 3.
AC Nr. 183 S. 1; Coelum **25** 113—114; DOB Circ Nr. 13 S. 2; Harv Card 1360, 1361, 1363; NAZ **11** 14; NAZvM 322, 323; Sky and Telescope **16** 432; UAI Circ 1600, 1602. G. O. Abell, W. Götz, H. Huth, G. Romano.

T. Li, Photographische Beobachtungen einer Supernova bei M 84. Acta Astr. Sinica **5** 321—323 (chines. mit russ. Ref.).

G. Romano, Una supernova scoperta nella nebulosa extragalattica NGC 4374. Ric. Sci. **27** 3060—3062. — Im Laufe einer systematischen Durchmusterung des Coma-Virgo Haufens wurde eine Supernova in NGC **4374** entdeckt. In dieser Mitteilung werden photographische Größen und Lichtkurve der Supernova gegeben. Verf.

BSAF **71** 218. Découverte d'une supernova dans Messier 84.

XIII. Sternsysteme. Nebel. Interstellarer Raum

§ 120

Allgemeines

12001. **A. Gougenheim,** Au sujet de l'éclat apparent des galaxies. BA **21** 153—157. — Die scheinbare bolometrische Helligkeit ist gleich jener, welche man beobachten würde, wenn die Lichtgeschwindigkeit unendlich wäre. Dieser Satz setzt nur voraus, daß während der Fortpflanzung des Lichtes zwischen Quelle und Beobachter die radiale Bewegung sowie die absolute bolometrische Helligkeit der Quelle sich nicht geändert haben. Der Satz findet hauptsächlich Anwendung auf Spiralnebel. Verf.

12002. **N. G. Roman,** High-velocity stars as population I objects. AJ **62** 146. — Ref. AAS.

12003. **J. F. Thomson,** A possible relation between the size and number of the stars. Proc. Louisiana Acad. Sci. **18** 57—63, 1956. — Ref. in RJ 1957 Nr. 11 S. 11.

12004. **F. Zwicky,** Morphological Astronomy. Berlin-Göttingen-Heidelberg, Springer-Verlag, 1957. 4 + 299 S. mit 55 Fig. Preis DM 49.60. — Besprechung in Ann d'Astrophys **20** 175—176 (J. C. Pecker), Phys. Blätter **14** 136—137 (H. Kienle), ZfA **44** 64 (H. Schmidt).

§ 121

Sternhaufen

Offene Sternhaufen

12101. **N. M. Artjuchina,** Die Eigenbewegungen von Sternen in der Umgebung der Haufen M 71 und H 20. Publ. Astr. Sternberg-Inst. **27** 3—35, 1956 (russ.).

12102. **K. A. Barchatowa,** The open stellar cluster NGC 6811. AJ UdSSR **34** 203—205 (russ. mit engl. Ref.). — Die mit dem 15'-Schmidt-Teleskop der Engelhardt-Sternwarte durchgeführte Untersuchung erbrachte außer den in Diagrammen mitgeteilten Farben-Helligkeits- und Leuchtkraftfunktionen folgende Daten: Entfernung des Haufens (unter Berücksichtigung einer Absorption gemäß Farbenexzeß = $0^m_.10$): 1000 pc, Durchmesser: 20' oder 5.8 pc, Abstand von der galaktischen Ebene: +190 pc. Petri

12103. **K. A. Barchatowa,** The open stellar clusters NGC 6823 and NGC 6830. AJ UdSSR **34** 848—859 (russ. mit engl. Ref.). — Von beiden Haufen werden Abstandsverteilungsfunktionen, Farbenhelligkeitsdiagramme, Karten und Einzelhelligkeiten mitgeteilt. Die Entfernungen werden zu 1800 pc bzw. 1680 pc bestimmt, die Durchmesser zu 7.9 pc bzw. 9.7 pc. Beide Haufen sind vielleicht Mitglieder einer Assoziation von Sternen hoher Leuchtkraft. Loh.

12104. **S. van den Bergh,** The luminosity function of M 67. AJ **62** 100—104. — Auf Drucken des Palomar Sky Survey werden Sterndurchmesser mikrometrisch gemessen, was mit $0^{m}.3$ Streuung möglich ist. 50 Sterne mit bekannten B, V-Helligkeiten werden zum Kalibrieren benutzt, wobei die Rothelligkeiten = V — $\frac{2}{3}$ (B — V) gesetzt werden. Die Genauigkeit genügt nicht für Farbenhelligkeitsdiagramme. Die Leuchtkraftfunktion fällt stark für Sterne schwächer als M = 5 ab. Bis 2.5 pc Entfernung vom Zentrum scheint Gleichverteilung der Energie zu herrschen (Dichteverteilung kann durch isotherme Gaskugel beschrieben werden). Theoretische Überlegungen machen wahrscheinlich, daß die Relaxationszeiten des Haufens schon einige Male durchlaufen sind, so daß auch diese Beobachtungen ein hohes Alter des Haufens (einige 10^9 Jahre) wahrscheinlich machen. Das charakteristische Aussehen der Leuchtkraftfunktion weist darauf hin, daß ein großer Teil der masseärmeren Sterne den Haufen verlassen hat. Dv.

12105. **S. van den Bergh,** A search for Cepheids in galactic clusters. ApJ **126** 323—325 = Contr. Perkins Obs. (1) Nr. 48. — 210 Cepheiden wurden im Mt. Palomar Sky Survey auf Mitgliedschaft in offenen Haufen untersucht. Fünf Cepheiden liegen innerhalb von Haufen und könnten Mitglieder sein (vgl. P. Kraft, ApJ **126** 225, Ref. **111111**). v. Hoerner

12106. **P. Bouvier,** De la stabilité des amas galactiques en présence de nuages de matière interstellaire. Arch. Sci. **10** 527—544.

12107. **L. Divan,** Etude spectrophotométrique de deux étoiles des Hyades considérées comme sous-naines. CR **245** 404—405 = Contr. Inst. d'Astrophys. Paris (A) Nr. 227. — In den Hyaden wurden mehrere Unterzwerge des Spektraltyps F und G gefunden. Zwei von diesen, die sich durch Radialgeschwindigkeit und Eigenbewegung als zu diesem Haufen gehörige Sterne ausweisen, wurden spektralphotometrisch untersucht und ihre λ_1, D und ϕ_b in die dreidimensionale λ_1-D-ϕ_b-Klassifikation eingetragen. Dabei ergab sich, daß sie als ganz normale Sterne, keinesfalls als Unterzwerge zu bezeichnen sind. Auch fehlt bei ihnen der für Unterzwerge typische rot-gelb-Exzeß gegenüber normalen Sternen gleichen Spektraltyps. Daher wird vermutet, daß sie entweder nicht zu den Hyaden gehören, d. h. weit hinter diesem Haufen stehen, oder aber, wenn sie als Unterzwerge (die normalerweise zur Population II gehören) zum Haufen gehören, nicht der Population II als Unterzwerge zuzuordnen sind. Mehltretter

12108. **M. W. Feast,** Radial velocities and spectral types in the galactic clusters M 25 and NGC 6087. MN **117** 193—197 = Commun. Radcliffe Obs. Nr. 38. — Von 42 bzw. 25 (meistens BV- und AV-) Sternen im Gebiet der beiden Haufen werden Spektraltypen im MK-System nach Aufnahmen in Pretoria mitgeteilt. Von den gemessenen Radialgeschwindigkeiten der vermutlichen Haufenmitglieder (35 bzw. 18 Sterne frühen Typs) werden nur Mittelwerte gegeben. Die nahe den beiden Haufenzentren stehenden klassischen δ Cephei-Sterne U Sgr bzw. S Nor können nach ihrer Radialgeschwindigkeit als Haufenmitglieder angesehen werden. Dv.

12109. **N. Grigorjewa,** Das scheinbare Farben-Helligkeits-Diagramm des Sternhaufens NGC 6940. AC Nr. 178 S. 21—22 (russ.). — Aus Aufnahmen mit der 50 cm-Maxutow-Kamera in Alma-Ata bestimmte Verf. die photographischen und photovisuellen Helligkeiten der Haufensterne und stellte das bis etwa $16^{m}.5$ (pg) reichende Farben-Helligkeitsdiagramm auf. Loh.

12110. **H. Haffner,** Neue galaktische Sternhaufen in der südlichen Milchstraße. ZfA **43** 89—94 = Mitt. Sternw. Hamburg-Bergedorf **23** Nr. 260. — Bei einer Durchmusterung von 10'-Metcalf-Platten (Boyden Observatory), die die Milchstraße zwischen 190° und 215° Länge lückenlos bedecken, fanden sich 27 haufenähnliche Objekte in hoher Konzentration zur Milchstraße. 22 davon sind höchstwahrscheinlich galaktische Sternhaufen. Ihre mittlere Entfernung wird zu 4.4 kpc abgeschätzt. Verf.

12111. **J. Hardorp,** Über die Feinstruktur in den Zustandsdiagrammen der Sternhaufen. ZfA **43** 122—131 = Mitt. Sternw. Hamburg-Bergedorf **23** Nr. 261. — Anhand der lichtelektrischen Beobachtungen von H. L. Johnson und Mitarbeitern an den Sternhaufen Praesepe, Plejaden, M 39, Hyaden und an den nahen Feldsternen mit hinreichend genauer Parallaxe wird die Frage nach der Feinstruktur im Farbenhelligkeitsdiagramm der A-Sterne untersucht und verneint. Die gegenteiligen Ergebnisse von Eggen und Pilowski werden hauptsächlich auf unsachgemäße Entfernungsbestimmung von Präsepe und M 39 zurückgeführt. Verf.

12112. **O. Heckmann, K. Lübeck,** Das Farbenhelligkeitsdiagramm des Haufens um Alpha Persei. Mitt. AG 1956 S. 16—17. — Ref. AG.

12113. **S. von Hoerner,** Altersbestimmung offener Sternhaufen. ZfA **42** 273—288. — Es wird eine Methode beschrieben, die das Alter offener Sternhaufen, Assoziationen und Bewegungshaufen angibt als Funktion des frühesten Spektraltyps. Ausgangspunkt ist die Taylersche Arbeit (vgl. AJB **54** Ref. **5429**), deren Altersangabe entsprechend t $\sim M/L$ transformiert wird. Zum Testen der Methode stehen zur Verfügung: drei weitere theoretische Arbeiten, drei Expansionsalter von Assoziationen sowie das Alter von sieben schnellen Einzelsternen. Die Übereinstimmung ist gut. Als Anwendung wird das Alter von 28 Haufen angegeben. Faßt man die Streuung am oberen Ende der Hauptreihe als Altersdifferenz auf, so läßt sich abschätzen, daß der Prozeß der Sternbildung innerhalb eines Haufens sich im Mittel über einen Zeitraum von etwa 5×10^6 Jahren erstreckt. Unter Benutzung einer Arbeit von Henyey, LeLevier und Levée (vgl. AJB **55** Ref. **5408**) wird gezeigt, daß für Haufen jeden Alters die Länge der Hauptreihe stets etwa 9.5 bolometrische Größenklassen betragen sollte, gemessen vom linken Umkehrpunkt bis zum Henyeyschen Abzweig. Dies wird durch einen Vergleich mit der Beobachtung bestätigt. Verf.

12114. **C. Jaschek, M. Jaschek,** The mass frequency-function in open clusters. Publ ASP **69** 337—341. — Sternzählungen in den Hyaden, den Plejaden und in der Praesepe werden mittels eines normalen Masse-Leuchtkraft-Gesetzes zur Ableitung des Koeffizienten α in $dN/dm = Cm^{-\alpha}$ verwendet. Es wird $\alpha = 1.7$. Beimengung von unerkannten Doppelsternen, Entwicklungsgang der Sterne, Entweichen schneller bewegter Sterne aus dem Haufen verändern α. Vorläufige Betrachtungen führen zu einem «Original»-α zwischen 2.0 und 2.5. Dv.

12115. **H. L. Johnson,** Photometric distances of galactic clusters. ApJ **126** 121—133. — Ref. in NAT 1957 S. 146, Sky and Telescope **17** 12. — Durch Dreifarben-Photometrie (UBV) der Hauptreihensterne offener Sternhaufen läßt sich die Rötung bestimmen und damit die Absorption, wenn man ein konstantes Verhältnis beider Werte annimmt. Aus den unteren Teilen der Hauptreihe mehrerer Haufen wird eine «Standard-Hauptreihe» konstruiert, auf der die noch nicht durch Sternentwicklung beeinflußten Sterne liegen. Durch Vergleich der beobachteten (und bezüglich der Absorption korrigierten) unteren Teile der Hauptreihe offener Sternhaufen mit dieser Standard-Hauptreihe kann die Entfernung der Haufen berechnet werden. Die Entfernungen und die galaktische Verteilung von 20 offenen Haufen werden angegeben. v. Hoerner

* * **R. P. Kraft,** A list of classical Cepheids which may be galactic-cluster members. Vgl. Ref. **11111.**

12116. **G. E. Kron,** Star clusters, in and out of the galaxy. ASP Leaflet Nr. 339, 7 S.

12117. **G. Larsson-Leander,** A study of the galactic cluster NGC 1664. Stockholms Obs. Ann. **20** Nr. 2, 41 S. — Der Katalog am Schluß der Arbeit gibt für 731 Sterne bis 13′ Abstand vom Zentrum P- und V-Helligkeiten nach photographischen Beobachtungen mit photoelektrischen Skalen, vollständig bis P = $16^{m}5$ und nach mitabgedruckten Kriterien Spektraltypen bis P = $15^{m}0$ ohne Leuchtkraftklassen; nur Riesen sind gekennzeichnet. Auszählung ergibt einen Durchmesser von 13′; bis P = $14^{m}0$ gehören die meisten Sterne innerhalb dieses Durchmessers zum Haufen. Farbenhelligkeits-Diagramme lassen 65 Haufenmitglieder, darunter drei Riesen, aussondern. Vergleich mit der Standardhauptreihe führt zu einem Alter von 10^9 Jahren. Zwei absorbierende Wolken in 350 und 800 pc Entfernung werden gefunden. Der Farbenexzeß des Haufens beträgt $0^{m}29$; seine Entfernung von 1320 pc verweist ihn in den äußeren Spiralarm (den Perseusarm) der Milchstraße. Ein photographisches Bild des Haufens mit Umgebung und eine gezeichnete Karte ergänzen die Arbeit. Dv.

12118. **W. Lohmann,** Alter, physikalische Merkmale und Entfernungen der offenen Sternhaufen. ZfA **41** 202—212 = Astr. Rechen-Inst. Heidelberg Mitt. (A) Nr. 6. — Zur Bestimmung des Altersunterschieds offener Sternhaufen wird eine Methode beschrieben und auf NGC 2362, IC 4665, Plejaden, M 11, M 39, Hyaden, Praesepe, NGC 752 und M 67 angewandt. Über einen Altersanschluß der Sonne an die Hyaden und von diesen wiederum an den sehr jungen Haufen NGC 2362 folgt für die Sonne ein Alter von 4.7×10^9 Jahren in bezug auf NGC 2362. Mittlerer Spektraltyp der fünf frühesten Sterne, minimaler Farbenindex und Masse-Leuchtkraft-Verhältnis der Haufen sind mit dem (relativen) Alter positiv korreliert. Abschließend wird auf den Einfluß des Alters auf photometrische Parallaxen und Spektraltyp-Parallaxen der offenen Sternhaufen hingewiesen. Verf.

12119. **W. Lohmann,** Das Alter offener Sternhaufen und die Hauptreihe zur Zeit t_0. ZfA **42** 114—119. — In Anlehnung an die Theorie der Sternentwicklung von Tayler wird das Alter einiger offener Sternhaufen und der Verlauf der Hauptreihe zu Beginn der Entwicklung der Sterne dieser Haufen ermittelt. Verf.

12120. **A. G. Massewitsch,** The evolution of stars in the χ and h Per cluster. AJ UdSSR **34** 176—182 (russ. mit engl. Ref.). — Ein Vergleich der Farben-Helligkeitsdiagramme der beiden Sternhaufen und der sie umgebenden Assoziation führt zur Folgerung, daß der Haufen und die Assoziation gleichzeitig entstanden sind. Im Haufen brach die Sternbildung ab, in der Assoziation dagegen setzte sie sich fort. Verf. führt aus, daß dies mit Oorts Theorie der Entstehung expandierender O-Assoziationen in Einklang steht. Die ursprünglichen Hauptreihen im HR-Diagramm nach Johnson und Hiltner und nach Verf. werden verglichen. Verf. zeigt zuletzt, daß die Abschätzung von G. Münch für das Alter von vier frühen Überriesen (auf Grund ihrer Entfernungen von der galaktischen Ebene) zu hohe Werte liefert. Ond.

12121. **J. Meurers, K. J. Scharf,** Untersuchungen über die Eigenbewegungen von Sternhaufen. V. NGC 6939. Veröff. Univ.-Sternw. Bonn Nr. 48, 19 S. — Von Küstner veröffentlichte Koordinaten nach zwei Platten von 1902 und 1914 werden mit Meßergebnissen aus zwei 1953/54 mit dem gleichen Bonner 30 cm-Refraktor aufgenommenen Platten verglichen. Die Aussonderung von 40 Haufenmitgliedern aus allen (739) vermessenen Sternen erfolgt nach drei Kriterien: Lage an der Sphäre, Eigenbewegungskomponenten je in einem $0''006$/Jahr großen Intervall gelegen, scheinbare photographische Größe zwischen $13^{m}8$ und $15^{m}0$. So gelingt die Aussonderung trotz der großen Entfernung von rund 3 kpc. Die Bewegungsverhältnisse der Umgebung, insbesondere in einem nördlichen und einem südlichen Streifen, werden genauer untersucht. Einzelergebnisse enthält der Katalog. Dv.

12122. **P. Mianes, J. Daguillon,** Photométrie en 3 couleurs de l'amas N. G. C. 7243. JO **40** 65—72 = Publ. Obs. Haute-Provence **3** Nr. 57. — Mittels photoelektrischer Messungen und nach neu bestimmten Spektraltypen im MK-System, beide aus Beobachtungen in Haute Provence, wird ein mittlerer Farbenexzeß von $0^{m}.21$ für acht B7- bis A2-Sterne abgeleitet; die Farbmessungen ergeben $0^{m}.24$. Die Entfernung des Haufens beträgt 0.88 ± 0.06 kpc. Dv.

12123. **R. I. Mitchell, H. L. Johnson,** The color-magnitude diagram of the Pleiades cluster. ApJ **125** 414—421. — Nach einer Korrektion für Rötung und Absorption ergibt sich durch Vergleich mit der Hauptreihe der Hyaden der Entfernungsmodul der Plejaden zu 5.52 mag. Wählt man die Hauptreihe des sehr jungen Haufens NGC 2362 als ursprüngliche Hauptreihe, und berechnet man nach den Theorien der Sternentwicklung die zeitliche Veränderung des oberen Endes der Hauptreihe, so ergibt sich mit einem Alter von 1.5×10^{8} Jahren hinreichende Übereinstimmung mit der bei den Plejaden beobachteten Hauptreihe. Dieselbe Größenordnung erhält man, wenn man annimmt, daß sich die schwächsten Sterne der Plejaden noch im letzten Stadium der Kontraktion befinden. v. Hoerner

12124. **R. I. Mitchell,** Color-magnitude diagram of the α Persei cluster. Publ ASP **69** 392—393. — Ref. ASP.

12125. **P. Pişmiş,** Un nuevo cumulo galactico en Puppis. Bol. Obs. Tonantzintla y Tacubaya Nr. 16 S. 37—38. — Ein auf Tonantzintla Schmidt-Platten gefundener offener Haufen wird mittels Sternzählungen klassifiziert. Bei einer Zahl von 38 Mitgliedern hat der hellste Stern $m_{vis} = 12^{m}.0$, bei vermutlich 7 kpc Entfernung und normaler Absorption: $M_{vis} = -4^{m}$. Ort: $7^{h} 47^{m}$ $-25° 12'$ (1900). Dv.

* * **V. C. Reddish,** Composite colour-magnitude arrays of population I. Vgl. Ref. **9717**.

* * **A. Sandage,** Observational approach to evolution. I. Luminosity functions. Vgl. Ref. **9718**.

12126. **A. Sandage,** Observational approach to evolution. III. Semi-empirical evolution tracks for M 67 and M 3. ApJ **126** 326—340. — Ref. in Coelum **26** 59. — Nimmt man an, daß alle Sternhaufen bei ihrer Entstehung nach der gleichen ursprünglichen Leuchtkraftfunktion zusammengesetzt waren, so läßt sich aus der heutigen Verteilung der Sterne am oberen Ende der Hauptreihe und im Riesenast die Verweilzeit für jeden Bereich des HR-Diagrammes angeben, und die Entwicklungswege der Sterne verschiedener Masse lassen sich konstruieren. Die in dieser Weise erhaltenen Verweilzeiten für den Riesenast der Kugelhaufen stimmen befriedigend überein mit den direkten Berechnungen von Hoyle und Schwarzschild. Die Verweilzeit in der RR Lyrae-Phase sollte 8×10^{7} Jahre betragen, und die zeitliche Veränderung der Periodenlänge sollte weit unterhalb der Beobachtungsgrenze liegen. Somit können die beobachteten Veränderungen nicht durch Entwicklung erklärt werden. v. Hoerner

12127. **H. van Schewick,** Untersuchungen über die Eigenbewegungen von Sternhaufen. IV. NGC 7092 und NGC 7243. Veröff. Univ.-Sternw. Bonn Nr. 47, 14 S. — NGC 7092: Vier Plattenpaare des Bonner 30 cm-Refraktors mit rund 38 Jahren Epochendifferenz wurden differentiell vermessen. Der Katalog enthält 128 Sterne, davon 23 als mutmaßliche Haufenmitglieder gekennzeichnet, ausgewählt nach ihrer Eigenbewegung und ihrer Stellung im Farbenhelligkeitsdiagramm. Die Bestimmung der absoluten Eigenbewegung des Haufens erfolgte über 12 mitgemessene hellere Sterne der weiteren Umgebung mit neu berechneten Eigenbewegungen. — NGC 7243: Zwei Plattenpaare des Bonner 30 cm-Refraktors mit rund 31 Jahren Epochendifferenz wurden differentiell vermessen. Der Katalog enthält 133 Sterne, davon 28 mutmaßliche Haufenmitglieder, ausgesondert nach Hertzsprung-Russell- und Farbenhelligkeitsdiagramm anderer Autoren. Die

Absolutbewegung wird wie bei dem ersten Haufen bestimmt. Die Statistik der Bewegung der Hintergrundsterne wird an Hand von Diagrammen untersucht. Dv.

12128. **P. W. Schtscheglow,** The photography of stars with an image converter tube. AJ UdSSR **34** 487 (russ. mit engl. Ref.). — Die vom galaktischen Sternhaufen M 39 mit einem Bildwandler gemachten und auf der IAU-Tagung in Dublin 1955 gezeigten Aufnahmen werden beschrieben. Auf einer Tafel sind Aufnahmen des Haufens im Infraroten und im Photographischen reproduziert. Loh.

12129. **K. Serkowski,** Fotograficzne pomiary polaryzacji światła gwiazd. Postępy Astr. **5** 35—36. — In den Polarisationsmessungen des Sternlichts in den Sternhaufen h und χ Per wurden keine systematischen Fehler weder für den Polarisationsgrad noch für den Positionswinkel festgestellt. Rybka

12130. **K. Serkowski,** Interpretacja pomiarów polaryzacji Podwójnej Gromady w Perseuszu. Postępy Astr. **5** 36.

12131. **S. Vasilevskis, R. A. Rach,** Relative proper motions of stars in the region of the open cluster NGC 6940. AJ **62** 175—182 = Lick Obs. Bull. Nr. 554. — Mit Hilfe von zwei Plattenpaaren — aufgenommen mit dem 30″-Thaw-Refraktor des Allegheny Observatory, Epochendifferenz etwa 40 Jahre — wurden die Eigenbewegungen von 216 Sternen in der Region um NGC 6940 gemessen und tabuliert. 109 Sterne dürften Mitglieder des Haufens sein. Die wenigen Sterne mit bekanntem Spektraltyp sind in der Mehrzahl gelbe und rote Riesen. Das Maximum der Leuchtkraftfunktion des Haufens zeigt starke Ähnlichkeit mit NGC 752. Gli.

12132. **G. de Vaucouleurs,** NGC 643: A new outlying cluster of the Small Magellanic Cloud. Publ ASP **69** 252—255. — Die Auflösung des Haufens gelang durch Blau- und Rot-Aufnahmen mit dem 74″-Spiegelteleskop auf dem Mt. Stromlo. Mehrere Argumente sprechen dafür, daß es sich um einen «alten» offenen Haufen in einigen kpc Abstand (projiziert 3.5 kpc) von der Kleinen Magellanschen Wolke handelt. Dv.

12133. **M. F. Walker,** A study of extremely young clusters of stars. AJ **62** 37. — Ref. AAS. — NGC 6530, 6611, IC 5146.

12134. **M. F. Walker,** Studies of extremely young clusters. II. NGC 6530. ApJ **125** 636—653 = Warner and Swasey Obs. Case Inst. Technol. Repr. Nr. 81. — Ref. in Coelum **26** 26. — Aus der UBV-Photometrie ergibt sich, daß NGC 6530 in vieler Hinsicht dem früher untersuchten Haufen NGC 2264 ähnelt. Die bei O5 beginnende Hauptreihe reicht etwa bis A0, während die späteren Typen oberhalb der normalen Hauptreihe liegen. Diese Sterne dürften sich noch im Stadium der gravitativen Kontraktion befinden, eine große Anzahl davon sind T Tauri-Veränderliche. Die Leuchtkraftfunktion von NGC 6530 (bis $M_V = 3$) und die von NGC 2264 (bis $M_V = 4.5$) passen gut zu der von Salpeter berechneten ursprünglichen Leuchtkraftfunktion der Sonnenumgebung. v. Hoerner

12135. Star clusters lifetimes. Sky and Telescope **16** 530. — Ref. AAS. — Ref. in NAT 1957 S. 109.

Kugelsternhaufen

12136. **J. Cuffey,** Color-magnitude relations in Messier 53 and N. G. C. 7492. AJ **62** 91. — Ref. AAS.

12137. **S. von Hoerner,** The internal structure of globular clusters. ApJ **125** 451—469. — Bei typischen Kugelhaufen sollte sich innerhalb des Radius, in dem die halbe Masse liegt, Gleichgewicht eingestellt haben, während etwa vom doppelten Radius an der Energieaustausch ganz zu vernachlässigen ist. Aus Sternzählungen werden für M3 und M92 die Kurven der räumlichen Dichte für Sterne verschiedener Helligkeit berechnet sowie die Masse-Leuchtkraft-Beziehung, die mit der von der Theorie der Sternentwicklung geforderten übereinstimmt, abgeleitet. Das aus der Leuchtkraftfunktion von Luyten (oberhalb 1.2 Sonnenmassen steil abgeschnitten) resultierende Massenspektrum kann den beobachteten Potentialverlauf erklären, falls man eine geringe Anzahl etwas massiverer Sterne (z. B. Doppelsterne) hinzufügt. v. Hoerner

12138. **S. v. Hoerner,** Der innere Aufbau der Kugelsternhaufen. Mitt. AG 1956 S. 18—19. — Ref. AG.

* * **C. O. R. Jaschek,** Über die Anzahl von Kugelhaufen in extragalaktischen Nebeln. Vgl. Ref. **12418.**

* * **H. L. Johnson,** The relation between U–B and absolute magnitude of F-type stars. Vgl. Ref. **9709.**

12139. **G. Mannino,** Periodi e curve di luce di 19 stelle variabili del tipo RR Lyrae dell' ammasso globulare NGC 7006. Mem SA It (NS) **28** 185—198 = Contr. Oss. Astrofis. Asiago Nr. 84. — Aus 85 mit dem 120 cm-Reflektor von Asiago im Jahre 1955—56 aufgenommenen Platten werden die schon früher (vgl. AJB **55** Ref. **12145**) abgeleiteten Lichtwechselelemente von 17 RR Lyrae-Sternen des Kugelhaufens NGC 7006 bestätigt und verbessert. Für zwei Sterne Nr. 12 und Nr. 15 werden erstmalig die Perioden bestimmt. Die früher berechneten Elemente der Sterne Nr. 35 und Nr. 46 befriedigen die neuen Beobachtungen nicht; es konnten keine neuen Werte abgeleitet werden. Einzelbeobachtungen und Lichtkurven sind gegeben. Cester

12140. **G. Mannino,** Periodi e curve di luce di sei variabili dell' ammasso globulare NGC 4147. I. Mem SA It (NS) **28** 285—292. — Vom Verf. wurden in den Jahren 1955—57 am 120 cm-Spiegelteleskop von Asiago 119 Aufnahmen des Kugelhaufens NGC 4147 erhalten. Für sechs Sterne vom RR Lyrae-Typ werden Perioden und Elemente der Lichtkurven gegeben. Der Entfernungsmodul des Haufens beträgt $17^{m}.06 \pm 0^{m}.11$. Cester

* * **I. N. Minin,** Über sphärische Systeme gravitierender Körper. Vgl. Ref. **4415.**

12141. **R. L. Newburn,** The RR Lyrae stars in NGC 4147. AJ **62** 197—203. — Für den dichtgedrängten Haufen werden Helligkeiten in zwei Farben nach Messungen auf 42 Plattenpaaren und nach Schätzungen der vom Untergrund gestörten Veränderlichen auf 38 Plattenpaaren mitgeteilt. Die Lichtkurven ergeben die Veränderlichenlücke im Farben-Helligkeitsdiagramm gleich der für den zehnmal reicheren Haufen M 3. Der Befund genügt der Annahme, daß der Instabilitätsbereich bei beiden Haufen identisch nach Breite und Lage ist. Die Diskussion der Ergebnisse nach Entfernung und Bedeutung für die Pulsationstheorie bringt keine sicheren Schlüsse. Zahlreiche, neue Beobachtungen bei gutem Luftzustand sind dringend erwünscht; sie werden voraussichtlich wichtige Einzelheiten zum Problem der Entwicklung der Sterne liefern. Dv.

12142. **F. Nobili,** Le stelle variabili dell'ammasso globulare M 15. IV. Studio delle otto variabili N. 1, 44, 50—54, 66. Mem SA It (NS) **28** 105—120 = Contr. Oss. Astrofis. Asiago Nr. 81. — 209 Aufnahmen mit dem 120 cm-Spiegelteleskop von Asiago wurden zur Untersuchung weiterer acht veränderlicher Sterne (Nr. 1, 44, 50—54, 66) des Kugelhaufens M 15 gewonnen. Stern Nr. 1 ist ein Cepheid mit der Periode $1^{d}.438$; alle übrigen Sterne sind RR Lyrae-Sterne. Unter Benutzung der Beobachtungen von Bailey, Wemple, Levy und Beobachtungen in Asiago werden die säkularen Periodenänderungen diskutiert. Cester

12143. **F. Nobili,** Elementi e curve di luce di tre stelle variabili nell' ammasso globulare M 72. Mem SA It (NS) **28** 141—145 = Contr. Oss. Astrofis.

Asiago Nr. 83. — Aus 82 Beobachtungen am 60 cm-Spiegelteleskop von Lojano und sieben Beobachtungen am 82 zölligen-Spiegelteleskop von Fort Davis werden die Lichtkurven und Perioden von drei RR Lyrae-Sternen im Kugelhaufen M 72 bestimmt. Die Sterne Nr. 7 und Nr. 29 wurden bereits von Shapley untersucht; Stern Nr. 35 ist von H. B. Sawyer entdeckt worden. Cester

12144. **L. Rosino,** Sopra due ammassi globulari del catalogo di Abell (No. 4 e No. 13). Mem SA It (NS) **28** 293—301 = Contr. Oss. Astrofis. Asiago Nr. 85. — Vorläufige Untersuchung der zwei Kugelhaufen Nr. 4 und Nr. 13 des Verzeichnisses von Abell (Publ ASP **67** 259, AJB **55** Ref. **12130**). Der Kugelhaufen Nr. 4 mit einem Durchmesser von 1!8 besteht aus relativ sehr schwachen Sternen. Bei der Untersuchung von 26 bzw. 7 in Asiago und Lojano aufgenommenen Platten wurden zwei Veränderliche mit beträchtlicher Amplitude und einer Periode $P \sim 100^d$ gefunden. Der Entfernungsmodul des Haufens beträgt $20^m_.2$. Unter Berücksichtigung einer interstellaren Absorption von $0^m_.25$ wird die bisher größte Entfernung eines Kugelhaufens innerhalb der Galaxis zu 98 kpc gefunden. Der Kugelhaufen Nr. 13 ist ein sehr lockerer Haufen mit einem Durchmesser von 4′ und einer zentralen Verdichtung von 1!5, der aus äußerst schwachen Komponenten besteht. Vier veränderliche Sterne vom RR Lyrae-Typ wurden bei der Untersuchung von 28 in Asiago gewonnenen Aufnahmen gefunden. Die Entfernung des Haufens ergibt sich unter Berücksichtigung der interstellaren Absorption zu 34 kpc. Cester

* * **A. Sandage,** Observational approach to evolution. I. Luminosity functions. Vgl. Ref. **9718.**

* * **A. Sandage,** Observational approach to evolution. III. Semiempirical evolution tracks for M 67 and M 3. Vgl. Ref. **12126.**

12145. **R. K. Schachbasjan,** Über einen Sternhaufen in Ursa Maior. AC Nr. 177 S. 11—12 (russ.). — Ref. in J RAS Canada **51** 267. — W. A. Ambarzumjan hat auf einer Karte des Palomar Atlas einen Kugelhaufen in $10^h52^m3^s$ +40° 44′ (1950) gefunden. Mit der abgeschätzten Entfernung von 130 kpc ist dies ein intergalaktischer Haufen. Perek

12146. **A. S. Scharow,** Kurze Darlegung einer numerischen Methode zur Bestimmung der Sterndichte in einem sphäroidischen Sternhaufen. AJ UdSSR **34** 139—140 (russ.). — Verf. zeigt, daß die Methode von Cholopow zur Bestimmung der Sterndichte in einem sphäroidischen Haufen mittels einer affinen Transformation der Methode von Wallenquist, die für kugelförmige Haufen abgeleitet wurde, wesentlich vereinfacht werden kann. Perek

12147. **G. E. Seljach,** Die Berechnung der Massen der kugelförmigen Sternhaufen. Abh. Shdanow-Staatsuniv. Leningrad Nr. 190 (Math. Nr. 29) S. 52—58 = Publ. Astr. Obs. Leningrad **17** 52—58 (russ.). — Masse und Gesamtanzahl der Sterne eines Haufens werden unter der Annahme berechnet, daß sich die Leuchtkraftfunktion der Kugelhaufen nur wenig von der in Sonnenumgebung unterscheidet. Perek

12148. **J. Štohl,** Kugelsternhaufen. Časopis **7** 45—52 (slowak.).

12149. **G. Wallerstein,** Note on the behavior of the RV Tauri-type star No. 11 in Messier 2. AJ **62** 168. — Neue gute Beobachtungen bestätigen die von Arp und Wallerstein 1956 vorausgesagte Vertauschung der Minima nicht. Die Beobachtungen (seit 1948) können sicher nicht durch Kombination zweier Sinuswellen dargestellt werden. Dv.

12150. Remote globular cluster. Sky and Telescope **16** 176.

12151. Ny Kuglehob. Urania København **14** 8. — $17^h\ 28^m\ 54^s$ +29° 56!9 (1950).

§ 122

Galaktische Nebel

* * Radioastronomische Untersuchungen von galaktischen Nebeln siehe auch § **126**.

12201. **H. A. Abt, W. W. Morgan, B. Strömgren,** A description of certain galactic nebulosities. II. ApJ **126** 322, mit 23 Tafeln = Contr. McDonald Obs. Nr. 276. — Ref. in Coelum **26** 60. — Es wird eine detaillierte Beschreibung des von Gum entdeckten großen Emissionsgebietes in Vela-Puppis gegeben. Das Gebiet hat eine scheinbare Größe von 15° × 22° und eine Entfernung von 250 pc. Mit der 8 inch-Schmidt-Kamera des McDonald Observatoriums wurden auf 103a-E-Platten mit Rotfilter Hα-Aufnahmen mit einer Halbwertsbreite von 270 Å/mm gemacht, von denen zwölf Kopien wiedergegeben werden. Die Abbildungen weisen darauf hin, daß γ^2 Velorum (WC7) und ζ Puppis (O5f) zur Ionisation der Nebelmaterie beitragen. Eberlein

12202. **L. H. Aller,** Gaseous Nebulae. Vgl. AJB **56** Ref. **12201**. — Weitere Besprechung in American J. Phys. **25** 123, J. Atmosph. Terr. Phys. **10** 184 (T. G. Cowling), J. British Interplanetary Soc. **16** 195—196 (A. E. Roy), PAT **39** 83 (G. Larsson-Leander), RJ 1957 Nr. 8 S. 50.

12203. **G. Courtès,** Some results and improvements of interferometric observations of galactic emission nebulae. AJ **62** 10—11. — Ref. AAS.

12204. **J. Dufay,** Galactic Nebulae and Interstellar Matter. Übersetzung aus dem Französischen (vgl. AJB **54** Ref. **12204**) von A. J. Pomerans. London, Hutchinson's Scientific and Technical Publications; New York, Philosophical Library, 1957. 352 S. mit zahlreichen Fig. und Tafeln. Preis 60 s. bzw. $ 15.00. — Besprechung in Endeavour **17** 48 (H. Spencer Jones), J. appl. Phys. **28** 925, JBAA **67** 326 (R. H. Garstang), Nature **179** 838 (B. Pagel), Publ ASP **69** 480—481 (B. Westerlund), Science **126** 565—566 (O. Struve), Sky and Telescope **17** 90 (G. Münch).

12205. **G. H. Herbig,** Emission-line stars in the vicinity of Messier 8, Messier 20, and Simeis 188. ApJ **125** 654—660 = Contr. Lick Obs. (2) Nr. 74. — Für die Emissionsnebel M8, M20 und S188 werden Listen und Beschreibungen der Hα-Sterne gegeben, die in den Nebeln oder in deren Umgebung gefunden wurden. Die Arbeit ist eine Fortsetzung der Durchmusterung nach Sternen mit Emissionslinien, die mit hellen oder dunklen Nebeln assoziiert sind. Außer den Be-Sternen, die mit den Nebeln assoziiert sind, und den Hintergrundsternen mit hellen Linien wird angenommen, daß die gefundenen Objekte T-Tauri ähnliche Sterne sind. Eberlein

12206. **G. H. Herbig,** The stars of the Orion nebula. ASP Leaflet Nr. 334, 8 S. — Übersetzung in Urania København **14** 67—71 (C. Luplau Janssen).

12207. **J. S. Mathis,** The abundance ratio of helium to hydrogen in the Orion nebula. AJ **62** 25. — Ref. AAS.

12208. **J. S. Mathis,** The ratio of helium to hydrogen in the Orion nebula. ApJ **125** 328—335. — Im hellsten Teil des Orion-Nebels wurden für zwei Spaltlagen photographisch Intensitäten der drei Triplet-Linien des He I (λ 4027, 4471, 5876 Å) bestimmt und mit denen benachbarter Balmer-Linien verglichen. Um das Helium-Wasserstoff-Häufigkeitsverhältnis zu bestimmen, wandte Verf. seine Theorie des statistischen Gleichgewichtes von He I auf die beobachteten Linienintensitäten an. Mit einer Elektronentemperatur von 10000° K (in beiden Spaltlagen), abgeleitet aus dem Intensitätsverhältnis der [O III]-Linien λ 4959 und 4363, und einer Dichte von 3700 Elektronen pro cm³, bestimmt aus den [O II]-Linien λ 3726 und 3729, folgte für das Häufigkeitsverhältnis: $N_{He} : N_H = 0.13$.

Der Anteil des Heliums an der Gesamtmasse ergab sich zu 34%. Die Ergebnisse aus den drei einzelnen Linien zeigen eine Abweichung von höchstens 20% vom Durchschnitt. Eberlein

12209. **N. Missana,** Saggio di determinazione di moti proprii intorno alla nebulosa di Orione. Mem SA It (NS) **28** 253—273 = Contr. Oss. Astr. Torino (NS) Nr. 25. — Übersicht über die Methoden zur Bestimmung von Eigenbewegungen. Neue Formeln werden gegeben. Aus Aufnahmen (zwei Plattenpaare) des Orionnebels mit Zwischenzeiten von 52 Jahren werden in der Umgebung und im Nebel 114 EB von Sternen im Größenklassenbereich $12^{m}_{.}0$—$14^{m}_{.}5$ abgeleitet. Der mittlere Fehler beträgt $\pm 0\rlap{.}''004$ in α und $\pm 0\rlap{.}''003$ in δ. Rohe Werte der EB für weitere 57 Sterne $< 12^{m}_{.}0$ sind (im Katalog kursiv) beigefügt. Cester

12210. **D. E. Osterbrock,** Parallel filamentary structure in diffuse nebulae. AJ **62** 144—145. — Ref. AAS.

12211. **D. E. Osterbrock,** Comet-tail structures in emission nebulae. ApJ **125** 622—635. — AJ **62** 28—29 (Ref. AAS). — Ref. in Coelum **25** 190. — Zur Unterstützung der bisherigen Theorien über die «comet-tail» oder «elephant-trunk» Strukturen in verschiedenen Emissionsnebeln und zur quantitativen Information werden in einem Katalog für eine große Anzahl solcher Strukturen in Nebeln mit bekannter spektroskopischer Parallaxe folgende Daten mitgeteilt: 1.) Die Projektion der Entfernung von der «trunk»-Spitze bis zum Anregungszentrum; 2.) die projizierte Länge des «tail» von der Spitze bis zur Basis; 3.) die Basisbreite in pc. Ferner werden aufgeführt: Der scheinbare Winkel zwischen der Achse des «trunk» und der Richtung von dessen Spitze zum Anregungszentrum und schließlich der Positionswinkel des «tail». Nach einem Klassifikationsschema wurden die «elephant-trunk» in fünf verschiedene Gruppen eingeteilt. Die beobachteten Formen stehen in guter Übereinstimmung mit der Theorie über ihr Entstehen. Die beobachteten Erscheinungsformen werden eingehend diskutiert, auch bezüglich Problemen der Milchstraßenstruktur sowie der Lokalisierung ferner O-Sterne und Entfernungsbestimmungen von H II-Regionen. Eberlein

12212. **W. Petri,** Hochgeschwindigkeitselektronen als kosmische Strahler. Naturwiss. Rundschau **10** 68—69.

12213. **W. I. Pronyk,** A determination of the electron temperatures of diffuse gaseous nebulae. Mitt. Astrophys. Obs. Krim **17** 14—41 (russ. mit engl. Ref.). — Nach einer kurzen Erörterung der vorhandenen Methoden zur Ableitung von Elektronentemperaturen schildert Verf. neue Methoden, von denen eine auf der Verwendung der Intensitäten der Linien $N_1 + N_2$ [O III], λ 3727 [O II] und der relativen Häufigkeit des Sauerstoffs beruht. Dazu werden Nomogramme gegeben sowie weitere zur Bestimmung der Zahl der N II-, O II-, O III- und S II-Ionen aus den Linienbreiten und T_e. Mit der Entfernung vom anregenden Stern muß die kinetische Temperatur des Nebels abnehmen; die Beobachtungen bestätigen dies. Als Ursache dafür kommt hauptsächlich die Absorption der UV-Quanten des Sterns in den sternnahen Nebelpartien in Frage. Loh.

12214. **D. A. Roshkowskij,** Vergleich der Helligkeiten einiger Nebel im ultravioletten und roten Spektralbereich. Mitt. Astrophys. Inst. Alma-Ata **5** Nr. 7 S. 3—10 (russ. mit engl. Ref.). — Für einige Nebel und Nebelfasern bestimmte Verf. die Intensitätsverhältnisse I (Hα + N II)/I ([O II]) und I ([O III]) /I ([O II]). Hα und N II sind die benachbarten roten Linien, [O II] = λ 3727 und [O III] = λ 5007. Die amorphen und rein fasrigen Nebel können sich hiernach stark im Intensitätsverhältnis unterscheiden. Loh.

12215. **D. A. Roshkowskij,** Verzeichnis von nicht im Katalog von Cederblad enthaltenen Reflexionsnebeln. Mitt. Astrophys. Inst. Alma-Ata **5** Nr. 7 S. 11—16 (russ. mit engl. Ref.). — Mitteilung der Koordinaten und Umgebungskarten von 29 Reflexionsnebeln. Loh.

* * **A. Sandage,** Observational approach to evolution. I. Luminosity functions. Vgl. Ref. **9718.**

12216. **O. Struve,** Some recent work on the Orion nebula. Sky and Telescope **16** 322—326. — Der Aufsatz befaßt sich mit neuen Arbeiten über die Struktur des Orion-Nebels. Insbesondere wird die Arbeit von K. Wurm und L. Rosino besprochen, die mit dem 47 inch-Reflektor in Asiago und dem 14 inch-Original-Schmidt-Spiegel der Hamburger Sternwarte, der in Asiago stationiert ist, mittels der von K. Wurm entwickelten Flüssigkeits-Farbfilter eine Reihe monochromatischer Aufnahmen des Orion-Nebels machten. Die Entstehung der verschiedenen Emissionen wird diskutiert. Eberlein

12217. **A. G. Velghe,** The bright knots in the gaseous nebula M 8. ApJ **125** 822—824 = Harv Repr Nr. 460 = Commun. Obs. Roy. Belgique Nr. 119. — Der Autor entdeckte auf Kodak 103a-E-Platten starke und breite $H\alpha$-Emissionen, die zwei helle Knoten im Emissionsnebel M8 anzeigten. Die Aufnahmen waren mit dem 3°-Objektivprisma des ADH Baker-Schmidt-Spiegels in Boyden gewonnen worden. Die Belichtungszeit betrug zwei Minuten. Emissionen in [O II] λ 3727 und in [O III] λ 5007 sind ebenfalls deutlich zu erkennen. Die Knoten bezeichnen die Stellen größter Oberflächendichte des Nebels, da ihre Strahlung und die des Nebels den gleichen Ursprung haben. Das ergibt sich aus einem Vergleich der geschätzten relativen Intensitäten in den Knoten und im Nebel. Eberlein

12218. **K. Wurm, L. Rosino,** Filter photographs of the central part of the Orion-nebula (NGC 1976). Ric. Sci. **27** 1216—1223 = Mitt. Sternw. Hamburg-Bergedorf **10** Nr. 104 = Contr. Oss. Astrofis. Asiago Nr. 80. — Bei der Aufnahme des Nebels wurden Flüssigkeitsfilter mit speziellen Farblösungen verwendet. Es gelang Bereiche mit einer Halbwertsbreite von 120 bis 200 Å zu isolieren, die entweder einzelne Nebellinien als überwiegende Strahlung enthalten ([S II] λ 6730, $H\alpha$ + [N II], [O I] λ 6300, 6360, He I λ 5876, [O III] λ 5007, 4949) oder das Kontinuum bei λ 5200 wiedergeben. Das unterschiedliche Aussehen des Nebels in der Emission der verschieden angeregten Ionen läßt Rückschlüsse auf die Struktur des komplizierten Nebelkomplexes zu. Wellmann

12219. Filamentary structure in diffuse nebulae. Sky and Telescope **16** 530.

Crab-Nebel

12220. **W. A. Baum,** The polarization of some selected patches in the Crab nebula. Publ ASP **69** 231—232. — Die in einer Tabelle zusammengefaßten Ergebnisse lichtelektrischer Polarisationsmessungen in neun ausgewählten Gebieten im November 1955 und Februar 1956 mit dem 200"-Teleskop stimmen mit früheren Ergebnissen anderer Autoren gut überein. Petri

12221. **F. J. Blum, A. Boischot,** Occultation of the Crab nebula by the solar corona. Obs **77** 205—206. — Die Radiostrahlung des Crab-Nebels wurde während der Bedeckung durch die Sonnenkorona bei der Frequenz 169 MHz mit einem Christiansen-Interferometer (Länge 1550 m, Halbwertsbreite der Bündel 3′.8, ihr Abstand 2°) gemessen. Es war eine Zunahme des (scheinbaren) Nebeldurchmessers und des von ihm ausgehenden Strahlungsflusses zu erkennen, so daß auf Refraktionsvorgänge in der Korona geschlossen werden kann. Positionsänderungen waren aber nicht nachweisbar, sie müssen kleiner als ±30″ gewesen sein. Wellmann

12222. **G. Burbidge,** The Crab nebula, a cosmic synchrotron. ASP Leaflet Nr. 332, 8 S.

12223. **E. E. Chatschikjan,** Über die Polarisation der Strahlung des Crab-Nebels. Mitt. Obs. Bjurakan Nr. 23 S. 19—24 (russ. mit armen. Ref.). — Die vorliegende Arbeit ist eine Fortsetzung früherer Untersuchungen des Verf. über die Polarisation des Crab-Nebels. Auf Grund von sechs Aufnahmen wird die

Polarisation in den Randgebieten beschrieben. Die Ergebnisse sind im Einklang mit denen von Hiltner. Es ist möglich, daß die hellen Randgebiete mit einer dunklen Wolke zusammenstoßen. Ond.

12224. **W. C. Erickson,** Generation of polarized light in the Crab nebula. Nature **179** 773. — In vorliegender Arbeit diskutiert Verf. die Möglichkeit, daß das durch den Crab-Nebel emittierte polarisierte Licht durch Bremsstrahlung erzeugt wird. Henn

12225. **S. Hayakawa, Y. Terashima,** Efficiency of acceleration of relativistic particles in the Crab nebula. Progr. Theoret. Phys. 18 555—557. — Vorläufige Mitteilung. — Ref. in RJ 1958 Nr. 6 S. 35—36.

12226. **A. Hewish,** Occultation of the Crab nebula by the solar corona. Obs **77** 151—153. — Die Abschwächung der Crab-Nebel-Strahlung bei 1.9, 3.7 und 7.9 m Wellenlänge durch die Sonnenkorona bei der Bedeckung im Juni 1956 läßt sich theoretisch erklären, wenn in der Korona streuende Wolken mit Dimensionen zwischen 2 und 10^5 km angenommen werden. Wellmann

12227. **W. A. Hiltner,** Polarization of the Crab nebula. ApJ **125** 300—305 = Contr. McDonald Obs. Nr. 272. — Verf. hat lichtelektrisch die Polarisationsverhältnisse des Crab-Nebels mit zwei verschiedenen Blenden von 5′ und 15′ Durchmesser bestimmt und stellt die Ergebnisse graphisch dar. In einem weiteren Diagramm wird der Verlauf der magnetischen Kraftlinien unter der Annahme, daß die kontinuierliche Strahlung des Nebels eine Synchrotron-Strahlung ist, beschrieben. Micz.

12228. **F. M. Johnson, C. H. Townes,** Acceleration in the expansion of the Crab nebula. ApJ **126** 466—468. — Aufgrund neuerer Resultate über die Natur des Crab-Nebels von Oort und Walraven werden für dessen beschleunigte Expansion verschiedene Entstehungsmöglichkeiten diskutiert. Die von Baade beobachtete Beschleunigung beträgt $1.1 \pm 0.4 \times 10^{-3}$ cm sec^{-2}. Für den Beschleunigungsmechanismus werden zwei Möglichkeiten betrachtet: 1.) Die von Baade beobachteten Lichtrippen mit Geschwindigkeiten von 1/10 Lichtgeschwindigkeit übertragen dem Nebel einen Impuls. 2.) Den Gasmassen wird ein Impuls erteilt von den relativistischen Teilchen, die von der Rest-Nova ausgestoßen werden. Die Beschleunigungen berechnen sich für Modell 1 zu 1.6×10^{-4} cm sec^{-2}/M und für Modell 2 zu 0.8×10^{-5} cm sec^{-2}/M, wobei M in Sonnenmassen einzusetzen ist. Eberlein

12229. **A. D. Kusmin, W. A. Udalzow,** Die Polarisation der Radiostrahlung des Crab-Nebels bei 10 cm Wellenlänge. AC Nr. 187 S. 14—16 (russ.). — Der Positionswinkel der mit dem festen 31 m-Radioteleskop auf der Krim gemessenen linearen Polarisation beträgt $142° \pm 5°$ und fällt mit der Erstreckungsrichtung des Nebels zusammen. Der Anteil der polarisierten Strahlung beträgt 3 ± 0.5% der Gesamtstrahlung im 10 cm-Gebiet. Dieser gegenüber 9.2% im optischen Bereich auffallend niedrige Wert ist vielleicht auf einen depolarisierenden Einfluß des interstellaren Mediums oder der Nebelsubstanz zurückzuführen. Petri

12230. **C. H. Mayer, T. P. McCullough, R. M. Sloanaker,** Evidence for polarized radio radiation from the Crab nebula. ApJ **126** 468—470. — Verf. berichten über Beobachtungen der Polarisation der Crab-Nebel-Radiostrahlung im Frühjahr 1956 und 1957. Der beobachtete Positionswinkel des elektrischen Vektors beim Crab-Nebel unterscheidet sich von dem optisch von Oort und Walraven bestimmten durchschnittlichen Positionswinkel des Vektors um etwa 11°. Eine Faraday Rotation in der Fortschreitungsrichtung von dieser Größenordnung ist nach Oort und Walraven nicht unmöglich. Eberlein

12231. **D. E. Osterbrock,** Electron densities in the filaments of the Crab nebula. Publ ASP **69** 227—230. — Nach sieben Spektrogrammen heller Filamente wurden auf Grund des Intensitätsverhältnisses des Sauerstoffdubletts bei λ 3727 für 15000° Elektronentemperatur die in einer Tabelle angegebenen Elektronendichten berechnet, deren Mittelwert bei 10^3 Elektronen cm^{-3} liegt. Daraus folgt für die hellsten Gebiete eine mittlere Dichte von etwa 5×10^{-21} g cm^{-3} und eine Gesamtmasse von 4×10^{31} g bei einem Volumen von 7.8×10^{51} cm^3. Die Masse des gesamten Filamentsystems dürfte nur wenige Male größer sein als diejenige seiner hellsten Teile. Petri

12232. **J. H. Piddington,** The Crab nebula and the origin of interstellar magnetic fields. Australian J. Phys. **10** 530—546 = Commonwealth Sci. Industrial Res. Organization, Australia, Division Radiophys. — Ref. in Phys. Abstracts (A) **61** 439.

12233. **I. S. Schklowskij,** The nature of the emission of the Crab nebula. AJ UdSSR **34** 706—715 (russ. mit engl. Ref.). — Die Vorstellung, noch bis heute würden relativistische Teilchen aus der ehemaligen Supernova ejiziert, stößt auf große Schwierigkeiten. Sowohl das Auftreten des der Helligkeit nach veränderlichen Geflechts im innern Teil des Crab-Nebels als auch andere Intensitätsschwankungen einzelner Details seiner amorphen Masse werden durch Fluktuationen des Magnetfeldes erklärt. Damit ist die in der Erhaltung leuchtender relativistischer Elektronen während der Lebensdauer des Nebels liegende Schwierigkeit behoben. Dichte und Energie der relativistischen Elektronen werden auf Grund neuer Beobachtungsunterlagen neu berechnet. Loh.

12234. **P. W. Schtscheglow,** Le spectre de la nébuleuse Crabe. AJ UdSSR **34** 675—677 (russ. mit französ. Ref.). — Aus verschiedenen Quellen, Beobachtungen mit Bildwandlern eingeschlossen, wird das Spektrum des Crab-Nebels zwischen 3300 und 9000 Å untersucht. In diesem Bereich läßt sich die Energieverteilung durch $I_\nu \sim \nu^{-2}$ darstellen, was einen steileren Abfall des Energiespektrums schneller relativistischer Elektronen ($N(E) \sim k \cdot E^{-5}$) bedeutet, als bisher angenommen wurde ($N(E) \sim k \cdot E^{-3.3}$). Verf. (übersetzt und gekürzt)

12235. **L. Searle,** Polarized light from the Crab nebula. J RAS Canada **51** 121.

12236. **C. L. Seeger, G. Westerhout,** Observations of two occultations of the Crab nebula by the moon, at 400 Mc/s. BAN **13** 312—316. — Die Bedeckungen des Crab-Nebels durch den Mond wurden am 3. 11. und 30. 11. 55 mit dem 25 m-Spiegel des Observatoriums Dwingeloo bei der Frequenz von 400 MHz beobachtet. Ein Vergleich mit der nach Woltjer berechneten optischen Bedeckungskurve der amorphen Masse zeigt, daß die Ausdehnung des Nebels für beide Wellenlängenbereiche gleich erscheint, jedoch ist die Intensitätsverteilung für Radiowellen flacher. M. Mädlow

12237. **G. Thiessen,** Synchrotronstrahlung aus dem Crabnebel. Naturwissenschaften **44** 26—29. — Die Arbeit gibt in gedrängter Form einen zusammenfassenden Bericht über Untersuchungen des Crab-Nebels, die in den letzten Jahren von verschiedenen Autoren publiziert wurden. Man beobachtet beim Crab-Nebel im Gegensatz zu den anderen planetarischen Nebeln eine ungewöhnlich starke Kontinuumsemission im optischen Bereich, deren Helligkeit mehr als 80% der Gesamthelligkeit beträgt. Photographische und lichtelektrische Messungen ergaben für das Licht des Nebels unerwartet hohe Polarisationsgrade und lassen es als möglich erscheinen, daß sehr kleine Raumelemente des Nebels, deren Isolierung bei der Messung schwierig ist, vollständig linear polarisiertes Licht emittieren. Der Crab-Nebel ist dazu ein intensiver Radiostrahler; der Durchmesser des Nebels ist bei 1.4 m Wellenlänge etwa doppelt so groß als im sichtbaren Bereich. Nach Schklowskij und Oort und Walraven können die Beobachtungen unter der Annahme erklärt werden, daß sowohl das sichtbare Licht als auch die Radiostrahlung von der Synchrotronstrahlung relativistischer Elektronen in einem den Nebel durchziehenden Magnetfeld herrühren. Die beobachteten Strahlungsintensitäten führen nach der Theorie dieses Vorgangs, die vom Verf. kurz dargestellt wird, auf Magnetstärken von etwa 10^{-3} Gauß innerhalb des Nebels. Über den Ursprung des Magnetfeldes lassen sich keine zuverlässigen Angaben machen. Elsässer

12238. **J. Tuominen, M. Karras,** A lunar occultation of the Crab nebula at wave length 3.7 meters. Ann. Acad. Sci. Fennicae (A) VI. 6, 8 S. = Repr. Radio Astr. Station Univ. Helsinki Nr. 5. — Die Bedeckung des Crab-Nebels durch den Mond 1956 Jan. 24 wurde interferometrisch gemessen. Die Halbwertsbreite der Intensitätsverteilung des Nebels ergibt sich zu 3!8. Die Messung wird durch den Nullpunktsgang während der Registrierung beeinträchtigt, so daß eine genaue Lokalisierung und Aussagen über die Mondatmosphäre nicht erhalten werden können. M. Mädlow

12239. **T. Walraven,** Photo-electric observations of the polarization and surface brightness of the Crab nebula made at the Observatoire Haute Provence. BAN **13** 293—301. — Mit einem lichtelektrischen Polarimeter, das das Licht in zwei senkrecht zueinander polarisierte Anteile zerlegt, wurde die Polarisation des Crab-Nebels gemessen. Der Durchmesser der Meßblende betrug 0!3. Fast der ganze Nebel wurde mit einem engen Netz von Meßstellen überzogen. Die Ergebnisse werden in Form von Tabellen und einer Polarisationskarte mitgeteilt. Farbmessungen im hellsten Teil des Nebels ergaben einen Farbenindex in der Skala von Johnson und Morgan von B — V = $0^m\!.82$. Behr

* * **M. A. Waschakidse,** Untersuchung des Polarisationsgrades der Strahlung einiger außergalaktischer Nebel und des Crab-Nebels. Vgl. Ref. **12445**.

12240. **L. Woltjer,** The polarization and intensity distribution in the Crab nebula derived from plates taken with the 200-inch telescope by Dr. W. Baade. BAN **13** 301—311. — Die von Baade mit dem Mt. Palomar-Spiegel erhaltenen Aufnahmen des Crab-Nebels hinter einem Polaroidfilter wurden reduziert. Der Durchmesser der Meßblende betrug dabei 5'. Die Eichung der Polarisationsskala erfolgte mit den lichtelektrischen Messungen von Walraven. Die Ergebnisse werden in Form von Tabellen, einer Polarisationskarte und einer Isophotendarstellung mitgeteilt. Behr

Planetarische Nebel

12241. **L. H. Aller,** Chemical compositions of selected planetary nebulae. ApJ **125** 84—101. — Verf. diskutiert in ähnlicher Weise wie für NGC 7027 (ApJ **120** 401, AJB **54** Ref. **12245**) die chemische Zusammensetzung der planetarischen Nebel NGC 1535, 2022, 2165, 6741, IC 5217, NGC 2440, 2392, 7662 und Anon. $21^h\,31^m$, +39°. Mt. Wilson-Beobachtungen des Verf. sowie von Minkowski dienen vornehmlich als Grundlage. Der Einfluß von interstellarer Absorption und Filamentstruktur auf die Ergebnisse wird untersucht. Die Hauptschwierigkeit besteht in der Abschätzung der Atomzahlen über den verschiedenen Ionisationsstufen. Das Verhältnis Schwefel/Sauerstoff ist größer, das von Neon/Sauerstoff dagegen kleiner als in Sternen. Das Verhältnis Wasserstoff/Helium ergibt sich zu 5. Die Häufigkeitsunterschiede von Objekt zu Objekt können nicht mit Sicherheit angegeben werden, jedoch scheinen Filamente hohen und niedrigen Anregungszustandes im selben Nebel vorzukommen. Micz.

12242. **I. Bajcárová, M. Antal,** A photometric study of NGC 3587. Contr. Astr. Obs. Skalnaté Pleso **2** 72—83. — Der «Eulennebel» wurde im Mai 1956 mit dem 60 cm-Astrographen (f = 330 cm) auf der Sternwarte Skalnaté Pleso in drei Spektralbereichen aufgenommen. In 10 Abbildungen werden mikrophotometrische Registrierkurven, Isophotenkarten (BG 1 und GG 11) und Radialschnitte wiedergegeben. Trotz unregelmäßiger Verteilung der Flächenhelligkeit zeigt sich eine gewisse Symmetrie zum Zentralstern. Bei langbelichteten Aufnahmen ist fast auf der ganzen Peripherie des Nebels eine schwache äußere Hülle zu erkennen. Petri

12243. **D. C. Camp,** Magnitudes of central stars in five southern planetary nebulae. AJ **62** 90. — Ref. AAS.

12244. **J. K. Gulak,** Photometry of the images of some planetary nebulae. AJ UdSSR **34** 516—524 (russ. mit engl. Ref.). — Verf. teilt die Ergebnisse einer absoluten Photometrie der planetarischen Nebel NGC 6720, 7009 und 7662 in den Nebuliumlinien mit. Die Helligkeitsverteilung in den Nebelbildern ist in Form von Isophoten in drei Abbildungen dargestellt. Die Helligkeit der Nebuliumlinien wird mit der Helligkeit im integralen Licht verglichen.
Verf. (übersetzt)

12245. **J. K. Gulak,** The spatial structure of some planetary nebulae. AJ UdSSR **34** 827—837 (russ. mit engl. Ref.). — Verf. teilt ein numerisches Verfahren zur Bestimmung der räumlichen Helligkeitsdichte mit und wendet es auf eine Reihe von Fällen an: 1.) auf die Verteilung der O III-Ionen im $^1D_2$-Zustand in NGC 6720 und NGC 7009, 2.) auf die Verteilung der Elektronendichte in NGC 7009 und 3.) auf die Verteilung der O III-Ionen im ^3P-Zustand in NGC 7009. In all diesen Fällen sind die Linien gleicher Intensität graphisch dargestellt. Für NGC 7009 werden auch Besetzungszahlen mitgeteilt. Das Maximum der Wasserstoffdichte ist vom Zentrum doppelt so weit entfernt wie das der O III-Ionen.
Loh.

12246. **G. A. Gursadjan,** Planetary ring nebulae. AJ UdSSR **34** 820—826 (russ. mit engl. Ref.). — Die Ringnebel sind nicht isotherm, sondern besitzen eine innere heißere und eine äußere weniger heiße Zone. Die üblicherweise angegebene Elektronentemperatur von im Mittel 10000° hängt nicht von der Temperatur des Kerns ab und bezieht sich auf die äußeren kälteren und dichteren Teile des Nebels. Loh.

12247. **G. A. Gursadjan,** Über die Struktur der planetarischen Nebel. DAN **113** 1013—1015 (russ.). — In Fortführung seiner in AJB **53** Ref. **12209** zitierten Betrachtungen berichtet Verf. über die Ergebnisse seiner Auswertung von Aufnahmen zum Beweis der Existenz typischer «planetenähnlicher» Nebel (Scheibennebel). Es zeigt sich, daß NGC 6572 und 3568 als solche angesprochen werden müssen, während NGC 2371—2 (wie bei Curtis) ein Zweihüllennebel ist. Ferner gibt es Nebel (z. B. NGC 6543), von denen man auf Grund ihrer merkwürdigen Struktur — schneckenförmig, bogenförmig, spiralig — annehmen muß, daß sich hier räumlichen Gebilden ziemlich flache überlagern. Besonders interessant ist in dieser Hinsicht der bipolare Nebel NGC 7026. Es scheint, als ob die Materieejektion von den Zentralsternen nicht nur von der ganzen Oberfläche aus erfolgt sondern auch von lokal begrenzten Gebieten, und damit die beobachteten Strukturen erklärlich werden. Loh.

12248. **G. A. Gursadjan,** Magnetfelder in planetarischen Nebeln. DAN **113** 1231—1234 (russ.). — Die relativ häufigen bipolaren Strukturen in planetarischen Nebeln erklärt Verf. aus der Existenz von Nebelmagnetfeldern. Das galaktische Magnetfeld spielt demgegenüber in der Dynamik der planetarischen Nebel keine wesentliche Rolle. Loh.

12249. **G. A. Gursadjan,** Die Möglichkeit der kontinuierlichen Emission planetarischer Nebel. DAN Armen. Sowjetrepublik **24** Nr. 2 S. 53—59 (russ. mit armen. Ref.). — Ref. in RJ 1957 Nr. 9 S. 40.

12250. **A. A. Latypow,** Untersuchung der Eigenbewegungen des planetarischen Nebels NGC 6720 und der Sterne in seiner Umgebung. Publ. Astr. Obs. Taschkent (2) **5** 5—30 (russ.). — Aus sechs Aufnahmepaaren mit Epochendifferenzen von 40 bis 55 Jahren ermittelte Verf. die Eigenbewegung des Zentralsterns des Ringnebels in der Leier (M 57 = NGC 6720) und die Eigenbewegungen von 431 Sternen im Umkreis von 35′. Für erstere ergaben sich $\mu_\alpha \cos\delta = +0\overset{s}{.}0041$, $\mu_\delta = -0\overset{s}{.}0016$. Die letzteren sind in einem Katalog zusammengestellt. Loh.

12251. **A. A. Latypow,** Über die Expansion und Parallaxe des planetarischen Nebels NGC 6720. Publ. Astr. Obs. Taschkent (2) **5** 31—46 (russ.). — Aus den vorhandenen spektroskopischen Beobachtungen ermittelt Verf. 24.5 km/sec als Expansionsgeschwindigkeit. Aus acht in Taschkent und Pulkowo aufgenommenen Plattenpaaren mit 40 bis 56 Jahren Epochendifferenz ergeben sich 0".009 ± 0".001 pro Jahr. Für $v_r = v_t$ folgt aus beiden eine Entfernung des Nebels von 570 pc. Loh.

* * **J. S. Mathis,** Statistical equilibrium of triplet levels of neutral helium. Vgl. Ref. 259.

12252. **J. S. Mathis,** The ratio of helium and hydrogen abundances in planetary nebulae. ApJ **126** 493—502. — Die Arbeit besteht aus zwei Teilen: 1.) Um alle beobachtbaren Linien von HeI für Häufigkeitsbestimmungen benutzen zu können, wird eine approximative Theorie des statistischen Gleichgewichtes der Singulet Levels des HeI entwickelt. Für 17 der tieferen Singulet-Terme werden die Besetzungszahl-Parameter b_j von Menzel berechnet. Dabei ist die Lebensdauer des 2^1S Termes vernachlässigt worden. Es wurde angenommen, daß der 2^1S Term die Besetzung der höheren Terme nicht beeinflußt und Übergänge zum Grundzustand durch solche in der entgegengesetzten Richtung ausgeglichen werden. 2.) Der Einfluß von Elektronentemperatur und Dichte entlang des Visionsradius im Nebel werden diskutiert. Der Fehler des Helium/Wasserstoff-Verhältnisses wird durch Fluktuationen dieser Parameter weniger als 10 % betragen. Für mehrere Nebel wird das Häufigkeitsverhältnis N_{He}/N_H diskutiert. Diese hängen nicht von der Anregung des Nebels ab, sondern zeigen offenbar reelle Unterschiede zwischen den verschiedenen Nebeln. Als Mittel ergibt sich für $N_H : N_{He}$ der Wert 5.4. Eberlein

12253. **A. van Pelt,** On the relation of the spectra of planetary nebulae and their Wolf-Rayet nuclei. BAN **13** 285—292. — Die Analyse von 13 planetarischen Nebeln mit Wolf-Rayet-Kern zeigt, daß sich in allen Fällen ein Ionisationspotential angeben läßt, so daß Linien höherer Ionen nur in der Hülle des W-Sterns, Linien tieferer Ionen nur im äußeren Nebel auftreten. Dies bestätigt die Hypothese (Beals; Bowen), daß W-Sterne und planetarische Nebel eine ähnliche Hüllenstruktur besitzen und daß in beiden Fällen die Strahlung durch Ionisation aus dem Grundzustand und anschließende Rekombination zustande kommt. Ungeklärt bleibt die Frage der Verdünnung. Voigt

12254. **W. W. Porfirjew,** Über das Strahlungsdruckfeld in einem sich mit einem Geschwindigkeitsgradienten ausdehnenden planetarischen Nebel. Dopowidi Univ. Lwow 1957 Nr. 7 Teil 3 S. 251—253 (russ.). — Ref. in RJ 1958 Nr. 8 S. 26.

12255. **W. W. Porfirjew,** Über das Strahlungsgleichgewicht planetarischer Nebel. Dopowidi Univ. Lwow 1957 Nr. 7 Teil 3 S. 253—256 (russ.). — Ref. in RJ 1958 Nr. 8 S. 26.

12256. **N. A. Rasmadse,** Photoelektrische Photometrie heller planetarischer und diffuser Gasnebel. Erewan, Univ., 1957 (russ.). — Dissertationsreferat.

12257. **E. R. Ryndina,** Das Balmer-Dekrement in den Spektren der planetarischen Nebel. Abh. Shdanow-Staatsuniv. Leningrad Nr. 190 (Math. Nr. 29) S. 18—29 = Publ. Astr. Obs. Leningrad **17** 18—29 (russ.). — Das nach der Theorie von Cillié berechnete Balmer-Dekrement planetarischer Nebel ist gewöhnlich weniger steil als das beobachtete. Teilweise kann dies durch selektive interstellare Absorption erklärt werden. Verf. verfeinert die Theorie von Cillié, indem die azimutalen Quantenzahlen in Betracht gezogen werden. Das berechnete Balmer-Dekrement ist tatsächlich etwas steiler als nach der Theorie von Cillié. Die Intensität des Balmer-Kontinuums wurde ebenfalls berechnet. Bei gegebener Elektronentemperatur ist die Farbtemperatur bei der Balmer-Grenze nach der neuen Theorie bedeutend höher als nach Cillié. Ond.

12258. **I. S. Schklowskij,** Once more on the distances to planetary nebulae and the evolution of their nuclei. AJ UdSSR **34** 403—411 (russ. mit engl. Ref.). — Die von Woronzow-Weljaminow (vgl. AJB **56** Ref. 12254) geübte Kritik an dem vom Verf. aufgestellten Entfernungssystem der planetarischen Nebel (vgl. AJB **56** Ref. 12251 und 12252) und an der Vorstellung über ihre Entstehung wird als unzutreffend und auf einem Mißverständnis beruhend zurückgewiesen. Loh.

* * **M. J. Seaton, D. E. Osterbrock,** Relative [O II] intensities in gaseous nebulae. Vgl. Ref. 5316.

12259. **O. Struve,** Planetary nebulae. I. Sky and Telescope **16** 208—211. — Ref. in Coelum **25** 154—155. — Der Autor gibt in diesem ersten Teil einer Fortsetzungsreihe eine einführende Beschreibung der planetarischen Nebel, erläutert ihre Struktur und spektrale Zusammensetzung, und berichtet über ihre galaktische Verteilung. Als Grundlage dienen zwei neue Bücher: 1.) L. H. Aller, Gaseous Nebulae und 2.) G. A. Gursadjan, Dynamical Problems of the Planetary Nebulae. Es werden die verschiedenen Erscheinungsformen besprochen und im Zusammenhang mit Entstehung und Entwicklung der planetarischen Nebel diskutiert. Eberlein

12260. **O. Struve,** Planetary nebulae. II. Sky and Telescope **16** 262—264, 275. — Ref. in Coelum **25** 154—155. — In diesem Artikel wird die Diskussion der Entstehung und Entwicklung planetarischer Nebel fortgesetzt, unterstützt durch neue Beobachtungen. Es wird ein Entwicklungsschema dargestellt, das im wesentlichen auf G. A. Gursadjan zurückgeht und im Gegensatz zu neuen anderen Ideen steht, die von Minkowski und anderen Autoren vertreten werden. Eberlein

12261. **O. Struve,** The origin of planetary nebulae. Sky and Telescope **16** 468—469. — Ref. in Coelum **26** 27. — Dänische Übersetzung in NAT 1958 S. 11—17. — Dieser Aufsatz gibt zunächst eine Übersicht über die bisherigen Entfernungsbestimmungen planetarischer Nebel, die zu absoluten Helligkeiten und Durchmessern führen. Aufgrund einer neueren Arbeit von Schklowskij über die Entfernungen der planetarischen Nebel und der Altersabschätzung nach Gursadjan werden die Entstehung und der Ursprung der planetarischen Nebel nach den heutigen Kenntnissen besprochen. Eberlein

12262. **P. Swings, C. Fehrenbach, L. Haser,** Le spectre de la nébuleuse planétaire NGC 6543 et de son noyau dans le proche infrarouge. CR **245** 10—12 = Inst. d'Astrophys. Univ. Liège Coll. 4° Nr. 80 = Publ. Obs. Haute-Provence **3** Nr. 60. — Am 120 cm-Reflektor in Haute-Provence wurden mit einem Gitterspektrographen (f: 2.4, Dispersion 275 Å/mm) zwei Spektren im nahen Infrarot aufgenommen (Hα bis λ 8700 Å), die die Linien des NGC 6543 und seines Zentralsternes (Wolf-Rayet-Stern) getrennt geben. Die gefundenen Linien und Linienstärken werden beschrieben. Das Maximum der mittleren Ionisation im Nebel liegt bei etwa 30—40 eV, also niedrig, was mit den Hülleneigenschaften des Zentralsterns zusammenhängt. Mehltretter

* * **A. G. Velghe,** Hα-emission stars and planetary nebulae in the vicinity of M 8 and M 20 and in Vela from $l = 230°$ to $l = 241°$ along the galactic equator. Vgl. Ref. 12327.

12263. Changes in a planetary nebula. Sky and Telescope **16** 222. — Ref. AAS.

12264. Spectrophotometry of planetary nebulae. Sky and Telescope **16** 472. — Ref. AAS. — Besprechung in Sterne **34** 152—153.

§ 123

Milchstraßensystem

* * Radioastronomische Untersuchungen zum Aufbau der Galaxis siehe auch § **126**.

Aufbau

12301. **C. de Bièvre,** Nos connaissances actuelles au sujet de la Voie Lactée. Gaz astr **38—39** 25—42. — Populäre Darstellung der gegenwärtigen Forschungsmethoden und Kenntnisse über den Bau des Milchstraßensystems. Sternparallaxen, Sternbewegungen, physikalische Zustandsgrößen, Hertzsprung-Russell-Diagramm, Sternpopulationen, Delta Cephei- und RR Lyrae-Sterne, galaktische Rotation, interstellare Materie, Gas und Staub, Radioastronomie im galaktischen System. Go.

12302. **V. M. Blanco, J. J. Nassau,** Reddened early M- and S-type stars in two galactic zones. ApJ **125** 408—413 = Warner and Swasey Obs. Case Inst. Technol. Repr. Nr. 80. — Ein Katalog von 60 frühen M-Sternen, welche auf Grund von Objektivprismen-Aufnahmen stark verfärbt erscheinen, wird mitgeteilt; viele dürften Überriesen sein. Außerdem werden 37 neue S-Sterne mitgeteilt. Alle Sterne finden sich in der Nähe des galaktischen Äquators. Micz.

12303. **B. J. Bok, P. F. Bok,** The Milky Way. Cambridge, Mass., Harvard University Press, 1957. 3. Auflage. 6 + 269 S. mit 128 Fig. und Tafeln. Preis $ 5.50. — Besprechung in Ann d'Astrophys **19** 337 (D. Barbier), BSAF **71** 494—495, Hemel en Dampkring **55** 105 (J. J. Raimond jr.), JBAA **68** 327—328 (H. C. King), Publ ASP **69** 479—480 (A. McKellar), Sky and Telescope **16** 234, 435—436 (R. T. Mathews), ZfA **43** 309—310 (W. Becker).

12304. **E. A. Dibaj,** Untersuchung von Sternkettchen. AC Nr. 186 S. 15—16 (russ.). — Nach Aufnahmen mit dem 70 cm-Meniskus-Teleskop in Abastumani wurden für 250 Sterne aus 14 Ketten in einem 3° × 3° großen Gebiet nordöstlich des Amerika-Nebels Farbenindex und scheinbare Helligkeit bestimmt. Bei drei der Ketten zeigten diese Größen eine ausgesprochene Korrelation, indem die Sterne im m_{pg}-CI-Diagramm Teile der Hauptsequenz bildeten. Auch im Diagramm der Farbdifferenzen (P−V), (V−R) heben sich diese Sterne von denen der anderen 11 Ketten deutlich ab. Die Wahrscheinlichkeitsrechnung bestätigt, daß die drei genannten Ketten je räumlich zusammenhängende Systeme sind. Petri

12305. **J. Dufay,** Photographies infrarouges autour de la direction du centre galactique. Acta Astr. Sinica **5** 182—195 (chines. mit französ. Ref.).

12306. **J. Dufay,** Applications de la photographie infrarouge à l'étude de la Voie Lactée. BSAF **71** 265—281. — Ref. in Coelum **26** 26. — In diesem Bericht wird zunächst begründet, weshalb die infrarote Photographie ein geeignetes Mittel zur Erforschung des Aufbaues der Milchstraße ist. Danach werden vorwiegend die Versuche zur Auffindung und Erforschung des galaktischen Zentrums beschrieben, wobei die Ergebnisse der Infrarotphotographie mitgeteilt werden, die am Observatoire de Haute-Provence, in Lyon und an einigen Sternwarten anderer Länder erzielt worden sind. Fricke

12307. **S. Grzędzielski,** Gazowa korona Galaktyki. Postępy Astr. **5** 97—100. — Zusammenfassung der Arbeiten vom S. Pikelner und L. Spitzer jr. über die Hypothese einer galaktischen Korona. Es wird versucht, ein Modell dieser Korona aufzubauen. Rybka

12308. **W. Horn,** Die Masse der Galaxis. Sterne **33** 200—201.

12309. **W. W. Iwanow,** Über die Fluktuationen der Sternzahlen. Bote Univ. Leningrad 1957 Nr. 13 S. 169—177 (russ.). — Ref. in RJ 1958 Nr. 7 S. 25.

12310. **H. M. Johnson,** Is the galaxy a barred spiral? AJ **62** 19—20. — Ref. AAS.

12311. **H. M. Johnson,** Some anomalies of galactic spiral and halo structure. Publ ASP **69** 130—136. — Zwischen den Resultaten der optischen und der Radio-Bestimmungen der galaktischen Länge der Richtung senkrecht zu den Spiralarmen besteht ein Unterschied von etwa 30° (vgl. Hiltner, AJB **56** Ref. **9407**). Diese Diskrepanz dient Verf. als Ausgangspunkt einer Kritik an der Vorstellung von der Gestalt des galaktischen Systems als Sb-Spirale. Es werden die Möglichkeiten diskutiert, daß das galaktische System eine Barrenspirale ist oder daß es mit einem anderen System kollidiert. Nach Ansicht des Verf. sprechen für die letztere Hypothese die Asymmetrie im Verlauf der Radio-Isothermen und die — ähnliche Asymmetrien zeigende — Verteilung der Sterne der 18. Größenklasse an der Sphäre. Go.

12312. **M. Karpowicz,** Zagadnienie układu lokalnego. Urania Kraków **28** 204—209. — Die Entwicklung des Begriffs «Lokales Sternsystem» wird gemeinverständlich dargestellt. Rybka

* * **N. E. Kurotschkin,** The distribution of absorbing matter and the spiral structure of the galaxy. Vgl. Ref. **12508**.

12313. **K. Lundmark,** A swedish chart of the photographic Milky Way. Sky and Telescope **16** Beilage zwischen S. 230 und 231.

12314. **A. M. Mikischa, F. A. Zizin,** On the distribution of mass in the galaxy. AJ UdSSR **34** 45—54 (russ.). — Es wird gezeigt, daß das aus einem Massenpunkt und einem homogenen Sphäroid bestehende galaktische Modell gegenüber den inhomogenen Modellen einen zu hohen Wert für die Masse des Kernes liefert. Verf. konstruieren ein inhomogenes Modell durch Überlagerung einer Anzahl homogener Sphäroide. Dabei wird auch die verschiedene Abplattung einzelner Sphäroide in Betracht gezogen. Perek

12315. **G. S. Mumford III,** The local system. Sky and Telescope **16** 214—218. — Das Phänomen des Gouldschen Gürtels, nämlich der Befund, daß die helleren Sterne zu einer Ebene konzentriert sind, die um 20° gegen die galaktische Ebene geneigt ist, wird an Beobachtungsergebnissen einer größeren Zahl von Autoren aufgezeigt. Diese Fakten führten zur Annahme eines «Lokalen Systems», dessen Durchmesser nach H. Schmidt (vgl. AJB **49** Ref. **12338** und **12340**) 1000 pc beträgt und dessen Zentrum 100 pc von der Sonne in Richtung Carina liegt. Andere Autoren sehen im Gouldschen Gürtel nur einen schwachen Beweis für die Existens eines «Lokalen Systems». Eine Erklärung dieser Erscheinung sucht man in der galaktischen Struktur der näheren Sonnenumgebung. Schaifers

12316. **J. J. Nassau, V. M. Blanco,** Carbon stars in two northern Milky Way zones. ApJ **125** 195—208 = Warner and Swasey Obs. Case Inst. Technol. Repr. Nr. 77. — Ein neuer Katalog von 421 Kohlenstoff-Sternen, von denen 363 bisher nicht bekannt waren, wird mitgeteilt. Die von Verf. durchgeführte Durchmusterung erstreckt sich damit über einen 12° breiten Gürtel entlang des Äquators zwischen den galaktischen Längen 333° und 201°. Die insgesamt bekannten 693 Kohlenstoff-Sterne in diesem Gürtel zeigen gelegentlich die Tendenz in Gruppen aufzutreten, verteilen sich im allgemeinen jedoch ziemlich gleichförmig, wenn vom Einfluß der interstellaren Absorption abgesehen wird. In galaktischer Breite weisen diese Sterne jedoch eine weit höhere Konzentration gegen den galaktischen Äquator auf als die späten M-Sterne. Micz.

12317. **O. Obůrka,** The HII regions in the Galaxy. RH **38** 147—149 (tschech.).

12318. **A. Pannekoek,** Colour differences in the Milky Way? Obs **77** 241—242. — Verf. weist auf seine 1926 in Lembang gemachten Beobachtungen von Farbunterschieden in der südlichen Milchstraße hin. Er gibt Anregungen und Vorschläge für weitere Beobachtungen. Schaifers

12319. **J. M. Ramberg,** The space distribution of stars in selected Milky Way regions derived from photometric and spectrophotometric data. I. A region in Lacerta. Centre A. R. = $22^h 30^m$, Dec. = $+48° 40'$ (1900.0). Stockholms Obs. Ann. **20** Nr. 1, 114 S. — Katalog von 3063 Sternen heller als $m_{pg} = 13.25$ aus einem Feld von 11 Quadratgrad in Lacerta: Koordinaten, photographische und photovisuelle Helligkeiten, Farbenindizes, Spektraltypen, spektralphotometrische Daten. Ergebnisse über die räumliche Sternverteilung: geringe Absorption bis 925 pc, dann starke Zunahme der Dichte sowohl der Sterne als auch der absorbierenden Materie. Ausdehnung der Wolke in Richtung des Sehstrahls beträgt etwa 600 pc. Die Wolke gehört wahrscheinlich dem Orion-Spiralarm an; die hier gefundenen Resultate bestätigen die Vorstellung vom Aufbau der Spiralarme aus Sternen, Gas und Staub und von der Transparenz der zwischen den Spiralarmen liegenden Gebiete. Go.

12320. **N. Sanduleak,** The distribution of M stars in twenty-five clear areas of the Milky Way. AJ **62** 150—153 = Warner and Swasey Obs. Case Inst. Technol. Repr. Nr. 82. — In 25 Feldern der nördlichen Milchstraße zwischen den Längen 350° und 200° werden auf Platten des «Warner and Swasey infrared galactic survey» 1269 M-Sterne bis zur Grenzhelligkeit 10.2 (infrarot) klassifiziert; drei Spektralgruppen: M2 — M4, M5 — M6, M7 und später. Es wird versucht, aus der Verteilung in galaktischer Länge auf die räumliche Verteilung zu schließen, um einen Beitrag zur Lösung der Frage zu liefern, ob die M-Riesen sich in der ganzen galaktischen Scheibe oder vorzugsweise in den Spiralarmen finden. Für alle drei Gruppen ergibt sich Scheiben-Verteilung; bei den späten M-Sternen gleichmäßige Dichteabnahme nach außen, bei den frühen Typen Tendenz zum Vorkommen in Haufen. Vergleich der Verteilung der M-Sterne mit der Verteilung der RR Lyrae-Sterne und mit der Massenverteilung in der galaktischen Ebene nach dem Modell von M. Schmidt. Go.

12321. **H. Shapley,** The Inner Metagalaxy. London, Oxford University Press; New Haven, Yale University Press, 1957. 13 + 204 S. mit 59 Fig. Preis $ 6.75. — Besprechung in J RAS Canada **52** 92—93 (H. Sawyer Hogg), Publ ASP **70** 224—225 (D. N. Limber), Sky and Telescope **17** 144, 303, 305 (S. P. Wyatt jr.), Urania København **15** 39—40.

12322. **S. Sharpless,** The arrangement in space of reddened M-type supergiants. Publ ASP **69** 397—399. — Ref. ASP.

12323. **J. Štohl,** On the apparent distribution of irregular variables in low galactic latitudes. BAC 8 161—167 (russ. mit engl. Ref.). — Prüfung der Frage, ob die von Jemeljanenko und Matwejew (AJB **53** Ref. **11186**) an 28 Gruppen unregelmäßiger Veränderlicher konstatierte Tendenz dieser Objekte zur Haufenbildung eine reale Erscheinung ist, aus der kosmogonische Folgerungen gezogen werden dürfen. Die Verwendung neuer und erweiterter Beobachtungsdaten zeigt, daß die Haufenbildung nicht wirklich existiert, sondern hauptsächlich durch Inhomogenität der Beobachtungsdaten und durch Abdeckung von Umgebungssternen durch absorbierende Wolken vorgetäuscht ist. Go.

12324. **O. Struve,** The hydrogen spheres in Cygnus. Sky and Telescope **16** 118—120. — Übersetzung in NAT 1957 S. 41—46. — Bericht über die Eigenschaften von H II-Regionen und deren theoretische Deutung durch Strömgren. Fricke

12325. **A. G. Velghe,** Low dispersion spectra in the yellow-red region, and their usefulness in some distribution problems. AJ **62** 35—36. — Ref. AAS.

12326. **A. G. Velghe,** Low-dispersion spectra in the yellow-red region and their application in galactic research. ApJ **125** 728—741 = Harv Repr Nr. 459 = Commun. Obs. Roy. Belgique Nr. 118. — Ref. in Coelum **25** 189—190. — Verf. untersucht die Verteilung von Sternen niedriger Temperatur und von Sternen mit Hα-Emission in zwei Feldern in der Umgebung von M8 und M20 (Sagittarius) und der OB-Assoziation I Vel. Das Beobachtungsmaterial besteht aus Objektivprismen-Aufnahmen mit dem ADH-Baker-Schmidtteleskop der Boydenstation. Micz.

12327. **A. G. Velghe,** Hα-emission stars and planetary nebulae in the vicinity of M 8 and M 20 and in Vela from $l = 230°$ to $l = 241°$ along the galactic equator. ApJ **126** 302—317 = Commun. Obs. Roy. Belgique Nr. 128 = Harv Repr Nr. 472. — Ref. in Coelum **26** 60. — Auf gelb-rot Spektralaufnahmen, gewonnen mit dem ADH-Baker-Schmidt, werden in zwei Gebieten der südlichen Milchstraße (Sagittarius und Vela) 93 Hα-Emissionsobjekte aufgefunden. Für die nicht in der CD oder CPD verzeichneten Sterne und planetarischen Nebel werden Identifikationskarten gegeben. Zwei Figuren zeigen die Verteilung der Hα-Emissionsobjekte um die Nebel M 8 und M 20 sowie die OB-Stern-Aggregate I Sgr, II Sgr und I Vel. Schaifers

12328. Size of the galaxy. Sky and Telescope **16** 424—425, 428. — Ref. AAS.

Magnetfeld

12329. **G. M. Idliss,** Kosmische Kraftfelder und einige Fragen der Struktur und Entwicklung der galaktischen Materie. Mitt. Astrophys. Inst. Alma-Ata **4** Nr. 5—6 S. 3—159 (russ.). — Inhalt: Das Gravitationsfeld S. 4—44; das elektromagnetische Feld S. 44—78; die Zerstückelung der festen Himmelskörper und die Verteilung der Bruchstücke nach ihrer Größe S. 78—114; die Rotation und Strukturbesonderheiten des Orion-Nebels und der mit ihm verbundenen Sternassoziation S. 114—146; Literatur S. 146—158. Loh.

* * **A. A. Kortschak,** The electromagnetic emission of cosmical particles in the galaxy. Vgl. Ref. **12725.**

12330. **J. H. Piddington,** Galactic turbulence and the origins of cosmic rays and the galactic magnetic field. Australian J. Phys. **10** 515—529 = Commonwealth Sci. Industrial Res. Organization, Australia, Division Radiophys. — Ref. in Phys. Abstracts (A) **61** 434.

12331. **S. B. Pikelner, I. S. Schklowskij,** An investigation of the properties and energy dissipation of the galactic halo. AJ UdSSR **34** 145—158 (russ. mit engl. Ref.). — Unter den Annahmen, daß die Konzentration der kosmischen Strahlen proportional der Intensität des magnetischen Feldes ist und daß in den oberen Schichten der magnetische Druck gleich dem Druck der kosmischen Strahlen ist, wird aus der Verteilung der Radiostrahlung die Intensität des magnetischen Feldes abgeschätzt. Da in der Höhe von 10 kpc der Druck des magnetischen Feldes und der kosmischen Strahlung mit dem Gewicht der oberen Schichten im Gleichgewicht steht, kann man die Dichte dieser Schicht zu $n > 0.006/\text{cm}^3$ abschätzen. Die mittlere Dichte des Gases ist $n = 0.01/\text{cm}^3$. Die hohen Geschwindigkeiten des Gases werden durch Wellen aus dem galaktischen Kern verursacht und da die Dissipation der Energie wegen des magnetischen Feldes nicht zu stark wirkt, können sich diese Geschwindigkeiten erhalten. Perek

12332. **S. B. Pikelner,** Magnetfelder in der Milchstraße. Naturwiss. Rundschau **10** 334—341. — Übersetzung der in AJB **56** Ref. **12324** genannten Veröffentlichung durch W. Petri.

12333. **G. A. Schajn,** The orientation to the galactic equator of the general magnetic field of the galaxy in the solar vicinity. AJ UdSSR

34 3—7 (russ.). — Es werden die Polarisationsverhältnisse des Sternlichts in der Milchstraße für Objekte mit $|b| \leq 6°$ untersucht und als Ergebnis der Winkel Θ' angegeben, welcher die Vorzugsrichtung des elektrischen Vektors gegenüber dem galaktischen Äquator beschreibt. Es zeigt sich zunächst, daß Θ' im galaktischen Längenbereich $l = 35°$ bis $65°$ und $l = 345°$ bis $355°$ über die Winkel 0 bis 180° gleichmäßig verteilt ist und dort die Position von Spiralarmen anzeigt. In den übrigen Längenintervallen zeigen sich systematische Abweichungen von dem Wert $\Theta' = 90°$ — überlagert von lokalen Schwankungen entsprechend lokalen Magnetfeldern —, die einen etwa sinusförmigen Gang mit der galaktischen Länge zeigen. Hieraus wird ein allgemeines Magnetfeld der Galaxis abgeleitet, dessen Ebene gegenüber der galaktischen Ebene um 18° geneigt ist und sie bei $l = 15°$ und $l = 195°$ schneidet. Die Koordinaten des Pols entsprechen $l = 105°$, $b = 72°$ bzw. $\alpha = 12^h$, $\delta = +46°$. Oster

Kinematik und Dynamik

12334. **B. F. Burke,** Systematic distortion of the outer regions of the galaxy. AJ **62** 90. — Ref. AAS.

12335. **G. Contopoulos,** On the relative motions of stars in a galaxy. Stockholms Obs. Ann. **19** Nr. 10, 32 S. — Erweiterung des Spezialfalles aus der Lindbladschen Theorie der Strombewegung, in dem sich kreisähnliche, epizyklische Bahnen um das galaktische Zentrum ergeben, auf Näherungen zweiter und dritter Ordnung. Allgemeine Eigenschaften der räumlichen Bahnen der Sterne im galaktischen System, unter Verwendung der zweidimensionalen Bewegungen als erste Näherung. Diskussion der Eigenschaften der Kurven, die entstehen, wenn man die dreidimensionalen Bahnen von Fixsternen, speziell die Sonnenbewegung, auf eine Ebene projiziert, die durch die Symmetrieachse des Systems geht und dem betrachteten Punkt in seiner Bewegung dauernd folgt. Go.

12336. **L. B. Dworkin,** Die Instabilität des Sternennestes im Schwan. Abh. Pädagog. Inst. Saratow 1956 Nr. 23 S. 169—170 (russ.). — Ref. in RJ 1957 Nr. 10 S. 48.

12337. **O. J. Eggen,** The Taurus group. Obs **77** 229—234. — Aufgrund von Eigenbewegungen im N30-System und Radialgeschwindigkeiten werden unter 975 über den Himmel verstreuten Sternen 21 der 2.—5. Größe gefunden, die wegen ihrer anscheinend mit den Hyaden gleichen Raumbewegung Mitglieder einer «Taurusgruppe» sein könnten. Es werden ihre daraus folgenden Haufenparallaxen angegeben und ihr Farben-Leuchtkraftdiagramm wird abgebildet. Es wird auf die nahezu gleiche Geschwindigkeit von Hyaden und Praesepe hingewiesen. Verf. schätzt, daß etwa 2 % der sonnennahen Sterne mit beiden Haufen gemeinsame Bewegung zeigen. Gli.

12338. **D. S. Evans, A. Menzies, R. H. Stoy,** Fundamental data for southern stars (first list). MN **117** 534—561. — Von 343 Sternen südlich −26° — meist nahe Sterne und auch Schnelläufer — wurden neu bestimmt und veröffentlicht: Helligkeit und Farbenindex im B, V-System, Spektraltyp im MK-System und Radialgeschwindigkeit, gemessen mit dem Radcliffe 74″-Reflektor (Cassegrain Spektrograph). Ebenfalls wurden die Radialgeschwindigkeiten von weiteren 25 IAU-Standardsternen bestimmt. An Hand dieses Materials werden das Hertzsprung-Russell-Diagramm und für die Hauptreihensterne die Beziehungen zwischen Farbe und Spektraltyp sowie zwischen Farbenindex und absoluter Helligkeit (trigonometrische Parallaxen) hergeleitet. Aus der mittleren Kurve dieser letzten Beziehung werden photometrische Parallaxen für 142 Sterne der Klassen F3V bis M2V entnommen und damit ihre Raumkoordinaten sowie die Komponenten der Raumgeschwindigkeiten berechnet. Gli.

12339. **A. J. Filin,** Über die kinematischen Besonderheiten der B-Sterne. AJ UdSSR **34** 525—538 (russ. mit deutschem Ref.). — In dieser Arbeit wird die Ursache der kinematischen Besonderheiten der B-Sterne betrachtet. Die kinematischen Konstanten werden mit Hilfe von Radial- und Raumgeschwindigkeiten bestimmt. Es wird der Einfluß folgender Ursachen auf die kinematischen Konstanten betrachtet: 1.) eine Bewegung entlang des Spiralarms, 2.) ein Zusatz von Sternen der sphärischen Komponente, 3.) fehlerhafter Wert der mittleren absoluten Größe der B-Sterne. Es wird gezeigt, daß keine von ihnen die kinematischen Besonderheiten der B-Sterne erklären kann. Es wird festgestellt, daß die B0—B1-Sterne keine Besonderheiten in ihrer Bewegung haben. Es wird gefunden, daß die übliche Form der Cammschen Funktion in der Umgebung der Sonne gestört wird. Der Schluß über die Existenz eines Zusammenhangs zwischen den Besonderheiten der Bewegung der B-Sterne und dem lokalen System wird gezogen. Verf.

12340. **A. J. Filin,** Kinematische Besonderheiten der B-Sterne und die Rotation des lokalen Systems. AJ UdSSR **34** 838—847 (russ. mit deutschem Ref.). — Bei der Betrachtung der kinematischen Besonderheiten der B-Sterne wird gezeigt, daß das eigenartige Verhalten der galaktischen Rotationskonstanten qualitativ mittels der Rotation des lokalen Systems erklärt werden kann. In diesem Fall erklärt sich der eigenartige Verlauf der Cammschen Funktion in Sonnenumgebung. Die volle Erklärung der kinematischen Besonderheiten ist aber nur in dem Fall erreichbar, wenn die dynamischen Charakteristiken des lokalen Systems bekannt sind. Die Analyse des Verlaufs der Cammschen Funktion für Bn-, Bs- und Be-Sterne führt zu dem Schluß, daß das lokale System einen komplizierten Aufbau haben muß. Verf.

12341. **A. J. Filin,** Über einige stellarstatistische Untersuchungen. Bull. Astr. Obs. Stalinabad Nr. 22—23 S. 33—34 (russ.). — Es wird über Arbeiten berichtet, die in den 25 Jahren der Existenz der Sternwarte in Stalinabad durchgeführt wurden. Sie betrafen den Nullpunkt der Perioden-Leuchtkraft Beziehung der Cepheiden, die kinematischen Eigenschaften von B-Sternen und die Rotation des lokalen Systems. Perek

* * **S. C. B. Gascoigne, O. J. Eggen,** Cepheid variables and galactic absorption. Vgl. Ref. **111106.**

12342. **J. L. Greenstein,** Some high-velocity population I stars. AJ **62** 16. — Ref. AAS.

12343. **F. Janák, M. Vetešník,** Lindblad's diagram for high-velocity stars, Cepheids and RR Lyrae-type variables. BAC 8 150—160 = Publ. Astr. Inst. Univ. Brno Nr. 4. — Studium der Bahneigenschaften von Schnellläufern, Delta Cephei-Sternen und RR Lyrae-Sternen mit Hilfe des Lindbladschen (I_1, I_2)-Diagramms. 1.) Die Mehrzahl der Schnelläufer in Sonnenumgebung befindet sich in der Nähe des Apogalaktikums ihrer stark exzentrischen Bahnen. 2.) Die Bahnen der Delta Cephei-Sterne sind Ellipsen geringer Exzentrizität. Kleiner Instabilitätsbereich in Entfernungen größer als 8.1 kpc vom Zentrum. 3.) Das Diagramm der RR Lyrae-Sterne ist wegen der geringen Genauigkeit der Raumgeschwindigkeitswerte nicht eindeutig zu interpretieren. Ein Instabilitätsbereich zwischen den Entfernungen vom Zentrum 8.4 und 8.6 kpc ist angedeutet. Go.

* * **H. M. Johnson,** The kinematics and evolution of population I stars. Vgl. Ref. **5417.**

12344. **G. Kusmin,** Some problems concerning the dynamics of the galaxy. Nachr. Akad. Wiss. Estn. Sowjetrepublik (Techn. Phys.-Math.) 5 Nr. 2 S. 91—107, 1956 (russ. mit estn. und engl. Ref.) = Tartu Astr. Obs. Teated Nr. 3. — Die Massenverteilung der inneren Partien der Galaxis, die aus den Rotationsgeschwindigkeiten abgeleitet wurde, wird bis zur Dichte Null an der Grenze extrapoliert. Ferner wird die Bedingung gestellt, daß die schnellsten Sterne gerade die Grenze des Systems erreichen können. Die resultierende Massenverteilung kann gut als eine Summe von zwei Idliss-Modellen dargestellt werden. Perek

12345. **B. Lindblad,** Differential motions in dispersion orbits in the galaxy. Stockholms Obs. Ann. **19** Nr. 9, 15 S. — Fortsetzung der Untersuchungen über «Dispersionsbahnen» im galaktischen System. Diese Bahnen können für die Bildung der Spiralarme verantwortlich sein; sie sind in bestimmten Zonen der galaktischen Ebene Ellipsen mit sehr kleiner Exzentrizität, die zur Bildung von Materieringen führen sollten. Mit den in Leiden gefundenen Resultaten für den Verlauf der Winkelgeschwindigkeit $\omega(R)$ werden solche Bahnen und Ringe in den inneren und äußeren Teilen der Galaxis berechnet und in Form und Lage sowie mit den Werten der Radialgeschwindigkeit mit den Leidener Radio-Ergebnissen für die Spiralarme verglichen. Unter Berücksichtigung der Tatsache, daß die Rechnungen notwendigerweise mit stark schematisierten Voraussetzungen durchgeführt wurden, ergibt sich eine Übereinstimmung zwischen Rechnung und Beobachtung, die darauf hindeutet, daß das Auftreten der Dispersionsbahnen zur Erklärung des Spiralarm-Phänomens geeignet ist. Go.

12346. **W. J. Luyten, B. Iriarte,** Note on the motion of BD +8 : 4122. Bol. Obs. Tonantzintla y Tacubaya Nr. 16 S. 39. — Die galaktischen Eigenbewegungskomponenten dieses B 1 Ia-Sterns werden zu $\mu_l = 0\overset{''}{.}000 \pm 0\overset{''}{.}008$ und $\mu_b = -0\overset{''}{.}023 \pm 0\overset{''}{.}005$ bestimmt. Bei einer absoluten Helligkeit M = −7.0 würde die Geschwindigkeit 1100 ± 250 km/sec senkrecht zur galaktischen Ebene betragen, die der Stern demnach vor $9 \pm 2 \times 10^5$ Jahren verlassen haben könnte. Gli.

12347. **J. M. Mohr, P. Mayer, J. Štohl,** Determination of Oort's constant B from Yale catalogues. BAC 8 5—9. — Aus den Eigenbewegungen von 44793 Sternen ($7\overset{m}{.}1$ — $9\overset{m}{.}0$) der Yale-Kataloge zwischen +15° und +30° sowie −14° und −30° wurden im FK3-System und im System des GC die Lage des Sonnenapex, Verbesserung der Präzessionskonstante und die Oortschen Konstanten A und B hergeleitet. In der Diskussion der Resultate und ihrer Genauigkeit weisen Verf. besonders auf die Werte B = —7 km/sec · kpc (FK3-System) und —11 km/sec · kpc (GC-System) hin, die sich aus den Eigenbewegungen in Rektaszension mit dem relativ großen mittleren Fehler ±7 km/sec · kpc ergaben, während die Eigenbewegungen in Deklination die Werte B = —15 ± 3 (FK3) bzw. —24 ± 3 km/sec · kpc (GC) lieferten. Gli.

12348. **J. M. Mohr, P. Mayer,** Study on galactic rotation based on radial velocities of OB stars and O-associations. BAC 8 142—150. — Material: 193 OB-Sterne mit gut bekannten Radialgeschwindigkeiten, MK-Klassen und Farbenexzessen, nach räumlicher Verteilung zu 21 Gruppen zusammengefaßt; 27 O-Assoziationen mit sicheren Entfernungen und mit 246 Sternen bekannter Radialgeschwindigkeit. Zweck der Untersuchung: Studium des Verlaufs der Rotationsgeschwindigkeit im galaktischen System. Resultate: A = + 17.5 km/sec · kpc für den gesamten erfaßten Bereich; A = +8 km/sec · kpc für die Sonnenumgebung (Objekte mit Entfernungen zwischen 7 und 9 kpc vom galakt. Zentrum). Diskussion der möglichen Bewegungsvorgänge in der Sonnenumgebung und in den Spiralarmen, die als Ursache für Anomalien im Verlauf der Rotationsgeschwindigkeit in Betracht kommen. Go.

* * **G. Münch,** Interstellar absorption lines in distant stars. I. Northern Milky Way. Vgl. Ref. **12511**.

* * **F. Nahon,** Recherches sur la loi de force et les mouvements stationnaires des étoiles dans la direction perpendiculaire au plan galactique. Vgl. Ref. **4416**.

12349. **P. Notni,** Die absolute Helligkeit und die Kinematik der RR Lyrae-Sterne. Wiss. Z. Friedrich-Schiller-Univ. Jena Math.-naturwiss. Reihe **6** 145—158 = Mitt. Univ.-Sternw. Jena Nr. 26. — Die beiden bereits vermuteten kinematischen Gruppen der RR Lyrae-Sterne werden nachgewiesen. Die Sterne der Gruppe I, die ein intermediäres Untersystem bilden, haben eine mittlere absolute Helligkeit $M_{pg} = -0^{m}.3$, dagegen die der Gruppe II (sphärisches Untersystem) $M_{pg} = +0^{m}.8$. Die Gruppenzugehörigkeit der Sterne mit kleineren Perioden als $0^{d}.1$ bleibt ungeklärt. Die RR Lyrae-Sterne in Kugelhaufen gehören nur teilweise der Gruppe II an. K. H. Schmidt

12350. **L. Perek,** Stars with incomplete observational data and with possible hyperbolic velocities. BAC 8 177—179. — Sechs kurze Listen von Sternen, bei denen aufgrund der bis jetzt bekannten Daten die Möglichkeit besteht, daß hyperbolische Geschwindigkeiten oder rückläufige Bewegungen vorliegen. Die zur Berechnung exakter Raumgeschwindigkeiten dieser Sterne fehlenden Beobachtungsdaten sind — unter Angabe der erforderlichen Genauigkeit — in Listen tabuliert; die Sternwarten werden gebeten, die erforderlichen Beobachtungen anzustellen. Go.

12351. **L. Perek,** Über Sterne früher Spektralklassen mit möglichen hyperbolischen Geschwindigkeiten. Mitt. AG 1956 S. 15—16. — Ref. AG.

12352. **R. M. Petrie,** Space motions and absolute magnitudes of stars of the Cassiopeia-Taurus group. Publ ASP **69** 395. — Ref. ASP.

12353. **J. Ruprecht,** Rotation of the Galaxy. Vesmír **36** 44—47 (tschech.).

12354. **T. Schmidt,** Leuchtkraft, Bewegung und Raumverteilung der näheren O—B5-Sterne. Sterne **33** 125—127. — Vgl. AJB **56** Ref. **12361**.

12355. **A. N. Vyssotsky, E. R. Dyer jr.,** Population differences among M dwarfs. ApJ **125** 297. — Es wird darauf hingewiesen, daß Zwerg-Sterne vom Spektraltyp M eine merklich kleinere Pekuliar-Bewegung haben, wenn ihre Spektren Emissionslinien des H und Ca II besitzen, als solche ohne Emissionslinien. Der Vertex der Raumbewegung der Emissionslinien-Sterne unterscheidet sich um etwa 20° von dem der Sterne ohne Emissionslinien, welcher mit dem galaktischen Zentrum zusammenfällt. Micz.

12356. **A. N. Vyssotsky,** Stellar motions as a guide to galactic populations. Publ ASP **69** 109—129 = Publ. Leander McCormick Obs. **12** Nr. 4. — 1.) Historische Betrachtung über Definition und Bestimmung der Sterngeschwindigkeiten unter besonderer Berücksichtigung der am McCormick Observatorium erhaltenen Resultate. Bestimmung der Sonnenbewegung, Apexwerte. Geschwindigkeitselemente von Sterngruppen. Ellipsoidische Verteilung, Vertexabweichung. Raumgeschwindigkeiten, Verfälschung der Resultate durch Auswahleffekte. Wahl der Bezugspunkte für die Sterngeschwindigkeiten. 2.) Spektroskopische Merkmale und Bewegungskriterien der von Verf. eingeführten Sterngruppen A und B (vgl. AJB **53** Ref. **12341**); Beziehung zu den Populationen I und II. 3.) Übersicht über die für die Vertexabweichung erhaltenen Resultate: für die einzelnen Spektralklassen, nahe und fernere Sterne, verschiedene galaktische Breiten. Die Vertexabweichung kann vielleicht als Effekt der Lage der Sonne auf einem Spiralarm verstanden werden. Go.

12357. **A. W. Wehlau,** Velocity ellipsoids of nearby dwarfs. AJ **62** 169—175. — Das Material, Hauptreihensterne der Klassen A0—M6, deren Parallaxen im Yale-Katalog (1952) $\geqq 0''.040$ sind, wird in acht spektrale Gruppen unterteilt; Sterne mit Raumgeschwindigkeiten über 100 km/sec sind ausgeschlossen. Nach Herleitung und Anwendung der Formeln für Unvollständigkeitsfaktoren und für Korrektionen der Beobachtungsfehler in den Parallaxen werden für jede dieser Gruppen die Daten der Sonnenbewegung und die Parameter der Geschwindigkeitsellipsoide berechnet. Besonders bei den späten Klassen zeigt sich eine deutliche Abweichung von der Gleichverteilung der Energie. Gli.

12358. **W. Zonn,** O ruchach gwiazd w kierunku prostopadłym do płaszczyzny równika galaktycznego. Postępy Astr. **5** 180—181.

12359. **W. Zonn,** O gwiazdach posiadających prędkości hiperboliczne. Postępy Astr. **5** 181—183.

12360. Distortions of the outer regions of the galaxy. Sky and Telescope **16** 224. — Ref. AAS. — Besprechung in Coelum **25** 155—156.

12361. Does the Cassiopeia-Taurus group exist? Sky and Telescope **16** 428. — Ref. AAS.

12362. Rotation of the galaxy. Sky and Telescope **16** 529. — Ref. AAS. — Besprechung in Coelum **26** 59—60, Sterne **34** 197—198.

Sternassoziationen

12363. **G. W. Achundowa,** An investigation of the proper motions of stars in the region of the Orion association. Mitt. Astr. Hauptobs. Pulkowo **21** Nr. 1 (160) S. 83—115 (russ. mit engl. Ref.). — Verf. bestimmt aus sechs Paaren von Platten, die mit dem Normal-Astrographen in Pulkowo aufgenommen wurden, die Eigenbewegungen von 303 Sternen in der Umgebung des Trapezes im Orion mit einem mittleren Fehler von $\pm 0\overset{''}{.}002$. Eine Instabilität der Trapez-Sterne konnte nicht nachgewiesen werden, und es wurden keine Expansions- oder Rotationsbewegungen in der Umgebung festgestellt. Die von Parenago gefundenen systematischen Bewegungen einer Gruppe von heißen Sternen und einer anderen Gruppe von T Tauri-Veränderlichen wurden bestätigt. Perek

12364. **N. M. Artjuchina,** Die Expansion der Assoziation Cepheus II. Publ. Astr. Sternberg-Inst. **27** 203—209, 1956 (russ.). — Aus der Expansion der Assoziation ergibt sich ein Alter von etwa 10^6 Jahren, das jedoch noch mit einer großen Unsicherheit behaftet ist. Loh.

12365. **L. B. Dworkin,** Ein einfaches Verfahren zur Bestimmung der räumlichen Bewegung der Sternassoziationen. Abh. Pädagog. Inst. Saratow 1956 Nr. 23 S. 171—172 (russ.). — Ref. in RJ 1957 Nr. 10 S. 47—48.

12366. **K. A. Grigorjan,** Elektrophotometrie und Elektrokolorimetrie von Sternen der Assoziationen Cepheus II und Perseus II. Mitt. Obs. Bjurakan Nr. 22 S. 34—48 (russ. mit armen. Ref.). — Das Elektrophotometer des Bjurakan-Observatoriums und die Beobachtungsmethode werden kurz beschrieben. Die Extinktion wurde sorgfältig nach einer von Nikonow ausgearbeiteten Methode bestimmt. Insgesamt wurden 26 Sterne in der Assoziation Cepheus II und 16 in der Assoziation Perseus II in drei Farben beobachtet. Reduktionsformeln auf das U-B-V-System werden gegeben. Ond.

12367. **K. A. Grigorjan,** Polarisationsbeobachtungen von Sternen der Assoziationen Cepheus II und Perseus II. Mitt. Obs. Bjurakan Nr. 22 S. 49—60 (russ. mit armen. Ref.). — Im Sommer 1954 wurden mit dem Elektrophotometer des Bjurakan-Observatoriums der Polarisationsgrad und die Polarisationsrichtung für 29 Sterne der Assoziation Cepheus II und für 15 Sterne der Assoziation Perseus II bestimmt. Der Vergleich der Ergebnisse mit Hiltner und Hall zeigt eine bessere Übereinstimmung mit letzterem. Mit Ausnahme von einigen Sternen ist innerhalb einer Assoziation die Tendenz zur gemeinsamen Polarisationsrichtung deutlich erkennbar. Ond.

12368. **K. A. Grigorjan,** Vergleich und Diskussion der Ergebnisse elektrophotometrischer und elektropolarimetrischer Beobachtungen der Assoziationen Cepheus II und Perseus II. Nachr. Akad. Wiss. Armen. Sowjetrepublik (Phys.-Math.) **10** Nr. 4 S. 57—66 (russ. mit armen. Ref.). — Ref. in RJ 1958 Nr. 3 S. 34.

12369. **I. S. Gulledge, R. H. Hardie, C. K. Seyfert,** A study of the association I Geminorum. AJ **62** 17—18. — Ref. AAS.

12370. **R. H. Hardie, C. K. Seyfert, R. T. Grenchik,** The structure of the Milky Way. II. The stellar association II Perseus. AJ **62** 143. — Ref. AAS.

* * **H. L. Johnson,** The color-magnitude diagram for I Orionis. Vgl. Ref. 9407.

12371. **K. W. Kawrajskaja,** Die Verwendung der Dispersion der Leuchtkraftfunktion zur Lösung einiger Fragen des Aufbaus der Galaxis. Abh. Shdanow-Staatsuniv. Leningrad Nr. 190 (Math. Nr. 29) S. 40—51 = Publ. Astr. Obs. Leningrad **17** 40—51 (russ.). — Die mittlere Dispersion der scheinbaren Helligkeiten der Sterne in den Assoziationen liegt deutlich unter dem Werte, der für eine homogene Verteilung der Sterne in einem Zylinder abgeleitet wurde. Verf. schließt daraus, daß die Assoziationen reell sind und nicht als Sichtkorridore gedeutet werden können. Perek

* * **A. G. Massewitsch,** The evolution of stars in the χ and h Per cluster. Vgl. Ref. **12120.**

12372. **J. Meurers,** Die Zufalls-Phänomene in Sternketten und Sternassoziationen. Veröff. Univ.-Sternw. Bonn Nr. 45, 20 S. — Es wird untersucht, inwieweit Sternketten, Sternassoziationen und Trapezsysteme zufällig entstanden sein können. Experimente an künstlichen nur dem Zufall unterworfenen ein- und mehrfarbigen Punktfeldern zeigen, daß z. B. eine Sternkette mit bis zu acht Sternen desselben Spektraltyps in einem Sternfeld mit drei Spektraltypen als zufällig angesehen werden kann; dasselbe gilt für die assoziationsähnlichen Anhäufungen in Feldern mit kleiner partieller Dichte der Sterne des betrachteten Typus wie auch für Trapezsysteme in sternreichen Gebieten. Auch die der Annahme der Expansion der Sternassoziationen zugrundeliegenden Bewegungsbilder konnten in geeigneten Experimenten durch rein zufällige lokale Störungen in einer allgemeinen laminaren Wasserströmung reproduziert werden. Weitere Kriterien sind infolgedessen notwendig, bevor eine Sternanhäufung (sog. Aggregat) als Assoziation, d. h. als kosmogonisch-physikalisch zusammenhängende Sterngruppe bezeichnet werden kann. Mawridis

12373. **R. M. Petrie,** Stellar associations. J RAS Canada **51** 177—185. — Verf. zeigt die Entstehung des Begriffs der O- und T-Assoziationen auf. Er behandelt die Bildung, Entwicklung und Expansion von Assoziationen und gibt als Beispiel Ergebnisse, gewonnen am Victoria Observatorium, über Mitglieder des Doppelsternhaufens in Perseus. Schaifers

12374. **E. Raimond,** A search for atomic hydrogen in the II (ζ) Persei and the I Lacertae associations of O and B stars. BAN **13** 269—273. — Im Bereich der ζ Persei- und I Lacertae-Assoziation wurden 48 in Kootwijk erhaltene Profile der 21 cm-Linie analysiert, um zu prüfen, ob die Existenz größerer Mengen von Wasserstoff innerhalb dieser OB-Sterngruppen nachzuweisen ist. Es ergab sich in beiden Fällen ein negatives Resultat. Versuch einer rohen Abschätzung der H-Dichte im Bereich der Lacerta-Assoziation. Go.

12375. **M. S. Roberts,** The numbers of early-type stars in the galaxy and their relation to galactic clusters and associations. Publ ASP **69** 59—64 = Berkeley Repr. Nr. 116. — Unter der Annahme, O- und B-Sterne entstehen nur innerhalb von Haufen und Assoziationen, werden die zu erwartenden Totalanzahlen der Sterne dieser beiden Spektralklassen berechnet und mit den beobachteten Totalzahlen verglichen. Die in beiden Gruppen sehr gute Übereinstimmung zwischen den Werten für die erwarteten und die beobachteten Sternzahlen spricht dafür, daß diese Sterne sich nur in solchen Anhäufungen, nicht aber im allgemeinen Feld bilden können. Eine Abschätzung der Zahl aller Sterne (aller Spektraltypen), die sich während der bisherigen Lebensdauer des galaktischen Systems in Haufen und Assoziationen bilden konnten, ergibt einen Wert, der um 1—2 Zehnerpotenzen kleiner ist als Parenagos Wert für die Totalanzahl aller Milchstraßensterne. Go.

* * **N. M. Schachowskoj,** Untersuchung von Spektren und Sternhelligkeiten im Gebiet des Orion-Gürtels. Vgl. Ref. **9537**.

12376. **N. M. Schachowskoj,** Untersuchung der Sternassoziation Cepheus II. Publ. Astr. Sternberg-Inst. **27** 165—202, 1956 (russ.). — Die Assoziation liegt in einer Entfernung von 630 ± 50 pc. Ihre Ausdehnung beträgt 110 × 65 pc². Der größere Durchmesser liegt in Richtung des galaktischen Äquators. Die Assoziation enthält fast 150 O- bis B5-Sterne und dazu etwa 1500 B8- bis A1-Sterne. Die Zahl der schwachen Sterne ist vermutlich sehr groß. Die Assoziation enthält auch einige kühlere Überriesen. Es kann jedoch noch nicht gesagt werden, ob sie sich durch weitere typische Eigenschaften von Assoziationen auszeichnet. Loh.

12377. **C. K. Seyfert, R. H. Hardie,** The structure of the Milky Way. I. The stellar association I Lacerta. AJ **62** 146. — Ref. AAS.

* * **S. Sharpless,** The absolute magnitude of VI Cygni No. 12. Vgl. Ref. **9720**.

§ 124

Außergalaktische Nebel

* * Theoretische Untersuchungen über Sternsysteme siehe § **44**.

12401. **G. O. Abell,** The distribution of rich clusters of galaxies. AJ **62** 2. — Ref. AAS.

12402. **W. A. Ambarzumjan,** Mehrfachgalaxien und Radiogalaxien. I. Über die Leuchtkraft der Radiogalaxien. DAN Armen. Sowjetrepublik **23** 161—167, 1956 (russ. mit armen. Ref.). — Ref. in RJ 1957 Nr. 8 S. 65.

12403. **W. A. Ambarzumjan,** Über die mehrfachen Galaxien. Mitt. Wiss. Sektion Österreich.-Sowjet. Ges. Wien 1957 Nr. 6a S. 15—29.

12404. **W. A. Ambarzumjan,** Multiple galaxies. Pokroky **1** 650—663 (tschech.).

12405. **W. Baade,** Galaxies and their stellar population. Obs **77** 165—171. — Die Halley-Lecture von 1957 gibt einen Überblick über die Entdeckung der Sternpopulationen I und II, die seitherige extragalaktische Forschung und die damit in Zusammenhang stehenden Probleme der Entstehung und Entwicklung von Sternen. Vor etwa 6 × 10⁹ Jahren scheint in allen Galaxien eine Epoche lebhafter Sternbildung geherrscht zu haben, die bei den langsam rotierenden Systemen den Vorrat an Gas und Staub erschöpft hat, während der Prozeß der Sternbildung in den schnell rotierenden Spiralen gegenwärtig noch andauert. Die Hubble-Sequenz Sa-Sb-Sc ist vielleicht im Sinne zunehmenden Gehalts an restlichem Wasserstoff zu verstehen. Petri

* * **G. R. Burbidge,** Acceleration of cosmic-ray particles among extragalactic nebulae. Vgl. Ref. **12705**.

12406. **E. F. Carpenter,** Spectra of binary galaxies photographed with an echelle-type nebular spectrograph. Publ ASP **69** 386—388. — Ref. ASP.

12407. **A. Couder,** Nébuleuses lointaines. BSAF **71** 427—430.

12408. **P. Couderc,** La fuite des galaxies. BSAF **71** 11—15.

12409. **N. H. Dieter,** Observations of neutral hydrogen in M 33. Publ ASP **69** 356—357 = Harv Repr Nr. 464. — Ref. in JBAA **68** 195—196. — 356 vorläufige Beobachtungen auf der 21 cm-Welle mit dem 60 Fuß-Harvard-Radioteleskop zeigen, daß sich der neutrale Wasserstoff weit über die photographisch erkennbaren Grenzen des Sternsystems hinaus erstreckt. Die Rotationskurve fällt mit zunehmendem Radius weniger steil ab, als die Extrapolation der optischen Messungen erwarten ließ. In 49′ (entsprechend 6.1 kpc) Abstand vom Zentrum beträgt die Rotationsgeschwindigkeit 251 km · sec^{-1}. Danach liegt die Gesamtmasse von M 33 mindestens in der Größenordnung von 10^{10} Sonnenmassen. Petri

* * **W. A. Dombrowskij,** Die Polarisation der Strahlung des Nebels NGC 3034. Vgl. Ref. **12525.**

* * **A. Elvius,** Om ljusspridning mot interstellära partiklar. Vgl. Ref. **12503.**

12410. **D. S. Evans,** The sense of rotation of NGC 253. Obs **77** 16—17. — Ref. RAS.

12411. **J. Fouchet,** Vers une nouvelle révision des distances intergalactiques ? La Nature **85** 394—401, mit einer Ergänzung von M. Ryle.

12412. **W. Fricke,** Die Verteilung absorbierender Materie im Andromeda-Nebel. Mitt. AG 1956 S. 17—18. — Ref. AG.

* * **A. Gougenheim,** Au sujet de l'éclat apparent des galaxies. Vgl. Ref. **12001.**

12413. **C. Grubissich, L. Rosino,** Stelle nuove nella galassia M 31 d'Andromeda scoperte e osservate ad Asiago nel 1956. Ric. Sci. **27** 751—756 = Contr. Oss. Astrofis. Asiago Nr. 77. — Im Laufe einer systematischen Suche nach Novae im Andromedanebel wurden mit dem 120 cm Reflektor des Observatoriums von Asiago zwischen Juli und Dezember 1956 insgesamt acht Novae aufgefunden. Eine neunte Nova wurde dann noch bei einer wiederholten Durchsicht von Platten aus dem Jahre 1955 entdeckt. Die von Brun im September 1956 gefundene Nova konnte als solche bestätigt werden. Helligkeiten und Lichtkurven der Novae werden angegeben. Verf.

12414. **D. S. Heeschen,** Neutral hydrogen in M 32, M 51, and M 81. ApJ **126** 471—479. — Ref. in Coelum **26** 95—96. — Beobachtungen der extragalaktischen Nebel M 32, M 51 und M 81 in der 21 cm-Linie des Wasserstoffs mit dem 60 Fuß-Reflektor des Harvard Observatoriums ergeben für die beiden zuletzt genannten Spiralnebel eine viel größere räumliche Ausdehnung als im sichtbaren Gebiet. Die Massen des neutralen Wasserstoffs der Nebel werden bestimmt. Thi.

* * **G. H. Herbig, N. U. Mayall,** An emission-line object of high radial velocity. Vgl. Ref. **9524.**

12415. **E. Herzog, P. Wild, F. Zwicky,** A new catalogue of bright galaxies and clusters of galaxies. Publ ASP **69** 409—420. — Ref. in Coelum **26** 95, Orion Schaffhausen **5** 420. — Der in Vorbereitung befindliche Katalog wird in Karten und Tabellen etwa 10000 reiche Nebelhaufen und 35000 Einzelobjekte heller als m_{ph} = +15.5 nördlich von −30° Deklination enthalten. Einige Proben werden mitgeteilt. Die Veröffentlichung soll in mehreren Teilen erfolgen. Petri

12416. **H. C. van de Hulst, E. Raimond, H. van Woerden,** Rotation and density distribution of the Andromeda nebula derived from observations of the 21-cm line. BAN **14** 1—16. — Untersuchungen der 21 cm-Wasserstoffstrahlung mit dem 25 m-Spiegel in Dwingeloo werden beschrieben. Mit einer Auflösung der Antenne von 0°.6 Halbwertsbreite wird die Radialgeschwindigkeit an 20 Stellen der großen Achse des Andromedanebels im Abstand bis zu ± 2°.5 vom Zentrum gemessen und daraus die Dichteverteilung des neutralen Wasserstoffs bestimmt. Die Gesamtmasse des neutralen Wasserstoffs sowie auch die Gesamtmasse des ganzen Systems, die von Schmidt (Ref. **12428**) abgeleitet wurden, übersteigen die für die Galaxis bekannten Werte. Behr

12417. **H. C. van de Hulst,** Rotatie en waterstofdichtheid van de Andromeda nevel afgeleid uit warrnemmingen van de 21 cm lijn. Verslag Koninkl. Nederl. Akad. Wetensch. Afd. Natuurkunde **65** Nr. 10 S. 157—160.

12418. **C. O. R. Jaschek,** Über die Anzahl von Kugelhaufen in extragalaktischen Nebeln. ZfA **44** 23—25 = Obs. Astr. La Plata Separata Astr. Nr. 4. — Die Daten für 13 Sternsysteme führen auf eine angenähert lineare Beziehung zwischen dem Logarithmus der Anzahl von Kugelhaufen einerseits und der absoluten Helligkeit beziehungsweise dem Logarithmus der Masse des Systems andererseits. Danach sind die größeren Systeme reicher an Kugelsternhaufen. Petri

12419. **D. K. Karimowa,** Die Genauigkeit der Bestimmung von Örtern außergalaktischer Nebel aus Aufnahmen am großen Astrographen des Astronomischen Sternberg-Instituts. Publ. Astr. Sternberg-Inst. **27** 211—213, 1956 (russ.).

12420. **M. Karpowicz,** Masy podwójnych galaktyk. Postępy Astr. **5** 37—41. — Zusammenfassung der Untersuchung von Holmberg in Lund Medd. (1) Nr. 186, AJB **54** Ref. **12417**.

12421. **J. Mergentaler,** Funkcja jasności absolutnych w eliptycznych galaktykach. Postępy Astr. **5** 183—184. — Zusammenfassung der Arbeit von M. S. Roberts in AJ **61** 195 (vgl. AJB **56** Ref. **12226**).

12422. **W. W. Morgan, N. U. Mayall,** A spectral classification of galaxies. Publ ASP **69** 291—303 = Contr. Lick Obs. (2) Nr. 79. — Die neue Klassifikation stützt sich auf den Bereich von λ 3850 bis λ 4100 und läßt in einigen Fällen Schlüsse auf die unterschiedliche stellare Zusammensetzung in Form «hypothetischer Hertzsprung-Russell-Diagramme» zu. In Tabellen werden, unter Beifügung des Hubble-Typs, Systeme der neuen Klassen A, AF, F, FG und K angeführt. Dabei ergibt sich eine Beziehung zwischen Form und Spektrum, die für 80 % der Objekte zutrifft. Im Virgo-Haufen zeigt sich ein Leuchtkraft-Effekt in dem Sinne, daß die Linien mit abnehmender Absoluthelligkeit des Sternsystems schmaler werden. Auf sieben Tafeln sind Probespektren und Mustersysteme abgebildet. Petri

12423. **T. M. Muljartschik,** Bestimmung der Polarisation im Andromeda-Nebel. Mitt. Astrophys. Inst. Alma-Ata **5** Nr. 7 S. 21—24 (russ. mit engl. Ref.). — Vom Kern des Andromeda-Nebels und der ihm nächsten Partien der Spiralarme wurde nach dem Fessenkowschen Verfahren aus Aufnahmen am Meniskusteleskop von Alma-Ata der Polarisationsgrad (p) bestimmt. Für drei ausgewählte Streifen ergab sich $6 \leq p \leq 14\%$, im Mittel 10 %. Waschakidse hatte seinerzeit $p = 11\%$ erhalten (vgl. AJB **54** Ref. **12455**). Das Ergebnis dürfte nicht durch interstellare Polarisation vorgetäuscht sein. Loh.

12424. **G. Münch,** The mass of M 81. AJ **62** 28. — Ref. AAS.

12425. **O. Obůrka,** New works about the galaxis M 31. RH **38** 25—26 (tschech.).

12426. **E. Raimond, L. M. J. S. Volders,** Preliminary observations of 21-cm emission from M 33. BAN **14** 19—20. — Die Radialgeschwindigkeit von M 33 wurde in guter Übereinstimmung mit optischen Bestimmungen zu -175 km/sec erhalten. Die Gesamtmasse des neutralen Wasserstoffs wird aus einem vereinfachten Profil mit zwei extremen Annahmen über die Verteilung des HI abgeschätzt. Sie liegt zwischen 0.2 und 0.9×10^9 Sonnenmassen. O. G.

12427. **M. J. Sané,** Two methods of estimating the distance to a galaxy by observing the jth brightest star. AJ **62** 32—33. — Ref. AAS.

12428. **M. Schmidt,** The distribution of mass in M 31. BAN **14** 17—19. — Aus der Verteilung der Radialgeschwindigkeiten der 21 cm-Linie des neutralen Wasserstoffs, die van de Hulst, Raimond, van Woerden (vgl. Ref. **12416**) in M 31 gemessen hatten, wird ein Modell der Massenverteilung entwickelt. Die Gesamtmasse ergibt sich zu 3.4×10^{11} M$\odot$, die Hälfte davon liegt innerhalb 13 kpc Abstand von der Rotationsachse. Das Verhältnis von Masse zu Leuchtkraft ist sowohl für den ganzen Nebel als auch für Teilgebiete praktisch konstant. Behr

12429. **K. W. Schrick,** Struktur der Galaxien. Sterne **33** 71—74.

12430. **P. W. Schtscheglow,** Die Verteilung der Infrarothelligkeit im zentralen Teil des Nebels M 31. AC Nr. 180 S. 18—20 (russ.). — In dieser vorläufigen Mitteilung berichtet Verf. über seine 1955 und 1956 mit der lichtstarken Krim-Kamera (1 : 1.4) unter Einschaltung eines Bildwandlers erhaltenen Aufnahmen von M 31 bei $\lambda_{eff} = 9000$ Å und ihre Auswertung. Die Aufnahmen wurden mit einem Stufenfilter standardisiert. Der Helligkeitsverlauf ist bis 3′ Abstand vom Zentrum des Nebels graphisch dargestellt. Das Auflösungsvermögen beträgt 0.1 mm = 22″. Nach außen hin macht sich das Leuchten des Nachthimmels immer stärker bemerkbar. Loh.

12431. **J. L. Sérsic,** The bright southern galaxy NGC 1566. Obs **77** 146—148. — Der zweiarmige Spiralnebel wird durch Abbildungen, eine Isophotenkarte und eine Tabelle mit Koordinaten und Helligkeitsdaten einiger Lichtknoten beschrieben. Man erkennt zwei Untersysteme: Einen hellen Innenteil (4!5 × 2!3) mit gerötetem Kern und Lichtknoten in den Armen und einen lichtschwachen Außenteil (11!6 × 10!5) mit blauen Nebeln im Südwesten und gleichmäßig verteilten weiteren Lichtknoten entlang den Filamenten. Die Gesamthelligkeit ist $9^m_.45$. Falls die um $18^m_.0$ liegenden Knoten helle Kugelsternhaufen (M = −10) sind, ergibt sich eine Absoluthelligkeit des Nebels von $-18^M_.5$ bei einer Entfernung von 4 Mpc. Petri

* * **H. Shapley,** The Inner Metagalaxy. Vgl. Ref. **12321**.

* * **K. Sitte,** Cosmic radiation in intergalactic space. Vgl. Ref. **12745**.

12432. **J. Stock, E. Schuecking,** Remarks on the magnitude of extragalactic nebulae. AJ **62** 98—100 = Mitt. Sternw. Hamburg-Bergedorf **10** Nr. 105. — Es wird gezeigt, daß man ein zuverlässiges Maß für die Integralhelligkeit eines extragalaktischen Nebels nicht erhalten kann, wenn man wie Sandage (1956) die Integralhelligkeit innerhalb einer gegebenen Isophote mißt. Notwendige Korrektionen wegen Rotverschiebung und galaktischer Absorption werden angegeben. Damit ändert sich der von Sandage bestimmte Wert der Hubble-Konstanten nicht, wohl aber die Größe des von Sandage eingeführten zweiten Gliedes in der Entfernungs-Geschwindigkeitsbeziehung. Behr

12433. **O. Struve,** Galaxies and their interactions. Sky and Telescope **16** 162—166. — Kurzer zusammenfassender Bericht über die nicht gleichmäßige räumliche Verteilung der extragalaktischen Nebel, die Möglichkeit der Zusammenstöße der Einzelnebel in den Gruppen bzw. ganzen Wolken von Nebeln, das Problem der Doppel- und Mehrfachnebel und die hellen Lichtbrücken zwischen benachbarten extragalaktischen Nebeln. Thi.

12434. **B. Takase,** Mass distribution in galaxies M 31 and M 33. Publ. Astr. Soc. Japan **9** 16—25 = Tokyo Astr. Obs. Repr. Nr. 149. — Die letzten Beobachtungsdaten werden bei M 31 durch zwei und bei M 33 durch ein einziges inhomogenes Sphäroid dargestellt. Es ergeben sich Gesamtmassen von 2.0×10^{11} Sonnenmassen für M 31 und 0.044×10^{11} Sonnenmassen für M 33. Bei M 31 ist das Masse-Leuchtkraft-Verhältnis über das ganze System fast konstant = 14. Bei Berücksichtigung der Extinktion durch absorbierende Materie erniedrigt sich dieser Wert auf etwa 6. Verf. (gekürzt)

12435. **E. Tandberg-Hanssen,** Universets avstandsskala. Naturen 1957 Nr. 1, 17 S. = Inst. Teoret. Astrofys. Blindern-Oslo Småtrykk Nr. 18. — In leicht verständlicher Weise wird nach Besprechung der wichtigsten Verfahren zur Entfernungsbestimmung im Weltall die Verdoppelung der extragalaktischen Skala infolge der Unterscheidung zweier Arten von Cepheiden behandelt. Zum Schluß wird auch die weitere Skalenvergrößerung auf den Faktor 3 durch Revision der Methode der «hellsten Sterne» erwähnt. Petri

12436. **E. Vandekerkhove,** L'effet d'une population stellaire ancienne, de type I, sur le rougissement d'une nébuleuse extragalactique. Bull. Cl. Sci. Acad. roy. Belgique (5) **43** 163—170 = Commun. Obs. Roy. Belgique Nr. 116. — Ähnlich wie in einer früheren Arbeit (AJB **56** Ref. **12429**) für den aus Sternen der Population II bestehenden Kugelhaufen M 3 werden für den offenen Haufen M 11 (Population I) Integralhelligkeiten, Farbenindizes und als Maß für die Rötung die Differenz der Gradienten $\varphi_{4100} - \varphi_{5000}$ für einzelne Teilgruppen und für den ganzen Haufen abgeleitet. Trotz des Unterschieds in der Zusammensetzung der Haufen ergeben sich fast die gleichen Werte wie für M 3. Auch wenn man berücksichtigt, daß Population I immer mit interstellarer Materie verbunden ist, so läßt sich jedoch allein auf dieser Basis keine Erklärung der Rötung entfernter extragalaktischer Nebel geben, sondern man muß hierfür noch einen mit der Entfernung wachsenden zusätzlichen Gehalt an roten Sternen in den Nebeln annehmen. Klauder

12437. **G. de Vaucouleurs,** Survey of bright galaxies south of −35° declination with the 30-inch Reynolds reflector (1952—1955). Vgl. AJB **56** Ref. **12431**. — Weitere Besprechung in Coelum **26** 61.

12438. **G. de Vaucouleurs,** Ring structures in galaxies as distance indicators. AJ **62** 13. — Ref. AAS.

12439. **G. de Vaucouleurs,** A survey of bright galaxies south of −35° declination. AJ **62** 139. — Ref. AAS.

12440. **G. de Vaucouleurs,** Etudes sur les galaxies brillantes. I. Magnitudes photographiques. Ann. Obs. Le Houga **2**, 47 S. — In 5 Kapiteln wird behandelt: 1.) Begriffsbestimmung und Messung der Größenklassen extragalaktischer Nebel. 2.) Gesamtgrößenklassen 100 heller Nebel. 3.) Nachprüfung der Größenklassenskala. 4.) Das Größenklassensystem des Katalogs von Shapley-Ames. 5.) Vorläufige statistische Untersuchung der berichtigten Größenklassen. Systematische Fehler der Harvard-Größen werden aufgedeckt, erklärt und im Bereich von 4^m bis 13^m mit einer wahrscheinlichen Genauigkeit von $\pm\, 0^m\!.15$ korrigiert. Der Shapley-Ames Katalog ist bis zur korrigierten Größe $12^m\!.5$ für alle Typen nur zur Hälfte vollständig. Im Anhang wird eine Arbeit von Humason, Mayall und Sandage (AJ **61** 97—162, AJB **56** Ref. **12417**) besprochen, die auf etwas anderem Wege zu gut übereinstimmenden Ergebnissen gekommen sind. Petri

12441. **G. de Vaucouleurs,** Exploring southern galaxies. ASP Leaflet Nr. 337, 8 S.

12442. **G. de Vaucouleurs,** Classifying galaxies. ASP Leaflet Nr. **341**, 8 S.

12443. **G. de Vaucouleurs,** A survey of bright southern galaxies. Sky and Telescope **16** 520—525. — Ref. in Coelum **26** 60—61. — Am Observatorium des Mt. Stromlo wurden zur Erweiterung der Kenntnis der extragalaktischen Nebel des Südhimmels mit dem 30″-Reflektor 250 einstündige Aufnahmen und mit dem 74″-Reflektor etwa 50 Aufnahmen auf Eastman 103a-O Platten gemacht. Es wurden Neubestimmungen der Nebeltypen und der Dimensionen an 460 Nebeln — darunter 130 noch nicht katalogisierte Objekte — durchgeführt. Thi.

12444. **Å. Wallenquist,** On the space distribution of galaxies in clusters. Ark Astr **2** 103—110 = Uppsala Astr. Obs. Medd. Nr. 117. — In zehn Nebelhaufen auf Aufnahmen des 18″-, 48″- und 5 m-Reflektors des Mt. Wilson und Palomar Observatoriums wird die Raumdichte als Funktion des Abstandes vom Haufenzentrum bestimmt. Es zeigt sich, daß in den entfernteren und damit jüngeren Haufen die Dichte größer, die Konzentration zum Zentrum hin jedoch kleiner ist als bei den näheren Haufen. Weiterhin ergibt sich, daß die helleren Galaxien stärker zum Zentrum hin konzentriert sind als die schwächeren. Das Massenverhältnis von hellen zu schwachen Galaxien wird für drei Haufen abgeschätzt. Thi.

12445. **M. A. Waschakidse,** Untersuchung des Polarisationsgrades der Strahlung einiger außergalaktischer Nebel und des Crab-Nebels. Publ. Staatl. Pädagog. Inst. Kutaisskaja **15** 473—487, 1956 (russ.). — Ref. in RJ 1958 Nr. 1 S. 30.

12446. **B. A. Woronzow-Weljaminow,** Die ungewöhnlichen, sich durchdringenden Galaxien NGC 4676. AC Nr. 178 S. 19—21 (russ.). — Verf. beschreibt diese engbenachbarten und durch eine Brücke verbundenen beiden Galaxien auf Grund einer Studie des Palomar-Himmelsatlasses. Weder das Objekt selbst noch seine Umgebung sind als Radioquellen bekannt. Verf. schlägt für das Objekt wegen seines Aussehens den Namen «spielende Mäuse» vor. Loh.

12447. **B. A. Woronzow-Weljaminow,** Diffuse matter in spherical stellar systems. AJ UdSSR **34** 8—18 (russ.). — Die diffuse Materie wird ziemlich oft in elliptischen Galaxien und in den Kernen der Spiralnebel gefunden. Die Beobachtungen schließen ihre Existenz sogar in den Kugelhaufen nicht aus. Verf. hält es für möglich, daß die Spiralnebel durch einen Ausfluß der diffusen Materie aus dem Kern der elliptischen Nebel entstehen. Perek

12448. Extragalactic asymmetry. Irish AJ **4** 160—161.

12449. Multiple galaxies. Obs **77** 251—252. — Ref. des in AJB **56** Ref. **12437** zitierten Artikels von F. Zwicky.

12450. Mass of M 81. Sky and Telescope **16** 123. — Ref. AAS. — Besprechung in Coelum **25** 123, NAT 1957 S. 26—27.

12451. Distant galaxies not excessively reddened. Sky and Telescope **16** 222. — Ref. AAS.

12452. Cape Observatory Atlas of Southern Galaxies. Sky and Telescope **16** 519.

Magellansche Wolken

* * **E. A. Kreiken,** A statistical study of pulsating stars. XII. The variables in the Magellanic Clouds. Vgl. Ref. **111115**.

12453. **H. J. Smith,** Spectra of bright-line stars in the Large Magellanic Cloud. Publ ASP **69** 137—141 = Harv Repr Nr. 458. — Mit einem lichtelektrischen Photometer und einem Zwei-Prismen-Spektrographen wurden im Januar 1954 am 60"-Spiegelteleskop der Boyden-Station Farbhelligkeiten und Spektren von 11 Sternen gewonnen. Eine Liste gibt die photometrischen Daten einschließlich derer von 8 B-Sternen für den Anschluß. Die Spektren sind teils durch helle Linien des ionisierten Eisens, teils durch solche des neutralen Heliums charakterisiert. Die absoluten Helligkeiten reichen (bei einem Abstandsmodul von $19^{m}.2$) bis M = −8. Petri

12454. **A. D. Thackeray,** The cluster NGC 1786 in the Large Magellanic Cloud. MN ASSA **16** 3. — Im Haufen (wahrscheinlich Kugelhaufen) NGC 1786 der Großen Magellanschen Wolke befindet sich nahe dem Zentrum ein Vordergrundstern F 5, der 5 Größenklassen heller als die Haufensterne ist und erheblich zur Größe und zum Spektraltyp des Haufens im HDE-Katalog beigetragen haben muß. Thi.

12455. **G. de Vaucouleurs,** Studies of the Magellanic Clouds: III. Surface brightness, colors and integrated magnitudes of the Clouds. AJ **62** 69—82 = Yale-Columbia Southern Station Repr. Nr. 4. — In diesem 3. Teil seiner Untersuchungen über die Magellanschen Wolken werden aus photographischen Aufnahmen im Blau, Orange und Rot Flächenhelligkeiten, Farben und Integralhelligkeit der beiden Wolken bestimmt. Die Ergebnisse werden in Form von Tabellen und Isophotenkarten mitgeteilt. Als Integralhelligkeit für die Große Magellansche Wolke wird V = +0ᵐ30, für die Kleine Magellansche V = +2ᵐ40 bestimmt. Behr

12456. **G. de Vaucouleurs,** Remarks on the clusters in the Small Magellanic Cloud. Publ ASP **69** 233—238. — Eine Neudiskussion des Materials unter Berücksichtigung geringerer Absorption läßt erwarten, daß die Leuchtkräfte und Durchmesser der Kugelsternhaufen in der Kleinen Magellanschen Wolke keine systematischen Abweichungen zeigen und daß der scheinbare Abstandsmodul der Wolke keiner wesentlichen Berichtigung bedarf. In der Verteilung nichtkugelförmiger Sternhaufen treten der Spiralcharakter des Systems der Wolke und Unterschiede zwischen den Ansammlungen «alter» roter und «junger» blauer Haufen deutlich hervor. Petri

* * **G. de Vaucouleurs,** NGC 643: A new outlying cluster of the Small Magellanic Cloud. Vgl. Ref. **12132.**

12457. Variable stars in the Magellanic Clouds. Nature **180** 229.

§ 125

Interstellare Materie, Polarisation

* * Radiostrahlung der interstellaren Materie siehe § **126.**

12501. **I. F. Alanija,** Untersuchung der selektiven Absorption des Lichts in der Galaxis auf Grund des Katalogs der Farbenexzesse von RR Lyrae-Sternen. Erewan, Univ., 1957 (russ.). — Dissertationsreferat.

12502. **B. J. Bok, C. Warwick,** Note on interstellar absorption in the region west of the Veil nebula. AJ **62** 323—326 = Harv Repr (2) Nr. 110. — Die interstellare Extinktion in der Umgebung des Veil-Nebels wurde mit Hilfe von Sternzahlen aus Blau- und Rot-Platten ermittelt. Die Gesamtextinktion westlich des hellen Nebels liegt zwischen 1^m und 3ᵐ5. Das Verhältnis zwischen der Absorption im photographischen zu der im roten Farbbereich schwankt zwischen 2.5 und 15. Im Vergleich dazu ist das normale Verhältnis 1.4. K. H. Schmidt

* * **L. Divan,** Quelques résultats nouveaux concernant l'absorption interstellaire et la classification des étoiles très bleues. Vgl. Ref. **9517.**

* * **J. Dufay,** Galactic Nebulae and Interstellar Matter. Vgl. Ref. **12204.**

12503. **A. Elvius,** Om ljusspridning mot interstellära partiklar. PAT **38** 53—68. — Zusammenfassung unserer Kenntnisse über die Lichtstreuung im Weltraum durch feste Partikel. Resultate der Untersuchung des extragalaktischen Nebels NGC 4216 (Vgl. AJB **56** Ref. **12410**). C. L. J.

* * **S. C. B. Gascoigne, O. J. Eggen,** Cepheid variables and galactic absorption. Vgl. Ref. **111106.**

* * **G. A. Harrower,** Radio star scintillations and interstellar hydrogen. Vgl. Ref. **12662.**

12504. **F. Hoyle,** The Black Cloud. New York, Harper and Brothers, 1957. 251 S. Preis $ 2.95. — Besprechung in Sky and Telescope **18** 43—44 (J. W. Streeter).

12505. **H. C. van de Hulst,** De «lege» ruimte. Hemel en Dampkring **55** 25—35. — Nach einem Überblick über die Ergebnisse der Erforschung der interstellaren Materie, insbesondere ihrer Temperaturen, sowie über die wichtigsten Theorien der Körnerentwicklung wird die auf diesem Gebiete nach den Symposien in Paris 1949 und Cambridge (England) 1953 bestehende Situation beschrieben, als deren Hauptmerkmal die Zurückführung der Wolkenbewegungen auf die nuklearen Energiequellen der Sterne erscheint. Gü.

12506. **S. A. Kaplan,** Die Absorptionslinien des interstellaren Gases. Circ. Astr. Obs. Lwow Nr. 33 S. 1—5 (russ.). — Eine Methode zur Berechnung der Streuung der Geschwindigkeiten von Atomen in interstellaren Wolken aus Beobachtungen von zwei Absorptionslinien desselben Elementes wird dargelegt. Perek

12507. **F. Koebcke,** Calculation of star distances taking account of interstellar absorption. AA **7** 197—198. — Es wird eine Tabelle gegeben, die es erleichtert, bei bekannter Absorption aus der durch die Absorption verfälschten Entfernung eines Sternes seine wahre Entfernung zu berechnen. H. M.

12508. **N. E. Kurotschkin,** The distribution of absorbing matter and the spiral structure of the galaxy. AJ UdSSR **34** 31—44 (russ.). — Aus den Unterschieden der Absorption in verschiedenen Entfernungen wird der Dichteverlauf der absorbierenden Materie abgeleitet. Die Dichte fällt exponentiell mit der Entfernung vom Zentrum sowie von der galaktischen Ebene ab. Die Abweichungen werden durch die Spiralstruktur verursacht. Perek

12509. **E. H. Lindholm,** Remarks on the variation of $E_{(U-B)}/E_{(B-V)}$ with reddening and spectral class. ApJ **126** 588—592 = Medd. Lunds Obs. (1) Nr. 190. — Aus den vorliegenden Farbenindexmessungen im (U, B, V)-System wird das Verhältnis zwischen kurzwelligem und langwelligem Farbenexzeß für verschiedene Spektraltypen und Verfärbungsgrade abgeleitet. K. H. Schmidt

12510. **O. A. Melnikow,** Die interstellare Materie. Priroda **46** Nr. 10 S. 11—22 (russ.). — Inhalt dieser allgemeinverständlichen Darstellung: Das staubförmige Medium, das interstellare Gas, der interstellare Wasserstoff und die möglichen Wege der Bildung und Entwicklung interstellarer Teilchen. Den Abschluß bilden einige Bemerkungen zur intergalaktischen Materie. Loh.

12511. **G. Münch,** Interstellar absorption lines in distant stars. I. Northern Milky Way. ApJ **125** 42—65. — Radialgeschwindigkeitsmessungen an interstellaren Linien des Ca II und Na I von 112 Sternen nahe der galaktischen Ebene zwischen den galaktischen Längen 55° und 160° werden mitgeteilt. Die Aufspaltung der Linien in mehrere Komponenten wird durch Effekte der galaktischen Rotation erklärt. Unter Heranziehung anderer Daten wird gefunden, daß interstellares Gas in der Umgebung von O-Assoziationen Expansionsbewegungen zeigt. Die Kurven der Intensitätsverhältnisse der Komponenten der Ca II- und Na I-Dubletts naher Sterne sprechen für ein exponentielles Verteilungsgesetz der Geschwindigkeiten. Die mittlere Geschwindigkeit innerhalb eines Spiralarms scheint konstant zu sein. Dieser Mittelwert ist für Na I vielleicht etwas größer im Perseus- als im Orion-Arm. Micz.

12512. **A. Opolski, J. Krawiecka,** A nomogram for the correction of star distances on interstellar absorption. AA **7** 194—196 = Wrocław Astr. Obs. Repr. Nr. 9. — Es wird ein Nomogramm konstruiert, mit dessen Hilfe es leicht möglich ist, die durch Absorptionswirkung verfälschten Sternentfernungen in wahre Entfernungen zu verwandeln. H. M.

* * **J. H. Piddington,** Galactic turbulence and the origins of cosmic rays and the galactic magnetic field. Vgl. Ref. **12330**.

* * **J. H. Piddington,** The Crab nebula and the origin of interstellar magnetic fields. Vgl. Ref. **12232**.

12513. **G. Richter,** Untersuchungen über die Möglichkeit des Nachweises einer interstellaren Extinktion durch Vergleich von photometrischen und geometrischen Parallaxen. Wiss. Z. Friedrich-Schiller-Univ. Jena Math.-Naturwiss. Reihe **6** 161—172 = Mitt. Univ.-Sternw. Jena Nr. 28. — Es wird nachgewiesen, daß die nicht sehr wahrscheinlichen Ergebnisse der Untersuchungen A. Corlins über starke interstellare Absorption in Richtung auf das galaktische Zentrum in 10 bis 50 pc Entfernung wesentlich durch die systematischen Fehler in den EB bedingt sind. Auf Grund der Methode des Vergleichs von photometrischen mit geometrischen Parallaxen kommt Verf. zu dem Schluß, daß Untersuchungen der Absorptionsgebiete in Entfernungen < 200 pc erst Erfolg versprechen werden, wenn die Genauigkeit der EB gesteigert werden kann. Hoppe

12514. **C. Schalén,** Sur la loi d'absorption interstellaire. JO **40** 129—140 = Lund Medd. (2) Nr. 135. — Die Spektralphotometrie des Sternes HD 190603, der durch interstellare Absorption verfärbt ist, zeigt, daß im Bereich von $1/\lambda = 1.24$ bis 3.07 das λ^{-1} Gesetz der Verfärbung gut erfüllt ist; die geringen Abweichungen davon sind ähnlich den bei anderen Sternen von Stebbins und Whitford gefundenen. Es läßt sich nicht entscheiden, ob die Absorption durch metallische oder dielektrische Partikel verursacht ist, da sich beide Annahmen mit der Beobachtung in Einklang bringen lassen; im ersten Fall hätten die Teilchen 75 $m\mu$, im zweiten Fall 800 $m\mu$ Durchmesser. Der Vergleich ähnlicher Untersuchungen verschiedener Autoren an verschiedenen Sternen läßt erkennen, daß das Verfärbungsgesetz der Absorption in verschiedenen Richtungen des Raumes zwar stets sehr ähnlich, oft völlig gleich ist, daß aber andererseits auch bisweilen kleine, doch wohl definierte Unterschiede vorhanden sind. H. M.

12515. **K. H. Schmidt,** Zur anomalen interstellaren Extinktion. Mitt. AG 1956 S. 27. — Ref. AG.

12516. **K. H. Schmidt,** Zur anomalen interstellaren Extinktion. Wiss. Z. Friedrich-Schiller-Univ. Jena Math.-Naturwiss. Reihe **6** 119—120 = Mitt. Univ.-Sternw. Jena Nr. 24. — Die beobachtete anomale interstellare Extinktion in Cygnus ist auf Staubteilchen zurückzuführen, deren effektive Durchmesser etwa 10 Prozent kleiner sind als im Normalfall. Dieser Unterschied ist nach der Theorie über das Wachstum der interstellaren Partikel von Oort und van de Hulst auf größere Wolkenzahlen in der Raumeinheit zurückzuführen. K. H. Schmidt

12517. **K. H. Schmidt,** Bemerkungen zum U, B, V-System. Wiss. Z. Friedrich-Schiller-Univ. Jena Math.-Naturwiss. Reihe **6** 159—160 = Mitt. Univ. Sternw. Jena Nr. 27. — Für das U, B, V-System werden für verschiedene Spektraltypen die Verhältnisse zwischen interstellarer Gesamtextinktion im V-Bereich Av und dem Farbenexzeß E_{B-V} in Abhängigkeit vom Betrag der Extinktion berechnet. K. H. Schmidt

12518. **D. De Smet-De Potter, A. Velghe,** Etude statistique dans cinq régions de la Voie Lactée: Cygnus, Cepheus, Cassiopeia, Auriga et Ophiuchus. Ann d'Astrophys **20** 238—258 = Commun. Obs. Roy. Belgique Nr. 136. — Verf. bestimmen für fünf galaktische Gebiete in den Sternbildern Ophiuchus, Cygnus, Cepheus, Cassiopeia und Auriga die Entfernungen, radialen Erstreckungen und Gesamtabsorptionen der Dunkelwolken auf Grund der Methode des Vergleichs der Sternzahlen im Absorptionsgebiet und in einem Nachbarfeld. Über Einzelheiten der Methode vgl. AJB **56** Ref. **5319**. Hoppe

12519. **V. Vanýsek,** Physikalische Eigenschaften der interstellaren Materie. Pokroky **2** 81—91 (tschech.).

12520. **W. Zonn,** Materia międzygwiazdowa w życiu codziennym gwiazdy. Urania Kraków **28** 357—361. — Gemeinverständliche Darstellung der Auswirkung des Zusammentreffens eines Sterns mit einer interstellaren Wolke. Rybka

12521. Interstellar gas. Sky and Telescope **17** 6. — Ref. AAS.

Polarisation

12522. **A. Behr,** Lichtelektrische Polarimetrie naher Sterne. Mitt. AG 1956 S. 25—26. — Ref. AG.

12523. **K. Bielicka, K. Serkowski,** On the dependence of the ratio of polarization to absorption on galactic latitude. Bull. Acad. Polon. Sci. (3) **5** 1113—1114 = Astr. Obs. Warsaw Univ. Repr. Nr. 66. — Aus einer Analyse der Polarisationsmessungen von Hiltner (1956) und E. van P. Smith (1956) folgt, daß das Verhältnis p/A_V in galaktischen Breiten $2° < |b| \leqq 5°$ um den Faktor 1.11 ± 0.04 größer als in der galaktischen Äquatorzone ist. Verf. glauben nicht, daß dafür systematische Fehler der Eigenfarben verantwortlich gemacht werden dürfen, sondern schließen daraus, daß die polarisierende Wirkung dichter Wolken relativ geringer als die des allgemeinen interstellaren Stratums ist. Behr

12524. **K. Bielicka, K. Serkowski,** Wyznaczanie kierunku ramion spiralnych Galaktyki na podstawie polaryzacji światła gwiazd. Postępy Astr. **5** 174—178.

12525. **W. A. Dombrowskij,** Die Polarisation der Strahlung des Nebels NGC 3034. AC Nr. 176 S. 7—8 (russ.). — Polarimetrische Messungen des außergalaktischen Nebels NGC 3034 im Jahr 1956 bestätigten die weniger verläßlichen Messungen des Verf. von 1954. Der Polarisationsgrad beträgt ungefähr 3% und die Schwingungsrichtung des elektrischen Vektors fällt — mit Ausnahme eines Gebietes — mit der Hauptachse des Nebels zusammen. Man kann annehmen, daß es entweder im Nebel viele Sterne gibt, deren Polarisationsrichtung mit der Symmetrieebene des Nebels zusammenfällt, oder aber der Nebel eine andere Quelle der polarisierten Strahlung enthält. Ond.

12526. **L. O. Lodén,** On some different methods for photographic measurements of stellar polarization. Ark Astr **2** 111—133 = Stockholms Obs. Medd. Nr. 95. — Vier Methoden der photographischen Polarisationsmessung an Einzelsternen werden erprobt und verglichen. Verwendet werden 1.) ein Zweifarben-Polarigraph von Öhman (1947), 2.) ein einfaches Wollaston-Prisma, 3.) eine einfache Kalkspatplatte und 4.) ein selbststandardisierendes Polarimeter von Öhman (1956). Die besten Ergebnisse zeigt die 4. Methode. Der Polarigraph besteht aus zwei hintereinanderliegenden Wollastonprismen. Dazwischen liegt eine Quarzplatte, deren optische Achse parallel zu den Flächen steht. Es entstehen vier Bilder. Durch Drehen der Quarzplatte können paarweise je zwei Bildern konstante Intensitätsverhältnisse gegeben werden. Die Theorie der Methode wird beschrieben. Behr

12527. **E. Schatzman,** A grafitrészecskék okozta interstelláris fénypolarizációról. Magyar fiz. folyóirat **3** 561—570, 1955.

12528. **K. Takakubo,** A note on the interstellar polarization in the southern Milky Way. Sci. Reports Tôhoku Univ. (1) **40** 251—253 = Sendai Astr. Rap. Nr. 55. — Auf Grund der Messungen von P. Smith am Südhimmel (ApJ **124** 43, AJB **56** Ref. **12546**) wird eine frühere Untersuchung des Verlaufs der Richtung der interstellaren Polarisation für die galaktischen Längen 200—350° ergänzt. Die Ergebnisse sind durch Tabelle und Diagramm zusammengefaßt und werden kurz diskutiert. Die Gegend des Kohlensacks zeigt kein außergewöhnliches Verhalten. Ein Minimum des Polarisationswinkels bei 210° deutet an, daß der Orion-Arm dort in Blickrichtung verläuft. Ein Minimum bei 0° könnte auf tangentialem Verlauf des Sagittarius-Arms dort beruhen, falls nicht nahe interstellare Wolken hereinspielen. Der auffällig hohe Winkelwert von über 32° bei 280—290° bedarf noch der Deutung. Petri

* * **M. A. Waschakidse,** Untersuchung des Polarisationsgrades der Strahlung einiger außergalaktischer Nebel und des Crab-Nebels. Vgl. Ref. **12445**.

12529. **O. Zimmermann,** Zur Theorie der Polarisation des Sternlichts an interstellarem Staub. Z. Naturforschung **12a** 647—657 = Mitt. Astr. Inst. Univ. Tübingen Nr. 28. — Die Absorption und Polarisation des Sternlichts beim Durchgang durch eine Wolke von teilweise ausgerichteten rotationsellipsoidischen Eisenstaubteilchen wird in 2. Näherung berechnet unter der Annahme eines einfachen, aus der Sternschnuppenstatistik entnommenen Verteilungsgesetzes für die Teilchengröße und eines Langevinschen bzw. Gaußschen Verteilungsgesetzes für die Richtungen der Längsachsen. Aus den numerischen Ergebnissen kann man schließen, daß die vorliegende Näherung bis zu Teilchen von 10^{-5} cm Radius brauchbar sein wird. Eine Erweiterung der Theorie auf gröbere Teilchen wird auf anderem Wege versucht. Durch Vergleich der Theorie mit Beobachtungen an einigen Exemplaren der Sternhaufen h und χ Persei werden die Parameter der Verteilungsgesetze, die Exzentrizität der Partikel und die Dichte der Staubwolken bestimmt. Abschließend werden noch einige Mechanismen diskutiert, die für die Ausrichtung der Teilchen verantwortlich gemacht werden können. Verf.

12530. Nya mätningar av interstellär polarisation. PAT **38** 152—154.

§ 126

Radiostrahlung

* * Radiostrahlung von Sonne, Venus, Mars, Jupiter siehe § **65, 71, 74, 76**.

Allgemeines

12601. **J. Aarons, J. Castelli, W. Barron,** Refraction, scintillation and absorption measurements at micro-wave and meter wavelengths. Trans. Inst. Radio Engineers **5** 322.

12602. **W. N. Abbott,** Quelques intéressantes variations du souffle de fond observées sur les fréquences de 17.6 Mc/s. J. Atmosph. Terr. Phys. **11** 72—74. — Ref. in RJ 1958 Nr. **4** S. 42.

12603. **R. L. Adgie, J. S. Hey,** Intensity of the radio line of galactic deuterium. Nature **179** 370—371. — Während Schklowskij (1952) sowie Hetmanzew, Stankewitsch und Troizkij aus ihren Beobachtungen 1954 und 1955 glaubten, die Deuteriumlinie bei 327 MHz in Absorption mit einem Wert von 2° Antennentemperatur gefunden zu haben, hatten die Beobachtungen von Stanley und Price bei einer Grenzempfindlichkeit von 1° ein negatives Ergebnis. Um diese Diskrepanz aufzuklären, haben Verf. dieses Problem mit verbesserter Apparatur (0°35 Empfindlichkeit) wieder aufgegriffen. Aus ihrer Beobachtungsreihe ergibt sich zwar bei 327 MHz eine schwache Absorption, die aber in der Größenordnung der mittleren Schwankung liegt. Als obere Grenze für eine eventuell vorhandene Deuteriumlinie geben Verf. 0°1 an. Unter Verwendung dieses Wertes leiten sie ein Häufigkeitsverhältnis von Deuterium : Wasserstoff = 1 : 2000 ab. Henn

12604. **J. Arsac,** Application of mathematical theories of approximation to aerial smoothing in radio astronomy. Australian J. Phys. **10** 16—18. — Ref. in Math. Rev. **19** 817—818.

12605. **A. H. Barrett, A. E. Lilley,** On the detection of microwave spectral lines in radio astronomy. AJ **62** 4—5. — Ref. AAS.

12606. **A. H. Barrett, A. E. Lilley,** A search for the 18-cm line of OH in the interstellar medium. AJ **62** 5—6. — Ref. AAS.

12607. **H. G. Booker,** A theory of radio star scintillation based on ionospheric turbulence. Trans. Inst. Radio Engineers USA **5** 321.

12608. **R. N. Bracewell,** Antenna smoothing in two dimensions. Trans. Inst. Radio Engineers AP **5** 160.

12609. **R. Hanbury Brown, A. C. B. Lovell,** The Exploration of Space by Radio. London, Chapman and Hall Ltd., 1957; New York, John Wiley & Sons Inc., 1958. 12 + 207 S. mit 107 Fig. und 25 Tafeln. Preis 35 s. bzw. $ 6.50. — Besprechung in Endeavour **17** 223 (J. R. Shakeshaft), Obs **78** 129 (A. Hewish), Phys. Abstracts (A) **61** 434, Proc. Phys. Soc. **72** 484 (P. A. G. Scheuer).

12610. **R. Coutrez,** Radioastronomie. Vgl. AJB **56** Ref. **12608.** — Weitere Besprechung in Ciel et Terre **74** 255 (J. F. Brouet), La Nature **85** 197, Naturwissenschaften **44** 476 (P. ten Bruggencate), Obs **78** 87—88 (R. H. Garstang), Sky and Telescope **17** 93.

12611. **R. Coutrez,** Nouvelles méthodes en astronomie. La détection des ondes hertziennes d'origine extraterrestre. Rev. Techn. Luxembourg. **49** 73—80 = Commun. Obs. Roy. Belgique Nr. 120. — Vortrag für die Société Belge des Electriciens mit kurzer Darstellung des Wesens und der Hauptergebnisse der Radioastronomie. Wellmann

12612. **M. Dagg,** The correlation of radio-star-scintillation phenomena with geomagnetic disturbances and the mechanism of motion of the ionospheric irregularities in the F region. J. Atmosph. Terr. Phys. **10** 194—203 = Astr. Contr. Univ. Manchester (2) Jodrell Bank Repr. Nr. 152. — Es wird über eine Untersuchung über die Beziehungen zwischen den Szintillationserscheinungen von Radiosternen und geomagnetischen Störungen berichtet. Zwischen den mit einer Drei-Empfänger-Anordnung gemessenen Driftgeschwindigkeiten der F-Schicht und dem geomagnetischen Index K besteht eine enge Korrelation; desgleichen entsprechen sich öfters die Amplituden der Szintillation und der geomagnetischen Störungen. Dies und die Beobachtung der Umkehrungen der Drift-Richtung können gut mit der Theorie von Martyn (Phil. Trans. Roy. Soc. (A) **246** 306, 1953) in Einklang gebracht werden. Mehltretter

12613. **M. Dagg,** Diurnal variations of radio-star scintillations, spread F, and geomagnetic activity. J. Atmosph. Terr. Phys. **10** 204—214 = Astr. Contr. Univ. Manchester (2) Jodrell Bank Repr. Nr. 154. — Es wird eine Anordnung zur kontinuierlichen Überwachung der Szintillation von Cas A auf der Frequenz 79 MHz beschrieben. Die Ergebnisse der Beobachtungen während eines Jahres werden gegeben. Dabei stellt sich eine ausgeprägte Korrelation zwischen der Fluktuationsrate der Szintillation und der geomagnetischen Aktivität heraus. Das tägliche Maximum der Szintillation liegt mehrere Stunden vor dem der Streuechos aus der F-Schicht, was durch Abschirmung dieser Echos durch die eigentliche F-Schicht im ersten Teil der Nacht erklärt wird. Mehltretter

12614. **M. Dagg,** Radio-star ridges. J. Atmosph. Terr. Phys. **11** 118—127 = Astr. Contr. Univ. Manchester (2) Jodrell Bank Repr. Nr. 151. — Es wird eine besondere Art von Radioszintillation beschrieben, die wegen ihres Aussehens auf Registrierstreifen «ridge» genannt wird. Von der normalen Szintillation im Meterwellenbereich unterscheidet sie sich durch die Amplitude der Schwankungen und die Tatsache, daß das zeitliche Energiemittel bis zu 4 % über oder unter dem normalen Niveau liegt. Die «ridges» haben eine Dauer von etwa 30 Minuten. Aus einer langdauernden Beobachtung der Szintillation von Cas A folgt eine verhältnismäßig gute Korrelation zwischen dem Auftreten von «ridges» und dem Auftreten von sporadischen E-Echos > 4 MHz. Aus Messungen mit einer Drei-Empfänger-Anordnung folgt, daß die «ridges» nicht durch F-Inhomogenitäten (wie die normale Szintillation) hervorgerufen werden. Zur Erklärung wird ein Negativ-Linseneffekt in der E-Schicht vorgeschlagen. Mehltretter

12615. **M. Dagg,** The origin of the ionospheric irregularities responsible for radio-star scintillations and spread-F. I. Review of existing theories. J. Atmosph. Terr. Phys. **11** 133—138 = Astr. Contr. Univ. Manchester (2) Jodrell Bank Repr. Nr. 169. — Die bisher bekannten Tatsachen über die Szintillation verursachenden Inhomogenitäten der F-Schicht werden zusammengefaßt. Bei der Diskussion der bestehenden Theorien über die Entstehung dieser Unregelmäßigkeiten ergibt sich, daß sie die beobachteten Tatsachen über Szintillation und Streu-Echos aus der F-Schicht nur ungenügend erklären können. Es erscheint sehr unwahrscheinlich, daß eine ionisierende Wirkung von außerhalb der Erdatmosphäre dafür verantwortlich ist, vielmehr wird eine Ursache in der Atmosphäre selbst zu suchen sein. Mehltretter

12616. **M. Dagg,** The origin of the ionospheric irregularities responsible for radio-star scintillations and spread-F. II. Turbulent motion in the dynamo region. J. Atmosph. Terr. Phys. **11** 139—150 = Astr. Contr. Univ. Manchester (2) Jodrell Bank Repr. Nr. 170. — Es wird eine Theorie vorgeschlagen, die die Unregelmäßigkeiten in der F-Schicht turbulenten Luftbewegungen innerhalb der Dynamo-Region in einer Höhe von 110—150 km zuschreibt. Die Übertragung der Störungen in die F-Schicht geschieht dabei nach der Martynschen Theorie. Das Fehlen der Szintillation während des Tages erklärt sich aus einer Behinderung der Turbulenz infolge starker Temperaturgradienten. Ein detaillierter Vergleich zeigt, daß die entwickelte Theorie die Beobachtungstatsachen einigermaßen zwanglos zu erklären vermag. Mehltretter

12617. **J.-F. Denisse, J. Lequeux, E. Le Roux,** Nouvelles observations du rayonnement du ciel sur la longueur d'onde 33 cm. CR **244** 3030—3033. — Über Beobachtungen der 33 cm-Strahlung des Himmels im Rektaszensionsbereich von 20^h bis 8^h wird im Anschluß an eine frühere Mitteilung (vgl. AJB **55** Ref. **12613**) berichtet. Die Emission konzentriert sich im wesentlichen auf ein etwa 20° breites Band längs des galaktischen Äquators. Für den angegebenen Rektaszensionsbereich werden zwei Karten mit absoluten Isophoten in Stufen von 2°5 K gegeben, außerdem eine Tabelle mit den Positionen und absoluten Strahlungsdichten von 13 lokalisierten Quellen. Die angegebenen absoluten Strahlungsdichten sind auf 15% genau. Außerhalb des Milchstraßengürtels ist die Helligkeit des Himmels < 3° K und schwankt um weniger als 0°5. Mehltretter

12618. **F. Dröge, W. Priester,** Die galaktische Radiofrequenzstrahlung bei 200 MHz. Mitt. AG 1956 S. 21—22. — Ref. AG.

12619. **G. R. Ellis,** Cosmic radio-noise intensities below 10 Mc/s. J. Geophys. Res. **62** 229—234. — Die Messungen des allgemeinen Strahlungshintergrundes wurde in Richtung niedriger Frequenzen erweitert. Der bekannte Anstieg der Intensität mit abnehmender Frequenz hört bei etwa 10 MHz auf; zwischen 10 MHz und 2 MHz ist die Intensität nahezu konstant, vielleicht sogar bis zu 0.9 MHz hin. Die Äquivalenttemperatur steigt von 6×10^5 Grad bei 10 MHz bis zu 3×10^7 Grad bei 0.9 MHz an. v. Hoerner

12620. **G. Elwert, H. Siedentopf,** Zur Bestimmung der Intensitätsverteilung radialsymmetrischer Radioquellen mit dem Michelson-Interferometer. Mitt. AG 1956 S. 20—21. — Ref. AG.

12621. **W. C. Erickson,** A mechanism of non-thermal radio-noise origin. ApJ **126** 480—492. — Beim Zusammenstoß von Gasmassen hoher Geschwindigkeit mit Staubteilchen kann ein Drehimpuls auf die einzelnen Partikel übertragen werden derart, daß die Rotationsfrequenz mit der Radiofrequenz vergleichbar wird. Wenn die Partikel ein elektrisches oder magnetisches Dipolmoment besitzen, strahlen sie im Radiofrequenzgebiet klassisch aus. Zur Deutung der Gesamtausstrahlung starker Radioquellen ist eine unwahrscheinlich hohe Partikeldichte notwendig, jedoch könnte die beobachtete Ausstrahlung bei den höchsten Frequenzen mit mittlerer Partikeldichte erreicht werden. Thi.

12622. **G. B. Field,** The radiofrequency effects of intergalactic hydrogen. AJ **62** 15. — Ref. AAS.

12623. **E.-A. Gussmann,** Zum Nachweis der monochromatischen Radiostrahlung des Deuteriums aus dem Zentrum der Galaxis. Sterne **33** 36—39.

12624. **G. S. Hawkins,** The development of radio astronomy. American Scientist **45** 13—27 = Harv Repr Nr. 450. — Allgemeinverständlicher Bericht über Entwicklungsgeschichte und gegenwärtigen Stand der radioastronomischen Forschung. Nach einer Einführung in die instrumentellen Methoden folgen Abschnitte über Sonne, Radiosterne und Galaxis unter besonderer Berücksichtigung der 21 cm-Strahlung. Die Arbeit schließt mit einem kurzen Bericht über die Radiostrahlung des Planeten Jupiter und über die Möglichkeiten der Radar-Astronomie. Daene

12625. **G. G. Hetmanzew,** Über das photometrische Paradoxon im Radiofrequenzbereich. Radiotechnik und Elektronik **1** 838—839, 1956 (russ.). — Ref. in RJ 1957 Nr. 8 S. 65.

12626. **W. Iwanowska,** Radioastronomia. Warszawa, Pań, Państwowe Wydawnictwo Naukowe. 160 S. Preis 16 zł. — Enthält die Untersuchungsmethoden der Radioastronomie und ihre Ergebnisse.

12627. **B. Kowatscheff,** Errungenschaften der Radioastronomie. Priroda Sofia **6** Nr. 4 S. 32—37 (bulgar.).

12628. **A. D. Kusmin,** Certain characteristics of radio emission by cosmic objects. Radiotechnika **12** 12—21 (russ.). — Ref. in Phys. Abstracts (A) **61** 135.

12629. **M. Laffineur,** La radioastronomie: techniques et résultats. Mém. Soc. Ing. Civ. **109** 287—294, 1956.

* * **R. W. Larenz,** Radiofrequente Strahlung aus turbulent strömendem Plasma. Vgl. Ref. 2151.

12630. **J. Lequeux,** Les méthodes d'étude en radioastronomie. BSAF **71** 197—202, 233—236.

12631. **F. Link,** Réfraction ionosphérique dans la radioastronomie. BAC **8** 112—118. — Die allgemeine Refraktion der Strahlung kosmischer Radioquellen wird unter Zugrundelegung der von J. C. Seddon und Mitarbeitern aus Raketenmessungen abgeleiteten Elektronenverteilung $N_e = f(h)$ in der Ionosphäre berechnet. Für Zenitdistanzen $z < 60°$ ergibt sich eine negative Refraktion, die für $z > 60°$ mit merklichen Beträgen positiv wird. Die Approximation von $f(h)$ durch eine Parabel erweist sich als unbrauchbar. Scheffler

12632. **G. Mirto,** Sorgenti radio identificabili e distinte nell'universo. L'Universo **37** 249—254. — Kurze Darlegung der Methoden der Radioastronomie zur Untersuchung und Erforschung des Weltraumes. Cester

12633. **P. Naur,** Radio astronomien. En ny vedenskab i eksplosiv udvikling. Natur. verden 1957 Juni S. 13—19.

12634. **G. M. Nikolskij,** Radioastronomie. Kiew, Ges. zur Verbreitung polit. und wiss. Kenntnisse, 1957. 27 S. mit Fig. Preis 60 Kop. (ukrain.).

12635. **J. H. Oort,** Die neue Erschließung des Weltalls durch die Radioastronomie. Universitas **12** 379—387.

12636. **J. L. Pawsey, R. N. Bracewell,** Radio Astronomy. Vgl. AJB **55** Ref. **12627.** — Weitere Besprechung in Naturwissenschaften **44** 476 (P. ten Bruggencate).

12637. **J. L. Pawsey,** Vistas in radio astronomy. Australian Acad. Sci. Year Book 1957 S. 65—80 = Commonwealth Sci. Industrial Res. Organization, Australia, Division Radiophys. — In einem zusammenfassenden Bericht wird in gedrängter Form die Geschichte und der Stand der Radioastronomie in einigen ihrer Hauptprobleme dargestellt. Besprochen werden: der Auswurf von Materie auf der Sonne, der Ursprung der kosmischen Strahlung und die Struktur der Spiralnebel einschließlich der Galaxis. Es wird betont, daß die Untersuchung des interstellaren Mediums mit Radiohilfsmitteln besonders fruchtbar zu werden verspricht.
Wellmann

* * **W. Petri,** Hochgeschwindigkeitselektronen als kosmische Strahler. Vgl. Ref. **12212.**

12638. **J. Pfeiffer,** The Changing Universe. Vgl. AJB **56** Ref. **12630.** — Weitere Besprechung in Hemel en Dampkring **56** 217—218 (A. J. M. Wanders), Obs **77** 242—243 (J. R. Shakeshaft), Spaceflight **1** 262.

* * **K. W. Philip,** Dispersion of short-wave radio pulses in interplanetary space. Vgl. Ref. **7016.**

12639. **W. A. Rasin,** Vorläufige Ergebnisse von Polarisationsmessungen der kosmischen Radiostrahlung bei der Wellenlänge 1.45 m. Radiotechnik und Elektronik **1** 846—851, 1956 (russ.). — Ref. in RJ 1957 Nr. 8 S. 65.

12640. **G. C. Reid,** The variation with sidereal time of radio star scintillation rates. Canadian J. Phys. **35** 1004—1016. — Ref. in Phys. Abstracts (A) **61** 137.

12641. **V. de Sabbata,** La radioastronomia e l'origine dei raggi cosmici. l. La radioastronomia e la radioemissione della galassia. Coelum **25** 177—178. — Der Beginn der Radioastronomie und ihre Fortschritte.

* * **H. Scheffler,** Zur Berücksichtigung der Mehrfachstreuung in der Theorie der Szintillation optischer und radiofrequenter Strahlung. Vgl. Ref. **72262.**

12642. **I. S. Schklowskij,** Radioastronomie. Vgl. AJB **55** Ref. **12628.** — Weitere Besprechung in Priroda **47** Nr. 4 S. 118—119 (A. E. Salomonowitsch).

12643. **I. S. Schklowskij,** Die kosmische Radiostrahlung. Moskau, Techn.-Theoret. Staatsverlag, 1956. 492 S. mit Fig. Preis 15 R. 75 Kop. (russ.). — Besprechung in RJ 1958 Nr. 8 S. 35 (W. F. Jessipow).

12644. **I. S. Schklowskij,** Neues in der Radioastronomie. Moskau, Verlag «Snanije», 1957 (russ.). — Besprechung in Priroda **47** Nr. 4 S. 118—119 (A. E. Salomonowitsch).

12645. **C. A. Shain,** Galactic absorption of 19.7 Mc/s radiation. Australian J. Phys. **10** 195—203 = Commonwealth Sci. Industrial Res. Organization, Australia, Division Radiophys. — Es wird über die ersten Beobachtungen der galaktischen Strahlung von 19.7 MHz mit dem «Mills-cross» (Keulenbreite 1°4) berichtet. Das absorbierende Band von H II-Regionen rund um den galaktischen Äquator wird deutlich sichtbar. Dabei wurden einige isolierte H II-Regionen in Absorption entdeckt, auch solche, die sehr klein sind. Auch die Radioquelle Sag A erscheint bei 19.7 MHz in Absorption. Daraus wird gefolgert, daß selbst bei Frequenzen von 600 MHz die thermische Strahlung nur wenig zur beobachteten Intensität beiträgt.
Mehltretter

* * **S. F. Smerd, J. P. Wild,** The effects of incomplete resolution on surface distribution derived from strip-scanning observations, with particular reference to an application in radio astronomy. Vgl. Ref. **2414.**

* * **H. J. Smith, J. N. Douglas,** First results of a planetary radio astronomy program of the Yale Observatory. Vgl. Ref. **7020.**

12646. J. N. Tandon, Radio astronomy. Sci. Culture **22** 4—11, 1956.

12647. J. M. Thomson, An attempt to detect linearly polarized radio emission from the galaxy. Nature **180** 495—496. — Ref. in Phys. Abstracts (A) **61** 1.

12648. P. Wellmann, Radioastronomie. München, Leo Lehnen GmbH. Verlag; Bern, A. Francke AG. Verlag, 1957. Dalp-Taschenbücher Band 340. 140 S. mit 20 Fig. Preis DM 2.80. — Besprechung in PAT **39** 83—84 (C. Schalén), ZfA **46** 282 (W. Priester).

12649. J. P. Wild, Observational radio astronomy. Adv. Electronics and Electron Phys. **7** 299—362, 1955. — Inhalt: Introduction. A summary of radioastronomical results. The measurement of extraterrestrial radiation at radio wavelengths. The struggle for resolving power. The significance of radio observations in astronomy. References.

12650. Radio astronomy. Nature **179** 849.

12651. Radio observations of a lunar occultation of the Crab nebula. Nature **179** 1336.

Radioquellen

12652. J. E. Baldwin, D. O. Edge, Radio emission from the remnants of the supernovae. Obs **77** 139—143. — Auf Grund von Cambridger Beobachtungen mit verbessertem Auflösungsvermögen werden die Radioörter mit den optischen Positionen der Supernovae von 1572 und 1604 verglichen. Im ersten Fall scheint die Radioquelle nicht mit der Nova selbst, sondern mit einem vermutlich vom Novaausbruch herrührenden Gasfilament zusammenzufallen. Im zweiten Fall sind Nova bzw. ihr Restnebel und Radioquelle innerhalb der Fehlergrenzen identisch. Wellmann

12653. J. H. Blythe, Results of a survey of galactic radiation at 38 Mc/s. MN **117** 652—662. — Messungen der Radiostrahlung bei 38 Mc/s nördlich der Deklination −20° werden mitgeteilt. Neben der Isophotendarstellung der allgemeinen Strahlung wird eine Liste diskreter Strahlungsquellen gegeben, die einige bisher nicht bekannte Objekte enthält. Thi.

12654. G. R. Burbidge, E. M. Burbidge, The sources of radio emission in NGC 5128 and NGC 1316. ApJ **125** 1—8. — Die extragalaktischen Nebel NGC 5128 und NGC 1316 haben als Radioquellen eine ähnliche Struktur. Das Zentralgebiet der Radioemission deckt sich mit dem optischen Erscheinungsbild der Nebel. Zusätzlich existiert ein Radiostrahlung emittierender Halo. Bei Annahme von Synchrotron-Strahlung von Elektronen und Positronen ergeben sich Minimum-Werte für Gesamtenergie und effektive magnetische Feldstärke von 10^{55} erg und 10^{-5} Gauß für das Kerngebiet und von 10^{57} erg und 10^{-6} Gauß für den Halo. Dabei ist angenommen, daß Elektronen und Positronen den Hauptanteil des Partikelflusses ausmachen. Falls der Elektronen-Positronen-Fluß von einem Protonenfluß größerer Gesamtenergie herrührt, ergeben sich die entsprechenden Werte um ein bis zwei Zehnerpotenzen höher. Einige Betrachtungen über den Ursprung der Teilchenströme beschließen die Arbeit. Micz.

12655. **R. G. Conway,** Observations of discrete radio-sources at a frequency of 500 Mc/s. MN **117** 692—697. — Für 11 diskrete Radioquellen wird die Strahlungsintensität bei 500 MHz relativ zu Cygnus A gemessen. Diese Ergebnisse werden zur Bestimmung des Spektralindex mit den Messungen von Whitfield bei kleineren Frequenzen kombiniert. Der mittlere Spektralindex der untersuchten 11 Radioquellen, die bisher nicht optisch identifiziert worden sind, weicht erheblich von den Werten für Radioquellen ab, die mit galaktischen Objekten identifiziert worden sind. Thi.

12656. **R. D. Davies,** On the nature of the Cygnus-X radio source as derived from observations in the continuum and at the hydrogen-line frequency. MN **117** 663—679 = Astr. Contr. Univ. Manchester (2) Jodrell Bank Repr. Nr. 167. — Messungen der kontinuierlichen Radiostrahlung von Cygnus X an sieben verschiedenen Stellen im Bereich von 92—1425 MHz liefern ein Spektrum, wie es für eine HII-Region erwartet werden muß. Bei der 21 cm-Linienemission des neutralen Wasserstoffs zeigt sich eine anomale «Absorption» am Ort von Cygnus X. Die Ergebnisse können interpretiert werden durch die Annahme, daß am Ort von Cygnus X der neutrale Wasserstoff ionisiert wird. Es existiert eine Häufung von O- und B-Sternen in diesem Gebiet, die für die Ionisierung verantwortlich gemacht werden können. Thi.

12657. **J. Delannoy, J. F. Denisse, E. Le Roux, B. Morlet,** Mesures absolues de faibles densités de flux de rayonnement à 900 MHz. Ann d'Astrophys **20** 222—237. — Nach Beschreibung der Apparatur und Meßmethode und nach Diskussion der Fehlerquellen werden die Ergebnisse von Absolutmessungen des von vier starken Radioquellen emittierten Strahlungsflusses bei 900 MHz mitgeteilt. Ferner wird über Messungen der Himmelshelligkeit auf dieser Frequenz berichtet. Klauder

12658. **G. R. Ellis, G. Newstead,** Discrete sources of cosmic radio noise at 18.3 und 10.5 Mc/s. J. Atmosph. Terr. Phys. **10** 185—188. — Die Beobachtungen von diskreten Radioquellen auf 10.5 und 18.3 MHz mit einem Interferometer geringer Auflösung werden beschrieben. Von den sechs eindeutig zu unterscheidenden Quellen waren zwei auf 10.5 MHz stärker als auf 18.3 MHz, vier waren dagegen schwächer. Die Spektren weisen nach niederen Frequenzen beträchtliche Unterschiede auf, so daß eine gemeinsame untere Grenze im Radio-Spektrum nicht festgestellt werden konnte. Den Unterschied in den Intensitätsverläufen wollen Verf. durch Annahme einer richtungsabhängigen Absorption in der Galaxis erklären. Henn

12659. **G. A. Harrower,** A consideration of radio star scintillations as caused by interstellar particles entering the ionosphere. I. Daily and seasonal variations of the scintillation of a radio star. Canadian J. Phys. **35** 512—521. — Ref. in Sterne **34** 248—249. — Verf. analysieren die in Ottawa von **1954** Jan. 28 bis 1955 Jan. 28 durchgeführten Registrierungen der Radiostrahlung von Cas A und untersuchen die Anwesenheit oder das Fehlen von Szintillationen. Der Szintillationsindex wird in stündlichen und 15tägigen Intervallen aufgetragen. Die Daten zeigen tägliche Maxima sowie eine jahreszeitliche Abhängigkeit. Das augenfällige Fehlen von Symmetrie deutet auf eine außerhalb unseres Sonnensystems liegende Ursache hin. Verf. betrachtet den Einfall interstellarer Partikel als mögliche Ursache der Szintillationserscheinungen. Henn

12660. **G. A. Harrower,** A consideration of radio star scintillations as caused by interstellar particles entering the ionosphere. II. The accretion of interstellar particles as a cause of radio star scintillations. Canadian J. Phys. **35** 522—535. — Ref. in Sterne **34** 248—249. — Nach einleitender Diskussion eines Aufsammlungsprozesses von interstellarer Materie durch das Gravitationsfeld der Sonne versucht Verf., die verschiedenen beobachteten Szintillationseffekte als Ergebnis eines solchen Aufsammlungsprozesses zu deuten. Henn

12661. **G. A. Harrower,** A consideration of radio star scintillations as caused by interstellar particles entering the ionosphere. III. The kind, number, and apparent radiant of the incoming particles. Canadian J. Phys. **35** 792—798. — In Fortführung der in zwei vorangegangenen Arbeiten gegebenen Analyse der Szintillationsmessungen der Radioquelle Cas A legt Verf. hier Argumente dafür vor, daß es sich bei den einfallenden Partikeln um Wasserstoffatome handeln muß. Die Zahl der Wasserstoffatome wird zu 6×10^{16} Atome/m^{-2} sec^{-1} abgeschätzt. Je nachdem ob die Wasserstoffatome ionisiert sind oder nicht, beträgt ihre mittlere Energie 9 bzw. 22 eV. Wie Verf. im einzelnen darlegt, soll das Eindringen dieser Wasserstoffatome in die Ionosphäre die beobachteten Szintillationserscheinungen bewirken. Henn

12662. **G. A. Harrower,** Radio star scintillations and interstellar hydrogen. Nature **179** 608—610. — Ref. in Phys. Abstracts (A) **60** 536.

12663. **H. C. Ko, J. D. Kraus,** A radio map of the sky at 1.2 meters. Sky and Telescope **16** 160—161. — Ref. in Coelum **25** 121—122. — Es werden die Ergebnisse einer Durchmusterung des Himmels bei 1.2 Meter Wellenlänge mit dem Ohio-State-University Radioteleskop mit einer Bündelweite von 1° in Rektaszension und 8° in Deklination gegeben (Isophotendarstellung der allgemeinen Strahlung; diskrete Radioquellen). Thi.

* * **J. D. Kraus,** Relation of 11-metre solar system phenomena to solar disturbances. Vgl. Ref. **7012**.

12664. **G. Mainka,** Die zweite Durchmusterung von Cambridge nach Radioquellen des Nordhimmels. Sterne **33** 114—117. — Ausführliche Besprechung der Untersuchungen von Ryle, Hewish und Shakeshaft, Ryle, Baldwin, Elsmore, Thomson in Mem RAS **67** 97—154. — Vgl. AJB **56** Ref. **1212** und Ref. **12662**.

12665. **G. Mainka,** Beziehungen zwischen der allgemeinen Radiofrequenz-Strahlung und den diskreten Radioquellen. Sterne **33** 117—122.

12666. **G. C. McVittie,** Counts of extragalactic radio sources and uniform model universes. Australian J. Phys. **10** 331—350. — Ref. in Phys. Abstracts (A) **61** 435.

12667. **B. Y. Mills, O. B. Slee,** A preliminary survey of radio sources in a limited region of the sky at a wave-length of 3.5 m. Australian J. Phys. **10** 162—194 = Commonwealth Sci. Industrial Res. Organization, Australia, Division Radiophys. — Ein 3550 Quadratgrad umfassender Teil der in Sydney geplanten Durchmusterung des Himmels auf Radioquellen ist im voraus bearbeitet worden, um einen Vergleich mit dem Cambridger Katalog zu ermöglichen. Die wenigen stärkeren Quellen beider Meßreihen stimmen überein, bei geringeren Strahlungsintensitäten ist aber keine Korrelation mehr nachzuweisen. Dies scheint auf einen Mangel des Cambridger Katalogs zurückzugehen. Das im Vergleich geringe Auflösungsvermögen und die komplizierte Antennencharakteristik des dort verwendeten Interferometers müssen, wie eine statistische Diskussion zeigt, zu Fehlidentifikationen und ungenauen Lokalisierungen führen. Den kosmologischen Folgerungen aus dem Cambridger Katalog wird dadurch die Grundlage entzogen. Nach den australischen Ergebnissen läßt sich die beobachtete scheinbare Verteilung der Quellen durch eine in erster Näherung gleichmäßige räumliche Verteilung der strahlenden Objekte erklären. Wellmann

12668. **E. G. Mirsabekjan,** Diagramm-Modulation. Mitt. Obs. Bjurakan Nr. 23 S. 3—18 (russ. mit armen. Ref.). — Verf. beschreibt einen neuen Effekt, den er Diagramm-Modulation nennt, welcher bei Beobachtungen mit seinem Polarisationsradiometer (vgl. AJB **56** Ref. **1160**, **2140**, **2216**) auftritt. Wenn die

Querschnitte des Richtungsdiagramms der Antenne in den Ebenen des elektrischen und magnetischen Vektors der empfangenen Welle verschieden sind, wird beim Durchgang einer Quelle unpolarisierter Radiostrahlung partielle Polarisation registriert. Verf. berechnet den Effekt sowohl für punktförmige wie auch für ausgedehnte Quellen und weist auf mögliche Anwendungen hin. Ond.

12669. **E. G. Mirsabekjan,** Vergleich der Methoden zur Untersuchung der Polarisation der Radiostrahlung kosmischer Quellen. Nachr. Akad. Wiss. Armen. Sowjetrepublik (Phys.-Math.) **10** Nr. 4 S. 47—56 (russ. mit armen. Ref.). — Ref. in RJ 1958 Nr. 3 S. 42.

12670. **D. Morris, H. P. Palmer, A. R. Thompson,** Five radio sources of small angular diameter. Obs **77** 103—106 = Astr. Contr. Univ. Manchester (2) Jodrell Bank Repr. Nr. 158. — Fünf stärkere Radioquellen geringer Winkelausdehnung sind mit einem Interferometer großer Basislänge (bis zu 20 km) gemessen worden. Bei Antennenabständen über 1 km ist ihre Verbindung, ähnlich wie bei anderen Instrumenten, durch UKW hergestellt worden. Ein Phasenschieber ließ die Charakteristik dem Strahler so schnell folgen, daß die Periode in der registrierten Interferenzfigur größer als 4 Minuten wurde. Die Radien liegen in zwei Fällen bei einigen Bogenminuten, drei Quellen sind aber kleiner als 12′ und konnten auch bei größter Basis nicht aufgelöst werden. Ihre Strahlungstemperatur muß die von Cyg A erreichen oder überschreiten. Vielleicht sind sie ebenfalls als kollidierende Milchstraßen zu deuten. Wellmann

12671. **H. Rishbeth, A. G. Little,** A lunar occultation of the radio source associated with Kepler's supernova. Obs **77** 71—74 = Commonwealth Sci. Industrial Res. Organization, Australia, Division Radiophys. — Die mit Nova Ophiuchi 1604 identifizierte Radioquelle hätte 1956 Sept. 12 für einen Beobachter in Sydney total bedeckt werden müssen. Messungen mit dem Mills-Kreuz-Interferometer zeigen aber nur eine partielle Abnahme der Strahlung bei der Wellenlänge 3.5 m. Die möglichen Ursachen dieser Diskrepanz werden kurz diskutiert. Wellmann

12672. **B. Rowson,** Measurements of the angular diameters of two galactic radio sources at a wavelength of 10.7 cm. Proc. Phys. Soc. (B) **70** 328—330 = Astr. Contr. Univ. Manchester (2) Jodrell Bank Repr. Nr. 150. — Für die beiden galaktischen Radioquellen Cassiopeia A und Taurus A werden Winkeldurchmesser bei 10.7 cm Wellenlänge bestimmt. Für Taurus A besteht praktisch kein Unterschied im Durchmesser bei 10.7 cm und im Meterwellenbereich, während er möglicherweise für Cassiopeia A bei den höheren Frequenzen etwa 10—20% kleiner sein könnte. Thi.

12673. **W. A. Sanamjan,** Die relativen Intensitäten diskreter Radioquellen bei 4.2 m Wellenlänge. DAN Armen. Sowjetrepublik **25** Nr. 2 S. 49—56 (russ. mit armen. Ref.). — Ref. in RJ 1958 Nr. 5 S. 34—35.

* * **W. A. Sanamjan,** Die Methode der dauernden Signalanhäufung und ihre Anwendung zur Erhöhung der Empfindlichkeit eines mit Phasenumschaltung arbeitenden Radio-Interferometers. Vgl. Ref. **2413**.

12674. **P. A. G. Scheuer,** A statistical method for analysing observations of faint radio stars. Proc. Cambridge Phil. Soc. **53** 764—773. — Die Beobachtung schwacher Rauschquellen ist häufig begrenzt durch das endliche Auflösungsvermögen der Antennenanordnung, da sich in den Registrierkurven der Einfluß mehrerer Quellen überlagert, wenn deren gegenseitiger Abstand nicht genügend groß ist. Zwischen den Amplituden der Registrierung und der Helligkeit der Quellen besteht deshalb keine eindeutige Zuordnung. Verf. leitet auf statistischer Grundlage eine Beziehung ab zwischen der Leuchtkraftfunktion in M (I) der Quellen und der Häufigkeitsverteilung P (D) der Amplituden der Registrierkurven. Für verschiedene Modelle M (I) wird P (D) explizit angegeben. Zum Vergleich mit Beobachtungen wird auf eine frühere Arbeit verwiesen. Elsässer

12675. **C. L. Seeger, G. Westerhout, R. G. Conway,** Observations of discrete sources, the Coma cluster, the Moon, and the Andromeda nebula at a wave length of 75 cm. ApJ **126** 585—588. — Die Beobachtungen wurden mit einem azimutal montierten 25 Meter-Parabolreflektor der Empfangskegelbreite 2°.2 × 1°.8 bei 75 cm und einer Bandbreite von 10 MHz gemacht. Für die Oberflächentemperatur des Mondes ergibt sich bei $\lambda = 75$ cm unabhängig von der Mondphase 185° K. Für den Andromedanebel ergibt sich für den Halbwert der Maximalintensität näherungsweise ein Rotationsellipsoid mit den Halbachsen 25 bzw. 10 kpc. Die Gesamtausdehnung wird in allen Richtungen mindestens das Doppelte betragen. Thi.

12676. **H. H. Voigt,** Entfernungsbestimmung von Radioquellen. Sterne **33** 161.

12677. **G. Westerhout,** Intensités relatives des quatre principales radiosources observées sur la longueur d'onde 22 cm; note sur la radiosource Sagittarius A. CR **245** 35—38. — Es wird über Messungen der kontinuierlichen Strahlung der Milchstraße in λ 22 cm berichtet. Die Intensitäten von Cas A, Cyg A, Tau A und Vir A wurden sorgfältig verglichen und ihre absoluten Flußdichten bestimmt. Ferner wird eine Isophotenkarte für die Gegend des Zentrums des galaktischen Systems gegeben, desgleichen die genaue Position von Sag A (auf $\pm 2'$) sowie ihre Ausdehnung und Intensitätsverteilung. Mehltretter

12678. **G. R. Whitfield,** The spectra of radio stars. MN **117** 680—691. — Die Energieverteilung in den Spektren von 31 Radiosternen wird bestimmt. Zumeist ist nur die einfache Annahme möglich, daß die Strahlungsintensität proportional ist zu (Frequenz)^x. Der Spektralindex x ergibt sich im Mittel für galaktische Quellen zu −0.74; für extragalaktische Quellen zu −1.05 und für die nicht identifizierten 31 untersuchten Quellen zu −1.21. Thi.

12679. **W. W. Witkewitsch,** Radio stars and the methods of their investigation. AJ UdSSR **34** 349—364 (russ. mit engl. Ref.). — Inhalt dieses anläßlich eines Kolloquiums auf der Krim-Station des Phys. Inst. Akad. Wiss. UdSSR am 21. Juni 1956 gehaltenen Vortrags: 1.) Die Arbeiten Ryles über die Beobachtung von Radiosternen; 2.) Die räumliche Verteilung der Radiosterne; die scheinbaren Durchmesser; 3.) Über die «ausgedehnte» Richtcharakteristik eines Radioteleskops; 4.) Über die Empfindlichkeit und das Auflösungsvermögen eines Radioteleskops; 5.) Über die Größe der Seitenkeulen der Richtcharakteristik großer Radioteleskope; 6.) Radiorefraktoren oder Radioreflektoren? Loh.

12680. **H. van Woerden, W. Rougoor, J. Oort,** Expansion d'une structure spirale dans le noyau du Système Galactique, et position de la radiosource Sagittarius A. CR **244** 1691—1695. — Ref. in Obs **77** 215. — Im Laufe einer Untersuchung der 21 cm-Wasserstoffstrahlung (mit dem 25 m-Teleskop in Dwingeloo, Niederlande) wurden im Zentralgebiet des galaktischen Systems ($R < 2$ kpc) Spiralarme gefunden, die sich mit Geschwindigkeiten von 50—100 km/sec vom Zentrum entfernen: Einer der Arme verursacht bei 21 cm eine starke Absorptionslinie im Spektrum vom Sagittarius A. Die beobachtete hohe Radialgeschwindigkeit des Armes zeigt, daß er nahe dem Zentrum ($R < 2.5$ kpc) liegen muß. Daraus folgt wiederum mit großer Wahrscheinlichkeit, daß Sagittarius A im Zentrum des galaktischen Systems liegt. Mehltretter

12681. Cygnus X radio sources. Sky and Telescope **16** 224. — Ref. AAS.

12682. Practical use for radio sources. Sky and Telescope **16** 530. — Ref. AAS.

12683. Radio sources outside our galaxy. Sky and Telescope **17** 61—63. — Ref. AAS.

21 cm-Strahlung

12684. **J. G. Bolton, J. P. Wild,** On the possibility of measuring interstellar magnetic fields by 21-cm Zeeman splitting. ApJ **125** 296—297. — Verf. weisen darauf hin, daß es möglich sein dürfte, interstellare Magnetfelder durch die Zeeman-Aufspaltung der 21 cm-Linie in Absorption zu messen; die anzuwendende Technik ist analog zu der, welche Babcock im optischen Bereich zur Messung schwacher Magnetfelder der Sonne entwickelt hat. Micz.

12685. **R. J. Davis,** Observations of 21-centimeter radiation near galactic longitude 120°. AJ **62** 13. — Ref. AAS. — Vgl. nachstehendes Ref.

12686. **R. J. Davis,** 21-centimeter observations near galactic longitude 120°. ApJ **125** 391—407 = Harv Repr Nr. 455. — Aus Beobachtungen der 21 cm-Strahlung in zwei Streifen in galaktischer Länge 120° zwischen galaktischer Breite zwischen −10° und +10° sowie zwischen galaktischer Länge 110° und 128° bei galaktischer Breite +3° wird die Zahl der neutralen Wasserstoff-Atome in Blickrichtung bestimmt. Die Meßergebnisse werden in Beziehung zur Struktur des Milchstraßensystems erörtert. Micz.

* * **N. H. Dieter,** Observations of neutral hydrogen in M 33. Vgl. Ref. **12409.**

12687. **K. L. Franklin,** Outer galactic structure from O, B, carbon stars, and neutral hydrogen. AJ **62** 15. — Ref. AAS.

12688. **D. S. Heeschen,** A 21-cm line study of extragalactic nebulae. AJ **62** 18. — Ref. AAS.

12689. **D. S. Heeschen,** Neutral hydrogen emission from the Hercules and Corona Borealis clusters of galaxies. Publ ASP **69** 350—351. — Ref. in JBAA **68** 195—196.

* * **H. C. van de Hulst, E. Raimond, H. van Woerden,** Rotation and density distribution of the Andromeda nebula derived from observations of the 21-cm line. Vgl. Ref. **12416.**

* * **H. C. van de Hulst,** Rotatie en waterstofdichtheid van de Andromeda nevel afgeleid uit warrnemmingen van de 21 cm lijn. Vgl. Ref. **12417.**

12690. **F. J. Kerr,** A Magellanic effect on the galaxy. AJ **62** 93. — Ref. AAS.

12691. **F. J. Kerr, J. V. Hindman, M. S. Carpenter,** The large-scale structure of the galaxy. Nature **180** 677—679 = Commonwealth Sci. Industrial Res. Organization, Australia, Division Radiophys. — Die in Sydney mit einem 11 m-Spiegel durchgeführten Messungen der 21 cm-Strahlung des neutralen Wasserstoffs beziehen sich auf den südlichen Teil der Milchstraße. Zusammen mit den in Leiden gewonnenen Ergebnissen bilden sie die Grundlage für die in einem Diagramm wiedergegebene Spiralstruktur der gesamten Galaxis, das im einzelnen diskutiert wird. Die Beobachtungen beider Observatorien stimmen im Überlappungsgebiet gut überein. Sodann wird die Verteilung des interstellaren Wasserstoffs senkrecht zur galaktischen Ebene untersucht. Henn

12692. **F. J. Kerr, J. V. Hindman,** Mass distribution of galactic neutral hydrogen. Publ ASP **69** 558—560 = Commonwealth Sci. Industrial Res. Organization, Australia, Division Radiophys. — Ref. in Irish AJ **5** 72—73. — Vorläufige Ergebnisse einer Untersuchung der Milchstraße im Bereich der 21 cm-Strahlung. F. S.

12693. **T. A. Matthews,** Observations of neutral hydrogen in the 21-cm line at various latitudes near galactic longitude 100°. AJ **62** 25—26. — Ref. AAS.

12694. **T. K. Menon,** A 21-cm investigation of the Orion region. AJ **62** 27. — Ref. AAS.

12695. **C. A. Muller,** 21-cm absorption effects in the spectra of two strong radio sources. ApJ **125** 830—834. — Es werden Profile der 21 cm-Absorptionslinie der Radioquellen Cassiopeia A und Taurus A, gemessen mit dem 25 m-Radioteleskop in Dwingeloo, mitgeteilt. Verf. erörtert kurz die Entstehung dieser Linien durch den Quellen vorgelagerte Wasserstoffwolken. Micz.

12696. **C. A. Muller, G. Westerhout,** A catalogue of 21-cm line profiles. BAN **13** 151—195. — Dieser 1. Teil der Berichte über ein in den Jahren 1953 bis 1955 durchgeführtes Programm zur Beobachtung der 21 cm-Emission in einem etwa 20° breiten Streifen um den galaktischen Äquator von $l = 318°$ bis $l = 220°$ enthält Angaben über den Empfänger und seine Eichung sowie das Beobachtungs- und Reduktionsverfahren. Die Ergebnisse werden in Form von abgebildeten Profilen der 21 cm-Linie für 694 Punkte mitgeteilt. O. G.

12697. **A. Ollongren, H. C. van de Hulst,** Corrections of 21-cm line profiles. BAN **13** 196—200. — Verf. beschreiben ihre Überlegungen zur Wahl einer geeigneten Methode für die Entzerrung der beobachteten Linienprofile als Funktion der Frequenz. Sie prüfen verschiedene Methoden mit der Annahme einer Gaußschen Fehlerverteilungsfunktion für den Kern der Integralgleichung des Problems auf ihre Brauchbarkeit. O. G.

* * **E. Raimond, L. M. J. S. Volders,** Preliminary observations of 21-cm emission from M 33. Vgl. Ref. **12426**.

12698. **M. Schmidt,** Exploring our galaxy with 21-centimeter radio waves. ASP Leaflet Nr. 335, 8 S. — Übersetzung in NAT 1957 S. 51—56.

12699. **M. Schmidt,** Spiral structure in the inner parts of the galactic system derived from the hydrogen emission at 21 cm wave length. BAN **13** 247—268. — Versuch, aus den in Kootwijk erhaltenen Beobachtungsergebnissen der 21 cm-Linie die Wasserstoff-Verteilung und damit die Spiralstruktur in den inneren Gebieten des galaktischen Systems zu bestimmen. Bereich in galaktischer Länge von 340° bis 40°, Breite +2°.5 bis −5°.5. Beschreibung der an die Beobachtungen angebrachten Korrektionen. Berechnung der Wasserstoffdichten. Trennung der zwei Punkte mit dem gleichen Dopplereffekt mit Hilfe der Intensitätsverteilung in galaktischer Breite; mehrere Näherungen. Resultate in Tabellen: Fixierung von 808 Punkten, an denen im Abstand $\bar{z}$ von der galaktischen Ebene maximale Wasserstoffdichte n_H besteht; numerische Werte von n_H an diesen Punkten. Zeichnung und Beschreibung der vier bis fünf Spiralarme in Verbindung mit den Resultaten von Westerhout (vgl. Ref. **126101**) über die Außengebiete der Galaxis. Go.

126100. **C. M. Wade,** A 21-cm line study of an expanding H II region. AJ **62** 148. — Ref. AAS.

126101. **G. Westerhout,** The distribution of atomic hydrogen in the outer parts of the galactic system. BAN **13** 201—246. — Dreidimensionales Bild der Verteilung des neutralen H im galaktischen System außerhalb der Entfernung 8.2 kpc vom Zentrum, erhalten aus der Reduktion von etwa 620 Profilen der 21 cm-Linie (Kootwijk 1953—1955); Bereich in galakt. Länge 340° bis 220°, in Breite +10° bis −10°. — Teil I. Diskussion und rechnerische Berücksichtigung aller Effekte, die zur Verbreiterung der Linienprofile beitragen. — Teil II. Darstellung des Verfahrens zur Ableitung der Wasserstoff-Dichte. Für das ganze betrachtete Gebiet wurde die Temperatur des neutralen Wasserstoffs konstant zu 125° K angenommen. Der Umrechnung der Radialgeschwindigkeiten in Distanzen wurde das Modell der Massenverteilung von M. Schmidt (BAN **13** 15, AJB **56** Ref. **4422**) zugrunde gelegt. — Teil III. Resultate. 70 Figuren enthalten die Konturen der Wasserstoff-Dichte in Schnitten senkrecht zur galaktischen Ebene. Abstand der

Schnitte in galakt. Länge 2°5 (von 340° bis 110°) und 5° (von 110° bis 135° und von 160° bis 215°). — Vereinigung dieser Resultate mit den von M. Schmidt über die inneren Teile des galaktischen Systems erhaltenen Ergebnisse (vgl. Ref. **12699**) zu einer Darstellung der Spiralarme. Ausführliche Beschreibung der Spiralarme und ihrer Charakteristiken im Text. Bestimmung der Lage einer mittleren galaktischen Ebene. Go.

126102. Mælkevevejssystemets udforskning ved hjælp af 21 cm lange radiobølger. Urania København **14** 41—45. — Darstellung der neuesten Anschauungen über die Struktur des Milchstraßensystems unter Verwendung des Artikels in ASP Leaflet 335 (Ref. **12698**). Insbesondere werden die in Dwingeloo erhaltenen Resultate besprochen. C. L. J.

§ 127

Kosmische Strahlung

* * Kosmische Strahlung der Sonne siehe § **65**.

* * Kosmische Strahlung zum 23. Februar 1956 siehe § **66**.

12701. **H. H. Aly, C. J. Waddington,** The flux of primary cosmic ray α-particles over Sardinia. Nuovo Cimento (10) **5** 1679—1684. — Ref. in Phys. Abstracts (A) **60** 795.

12702. **N. C. Barford, C. Davis, C. Castagnoli, C. Franzinetti, A. Manfredini,** Some results on the time variation of the heavy component of primary cosmic rays. Ric. Sci. **26** 3061—3066, 1956. — Ref. in Phys. Abstracts (A) **61** 562.

12703. **A. G. Barkow, B. Chamany, R. E. McDaniel,** Thin down and breakup of a large Z cosmic ray primary. Nuovo Cimento (10) **6** 125—129. — Ref. in Phys. Abstracts (A) **60** 795, Phys. Ber. **37** 1400.

12704. **R. R. Brown,** Neutron yield functions for the nucleonic component of cosmic radiation. Nuovo Cimento (10) **6** 956—962. — Ref. in Phys. Abstracts (A) **61** 61.

12705. **G. R. Burbidge,** Acceleration of cosmic-ray particles among extragalactic nebulae. Phys. Rev. (2) **107** 269—271. — Der von Fermi vorgeschlagene Mechanismus zur Beschleunigung kosmischer Partikel liefert für ein Teilchen in unserer Galaxis eine obere Grenzenergie von 10^{15} bis 10^{16} eV. Werden die Effekte der Diffusion und die Struktur des Magnetfeldes berücksichtigt, so können Energien von der Größenordnung 10^{17} eV erreicht werden. Verf. macht nun den Vorschlag, den Fermi-Mechanismus auf die Räume zwischen den Galaxien zu übertragen. Eine Abschätzung der erreichbaren Grenzenergie führt für die lokale Gruppe nicht zu wesentlich höheren Werten als für unsere Galaxis. Für den Coma-Haufen liefert eine Anwendung Energien von 10^{18} bis 10^{20} eV. Einige Folgerungen dieser Ergebnisse werden diskutiert. Henn

12706. **A. Cachon, L. Jauneau, A. Daudin,** Les rayons cosmiques. Paris, Presses Universitaires de France, 1957. 116 S. Preis 157 frs. — Besprechung in Ann d'Astrophys **19** 338, BSAF **72** 185, Obs **77** 249, Sky and Telescope **16** 436.

12707. **G. Clark, J. Earl, W. Kraushaar, J. Linsley, B. Rossi, F. Scherb,** An experiment on air showers produced by high-energy cosmic rays. Nature **180** 353—356, 406—409.

12708. **G. W. Clark,** Arrival directions of cosmic ray air showers from the northern sky. Phys. Rev. (2) **108** 450—457. — Ref. in Phys. Abstracts (A) **61** 104.

12709. **A. M. Conforto, J. A. Simpson,** The 24 hour intensity variations of the primary cosmic rays. Nuovo Cimento (10) **6** 1052—1063. — Ref. in Phys. Abstracts (A) **61** 104.

12710. **T. E. Cranshaw, W. Galbraith, N. A. Porter,** Observations on extensive air showers. I.—IV. Phil. Mag. (8) **2** 797—803, 804—810, 891—899, 900—909. — Ref. in Phys. Abstracts (A) **61** 21, Phys. Ber. **37** 262, 667—668.

12711. **J. A. Crawford,** Acceleration of cosmic rays. AJ **62** 11—12. — Ref. AAS.

12712. **S. P. Dobrowolskij, S. I. Nikolskij, E. I. Tukisch, W. I. Jakowlew,** Spatial distribution of the particles of extensive air showers produced by primary cosmic rays of various energies. Soviet Phys. JETP **4** 799—801. — Übersetzung aus J. Experim. Theor. Phys. **31** 939—942, 1956 (russ.).

12713. **L. I. Dorman,** Über die Natur der Intensitätsschwankungen der kosmischen Strahlung. Nachr. Akad. Wiss. UdSSR (Phys.) **20** 24—46, 1956 (russ.).

12714. **F. J. M. Farley, J. R. Storey,** Time variations of extensive air showers.. Proc. Phys. Soc. (A) **70** 840—844.

12715. **P. H. Fowler, C. J. Waddington, P. S. Freier, J. Naugle, E. P. Ney,** The low energy end of the cosmic ray spectrum of alpha-particles. Phil. Mag. (8) **2** 157—175. — Ref. in Phys. Abstracts (A) **60** 416.

* * **I. M. Gordon,** Die nichtthermische Strahlung in den Spektren instationärer Sterne und die Entstehung der kosmischen Strahlung. Vgl. Ref. **11303.**

12716. **S. Hayakawa,** A possible interpretation of the multiple penetrating particles. Nuovo Cimento (10) **5** 608—614. — Ref. in Phys. Ber. **37** 668.

12717. **J. Heidmann,** Rayonnement cosmique et système solaire. Age nucléaire 1957 Nr. 7 S. 23—26.

12718. **R. R. Hillier, C. J. Waddington,** On heavy primary cascades. Nuovo Cimento (10) **6** 403. — Ref. in Phys. Abstracts (A) **61** 21, Phys. Ber. **37** 839.

12719. **W. L. Hinsburg,** Die Herkunft der kosmischen Strahlung. Fortschritte Phys. Wiss. **62** Nr. 2 S. 37—98 (russ.). — Ref. in Phys. Abstracts (A) **61** 476, RJ 1958 Nr. 8 S. 27.

12720. **W. L. Hinsburg,** Über die Herkunft der kosmischen Strahlung. Nachr. Akad. Wiss. UdSSR (Phys.) **20** 5—16, 1956 (russ.). — Ref. in RJ 1957 Nr. 9 S. 41.

12721. **W. L. Hinsburg, M. I. Fradkin,** On the composition of primary cosmic rays. Soviet Phys. JETP **4** 462—464. — Übersetzung der in AJB **56** Ref. **12723** genannten Arbeit aus J. Experim. Theor. Phys. **31** 523—525, 1956 (russ.). — Ref. in Phys. Ber. **37** 1191—1192.

12722. **E. R. R. Holmberg,** The kinetic energy of the cosmic radiation. Obs **77** 28—29. — Aus der Gleichheit der Gesamtenergie des Sternlichts mit der der kosmischen Strahlung und aus seiner Theorie eines nicht expandierenden Weltalls vermutet Verf., daß die bei der Nebelrotverschiebung verlorene Energie über ein Neutrino-Feld auf die kosmische Strahlung übertragen wird. Baschek

12723. **R. M. Jacklyn, A. G. Fenton,** Changes in the high-latitude east-west asymmetry of cosmic rays. Phys. Rev. (2) **106** 809—811. — Ref. in Phys. Abstracts (A) **60** 581.

12724. **K.-A. Kawabata, I. Kondo, K. Murakami, M. Wada,** On the unusual increase and the modulation of cosmic rays. Report Ionosph. Res. Japan **11** 229—247 = Tokyo Astr. Obs. Repr. Nr. 161.

12725. **A. A. Kortschak,** The electromagnetic emission of cosmical particles in the galaxy. AJ UdSSR **34** 365—370 (russ. mit engl. Ref.). — Das Spektrum der elektromagnetischen Strahlung kosmischer Partikel im Magnetfeld der Galaxis wird unter der Bedingung berechnet, daß letzteres inhomogen und der Charakter der Bahnkurven der Teilchen willkürlich ist. Es wird gezeigt, daß das Spektrum mit dem beobachteten der sphärischen Komponente der Radiostrahlung zusammenfällt, wenn eine gewisse Voraussetzung über das untere Ende ihres Energiespektrums gemacht wird. Die Abschätzung der Intensität der Strahlung der Elektronenkomponente wird genauer fixiert. Verf. (übersetzt)

12726. **M. Koshiba, M. Schein,** Further data on the time variation of cosmic-ray heavy nuclei. Bull. American Phys. Soc. (2) **1** 229—230, 1956.

12727. **H. Laster,** Factors affecting the galactic diffusion of cosmic rays. Phys. Rev. (2) **107** 1112—1118. — Die Ausbreitung kosmischer Strahlen in der Galaxis wird als Diffusionsproblem behandelt. Verf. prüft die Frage, ob eine beobachtbare Anisotropie auf Grund von lokalen Quellen oder auf Grund von Inhomogenitäten des Diffusionsmediums erwartet werden kann. Es wird festgestellt, daß die Energieabhängigkeit der Anisotropie wesentlich durch die Wahl des Modells für den Ursprung der kosmischen Strahlung bestimmt ist. Henn

12728. **A. A. Logunow, J. P. Terlezkij,** Über die Beschleunigung geladener, sich in einem magnetisierten Medium bewegende Teilchen. Bote Univ. Moskau 1956 Nr. 3 S. 63—66 (russ.). — Ref. in RJ 1957 Nr. 11 S. 43.

12729. **E. Lohrmann,** Neuere Probleme der kosmischen Strahlung. Raketentechn. Raumfahrtforsch. **1** 20—21. — Verf. unterscheidet drei große Forschungsgebiete: 1.) Das Studium der Teilchen, die aus dem Raum außerhalb unseres Planetensystems kommen, erlaubt Rückschlüsse auf Vorgänge im interstellaren Raum. 2.) Untersuchung von Wechselwirkungen von Teilchen bei sehr großen Energien. 3.) Radioaktive Altersbestimmungen mittels der radioaktiven Isotope C^{14} und He^3, die von der kosmischen Strahlung in der hohen Atmosphäre erzeugt werden.

12730. **E. Lohrmann,** Probleme bei der Erforschung der kosmischen Strahlung in der Stratosphäre. Weltraumfahrt 1957 S. 19. — Ref.

12731. **G. Lovera,** Sulla variazione a ciclo di 27 giorni nell'intensità della radiazione cosmica. Atti Mem. Accad. Sci. Lettere Arti Modena (5) **15** 133—141. — Aus den Registrierungen der Intensität der kosmischen Strahlung in Cheltenham (USA), Huancayo (Peru), Christchurch (Neuseeland) wird nach der Periodenanalyse von Vercelli der Gang der Strahlungsvariation im Zyklus von 27 Tagen in zwei verschiedenen Zeitintervallen untersucht, nämlich im zweiten Halbjahr 1938 und im ersten Halbjahr 1941, wobei das erste Intervall mit dem Maximum und das zweite mit dem Minimum der Sonnenaktivität korrespondiert. Anhand der graphischen Darstellung werden die Charakteristiken untersucht. Verf. (übersetzt)

* * **R. Lüst, J. A. Simpson,** Initial stages in the propagation of cosmic rays produced by solar flares. Vgl. Ref. **6688**.

12732. **F. B. McDonald,** Study of geomagnetic cutoff energies and temporal variation of the primary cosmic radiation. Phys. Rev. (2) **107** 1386—1395. — Ref. in Phys. Abstracts (A) **61** 21—22, Phys. Ber. **37** 1781—1782.

12733. **P. Meyer, J. A. Simpson,** Changes in the low-energy particle cutoff and primary spectrum of cosmic rays. Phys. Rev. (2) **106** 568—571.

12734. **P. Morrison,** On the origin of cosmic rays. Rev. Modern Phys. **29** 235—243. — Ref. in Math. Rev. **19** 104, Phys. Abstracts (A) **61** 46.

12735. **H. V. Neher,** Cosmic rays near the north geomagnetic pole in the summers of 1955 and 1956. Phys. Rev. (2) **107** 588—592. — Ref. in Phys. Abstracts (A) **60** 794.

12736. **N. W. Nerurkar,** An interpretation of the solar anisotropy of primary cosmic radiation. Proc. Indian Acad. Sci. (A) **45** 341—361. — Ref. in Phys. Ber. **37** 1191, RJ 1958 Nr. 4 S. 51—52.

12737. **J. H. Noon, A. J. Herz, B. J. O'Brien,** Relative abundances of different charge groups of heavy primary cosmic-ray nuclei. Nature **179** 91. — Verf. geben eine vorläufige Mitteilung über ihre Beobachtungen zur Bestimmung der relativen Häufigkeiten von leichten ($3 \leqq Z \leqq 5$), mittleren ($6 \leqq Z \leqq 10$) und schweren ($Z > 10$) Kernen in der kosmischen Primärstrahlung. Aus den Ergebnissen folgt, daß die relativen Häufigkeiten in den drei Gruppen sehr verschieden sind von den Häufigkeiten im übrigen Kosmos. Henn

* * **E. N. Parker,** Acceleration of cosmic rays in solar flares. Vgl. Ref. **6688.**

12738. **S. D. Paskalew,** Die Herkunft der kosmischen Strahlung und ihre Bedeutung. Sofia, NS OF, 1956. 28 S. Preis 1.50 Lw. (bulgar.).

12739. **B. Peters,** Über die Anwendbarkeit der Be^{10}-Methode zur Messung kosmischer Strahlungsintensität und die Ablagerungsgeschwindigkeit von Tiefseesedimenten vor einigen Millionen Jahren. Z. Physik **148** 93—111. — Ref. in Phys. Abstracts (A) **61** 425.

* * **J. H. Piddington,** Galactic turbulence and the origins of cosmic rays and the galactic magnetic field. Vgl. Ref. **12330.**

12740. **J. A. Popow,** Solution of the fundamental diffusion equation for cosmic ray particles emitted by a constant energy concentrated pulsed source. Soviet Phys. JETP **4** 85—90. — Übersetzung der in AJB **56** Ref. **12735** zitierten Arbeit aus J. Experim. Theor. Phys. **31** 80—85, 1956 (russ.). — Ref. in Phys. Ber. **37** 469.

12741. **D. C. Rose,** Intensity variations in cosmic rays. Adv. Electronics and Electron Phys. **9** 129—186. — Inhalt: I. Introduction; II. Penetration of cosmic rays into the atmosphere; III. Meteorological effects; IV. The geomagnetic latitude variation; V. Periodic variations in intensity; VI. Sudden changes in intensity; VII. Source theories of cosmic rays.

12742. **V. Sarabhai, N. W. Nerurkar,** Time variations of primary cosmic rays. Annual Rev. Nucl. Sci. **6** 1—42, 1956.

12743. **K. Y. Shen, S. F. Singer,** Intensity variation of vertical cosmic-ray air-showers. Phys. Rev. (2) **106** 555—557. — Ref. in Phys. Abstracts (A) **60** 581.

12744. **S. F. Singer,** Trapped orbits in the earth's dipole field. Bull. American Phys. Soc. (2) **1** 229, 1956.

12745. **K. Sitte,** Cosmic radiation in intergalactic space. Bull. Res. Council Israel (A) **6** 155—156.

12746. **W. F. G. Swann,** The story of cosmic rays. Annual Report Smithsonian Inst. for 1956 S. 245—267 = Smithsonian Inst. Publ. Nr. 4275. — Abdruck eines Berichtes aus Sky and Telescope **13** (vgl. AJB **54** Ref. **12747**).

12747. **W. F. G. Swann,** Acceleration of particles to cosmic ray energies by electromagnetic induction. J. Franklin Inst. **264** 287—299.

12748. **S. S. Takibajew, P. A. Usik,** Contribution of primary α-particles to development of the nucleon cascade in the stratosphere. J. Experim. Theor. Phys. **32** 924—925 (russ.). — Übersetzung in Soviet Phys. JETP **5** 752—753. — Ref. in Phys. Abstracts (A) **61** 61.

12749. **Y. Terashima, K. Kitao, K. Ogawa,** Acceleration of cosmic rays by hydromagnetic wave. Progr. Theoret. Phys. **17** 814—815. — Ref. in Phys. Ber. **37** 1399—1400.

12750. **J. P. Terlezkij,** Über das Spektrum der primären Protonen. Nachr. Akad. Wiss. UdSSR (Phys.) **20** 17—21, 1956 (russ.).

12751. **J. P. Terlezkij, A. A. Logunow,** Die Verteilungsfunktion der Primärkomponenten der kosmischen Strahlung. Phys. Abhandl. Sowjetunion **7** 106—111, 1956. — Übersetzung der in AJB **52** Ref. 12728 zitierten Arbeit.

12752. **H. Trefall,** Nye resultater og aktuelle problemer i kosmisk stråling. Fysikkens Verden **19** 15—23, 52—70. — I. Einleitung; II. Strahlen in und unmittelbar außerhalb der Atmosphäre; III. Einfluß der Sonne auf die kosmische Strahlung.

12753. **H. Trefall,** Nye resultater og aktuelle problemer i kosmisk stråling. Fysikkens Verden **19** 104—111. — Die kosmische Strahlung im interstellaren Raum.

12754. **C. J. Waddington,** Observation on the energy spectra of multiply charged nuclei in the cosmic radiation. Nuovo Cimento (10) **5** 737—738.

12755. **C. J. Waddington,** A correction to previously quoted cosmic ray flux values. Nuovo Cimento (10) **6** 748—750. — Ref. in Phys. Ber. **37** 839.

12756. **C. J. Waddington,** The charge distribution of multiply charged nuclei in the primary cosmic radiation. I. The light and medium nuclei. Phil. Mag. (8) **2** 1059—1078. — Ref. in Phys. Abstracts (A) **60** 795, Phys. Ber. **37** 667.

12757. **S. N. Wernow, W. L. Hinsburg, L. W. Kurnossowa, L. A. Razorenow, M. I. Fradkin,** Investigation of the composition of primary cosmic rays. Fortschritte Phys. Wiss. **63** Nr. 1a—1b S. 131—148 (russ.). — Ref. in Phys. Abstracts (A) **61** 562, RJ 1958 Nr. 10 S. 28.

12758. **S. N. Wernow, J. I. Logatschew, A. E. Tschudakow, J. G. Schafer,** Investigation of cosmic ray variations. Fortschritte Phys. Wiss. **63** Nr. 1b S. 149—162 (russ.). — Ref. in Phys. Abstracts (A) **61** 477.

12759. **J. R. Winckler, K. A. Anderson,** High-altitude cosmic-ray latitude effect from 51° to 65° N geomagnetic latitude. Phys. Rev. (2) **108** 148—154. — Ref. in Phys. Abstracts (A) **61** 61, Phys. Ber. **37** 1785—1786.

12760. **H. Yagoda,** Observations on slow heavy primary nuclei. Bull. American Phys. Soc. (2) **1** 297, 1956. — Sitzungsbericht.

12761. **H. Yagoda,** Anomalous heavy primary cascades recorded on Viking 10 rocket flight. Nuovo Cimento (10) **6** 559—570. — Ref. in Phys. Abstracts (A) **61** 61.

12762. Naturaleza de los rayos cosmicos. El Universo Nr. 39 S. 76.

12763. Die kosmische Strahlung. Internat. Geophys. Jahr Inform. Bull. Nr. 1 S. 40—42, 1956 (russ.). — Ref. in RJ 1957 Nr. 8 S. 50.

XIV. Geodäsie. Nautik

§ 130

Höhere Geodäsie, Kartographie, Allgemeines

13001. **W. Filchner, E. Przybyllok, T. Hagen,** Route-Mapping and Position-Locating in Unexplored Regions. Basel, Birkhäuser Verlag; New York, Academic Press, 1957. 288 S. mit 171 Fig. und 3 Tafeln. Preis Schw. Fr. 32. — bzw. $ 9.00. — Besprechung in Österreich. Z. Vermessungswesen **46** 29—30 (H. Schmid), Sky and Telescope **17** 34.

13002. **N. P. Gruschinskij,** The errors of interpolation and representation in detailed gravimetric surveys, the accuracy of charts and the rational distribution of stations. AJ UdSSR **34** 267—275 (russ. mit engl. Ref.).

13003. **W. K. Hristow,** Die Gaußschen und geographischen Koordinaten auf dem Ellipsoid von Krassowsky. Berlin, VEB Verlag Technik, 1955. 254 S. mit 56 Fig. — Besprechung in Bull. géod. Nr. 46 S. 83.

13004. **F. Múgica,** Sobra la ecuación de Laplace. Urania Barcelona **42** 177—196.

13005. **H.-U. Sandig,** Die Verfahren der kosmischen Triangulation. Wiss. Z. Techn. Hochschule Dresden **6** 691—699 = Veröff. Geod. Inst. Techn. Hochschule Dresden (B) Nr. 1. — Die kosmische Triangulation zur Bestimmung relativer geodätischer Koordinaten kennt drei Verfahren: 1.) Beobachtung von Sternbedeckungen, wobei die Hauptschwierigkeit in der Berücksichtigung des Mondrandprofils besteht; 2.) Messung von Sterndistanzen (Markowitzsche Mondkamera); 3.) Sonnenfinsternisbeobachtungen, für die Verf. eine Methode photometrischer Messungen vorschlägt. T. L.

13006. **P. Tardi, G. Laclavère,** Traité de Géodésie. Vgl. AJB **55** Ref. **13006**. — Weitere Besprechung in Scientia **92** 39—41 (L. Carnera).

13007. Tabla de coordenadas planas Gauss-Krüger de las esquinas de la cuadrícula de 5′ en 5′ entre las latitudes 21° y 56°. Inst. Geogr. Militar Buenos Aires Publ. Geod. Nr. 1.

13008. Tabla de radios de curvatura y arcos de meridiano y paralelos entre las latitudes 21° y 56°. Inst. Geogr. Militar Buenos Aires Publ. Geod. Nr. 2.

13009. Status report: seismology, gravity and longitude and latitude. Trans. American Geophys. Union **38** 623—625. — Ref. in RJ 1958 Nr. 4 S. 12.

§ 131

Erdfigur, Erdrotation, Schwerkraft, Massenverteilung

13101. **G. Boaga,** Über die Lotabweichung und die Form des Geoids in Italien. Riv. Catasto Servizi Tecn. Erariali Roma **12** Nr. 3.

13102. **B. A. Bolt,** Earth models with continuous density distribution. MN Geophys. Suppl. **7** 360—368. — Unter acht verschiedenen Hypothesen wird ein vorausgesetzter kontinuierlicher Dichteverlauf im Erdinnern berechnet. Es zeigt sich, daß alle diese Modelle auf unwahrscheinlich geringe Dichten unmittelbar unter der Erdoberfläche führen. Es scheint daher nicht möglich, die Hypothese eines Dichtesprungs zwischen dem äußeren und dem inneren Teil der Erde durch einen kontinuierlichen Dichteverlauf zu ersetzen. F. S.

13103. **B. A. Bolt,** On taking means of density distributions in the earth. MN Geophys. Suppl. **7** 369—371. — Da die Differentialgleichung, aus der der Dichteverlauf im Erdinnern folgt, nichtlinear ist, kann man aus zwei Lösungen durch Bildung des arithmetischen Mittels keine neue Lösung gewinnen. In dieser Arbeit werden zwei spezielle Lösungen betrachtet, und es wird gezeigt, daß deren Mittel immer noch eine genäherte Lösung darstellt. F. S.

13104. **B. A. Bolt,** Earth models with chemically homogeneous cores. MN Geophys. Suppl. **7** 372—378. — Es werden mehrere Modelle des Dichteverlaufs im Erdinnern unter der Annahme eines homogenen Kerns betrachtet. Es wird untersucht, innerhalb welcher Grenzen der Dichteverlauf in den äußeren Schichten schwanken kann. F. S.

13105. **M. Burša,** Erfolge sowjetischer Geodäten in der Gestalts- und Ausmaßebestimmung der Erde. Inst. angew. Geodäsie Frankfurt Nachr. Karten- und Vermessungswesen (3) Nr. 3 S. 7—13. — Übersetzung aus Geodetický a Kartografický obzor 1956 Nr. 11 S. 201—202 (tschech.).

13106. **A. J. Camponovo,** La rotación de la Tierra y la medida del tiempo. Rev. Astr. Nr. 141 S. 170—185. — Feststellung und Methoden zur Beobachtung der Schwankungen der Erdrotation; ihre geophysikalischen Deutungsversuche; Definition der Ephemeridenzeit als gleichförmiges Zeitmaß und Bestimmung der Abweichung gegen UT. T. L.

* * **G. M. Clemence,** Astronomical time. Vgl. Ref. **2308**.

* * **A. Danjon,** Durées du jour moyen, du jour solaire, du jour sidéral moyen et de la rotation de la Terre. Vgl. Ref. **2310**.

13107. **F. H. van den Dungen, J. F. Cox, J. van Mieghem,** Les fluctuations de la rotation de la terre. Scientia **92** 269—272.

13108. **E. P. Fjodorow,** On the forces of interaction between the earth's core and shell, due to the nutation. DAN **115** 1084—1087 (russ.).

13109. **J. Herrmann,** Die Ungleichförmigkeit der Erdrotation. Sternenbote **8** 3—9.

13110. **D. R. Inglis,** Shifting of the earth's axis of rotation. Rev. Modern Phys. **29** 9—19. — Verf. gelingt es, verhältnismäßig einfach und zudem anschaulich abzuleiten, wie die Eulersche Periode für die freie Rotation der starren Erde zur beobachteten Chandlerschen wird, und an einem passend gewählten Modell des Erdkörpers verschiedene Ursachen für die Polwanderung zu untersuchen und in ihrer Wirkung abzuschätzen. Böh.

13111. **A. A. Isotow,** Derzeitiger Stand und Aufgaben des Studiums der Erdgestalt. Geodetický a Kartografický obzor 1957 Nr. 8.

13112. **A. A. Isotow,** A földalak meghatározásának mai állása és a kapcsolatos feladatok. Geodézia és Kartográfia **9** 1—8 (mit französ. Ref.). — Bericht über den gegenwärtigen Stand und die Aufgaben bei der Bestimmung der Erdfigur.

* * **K. Jung,** Die Schwankungen des Zeitmaßes. Vgl. Ref. **3111**.

13113. **K. Ledersteger,** Lotkrümmungsreduktion und absolute Lotabweichung. Bull. géod. (NS) Nr. **44** S. 62.

13114. K. Ledersteger, Das mittlere Erdellipsoid. Bull. géod. (NS) Nr. 44 S. 66—68.

13115. K. Ledersteger, Theoretischer Versuch einer exakten Lösung des gesamten Problems der Erdfigur. Schweiz. Z. Vermessung, Kulturtechnik, Photogrammetrie Sondernummer 2, 50 S. — Die beiden großen Aufgaben des Problems der Erdfigur, die Bestimmung des physikalisch eindeutig definierten mittleren Erdellipsoides und die Bestimmung der Undulationen des aktuellen Geoides gegenüber diesem Erdellipsoid, lassen sich nur alternierend in sukzessiver Approximation lösen. Da das Regularisierungsgesetz für die Erdmasse unbekannt ist und durch die Hypothese der Isostasie nur sehr mangelhaft dargestellt wird, erfordert die hypothesenfreie Lösung des Problems vor allem eine Schwerereduktion, die unabhängig von bestimmten Massenverschiebungen dennoch den Höhenunterschied zwischen dem zugehörigen künstlichen Geoid und dem aktuellen Geoid zu berechnen gestattet. Dies leistet die modifizierte oder wahre Freiluftreduktion, die darüber hinaus das Potential im Außenraum des Erdkörpers ungeändert läßt. Für die exakte Lösung müssen vier Figuren in Betracht gezogen werden: das wirkliche Geoid, das «Freiluftgeoid», das zugehörige Helmertsche Rotationsniveausphäroid und das mit diesem achsengleiche Rotationsellipsoid, eben das mittlere Erdellipsoid. Letzteres wird nicht als bestanschließendes Ellipsoid für das Gesamtgeoid bestimmt. Vielmehr erfolgt die völlige Anschmiegung des Ellipsoides an das Geoid in zwei Schritten: physikalisch für die Abplattung mit Hilfe der gravimetrischen Höhen nach dem projektiven Prinzip und geometrisch für die Achse mit Hilfe der absoluten Lotabweichungsgleichung nach dem translativen Prinzip. Die beiden Aufgaben kehren sich seltsamerweise im wesentlichen um. Es müssen die Erhebungen des Geoides bezüglich eines physikalisch definierten Ellipsoides bekannt sein, ehe die Abplattung des Erdellipsoides berechnet werden kann, und es müssen überhaupt die Undulationen des Geoides gegenüber dem Erdellipsoid vorliegen, ehe dessen Achse ermittelt werden kann. Verf.

13116. J.-J. Levallois, Sur la détermination du géoïde par des mesures gravimétriques sur la surface topographique. CR **244** 2479—2482.

13117. N. M. Ljapin, On a new trigonometric series for the radius of curvature of a normal section of the terrestrial ellipsoid. Abh. Staatl. Pädagog. Inst. Rostow Nr. 3 S. 89—94, 1955 (russ.). — Ref. in Math. Rev. **18** 978.

13118. E. Nishimura, T. Ichinohe, I. Nakagawa, A consideration on earth tidal change of gravity. Tellus **9** 118—126.

13119. S. Pawlowski, Das Problem des Geoids und des orientierten Ellipsoids in Polen. Inst. angew. Geodäsie Frankfurt Nachr. Karten- und Vermessungswesen (3) Nr. 1 S. 7—23. — Übersetzung aus Prace Geodezyjnego Instytutu Naukowo-Badawczego — Główny Urząd Pomiarów Kraju Nr. 3 (poln.).

13120. I. D. Shongolowitsch, Potentiel de l'attraction terrestre. BIA **6** 505—523 (russ. mit französ. Ref.). — Die Entwicklung des Potentials der terrestrischen Anziehungskraft wird bis zu Gliedern zweiter Ordnung in der Abplattung gegeben. Numerische Werte der Koeffizienten werden berechnet. Perek

13121. M. W. Stowass, Die Ungleichmäßigkeit der Erdrotation als planetarisch-geomorphologischer und geotektonischer Faktor. Geolog. J. **17** Nr. 3 S. 58—69 (ukrain.). — Ref. in RJ 1958 Nr. 6 S. 12.

13122. N. Stoyko, Extrapolation de l'irrégularité saisonnière de la rotation de la Terre pour l'année 1958. Bull hor (4) Nr. 16 S. 319—321. — Fortsetzung der Tafeln zur Reduktion von TU0 auf TU2 (Berichtigung zu Tafel A, S. 320: Der letzte Wert gilt für J. J. 2436570 = 1959 Janvier 1). Die Koeffizienten der Formel für die saisonalen Rotationsschwankungen, die sich aus dem Vergleich mit der Caesiumuhr von L. Essen für Juni 1955—Okt. 1957 ergeben, stimmen mit denen vom Bureau International de l'Heure abgeleiteten völlig überein. T. L.

13123. **N. Stoyko,** L'horloge atomique et l'irrégularité de la rotation de la Terre. CR **244** 43—45. — Seit Juni 1955 wird die Frequenz des Normalfrequenzsenders Rugby (MSF) mit einer Caesium-Resonanzuhr gesteuert. Aus dem Vergleich dieser Frequenz mit den astronomischen Zeitsignalen in der Zeit von Juni 1955 bis Oktober 1956 wird eine Kurve der jahreszeitlichen Schwankungen der Erdrotationsperiode mit einer Genauigkeit von $\pm$ 0ˢ004 (mittlerer Fehler) abgeleitet. In der angegebenen Zeit (18 Monate) traten über diese jahreszeitlichen Schwankungen hinaus keine plötzlichen Änderungen der Rotationsperiode auf. Mehltretter

13124. **G. Straßer,** Ellipsoidische Parameter der Erdfigur (1800—1950). Deutsche Geod. Kommission Bayer. Akad. Wiss. (A) Nr. 19, 113 S. — Abschnitt I: Einleitung, S. 1—16. Abschnitt II: Die Beziehungen der klassischen nationalen Maßeinheiten und deren Normalmaße zum Meter, S. 17—23. Abschnitt III: Die Dimensionen der Figur der Erde von 1800—1950, S. 24—83. Der Schluß enthält allgemeine Literaturangaben und ein alphabetisches Namensregister, S. 108—113.

13125. **H. Wolf,** Astronomisch-geodätische Lotabweichungen im mittleren Europa. Deutsche Geod. Kommission Bayer. Akad. Wiss. (B) Nr. 39, 15 + 29 S. + Anhang. — Ref. in Geodézia és Kartográfia **10** 167. — Aus dem gesamten verfügbaren Material wurden die Komponenten der Lotabweichungen, bezogen sowohl auf das Deutsche System (Bessel-Ellipsoid) als auch auf das Europäische System (Internationales Ellipsoid) abgeleitet und numerisch und graphisch gegeben. Eine umfassende Neureduktion sämtlicher astronomischer Beobachtungen ist geplant. T. L.

§ 132

Geodätische Koordinaten, Polschwankung

* * Weitere geographische Koordinaten siehe § **12**.

13201. **R. d'E. Atkinson,** The longitude of Herstmonceux. Obs **77** 31—32.

13202. **I. G. Bowie,** Latitude determination without vertical circle readings. Empire Survey Rev. **13** 380—383, 1956. — Ref. in RJ 1957 Nr. 8 S. 23.

13203. **A. W. Butkewitsch,** The calculation of latitude from observations by Pewzow's method. AJ UdSSR **34** 625—637 (russ. mit engl. Ref.). — Zur Feldkontrolle der Beobachtungen wird beim Pewzowschen Verfahren empfohlen, die Zeitdifferenzen $\Delta T_i = (T_N - T_S)_i$ zu vergleichen. Es werden differentielle Formeln zur Verbesserung der Breite wegen Veränderung der Chronometerverbesserung (des mittleren Stundenwinkels des Paares) und der Halbdifferenz der Stundenwinkel, und auch für den Einfluß der täglichen Aberration in α und δ abgeleitet. Das Verfahren von Molodenskij zur Berechnung der Breite wird wegen seiner Kompliziertheit und Unkontrollierbarkeit kritisiert und ein anderes Verfahren vorgeschlagen, in dem nach der Berechnung der Breite mit dem mittleren Moment durch einfache Zusatzrechnungen der Breitenwert für jeden Faden erhalten wird, wobei eine Kontrolle gewährleistet ist und die Dauer der Beobachtungen verkürzt wird. Verf. (übersetzt)

13204. **Z. Czerski,** Eine neue Methode zur Bestimmung des astronomischen Azimuts und der geographischen Koordinaten. Inst. angew. Geodäsie Frankfurt Nachr. Karten- und Vermessungswesen (3) Nr. 3 S. 14—42. — Übersetzung aus Geodezja i Kartografia **3** 117—138 (poln.).

* * **W. F. Djakonow,** The influence of diurnal aberration on the accuracy of determinations from observations of Polaris. Vgl. Ref. 3104.

13205. **W. F. Djakonow,** Neue Tabellen zur Breitenbestimmung eines Ortes aus meridiannahen Höhen von Gestirnen. Hochseeflotte Nr. 11 S. 30—32, 1956 (russ.). — Ref. in RJ 1957 Nr. 8 S. 24.

13206. **E. Fichera,** Sur la méthode des équations réduites et le programme d'observation de l'opération mondiale des longitudes (A. G. I.). Commun. Obs. Roy. Belgique Nr. 132, 15 S.

13207. **E. P. Fjodorow,** Nutation und erzwungene Bewegung der Erdpole aus Breitenbeobachtungen. Pulkowo, Astr. Hauptobs., 1957 (russ.). — Dissertationsreferat.

13208. **B. Guinot,** Sur les mesures de latitude faites à l'Observatoire de Paris au moyen de l'Astrolabe Impersonel A. Danjon, type O. P. L. CR **245** 1887—1890. — Es wird über das Beobachtungsverfahren und die ersten Ergebnisse der Beobachtungen mit dem unpersönlichen Prismenastrolab nach Danjon zur Zeit- und Breitenbestimmung berichtet. Aus dem FK3 und FK3 Supp wurden 12 Gruppen von 28 Sternen ausgewählt, von denen je zwei Gruppen pro Nacht einen Monat lang beobachtet werden. Man erhält so die aus den Fehlern des Kataloges herrührenden systematischen Differenzen zwischen je zwei aufeinanderfolgenden Gruppen, außerdem am Ende eines Jahres einen «Anschlußfehler», den man so ausgleichen kann, als handelte es sich um einen Fehler in der Aberrationskonstanten. Die Breitenschwankungen für die Zeit von 1956.5—1957.5 werden gegeben. Mehltretter

* * **D. R. Inglis,** Shifting of the earth's axis of rotation. Vgl. Ref. 13110.

* * **H. Jeffreys, R. O. Vicente,** The theory of nutation and the variation of latitude. Vgl. Ref. 3109.

* * **H. Jeffreys, R. O. Vicente,** The theory of nutation and the variation of latitude: The Roche model core. Vgl. Ref. 3110.

13209. **S. G. Kulagin, L. D. Kowbassjuk,** Ergebnisse der Beobachtungen von zwei hellen Zenitsternen in Gorkij von 1954.7 bis 1956.7. AC Nr. 182 S. 7 (russ.). — Neben den Beobachtungen werden auch die resultierenden Breitenschwankungen mitgeteilt. Loh.

13210. **A. N. Kusnezow,** Über die Berechnung der Breite nach dem Pewzowschen Verfahren. Publ. Inst. Ing. Geod. Luftbildaufnahme Kartogr. Moskau 1957 Nr. 26 S. 101—104 (russ.). — Ref. in RJ 1958 Nr. 4 S. 13.

13211. **A. N. Kusnezow,** Über die Zenit- und Azimutverfahren zur Zeit- und Breitenbestimmung. Publ. Inst. Ing. Geod. Luftbildaufnahme Kartogr. Moskau 1957 Nr. 27 S. 81—93 (russ.). — Ref. in RJ 1058 Nr. 5 S. 13.

13212. **J. Lemmens,** Déterminations de latitude au réfracteur zénithal visuel de l'Université de Bruxelles. Bull. Cl. Sci. Acad. roy. Belgique (5) **43** 159—162. — Verf. legt das Ergebnis der im Jahre 1955 durchgeführten Breitenbestimmungen vor. Die gewonnenen Resultate sind in Übereinstimmung mit den 1953 gefundenen. Henn

13213. **L. J. Lukeš,** Ein neues Verfahren der astronomischen Orientierung. Geod. Kartogr. obzor Praha 3/45. Jahrg. Nr. 5.

13214. **P. J. Melchior,** Sur la fluctuation des latitudes moyennes des stations du service des latitudes et la méthode d'Orlov. Bull. géod. Nr. 46 S. 22—27 = Commun. Obs. Roy. Belgique Nr. 138. — Das hier vorgeschlagene Verfahren ergibt einen glatteren Verlauf für die Fluktuationen der mittleren Breite einer Station als die Orlowsche Methode, die die kurzperiodischen Effekte nicht restlos eliminiert. T. L.

13215. **P. J. Melchior,** Latitude variation. Progress in Physics and Chemistry 2 212—243 (Pergamon Press, London-New York-Paris, 1957) = Commun. Obs. Roy. Belgique Nr. 130. — Nach einem Überblick über die Theorie der Breitenschwankungen und die Beobachtungsergebnisse werden die Untersuchungen behandelt, die sich besonders mit einer Erklärung für die aus den Beobachtungen abgeleitete säkulare und periodische Komponente der Polbewegung befassen. T. L.

13216. **V. Milovanović, B. Šervalić, G. Teleki,** Observations à la lunette zénithale (de 110 mm) du service de latitude de l'Observatoire. Bull. Obs. Astr. Beograd 21 Nr. 1—2 S. 3. — Beob. Jan.—Juni.

13217. **E. I. Obreskowa,** Die Änderungen der mittleren Polhöhe Poltawa, Mizusawa, Richmond und Washington. AJ UdSSR 34 458—468 (russ. mit deutschem Ref.). — Zur Ermittlung der Ursachen beträchtlicher Änderungen der Mittelwerte der Polhöhe werden parallele Beobachtungen untersucht, die durch zwei nebeneinander stehende Instrumente in Poltawa und Mizusawa durchgeführt worden waren; außerdem werden die Änderungen der Polhöhen von Richmond und Washington verglichen, die sich annähernd im gleichen Meridian befinden. Die Abhängigkeit dieser Änderungen vom Beobachtungsprogramm und vom Instrument wird untersucht. Dabei wird der Schluß gezogen, daß Änderungen der mittleren Polhöhe, die in Form unregelmäßiger Wellen auftreten, nicht vom Beobachtungsprogramm sondern von gewissen Mängeln des Instruments herrühren, wodurch es zu einer systematischen Anhäufung von Beobachtungsfehlern kommt. Letztere bewirken eine scheinbare Änderung der mittleren Polhöhe, die bisweilen plötzlich erfolgt. Insofern Änderungen des Mittelwerts der Polhöhe weitgehend vom Instrument bedingt werden, sollten sie bei der Errechnung der Koordinaten des momentanen Erdpols ausgeschlossen werden, was leider im Zentralbüro des Internationalen Breitendienstes bis jetzt noch nicht getan wird. Verf.

13218. **W. Opalski,** Eine Azimutbestimmung nach der Methode von Z. Czerski. Inst. angew. Geodäsie Frankfurt Nachr. Karten- und Vermessungswesen (3) Nr. 3 S. 43—52. — Übersetzung aus Geodezja i Kartografia 3 139—145 (poln.).

13219. **A. M. Petrow,** Azimuttabellen des Polarsterns und der Sonne für 1956—1960. Moskau, Militärverlag, 1956. 75 S. mit Fig. Preis 3 R. (russ.). — Besprechung in RJ 1957 Nr. 8 S. 25.

13220. **R. Roelofs,** Gleichzeitige Bestimmung von Breite, Länge und Azimut. Bull. géod. (NS) Nr. 44 S. 66, Z. Vermessungswesen 82 103—108. — Ref. in RJ 1957 Nr. 12 S. 17.

13221. **R. Roelofs,** Neue Methoden der Sonnenbeobachtung zur Orts- oder Azimutbestimmung. Bull. géod. (NS) Nr. 44 S. 65, Z. Vermessungswesen 82 149—152. — Ref. in RJ 1957 Nr. 12 S. 17.

13222. **S. W. Romanskaja, I. F. Korbut, W. I. Sacharow,** Preliminary values of the variation of latitude at Pulkovo (1954.4—1956.0). Mitt. Astr. Hauptobs. Pulkowo 20 Nr. 4 (157) S. 143—144 (russ. mit engl. Ref.). — Auf Grund von 4684 Beobachtungen mit dem großen Pulkowo Zenitteleskop werden vorläufige Werte der Breitenvariationen in den Jahren 1954.4—1956.0 mitgeteilt. Ab 1955 wurde während der ganzen Nacht beobachtet, um mögliche kurzperiodische oder plötzliche Breitenvariationen zu entdecken. Ein Vergleich mit ähnlichen Messungen aus der Periode 1915—28 wird besonders interessant sein, da das Instrument seitdem völlig neu installiert ist. Ond.

13223. **G. Rose,** Höhen- und Azimuttafel. Ann. Hydrogr. 1957 Nr. 8 S. 5—11. — Ref. in RJ 1958 Nr. 6 S. 13.

13224. **F. Schmeidler,** Die Schwankungen der Erdachse. Naturwiss. Rundschau 10 205—207. — Kurzer historischer Abriß von Theorie und Beobachtung der Polbewegung sowie ihrer geophysikalischen Deutungsversuche mit einem Ausblick auf die künftigen Aufgaben. T. L.

13225. **B. M. Ševarlić,** Sur le problème de la variation des latitudes et du mouvement du pôle instantané de rotation à la surface de la terre avec un avant-propos et un supplément à la bibliographie par N. Stoyko. Publ. Obs. Astr. Beograd Nr. 5, 120 S. — Der 1. Teil der Monographie behandelt die theoretischen Grundlagen. Im 2. Teil wird sowohl über die Beobachtungsergebnisse und die historische Entwicklung des Breitendienstes als auch über die wichtigsten Arbeiten berichtet, die sich mit der Analyse oder Deutung der Resultate befassen. Das im 3. Teil gegebene Literaturverzeichnis dürfte mit seinen 1761 Zitaten wohl das vollständigste auf diesem Gebiet sein. T. L.

13226. **A. Stoyko, N. Stoyko,** La détermination du mouvement du pôle et son utilisation pour l'amélioration de l'heure. BA **21** 205—259. — Untersuchung der Polbewegung mit Hilfe der Ergebnisse der verschiedenen Breitendienste und seine Verwendung im Zeitdienst. Vergleich mit dem Internationalen Breitendienst. Interpolations- und Extrapolationsmethoden zur Berechnung der Polkoordinaten nach der Methode von A. J. Orlow. Verf.

13227. **N. Stoyko,** Opération Internationale des Longitudes (1957—1958). Ann. Françaises Chronométrie (2) **11** 193—197.

13228. **A. Tárczy-Hornoch,** Az azimutnak és földrajzi szélességnek egy csillag megfigyeléseiböl ùj mòdszerrel valò meghatàrozàsa. Magyar tud. akad. Müsz. tud. oszt. közl. **21** Nr. 1—4 S. 321—329.

13229. **K. N. Tawastscherna,** Fundamentale Bestimmung des Längenunterschiedes zwischen dem Astronomischen Observatorium der Staatsuniversität Leningrad und dem Wissenschaftlichen Forschungsinstitut für Metrologie der UdSSR mittels photoelektrischer Methode. Abh. Shdanow-Staatsuniv. Leningrad Nr. 190 (Math. Nr. 29) S. 126—178 = Publ. Astr. Obs. Leningrad **17** 126—178 (russ.). — Das lichtelektrische Passageninstrument und die Meßmethode werden ausführlich beschrieben. Aus drei Meßreihen an beiden Stellen wird der Längenunterschied zu $+5^s\!.140 \pm 0^s\!.0047$ bestimmt. Die Genauigkeit übertrifft wesentlich die der visuellen Beobachter. Perek

13230. **G. J. Thornton-Smith,** Semi-graphic almucantar azimuths. Empire Survey Rev. **13** 375—380, 1956. — Ref. in RJ 1957 Nr. 8 S. 23.

13231. **R. Toscano,** Determinaciones precisas de la hora y la latitud. Determinación del azimut. México, 1956. 112 S. Preis 12.00 Pesos.

* * **R. O. Vicente,** A influência da constituição interior da Terra no valor das nutações. Vgl. Ref. **3124**.

13232. **A. M. Walker, A. Young,** Further results on the analysis of the variation of latitude. MN **117** 119—141. — Im Anschluß an die frühere Untersuchung (AJB **55** Ref. **13237**) wird die dort durchgeführte Analyse verfeinert und die verwendeten Resultate des Internationalen Breitendienstes auf die gesamte Zeit von 1890 bzw. 1900 bis 1955 ausgedehnt. Die Periode der freien Polbewegung ergibt sich nun zu 1.193 Jahren. Dagegen gelang es nicht, einen plausiblen Wert für die Dämpfungskonstante abzuleiten, was vor allem auf die Inhomogenität des Materials zurückzuführen ist. T. L.

13233. **B. I. Wlassow,** The determination of azimuths at Laplace points. AJ UdSSR **34** 477—483 (russ. mit engl. Ref.). — Es werden die Bedingungen aufgestellt, die für die Bestimmung Laplacescher Azimute mit gleicher Genauigkeit in allen Breiten wesentlich sind, wozu ein Ausdruck für den Fehler des Laplaceschen Azimuts in Abhängigkeit von der Ungenauigkeit der astronomischen Koordinaten abgeleitet wird. Es zeigt sich, daß sich das «neue» Verfahren von A. B. Marinbach nicht von der früher entwickelten Niethammerschen Methode unterscheidet, das auf der gemeinsamen Bestimmung der astronomischen

Größen der Laplaceschen Gleichung beruht. Die Anwendung dieser Formel auf den Fall einer getrennten Bestimmung von Azimut und Koordinaten führt zu dem Ergebnis, daß das Verfahren von Black nicht durch die Berechnung des Azimuts mit geodätischen Koordinaten Vorteile bringt, sondern durch den Verzicht auf Beobachtungen des Polarsterns. Verf. (übersetzt)

13234. **E. Zaiser,** Astronomische Ortsbestimmung aus Geschwindigkeitsmessungen der Sonne. Stuttgart, Techn. Hochschule, 1955. 86 S. — Dissertation.

13235. Variations of latitude 1947. Greenwich Astronomical Results 1947. A 47—A 48.

Desgl. für 1949. A 53—A 54.

13236. Declinazioni apparenti delle coppie di stelle osservate nelle Stazioni Internazionali di Latitudine — Parallelo Nord 1956. Pubbl. Ufficio Centrale Latitudini — Oss. Astr. Torino Nr. 14, 36 S. — Verzeichnis der scheinbaren Deklinationen der Sternpaare für den Internationalen Breitendienst.

Desgl. für 1957. Nr. 15, 36 S.

13237. Brown's completed Burdwood azimuth tables, computed for intervals of one degree, for declinations from 0° to 23° between the parallels of latitude 30° and 60° inclusive, from horizon to meridian. Glasgow, Brown, Sons and Ferguson, 1954. Neue Auflage. 6 + 331 S.

13238. Bull hor (4) Nr. 4 S. 82—83, Nr. 5 S. 107, Nr. 7 S. 155, Nr. 8 S. 171, Nr. 9 S. 187, Nr. 10 S. 206—207, Nr. 11 S. 223, Nr. 12 S. 251, Nr. 13 S. 271, Nr. 14 S. 287, Nr. 15 S. 303, Nr. 16 S. 322, Nr. 17 S. 339, Nr. 18 S. 369. — Enthält die rechtwinkligen, interpolierten Koordinaten x und y des Poles und die entsprechenden Korrektionen für die Längen der Beobachtungsstationen des Internationalen Breitendienstes.

§ 133

Navigation

13301. **M. Bayle,** Quelques désirs du navigateur aérien en ce qui concerne la navigation astronomique. Navigation Paris **5** 153—163.

13302. **A. Beito,** Navigation and Nautical Astronomy. Annapolis, 1957. 561 S. — Neuausgabe des bekannten Duttonschen Lehrbuchs der USA Navy, als Interimsausgabe bis zum Erscheinen der Neubearbeitung gedacht. Fr.

13303. **W. Burger,** A new navigational plotting sheet. J. Inst. Navigation **10** 427—428.

13304. **S. M. Burton,** The Art of Astronomical Navigation. Vgl. AJB **55** Ref. **13306**. — Weitere Besprechung in RJ 1957 Nr. 10 S. 20.

13305. **J. Claret,** Un appareil permettant, par simple visée, la détermination du point et du Nord géographiques: le sphérant O.N.E. R.A. 5182. Navigation Paris **4** 20—36, mit Bemerkungen S. 185—191, 1956. — Zweisterngerät zur vollständigen Standortbestimmung durch gleichzeitige Beobachtung von zwei Gestirnen. Trotz mancher konstruktiver Verbesserungen, vor allem der Optik, bedeutet das Gerät keine grundsätzliche Neuerung gegenüber den zahlreichen älteren Patenten. Fr.

13306. **C. Darwin,** Navigation with no aids at all. J. Inst. Navigation **10** 416—417.

13307. **J.-B. Dieumegard,** Petites tables de point astronomique à l'usage des marins et des aviateurs, destinées à rendre sûr, simple et rapide le calcul de la hauteur estimée d'un astre, en fonction de l'angle. Paris, Librairie nautique «Yacht», 1956. 29 S. Preis 500 fr.

13308. **R. Doniol,** La latitude circumméridienne par la méthode du Commandant Guyou. Navigation Paris **5** 291—297.

13309. **N. R. Fallon,** Effect of tilt on position lines. Empire Survey Rev. **14** 40—42. — Ref. in RJ 1957 Nr. 12 S. 17.

13310. **F. Flora,** Astronomia nautica. Milano, U. Hoepli, 1957. 4. Auflage. 16 + 519 S. mit 172 Fig. und 5 Tafeln. Preis L. 1800. — Besprechung in Coelum **25** 118.

13311. **H. C. Freiesleben, R. Höpfner, G. Roediger,** Navigation. Lübeck und Hamburg, Matthiesen-Verlag, 1957. 299 S. mit 280 Fig. — Besprechung in J. Inst. Navigation **11** 112—113 (P. Hugon).

13312. **H. C. Freiesleben,** Welche Aufgabe hat die Uhr für die moderne Navigation? Neue Uhrmacher-Zeitung **11** Nr. 14 S. 3—5. — Ref. in RJ 1958 Nr. 1 S. 16.

13313. **H. C. Freiesleben,** Die amerikanischen Höhen- und Azimut-Tafeln H.O. 214. Eine Einführung. Hamburg, 1957. 15 S.

13314. **E. Gabriel,** Bemerkungen zur amerikanischen Höhentafel H.O. 249. Seewart **17** 55—58, 1956.

13315. **J. García-Frias,** Sobre las tables de lineas de posición de altura. Ciencias **21** 15—27, 1956. — Ref. in RJ 1957 Nr. 8 S. 24.

13316. **B. Guinot,** Le point astronomique en mer. BASF **71** 107—111. — Kurze Beschreibung der Grundlagen, Beobachtungs- und Reduktionsmethoden der astronomischen Navigation. T. L.

13317. **J. F. Heard,** Air navigation since world war II. J RAS Canada **51** 249—255.

13318. **T. Hiraiwa,** Study on the determination of ship's position by observing the Sun. I. II. J. Naut. Soc. Japan Nr. 17 S. 115—125 (japan. mit engl. Ref.). — Ref. in RJ 1958 Nr. 10 S. 12.

13319. **P. Hugon,** Evolution et perspective de la navigation astronomique maritime. Navigation Paris **4** 342—359, 1956.

13320. **H. F. Korger,** Precision celestial navigation in high-speed high altitude aircraft. Navigation Los Angeles **5** 311—322.

13321. **S. M. Kotlarić,** Nove métode astronomskog odredivanja pozicije broda. Split, Hidrogr. Inst. Jugosl. ratne mornarice, 1955. 180 S. mit Fig. Preis 390 Din. (serb.).

13322. **S. M. Kotlarić,** New method of ship position finding from celestial observations. Int. Hydr. Review **33** Nr. 1 S. 97—119, 1956. — Vorschlag bestimmter Tafeln zur abgekürzten Bestimmung von Höhe und Azimut beobachteter Gestirne. Fr.

13323. **S. M. Kotlarić,** New type of star finder. Int. Hydr. Review **33** Nr. 2 S. 27—30, 1956.

13324. **I. Liesis,** Astronominio azimuto nustatymo klausimu. Publ. Polytechn. Inst. Kaunas **7** 171—178. — Ref. in RJ 1958 Nr. 11 S. 14.

13325. **J. C. Lieuwen,** Record Tables. Rotterdam, N. V. Observator, 1957. 8 + 112 S. — Besprechung in J. Inst. Navigation **11** 115 (D. H. Sadler, W. A. Scott).

13326. **A. B. Marinbach,** The influence of the position error of a ship on the correction of the compass, determined astronomically. AJ UdSSR **34** 474—476 (russ. mit engl. Ref.). — Verf. untersucht den Einfluß der Fehler der berechneten Koordinaten des Schiffsortes auf die Kompaßverbesserung, die aus der Peilung eines Himmelskörpers bestimmt wurde, und stellt die Bedingungen auf, unter denen die Abweichung des Schiffsweges wegen dieser Fehler unbedeutend sein wird. Verf. (übersetzt)

13327. **N. N. Matussewitsch,** Grundlagen der nautischen Astronomie. Leningrad, Hydrographischer Dienst der Hochseeflotte, 1956. 548 S. mit Fig. Preis 34 R. 50 Kop. (russ.).

13328. **P. M. Millman,** The visibility of stars during twilight. J. Inst. Navigation **10** 11—16. — Die Abhängigkeit der Sichtbarkeit eines Sterns von seiner Helligkeit und der Sonnenhöhe wurde durch Beobachtungsreihen geprüft. Die Frage ist von besonderer Bedeutung für die astronomische Navigation in den arktischen Gebieten. T. L.

13329. **W. E. Mollett,** Celestial navigation in high latitudes. Navigation Los Angeles **5** 105—107, 1956.

13330. **A. A. Ratschkow,** Grundlagen der nautischen Astronomie. Leningrad, Verlag Seetransport, 1957. 2. Auflage. 314 S. mit Fig. und Karten. Preis 9 R. 30 Kop. (russ.).

13331. **Révillon,** Quelques données récentes sur l'utilisation du sextant à bulle à la mer. Navigation Paris **5** 45—59.

13332. **D. H. Sadler, W. A. Scott,** A one-body fix. J. Inst. Navigation **10** 419—420.

13333. **G. Severino,** Astronomia nautica. I, II. Genova, I. Briano, 1957. 8 + 476 S. mit Fig. Preis L. 2900.

13334. **A. M. Sinzi,** Position lines at high latitudes. J. Nautical Soc. Japan **15** 25—32, 1956 (japan. mit engl. Ref.). — Die Abweichungen der in eine Merkatorkarte eingezeichneten Standlinie von einem Großkreis werden untersucht und abgeschätzt. Bis 70° geogr. Breite dürfen sie vernachlässigt werden; zu ihrer Berücksichtigung in höheren Breiten sind Nomogramme gegeben. T. L.

13335. **A. M. Sinzi,** Position lines at high latitudes. II. J. Nautical Soc. Japan **16** 63—72 (japan. mit engl. Ref.). — Die entsprechende Untersuchung wie in der vorangehenden Arbeit wird für die stereographische Projektion durchgeführt. Die Abweichungen liegen hier für 60° geogr. Breite unter 4 sm, für 80° unter 1 sm; in den Breiten über 85° ist ein vereinfachtes rein graphisches Verfahren anwendbar. T. L.

13336. **J. Swerling,** A format for a rapid multiple star fix solution. Navigation Los Angeles **5** 193—197, 1956.

13337. **Y. Takase,** Studies on a new nautical nomogram. J. Naut. Soc. Japan Nr. 17 S. 127—133 (japan. mit engl. Ref.). — Ref. in RJ 1958 Nr. 10 S. 13.

* * **E. G. R. Taylor,** The Haven finding art: A History of navigation from Odysseus to Captain Cook. Vgl. Ref. **1380**.

13338. **N. M. Twere,** Der Einfluß des Seegangs auf die Genauigkeit astronomischer Bestimmungen des Schiffsortes bei der Messung von Gestirnshöhen über dem scheinbaren Horizont und der Wasserlinie eines anderen Schiffes. Publ. Seehochschule Murmansk 1957 Nr. 1 S. 131—146 (russ.). — Ref. in RJ 1958 Nr. 11 S. 15.

13339. The accuracy of astronomical observations at sea. J. Inst. Navigation **10** 223—248, mit Bemerkungen S. 420—422. — Bericht einer speziell zur Untersuchung dieser Frage aufgestellten Arbeitsgruppe unter der Leitung von D. H. Sadler. 3319 eingegangene Beobachtungen von 156 Beobachtern werden einer eingehenden statistischen Analyse unterzogen; der Fehler in der gefundenen Standlinie beträgt unter 0!7 in 50 %, unter 2!4 in 90 %, unter 3!1 in 95 % der Fälle. T. L.

13340. Astrographische Karten für die nördlichen Breiten 80° bis 90°. Moskau-Leningrad, Akad. Wiss. UdSSR, 1957. 10 einzelne Blätter mit Gebrauchsanleitung, 31 S. mit Fig. Preis 13 R. 20 Kop. (russ.).

13341. La précision des observations astronomiques à la mer. Navigation Paris **5** 392. — Ref. in RJ 1958 Nr. 8 S. 14.

§ 134

Astronautik, Raketen

13401. **R. B. Beard, A. C. Rotherham,** Space Flight and Satellite Vehicles. London, George Newnes, 1957. 150 S. mit 12 Tafeln. Preis 15 s. — Besprechung in Spaceflight **1** 262 (S. W. Greenwood).

13402. **V. M. Blanco,** An astronomer looks at space travel. Sky and Telescope **16** 312—316.

13403. **L. Blitzer, A. D. Wheelon,** Maximum range of a projectile in vacuum on a spherical earth. American J. Phys. **25** 21—24. — Ref. in Phys. Abstracts (A) **60** 281.

13404. **F. M. Branley,** Toward Outer Space. Ghent, N. Y., Home Education Council, 1957. 16 S. Preis $ 0.25. — Besprechung in Sky and Telescope **16** 337.

13405. **N. Bumstead,** Rockets explore the air above us. Nat. Geogr. Mag. **111** 561—580. — Ref. in RJ 1958 Nr. 3 S. 72.

13406. **A. C. Clarke,** Ostajem na Marsu. Zagreb, Izdanje «Epoha», 1957. 197 S. Preis 380 Din. — Übersetzung aus dem Englischen.

13407. **C. A. Cross,** The use of probe rockets. J. British Interplanetary Soc. **16** 148—162.

13408. **W. O. Davis,** Some social implications of space travel. American Rocket Soc. Repr. Nr. 379, 5 S., 1956. — Ref. in RJ 1958 Nr. 4 S. 63—64.

13409. **K. A. Ehricke,** The solar-powered space ship. American Rocket Soc. Repr. Nr. 310, 46 S., 1956. — Ref. in RJ 1958 Nr. 7 S. 58.

13410. **R. Faukner, V. Šrobár,** Družice vo vesmíre. Verlag Osveta. 174 S. Preis Kčs. 13.80. — Besprechung in RH **39** 94.

13411. **H. Faust,** Aufgaben für Meßsatelliten. Weltraumfahrt 1957 S. 9—12. — Einteilung der Astronautik in sieben Abschnitte: Raketen in der Erdatmosphäre; Meßsatelliten im Internationalen Geophysikalischen Jahr; ständige Meßsatelliten; Versuchsflüge unbemannter Raketen in den Raum um die Erde; Flüge mit Besatzungen; bemannte Außenstationen und Weltraumflug.

13412. **R. L. Green,** Into other Worlds. London, Abelard-Schuman Ltd., 1957. 190 S. Preis 16 s. — Besprechung in Spaceflight **1** 332.

* * **C. D. Hendricks,** Ionization by ultra-speed pellets. Vgl. Ref. 235.

13413. **C. de Jager,** Na vijfmiljard jaar! Meteoor **13** 41—43.

13414. **W. A. Jegorow,** Einige Fragen der Dynamik des Fluges zum Mond. DAN **113** 46—49 (russ.). — Verf. berichtet über die hauptsächlichsten Ergebnisse seiner durch numerische Rechnungen mittels elektronischer Maschinen ergänzten theoretisch-analytischen Untersuchungen zum Problem des Erreichens (Treffens) und (periodischen) Umfliegens des Mondes einschließlich der dabei von streuenden Anfangsbedingungen abhängigen Ungenauigkeiten. Loh.

13415. **W. A. Jegorow,** Some problems of the dynamics of flight to the moon. Fortschr. Phys. Wiss. **63** 73—117 (russ.). — Ref. in Phys. Abstracts (A) **61** 440, RJ 1958 Nr. 3 S. 67—68.

13416. **A. Karpenko,** Kosmiskie lidojumi. Rīgā, Valsts izd-ba, 1956. 39 S. mit Fig. Preis 40 Kop.

* * **N. H. Langton,** Meteors and spaceflight. Vgl. Ref. 8255.

13417. **D. F. Lawden,** Mathematical problems of astronautics. Math. Gaz. **41** 168—179. — Ref. in RJ 1958 Nr. 11 S. 72.

13418. **D. F. Lawden,** The simulation of gravity. J. British Interplanetary Soc. **16** 134—140. — Verf. untersucht die Zentrifugal- und Corioliskräfte in einem um seine Achse rotierenden Raumschiff und stellt dieses künstliche Schwerefeld dem normalen an der Erdoberfläche gegenüber. Böh.

13419. **D. F. Lawden,** Transfer between circular orbits. American Rocket Soc. Repr. Nr. 265, 14 S., 1955.

13420. **I. M. Levitt,** A Space Traveller's Guide to Mars. London, Victor Gollancz, 1957. 164 S. mit 8 Tafeln. Preis 16 s. — Besprechung in Obs **78** 39 (E. H. Collinson).

13421. **W. Ley,** Rockets, Missiles, and Space Travel. New York, The Viking Press, 1957. Durchgesehene und erweiterte Auflage. 528 S. Preis $ 6.75. — Besprechung in J. British Interplanetary Soc. **16** 388 (G. V. E. Thompson), J RAS Canada **52** 191 (W. R. Hossack), Sky and Telescope **16** 595, **17** 144.

13422. **M. S. Lissowskaja,** Über die Raketenbahnen, die den Mond umfassen. BIA **6** 550—565 (russ. mit deutschem Ref.). — In dieser Arbeit werden die Existenzbedingungen der Raketenbahnen, die die Erde und den Mond umfassen und von letzterem einen willkürlich kleinen Minimalabstand haben, formuliert. Mittels der von Verf. gegebenen graphischen Methode werden fünf solche symmetrischen Raketenbahnen konstruiert. Verf.

13423. **B. Ljapunow,** Der erste Schritt in den Weltraum. Priroda i Snanije Sofia **10** Nr. 9 S. 11—14 (bulgar.).— Ref. in RJ 1958 Nr. 5 S. 60.

13424. **J. Louvière,** L'astronautique. Paris, Fernand Nathan, 1957. 144 S. mit zahlreichen Abb. Preis 980 ffrs. — Besprechung in La Nature **85** 501.

* * **E. M. McMillan,** The «clock paradox» and space travel. Vgl. Ref. **4171**.

13425. **H. Oberth,** Man into Space. New projects for rocket and space travel. Übersetzt von G. P. H. De Freville. New York, Harper, 14 + 232 S. mit Fig.; London, Weidenfeld & Nicolson, 1957. 226 S. Preis $ 4.50 bzw. 25 s. — Besprechung in Science **126** 457—458 (T. S. Gardner), Spaceflight **1** 263 (P. E. Cleator).

13426. **H. E. Prew,** Space exploration: The new challenge to the electronics industry. J. Astronautics **4** 9—15.

13427. **E. Rjabtschikow,** So fliegt man zu den Sternen. (Interplanetare Flüge). Moskau, «Sowjetrußland», 1957. 87 S. Preis 1 R. 55 Kop. (russ.).

13428. **E. Sänger,** Zur Flugmechanik der Photonenraketen. Astronaut. Acta **3** 89—99.

13429. **E. Sänger,** Die Raumfahrt und die Erschließung fremder Welten. Universitas **12** 967—976.

13430. **A. A. Sternfeld,** Der Flug in den Weltraum. Vgl. AJB **49** Ref. **13417**. — Auch in andere Sprachen übersetzt.

13431. **A. A. Sternfeld,** Interplanetare Flüge. Vgl. AJB **56** Ref. **13440**. — Auch in andere Sprachen übersetzt.

13432. **E. Stuhlinger,** The flight path of an electrically propělled space ship. J. American Rocket Soc. **27** 410—414.

13433. **W. Trommsdorff,** Welche wissenschaftlichen Einsichten und welcher wirtschaftliche Nutzen können erhofft werden, wenn das Problem der Raumfahrt gelöst ist? Weltraumfahrt 1957 S. 33—38.

13434. **G. A. Tschebotarew,** Die symmetrische Bahn einer Rakete für den Flug um den Mond. BIA **6** 487—492 (russ. mit engl. Ref.). — Verf. berechnet eine symmetrische Bahn für den Flug einer Rakete um den Mond mit Rückkehr zur Erde ohne Treibstoffverbrauch in der Bahn. Verf. (übersetzt)

13435. Realities of Space Travel. Herausgegeben von L. J. Carter. London, Putnam & Co. Ltd., 1957. 431 S. Preis £ 1 15 s. — Besprechung in Hemel en Dampkring **55** 104 (J. J. Raimond jr.), J RAS Canada **51** 313 (W. R. Hossack), Nature **180** 453 (D. R. Bates), Sky and Telescope **16** 387, 594—595 (H. J. Smith).

13436. Space Research and Exploration. Herausgegeben von D. R. Bates, P. Moore. London, Eyre & Spottiswoode, 1957. 224 S. mit 21 Fig. und 17 Tafeln. Preis 25 s. net. — Besprechung in Irish AJ **4** 193—200, Obs **78** 87 (B. E. J. Pagel).

13437. Principios basicos de la astronautica. Bol. Asoc. argent. interplanet. **3** Nr. 10 S. 9—15, 1956.

13438. Astronautica e meteoriti. Coelum **25** 81.

13439. Chemistry in space flight. Part 1. J. Space Flight **8** Nr. 10 S. 1—4, 1956. — Ref. in RJ 1958 Nr. 7 S. 59—60.

13440. Orbit computation. Science **125** 109.

13441. Space-travel panel. Sky and Telescope **16** 471—472. — Ref. AAS.

Künstliche Erdsatelliten

13442. **I. Almár,** Kutatomunka mesterséges holdakkal. Fiz. szemle **7** Nr. 2—3 S. 53—62. — Ref. in RJ 1958 Nr. 8 S. 64.

13443. **I. S. Astapowitsch, S. A. Kaplan,** Visuelle Beobachtungen künstlicher Erdsatelliten. Moskau, Techn.-Theoret. Staatsverlag, 1957. 82 S. mit Fig. Preis 1 R. 20 Kop. (russ.). — Besprechung in Priroda **47** Nr. 6 S. 122.

13444. **R. Baumgartner,** Radio-Beobachtung des ersten Erdsatelliten durch Amateur-Stationen in der Schweiz. Orion Schaffhausen **5** 328—333.

13445. **E. Bergaust, W. Beller,** Satellite! New York, Hanover House, 1956; London, Lutterworth Press, 1957. 239 S. mit 14 Fig. Preis $ 3.95 bzw. 17 s. 6 d. — Besprechung in J. British Interplanetary Soc. **16** 323 (S. W. Greenwood).

13446. **M. Bittini,** Considerazioni sulla visibilità di un satellite artificiale. Atti Fondaz. Ronchi **12** 509—510.

13447. **J.-P. Blaser, E. Maier,** Die künstlichen Erdsatelliten. Orion Schaffhausen **5** 236—242.

13448. **L. Blitzer,** Lunar-solar perturbations of an earth satellite. Bull. American Phys. Soc. (2) **2** 307.

13449. **L. Blitzer,** Effect of the earth's oblateness on the period of a satellite. J. American Rocket Soc. **27** 397, 405—406.

13450. **L. Blitzer, A. D. Wheelon,** Oblateness perturbation of elliptical satellite orbits. J. appl. Phys. **28** 279. — Formel für die Bewegung der Knotenlänge eines auf einer elliptischen Bahn umlaufenden künstlichen Erdsatelliten als Funktion der Anfangsdaten. Böh.

13451. **L. Blitzer,** Apsidal motion of an IGY satellite. J. appl. Phys. **28** 1362. — Bemerkungen über die Apsidenbewegung eines künstlichen Erdsatelliten und Vergleich mit der Bewegung der Knotenlänge. Böh.

13452. **W. von Braun, K. Gatland, H. E. Ross, A. V. Cleaver,** Project Satellite. Herausgegeben von K. Gatland. Wingate Press. Preis 21 s. — Besprechung in Spaceflight **1** 261—262 (C. A. Cross).

13453. **R. R. Brown, P. E. Green jr., B. Howland, R. M. Lerner, R. Manasse, G. Pettengill,** Radio observations of the Russian earth satellite. Proc. Inst. Radio Engineers **45** 1552—1553. — Ref. in RJ 1958 Nr. 6 S. 62.

13454. **E. Burgess,** Satellites and Spaceflight. New York, The Macmillan Co., 1957. 7 + 159 S. Preis $ 3.95. — Besprechung in Publ ASP **70** 227, Sky and Telescope **17** 364.

13455. **H. E. Canney jr., F. I. Ordway III,** The uses of artificial satellite vehicles. II. Astronaut. Acta **3** 1—15.

13456. **Y. C. Chang, C.-H. Chang,** An investigation on the orbital motion of an artificial satellite. Acta Astr. Sinica **5** 196—221 (chines. mit engl. Ref.).

13457. **P. F. Checcacci, V. Russo, C. Carreri,** Intercettazione di segnali radio emessi dal satellite «Sputnik I». Ric. Sci. **27** 3252—3260. — Kurze Beschreibung der Apparate und Methoden zum Empfang der vom Satelliten Sputnik gesendeten Signale. Es werden einige während seinem Durchgang oszillographisch aufgenommene Diagramme von Impulscharakter gebracht. Mit Hilfe der kontinuierlich abgestrahlten Welle ist auf Grund des Doppler-Effekts eine Bestimmung des Verlaufs der radialen Komponente seiner Geschwindigkeit versucht worden. Verf.

13458. **A. C. Clarke,** The Making of a Moon. The Story of the Earth Satellite Program. New York, Harper & Brothers; London, Frederick Muller Ltd., 1957. 205 S. Preis $ 3.50. — Besprechung in El Universo **12** 98—99, J. British Interplanetary Soc. **16** 322 (S. W. Greenwood), PAT **38** 159—160.

13459. **P. Couderc,** Le satellite artificiel. BSAF **71** 431—439. — Der Start von Sputnik I ist Anlaß zu allgemeinen Bemerkungen über Bahn und Aufgaben der künstlichen Erdsatelliten. Böh.

13460. **P. Couderc,** Les satellites artificiels. BSAF **71** 453—470. — Angaben über die Bahn von Sputnik I mit persönlichen Bemerkungen des Verf. über den Start des ersten künstlichen Erdsatelliten und über die Verwendung dieser Objekte. Böh.

13461. **C. A. Cross,** Satellite paradox. Spaceflight **1** 48.

13462. **L. E. Cunningham,** The motion of a nearby satellite with highly inclined orbit. AJ **62** 12—13. — Ref. AAS.

13463. **R. J. Davis, R. C. Wells, F. L. Whipple,** On determining the orientation of a cylindrical artificial earth-satellite. Astronaut. Acta **3** 231—236 = Harv Repr Nr. 479.

13464. **J. van Diggelen,** Fotografische waarnemingen van de kunstmaan. Meteoor **13** 12—14.

* * **R. L. Easton,** Radio tracking of IGY satellite: the Mark II Minitrack system. Vgl. Ref. **7292**.

13465. **J. A. Fejer,** Life-time of an artificial earth satellite. Nature **180** 1413. — Ref. in Phys. Abstracts (A) **61** 139.

13466. **E. K. Fjodorow, G. A. Skuridin,** Rachetele şi sateliţii artificiali ai pămîntului în cercetàrile atmosferei superioare. Gaz. mat. fiz. (B) 8 625—637.

13467. **J. Gadomski,** Sztuczne satelity jako ciała niebieskie. Urania Kraków **28** 353—357. — Gemeinverständliche Angaben über die Bewegung des ersten künstlichen Erdsatelliten. Rybka

13468. **B. Garfinkel,** On the motion of the earth satellite. Ordonance Computer Research Report, Ballistic Research Laboratories, Aberdeen Proving Ground, **4** Nr. 1 S. 1—6. — Ref. in Math. Rev. **19** 785.

13469. **K. W. Gatland,** Rockets and artificial satellites in the I. G. Y. Spaceflight **1** 130—138.

13470. **J. Geertsma,** Det aardsatelliet-project «Vanguard». Meteoor **13** 4—5.

13471. **W. Geisler,** Wschodza Nowe Ksiezyce (O sztucznych satelitach Zieme). Warszawa, Wiedza Powszechna, 1957. 189 S. mit 49 Fig. Preis 10 zł. — Besprechung in J. British Interplanetary Soc. **16** 499 (J. E. Stolarczyk).

13472. **S. Gejer,** Radiosignaler från Sputnik I. Tek. T. **87** 989—990.

13473. **D. T. Goldman, S. F. Singer,** Studies of a minimum orbital unmanned satellite of the earth (MOUSE) III. Radiation equilibrium and temperature. Astronaut. Acta **3** 110—129.

13474. **I. S. Gulledge, M. J. Koomen, D. M. Packer, R. Tousey,** Effect of angular motion on the threshold for detecting an earth satellite. J. Optical Soc. America **47** 1047. — Ref. Optical Soc. America.

13475. **W. H. Haas,** Operation Moonwatch. Spaceflight **1** 49—51.

13476. **W. H. Haas,** The satellite age. Strolling Astronomer **11** 121—123.

13477. **J. Halenka,** Der erste künstliche Erdsatellit. Rozhledy **35** 460—463 (tschech.).

13478. **R. P. Haviland,** On applications of the satellite vehicle. American Rocket Soc. Repr. Nr. 264, 16 S., 1955.

13479. **R. P. Haviland,** What the future holds for the earth satellite. J. Astronautics **4** 41—45, 51.

13480. **I. G. Henry,** Lifetimes of artificial satellites of the earth. American Rocket Soc. Repr. Nr. 359, 14 S., 1956. — Ref. in RJ 1958 Nr. 6 S. 61.

13481. **I. G. Henry,** Lifetimes of artificial satellites of the earth. J. American Rocket Soc. **27** 21—24, 27. — Ref. in Phys. Ber. **36** 2018—2019.

* * **B. Hoffmann,** General relativistic red shift and the artificial satellite. Vgl. Ref. **4156**.

13482. **C. Hoffmeister,** Beobachtung und Bahnbestimmung der künstlichen Satelliten. Sterne **33** 202—203.

13483. **G. Horn-d'Arturo,** Riflessioni sulla data memorabile del 4 ottobre. Coelum **25** 165—166.

13484. **J. A. Hynek,** Optical tracking of the IGY earth satellite. J. Optical Soc. America **47** 1047. — Ref. Optical Soc. America.

13485. **W. I. Iwanikow,** Die Möglichkeit der photographischen Beobachtung künstlicher Erdbegleiter. AC Nr. 187 S. 5—7 (russ.). — Die Grenzgröße, bis zu der ein künstlicher, von der für den Beobachter unter dem Horizont stehenden Sonne beschienener Erdsatellit photographiert werden kann, hängt außer von seiner scheinbaren Helligkeit und Winkelgeschwindigkeit von der Aufnahmeapparatur und der Empfindlichkeit des Negativmaterials ab. Für ein russisches Gerät werden hierzu mit Hilfe einer Einrichtung für künstliche Meteore gewonnene Daten und Formeln angegeben. Um Dämmerungsschleier zu vermeiden, wird empfohlen, den Verschluß erst unmittelbar vor Erscheinen des Satelliten zu öffnen, da sonst effektive Empfindlichkeitsverluste bis zu einer halben Größenklasse auftreten können. Der für die Versuche benutzte Rollfilm wurde 35 Minuten in einem Spezialentwickler angegebener Zusammensetzung behandelt. Petri

13486. **C. de Jager,** De banen van de eerste twee kunstmanen. Hemel en Dampkring **55** 197—206 = Werkgroep Meteoren Medd. Nr. 41. — Bericht über Beobachtungen des Raketenkörpers 1957α_1 in Holland und Belgien mit Abschätzung seiner Größe. Beschreibung der Bahnen von 1957α_1, α_2 und β. Elemente für 1957α_2 (Okt. 15) nach Radiobeobachtungen in Cambridge (England) und für 1957β (Nov. 4) nach drei visuellen Beobachtungen. Erläuterung der beobachteten Präzession und der Bahnveränderungen mit den daraus folgenden Ergebnissen für den Zustand der Erdatmosphäre in 200 km Höhe. Anweisungen für den Amateurbeobachter. Drei Bahnaufnahmen. Gü.

13487. **C. de Jager,** Wetenschappelijk onderzoek vanuit raketten en met de kunstmaan. Meteoor **13** 2—3.

13488. **C. de Jager,** Eerste kunstmaan (1957α_2) kwijtgeraakt (nagekomen bericht). Meteoor **13** 52.

13489. **C. Luplau Janssen,** Sputnik. Urania København **14** 73—75.

13490. **C. Luplau Janssen,** Sputnik II. Urania København **14** 81—83.

13491. **R. Jastrow, C. A. Pearse,** Atmospheric drag on the satellite. J. Geophys. Res. **62** 413—423.

13492. **I. M. Jazunskij,** The effect of geophysical factors upon the motion of a satellite. Fortschritte Phys. Wiss. **63** Nr. 1a S. 59—71 (russ.). — Ref. in Phys. Abstracts (A) **61** 346, RJ 1958 Nr. 3 S. 66.

13493. **J. Jensen,** Satellites. Navigation Los Angeles **5** 121—128, 1956.

13494. **J. Jensen,** Satelliten. Phys. Blätter **13** 73—79.

13495. **F. Kadavý,** The first soviet artificial satellite. RH **38** 242—244 (tschech.).

13496. **W. D. Kahn,** Calibration of Minitrack Mark II. AJ **62** 396—399. — Aus Beobachtungen der Kulminationszeiten der Radioquellen in Taurus und Cassiopeia werden Azimut und Kollimationsfehler des Instruments nach der Formel von T. Mayer bestimmt. Der mittlere Fehler der Durchgangszeit ergibt sich zu $\pm 45\overset{s}{.}8$. Böh.

13497. **A. G. Karpenko, M. L. Lidow,** Über die Temperaturverhältnisse eines künstlichen Erdsatelliten. Nachr. Akad. Wiss. UdSSR (Geophys.) 1957 Nr. 4 S. 527—533 (russ.). — Ref. in RJ 1958 Nr. 4 S. 66.

13498. **I. R. King, G. C. McVittie, G. W. Swenson jr., S. P. Wyatt jr., N. Lea,** Further radio observations of the first satellite. Nature **180** 943—944. — Ref. in Phys. Abstracts (A) **61** 139.

13499. **T. Kisselewa,** Photographische Beobachtungen des künstlichen Erdbegleiters in Pulkowo am AKD. AC Nr. 186 S. 2—3 (russ.).

134100. **W. B. Klemperer, R. M. Baker jr.,** Satellite librations. Astronaut. Acta **3** 16—27. — Ref. in Math. Rev. **19** 510; Phys. Ber. **37** 362—363, RJ 1958 Nr. 1 S. 81.

134101. **J. M. J. Kooy,** On the application of the method of variation of elliptic orbit elements in case of a satellite vehicle. Astronaut. Acta **3** 179—214. — In der Arbeit wird schematisch angegeben, wie die sechs elliptischen Bahnelemente eines um die Erde umlaufenden künstlichen Mondes durch Beobachtung bestimmt werden können, und es wird kurz die Methode der Variation der Bahnelemente skizziert, wobei die störenden Einflüsse der Abplattung der Erde, der Anziehung von Sonne und Mond und des Luftwiderstandes in Betracht gezogen werden mit der Absicht, den künstlichen Mond als anzeigendes Gerät für die geophysikalische Forschung zu gebrauchen. Durch Beobachtung der Variation der Bahnelemente mit der Zeit und Vergleich dieser Beobachtungen mit den Resultaten der Rechnung bei verschieden angenommenen Massenverteilungen innerhalb der Erde und Dichteverteilungen innerhalb der Atmosphäre wird man imstande sein, diese Annahmen experimentell zu prüfen. In gleicher Weise könnte ein unbemanntes, um den Mond laufendes Raumfahrzeug für die Erforschung der inneren Massenverteilung des Mondes verwendet werden. Verf. (gekürzt)

134102. **J. M. J. Kooy,** De kunstmaan als technisch hemellichaam. Meteoor **13** 5—7.

134103. **H. G. L. Krause,** Die Bahnstörungen eines künstlichen Erdsatelliten. Weltraumfahrt 1957 S. 18. — Ref.

134104. **J. Krylow, W. M. Rasumejew,** Der zweite Mond. (Künstlicher Erdsatellit). Moskau, Verlag «Junge Garde», 1957. 46 S. mit Fig. Preis 60 Kop. (russ.).

134105. **L. Krystanow,** Die Bedeutung künstlicher Erdsatelliten für geophysikalische Untersuchungen. Priroda Sofia **6** Nr. 5 S. 87—91 (bulgar.).

134106. **W. I. Lewantowskij,** Erzählung über künstliche Satelliten. Moskau, Techn. Staatsverlag, 1957. 96 S. mit Fig. Preis 1 R. 55 Kop. (russ.).

134107. **F. Link,** Conditions de visibilité du satellite artificiel. Studia geophys. et geodaet. **1** 114—123. — Verf. befaßt sich mit den Bedingungen für die Sichtbarkeit des amerikanischen Satelliten Vanguard. Folgende Faktoren werden in Rechnung gestellt: Sonnenbeleuchtung am Rande des Erdschattens, Entfernung und Richtung des Satelliten, Phase des Satelliten und Helligkeit des Dämmerungshimmels in Richtung zum Satelliten. Mit den berechneten Tafeln kann die Satellitenhelligkeit leicht abgeleitet werden. J. B.

134108. **V.-C. Liu,** On the motion of a projectile in the atmosphere. Z. angew. Math. Phys. **8** 76—82. — Ref. in Math. Rev. **18** 775.

134109. **E. J. Long,** Tracking the satellite. Nature Mag. **50** Nr. 3 S. 154—155, 162. — Ref. in RJ 1958 Nr. 4 S. 68.

134110. **E. Mädlow,** Zum Satelliten. VdS-Schnell-Nachricht Nr. 4/1957, 1 S. — Elemente des Satelliten und der Trägerrakete.

134111. **D. J. Markarian,** Project Vanguard — The Earth Satellite Program. Weltraumfahrt 1957 S. 18. — Ref.

134112. **E. L. Martin,** Il primo satellite artificiale della terra. Oss. Astr. Trieste Nr. 280, 11 S.

134113. **D. G. Mazur,** Telemetering and propagation problems of placing the earth satellite in its orbit. Proc. Inst. Radio Engineers **44** 752—754, 822, 1956. — Ref. in RJ 1957 Nr. 12 S. 10.

134114. **C. Mennella,** Missili e satelliti: prime tappe dell'astronautica. Firenze, Sansoni, 1957. 343 S. Preis L. 1200. — Besprechung in Coelum **26** 55.

134115. **C. Mennella,** Il lancio dei primi satelliti artificiali. L'Universo **37** 1017—1026.

134116. **A. R. Michaelis,** Rocket and satellite cinematography. Brit. J. Photogr. **104** 374—383. — Ref. in RJ 1958 Nr. 7 S. 56.

134117. **A. A. Michajlow,** Über die Beobachtung des künstlichen Satelliten. AJ UdSSR **34** 313 = AC Nr. 180 S. 1 (russ.). — Übersetzung ins Deutsche in NAZvM 343. — In diesem Aufruf zur Teilnahme an den Beobachtungen künstlicher Satelliten wird sehr kurz über die Beobachtungsbedingungen, das zu errichtende Beobachtungsnetz und die Ausrüstung der Stationen berichtet; ferner wird auf die Notwendigkeit hingewiesen, die Satelliten mit Lichtsignalgebern auszustatten. Loh.

134118. **E. A. Müller,** Die erste visuelle Beobachtung der Satellitenrakete in Ann Arbor, Michigan, am 13. Oktober 1957. Orion Schaffhausen **5** 325—327.

134119. **R. A. Naef,** Die offizielle Benennung der künstlichen Erdsatelliten. Orion Schaffhausen **5** 335.

134120. **R. A. Naef,** Der zweite russische Erdsatellit (1957 β). Orion Schaffhausen **5** 336.

134121. **G. Nebbia,** 4 ottobre 1957. Coelum **25** 161—163.

134122. **O. Obůrka,** About the life-time of the artificial satellites. RH **38** 267—269 (tschech.).

134123. **D. E. Ochozimskij, T. M. Enejew,** Quelques problèmes variationnels, liés au lancement d'un spoutnik. Fortschritte Phys. Wiss. UdSSR **63** 5—32 (russ.). — Übersetzung in Astr. News Letter Nr. 87 S. 10—48, J. British Interplanetary Soc. **16** 263—294. — Verf. untersuchen mehrere Probleme, die beim Start eines künstlichen Satelliten mit Hilfe einer Ein- oder Mehrstufenrakete auftreten (Einfluß des Schubs auf die Erdbahn, minimaler Treibstoffverbrauch, Einfluß des Schwerefeldes und der Rotation der Erde). Böh.

134124. **D. E. Ochozimskij, T. M. Enejew, G. P. Taratynowa,** Bestimmung der Lebensdauer eines künstlichen Erdbegleiters und Untersuchung der säkularen Störungen seiner Bahn. Fortschritte Phys. Wiss. **63** Nr. 1a S. 33—50 (russ.). — Ref. in Phys. Abstracts (A) **61** 440, RJ 1958 Nr. 4 S. 64—65.

134125. **J. A. O'Keefe, C. D. Batchlor,** Perturbations of a close satellite by the equatorial ellipticity of the earth. AJ **62** 183—185. — Es wird gezeigt, daß der von der Elliptizität des Äquators herrührende Term in der Entwicklung des Erdpotentials von Jeffreys nach Kugelfunktionen eine halbtägige periodische Störung in der Knotenlänge eines benachbarten Erdsatelliten erzeugt; eine Abschätzung mit dem Wert von Jeffreys für jene Elliptizität ergibt einen Effekt von beobachtbarer Größenordnung, so daß es möglich scheint, die Form des Erdäquators aus Beobachtungen künstlicher Satelliten zu bestimmen. Böh.

134126. **J. A. O'Keefe,** An application of Jacobi's integral to the motion of an Earth satellite. AJ **62** 265—266. — Bezogen auf ein rotierendes, im Erdkörper festes Achsenkreuz wird für die Bewegung eines Erdsatelliten das Integral $N^2 = 2\,V + \text{const.}$ abgeleitet, worin N die Geschwindigkeit des Satelliten in dem rotierenden System und V das Erdpotential einschließlich der Zentrifugalkraft bedeuten. Böh.

134127. **E. J. Öpik,** Artificial satellites. Irish AJ **4** 201—251, Berichtigung in Irish AJ **5** 36 = Armagh Obs. Leaflet Nr. 47. — Vor dem Start von Sputnik I erschienener zusammenfassender Bericht über den Aufbau der amerikanischen künstlichen Erdsatelliten, die Methoden zu ihrer Beobachtung sowie deren Genauigkeit und die mit Satelliten zu lösenden wissenschaftlichen Aufgaben. Böh.

134128. **E. Öpik,** Comments on satellites. Irish AJ **4** 252—256.

134129. **F. I. Ordway III,** Project Vanguard — Earth Satellite Vehicle Program. Astronaut. Acta **3** 67—86.

134130. **A. E. Osorio,** Sistema radioeléctrico del satélite artificial. Rev. Astr. Nr. 141 S. 186—189.

134131. **N. V. Petersen,** Lifetimes of satellites from near-circular and elliptic orbits. American Rocket Soc. Repr. Nr. 276, 36 S., 1955.

134132. **N. V. Petersen,** Lifetimes of satellites in near-circular and elliptic orbits. J. American Rocket Soc. **26** 341—351, 368, 1956.

134133. **A. M. Peterson,** Radio and radar tracking of the Russian earth satellite. Proc. Inst. Radio Engineers **45** 1553—1555. — Ref. in RJ 1958 Nr. 6 S. 62.

134134. **W. H. Pickering,** Scientific aspects of the satellite program. American Rocket Soc. Repr. Nr. 288, 11 S., 1956. — Ref. in RJ 1958 Nr. 8 S. 63.

134135. **J. J. Raimond jr.,** Spoetnik, kunstmaan nummer een. Hemel en Dampkring **55** 173—177.

134136. **R. E. Roberson,** Orbital behavior of earth satellites. I. II. J. Franklin Inst. **264** 181—201, 269—285. — Ref. in Phys. Abstracts (A) **61** 440, RJ 1958 Nr. 11 S. 11.

134137. **H. B. Rosenstock,** The effect of the earth's magnetic field on the spin of the satellite. Astronaut. Acta **3** 215—221.

134138. **D. A. Roshkowskij, W. S. Matjagin,** Ergebnisse der photographischen Beobachtung der Trägerrakete am Bergobservatorium des Astrophysikalischen Instituts der Akademie der Wissenschaften der Kasachischen Sowjetrepublik vom 25. Oktober 1957. AC Nr. 186 S. 1—2 (russ.).

134139. **D. A. Roshkowskij,** Über die Durchführung photographischer Beobachtungen von künstlichen Begleitern und Raketen mit dem 50 cm-Maxutow-Meniskusteleskop. AC Nr. 187 S. 3—4 (russ.). — Hinter die Korrektionslinse des Teleskops — auf der dem Spiegel zugewandten Seite — wurde eine planparallele, um 3 bis 4 Grad diagonal schwenkbare Platte angebracht, die jede Sekunde mit Hilfe eines Elektromagneten gekippt werden kann und mit einem Chronographen gekuppelt ist. Auf diese Weise kann der Weg eines Sputniks auch zeitlich verfolgt werden. Loh.

134140. **P. Rousseau,** Satellites artificiels. Paris, Hachette, 1957. 192 S. mit 9 Fig. Preis ffrs 600. — Besprechung in Ciel et Terre **73** 569—570 (H. Michel), La Nature **85** 501.

134141. **E. J. Ruppelt,** The Report on Unidentified Flying Objects. New York, Doubleday and Co., 1956. 315 S. Preis $ 4.50. — Besprechung in Strolling Astronomer **11** 60—61 (W. H. Haas).

134142. **A. Schmid,** Der Schwebezustand. Ein Lebenslauf des Satelliten. Denkschrift zum Geophysikalischen Jahr. Bonn, Athenäum-Verlag, 1957. 33 S. Preis DM 2.80. — Besprechung in Sterne **34** 92—93 (C. Hoffmeister).

134143. **I. Schmidt,** Visibility of artificial satellites of the planet Earth. J. Aviat. Med. **28** 435—446.

134144. **I. Schmidt,** Berechnungen zur Sichtbarkeit von Erdtrabanten. Weltraumfahrt 1957 S. 104—107.

134145. **W. Schüepp,** Erste Beobachtungen der Trägerrakete des Sputnik I (1957 α_1) in der Schweiz. Orion Schaffhausen **5** 334—335.

134146. **J. M. C. Scott,** Estimating the life of a satellite. Nature **180** 1467—1468. — Ref. in Phys. Abstracts (A) **61** 139.

134147. **A. Silvestri,** Il satellite artificiale primo passo nella conquista dello spacio. Roma, Ed. Esse, 1955. 143 S. Preis 1800 L.

134148. **S. F. Singer,** The effect of meteoric particles on a satellite. American Rocket Soc. Nr. 307 S. 1—22, 1956. — Ref. in RJ 1958 Nr. 1 S. 81—82.

134149. **S. F. Singer,** The effect of meteoric particles on a satellite. Jet Propuls **26** 1071, 1956. — Vgl. außerdem J. American Rocket Soc. **26** 1071—1075, 1087, 1090, 1956.

134150. **E. Škrabal,** Visibility of artificial satellites. RH **38** 122—125 (tschech.).

134151. **G. A. Skuridin, L. W. Kurnossowa,** Wissenschaftliche Untersuchungen mit Hilfe künstlicher Erdbegleiter. Priroda **46** Nr. 12 S. 7—14 (russ.). — Es werden die einzelnen Gebiete der Erforschung mittels künstlicher Erdbegleiter dargelegt: das kurzwellige Sonnenspektrum, kosmische Strahlen, die Zusammensetzung der Atmosphäre, die korpuskulare Sonnenstrahlung, die geomagnetischen Erscheinungen, die Mikrometeorite. Von den Apparaturen im zweiten Sputnik sind Aufnahmen und Schemata gegeben. Perek

134152. **J. Spincourt,** Le premier satellite artificiel. La Nature **85** 453.

134153. **A. Spitz,** Professional cooperation with the visual satellite observing program. AJ **62** 33. — Ref. AAS.

134154. **T. E. Sterne,** A suggested analytical treatment of the orbit of a close satellite. AJ **62** 33—34. — Ref. AAS.

134155. **T. E. Sterne,** Analytical orbits of close satellites of oblate planets. AJ **62** 96. — Ref. AAS.

134156. **T. E. Sterne,** Celestial mechanics of artificial satellites. Sky and Telescope **17** 66—68, mit Berichtigung S. 177. — Elementare und anschauliche Darstellung der Bewegung eines künstlichen Erdsatelliten. Böh.

134157. **G. H. Stine,** Earth Satellites and the Race for Space Superiority. New York, Ace Books, 1957. 191 S. Preis $ 0.35. — Besprechung in Strolling Astronomer **12** 25—26 (E. L. Cleveland).

134158. **T. Tabanera,** El satelite artificial de la Tierra. Bol. Asoc. argent. interplanet. **3** Nr. 10 S. 17—24, 1956.

134159. **A. Talbert,** Satellite rocket sketch released. US Naval Inst. Proc. **82** 558—560, 1956. — Ref. in RJ 1957 Nr. 11 S. 15.

134160. **G. P. Taratynowa,** Über die Bewegung eines künstlichen Satelliten im nichtzentralen Schwerefeld der Erde unter dem Einfluß der widerstehenden Atmosphäre. Fortschritte Phys. Wiss. **63** Nr. 1a S. 51—58 (russ.). — Ref. in Phys. Abstracts (A) **61** 440, RJ 1958 Nr. 3 S. 66.

134161. **P. Tempesti,** Potremo vedere il satellite artificiale? Coelum **25** 1—8 = Oss. Astrofis. Catania Pubbl. (NS) Nr. 14. — Allgemeine Betrachtungen über die Sichtbarkeit und die Beobachtungsprogramme des Moonwatch-Komitees für einen künftigen künstlichen Satelliten sowie über geeignete Fernrohre. Cester

134162. **K. A. Thernöe,** «Sputnik». NAT 1957 S. 107—109.

134163. **K. A. Thernöe,** Visuelle Satellit-observationer. NAT 1957 S. 117—142. — Allgemeinverständliche, ziemlich ausführliche Darlegung der Bahnverhältnisse künstlicher Satelliten. Eine Anweisung zur Ephemeridenrechnung mit Beispielen wird gegeben. C. L. J.

134164. **H. Thirring,** Der künstliche Erdsatellit und sein Aufstieg. Universitas **12** 225—234.

134165. **R. Tousey,** Optical problems of the satellite. J. Optical Soc. America **47** 111. — Ref. Optical Soc. America.

134166. **R. Tousey,** Optical problems of the satellite. J. Optical Soc. America **47** 261—267. — Ref. in Phys. Abstracts (A) **60** 364.

134167. **W. G. H. Tregear,** The artificial unmanned earth satellite. J. Astr. Soc. Victoria **10** 19—21, 41—47.

134168. **W. G. H. Tregear,** A. S. V. «Moonwatch» station—report No. 1. J. Astr. Soc. Victoria **10** 97—98.

134169. **L. Vallini,** Ricezione dei messaggi emessi dal satellite artificiale. Coelum **25** 163—164.

134170. **A. L. Vanselow,** Elementary calculation of satellite orbits. J. Astr. Soc. Victoria **10** 88—90. — Kurze elementare Darlegung der Methoden zur Bahnbestimmung von Satelliten. Böh.

134171. **P. M. Viarnes, T. M. Tabanera,** Traducción de las publicaciones del Smithsonian Astrophysical Observatory «Bulletin for Visual Observers of Satellites». Rev. Asoc. Argent. Interplanet. **4** Nr. 14 S. 28—37.

134172. **M. Wächtler,** Funkpeilungen des ersten künstlichen Erdsatelliten Sputnik. Deutsche Hydrograph. Z. **10** 169—175. — Die am 16. und 17. Oktober 1957 auf der Frequenz 20.005 MHz durchgeführten Funkpeilungen nach dem ersten künstlichen Erdsatelliten Sputnik werden mitgeteilt. Dabei ist insbesondere bei den mit dem Doppelkanal-Sichtfunkpeiler erhaltenen photographisch registrierten Ergebnissen charakteristisch, daß reine Strichpeilungen erhalten wurden. Bei den verschiedenen Beobachtungsserien wurden sowohl Linksauswanderungen als auch Rechtsauswanderungen der Peilungen über Winkelbereiche zwischen etwa 4° und 171° beobachtet. Diesen Peilungen nach einem außerhalb der Ionosphäre befindlichen Kurzwellensender wurden Peilungen nach zwei auf annähernd gleicher Frequenz wie der Satellit sendenden Funkstationen in sehr großer Entfernung, die beide die für kohärente Wellen charakteristische elliptische Aufspaltung zeigen, gegenübergestellt. Verf.

134173. **F. L. Whipple, J. A. Hynek,** Observations of satellite I. Scientific American 1957, 9 S. = Harv Repr (2) Nr. 111.

134174. **P. Wilker,** Der erste russische Erdsatellit. Orion Schaffhausen **5** 322—324.

134175. **R. H. Wilson jr.,** Special considerations necessary for the finding ephemeris of a close earth-satellite. AJ **62** 38—39. — Ref. AAS.

134176. **R. H. Wilson jr., J. W. Siry,** Theory of eclipses of a close earth satellite. AJ **62** 97—98. — Ref. AAS.

134177. **H. van Woerden,** Visuele waarnemingen van de kunstmaan. Meteoor **13** 7—10.

134178. Scientific Uses of Earth Satellites. Herausgegeben von J. A. van Allen. Vgl. AJB **56** Ref. **134100**. — Weitere Besprechung in American

J. Phys. **25** 396 (W. A. Calder), J. appl. Phys. **28** 281, J. British Interplanetary Soc. **16** 496—497 (N. H. Langton), Phil. Mag. (8) **2** 940, Weltraumfahrt 1957 S. 98.

134179. Earth satellites as research vehicles. J. Franklin Inst. Monogr. Nr. 2, 115 S., 1956. — Ref. in RJ 1958 Nr. 11 S. 72.

134180. Der Erdsatellit und die Böotier. Phys. Blätter **13** 288.

134181. The earth satellite program. Trans. American Geophys. Union **38** 619—622. — Ref. in RJ 1958 Nr. 11 S. 76.

134182. Weitere Mitteilungen über künstliche Erdsatelliten

BAA Circ 390, 2 S. The first artificial earth satellite.
BAA Circ 391, 1 S. The second Russian satellite.
Coelum **25** 116—117. Orbita del satellite artificiale.
DOB **10** Nr. 11 Fasc. 1, 4 S., Nr. 12 Fasc. 1, 4 S. Documents pour l'observation des satellites artificiels de la Terre.
Harv Card 1386. — Bedeckung von β Cep durch 1957 β.
Japan Astr. Study Ass. Satellite Circ. Nr. 1—4 (japan.).
J. Astr. Soc. Victoria **10** 90—92. Satellite jottings.
J. British Interplanetary Soc. **16** 103—104. The effects of meteorites, and the lifetimes of satellites.
J. Franklin Inst. **264** 258—259. Instruments for satellites. — Ref. in RJ 1958 Nr. 10 S. 71.
J RAS Canada **51** 173—175. Artificial satellites.
MN ASSA **16** 43. Moonwatch in South Africa.
Nature **180** 719, 734. The artificial earth satellite.
Nature **180** 784. Orbit of the artificial earth satellite.
Nature **180** 835. Photograph of the track of the artificial earth satellite.
Nature **180** 931. The second artificial earth satellite.
Nature **180** 944. Rocket of the first earth satellite. — Ref. in Phys. Abstracts (A) **61** 139.
Nature **180** 1026—1027. Orbit of the second artificial earth satellite.
Naturwiss. Rundschau **10** 104—105. Projekt «Vorhut» — der erste künstliche Erdsatellit.
Naturwiss. Rundschau **10** 105. Die Bahnstörungen beim ersten künstlichen Erdsatelliten. — Ref.
Naturwiss. Rundschau **10** 424—425. Der erste Erdsatellit.
Naturwiss. Rundschau **10** 460. Der zweite Erdsatellit.
News Rept. Nat. Acad. Sci. **5** 97—98, 1955. Progress of the earth satellite program. — Ref. in RJ 1957 Nr. 12 S. 11.
Phys. Blätter **13** 572—573. Raketen und Satelliten.
Priroda **46** Nr. 11, Einlage zwischen S. 8 und 9 (russ.). Der sowjetische künstliche Begleiter der Erde.
Science **126** 739—740. Sputnik.
Science **126** 965. Sputnik II.
Science **126** 1334. Soviet satellite carrier rocket.
Sky and Telescope **16** 373. First satellite flyby.
Sky and Telescope **16** 472. Satellite lifetime. — Ref. AAS.
Sky and Telescope **16** 483. Artificial satellite notes.
Sky and Telescope **17** 6. Brighter artificial satellites? — Ref. AAS. — Besprechung in Coelum **26** 91.
Sky and Telescope **17** 11. Artificial satellite No. 1.
Sky and Telescope **17** 55, 65. Another Russian satellite.
Sky and Telescope **17** 56—60. The first man-made satellites.
Sky and Telescope **17** 73. Operation Moonbeam.

Trans. American Geophys. Union **38** 633—637. Rockets and satellites. Radio tracking system. — Ref. in RJ 1958 Nr. 5 S. 58—59.

Trans. American Geophys. Union **38** 812—814. Rocket program. — Ref. in RJ 1958 Nr. 7 S. 56.

Trans. American Geophys. Union **38** 1021—1022. Second Soviet satellite. — Ref. in RJ 1958 Nr. 6 S. 63.

Vasiona **5** 49. Transportna raketa satelita «Izvidnik».

Vasiona **5** 51—52. Engleska sondažna raketa za M. G. G.

Weltraumfahrt 1957 S. 101—103. Die ersten Satelliten. — Beschreibung der ersten beiden künstlichen Erdsatelliten.

134183. Nachweis von Beobachtungen und Berechnungen künstlicher Erdsatelliten

Astronaut. Acta **3** 227—230. New Zealand visual observations of the rocket accompanying the Russian artificial satellite. R. A. Anderson, C. S. L. Keay.

Harv Card 1374. Satellite 1957 α.

Harv Card 1375. Satellite 1957 α 1. J. W. Slowey, D. A. Lautman, R. E. McCrosky. — El.

Harv Card 1376, mit Berichtigung in 1383. Satellite 1957 α 1. Hawkins, Aschenbrenner.

Harv Card 1380. Satellite 1957 α 2. P. Herget, G. M. Clemence, R. L. Duncombe. — Eph.

Harv Card 1381, 1382. Satellite 1957 α 1. C. A. Whitney, R. E. McCrosky, L. G. Jacchia. — Eph.

Harv Card 1383. Satellite 1957 α 1. F. D. Smith, Aschenbrenner, Hawkins.

Harv Card 1384. Satellite 1957β. L. E. Cunningham, A. Purgathofer, P. Jackson. — Beob., El.

Harv Card 1386. Satellite 1957 β. L. Kresák, M. Kresáková, S. Rosseland.

La Nature **85** 497—498. Observations du premier satellite soviétique par les radioastronomes britanniques.

La Nature **85** 499. Le premier satellite au-dessus de l'Australie.

Mem. Japan Astr. Study Ass. **1** 203—216 (japan.). Radio observations of artificial satellites in Manazuru. M. Ono, H. Ono.

Meteoor **13** 53—59. Kunstmaan-waarnemingen in 1957. C. de Jager, J. R. de Rijk, P. A. Koning, G. Land.

Meteoor **13** 62. Verdere kunstmaanwaarnemingen.

NAT 1957 S. 68—69. Visuelle observationer af de kunstige satellitter.

Nature **180** 879—883. Radio observations of the Russian earth satellite. — Ref. in Phys. Abstracts (A) **61** 138.

Nature **180** 890. The artificial earth satellite: Observations at Jodrell Bank.

Nature **180** 937—941. Observations on the orbit of the first Russian earth satellite. — Ref. in Phys. Abstracts (A) **61** 138.

Nature **180** 941—942 = Astr. Contr. Univ. Manchester (2) Jodrell Bank Repr. Nr. 171. Radar observations of the first Russian earth satellite and carrier rocket. — Ref. in Phys. Abstracts (A) **61** 139.

NAZvM 340, 344, 347. Künstlicher Erdsatellit. — El.

NAZvM 348. Satellit 1957 β. — El.

NAZvM 348. Benennung von künstlichen Satelliten.

NAZvM 349. Satellite 1957 α 2. — Eph.

NAZvM 350. Satellite 1957 α 1. — Eph.

NAZvM 351. Satellit 1957 α 2, Satellit 1957 α 1. — El, Eph.

PAT **38** 143—146. Observationer av de ryska satelliterna på observatorierna i Lund, Stockholm och Uppsala.

RH **38** 8—10 (tschech.). Photographic observation of artificial satellites. J. Klepešta.

RH **38** 81—82 (tschech.). Visual observation of artificial satellites. V. Gajdušek.

Sonderdruck Astr. Obs. Helsinki, 5 S. Tracking the satellite 1957 α 2 «Sputnik I» by means of the Finnish radiotheodolite. V. Väisälä.

Strolling Astronomer 11 124—128. The observation of artificial earth satellites by amateur radio operators. W. R. G. Duane, J. M. Sharp.

UAI Circ 1620. Visual observations of the soviet satellite. — Notiz.

UAI Circ 1621. The soviet satellite. F. L. Whipple. — Helligkeit.

UAI Circ 1622. The soviet satellite. D. A. Lautman, J. W. Slowey, R. E. McCrosky. — El.

UAI Circ 1624. The soviet satellite. A. Przybylski. — El.

UAI Circ 1626. Satellite 1957 α 1. C. A. Whitney, R. E. McCrosky, L. G. Jacchia. — Eph.

UAI Circ 1626. Satellite 1957 α 2. P. Herget, G. M. Clemence, R. L. Duncombe. — Eph.

UAI Circ 1627. The soviet satellite 1957 β. L. E. Cunningham. — El.

Urania Kraków 28 372—378. Obserwacja ostatniego segmentu rakiety nósnej sztucznego satelity. J. Winiarski. — Beob. der Trägerrakete des ersten künstlichen Erdsatelliten 1957 Okt. 29.

Urania Kraków 28 378—379. Obserwacja sztucznego satelity przez członków Koła PTMA w Gdańsku. L. Wohlfeil. — Beob. des ersten künstlichen Erdsatelliten Okt. 1957.

Berichtigungen

AJB **48**, 1948

S. 196 3. Spalte. Die beiden untersten Zeilen sind ganz zu streichen:
1555 Dejan
Id mit 1939 DE? MPC 195
S. 197 1. Spalte. Bei **1932 PC** ist ganz zu streichen: = 1555 Dejan
S. 197 2. Spalte. Bei **1939 DE** ist ganz zu streichen: = 1555 Dejan?

AJB **56**, 1956

S. XVIII. Im Verzeichnis der Zeitschriften ist unter Sternenbote
7. Jahrgang anstatt 8. Jahrgang zu lesen.
S. 140 1. Zeile. Lies **5208** anstatt **2508**.
S. 194 Ref. **6643**. Lies F. Q. Orrall anstatt F. Q. Orral.
S. 207 Ref. **6814**. Lies J. London anstatt I. London.
S. 306 linke Spalte. Lies Etchecopar anstatt Etchecopa.
S. 488 3. Spalte. Lies London, J. anstatt London, I.
S. 491 2. Spalte. Lies Orrall, F. Q. anstatt Orral, F. Q.

AJB **57**, 1957

S. 226 Ref. **7218**. Lies S. K. Runcorn anstatt S. H. Runcorn.
S. 378 Ref. **10212**. Lies F.C. Bertiau anstatt F.C. Berthiau.

Transkription des russischen Alphabets

(Vgl. AJB **50** Vorwort S. III)

Russisch	AJB	Math.Rev.	Phys. Abstracts
а	a	a	a
б	b	b	b
в	w	v	v
г	g	g	g
д	d	d	d
е	e, je, jo	e	e, ë
ж	sh	ž	zh
з	s	z	z
и	i	i	i
й	j	ĭ	ĭ
к	k	k	k
л	l	l	l
м	m	m	m
н	n	n	n
о	o	o	o
п	p	p	p
р	r	r	r
с	ss, s	s	s
т	t	t	t
у	u	u	u
ф	f	f	f
х	ch	h	kh
ц	z	c	ts
ч	tsch	č	ch
ш	sch	š	sh
щ	schtsch	šč	shch
ы	y	y	ȳ
ь	—, j	'	'
э	e, é	è	é
ю	ju	yu	yu
я	ja	ya	ya

Beispiel: Зверев = Swerew (AJB) = Zverev (Math. Rev.)
= Zverev (Physics Abstracts)

Namen-Verzeichnis

Das Verzeichnis verweist unter Angabe der Seitenzahlen auf die Stellen, an denen Arbeiten und Beobachtungen der Autoren besprochen sind, hingegen nicht auf Stellen, an denen auf solche Arbeiten nur Bezug genommen oder ein Name in irgend einem Zusammenhang genannt wird.

Auch sind reine Personalnotizen nicht berücksichtigt, da sie schon in § 10 alphabetisch geordnet sind.

Nicht aufgenommen sind ferner die Namen der Beobachter und Berechner Kleiner Planeten in § 75, der Kometen in § 81 und der Veränderlichen Sterne in § 112. Für diese Autoren sind zusätzlich noch die folgenden Listen einzusehen:

S. 297—298 **Kleine Planeten. Verzeichnis der Beobachter und Berechner**

S. 322—323 **Kometen. Verzeichnis der Beobachter und Berechner**

S. 410 **Veränderliche Sterne. Verzeichnis der Beobachter und Berechner**

Alphabetical Subject Index

FSC
www.fsc.org
MIX
Papier | Fördert
gute Waldnutzung
FSC® C083411

Kolibri 360 GmbH
Ferdinand-Jühlke-Straße 7
99095 Erfurt, Deutschland
produktsicherheit@kolibri360.de